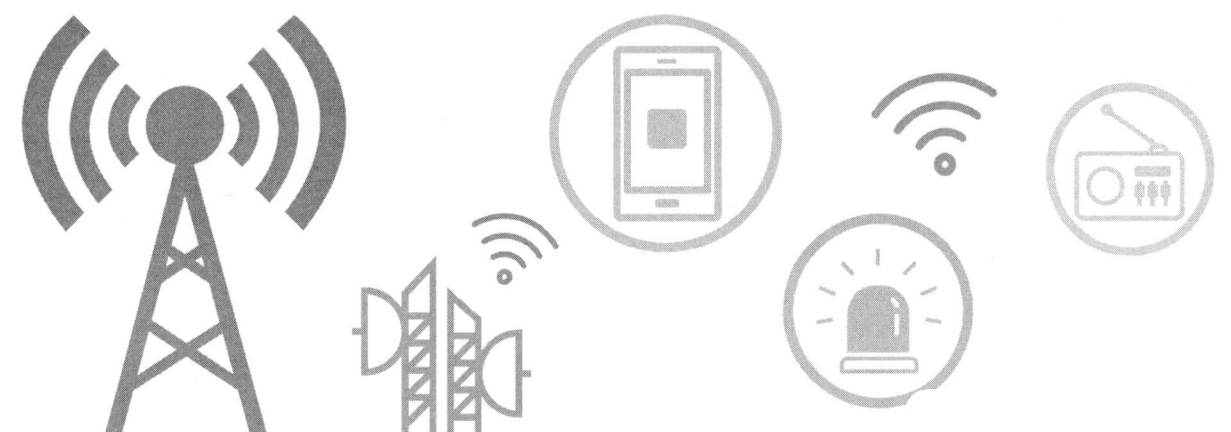

한국방송통신전파진흥원(www.cq.or.kr)의 출제 기준에 따른

무선설비 기능사

최신판
최신기출문제수록

필기

무선설비문제연구회 엮음

Craftsman
Radio Telecommunication
Equipment

핵심내용 요약 · 최신 출제경향 대비

도서출판 엔플북스

머리말

빠르게 변화하는 사회의 여건에도 불구하고 나날이 발전하는 전자 통신 분야의 기술 교육과 그에 따른 기술 습득을 위하여 노력하는 모든 분들에게 이 책이 조그마한 밑거름이 되고자 합니다.

그간 교육일선에서 많은 격려와 질타를 아낌없이 보내주신 많은 분들과 저의 책을 이용하여 무선설비기능사에 도전하신 모든 분들에게 감사드리며, 앞으로는 보다 알찬 내용으로 거듭날 수 있도록 노력을 경주하고자 하오니 많은 관심과 질타를 부탁드립니다.

시대의 조류가 어려운 일을 기피하는 가운데에서 묵묵히 기능인의 길을 걷고자 노력하시는 모든 분들의 희망과 꿈이 이루어지기를 간절히 바라며, 산업사회가 요구하는 전문지식과 기능에 맞추어 이 책은 전자 통신 분야의 기초 지식과 한국방송통신전파진흥원의 국가기술자격 시험의 기준에 맞추어 충실하게 구성하였으며, 이 책의 특징을 간단히 살펴보면 무선설비기능사의 과년도 해설에 많은 부분을 할애하여 모두 4편과 부록으로 구성하였습니다.

- 제1편 전기전자개론
- 제2편 컴퓨터일반
- 제3편 무선통신일반
- 제4편 무선설비기준
- 부록 과년도 기출문제

보다 효율적인 무선설비기능사의 자격취득을 위한 이해를 돕고자 관련 내용을 쉽게 상세히 설명하였습니다. 또한 전자나 통신 분야의 기술을 익히는 분들에게도 쉽게 접할 수 있도록 하였으며, 앞으로 추가되는 문제들과 미흡한 부분은 보완 수정하도록 하겠습니다.

본서를 적극 활용하여 국가기술자격 취득의 영광이 함께하시기를 진심으로 기원하며, 원고의 작업을 마무리하는 시점에서 어머님과 사랑하는 아내 정숙과 두 아들 기문, 기원에게 먼저 고마움과 감사의 마음을 전합니다.

또한 늘 함께 학생들의 교육에 최선을 다하시는 동료 교사 여러분에게도 감사드리며, 특히 이 책이 출판될 수 있도록 많은 노력과 고생을 함께한 엔플북스의 김주성 사장님을 비롯한 직원 여러분에게도 감사드립니다.

끝으로 보잘 것 없는 이 책이 교육의 일선에서 전자·통신 분야의 교육을 담당하시는 모든 선생님들과 무선설비기능사의 국가기술자격을 준비하는 모든 분들에게 조금이나마 길잡이가 되기를 기원합니다.

출제기준

직무분야	통신	자격종목	무선설비기능사	적용기간	2025. 1. 1~2028. 12. 31.
○직무내용 : 무선통신에 관한 제반 지식과 전파관계법령 등을 바탕으로 무선설비의 시공, 운용 및 유지보수 등의 업무를 수행하는 직무					
필기검정방법		객관식	문제수	60	시험시간	1시간

필 기 과목명	문제수	주요항목	세부항목	세세항목
전기전자개론, 컴퓨터일반, 무선통신일반, 무선설비기준	60	1. 서브모듈 주변 회로부 설계	1. 전원공급부 설계하기	1. 입출력 전압/전류와 회로구조 - 전압, 전류, 저항, 전력 개요 - 키르히호프의 법칙 - 옴의 법칙 등
			2. 보호회로부 설계하기	1. 교류회로 기초 - 교류의 표시, 파형, 주기, 주파수, 위상 2. 자석에 의한 자기현상 3. 전류에 의한 자기현상
		2. 전송시스템 구축 부대환경 조성	1. 전원설비 구축하기	1. 전력변환장치 개요 - 인버터, 컨버터 등 - 정류기
		3. 아날로그 회로 설계	1. 회로 구성하기	1. 소자의 물성 특성 - 반도체의 개요(종류, 성질, 재료, 개념) - 반도체 소자(TR, FET 등) 2. 아날로그 회로 설계 - 집적회로의 개념 - 집적회로의 종류 - 집적회로의 응용
		4. 전송시스템 구축 요구사항 분석	1. 기술사항 검토하기	1. 증폭부 회로의 점검 - 증폭회로의 개요 - 증폭회로의 동작 - 증폭회로의 특성 2. 궤환증폭회로의 점검 - 궤환증폭회로의 개요 - 부궤환증폭기의 특징 - 궤환증폭회로의 종류 3. 연산증폭회로의 점검 - 연산증폭회로의 구성 - 연산증폭회로의 특성 - 연산증폭회로의 종류 - 연산증폭회로의 응용

필 기 과목명	출 제 문제수	주요항목	세부항목	세세항목

전기전자개론,
전자계산기일반,
무선통신일반,
무선설비기준
				4. 전력증폭회로의 점검
				 - 전력증폭회로의 개요
				 - 전력증폭회로의 종류
				  (A~D, E급)
				5. FET 증폭회로의 점검
				 - FET 증폭회로의 특성
				 - FET 증폭회로의 원리
				 - FET 증폭회로의 종류
				6. 발진부회로의 점검
				 - 발진의 개념 및 조건
				 - 발진회로의 종류 및 원리
				  (LC, RC, 수정, PLL 등)
				 - 발진의 안정조건
				 - 파형발생기
				7. 변복조 기술 개요
				 - 변복조의 기초
				 - 아날로그 변복조 회로
				 - 디지털 변복조 회로
				 - 펄스 변복조 회로

		5. 디지털회로 설계	1. 디지털회로 합성하기	1. 펄스의 개념 - 펄스의 기초, 과도응답, 시정수
			2. 시뮬레이션하기	1. 순차회로 설계 및 해석 - 플립플롭회로의 원리 - 플립플롭회로의 종류 및 특성
		6. 정보통신설비 검토	1. 무선설비 적용하기	1. 무선설비의 종류와 구성 장비의 특징 - 아날로그 송수신기 - 디지털 송수신기 - 기타 송수신기 및 부속기기
		7. 무선통신 전파 환경 분석	1. 전파환경 측정하기	1. 전파환경 이론 - 전파의 성질, 전파 - 전파의 특성 및 분류 - 전자파 방사 패턴
		8. 이동통신 기지국 설치	1. 안테나 설치하기	1. 안테나 종류와 특성 분류 - 장·중·단파용 안테나 - 초단파용 안테나 - 극초단파대 이상의 안테나 - 육상의 이동통신용 안테나

필 기 과목명	출제 문제수	주요항목	세부항목	세세항목
전기전자개론, 전자계산기일반, 무선통신일반, 무선설비기준		9. 안테나계 설비 설계	1. 급전선 설계하기	1. 급전선의 개요 - 급전선의 종류 및 특성 - 안테나와의 임피던스 정합
		10. 무선통신 설비 설계	1. 고정 무선설비 설계 적용하기	1. 고정 무선설비 기술 개요 2. 위성통신의 기본 원리 및 구성
			1. 이동통신설비 설계 적용하기	1. 이동통신망 (CDMA/WCDMA/LTE/5G) 시스템 개요
		11. TV 방송 송신기술	1. 송신설비 운용 관리하기	1. 방송통신시스템 개요 - 라디오 방송, DMB, HDTV, UHDTV 2. 방송통신시스템 기본 구성
		12. IoT 네트워크 기획	1. IoT 네트워크 구성 분석하기	1. IoT 서비스 개요 - IoT에 대한 기본 지식 2. 단/근거리 통신 기술 - 단/근거리 통신 기술
		13. 무선통신시스템 시험	1. 단위 시험하기	1. 송수신기에 관한 측정시험 2. 안테나 및 급전선에 관한 측정 시험 3. 전원공급장치에 관한 측정시험 - 정류전원회로, 축전지, 전원설비
		14. 무선통신망 기술기준 적용	1. 전파기술기준 파악하기	1. 무선설비 규칙 - 무선설비의 기술기준 등 2. 무선설비의 안전시설 기준 - 무선설비의 안전시설 - 안테나 등의 안전시설 3. 방송통신기자재 적합성 평가 - 용어의 정의 - 적합인증, 등록, 평가 등
		15. 네트워크 보안관리	1. 관리적 보안 수행하기	1. 통신보안의 개요 - 통신보안의 정의 및 목적 - 통신보안수단 2. 통신보안의 준수 - 통신보안 준수사항 - 통신보안용 약호 - 통신보안 교육

필 기 과목명	출제 문제수	주요항목	세부항목	세세항목

전기전자개론, 전자계산기일반, 무선통신일반, 무선설비기준		16. 하드웨어 기능별 설계	1. 블록도 작성하기	1. 컴퓨터의 개념
				2. 중앙처리장치
				  - 중앙처리장치의 구성
				  - 제어, 연산장치
				  - 명령과 주소지정방식
				3. 기억장치
				  - 기억장치의 기능, 종류
				4. 입출력장치의 개요
				  - 입출력장치의 개요
				  - 입출력장치의 종류
				  - 입출력제어 방식
				  - 입출력채널의 개념 및 종류
				  - 인터럽트의 개념과 체제

		17. 전자부품 소프트웨어 개발환경 분석	1. OS환경 분석하기	1. 자료의 표현
				  - 수의 변환과 연산
				  - 자료의 구성과 표현방식
				2. 기본 논리회로
				  - 불 함수, 기본 논리 게이트
				3. 응용 논리회로
				  - 조합, 순서,
				    디지털 IC 논리회로
				4. 프로그램
				  - 프로그램의 개념, 설계와
				    구현
				5. 순서도
				  - 순서도의 개념, 작성 방법
				6. 프로그래밍 언어
				  - 프로그래밍 언어의 개념
				    (C언어, 자바, 파이선)
				  - 프로그래밍 언어의 구분 및
				    특징

필 기 과목명	출 제 문제수	주요항목	세부항목	세세항목
전기전자개론, 전자계산기일반, 무선통신일반, 무선설비기준		18. 네트워크 운용하기	1. 네트워크 운용하기	7. 운영체제와 기본 소프트웨어 - 운영체제의 분류기준 및 종류 - 운영체제의 목적과 구성 1. 네트워크 용어 - OSI 7 계층 - TCP/IP, IPv4, IPv6 - LAN, MAN, WAN - 클라이언트 서버 모델 2. 네트워크 보안 개요

목차

PART 01 전기전자개론

CHAPTER 1 서브모듈 주변회로부 설계

제1절 전원공급부 설계하기   2
    1. 입출력전압/전류와 회로구조/2
    2. 키르히호프의 법칙/4
    3. 옴의 법칙(Ohm's law)/5
    4. 축전지 및 전지의 접속/10

제2절 보호회로부 설계하기   12
    1. 교류회로 기초/12
    2. RLC 기본 회로/15
    3. 자석에 의한 자기 현상/27
    4. 전류에 의한 자기현상/28

CHAPTER 2 이동통신 기지국 설치

제1절 부대설비 설치하기   33
    1. 전력변환장치 개요/33

CHAPTER 3 IoT통신망 전원 설비 실무

제1절 전원시설 구성하기   37
    1. 태양발전설비 개요/37

CHAPTER 4 아날로그 회로 설계

제1절 회로 구성하기　　42

　　1. 입소자의 물성 특성/42

　　2. 아날로그 회로 설계/58

CHAPTER 5 전송시스템 구축 요구사항 분석

제1절 기술사항 검토하기　　61

　　1. 증폭부 회로의 점검/61

　　2. 궤환 증폭회로(Feedback Amplifier Circuits)의 점검/65

　　3. 연산 증폭회로(Operational Amplifier Circuits)의 점검/68

　　4. 전력 증폭회로(Power Amplifier Circuits)의 점검/76

제2절 발진부 회로의 점검　　82

　　1. 발진의 개념 및 조건/82

　　2. 발진부 회로의 점검/83

CHAPTER 6 무선통신망 구축 실시 설계

제1절 장비규격서 작성하기　　92

　　1. 변복조기술 개요/92

CHAPTER 7 디지털 회로 설계

제1절 디지털회로 합성하기　　105

　　1. 펄스의 개념/105

제2절 시뮬레이션 하기　　113

　　1. 순차회로 설계 및 해석/113

PART 02 컴퓨터 일반

CHAPTER 1 하드웨어 기능별 설계

제1절 블록도 작성하기   118
1. 컴퓨터의 개념/118
2. 중앙처리장치/120
3. 제어·연산장치/123
4. 명령 형식과 주소지정방식/127

CHAPTER 2 전자부품 소프트웨어 개발환경 분석

제1절 OS환경 분석하기   134
1. 자료의 표현/134
2. 자료의 표현 형식/137
3. 수학적 연산/139
4. 논리적 연산(비수치적 연산)/143
5. 기본 논리회로/146
6. 응용 논리회로/155
7. 프로그램/165
8. 순서도/170
9. 프로그래밍 언어/174

CHAPTER 3 NW 운용하기

제1절 네트워크 운용하기   193
1. 네트워크 용어/193
2. 네트워크 보안 개요/229

PART 03 무선통신 일반

CHAPTER 1 정보통신설비 검토

제1절 무선설비 적용하기　238
　　1. 무선설비의 종류와 구성 장비의 특징/238
　　2. 아날로그 수신기의 원리 및 특성/247
　　3. 디지털 송·수신기/251
　　4. 기타·송수신기 및 부속기기/256

CHAPTER 2 무선통신 전파환경분석

제1절 전파환경 측정하기　260
　　1. 전파환경 이론/260

CHAPTER 3 이동통신 기지국 설치

제1절 안테나 설치하기　268
　　1. 안테나 종류와 특성 분류/268

CHAPTER 4 안테나계 설비 설계

제1절 급전선 설계하기　280
　　1. 급전선의 개요/280

CHAPTER 5 무선통신 설비 설계

제1절 고정 무선설비 설계 적용하기　286
　　1. 고정 무선설비 기술 개요/286
　　2. 위성통신의 기본 원리 및 구성/289
제2절 이동통신설비 설계 적용하기　294
　　1. 이동통신망 시스템 개요/294

2. 이동통신의 기본 구성/297
3. 이동통신기기의 특성/302

CHAPTER 6 **TV 방송 송신 기술**

제1절 송신장비 운용 관리하기　307
1. 방송통신 시스템 개요/307
2. 방송통신 시스템 기본 구성/321

CHAPTER 7 **IoT 네트워크 기획**

제1절 IoT 네트워크 구성 분석하기　328
1. IoT(Internet of Things) 서비스 개요/328
2. 단/근거리 통신기술/330

CHAPTER 8 **무선통신시스템 시험**

제1절 단위 시험하기　338
1. 송신기에 관한 측정시험/338
2. 수신기에 관한 측정시험/351
3. 안테나 및 급전선에 관한 측정시험/347
4. 급전선에 관한 측정/354
5. 전원공급장치에 관한 측정시험/356

PART 04 무선설비기준

CHAPTER 1 **정보통신 법규 적용**

제1절 무선통신 관련 법규 습득하기　360
1. 무선설비 규칙/360

2. 해상업무용 무선설비의 기술 기준/385
　　3. 항공업무용 무선설비의 기술 기준/393
　　4. 전기통신사업용 무선설비의 기술 기준/400
　　5. 방송통신기자재 적합성 평가/425

CHAPTER 2 **무선통신 설비 설계**

제1절 무선중계설비 설계 적용하기　　443
　　1. 통신보안의 개요/443
　　2. 통신보안의 준수/448
　　3. 통신보안 수단/461
　　4. 통신보안의 책임 및 시설자의 준수 사항/464
　　5. 전화통신 보안/465

05 PART　　**부록 : 과년도출제문제**　　　　　2

memo

Chapter 01 서브모듈 주변회로부 설계

① 전원공급부 설계하기

1 입출력 전압/전류와 회로구조

[1] 전압

(1) 전기회로의 구성
① 전기회로 : 전원과 부하 및 전류가 흐르는 통로인 도선
② 전원 : 기전력을 가지고 있어 전류를 흘리는 원동력이 되는 것
③ 부하 : 전원에서 전기를 공급받아 어떤 일을 하는 기기나 기구

(2) 전기회로의 전압
① 전압 : 회로 내에 전류가 흐르기 위해서 필요한 전기적인 압력
② 기전력 : 전류를 연속해서 흘리기 위해 전압을 연속적으로 만들어 주는 힘
③ 전위 : 전기통로의 임의의 점에서 전압의 값
④ 전위차 : 전기통로에서 임의의 두 점 간의 전위의 차
⑤ 접지 : 회로의 일부분을 대지에 도선으로 접속하여 영 전위가 되도록 하는 것

[2] 전류

(1) 전기회로의 전류
① 전류 : 전자의 이동(흐름). 기호는 I, 단위는 A
② 전류의 세기 : 단위 시간당 이동한 전기의 양

$$Q = It\,[\text{C}], \quad I = \frac{Q}{t}\,[\text{A}]$$

[3] 저항

(1) 저항

① 저항 : 전기회로에 전류가 흐를 때 전류의 흐름을 방해하는 작용을 말한다.

> **참고**
> 기호는 R, 단위는 옴(ohm, [Ω])

② 1[Ω] : 도체의 양단에 1V의 전압을 가할 때, 1A의 전류가 흐르는 경우의 저항값

[4] 전력 개요

(1) 전력

① 전력 : 단위 시간(1초) 동안에 전기가 하는 일의 양. 기호는 P, 단위는 W를 사용하나 대전력이 요구되는 전동기나 기계의 엔진 등에는 마력(horse power : HP)을 사용한다.

1HP=746W

② 1W : 1V의 전압을 가하여 1A의 전류가 흘러 1sec 동안에 1J의 일을 하는 전력을 1W라 한다.

③ 전력 P는

$$P = VI = I^2R = \frac{V^2}{R} [\text{W}]$$

(2) 전력량

① 전력량 : 일정 시간 동안 전기가 하는 일의 양. 즉 일정 시간 동안 공급되는 전기 에너지. 기호는 W, 단위는 J을 사용하나, 일반적으로 시간 단위로는 와트시(Wh) 또는 kWh를 사용한다.

② 전력량 W는

$$W = Pt = VIt [\text{Wh}]$$

(3) 열작용

① 줄의 법칙(Joule's law)

㉠ 도체에 일정 기간 동안 전류를 흘리면 도체에는 열이 발생되는데, 이때 발생

하는 열량은 도선의 저항과 전류의 제곱 및 흐른 시간에 비례한다.
1J=0.24cal

ⓒ 열량 H는

$$H = Pt = I^2Rt [J] ≒ 0.24I^2Rt [cal]$$

② 열전현상

㉠ 제베크 효과(Seebeck effect)

ⓐ 열전쌍(thermocouple) : 서로 다른 금속을 조합하여 열기전력을 얻는 장치

ⓑ 두 종류의 금속을 접합하여 두 접합점에 온도차를 주면 열기전력이 발생하는데 이를 제베크 효과라 하며, 열기전력은 두 금속의 접합부의 온도차에 비례한다.

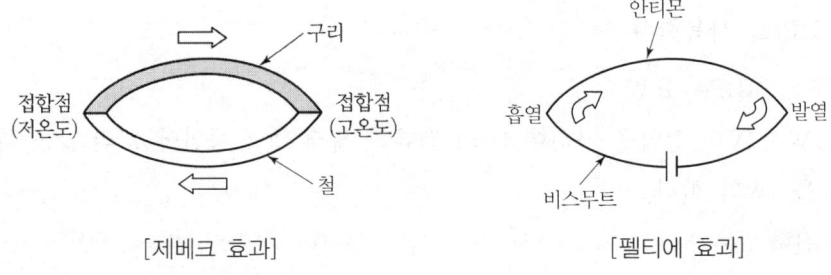

[제베크 효과]　　　　　　　　[펠티에 효과]

㉡ 펠티에 효과(Peltier effect)

서로 다른 두 금속(안티몬과 비스무트)을 접속하고 전류를 흘리면, 전류의 방향에 따라 접합면에서 발열하거나 흡열하는 현상을 말한다.

2 키르히호프의 법칙

(1) 키르히호프의 제1법칙

① 키르히호프의 제1법칙(전류법칙) : 회로의 한 접속점에서 접속점에 흘러들어오는 유입전류(I_i)의 합과 흘러나가는 유출전류(I_o)의 합은 같다. 즉 유입전류와 유출전류의 합은 0이다.

$\Sigma I_i = \Sigma I_o$ (I_i : 유입전류, I_o : 유출전류)

$I_1 + I_4 = I_2 + I_3 + I_5$

$\Sigma I = 0$

$I_1 - I_2 - I_3 + I_4 - I_5 = 0$

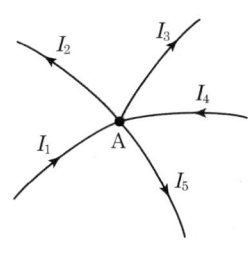

[키르히호프의 제1법칙]

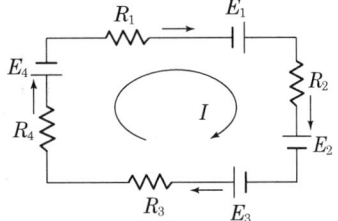

[키르히호프의 제2법칙]

(2) 키르히호프의 제2법칙

① 키르히호프의 제2법칙(전압법칙) : 회로망 중의 임의의 폐회로 내에서의 전압강하의 합은 그 회로의 기전력의 합과 같다.

$$\Sigma E = \Sigma IR$$
$$E_1 - E_2 + E_3 - E_4 = IR_1 - IR_2 + IR_3 - IR_4$$
$$= I(R_1 - R_2 + R_3 - R_4)$$

3 옴의 법칙(Ohm's law)

① 옴의 법칙 : 전기회로에 흐르는 전류는 전압에 비례하고, 저항에 반비례한다.

$$I = \frac{V}{R}[\text{A}], \quad V = IR[\text{V}], \quad R = \frac{V}{I}[\Omega]$$

② 컨덕턴스 : 저항의 역수로서 전류의 흐르는 정도를 나타내는 것이다.

$$G = \frac{1}{R}[\mho]$$

 참고

기호는 G, 단위는 모($\mho$: mho), S(siemens), [Ω^{-1}]

③ 전압 강하 : 저항에 전류가 흐를 때 저항 양단에 생기는 전위차

[1] 저항의 접속

(1) 직렬 접속

① 직렬 접속 : 각각의 저항을 일렬로 접속하는 것

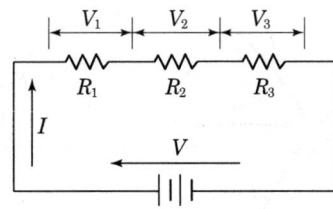

[저항의 직렬 접속]

② 직렬회로의 합성 저항($R[\Omega]$인 저항 n개의 직렬 합성저항 R)

$$R = nR = R_1 + R_2 + R_3 + \cdots + R_n [\Omega]$$

③ 직렬회로의 전압 분배

$$V_1 = IR_1 [V], \quad V_2 = IR_2 [V], \quad V_3 = IR_3 [V]$$
$$V = V_1 + V_2 + V_3 = IR_1 + IR_2 + IR_3 = I(R_1 + R_2 + R_3)[V]$$

(2) 병렬 접속

① 병렬 접속 : 2개 이상의 저항을 병렬로 접속하는 접속법

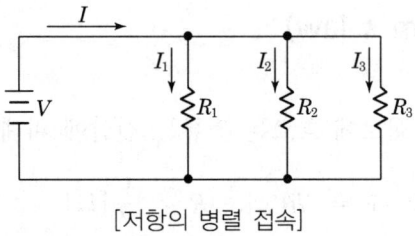

[저항의 병렬 접속]

② 병렬회로의 합성 저항($R[\Omega]$인 저항 n개의 병렬합성저항 R)

$$R = \cfrac{1}{\left(\cfrac{1}{R_1} + \cfrac{1}{R_2} + \cfrac{1}{R_3} + \cdots + \cfrac{1}{R_n}\right)} [\Omega]$$

③ 병렬회로의 전류 분배

$$I_1 = \frac{V}{R_1} [A], \quad I_2 = \frac{V}{R_2} [A], \quad I_3 = \frac{V}{R_3} [A]$$

$$I = I_1 + I_2 + I_3 = \frac{V}{R_1} + \frac{V}{R_2} + \frac{V}{R_3}$$
$$= V\left(\frac{1}{R_1} + \frac{1}{R_2} + \frac{1}{R_3}\right)[A]$$

(3) 직·병렬 접속

① 직·병렬 접속 : 직렬 접속과 병렬 접속을 조합한 것
② 직·병렬회로의 합성저항

$$R = R_1 + \left(\frac{1}{\frac{1}{R_2} + \frac{1}{R_3}}\right) = R_1 + \frac{R_2 R_3}{R_2 + R_3}[\Omega]$$

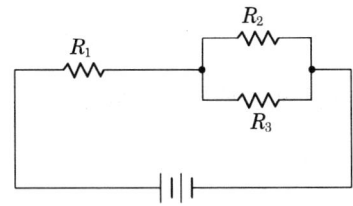

[저항의 직·병렬 접속]

[2] 고유 저항

(1) 고유 저항

① 고유 저항은 각 변의 길이가 1m, 부피가 1m³인 정육면체의 맞선 두 면 사이의 도체저항을 말한다.

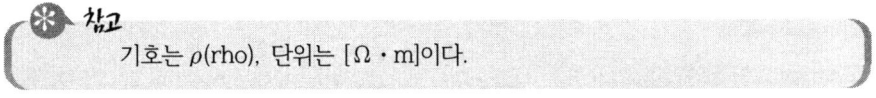

기호는 ρ(rho), 단위는 [$\Omega \cdot$m]이다.

② 도체의 저항은 도체의 종류에 따라 다르며, 도체의 길이에 비례하고, 단면적(굵기)에 반비례한다.

③ 길이가 l[m], 단면적 S[m²]의 도체 저항(R)은 $R = \rho \frac{l}{S}[\Omega]$

④ 전도율(conductivity)이란 도체에 전기가 잘 통하는 정도를 말한다. 기호는 σ(sigma), 단위는 [A/V·m], [℧/m]

$$\sigma = \frac{1}{\rho} = \frac{1}{\frac{RA}{l}} = \frac{l}{RA}[\mho/m]$$

(2) 저항의 온도계수

① 금속도체의 저항은 온도 상승과 함께 보통 직선적으로 증가하지만, 반도체는 반대로 급격한 저항이 감소된다.

② 0℃에서 어떤 물질의 저항을 $R_0\,\Omega$, t℃에서의 저항을 $R_t\,\Omega$이라 할 때

$$R_t = R_0\,(1 + \alpha_0 t)\,\Omega$$

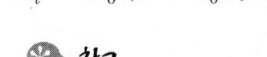
　α_0는 물체에 따라 정해지는 상수로서, 0℃에서의 저항의 온도계수이다.

③ t_1℃에서의 저항을 $R_1\,\Omega$, 온도계수를 α_1이라 하고, t_2℃에서의 저항을 R_2라 하면

$$R_2 = R_1\,(1 + \alpha_1\,(t_2 - t_1))[\Omega]$$

④ 전해액, 반도체, 절연체 등은 부(-)의 온도계수를 갖는다.

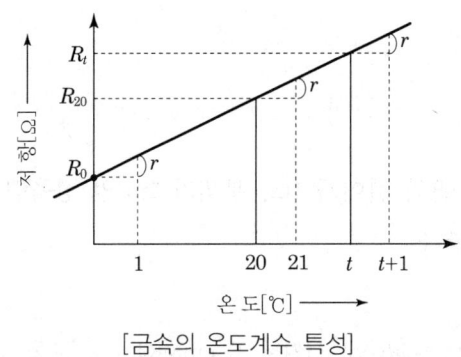

[금속의 온도계수 특성]

[3] 회로망 정리

(1) 중첩의 원리(principle of superposition)

① 중첩의 원리 : 여러 개의 전압 전원 또는 전류 전원이 포함된 선형 회로망에 있어서 회로 내의 임의의 점의 전류 또는 임의의 두 점 사이의 전압은 각각의 전원이 개별적으로 작용할 때 그 점을 흐르는 전류 또는 그 2점 사이의 전압을 합한 것과 같다.(2개 이상의 기전력을 포함한 회로망 중의 어떤 점의 전위 또는

전류는 각 기전력이 각각 단독으로 존재한다고 할 때, 그 점 위의 전위 또는 전류의 합과 같다.)
② 전압원과 전류원 : 전원이 작동하지 않도록 할 때, 전압원은 단락회로, 전류원은 개방회로로 대치
③ 중첩의 원리 적용 : R, L, C 등 선형 소자에만 적용

(2) 테브냉의 정리(Thevenin's theorem)

① 테브냉의 정리 : 전압 또는 전류 전원과 임피던스를 포함하는 2단자 회로망은 단일 전압원과 임피던스가 직렬로 연결된 회로로 대치할 수 있다. 전압원의 기전력은 회로단자를 개방할 때 나타나는 기전력이며, 직렬 임피던스는 회로 내의 모든 전압원은 단락하고 전류원을 개방할 때 두 단자 사이의 임피던스이다.(2개의 독립된 회로망을 접속하였을 때 전원회로를 하나의 전압원과 직렬저항으로 대치한다.)

② R_{TH} : 전압원을 단락하고 출력단에서 구한 합성저항

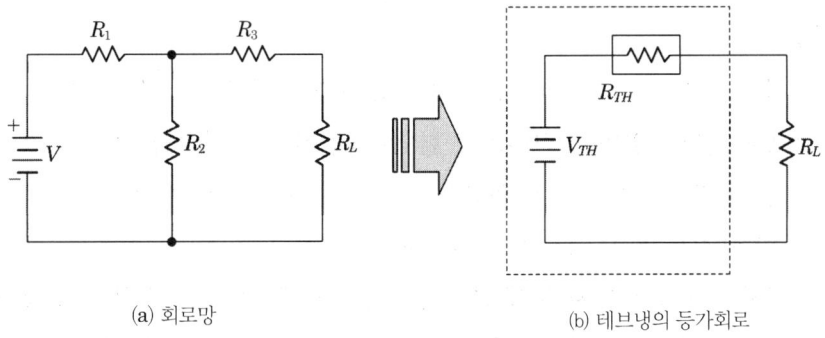

(a) 회로망   (b) 테브냉의 등가회로

[테브냉의 정리]

(3) 노튼의 정리(Norton's theorem)

① 노튼의 정리 : 2개의 독립된 회로망을 접속하였을 때 전원회로를 하나의 전류원과 병렬저항으로 대치한다.

전압원 또는 전류원과 임피던스가 포함된 임의의 2단자 회로망은 한 개의 전류 전원과 어드미턴스(또는 임피던스)가 병렬로 연결된 등가회로로 고칠 수 있다. 이때 전류 전원의 크기는 2단자를 단락할 때 흐르는 전류이고, 병렬 어드미턴스(또는 임피던스)는 회로 내의 전압 전원은 단락하고, 전류 전원은 개방한 다

음 구한 합성 어드미턴스(또는 임피던스)이다.

② R_N : 전류원을 개방하고 출력단에서 구한 합성저항

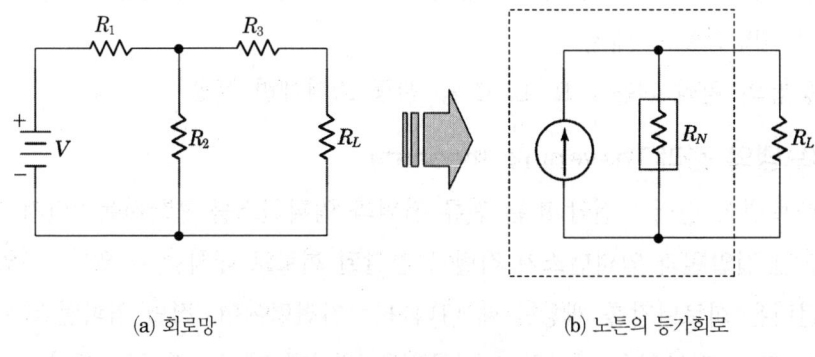

(a) 회로망 (b) 노튼의 등가회로

[노튼의 정리]

4 축전지 및 전지의 접속

[1] 전지

① 전지 : 화학 에너지(물리적인 에너지)를 전기에너지로 변환하는 장치
  ㉠ 1차 전지 : 일반 건전지로서 한 번 방전하면 다시 사용할 수 없는 전지로서 탄소 막대를 (+)극, 아연통을 (-)극으로 하는 사이에 이산화망간(MnO_2)과 염화암모늄(NH_4Cl) 등을 넣는다.
  ㉡ 2차 전지 : 자동차 등에 쓰이는 축전지를 말하며, 충전하여 몇 번이고 계속 사용할 수 있는 전지로서 납 축전지가 가장 많이 사용된다. 납 축전지는 (+)극에 이산화납(PbO_2), (-)극에는 납(Pb)을 전극으로 하고 전해액으로는 묽은 황산(H_2SO_4)을 이용한다.

② 납 축전지의 충전과 방전의 화학반응식

$$PbO_2 + 2H_2SO_4 + Pb \rightleftarrows PbSO_4 + 2H_2O + PbSO_4$$

[2] 전지의 접속

① 전지의 직렬 접속

$$I(R+nr) = nE$$

$$I = \frac{nE}{R+nr}$$

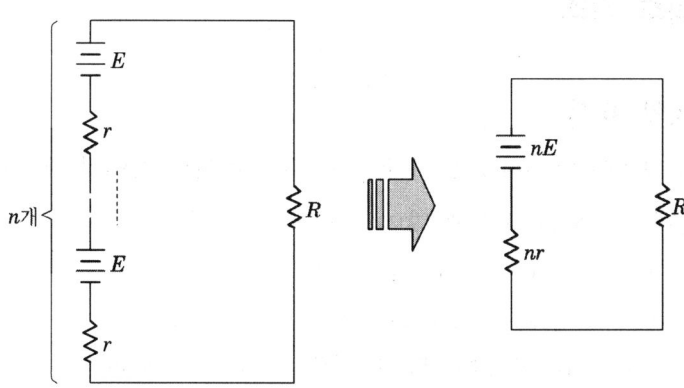

[전지의 직렬 접속]

② 전지의 병렬 접속

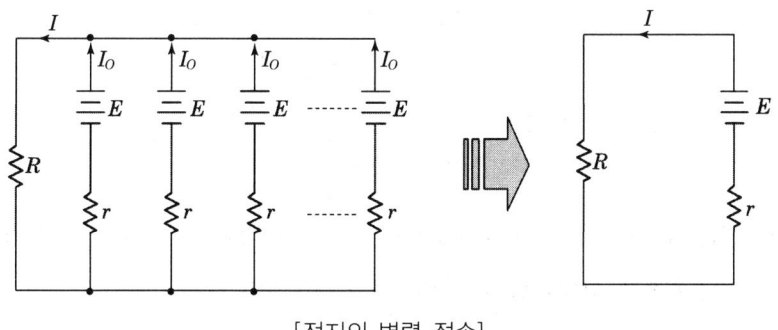

[전지의 병렬 접속]

합성내부저항 $r_0 = \dfrac{r}{n} [\Omega]$

$$E = \frac{r}{n} \cdot I + R \cdot I \,[\text{V}]$$

$$I = \frac{E}{\dfrac{r}{n} + R} \,[\text{A}]$$

2 보호회로부 설계하기

1 교류회로 기초

[1] 교류회로의 표시

① 교류는 크기와 방향이 시간의 흐름에 따라 변하며 사인파 교류가 기본 파형이고, 실제 사용되는 교류에 많이 쓰인다.

② 순시값 $v = V_m \sin\theta [V] = V_m \sin\omega t [V]$

　　　v : 코일에 발생하는 전압[V]
　　　θ : 자기 중심축과 코일이 이루는 각도 $\theta = \omega t$ [rad]

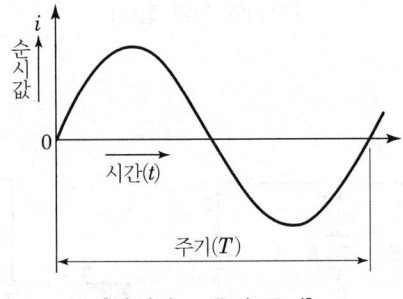

[사인파 교류의 주기]

③ 실효값(effective value)은 교류와 같은 일을 하는 직류의 값으로 표현한다. 사인파 전류에서 최댓값(I_m[A])의 약 0.707배이다.

$$I^2 R = \frac{I_m}{2} R, \ I = \frac{I_m}{\sqrt{2}} ≒ 0.707 I_m [A], \ v = V_m \sin\omega t = \sqrt{2} \ V \sin\omega t [V]$$

④ 평균값은 1주기 동안의 평균으로 사인파의 경우 대칭으로 1주기의 평균은 0이다.

⑤ 사인파의 $\frac{1}{2}$ 주기의 평균으로 평균값을 구한다.(한 주기의 평균은 0이므로)

$$평균값 \ V_a = \frac{2}{\pi} V_m ≒ 0.637 V_m [V]$$

⑥ 사인파 교류의 실효값은 평균값의 1.11배이다.

⑦ 최댓값 : 순시값 중에서 가장 큰 값(V_m, I_m)

⑧ 피크-피크값(peak-to-peak value) : 양(+)의 최댓값과 음(-)의 최댓값 사이의 값(V_{pp}, I_{pp})

[2] 주파수, 주기, 위상차

① 주파수(frequency) : 1초 동안 발생하는 진동의 수(사이클)를 뜻하며, 단위로는 헤르츠[Hz]를 사용한다.

$$f = \frac{1}{T} [\text{Hz}] \quad (T : 주기[\text{sec}])$$

② 주기(period) : 1[Hz] 진동하는 동안 걸리는 시간을 주기라 한다.

$$T = \frac{1}{f} [\text{sec}]$$

③ 위상각(θ) : $v = V_m \sin(\omega t + \theta)$[V]에서 θ를 위상 또는 위상각이라 한다.

④ 위상차(ϕ) : 앞선 위상(ϕ_1)에서 뒤진 위상(ϕ_2)의 상대적인 위치의 차이이다.

⑤ 각속도(ω) : 1초 동안에 회전한 각도로 $\omega = 2\pi f$ [rad/sec]

[3] 최댓값, 평균값, 실효값의 관계

① 평균값(V_a, I_a) : 교류의 (+) 또는 (-)의 반주기 순시값의 평균값

$$V_a = \frac{2}{\pi} V_m \fallingdotseq 0.637 V_m$$

② 실효값(V, I) : 저항에 직류를 가했을 때와 교류를 가했을 때의 전력량이 같았을 때

$$실효값 = \sqrt{\frac{1}{T} \int_0^T (순시값)^2 dt}, \quad V = \frac{V_m}{\sqrt{2}} \fallingdotseq 0.707 V_m$$

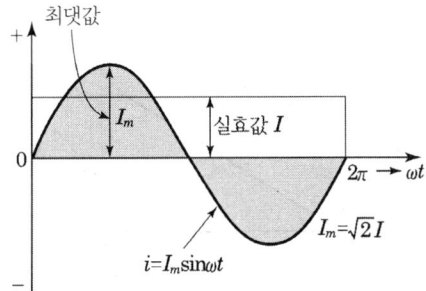

[사인파 교류의 실효값과 최댓값]

[4] 파형률과 파고율

① 파형률 = $\dfrac{\text{실효값}}{\text{평균값}} = \dfrac{0.707 V_m}{0.637 V_m} \fallingdotseq 1.11$

② 파고율 = $\dfrac{\text{최댓값}}{\text{실효값}} = \dfrac{V_m}{0.707 V_m} \fallingdotseq 1.414$

[5] 역률(power factor)

① 교류전력에서의 유효 전력(소비 전력) : $P = VI\cos\theta = I^2 R$ [W]

② 교류전력에서의 무효 전력 : $P_r = VI\cos\theta = I^2 X$ [Var]

③ 교류전력에서의 피상 전력 : $P_a = VI = I^2 Z = \sqrt{P^2 + P_r^2}$ [VA]

④ 역률(유효 역률) : $\cos\theta = \dfrac{P}{VI} = \dfrac{\text{소비전력}}{\text{피상전력}}$

⑤ 무효율(무효 역률) : $\sin\theta = \dfrac{P_r}{VI} = \sqrt{1 - \cos^2\theta} = \dfrac{\text{무효전력}}{\text{피상전력}}$

[6] 벡터 기호법에 의한 계산

① 벡터는 방향과 크기를 가진 값으로 화살표로 표시한다. 화살표와 기준선 사이의 각도가 벡터의 방향이고 화살표의 길이는 벡터의 크기이다.

② 복소수 $\dot{A} = a + jb$ 식에서 a는 실수부, b는 허수부, 절댓값 $A = \sqrt{a^2 + b^2}$ 이다.

③ 허수의 단위는 $\sqrt{-1}$ (j는 벡터 연산자 90°)이고, $j^2 = -1$이다.

$$\dot{A} = a + jb = A(\cos\theta + j\sin\theta) = A\angle\theta$$

편각 $\theta = \tan^{-1}\dfrac{b}{a}$ ($A\cos\theta = a,\ A\sin\theta = b$)

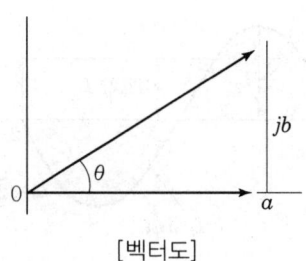

[벡터도]

④ 극좌표 표시

$a = A\cos\theta$, $b = A\sin\theta$이므로

$\dot{A} = a + jb = A\cos\theta + jA\sin\theta = A(\cos\theta + j\sin\theta) = A\angle\theta$

⑤ 지수, 함수 표시

$\varepsilon j\theta = \cos\theta + j\sin\theta$

$\dot{A} = A\varepsilon^{j\theta}$ (단, ε : 자연로그의 밑수로서 $\varepsilon \fallingdotseq 2.71828$이다.)

⑥ 3상 교류 : 각 기전력의 크기가 같고, 서로 $\dfrac{2}{3}\pi[\text{rad}](=120°)$만큼씩 위상차가 있는 교류를 대칭 3상 교류라 하며, 3상 교류의 각 순시값의 합은 0이다.

2 RLC 기본 회로

[1] RLC 회로

(1) 저항회로

① 저항만을 갖는 회로에 실효값이 $V[\text{V}]$인 사인파 교류전압을 가할 때, 전류는

$v = \sqrt{2}\sin\omega t\ [\text{V}]$

$i = \dfrac{v}{R} = \dfrac{\sqrt{2}\sin\omega t}{R} = \sqrt{2}I\sin\omega t\ [\text{A}]$

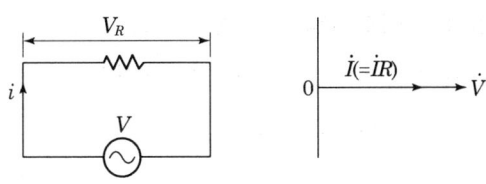

[저항회로와 벡터도]

② 전압과 전류의 위상은 동위상이다.
③ 전압과 전류의 관계는 사인파 교류에서의 실효값은 옴의 법칙이 성립되므로

$I = \dfrac{V}{R}\ [\text{A}],\quad V = IR\ [\text{V}]$

(2) 인덕턴스 회로

① 인덕턴스(코일 : L)만을 갖는 회로에 $i = I_m \sin\omega t$ [A]의 교류 전류가 흐를 때 인덕턴스 양단의 전압은

$$\begin{aligned} v &= L\frac{di}{dt} = L\frac{d}{dt}(I_m \sin\omega t) \\ &= LI_m \frac{d\sin\omega t}{dt} = \omega L I_m \cos\omega t \\ &= I_m \omega L \sin\left(\omega t + \frac{\pi}{2}\right) \\ &= V_m \sin\left(\omega t + \frac{\pi}{2}\right) \text{ [V]} \end{aligned}$$

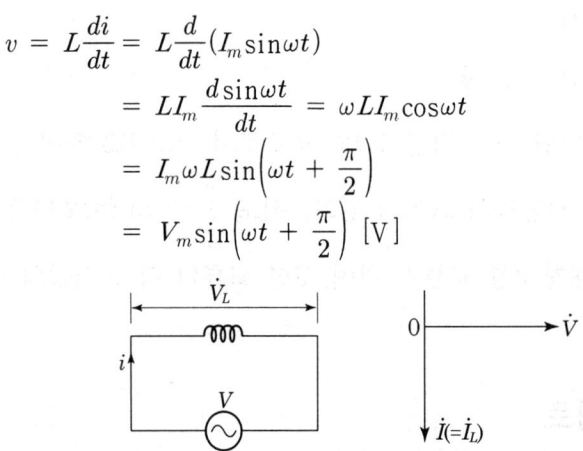

[인덕턴스 회로와 벡터도]

② 전압은 전류보다 $\frac{\pi}{2}$ [rad] (= 90°)만큼 위상이 앞선다.

③ 전압과 전류의 관계

$$\dot{V} = \omega L \dot{I} \text{ [V]}, \quad \dot{I} = \frac{\dot{V}}{\omega L} \text{ [A]}$$

④ 유도 리액턴스(X_L : inductive reactance)

순수한 저항(R)과 코일의 교류에 대한 저항(ωL : 전류가 전압보다 위상이 90° 뒤지는 현상)을 구별하여 ωL을 말하며, 단위로는 Ω을 사용한다.

$$X_L = \omega L = 2\pi f L \text{ [Ω]}$$

유도 리액턴스는 인덕턴스(L)와 주파수(f)에 정비례한다.

(3) 정전용량 회로

① 정전용량이 C[F]인 회로에 $v = V_m \sin\omega t$ [V]의 정현파 전압을 인가할 때, 흐르는 전류를 i [A], 커패시터에 축적되는 전하를 q라 하면

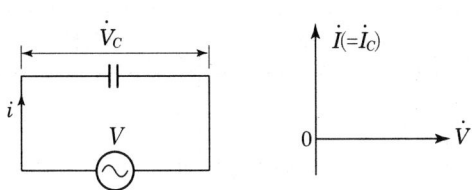

[정전용량회로와 벡터도]

$$i = \frac{dq}{dt} = \frac{d(CV)}{dt} = \frac{d(CV_m \sin\omega t)}{dt}$$
$$= CV_m \frac{d}{dt}\sin\omega t = \omega CV_m \cos\omega t$$
$$= \omega CV_m \sin\left(\omega t + \frac{\pi}{2}\right)$$
$$= I_m \sin\left(\omega t + \frac{\pi}{2}\right) \text{ [A]}$$

② 전류는 전압보다 $\frac{\pi}{2}$[rad](= 90°)만큼 위상이 앞선다.

③ 전압과 전류의 관계

$$\dot{I} = \omega C \dot{V} \text{ [A]}, \quad \dot{V} = \frac{1}{\omega C}\dot{I} \text{ [V]}$$

④ 용량 리액턴스(X_C : capacitive reactance)

$\frac{1}{\omega C}$(전류의 위상이 전압보다 90° 앞선다)을 말하며, 단위는 Ω을 사용한다.

$$X_C = \frac{1}{\omega C} = \frac{1}{2\pi f C} \text{ [Ω]}$$

> **참고**
> 용량 리액턴스는 정전용량(C)과 주파수(f)에 반비례한다.

(4) R, L, C 회로에서의 전압과 전류의 관계 요약

회로 방식	회로도	식	위상	벡터도
저항 회로		$v = V_m \sin\omega t$ $i = I_m \sin\omega t$	전압(V)과 전류(I)는 동상	

회로방식	회로도	식	위상	벡터도
유도회로		$i = I_m \sin\omega t$ $v = V_m \sin\left(\omega t + \dfrac{\pi}{2}\right)$	전압(V)은 전류(I)보다 $\dfrac{\pi}{2}$[rad] 앞선다.	
정전용량회로		$v = V_m \sin\omega t$ $i = I_m \sin\left(\omega t + \dfrac{\pi}{2}\right)$	전압(V)은 전류(I)보다 $\dfrac{\pi}{2}$[rad] 뒤진다.	

[2] RLC 직렬회로

(1) RL 직렬회로

① 저항 $R[\Omega]$과 $L[H]$를 직렬로 연결하고 $i = I_m \sin\omega t$의 전류가 흐를 때, 전류(I)에 의하여 저항(R)과 인덕턴스(L)에 생기는 전압강하를 $\dot{V}_R$, $\dot{V}_L$이라 하면

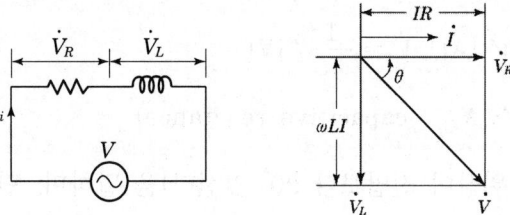

[RL 직렬회로와 벡터도]

$$\dot{V}_R = \dot{I} R$$

$$\dot{V}_L = j\omega L \dot{I}$$

② 전전압 $\dot{V}$ 는 $\dot{V} = \dot{V}_R + \dot{V}_L = \dot{I}(R + j\omega L) = IZ$

③ 임피던스는 Z, 단위는 옴[Ω]이다.

$$\tan\theta = \dfrac{j\omega LI}{IR} = \dfrac{j\omega L}{R}$$

$$\therefore \theta = \dfrac{1}{\tan}\dfrac{\omega L}{R} = \tan^{-1}\dfrac{\omega L}{R}$$

$$= \tan^{-1}\dfrac{2\pi fL}{R}$$

(2) RC 직렬회로

① 저항 $R[\Omega]$과 정전용량 $C[\text{F}]$의 커패시터가 직렬로 연결된 회로에 $i = I_m \sin\omega t$ [A]의 교류 전류가 흐를 때, 전류 I에 의하여 저항(R)과 커패시터(C)에서의 전압 강하를 $\dot{V}_R$, $\dot{V}_C$라 하면

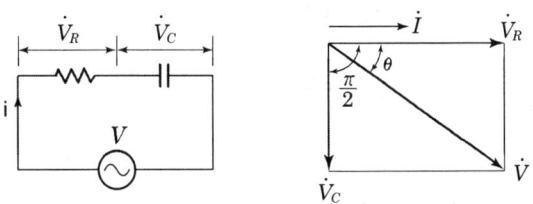

[RC 직렬회로와 벡터도]

$$\dot{V}_R = IR \qquad \dot{V}_C = -j\frac{1}{\omega C}\dot{I}$$

② 전전압 $\dot{V}$는 $\dot{V} = \dot{V}_R + \dot{V}_C = \dot{I}\left(R - j\frac{1}{\omega C}\right)$

③ 임피던스는 $\dot{Z}$, 단위는 옴[Ω]이다.

$$\dot{Z} = \frac{\dot{V}}{\dot{I}} = R - j\frac{1}{\omega C}$$

$$\tan\theta \frac{\dot{V}_C}{\dot{V}_R} = \frac{\frac{1}{\omega C}\dot{I}}{\dot{I}R} = \frac{1}{R\omega C}$$

$$\therefore \theta = \frac{1}{\tan}\frac{1}{R\omega C} = \tan^{-1}\frac{1}{R\omega C} = \tan^{-1}\frac{1}{2\pi f RC}$$

(3) RLC 직렬회로

① RLC 직렬회로에 $i = I_m \sin\omega t$ [A]의 전류가 흐를 때, 각 소자 양단의 전압강하를 $\dot{V}_R$, $\dot{V}_L$, $\dot{V}_C$라 하면

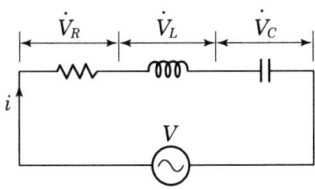

[RLC 직렬회로]

② 전전압 $\dot{V}$ 는

$$\dot{V} = \dot{V}_R + (\dot{V}_L - \dot{V}_C) = \dot{I}R + j\left(\omega L - \frac{1}{\omega C}\right)\dot{I}$$
$$= \dot{I}\left\{R + j\left(\omega L - \frac{1}{\omega C}\right)\right\}$$

③ 임피던스는 $\dot{Z}$, 단위는 옴[Ω]이다.

$$\dot{Z} = \frac{\dot{V}}{\dot{I}} = R + j\left(\omega L - \frac{1}{\omega C}\right)$$

$$\therefore \tan\theta = \frac{\dot{V}_L - \dot{V}_C}{\dot{V}_R} = \frac{I\left(\omega L - \frac{1}{\omega C}\right)}{\dot{I}R} = \frac{\omega L - \frac{1}{\omega C}}{R}$$

$$\dot{\theta} = \frac{1}{\tan}\frac{\omega L - \frac{1}{\omega C}}{R} = \tan^{-1}\frac{\omega L - \frac{1}{\omega C}}{R}$$

$$\dot{I} = \left(\frac{1}{R} - j\frac{1}{\omega L}\right)\dot{V} = \frac{\dot{V}}{\frac{1}{\frac{1}{R} - j\frac{1}{\omega L}}}$$

여기서 Y를 어드미턴스라 한다.

$$\therefore \frac{1}{Z} = \frac{1}{R} - j\frac{1}{\omega L}$$

$\frac{1}{R} = g$, $\frac{1}{\omega L} = b$ 라 하면 $\dot{Y} = g - jb$

g를 컨덕턴스(저항의 역수), b를 서셉턴스(리액턴스의 역수)라 한다.

④ 전압(V)과 위상차(θ)는

$$\dot{Y} = \frac{1}{Z} = \frac{1}{\frac{1}{R} - j\frac{1}{\omega L}}$$

㉠ $X_L > X_C$ 일 때, 즉 유도성으로 동작될 때

　　$X_L > X_C$ 일 때는 유도성 회로가 되어 전류는 전압보다 θ만큼 뒤진다.

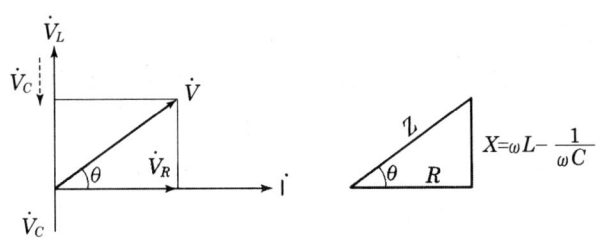

[유도성 RLC 직렬회로의 벡터도]

ⓛ $X_L < X_C$ 일 때, 즉 용량성으로 동작될 때

$X_L < X_C$ 일 때는 용량성 회로가 되어 전류는 전압보다 θ 만큼 앞선다.

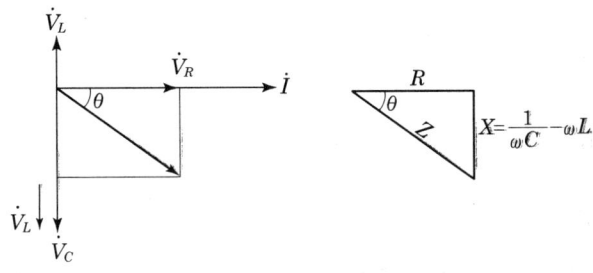

[용량성 RLC 직렬회로의 벡터도]

ⓒ $X_L = X_C$ 일 때, 즉 직렬 공진회로로 동작될 때

$X_L = X_C$ 일 때는 직렬 공진회로가 되어 전압과 전류의 위상이 동상이다.

[3] RL, RC, RLC 직렬회로에서의 임피던스, 전압 및 위상의 관계

회로방식	회로도	임피던스	전압	위상	벡터도
RL 직렬회로		$\dot{Z} = \sqrt{R^2 + X_L^2}$	$V = V_m \sin(\omega t + \theta)$	$\theta = \tan^{-1} \dfrac{X_L}{R}$ [rad] 즉 전류보다 전압의 위상이 θ [rad]만큼 앞선다.	
RC 직렬회로		$\dot{Z} = \sqrt{R^2 + X_C^2}$	$V = V_m \sin(\omega t - \theta)$	$\theta = \tan^{-1} \dfrac{X_C}{R}$ $= \tan^{-1} \dfrac{1}{\omega RC}$ [rad] 즉 전류보다 전압의 위상이 θ [rad]만큼 뒤진다.	

회로방식	회로도	임피던스	전압	위상	벡터도
RLC 직렬회로	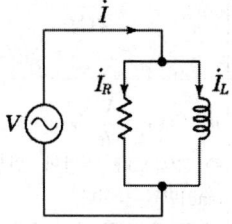	$\dot{Z} = \sqrt{R^2 + X^2}$	$V = V_m \sin(\omega t + \theta)$	$\theta = \tan^{-1}\dfrac{X}{R}$ $= \tan^{-1}\dfrac{X_L - X_C}{R}$ $= \tan^{-1}\dfrac{\omega L - \dfrac{1}{\omega C}}{R}$ [rad] $X_L > X_C$일 때는 유도성 회로가 되어 전류는 전압보다 θ만큼 뒤진다. $X_L < X_C$일 때는 용량성 회로가 되어 전류는 전압보다 θ만큼 앞선다.	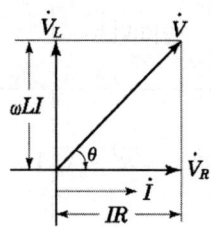 유도성 회로 용량성 회로

[4] RLC 병렬회로

(1) RL 병렬회로

① 저항(R)과 인덕턴스(L)가 병렬로 연결된 회로에 전압(V)을 가했을 때, 각 소자에 흐르는 전류를 각각 I_R, I_L이라 하면

$$I_R = \frac{V}{R}$$

$$I_L = \frac{V}{jX_L} = \frac{V}{j\omega L} = -j\frac{V}{\omega L}$$

$$\therefore I = I_R + I_L = \left(\frac{1}{R} - j\frac{1}{\omega L}\right)V\,[\text{A}]$$

[RL 병렬회로와 벡터도]

② 전류(I)와 위상차(θ)는

$$|I| = I = \sqrt{\left(\frac{1}{R}\right)^2 + \left(\frac{1}{\omega L}\right)^2}\,V\,[\text{A}]$$

$$\theta = \tan^{-1}\frac{-\frac{1}{\omega L}}{\frac{1}{R}} = \tan^{-1}\frac{R}{\omega L}\,[\text{rad}]$$

③ 전 전류($\dot{I}$)는 전압(V)의 $\sqrt{\left(\frac{1}{R}\right)^2 + \left(\frac{1}{\omega L}\right)^2}$ 배와 같고, 위상은 전압보다 $\tan^{-1}\frac{R}{\omega L}$ (즉 $=\theta$)만큼 뒤진다.

④ 합성 임피던스를 Z라 하며, 단위는 Ω이다.

$$Z = \frac{1}{\sqrt{\left(\frac{1}{R}\right)^2 + \left(\frac{1}{\omega L}\right)^2}}\,[\Omega]$$

(2) RC 병렬회로

① 저항(R)과 커패시터(C)가 병렬 연결된 회로에 전압(V)을 가했을 때, 각 소자에 흐르는 전류를 $\dot{I}_R$, $\dot{I}_C$라 하면

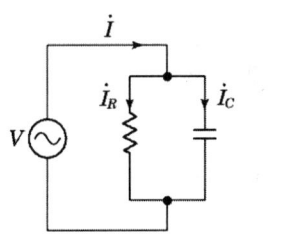 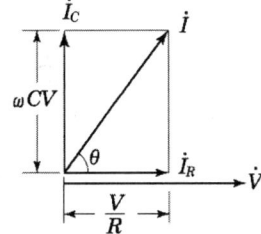

[RC 병렬회로와 벡터도]

$$\dot{I}_R = \frac{\dot{V}}{R}$$

$$\dot{I}_C = \frac{\dot{V}}{-jX_C} = j\omega C\dot{V}$$

$$\dot{I} = \dot{I}_R + \dot{I}_C = \frac{\dot{V}}{R} + j\omega C\dot{V} = \dot{V}\left(\frac{1}{R} + j\omega C\right)[\text{A}]$$

② 전 전류($\dot{I}$)와 위상차(θ)는

$$|\dot{I}| = \dot{I} = \dot{V}\sqrt{\left(\frac{1}{R}\right)^2 + (\omega C)^2}\,[\text{A}]$$

$$\theta = \tan^{-1}\frac{\omega C}{\frac{1}{R}} = \tan^{-1}\omega RC[\text{rad}]$$

③ 합성 임피던스를 $\dot{Z}$ 라 하며, 단위는 Ω이다.

$$\dot{Z} = \frac{1}{\sqrt{\left(\frac{1}{R}\right)^2 + \left(\frac{1}{\omega C}\right)^2}}[\Omega]$$

> **참고**
> 전류는 전압보다 위상이 앞선다.

(3) RLC 병렬회로

① R, L, C 소자를 병렬 연결한 회로에 교류전압(V)을 가했을 때, 각 소자에 흐르는 전류는

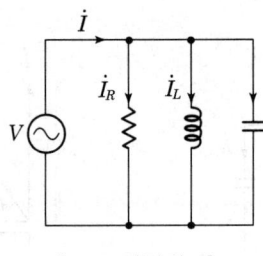

[RLC 병렬회로]

$$\dot{I}_R = \frac{\dot{V}}{R}$$

$$\dot{I}_L = \frac{\dot{V}}{-j\omega X_C} = -j\omega C\dot{V}$$

$$\dot{I}_C = \frac{\dot{V}}{-jX_C} = \frac{\dot{V}}{-j\frac{1}{\omega C}} = -j\omega C\dot{V}$$

전 전류 $\dot{I}$ 는

$$\dot{I} = \dot{I}_R + \dot{I}_L + \dot{I}_C = \frac{V}{R} - j\frac{V}{\omega L} + j\omega CV$$

$$= \left\{\frac{1}{R} + j\left(\omega C - \frac{1}{\omega L}\right)\right\}[\text{A}]$$

$$\therefore I = \sqrt{I_R^2 + I_X^2} = \sqrt{I_R^2 + (I_C - I_L)^2}$$
$$= V\sqrt{\left(\frac{1}{R}\right)^2 + \left(\omega C - \frac{1}{\omega L}\right)^2} \,[A]$$

② 임피던스 $\dot{Z}$ 는

$$\dot{Z} = \frac{1}{\frac{1}{R} + j\left(\omega C - \frac{1}{\omega L}\right)} = \frac{1}{\frac{1}{R} + j\left(\frac{1}{X_C} - \frac{1}{X_L}\right)}$$

$$\therefore \dot{Z} = \frac{1}{\sqrt{\left(\frac{1}{R}\right)^2 + \left(\omega C - \frac{1}{\omega L}\right)^2}} \,[\Omega]$$

③ 위상차 θ 는 $\theta = \tan^{-1}\left(\omega C - \frac{1}{\omega L}\right)R$ [rad]

④ 리액턴스(reactance) X는 전류(I)에 반비례한다.

㉠ $X_L < X_C$인 경우($I_L < I_C$인 경우)

$\dot{I}$ 는 $\dot{V}$ 보다 θ만큼 뒤진다.

$$\dot{I} = \dot{I}_L - \dot{I}_C = \frac{\dot{V}}{X_L} - \frac{\dot{V}}{X_C} = \dot{V}\left(\frac{1}{X_L} - \frac{1}{X_C}\right)[A]$$

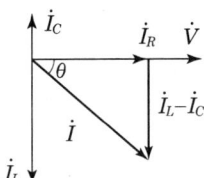

[RLC 병렬회로의 용량성 벡터도]

㉡ $X_L > X_C$인 경우($I_L > I_C$인 경우)

$\dot{I}$ 는 $\dot{V}$ 보다 θ만큼 앞선다.

$$\dot{I} = \dot{I}_C - \dot{I}_L = \frac{\dot{V}}{X_C} - \frac{\dot{V}}{X_L} = \dot{V}\left(\frac{1}{X_C} - \frac{1}{X_L}\right)[A]$$

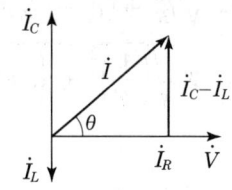

[RLC 병렬회로의 유도성 벡터도]

ⓒ $X_L = X_C$인 경우($I_L = I_C$인 경우)

$\dot{I}$ 와 $\dot{V}$ 는 동상으로 병렬공진이 된다.

$\dot{I} = \dot{I}_C - \dot{I}_L = 0[A]$, 즉 $I_C = I_L$

(4) RL, RC, RLC 병렬회로의 어드미턴스, 전류 및 위상관계 요약

회로방식	회로도	어드미턴스	전류	위상	벡터도
RL 병렬회로		$\dot{Y} = \sqrt{G^2 + B^2}$ $= \dfrac{\sqrt{R^2 + (\omega L)^2}}{\omega RL}$	$\dot{I} = \sqrt{\left(\dfrac{1}{R}\right)^2 + \left(\dfrac{1}{\omega L}\right)^2} V$	$\theta = \tan^{-1} \dfrac{\dfrac{1}{\omega L}}{\dfrac{1}{R}}$ $= \tan^{-1} \dfrac{R}{\omega L}[\text{rad}]$	
RC 병렬회로		$\dot{Y} = \sqrt{\left(\dfrac{1}{R}\right)^2 + \left(\dfrac{1}{X_C}\right)^2}$	$\dot{I} = \sqrt{\left(\dfrac{1}{R}\right)^2 + (\omega C)^2} V$	$\theta = \tan^{-1} \dfrac{\omega C}{\dfrac{1}{R}}$ $= \tan^{-1} \omega RC[\text{rad}]$	
RLC 병렬회로		$\dot{Y} = \sqrt{\left(\dfrac{1}{R}\right)^2 + \left(\omega C - \dfrac{1}{\omega L}\right)^2}$	$\dot{I} = \sqrt{\left(\dfrac{1}{R}\right)^2 + \left(\omega C - \dfrac{1}{\omega L}\right)^2} V$	$X_L < X_C$인 경우, 용량성 회로로 전압보다 전류가 $\theta[\text{rad}]$만큼 뒤진다.	
				$X_L < X_C$인 경우, 유도성 회로로 전압보다 전류가 $\theta[\text{rad}]$만큼 앞선다.	

3 자석에 의한 자기 현상

[1] 자석에 의한 자기 현상

① 자기력(magnetic force) : 같은 자극끼리는 서로 밀어 내고, 다른 자극끼리는 서로 끌어당기는 성질
② 자기장(magnetic field) : 자기력이 미치는 공간
③ 자극의 세기는 그 자극이 가지는 자기량의 대소에 따라 결정된다.
   단위는 웨버(weber)[Wb]
④ 1Wb는 자기량이 같은 두 개의 자극을 1m의 거리에 놓았을 경우, 두 자극 사이에 작용하는 힘이 6.33×10^4[N]일 때의 각 자극의 세기

[2] 쿨롱의 법칙(Coulomb's law)

① 두 자극 사이에 작용하는 힘은 그 거리의 제곱에 반비례하고, 두 자극의 세기의 곱에 비례하며, 힘의 방향은 두 자극을 잇는 직선상에 위치한다.
② m_1[Wb], m_2[Wb]의 세기를 가진 두 개의 자극을 진공 중에서 r[m]의 거리에 놓았을 때 서로 작용하는 자기력 F는

$$F = \frac{1}{4\pi\mu_0} \cdot \frac{m_1 m_2}{r^2} = 6.33 \times 10^4 \frac{m_1 m_2}{r^2} [N]$$

μ_0는 진공의 투자율(magnetic permeability)로서

$$\mu_0 = 4\pi \times 10^{-7} [H/m]$$

[쿨롱의 법칙]

[3] 자기유도

① 자기유도(magnetic induction) : 물체가 자화되어 자기를 띠는 현상
② 강자성체 : 가해 준 자기장과 같은 방향으로 강하게 자화되는 물질

> 예 철, 니켈, 코발트, 망간, 퍼멀로이, 페라이트 등

③ 반자성체 : 가해 준 자기장과 반대 방향으로 자화되는 물질

> 예 은, 구리, 안티몬, 비스무트, 수소, 질소, 물, 아연, 납, 게르마늄 등

④ 상자성체 : 가해 준 자기장과 같은 방향으로 약하게 자화되는 물질

> 예 알루미늄, 산소, 공기, 주석, 백금 등

[4] 자기장의 세기

① 자기장(또는 자계) : 자기력이 미치는 공간

② 자기장 안의 임의의 점에 1[Wb]의 자극에 작용하는 자기력이 1[N]이 되는 것을 1[AT/m]라 한다.

③ 진공 중에 있는 m[Wb]의 자극에서 r[m]의 거리에 있는 점의 자기장의 세기 H는

$$H = \frac{1}{4\pi\mu_0} \cdot \frac{m}{r^2} = 6.33 \times 10^4 \frac{m}{r^2} [\text{AT/m}]$$

④ 자기장의 세기가 H[AT/m]인 자기장 중에 m[Wb]의 자극을 놓았을 때 자기력 F는

$$F = mH[\text{N}]$$

4 전류에 의한 자기현상

[1] 직선 전류에 의한 자기장

① 직선 도선에 전류가 흐르면 그 주위에 자기장이 생기고, 자력선은 도선을 중심으로 원을 그리는 방향으로 발생한다.

② 직선 도선에 I[A]의 전류가 흐를 때 도선에서 r[m] 떨어진 점 P에서 자기장의 세기 H는 $H = \dfrac{I}{2\pi r}[\text{AT/m}]$

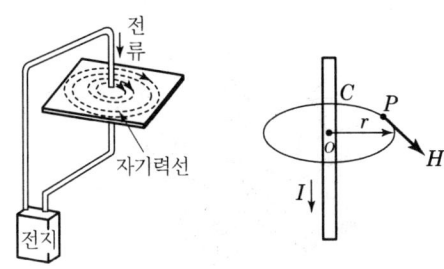

[직선 전류에 의한 자기장]

[2] 원형 코일에 의한 자기장

① 도선을 원형으로 감은 코일에 전류를 흘리면 도선을 쇄교하는 자기력선은 코일의 내부에서 서로 합해지므로 강한 자기장이 발생한다.

② 코일의 감은 횟수가 많을수록 강한 자기장이 만들어진다.

③ 반지름 r[m], 감은 횟수가 1회인 코일에 전류를 흘릴 때, 코일 중심에서의 자기장의 세기 H는

$$H = \frac{I}{2r}[\text{AT/m}]$$

④ 코일의 감은 횟수가 N회이면 코일 중심에서의 자기장의 세기 H는

$$H = \frac{NI}{2r}[\text{AT/m}]$$

[3] 전자력과 전자유도

(1) 자기장 속에서 전류가 받는 힘

전자력(electromagnetic force) : 자기장과 전류 사이에 작용하는 힘

(2) 플레밍의 왼손법칙(Fleming's left hend rule)

자기장 안에 놓여 있는 도선에 전류가 흐를 때 도선이 받는 전자력의 방향은 왼손의 세 손가락을 서로 직각 방향으로 펼치고, 집게손가락은 자기장의 방향, 가운뎃손가락은 전류의 방향으로 하면 엄지손가락의 방향이 전자력의 방향이다.

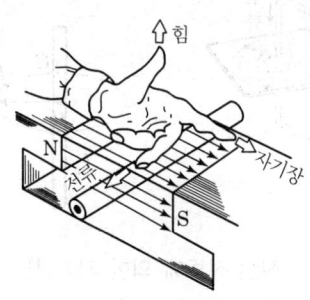

[플레밍의 왼손법칙]

(3) 전자력의 크기

① 자속밀도(magnetic field density) : 직각으로 단위 면적을 통과하는 자속의 수
② 자속 밀도가 B인 자기장 내에서 자기장과 직각으로 도체를 놓고 전류 I[A]를 흘리면 길이 l[m]의 도체가 받는 힘 F는

$$F = IBl [\text{N}]$$

③ 자기장과 도선이 θ의 각을 이룰 경우의 힘 F는

$$F = IBl \sin\theta [\text{N}]$$

[4] 전자유도

(1) 패러데이의 법칙(Faraday's law)

① 전자유도 : 코일을 지나는 자속이 시간에 따라 변화하면 코일에 기전력이 유도되는 현상
② 전자유도에 의하여 회로에 유기되는 기전력은 이 회로와 쇄교하는 자속의 증감에 비례한다.

(2) 렌츠의 법칙(Lenz's law)

① 유도 기전력과 유도 전류의 방향은 자속의 증감을 방해하는 방향이다.

(3) 플레밍의 오른손법칙(Fleming's right hand rule)

자기장 안에서 도체가 운동하여 자속을 끊었을 때 기전력의 방향을 아는 데 편리한 법칙으로, 오른손의 세 손가락을 서로 직각이 되도록 펼치고, 집게손가락은 자속의 방향, 엄지손가락은 도체의 운동 방향이 되도록 하면 가운뎃손가락의 방향이

도체에 생기는 유도 기전력의 방향이다.

(4) 유도 기전력의 크기

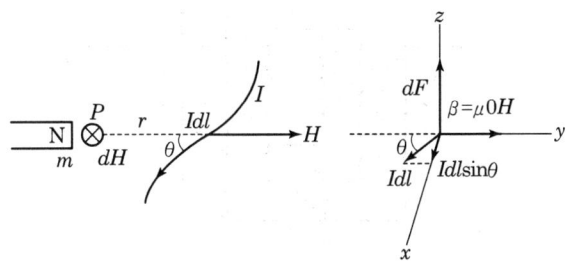

[유도 기전력의 크기]

① 코일에 유도되는 기전력은 단위 시간에 쇄교하는 자속 수에 비례한다.
② N회의 코일마다 $\Delta t[\text{sec}]$ 동안에 $\Delta[\text{Wb}]$ 만큼의 자속이 증가하였다면 유도 기전력의 크기 e는

$$e = -N\frac{\Delta\phi}{\Delta t}[\text{V}]$$

>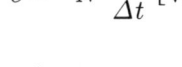
> (-)의 부호는 유도기전력 e의 방향과 자속 ϕ의 방향이 서로 반대임을 뜻함

(5) 발전기의 원리

① 전기자 코일을 축으로 하여 자기장과 직각으로 놓고 반시계 방향으로 돌리면 전기자 코일에 기전력이 유도된다.
② 전기자 코일을 같은 속도로 회전시키면 연속적으로 동일한 기전력을 얻는 것이 발전기의 원리이다.

(6) 변압기의 원리

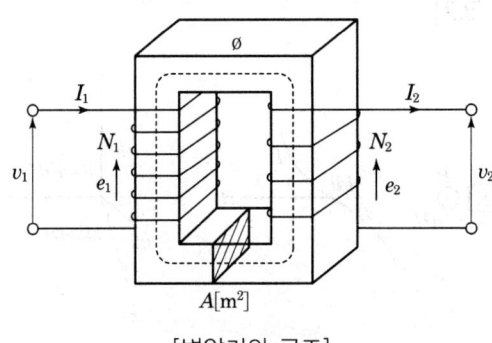

[변압기의 구조]

① 전기에너지를 자기적 에너지로 변환한 후에 자기적 에너지를 전기에너지로 변환하는 장치
② 유도 전압과 전류의 크기는 1차 코일과 2차 코일의 권선 수에 따라 변화

$$\frac{e_1}{e_2} = \frac{I_2}{I_1} = \frac{N_1}{N_2} = a$$

N_1 : 1차측의 권선 수, N_2 : 2차측의 권선 수

> **참고**
> a는 권선 수의 비 또는 전압비

Chapter 02 이동통신 기지국 설치

무/선/설/비/기/능/사

1 부대설비 설치하기

1 전력변환장치 개요

[1] 전력변환장치 개요

전력변환(Power Conversion)이란 전력의 형태를 변환하고, 그 흐름(방향, 크기, 주파수 등)을 제어하는 것을 말한다.

① 전력변환의 형태
  ㉠ AC/DC(교류/직류) 간의 변환
  ㉡ 전압, 전류의 크기 및 주파수의 제어
  ㉢ 이들 모두를 포함

② 전력변환기 또는 전력변환 회로/전력 컨버터/제어 정류기(Power Converter)
  주 전원을 받아서 이를 안정적이고 쓸모있는 전원 형태로 변환 공급하는 전력 조절 역할을 하는 회로 또는 장치를 일컫는다.

③ 전력변환기(컨버터)의 구분

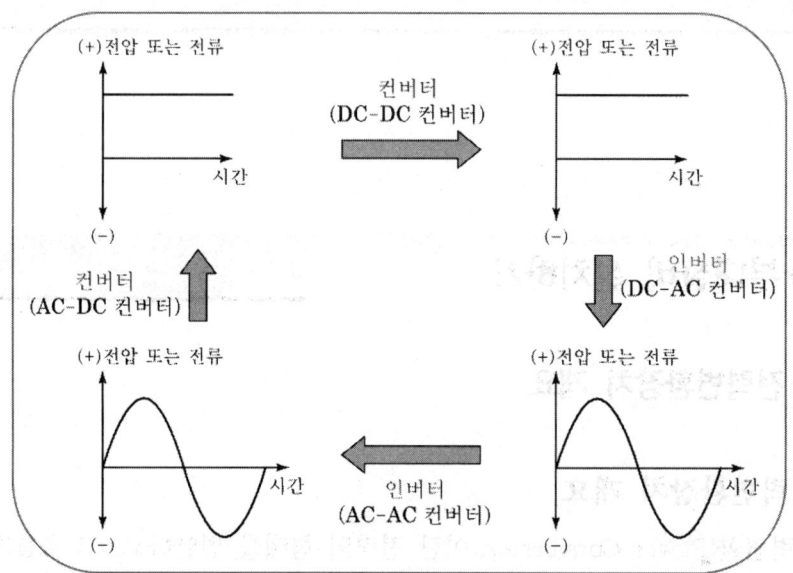

[전력변환 시스템의 분류]

출력전류 입력전류	직류(DC)	교류(AC)
직류(DC)	• (DC 초퍼, 일종의 직류 변압기 : 직류 → 직류의 크기 변환) • DC 전압의 변환 및 안정화 • 구분 : 선형 레귤레이터, 스위칭 레귤레이터 • 승압/강압 구분 : 강압 변환기(Buck), 승압 변환기(Boost), 승강압 변환기 • 용도 : 직류 전동기의 속도 제어 등에 사용됨	• (인버터 : 직류 → 교류) (직류 → 가변 주파수, 가변 전압의 교류) • 단상 인버터, 삼상 인버터 • 용도 : 무정전 교류 전원장치, 교류 전동기 구동 등에 사용됨 • 또한, 신재생에너지 분야의 연계형 인버터 등에서 볼 수 있음
교류(AC)	• (정류기 또는 컨버터라고도 함 : 교류 → 직류) • 다이오드 정류기(전원 주파수가 교류 → 일정 직류) • 위상제어 정류기(전원 주파수가 교류 → 가변 직류)	• (사이클로 컨버터/변압기 : 교류 → 교류의 크기, 주파수 변환) • 교류 전압의 크기 변환 및 주파수 변환 • 용도 : 조명기의 빛 제어, 유도 전동기의 속도 제어, 공급 전압의 주파수

[2] 인버터(Inverter, DC-AC 전력변환기)

직류를 원하는 크기, 주파수의 교류로 변환(가변 주파수, 가변 전압)

① 인버터의 주요 사용 분야
  ㉠ 무정전 교류전원장치 : 평상시에는 상용전원(AC)을 부하에 공급하고, 상용전원에 이상 발생시에 UPS 직류를 교류로 변환시켜 무순단으로 부하에 AC 전원을 공급
  ㉡ 교류전동기 구동 : 교류전동기의 구동 시에 단자 전압의 크기 및 주파수 조정이 필요

② 인버터의 유형 분류
  ㉠ 전원의 형태에 따라 전압형 인버터(VSI, voltage-source inverter), 전류형 인버터(CSI, current-source inverter)
  ㉡ 크기 제어 방식에 따라 PAM 인버터 : 6-step, multi-step, VVI, VVO(VV : variable-voltage), PWM 인버터 : mulitple PWM, hysteresis
  ㉢ 출력 상수에 따라 단상 인버터, 3상 인버터, 다상 인버터
  ㉣ 부하와의 접속 형태에 따라 직렬형 인버터(series inverter), 병렬형 인버터(parallel inverter)
  ㉤ 회로의 구성에 따라 Half-bridge 인버터, Full-bridge 인버터로 구분

[3] 컨버터(Converter)

신호 또는 에너지의 형태를 바꾸는 장치를 통칭하나 전력분야에서는 교류와 직류 간의 변환, 교류의 주파수 상호변환, 상수(相數)의 변환 등을 하는 장치를 말하며, 좁은 뜻으로는 교류를 직류로 변환하는 장치를 말한다.

① DC-DC 전력 변환(DC-DC Power Conversion) : 직류 입력 전압을 가변 직류 출력 전압의 크기와 흐름을 제어
② DC-DC 전력변환기(컨버터) 또는 DC 쵸퍼 또는 직류 변압기
  ㉠ DC 전압을 강압 또는 승압시키는 일종의 직류 변압기
    ⓐ 강압형 : Buck 컨버터(Step-down 컨버터)
    ⓑ 승압형 : Boost 컨버터(Step-up 컨버터)

ⓒ 승/강압형 : Buck-Booster 컨버터, Cuk 컨버터, Full-bridge 컨버터
ⓛ DC 안정화 구분
ⓐ 선형 레귤레이터(Linear Regulator) : 선형 제어 방식
ⓑ 스위칭 레귤레이터(Switching Regulator) : 스위칭 모드 제어 방식
ⓒ 주로, 스위칭 모드형 컨버터(스위치 모드 전력변환기)
ⓐ 원리 : 스위칭 온/오프 시간 제어에 의해 평균 출력 전압을 만들어냄
ⓑ 구성 : 전력 반도체 소자, 변압기, 인덕터, 커패시터 등
③ DC 쵸퍼 작동 방식
㉠ 동작 방식 : 직류를 잘게 자르며 도통 및 차단 시간의 비를 변화(시비율 제어)시키거나, 부하에 걸리는 평균적인 전압, 전류의 비를 변화(평균 크기 제어)할 수 있게 된다.
㉡ 듀티비 가변 방법에 따른 방식 구분
ⓐ PWM 방식 : 스위칭 주파수를 일정하게 유지하면서, 턴 온 시간을 가변시켜 듀티비 제어
ⓑ FM 방식 : 턴온 또는 턴오프 시간은 일정하게 유지하나, 스위칭 주파수를 가변시켜 듀티비 제어
④ 특징 및 응용
㉠ 특징 : 원활한 가속 제어, 고효율, 빠른 동특성 응답 등
㉡ 응용 : 직류전동기의 속도 제어 등

Chapter 03 IoT통신망 전원 설비 실무

무/선/설/비/기/능/사

1 전원시설 구성하기

1 태양발전설비 개요

[1] 태양광 발전 설비

태양전지에서 발생하는 광기전력 효과를 이용하여 태양으로부터 나오는 빛에너지를 전기에너지로 변환하는 발전방식. 발생한 전력은 다시 인버터를 통해 직류 전력에서 교류 전력으로 변화하여 가정이나 산업분야 등의 전력공급원으로 쓰인다.

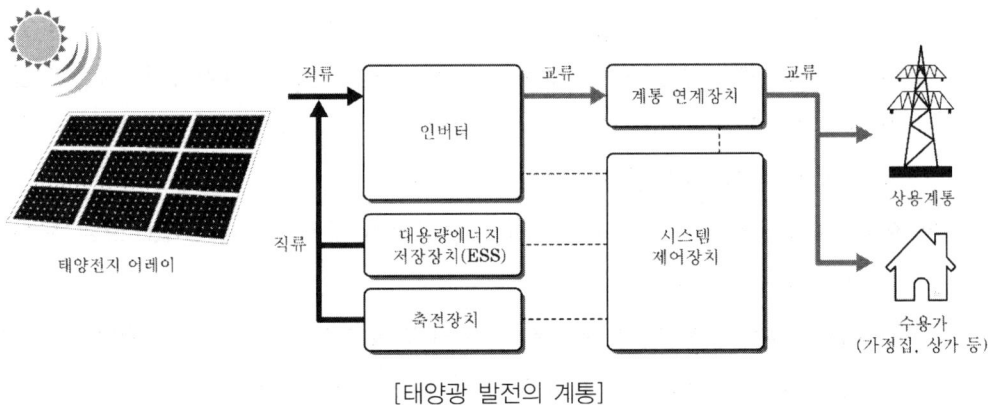

[태양광 발전의 계통]

(1) 태양광 발전 시스템의 분류

① 계통 연계 시스템(Grid - Connected System) : 태양광 발전으로 얻은 전기와 전력회사에서 제공하는 전기에너지와 연계하는 지역 공동주택, 상가 빌딩 등 큰 규모의 발전 시스템에 주로 사용하며, 심야나 악천후처럼 태양광 발전으로

전기를 공급받을 수 없을 때에는 기존의 전력 시스템으로부터 전기를 공급받고 태양광 발전으로 얻은 전기가 남을 경우에는 거꾸로 전력 시스템으로 보내줄 수도 있으므로 축전지(Battery)가 필요치 않다.

② 독립형 시스템(Stand Alone System) : 산간 외지 또는 외딴 섬, 인공위성, 중계소, 등대 등과 같이 전기가 들어오지 않는 지역에서 태양광 발전으로만 전기를 공급하는 시스템으로 전기를 발전하는 태양광 모듈, 심야나 악천 후에도 전기를 쓰기 위해서 발전된 전기를 저장해 두는 축전지(Battery)로 발전된 직류를 교류로 변환해 주는 인버터(Inverter)로 구성된다.

③ 하이브리드 시스템(Hybrid System) : 계통 연계형과 독립형의 혼합 형태의 태양광 발전 시스템으로 바람을 이용한 풍력발전이나 화력발전 등과 결합하여 태양광 발전 시설을 구성하고 발전된 전력을 주간에 사용하고 잉여전력을 축전하여 야간에 사용하며, 악천후 때 부족한 전력을 디젤 발전기, 풍력 발전기의 보조 전원을 사용하는 시스템이다.

(2) 태양광 시스템의 구성

① 태양광 모듈(어레이) : 태양광 발전 시스템의 핵심 부품으로 태양빛을 전기에너지로 변환시키는 장치이다. 고장이 적지만 태양광 발전량과 가장 관련이 있는 요소로 태양광 발전소 시공 비용에서 가장 많은 비중을 차지하며, 태양광 발전에서 가장 기본이 되는 태양전지를 셀이라고 부르고, 셀이 모여 모듈이 되고, 모듈이 모여 패널이 된다.

② 인버터(Inverter) : 직류전원(DC)을 안정적인 상용 교류전원(AC)으로 변환하는 기능을 담당한다.

　㉠ 태양전지의 온도 변화 및 일사 강도의 변화에 따른 출력전압, 출력전류의 변화에 대하여 태양전지의 출력을 항상 최대한으로 끌어낸다.

　㉡ 전력회사의 배전선로에 악영향을 미치지 않도록 고조파 전류를 억제한 전류를 출력한다.

　㉢ 잉여전력을 역송전할 경우에는 주택 내의 전압을 정해진 범위로 유지하기 위해 전압조정을 자동적으로 행한다.

　㉣ 전력회사의 정전 시 단독 운전방지 기능을 한다.

③ 접속반(MJB) : 태양전지 모듈과 인버터 사이에 사용되어 모듈에서 발생되는 직류전력을 직·병렬 연결하여 시스템에서 필요로 하는 전력으로 집합시키는 장치로 인버터를 보호하고 모듈 간의 충돌 방지 및 보호기능을 한다.

④ 감시(모니터링) 시스템 : 감시(모니터링) 시스템은 태양광발전 상태를 계측, 누적, 진단, 이상이나 고장 등을 감시하는 역할을 한다.

(3) 태양광 발전의 장·단점

① 태양광 발전의 장점

㉠ 무한의 친환경적 무공해 에너지원으로 공해를 유발하지 않는다.

㉡ 전기에너지 생산을 위한 연료를 필요 없고 소음도 없다.

㉢ 다른 발전시설보다 부지 제약이 적어 필요한 지역에서 발전이 용이하다.

㉣ 사고 위험이 적고 유지보수가 용이하다.

㉤ 긴 수명을 갖는다.

㉥ 설치가 용이하며 시설의 설치 비용도 타발전 시설의 설치에 비해서 저렴하다.

② 태양광 발전의 단점

㉠ 태양광 발전을 이용하기 위해서는 상당히 큰 규모의 부지가 필요하다.

㉡ 시스템을 구성하는 태양광 모듈과 인버터 등의 비용이 높아 초기 투자비용이 높다.

㉢ 날씨의 영향과 지역별 일사량 변동에 따른 발전량의 편차가 크다.

[2] 에너지 저장 시스템(ESS, Energy Storage System)

에너지 저장장치로서 태양광 발전을 전력계통 저장장치에 저장(주로 심야 시간대의 잉여전력을 저장)하였다가, 전력이 필요한 시기에 공급하여 에너지 효율을 높이는 시스템으로 배터리, 전력변환장치(PCS), 제반운영 시스템(PMS, EMS)으로 구성된다.

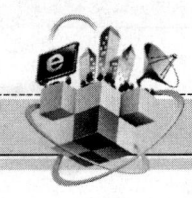

무선설비기능사 이론

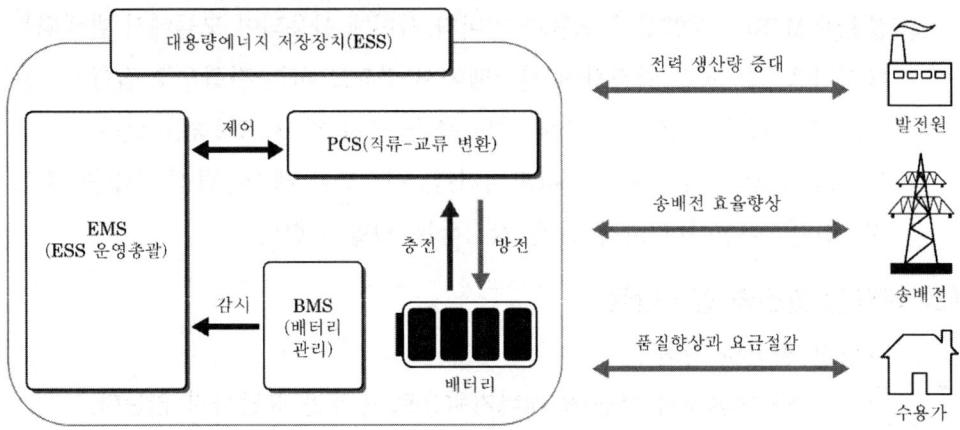

[ESS(에너지 저장장치) 시스템의 구성]

(1) ESS(에너지 저장장치) 시스템 구성

① 전력 저장원(ESS 축전지, Battery) : 전력을 저장하는 장치로서 LiB(리튬이온전지), NaS(나트륨황 전지), RFB(레독스 흐름 전지), Super Capacitor(슈퍼 커패시터), Flywheel(플라이휠), CAES(압축공기저장) 등이 사용된다.

기술방식에 따라 물리적, 화학적, 전자기적 장치로 분류하며 화학적 전지가 향후 전력 계통에서 활용 잠재성이 큰 방식으로 화학적 전지 중 리튬이온 전지는 에너지 밀도가 높고 효율이 높아 전기차와 모바일 기기 수요 증가 등 생산 규모 확대에 따라 가격이 급락하고 있어 시장이 빠르게 확대되고 있다.

저장 방식	에너지 저장장치의 종류
물리적 저장 (mechanical)	• 양수발전(PHS, Pumped Hydro Storage) • 압축공기저장장치(CAES, Compressed Air Energy Storage) • 플라이휠(Flywheels)
화학적 저장 (electrochanical)	• 리튬이온전지(LIB, Lithium Ion Battery) • 나트륨황전지(NaS) • 납축전지(Lead acid) • 흐름전지(RFB, Redox Flow Battery)
전자기적 저장 (electromagnetic)	• 슈퍼 커패시터(Super Capacitor) • 초전도에너지저장(SMES, Superconducting Magnetic Energy Storagy)

② 전력변환시스템(PCS, Power Conditioning System) : 교류전기를 직류전기로

전환하여 배터리에 저장하는 역할과 방전할 때 직류전기를 교류전기로 변화하는 양방향 인버터 역할을 한다.

③ 에너지관리시스템(EMS, Enegy Management System) : 모니터링, 제어 관리가 가능한 프로그램으로 ESS 충전과 방전의 조건을 설정하여 운영할 수 있어 ESS를 보다 효율적 운영이 가능하다.

　㉠ 전력관리시스템(PMS, Power Conditoning System) : 전력 조절장치
　㉡ 배터리관리시스템(BMS, Battery Management System) : 배터리 팩(Battery Pack)의 전압, 전류 및 온도를 모니터링하여 최적의 상태로 유지 관리하여, 배터리의 교체 시기 예측 및 배터리 문제를 사전에 발견하는 등 배터리를 관리하는 중요한 역할을 한다.

(2) ESS(에너지저장장치) 시스템의 용도

주파수 조정, 신재생 에너지 연계, 수요 반응, 비상 발전 등에 활용함으로써 전력 피크 억제, 전력품질 향상 및 전력 수급 위기 대응이 가능하다.

① 주파수 조정 : 실시간으로 변하는 주파수에(60[Hz]) 즉각적인 충·방전으로 전력 균형(Power Balance) 유지
② 신재생 에너지 연계 : 단속적인 풍력, 태양광 발전원의 출력 보정 및 급전지시 연동 가능
③ 수요 반응 : 저렴할 때 충전하여 비쌀 때 방전하여 전기 요금을 절감하고, 수요 관리시장의 감축 지시에 반응하여 보상금 수령
④ 비상 발전 대체 : 정전 방지를 통한 안정적 전력 공급 수단인 비상(예비)전원으로 활용

Chapter 04 아날로그 회로 설계

1 회로 구성하기

1 입소자의 물성 특성

[1] 전자의 개념

(1) 원자와 전자

모든 물질은 매우 작은 분자(molecule)로 이루어져 있으며, 분자는 여러 종류의 원자(atom)의 집합으로, 구성하는 원자의 종류와 결합 형태의 종류에 따라 그 물질의 고유한 성질을 갖는다.

① 양자(proton) : 원자의 구조의 중심 부분에서 (+) 전기를 갖는 것

양자의 전기량 : 1.602×10^{-19} [C]

양자의 질량 : 1.673×10^{-27} [kg](전자 질량의 1,840배)

② 중성자(neutron) : 원자의 구조의 중심 부분에서 전기를 갖지 않는 것
③ 원자핵(atomic nucleus) : 양자와 중성자 모두를 말한다.
④ 전자(electron) : 원자핵의 주위를 돌고 있는 (-) 전기를 갖는 것

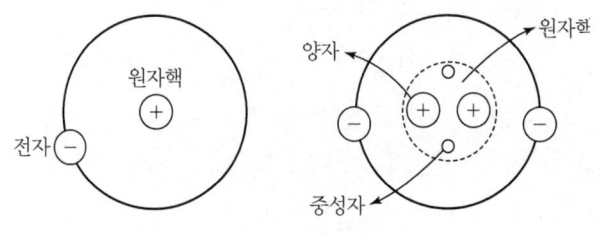

[양자와 전자]

(2) 자유전자

① 전기적으로 안정된 원자에 외부에너지(빛이나 열 등)를 가하면 멀리 떨어진 궤도에 있는 전자는 원자핵의 구속력에서 벗어나 자유로이 움직일 수 있는데 이를 자유전자라 한다.
② 온도가 상승하면 물질 중의 자유전자의 운동이 활발해진다.

전자의 전기량 : $-1.602189 \times 10^{-19}$[C]
전자의 질량 : 9.109534×10^{-31}[kg]

(3) 전기의 발생

① 물질은 정상 상태에서는 양자의 수와 전자의 수가 서로 같으므로 전기적으로 중성 상태에 있다.
② 대전 : 자유전자의 들어오고 나감에 의해 음전기 또는 양전기를 갖게 되는 현상
③ 전기량 : 대전된 물질이 갖는 전기의 양으로 단위는 쿨롬(coulomb : C)을 사용

$$1[C] = \frac{1}{1.602 \times 10^{-19}} ≒ 0.624 \times 10^{19} [개]$$

(4) 반도체의 종류

반 도 체		
진성 반도체	불순물 반도체	
	N형 반도체	P형 반도체

① 진성 반도체 : 불순물이 첨가되지 않은 순수한 반도체로 실리콘(Si), 게르마늄(Ge)이 이에 속한다.
② 불순물 반도체 : 진성 반도체의 전기 전도성을 향상시키기 위하여 불순물을 첨가한 반도체로 N형과 P형의 반도체가 있다.
  ㉠ N형 반도체 : 4개의 전자를 갖는 진성 반도체에 원자가 5가인 불순물 원자(비소[As], 인[P], 안티몬[Sb])를 혼입하면 공유 결합을 이루고 1개의 전자가 남는다. 이를 과잉전자 또는 도너(donor)라 한다.

> **참고**
> 다수 반송자 : 전자, 소수 반송자 : 정공

ⓒ P형 반도체 : 4개의 전자를 갖는 진성 반도체에 원자가 3가인 불순물 원자 (인듐[In], 붕소[B], 알루미늄[Al], 갈륨[Ga])의 억셉터(Acceptor)를 혼입하면 1개의 전자가 부족하게 되며, 이는 1개의 정공이 남는 상태이다.

> 참고
> 다수 반송자 : 정공, 소수 반송자 : 전자

[2] PN 접합 이론

(1) PN 접합

P형 반도체와 N형 반도체를 접합하고 전압을 가하면 N형 반도체의 전자는 P형 반도체 쪽으로, P형 반도체의 정공은 N형 반도체 쪽으로 이동하게 되어 N형 반도체의 에너지 준위는 P형 반도체 에너지 준위 eV만큼 높아지므로, 에너지 장벽이 낮아져 N형 반도체의 전자는 이를 뛰어넘어 확산한다.

P형에 -전압을 N형에 +전압을 가하면 페르미 준위는 P형 반도체보다 N형 반도체가 eV만큼 낮아져, 에너지 장벽은 더욱 높아져 캐리어 이동은 거의 없어 전류가 흐르지 않게 된다.

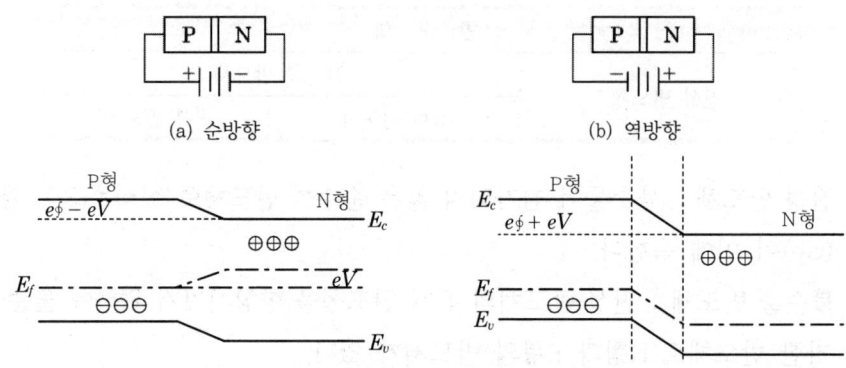

[PN 접합의 에너지 준위]

(2) 다이오드(Diode)

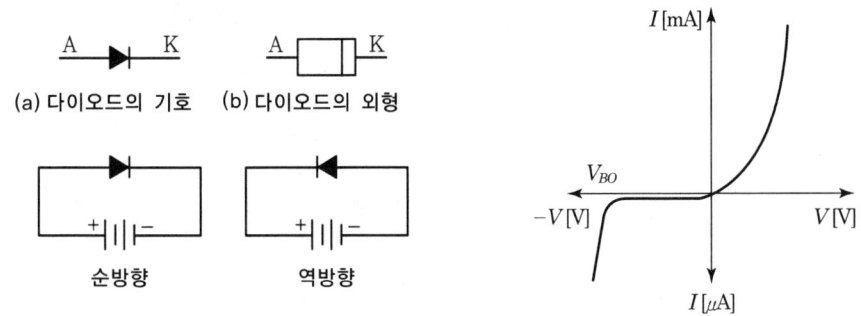

[다이오드의 기호와 외형 및 전류곡선]

① 다이오드는 전압을 가하는 방법에 따라 어느 한 방향(순방향)으로는 전류가 많이 흐르고, 반대방향(역방향)으로는 전류가 흐르지 않는다.
② 항복 전압(breakdown voltage) : 역방향 전압을 점점 크게 가하면 급격히 전류가 흐르는데 이때의 전압을 항복전압이라 한다.
③ 다이오드의 용도는 정류, 검파, 발진, 증폭, 전압안정용 등이다.
④ 다이오드의 분류
  ㉠ 검파 다이오드(점 접촉형 다이오드) : N형 게르마늄(Ge)의 작은 조각에 텅스텐선 또는 백금합선의 탐침을 점 접촉시켜 만든 소자로서, 고주파를 차단하고 저주파를 통과시키는 검파용에 주로 사용된다.

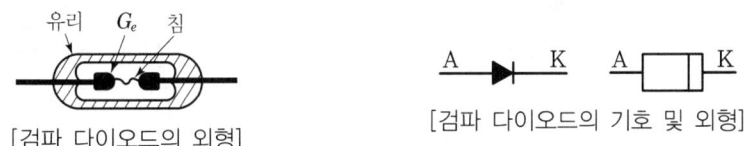

[검파 다이오드의 외형] [검파 다이오드의 기호 및 외형]

  ㉡ 정류 다이오드 : 전류가 한 방향(순방향)으로 흐르는 성질을 이용하여, 교류(AC)를 직류(DC)로 바꾸는 정류의 용도로 사용된다.
  ㉢ 제너 다이오드(정전압 다이오드) : 전압이 어떤 값에 도달했을 때 캐리어가 급증하여 역방향으로 큰 전류가 흐르는 효과를 이용하여, 전압을 일정하게 유지하기 위한 전압제어소자로 정전압회로에 이용된다.

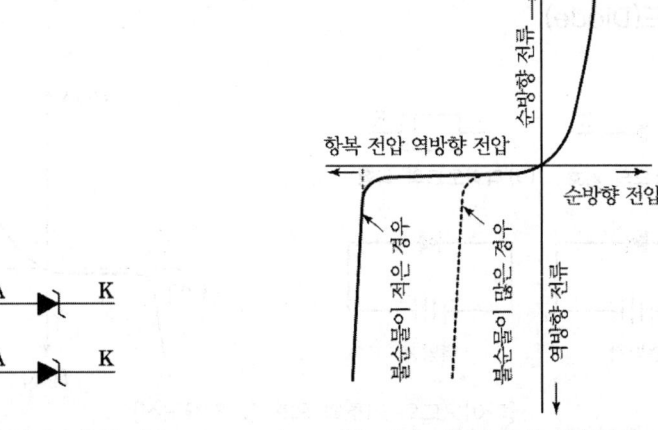

(a) 제너 다이오드의 기호 (b) 제너 다이오드의 특성곡선

[제너 다이오드의 기호 및 특성 곡선]

ⓔ 터널 다이오드(에사키 다이오드) : 불순물의 농도를 매우 크게 하여 전압이 낮은 범위에서는 전류가 증가하고, 어떤 전압 이상이 되면 전류가 감소하는 부성저항 특성을 갖도록 한 소자로서, 마이크로파대의 발진이나 전자계산기 등의 고속 스위칭 회로에 사용된다.

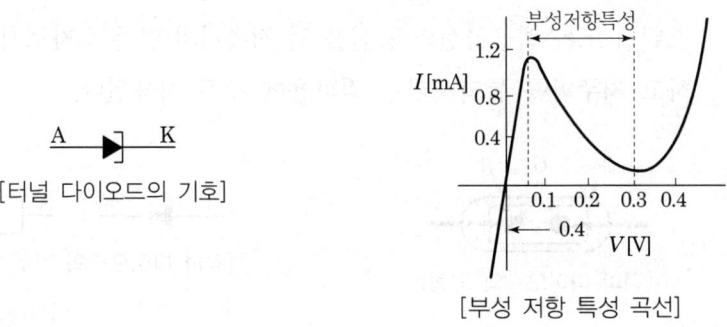

[터널 다이오드의 기호]

[부성 저항 특성 곡선]

ⓜ 가변용량 다이오드(바리캡) : PN 접합 다이오드에 역방향 전압을 걸면 전자와 정공은 각기 접합부에서 멀어지고, 접합부에는 전자와 정공의 작은 절연 영역(즉 공핍층)을 경계로 하는 정전용량이 생성되며, 이 정전용량을 이용하는 소자로, 가해지는 전압에 따라 정전용량이 변하는 다이오드이다. 가변용량 다이오드는 자동주파수 제어(AFC)회로나 TV 수상기의 무접점 튜너의

동조회로 등에 사용된다.

[가변용량 다이오드의 기호]　　　　[발광 다이오드의 기호]

  ⓗ 발광 다이오드(Light Emitting Diode : LED) : 순방향 전압이 인가되면 PN 접합의 N형 반도체 내의 전자가 PN 접합층으로 이동하고 P형 반도체 내의 정공이 PN 접합층으로 이동하여 전자와 정공이 재결합을 하면서 빛을 발산하도록 하는 소자이며, LED의 빛은 결정과 반도체 불순물에 따라 결정되고 적색, 녹색, 황색, 백색 등이 이용되고 있다.
  ⓢ 포토 다이오드(Photo Diode) : 규소의 PN 접합을 이용하여 빛의 입사를 광전류로 검출하는 소자로서, 빛을 강하게 하면 저항값이 감소하고 전류는 증가하며, 빛이 약하면 저항값이 증가하고 전류는 감소하는 동작을 하는 소자로, 계수회로 등에 사용한다.

[포토 다이오드의 기호]

[3] 쌍접합 트랜지스터(BJT, Bipolar Junction Transistor)

(1) 쌍접합 트랜지스터(BJT)의 구조
 ① 쌍접합 트랜지스터는 3층으로 된 반도체 소자로 npn형과 pnp형으로 구분한다.
 ② 2층의 n형 층과 1층의 p형 층으로 구성된 것을 npn형이라 하고, 2층의 p형 층과 1층의 n형 층으로 구성된 것을 pnp형이라 한다.

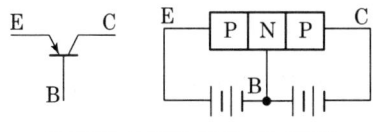　　　　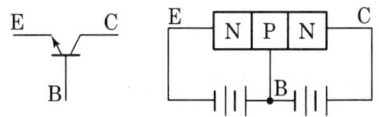

[PNP형 BJT의 기호 및 구조]　　　　[NPN형 BJT의 기호 및 구조]

(2) 쌍접합 트랜지스터의 동작
 ① npn형 쌍접합 트랜지스터의 동작

㉠ 이미터(E)와 베이스(B) 사이의 순방향 전압 V_{be}에 의해 이미터(E)의 전자가 베이스(B)로 이동한다.

㉡ 컬렉터(C)와 베이스(B) 사이의 역방향 전압 V_{cb}에 의해 이미터(E)에서 베이스(B) 쪽으로 이동하던 전자의 대부분이 컬렉터(C) 쪽의 높은 전압에 끌려서 전류가 흐르게 된다.

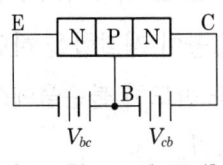
[NPN형 BJT의 동작]

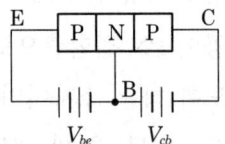
PNP형 BJT의 동작

② pnp형 쌍접합 트랜지스터의 동작

㉠ 이미터(E)와 베이스(B) 사이의 순방향 전압 V_{be}에 의해 이미터(E)의 정공이 베이스(B)로 이동한다.

㉡ 컬렉터(C)와 베이스(B) 사이의 역방향 전압 V_{ce}에 의해 이미터(E)에서 베이스(B) 쪽으로 이동하던 정공의 대부분이 컬렉터(C) 쪽의 높은 전압에 끌려서 전류가 흐르게 된다.

③ 쌍접합 트랜지스터 동작의 전원관계

	이미터(E)-베이스(B)	이미터(E)-컬렉터(C)
npn형	순방향 전원	역방향 전원
pnp형		

④ 쌍접합 트랜지스터의 전류 증폭률

㉠ 쌍접합 트랜지스터에서의 전류관계(키르히호프의 법칙에 의해)

$$I_e = I_c + I_b$$

㉡ 이미터(E)와 컬렉터(C) 사이의 전류 증폭률(베이스 접지 전류 증폭률)

$$\alpha = \left| \frac{\Delta I_c}{\Delta I_e} \right| (V_{cb} \text{ 일정})$$

ⓒ 베이스(B)와 컬렉터(C) 사이의 전류 증폭률(이미터 접지 전류 증폭률)

$$\beta = \left| \frac{\Delta I_c}{\Delta I_b} \right| (V_{ce} \text{ 일정})$$

ⓔ α와 β 사이의 관계

$$\alpha = \frac{\beta}{1+\beta} \qquad \beta = \frac{\alpha}{1-\alpha}$$

ⓜ $0 \leq \alpha \leq 1$로서 α의 값이 되도록 1에 가까운 것이 이상적이다. 실제 α의 값은 0.98~0.997 정도이고, β는 20~100 정도이다.

⑤ 쌍접합 트랜지스터의 등가회로

㉠ h 파라미터(parameter)

ⓐ $h_i = \dfrac{v_1}{i_1} \mid (v_o = 0)$ 출력 단자를 단락했을 때의 입력 임피던스

ⓑ $h_r = \dfrac{v_1}{v_o} \mid (i_i = 0)$ $h_i = \dfrac{i_o}{i_i} \mid (v_o = 0)$ 입력 단자를 개방했을 때의 전압 되먹임률, 출력 단자를 단락했을 때의 전류 증폭률

ⓒ $h_i = \dfrac{i_o}{v_o} \mid (i_i = 0)$ 입력 단자를 개방했을 때의 출력 어드미턴스

⑥ 접지 방식에 따른 증폭회로의 종류와 특징

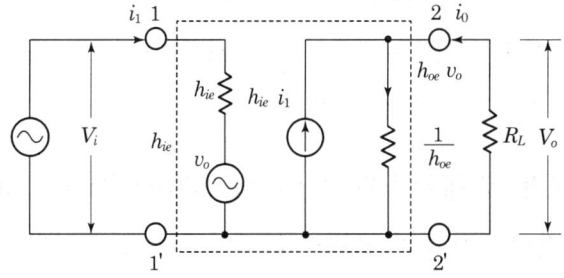

[쌍접합 트랜지스터의 h 파라미터]

㉠ 증폭회로의 종류와 특성

	베이스 접지	이미터 접지	컬렉터 접지
회로			
입력 저항	수[Ω]~수십[Ω]	수백[Ω]~수십[kΩ]	수십[kΩ] 이상
출력 저항	수십[kΩ] 이상	수[kΩ]~수십[kΩ]	수[Ω]~수십[Ω]
입·출력 위상	동위상	위상반전	동위상
전압증폭도	높다	높다	낮다
전류증폭도	≒1	높다	높다
전력증폭도	낮다	높다	낮다
용도	전압증폭용	전압증폭용	임피던스 변환용

㉡ 이미터 폴로어
ⓐ 컬렉터 접지 방식으로 전압 증폭이 필요 없고 큰 전류 이득이 필요한 회로에 사용된다.
ⓑ 입력 임피던스가 매우 높고 출력 임피던스는 매우 낮으므로 저항 변환을 위한 버퍼단(buffer stage)으로 사용된다.
ⓒ 전압 이득은 1 또는 그 이하이다.

[4] FET(전계 효과 트랜지스터 : Field Effect Transistor)

게이트에 역전압을 걸어주어 출력인 드레인 전류를 제어하는 전압제어소자로서, 다수 캐리어인 자유전자나 정공 중 어느 하나에 의해서 전류의 흐름이 결정되므로 극성이 1개만 존재하는 단극성 트랜지스터(unipolar transistor)이다.
5극 진공관과 같은 특성을 지니며, 입력 임피던스가 매우 높다.

(1) FET의 분류

제조방법에 따른 분류	접합형 전계효과 트랜지스터 (Junction-FET)		n채널 J-FET
			p채널 J-FET
	금속산화물 전계효과 트랜지스터 (metal oxide semiconductor FET)	증가형 (enhancement)	n채널 증가형 MOS-FET
			p채널 증가형 MOS-FET
		공핍형 (depletion)	n채널 공핍형 MOS-FET
			p채널 공핍형 MOS-FET

(2) FET의 특징

① 전자나 정공 중 하나의 반송자에 의해서만 동작하는 단극성 소자이다.
② 전압제어소자로 다수 캐리어에 의해 동작하며, 게이트의 역전압에 의해 드레인 전류가 제어된다.
③ 쌍접합 트랜지스터(BJT)에 비하여 입력 임피던스가 높아 전압 증폭기로 사용한다.
④ 전력소비가 적고, 소형화에 유리하여 대규모 IC에 적합하다.

(3) 접합형 전계효과 트랜지스터(J-FET)

다수 캐리어는 채널을 통하여 흐르며, 이 전류는 게이트에 인가되는 전압에 의해 제어된다.

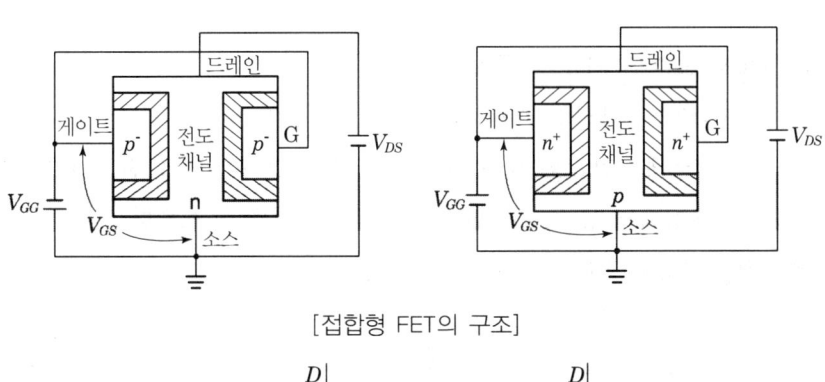

[접합형 FET의 구조]

(a) P채널 JFET의 기호   (b) N채널 JFET의 기호

[접합형 FET의 기호]

(4) 금속산화물 전계 효과 트랜지스터(MOS-FET)

① 증가형 금속산화물 전계 효과 트랜지스터(Enhancement MOS FET) : 게이트 전압이 0일 때 전도채널이 없다.

(a) P채널 EMOS FET의 기호   (b) N채널 EMOS FET의 기호

[EMOS FET의 기호]

㉠ N채널 EMOS FET의 구조 및 특성

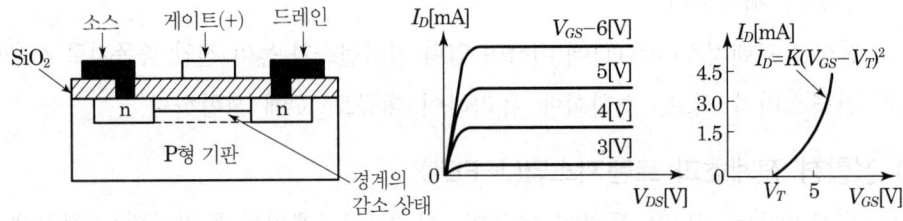

(a) N채널 EMOS FET의 구조   (b) N채널 EMOS FET의 특성곡선

[N채널 EMOS FET의 구조 및 특성 곡선]

㉡ N채널 EMOS FET의 동작
　ⓐ 게이트의 역전압이 0[V]이면 전도채널이 없다.
　ⓑ 게이트에 +전압을 가하면 P형 기판에 -전하에 의해 전도채널이 형성된다.
　ⓒ 드레인에서 소스로 전도채널을 따라 전류가 흐른다.

㉢ P채널 EMOS FET의 구조 및 특성

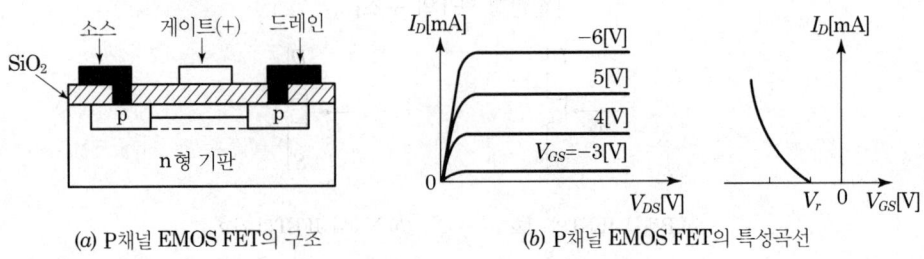

(a) P채널 EMOS FET의 구조   (b) P채널 EMOS FET의 특성곡선

[P채널 EMOS FET의 구조 및 특성 곡선]

② P채널 EMOS FET의 동작
   ⓐ 게이트의 역전압이 0[V]이면 전도채널이 없다.
   ⓑ 게이트에 - 전압을 가하면 N형 기판에 + 전하에 의해 전도채널이 형성된다.
   ⓒ 드레인에서 소스로 전도 채널을 따라 전류가 흐른다.

② 공핍형 금속 산화물 전계 효과 트랜지스터(Depletion MOS FET) : 게이트 전압이 0일 때 전도채널이 있다.

(a) P채널 DMOS FET의 기호   (b) N채널 DMOS FET의 기호

[DMOS FET의 기호]

㉠ N채널 DMOS FET의 구조 및 특성

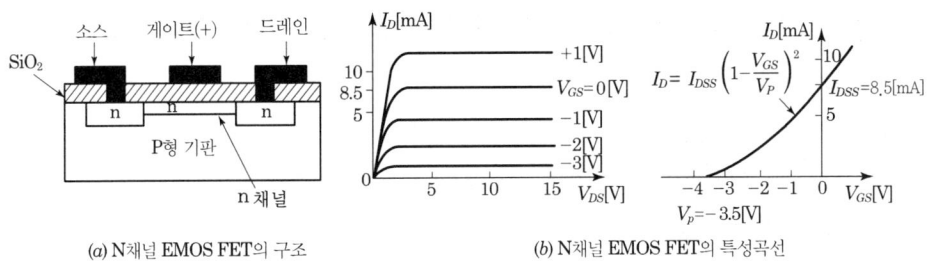

(a) N채널 EMOS FET의 구조   (b) N채널 EMOS FET의 특성곡선

[N채널 DMOS FET의 구조 및 특성 곡선]

㉡ N채널 DMOS FET의 동작
   ⓐ 게이트 전압이 0[V]일 때 전도채널이 형성되어 있다.
   ⓑ V_{GS}(게이트-소스전압)가 0[V]일 때 V_{DS}(드레인-소스전압)가 증가하면 전자가 채널을 통해 흐른다.
   ⓒ 전류를 줄이기 위해서는 게이트 전압을 -로 증가시켜야 한다.

㉢ P채널 DMOS FET의 구조 및 특성

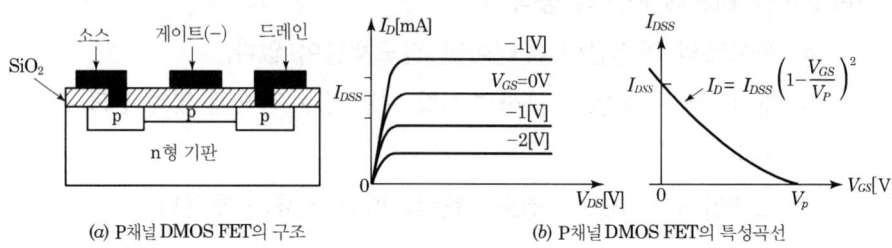

[P채널 DMOS FET의 구조 및 특성 곡선]

ㄹ P채널 DMOS FET의 동작

ⓐ 게이트 전압이 0[V]일 때 전도채널이 형성되어 있다.

ⓑ V_{GS}(게이트-소스전압)가 0[V]일 때 V_{DS}(드레인-소스전압)가 증가하면 정공이 채널을 통해 흐른다.

ⓒ 전류를 줄이기 위해서는 게이트 전압을 +로 증가시켜야 한다.

③ FET의 전달 컨덕턴스 : 드레인 전류의 변화량에 대한 게이트 전압의 비

$$g_m = \frac{\Delta I_D}{\Delta V_{GS}} [\mho]$$

④ 증폭정수 : 드레인과 소스 사이의 전압 변화량에 대한 게이트와 소스 사이의 전압 변화량의 비

$$\mu = \frac{\Delta V_{DS}}{\Delta V_{GS}}$$

⑤ 드레인 저항(r_d)

$$r_d = \frac{\Delta V_{DS}}{\Delta I_D}$$

⑥ 세 정수(컨덕턴스, 증폭정수, 드레인 저항)의 관계

$$\mu = g_m \cdot r_d$$

[5] 특수 반도체

(1) 사이리스터

전력 제어용으로 사용되는 소자로, 하나의 스위칭 작용을 하도록 PN 접합을 여러 개 결합하고 있다.

① 실리콘 제어 정류기(SCR : Silicon controlled rectifier)

SCR은 역저지 3극 사이리스터의 단방향 전력제어 소자로서, 다이오드와 같이 역바이어스 때는 차단상태가 되며, 순방향 바이어스가 애노드(A)와 캐소드(K) 양단에 걸렸을 때 게이트에 전류가 흘러야만 도통된다.

게이트에 전류를 흐르게 해서 ON 상태가 되면 게이트 전류를 0으로 하여도 도통상태가 유지되며, 차단상태로 변환하려면 애노드(A) 전압을 유지 전압 이하 또는 역방향으로 전압을 가해야 한다. SCR은 전류제어 능력을 갖는 소자로, 모터의 속도제어, 전력제어 등에 사용된다.

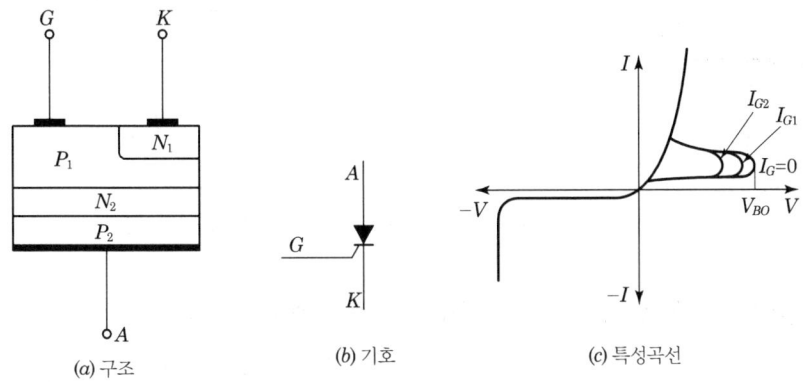

[SCR의 구조와 기호 및 특성 곡선]

② 다이액(DIAC)

3극의 다이오드 교류 스위치로서, 과전압 보호회로에 사용되기도 하며 트라이액 등의 트리거 소자로 이용된다. 트리거 펄스 전압은 약 6~10[V] 정도가 된다.

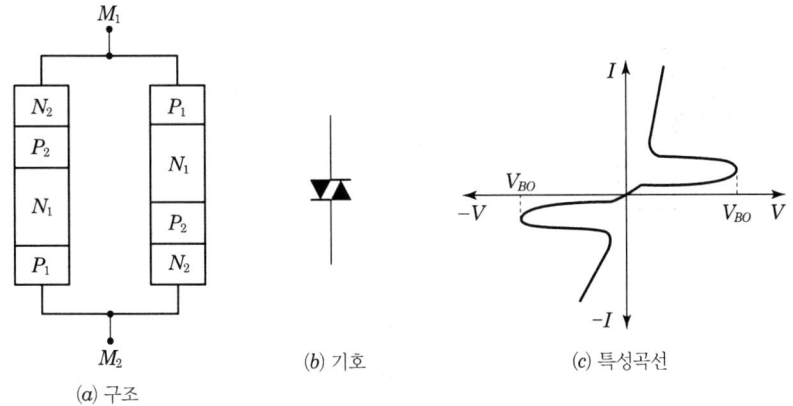

[다이액(DIAC)의 구조와 기호 및 특성 곡선]

③ 트라이액(TRAIC)

2개의 SCR을 역병렬로 접속한 형태의 3단자 교류 스위치로서 양방향 전력제어에 다이액과 함께 사용한다. SCR은 단방향 제어를 하는 데 반하여, 트라이액은 양방향 제어를 하는 소자로 전력제어와 모터제어 등에 사용한다.

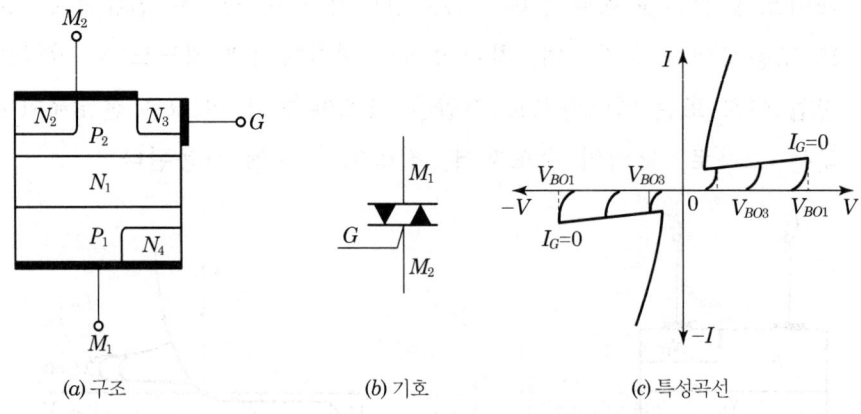

[트라이액(TRIAC)의 구조와 기호 및 특성 곡선]

(2) 단접합 트랜지스터(UJT : Unijunction Transistor)

접합부가 1개뿐인 트랜지스터로 2개의 베이스와 1개의 이미터로 구성되고, PN 접합부가 순방향 전압이 되어야 동작하며, 부성 저항 특성을 이용하여 펄스를 발생하는 회로에 사용된다. 온도가 변하면 PN 접합부의 순방향 전압의 크기가 변동하므로 B_2(베이스2)에 안정저항을 연결하여야 한다.

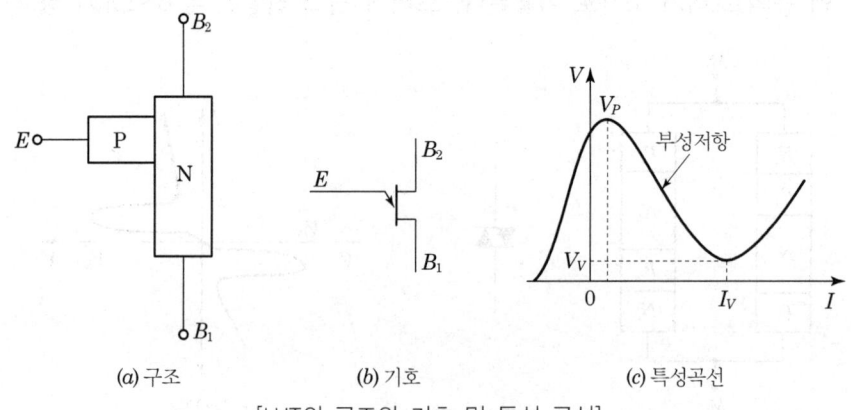

[UJT의 구조와 기호 및 특성 곡선]

(3) 서미스터(thermistor)

부(-)의 온도계수를 갖고 있으며 저항값이 변하는 소자로서, 온도 변화의 보상, 자동제어, 온도계 등에 많이 사용된다.

[서미스터의 기호]

(4) 배리스터(varistor)

탄화규소(SiC)를 주원료로 한 분말에 탄소 등을 혼합 소결한 구조의 반도체로서, 전압에 의해 저항값이 비직선적으로 변화한다. 온도에 의한 저항값의 변화는 서미스터보다는 작지만 과부하에 강하다.

일정한 전압 이상에서 갑자기 전류가 증가하고 저항은 감소되므로 계전기 등의 불꽃, 잡음의 흡수 조정, 전화 교환기나 전화기, 피뢰기, 네온 등의 보호장치로 사용된다.

(5) 광전 변환 소자

① 포토 트랜지스터(photo transistor) : 쌍접합 트랜지스터와 같지만 이미터와 컬렉터의 2단자만이 있고, 베이스는 없는 구조로, 이미터와 컬렉터 사이에 전원을 가하고 베이스에 빛을 비추면 그 빛의 세기에 따라 전류가 흐르는 소자이다.

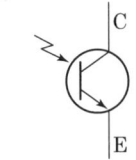

[포토 TR의 기호]

② 태양전지(solar cell) : N형 실리콘에 P형 불순물(비소)을 얇게 확산시킨 소자로서, 태양전지의 PN 접합면에 빛을 비추면 그 에너지에 의하여 전자와 정공의 영역이 생기고, 전자는 N형 영역에, 정공은 P형 영역에 모이기 때문에 N형이 -로 P형이 +로 되는 기전력이 발생된다.

태양전지는 광의 검출기, 인공위성의 전원, 무인 중계소나 등대 등의 전원으로 사용된다.

③ CDS(황화카드뮴) : 광전도 물질에 빛을 비추면, 그 빛의 양에 따라 물질의 전기저항이 변화하는 특성을 이용한 소자로서, CDS는 카메라의 노출계, 가로등의 자동 점멸기, 가정용 기기, 산업용 기기 등에 사용된다.

[CDS의 기호]

2 아날로그 회로 설계

[1] 집적회로(IC, Intergrated Circuit)의 개념

집적회로는 특정 기능을 수행하는 전기회로와 반도체 소자(주로 트랜지스터)를 하나의 칩에 모아 구현한 것이다. 1958년, 텍사스 인스트루먼트에서 일하던 잭 킬비가 만들었다. 잭 킬비는 이 공로를 인정받아 2000년에 노벨 물리학상을 공동 수상한다.

하나의 반도체 기판에 다수의 능동소자(트랜지스터, 진공관 등)와 수동수자(저항, 콘덴서, 저항기 등)를 초소형으로 집적, 서로 분리될 수 없는 구조로 만든 완전한 회로 기능을 갖춘 기능소자를 집적회로(Integrated Circuit)라 한다.

[2] 집적회로(IC)의 종류

(1) 집적회로(IC)의 분류

IC(집적회로)	반도체 IC	바이폴러 IC
		MOS IC
	하이브리드 IC	하이브리드 박막 IC
		하이브리드 후막 IC
	박막 IC	

① 반도체 집적회로(IC : Intergrated Circuit) : 실리콘 단결정 기판 속에

여러 개의 능동 및 수동 소자를 만들고, 이들을 금속막으로 결선하여 구성시킨 IC로 모놀리식 집적회로라고도 한다.

실장 밀도가 매우 높으며, 대량생산이 가능하여 신뢰성이 높고 단가가 낮다.

② 하이브리드 집적회로(IC) : 반도체 제조 기술과 박막 IC 제조 기술을 혼용하여 구성한 IC를 말한다.

모놀리식 IC로 제작하기 어려운 수동 소자를 박막 IC에 조립함으로써 고전압, 대전력, 고주파, 소량생산, 짧은 납기가 특징이다.

③ 박막 집적회로(IC) : 회로를 구성하는 능동 및 수동 소자를 박막 기술로 구성한 IC를 말한다.

④ 집적도에 의한 IC의 분류

　㉠ SSI(Small Scale Integration) : 반도체를 100개 정도의 집적도를 갖도록 한 소규모 집적회로
　　- 주로 기본적인 디지털 게이트(digital gate)들을 포함하는 칩

　㉡ MSI(Medium Scale Integration) : 반도체를 300~500개 정도의 집적도를 갖도록 한 중규모 집적회로
　　- 카운터(counter), 해독기(decoder) 또는 시프트 레지스터(shift register)와 같은 조합회로나 순서회로를 포함하는 칩

　㉢ LSI(Large Scale Integration) : 반도체를 1000개 이상의 집적도를 갖도록 한 대규모 집적회로
　　- 8비트 마이크로프로세서 칩이나 소규모 반도체 기억장치 칩

　㉣ VLSI(Very Large Scale Integration) : 반도체를 수십~수백만개의 집적도를 갖도록 한 초대규모 집적회로
　　- 제4세대 컴퓨터들의 부품이나 마이크로프로세서 칩들과 대용량 반도체 기억장치 칩

　㉤ ULSI(Ultra Large Scale Integration) : 하나의 칩에 들어가 있는 소자의 수가 수백만 개 이상의 트랜지스터들의 집적회로
　　- 32비트급 이상 마이크로프로세서 칩들과 수백 메가비트 이상의 반도체 기억장치 칩들

⑤ 집적회로(IC)를 만들기 위한 조건
  ㉠ L 및 C가 거의 필요 없고, 저항값이 작은 회로
  ㉡ 전력 출력이 작아도 되는 회로
  ㉢ 신뢰성이 중요시되어 소형 경량을 필요로 하는 회로
⑥ 집적회로(IC)의 장점
  ㉠ 대량생산이 가능하여, 저렴하다.
  ㉡ 크기가 작다.
  ㉢ 신뢰도가 높다.
  ㉣ 향상된 성능을 가질 수 있다.
  ㉤ 접합된 장치를 만들 수 있다.
⑦ 집적회로(IC)의 단점
  ㉠ 전압이나 전류에 약하다.
  ㉡ 열에 약하므로 납땜 시 주의를 해야 한다.
  ㉢ 발진이나 잡음이 발생하기 쉽다.
  ㉣ 정전기 등의 영향을 고려하여 취급에 주의가 필요하다.

[3] 집적회로(IC)의 응용

① 메모리 반도체 : 정보를 저장하기 위한 집적회로이다. 트랜지스터 및 커패시터로 구성된 회로인 단위 셀을 2차원으로 무수히 배열한 형태로 이루어져 있다.
  ㉠ 휘발성 메모리 - DRAM, SRAM
  ㉡ 비휘발성 메모리 - Mask ROM, PROM, EPROM, EEPROM, 플래시 메모리, 옵테인 메모리
② 비메모리 반도체 : 정보를 계산하고, 변환하고, 신호를 감지하는 등 특정한 기능을 수행하기 위한 집적회로로서, 메모리 반도체를 제외한 모든 IC가 이 분류에 속한다.
  ㉠ 아날로그 집적회로
  ㉡ 디지털 집적회로 - CPU, GPU, ASIC
  ㉢ Mixed-Signal 집적회로

Chapter 05 전송시스템 구축 요구사항 분석

무/선/설/비/기/능/사

1 기술사항 검토하기

1 증폭부 회로의 점검

[1] 소신호 증폭회로

(1) 고정 바이어스

① 동작점이 온도에 따라 변동되고 안정도가 나쁜 결점이 있고, 회로의 구성은 간단하지만 현재는 거의 사용되지 않는다.

② 컬렉터 전류 : $I_c = \beta I_b + (1+\beta)I$

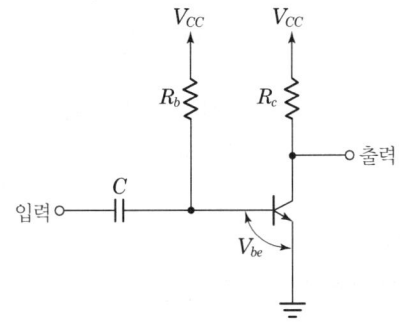

[고정 바이어스]

③ 베이스 전류 : $I_b = \dfrac{V_{cc} - V_{be}}{R_b}$ (단, $V_{be} \simeq 0.3\text{V}(\text{Ge}),\ 0.7\text{V}(\text{Si})$)

④ 안정 계수 : $S = \dfrac{\Delta I_c}{\Delta I_{co}} = (1+\beta)$

⑤ 안정 계수(S) : 바이어스 회로의 안정화 정도로 S가 작을수록 안정도가 좋다.

(2) 전류 궤환 바이어스

① 온도변화에 따른 안정을 기하기 위해 R_e에 의한 전류 궤환(되먹임)이 되도록 한 것으로 증폭기 동작이 안정하여 널리 쓰인다.

② 회로의 안정 계수

$$S = \frac{(1+\beta)(\frac{R_1 R_2}{R_1 + R_2} + R_e)}{\frac{R_1 R_2}{R_1 + R_2} + (1+\beta)R_e} = (1+\beta)\frac{1-\alpha}{1+\beta+\alpha}$$

③ α가 작아지면 S가 거의 β에 관계없이 되며, R_e가 클수록, $\frac{R_1 R_2}{R_1 + R_2}$가 작을수록 동작점은 안정된다.

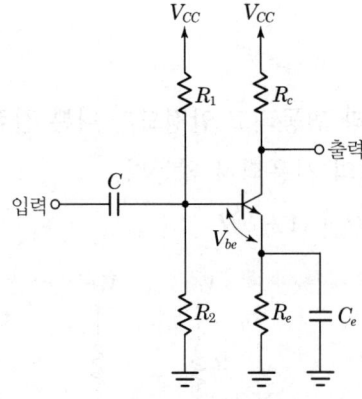

[전류 궤환 바이어스]

(3) 전압 궤환 바이어스

① 컬렉터-베이스 바이어스라고도 하며 온도 상승으로 인한 컬렉터의 전류증가를 상쇄시키기 위하여 컬렉터와 베이스 사이에 R_f를 접속하여 전압 궤환(되먹임)이 되도록 하였다.

② $V_{cc} = (I_c + I_b)R_c + R_f I_b + V_{be} + R_e(I_c + I_b)$

$$S = \frac{\Delta I_c}{\Delta I_{co}} = \frac{(1+\beta)(R_c + R_f + R_e)}{R_f + (1+\beta)R_c + (1+\beta)R_e}$$

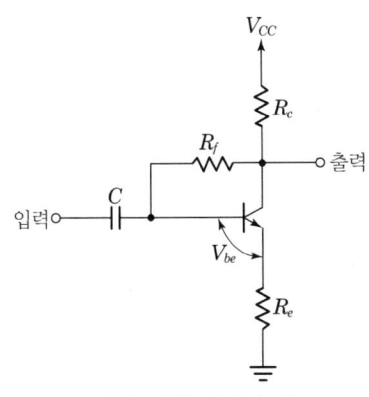

[전압 궤환 바이어스]

(4) 진폭 일그러짐

① 트랜지스터에서 입력 전압의 과대, 동작점의 부적당에 의해 동작 범위가 특성 곡선의 비직선 부분을 포함하기 때문에 발생하는 일그러짐이다.

② 일그러짐률 $K = \dfrac{\sqrt{V_2^2 + V_3^2 + \cdots\cdots}}{V_1} \times 100[\%]$

(V_1 : 기본파의 실효값, V_2, V_3 : 제2, 제3의 고조파의 실효값)

(5) 주파수 일그러짐

주파수에 따른 증폭도가 달라 발생되는 일그러짐으로 증폭회로 내에 포함된 L, C 소자의 리액턴스가 주파수에 따라 달라진다.

(6) 위상 일그러짐

입력 전압에 포함된 다른 주파수 사이의 위상관계가 출력에서 다르게 나타나서 발생하는 일그러짐이다.

(7) 잡음 특성

① 내부 잡음

　㉠ 진공관 잡음 : 산탄 잡음과 플리커 잡음이 있다.

　㉡ 트랜지스터 잡음 : 진공관 잡음보다 크며, 주파수가 높아지면 감소하는 경향이 있다.

　㉢ 열 잡음 : 증폭회로를 구성하는 저항체 내부의 자유 전자의 열 진동에 의한 잡음

② 잡음 전압의 실효값

$$e = 2\sqrt{KTBR} \ [\text{V}]$$

K : 볼츠만 상수($1.38 \times 10^{23}[\text{j}/°\text{K}]$), T : 절대 온도[°K]($273+t[℃]$)
B : 주파수 대역폭[Hz], R : 저항[Ω]

③ 잡음 지수(F)

$$F = \frac{\text{입력에서의 신호전압}(S_i)\text{과 잡음전압}(N_i)\text{의 비}}{\text{출력에서의 신호전압}(S_o)\text{과 잡음전압}(N_o)\text{의 비}} = \frac{S_i/N_i}{S_o/N_o}$$

(8) 증폭도

① 트랜지스터 증폭회로의 증폭도는 출력신호에 대한 입력 신호의 비로 dB로 표시하며, 이를 대수화한 것이 이득이다.

$$G = 20\log_{10}A \ [\text{dB}]$$

② 증폭도 : $A_p = \dfrac{\text{출력 신호전력}(P_o)}{\text{입력 신호전력}(P_i)}$

다단 직렬증폭기의 종합 증폭도 : $A_o = A_1 \cdot A_2 \cdot A_3 \ldots A_n$ [배]

③ 이득 : $G = 10\log_{10}A_p[\text{dB}]$ A_p : 전력증폭도

$G = 20\log_{10}A_v[\text{dB}]$ A_v : 전압증폭도

$G = 20\log_{10}A_i[\text{dB}]$ A_i : 전류증폭도

다단 직렬증폭기의 종합 이득 : $G_o = G_1 + G_2 + G_3 + \cdots + G_n[\text{dB}]$

④ 증폭기 효율

$$\eta = \frac{\text{교류 출력}(P_o)}{\text{교류 입력}(P_i)} \times 100[\%]$$

	A급	50%
증폭기의 효율	B급	78.5% 이하
	AB급	78.5% 이상
	C급	78.5% 이상

2 궤환 증폭회로(Feedback Amplifier Circuits)의 점검

[1] 궤환 증폭회로의 개요

(1) 궤환 증폭기의 동작 원리

① 궤환 증폭기의 블록도

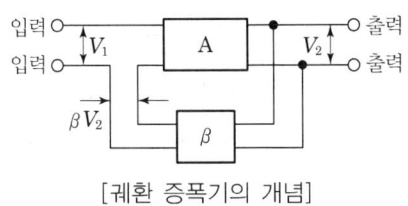

[궤환 증폭기의 개념]

㉠ 되먹임(궤환) 증폭도

$$A_f = \frac{V_2}{V_1} = \frac{A}{1-A\beta}$$ (A : 되먹임이 없을 때의 증폭도, β : 되먹임(궤환) 계수)

㉡ β가 양수이면 $A_f > A$로 정궤환(동위상), 음수이면 $A_f < A$가 되어 부궤환(역위상)

㉢ $|1-A\beta| > 1$일 때 $A_f < A$: 부궤환(역위상)

　$|1-A\beta| < 1$일 때 $A_f > A$: 정궤환(동위상)

　$|A\beta| = 1$일 때 $A_f = \infty$: 발진한다.

㉣ 증폭도와 내부 잡음, 파형 일그러짐이 감소한다.

㉤ 주파수 특성이 개선되며, 대역폭이 넓어진다.

㉥ 회로 동작이 안정되며, 임피던스가 변화한다.

(2) 정궤환(Positive Feedback) 증폭기

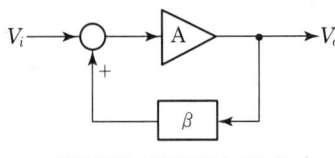

[정궤환 증폭기의 개념]

궤환되는 신호가 입력 신호와 같은 위상을 갖는 궤환회로

① 정궤환 회로의 증폭도

$$A_V = \frac{V_o}{V_i} = \frac{A}{1 - A\beta}$$

(3) 부궤환(Negative Feedback) 증폭기

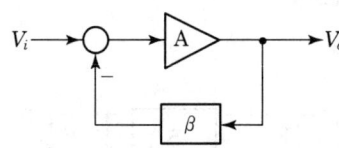

[부궤환 증폭기의 개념]

궤환되는 신호가 입력 신호와 반대인 위상을 갖는 회로

① 부궤환 회로의 증폭도

$$A_V = \frac{V_o}{V_i} = \frac{A}{1 + A\beta}$$

② 부궤환 증폭기의 특성
  ㉠ 증폭기의 이득이 감소한다.
  ㉡ 주파수 특성이 개선(주파수 대역폭의 증가)된다.
  ㉢ 비선형 일그러짐이 감소한다. 특히 출력단의 잡음이 감소한다.
  ㉣ 입력 임피던스는 증가하고, 출력 임피던스는 감소한다.
  ㉤ 부하의 변동이나 전원 전압의 변동에도 증폭도가 안정된다.

(4) 궤환 증폭기의 종류

① 전압 직렬 궤환회로 : $\beta = \dfrac{V_f}{V_o} = \dfrac{-V_o}{V_o} = -1$

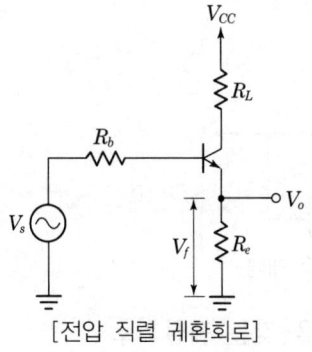

[전압 직렬 궤환회로]

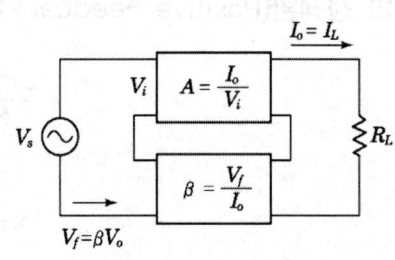

[전압 직렬 궤환 등가회로]

② 전류 직렬 궤환회로 : $\beta = \dfrac{V_f}{I_o} = \dfrac{-I_o \cdot R_e}{I_o} = -R_e$

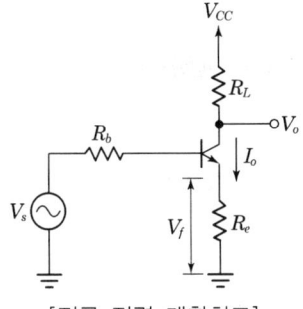

[전류 직렬 궤환회로]

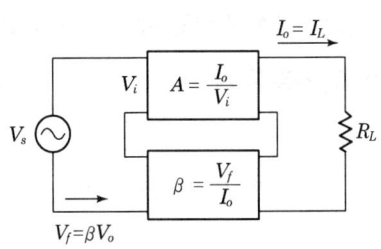

[전류 직렬 궤환 등가회로]

③ 전압 병렬 궤환회로 : $\beta = \dfrac{I_f}{V_o} = -\dfrac{\dfrac{V_o}{R_f}}{V_o} = -\dfrac{1}{R_f}$

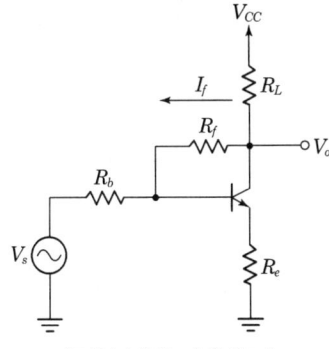

[전압 병렬 궤환회로]

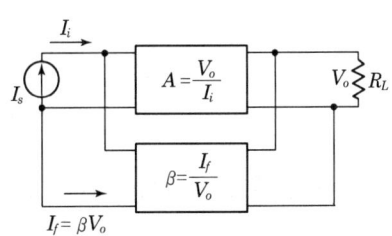

[전압 병렬 궤환 등가회로]

④ 전류 병렬 궤환회로 : $\beta = \dfrac{I_f}{I_o} = \dfrac{R_e}{R_f - R_e} = -\dfrac{R_e}{R_f}$

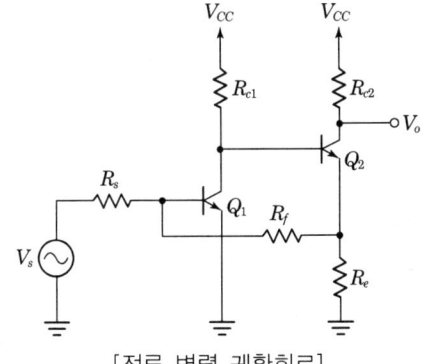

[전류 병렬 궤환회로]

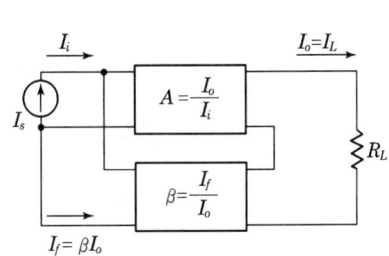

[전류 병렬 궤환 등가회로]

3 연산 증폭회로(Operational Amplifier Circuits)의 점검

[1] 연산증폭기(Operational Amplifier : OP AMP)

(1) 차동증폭기

① 차동증폭기 회로 및 기호 : 차동증폭기는 연산증폭기의 입력단에 사용되며 두 신호의 차를 증폭한다.

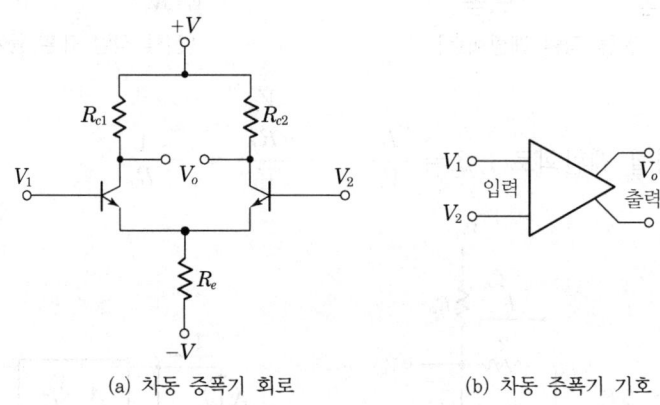

(a) 차동 증폭기 회로   (b) 차동 증폭기 기호

[차동증폭기 회로 및 기호]

② 동상신호 제거비(Common Mode Rejection Ratio : CMRR)
차동증폭기의 출력 전압식은 다음과 같다.

$$V_d = V_1 - V_2$$

$$V_c = \frac{1}{2}V_1 + V_2$$

$$V_0 = A_d(V_1 - V_2)$$

(A_d : 차신호 성분에 대한 이득, A_c : 공통신호 성분에 대한 이득)

$$CMRR = \rho = \left| \frac{A_d\,(차동이득)}{A_c\,(동상이득)} \right|$$

이상적인 차동증폭기의 조건은 CMRR이 클수록 좋다. 즉 차동이득(A_d)은 클수록, 동상이득(A_c)은 작을수록 좋다.

(2) 연산증폭기의 개요

① 연산증폭기 기호

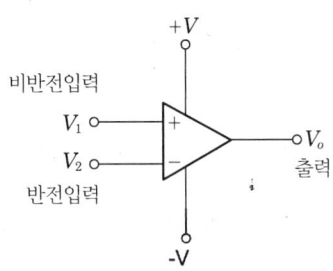

[연산증폭기의 기호]

② 연산증폭기의 특성
   ㉠ 이상적인 연산증폭기의 특성은 다음과 같다.
      ⓐ 전압 이득이 무한대(∞)
      ⓑ 입력 임피던스가 무한대(∞)
      ⓒ 출력 임피던스가 영(0)
      ⓓ 통과 주파수 대역폭이 무한대(∞)
   ㉡ 연산증폭기의 응용분야 : 아날로그 계산기, 아날로그 소신호 증폭, 전력증폭 등

③ 연산증폭기의 특성을 나타내는 파라미터
   ㉠ 입력 오프셋(offset) 전압

   이상적인 연산증폭기는 두 입력 전압이 모두 0[V]일 때, 출력 전압은 0[V]이다. 그러나 실제의 연산증폭기는 입력이 0[V]일 때, 수[mV] 정도의 출력이 나타난다.

   입력 오프셋 전압이란 차동 출력을 0[V]로 만들기 위해 두 입력 단자 사이에 요구되는 차동 직류전압을 말한다.

   $$V_{io} = V_{B1} + V_{B2}$$

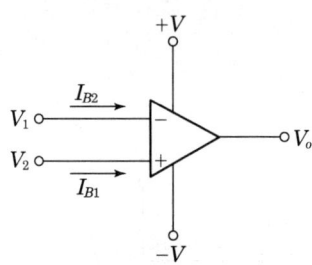

[연산증폭기의 오프셋 전압]

ⓛ 입력 오프셋 전류 : 입력 바이어스 전류 간의 차

$$I_{io} = I_{B1} - I_{B2}$$

ⓒ 입력 바이어스(Bias) 전류 : $V_o = 0[V]$일 때, 두 입력 전류의 평균값

$$I_B = \frac{(I_{B1} + I_{B2})}{2}$$

ⓔ 동상제거비(CMRR) : 동상 신호를 제거하는 척도를 말하며 연산증폭기 성능 척도의 중요한 요소이다.

$$CMRR = \rho = \left| \frac{A_d (\text{차동이득})}{A_c (\text{동상이득})} \right|$$

> **참고**
> 이상적인 연산증폭기의 CMRR은 무한대(∞)값을 갖는다.

ⓜ 슬루 레이트(Slew Rate) : 연산증폭기의 입력에 계단파 신호를 인가하였을 때, 출력전압이 시간에 따라 변화하는 속도를 슬루 레이트라 한다.

$$SR = \frac{\text{전압의 변화량}}{\text{시간의 변화량}} = \frac{\Delta V}{\Delta t} \, [\text{V}/\mu\text{sec}]$$

ⓗ 입력 임피던스 : 반전 입력단자와 비반전 입력단자 사이의 저항

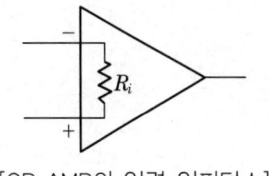

[OP AMP의 입력 임피던스]

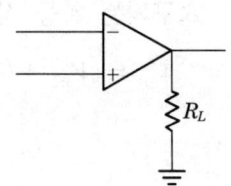

[OP AMP의 출력 임피던스]

ⓢ 출력 임피던스 : 출력단자와 접지 사이의 저항 성분(R_L은 출력 임피던스)

[2] 연산증폭기 회로

(1) 반전증폭기(Inverting Amp)

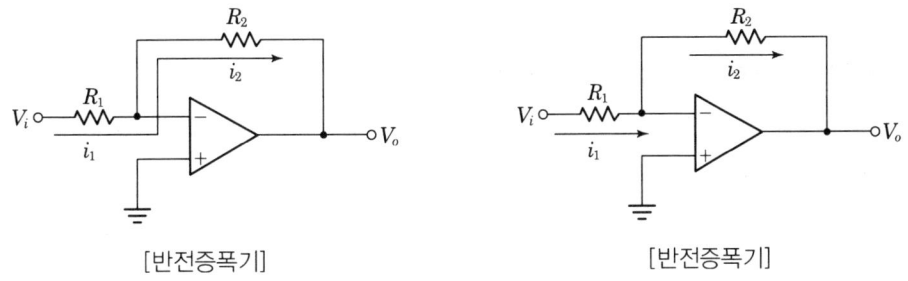

[반전증폭기]   [반전증폭기]

① 연산증폭기에 흘러 들어가는 전류 I_1은 모두 저항 R_2로 흐른다. 즉, 연산증폭기의 반전 또는 비반전 단자 내부로 유입되는 전류는 0[A]이다.

$$I_1 = I_2$$

② 반전 단자 입력의 전압 V^+와 비반전 단자 입력의 전압 V^-는 같다.

$$V^+ = V^- \qquad I_1 = I_2$$

$$I_1 = \frac{V_i}{R_1} \qquad I_2 = -\frac{V_o}{R_2}$$

전압 이득은 $A_V = \dfrac{V_o}{V_i} = -\dfrac{R_2}{R_1}$

입력신호 파형에 대한 출력신호의 위상관계는 역위상이 된다.

(2) 비반전증폭기(Noninverting Amp)

가상접지 개념에 의해 반전 단자의 전압 $V^- = V_i$이므로

$$I_1 = I_2 \qquad I_1 = \frac{V_i}{R_1} \qquad I_2 = \frac{V_o - V_i}{R_2}$$

전압 이득은 $A_V = \dfrac{V_o}{V_i} = \left(1 + \dfrac{R_1}{R_2}\right)$

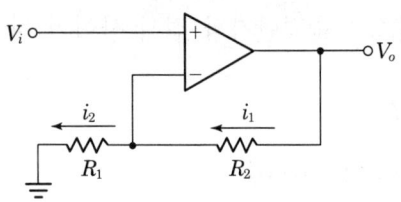

[비반전증폭기]

(3) 전압 폴로어(Voltage Follower)

전압 폴로어의 특징은 높은 입력 임피던스와 낮은 출력 임피던스를 갖는다. 완충 증폭기(Buffer Amp.)에 응용된다.

$$V_i = V_o$$

전압 이득은 $A_V = \dfrac{V_o}{V_i} = 1$

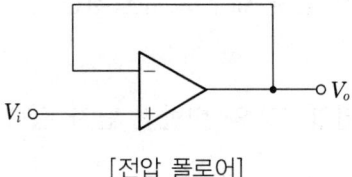

[전압 폴로어]

(4) 가산기(Adder)

$$I_1 = \frac{V_1}{R_1}, \quad I_2 = \frac{V_2}{R_2}$$

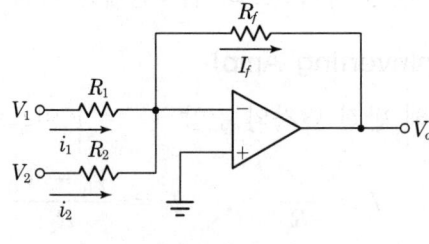

[가산기]

출력전압(V_o)은 $V_o = -\left(\dfrac{R_f}{R_1} \cdot V_1 + \dfrac{R_f}{R_2} \cdot V_2\right)$

이때 $R_1 = R_2 = R_f$라면 $V_o = -(V_1 + V_2)$

(5) 차동 증폭기

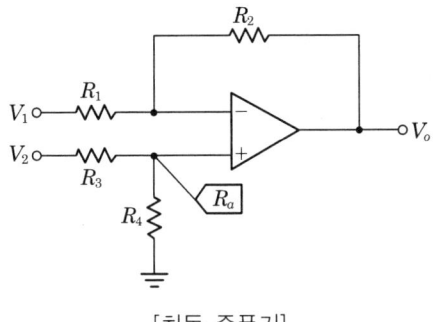

[차동 증폭기]

입력 전원이 두 개인 경우 전체 출력전압은 중첩의 원리에 의해 계산하기로 한다. V_1 입력에 의한 출력전압은 반전 증폭기로 동작하므로

$$V_{o1} = -\frac{R_2}{R_1} \cdot V_1$$

V_2 입력에 의한 출력전압은 비반전 증폭기로 동작하므로

$$V_a = \frac{R_4}{R_3 + R_4} \cdot V_2$$

$$V_{o2} = \left(1 + \frac{R_2}{R_1}\right) V_a = \left(1 + \frac{R_2}{R_1}\right)\left(\frac{R_4}{R_3 + R_4}\right) \cdot V_2$$

전체 출력 전압은(중첩의 원리에 의해)

$$V_o = V_{o1} + V_{o2} = -\frac{R_2}{R_1} \cdot V_1 + \left(1 + \frac{R_2}{R_1}\right)\left(\frac{R_4}{R_3 + R_4}\right) \cdot V_2$$

만약 $R_1 = R_2 = R_3 = R_4$라면 $V_o = (V_2 - V_1)$이 된다.

(6) 미분기(Differentiator)

출력전압은 입력 전압의 미분 값으로 나타나며 이득은 $-RC$이다.

커패시터 C에 흐르는 전류는 $i = C\dfrac{dV_i}{dt}$

출력전압(V_o)은 $V_o = -iR = -RC\dfrac{dV_i}{dt}$

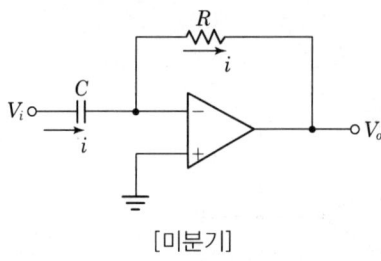
[미분기]

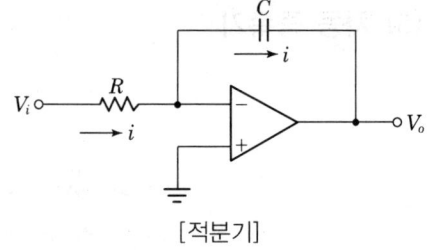
[적분기]

(7) 적분기(Integrator)

회로에서 저항에 흐르는 전류는 $i = \dfrac{V_i}{R}$

출력전압(V_o)은 $V_o = -\dfrac{1}{C}\int i\, dt = -\dfrac{1}{RC}\int V_i\, dt$

(8) 전류-전압 변환기

입력 전류를 출력전압에 비례하도록 변환하는 회로

출력전압은 $V_o = -iR_f$

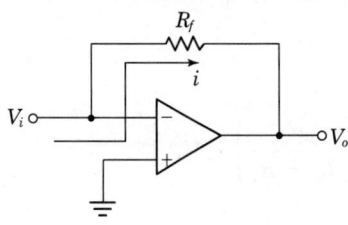
[전류-전압 변환기]

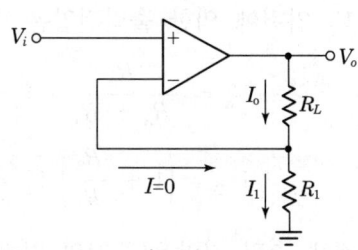
[전압-전류 변환기]

(9) 전압-전류 변환기

입력 전압에 따라 출력전류가 변환되는 회로

$I_1 = \dfrac{V_i}{R_1}$ 이고, $I_1 = I_L$ 이므로 $I_L = I_1 = \dfrac{V_i}{R_1}$

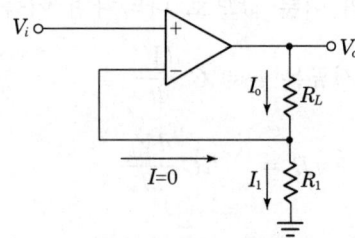
[전압-전류 변환기]

(10) 출력 제한회로

① 입력 전압의 어느 기준 레벨 이상의 전압을 제한시키는 회로로 제한값은 제너 전압에 의해 결정된다.

② 양의 입력신호에 대해 제너 다이오드는 순방향으로 도통되어 0.7[V]로 바이어스된다.

③ 음의 입력신호에 대해 역방향 제너전압 V_z만큼 바이어스된다.

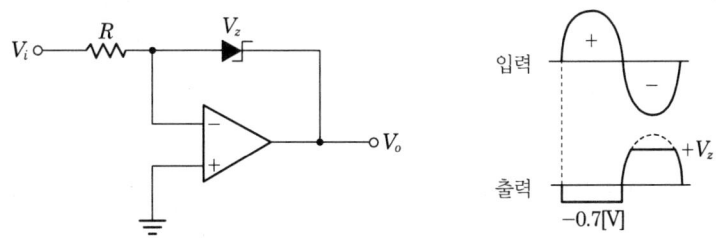

[출력 제한회로와 동작 파형]

(11) 이중 제한 비교기

다음은 이중 제한 비교기 회로이다.

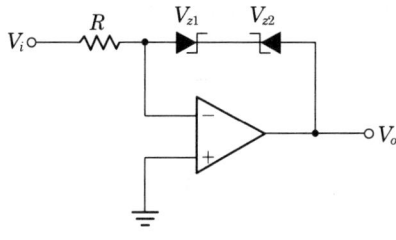

[이중 제한 비교기]

4 전력 증폭회로(Power Amplifier Circuits)의 점검

[1] 전력증폭기(Power Amplifier)

(1) 전력증폭기의 분류 및 비교

구분	A급	B급	AB급	C급
동작점 위치	중앙	차단점	A급과 B급 사이	차단점 이하
유통각	360°	180°	180° 이상	180° 이하
왜곡 정도	거의 없다	반파 정도 왜곡	반파 이하의 왜곡	많다
최대 효율	50%	78.5%	78.5% 이상	100%
용도	저주파증폭기, 완충증폭기	고주파 전력증폭기, 푸시풀증폭기	고주파 전력증폭기	무선주파 및 주파수 체배기

(2) 직결합 A급 전력증폭기

바이어스 점(Q)을 부하선 상의 중앙에 설정하여 입력 정현파의 전 주기에 걸쳐 컬렉터 전류가 흐르도록 하는 바이어스 설정 방법이다.

입력 직류전원에 대해 전달된 전력의 25%만이 교류 부하에서 소모된다.

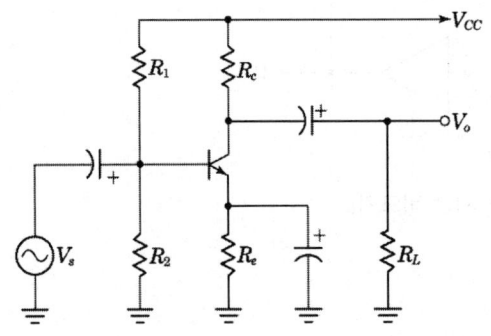

[A급 증폭기의 동작곡선]

① 최대 입력 직류전력

$$P_i = V_{CC} \cdot I_{CQ} = V_{CC} \cdot \frac{V_{CQ}}{R_L} = V_{CC} \cdot \frac{\left(\frac{V_{CC}}{2}\right)}{R_L} = \frac{V_{CC}^2}{2R_L} \text{[W]}$$

② 최대 출력 교류전력 : $P_o = \dfrac{V_s^2}{R_L} = \left(\dfrac{V_{CC}}{2\sqrt{2}}\right)^2 \cdot \dfrac{1}{R_L} = \dfrac{V_{CC}^2}{8R_L}$ [W]

③ 효율 : $\eta = \dfrac{P_o(\text{출력 전력})}{P_i(\text{입력 전력})} = 25\%$

(3) 트랜스 결합 A급 증폭기

① 부하(R_L)의 교류저항(임피던스) : $R_C = \left(\dfrac{n_1}{n_2}\right)^2 \cdot R_L$

② 직류 최대 입력전력 : $P_i = V_{CC} \cdot I_{CQ} = \dfrac{V_{CC}^2}{R_C}$

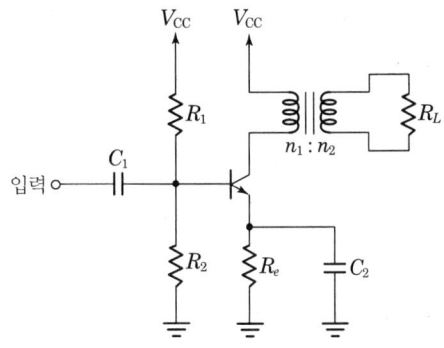

[트랜스 결합 A급 증폭기]

③ 직류 최대 출력 전력 : $P_o = \dfrac{V_{CC}^2}{2R_C}$

④ 효율 : $\eta = \dfrac{P_o(\text{출력 전력})}{P_i(\text{입력 전력})} = 50\%$

> **참고**
> A급 전력증폭기의 특징
> ① 회로가 비교적 간단하다.
> ② B급 푸시풀 회로와 같이 온도의 영향을 적게 받는다.
> ③ 수[W] 이하의 소전력증폭기에 사용한다.
> ④ B급 증폭기의 드라이브단으로 많이 사용된다.

(4) B급 푸시풀 전력증폭기

B급 및 AB급은 싱글로 사용할 수는 없고, 푸시풀 증폭으로 대출력을 요하는 전력

증폭회로에 사용된다.

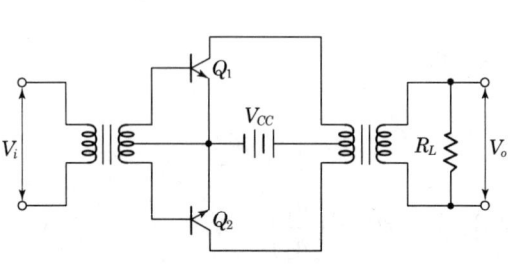

[B급 푸시풀 전력증폭기]

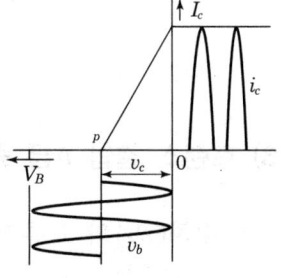

[B급 증폭기의 특성 곡선]

① 동작 원리 : 정의 반주기 동안 BJT Q_1이 ON되어 반주기(+)의 파형이 나타나고, 부(−)의 반주기 동안 BJT Q_2가 ON되어 반주기(−)의 파형이 나타나게 되어 출력은 완전한 정현파가 나타나게 된다.

② 효율

㉠ 부하에서 소모되는 교류전력

$$P_L = V_L \cdot I_L = \frac{V_{CEQ}}{\sqrt{2}} \cdot \frac{I_C}{\sqrt{2}} = \frac{V_{CEQ} \cdot I_C}{2} = \frac{V_{CC} \cdot I_C}{4} [\text{W}]$$

㉡ 전원에서 공급되는 직류전력

$$P_{DC} = V_{CC} \cdot I_{CC} = V_{CC} \cdot \frac{I_C}{\pi} = \frac{V_{CC} \cdot I_C}{\pi} [\text{W}]$$

㉢ 효율

$$\eta(효율) = \frac{교류\ 출력}{직류\ 입력\ 전력} = \frac{P_o}{P_{DC}} = 78.5 [\%]$$

③ 크로스오버(Crossover) 왜곡 : 차단점 근처의 입력 특성이 비선형으로 되어 출력 파형의 일그러짐 현상

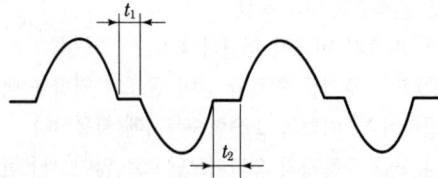

[크로스오버 왜곡(찌그러짐)]

④ B급 푸시풀 증폭회로의 특징

㉠ B급 동작이므로 직류 바이어스 전류가 매우 작아도 된다.

ⓛ 입력이 없을 때의 컬렉터 손실이 작으며 큰 출력을 낼 수 있다.
ⓒ 짝수(우수차) 고조파 성분은 서로 상쇄되어 일그러짐이 없는 출력단에 적합하다.
ⓔ B급 증폭기의 특징인 크로스오버 왜곡이 있다.

(5) AB급 증폭기

AB급 증폭기는 A급과 B급 사이에 동작점을 취한 것으로, 입력 파형과 출력 파형이 비례하지 않으므로 저주파 전력증폭에 B급과 함께 사용된다.

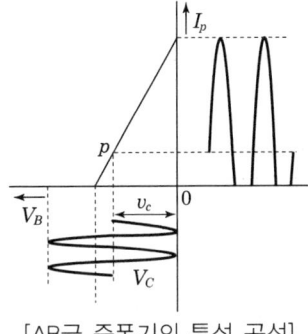

[AB급 증폭기의 특성 곡선]

(6) C급 증폭기

C급 증폭기는 B급 증폭기보다 동작점을 음(-)으로 잡아 출력 전류는 반주기 미만의 사이에서만 흐르도록 한 것으로, B급과 함께 부하에 동조회로를 접속하여 그 공진성을 이용해 출력 파형도 입력 파형과 같은 정현파를 얻을 수 있어 고주파 전력증폭에 쓰인다.

① 동조된 C급 증폭기

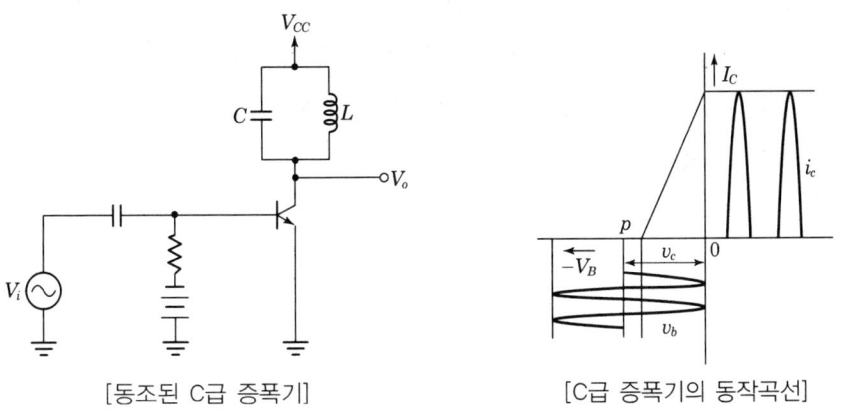

[동조된 C급 증폭기]   [C급 증폭기의 동작곡선]

컬렉터 단자의 L과 C는 공진회로(탱크회로)를 형성

㉠ 공진 주파수는 $f = \dfrac{1}{2\pi\sqrt{LC}}$ [Hz]

㉡ 출력 전력은 $P_o = \dfrac{\left(\dfrac{V_{CC}}{\sqrt{2}}\right)^2}{R_C} = \dfrac{0.5 \cdot V_{CC}^2}{R_C}$ [W]

(R_C : 컬렉터 탱크회로의 등가병렬 저항)

증폭기에 공급되는 총전력은 $P_T = P_o + P_{D(avg)}$ [W]

> **참고**
> $P_{D(avg)}$는 증폭기에서 손실되는 평균 전력을 의미한다.

㉢ 효율 : $\eta = \dfrac{P_o}{P_o + P_{D(avg)}}$

> **참고**
> $P_o \gg P_{D(avg)}$ 이면 효율은 100%에 근접한다.

(7) OTL(Output Transformer-Less) 회로

전력증폭기에서 변성기에 의한 주파수 특성 저하를 방지하기 위하여 출력 트랜스를 사용하지 않고 부하를 직접 회로에 결합하는 방식

① DEPP(Double-Ended Push-pull) 회로 : 쌍접합 트랜지스터(BJT)가 부하에 대해서는 직렬로 연결되고, 전원에 대해서는 병렬로 연결된다.

② SEPP(Single-Ended Push-Pull) 회로 : 쌍접합 트랜지스터(BJT)가 부하에 대해서는 병렬로 연결되고, 전원에 대해서는 직렬로 연결된다.

③ 상보대칭형 SEPP 회로 : 특성이 같은 NPN 및 PNP BJT를 상보대칭으로 하여 입력을 병렬로 접속한 회로

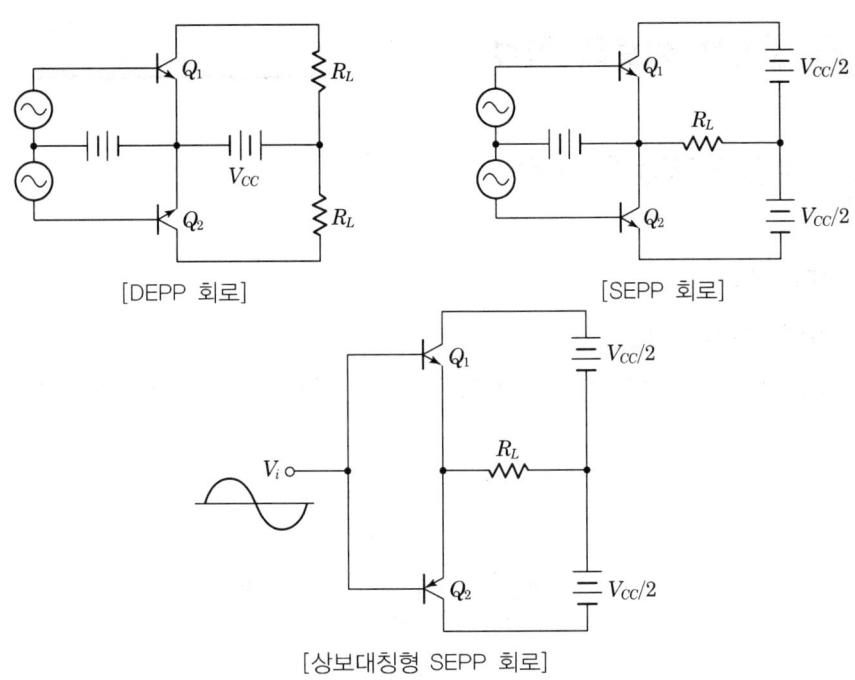

[DEPP 회로] [SEPP 회로]

[상보대칭형 SEPP 회로]

2 발진부 회로의 점검

1 발진의 개념 및 조건

[1] 발진회로

(1) 발진회로의 개념

궤환(Feedback)회로에서 β가 양수이면 정궤환(+), 음수이면 부궤환(−)이 된다.

$$A_{vf} = \frac{V_o}{V_i} = \frac{A}{1 - A \cdot \beta}$$

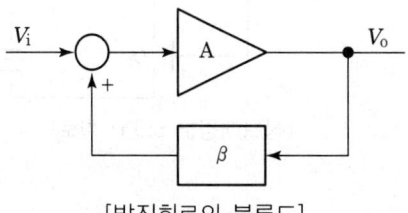

[발진회로의 블록도]

여기서 $A\beta = 1$이면 A_{vf}가 무한대가 되어 발진한다. 이러한 발진조건을 바크하우젠(Barkhausen) 발진조건이라 한다.

즉 $|1-A\beta| > 1$일 때는 부궤환(증폭회로에 적용)

$|1-A\beta| \leq 1$일 때는 정궤환(발진회로에 적용)

(2) 발진회로의 기본 형태

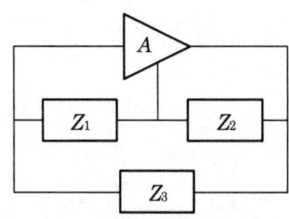

[발진회로의 기본 형태]

발진회로로 동작하는 것은 두 경우뿐이다.

① $Z_1 < 0$(용량성), $Z_2 < 0$(용량성), $Z_3 > 0$(유도성)

② $Z_1 > 0$(유도성), $Z_2 > 0$(유도성), $Z_3 < 0$(용량성)

2 발진부 회로의 점검

[1] 발진회로의 종류와 기본 회로

발진회로는 크게 정현파 발진기와 비정현파 발진기로 나눈다.

(1) 정현파 발진기의 종류

① LC 발진회로
  ㉠ 하틀리(Hartley) 발진회로
  ㉡ 콜피츠(Colpitts) 발진회로
  ㉢ 동조형 반결합 회로(컬렉터 동조, 이미터 동조, 베이스 동조)

② RC 발진회로
  ㉠ 이상형(Phase shift) 발진회로
  ㉡ 빈 브리지(Wien bridge) 발진회로

③ 수정 발진회로
  ㉠ 피어스(Pierce) B-E 발진회로
  ㉡ 피어스 B-C 발진회로
  ㉢ 무조정 발진회로

④ 부성 저항 발진회로
  ㉠ 터널 다이오드 발진회로
  ㉡ 단일접합 트랜지스터 발진회로

(2) 비정현파 발진기의 종류

① 멀티바이브레이터
② 블로킹 발진기
③ 톱날파 발진기

(3) LC 발진회로

① 하틀리 발진회로

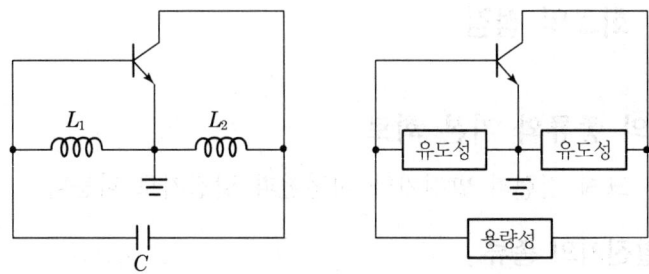

[하틀리 발진회로]

㉠ 발진주파수 : $f = \dfrac{1}{2\pi\sqrt{(L_1 + L_2 + 2M)C}}$ [Hz]

② 콜피츠 발진회로

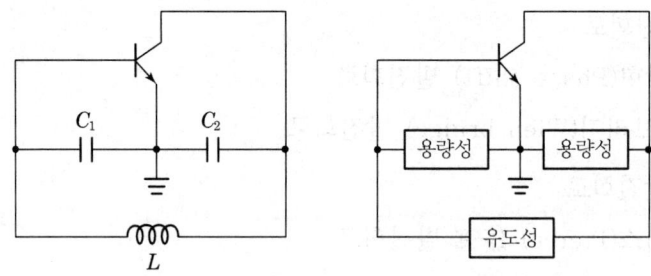

[콜피츠 발진회로]

㉠ 발진주파수 : $f = \dfrac{1}{2\pi\sqrt{L\left(\dfrac{C_1 \cdot C_2}{C_1 + C_2}\right)}}$ [Hz]

③ 컬렉터 동조형 발진회로 : TR의 컬렉터 부분에 LC 동조회로를 결합하여 구성한 발진회로

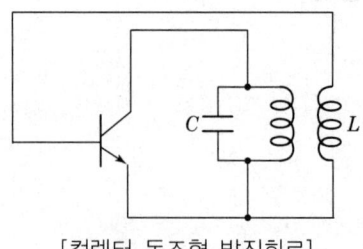

[컬렉터 동조형 발진회로]

㉠ 발진주파수 : $f = \dfrac{1}{2\pi\sqrt{LC}}$ [Hz]

(4) RC 발진회로

① 이상형(Phase shift) 병렬 R형 발진기

㉠ 발진 주파수 : $f = \dfrac{1}{2\pi RC\sqrt{6}}$ [Hz]

㉡ 발진을 위한 최소 전류증폭률 $\beta \geq 29$, 즉 증폭도가 29 이상되어야 발진한다.

② 이상형(Phase shift) 병렬 C형 발진기

㉠ 발진주파수 : $f = \dfrac{\sqrt{6}}{2\pi RC}$ [Hz]

㉡ 발진을 위한 최소 전류증폭률 $\beta \geq 29$, 즉 증폭도가 29 이상 되어야 발진한다.

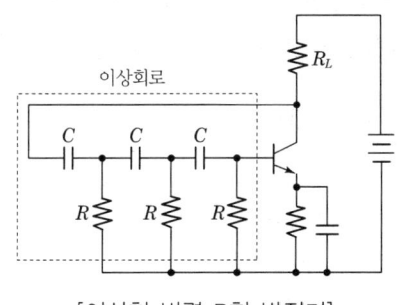

[이상형 병렬 R형 발진기]

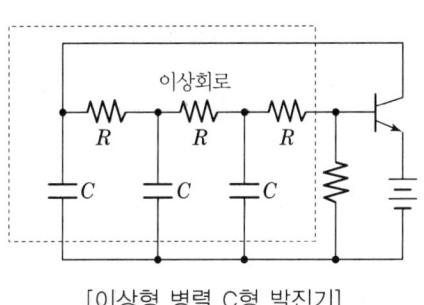

[이상형 병렬 C형 발진기]

③ 빈 브리지(Wien bridge)형 발진기

㉠ 발진주파수 : $f = \dfrac{1}{2\pi\sqrt{C_1 C_2 R_1 R_2}}$ [Hz]

만약 $C_1 = C_2 = C$, $R_1 = R_2 = R$이라면 발진주파수는 $f = \dfrac{1}{2\pi RC}$ [Hz]

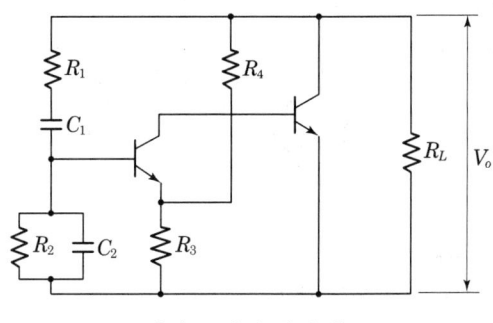

[빈 브리지 발진기]

(5) 수정 발진회로

① 수정발진자의 구조

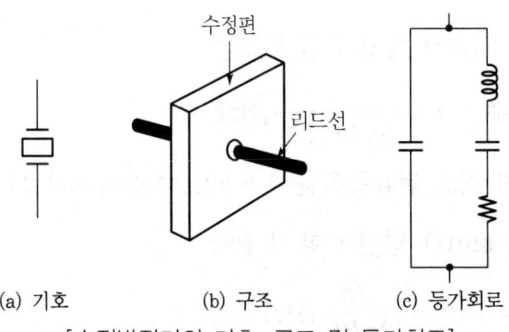

[수정발진기의 기호, 구조 및 등가회로]

㉠ 압전효과 : 수정편에 압력을 가하면 수정편의 양면에 전하가 발생하며, 장력을 가하면 반대의 전하가 발생하는 압전 효과(Piezo effect)가 나타난다.

㉡ 직렬 공진주파수 : $f_s = \dfrac{1}{2\pi\sqrt{L_0\,C_0}}$ [Hz]

㉢ 병렬 공진주파수 : $f_p = \dfrac{1}{2\pi\sqrt{L_0 \cdot \left(\dfrac{C_0 C_1}{C_0 + C_1}\right)}}$ [Hz]

② 수정 발진회로의 종류

㉠ 피어스(Pierce) B-E 수정 발진회로 : 쌍접합 트랜지스터(BJT)의 베이스와 이미터에 수정진동자를 삽입한 회로

㉡ 피어스(Pierce) B-C형 수정 발진회로 : 쌍접합 트랜지스터(BJT)의 베이스와 컬렉터에 수정진동자를 삽입한 회로

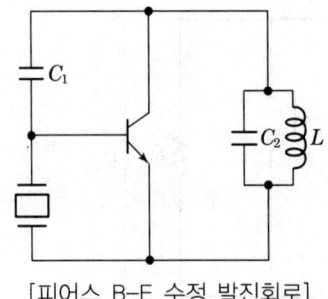

[피어스 B-E 수정 발진회로]   [피어스 B-C 수정 발진회로]

(6) PLL 발진회로

Phase-Locked Loop(위상 동기(位相同期) 루프)는 전압제어발진기의 출력 신호를 주파수 분주기를 통하여 분주한 다음 위상검출기에서 기준 주파수와 비교하여 두 신호가 동일한 주파수가 되도록 전압제어 발진기의 조정전압을 조절한다.

VCO에서 나온 출력은 루프의 여러 단계를 거치면서 VCO를 동작시키기에 적당한 형태로 변환되며, 전압제어 발진기는 입력 제어전압(루프 필터 출력)에 비례하는 주파수를 출력한다.

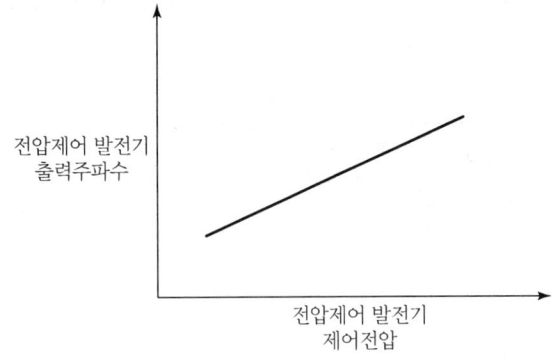

① PLL의 구조

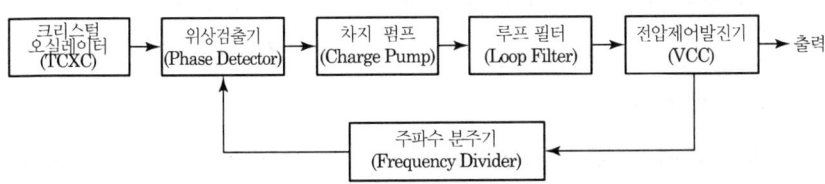

⊙ 크리스털 오실레이터(TCXO : Temperature Compensated X-tal Oscillator)
온도변화에 대하여 안정적인 주파수를 얻을 수 있는 크리스털 오실레이터로서 발진 주파수를 기준주파수로 하여 출력주파수와 비교한다.

ⓒ 위상검출기(Phase Detector : Phase Frequency Detector)
크리스털 오실레이터(TCXO)의 기준주파수와 주파수 분주기를 통해 들어온 출력주파수를 비교하여 그 차이에 해당하는 펄스열을 내보낸다.

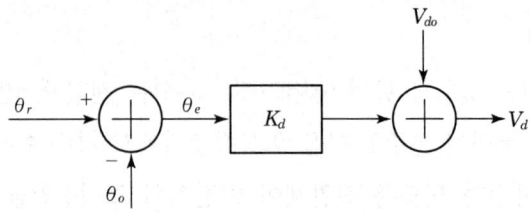

$$\theta_e = \theta_d - \theta_{do} \qquad v_d = K_d\theta_e - V_{do}$$

θ_e : 위상오차

θ_d : 기준 신호의 위상과 발진기 출력신호의 위상차

θ_{do} : V_{do} (기준신호가 없을 경우의 출력)에 대응하는 위상

$v_d = V_{do}$: 위상오차가 없을 때

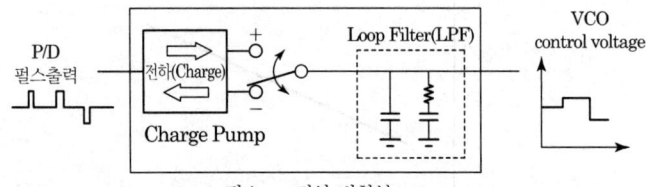

펄스 → 전압 변환부

ⓒ 차지 펌프(C/P)

위상검출기(P/D)에서 나온 펄스폭에 비례하는 전류를 펄스 부호에 따라 밀거나 당겨준다. 펄스를 전류로 변환해주는 과정에서 전류이득(I_{cp})이 존재하고, 이 양은 lock time을 비롯한 PLL의 성능에도 큰 영향을 준다.

ⓔ 루프 필터(LPF)

저역통과여파기(LPF) 구조로 루프 동작 중에 발생하는 불필요한 주파수들을 차단하고, 커패시터를 이용하여 축적된 전하량 변화를 통해 VCO 조절단자의 전압을 가변하는 역할을 한다.

ⓜ VCO(Voltage Controlled Oscillator)

입력신호의 전압에 비례하는 주파수를 출력한다.

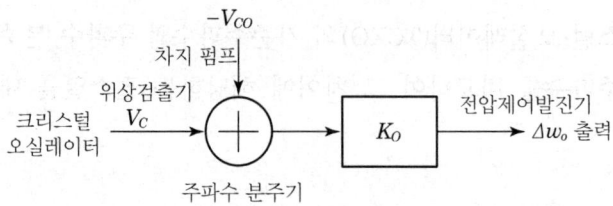

$$K_o = \frac{d\omega_0}{d\omega_c} \qquad \Delta\omega_0 = K_o(v_c - V_{co})$$

㈎ 주파수 분주기(Frequency Divider)

VCO의 출력주파수를 가져와서 비교시켜야 하는데, 주파수가 너무 높아서 비교하기 힘드니까 적절한 비율로 나누어 비교하기 좋은 주파수로 만든다. 디지털 카운터 같은 구조로 되어 있으며, 이 분주비를 복잡하게 살짝 비틀어서 PLL 구조의 출력주파수 가변을 할 수 있게 하는 역할도 한다.

분주기가 없을 경우 lock 상태의 출력주파수와 기준주파수가 동일하고, 기준 주파수보다 크고 해상도 높은 주파수 출력을 구현하기 위하여 주파수 분주기, 프리스케일러, Swallow Counter 등을 사용한다.

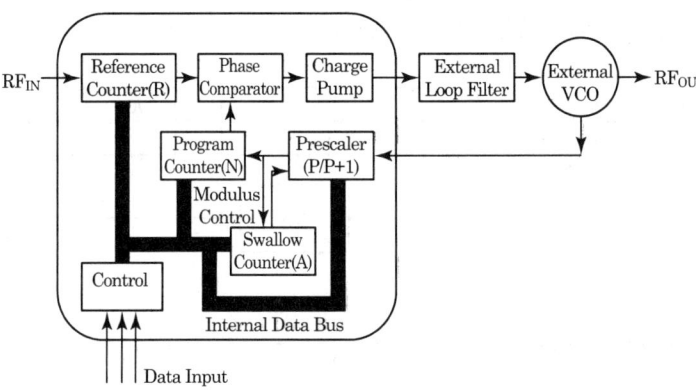

② PLL의 위상 잡음

위상 잡음(Phase Noise)은 중심 주파수에서의 power와 일정 offset 주파수에서 1[Hz]의 band폭을 가진 부분에서의 power의 차이로서, PLL 잡음은 기준 발진기, 위상 검출기, 주파수 분주기, 루프 필터, 전원, 열잡음 등의 복합 잡음원이다.

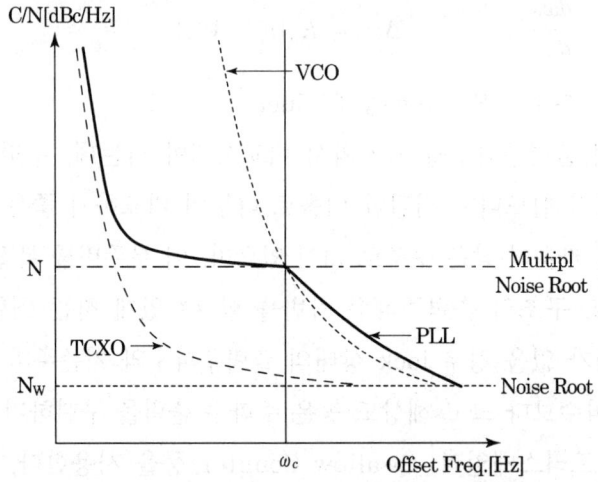

③ PLL의 위상 전송 기능(Phase Transfer Functions)

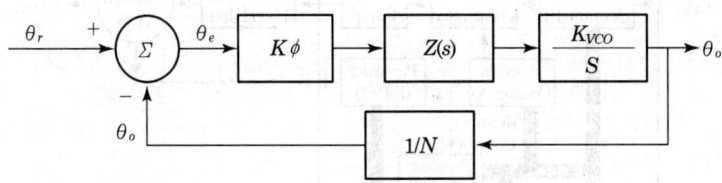

Forward loop gain= $G_{(s)} = \dfrac{\theta_o}{\theta_e} = \dfrac{K_\Phi Z_{(s)} K_{vco}}{s}$

Reverse loop gain= $H_{(s)} = \dfrac{\theta_i}{\theta_o} = \dfrac{1}{N}$

개회로 이득(Open loop gain)= $H_{(s)} G_{(s)} = \dfrac{\theta_i}{\theta_e} = \dfrac{K_\Phi Z_{(s)} K_{vco}}{Ns}$

폐회로 이득(Close loop gain)= $\dfrac{\theta_o}{\theta_r} = \dfrac{G_{(s)}}{1 + H_{(s)} G_{(s)}}$

[2] 발진 안정 조건

발진기의 안정 조건 중에서도 특별히 중요한 것은 주파수의 안정도가 높아야 한다.

(1) 발진 주파수 변동의 원인과 대책

① 주위 온도의 변화

㉠ 수정진동자, 트랜지스터 등의 부품은 온도계수가 작은 것을 사용한다.

ⓒ 온도의 변화에 민감한 부품은 수정진동자와 함께 항온조에 넣는다.

② 부하의 변동

㉠ 다음 단과의 사이에 완충 증폭기(buffer amp)를 추가한다.

ⓒ 다음 단과의 결합은 가능한 한 소결합으로 결합한다.

③ 전원 전압의 변동 : 정전압 회로를 사용하여 안정전원을 유지한다.

④ 습도에 의한 영향 : 방습을 위하여 타 회로와 차단하여, 습기와 멀리한다.

(2) 수정 발진기의 특징

① 수정진동자의 Q(Quality factor)가 높기 때문에 주파수 안정도가 높다.

② 수정편에 항온조 등을 이용하므로 주위 온도의 영향이 적다.

③ 발진주파수의 변경 시 수정 자체를 바꿔야 하는 불편이 있다.

④ 초단파 이상의 발진은 곤란하다.

⑤ 수정 발진주파수 변동의 원인을 제거하는 조건하에서 동작시켜야 한다.

Chapter 06 무선통신망 구축 실시 설계

1 장비규격서 작성하기

1 변복조기술 개요

[1] 변복조의 기초

(1) 변조(modulation)

송신에서 신호의 전송을 위해 고주파에 저주파 신호를 포함시키는 과정이며, 변조된 반송파(carrier wave)를 피변조파(modulated wave)라 한다.

(2) 변조방식의 분류

① 진폭 변조(Amplitude Modulation : AM) : 방송파의 진폭을 신호파에 따라서 변화시키는 변조방법

② 주파수 변조(Frequency Modulation : FM) : 신호파에 따라서 반송파의 진폭은 일정한 상태에서 주파수만을 변조시키는 방법

③ 위상 변조(Phase Modulation) : 반송파의 각속도를 신호파에 따라서 변화시키는 변조방법

④ 펄스 변조(Pulse Modulation : PM) : 펄스파가 신호파에 의해 변화되는 변조방법

[2] 진폭 변·복조

(1) 진폭 변조

① 진폭 변조 : 반송파의 진폭을 신호파의 진폭에 따라 변화하게 하는 방법

② 변조도 : 신호파의 진폭과 반송파의 진폭의 비

$$m_a = \frac{I_{sm}}{I_{cm}} = \frac{신호파의\ 진폭}{반송파의\ 진폭}$$

> 참고
> $m=1$일 때 100[%] 변조, $m>1$이면 과변조

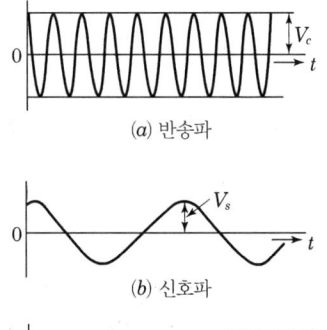

(a) 반송파

(b) 신호파

(c) 피변조파

[진폭 변조의 원리]

③ 피변조파의 전력

$$P = \frac{1}{2}I_c m^2 R + \frac{1}{8}m^2 I_c m^2 R = P_C + P_L + P_U + P_C\left(1+\frac{m^2}{2}\right)[\text{W}]$$

> 참고
> $m=1$(100% 변조)일 때 반송파의 점유 전력은 전 전력의 $\frac{2}{3}$이며, 나머지 $\frac{1}{3}$의 전력이 상·하 양측파가 점유하는 전력이 된다.

구 분	진 폭	각속도	주파수
반송파	V_c	ω_c	f_c
상측파대	$\dfrac{m_a V_c}{2}$	$\omega_c + \omega_s$	$f_c + f_s$
하측파대	$\dfrac{m_a V_c}{2}$	$\omega_c - \omega_s$	$f_c - f_s$

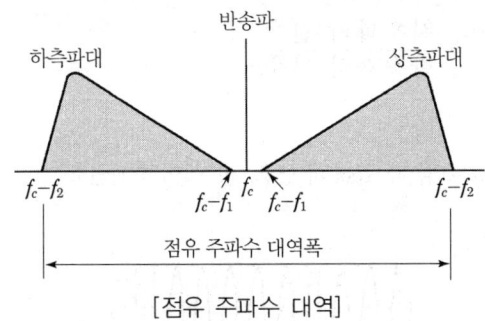

[점유 주파수 대역]

④ 링(ring) 변조회로 : 피변조파에 포함된 반송파를 제거하고 양측파대만을 빼내는 평형 변조의 일종으로, 출력에 한쪽 측파대만을 선택하는 필터를 부착시켜 단측파대(SSB) 통신에 이용된다.

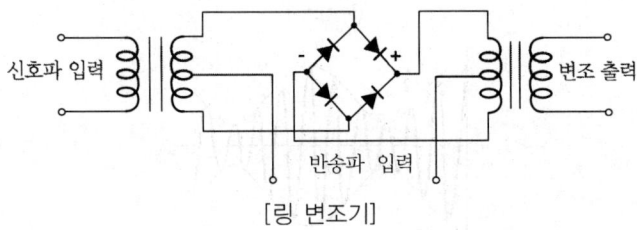

[링 변조기]

(2) 진폭 복조회로
① 직선 복조회로 : 다이오드의 전압 전류 특성의 직선 부분이 이용되도록 입력 전압을 충분히 크게 하여 복조하는 방식
② 제곱 복조회로 : 비직선 소자의 제곱 특성을 이용한 방식으로 진폭이 작은 진폭 변조파의 복조에 사용된다.

[3] 주파수 변조와 복조
(1) 주파수 변조의 원리
① 주파수 변조 : 반송파의 주파수 변화를 신호파의 진폭에 비례시키는 변조 방식
② 최대 주파수 편이 : 반송 주파수 f_c를 중심으로 변조에 의한 최대 주파수 변화분
  ㉠ FM 방송 $\Delta f_c = \pm 75 [\text{kHz}]$
  ㉡ TV 음성 $\Delta f_c = \pm 25 [\text{kHz}]$
  ㉢ 일반 통신 $\Delta f_c = \pm 15 [\text{kHz}]$

③ 주파수 변조 지수

최대 주파수 편이 Δf_c 와 신호 주파수 f_s 의 비

$$m_f = \frac{\Delta f_c (\text{최대 주파수 편이})}{f_s (\text{신호 주파수})}$$

④ 실용적 주파수 대역폭

$$B = 2f_s(m_f + 1) = 2(\Delta f_c + f_s)$$

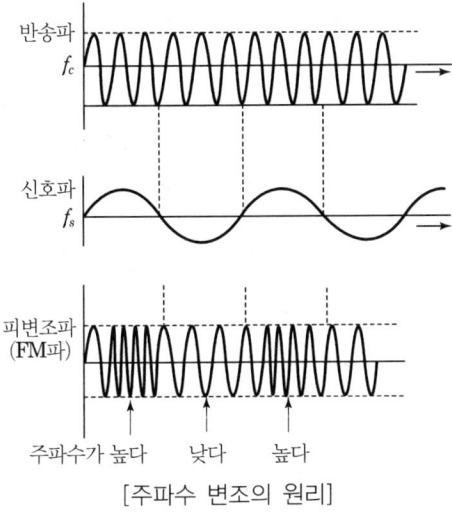

[주파수 변조의 원리]

(2) 주파수 복조회로

① 포스터 실리(Foster-Seeley) 판별회로

입력 진폭 변화에 의한 복조 감도가 변화되므로, 반드시 진폭 변화를 억제하는 진폭 제한회로를 삽입해야 한다.

② 비검파(ratio detector) 회로

포스터 실리 회로의 일부를 개량한 것으로 복조감도는 1/2로 낮으나, 큰 용량의 C_6 및 R_1, R_2가 진폭 제한작용을 하므로 별도의 진폭 제한회로가 필요하지 않다.

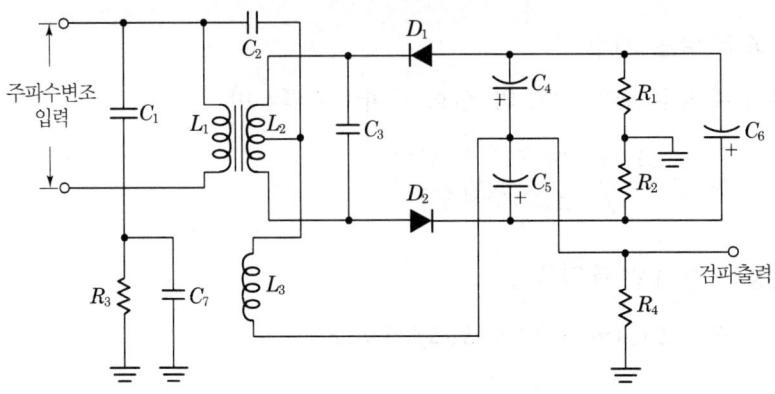

[비검파(ratio detector) 회로]

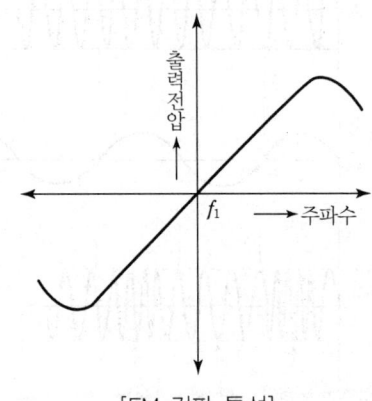

[FM 검파 특성]

[4] 디지털 변·복조회로

(1) 디지털 통신의 장점

① 채널의 효율적 이용 : 다수의 음성, 데이터 신호가 하나의 회선을 통해 동시에 전송 가능하다.

② Integration의 용이성

③ 우수한 품질 : 디지털 신호의 특성상 장거리 전송에서도 우수한 품질을 유지한다.

④ 보안성 : 신호가 디지털로 암호화되므로 Decoding이 쉽지 않다.

⑤ 저전력, 소형 단말기 : 디지털 변조 기술로 저출력 송신이 가능하며 단말기의 크기와 가격을 줄일 수 있다.

⑥ 성장 가능성 : Speech Coder 기술의 발달로 채널을 효율적으로 사용할 수 있게 된다.

(2) 디지털 변·복조의 개념

아날로그 전송매체에 디지털 신호를 전송하기 위하여 디지털 신호를 아날로그 신호로 변환하는 것을 말하며, 디지털 신호를 변조하지 않고 디지털 형태 그대로 보내는 기저대역 전송도 있다.

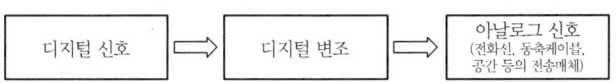

① 아날로그 신호의 디지털 신호 변환(변조) 과정(PCM 방식)

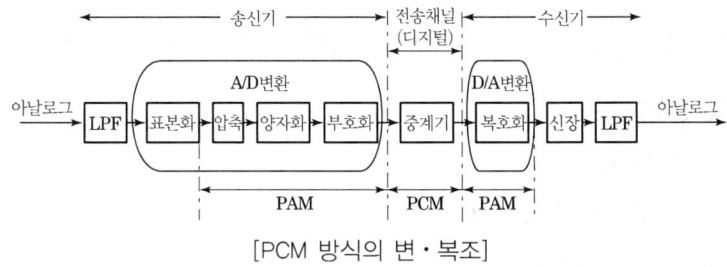

[PCM 방식의 변·복조]

펄스부호 변조(PCM) 방식은 아날로그 형태의 정보(신호)를 디지털 형태의 정보(신호)로 변경하는 방식으로, 변조회로의 기본 구성은 표본화, 양자화, 부호화의 부분으로 구성된다.

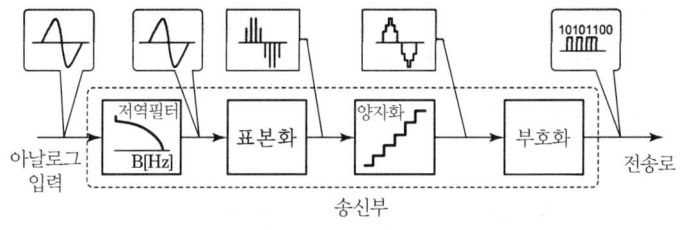

[PCM 방식의 변조]

㉠ 표본화 : 음성신호와 같은 연속 파형을 일정한 간격으로 나누어 이 값만 취하고 나머지는 삭제하는 것, 즉 PAM 변조하는 과정을 표본화라 한다.

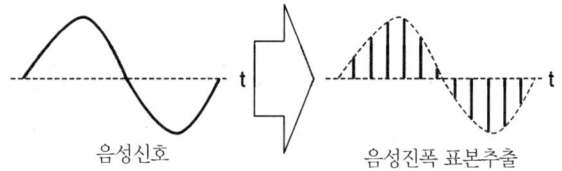

ⓒ 양자화 : 표본화한 값을 갖는 PAM 신호를 디지털 신호로 변화하기 위하여 PAM파를 각각의 대푯값으로 표현하는 것을 말한다.

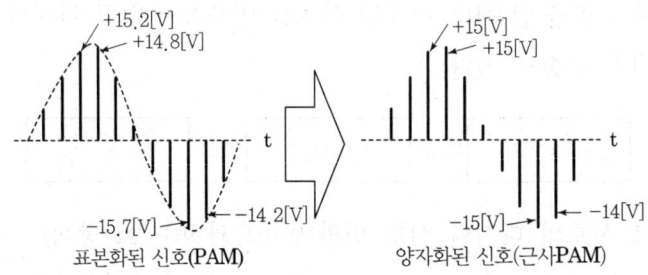

표본화된 신호(PAM) → 양자화된 신호(근사PAM)

ⓒ 부호화 : 양자화된 샘플을 양자화 레벨의 수 n에 따라 2n 비트로 부호화한다.

(3) PCM의 장점
① 잡음에 강하다.
② 고밀도화(LSI)에 적합하다.
③ 분기와 삽입이 용이하다.
④ 가공 처리가 용이하다.
⑤ 정비 주기가 길다.
⑥ 보안성의 확보가 쉽다.

(4) PCM의 단점
① 채널당 소요 대역폭이 증가된다.
② 양자화 잡음이 발생한다.
③ 동기가 유지되어야 한다.
④ 지리적으로 분산된 신호의 다중화가 어렵다.
⑤ A/D, D/A 변환 과정이 증가된다.
⑥ 기존의 아날로그 네트워크와 결합 시 비용이 높아진다.

(5) 디지털 변조방식의 특성
① 오류 확률
변조방식에 따라 전송과정에서 오류가 발생할 확률로 같은 진수의 경우에는 ASK보다는 FSK가, FSK보다는 DPSK가, DPSK보다는 QAM의 오류 확률이 낮다.

같은 변조방식을 사용하는 경우에는 진수가 증가할수록 오류 발생이 증가한다.

M진 오류 확률 = 2진 오류 확률 $\times \log_2 M$

	진폭편이변조 (ASK)	주파수편이변조 (FSK)	DPSK	위상편이변조 (PSK)	진교위상변조 (QAM)
	2진 ASK	2진 FSK	2진 DPSK	2진 PSK (8PSK)	
			4진 DPSK	4진 PSK (QPSK)	4진 QAM
			8진 DPSK	8진 PSK	8진 QAM
				16진 PSK	16진 QAM
	M진 ASK	M진 FSK		M진 PSK	M진 QAM

[각 변조방식에 따른 오류 확률의 증가와 감소]

② 비트율 : 시스템의 비트 흐름의 빈도 수
③ 부호율 : 비트율을 각 부호 전송 시 전송할 수 있는 비트의 수로 나눈 값으로 통신채널용 신호대역폭은 부호율에 따라 달라진다.

$$부호율 = \frac{비트율}{각\ 부호가\ 전송될\ 때\ 전송되는\ 비트\ 수}$$

(6) 디지털 변·복조회로의 종류 및 원리

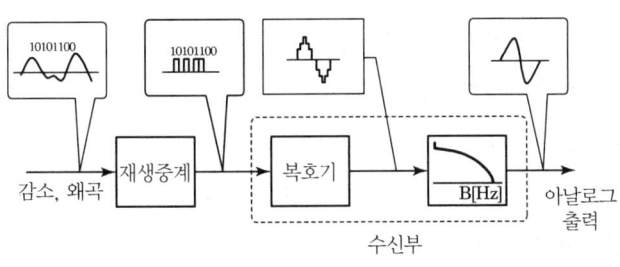

[PCM 방식의 복조]

① 디지털 2진 변조와 다원 변조
  ㉠ 2진 변조 : 하나의 데이터 비트를 전송하기 위하여 이산적인 상태의 진폭, 주파수, 위상 등을 데이터 비트(1,0)로 사용하는 방식으로 2진 ASK, 2진 FSK, 2진 PSK 등이 있다.
    ⓐ ASK(진폭편이변조 : Amplitude shift keying) : 디지털 부호에 대응하

여 사인 반송파의 주파수나 위상을 그대로 두고 진폭만 변화시키는 변조방식

ⓑ FSK(주파수편이변조 : Frequency shift keying) : 디지털 부호에 대응하여 사인 반송파의 진폭과 위상을 그대로 두고 주파수만 변화시키는 변조방식

ⓒ PSK(위상편이변조 : Phase shift keying) : 진폭과 주파수가 모두 일정한 반송파를 이용하여 그 위상을 2진 전송부호에 대응시켜 변화시키는 방식

ⓓ APK(진폭위상변조 : Amplitude Phase keying) : ASK와 PSK의 조합으로 QAM이라고도 한다.

ⓒ 다원 변조(Multi-Level Modulation) : 다수의 비트를 동시에 전송하기 위해 많은 이산적 상태를 사용하는 변조로 다수 레벨의 파형이 만들어지며, QPSK, 8PSK 등이 있다.

(7) 기저대역 전송과 반송대역 전송

① 기저대역 전송 : 디지털 파형을 특별히 변조시키지 않고 디지털 형태로 전송하는 펄스파형으로 PCM 방식이 해당된다.

② 기저대역 전송의 조건
  ㉠ 전송부호 형태에 직류성분이 포함되지 않을 것
  ㉡ 시간 정보가 정확히 포함될 것
  ㉢ 저주파 및 고주파 성분이 제한될 것
  ㉣ 전송로상에서 발생한 에러의 검출 및 교정이 가능할 것

③ 기저대역 전송의 종류
  ㉠ 2원 전송방식 : 변조되기 이전의 디지털 신호 파형을 2진 펄스 모양 그대로 전송하는 방식
  ㉡ 다원 전송방식 : 전송로 특성에 맞게 2진 부호를 변형시킨 펄스파형으로 전송하는 방식
  ㉢ 다원 전송방식의 특징
    ⓐ 다수의 비트를 이용하여 한 개의 비트를 표시하는 방식

ⓑ 주파수 대역의 효율적 이용

ⓒ 전송 용량이 높아 고속 정보전송에 사용

ⓓ 정보의 전송속도

$R_b = 2B\log_2 M$ (R_b : 전송속도, M : 다원 레벨 수, B : 대역 폭)

ⓔ 다원 레벨 수가 높을수록 전송속도가 증가한다.

④ 반송대역 전송(Bandpass Transmission) : 디지털 신호에 따라 반송파의 진폭, 주파수, 위상의 어느 하나 또는 조합을 전송하는 방식으로, ASK, FSK, PSK, QAM 등의 방식이 있다.

[5] 펄스 변·복조 회로

(1) 펄스 변조

펄스 변조는 표본화 신호(펄스파)를 신호파에 따라 조작하는 변조방식을 말하며, 연속 레벨 변조와 불연속 레벨 변조로 분류한다.

펄스 변조	연속 레벨 변조	펄스 진폭 변조(PAM)
		펄스 폭 변조(PWM)
		펄스 위상 변조(PPM)
		펄스 주파수 변조(PFM)
	불연속 레벨 변조	펄스 수 변조(PNM)
		펄스 부호 변조(PCM)
		델타 변조(ΔM)

① 펄스 진폭 변조(PAM : Pulse Amplifier Modulation) : 신호 레벨(높낮이)에 따라 펄스의 진폭을 변화시킨다.

② 펄스 폭 변조(PWM : Pulse Width Modulation) : 신호 레벨(높낮이)에 따라 펄스의 폭을 변화시킨다.

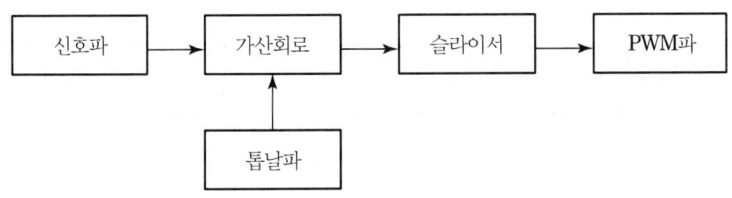

[펄스 폭 변조회로의 구성]

③ 펄스 위상 변조(PPM : Pulse Phase Modulation) : 신호 레벨(높낮이)에 따라 펄스의 위상을 변화시키는 방법으로, 신호 레벨이 크면 펄스의 주기가 짧아지고 주파수가 높아진다.

[펄스 위상 변조회로의 구성]

④ 펄스 주파수 변조(PFM : Pulse Frequency Modulation) : 신호 레벨(높낮이)에 따라 펄스의 주파수가 변화되는 방법으로, 신호 레벨이 크면 펄스의 주기가 짧아지고 주파수가 높아진다.

[펄스 주파수 회로의 구성]

⑤ 펄스 수 변조(PNM : Pulse Number Modulation) : 신호 레벨(높낮이)에 따라 펄스 수를 변화시키는 방법으로, 신호 레벨이 크면 펄스의 수가 많아진다.

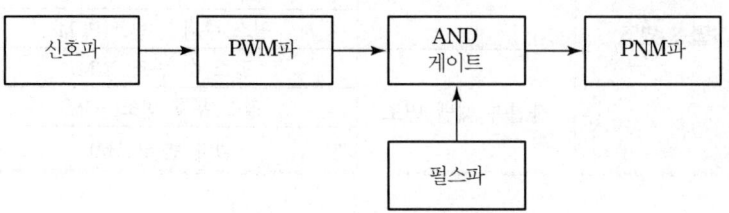

[펄스 수 변조회로의 구성]

⑥ 펄스 부호 변조(PCM : Pulse Coded Modulation) : 신호 레벨(높낮이)에 따라 펄스 열의 유·무를 변화시키는 방법으로, 각 샘플별로 신호 레벨을 일정 비트를 갖는 2진 부호로 바꾸어 부호화한다.

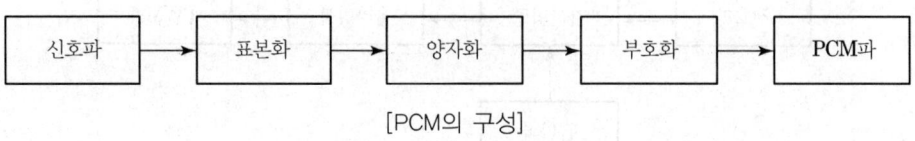

[PCM의 구성]

⑦ 델타 변조(ΔM : Delta Modulation) : 신호 레벨(높낮이)을 일정한 계단파에

근사화시켜서, 레벨이 커져 갈 때는 양의 펄스로, 작아져 갈 때는 음의 펄스로 바꾼다.

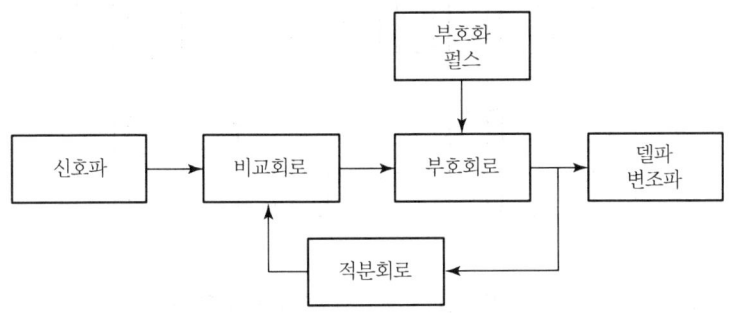

[델타(delta) 변조(ΔM)의 구성]

(2) 펄스 복조회로

① 펄스 진폭 변조파(PAM)의 복조 : PAM파는 적분회로(저역필터)를 이용하여 복조하며, 직류분을 함유한 신호파는 커패시터를 이용하여 직류분을 제거한다.

② 펄스 폭 변조파(PWM)의 복조 : PWM의 복조도 적분회로를 이용하며, 펄스 폭이 넓으면 충전 시간이 길어 커패시터의 단자 전압이 높아지고, 펄스 폭이 좁아지면 충전 시간이 짧고 방전이 길어 단자 전압이 낮아지는 원리를 이용하여 신호파를 얻어낼 수 있다.

③ 펄스 위상 변조파(PPM)의 복조회로 : PPM파를 PAM파로 변환하여 PAM 복조회로를 이용하여 복조를 한다. PPM파를 톱날파와 합성하여 일정한 레벨로 자르면 PAM파가 만들어지고, 이를 적분회로를 이용하면 복조가 이루어진다.

④ 펄스 주파수 변조(PFM)파의 복조회로 : PPM 복조와 같은 방법으로 신호파를 꺼낼 수 있다.

⑤ 펄스 수 변조(PNM)파의 복조회로 : 펄스 수가 많으면 커패시터의 충전 전압이 높아지고, 펄스 수가 적으면 충전전압이 낮아지는 PAM파와 같은 적분회로로서 신호파를 꺼낼 수 있다.

⑥ 델타 변조(ΔM)파의 복조회로 : 델타 변조회로에 적분회로를 통하면 출력은 단계적으로 되므로, 저역 필터를 접속하고 고주파 성분을 제거하여 신호파를 얻을 수 있다.

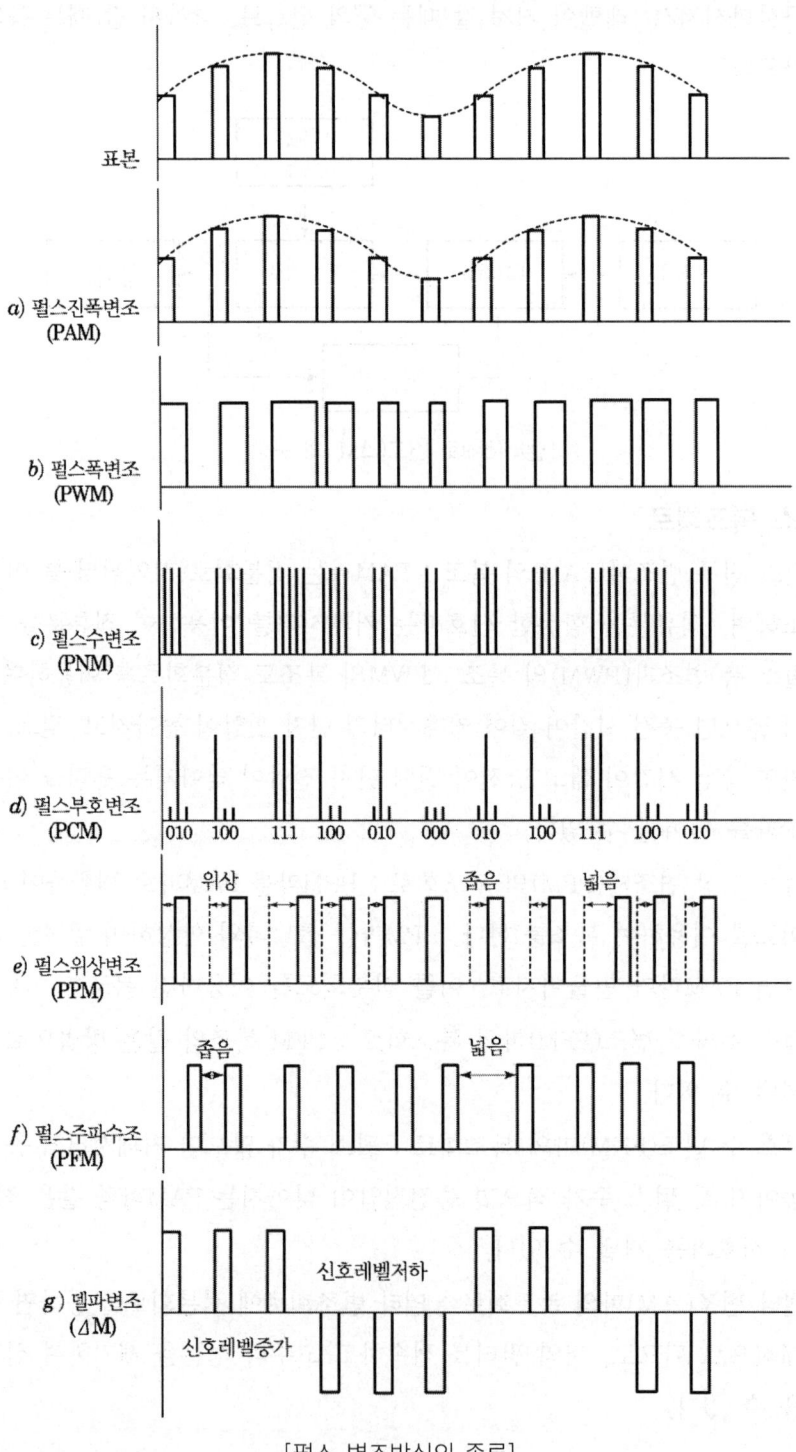

[펄스 변조방식의 종류]

Chapter 07 디지털 회로 설계

1 디지털회로 합성하기

1 펄스의 개념

[1] 펄스의 기초

(1) 펄스회로(Pulse Circuit)

짧은 시간에 전압 또는 전류의 진폭이 불연속적으로 변화하는 파형을 펄스(pulse)라 한다.

(2) 펄스 파형의 구성

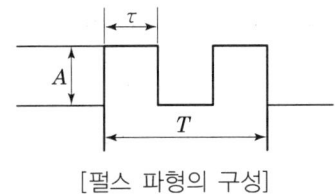

[펄스 파형의 구성]

$$f = \frac{1}{T}[\text{Hz}]$$

f : 주파수(frequency), A : 진폭(Amplitude)
T : 주기(Period), τ : 펄스 폭(Pulse Width)

주파수는 1초 동안 진동한 진동(펄스)의 수를 말한다.

$$\text{듀티 사이클}(D) = \frac{\tau}{T}$$

[2] 펄스 파형의 성질(응답 특성)

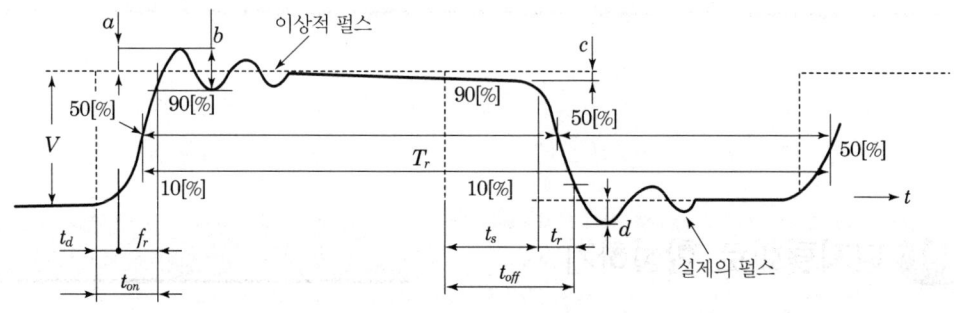

그림 1-153 펄스 파형

① 상승 시간(t_r, rise time) : 진폭 전압(V)의 10%에서 90%까지 상승하는 데 걸리는 시간

② 지연 시간(t_d, delay time) : 상승 시각으로부터 진폭의 10%까지 이르는 실제의 펄스 시간

③ 하강 시간(t_r, fall time) : 펄스가 이상적 펄스의 진폭 전압(V)의 90%에서 10%까지 내려가는 데 걸리는 시간

④ 축적 시간(t_s, storage time) : 하강 시간에서 실제의 펄스가 전압(V)의 90%가 되기까지의 시간

⑤ 펄스 폭(τ_w, pulse width) : 펄스의 파형이 상승 및 하강의 진폭 전압(V)의 50%가 되는 구간의 시간

⑥ 오버슈트(overshoot) : 상승 파형에서 이상적 펄스파의 진폭 전압(V)보다 높은 부분의 높이 a를 말하며, 이 양은 $\left(\dfrac{a}{V}\right) \times 100\%$ 로 나타낸다.

⑦ 언더슈트(undershoot) : 하강 파형에서 이상적 펄스파의 기준 레벨보다 아래 부분의 높이 d를 말하며 이 양은 $\left(\dfrac{d}{V}\right) \times 100\%$ 로 나타낸다.

⑧ 턴온 시간(t_{on}, turn-on time) : 이상적 펄스의 상승 시각에서 전압(V)의 90%까지 상승하는 시간

$$\text{턴온 시간}(t_{on}) = \text{지연 시간}(t_d) + \text{상승 시간}(t_r)$$

⑨ 턴오프 시간(t_{off}, turn-off time) : 이상적 펄스의 하강 시각에서 전압(V)의 10%까지 하강하는 시간

$$\text{턴오프 시간}(t_{off}) = \text{축적 시간}(t_s) + \text{하강 시간}(t_f)$$

⑩ 새그(S, sag) : 내려가는 부분의 정도로서 낮은 주파수 성분이나 직류분이 잘 통하지 않기 때문에 생기는 것이다.

$$S = \frac{c}{V} \times 100\%$$

⑪ 링잉(b, ringing) : 펄스의 상승 부분에서 진동의 정도를 말하며, 높은 주파수 성분에 공진하기 때문에 생기는 것이다.

⑫ 시상수

$t = \tau = RC$에서 C의 전압 v_c는

$$v_c = V\left(1 - \frac{1}{\varepsilon}\right) \fallingdotseq V(1 - 0.368) \fallingdotseq 0.632[V]$$

전원 전압의 약 63.2%에 도달하는 데 걸리는 시간 $\tau = RC[\sec]$가 시상수이다. 방전의 경우는 전원 전압의 약 36.8%로 된다.

$$\text{상승 시간 : } t_r = t_2 - t_1 = (2.3 - 0.1)RC = 2.2RC[\sec]$$

[3] 미분회로

구형파(직사각형파)로부터 폭이 좁은 트리거(trigger) 펄스를 얻는 데 쓰인다.

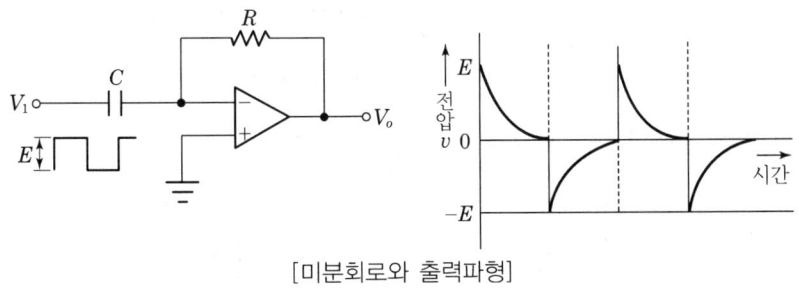

[미분회로와 출력파형]

[4] 적분회로

시간에 비례하는 전압(또는 전류) 파형, 즉 톱니파 신호를 발생하거나 신호를 지연시키는 회로에 쓰인다.

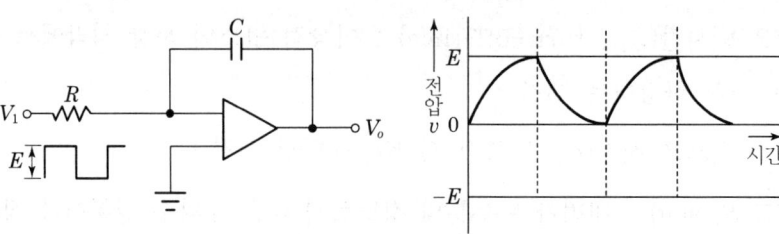

[적분회로와 출력파형]

[5] 펄스 응용 회로의 기본

① 클램핑 회로 : 입력 신호의 (+) 또는 (-)의 피크를 어느 기준 레벨로 바꾸어 고정시키는 회로를 클램핑 회로, 또는 클램퍼(clamper)라 한다. 이 회로가 직류분을 재생하는 목적에 쓰일 때에는 직류분 재생회로라고도 한다.

㉠ 입력 파형의 (+) 피크를 0[V] 레벨로 클램핑

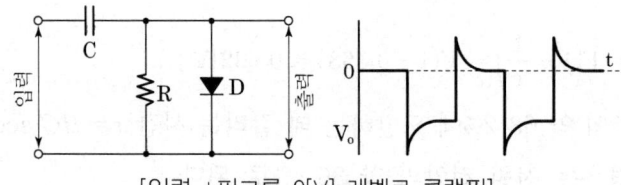

[입력 +피크를 0[V] 레벨로 클램핑]

㉡ 입력 파형의 (-) 피크를 0[V] 레벨로 클램핑

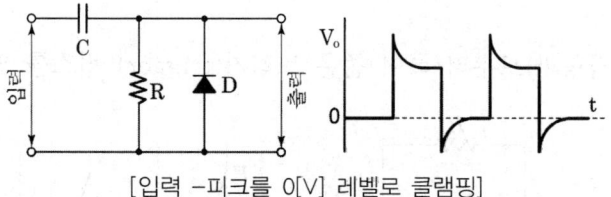

[입력 -피크를 0[V] 레벨로 클램핑]

㉢ 입력 파형의 (-) 피크를 E[V] 레벨로 클램핑

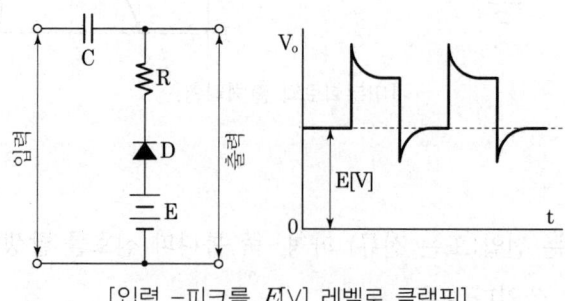

[입력 -피크를 E[V] 레벨로 클램핑]

② 클리핑 회로 : 입력 파형 중에서 어떤 일정 진폭 이상 또는 이하를 잘라낸 출력 파형을 얻는 회로를 클리퍼(clipper)라 하고, 이 작용을 클리핑이라 한다.

㉠ 피크 클리퍼(peak clipper) : 정(+) 방향으로 어떤 레벨이 되지 않도록 하기 위하여 입력 파형의 윗부분을 잘라내어 버리는 회로

• 입·출력 조건

$V_i < V_r$ 일 경우 $V_o = V_i$, $V_i > V_r$ 일 경우 $V_o = V_r$

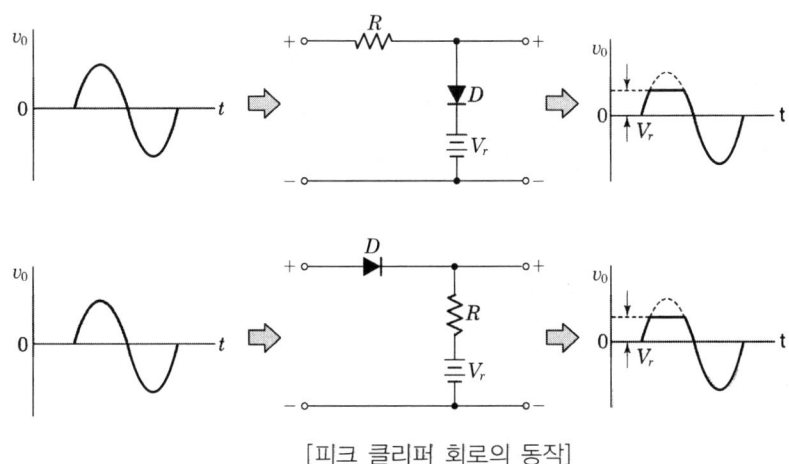

[피크 클리퍼 회로의 동작]

㉡ 베이스 클리퍼(base clipper) : 부(−) 방향으로 어떤 레벨 이하가 되지 않도록 하기 위하여 입력 파형의 아랫부분을 잘라내어 버리는 회로

• 입·출력 조건

$V_i < V_r$ 일 경우 $V_o = V_i$, $V_i > V_r$ 일 경우 $V_o = V_r$

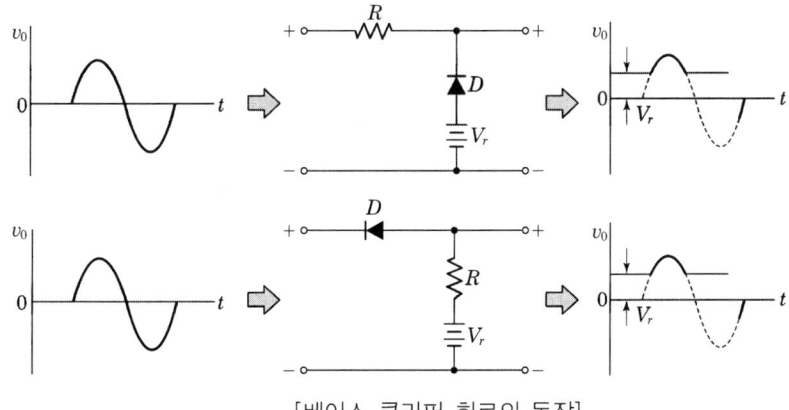

[베이스 클리퍼 회로의 동작]

③ 리미터(limiter) 회로 : 진폭을 제한하는 진폭 제한 회로로서 피크 클리퍼와 베이스 클리퍼를 결합하여 입력 파형의 위아래를 잘라 버린 회로

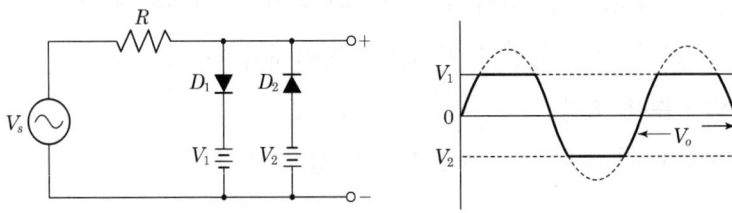

[리미터 회로와 출력파형]

④ 슬라이서(slicer) : 클리핑 레벨의 위 레벨과 아래 레벨 사이의 간격을 좁게 하여 입력 파형의 어느 부분을 잘라내는 회로

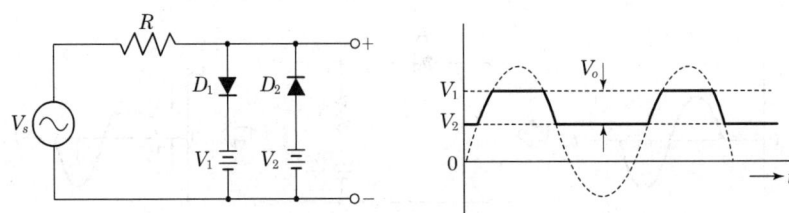

[슬라이서 회로와 출력파형]

⑤ 비안정 멀티바이브레이터(astable multivibrator)
  ㉠ 멀티바이브레이터는 2단 비동조 증폭회로에 100% 정궤환을 걸어준 구형파 발진기이다.
  ㉡ Q_1이 ON일 때 Q_2는 OFF이고, Q_1이 OFF일 때 Q_2는 ON이 되는 2개의 비안정 상태(일시적 안정 상태)가 있어, 이것이 일정한 주기로 되풀이된다.

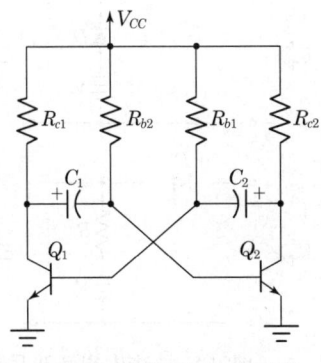

[비안정 멀티바이브레이터]

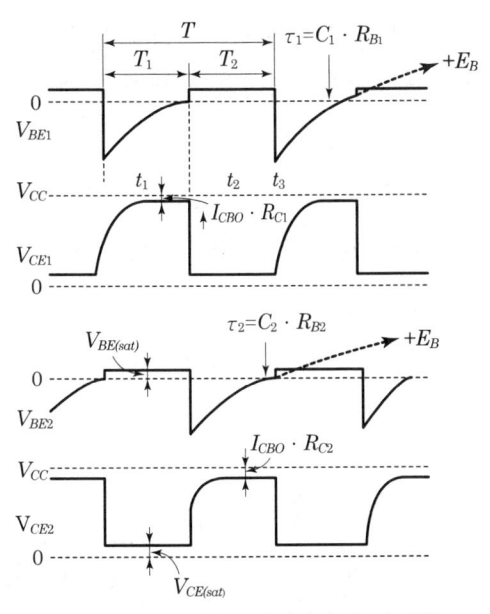

[비안정 멀티바이브레이터의 동작파형]

ⓒ 2개의 AC 결합 상태로 되어 있다.
② 주기(T)와 주파수(f)는

주기 : $T ≒ 0.7(C_1 R_{b2} + C_2 R_{b1})[\sec]$

주파수 : $f = \dfrac{1}{T_r} = \dfrac{1}{0.7(C_1 R_{b2} + C_2 R_{b1})}$ [Hz]

⑥ 단안정 멀티바이브레이터(monostable multivibrator)

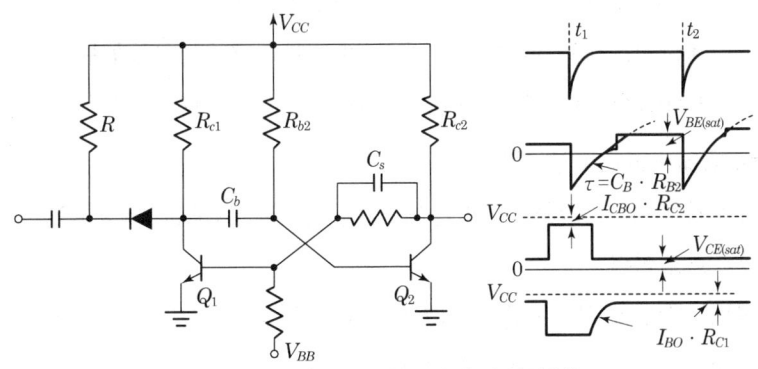

[단안정 멀티바이브레이터와 동작파형]

㉠ 하나의 안정 상태와 하나의 준안정 상태를 가지며, 외부로부터 부(−)의 트

리거 펄스를 가하면 안정 상태에서 준안정 상태로 되었다가 어느 일정 시간 경과 후 다시 안정 상태로 돌아오는 동작을 한다.

ⓒ 반복 주기 : $T ≒ 0.7R_{b2}C_b$ [sec]

ⓒ 커패시터 C_s의 역할 : C_s는 가속(speed-up) 커패시터로서 스위칭 속도를 빠르게 하며, 동작을 정확하게 하는 동작을 한다.

ⓔ AC 결합과 DC 결합 상태로 되어 있다.

⑦ 쌍안정 멀티바이브레이터(bistable multivibrator)

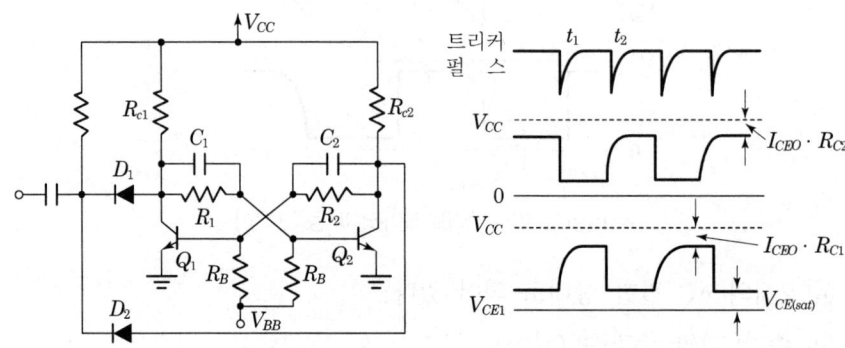

[쌍안정 멀티바이브레이터와 동작파형]

㉠ 처음 어느 한쪽의 트랜지스터가 ON이면 다른 쪽의 트랜지스터는 OFF의 안정 상태로 되었다가, 트리거 펄스를 가하면 다른 안정 상태로 반전되는 동작을 한다.

ⓒ 입력 트리거 펄스 2개마다 1개의 출력 펄스를 얻어낼 수 있으므로, 분주회로나 계산기, 계수 기억회로, 2진 계수회로 등에 사용된다.

ⓒ 가속(speed-up) 커패시터는 2개이고, 2개의 DC 결합으로 되어 있다.

⑧ 블로킹(blocking) 발진회로

㉠ 1개의 트랜지스터와 변압기에 의해 정궤환 회로를 구성하여 펄스를 발생하는 회로이다.

ⓒ 발진 회로의 펄스폭은 변압기의 1차 코일의 인덕턴스에 의해 주로 결정되며, 반복주기는 시상수 RC에 의해 결정된다.

ⓒ 특징으로는 펄스의 상승, 하강이 예민하고, 폭이 좁은 펄스를 얻을 수 있으며, 큰 전류를 쉽게 발생시킬 수 있다.

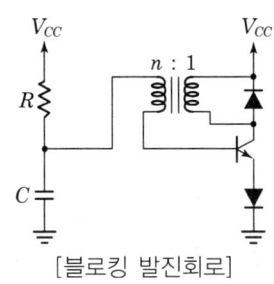

[블로킹 발진회로]

⑨ 부트스트랩(boot-strap) 회로(톱니파 발생회로)

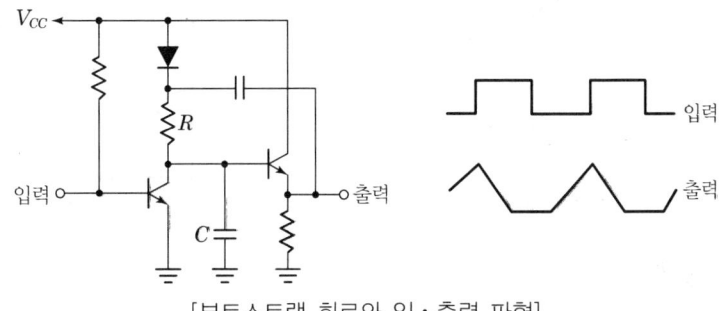

[부트스트랩 회로와 입·출력 파형]

㉠ 그림과 같은 회로를 구성하여 그림의 구형파 입력 신호 전압을 가하면 베이스가 (+)로 되어 OFF가 되고, 베이스가 0 전위가 되면 ON이 된다.

㉡ C는 TR이 OFF일 때 R을 통하여 전원으로부터 충전되며, TR이 ON이 될 때 전하를 방전하여 그림과 같은 톱니파의 파형을 얻을 수 있다.

2 시뮬레이션 하기

1 순차회로 설계 및 해석

[1] 플립플롭회로의 원리

레지스터를 구성하는 기본 소자가 플립플롭(F/F)으로, 0과 1의 안정된 논리 상태를 갖는 쌍안정 멀티바이브레이터를 플립플롭(F/F)이라 하는 것으로, 외부 트리거 신호에 의해 어떤 상태가 되어 있을 때, 다음 트리거 신호가 공급될 때까지 현재의 상태를 안정하게 유지한다. 이러한 성질이 2진수 한 자리를 기억할 수 있는 기억소자 (memory)로 사용된다.

(1) RS 플립플롭

RS 플립플롭은 S(set)와 R(reset) 2개의 입력과 Q, $\overline{Q}$ 2개의 출력을 가지고 있으며, R, S 입력의 조합으로 출력의 상태를 변화시킬 수 있으나 S=R=1의 경우는 불확정(부정) 상태가 되는 플립플롭이다.

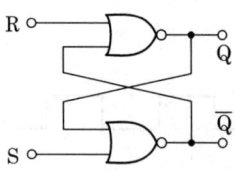

R	S	Q_{n+1}
0	0	Q_n
0	1	1
1	0	0
1	1	부정

[RS 플립플롭의 회로]   [RS F/F의 진리치표]

(2) T 플립플롭

JK F/F의 입력 J와 K를 서로 묶어서 하나의 입력으로 하여 클록 신호가 1일 때 출력이 반전상태(토글)가 되도록 한 것이 T 플립플롭(F/F)이다.

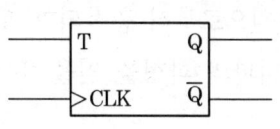

CLK	T	Q_{n+1}
0	0	Q_n
0	1	Q_n
1	0	0
1	1	$\overline{Q}_n$(toggle)

[T F/F의 도형]   [T F/F의 진리치표]

(3) D 플립플롭

D(Dealy) 플립플롭은 RS-FF에서 2개의 입력 R, S가 동시에 1인 경우에도 불확정 출력상태가 되지 않도록 하기 위하여 인버터(inverter : NOT 게이트) 하나를 입력 양단에 부가한 것으로 정보를 일시 유지하는 래치(latch) 회로나 시프트 레지스터 (shift register) 등에 쓰인다.

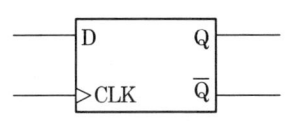

CLK	D	Q_{n+1}
0	0	Q_n
0	1	Q_n
1	0	0
1	1	1

[D F/F의 도형]   [D F/F의 진리치표]

(4) JK 플립플롭(MS-JK 플립플롭)

RS 플립플롭에서 R=S=1의 상태에서는 동작이 불확실한 상태가 되므로, RS 플립플롭에서 Q를 R로, $\overline{Q}$를 S로 되먹임하여 불확실한 상태가 나타나지 않도록 한 회로가 JK 플립플롭이다.

- 마스터/슬레이브 F/F(Master-slave Flip-flop)은 두 개의 F/F을 종속 접속하고, 클록 펄스가 서로 역으로 공급되도록 하여 클록 펄스가 상승 에지일 때 입력 신호의 내용을 입력측의 MS-F/F에 일단 기억시키고, 클록 펄스가 하강 에지일 때는 MS-F/F에 기억시켜 둔 내용을 출력측의 SL-F/F에 나타나도록 한다. 이처럼 Master-slave F/F은 어느 하나가 동작하면 하나는 동작하지 않게 되므로, 내용이 절반의 시간만큼 지연 시간을 가지게 된다.

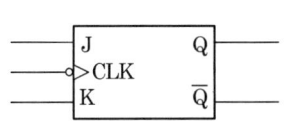

J	K	Q_{n+1}
0	0	Q_n(불변)
0	1	0
1	0	1
1	1	$\overline{Q}_n$(toggle)

[JK F/F의 도형]   [JK F/F의 진리치표]

memo

02
컴퓨터 일반

Chapter 01 하드웨어 기능별 설계

무/선/설/비/기/능/사

1 블록도 작성하기

1 컴퓨터의 개념

[1] 컴퓨터의 개념

(1) 전자계산기(EDPS : Electronic Data Processing System)

주어진 데이터(Data)를 전기적으로 처리하는 시스템을 지칭하며, 프로그램이라는 정해진 순서에 의해 산술 및 논리 연산, 비교, 판단, 기억 등을 수행함으로써 원하는 결과를 출력해내는 시스템을 말한다.

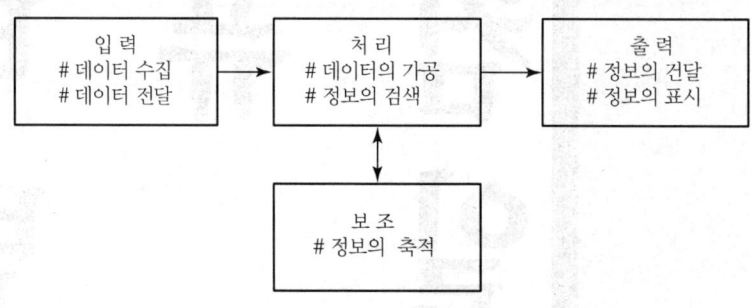

[전자계산기의 정보 흐름]

(2) 전자계산기의 특성

① 자동성 : 주어진 프로그램의 조건에 따라 자동으로 데이터를 처리해 준다.
② 기억성 : 메모리에 대량의 데이터를 기억한다.
③ 신속성 : 데이터의 처리가 빠르다.
④ 범용성 : 다른 컴퓨터와도 쉽게 호환(인터페이스가 용이)된다.

⑤ 정확성 : 데이터의 처리가 정확하여 신뢰도가 높다.
⑥ 동시성 : 다수 사용자가 동시에 사용 가능하다.

[2] 컴퓨터의 기본 구조

전자계산기 (하드웨어)	중앙처리장치	주변장치
	제어장치, 연산장치, 주기억장치	입력장치, 출력장치, 보조기억장치

중앙처리장치(CPU)	넓은 의미	좁은 의미
	제어장치, 연산장치, 주기억장치	제어장치, 연산장치

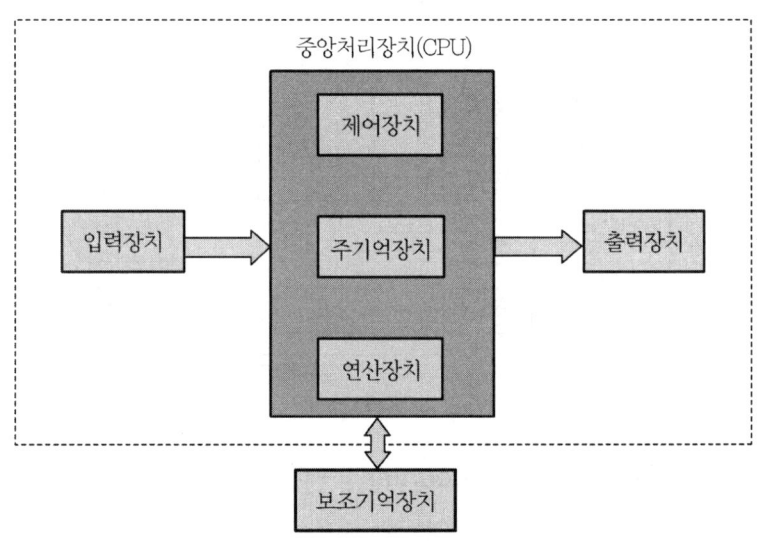

[컴퓨터의 구성도]

① 입력장치(Input Unit) : 프로그램이나 데이터를 외부장치로부터 전자계산기 (컴퓨터)로 읽어 들여 주기억장치에 기억시키는 장치이다.(키보드, 마우스, 스캐너, 카드 리더, OCR, OMR, MICR, 천공카드, 종이 테이프, 자기테이프, 자기디스크, 광학문자 판독기 등)

② 중앙처리장치(CPU : Central Process Unit) : 제어장치와 연산장치, 주기억장치를 총괄하여 중앙처리장치라고 하며, 인간의 두뇌에 해당하는 역할을 수행하는 장치로 각종 프로그램을 해독한 내용에 따라 명령(연산)을 수행하고 컴퓨터 내의 각 장치들을 삭제, 지시, 감독하는 기능을 수행한다.

③ 출력장치(Output Unit) : 컴퓨터에 의해 처리된 정보의 결과를 사용자가 이해할 수 있는 형태로 변환하여 외부로 출력하는 기능을 갖는 장치를 말한다.(모니터, 프린터, 플로터, 카드천공기, 테이프천공기, 마이크로필름 출력장치 등)

2 중앙처리장치

[1] 중앙처리장치의 구성

중앙처리장치의 내부는 레지스터와 산술 논리 연산장치로 되어 있고, 기억장치와의 사이에 어드레스, 데이터, 제어 신호가 연결되어 있다.

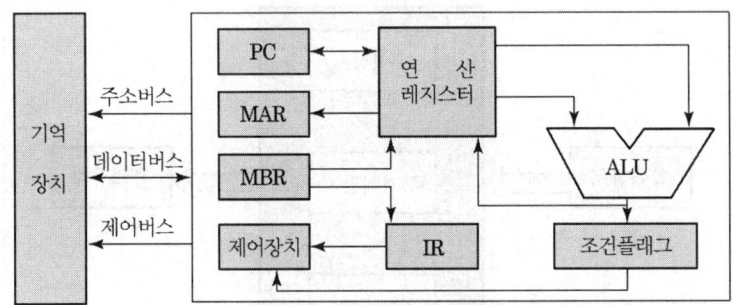

[중앙처리장치의 구성]

(1) 프로그램 카운터(program counter : PC)

16비트의 길이를 가지고 있으며 CPU가 다음에 처리해야 할 명령이나 데이터의 메모리상의 번지를 지시한다.

(2) 메모리 어드레스 레지스터(memory address register : MAR)

어드레스를 가진 기억장치를 중앙처리장치가 이용할 때 원하는 정보의 어드레스를 넣어 두는 레지스터이다.

(3) 메모리 버퍼 레지스터(memory buffer register : MBR)

기억장치로부터 불러낸 정보나 또는 저장할 정보를 넣어 두는 레지스터이다.

(4) 산술 논리 연산장치(ALU)

CPU가 해야 할 처리를 실제적으로 수행하는 장치로 가산기를 주축으로 구성되어 있다.

(5) 상태 레지스터(status register)
ALU에서 산술 연산 또는 논리 연산의 결과로 발생된 특정한 상태를 표시해 주며 플래그 레지스터 또는 상태 코드 레지스터라고도 부른다.
① Z(zero) 비트 : 연산 결과 값이 0이면 Z비트는 1 상태, 그렇지 않으면 0이 된다.
② C(carry) 비트 : 2진 연산 중 최상위 비트에서 자리올림(carry)이나 빌려옴(borrow)이 발생하였을 때 1로 set된다.
③ S(sign) 비트 : 2진수에서 연산 결과가 양이면 최상위 비트가 0으로, 음이면 1로 set된다.
④ P(parity) 비트 : 데이터 전송 시 발생하는 오차 등을 검출하기 위한 목적으로 사용되며 짝수 패리티(even parity) 처리의 CPU인 경우 1의 개수가 홀수이면 1로 set되고 짝수이면 0으로 reset된다.
⑤ AC(auxiliary carry) 비트 : BCD 연산에서 3번 비트에서 4번 비트로 캐리가 발생할 경우 AC 비트로 1로 set되고 그 외는 0으로 reset된다.

(6) 명령 레지스터(instruction register : IR)
메모리에서 인출된 내용 중 명령어를 해석하기 위해 명령어만 보관하는 레지스터이다.

(7) 스택 포인터(stack pointer : SP)
레지스터의 내용이나 프로그램 카운터의 내용을 일시 기억시키는 곳을 스택이라 하며 이 영역의 선두 번지를 지정하는 것을 스택 포인터라 한다.

(8) 누산기(accumulator : ACC)
ALU에서 처리한 결과를 항상 저장하며 또한 처리하고자 하는 데이터를 일시적으로 기억하는 레지스터이다.

(9) 범용 레지스터(general purpose register)
CPU에 필요한 데이터를 일시적으로 기억시키는 데 사용되는 레지스터이다.

(10) 동작 레지스터(working register)
CPU가 일을 처리하기 위해 CPU만이 사용 가능한 레지스터이다.

(11) 기억장치

메모리	RAM (Random Access Memory)	DRAM(Dynamic RAM)
		SRAM(Static RAM)
	ROM (Read Only Memory)	EPROM(Erasable Programmable ROM)
		EEPROM(Electrically EPROM)
		PROM(Programmable ROM)
		Mask ROM

마이크로컴퓨터의 주기억장치는 RAM과 ROM을 사용하며, 주기억장치는 마이크로프로세서와 직접 데이터를 주고받기 때문에 동작속도가 매우 빠른 메모리를 사용하며, 프로그램의 처리 대상이 되는 데이터 및 데이터의 처리 결과를 일시적으로 기억시킨다.

① 기억장치의 종류

㉠ ROM(Read Only Memory) : 제조과정에서 프로그램을 입력하여 기억시킬 수 있으나, 읽기(Read)만 가능하고, 사용자가 프로그램의 내용을 변경할 수 있는 반도체 메모리 전원이 꺼져도 기억된 내용이 소거되지 않는 비휘발성 메모리로, 프로그램의 내용을 변화시키지 않고 사용하는 전용 시스템에 유용하게 사용된다.

ⓐ EPROM(Erasable Programmable ROM) : 자외선을 이용하여 기억내용을 소거하고, 몇 번이고 소거와 기록이 가능한 ROM이다.

ⓑ EEPROM(Electrically EPROM) : 저장된 데이터를 전기적으로 전압을 걸어서 소거하고, 쓰기(기억)가 가능한 ROM이다.

ⓒ PROM(Programmable ROM) : 전기적인 신호(펄스)를 이용하여 데이터를 저장하는 장치로, 데이터가 기록된 후에는 읽기 전용으로 변하는 ROM이다.

ⓓ 마스크 ROM(Mask ROM) : 제조 시에 프로그램이나 데이터를 영구적으로 기록한 것으로, 데이터는 변경이 불가능하여 대량생산에 유리하며, PROM과 같은 동작을 하는 ROM이다.

ⓛ RAM(Random Access Memory) : 빠른 동작 속도로 컴퓨터의 주기억장치로 사용되는 메모리로, 읽기와 쓰기가 가능하며, 메모리 내의 위치에 관계없이 읽기와 쓰기에 걸리는 시간(access time)이 같다.

ⓐ DRAM(Dynamic RAM) : 커패시터(capacitor)를 기본 기억소자로 하여 구성되며, 충전된 전하의 자연 방전에 따른 주기적인 재충전(refresh)이 필요하다. 소비전력이 낮고, 집적도가 높아 가격이 저렴하여 주기억장치로 널리 사용된다.

ⓑ SRAM(Static RAM) : 플립플롭(flip-flop)을 기본 기억소자로 하여 구성되며, 전원이 공급되는 동안에는 기억된 정보는 소실되지 않는 반도체 메모리이다.

ⓒ DRAM과 SRAM의 비교

구 분	DRAM	SRAM
리프레시(재충전)	주기적 필요	불필요
속 도	느리다	빠르다
회로구조	커패시터로 단순	플립플롭으로 복잡
칩의 크기	작다	크다
가 격	저렴하다	비싸다
용 도	일반 메모리	캐시 메모리

ⓓ 메모리의 용량 계산

전체 메모리의 용량 = 총 주소 수×데이터선의 수

주소선이 A개이고, 데이터선이 D개인 메모리의 용량은?

$$\text{메모리 용량} = 2^A \times D$$

3 제어 · 연산장치

(1) 제어장치(Control Unit)

주기억장치에 기억되어 있는 프로그램을 하나씩 꺼내어 명령을 해독하고 그에 따라 필요한 장치에 신호를 보내어 동작시켜 그 결과를 검사, 제어하는 역할로서 연산장치, 입력장치, 출력장치를 동작하게 한다.(어드레스 레지스터, 명령해독기, 기억 레지스터, 명령계수기)

(2) 연산장치(ALU : Arithmetic Logical Unit)

주기억장치로부터 보내져 온 데이터에 대하여 대소의 판별, 산술연산 및 비교, 논리적 판단을 실시하는 장치로서 연산의 결과는 주기억장치에 기억된다.(데이터 레지스터, 누산기, 가산기, 상태 레지스터)

① 프로그램 카운터(program counter : PC) : 16비트의 길이를 가지고 있으며 CPU가 다음에 처리해야 할 명령이나 데이터의 메모리 주소를 지시한다.

② 메모리 어드레스 레지스터(memory address register : MAR) : 어드레스를 가진 기억장치를 중앙처리장치가 이용할 때 원하는 정보의 어드레스를 넣어 두는 레지스터이다.

③ 메모리 버퍼 레지스터(memory buffer register : MBR) : 기억장치로부터 불러낸 정보나 또는 저장할 정보를 넣어 두는 레지스터이다.

④ 산술 논리 연산장치(ALU) : CPU가 해야 할 처리를 실제적으로 수행하는 장치로 가산기를 주축으로 구성되어 있다.

⑤ 상태 레지스터(status register) : ALU에서 산술 연산 또는 논리 연산의 결과로 발생된 특정한 상태를 표시해 주는 레지스터로서, 플래그 레지스터 또는 상태 코드 레지스터라고도 부른다.

⑥ 명령 레지스터(instruction register : IR) : 메모리에서 인출된 내용 중 명령어를 해석하기 위해 명령어만 보관하는 레지스터이다.

⑦ 스택 포인터(stack pointer : SP) : 레지스터의 내용이나 프로그램 카운터의 내용을 일시 기억시키는 곳을 스택이라 하며, 이 영역의 최상위 번지를 지정하는 것을 스택 포인터라 한다.

⑧ 누산기(accumulator : ACC) : ALU에서 처리한 결과를 저장하며, 또한 처리하고자 하는 데이터를 일시적으로 기억하는 레지스터이다.

⑨ 범용 레지스터(general purpose register) : CPU에 필요한 데이터를 일시적으로 기억시키는 데 사용되는 레지스터이다.

제2편 컴퓨터 일반

⑩ 동작 레지스터(working register) : CPU가 일을 처리하기 위해 CPU만이 사용 가능한 레지스터이다.

(3) 입·출력장치

① 입력장치 : 10진수나 문자 및 기호 등을 컴퓨터가 이해할 수 있는 2진 코드로 변환한다.

② 출력장치 : 컴퓨터로부터 출력되는 2진 코드를 사람이 이해할 수 있는 문자나 10진 숫자로 변환한다.

(4) 컴퓨터의 동작

컴퓨터의 동작은 메모리를 주체로 한 시분할 동작이며 메모리에서 명령을 읽어오는 페치 사이클(Fetch cycle)과 그 명령을 수행하는 엑스큐트 사이클(Execute cycle)의 반복으로 수행된다.

① 페치 사이클(Fetch cycle) : CPU가 명령을 수행하기 위하여 주기억장치에서 명령을 꺼내는 단계로서, 계산에 의한 주소를 가진 경우의 유효 주소를 계산하고, 다음의 인스트럭션을 가져온다.

② 엑스큐트 사이클(Execute cycle) : 명령을 해석하여 해독된 명령어에 의해 처리할 자료를 읽어들여 수행하고 그 결과를 저장하는 시간으로 실제의 연산을 수행하는 단계이다.

③ 머신 사이클(Machine cycle) : 하나의 기계적인 작동을 수행하는 단계이다.

④ 인스트럭션 사이클(Instruction cycle) : 기억장치에서 명령을 읽어들여 해독하고, 제어 계수기가 1씩 증가하는 데 걸리는 시간으로 한 개의 명령을 수행하는 시간을 말한다.

(5) 버스의 종류

CPU와 기억장치, 입·출력 인터페이스 간에 제어신호나 데이터를 주고받는 전송로를 말하며, 버스는 주소 버스(address bus), 제어 버스(control bus), 데이터 버스(data bus)의 세 종류로 이루어진다.

chapter 01. 하드웨어 기능별 설계

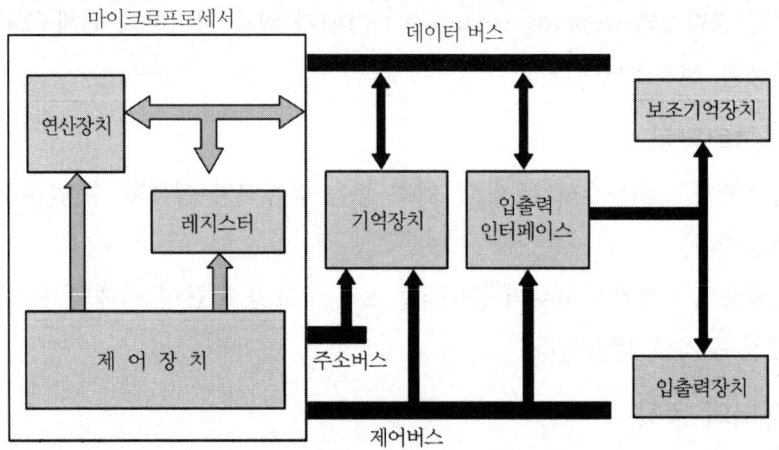

[버스의 종류]

① 주소 버스(address bus) : CPU가 메모리 중의 기억 장소를 지정하는 신호의 전송 통로로서, 주소 버스 수에 따라 시스템의 전체 메모리 공간이 결정된다. 주소 버스는 CPU에서 메모리나 입·출력장치 쪽의 단일 방향으로 정보를 보내는 단방향 버스로 주소 버스에서 발생하는 각 주소는 하나의 메모리 위치나 입·출력장치 하나하나와 일대일 대응한다.

② 데이터 버스(data bus) : 입·출력시키는 데이터 및 기억장치에 써넣고 읽어내는 데이터의 전송 통로로서, 데이터 버스 수는 CPU가 동시에 처리할 수 있는 데이터의 양을 나타내며, CPU가 몇 비트인가를 결정하는 기준이 된다.

데이터 버스는 CPU로 들어오는 데이터나 CPU에서 나가는 데이터가 양방향으로 전송되는 양방향 버스이다.

③ 제어 버스(control bus) : 중앙처리장치와의 데이터 교환을 제어하는 신호의 전송 통로로서, CPU가 현재 무엇을 원하는지를 메모리나 입·출력장치에 알려주거나, 역으로 CPU가 어떤 동작을 하도록 주변장치가 요청할 때 사용하는 신호이다. 제어 버스는 단일 방향으로 동작하는 단방향 버스이다.

4 명령 형식과 주소지정방식

[1] 명령 형식

명령어(instruction)는 컴퓨터가 이해할 수 있는 2진수 체계로 된 기계어(machine language)로서 주기억장치에 저장된다.

(1) 프로그램

프로그램은 각각 특정한 동작을 지정하는 명령으로 구성되며 보통 연산자(Op code)와 하나 이상의 오퍼랜드(operand)로 구성된다.

① Op code(operation code) : 연산자, 명령의 형식, 자료의 종류를 지정한다.
② 오퍼랜드(operand) : 자료, 자료의 주소, 주소를 구하는 데 필요한 정보, 명령의 순서를 지정한다.

(2) 명령 집합

① 조작 명령 : 데이터의 변형, 중앙처리장치 내의 데이터 이동 등을 다루는 명령
② 순서 제어 명령 : 명령의 수행 순서를 제어하는 명령
③ 외부 명령 : 중앙처리장치의 외부장치와 데이터를 교환하는 명령

(3) 인스트럭션(instruction)의 종류

① 3-주소 형식(3-address instruction) : 여러 개의 범용 레지스터를 가진 컴퓨터에서 사용할 수 있는 형식

OP코드	주소1	주소2	주소3

㉠ 수행 시간이 길어서 특수한 목적 이외에는 사용하지 않는다.
㉡ 연산 수행 후 피연산자가 변하지 않고 보존되는 장점이 있다.

② 2-주소 형식(2-address instruction) : 두 개의 주소 중에 한 곳에 연산결과를 기록하므로, 연산결과를 기억시킬 곳의 주소를 인스트럭션 내에 표시할 필요가 없는 형식으로 계산 결과를 시험하고자 할 때 CPU 내에서 직접 시험이 가능하여 시간을 절약할 수 있다.

OP코드	주소1	주소2

③ 1-주소 형식(1-address instruction) : AC에 기억되어 있는 자료를 모든 인스트럭션에서 사용하며, 연산 결과를 항상 AC에 기억하도록 하면 연산 결과의 주소를 지정해 줄 필요가 없으므로 인스트럭션에서는 하나의 입력자료의 주소만을 지정해주면 되는 형식

OP코드	주소1

④ 0-주소 형식(0-address instruction) : 인스트럭션에 나타난 연산자의 수행에 있어서 피연산자들의 출처와 연산의 결과를 기억시킬 장소가 고정되어 있거나 특수한 그 주소들을 항상 알 수 있으면 인스트럭션 내에서는 피연산자의 주소를 지정할 필요가 없으며 연산자만을 나타내 주면 되는데 이러한 형식의 인스트럭션을 0주소 방식이라 한다.

연산을 위하여 스택을 갖고 있으며, 모든 연산은 스택에 있는 피연산자를 이용하여 수행하고 그 결과를 스택에 보존한다.

OP코드

[2] DATA 형식

인스트럭션(instruction : 명령)은 연산자(operation code : OP code)와 주소(address)로 이루어져 있다.

OP code	address(Operand)

(1) 함수 연산 기능(functional operation)

논리적 연산과 산술적 연산, 그리고 그 외의 많은 함수 연산자들은 응용 분야를 불문하고 사용하기가 편리하다.

(2) 전달 기능(transfer operation)

CPU와 기억장치 사이의 정보 교환을 행하는 것으로, 기억장치에서 중앙처리장치로 정보를 옮겨오는 것을 load, 또는 fetch라고 하며 그 반대로 중앙처리장치의 정보를 기억장치에 기억시키는 것을 store라고 한다.

제2편 컴퓨터 일반

기능	인스트럭션	의 미
함수연산	ADD X	(AC) ← (AC)+M(X)
	AND X	(AC) ← (AC)×M(X)
	CPA	(AC) ← $\overline{(AC)}$
	CPC	(C) ← $\overline{(C)}$, C는 올림수
	CLA	(AC) ← 0
	CLC	(C) ← 0
	ROL	C와 AC를 1비트 좌측으로 회전
	ROR	C와 AC를 1비트 우측으로 회전
전 달	LSA X	(AC) ← (X)
	STA X	M(X) ← (AC)
제 어	JMP X	PC ← (X)
	SMA	(AC)<0이면 PC ← PC+2
	SZA	(AC)=0이면 PC ← PC+2
	SZC	(C)=0이면 PC ← PC+2
입·출력	INP X	입력장치 X에서 1바이트를 읽어서 AC에 기억된 자료의 1바이트를 출력장치 X에 보냄
	OUT X	

(3) 제어 기능(control operation)

프로그램의 인스트럭션의 수행 순서를 결정하며, 제어 인스트럭션에 의해서 프로그램의 수행 순서를 정한다.

(4) 입·출력 기능(I/O operation)

프로그램으로 입력이 가능한 기능이 있어야 하며, 기억된 계산 결과를 프로그래머에 알리기 위해서 출력장치를 이용한다.

마이크로컴퓨터 시스템과 주변장치와의 데이터 전달 방법은 여러 가지가 있으나, 대개 다음과 같은 세 가지 방법으로 집약될 수 있다.

① 프로그램 입·출력 : 프로그램 입·출력(programmed I/O)은 마이크로컴퓨터와 주변장치들 사이의 데이터 전달이 전적으로 마이크로컴퓨터, 더 정확히 말하면 중앙처리장치에 의해서 실행되는 프로그램이 제어하는 경우를 말한다. 그러므로 외부장치가 데이터를 기억장치에 넣거나 꺼내어 갈 때까지 마이크로컴퓨터가 기다리도록 하는 방법을 사용한다.

② 인터럽트 입·출력 : 이 방법은 현재 마이크로컴퓨터가 어떤 일의 처리에 무관하게 외부장치의 요구에 응하도록 하여 하던 일을 미루고 외부장치와의 데이터

를 전달하는 방법이다.

③ 직접 메모리 접근 : 이 방법은 데이터 전달에 있어서 중앙처리장치의 간섭을 받지 않고 메모리와 외부장치가 데이터를 전달하는 방법이다.

(5) 직렬 입·출력 프로토콜(serial I/O protocol)

직렬 방식의 데이터 통신 프로토콜은 크게 나누면 동기식과 비동기식이 있다.

① 동기식
  ㉠ 데이터가 클록 신호에 정확히 맞아야 한다.
  ㉡ 전화선을 이용한 동기식 데이터 전송은 송신장치와 수신장치의 교신에 있어서 명령을 보내고 응답을 받을 수 있어야 데이터를 틀림없이 보낼 수 있게 되고, 또한 데이터를 받을 준비를 할 수 있게 된다.
  ㉢ 이렇게 하기 위해서 상호 확인이 필요한데, 이런 교신 방법을 핸드셰이킹 프로토콜(handshaking protocol)이라 한다.

② 비동기식
  ㉠ 전송장치는 전송할 문자가 있을 때에만 정보를 보내면 된다.
  ㉡ 비동기식으로 전달되는 모든 데이터는 그 자신이 동기 정보를 가지고 있어야 한다.
  ㉢ 비동기 데이터는 1비트의 시작 비트와 2비트로 된 정지 비트로 구분된다.

[3] 주소지정방식(addressing mode)

명령문은 비트들의 모임으로 볼 수 있고, 명령어는 컴퓨터가 수행할 일을 지정하는 오퍼레이션 코드와 이 일을 수행하는 데 필요한 정보를 지정하는 피연산자로 나눌 수 있다. 주소지정방법(addressing mode)은 피연산자를 표시하는 방법이며, 프로세서마다 또는 컴퓨터마다 다양하다.

(1) 내포(암시) 주소지정방식(implied addressing mode)

오퍼랜드를 사용하지 않는 방식으로 명령어 자체 내에 오퍼랜드가 포함되어 있는 방식이다.

(2) 레지스터 간접 주소지정방식(register indirect addressing mode)

오퍼랜드로 레지스터를 지정하고 다시 그 레지스터값이 실제 데이터가 기억된 기억 장소의 주소를 지정한다.

(3) 레지스터 주소지정방식(register addressing mode)
오퍼랜드가 CPU 내에 있는 레지스터가 되는 주소 방식이다.

(4) 즉각 주소지정방식(immediate addressing mode)
명령문 속에 데이터가 존재하는 주소지정방식이다.

(5) 직접 주소지정방식(direct addressing mode)
명령어의 오퍼랜드에 실제 데이터가 들어 있는 주소를 직접 갖고 있는 방식이다.

(6) 페이지 주소지정방식(page addressing mode)
전체 메모리 용량을 일정한 단위, 즉 페이지별로 구분하는 것으로 기억장치를 일정 크기에 페이지로 나누어서 명령 속에 페이지 내에서의 주소를 지정하는 방식이다.

(7) 상대 주소지정방식(relative addressing mode)
상태 레지스터 등의 내용을 점검하여 조건에 따라 프로그램의 처리를 변경하고자 하는 명령에만 사용되는 주소지정방식이다.

(8) 인덱스 주소지정방식(indexed addressing mode)
인덱스 레지스터에 데이터가 저장되어 있는 어드레스를 로드해 놓고 각 명령에서 이 어드레스 방식을 사용하면 인덱스 레지스터에 로드되어 있는 어드레스가 대상이 되는 주소지정방식이다.

(9) 간접 주소지정방식(indirect addressing mode)
오퍼랜드가 존재하는 기억장치 주소를 내용으로 가지고 있는 기억 장소의 주소를 명령 속에 포함시켜 지정하는 주소지정방식이다.

[4] 서브루틴(subroutine)과 스택(stack)

(1) 서브루틴(subroutine)
어떤 특정한 작업을 수행하도록 자체가 일련의 명령들로 구성되어 있는 프로그램을 말하며, 프로그램이 수행되는 도중 주프로그램의 여러 위치에서 서브프로그램을 부를 수 있고 서브루틴이 호출될 때마다 매번 그 시작 위치로 분기가 일어나며,

서브루틴이 수행된 후에는 주프로그램으로 분기가 일어난다.
① 메인 프로그램 메모리가 감소된다.
② 프로그램을 쓰는 잔손이 줄어 효율적이다.

(2) 스택(stack)

메인 프로그램의 수행 중 서브루틴으로의 점프나 인터럽트 발생으로 인한 인터럽트 서비스 루틴으로의 점프 시 레지스터 내용이나 메인 프로그램으로의 복귀 등을 보관하는 메모리로서 기억장치에 접근할 때마다 자동적으로 주소가 증가 또는 감소되도록 한 기억장치의 일부분이다.

① 스택 포인터(stack pointer) : 스택에 대한 주소를 갖는 레지스터를 말하며, 그 값은 항상 스택 맨 위의 항목을 가리킨다.
② 후입선출(LIFO : Last In First Out) : 마지막에 삽입된 데이터가 먼저 출력되는 메모리 구조를 말한다.
③ 푸시(push) : 스택의 연산 중에서 삽입 연산으로, 스택의 맨 위에 새 데이터를 밀어 넣는 연산을 말한다.
④ 팝(pop) : 스택에서의 삭제 연산으로, 스택의 맨 위의 데이터를 뽑아서 내보내는 연산을 말한다.
⑤ 스택의 응용분야 : 서브루틴 호출(subroutine call), 순환(recursive), 인터럽트(interrupt), 수식의 계산(evaluation of expression) 등에 사용

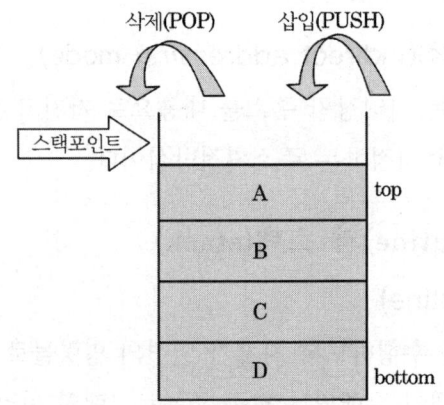

[스택(STACK)의 구조]

(3) 큐(Queue)

메모리에 먼저 삽입된 데이터가 먼저 삭제되는 자료구조로서, 한쪽 끝에서 삽입이 이루어지고, 다른 한쪽 끝에서 삭제가 이루어진다.

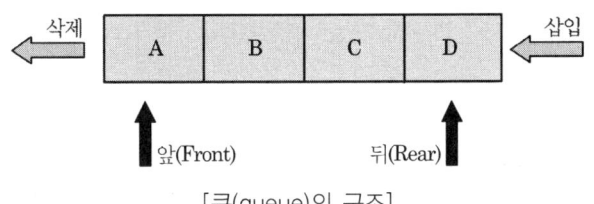

[큐(queue)의 구조]

① 선입선출(FIFO : First In First Out) : 먼저 삽입된 데이터가 먼저 삭제되는 메모리 구조
② front(앞) : 큐에서 삭제가 일어나는 한쪽 끝
③ rear(뒤) : 큐에서 삽입이 일어나는 한쪽 끝
④ 큐의 응용분야 : 컴퓨터에서의 작업 스케줄링(job scheduling)

Chapter 02 전자부품 소프트웨어 개발환경 분석

1 OS환경 분석하기

1 자료의 표현

[1] 자료의 종류

(1) 자료

컴퓨터에서 취급하는 정보 및 데이터를 의미하며 모든 자료는 2진 코드로 표현한다.

(2) 자료의 구성

① 비트(Bit) : 0과 1로 표현되는 데이터(정보)의 최소 단위이다.
② 바이트(Byte) : 8bit로 구성되며 1개의 문자나 수를 기억하는 데이터 단위
③ 워드(Word) : 몇 개의 데이터가 모인 데이터 단위
　㉠ 하프 워드(Half Word) : 2바이트로 구성
　㉡ 풀 워드(Full Word) : 4바이트로 구성
　㉢ 더블 워드(Double Word) : 8바이트로 구성
④ 필드(Field) : 특정문자의 의미를 나타내는 논리적 데이터의 최소 단위
⑤ 레코드(Record) : 필드의 집합(하나의 작업처리 단위)
　㉠ 논리 레코드 : 데이터 처리의 기본 단위
　㉡ 물리 레코드 : 보조기억장치와의 입출력을 위한 데이터 처리 단위로, 하나 이상의 논리 레코드가 모여 물리 레코드를 이룬다.
⑥ 파일(File) : 레코드의 집합

⑦ 데이터베이스(Database) : 파일들의 집합

> 정보의 단위 비교
> 비트 < 바이트 < 워드 < 필드 < 레코드 < 파일 < 데이터베이스

(3) 코드

① 코드(code) : 자료를 사용 목적에 따라 분류, 배열하기 위하여 숫자, 문자, 기호로 표시한 것

② 코드의 종류

　㉠ 순서 코드 : 자료를 가나다순, 발생순, 크기순으로 정렬하여 순차적으로 일련번호를 부여하는 가장 보편적인 방식

　㉡ 블록 코드 : 순서 코드를 보완하기 위하여 전체 데이터를 공통 특성별로 블록화한 다음 각 블록 내에서 다시 일련번호를 부여하는 방식

　㉢ 그룹 코드 : 각각의 숫자에 의미를 부여하여 대상 항목을 정해진 기준에 따라 대분류, 중분류, 소분류로 나누고 각 그룹 내에서는 일련번호를 붙여 코드화하는 방법(주민등록번호)

　㉣ 표의 숫자 코드 : 특성, 형식, 기능 등을 그대로 숫자화하여 사용하는 방법

　㉤ 10진 코드 : 코드화 대상을 10진법에 따라 0~9까지 분할하고, 다시 각각에 대하여 종류별로 0~9까지 재차 분류하며, 필요하면 계속하여 10진 분류를 반복해 나가는 방법으로 코드가 길어지는 단점이 있다.

　㉥ 연상 기호 코드 : 코드화하려는 데이터의 명칭과 관계 있는 문자, 숫자 등을 조합하여 만든 기호

　㉦ 문자 코드 : 제도적이나 관습적으로 사용되고 있는 문자를 코드화한 것(도량형 단위, 지명 등)

(4) 자료의 구조

자료	선형 리스트	스택(Stack)
		큐(Queue)
		데큐(Deque)
	비선형 리스트	트리(Tree)
		그래프(Graph)

① 선형 리스트 : 데이터 구조 중 가장 간단한 형태로 데이터가 연속하여 순서적인 선형으로 구성

　㉠ 스택(stack) : 기억장치에 데이터를 일시적으로 겹쳐 쌓아 두었다가 필요시에 꺼내서 사용할 수 있게 주기억장치나 레지스터의 일부를 할당하여 사용하는 임시 기억장치로, 데이터는 위(top)라고 불리는 한쪽 끝에서만 새로운 항목이 삽입(push)될 수 있고 삭제(pop)되는 후입선출(LIFO : last in first out)의 자료구조이다.

　㉡ 큐(queue) : 뒷부분(rear)에 해당되는 한쪽 끝에서는 항목이 삽입되고 다른 한쪽 끝(front)에서는 삭제가 가능토록 제한된 구조로, 먼저 입력된 데이터가 먼저 삭제되는 선입선출(FIFO : first-in first-out)의 자료구조이다.

　㉢ 데큐(deque) : 선형 리스트의 가장 일반적인 형태로 스택과 큐의 동작을 복합한 방식으로 수행되는 자료구조이다.

② 비선형 리스트

　㉠ 트리(tree) : 계층적으로 구성된 데이터의 논리적 구조를 표시하고, 항목들이 가지(branch)로 연관되어서 데이터를 구성하는 자료구조이다.

　㉡ 그래프(graph) : 원으로 표시되는 정점과 정점을 잇는 선분으로 표시되는 간선으로 구성되며, 정점과 정점을 연결해 놓은 것을 말한다.

　　ⓐ 방향성 그래프(directed graph) : 방향간선(directed edge : 간선 사이에 진행방향이 정해져 있는 간선)으로만 이루어진 그래프

　　ⓑ 무방향성 그래프(undirected graph) : 무방향 간선(undirected edge : 간선 사이에 진행방향이 정해져 있지 않은 간선)으로만 이루어진 그래프

　　ⓒ 혼합 그래프(mixed graph) : 방향 간선(directed edge)과 무방향 간선(undirected edge) 모두를 포함하고 있는 그래프

2 자료의 표현 형식

[1] 자료의 외부적 표현(비수치 표현)

(1) 숫자의 코드화(Numeric Code)

① 2진화 10진수(BCD : Binary Coded Decimal) : 10진수 1자리의 수를 2진수로 변환하여 4비트로 표시하는 것으로, 각 비트는 고유한 값 8, 4, 2, 1의 고정값을 갖는다. 그래서 8421코드라고도 한다.

② 3초과 코드(Excess-3 Code) : BCD 코드에 $3(11_{(2)})$을 더하여 만든 코드로, 자기보수 코드(self complement code)라고도 한다. 3초과 코드는 비트마다 일정한 값을 갖지 않으며, 연산동작이 쉽게 이루어지는 특징이 있는 코드이다.

③ 그레이 코드(Gray Code) : 1비트의 변화를 주어 아날로그 데이터를 디지털 데이터로 변환하는 데 사용하는 코드로, 연산에는 부적합한 코드로 A/D 변환기, 입·출력장치의 인터페이스 코드로 널리 사용된다.

　예　$1001_{(2)}$를 그레이 코드로 변환하면

```
             +   +   +
BCD 코드    1   0   0   1
            ↓   ↓   ↓   ↓
그레이 코드  1   1   0   1
```

　예　그레이 코드 1101을 2진수로 변환하면

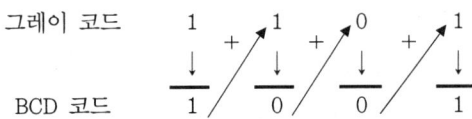

(2) 영·숫자 코드(Alphanumeric Code)

① ASCII 코드(American Standard Code for Information Interchange Code) : 문자를 표시하기 위한 7비트 코드로서 영어 대문자, 소문자로 구별할 수 있으며, 가장 왼쪽의 한 비트는 코드의 오류 검출용 패리티 비트를 부가하여 8비트로 표시하고 데이터 통신에서 표준코드로 사용하며 개인용 컴퓨터에 사용한다.

$2^7=128$개의 문자까지 표시가 가능하다.

D	C	B	A	8	4	2	1
패리티비트 (1비트)	존 비트(3비트)			숫자 비트(4비트)			

② EBCDIC 코드(Extended Binary Code Decimal Interchange Code : 확장형 2진화 10진 코드) : 문자를 표시하기 위한 8비트 코드로서 영어 대문자, 소문자로 구별할 수 있으며, 중대형 IBM 컴퓨터에 사용하고, $2^8=256$개의 문자까지 표현이 가능하다.

D	C	B	A	8	4	2	1
존 비트(4비트)				숫자 비트(4비트)			

(3) 에러 검출 및 정정 코드

① 패리티 체크(Parity Check) : 디지털 데이터의 전송 시 전송 선로 및 외부적인 요인에 의한 에러가 생길 때 이를 검출하기 위하여 패리티 비트를 사용하는데, 주어진 데이터에 1비트를 추가하여 만든다.

㉠ 우수 패리티 체크(even parity check : 짝수 패리티)

패리티 비트를 포함하여 하나의 데이터 안의 1의 비트 수가 짝수가 되도록 하며, 패리티 비트가 0인 경우에는 데이터 내의 1의 수가 짝수이고, 패리티 비트가 1인 경우에는 데이터 내의 1의 수가 홀수개이다. 위의 조건에 위배된 데이터는 에러가 발생한 것으로 인식되나, 짝수개 비트의 에러가 발생하면 검출할 수 없는 단점이 있다.

㉡ 기수 패리티 체크(odd parity check : 홀수 패리티)

패리티 비트를 포함하여 하나의 데이터 안의 1의 비트 수가 홀수가 되도록 하며, 패리티 비트가 0인 경우에는 데이터 내의 1의 수가 홀수이고, 패리티 비트가 1인 경우에는 데이터 내의 1의 수가 짝수개이다. 위의 조건에 위배된 데이터는 에러가 발생한 것으로 인식되나, 짝수개 비트의 에러가 발생하면 검출할 수 없는 단점이 있다.

② 해밍 코드(Hamming Code) : 1비트의 오류를 자동적으로 정정해 주는 코드로, 1비트의 단일 오류를 정정하기 위해서는 3비트의 여유 비트가 필요하고, 2개

이상의 중복 오류를 수정하려면 더 많은 여유 비트가 필요하다.
③ 순환 잉여 검사 코드(CRC : Cyclic Redundancy check Code) : 블록 또는 프레임마다 여유 부호를 붙여 전송하면, 전송 내용의 정확 여부를 확인하여 정정하도록 하는 코드이다.

[2] 자료의 내부적 표현(수치의 표현)

(1) 고정 소수점 데이터 형식

전자계산기 내부에서 정수를 나타내는 데이터 형식으로 2바이트 정수형과 4바이트 정수형이 있다.

부호 비트와 정수 비트로 구성된다. 그리고 정수부가 양수(+)이면 0으로, 음수(-)이면 1로 표시한다.

(2) 부동 소수점 데이터 형식

전자계산기 내부에서 실수를 나타내는 데이터 형식으로 4바이트 실수형, 8바이트 실수형이 있다.

부호 비트	지수부	가수부

부호 비트는 실수가 양수(+)이면 0, 음수(-)이면 1로 표시하고, 지수부는 2진수로, 가수부는 10진 유효숫자를 2진수로 변환하여 표시한다.

3 수학적 연산

[1] 분류

(1) 데이터 성질에 따른 분류

① 수치적 연산(수학적 연산) : 산술적인 계산에서 주로 사용되는 것으로 고정소수점 연산방식, 부동소수점 연산방식에 따른 수치들의 사칙연산을 하는 회로
② 비수치적 연산(논리적 연산) : 문장의 표현, 문헌의 정보 검색, 고급 프로그램 언어번역 등 문자처리에서 주로 사용되는 것으로 MOVE, AND, OR회로, 보수기, 시프터, 로테이터 등이 있다.

(2) 연산의 진행 방식에 따른 분류
① 동기식 : 각 동작을 클록 펄스에 동기시켜 정해진 시간마다 동작을 진행시키는 방식
② 비동기식 : 앞선 동작이 완료됨과 동시에 다음 동작을 진행시키는 방식

(3) 데이터 전송방식에 따른 분류
① 직렬식 : 2진수가 한 자리씩 직렬로 전송되어 한 비트씩 연산이 이루어진다.
② 병렬식 : 2진수 전부가 동시에 전송되어 연산이 이루어진다.

[2] 수학적 연산(수치적 연산)
① 기수 : 수의 체계에서 사용하는 모든 종류의 계수는 2자리수의 기준이 되는 수
② 10진수 : 사용하는 부호가 0~9까지 10가지이므로 기수는 10이다.
③ 2진수 : 사용하는 부호가 0과 1의 2가지이므로 기수는 2이다.
④ 8진수 : 사용하는 부호가 0~7까지 8가지이므로 기수는 8이다.
⑤ 16진수 : 사용하는 부호가 0~10, A~F까지 16가지이므로 기수는 16이다.₩

진수의 비교

10진수	2진수	8진수	16진수
0	0000	0	0
1	0001	1	1
2	0010	2	2
3	0011	3	3
4	0100	4	4
5	0101	5	5
6	0110	6	6
7	0111	7	7
8	1000	10	8
9	1001	11	9
10	1010	12	A
11	1011	13	B
12	1100	14	C
13	1101	15	D
14	1110	16	E
15	1111	17	F

㉠ 진수 변환
  ⓐ 10진수를 2진수로 변환
    예 10진수 41을 2진수로 변환하면

    $$\begin{array}{r|l} 2 & 41 \rightarrow 1 \\ 2 & 20 \rightarrow 0 \\ 2 & 10 \rightarrow 0 \\ 2 & 5 \rightarrow 1 \\ 2 & 2 \rightarrow 0 \\ & 1 \end{array}$$

    $(41)_{10} = (101001)_2$

  항상 맨 마지막(최상위 비트)은 1이 되어야 한다.

  ⓑ $(0.1875)_{10}$를 2진수로 변환하면

    $$\begin{array}{cccc}
    0.1875 & 0.3750 & 0.7500 & 0.5000 \\
    \times \quad 2 & \times \quad 2 & \times \quad 2 & \times \quad 2 \\
    \hline
    0.3750 & 0.7500 & 1.5000 & 1.0000 \\
    \downarrow & \downarrow & \downarrow & \downarrow \\
    0 & 0 & 1 & 1
    \end{array}$$

    $(0.1875)_{10} = (0.0011)_2$가 된다.

     참고
    소수점의 자리를 2로 곱하여 소수점의 자리가 0이 될 때까지 곱하면 된다.

  ⓒ 2진수를 10진수로 변환하면
    예 $101001_{(2)}$를 10진수로 변환하면
    $1\times2^5+0\times2^4+1\times2^3+0\times2^2+0\times2^1+1\times2^0=32+8+1=41_{(10)}$

  ⓓ 10진수를 8진수로 변환
    예 $(49)_{10}$을 8진수로 변환하면

    $$\begin{array}{r|l} 8 & 49 \\ 8 & 6 \rightarrow 1 \\ & 0 \rightarrow 6 \end{array}$$

    $(49)_{10} = (61)_8$

> **예** $(0.21875)_{10}$를 8진수로 변환하면

$$\begin{array}{cc} 0.21875 & 0.75 \\ \times \quad 8 & \times \quad 8 \\ \hline 1.75000 & 6.00 \\ \downarrow & \downarrow \\ 1 & 6 \end{array}$$

$(0.21875)_{10} = (0.16)_8$이 된다.

ⓔ 10진수를 16진수로 변환

> **예** $(248)_{10}$을 16진수로 변환하면

$$\begin{array}{r} 16\underline{|248} \rightarrow 8 \\ 15 \rightarrow F \end{array} \uparrow$$

15는 16진수에서 F이므로 $(248)_{10} = (F8)_{16}$이 된다.

ⓕ 2진수를 8진수와 16진수로 변환

- 8진수로 변환

2진수 3비트를 8진수의 1비트로 변환하면 된다.

> **예** $(100110.110101)_2$를 8진수로 변환하면

$$\underline{1\ 0\ 0}\ \underline{1\ 1\ 0}\ .\ \underline{1\ 1\ 0}\ \underline{1\ 0\ 1}$$
$$\ \ 4\qquad\ \ 6\ \ .\ \ \ 6\qquad\ \ 5$$

$(100110.110101)_2 = (46.65)_8$이 된다.

- 16진수로 변환

2진수 4비트를 16진수의 1비트로 변환하면 된다.

> **예** $(00111110.10100001)_2$를 16진수로 변환하면

$$\underline{0\ 0\ 1\ 1}\ \underline{1\ 1\ 1\ 0}\ .\ \underline{1\ 0\ 1\ 0}\ \underline{0\ 0\ 0\ 1}$$
$$\quad 3 \qquad\quad E \ \ . \quad\ A \qquad\quad 1$$

$(00111110.10100001)_2 = (3E.A1)_{16}$이 된다.

⑥ 2진수의 덧셈

0＋0＝0	1＋0＝1
0＋1＝1	1＋1＝10(자리올림)

⑦ 2진수의 뺄셈

0-0=0	1-0=1
1-1=0	10-1=1(자리빌림)

⑧ 2진수의 곱셈

0×0=0	1×0=0
0×1=0	1×1=1

⑨ 2진수의 나눗셈

0÷0=0	1÷0=∞
0÷1=불능	1÷1=1

4 논리적 연산(비수치적 연산)

[1] 논리적 연산

① MOVE : 데이터의 이동

단항 연산자로서 연산 입력 데이터를 그대로 출력하므로, 레지스터에 기억된 데이터를 다른 레지스터로 옮길 때 사용하는 연산이다.

② complement : 보수형태 연산

전자계산기에서는 나눗셈을 할 수 없으므로, 보수를 이용한 가산을 통하여 나눗셈을 할 수 있도록 하는 연산이다.

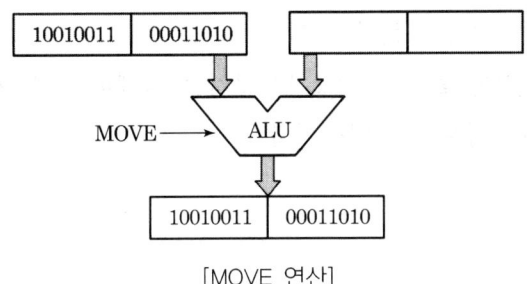

[MOVE 연산]

㉠ 1의 보수 : 어떤 수의 1의 보수는 주어진 2진수를 모두 부정을 취하면 된다. 즉 1은 0으로, 0은 1로 바꾸면 된다.

> **예** 1001을 1의 보수로 바꾸면
>
> | 1 | 0 | 0 | 1 |
> |---|---|---|---|
> | ↓ | ↓ | ↓ | ↓ |
> | 0 | 1 | 1 | 0 |
>
> 1001의 1의 보수는 0110이 된다.

㉡ 2의 보수 : 2의 보수는 주어진 2진수를 모두 부정을 취하여 1의 보수로 바꾼다. 1의 보수에 1을 더하면 2의 보수가 된다. 즉 2의 보수는 1의 보수보다 1이 크다.

> **예** 1001을 2의 보수로 바꾸면
>
> | 1 | 0 | 0 | 1 | |
> |---|---|---|---|-----|
> | ↓ | ↓ | ↓ | ↓ | |
> | 0 | 1 | 1 | 0 | + 1 |
> | 0 | 1 | 1 | 1 | |
>
> 1001의 2의 보수는 0111이 된다.

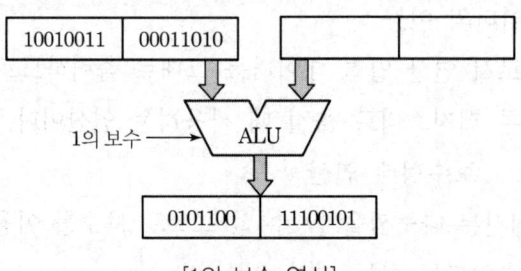

[1의 보수 연산]

③ AND(논리곱) : 비트, 문자 삭제

데이터 중 일부의 불필요 비트 및 문자를 삭제하고, 나머지 비트를 데이터로 사용하기 위해 사용되는 연산이다.

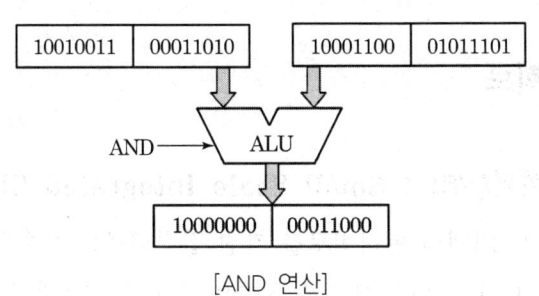

[AND 연산]

④ OR(논리합) : 비트, 문자 삽입

2개의 데이터를 논리합하여 비트나 문자의 삽입에 사용하는 연산이다.

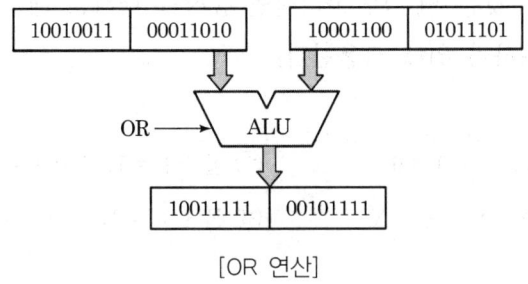

[OR 연산]

⑤ 시프트(Shift) : 데이터의 모든 비트를 좌측 또는 우측으로 자리를 이동
  ㉠ 우 시프트(Right Shift) : 오른쪽 끝의 비트(LSB : Least Significant Bit)의 데이터는 밀려서 나가고, 왼쪽 끝의 비트(MSB : Most Significant Bit)에 새로운 데이터가 들어온다.
  ㉡ 좌 시프트(Left Shift) : 왼쪽 끝의 비트(MSB : Most Significant Bit)의 데이터는 밀려서 나가고, 오른쪽 끝의 비트(LSB : Least Significant Bit)에 새로운 데이터가 들어온다.

⑥ 로테이트(Rotate) : 데이터의 위치 변환에 사용되는 것으로, 한쪽 끝에서 밀려서 나가는 데이터가 반대편의 데이터로 들어오는 것을 말한다.

5 기본 논리회로

[1] 소규모 집적회로(SSI : Small Scale Integrated Circuit)

하나의 칩 위에 1~12개의 논리회로를 가진 집적회로로 소수의 AND, NAND, OR, NOR, NOT, Exclusive-OR, 플립플롭 등의 기본 논리소자를 한 개의 칩에 내장시킨 것을 말한다.

(1) 불 대수(Boolean algebra)

0 또는 1의 값을 갖는 변수와 논리적인 동작을 행하는 대수로, 논리적인 성질을 수학적으로 해석하기 위해 사용한다.

① 기본 정리
  ㉠ $X+0=X,\ X \cdot 0 = 0$
  ㉡ $X+1=1,\ X \cdot 1 = X$
  ㉢ $X+X=X,\ X \cdot X = X$
  ㉣ $X+\overline{X}=1,\ X \cdot \overline{X}=0$
  ㉤ $\overline{\overline{X}} = X$

② 불 대수의 법칙
  ㉠ $X+Y=Y+X,\ X \cdot Y = Y \cdot X$ (교환법칙)
  ㉡ $X+(Y+Z)=(X+Y)+Z$
     $X \cdot (Y \cdot Z) = (X \cdot Y) \cdot Z$ (결합법칙)
  ㉢ $X \cdot (Y+Z) = X \cdot Y + X \cdot Z$
     $X+Y \cdot Z = (X+Y)(X+Z)$ (배분법칙)

③ 드 모르간(De Morgan)의 법칙
  $\overline{(X+Y)} = \overline{X} \cdot \overline{Y}$ $\overline{(X \cdot Y)} = \overline{X} + \overline{Y}$

④ 불 대수의 응용
  ㉠ $A + A \cdot B = A$
     $\therefore A + A \cdot B = A \cdot 1 + A \cdot B = A(1+B) = A$
  ㉡ $A \cdot (A+B) = A$
     $\therefore A \cdot (A+B) = AA + AB = A + AB = A \cdot 1 + A \cdot B = A(1+B) = A$
  ㉢ $A + \overline{A} \cdot B = A + B$

$\therefore A + \overline{A} \cdot B = (A + \overline{A})(A+B) = (A+B) = A+B$

ⓒ $A \cdot (\overline{A} + A \cdot B) = AB$

$\therefore A \cdot (\overline{A} + A \cdot B) = A \cdot (\overline{A}+A) \cdot (\overline{A}+B) = A(\overline{A}+B) = A\overline{A}+AB = AB$

(2) 카르노 맵에 의한 논리식의 간략화

주어진 논리식을 간략화하기 위해서는 불 대수의 간략화를 이용하지만 변수가 많은 항을 간략화하는 방법으로는 카르노 맵을 이용하는 것이 효율적이다.

카르노 맵은 사각형의 맵 안에 주어진 항의 수를 1로 표시하고, 인접한 칸의 1을 묶어 간략화하는 방법을 말하며, 간략화하는 방법은 다음과 같다.

- 카르노 맵 안에 주어진 논리식의 항을 1로 표시한다.
- 인접한 칸의 1을 $2n(1, 2, 4, 8)$개로 묶는다.
- 완전 중복되지 않는 범위에서 1의 수를 중복하여 묶는다.
- 인접되지 않는 1은 더 이상 간략화할 수 없다.
- 간략화된 항은 논리합으로 처리하면 간략화된 결과를 얻는다.

① 2변수의 간략화

　㉠ 주어진 논리식의 항에 1로 채운다.

　㉡ 인접한 1을 묶는다.

　㉢ 주어진 항의 0과 1을 삭제하면 간략화된다.

　예 $AB + \overline{A}B$를 간략화하면

　　$AB + \overline{A}B = B(A+\overline{A}) = B \cdot 1 = B$

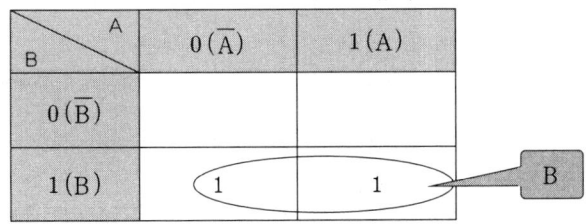

[2변수의 간략화]

② 3변수의 간략화

　예 $\overline{A}B\overline{C} + AB\overline{C} + \overline{A}BC + ABC + A\overline{B}\overline{C}$를 간략화하면

$\overline{A}B\overline{C}+AB\overline{C}+\overline{A}BC+ABC+A\overline{B}C$

$=B\overline{C}(\overline{A}+A)+BC(\overline{A}+A)+AC(B+\overline{B})$

$=B\overline{C}+BC+AC=B(\overline{C}+C)+AC=B+AC$

C \ AB	00 ($\overline{A}\overline{B}$)	01 ($\overline{A}B$)	11 (AB)	10 ($A\overline{B}$)
0($\overline{C}$)		1	1	
1(C)		1	1	1

B, AC

[3변수의 간략화]

③ 4변수의 간략화

예) $\overline{A}B\overline{C}\overline{D}+AB\overline{C}\overline{D}+\overline{A}\overline{B}\overline{C}D+AB\overline{C}D+\overline{A}BCD$
$+ABCD+\overline{A}\overline{B}C\overline{D}+\overline{A}BC\overline{D}+ABC\overline{D}+A\overline{B}C\overline{D}$ 를 간략화하면

$=B(\overline{A}\overline{C}\overline{D}+A\overline{C}\overline{D}+\overline{A}\overline{C}D+A\overline{C}D+\overline{A}CD+ACD+\overline{A}C\overline{D}+AC\overline{D})+C\overline{D}$
$(\overline{A}\overline{B}+\overline{A}B+AB+A\overline{B})$

$=B\overline{A}\overline{C}(D+\overline{D})+A\overline{C}(D+\overline{D})+\overline{A}C(D+\overline{D})+AC(D+\overline{D})+C\overline{D}(\overline{A}(B+\overline{B})+A(B+\overline{B}))$

$=B(\overline{A}\overline{C}+A\overline{C}+\overline{A}C+AC)+C\overline{D}(\overline{A}+A)$

$=B(\overline{C}(\overline{A}+A)+C(\overline{A}+A))+C\overline{D}$

$=B(\overline{C}+C)+C\overline{D}=B+C\overline{D}$

CD \ AB	00 ($\overline{A}\overline{B}$)	01 ($\overline{A}B$)	11 (AB)	10 ($A\overline{B}$)
00 ($\overline{C}\overline{D}$)		1	1	
01 ($\overline{C}D$)		1	1	
11 (CD)		1	1	
10 ($C\overline{D}$)	1	1	1	1

B, $C\overline{D}$

[4변수의 간략화]

(3) 논리게이트의 종류

① OR(논리합) : 입력 중 어느 하나라도 1이 입력되면 출력이 1이 되는 논리회로

$F = A + B$

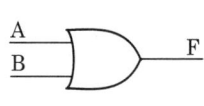

[OR 게이트의 기호]

A	B	F
0	0	0
0	1	1
1	0	1
1	1	1

[OR 게이트의 진리치표]

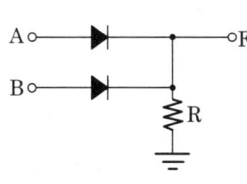

[다이오드에 의한 OR 논리회로]

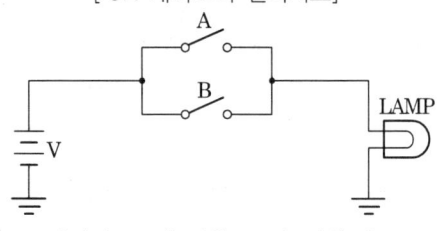

[다이오드에 의한 OR 논리회로]

② AND(논리곱) : 입력이 동시에 1이 입력될 때에만 출력이 1이 되는 논리회로

$F = A \cdot B$

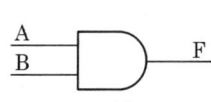

[AND 게이트의 기호]

A	B	F
0	0	0
0	1	0
1	0	0
1	1	1

[AND 게이트의 진리치표]

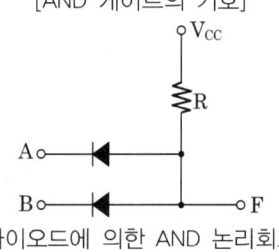

[다이오드에 의한 AND 논리회로]

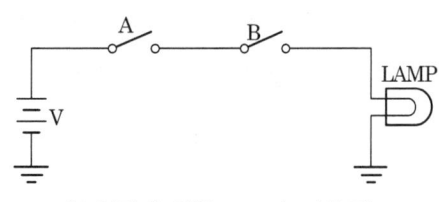

[스위치에 의한 AND 논리회로]

③ NOT(논리부정 또는 인버터) : 입력이 1일 때 출력이 0이 되고, 입력이 0일 때 출력이 1로 반전되는 논리회로

$F = \overline{F}$

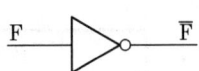

[NOT 게이트의 기호]

F	$\overline{F}$
0	1
1	0

[NOT 게이트의 진리치표]

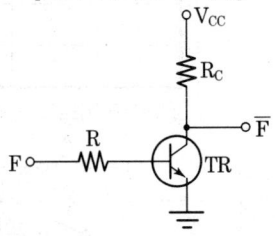

[트랜지스터에 의한 NOT 논리회로]

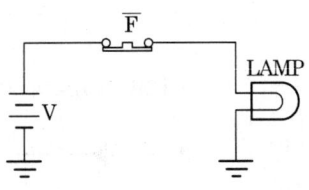

[스위치에 의한 NOT 논리회로]

④ NOR(부정 논리합) : OR(논리합)의 부정논리로서 입력이 모두 0일 때만 출력이 1이 되고, 다른 입력의 경우에는 출력이 0이 되는 논리회로

$F = \overline{A+B}$

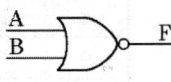

[NOR 게이트의 기호]

A	B	F
0	0	1
0	1	0
1	0	0
1	1	0

[NOR 게이트의 진리치표]

⑤ NAND(부정 논리곱)

AND(논리곱)의 부정논리로서 입력이 모두 1일 때만 출력이 0이 되고, 다른 입력의 경우에는 출력이 1이 되는 논리회로

$F = \overline{A \cdot B}$

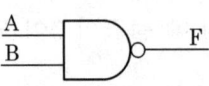

[NAND 게이트의 기호]

A	B	F
0	0	1
0	1	1
1	0	1
1	1	0

[NAND 게이트의 진리치표]

⑥ EXCLUSIVE-OR(배타적 논리합) : 입력이 모두 같을(일치) 때는 출력이 0이 되고, 입력이 서로 다를 때(불일치)는 출력이 1이 되는 논리회로

$$F = A \oplus B = A\overline{B} + \overline{A}B$$

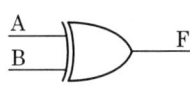

A	B	F
0	0	0
0	1	1
1	0	1
1	1	0

[EX-OR 게이트의 도형] [EX-OR 게이트의 진리치표]

⑦ 3상태(tri-state) 버퍼 : 제어 입력(S)이 1이면 버퍼와 동일하고, 제어 입력이 0이면 출력이 끊어지고, 고임피던스 상태가 된다.

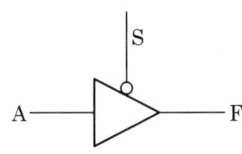

S	A	F
0	0	하이 임피던스
0	1	하이 임피던스
1	0	0
1	1	1

[3상태 버퍼의 기호] [3상태 버퍼의 진리치표]

(4) 전자 논리회로

① RTL(Resistor Transistor Logic) : 저항과 트랜지스터로 구성되는 논리회로
  ㉠ 회로가 간단하며 경제적이다.
  ㉡ 팬 아웃(fan-out)이 적어 비실용적이다.
  ㉢ 저속 동작회로이다.
  ㉣ 레벨 시프트 다이오드와 다이오드의 채택으로 잡음에 다소 강하다.

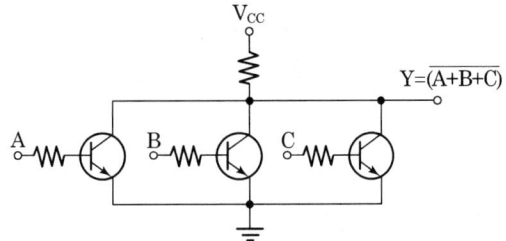

[RTL의 NOR 게이트회로]

② DTL(Diode Transistor Logic) : 다이오드와 트랜지스터를 조합한 논리회로
  ㉠ 잡음 여유도가 크다.
  ㉡ 동작이 안정하고 사용하기가 편하다.
  ㉢ 회로의 수와 소비전력이 적다.
  ㉣ 온도의 영향을 많이 받는다.
  ㉤ 응답속도가 느리고 팬 아웃이 비교적 크다.

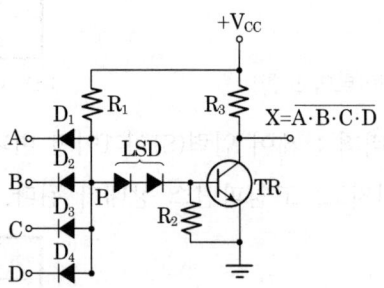

[DTL의 NAND 게이트회로]

③ TTL(Transistor Transistor Logic)
  ㉠ 동작 속도가 빠르다.
  ㉡ DTL과 같이 쓸 수 있다.
  ㉢ 소비전력이 작고 집적도가 높다.
  ㉣ 잡음 여유(noise margin)가 작다.

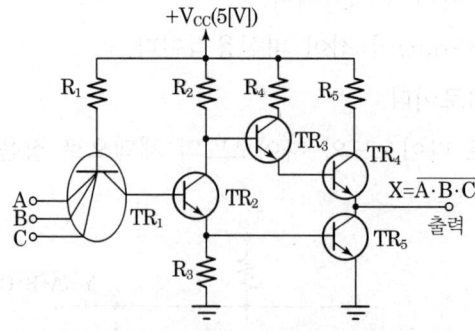

[TTL의 NAND 게이트회로]

④ ECL(Emitter Coupled Logic)
  ㉠ 논리게이트 중 속도가 가장 빠르다.

     ⓒ 상보관계의 출력회로이다.
     ⓒ 출력 임피던스가 낮으며 높은 팬 아웃이 가능하다.
     ⓔ 소비전력이 가장 크고 잡음 여유가 0.3[V]로 작다.
     ⓜ 용량성 부하가 팬 아웃을 제한하고 다른 논리회로와 혼용이 어렵다.
     ⓑ 평행 2선식 전송선에 의해 장거리 Data 전송이 가능하다.

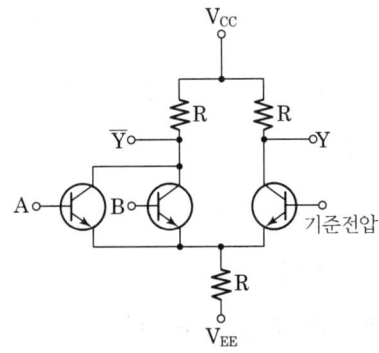

[ECL의 OR/NOT 게이트회로]

⑤ MOS(Metal-Oxide Semiconductor) 논리회로 : MOS에는 전자와 홀의 두 개의 반송자 중 하나의 반송자에 의하여 전류가 흐르는 단극성 트랜지스터가 사용되는 NMOS가 대부분이다.
     ㉠ N채널 MOSFET : 정(+)의 게이트 전압에서 ON(도통 상태)
     ㉡ P채널 MOSFET : 부(-)의 게이트 전압에서 ON(도통 상태)
     ㉢ 고밀도 집적회로 설계가 용이하다.
     ㉣ 자체 전력 소모가 적고 팬 아웃이 크다.

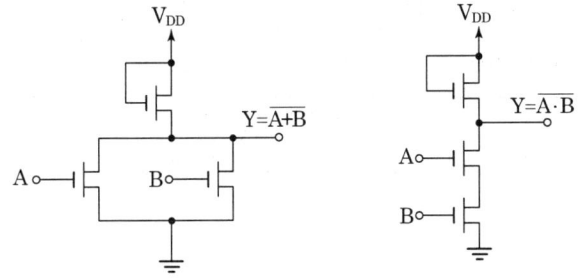

[NMOS의 NOR(왼쪽)와 NAND(오른쪽) 게이트회로]

⑥ CMOS(Complemented Metal-Oxide Semiconductor) 논리회로 : 주로 저전력 소모가 요구되는 시스템에 사용되며, 회로의 밀도가 높고 제조 공정이 단순하며, 전력소비가 적어 경제적이므로 TTL과 더불어 가장 많이 사용되고 있다.

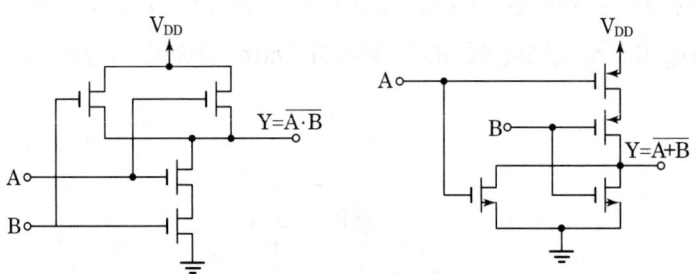

[CMOS의 NAND(왼쪽)와 NOR(오른쪽) 게이트회로]

㉠ 낮은 소비전력 회로이다.
㉡ 단일 전원으로 TTL과 병용 가능하다.
㉢ 높은 잡음여유를 갖는다.
㉣ 온도 안정성이 우수하나 속도가 느리다

⑦ 전자 논리회로의 특성 비교

구분	RTL	DTL	HTL	TTL	ECL	MOS	CMOS
기본 게이트	NOR	NAND	NAND	NAND	OR-NOR	NAND	NOR, NAND
팬 아웃	5	8	10	10	25	20	50 이상
소비전력(mW)	12	8~12	55	12~22	40~55	0.2~10	0.01
잡음여유도	보통	양호	우수	대단히 양호	양호	보통	양호
전달지연시간(ns)	12	30	90	6~12	1~4	300	70
최대 동작 주파수(MHz)	8	12~30	4	15~60	60~400	2	5
기능 수	다수	대단히 다수	보통	극히 다수	다수	소수	소수

6 응용 논리회로

(1) 조합 논리회로

① 중규모 집적회로(MSI : Middle Scale Integrated circuit)

하나의 칩 위에 10~100개의 등가 게이트 회로를 가진 집적회로로 디코더, 인코더, 카운터, 레지스터, 멀티플렉서, 디멀티플렉서, 소형 기억장치 등의 복잡한 논리 기능에 사용된다.

㉠ 가산기(Adder)와 감산기(Subtracter)

ⓐ 반가산기(HA : Half Adder) : 두 개의 2진수를 더하여 합계 S(Sum)와 자리올림수 C(Carry)를 구하는 논리회로

$$S = A \oplus B = A\overline{B} + \overline{A}B, \quad C = A \cdot B$$

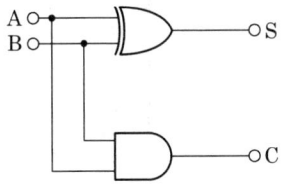

A	B	S	C
0	0	0	0
0	1	1	0
1	0	1	0
1	1	0	1

[반가산기 회로도]　　[반가산기의 진리치표]

ⓑ 전가산기(FA : Full Adder) : 두 개의 2진수와 전단으로부터의 자리올림수 C(Carry)를 더하여 합계 S(Sum)와 자리올림수 C(Carry)를 구하는 논리회로

$$C_o = \overline{A}BC_i + A\overline{B}C_i + AB\overline{C_i} + ABC_i = \overline{A}BC_i + A\overline{B}C_i + AB$$

$$S = \overline{A}\,\overline{B}C_i + \overline{A}B\overline{C_i} + A\overline{B}\,\overline{C_i} + ABC = C \oplus (A \oplus B)$$

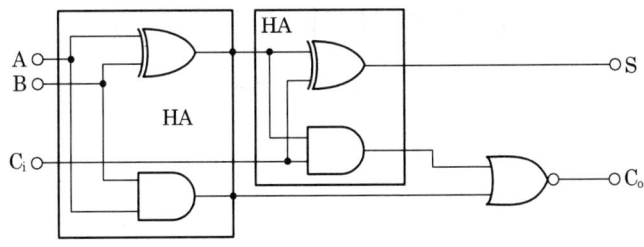

[전가산기의 회로도]

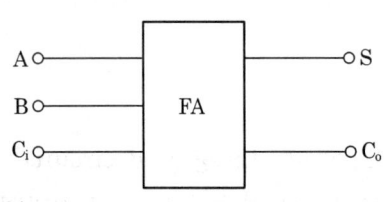

[전가산기의 블록도]　　　　　　　[전가산기의 진리치표]

ⓒ 반감산기(HS : Half Subtracter) : 두 개의 2진수를 감산하여 자리내림수 B(Borrow)와 차 D(Difference)를 나타내는 논리회로

$$D(차) = A \oplus B = A\overline{B} + \overline{A}B, \quad B(자리내림수) = \overline{A}B$$

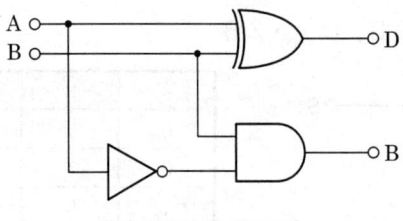

[반감산기의 회로도]　　　　　　　[반감산기의 진리치표]

ⓓ 전감산기(FS : Full Subtracter) : 두 개의 2진수와 전단으로부터의 자리내림수 B(Borrow)를 감산하여 자리내림수 B와 차 D(Difference)를 나타내는 논리회로

$$D = \overline{A}\,\overline{B_i}C + \overline{A}B_i\overline{C} + A\overline{B_i}\,\overline{C} + AB_iC$$
$$B_o = \overline{A}\,\overline{B_i}C + \overline{A}B_i\overline{C} + \overline{A}B_iC + AB_iC = \overline{A}B_i + \overline{A}C + B_iC$$

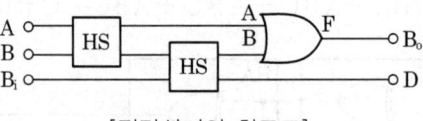

[전감산기의 회로도]

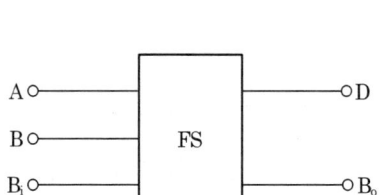

[전감산기의 블록도]   [전감산기의 진리치표]

ⓛ 디코더(Decoder : 복호기 또는 해독기)

n비트의 2진 코드를 최대 2^n개의 서로 다른 정보로 바꾸어 주는 논리 조합 회로로 출력은 AND 게이트로 구성된다. 즉 2진 코드를 그에 해당하는 10진수로 변환하여 해독하는 회로이다.

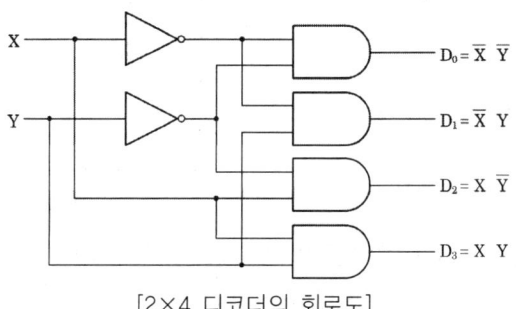

[2×4 디코더의 회로도]   [2×4 디코더의 진리치표]

ⓒ 인코더(Encoder : 부호기)

2^n개 이하의 입력신호를 2진 코드로 바꾸어 주는 조합 논리회로로 출력은 OR 게이트로 구성된다. 즉 입력신호를 2진수로 바꾸어 부호화하는 회로이다.

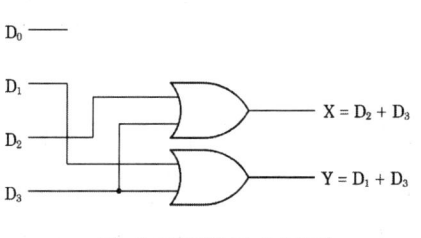

[4×2 인코더의 회로도]   [4×2 인코더의 진리치표]

(2) 순서 논리회로

① 플립플롭(Flip-Flop)

레지스터를 구성하는 기본 소자가 플립플롭(F/F)으로, 0과 1의 안정된 논리 상태를 갖는 쌍안정 멀티바이브레이터를 플립플롭이라 하는 것으로, 외부 트리거 신호에 의해 어떤 상태가 되어 있을 때, 다음 트리거 신호가 공급될 때까지 현재의 상태를 안정하게 유지한다. 이러한 성질이 2진수 한 자리를 기억할 수 있는 기억소자로 사용된다.

㉠ RS 플립플롭 : S(set)와 R(reset) 2개의 입력과 Q, Q 2개의 출력을 가지고 있으며, R, S 입력의 조합으로 출력의 상태를 변화시킬 수 있으나, S=R=1의 경우는 불확정(부정) 상태가 되는 플립플롭이다.

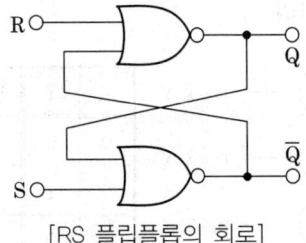

R	S	Q_{n+1}
0	0	Q_n
0	1	1
1	0	0
1	1	부정

[RS 플립플롭의 회로]   [RS F/F의 진리치표]

㉡ T(Toggle) 플립플롭 : JK F/F의 입력 J와 K를 서로 묶어서 하나의 입력으로 하여 클록 신호가 1일 때 출력이 반전상태(토글)가 되도록 한 것이 T 플립플롭이다.

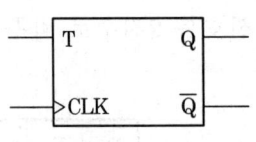

CLK	T	Q_{n+1}
0	0	Q_n
0	1	Q_n
1	0	0
1	1	$\overline{Q}_n$(toggle)

[T F/F의 도형]   [T F/F의 진리치표]

㉢ D(Delay) 플립플롭 : RS-FF에서 2개의 입력 R, S가 동시에 1인 경우에도 불확정 출력 상태가 되지 않도록 하기 위하여 인버터(inverter : NOT 게이트) 하나를 입력 양단에 부가한 것으로 정보를 일시 유지하는 래치(latch) 회로나 시프트 레지스터(shift register) 등에 쓰인다.

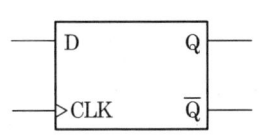

[D F/F의 도형]

CLK	D	Q_{n+1}
0	0	Q_n
0	1	Q_n
1	0	0
1	1	1

[D F/F의 진리치표]

  ㉣ JK 플립플롭(MS-JK 플립플롭) : RS 플립플롭에서 R=S=1의 상태에서는 동작이 불확실한 상태가 되므로, RS 플립플롭에서 Q를 R로, Q를 S로 되먹임하여 불확실한 상태가 나타나지 않도록 한 회로가 JK 플립플롭이다.

  ※ 마스터/슬레이브 F/F(Master-slave Flip-flop)은 두 개의 F/F을 종속 접속하고, 클록 펄스가 서로 역으로 공급되도록 하여 클록 펄스가 상승 에지일 때 입력신호의 내용을 입력측의 MS-F/F에 일단 기억시키고, 클록 펄스가 하강 에지일 때는 MS-F/F에 기억시켜 둔 내용을 출력측의 SL-F/F에 나타나도록 한다. 이처럼 Master-slave F/F은 어느 하나가 동작하면 하나는 동작하지 않게 되므로, 내용이 절반의 시간만큼 지연시간을 가지게 된다.

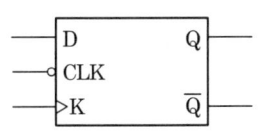

[JK F/F의 도형]

J	K	Q_{n+1}
0	0	Q_n(불변)
0	1	0
1	0	1
1	1	$\overline{Q}_n$(toggle)

[JK F/F의 진리치표]

② 카운터(Counter)

입력 신호에 따라 미리 정해진 순서대로 출력의 상태가 변하는 순서 논리회로로서, 펄스의 트리거(trigger) 방법에 따라 동기형 카운터와 비동기형 카운터로 분류된다.

  ㉠ 동기형 카운터(synchronous counter) : 모든 플립플롭의 클록이 병렬로 연결되어 한 번의 클록 펄스에 대하여 모든 플립플롭이 동시에 동작(트리거)되는 카운터를 말하며, 비동기형 카운터보다 동작속도가 빠르므로 고속회로

에 이용한다.

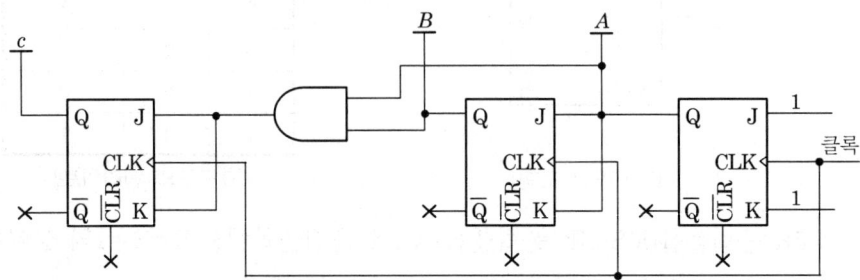

[동기형 8진 카운터 회로]

  ⓒ 비동기형 카운터(asynchronous counter) : 모든 플립플롭이 전단의 출력 변화를 클록으로 이용하는 카운터로서, 동작지연이 발생하므로 동기형보다 느리나 회로의 구성이 간단하다.

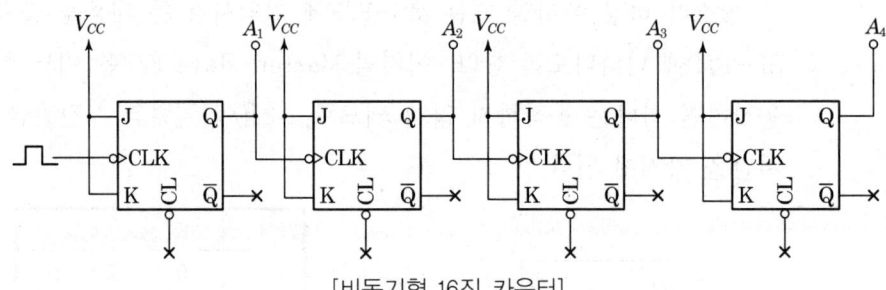

[비동기형 16진 카운터]

 ③ 레지스터(Register)

  중앙처리장치가 적은 양의 데이터나 처리 과정에 필요한 데이터를 일시적으로 저장하기 위해 사용되는 고속의 기억회로이며, 명령 레지스터, 주소 레지스터, 색인 레지스터 등 보통 플립플롭으로 구성한다.

 ④ 멀티플렉서(Multiplexer : MUX)

  여러 개의 입력선 중에서 하나의 입력선을 선택하여, 입력선의 데이터를 출력하는 조합 논리회로이며, 입력선을 선택하여 출력으로 연결시키기 위한 n개의 선택선을 갖게 되며, 멀티플렉서의 크기가 입력선의 개수로 정해지는 ($2^n \times 1$)의 장치로 나타낸다.

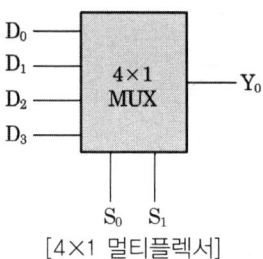

[4×1 멀티플렉서]

선택선		입력
S_0	S_1	
0	0	D_0
0	1	D_1
1	0	D_2
1	1	D_3

[4×1 멀티플렉서의 진리치표]

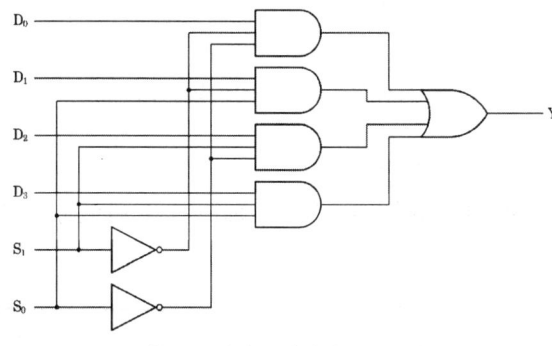

[4×1 멀티플렉서의 회로도]

⑤ 디멀티플렉서(Demultiplexer : DEMUX)

하나의 입력선으로 데이터를 입력받아 다수의 출력선 중에서 선택된 출력선으로 데이터를 출력하는 조합 논리회로로 멀티플렉서의 반대의 동작을 한다. 입력을 출력으로 연결시키기 위한 선택선을 갖게 되며, 디멀티플렉서의 크기가 출력선의 개수로 정해지는 (1×2^n)의 장치로 나타낸다.

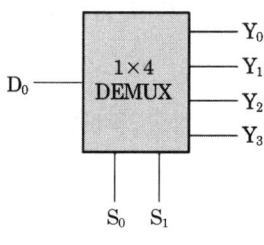

[1×4 디멀티플렉서]

선택선		출력
S_0	S_1	
0	0	Y_0
0	1	Y_1
1	0	Y_2
1	1	Y_3

[1×4 디멀티플렉서의 진리치표]

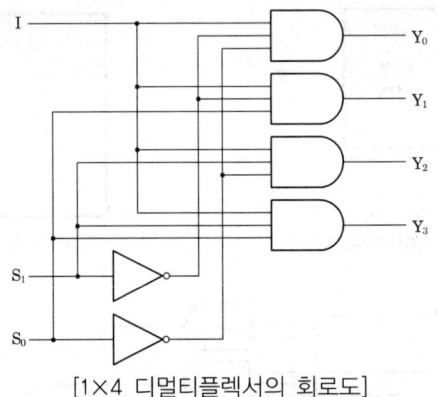

[1×4 디멀티플렉서의 회로도]

⑥ 패리티 발생기(Parity generator)

비트열 내의 1의 개수를 세어 약속한 패리티가 되도록 0 또는 1을 발생시키는 회로이다.

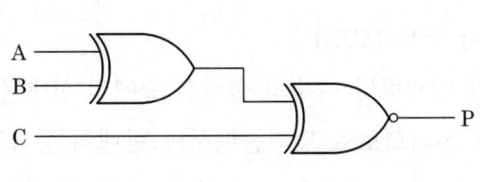

[3비트 홀수 패리티 발생기 회로도]

A	B	C	P
0	0	0	1
0	0	1	0
0	1	0	0
0	1	1	1
1	0	0	0
1	0	1	1
1	1	0	1
1	1	1	0

[3비트 홀수 패리티 발생기 진리치표]

⑦ 패리티 검사기(Parity checker)

비트열에 있는 1의 개수의 합이 홀수 또는 짝수인가를 검사하는 회로이다.

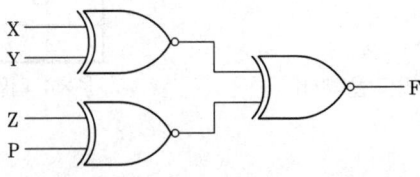

[4비트 홀수 패리티 검사기의 회로도]

X	Y	Z	P	F(출력)
0	0	0	0	1
0	0	0	1	0
0	0	1	0	0
0	0	1	1	1
0	1	0	0	0
0	1	0	1	1
0	1	1	0	1
0	1	1	1	0
1	0	0	0	0
1	0	0	1	1
1	0	1	0	1
1	0	1	1	0
1	1	0	0	1
1	1	0	1	0
1	1	1	0	0
1	1	1	1	1

[4비트 홀수 패리티 검사기의 진리치표]

⑧ 비교기(Comparator)

두 개의 신호를 비교하여 그 크기의 일치 및 대소를 판별하는 회로이다.

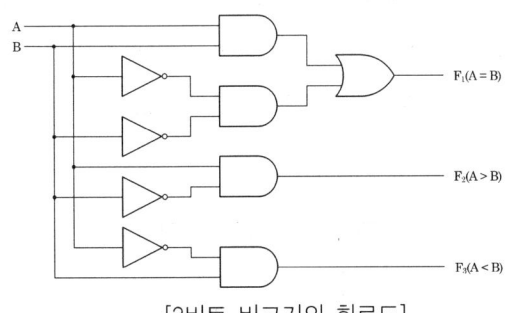

입력		출력		
A	B	A>B	A=B	A<B
0	0	0	1	0
0	1	0	0	1
1	0	1	0	0
1	1	0	1	0

[2비트 비교기의 회로도]   [2비트 비교기의 진리치표]

⑨ D/A 변환기와 A/D 변환기

㉠ D/A 변환기 : D/A 변환기는 디지털 신호를 아날로그 신호로 변환하는 장치이다.

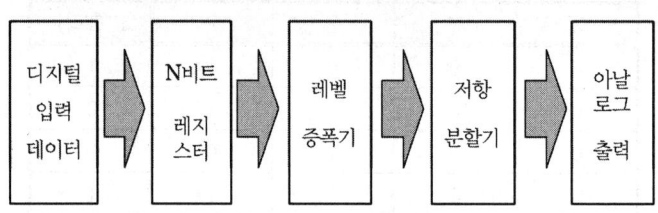

[D/A 변환기의 블록도]

ⓒ A/D 변환기 : 아날로그 신호를 디지털 신호로 변환하는 장치로서 D/A 변환기보다 복잡하다.

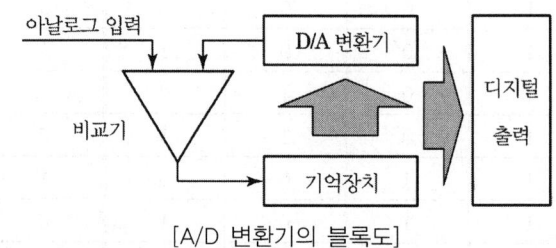

[A/D 변환기의 블록도]

(3) 디지털 IC 논리회로

하나의 칩에 부품 수가 1,000개 이상 되는 집적회로를 대규모 집적회로(LSI)라 하고, 10,000개 이상의 부품을 집적화한 것을 초대규모 집적회로(VLSI)라고 하며, 시프트 레지스터, PLA, RAM, ROM, 마이크로프로세서 등이 이에 속한다.

① 시프트 레지스터(Shift Register) : 기억되어 있는 데이터를 좌, 우로 순차 이동할 수 있는 시프트 회로로, 시프트 명령에 의하여 지정된 비트만큼 시프트되거나, 승제 연산에 의하여 자동으로 시프트되든지 하는 집적회로이다.

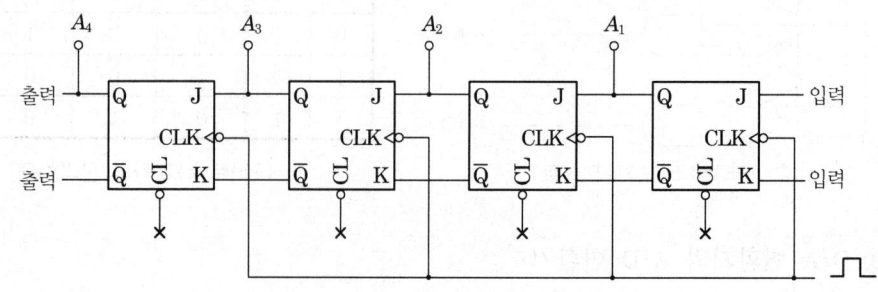

[시프트 레지스터]

② PLA(Programmable Logic Array) : 프로그램 가능한 논리 배열로 복잡한 논리 함수 실현을 위해 만든 집적회로로 많은 데이터 입력을 다룰 수 있어 경제적이다.

③ RAM(Random Access Memory) : 읽고 쓰기를 함께 할 수 있는 메모리로서, 동적 RAM과 정적 RAM으로 구분되며 전원이 끊기면 기억된 데이터는 소멸된다.

④ ROM(Read Only Memory) : 읽기 전용의 데이터를 기억하는 메모리로서, 전원이 끊겨도 데이터는 지워지지 않도록 프로그램이 기억된 집적회로이다.

⑤ 마이크로프로세서(Microprocessor) : 제어 및 연산, 산술 및 논리회로를 하나의 집적회로로 구성한 것으로 일반적으로 시스템의 중앙처리장치를 말한다.

7 프로그램

[1] 프로그램의 개념

① 프로그램(program)

어떤 일을 수행하기 위하여 기본적인 동작으로 세분하여 이들의 순서를 정해 놓는 것을 말하는데, 컴퓨터가 어떤 일을 수행하도록 지시하기 위한 명령들을 말하며, 이는 데이터와는 별도로 작성되고, 미리 작성된 프로그램을 컴퓨터에 입력시켜 그 프로그램에 데이터가 입력되고 처리되도록 한다.

② 프로그래밍(programming) : 프로그램을 작성하기 위한 일련의 작업을 말한다.

[2] 프로그램 설계와 구현

① 문제 분석 → ② 시스템 설계(입·출력 설계) → ③ 순서도 작성 → ④ 프로그램 코딩 및 입력 → ⑤ 디버깅 → ⑥ 실행 → ⑦ 문서화

① 문제 분석 : 프로그램을 작성할 때 발생되는 제안 문제를 분석

② 시스템 설계 : 시스템 분석 단계에서 얻어진 데이터와 정해진 방법에 따라 입·출력, 각종 파일의 형식, 시스템의 개발을 위한 전체 과정의 설계, 데이터베이스의 설계, 운영을 위한 관리도를 설계한다.

③ 순서도 작성 : 프로그램의 설계도와 같으므로 모든 사람이 알기 쉽도록 작성하며, 모든 논리적 검토가 이루어져야 한다.

④ 프로그램 코딩 및 입력 : 순서도에 나타난 논리에 따라 프로그래밍 언어를 사용하여 원시 프로그램을 작성하고, 컴퓨터가 읽을 수 있는 기억 매체에 기록한다. 이때 프로그램 코딩은 정해진 논리에 대하여 각 언어별로 정해진 문법에 맞도록 하여야 한다.

⑤ 디버깅(debugging) : 원시 프로그램을 기계어로 번역해서 문법오류(syntax error)를 검사하여 오류를 수정하고, 논리적 오류를 검사하기 위하여 테스트 런(test run)의 데이터를 입력해서 결과를 검사하여 오류를 올바르게 수정한다.

⑥ 실행 : 문법적 오류와 논리적 오류가 없는 프로그램이 완료되면 실제의 데이터를 이용하여 동작시켜, 결과를 이용한다.

⑦ 문서화 : 작성된 프로그램은 분석 단계에서부터 작성된 데이터와 코드표, 각종 설계도, 순서도와 원시 프로그램 등의 관련된 내용을 문서로 작성하여 보관토록 한다. 문서화가 이루어지면 시스템의 유지 보수와 관리가 용이하고 담당자가 바뀌어도 업무의 파악이 용이하여, 업무의 연속성이 유지된다.

[3] 프로그래밍 언어의 개념

컴퓨터를 이용하여 특정한 작업을 수행하는 각종 프로그램을 작성하기 위한 프로그램을 프로그래밍 언어라 하며, 컴퓨터 중심의 저급 언어와 인간 중심의 고급 언어로 구분한다.

(1) 저급 언어(Low Level Language)

사용자가 이해하고 사용하기에는 불편하지만 컴퓨터가 처리하기 용이한 컴퓨터 중심의 언어이다.

① 기계어(Machine Language) : 컴퓨터가 직접 이해할 수 있는 2진 코드(0과 1)로 기종마다 다르고, 프로그램의 작성 및 수정, 해독이 매우 어려워 거의 사용되지 않으나, 컴퓨터에서의 수행 속도는 가장 빠른 장점을 지닌다.

② 어셈블리어(Assembly Language) : 사람이 기억하고 이해하기 쉬운 연상코드(문자, 숫자, 특수 문자 등으로 기호화 : 니모닉)를 사용함으로써 프로그램의 작성이 기계어보다 용이하고, 프로그램의 수정이 편리하다는 장점이 있으나,

어셈블러(assembler)에 의한 번역 과정이 필요하므로 처리 속도가 느리고 컴퓨터마다 어셈블러가 다르므로 호환성이 적다.

(2) 고급 언어(High Level Language)

자연어에 가까워 그 의미를 쉽게 이해할 수 있는 사용자 중심의 언어로, 기종에 관계없이 공통적으로 사용할 수 있는 언어로, 기계어로 변환하기 위한 컴파일러가 필요하다.

① 베이직(BASIC : Beginner's All-purpose Symbolic Instruction Code) : 1965년 개발된 언어로, 언어구조가 쉽고 간단해서 초보자들이 배우기 쉬운 대화형의 인터프리터 중심의 언어이다. 그러나 기존의 프로그래밍 언어와 달리 미래의 바람직한 언어 개념에 관련시킬 만할 주요 개념을 거의 찾아볼 수 없는 단점이 있으나, 현재는 운영체제의 발전과 더불어 가장 쉬운 윈도즈용 프로그램 개발 도구로 비쥬얼 베이직(Visual Basic)이 각광받고 있다.

② FORTRAN(Formula Translation) : 고급 언어 중 가장 먼저(1957년) 개발된 과학 기술용 프로그램 언어로, 과학자·공학자 및 수학을 하는 사람들의 편리성을 위하여 설계되어, 복잡한 수학계산에 연산자를 사용하여 쉽게 나타낼 수 있는 언어로, 과학기술 분야에 널리 사용되었다.

③ COBOL(Common Business Oriented Language) : 1960년 개발된 언어로 인사, 자재, 판매, 회계, 생산관리 등에 주로 사용되는 상업용 사무처리를 위하여 일상에서 사용하는 영어와 같은 표현으로 기술하도록 설계된 프로그래밍 언어로, 기계와 독립적으로 설계되어, 메이커와 기종이 상이하더라도 큰 변화없이 프로그램의 작성 및 실행을 할 수 있도록 한 사무처리용 언어이다.

④ PASCAL : 1971년 개발된 언어로 구조화 프로그래밍 개념에 따라 개발된 언어로서, 여러 가지 다양한 자료의 정의 방법 등을 포함한 풍부한 자료형들을 갖춘 언어로서, 일반성에 배제되지 않는 한 단순성과 효율성, 그리고 신뢰성을 가지도록 설계되었다. 이 언어는 쉽게 프로그래밍 언어를 가르치기 위한 교육용으로 많이 사용되었다. 특히 구조화 프로그래밍을 가능하게 하는 언어로 교육용 언어로 많이 쓰였다.

⑤ C언어 : 1974년 개발된 언어로 UNIX 시스템을 구축하기 위한 시스템 프로그래

밍 언어로서 수식이나 제어 및 데이터 구조를 가장 간편하게 제공하고 있다. C언어는 원래 시스템 프로그램으로 개발되었으나 기종에 관계없이 수치 해석, 텍스트 처리, 데이터베이스 처리를 위한 프로그램에도 많이 활용되고 있으며, UNIX 운영체제를 위해 개발한 시스템 프로그램 언어로 저급 언어와 고급 언어의 특징을 모두 갖춘 언어이다.

⑥ LIPS(List Processing) : 1960년에 개발이 시작된 언어로, 리스트(list) 및 원자(atom)라고 부르는 두 종류의 개체를 중심으로 데이터가 다루어지는데 실제 자료(데이터)와 프로그램이 동일한 형태로 표현되는 새로운 개념을 도입하였다. 기본 자료 구조로 연결 리스트(Linked list)를 사용하며, 이 리스트에 대한 일반적인 연산이 가능하다. 게임 이론, 정리 증명, 로봇 문제 및 자연어 처리 등의 인공지능과 관련된 분야에 사용되는 언어이다.

⑦ PL/1(Programming Language One) : FORTRAN, COBOL, ALGOL 등의 장점을 포함하려고 시도한 범용언어로서, APL 배열을 기본 요소로 하여 배열 자체의 연산을 지원하며 어떤 기계에도 종속되지 않는 매크로 언어를 가진 인터프리터형 언어이다.

⑧ ALGOL 60(Algorithmic Language 60) : 최초의 블록 중심 언어로 수치 자료와 동질의 배열을 강조한 과학 계산용 언어로서, COBOL과 같은 인사, 자재, 판매, 회계, 생산관리 등에 주로 사용되는 상업용 자료처리에 영어 문장 형태로 프로그램을 작성하므로 프로그램 작성이 간편한 장점을 지닌 언어이다.

⑨ C++ : 1980년대 초에 C언어를 기반으로 개발된 언어로 C++는 컴퓨터 프로그래밍의 객체지향 프로그래밍을 지원하기 위해 C언어에 객체지향 프로그래밍에 편리한 기능을 추가하여 사용의 편리성을 향상시킨 언어이다.

⑩ 자바(JAVA) : 썬마이크로시스템사에서 개발한 새로운 객체지향 프로그래밍 언어로, 메모리 관리를 언어 차원에서 관리함으로써 보다 안정적인 프로그램을 작성할 수 있고, 선행 처리 및 링크 과정을 제거하여 개발속도와 편의성을 향상시켜 네트워크 분산환경에서 이식성이 높고, 인터프리터 방식으로 동작하는 사용자와의 대화성이 높은 프로그래밍 언어이다.

[4] 프로그래밍 언어의 번역과 번역기

(1) 프로그램 언어의 번역 과정

① 원시 프로그램(Source Program) : 사용자가 각종 프로그램 언어로 작성한 프로그램

② 목적 프로그램(Object Program) : 번역기에 의해 기계어로 번역된 상태의 프로그램

③ 로드 모듈(Load Module) : Linkage Editor에 의해 실행 가능한 상태로 된 모듈

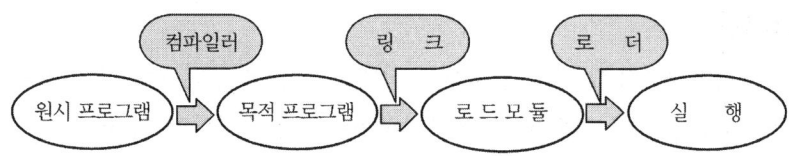

[프로그래밍 언어의 번역과정]

(2) 번역기의 종류

① 어셈블러(Assembler) : 어셈블리어로 작성된 원시 프로그램을 기계어로 번역하는 프로그램이다.

② 컴파일러(Compiler) : 전체 프로그램을 한 번에 처리하여 목적 프로그램을 생성하는 번역기로, 기억 장소를 차지하지만 실행 속도가 빠르다. 한번 번역해 두면 목적 프로그램이 생성되므로 재차 실행 시에 다시 번역할 필요가 없다.
※ 컴파일러를 사용하는 언어 : ALGOL, PASCAL, FORTRAN, COBOL, C 등

③ 인터프리터(Interpreter) : 작성된 원시 프로그램을 한 줄씩 읽어 번역 및 실행하는 작업을 반복하는 프로그램이다. 목적 프로그램이 남지 않으며, 일괄 처리가 아니므로 대화형이라 한다. 실행 속도가 느리지만 기억 장소를 적게 차지한다.
※ 인터프리터를 사용하는 언어 : BASIC, LISP, 자바(JAVA), PL/1 등
※ LISP는 컴파일 개념없이 인터프리터 상에서 동작하는 언어이다.

④ 링커(Linker) : 기계어로 번역된 목적 프로그램을 실행 프로그램 라이브러리를 이용하여 실행 가능한 형태의 로드 모듈로 번역하는 번역기

⑤ 로더(Loader) : 로드 모듈을 수행하기 위해 메모리에 적재시켜 주는 기능을 수행

⑥ 크로스 컴파일러(Cross Compiler) : 원시 프로그램을 다른 컴퓨터의 기계어로

번역하는 프로그램
⑦ 전처리기(Preprocessor) : 원시 프로그램을 번역하기 전에 미리 언어의 기능을 확장한 원시 프로그램을 생성시켜 주는 시스템 프로그램

8 순서도

[1] 순서도의 개념

(1) 알고리즘
어떤 문제를 해결하기 위하여 수행할 작업을 기본적인 단계로 세분하여 정하고, 이들 단계를 조합하여 정의된 조건의 실행에 의해 결론에 도달하는 순서를 말한다.

(2) 순서도
처리방법, 작업의 흐름, 순서 등을 정해진 기호를 사용하여 그림으로 나타내는 방법을 말한다.

(3) 순서도 작성 시 고려사항
① 처리되는 과정은 모두 표현한다.
② 간단하고 명료하게 표현한다.
③ 전체의 흐름을 명확히 알 수 있도록 작성한다.
④ 과정이 길거나 복잡하면 나누어 작성하고, 연결자로 연결한다.
⑤ 통일된 기호를 사용한다.

[2] 순서도 작성 방법

순서도의 분류	기본 기호(basic symbol)
	프로그래밍 관계기호(symbols related to programming)
	시스템 관계기호(symbols related to system)

① 기본 기호(basic symbol) : 순서도의 가장 기본적인 동작을 표현하는 기호로 데이터의 일반적인 처리와 입·출력 행위, 흐름선, 연결자, 주해, 페이지 연결

자 등으로 구성된다.

기 호	이 름	사용하는 곳
	처리	지정된 작동, 각종 연산, 값이나 기억 장소의 변화, 데이터의 이동 등의 모든 처리를 나타냄
	주해	이미 표현된 기호를 보다 구체적으로 설명하며, 점선은 해당 기호까지 연결한다.
	입·출력	일반적인 입력과 출력의 처리를 나타냄
	화살표	흐름의 진행 방향을 표시
	연결자	흐름이 다른 곳으로의 연결과 다른 곳에서의 연결을 나타내며, 화살표와 기호 내에 쓰여진 이름이 동일한 경우에만 연결관계를 나타냄
	페이지 연결자	흐름이 다른 페이지로 연결됨과 다른 페이지에서의 연결되는 입력을 나타내며, 기호 내에 쓰여진 이름이 동일한 경우에만 연결관계를 나타냄
	흐름선	상호 논리적인 관계가 없음을 나타냄
	흐름선	오른쪽에서 왼쪽으로, 아래에서 위로 화살표를 하여야 하고, 처리의 흐름을 나타내며 선이 연결되는 순서대로 진행된다.
	흐름선	여러 개의 흐름이 한 곳으로 모여 하나가 됨을 나타냄

② 프로그래밍 관계기호(symbols related to programming) : 프로그램의 논리표현을 위한 기호로서, 기본기호와 함께 사용하여 프로그램 전체의 논리를 표현할 수 있도록 하며, 준비, 의사결정, 정의된 처리, 단자 등으로 구성된다.

기 호	이 름	사용하는 곳
	준비	기억장소의 할당, 초기값 설정, 설정된 스위치의 변화, 인덱스 레지스터의 변화, 순환 처리를 위한 준비 등의 표현
	의사 결정	변수의 조건에 따라서 변경될 수 있는 흐름을 나타내는 데 사용하는 판단기능
	정의된 처리	흐름도의 특수한 집합에서 수행할 그룹의 운용기호
	터미널/단자	프로그램 순서도의 시작과 끝의 표현
	병렬 형태	2개 이상의 동작이 동시에 이루어질 때의 표현

chapter 02. 전자제품 소프트웨어 개발환경 분석

③ 시스템 관계 기호(symbols related to system) : 시스템의 분석 및 설계 시에 데이터가 어느 매체에서 처리되어 어느 매체로 변환하여 이동하는지를 나타내기 위한 기호로, 기본기호를 함께 사용하여 순서도를 작성한다. 기호는 데이터에 변화를 가하는 기호와 어떤 작업을 나타내는 기호, 매체를 나타내는 기호들로 구성된다.

기 호	이 름	사용하는 곳
	펀치 카드	펀치 카드 매체를 통한 입·출력을 나타냄
	카드 뭉치	펀치 카드가 모여 있음을 표시
	카드 파일	펀치카드에 레코드가 모여서 파일을 구성하고 있음을 표시
	서류	각종 원시 데이터가 기록된 서류나 종이 매체에 출력되는 결과 및 문서화된 각종 서류를 표시
	자기 테이프	자기 테이프 매체를 통한 입·출력을 나타냄
	종이 테이프	종이 테이프 매체를 통한 입·출력을 나타냄
	키 작업	자판을 통한 키 펀칭이나 검사 등의 작동을 표시
	온라인 기억장치	온라인 상태의 각종 보조기억장치 매체를 통한 입·출력을 나타냄
	자기 드럼	자기 드럼 매체를 통한 입·출력을 나타냄
	자기 코어	자기코어 매체를 통한 입·출력을 나타냄
	디스켓	디스켓 매체를 통한 입·출력을 나타냄
	카세트테이프	카세트테이프를 통한 입·출력을 나타냄
	오프라인 기억장치	오프라인 상태의 기억 매체에 레코드들이 기록됨을 나타냄
	병합	정렬된 2개 이상의 파일을 합쳐서 하나의 파일을 생성
	대합	2개 이상의 파일을 합쳐서 다른 2개 이상의 파일을 생성

기 호	이 름	사용하는 곳
	정렬	조건에 관계없이 배열된 데이터를 조건에 따라 순서대로 배열하는 작업
	추출	파일에서 필요한 부분만 분리하여 새로운 파일을 생성
	화면 표시	온라인 상태에서 CRT, 콘솔 등에 메시지나 결과를 출력
	수동입력	온라인으로 연결된 자판 스위치 등을 통하여 각종 정보를 수동으로 입력
	수동조작	오프라인 상태에서 데이터 처리 작업을 수동으로 조작
	보조 조작	오프라인 상태에서 직접 중앙처리장치의 통제를 받지 않는 장치에서 행해지는 작업을 나타냄
	통신 연결	전화선이나 무선 등의 각종 통신회선과 연결을 나타냄

[3] 순서도의 종류

① 시스템 순서도(system flowchart) : 주로 시스템 분석가가 시스템 설계나 분석을 할 때에 작성되며, 자료의 흐름을 중심으로 시스템 전체의 작업 내용을 총괄적으로 나타낸 순서도로서, 각 부분별 처리는 처리 단계와 순서 및 입·출력 매체의 종류 등만을 표시한다.

② 프로그램 순서도 : 시스템 전체의 작업 중에서 전산 처리를 하는 부분을 중심으로 자료 처리에 필요한 모든 조작의 순서를 나타낸 순서도

㉠ 개략 순서도(general flowchart) : 프로그램 전체의 내용을 개괄적으로 표시하는 순서도로서, 전체적인 처리 방법과 순서를 큰 부분으로 나누어, 하나의 순서도로 일괄하여 나타내는 것이 좋다.

㉡ 상세 순서도(detail flowchart) : 개략 순서도의 처리 단계마다 전자계산기가 수행할 수 있도록 모든 조작과 자료의 이동 순서를 하나도 빠짐없이 표시하고, 코딩하면 바로 프로그램이 작성될 수 있을 정도로 가장 세밀하게 그려

진 순서도이다.

9 프로그래밍 언어

[1] 프로그래밍 언어의 개념

(1) BASIC(Beginner's All-purpose Symbolic Instruction Code)

1965년 개발된 언어로, 언어구조가 쉽고 간단해서 초보자들이 배우기 쉬운 대화형의 인터프리터 중심의 언어이다. 그러나 기존의 프로그래밍 언어와 달리 미래의 바람직한 언어 개념에 관련시킬 만할 주요 개념을 거의 찾아볼 수 없는 단점이 있으나, 현재는 운영체제의 발전과 더불어 가장 쉬운 윈도즈용 프로그램 개발 도구로 비쥬얼 베이직(Visual Basic)이 각광받고 있다.

① Basic의 특징
  ㉠ 문법의 규칙이 간단하여, 초보자가 배우기 용이하다.
  ㉡ 프로그램의 작성이 용이하다.
  ㉢ 인터프리터 언어이므로 프로그램을 즉시 시험하기 때문에 작업시간이 단축된다.
  ㉣ 문장 앞에 행 번호를 부여하여야 하며, 행 번호순으로 실행된다.
  ㉤ 수치 계산이나 행렬 계산이 간단하다.

② 연산자
  ㉠ 산술 연산자

	연산 순위	연산자	연산 의미
	1	^	거듭제곱
	2	-	음수(부호)
산술 연산자	3	*	곱셈
	3	/	나눗셈
	4	+	덧셈
	4	-	뺄셈

ⓛ 관계 연산자

관계 연산자	연산자	연산 의미	관계식
	>	크다	X > Y
	<	작다	X < Y
	>=	크거나 같다	X >= Y
	<=	작거나 같다	X <= Y
	=	같다	X = Y
	<> 또는 ><	다르다	X <> Y

ⓒ 논리 연산자

논리 연산자	연산 순위	연산자	연산 의미
	1	NOT	부정
	2	AND	두 식 모두 참일 경우
	3	OR	둘 중 하나만 참일 경우
	4	XOR	서로 다른 경우에만 참인 경우
	5	IMP	
	6	EQV	

ⓒ 산술 연산의 실행

ⓐ 괄호 → -(음수) → 거듭제곱 → 곱셈, 나눗셈 → 덧셈, 뺄셈 순으로 산술 연산을 한다.

ⓑ NOT → AND → OR → XOR → IMP → EQV 순으로 논리 연산을 한다.

ⓒ [ ]와 { } → ( )로 바꾸어 사용한다.

ⓓ 같은 우선순위일 때는 좌측에서 우측으로 실행된다.

③ 명령문

명 령	내 용
DIM	배열의 선언문
FOR~NEXT	FOR문 안의 내용을 FOR문에서 지정한 횟수만큼 반복 수행한다.
GO SUB~RETURN	GO SUB문에 의해 부프로그램으로 분기하여 실행하다가 RETURN문을 만나면 주프로그램으로 복귀한다.

명령	내용
IF~THEN~ELSE	IF문 다음의 조건식이 맞으면 THEN 이후의 문장을 수행하고, 아니면 다음 문장을 수행한다.
INPUT	키보드를 통해 데이터를 입력한다.
ON~GO TO	ON 다음의 변수값에 따라 GO TO문 다음의 번호로 분기
ON~GO SUB	ON 다음의 변수값에 따라 GO SUB문 다음의 번호로 분기하여 실행하다가 RETURN문에 의해 복귀한다.
READ~DATA	READ문에 의해 DATA문의 자료를 입력받는다.
RESTORE	READ~DATA문으로 데이터를 반복해서 읽고자 할 경우에 사용한다.

(2) FORTRAN(Formula Translation)

고급 언어 중 가장 먼저(1957년) 개발된 과학 기술용 프로그램 언어로, 과학자·공학자 및 수학을 하는 사람들의 편리성을 위하여 설계되어, 복잡한 수학계산에 연산자를 사용하여 쉽게 나타낼 수 있는 언어로, 과학기술 분야에 널리 사용되었다.

① 연산자

㉠ 산술 연산자

	연산자	연산 의미
산술연산자	+	덧셈
	−	뺄셈
	*	곱셈
	/	나눗셈
	**	거듭제곱

㉡ 관계 연산자

	연산자	연산의미
관계연산자	GT	Greater Than (~보다 크다)
	LT	Less Than (~보다 작다)
	EQ	EQual to (~과 같다)
	GE	Greater than or Equal to (~보다 크거나 같다)
	LE	Less Than or Equal to (~보다 작거나 같다)
	NE	Not Equal to (~과 서로 다르다)

ⓒ 논리 연산자

	연산자	연산의미
논리연산자	AND	조건식이 모두 참이어야 결과가 참이 됨(논리곱)
	OR	조건식이 하나 이상 참이면 결과가 참이 됨(논리합)
	NOT	조건식을 부정하는 결과가 된다.(논리부정)

② 명령문

명 령	내 용
COMMON	비실행문으로 2개 이상의 프로그램 사이에서 공동영역을 지정한다.
DIMENSION	비실행문으로 배열을 선언한다.
DO~CONTINUE	일정한 수를 증감시키면서 그 값이 원하는 범위의 값이 될 때까지 DO~CONTINUE 범위 안에 있는 문장들을 반복 수행하는 실행문
EQUIVALENCE	한 프로그램 내에서 공동영역을 지정하는 비실행문
FORMAT	비실행문으로 READ문이나 WRITE문과 함께 사용되는 명령으로 입·출력되는 자료의 크기나 형태를 지정한다.
GO TO	무조건 분기명령의 실행문
IF	조건문으로 크기(대소)를 비교, 판단하는 실행문
READ	READ문에서 지정한 입력장치로부터 자료를 입력받아 해당변수에 기억시키는 실행문
WRITE	컴퓨터 내에서 처리된 결과를 출력장치를 통하여 인쇄하고자 할 경우에 사용하는 실행문

(3) COBOL(Common Business Oriented Language)

1960년 개발된 언어로 인사, 자재, 판매, 회계, 생산관리 등에 주로 사용되는 상업용 사무처리를 위하여 일상에서 사용하는 영어와 같은 표현으로 기술하도록 설계된 프로그래밍 언어로, 기계와 독립적으로 설계되어, 메이커와 기종이 상이하더라도 큰 변화없이 프로그램의 작성 및 실행을 할 수 있도록 한 사무처리용 언어이다.

① COBOL PROGRAM의 체계

무선설비기능사 이론

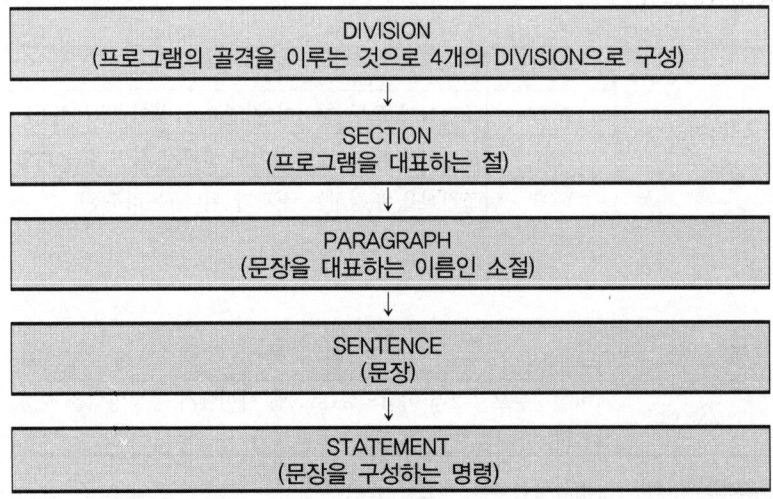

㉠ Identification Division(표제부분) : Program의 설명부로 7개의 paragraph와 그에 따른 statement가 있으며, 프로그램의 명칭, 작성자, 작성일, 설치 장소, 기타 사항 등을 표시하는 Division이다. 4개의 Division 중 가장 선두에 위치함

㉡ Environment Division(환경부분) : 2개의 section과 paragraph로 구성되어 있으며 사용하는 컴퓨터 및 입출력되는 정보와 입·출력장치와의 연결사항을 기술함

㉢ Data Division(자료부분) : 4개의 section으로 구성되어 있으며 데이터의 크기, 형태, 내용 등에 대하여 상세히 기술함

㉣ Procedure Division(절차부분) : 컴퓨터가 실행, 처리해야 할 데이터의 처리 순서를 기술하는 부분으로, 실제 컴퓨터에 의해 작업이 실행된다. 좁은 의미의 프로그램이라고 할 수 있다.

② 픽처(Picture) : Data Division에서 자료가 기억되는 기억장소의 크기, 성격을 표시

기억형 기호	9	0~9 사이의 숫자를 지정
	A	A~Z 사이의 문자를 지정
	X	혼합형으로 COBOL에서 사용되는 모든 문자를 지정
편집형 기호	Z, ,, $, CR, DB, *, +, -, / 등	

③ 표의 상수(Figurative Constant)

지정상수	의 미
ALL "상수"	기억장소에 특정 문자로 채우려고 할 때 사용한다.
HIGH-VALUE, HIGH-VALUES	최대치를 나타낸다.
LOW-VALUE, LOW-VALUES	최소치를 나타낸다.
QUOTE, QUOTES	" "(따옴표)
SPACE, SPACES	공백을 나타낸다.
ZERO, ZEROS, ZEROES	숫자(0)을 나타낸다.

④ 명령문

명 령	내 용
ACCEPT	적은 양의 데이터를 콘솔을 통해 직접 입력한다.
ADD	덧셈
CLOSE	열려 있는 파일을 닫아 준다.
COMPUTE	복합 연산 명령 사용
DISPLAY	데이터를 출력한다.
DIVIDE	나눗셈
EXAMINE	항목에 기억되어 있는 문자의 수를 세거나 특정 문자를 다른 문자로 바꾸거나 찾고자 하는 문자가 어느 위치에 있는가를 살펴 값을 기억한다.
GO TO	제어의 분기
MOVE	기억장소의 내용이나 값을 다른 기억장치로 이동한다.
MULTIPLY	곱셈
OPEN	입출력 파일을 사용하기 전에 열어준다.
PERFORM	반복문
READ	명령에 의해 연 입력파일을 주기억장치로 읽어들인다.
SUBTRACT	뺄셈
WRITE	OPEN 명령에 의해 열린 입력파일을 주기억장치로 읽어들인다.

(4) C언어

1974년 개발된 언어로 UNIX 시스템을 구축하기 위한 시스템 프로그래밍 언어로서 수식이나 제어 및 데이터 구조를 가장 간편하게 제공하고 있다. C언어는 원래 시스템 프로그램으로 개발되었으나 기종에 관계없이 수치 해석, 텍스트 처리, 데이터베이스 처리를 위한 프로그램에도 많이 활용되고 있으며, UNIX 운영체제를 위해 개발한 시스템 프로그램 언어로 저급 언어와 고급 언어의 특징을 모두 갖춘 언어이다.
① C언어의 특징
　㉠ 저급 언어인 어셈블리어의 기능과 고급 언어의 특징이 결합된 중급 언어의 특징을 갖는다.
　㉡ 표현이 간략하고, 구조화 프로그램에서 요구되는 기본적인 제어구조를 제공한다.
　㉢ 이식성이 높은 언어로 특정한 하드웨어에 국한되지 않고, 융통성이 풍부하다.
　㉣ 많은 데이터형과 연산자를 갖는다.
　㉤ 영문 소문자를 기본으로 설계
　㉥ 컴파일하여 작성된 로드 모듈(load module)은 운영체제에서 곧 명령어로 실행될 수 있다.
　㉦ 자료의 주소를 자유롭게 조절할 수 있다.

② C언어의 체계
　㉠ #include : 프리프로세서 부분으로 컴파일러가 되기 전에 컴퓨터가 작업을 수행하는 부분으로, include 파일들은 많은 프로그램에서 공통으로 사용되는 정보를 공유할 수 있도록 컴파일 전에 stdio.h의 내용과 연결시켜준다.
　㉡ int main(void) : C언어에 대한 프로그램은 main( ) 함수를 기준으로 처음 실행되며, 컴파일러는 main( ) 함수를 기준으로 컴파일하고 main( ) 함수를 이루는 형태는 리턴되는 값의 형 main(함수 내부로 전달되는 정보)으로 구성된다.
　㉢ 변수 num : 항상 함수는 중괄호를 열고 함수가 차지하는 메모리의 어느 영역에 num이라는 변수를 할당하게 되며, int는 데이터형을 나타내고 그 할당된 메모리의 공간에 2라는 수를 넣는다.
　㉣ 함수 printf : printf 함수는 선행처리기에 의해 stdio.h의 설명에 따라 소괄호 속의 문자를 출력하며, %d는 괄호 뒷부분의 num 값이 어디에 위치하며 어떤 형태로 출력할 것인지를 컴퓨터에 알려주고, 출력으로 인해 호출된 main( ) 함수가 호출시킨 컴퓨터로 리턴되는 값이 없으므로 0으로 되돌려주고 중괄호를 닫는다.
　㉤ statement : 세미콜론(;)은 한 문장이 종결되었음을 나타내며, 컴파일러는

한 문장씩 수행하고, 괄호 속에 들어 있는 문자들은 main( ) 함수로 전달되는 정보로 함수전달인자라 하며, \n(개행문자)은 행을 바꾸라는 명령어이다.

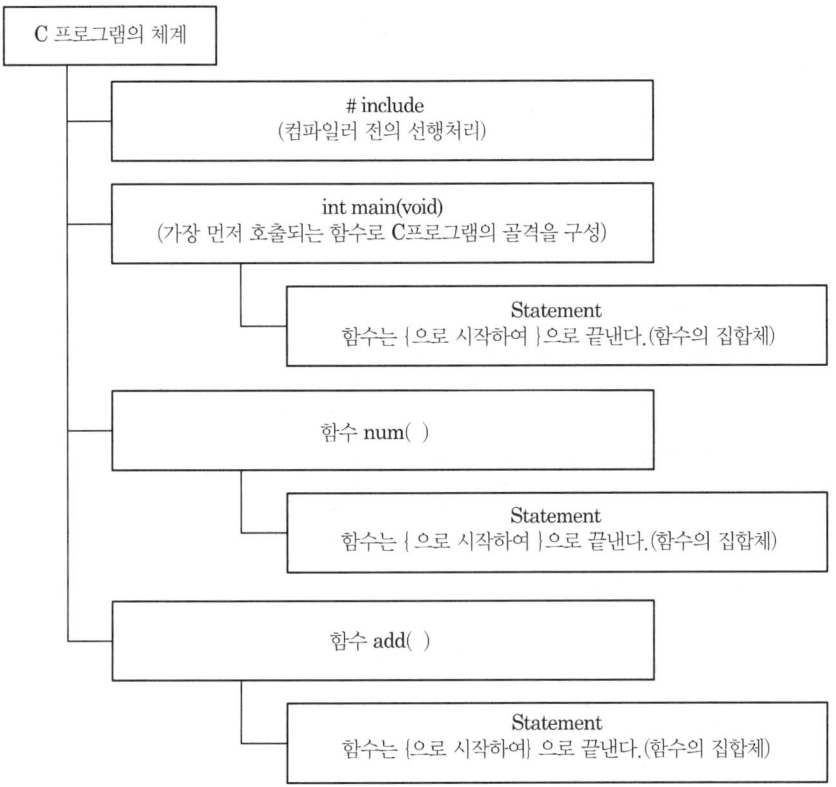

③ 연산자

㉠ 산술 연산자

종류	연산자(기호)	연산의 의미	관계식
산술 연산자	*	곱셈	X*Y
	/	나눗셈	X/Y
	%	나머지 계산	X%Y
	+	덧셈	X+Y
	-	뺄셈	X-Y

ⓒ 관계 연산자

종 류	연산자(기호)	연산의 의미	관계식
관계 연산자	>	~보다 크다.	a>b
	>=	~보다 크거나 같다.	a>=b
	<	~보다 작다.	a<b
	<=	~보다 작거나 같다.	a<=b
	==	같다.	a==b
	!=	다르다.	a!=b

ⓒ 논리 연산자

종류	기호	연산의 의미
논리연산자	! (단항)	부정(NOT)
	&& (이항)	그리고(AND)
	|| (이항)	또는(OR)

ⓔ 증가·감소 연산자

		기 호	내 용
증가 연산자	++	++a	a 값에 먼저 1 증가시킨 후 계산
		a++	a 값을 먼저 계산한 후 1 증가

		기 호	내 용
감소 연산자	--	--a	a 값에 먼저 1 감소시킨 후 계산
		a--	a 값을 먼저 계산한 후 1 감소

ⓜ 3항 연산자

3항 연산자	((조건식)? a:b);	a : 조건식이 참일 때 수행할 내용
		b : 조건식이 거짓일 때 수행할 내용

④ 입출력 함수

종류	의미
getchar( )	한 문자 입력한다.
gets( )	문자열 입력한다.
printf( )	표준 출력함수이다.
putchar( )	한 문자 출력함수로, 출력 후 개행하지 않음
puts( )	문자열 출력함수로, 출력 후 자동개행
scanf( )	표준입력함수로 키보드를 통해 입력한다. 숫자 또는 단일 문자 변수에 값을 읽어들이려면 변수 앞에 '&'를 붙임

⑤ 명령어

명령	내용
break	for, while, do~while, switch문과 같은 반복문이나 조건문 수행 중 범위를 완전히 벗어나고자 할 경우 사용한다.
continue	반복문에서 continue문을 만나면 continue문 이후 문장을 무시하고, 반복 조건식으로 제어권을 이동한다.
do~while	일단은 한 번 수행한 후 조건식이 만족하는 동안 while문 안의 내용을 반복 수행한다.
for	조건식이 만족하지 않을 때까지 for문 안의 내용을 반복한다.
goto	무조건 분기
if~else	if문의 조건식이 맞으면 if문 다음 문장을 수행하고, 틀리면 else 다음 문장을 수행한다.
switch~case	각각의 조건(case)에 따른 처리를 하고자 할 경우 사용한다.
while	조건식이 만족하는 동안 while문 안의 내용을 반복 수행한다. (조건이 만족하지 않으면 한 번도 수행하지 않을 수도 있음)

(5) 자바(Java)

썬 마이크로시스템즈의 제임스 고슬링(James Gosling)과 다른 연구원들이 개발한 객체 지향적 프로그래밍 언어로서, 상속(Inheritance), 캡슐화(Encapsulation), 다형성(Polymorphism), 추상화(Abstraction)의 기능을 갖는다.

① 자바(Java)의 개요
  ㉠ 자바의 개발자들은 유닉스 기반의 배경을 가지고 있기 때문에 문법적인 특성은 C언어와 비슷하며, 가장 큰 특징은 컴파일된 코드가 플랫폼 독립적이다.
  ㉡ 자바 컴파일러는 자바 언어로 작성된 프로그램을 바이트 코드라는 특수한 바이너리 형태로 변환하고 실행하기 위해서는 JVM(Java Virtual Machine)이라는 특수한 가상 머신이 필요하다.
  ㉢ 자바 가상 머신은 자바 바이트 코드를 어느 플랫폼에서나 동일한 형태로 실행시키므로 자바로 개발된 프로그램은 CPU나 운영체제(OS)에 관계없이 JVM을 설치할 수 있는 시스템에서는 어디서나 실행할 수 있다.

② 자바(Java)의 장점
  ㉠ 이식성이 높은 언어이다.
  ㉡ 객체 지향(Object-Oriented) 언어이다.
  ㉢ 함수적 스타일 코딩을 지원한다.
  ㉣ 메모리를 자동으로 관리(Garbage Collection)한다.
  ㉤ 다양한 애플리케이션을 개발할 수 있다.
  ㉥ 멀티스레드를 쉽게 구현할 수 있다.
  ㉦ 동적 로딩(Dynamic Loading)을 지원한다.
  ㉧ 오픈 소스 라이브러리가 풍부하다.

③ 자바(Java)의 단점
  ㉠ 하드웨어에 맞게 완전히 컴파일된 상태가 아니고, 실행 시에 해석(Interpret)되기 때문에 속도가 느리다.
  ㉡ 예외 처리가 불편하다. 즉, 다른 언어와는 달리 프로그래머 검사가 필요한 예외가 등장한다면 무조건 프로그래머가 선언을 해줘야 하며, 선언되지 않으면 컴파일조차 거부한다.

④ 자바(Java) 코드의 수행 과정
  Java 언어로 프로그래밍된 파일을 Java 컴파일러가 가상 기계어 파일인 Java 클래스 파일로 만든다. 다시 말해, 소스 코드를 Java 바이트 코드로 번역한다. 이후 Java 바이트 코드를 JVM이 읽고 실행하게 된다.

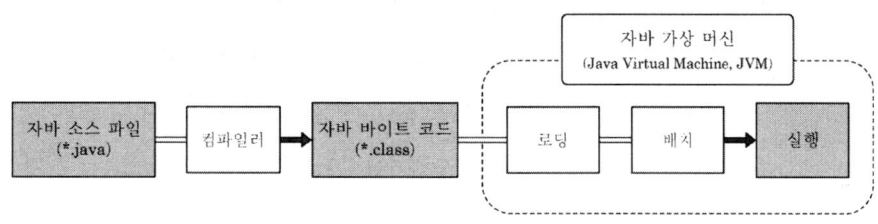

자바(Java) 코드의 수행 과정

㉠ 자바 바이트 코드 : JVM이 이해할 수 있는 언어로 변환된 자바 소스 코드를 의미하며, 자바 컴파일러에 의해 변환되는 코드의 명령어 크기가 1바이트라서 자바 바이트 코드라고 불리고 자바 바이트 코드의 확장자는 .class 이며 자바 바이트 코드는 자바 가상 머신만 설치되어 있으면, 어떤 운영체제에서라도 실행될 수 있다.

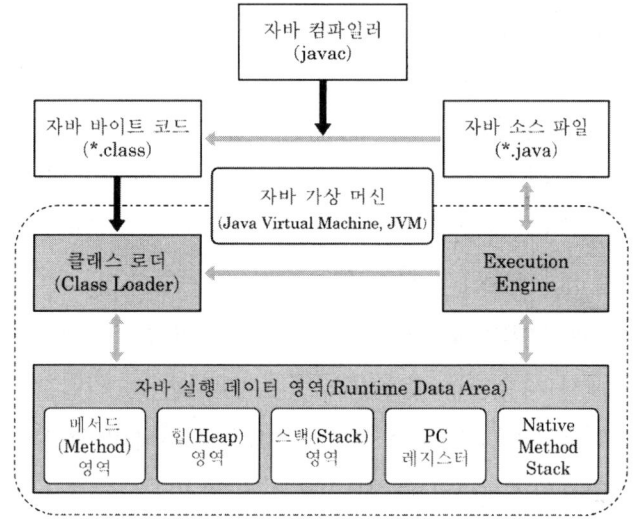

㉡ 자바 가상 머신(JVM)은 Java 클래스 파일을 해석하고 수행하는데 Java 클래스 파일을 class loader를 통해 로드하고 클래스 파일들은 execution engine을 통해 해석된다. 또 해석된 프로그램은 runtime data area에 배치되어 수행이 이루어진다. 이 과정 속에서 JVM은 필요에 따라 garbage collention 등의 작업을 수행하게 된다.

ⓐ Java Compiler : JAVA Source 파일을 JVM이 해석할 수 있는 JAVA

Byte Code(.class 파일)로 변경한다. 일반적인 윈도우 프로그램의 경우, Compile 이후 Assembly 언어로 구성된 파일이 생성된다.

ⓑ Class Loader : JVM 내로 .class 파일들을 Load한다. Loading된 클래스들은 Runtime Data Area에 배치된다. 일반적은 윈도우 프로그램의 경우, Load 과정은 OS가 주도한다.

ⓒ Execution Engine : Loading된 클래스의 Byte code를 해석(Interpret)하는 과정에서 Byte code가 Binary Code로 변경된다. 일반적인 윈도우 프로그램의 경우 Assembler가 어셈블리 언어로 쓰여진 코드 파일을 Binary code로 변경한다.

ⓓ 실행 데이터 영역(Runtime Data Area) : JVM이 프로세스로서 수행되기 위해 OS로부터 할당받는 메모리 영역으로 저장 목적에 따라 다음과 같이 5개로 나눌 수 있다.

- 매서드 영역(Method Area) : 모든 Thread에게 공유되며 클래스 정보, 변수 정보, Method 정보, static 변수 정보, 상수 정보 등이 저장되는 영역
- 힙 영역(Heap Area) : 모든 Thread에게 공유되며 new 명령어로 생성된 인스턴스와 객체가 저장되는 구역, 공간이 부족해지면 Garbage Collection이 실행된다.
- 스택 영역(Stack Area) : 각 스레드마다 하나씩 생성되며 Method 안에서 사용되는 값들(매개변수, 지역변수, 리턴값 등)이 저장되는 구역으로 메소드가 호출될 때 LIFO로 하나씩 생성되고, 메소드 실행이 완료되면 LIFO로 하나씩 지워진다.
- PC 레지스터(Register) : 각 스레드마다 하나씩 생성되며 CPU의 Register와 역할이 비슷하여 현재 수행 중인 JVM 명령의 주소값이 저장된다.
- Native Method Stack : 각 스레드마다 하나씩 생성되며 다른 언어(C/C++ 등)의 메소드 호출을 위해 할당되는 구역 언어에 맞게 Stack이 형성되는 영역으로 JNI(Java Native Interface)라는 표준 규약을 제공한다.

(6) 파이썬(Python)
1991년 프로그래머인 귀도 반 로섬이 발표한 고급 프로그래밍 언어 중 하나이다.
① 파이썬(Python)의 개요
   ㉠ 비영리의 파이썬 소프트웨어 재단이 관리하는 개방형, 공동체 기반 개발 모델을 가지고 있다.
   ㉡ 플랫폼에 독립적이며 인터프리터식, 객체 지향적, 동적 타이핑(dynamically typed) 대화형 언어이다.
   ㉢ 파이썬이라는 이름은 귀도가 좋아하는 코미디 "몬티 파이썬의 날아다니는 서커스(Monty Python's Flying Circus)"에서 따온 것이라고 한다.
   ㉣ C언어로 구현된 C파이썬 구현이 사실상의 표준이다.
② 파이썬(python)의 특징
   ㉠ 학습이 용이 : 키워드가 적고 구조가 단순하며 구문이 명확하여 학습자의 빠른 습득이 용이하다.
   ㉡ 읽기 쉽다 : 코드가 명확하게 정의되고 표시된다.
   ㉢ 유지 관리가 용이 : 소스 코드의 유지 관리가 매우 쉽다.
   ㉣ 광범위한 표준 라이브러리 : 많은 라이브러리들은 UNIX, Windows 및 Macintosh에서 이식성이 뛰어나고 플랫폼 간 호환이 가능하다.
   ㉤ 대화형 모드 : 대화식 테스트와 코드 스니펫 디버깅을 허용하는 대화형 모드를 지원한다.
   ㉥ 이식성 : 다양한 하드웨어 플랫폼에서 실행될 수 있으며 모든 플랫폼에서 동일한 인터페이스를 사용한다.
   ㉦ 확장 가능 : 파이썬 인터프리터에 저수준 모듈을 추가할 수 있으며, 이 모듈을 사용하면 프로그래머가 도구를 추가하거나 사용자 정의하여 보다 효율적으로 사용할 수 있다.
   ㉧ 데이터베이스 : 모든 주요 상용 데이터베이스에 대한 인터페이스를 제공한다.
   ㉨ GUI 프로그래밍 : Windows MFC, Macintosh 및 Unix의 X Window 시스템과 같은 많은 시스템 호출, 라이브러리 및 Windows 시스템에서 생성 및 포팅할 수 있는 GUI 응용 프로그램을 지원한다.

ㅊ OOP(Object Orient Programming)뿐 아니라 기능적 및 구조적 프로그래밍 방법을 지원한다.

ㅋ 스크립트 언어로 사용하거나 대형 응용 프로그램을 작성하기 위해 바이트 코드로 컴파일할 수 있다.

ㅌ 매우 높은 수준의 동적 데이터 형식을 제공하며 동적 형식 검사를 지원한다.

ㅍ 자동으로 정리되지 않은 메모리, 유효하지 않은 메노리 주소 등(가비지, garbage)의 수집을 지원한다.

ㅎ C, C++, COM, ActiveX, CORBA 및 Java와 쉽게 통합될 수 있다.

③ 파이썬(Python)의 실행

ㄱ 수정이 빈번한 경우에는 소스 코드를 한줄 한줄 읽어 바로바로 실행하는 인터프리터 방식이 매우 유리하다.

ㄴ 아래 그림과 같이 스크립트 소스 코드를 컴파일 방식에 의해 중간 코드(Byte code)로 우선 만들고, 이를 다시 인터프리터 방식으로 해석하여 수행하는 방법도 종종 활용된다.

ㄷ 파이썬의 경우 위의 두 가지 방법 모두 활용이 가능하다.

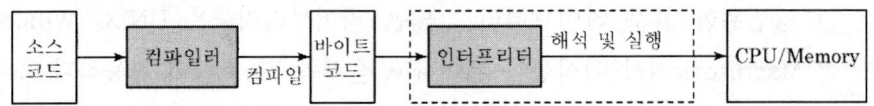

④ 파이썬(Python) 해석 프로그램의 종류

ㄱ Cython : C언어로 구현한 인터프리터. CPython은 인터프리터이면서 컴파일러로서 Python 코드를 byte code로 컴파일하고 실행한다. 즉, python 코드를 C언어로 바꾸는 것이 아니라 컴파일하여 byte code로 바꾼 후(.py 파일)에 interpreter (virtual machine)가 실행(.pyc 파일)한다.

ㄴ 스택리스 파이썬 : C 스택을 사용하지 않는 인터프리터

ㄷ 자이썬 : 자바 가상 머신용 인터프리터. python 코드를 java 바이트 코드로 만들어 JVM에서 실행할 수 있도록 한다.(.py 파일을 .class 파일로 컴파일)

ㄹ IronPython : .NET 플랫폼용 인터프리터

ㅁ PyPy : 파이썬으로 작성된 파이썬 인터프리터. python 자체 구현으로 JIT

컴파일을 도입하여 CPython보다 빠르다.

　ⓐ JIT(just-in-time) 컴파일이란 프로그램을 실행하기 전에 컴파일하는 대신, 프로그램을 실행하는 시점에서 필요한 부분을 즉석으로 컴파일하는 방식으로 보통 인터프리터 언어의 성능 향상을 목적으로 도입하는 경우가 많다.

　ⓑ 인터프리트 하면서 자주 쓰이는 코드를 캐싱하기 때문에 인터프리터의 느린 실행 속도를 개선할 수 있다.

　ⓒ JVM에서도 바이트 코드를 기계어로 번역할 때 JIT 컴파일러를 사용한다.

[2] 프로그래밍 언어의 구분 및 특징

(1) 처리 수준에 따른 프로그래밍 언어의 분류

① 기계어(Machine Language) : 컴퓨터가 직접 이해할 수 있는 0과 1의 2진수 언어로 표현되며, 데이터를 비트 수준으로 보이고, 기계 명령을 직접 표현한다. 수행 시간이 빠르다.

　㉠ 전문적인 지식이 없으면 프로그램 작성 및 이해가 어렵다.

　㉡ 기종마다 기계어가 다르므로 언어의 호환성이 없다.

　㉢ 프로그램의 유지 보수가 어렵다.

② 저급 언어(Low-level Language) : 기계어와 1 : 1로 대응되는 기호로 이루어진 언어(기계 중심적 언어, 어셈블리어(Assembly Language) 등)로 기계어와 가장 유사하며, 기계어로 번역하기 위해서는 어셈블러(Assembler)가 필요하다.

　㉠ 기계 중심의 언어

　㉡ 실행 속도가 빠름

　㉢ 상이한 기계마다 다른 코드를 가진다.

③ 고급 언어(High-level Language) : 일상적인 언어 수준에 가까운 고수준의 언어로 C언어, Java 언어 등이 있다.

　㉠ 사람 중심의 언어

　㉡ 실행을 위해 번역하는 과정이 필요

　㉢ 상이한 기계에서 소스 수정 없이 실행 가능

　㉣ 고급 언어의 종류

ⓐ Ada : 미 국방성의 주도로 개발된 고급 프로그램 작성 언어로 데이터 추출과 정보 은폐에 주안점을 두었고, 입출력 기능이 뛰어나서 대량 자료 처리에 적합
ⓑ ALGOL : 알고리즘의 연구 개발을 위한 목적으로 개발된 언어로 실무보다는 주로 교육용으로 사용
ⓒ APL : 고급 수학용 프로그래밍 언어
ⓓ BASIC : 교육용으로 개발된 프로그래밍 언어
ⓔ C : 1972년 미국 벨 연구소의 데니스 리치에 의해 개발된 언어로 고급 언어 프로그래밍과 저급 언어 프로그래밍도 가능하고 시스템 프로그래밍에 가장 적합한 언어
ⓕ Java : 썬 마이크로시스템즈에서 개발한 객체 지향 프로그래밍 언어
ⓖ LISP : 리스트 처리용 언어, 인공지능 분야에서 주로 사용
ⓗ Pascal : 교육용 언어로 간결하면서도 강력한 언어
ⓘ PL/1 : 과학, 공학 및 산업 응용 프로그램을 위해 개발된 명령형 프로그래밍 언어
ⓙ PROLOG : 인공지능 분야에서 주로 사용되는 논리 기반의 비절차적 언어
ⓚ SNOBOL : 스트림 자료 활용이 가장 많은 언어로 문자열 대치, 복사, 치환 등과 같은 문자열의 조작을 편리하게 수행할 수 있도록 여러 가지 기능을 제공
ⓛ 포트란 (FORTRAN) : 과학 계산용 언어로서, 뛰어난 실행 효율성으로 성공한 언어
ⓜ 코볼(COBOL) : 사무용 자료처리용 언어로 개발되고 기계 독립적인 부분과 기계 종속적인 부분의 분리에 성공한 언어

④ 저급 언어와 고급 언어의 특징

구분	고급 언어	저급 언어
호환성	좋다.	나쁘다.
용이성	쉽다.	어렵다.
실행 속도	상대적으로 느리다.	빠르다.

(2) 객체지향 프로그래밍 언어

① 객체지향 프로그래밍 언어의 개념

㉠ 현실 세계의 현상을 컴퓨터상에 객체(Object)로 모델화하여 컴퓨터를 자연스러운 형태를 사용하여 여러 가지 문제를 해결할 수 있는 언어이다.

㉡ 절차적 언어보다 유지보수성(Maintainalbility)과 재사용성(Reusability)이 좋다.

㉢ 종류 : Ada, Smalltalk, C++, Java 등

② 객체지향 언어의 기본 구성 요소

객체(Object)	– 데이터와 메소드로 구성 – 데이터(Data) : 객체가 가지고 있는 정보로서, 속성(Attribute)이라고도 함 – 메소드(Method) : 객체가 메시지를 받아 실행해야 할 구체적인 연산을 정의
클래스(Class)	– 코드 작성의 기본 단위이며 객체들을 찍어낼 수 있는 설계도/템플릿 역할
메시지(message)	– 객체들 간의 상호작용을 위한 수단으로 사용되며, 메시지를 받은 객체는 메소드를 수행

③ 객체지향 언어의 주요 특징

㉠ 캡슐화(Encapsulation) : 데이터와 메소드를 클래스 하나로 묶어, 객체 내부에서 필요로 하는 정보를 외부로부터 은닉시키고, 매소드를 통한 접근을 제공

㉡ 추상화(Abstraction) : 자료 추상화는 불필요한 정보는 숨기고 중요한 정보만을 표현함으로써 프로그램을 간단히 만드는 것

㉢ 상속(Inheritance) : 기존에 정의된 상위 클래스와 메소드를 비롯한 모든 속성을 하위 클래스가 물려받는 것

㉣ 다형성(Polimorphism) : 어떤 한 요소에 여러 개념을 넣어 놓는 것으로 일반적으로 오버 라이딩(같은 이름의 메소드가 여러 클래스에서 다른 기능을 하는 것)이나 오버 로딩(같은 이름의 메소드가 인자의 갯수나 자료형에 따라서 다른 기능을 하는 것)을 의미하며, 다형성 개념을 통해서 프로그램 안의 객체 간의 관계를 조직적으로 나타낼 수 있다.

(3) 처리계에 의한 프로그래밍 언어의 분류

① 인터프리터 언어 또는 스크립트 언어 : 인터프리터에 의해 프로그램 소스를 한

줄씩 해석해가며 실행하는 부류(PHP, Perl, Python, Javascript, VBScript 등)
② 컴파일러 언어 : 컴파일러에 의해 프로그램 소스를 실행 환경에 맞춰 해석, 변환한 후 실행하는 부류(C언어, Java 등)

(4) 프로그래밍 언어의 분류 : 형태(패러다임)적 분류

프로그램을 개발/구축해 나아갈 때, 쓰이는 고급 프로그래밍 기법

① 명령형 프로그래밍 언어(Imperative Programming Language)
  ㉠ 순차적 명령 수행을 기본으로 하며, 절차식 프로그래밍 언어 또는 프로시저 지향 프로그래밍 언어라고도 한다.
  ㉡ FORTRAN, Pascal, C언어 등

② 객체지향 프로그래밍 언어(OOP Language)
  ㉠ 모든 것을 객체로 표현하고 객체를 조립해가며 프로그램을 완성하게 된다.
  ㉡ Java, Ruby, C++ 언어 등

③ 함수형 프로그래밍 언어(Functional Programming Language)
  ㉠ 함수들의 집합/조합으로써 프로그램을 구성
  ㉡ LISP, Scheme, Haskell 등

④ 선언형 프로그래밍 언어(Declarative Programming Language)
  ㉠ 주어진 문제에 정형화된 범용 문제 해결 알고리즘을 적용하는 방식
    - 결과를 얻기 위한 정확한 절차/단계를 명시하지 않고, "무엇"을 할 것인지를 정의하는 방식
  ㉡ SQL 등

⑤ 논리형 프로그래밍 언어(Logical Programming Language)
  ㉠ 기호 논리학에 기반을 두고, 데이터 간의 관계와 논리를 설명해 나가는 언어

Chapter 03. NW 운용하기

1 네트워크 운용하기

1 네트워크 용어

[1] OSI(Open System Interconnection) 7계층

(1) OSI(Open System Interconnection) 7계층

① OSI의 목적
   ㉠ 서로 다른 기종 간의 원활한 통신 수행을 위해 시스템 연결에 사용되는 통신 구조의 표준을 개발하기 위한 공통적인 방법 제시
   ㉡ 기존 표준과의 관계 및 향후 개발되는 표준과의 관계를 명확히 하기 위해서 1977년 국제표준화기구(ISO : International Standards Organization)에서 제정

② 기본 요소
   ㉠ 개방형 시스템(Open System) : 응용 프로세스 간에 통신할 수 있도록 지원
   ㉡ 응용 프로세스(Application Process) : 응용 프로그램과 같이 서로 실제 정보를 교환하고, 처리를 수행하는 주체
   ㉢ 접속(Connection) : 응용 엔티티 간에 연결할 수 있도록 구성하는 논리적 통신회선
   ㉣ 물리매체(Physical Media) : 물리적인 전송매체

③ OSI의 7계층 구조

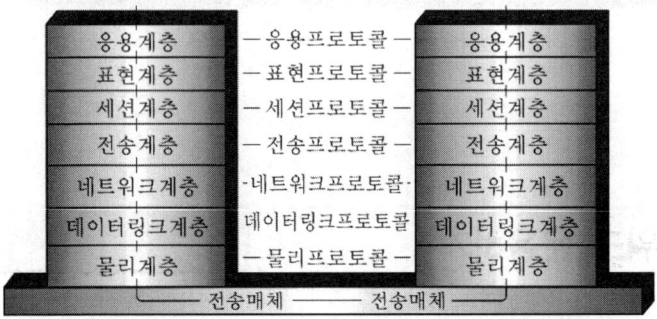

OSI 7레벨 계층 참조 모델의 계층 순서(하위 레벨에서 상위 레벨 순)
물리계층 → 데이터 링크 계층 → 네트워크 계층 → 전송 계층(트랜스포트 계층)
→ 세션 계층 → 표현 계층(프레젠테이션 계층) → 응용 계층

④ OSI의 각 계층의 기능
  ㉠ 물리 계층(Physical Layer)
    ⓐ 장치(Device) 간의 물리적인 접속과 비트 정보를 다른 시스템으로 전송하는 데 필요한 규칙을 정의하며, 비트 단위의 정보를 장치들 사이의 전송매체로 전자기적 신호나 광신호로 전달하는 역할을 담당한다.
    ⓑ 물리 계층의 주요 특성
      • 기계적 특성은 시스템과 주변장치 사이의 연결을 위한 사항을 정의한다.
      • 전기적 특성은 신호의 전위 규격과 전위 변화의 타이밍에 관한 사항으로 데이터 전송 속도와 통신 거리를 결정한다.
      • 기능적 특성은 각 신호에 의미를 부여함으로써, 수행되는 기능을 정의한다.
      • 절차적 특성은 기능적 특성에 의하여 데이터를 교환하기 위한 절차를 규정한다.
  ㉡ 데이터 링크 계층(Data Link layer)
    ⓐ 물리적 링크의 신뢰도를 높여주고 링크를 확립, 유지, 단절하는 수단을 제공하여 인접한 두 시스템을 연결하는 전송 링크에서 패킷을 안전하게 전송하는 것이 목적이다.
    ⓑ 패킷에 헤더(Header)와 꼬리(Trailer)를 추가하여 프레임(Frame)을 생성한다.

ⓒ 데이터 링크 계층의 기능
- 링크의 양단간(End-to-End)에 데이터 이송
- 링크의 확립과 단절
- 링크의 에러 검출
- 링크의 공유
- 투명한 데이터의 흐름
- 링크의 오류 회복과 통지

ⓒ 네트워크 계층(Network Layer)
ⓐ 상위 계층에게 연결하는 데 필요한 데이터 전송과 교환 기능을 제공하며, 네트워크를 통하여 데이터 패킷의 전송과 경로 제어와 유통 제어를 수행한다.
ⓑ 네트워크 계층의 기능
- 전송 경로 선택(Routing)
- 흐름 제어(Flow Control)
- 에러 제어(Error Control)

ⓔ 전송 계층(Transport Layer)
ⓐ 상위 계층에서 확립된 응용 프로그램간의 논리적 연결과 데이터 전송을 직접 담당하는 하위 계층을 연결하는 역할을 수행하며, 종단간(End-to-End)에 신뢰성 있고 투명한 데이터 전송을 제공한다.
ⓑ 전송 계층의 기능
- 종단과 종단의 메시지 전송
- 접속 관리
- 흐름 제어
- 데이터 분리

ⓜ 세션 계층(Session Layer)
ⓐ 사용자 지향적인 연결 서비스 제공을 목적으로 응용 프로그램간의 논리적 연결(Logical Connection)을 확립, 관리와 응용들 사이의 연결을 확립, 유지, 단절시키는 수단을 제공한다.
ⓑ 전송 계층은 통신 당사자 사이에 연결을 생성, 유지하는 책임이 있지만

세션 계층은 기본적인 연결 서비스에 부가 가치를 덧붙임으로써 사용자 접속장치를 제공한다.
ⓒ 세션 계층의 기능
- 전이중(Duplex), 반이중(Half-Duplex)의 대화 형태 논리를 사용한다.
- 응용 프로그램이 요구하는 작업들을 하나로 묶어서 일괄처리(그룹화, Grouping)한다.
- 데이터의 중간 중간에 체크 포인트(Check Point)를 삽입하여 전송에러가 발생한 에러 복구를 쉽게 처리한다.

ⓑ 표현 계층(Presentation Layer)
ⓐ 응용 엔티티 간에 사용되는 구문(Syntax)을 정의하고, 사용되는 표현을 선택하거나 교정하는 역할과 보안을 위한 암호화와 해독(Encryption/Decryption), 효율적인 전송을 위한 데이터 압축 등의 기능을 수행한다.
ⓑ 세션 계층의 기능
- 암호화와 해독
- 내용 압축
- 형식 변환 등

ⓢ 응용 계층(Application Layer)
네트워크를 통한 응용 프로그램간의 정보 교환을 담당하며, 사용자가 직접 접하는 응용 프로그램으로 OSI 환경을 이용할 수 있는 서비스를 제공한다.

[2] TCP/IP(Transmission Control Protocol/Internet Protocol)

① TCP/IP란 네트워크 전송 프로토콜로, 서로 다른 운영체제를 쓰는 컴퓨터 간에도 데이터를 전송할 수 있어 인터넷에서 정보전송을 위한 표준 프로토콜로 쓰이고 있다.
② TCP는 전송 데이터를 일정 단위로 나누고 포장하는 것에 관한 규약이고, IP는 직접 데이터를 주고받는 것에 관한 규약이다.
③ 인터넷에 물려 있는 모든 컴퓨터는 인터넷 표준 위원회에서 제정한 규약을 따르고 있는데, 인터넷 표준 프로토콜이 TCP/IP이다.
④ TCP/IP는 1960년대 말 미국방성(DARPA)의 연구에서 시작되어 인터넷 프로토

콜 중 가장 중요한 역할을 하는 TCP와 IP의 합성어로 인터넷 동작의 중심이 되는 통신규약으로 데이터의 흐름 관리, 데이터의 정확성 확인(TCP 역할), 패킷을 목적지까지 전송하는 역할(IP 역할)을 담당한다.
⑤ 보통 IP는 데이터를 한 장소에서 다른 장소로 정확하게 옮겨주는 역할을 하며, TCP는 전체 데이터가 잘 전송될 수 있도록 데이터의 흐름을 조절하고 성공적으로 상대편 컴퓨터에 도착할 수 있도록 보장해주는 역할을 한다.
⑥ TCP/IP는 개방형 프로토콜의 표준으로 특정 하드웨어나 OS에 독립적으로 사용하는 것이 가능하다. 또 인터넷에서 서로 다른 시스템을 가진 컴퓨터들을 서로 연결하고, 데이터를 전송하는데 사용하는 통신 프로토콜로 근거리 및 원거리 모두에 사용된다.
⑦ TCP/IP는 응용계층, 트랜스포트계층, 인터넷계층, 네트워크 인터페이스계층의 4개의 계층으로 구성된다.
　㉠ 응용계층은 사용자 응용 프로그램으로부터 요청을 받아서 이를 적절한 메시지로 변환하고 하위계층으로 전달하는 기능을 담당한다.
　㉡ 트랜스포트계층은 IP에 의해 전달되는 패킷의 오류를 검사하고 재전송을 요구하는 등의 제어를 담당하는 계층으로 TCP, UDP 두 종류의 프로토콜이 사용된다.
　㉢ 인터넷계층은 전송 계층에서 받은 패킷을 목적지까지 효율적으로 전달하는 것만 고려한다. 즉, 데이터그램이 가지고 있는 주소를 판독하고 네트워크에서 주소에 맞는 네트워크를 탐색, 해당 호스트가 받을 수 있도록 데이터그램에 전송한다.
　㉣ 네트워크 인터페이스계층은 특정 프로토콜을 규정하지 않고, 모든 표준과 기술적인 프로토콜을 지원하는 계층으로서 프레임을 물리적인 회선에 올리거나 내려받는 역할을 담당한다.

OSI 7-계층	TCP/IP
응용 계층	응용 계층
표현 계층	
세션 계층	
트랜스포트 계층	트랜스포트 계층
네트워크 계층	인터넷 계층
링크 계층	네트워크 액세스 계층
물리 계층	

⑧ TCP/IP는 OSI 참조모델과 비교할 때 다양한 서비스 기능을 가진 응용 프로그램 계층이 존재하고, 전송계층/네트워크 계층과 호환하는 계층이 존재한다는 공통점을 가지는 반면, TCP/IP 프로토콜의 응용 계층은 OSI 참조모델의 표현 계층과 세션계층을 포함하며, TCP/IP 프로토콜은 물리계층과 데이터 링크 계층을 하나로 취급한다는 점에서 차이가 있다.

[3] IPv4(Internet Protocol, version 4) 출처 : 한국인터넷진흥원

(1) IPv4의 개요

① IPv4는 인터넷 프로토콜의 4번째 판으로 전 세계적으로 사용된 첫 번째 인터넷 프로토콜로서 인터넷에서 사용되는 유일한 프로토콜이었으나 현재는 IETF RFC 791(1981년 9월)에 기술된 IPv6이 대중화되었다.

② IPv4는 패킷 교환 네트워크에서 데이터의 교환을 위한 프로토콜이지만 정확한 데이터의 전달을 보장하지 못하고 중복된 패킷을 전달하거나 패킷의 순서를 잘못 전달할 가능성도 있어 데이터의 정확하고 순차적인 전달은 그보다 상위 프로토콜인 TCP에서(그리고 UDP에서도 일부) 보장한다.

③ IPv4의 주소체계는 네 부분의 총 12자리로 각 부분은 0~255까지 3자리의 수로 표현되며, IPv4의 주소는 32비트로 구성되며, 현재 인터넷 사용자의 증가로 인해 주소공간의 고갈에 따라 128비트 주소체계를 갖는 IPv6가 등장하였다.

④ 2011년 2월 4일부터 모든 IPv4 주소가 소진되어 IPv4의 할당이 중지되었다.

⑤ 우리나라는 2013년 8월 19일 현재 IPv4의 4,294,967,296개의 주소 가운

데 약 2.61%인 112,268,800개가 할당받아 약 99.97%인 112,235,264개를 사용하고 있다.

(2) IPv4의 주소 구성

① IPv4의 주소는 인터넷주소자원 관리기관에서 부여한 네트워크 주소와 네트워크상의 개별 호스트를 식별하기 위하여 네트워크관리자가 부여한 호스트 주소로 구성된다.

[IPv4의 호스트 주소]

② IPv4의 주소는 네트워크의 크기나 호스트의 수에 따라 A, B, C, D, E 클래스로 나누며, A, B, C 클래스는 일반 사용자에게 부여하는 네트워크 구성용, D 클래스는 멀티캐스트용, E 클래스는 향후 사용을 위하여 예약된 주소이다.

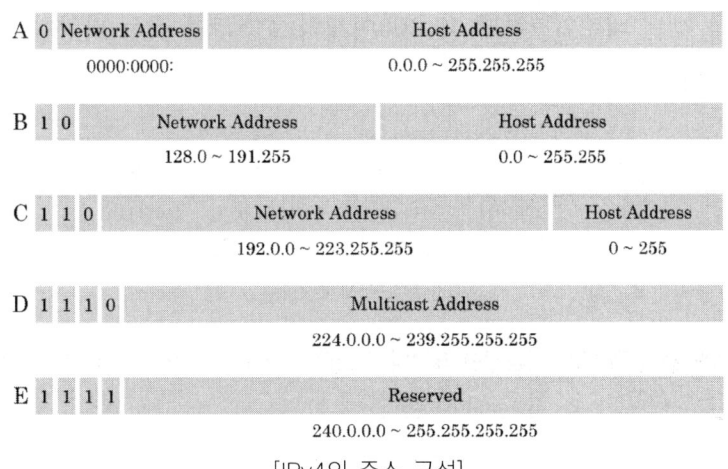

[IPv4의 주소 구성]

㉠ A 클래스 : 최상위의 클래스로서, 1~126(0, 127 예약) 범위의 IP주소를 가지며 두 번째, 세 번째 그리고 네 번째 단위의 세 숫자는 A Class가 자유롭게 네트워크 사용자에게 부여가 가능한 IP이다.

㉡ B 클래스 : 두 번째로 높은 단위의 클래스로서, 아이피 구성에서 첫 번째 단위의 세 숫자는 128~191 가운데 하나를 가지며, 두 번째 단위의 세 숫자는 B 클래스가 접속할 수 있는 네트워크를 지시한다.

ⓒ C 클래스 : 최하위의 클래스로서, 아이피 구성에서 첫 번째 단위의 세 숫자는 192~223 가운데 하나를 가지며, 두 번째와 세 번째 단위의 세 숫자는 C 클래스가 접속할 수 있는 네트워크를 지시한다. C 클래스가 자유로이 부여할 수 있는 IP는 네 번째 단위의 254개이다.(2개는 예약)

③ CIDR(Classless Inter-Domain Routing)에 의한 IP주소 할당

ⓐ 인터넷의 크기가 커짐에 따라 클래스 단위의 IP주소 할당은 라우팅 테이블을 복잡하게 하고, 인터넷 주소공간을 낭비하는 문제점의 발생에 따라 클래스의 제한을 두지 않고 필요한 호스트의 수에 따라 적당한 크기의 IP주소를 할당하는 CIDR 방식이 사용된다.

ⓑ CIDR은 기존의 클래스 기반 할당 방법 대신 다양한 길이의 전치부를 이용한 할당 방법을 사용한다.

ⓒ 클래스 기반 주소 방식에서는 8, 16, 24로 한정된 전치부를 갖는 반면에 CIDR에서는 다양한 전치부의 길이를 지원함에 따라 작게는 32개의 호스트를 갖는 네트워크부터 50,000여개의 호스트를 갖는 다양한 네트워크를 할당할 수 있다.

CIDR에 따른 10진수 표기	203	255	208	222	/23
2진수 표기	11001011	11111111	11010000	11011110	
	← 네트워크 →			← 호스트 →	

[네트워크의 호스트]

CIDR 블록 전치부	동일한 크기의 C 클래스 개수	네트워크의 호스트 수
/27	1/8개	32개
/26	1/4개	64개
/25	1/2개	128개
/24	1개	256개
/23	2개	512개
/22	4개	1,024개
/21	8개	2,048개
/20	16개	4,096개
/19	32개	8,192개
/18	64개	16,384개
/17	128개	32,768개

④ IPv4 주소의 유한성

IPv4의 주소는 전화번호와 같이 국내에서 표준을 정하고 정책을 수립하여 이용자에게 무한히 할당할 수 있는 자원이 아니라 전 세계적으로 관리되는 유한한 자원이다.(약 43억개). 일부는 특수한 목적으로 예약되었으며, 주소 규정에 의하여 사용이 제한적이기에 IP주소 할당 정책에 따라 부여하여 사용한다.

[사용이 제한된 특수 IPv4의 주소]

네트워크 주소	호스트	주소 유형	목적
모두 0	모두	컴퓨터 자신	부트스트랩 용
모두 0	호스트	해당 네트워크의 호스트	연결된 내부 네트워크에 있는 특정 호스트 식별
네트워크	모두 0	네트워크	네트워크 식별
네트워크	모두 1	방향적 방송	지정 네트워크 방송
모두 1	모두 1	제한된 방송	지역 네트워크 방송
127	임의의 값	Loopback	테스트용
10	호스트	A 클래스용 사설주소	사설망 내부에서 사용
172.16 ~ 172.31	호스트	B 클래스용 사설주소	사설망 내부에서 사용
192.168.0 ~ 192.168.255	호스트	C 클래스용 사설주소	사설망 내부에서 사용

⑤ 특수용도 주소

주소 대역	용도
0.0.0.0/8	자체 네트워크
10.0.0.0/8	사설 네트워크
127.0.0.0/8	루프백(loopback) 즉, 자기 자신
169.254.0.0/16	링크 로컬(link local)
172.16.0.0/12	사설 네트워크
192.0.2.0/24	예제 등 문서에서 사용
192.88.99.0/24	6to4 릴레이 애니캐스트
192.168.0.0/16	사설 네트워크
198.18.0.0/15	네트워크 장비 벤치마킹 테스트
224.0.0.0/4	멀티캐스트
240.0.0.0/4	미래 사용 용도로 예약

[4] IPv6(Internet Protocol, version 6) 출처 : 한국인터넷진흥원 http://www.vsix.kr/

(1) IPv6의 개요

① IPv6는 인터넷 프로토콜 스택 중 네트워크 계층의 프로토콜로서 IPv4의 인터넷 주소 고갈과 네트워크 프래그멘테이션(Network Fragmentation) 문제를 해결하고 인터넷에 확장성과 데이터 보안을 강화하기 위해 RFC에서 국제 표준으로 제정된 차세대의 인터넷 프로토콜이다.

② IPv4 프로토콜로 구축된 인터넷 프로토콜의 주소가 32비트라는 제한된 주소공간과 국가별로 할당된 주소의 소진에 따른 한계에 대한 대안으로서 IPv6 프로토콜이 제안되어 휴대폰과 컴퓨터 등에 할당 적용되고 있다.

③ 2012년 1월 30일 기준으로 IPv4의 2^{32}인 4,294,967,296개 중에 3,410,303,904개가 할당, 588,514,560개가 특수용도, 296,148,832개가 미 할당이나 IANA에서 더 이상의 할당은 없는 상태이고, APNIC에서는 1회에 한정하여 1024개만을 할당하고 있다.

④ IPv4는 우리나라에 2012년 1월 30일자로 112,231,936개가 할당되어 사용하고 있으며, IPv6의 주소는 5,219개를 할당받아 사용 중이나 IPv6의 사용량은 매우 적은 편이며, 인터넷의 나머지 부분은 아직도 IPv4 프로토콜을 사용하고 있다.

⑤ 2012년 1월 30일 기준으로 IPv6의 2^{128}개, 약 3.4×10^{38}개 가운데 21,131,922개의 주소만 전 세계에서 할당되어 사용 중이고 이 중에 20,971,520개의 주소는 특수목적용으로 할당되어 있으므로 실제 160,402개의 주소만 실제 사용되고 있다.

(2) IPv6의 주소

① IPv6 주소는 IPv4의 주소 고갈 문제를 해결하기 위하여 기존의 IPv4 주소 체계를 128비트 크기로 확장한 차세대 인터넷 프로토콜 주소이다.

② 군사 및 학술 연구 목적을 고려하여 탄생한 IPv4 기반 인터넷이 상업적 목적으로 사용되면서 많은 문제점이 발생하자 이를 대폭 보완 및 개선하기 위하여 IPv6가 표준화되었다.

IPv4의 한계	• 약 43억 개의 한정된 주소공간 • 최소 지연과 자원의 예약 불가 • 암호화와 인증 기능 미 제공
	보안 기능 고려 없이 설계

(3) IPv6의 주소 구성

① IPv6 주소의 경우 일반적으로 16비트 단위로 나누어지며 각 16비트 블록은 다시 4자리 16진수로 변환되고 콜론으로 구분되어진다.

② RFC 2373에 의거한 기술적 경계인 64비트를 기준으로 앞 64비트를 네트워크 주소로, 뒤 64비트를 네트워크에 연결된 랜카드 장비 등에 할당하는 인터페이스 주소로 활용된다.

③ 네트워크 주소 부분인 64비트 내에서 RIR(Regional Internet Registry)간 협의에 기초하여 정책적 경계를 나누었으며, 앞 48비트는 상위 네트워크 주소로 뒤 16비트는 하위 네트워크 주소로 활용된다.

④ IPv6의 128비트 주소공간은 128비트로 표현할 수 있는 2^{128}개인 약 3.4×10^{38}개의 주소를 갖고 있어 거의 무한대로 쓸 수 있다.

※ 약 3.4×10^{38}개=340,282,366,920,938,463,463,374,607,431,768,211,456개

⑤ Pv6 주소는 그 표현 비트 수가 128비트로 IPv4의 32비트의 4배이지만, 생성되는 IPv6 주소공간 영역은 IPv4 주소공간에 비해 296배의 크기를 갖는다.

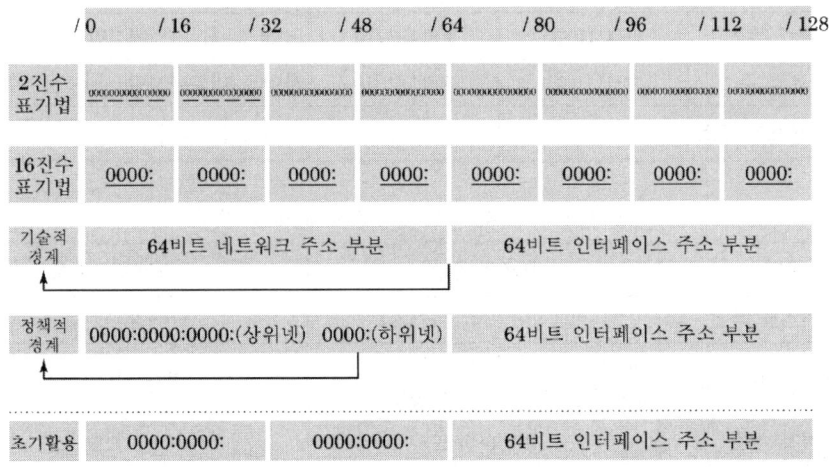

[IPv6의 주소 구성]

[IPv4 주소와 IPv6 주소의 비교]

구분	IPv4	IPv6
주소 길이	32[bit]	128[bit]
표시방법	8[bit]씩 4부분으로 10진수로 표시 예) 202.30.64.22	16[bit]씩 8부분으로 16진수로 표시 예) 2001:0230:abcd:ffff:0000:0000:ffff:1111
주소 개수	약 43억개	약 43억×43억×43억×43억개
품질 제어	지원 수단 없음	등급별, 서비스별로 패킷을 구분할 수 있어 품질 보장이 용이
보안 기능	IPsec 프로토콜 별도 설치	확장기능에서 기본으로 제공
플러그 앤드 플레이	지원 수단 없음	지원 수단 있음
모바일 IP	곤란	용이
웹개스팅	곤란	용이

[IPv6의 주소 구분]

주소 유형	이진 표현	IPv6 주소 표기	비고
미지정 주소	0000....0(128)	::/128	IP주소 미설정 상태의 발신 주소
루프백 주소	0000....1(128)	::1/128	호스트의 loopback 인터페이스 주소
멀티캐스트 주소	11111111	FF00::/8	멀티캐스트 IPv6 주소
링크 로컬 주소	1111111010	FE80::/10	Link local 영역에서만 적용되는 주소
사이트 로컬 주소	1111111011	FEC0::/10	사이트 내부에서만 사용되는 주소
전역 유니캐스트 주소			이외 모든 영역

[IPv4의 주소 및 IPv6의 주소체계 대응 관계]

구분	IPv4의 주소	IPv6의 주소
멀티캐스트 주소	224.0.0.0/4(D class)	FF00::/8
브로드캐스트 주소	255.255.255.255 또는 호스트 주소의 모든 bit가 1인 경우	해당 주소 없음
미지정 주소	0.0.0.0/32	::/128
루프백 주소	127.0.0.1	::1/128
공인 IP주소	공인 IP 주소	Global Unicast Address
사설 IP주소	10.0.0.0/8 172.16.0.0/12 192.168.0.0/16	해당 주소 없음
링크 로컬 주소	169.254.0.0/16	FE80::/64

(4) 주소 표현

① IPv6의 128비트 주소공간은 다음과 같이 16비트(2옥텟)를 16진수로 표현하여 8자리로 나타내지만 대부분의 자리가 0의 숫자를 갖게 되므로, 0000을 하나의 0으로 축약하거나, 또는 연속되는 0의 그룹을 없애고 ':' 만을 남길 수 있다. 아래의 IPv6 주소들은 모두 같은 주소를 나타낸다.

```
2001:0DB8:0000:0000:0000:0000:1428:57ab
2001:0DB8:0000:0000:0000::1428:57ab
2001:0DB8:0:0:0:0:1428:57ab
2001:0DB8:0::0:1428:57ab
2001:0DB8::1428:57ab
```

② 최상위 자리의 0도 축약할 수 있어 2001:0DB8:02de::0e13는 2001:DB8:2de::e13 로 축약할 수 있으나 0을 축약하고 ':'로 없애는 규칙은 두 번이나 그 이상으로 적용할 수 없다. 만약 두 번 이상 적용하는 것이 허용되어 2001::25de::cade와 같은 표현이 가능하다면, 이 표현은 다음의 네 가지 주소 가운데 어떤 것을 가리키는지 의미가 불분명해질 것이다.

```
2001:0000:0000:0000:0000:25de:0000:cade
2001:0000:0000:0000:25de:0000:0000:cade
2001:0000:0000:25de:0000:0000:0000:cade
2001:0000:25de:0000:0000:0000:0000:cade
```

(5) 네트워크 표현

IPv6 네트워크(혹은 서브넷)는 2의 제곱수를 크기로 갖는 IPv6 주소들의 집합으로 네트워크 주소는 네트워크 프리픽스 뒤에 프리픽스의 '/' 기호와 함께 비트 수를 붙여서 나타낸다.

2001:1234:5678:9ABC::/64는 2001:1234:5678:9ABC::부터
2001:1234:5678:9ABC:FFFF:FFFF:FFFF:FFFF까지의 주소를 갖는 네트워크를 나타낸다.

(6) IPv4 주소의 IPv6 형태

기존 네트워크와의 호환성을 위해, IPv4 주소는 다음과 같은 세 가지 방법을 통해 IPv6 주소로 나타낼 수 있다.

무선설비기능사 이론

① 표준 IPv6 표기 : IPv4 주소 192.0.2.52는 16진수로 표시하면 0xC0000234가 되는데 IPv6 주소로 변경하면 0000:0000:0000:0000:0000:0000:C000:0234가 되고, 줄이면 ::C000:0234가 된다.

② IPv4 호환 주소 : IPv4와의 호환성과 가독성을 위해 기존 표기에 '::'만을 붙여 ::192.0.2.52와 같이 쓸 수 있으나 더 이상 사용되지 않아 폐기될 예정이다.

③ IPv4 매핑 주소 : IPv6 프로그램에게 IPv4와의 호환성을 유지하기 위해 사용하는 다른 방법으로, 처음 80비트를 0으로 설정하고 다음 16비트를 1로 설정한 후, 나머지 32비트에 IPv4 주소를 기록하는 IPv4 매핑 주소가 존재한다. 이 주소공간에서는 마지막 32비트를 10진수로 표기할 수 있으므로 192.0.2.52는 ::ffff:192.0.2.52와 같이 쓸 수 있다.

(7) 특수 주소 공간

특수 주소	내용
::/128	가상적으로만 사용되며, 모든 값을 0으로 설정한 특수한 주소(미 설정 상태의 발신 주소)
::1/128	자기 자신의 주소를 가리키는 루프 백 주소로 프로그램에서 이 주소로 패킷을 전송하면 네트워크는 전송자에게 패킷을 반송(IPv4의 127.0.0.1 주소와 동일)
::/96	IPv4 호환 주소를 위해 사용되는 주소 공간
::ffff:0:0/96	IPv4 매핑 주소를 위해 사용되는 주소 공간
fc00::/7	IPv6 유니 캐스트를 위한 주소 공간
fe80::/10	link-local address를 위한 주소 공간(IPv4의 자동 설정 IP주소인 169.254.x.x에 해당)
ff00::/8	IPv6 멀티캐스트를 위한 주소공간

(8) IPv6의 특성

① IPv6 프로토콜의 특성

㉠ IP주소의 확장 : IPv4의 기존 32비트 주소공간에서 벗어나, IPv6는 128비트 주소공간을 제공한다.

㉡ 호스트 주소 자동 설정 : IPv4는 네트워크관리자로부터 IP주소를 부여받아 수동으로 설정해야 했지만, IPv6 호스트는 IPv6 네트워크에 접속하는 순간 자동으로 네트워크 주소를 부여받는다.

ⓒ 패킷 크기 확장 : IPv4에서 패킷 크기는 64킬로 바이트로 제한되었지만 IPv6의 점보그램 옵션을 사용하면 특정 호스트 사이에는 임의로 큰 크기의 패킷을 주고받을 수 있도록 제한이 없어지게 되어 대역폭이 넓은 네트워크를 더 효율적으로 사용할 수 있다.

ⓔ 효율적인 라우팅 : IP 패킷의 처리를 신속하게 할 수 있도록 고정크기의 단순한 헤더를 사용하는 동시에, 확장 헤더를 통해 네트워크 기능에 대한 확장 및 옵션 기능의 확장이 편리한 구조로 정의하였다.

ⓜ 플로 레이블링(Flow Labeling) : 플로 레이블(flow label) 개념을 도입, 특정 트래픽은 별도의 특별한 처리(실시간 통신 등)를 통해 높은 품질의 서비스를 제공할 수 있도록 한다.

ⓗ 인증 및 보안 기능 : 패킷 출처 인증과 데이터 무결성 및 비밀 보장 기능을 IP 프로토콜 체계에 반영하여 IPv6 확장 헤더를 통해 적용할 수 있다.

ⓢ 이동성 : IPv6 호스트는 네트워크의 물리적 위치에 제한받지 않고 같은 주소를 유지하면서도 자유롭게 이동할 수 있다.
- 모바일 IPv6는 RFC 3775와 RFC 3776에서 기술하고 있다.

② IPv6의 장점
ⓐ IP주소의 증가 : IP주소가 32비트에서 128비트로 확장되어 IP주소가 크게 증가되어 사물 인터넷(IoT) 스마트폰 등 신규 수요에 대응 가능

ⓑ 주소 자동설정(Stateless Auto Configuration) : 기존의 IPv4는 주소를 수동으로 설정하였으나 IPv6는 이용자의 개입없이 자동으로 주소 설정

ⓒ 단말 간 1 : 1 통신 가능 : IPv4는 사설 IP를 사용하여 단말 간 1 : 1 통신이 불가하나 IPv6는 사설 IP를 사용하지 않아 단말 간 1 : 1 통신 가능

ⓓ 단말 이동성 제공 : 이용자가 다른 기지국으로 이동하더라도 IP주소가 변경되지 않고 끊김 없이 서비스가 가능

ⓔ 품질제어 기능 : 이용자의 등급 서비스별로 패킷을 구분할 수 있어 각 등급 및 서비스로 품질보장 가능

ⓕ 네트워크 관리비용 감소 : IPv6는 주소 변환장비(NAT 등)가 불필요하여 네트워크 구성이 간편하고 망 구축 및 관리 비용 절감

ⓢ 보안 기능 : IPv4는 보안 기능(IPSec)을 별도로 설치해야 하였으나 IPv6는

확장기능에서 기본으로 보안 기능을 제공

(9) IPv6의 전환 기술

① 듀얼스택

㉠ IPv4/IPv6 듀얼스택은 IPv6 노드가 IPv4 전용 노드와 호환성을 유지하는 가장 쉬운 방법이다. IPv6/IPv4 듀얼스택 노드는 IPv4와 IPv6 패킷을 모두 주고 받을 수 있는 능력이 있어, IPv4 패킷을 사용하여 IPv4 노드와 직접 호환된다. 또한, IPv6 패킷을 사용하여 IPv6 노드와 직접 호환된다.

㉡ 듀얼스택 노드의 주소 설정

ⓐ 듀얼스택은 하나의 시스템(호스트 또는 라우터)에서 IPv4와 IPv6 프로토콜을 모두 처리하는 기술이다.

ⓑ IPv6 노드가 IPv4 전용 노드와 호환성을 유지하는 가장 쉬운 방법으로, IPv6/IPv4 패킷을 모두 주고받을 수 있는 능력을 가지고 IPv4/6 패킷을 사용하여 IPv4/6 노드와 직접 호환할 수 있어서 듀얼스택을 지원하는 시스템은 물리적으로 하나이지만 논리적으로 IPv4와 IPv6를 둘 다 지원한다.

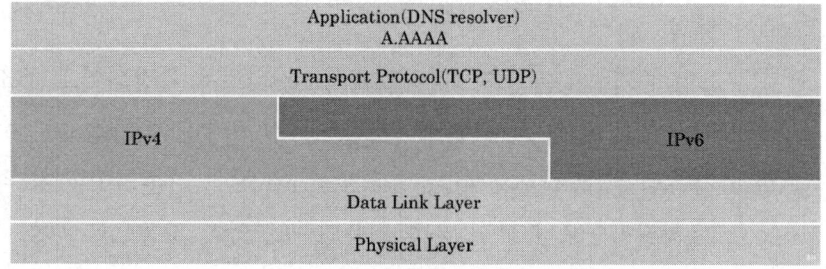

[듀얼스택 호스트의 구조]

㉢ IPv4/IPv6 듀얼스택 S/W는 일반적으로 운영체제 커널 단에 S/W 형태로 구현되며, 다양한 표준의 네트워크 카드(이더넷, ATM, 와이파이, 와이브로, WCDMA 등)와 독립적으로 동작한다.

㉣ 듀얼스택 노드의 DNS 이름 해석 : DNS는 호스트 이름과 IP주소를 매핑하기 위해 사용되며, A라는 DNS 리소스 레코드는 IPv4 주소를 위해 사용하고, AAAA라는 DNS 리소스 레코드는 IPv6 주소를 위해 사용된다.

IPv4/IPv6 듀얼스택 노드는 IPv4 및 IPv6 노드와 직접 통신할 수 있어야 하므로 IPv4 A 레코드는 물론이고, IPv6 AAAA 레코드도 처리할 수 있어야 한다.
② 터널링(Tunneling)
　㉠ 터널링은 IPv6/IPv4 호스트와 라우터에서 IPv6 데이터그램을 IPv4 패킷에 캡슐화하여 IPv4 라우팅 토폴로지 영역을 통해 전송하는 방법이다. 터널링은 기존의 IPv4 라우팅 인프라를 활용하여 IPv6 트래픽을 전송하는 방법을 제공한다. IPv6 패킷은 그 영역에 들어갈 때 IPv4 패킷 내에 캡슐화되고, 그 영역을 나올 때 역캡슐화된다.

　IPv6-in-IPv4 터널링 방법은 크게 설정 터널링(configured tunneling) 방식과 자동 터널링(automatic tunneling) 방식으로 구분된다.

　　ⓐ 설정 터널링 : 6Bone에서 주로 사용되는 방식으로 IPv4 네트워크를 경유하여 IPv6 네트워크 간 통신할 때 종단 라우터에 터널을 사전에 수동으로 설정하여 사용하는 방식이다.

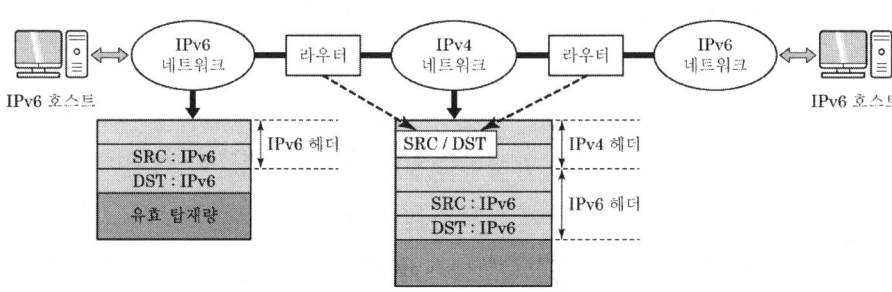

[설정 터널링 방식]

　　ⓑ 자동 터널링 : 설정 터널링과 달리 실제 통신이 일어나면 자동으로 종단 간 터널을 설정하는 방식이다.

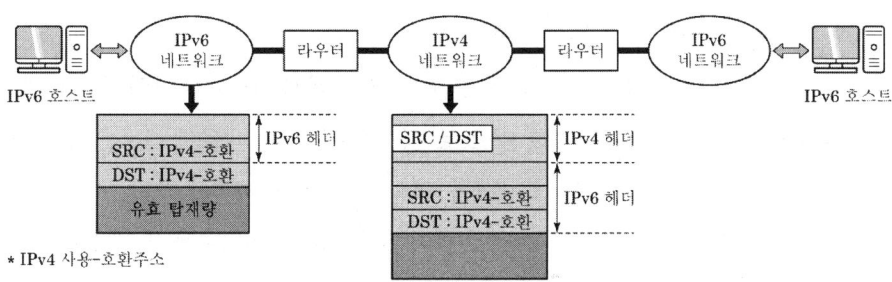

[자동 터널링 방식]

[IPv4/IPv6 터널링 기술의 종류, 출처 : 한국인터넷진흥원 http://www.vsix.kr/]

터널링 기술	설명
6to4	사전에 명시적인 터널의 설정 없이 2개 이상의 IPv6 네트워크 간에 IPv4 네트워크를 경유하여 상호 간에 통신하기 위한 방법
Tunnel Broker	2개 이상의 IPv6 네트워크 간에 IPv4 네트워크를 경유하여 통신할 때 '터널브로커' 서버가 터널링을 설정하는 방식
ISATAP	ISATAP는 IPv4 네트워크 내에서 IPv4/IPv6 듀얼스택 호스트들 간에 통신하는 기능
Teredo	IPv4 NAT 서비스 지역 내에 있는 IPv6 호스트들이 외부에 또 다른 IPv6 호스트와 통신 시 UDP 프로토콜을 사용하여 연결하는 기술
DSTM	임시의 글로벌 IPv4 주소를 IPv6 노드에 제공하고 동적 터널링을 통해 IPv4 트래픽을 전송하는 방법을 정의하고 있는 기술로 IPv6 전환 초기에 IPv6 네트워크 내에서 IPv4 주소를 사용할 수 있다.

ⓒ 터널링 기술의 문제
ⓐ 터널의 양단 간의 장비는 반드시 두 개의 프로토콜을 지원하는 장비(Dual Stack)여야 한다.
ⓑ 터널의 양단 간의 장비에서는 반드시 변환 프로토콜 번호를 허용해야 하므로 보안상 문제가 발생한다.(IPv6의 프로토콜이 41번이므로, Tunnel 양단 장비에서 41번 프로토콜을 허용해야 터널링 구성 가능)
ⓒ 터널링에 의한 패킷 크기 증가로 패킷의 분할될 수 있으며 이는 장비의 부하량을 증가시킨다.

③ 주소 변환
㉠ IPv6와 IPv4 간의 주소 전환 장비를 이용하여, 기존의 IPv4에서 사용되던 NAT 기술과 마찬가지로 IPv6와 IPv4 간의 Address Table을 생성하여 양단 간의 통신이 가능하도록 한다.
이러한 기술은 IPv4 패킷과 IPv6의 패킷에서 IPv4 헤더와 IPv6 헤더를 제외한 상위 계층은 동일한 구조로 생성되어 있기 때문에 IPv4, IPv6 헤더 부분을 전환하며 그대로 데이터를 전송할 수 있게 한다. 다만, 상위 계층의 패킷에 IP 정보가 포함된 프로토콜이 포함된 경우에는 동작 과정이 더 복잡하고 제한적으로 동작할 수 있다.(DNS, FTP 등)

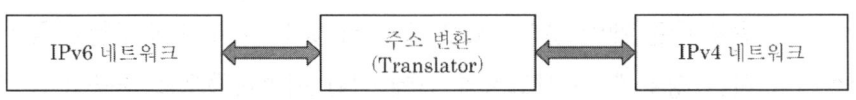

[IPv6와 IPv4 간의 주소 전환]

ⓒ 주소 전환 프로토콜 계층에 따라서 다음의 3가지로 분류할 수 있다.

 ⓐ SIIT(Stateless Ip/Icmp Translation) : 헤더 변환방식

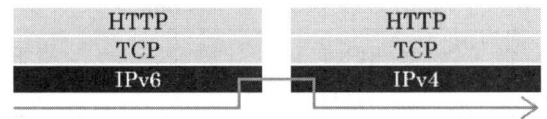

[헤더(Network layer)변환 방식]

 IP 계층에서 IPv6 패킷 헤더를 IPv4 패킷 헤더로 또는 그 반대로 변환하는 방식이다.

 ⓑ TRT(Transport relay Translator) : 전송 릴레이 방식

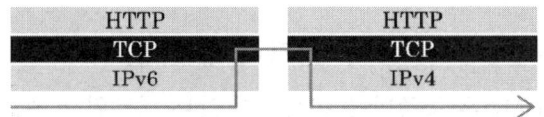

[전송계층(Transport Layer) 릴레이 방식]

 각 세션이 IPv4와 IPv6에 각각 밀폐되어 있기 때문에 헤더 변환방식처럼 Fragments나 ICMP 변환의 문제가 없으며, 헤더 변환방식에 비하여 상대적으로 빠르다는 장점이 있으나 응용 프로토콜에 내장된 IP주소 변환이 안 되는 문제가 있다. 전송계층 릴레이 방식의 기술로는 TRT(Transport Relay Translator)와 SOCKS 게이트웨이 기술이 있다.

 ⓒ ALG(Application Level Gateway) : 수송 계층 게이트웨이 방식

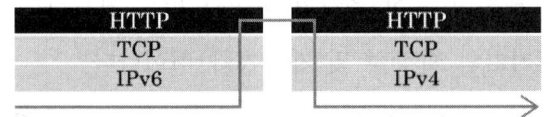

[응용계층(Application Layer) 게이트웨이 방식]

 트랜잭션 서비스를 위한 응용 수준 게이트웨이(ALG)로 사이트 정보를 숨기고 캐시 메커니즘으로 서비스의 성능을 향상시키기 위해 사용하며,

응용 수준 게이트웨이(ALG)가 IPv4 및 IPv6 두 프로토콜을 동시에 지원하는 경우에 두 프로토콜 간에 변환 메커니즘으로 사용될 수 있다. 응용 계층에서 변환하는 방식으로, 각 서비스가 IPv4와 IPv6에 밀폐되어 있기 때문에 헤더 변환에서 나타나는 단점은 없지만, ALG가 IPv4와 IPv6 내에서 모두 실행될 수 있어야 한다.

[IPv4와 IPv6의 비교]

구분	IPv4	IPv6
주소 길이	32비트	128비트
주소 수	약 43억 개	약 3.4×10^{38} 개 (거의 무한대)
품질 제어	품질보증 곤란(QoS 일부 지원)	등급별, 서비스별로 패킷을 구분할 수 있어 품질 보장이 용이
보안 기능	IPsec 프로토콜 별도 설치	확장 기능에서 기본 제공
자동 네트워킹	곤란	있음(Auto configuration)
이동성 지원	곤란(비효율적)	용이(효율적)

[5] LAN(local area network, 근거리 통신망)

근거리 통신망(LAN)은 공중망을 이용하지 않는 네트워크 매체를 이용하여 집, 사무실, 학교 등의 건물과 같은 가까운 지역을 한데 묶어 운용하는 네트워크를 말한다.

(1) LAN의 특징

① 광대역 전송매체의 사용으로 고속통신이 가능하다.
② 비교적 가까운 거리이거나 단일 조직체 내에서 사용한다.
③ 광대역 전송매체를 근거리에 사용하므로 에러가 적다.
④ 고신뢰성 및 완전한 연결성을 갖는다.
⑤ 디지털, 비디오, 음성 등의 전송신호의 다양성을 갖는다.
⑥ 음성, 화상, 데이터 등의 종합적 처리 능력을 갖는다.
⑦ 데이터 처리기기의 확장성 및 재배치가 뛰어나다.

(2) 근거리 통신망의 도입 효과

① 분산처리의 실현 : 현재의 집중 처리 방식에서 업무별 분산 처리 및 고가의 대형 시스템을 중저가의 중소형 시스템으로 대체 이용 가능

② 통합된 네트워크 관리
③ 고속의 데이터 전송
④ 자원 공유 : 주변장치, 소프트웨어, 자료의 공유 가능
⑤ 효과적인 시스템 이용 : 파일 전송에 의한 데이터 교환 가능
⑥ 통신기기 간 통신 : 통신기기를 연결을 통한 데이터의 전송 및 파일 서버의 프로그램과 프린터 주변기기 공유

(3) 근거리 통신망의 구성 형태

① 성형망(스타형, Star Topology) : 모든 스테이션이 중앙의 제어장치에 각각 접속되는 형태

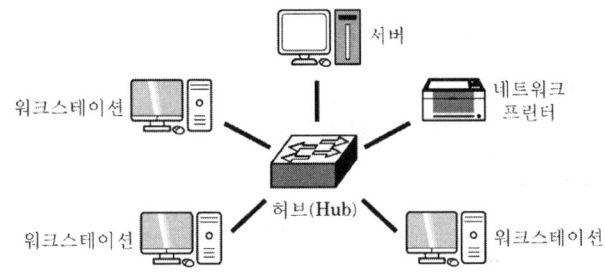

[성형 망 네트워크]

㉠ 처리 능력, 신뢰성을 중앙제어장치에 의존
㉡ 제어장치의 지능화가 요구된다.
㉢ 통신망이 능동적이고 통신망과 기능의 추가가 용이하다.
㉣ 장점
   ⓐ 새로운 통신장치의 추가나 변경이 용이
   ⓑ 네트워크 오류 발견과 수리가 용이
   ⓒ 한 통신장치의 오류가 전체 네트워크에 영향을 주지 않음
㉤ 단점
   ⓐ 중앙제어장치 고장 시 네트워크 전체가 통신 불능상태 초래
   ⓑ 많은 양의 케이블 소요로 인한 설치 비용의 증가

② 링형(루프형 : Ring Topology) : 중계기를 통하여 스테이션 접속한 형태

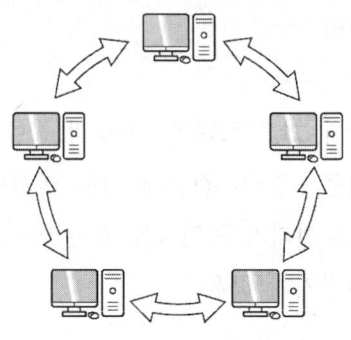

[링형 네트워크]

㉠ 네트워크의 구조가 간단하다.
㉡ 이중 역순환 기능, 우회 기능이 필수적으로 요구된다.
㉢ 분산제어, 집중제어의 방식도 가능하다.
㉣ 장점
  ⓐ 한 통신장치가 네트워크를 독점하여 사용할 수 없음
  ⓑ 설치와 재구성이 용이
  ⓒ 접속 상태에서 결함 시 분리가 간단
㉤ 단점
  ⓐ 링 내의 한 노드가 손상되면 전체 네트워크가 손상
  ⓑ 한 방향으로 통신하므로 문제발견 및 해결이 어려움
③ 버스형(Bus Topology) : 버스 선에 있는 송수신기를 통하여 스테이션 접속하는 형태

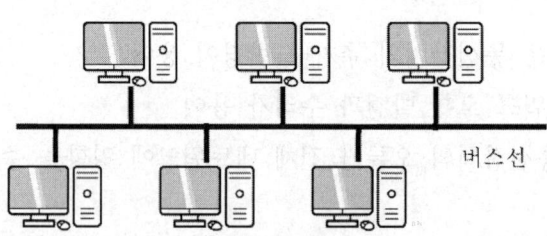

[버스형 네트워크]

㉠ 분산 제어형에서 중앙제어 장치 불필요
㉡ 거리상 제한이 있다.

ⓒ 다수 스테이션 접속이 가능
ⓔ 특정 노드의 장애 발생 시 전체 망에 영향을 미치지 않는다.
ⓜ 근거리 통신망(LAN)의 일반적인 방식
ⓑ 장점
　　ⓐ 설치 소요 비용이 저렴
　　ⓑ 구조가 간단하고 작은 네트워크에 유용하며 사용이 용이
ⓢ 단점
　　ⓐ 네트워크 트래픽이 많을 경우 네트워크 효율이 떨어짐
　　ⓑ 전송 중 다른 컴퓨터에서 연결하기 위해서 끼어드는 횟수가 많아지면 대역폭을 낭비할 수 있음
　　ⓒ 연결점이 하나이기 때문에 연결된 통신장치 중에 한 개만 고장 날 시에도 전체 네트워크에 영향을 미침

④ 트리형(Tree Topology)

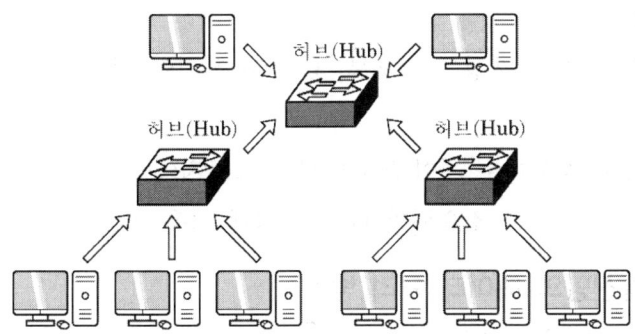

[트리형 네트워크]

㉠ 중앙제어장치와 2차 중앙제어장치의 구조
㉡ 여러 개의 작은 버스형 토폴로지를 계층적으로 연결
㉢ 장점
　　ⓐ 하나의 중앙제어장치에 더 많은 장치 연결 가능
　　ⓑ 우선순위 지원 가능
㉣ 단점
　　ⓐ 중앙제어장치 지점에서 갑작스러운 트래픽 증가 현상이 발생할 수 있음

ⓑ 네트워크 마비될 수 있음
⑤ 그물형(Mesh Topology)

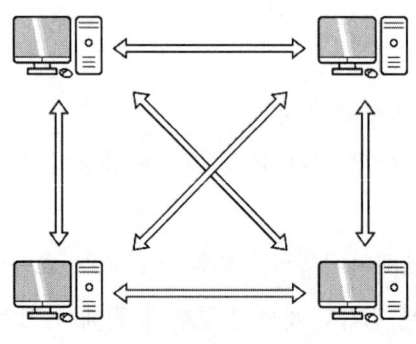

[그물형 네트워크]

㉠ 모든 노드가 별도로 연결된 형태
㉡ 문제 해결이 쉽고 오류에 강함
㉢ 여분의 경로로 인해 오류의 영향이 적음
㉣ 장점
  ⓐ 분산 연결 구성으로 오류 및 문제 해결이 비교적 쉬움
㉤ 단점
  ⓐ 중복 경로에는 케이블이 다른 토폴로지에 필요한 것보다 더 많이 필요
  ⓑ 많은 비용이 소요되기 때문에 실제 사용 빈도가 낮음

(4) 근거리 통신망의 데이터 처리 방식
① 접근 방식에 따른 분류

회선망 구성 형태	접근 방식
성형	중앙 제어 방식
루프형	토큰 링크 방식
	슬롯 링크 방식
	버퍼/레지스터 삽입 방식
분기형	CSMA 방식
	CSMA/CD 방식
	토큰 버스 방식

② 전송 제어 방식에 따른 분류

충돌형	임의 선택 방식, CSMA 방식, CSMA/CD 방식	
비충돌형	토큰 패싱 방식	토큰 링크 방식
		토큰 버스 방식
	시분할 다중방식	고정 할당 방식
		요구 할당 방식
		임의 선택 방식
	주파수 다중 방식	

㉠ 임의 선택 방식 : 각 노드가 통신회선의 상태와는 무관하게 데이터의 송신을 개시하는 방식

㉡ CSMA(Carrier Sense Multiple Access) 방식 : 각 노드는 송신 개시하기 전에 통신회선이 사용 중인지 조사하여 송신하는 방식

㉢ CSMA/CD(Carrier Sense Multiple Access/Carrier Detection) 방식 : 데이터 충돌을 검출하는 기능이 있으며 충돌 시점에서 송신을 정지하는 방식

㉣ 토큰 패싱(Token Passing) 방식 : 제어신호(토큰)를 각 노드 사이에 순차적으로 이동하면서 수행하는 방식. 루프형에서 토큰 링크, 분리형에서 토큰 버스라 부른다.

㉤ 시분할 다중 방식 : 하나의 통신 회선을 시간적으로 분할하여 여러 개의 통신회선을 형성하는 방식

㉥ 주파수 다중 방식 : 주파수를 일정대역 단위로 분할하여 사용하는 방식

(5) LAN의 전송 방식

① 기저대역(Base band) 방식 : 기저대역은 특정 반송파를 변조하기 위해 사용하는 주파수 대역으로 베이스밴드(baseband)라고도 하며, 데이터 전송에서는 변조 전이나 복조 후의 신호, 즉 데이터 신호 그 자체를 기저대역 신호라고 한다.

② 광대역(Broadband)방식 : 광대역(broad band, 브로드 밴드)란 하나의 전송매체에 여러 개의 데이터 채널을 제공하는 방식으로 인터넷 접속뿐만 아니라 음성과 데이터 통신 역시 점차 이동전화, 휴대형 디지털 장치, 무선네트워크상의 컴퓨터 같은 광대역 무선 플랫폼을 이용하고 있다.

[기저대역 방식과 광대역 방식의 비교]

구분	기저대역(Base band)방식	광대역(Broadband)방식
채널 수	1개(단일 채널/단일 케이블)	1개 이상(다수 채널/단일 케이블)
전송 신호	디지털 신호	아날로그 신호
전송 방향	양방향	단방향
전송 거리	10[km] 이내	10[km] 이상(LAN일 경우는 이하)
토플로지	버스형 또는 링형	버스형 또는 트리형
접속기기	트랜시버(송·수신기)	모뎀(변복조기)
변조 방식	TDMA	FDMA
접근 방식	CSMA/CD, 토큰 링	토큰 버스
전송 케이블	TP 케이블, 동축 케이블	동축 케이블, 광섬유 케이블
규모	중소규모	대규모
데이터 유형	텍스트 위주	텍스트, 음성, 영상
다중화	FDM 불가능	FDM 가능
경제성	저가	고가
설치 및 보수	용이	어려움(복잡)
장점	단순 기술, 설치 비용 저렴, 설치가 용이	적은 수의 채널, 원거리 전송
단점	서비스와 전송 거리의 제한	복잡한 기술, 고비용의 설치비

(6) LAN의 전송매체

① 동축 케이블(Coaxial Cable)

② 광섬유 케이블(Optical Fiber Cable)

③ 평형 케이블(Twisted Pair Cable)

④ UTP(Unshielded Twisted Pair)

⑤ 광케이블(optical cable)

(7) 근거리 통신망(LAN)의 구성 요소

여러 개의 근거리 통신망을 상호 접속하여 하나의 통신망으로 형성하기 위해서 사용되는 장비에는 전송매체, 네트워크 인터페이스 카드, 리피터, 허브, 브리지, 라우터, 게이트웨이 등의 인터네트워킹 장비가 필요하다.

① NIC(랜카드, Network Interface Card)

㉠ 컴퓨터를 전송매체에 연결해 주는 장치로 디지털 정보를 전기신호로 변환하여 신호를 케이블로 전송

ⓒ 데이터 전송은 패킷(Packet) 단위로 전송

　　　ⓒ 전송매체의 종류, 접속 형태(Topology), 액세스 방식에 영향을 끼침

② 리피터(Repeater) : 전송거리의 증가에 따른 감쇄 신호를 증폭 재생시키는 역할의 장치

③ 허브(Hub) : 중앙의 제어장치를 중심으로 Point-to-Point 연결을 위한 네트워크 케이블 집중장치로 단순 연결의 더미 허브(Dummy Hub)와 네트워크 관리 기능이 추가된 인텔리전트 허브(Intelligent Hub)로 구분

④ 브리지(Bridge)

　　　㉠ LAN과 LAN을 연결하여 신호를 교환하여 주는 역할

　　　ⓒ OSI 7 Layer 2계층인 Data-Link Layer를 사용

　　　ⓒ 분리 설치된 두 개 이상의 LAN을 연결하여 하나의 LAN처럼 보이게 함

⑤ 라우터(Router)

　　　㉠ 다른 망을 연결하기 위해 반드시 필요

　　　ⓒ 데이터를 발신지로부터 여러 링크를 통하여 목적지까지 전달하는 책임을 가지는 OSI 7 Layer 3계층인 Network Layer 기능을 수행

　　　ⓒ 원거리의 연결(LAN/MAN/WAN) 가능

　　　㉢ 라우팅 테이블(Routing Table)을 만들어서 데이터 운반

⑥ 게이트웨이(Gateway)

　　　㉠ 다른 종류의 통신망 사이에 메시지를 전달할 수 있도록 해주는 장치

　　　ⓒ 다른 종류의 서로 다른 네트워크의 특성을 상호 변환시켜 호환성 있는 정보를 전송할 수 있게 해주는 장치

[6] MAN(Metropolitan area network, 도시권 통신망)

도시형 통신망이라고 하며 약 50[km] 반경 이내의 도시, 번화가, 대단위 아파트 단지 등을 대상으로 구성하는 통신망으로 단일 기관 내에서만 구성하는 LAN의 제약과 가까운 거리에 있는 시스템 간에도 호스트 컴퓨터를 일일이 거치므로 비용 낭비 및 능률 저하가 발생하는 WAN(광역 통신망)의 단점을 해소하기 위한 통신망이다.

(1) MAN(도시 통신망)의 특징

① LAN과 WAN의 중간 크기(근거리통신망(LAN)<도시통신망(MAN)<광대역

통신망(WAN))를 갖는다.
② LAN과 같이 높은 데이터 전송률을 갖는다.
③ DSL 전화망, 케이블 TV 네트워크를 통한 인터넷 서비스 제공이 대표적이다.
  ㉠ IEEE 802.6 표준
  ㉡ 도시 전체를 대상으로 하는 통신망
  ㉢ 넓은 지역에 분산된 단일 기업의 LAN과 LAN 사이의 고속 통신망의 역할
  ㉣ 데이터, 음성, 화상을 종합적으로 전송하는 통신망으로 50[km] 정도의 범위까지 가능
  ㉤ 전송매체는 광섬유
  ㉥ 기업, 가정, 학교 등을 모두 포함한 1개 도시 정도의 지역을 연결
  ㉦ 데이터, 음성, 화상을 종합적으로 전송
  ㉧ 광섬유를 주 전송매체로 사용
  ㉨ 통신 속도는 1.544~155[Mbps]

(2) 도시 통신망의 서비스 종류

① 분산 큐 이중버스(DQDB : Distributed Queue Dual Bus)
  ㉠ 도시 통신망에서 사용되도록 설계된 것으로 이중 버스 구조를 사용하여 데이터 전송 방향은 서로 다른 단방향으로 전송
  ㉡ 이중 버스 구조로 구성되며 2개의 단방향 버스 접속 형태를 사용
  ㉢ 2개의 버스는 각각 한 방향으로만 전송하며 두 버스의 트래픽 방향은 서로 반대
  ㉣ 데이터 스트림 방향에는 상향 스트림과 하향 스트림이 존재하며 송신 측은 수신 측이 하향 스트림이 되는 버스를 선택해야 함
  ㉤ 전송 슬롯은 패킷이 아닌 단순한 연속적인 비트 스트림으로 구성
  ㉥ 상향 스트림에 있는 노드들이 empty slot의 독점을 방지하기 위하여 슬롯 예약을 사용
  ㉦ 데이터 전송
    ⓐ 데이터는 각 버스에서 53바이트 단위의 스트림으로 전송
    ⓑ 각 버스의 시작 노드는 데이터를 전송할 'empty slot'을 생성
    ⓒ 각 버스의 마지막 노드는 목적지까지 전송을 한 slot을 폐기

ⓓ 데이터를 보내고자 하는 송신 노드는 수신 노드가 하향 스트림이 되는 버스를 선택하여 전송
② 교환 다중메가비트 데이터 서비스(SMDS : Switched Multimegabit Data Service)
　㉠ 도시 통신망에서 고속통신을 제공하는 서비스
　㉡ MAN에 연결되어 있는 LAN 간 고속 데이터교환을 제공하기 위해 개발
　㉢ SMDS 이전에는 LAN 간 데이터교환을 위해 T1 또는 T3 전용회선 사용
　　ⓐ 고가의 비용
　　ⓑ 여러 개의 LAN을 연결하기 위해 많은 점대점 연결 필요
　　ⓒ 통신망을 100% 사용하지 않기 때문에 대역폭 낭비
　　ⓓ 교환회선을 이용한 회선 공유가 유리
　　ⓔ 스위치를 통해 LAN 연결

[7] WAN(Wide Area Network, 광역 통신망)

지역, 국가, 전 세계 걸쳐 구성된 컴퓨터 네트워크로 근거리 통신망 유저들이 다른 지역에 있는 근거리 통신망 사용자들과 데이터 통신을 할 수 있도록 해 준다.

(1) 광역 통신망(WAN)의 특징

① LAN과 LAN을 연결(원거리 통신망)한다.
② 비교적 속도가 느리다.
③ 지역적 제한이 없다.
④ LAN에 비해 복잡한 구조를 갖는다.
⑤ LAN에 비해 비용이 많이 소요된다.
⑥ 통신 사업자가 제공하는 전용선, 패킷 교환망, ISDN 등의 회선 임대 서비스 이용으로 전문성과 안전성이 높다.
⑦ 회선이 단말기 상호 간에 항상 고정되어 있다.
⑧ Link Layer Protocol(2계층 프로토콜)을 사용한다.

(2) 광역 통신망(WAN)의 종류

① 종합 정보 통신망(ISDN)
　디지털 기술을 바탕으로 전신, 전화, 데이터, 화상 등의 모든 통신 서비스를 하

나로 통합한 디지털 통신망
　㉠ 음성, 문자, 영상 등의 서비스를 디지털화하여 고속 전송
　㉡ 기존 통신망보다 전송속도가 빠름
　㉢ 회선교환(음성)과 더불어 패킷교환도 사용 가능
② 공중전화 교환망(PSTN)
　공공 통신 사업자가 운영(음성 전화나 자료 교환 서비스)하는 망으로 일반 사용자 대상으로 모뎀(modem)을 상용한 각종 데이터 통신 서비스도 사용 가능
③ X.25 : Vitual Circuit Packet Switching
　㉠ 패킷 교환망(PSN)에서 광범위하게 사용되는 네트워크 프로토콜
　㉡ 오류 처리를 할 수 있으며, 오류 발생 시 우회 전송 가능
　㉢ 디지털 전송을 기본으로 전송 품질과 호환성이 우수한 고효율 방식
④ 프레임 릴레이(Fram Relay) : Vitual Circuit Packet Switching
　㉠ 프레임 간소화로 성능이 향상된 고속통신 기술(조절 기능을 축소)
　㉡ 패킷 교환 방식의 통계적 다중화와 회선 교환방식의 고속 전송 결합
　㉢ X.25보다 효율적, 단일접속 회선을 통한 다수의 고정가상회선(PVC) 제공
⑤ SMDS(Switched Multi-megabit Data Service) : Packet Switching
　㉠ 도시권 정보 통신망(MAN)의 일종으로 Mbps 단위를 사용하는 고속 교환 서비스
　㉡ Connection less형의 데이터 통신을 대상으로 하며 원격지의 LAN을 상호 접속하는 용도로 사용
⑥ SONET(Synchronous Optical NETwork) : 스위칭이 아니라 전송
　㉠ ATM과 더불어 광대역 통신망의 핵심 기술. B-ISDN의 기초가 됨
　㉡ 기본 속도는 52[Mbps]이고, 최고 속도는 2488[Mbps]까지 가능
　㉢ 국제 표준으로는 SDH가 채택됨
　㉣ 하나의 클록이 전체 네트워크 간 전송/장비의 타이밍을 위해 사용함
　㉤ 데이터를 모아 전송하는 기법
⑦ ATM(Asynchronous Transfer Mode) : 전송과 Vitual Circuit Packet Switching
　㉠ B-ISDN의 핵심 기술로 데이터 앞, 뒤에 시작과 정지 신호를 추가
　㉡ 패킷 스위칭 : 밴드위스(bandwidth)에 거의 제한을 받지 않는(채널로 구분

되지 않는) Cell-Based 기술
ⓒ 고정 길이의 셀로 변환시켜 전송하므로 패킷 방식보다 속도가 빠르고 효율적임(가변 또는 고정 속도 서비스)
ⓔ 하드웨어를 이용하여 보다 쉽게 구현되도록 설계됨
ⓜ 패킷 교환과 회선 교환을 통합함
ⓑ 155[Mbps]의 대역폭을 지원하며 셀 크기는 53[Byte]

(3) 광역 통신망(WAN)의 구성 기술

① 전용회선
  ㉠ 전화국이나 ISP 업체에게 통신회선을 임대 받아 쓰는 방식이다.
  ㉡ 단말기 상호 간에 회선이 고정되어 있다.
  ㉢ 전송 속도가 빠르고 오류가 적다.
  ㉣ 임대 비용이 많이 든다.

② 회선 교환망
  ㉠ 통신을 시작하기 위하여 일시적으로 통신 경로를 할당받아 사용을 한 뒤에 통신이 끝나면 할당받은 경로를 회수하는 방식이다.
  ㉡ 음성전화망이 대표적인 예이다.

③ 패킷 교환망
  ㉠ 가상회선 개념을 이용하여 하나의 회선을 다른 사람들과 나누어 쓰는 방식이다.
  ㉡ 하나의 회선으로 여러 가지 가상회선에 사용하므로 대역폭이 분산된다.
  ㉢ ATM, X25, Frame-relay 방식의 프로토콜이 주로 사용된다.

(4) 광역 통신망(WAN) 프로토콜(Protocol)

① HDLC(High-level Data Link Control)
  ㉠ 국제 표준의 데이터링크 프로토콜
  ㉡ 시스코의 기본 프로토콜로 라우터와 라우터의 연결에 사용

② PPP(Point to Point Protocol)
  ㉠ 일대일 통신에 사용
  ㉡ Serial Line 링크 계층 프로토콜

ⓒ NCP와 LCP로 구분
  ⓐ NCP는 링크의 설립, 감시 설정 등의 기능을 담당
  ⓑ LCP는 다중프로토콜 트래픽을 전송하는 기능을 담당
ⓔ PPP의 과정
  ⓐ 링크 연결 확립 : LCP를 이용해 연결을 구성하는 단계로 옵션을 설정하지 않으면 링크 연결을 확립
  ⓑ 인증(옵션) : 링크 연결 확립 단계에서 인증 옵션(LCP의 옵션)이 설정 상태에서는 인증 단계를 실행
  ⓒ 네트워크 계층 교섭 : LCP의 동작에 따라 링크가 연결되면 서로 간의 3계층 프로토콜 교섭 과정을 진행
③ PPP의 인증(Authentication) 과정
  ㉠ PAP(Password Authentication Protocol) : 접속요청의 유효성을 검증하기 위해 PPP 서버에 의해 사용되는 절차
    ⓐ PPP 프로토콜에 의해 링크가 확립되면 ID와 password를 서버로 전송(비 암호화 상태)
    ⓑ 서버에서 요청을 확인하여 접속을 승인하거나 접속을 끊음
  ㉡ CHAP(Challenge Handshake Authentication Protocol) : PAP의 접속절차보다 안전하게 시스템에 접속하기 위한 절차
    ⓐ 서버의 링크가 확립된 후에 접속 요청자에게 확인 메시지를 보내면 단방향 해시 함수를 이용하여 획득한 값으로 응답
    ⓑ 서버는 요청자의 응답 해시 값과 해시 값을 계산하여 비교 확인
    ⓒ 해시 값이 일치하면 승인하고 불일치 시에 승인 거부

[8] 클라이언트 서버 모델(client-server model)

(1) 클라이언트 서버 모델(client-server model)의 개요

① 새로운 컴퓨터 환경으로 서로 다른 컴퓨터망을 통해 상호 접속 연계하여 응용 실행하는 분산 컴퓨터 방식으로 구성한다.
② 서비스를 요구하는 이용자(client)와 서비스를 제공하는 제공자(server)의 응용 프로그램 한 쌍을 기초하여, 양 프로그램(프로세스) 간의 통신에 의해 응용을

실현시키는 것이다.
③ 클라이언트(client, 고객)는 서비스를 사용하는 사용자 또는 사용자의 단말기를 일컫는 말이다.
④ 서버(Server)란 서비스를 제공하는 컴퓨터이며, 다수의 클라이언트를 위해 존재하기 때문에 일반적으로 매우 큰 용량과 성능을 가지고 있으나 현재는 클라이언트이자 동시에 서버인 환경이 많아지면서 변화가 일고 있다.

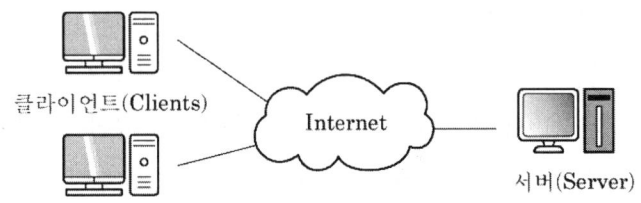

[클라이언트 서버 모델의 구성]

(2) 서버(Server)
① 서비스를 제공하는 컴퓨터. 클라이언트 컴퓨터 요청을 처리하기 위해 존재한다.
② Web Server, File Server(파일 공유 사이트) 등
③ 웹페이지 지원, 공유 데이터의 처리 및 저장 등의 비지니스 로직 수행
④ 사용자의 거리도 속도와 상관관계가 있다.

(3) 클라이언트(Client)
① 서버에게 접속하기 위한 접속 단말기
② 서버 측에서는 사용자 한명 한명이 다 클라이언트다.
③ 웹 브라우저는 웹 서버로 접속하기 위한 터미널
④ 서버에게 자료를 request하고, 서버가 주는 response를 제공받는다.
⑤ 사용자 입력을 주로 수행
⑥ 현대의 복잡한 시스템은 클라이언트이면서 서버의 역할을 동시에 수행하는 경우도 있다.(P2P, 블록체인)

(4) 클라이언트와 서버
① 프로토콜이라고 하는 정해진 규약에 따라 서로 메시지를 교환한다.
② http가 웹의 대표적인 프로토콜이다.

③ 클라이언트는 서버가 어떤 방식으로 요청을 처리하는지에 대해서 신경 쓸 필요도 없고, 알기도 어렵다.
④ 추상화된 인터페이스(API : Application programing Interface)를 바탕으로 원격 서버에 요청(RPC : remote prodecure call)을 하고 응답에 대해 적절한 형태로 화면에 표시한다.

(5) 피투피(P2P, peer-to-peer) 모델
기존의 서버와 클라이언트 개념이나 공급자와 소비자 개념에서 벗어나 개인 컴퓨터끼리 직접 연결하고 검색함으로써 모든 참여자가 공급자인 동시에 수요자가 되는 형태로 중앙 서버에서 자원을 집중해서 관리하는 대신, 네트워크의 각 노드가 자원을 분산해서 관리하므로 인터넷 모델에 가까운 방식이므로 데이터의 분산으로 보안에 굉장히 취약할 수 있다.

(6) 클라이언트/서버 모델의 장단점
① 장점
  ㉠ 서버와 클라이언트의 역할이 명확하여 수정, 업그레이드, 패치를 서로 독립적으로 가져갈 수 있다.
  ㉡ 데이터가 서버에 집중되므로 보안을 유지하기가 수월하다.
  ㉢ 보안상으로 안전하며, 사용자/개발자 친화적이며 사용하기 쉽다.
② 단점
  ㉠ 서버에 네트워크 트래픽과 데이터가 집중된다.
  ㉡ P2P와 같은 분산형 네트워크에 반한 중앙 집중형 네트워크 구조이므로 견고함이 감소된다.

(7) 클라이언트/서버 모델을 구축하는 기술
① 원격 절차 호출(Remote Procedure Call, RPC)
  ㉠ 분산 처리 시스템에서 어떤 컴퓨터의 프로그램에서 다른 컴퓨터에서 동작하고 있는 프로그램의 절차(C언어에서는 function)를 직접 불러내는 것
  ㉡ 이 기능으로 두 머신의 프로그램 사이에서 직접 통신이 가능하며, 통신망을 통해 실행 결과의 값을 주고받는다.
  ㉢ 네트워크 파일 시스템(NFS), NCS(network computing system) 등 분산

처리 기능을 실현하는 소프트웨어에서 사용된다.

② 관계 데이터베이스 언어(SQL, Structured Query Language) : 컴퓨터의 데이터베이스 작업을 위한 컴퓨터 언어
- 관계 데이터베이스 언어의 종류
  ㉠ 데이터 조작 언어(DML : Data Manipulation Language) : 대상 데이터의 검색, 등록, 업데이트 및 삭제를 위한 언어 또는 언어 요소
  ㉡ 데이터 정의 언어(DDL : Data Definition Language) : 데이터 구조의 생성, 업데이트, 삭제를 위한 언어 또는 언어 요소
  ㉢ 데이터 제어 언어(DCL : Data Control Language) : 액세스 제어를 위한 언어 또는 언어 요소

③ 구조화 질의(조회) 언어(SQL) : 관계형 데이터베이스 관리 시스템(RDBMS)의 데이터를 관리하기 위해 설계된 특수목적의 프로그래밍 언어
  ㉠ 관계형 데이터베이스 관리 시스템에서의 자료 검색과 관리
  ㉡ 데이터베이스 관리 시스템에서 데이터 구조와 표현 기술을 수용하는 데이터베이스 스키마 파일의 생성과 수정
  ㉢ 데이터베이스 객체의 접근 조정 관리

[구조화 질의 언어]

④ 구조화 질의(조회) 언어(SQL)의 명령어 종류
  ㉠ 데이터 정의 언어(DDL : Data Definition Language)
    ⓐ 생성, 수정, 삭제 등의 데이터 전체 골격을 결정하는 역할

ⓑ 대상은 SCHEMA, DOMAIN, TABLE, VIEW, INDEX 등
ⓒ AUTO COMMIT(자동 트랜잭션의 실행)되므로 ROLLBACK(트랜잭션의 취소)이 불가능

[데이터 정의 언어]

종류	역할
CREATE	대상 객체(Table)의 생성
ALTER	대상 객체(Table)의 구조 변경(수정)
DROP	대상 객체(Table)와 객체 내부 데이터를 삭제
RENAME	대상 객체(Table) 이름의 변경
COMMENT	데이터에 주석 등을 추가
TRUNCATE	공간을 포함한 모든 레코드를 삭제(테이블 초기화 등)

ⓒ 데이터 조작 언어(DML : Data Manipulation Language)
　ⓐ 데이터의 조회, 추가, 변경, 삭제 등의 작업을 수행하기 위해 사용
　ⓑ AUTO COMMIT(자동 트랜잭션의 실행)되지 않으므로, ROLLBACK(트랜잭션의 취소) 처리가 가능
　ⓒ TARGET 테이블을 메모리 버퍼 위에 올려두고 변경을 수행하므로 실시간성으로 테이블에 반영되지 않음
　ⓓ COMMIT(트랜잭션의 실행) 명령어를 통해 TRANSACTION을 종료해야 해당 변경 사항이 테이블에 반영

[데이터 조작 언어]

종류	역할
SELECT	데이터베이스에서 데이터를 검색
INSERT	테이블에 데이터를 추가
UPDATE	테이블 내에 존재하는 데이터를 수정
DELETE	테이블에서 데이터를 삭제

ⓒ 데이터 제어 언어(DCL : Data Control Language) : Data의 사용 권한을 관리

[데이터 제어 언어]

종류	역할
GRANT	데이터베이스 사용자 권한 부여
REVOKE	데이터베이스 사용자 권한 회수
COMMIT	트랜잭션 확정
ROLLBACK	트랜잭션 취소
CHECKPOINT	복귀지점 설정

ⓔ 도구 명령 언어(TCL, Tool Command Language) : 스크립트 언어로서 보통 빠른 프로토타이핑, 스크립트 프로그램, GUI 및 테스팅에 많이 사용된다.

2 네트워크 보안 개요

[1] 네트워크 보안
(1) 보안의 개요
① 정보의 수집, 가공, 저장, 검색, 송신, 수신 중에 정보의 훼손, 변조, 유출 등을 방지하기 위한 관리적, 기술적 수단을 강구하는 것(국가정보화기본법)
② 보안(Security)은 가치 있는 유・무형 자산의 도난, 손실, 유출로부터 보호하는 것
③ 보호(Protection)는 보안보다 광의의 의미로 사용되며, 전체 시스템의 안정성을 확보하는 것

(2) 보안의 기본 특성
① 보안의 3원칙(보안 목표 : C.I.A Triad)

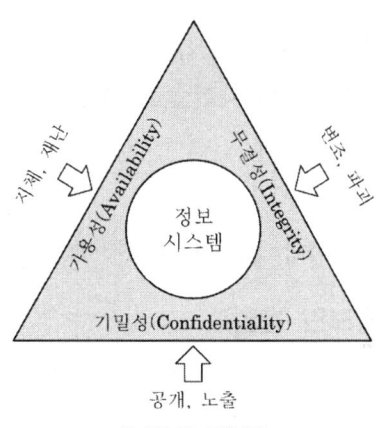

[보안의 3원칙]

㉠ 기밀성(confidentiality) : 정보가 허가되지 않은 사용자에게 노출되지 않는 것을 보장
㉡ 무결성(integrity) : 정보가 권한이 없는 사용자의 악의적 또는 비 악의적인 접근에 의해 변경되지 않는 것을 보장

　　ⓒ 가용성(availability) : 인가된 사용자가 정보 시스템의 데이터 또는 자원을 필요로 할 때 부당한 지체없이 원하는 객체 또는 자원에 접근하여 사용할 수 있도록 보장

② 보안의 필수조건(요구사항)
　　㉠ Authentication(인증) : 사용자의 진위 확인
　　㉡ Data Integrity(무결성) : 위변조를 할 수 없도록 데이터 무결성 유지
　　㉢ Data Confidentiality(기밀성) : 정보 내용을 알 수 없도록 암호화, 기밀 유지
　　㉣ Non-Repudiation(부인 방지) : 거래 사실의 부인을 방지

③ 네트워크 보안의 위협 요소
　　㉠ 물리적인 위협 : 네트워크 시스템에 대한 직접적인 파괴나 손상을 입히는 행위 또는 도난 등
　　㉡ 기술적인 위협
　　　　ⓐ 수동적 공격 : 통신회선 상의 정보를 무단으로 취득하는 행위(도청)
　　　　ⓑ 능동적 공격 : 통신회선 상의 정보를 변조, 위조하는 행위
　　㉢ 네트워크 보안이란 수동적 공격과 능동적 공격에 대한 대응을 총칭
　　㉣ 수동적 공격에 대한 방어
　　　　ⓐ 통신회선에 대한 제3자의 접속 시도를 방지
　　　　ⓑ 통신회선 상의 데이터를 암호화(기밀성)
　　㉤ 능동적 공격에 대한 방어
　　　　ⓐ 암호화
　　　　ⓑ 수신 측에서 데이터에 대한 무결성 확인

(3) 주요 보안 메커니즘(보안 방법)

① 보안 공격을 탐지, 예방하거나, 침해로부터 복구하는 절차/방법
　　㉠ 암호화(Cryptography) : 암호키를 이용해서 정보를 바로 해독할 수 없도록 변환하여 특정인만 해독할 수 있게 자료의 기밀성(Confidentiality)을 보장하는 방법
　　㉡ 암호화의 종류
　　　　ⓐ PEM(Privacy Enhanced Mail) : E-mail을 전송하기 전에 자동으로 암

호화하는 방법을 제공하며, RSA 방식을 사용해서 암호화
        ⓑ PGP(Pretty Good Rrivacy) : 컴퓨터 파일을 암호화하고 복호화하는 프로그램
    ② 접근 제어(Access Control) : 사람이나 프로세스가 시스템이나 파일에 접근권한을 결정하거나 사용자에게 접근권한을 부여하기 위하여 사용자의 고유성, 사용자에 관한 정보 또는 사용자의 자격 등을 이용
        ㉠ 접근 제어 메커니즘의 방법 : 접근제어 정보, 패스워드 등과 같은 인증정보, 자격, 소유, 기타의 부가적 표시
        ㉡ 보안 레이블, 접근 시도 기간, 경로 및 접근 지속시간
    ③ 디지털 서명(Digital Signature) : 데이터에 대한 서명과 서명된 데이터에 대한 검증 절차로 메시지를 송·수신하는 당사자 간에 메시지의 신뢰성 보증을 위하여 메시지에 송신자의 신분을 보증하는 내용을 추가해서 암호화하는 방식으로 주로 공개키 암호 방식을 이용
        ㉠ 기능 : 사용자 및 메시지 인증 기능, 송신 및 수신부인 방지 기능
    ④ 데이터 무결성(Data Integrity) : 네트워크에서 데이터의 정확성을 점검하는 메커니즘
        ㉠ 송신 측 : 데이터 자체에 대한 특정 값을 계산하여 무결성 기능을 제공, 메시지 인증 코드(MAC)와 조작 점검 코드(MDC) 등 사용
        ㉡ 수신 측 : 수신한 데이터를 이용하여 무결성 정보를 생성, 수신한 무결성 정보와 비교하여 데이터의 변경 여부를 결정, 데이터 재사용을 막기 위한 타임 스탬프 사용
    ⑤ 인증 교환(Authentication Exchange) : 패스워드 같은 단순한 신분 확인 정보부터 암호 기술 이용까지 다양. 대개 타임 스탬프, 동기 클록, 두 방향 혹은 세 방향 핸드 쉐이킹, 부인 방지 선택

(4) 주요 보안 요구사항
효율성, 이식성, 관리 용이성, 현실 적응성 등

(5) 주요 보안의 구분
① 물리적 보안 : 출입 통제, 도난 등 일반적인 보안

② 네트워크 보안(보안의 공격 유형)
　㉠ 가로막기(Interruption) : 자료가 수신 측으로 전달되는 것을 방해하는 행위로 자료의 가용성(Availability)을 저해함
　㉡ 가로채기(Interception) : 전송한 자료가 수신지로 가는 도중에 몰래 보거나 도청하는 행위로 자료의 보안성이 떨어짐
　㉢ 수정(Modification) : 원래의 자료를 다른 내용으로 바꾸는 행위로 자료의 신뢰성이 손상됨
　㉣ 위조(Fabrication) : 자료가 다른 송신자로부터 전송된 것처럼 꾸미는 행위로 자료의 무결성(Integrity)이 손상됨
　㉤ 도청(Eavesdropping) : 타인의 대화나 전화 내용을 당사자의 동의 없이 몰래 엿듣는 행위

③ 주요 보안 측면
　㉠ 인증(Authentication) : 암호문의 송신자를 확인하고 메시지 전문이 제대로 전달되었는지 확인하는 절차
　㉡ 암호화(Encryption)
　　ⓐ 암호키를 이용해서 정보를 바로 해독할 수 없도록 변환하여 인가자만 해독할 수 있도록 자료의 기밀성(Confidentiality)을 보장하는 방법
　　ⓑ 자료에 특정한 처리를 통해서 침입자가 자료를 입수하더라도 해당 자료의 내용을 알 수 없도록 하는 작업
　　ⓒ 일반적으로 암호화는 키(Key)를 사용해서 암호 자료를 생성

④ 암호화(Encryption)
　㉠ 암호화에 필요한 구성 요소 : 자료, 암호화하는 키(Key), 암호화된 자료(Cryped Data), 암호화된 자료를 원래의 자료로 복원시키는 키
　㉡ 암호화의 종류 : 개인 키(Private Key)와 공개 키(Public Key) 등
　㉢ 암호화의 원칙
　　ⓐ 신원 확인(Identification) : 송신자가 맞는지를 확인하는 과정
　　ⓑ 인증(Authentication) : 암호문의 송신자를 확인하고 메시지 전문이 제대로 전달되었는지 확인하는 절차
　　ⓒ 발신자 확인(Nonrepudiation) : 송신자가 전송한 사실을 부인할 수 없

도록 하는 방법

ⓓ 확인(Verification) : 신원 확인과 인증을 한 번에 처리하는 기능

ⓔ 개인정보 보호(Privacy) : 정보전송 시 해킹으로부터 보호할 수 있는 기능

ⓕ 무결성(integrity) : 정보가 권한이 없는 사용자의 악의적 또는 비 악의적인 접근에 의해 변경되지 않는 것을 보장

⑤ 암호방식의 종류

㉠ 비밀 키(단일 키, 대칭형) : 암호화하는 키와 암호화된 자료를 복호화하는 키가 동일한 방식

ⓐ 장점 : 암호화와 복호화 속도가 빠르고 다양한 암호화 기법이 개발

ⓑ 단점 : 여러 사용자가 동일 자료를 사용할 때 키의 공유 문제가 발생

㉡ 공개 키(이중 키, 비대칭형) : 암호화 키와 복호화 키를 별도로 사용하는 방식

ⓐ 장점 : 키 관리가 용이하여 전자 서명으로 사용 가능

ⓑ 단점 : 알고리즘이 복잡하고 속도가 느림

㉢ 종류

ⓐ RSA(Rivert-Shamir-Adleman) : 1977년에 Ron Rivest, Adi Shamir와 Leonard Adleman에 의해 개발된 가장 보편적으로 사용되는 암호화 및 인증 알고리즘

ⓑ LUC(Lucas) : Lucas 수열을 이용하여 암호화 서명 등에 사용

⑥ 보안의 목적

㉠ 시스템 보안(System Security) : 컴퓨터 시스템의 운영체제, 응용 프로그램, 서버 등의 허점을 이용해서 제3자가 불법적으로 사용하는 것을 방지하는 것으로 서버 보안(방화벽), 바이러스 백신, 보안관제시스템 등을 구축

㉡ 자료 보안(Data Security) : 시스템에 들어있는 자료를 보호하는 것으로 자료의 전송 도중에 가로채거나, 수정하는 행위로부터 자료를 안전하게 전달하는 것을 목표로 주로 암호화나 전자 서명을 이용

㉢ 개인정보보호 등

(6) 주요 보안 방법

① 방화벽(Firewall) : 내부의 신뢰성 있는 네트워크와 외부의 신뢰성 없는 네트워

크 사이에 위치하여 외부의 불법 침입으로부터 내부의 정보 자산을 보호하고 외부로부터 유해 정보를 차단하기 위한 정책과 이를 지원하는 하드웨어와 소프트웨어를 총칭

② 방화벽의 기능
- ㉠ 인터넷 서비스별로 정보를 요청한 시스템의 IP 주소 및 포트 번호를 이용하여 외부 접속을 차단
- ㉡ 사용자 인증에 기초해서 외부 접속을 차단
- ㉢ 네트워크로 들어오고 나가는 패킷의 IP와 TCP 헤더를 검사(Packet Filtering)하여 패킷의 통과 여부를 결정
- ㉣ 내부 네트워크 사용자들이 외부 접속 시 방화벽을 통과하도록 설정하여 해커가 내부의 IP 주소 도용의 방지

③ 방화벽의 장점
- ㉠ 애플리케이션 계층을 이용하는 다른 방식에 비해 하위 3~4계층을 이용하므로 네트워크 제어에 대한 반응 속도가 매우 빠름
- ㉡ 사용자에게 투명한 서비스를 제공
- ㉢ 기존 프로그램과의 유연한 연동성
- ㉣ 비용이 적음

④ 방화벽의 단점
- ㉠ TCP/IP 헤더는 구조적인 문제로 조작이 쉬움
- ㉡ 모든 트래픽이 내부 네트워크와 외부 네트워크에 직접 연결되어 변형된 정보가 직접적으로 영향을 미침
- ㉢ 패킷의 헤더에 있는 목적지 주소, 포트, 소스 등의 정보는 해석하지 않으므로 이러한 정보 조작은 알 수 없음
- ㉣ 다른 방식에 비해 로그인과 인증 방식이 강력하지 않음
- ㉤ 트래픽의 접속제어 방식과 접속량에 따라 방화벽 성능에 큰 영향을 줌

(7) 인증(Authentication)
사용자 ID와 비밀번호를 암호화해서 기본적인 인증의 문제점을 해결하려는 방법
① IP 주소 인증 : 웹서버를 설치할 때 서버에 접속할 수 있는 IP 주소 혹은 도메인

명을 지정해서 설치하는 방법으로 해당되는 IP 주소 이외에는 접근이 불가
② 기본적인 인증 : 사용자 ID와 비밀번호를 사용해서 접근 허락 여부를 판단하는 방법
③ Massage Digest 인증 : 메시지 다이제스트(message digest) 기법을 이용하여 생성된 값으로 메시지에 대한 인증을 시행하는 방법

(8) 침입 탐지 시스템(IDS, Intrusion Detection System)
① 침입 탐지 시스템(IDS)의 개요
  ㉠ 컴퓨터가 사용하는 자원의 기밀성, 무결성, 가용성을 저해하는 행위를 실시간으로 탐지하는 시스템
  ㉡ 허가받지 않은 접근이나 해킹 시도를 감지하여 시스템 또는 망 관리자에게 통보해주는 시스템
  ㉢ 침입 차단 시스템(방화벽)이 막을 수 없거나 해킹된 경우에도 침입 탐지 시스템이 공격을 탐지
  ㉣ 서브넷의 시스템 해킹 시 이를 탐지하여 해킹의 구체적인 내용을 관리자에게 알려주어 그에 따른 대응을 할 수 있도록 하는 솔루션
② 침입 탐지 시스템(IDS)의 기능
  ㉠ 사용자와 시스템 행동에 대한 모니터링 및 분석
  ㉡ 시스템 설정과 취약성에 대한 감사 기록
  ㉢ 중요 시스템과 데이터 파일에 대한 무결성 평가
  ㉣ 알려진 공격에 대한 행위 패턴 인식
  ㉤ 비정상적 행위 패턴에 대한 통계적 분석 등

(9) 가상사설망(VPN, Virtual Private Networks)
① 가상사설망의 개요
  ㉠ 공중망을 이용하여 사설망처럼 직접 운용 관리하는 것
  ㉡ 인터넷이나 네트워크 서비스 사업자의 PSTN, ISDN, ADSL 같은 공중망을 자사의 WAN 백본처럼 사용하는 네트워크
② 가상사설망의 목적
  ㉠ 보다 저렴한 비용으로 서비스 제공자와의 유연한 연결을 가능하게 하여 전

　　　　통적인 WAN 환경의 안정성, 성능 향상, QoS(Quality of Service, 서비스
　　　　품질), 보안을 제공
　　　ⓒ 인트라넷 안에서 사용되어 중요 정보/시스템/자원에 대한 접속 제어, 회계
　　　　시스템 접속 제한, 기밀정보의 안전한 전송 등을 보장
　③ 가상사설망의 기능
　　　㉠ 보안 및 정보보호 기능
　　　ⓒ 서비스 품질(QoS) 향상
　　　ⓒ 다중방송(Multicast)
　　　㉣ 신뢰성, 유용성, 보안관리
　　　㉤ 다중 서비스 공급자 지원

03 무선통신 일반

Chapter 01 정보통신설비 검토

1 무선설비 적용하기

1 무선설비의 종류와 구성 장비의 특징

[1] 무선설비의 종류와 구성 장비
(1) 아날로그 송·수신기
① AM 송신기의 구성

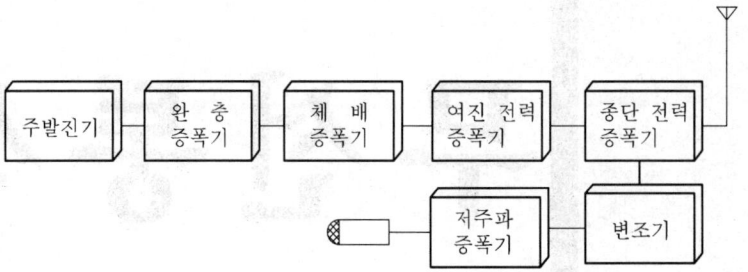

② 주 발진기
㉠ 주파수의 안정을 위해 수정 발진회로가 주로 채용된다.
㉡ 온도 변화에 의한 주파수 변동 방지를 위해 항온조를 사용한다.
㉢ 수정 발진회로의 주파수 변동 원인과 그 대책
ⓐ 온도의 변화 : 항온조를 사용한다.
ⓑ 부하의 변동 : 완충증폭기(buffer)를 사용한다.
ⓒ 전원 전압의 변화 : 정전압회로를 사용한다.
ⓓ 동조점의 불안정 : 동조점을 약간 벗어나게 한다.

ⓔ 부품의 불량 : 양질의 부품 사용, 접촉의 완전화

(2) 완충증폭기
부하 변동에 의한 주파수 변동 방지용으로 부가된다.
① A급 증폭 방식으로 한다.
② 발진기와는 소결합하고 전원은 발진기와 공통으로 사용한다.

(3) 체배증폭기
수정 진동자의 고유 진동수를 높인다.
① C급 증폭 방식으로 제 2 또는 제 3의 고조파에 동조시킨다.
② 고주파 함유량은 유통각에 따라 변동된다.
③ 양극 동조회로를 사용한다.
④ 입출력 주파수가 다르므로 중화가 필요치 않다.

(4) 여진 전력증폭기
종단 전력증폭기의 동작을 위해 체배증폭기로부터의 전력을 증폭 드라이브한다.

(5) 종단 전력증폭기
필요한 고주파 전력을 공중선에 공급하기 위한 고주파 전력을 증폭한다.
① 효율이 좋아야 하므로 C급 증폭 방식을 주로 사용한다.
② 스퓨리어스(spurious) 발사가 적어야 하며 기생 진동이 일어나지 않아야 한다.
③ 출력이 크고 파형이 일그러지지 않아야 한다.
④ 보통은 피변조기로 동작시킨다.

(6) 변조기
① 저전력 변조

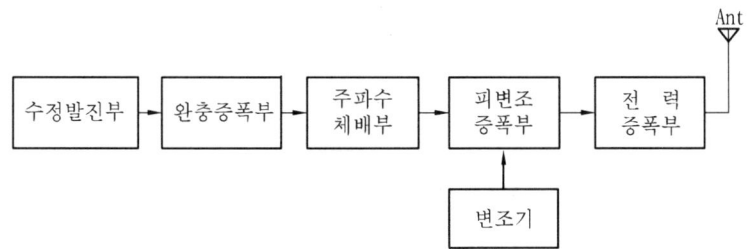

㉠ 소형 또는 중형 송신기에 사용하며, 변조 전력이 작아서 음성 주파수 특성이 양호하다.
㉡ 피변조기 및 그 이후 단의 조정이 어렵다.
㉢ 종합 효율이 나쁘다.
㉣ 변조 특성이 나빠서 일그러짐이나 잡음이 발생하기 쉽다.

② 고전력 변조
㉠ 전력 효율이 높아야 되는 대전력 송신기에 사용된다.
㉡ 각 부의 조정이 비교적 쉽다.
㉢ 종합 효율이 좋다.
㉣ 양호한 변조 특성을 얻으므로 일그러짐, 잡음 발생이 적다.
㉤ 큰 변조기를 사용해야 하므로 소비 전력이 크다.

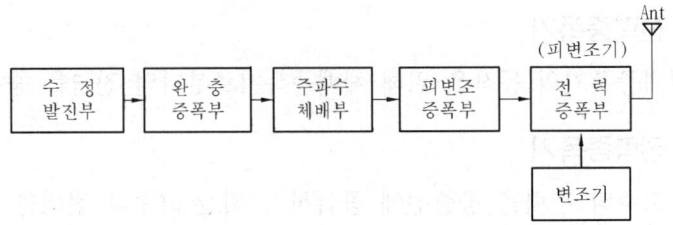

(7) 안테나 결합회로
최종 전력증폭단의 출력 회로를 안테나에 결합시킨다.
① 유도 결합회로

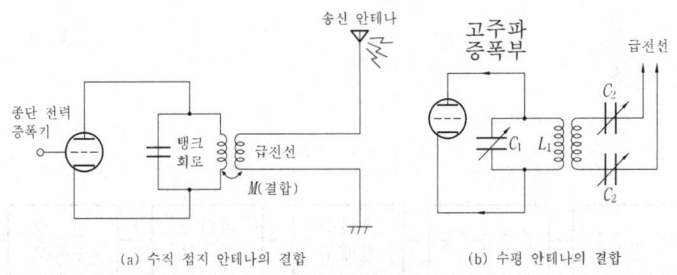

(a) 수직 접지 안테나의 결합   (b) 수평 안테나의 결합

㉠ 안테나의 복사 저항이 클 때 L_2가 L_1보다 커야 한다.
㉡ C_2가 적게 되는 결점이 있다.

② π형 결합회로

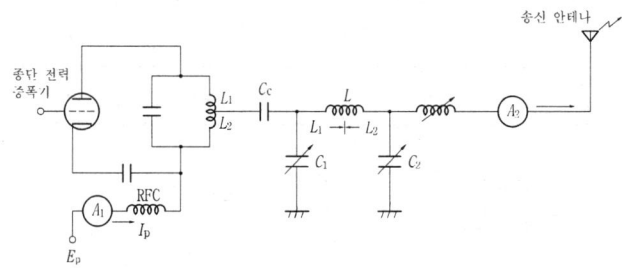

㉠ 저역 여파기의 역할로 스퓨리어스 제거 효과가 있다.
㉡ 비교적 간단한 조정으로 넓은 범위의 부하와 정합시킬 수 있다.
㉢ 부하 저항이 작을 때는 부적당하다.

③ 공진 효율 : 공진회로에 주어지는 전력과 부하에 나타나는 전력의 비

$$\eta = \frac{Q_0 - Q_L}{Q_0} \times 100\% \quad (Q_0 : 무부하 \ 시의 \ Q, \quad Q_L : 부하 \ 시의 \ Q)$$

[2] SSB 송신기

(1) SSB 통신 방식

① 단일 측파대(A3J) 통신 : 반송파 성분과 상하 측파대 성분 중 어느 한쪽의 측파대만을 전파로 이용하는 것
② 전화용이므로 신호 주파수 대역폭은 300[Hz]~3[kHz] 정도이고 사용 주파수대는 주로 단파대이다.
③ SSB 통신 방식의 특징

㉠ 점유 주파수 대역폭이 A3 방식의 $\frac{1}{2}$로 되어 혼신의 영향이 적다.
㉡ SN비가 향상되어 선택성 페이딩에 의한 영향이 경감된다.
㉢ A3 송신기보다 송신 전력이 대폭적으로 절약된다.
㉣ 비화성이 있다.
㉤ 송신기의 회로가 복잡하다.
㉥ 수신부에 국부 발진기 및 동기 장치가 필요하다.

(2) SSB 송신기의 구성

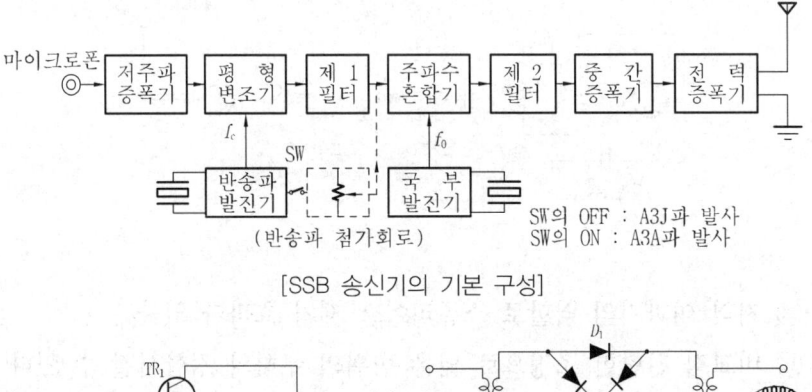

[SSB 송신기의 기본 구성]

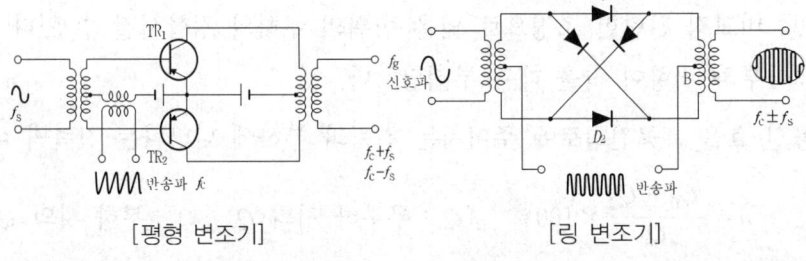

[평형 변조기]   [링 변조기]

① 평형 변조기 : 저주파 증폭기로부터 신호를 받아 반송파가 제거된 상하 측파대의 피변조파를 얻는다.
② 제1필터 : 상하 측파대 중의 한쪽 측파대만를 통과시킨다.
　㉠ 일반적으로 하측파대를 제거한다.
　㉡ LC 조합 필터(100[kHz] 정도), 메커니컬 필터(100~500[kHz]), 크리스털 필터(100[kHz]~5[MHz]) 등이 사용된다.

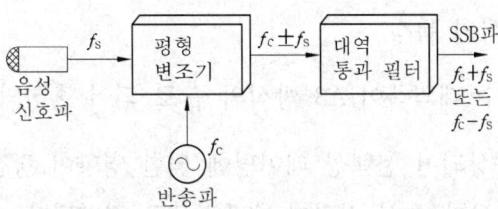

③ 주파수 혼합기 : 단측파대의 출력과 국부 발진의 출력(f_o)을 혼합한다.
④ 제2필터 : 혼합기 출력의 f_o(반송파) 성분과 한쪽 측파대의 성분을 제거하여 필요한 단측파대의 피변조파를 얻는다.
⑤ 중간 증폭기 : 전력증폭기의 입력 레벨까지 증폭(A 또는 AB급)한다.

⑥ 전력증폭기 : AB급이나 B급으로 하여 일그러짐을 작게 하고 있다.

(3) 변조 방식

① 필터법 : 반송파를 억압한 양 측파대의 피변조파에서 필터에 의해 단측파대를 얻는 방식

② 이상법 : 평형 변조기에서 나온 양 측파대 중 한쪽의 위상을 180° 반전시켜 원래의 양쪽 측파대를 조합해서, 180° 위상차가 있는 측파대끼리만 소거하고 한쪽 측파대만 남도록 하는 방식

(4) SSB 송신기의 형식

① A3H(전반송파) 형식 : 보통의 A3 수신기로도 수신할 수 있도록 한쪽 측파대와 반송파를 그대로 송출한다.

② A3J(억압 반송파) 형식 : 한쪽 측파대와 반송파 성분을 약간 포함시켜 수신 중 파일럿(pilot) 신호로 이용할 수 있게 한다.

[3] FM 송신기

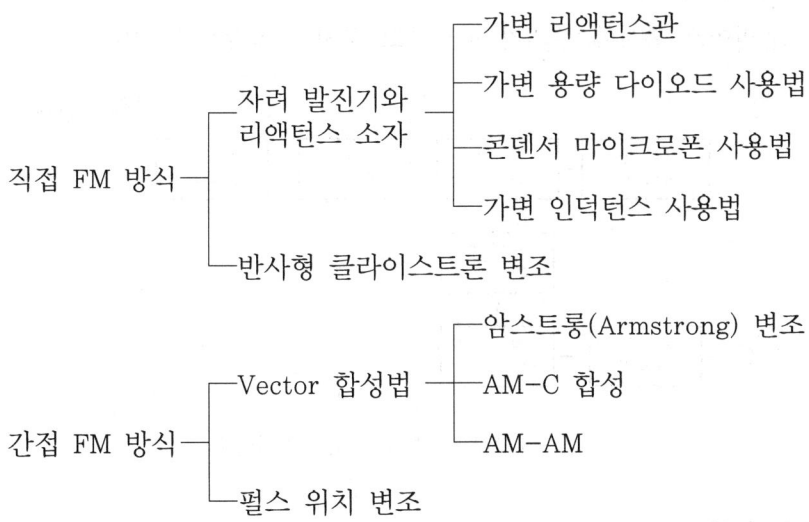

(1) 직접 FM 방식

자려 발진기와 리액턴스 소자에 의한 회로의 결합으로 주파수 변조를 한다.

① 회로의 구성이 간단하게 된다.

② 자려 발진 방식이므로 반송파(중심 주파수)의 안정도가 나쁘다.
③ 자동 주파수 제어(AFC) 회로가 필요하다.

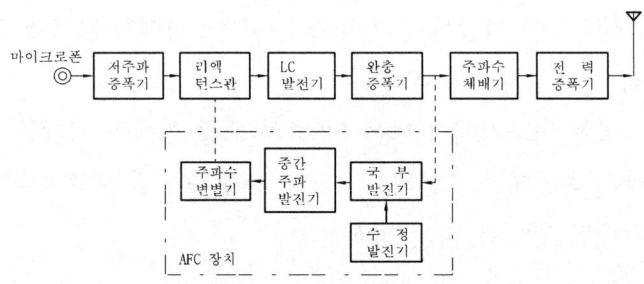

[직접 FM 방식 송신기의 구성]

(2) 간접 FM 방식

위상 변조기에 의하여 간접적으로 FM파를 만든다.

① 반송파를 수정발진기로 발생시키므로 주파수 안정도가 좋다.
② 전치 보정 회로가 필요하다.
③ AFC 회로는 필요 없다.
④ 스퓨리어스 복사에 주의가 필요하고 장치가 복잡하게 된다.

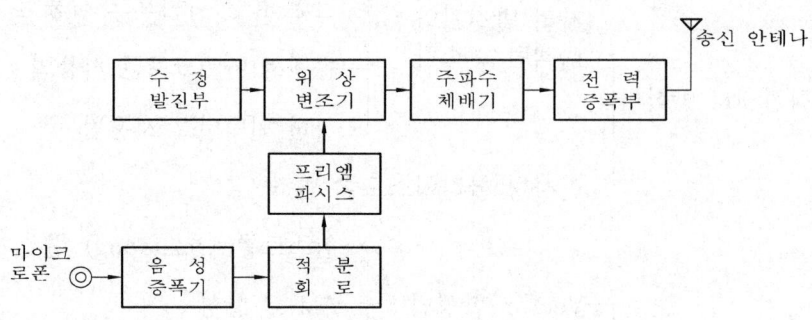

[간접 FM 방식 수신기의 구성]

(3) 부속 회로

① 프리엠퍼시스(Pre-emphasis) 회로 : 신호 전송에서 신호의 어떤 주파수 성분을 다른 성분에 대해 상대적으로 강하게 하여 SN비를 향상시켜 일그러짐을 감소시키는 회로이다.

② 자동 주파수 제어(AFC) 회로 : 발진기의 주파수를 입력 신호와 일치되도록 하기 위해 비교장치를 사용하고 그 출력에 의해 발진기의 주파수를 연속적으로 수정하는 회로이다.

③ 순시 편이 제어(IDC) 회로 : 변조 주파수가 높아지면 그것에 비례하여 변조파의 주파수 편이가 커지므로 변조기로 들어가기 전에 리미터를 사용하여 주파수 편이를 규정값 이내로 유지하도록 하는 회로이다.

(4) 스테레오 방송용 FM 송신기의 구성

① 우리나라의 FM 방송은 AM-FM 방식(GE.Zenith 방식)을 채용하고 있다.
  ㉠ 좌우 신호를 더한 화신호(L+R)를 주채널로 하여 50[Hz]~15[kHz] 범위에 배정한다.
  ㉡ L-R의 차신호를 부반송파 38[kHz]로 평형 변조하여 얻은 양쪽 측파대 신호가 23[kHz]~53[kHz]의 부채널로 된다.
  ㉢ 양 채널 사이에 19[kHz]의 파일럿 신호를 넣어 복합 신호로 구성한 것을 주파수 변조한다.

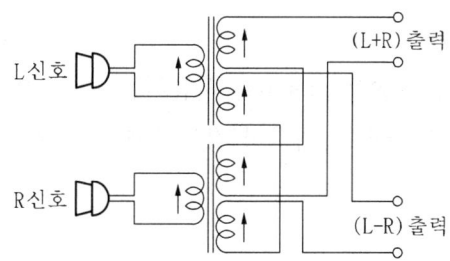

[스테레오 신호의 합]

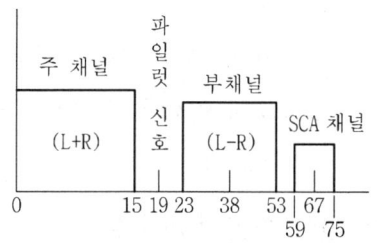

[스테레오 복합 신호의 주파수 스펙트럼]

② 복합 신호 S의 식

$$S = (L+R) + (L-R)\cos\omega_s t + P\cos\frac{\omega_s}{2}t$$

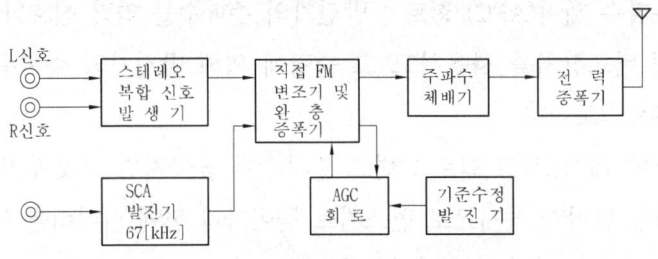

[스테레오 방송용 FM 수신기의 구성도]

[4] 전신 송신기

전신(telegraph) 송신기는 고주파 에너지를 이용한 통신 신호로 부호를 사용하는 송신기로서, 변조기 대신에 모스(morse) 부호를 보내는 전건 조작장치가 부가된다.

(1) 전신의 종류

① CW 전신
  ㉠ 고주파 출력을 모스 부호로 단속한다.
  ㉡ 많은 고조파를 발생하고 수신기에 키 클릭(key-click)을 일으키기 쉽다.

② FS 전신
  ㉠ 2개의 주파수 중 한쪽을 mark, 다른 쪽을 space로 사용하는 방법이다.
  ㉡ FM의 이점을 전신에 이용한 것으로 잡음에 대하여 강하기에 인쇄 전신기 등에 적합하다.

(2) 전신 송신기의 구성

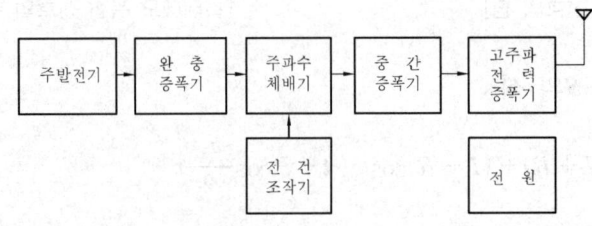

(3) 무선 전신 송신기의 요구 조건

① 소요 전력이 안정 확실할 것
② key 조작에 의해 발진 주파수가 변동하지 않을 것

③ key 조작에 의해 적당한 구형파 부호를 송출할 수 있을 것
④ 통신 속도가 높을 것
⑤ 필요한 대역 외의 전파를 발사하지 않을 것
⑥ 동작이 확실하고 취급하기가 안전 용이할 것

(4) 전신 송신기 사용 시의 특수 현상

① 키 클릭(key click) : 전건 조작에 따라 불필요한 고주파가 발사되어 다른 통신에 방해를 주는 현상 – 신호의 첫음과 마지막에 충격적인 "까릭까릭" 하는 방해 잡음을 준다.

② 채터링(chattering) : 조정 불량의 계전기(relay)로 전건을 단속할 때 계전기의 접점이 완전히 접촉되지 않아 시초 또는 끝에 진동을 일으켜 불꽃이 생기며 송신 파형에 일그러짐을 주는 현상

2 아날로그 수신기의 원리 및 특성

[1] AM 수신기

(1) 슈퍼헤테로다인 수신기

슈퍼헤테로다인(superheterodyne) 수신기란 수신 전파의 주파수 f_r을 이와 다른 주파수 f_i(중간 주파수)로 변환시키고 이를 증폭하여 검파하는 방식의 수신기로서 오늘날의 수신 방식의 표준이 되고 있다.

(2) 슈퍼헤테로다인 수신기의 구성

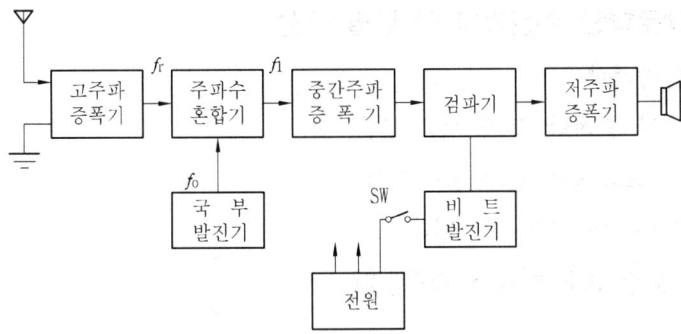

(3) 슈퍼헤테로다인 수신기의 장점과 단점

① 장점
　　㉠ 중간 주파수로 변환 증폭하므로 감도와 선택도가 좋다.
　　㉡ 광대역에 걸쳐 선택도가 떨어지지 않고 충실도가 좋다.

② 단점
　　㉠ 국부 발진 주파수의 고조파와 수신 전파 사이의 비트(beat) 방해를 받기 쉽다.
　　㉡ 영상 혼신을 받기 쉽다.
　　㉢ 회로가 복잡하고 조정이 어렵다.

(4) 슈퍼헤테로다인 수신기의 영상 주파수 방해

① 영상 혼신(Image frequency interference)
　　수신하려는 주파수(f_s)에 대하여 $f_s + 2f_i$인 주파수도 동시에 들어와 스퓨리어스 출력을 생기게 하고 이와 같은 스퓨리어스 응답에 의한 방해를 영상 방해라 한다.

② 영상 주파수 f_2 = 수신 주파수 + 2×중간 주파수 = $F_s + 2f_i$

③ 영상 혼신 경감법
　　㉠ 고주파 증폭단을 부가하여 선택도를 높인다.
　　㉡ 동조회로의 Q를 높인다.
　　㉢ 중간 주파수를 높게 선정한다.
　　㉣ 안테나 회로에 웨이브 트랩(wave trap)을 설치한다.
　　㉤ 중간 주파 증폭회로에 수정 여파기(X-tal filter)를 쓴다.
　　㉥ 이중 슈퍼헤테로다인 방식으로 한다.

(5) 슈퍼헤테로다인 수신기의 각 부별 구성

① 고주파 증폭부
　　㉠ 고주파 증폭단 부가 시의 좋은 점
　　　　ⓐ 감도와 선택도가 좋아진다.
　　　　ⓑ SN비가 크게 개선된다.
　　　　ⓒ 영상 신호 방해가 경감된다.

ⓓ 국부 발진 세력의 방사를 줄일 수 있다.
ⓛ 고주파 증폭회로는 C_{gp}가 작고 g_m이 큰 5극관을 사용한다.
ⓒ 초단관으로서는 잡음이 적은 것을 사용한다.

② 주파수 변환부 : 수신 주파수를 일정한 중간 주파수로 변환하는 회로. 국부 발진기 및 혼합 회로로 되어 있다.
  ㉠ 주파수 변환부의 조건
    ⓐ 변환 이득이 클 것
    ⓑ 잡음 발생량이 적을 것
    ⓒ 회로가 간단하고 조정이 용이할 것
    ⓓ 국부 발진기의 동작이 안정할 것
  ㉡ 국부 발진회로의 구비 조건
    ⓐ 발진 주파수가 안정할 것
    ⓑ 발진 출력이 충분하고 안정할 것
    ⓒ 고조파 함유율이 적고 주파수 조정이 간단할 것

③ 중간 주파 증폭부 : 변환기로부터의 중간 주파 출력을 증폭하는 부분. 선택 특성 및 전체 증폭도의 대부분을 담당하며 수신기의 성능에 결정적인 역할을 한다.
  ㉠ 중간 주파수를 높게 할 경우
    ⓐ 인입 현상에 의한 영향이 개선된다.
    ⓑ 영상 주파수와의 관계가 개선된다.
    ⓒ 전송 대역 주파수 특성이 개선된다.
  ㉡ 중간 주파수를 낮게 할 경우
    ⓐ 감도 및 안정도가 좋아진다.
    ⓑ 단일 조정(tracking)이 용이하다.
    ⓒ 근접 주파수에 대한 선택도가 향상된다.

④ 검파(복조)부 : 피변조파로부터 원래의 신호를 검출해 내는 부분. AM 수신기에서는 직선 검파회로가 주로 쓰인다.
⑤ 저주파 증폭부 : CR 결합에 의한 저주파 증폭회로를 사용한다.
⑥ 전원부

㉠ 전압 변동률이 적을 것
㉡ 리플 함유율(맥동률)이 적을 것

[2] FM 수신기

(1) FM 통신용 수신기의 구성

① 진폭 제한기(limiter) : FM파(반송파)가 진폭 변화를 받아 약간의 진폭 변조된 AM파 성분(잡음 성분)을 제거하여 진폭을 일정하게 한다.

② 주파수 판별기(FM 검파회로) : 주파수 변조된 FM파를 진폭의 변화(AM)로 바꾼다.

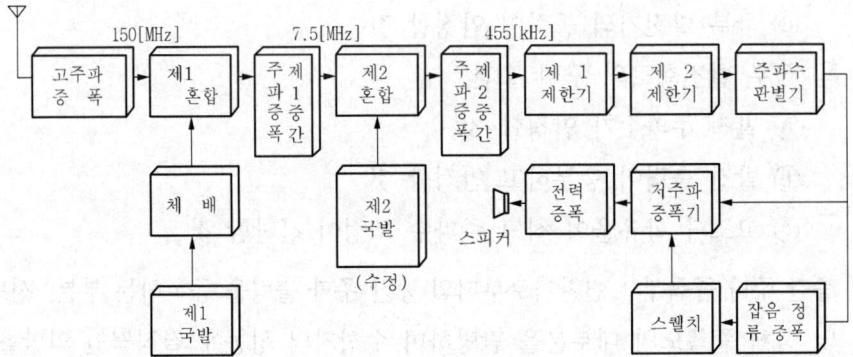

③ 스퀠치(squelch) 회로 : 입력 신호가 없을 때 잡음을 제거하기 위하여 저주파 증폭부의 동작을 자동적으로 정지시킨다.

④ 디엠퍼시스 회로 : 송신측에서 SN비 개선을 위해 고역 이득을 보강한 특성(프리엠퍼시스)을 수신측에서 다시 보정하여 전체적으로 평탄한 특성으로 하기 위한 회로

⑤ 자동 주파수 제어회로 : 주파수 변환을 위한 국부 발진기의 주파수 변동을 제거하기 위하여 주파수를 자동적으로 검출하고 제어한다.

(2) FM 통신 방식의 특징

① SN비가 좋다.
② 송신기의 효율을 높일 수 있고, 일그러짐이 적다.
③ 수신기의 출력 준위의 변동이 적다.

④ 혼신 방해를 적게 할 수 있다.
⑤ 주파수 대역을 넓게 잡을 필요가 있다.

[3] SSB 수신기

① SSB 수신기는 AM 수신기와 비슷한 원리이지만, 복조부와 각 증폭부의 대역폭 등 특수한 부분의 회로만이 다르다.
② SSB파 수신의 경우에는 송신측에서 억압한 반송파를 수신기에서 발생(동기 반송파)하여, 수신파와 합성해 주어야 복조가 가능하다.
③ 복조부 : 중간 주파 증폭부로부터의 SSB 신호와 동기 반송파를 합성해서 검파한다.
  ㉠ 다이오드 검파기에 의한 방법 : 입력부에 SSB파와 동기 반송파를 동시에 가한다.
  ㉡ 링 복조기에 의한 방법 : 입력측에 중간 주파 증폭기로부터의 SSB파를 가하고, 동기 반송파를 중간 단자 사이에 가하여 출력단의 저역 여파기를 통과시켜 저주파 신호만을 얻는다.

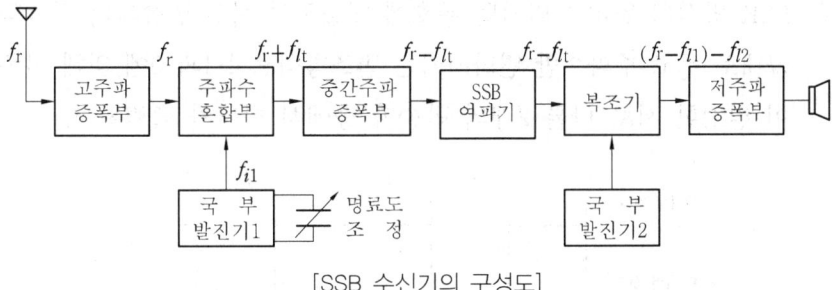

[SSB 수신기의 구성도]

3 디지털 송·수신기

[1] 디지털 송신기의 원리 및 특성

① ASK(진폭편이변조 : Amplitude shift keying)
  ㉠ ASK 방식의 원리 : 디지털 부호에 대응하여 사인 반송파의 주파수나 위상을 그대로 두고 진폭만 변화시키는 변조방식이며 0이면 출력 신호가 전혀 없거

나 또는 진폭만 다른 반송파를 출력한다.

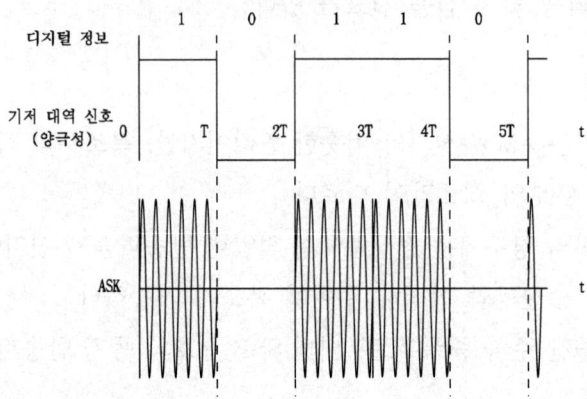

ⓒ ASK 방식의 특징

ⓐ 비트 오류 확률 특성이 양호하다.

ⓑ 저속 데이터 전송에 많이 이용한다.

ⓒ 복조 방식은 동기 검파기를 사용한다.

② FSK(주파수편이변조 : Frequency shift keying)

㉠ FSK 방식의 원리 : 디지털 부호에 대응하여 사인 반송파의 진폭과 위상을 그대로 두고 주파수만 변화시키는 변조방식으로 1과 0에 의해 진폭과 위상이 일정한 서로 다른 2개의 반송파 중에서 하나가 출력된다.

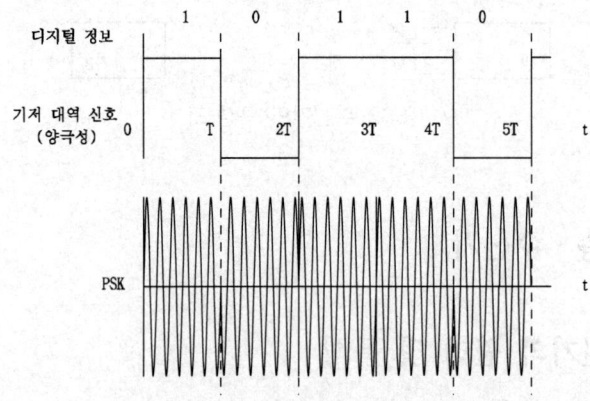

㉡ FSK 방식의 특징

㉠ 대역폭은 희생하나 같은 오류 확률에서 에너지 측면에서는 성능이 향상된다.

ⓒ M진 FSK의 M의 증가에 따라 대역폭이 증가한다. 즉, M진 FSK는 스펙트럼 효율이 나쁘다.
ⓒ 출력잡음은 상호독립이며, 전력으로 더해진다.
ⓔ 동기검파는 PLL을 이용하고 비동기 검파는 포락선 검출기를 이용한다.

④ FSK 방식의 장·단점
 ㉠ FSK 방식의 장점
  ⓐ 비동기 검파를 이용하는 경우 매우 간단한 FSK 모뎀의 구현이 가능하다.
  ⓑ 일정 진폭 특성을 갖기 때문에 비선형성이 강하다.
  ⓒ 동기 검파, 비동기 검파의 사용이 가능하다.
 ㉡ FSK 방식의 단점
  ⓐ 신호가 직교신호이므로 동일한 모듈을 갖기 위해 3[dB] 전력 손실이 발생한다.
  ⓑ 주파수 효율이 떨어진다.
  ⓒ 선형 함수이므로 등화기를 사용하기 어렵다.
  ⓓ 비선형 변조이므로 선형 변조 방식에 비해 신호분석이 어렵다.

⑤ PSK(위상편이변조 : Phase shift keying)
 ㉠ FSK 방식의 원리 : 진폭과 주파수가 모두 일정한 반송파를 이용하여 그 위상을 2진 전송 부호에 대응시켜 변화시키는 방식으로 1과 0에 의해서 진폭과 주파수가 일정하나 위상만 180° 바뀌어진 반송파가 출력된다. 부호율과 대역폭 효율이 모두 우수하므로 가장 널리 사용된다.

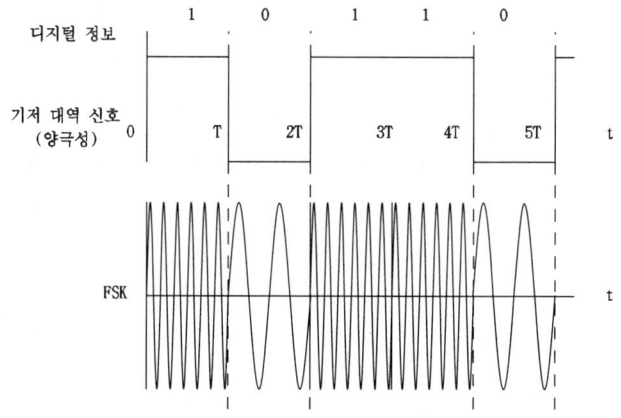

⑥ PSK 방식의 특징
  ㉠ I-채널과 Q-채널의 에러 확률은 BPSK의 에러 확률과 동일하며, S/N비가 BPSK보다 3[dB] 나쁘다.
  ㉡ 한 개의 심벌이 2개 비트를 표시하므로 I-채널과 Q-채널의 2진 데이터의 조합에 의해 위상이 결정된다.
  ㉢ 동일한 주기 T를 기준으로 하면 BPSK보다 2배의 속도로 비트의 전송이 가능하다.
  ㉣ I-채널과 Q-채널의 데이터가 모두 변하면 ±180°의 위상 변화, 두 개의 채널 중 한 개의 데이터가 변하면 ±90°의 위상 변화가 발생한다.
  ㉤ 같은 양의 데이터를 전송하기 위해 대역폭은 BPSK의 1/2이 필요하다.

⑦ QAM(직교진폭변조 : Quadrature Amplitude Modulation)
  ㉠ QAM 방식의 원리
  ㉡ 2개의 채널(I, Q)이 독립되도록 하여 제한된 전송대역을 이용한 데이터 전송 효율의 향상을 위해 반송파의 진폭과 위상을 동시에 변조하는 방식
  ㉢ ASK와 PSK의 결합된 방식으로 APK 방식이라고도 한다.
  ㉣ ASK로 변조한 것을 합성하여 동일 전송로에 송출시켜 비트 전송 속도의 2배 향상이 가능하다.

⑧ QAM 방식의 특징
  ㉠ QAM 신호는 2개의 직교성 DSB-SC 신호를 선형적으로 합성한 것이다.
  ㉡ M진 QAM과 M진 PSK의 전력 스펙트럼과 대역폭 효율은 동일하다.
  ㉢ M진 QAM의 대역폭 효율은 $\log_2 M$[bps/Hz]이다.
  ㉣ QAM의 소요 전송대역은 $B_R = 2B$로서 DSB-SC의 경우와 동일하다.
  ㉤ QAM의 스펙트럼 효율을 향상시키기 위하여 I-채널과 Q-채널에 PR(Partial Response Filter)를 사용한 QPR(Quadrature Partial Response)을 사용한다.
  ㉥ 16진 QAM(L=4)는 4개의 레벨을 갖는 4개의 위상과 2개의 레벨을 갖는 8개의 위상의 조합으로 구성된다.

[2] 디지털 수신기의 원리 및 특성

① ASK(진폭편이변조 : Amplitude shift keying)

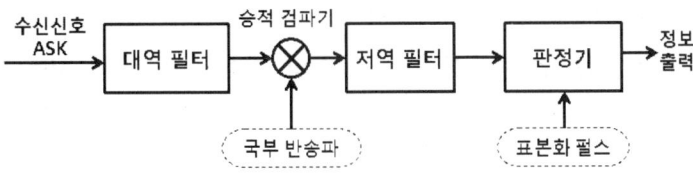

② FSK(주파수편이변조 : Frequency shift keying)

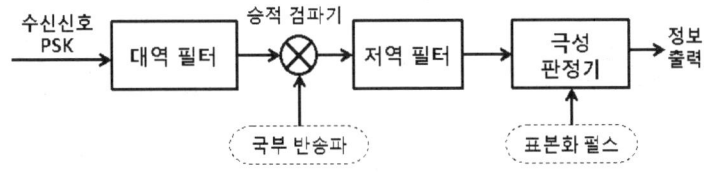

③ PSK(위상편이변조 : Phase shift keying)

㉠ BFSK 신호의 동기 검파 과정

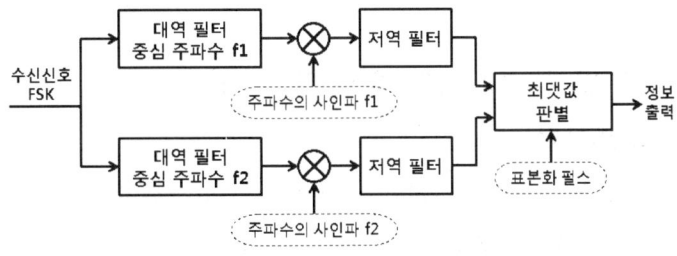

㉡ QFSK 신호의 동기 검파 과정 : 입력 두 비트마다 하나의 신호로 전송하며, 전송 대역폭은 BPSK의 1/2, 즉 BPSK보다 2배의 대역폭 효율을 갖는다.

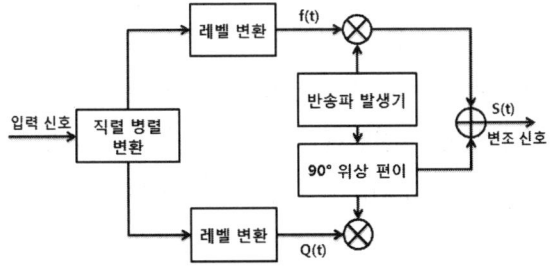

④ QAM(직교진폭변조 : Quadrature Amplitude Modulation) : 2진 데이터를 직·병렬 변환기에 통과시켜 2개의 채널로 분리하고(현재까지는 QPSK와 동일),

2개의 직교 채널로 들어온 비트를 2-to-L 레벨 변환기(일종의 진폭변조기)에 의해 L레벨 신호로 변환시킨 후 각각의 신호를 또 다시 ASK 변조한다.

각 채널에서 L레벨 신호는 코사인과 사인 반송파를 갖는 곱셈 변조기에 인가되어 DSB-SC 변조된 후 QAM 신호가 된다.

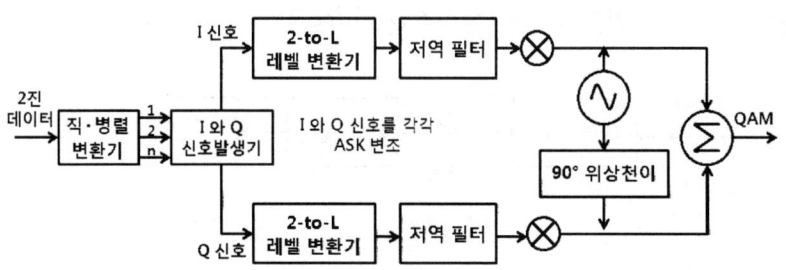

4 기타 송·수신기 및 부속기기

[1] 기타 송신기 및 부속기기의 원리 및 특성

(1) 송신기의 부속장치

① 과부하 계전기(over load relay) : 송신기의 고장으로 큰 전류가 흐를 때 기기를 파손으로부터 보호하기 위한 것으로, 과전류가 흐르면 즉시 계전기가 동작하여 전원을 차단한다.

② 시한 계전기(time-delay relay) : 대형 송신기의 필라멘트 점화 등에 사용하는 것으로, 계전기가 동작하기 시작해서 접촉할 때까지의 시간이 항상 일정하거나 또는 전류가 어느 관계를 유지해야만 동작하는 계전기이다.

③ 도어 스위치(door switch) : 송신기의 도어를 열면 고전압이 자동적으로 끊어지게 하는 장치인데, 고전압에 의한 감전의 위험을 방지하기 위해 설치한다.

④ 전자 개폐기(magnetic switch) : 송신기 전원의 기동 및 정지를 푸시버튼 스위치를 써서 자동적으로 조작할 수 있도록 한 장치이다.

⑤ 피뢰기(arrester) : 공중선 등에 벼락이 떨어졌을 때 기기를 보호할 목적으로 설치된다.

⑥ 무전압 계전기(no-voltage relay) : 전압이 가해지지 않았을 때 동작하는 계전

기로서 계전기 내의 스프링에 의해 동작한다.

(2) 송신기의 전기적 특성
① 주파수 안정도
② 공중선 전력 : 평균 전력(P_m), 첨두 전력(P_p), 반송파 전력(P_c), 규격 전력(P_r)
③ 스퓨리어스 발사 : 고조파, 저조파, 기생 진동을 포함한 불필요한 전파 발사
④ 변조 특성 : 변조의 직선성, 주파수 특성, 잡음 특성
⑤ 점유 주파수 대역폭 : 상한과 하한 각각 0.5%씩을 제외한 전 에너지의 99%를 차지하는 대역폭

(3) 송신기의 필요 성능 조건
① 발사되는 주파수의 변동이 없어야 한다.
② 안테나 전력은 일정한 허용차 이내이어야 한다.
③ 변조 특성은 변조 직선성이 좋아야 한다.
④ 신호파에 대한 변조도의 주파수 특성이 좋아야 한다.

[2] 기타 수신기 및 부속기기의 원리 및 특성

(1) 수신기의 보조회로
① 자동 이득 제어(AGC) 회로 : 입력 레벨의 변동에 대하여 수신기의 이득을 자동적으로 조정하는 회로이다.
② 지연 이득 제어(Delayed AGC) 회로 : 어떤 레벨 이하의 입력 신호에 대해서는 AGC 효과를 억제하고 입력 레벨이 일정한 지연점을 넘으면 AGC가 동작되게 하여 출력 레벨을 일정하게 유지하도록 하는 회로이다.
③ 단일 조정(tracking) 회로 : 수신 주파수와 국부 발진 주파수 차가 항상 중간 주파수가 되도록 조정하는 회로이다.
　㉠ 높은 주파수 : 트리머 조정
　㉡ 중간 주파수 : 트리머 또는 패딩 콘덴서
　㉢ 낮은 주파수 : 패딩 콘덴서로서 조정한다.
④ 자동 잡음 억제(ANL : Automatic Noise Limiter) 회로
　㉠ 공전이나 도시 잡음을 억제하기 위해 쓰이는 스위칭 회로이다.

ⓒ 충격성 잡음에는 좋으나 연속 잡음에는 별로 효과가 없다.
⑤ 자동 선택도 제어(ASC) 회로 : 수신 전파가 강할 때는 선택도를 낮게 하여 통과 대역폭을 넓게 하여 충실도를 높이고, 약할 때는 높게 하여 혼신을 적게 하기 위한 자동 조정 회로이다.

(2) 수신기의 성능

① 감도(sensitivity) : 어느 정도의 미약한 전파까지 수신할 수 있는지의 능력을 나타내는 것
  ㉠ 단파 무선 : S/N이 20[dB]일 때 정격 출력의 1/2의 출력을 얻기 위해 요하는 수신기 입력 전압
  ㉡ 무선 전화 : S/N을 6[dB]로 하기 위해 필요한 수신기 입력 전압
  ㉢ FM 무선 전화 : 잡음 억압을 20[dB]로 하기 위해 필요한 수신기의 입력 전압
  ㉣ 감도의 향상
    ⓐ 고주파 증폭단을 부가하여 이득을 크게 한다.
    ⓑ 주파수 변환 소자(진공관, 트랜지스터)는 잡음이 적고 변환 컨덕턴스가 클 것
    ⓒ 중간 주파 증폭단을 증가시킨다.
    ⓓ 공중선 결합회로 및 각 증폭단의 이득을 충분히 취할 것

② 선택도(selectivity) : 수신하려고 하는 희망 전파를 다른 주파수의 전파로부터 어느 정도까지 분리할 수 있는지의 능력을 나타내는 것이다.
  ㉠ 근접 주파수 선택도 : 희망 전파의 주파수에 가까운 주파수의 전파를 억압하는 비율의 정도
  ㉡ 영상 주파수 선택도 : 영상 주파수에 의한 영상 방해의 정도에 대한 선택도
  ㉢ 선택도의 향상
    ⓐ 동조회로의 Q를 높게 한다.
    ⓑ 고주파 증폭단을 부가한다.
    ⓒ 중간 주파수를 낮게 한다.
    ⓓ 중간 주파 변성기(IFT)는 1, 2차 동조형으로 한다.
    ⓔ 공중선 회로를 소결합한다.

③ 충실도(fidelity) : 송신측의 변조 신호를 어느 정도까지 충실하게 재현할 수 있는지의 정도를 나타낸다.
④ 안정도(stability)
　㉠ 주파수와 진폭이 일정한 신호 전파를 수신하면서 장시간에 걸쳐 조정하지 않는 상태로 일정한 출력을 낼 수 있는 능력을 나타낸다.
　㉡ 국부 발진 주파수의 안정도, 증폭기의 안정도, 부품의 변화 등에 의해 결정된다.
⑤ 잡음(noise) : 통신계에서 정보를 전하는 신호 이외에 혼입된 모든 성분을 말하며, 신호와 잡음의 비율을 SN비[dB]로 나타낸다.

Chapter 02 무선통신 전파환경분석

1 전파환경 측정하기

1 전파환경 이론

[1] 전파의 성질

(1) 전파의 정의
① 전파란 도선 없이 공간을 빛의 속도($c = 3 \times 10^8 [\text{m/sec}]$)로 퍼져 나가는 전기적 세력의 전달이다.
② 전파의 존재는 맥스웰(Maxwell)의 주장을 헤르츠(Hertz)가 증명하였다.

(2) 전파 가시거리
① 기하학상의 가시거리
$$D = 3570(\sqrt{h_1} + \sqrt{h_2})[\text{m}]$$
② 실제의 전파 가시거리
$$d = 4110(\sqrt{h_1} + \sqrt{h_2})[\text{m}]$$
(h_1 : 송신 안테나의 높이, h_2 : 수신 안테나의 높이)
③ 가시거리 내에서의 전계 강도
$$E = \frac{88\sqrt{P}h_1 \cdot h_2}{\lambda d^2} \cdot J[\text{V/m}]$$

P : 실효 송신 전력[W] h_1, h_2 : 송·수신 안테나의 높이[m]
d : 송·수신 간의 거리[m] λ : 파장[m]
J : 지구 표면의 곡률에 의한 보정값

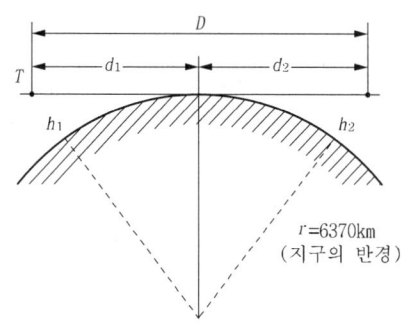

(3) 임계 주파수(Critical Frequency)

전리층에 수직으로 전파를 발사하면, 주파수가 낮을 때는 반사되지만 주파수가 어떤 주파수 이상에서는 전리층을 탈출하여 반사가 없어진다. 이와 같이 수직 입사파에 대해서 반사되지 않는 주파수를 임계 주파수 f_c라 한다.

$$f_c = 9\sqrt{N_m}$$

(N_m : 최대 전자 밀도)

※ 임계 주파수는 태양 활동의 대소나 주야로 변화하지만 f_cE≒3.5[MHz], f_cE_2≒8[MHz] 정도이다.

(4) 주파수에 따른 분류

명칭	주파수대	주파수의 범위	파장의 범위	전달 특성	주요 용도
초장파	VLF	3 [kHz] ~ 30 [kHz]	100 [km] ~ 10 [km]	항상 감쇠가 적은 안정한 전달을 한다. 또한 시각에 의한 변화도 적다. 근거리는 지표파로, 원거리는 전리층에 의한 반사파로 전달한다.	오메가 항법 잠수함 통신
장파	LF	30 [kHz] ~ 300 [kHz]	10 [km] ~ 1 [km]	야간 전달은 VLF와 같다. 주간은 감쇠가 VLF보다 많아진다. 또한 주파수가 높아짐에 따라서 증가한다. 계절이나 시각에 의한 변화도 VLF에 비하여 크다.	ADF, 로란 C, 선박 통신 장거리 고정국 간 통신
중파	MF	300 [kHz] ~ 3 [MHz]	1 [km] ~ 100 [m]	감쇠는 야간이 적고, 주간에는 많아진다. 또한 겨울보다 여름이 크다. 원거리의 통신은 VLF나 LF보다 변동이 크고 불안정해진다. 또한 주파수가 높아짐에 따라서 이 경향이 커진다.	라디오 방송, ADF, 로란 A, 선박 및 육상 이동 통신
단파	HF	3 [MHz] ~ 30 [MHz]	100 [m] ~ 10 [m]	주로 전리층 반사파에 의해 전달하므로 전리층의 상태에 따라서 지배된다. 시각이나 계절에 따라서 전달 상태가 크게 변하므로 전달 상태가 좋은 주파수를 이용할 필요가 있다.	국제 라디오 방송 아마추어 무선 항공기 HF 통신 기타 중·장거리 각종 통신
초단파	VHF	30 [MHz] ~ 300 [MHz]	10 [m] ~ 1 [m]	빛의 전달에 가깝고 전리층을 통과하므로 원거리의 통신은 할 수 없어진다. 예상 거리 내를 직접파로 전달한다.	TV, FM 방송 항공기 VHF 통신 VOR, 마커, 로컬라이저
극초단파 / 마이크로파	UHF	300 [MHz] ~ 3 [GHz]	1 [m] ~ 10 [cm]	빛의 전달에 가깝고 전리층을 통과하므로 원거리의 통신은 할 수 없어진다. 예상 거리 내를 직접파로 전달한다.	TV(UHF) 방송 글라이드 패스 ATC 트랜스폰더 tacan, DME
극초단파 / 마이크로파	SHF	3 [GHz] ~ 30 [GHz]	10 [cm] ~ 1 [cm]	빛의 전달에 가깝고 전리층을 통과하므로 원거리의 통신은 할 수 없어진다. 예상 거리 내를 직접파로 전달한다.	웨저 레이더 도플러 레이더 전파 고도계 위성 통신 마이크로웨이브 통신
극초단파 / 마이크로파	EHF	30 [GHz] ~ 300 [GHz]	1 [cm] ~ 1 [mm]	빛의 전달에 가깝고 전리층을 통과하므로 원거리의 통신은 할 수 없어진다. 예상 거리 내를 직접파로 전달한다.	실용 시험 중

(5) 전리층(ionosphere)

① 전리층 : 태양에서 복사되는 자외선이나 중성자 등의 미립자가 지구 상부층의 대기를 전리하여 이온화된 것이 밀집된 상태이다.

② D층 : 지상 약 70~90[km]의 높이에 존재하는 층으로 주간에만 생성되고 야간에는 소멸된다.

③ E층 : 지상 약 100[km] 부근의 층으로 중파대는 반사되나 단파대 이상의 전파는 통과된다.

④ F층 : 지상 약 200~400[km] 높이에 존재하는 층으로, 주간에는 F_1층과 F_2층으로 나뉘어 존재하며, 단파대의 전파를 반사시키고 초단파 이상은 통과된다.

(6) 전리층의 이론상 높이 h'

$$h' = \frac{ct}{2} [\text{m}]$$

(c : 빛의 속도(3×10^8[m/s]), t : 직접파와 전리층 반사파의 시간차[sec])

(7) 전리층의 굴절률

지상에서 발사된 전파가 전리층 내에서의 굴절에 의해서 지상으로 되돌아온다.

$$\text{전리층의 굴절률 } n = \sqrt{1 - \frac{e^2}{\pi m} \cdot \frac{N}{f^2}} = \sqrt{1 - \frac{81N}{f^2}}$$

(e : 전하, m : 전자의 질량, N : 전자 밀도, f : 주파수)

(8) 최고 사용 주파수(MUF : Maximum Usable Frequency)

전파가 전리층에 경사져 입사하는 경우에는 주파수가 임계 주파수 f_c보다 높아도 반사된다. 최고 사용 주파수와 임계 주파수 사이의 관계는

$$f_{\max} = f_c \sqrt{1 + \left(\frac{D}{2h'}\right)^2} \text{ [MHz]}$$

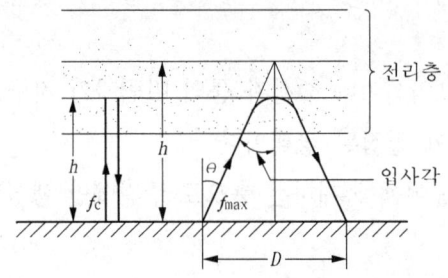

[임계 주파수와 최고 사용 주파수]

(9) 최적 사용 주파수(FOT : Frequency of Optimum Traffic)
최고 사용 주파수 MUF의 85%에 해당하는 주파수 FOT는 감쇠가 가장 적다.

(10) 최저 사용 주파수(LUF : Lowest Usable Frequency)
송수신 간 거리가 정해졌을 때 통신에 쓰이는 최저의 주파수
① 최저 사용 주파수의 결정 요인
　㉠ 송신 전력 및 공중선 이득
　㉡ 수신 전계 강도 및 잡음
　㉢ 수신 공중선의 지향 특성
　㉣ 전자 밀도
　㉤ 통신의 전송 형식

(11) 도약 거리와 불감 지대
어떤 두 지점 사이에 지표파가 도달하지 못하고 그림과 같이 전리층 반사파도 도달하지 못하는 지역을 불감 지대라 하고 공간파가 전리층에서 반사되어 도달될 수 있는 최소 거리를 도약 거리라 한다.

도약 거리 $r_s = 2h'\sqrt{\left(\dfrac{f}{f_c}\right)^2 - 1}$

(h' : 전리층의 이론적 높이,
f_c : 임계 주파수,
f : 사용 주파수)

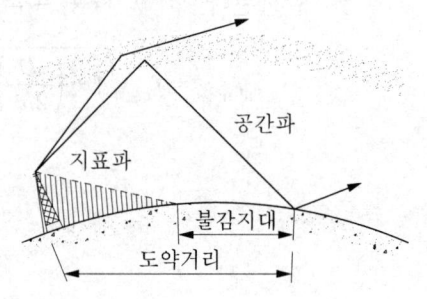

① 전리층의 이론적 높이 h'에 비례한다.

② 사용 주파수 f가 임계 주파수 f_c보다 클 때 생긴다.
③ $\dfrac{f}{f_c}$가 클수록 크다.

[2] 전파의 전파

(1) 페이딩(Fading)

통로를 달리하는 전파 사이의 간섭 또는 전파 통로 상태의 변동 등에 의해서 수신 전계 강도가 시간적으로 변화하는 현상

① 발생하는 원인에 따른 페이딩
  ㉠ 간섭성 페이딩 : 동일 전파가 다른 경로를 통해 수신점에 도달하기 때문에 위상차가 생기고 수신점에서 합성된 전장의 세기가 변화하므로 생기는 페이딩으로 규칙적인 주기를 갖는다.
    • 대책 : 공간 다이버시티와 주파수 다이버시티를 사용한다.
  ㉡ 흡수성 페이딩 : 전리층이나 대기 중의 감쇠가 갑자기 변화하기 때문에 생기는 현상으로 간섭성 페이딩이나 편파성 페이딩보다 심하지 않으며 주기가 비교적 길다.
    • 대책 : AVC 및 AGC 사용
  ㉢ 편파성 페이딩 : 전파가 전리층에서 굴절이나 반사할 때 편파면이 변화하므로 생기는 페이딩
    • 대책 : 편파 다이버시티 사용
  ㉣ 도약성 페이딩 : 도약 거리 가까이에서 생기는 페이딩으로 전리층의 전자 밀도가 변화하므로 도약 거리가 변동한다. 따라서 수신 전계 강도가 변동하여 생기는 페이딩
    • 대책 : 주파수 다이버시티 사용

② 주파수 특성에 따른 페이딩
  ㉠ 선택성 페이딩 : 반송파와 측파대가 서로 다른 비율로 전리층의 영향을 받았을 때 발생하는 페이딩으로 일그러짐이 크고 음질도 나빠진다.
    • 대책 : 주파수 다이버시티 및 SSB 통신 방식 사용

ⓒ 동기성 페이딩 : 반송파와 측파대가 같은 비율로 전리층의 영향을 받아 전 주파수대에 걸쳐 균일하게 변화하므로 생기는 페이딩으로 감쇠성 페이딩이라고도 한다. 비교적 느린 주기로 원만하게 변동하므로 AGC를 걸기 쉽다.

> **참고**
> 페이딩의 주기는 긴 경우 20~30분, 짧은 경우는 초 단위이며 주기는 주파수가 높을수록 빠르다.

③ 페이딩 경감 대책
  ㉠ 주파수 및 공간 다이버시티법을 사용
  ㉡ AGC를 이용한다.
  ㉢ ANT를 이용하여 출력을 합성하는 법
  ㉣ 지향성이 예민한 공중선 사용

(2) 델린저 현상(Dellinger Phoenomena)

1.5~20[MHz] 정도의 단파 통신에 있어서 주간에 돌연 수10분 동안 수신 감도가 급격히 저하하거나 수신 불능이 되는 현상으로 태양면의 활동과 관계가 있다.

① 델린저 현상의 특징
  ㉠ 태양이 있는 주간에 발생한다.
  ㉡ 돌발적으로 발생하여 수10분 계속한다.
  ㉢ 저위도 지방에서 발생한다.

(3) 공전(Atmospherics)

기상 변화에 따른 공중 전기의 변화 등에 의해서 발생하는 대기 잡음. 주파수 범위가 넓고 장파대에서 방해가 심하다.

① 공전 경감 대책
  ㉠ 지향성이 예민한 공중선 사용
  ㉡ S/N을 크게 한다.
  ㉢ 수신 대역폭을 좁히고 선택도를 높인다.
  ㉣ 수신기에 억제 회로 사용

(4) 자기람(Magnetic Storm)

태양 표면의 활동이 활발해져서 하전 입자가 극광대(aurora zone)에 집중하게 되고 지자기의 영향으로 진로가 구부러져 환상 전류로 된다. 이 때문에 지자기가 산란되는 현상(자기 폭풍)

① 전리층 밀도는 F층에서는 이상 저하, E층에서는 이상 증가를 초래하여 전리층 반사가 이루어지지 않아 통신 불능이 된다.
② 일반적으로 1~3일 정도 계속된다.
③ 극지대에서 발생한 전리층람은 차츰 위도가 낮은 지역으로 전달된다.

(5) 에코(Echo)

송신 안테나에서 발사된 전파가 수신 안테나에 도달할 때 여러 가지 통로의 차에 의해 시간적 차이가 생겨 같은 신호가 여러 번 되풀이되어 나타나는 현상

Chapter 03 이동통신 기지국 설치

1 안테나 설치하기

1 안테나 종류와 특성 분류

[1] 장·중파 안테나의 종류 및 특성

장·중파(30[kHz]~3[MHz])는 파장이 길어 $\frac{\lambda}{2}$ 또는 $\frac{\lambda}{4}$ 를 택하기 어려워 $\frac{\lambda}{4}$ 이하의 안테나를 사용하며, 접지 안테나, 루프 안테나 등이 사용된다.

① 수직 접지 안테나 : 무지향성 또는 전방향성 안테나라고도 하며 사용 파장의 $\frac{1}{4}$ 정도를 지상에 세워서 1극으로 하고 다른 극은 대지로 여진한 것

  ㉠ 수평면에서의 복사는 무지향성이며 지표파를 방사한다.
  ㉡ 장·중파대 방송 및 이동 무선 통신용에 사용한다.

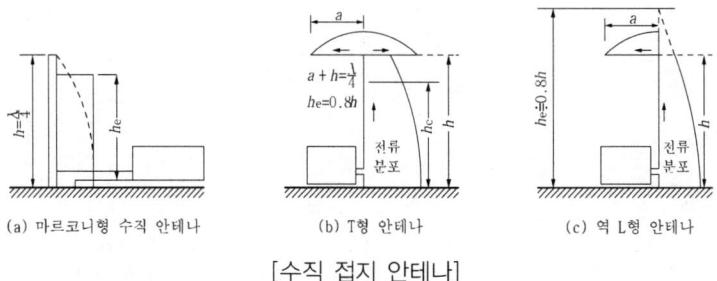

[수직 접지 안테나]

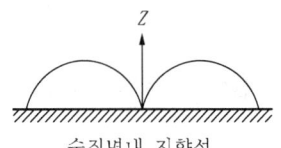
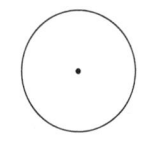
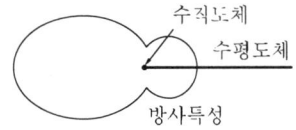

[마르코니형 수직 안테나]　　　[T형 안테나 지향 특성]　[역L형 안테나의 수평면 내 지향 특성]

② 루프(Loop) 안테나 : 구리선을 정사각형, 직사각형, 원형 등으로 감은 안테나로 전파의 방사 자계에 따라 기전력을 유기시켜 이용한다.

　㉠ 루프의 크기가 파장에 비해서 충분히 작으면 8자 특성을 갖는다.
　㉡ 장·중파의 수신용, 전기장 강도의 측정, 방향 탐지기 등에 쓰인다.
　㉢ 유기 전압 및 실효 높이는 다음과 같은 식으로 나타낸다.

$$\text{유기 전압 } E_l = \frac{2\pi AN}{\lambda} E_o \cos\theta \, [\text{V}]$$

$$\text{실효 높이 } h_l = \frac{2\pi AN}{\lambda} \, [\text{m}]$$

　　E_o : 입사 전기장의 세기[V/m]
　　θ : 입사 전파의 방향과 안테나면 사이의 각도
　　A : 안테나의 유효 면적[m^2]
　　N : 권수
　　λ : 입사 파장[m]

③ 벨리니토시(Bellini-Tosi) 안테나 : 두 조의 루프 안테나를 서로 직각으로 교차시킨 것에 안테나의 출력을 고니오미터에 도입하고 L_s 만을 회전시켜 전파의 도래 방향을 탐지할 수 있도록 한 것이다.

　㉠ 안테나를 회전시키지 않고도 전파의 방향을 탐지할 수 있다.

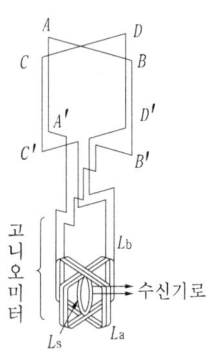

[2] 단파 안테나의 종류 및 특성

단파 안테나에는 반파장 다이폴 안테나(Dipole antenna), 롬빅 안테나(Rhombic antenna) 등이 있다.

① 다이폴 안테나 : 길이가 같은 두 개의 도선을 일직선으로 배열하고 그 중앙부에 급전선을 접속하는 직선형 안테나로 더블릿 안테나라고도 한다.

　㉠ 가장 기본적인 안테나로 안테나 이득을 측정할 때 표준 안테나로 사용한다.
　㉡ 실제의 안테나의 길이는 반파장보다 5% 정도 짧게 한다.
　㉢ 도선 중앙에서의 전류는 최대가 되고 전압은 최소가 되며 도선의 양 끝에서는 전류가 최소, 전압이 최대가 된다.
　㉣ 실효 길이

$$h_e = \frac{2l}{\pi} = \frac{\lambda}{\pi} [\text{m}]$$

　　　l : 안테나의 길이

　㉤ 수평으로 놓으면 수평 편파를, 수직으로 놓으면 수직 편파를 만들 수 있다.

② 롬빅(rhombic) 안테나 : 한 변의 길이 l을 사용 파장의 1~8배로 하여 마름모로 대지와 평행으로 배치한 것으로 종단에는 R을 연결해서 진행파만 존재하게 하고 반사파는 없앤다.

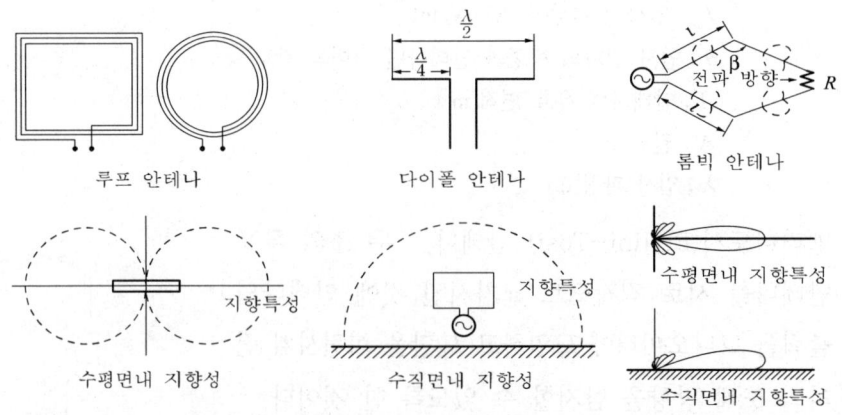

　㉠ 주파수가 변화하여도 지향 특성은 변화하지 않으므로 광대역 안테나로 송·수신용에 사용된다.

    ⓒ 단일 방향의 지향 특성을 가지며 수평 편파가 주성분이다.
    ⓒ 단파용 안테나이다.
③ 단파 안테나의 특징
    ㉠ 파장이 짧아 고유파장 안테나 설치가 용이하다.
    ㉡ 복사효율이 75~95%, 반사기 사용으로 이득을 높인다.
    ㉢ 수평 편파 이용으로 접지가 불필요하다.
    ㉣ 길이는 $\frac{\lambda}{2}$보다 3~10% 단축된다.
    ㉤ 광대역성, 예민한 지향성을 갖는다.

[3] 초단파 안테나의 종류 및 특성

헬리컬 안테나(Helical antenna), 야기 안테나(Yagi antenna) 등이 있다.

① 헬리컬 안테나는 나선형의 도선으로 만든 안테나 소자에서 나선 1권의 길이가 전파 파장에 비하여 매우 작은 경우에는 나선축에 직각방향으로, 또 그 길이가 1파장 정도가 되면 축방향으로 주 빔(main beam)이 변하게 되는 진행파 안테나이다.

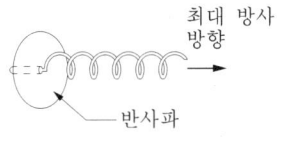

[헬리컬 안테나]

㉠ 100~1,000[MHz] 정도의 광대역 특성을 가지고 있으므로 TV 방송이나 초단파 방송 등에 쓰인다.

㉡ 도체를 나선형으로 감으면 둘레의 길이가 파장의 3/4~4/3배로 되어 도선을 따라서 진행파가 실리고 방사의 주 빔(main beam)이 축방향을 향하게 되어 거의 원 편파에 가까운 전파가 방사된다.

㉢ 동일 주파수에서 다이폴 안테나나 모노폴 안테나보다 크기를 작게 만들 수 있다.

② 야기-우다(Yagi-Uda) 안테나 : 반파 다이폴 또는 폴디드 다이폴의 방사기 앞

뒤에 무급전 소자를 배치(도파기, 투사기, 복사기로 구성)하여 단방향성을 갖게 한 안테나이다.

㉠ 방사기의 후방 $\frac{\lambda}{4}$의 위치에 복사기의 길이 $\frac{\lambda}{2}$보다 길게 하여 유도 성분을 갖게 한 도체를 반사기(Reflector)라 한다.

㉡ $\frac{\lambda}{2}$보다 짧게 하여 복사기 전방 $\frac{\lambda}{4}$의 위치에 두는 도체를 도파기(director)라 하고 용량 성분을 갖는다.

㉢ 지향성은 방사기에서 도파기로 향해 단일 방향 특성을 갖는다.

㉣ TV 수신용, 초단파의 송신, 수신 등의 지향성 안테나로 쓰인다.

③ 코니컬(conical) 안테나 : 야기-우다 안테나의 일종으로 TV 수신용에서 고역 채널을 높이는 특성을 갖는다.

④ 팬(fan) 안테나 : VHF, UHF대 병용 TV 수상기용으로 사용된다.

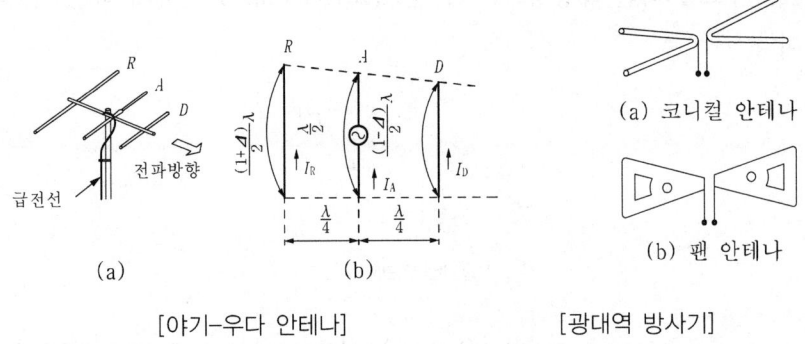

[야기-우다 안테나] [광대역 방사기]

㉠ 안테나 전방의 전계강도와 이득(7~15[dB])이 크다.

㉡ 지향성은 도파기 방향으로 입체적인 지향성을 갖고 있으며, 임피던스는 25[Ω]이다.

㉢ 구조가 간단하면서도 이득이 크나 협대역이라는 단점이 있다.

⑤ 휩(whip) 안테나 : 동축 선로에 $\frac{\lambda}{4}$의 유연성이 있는 안테나를 접속한 것이다.

㉠ 초단파의 이동용 안테나이다.

㉡ 수직 편파, 수평면 내 무지향성 안테나이다.

⑥ 브라운(Braun) 안테나 : 동축 선로의 중심 도체를 $\frac{\lambda}{4}$ 만큼 꺼내고 선로의 외피에 수평으로 $\frac{\lambda}{4}$ 의 지선을 방사상으로 4개 달아준 것이다.
  ㉠ 초단파용 안테나로 무지향성 안테나이다.
⑦ 슈퍼 턴스타일(Super-turnstyle) 안테나 : 박쥐 날개형 안테나를 2개 직각으로 배치한 것
  ㉠ TV 방송용으로 많이 쓰이는 송신용 안테나이다.
  ㉡ 수평면 내는 무지향성이므로 광대역 특성을 갖는다.
  ㉢ 10단 정도 겹쳐서 사용하므로 이득이 크다.

[4] 극초단파(UHF)대 이상 안테나의 종류 및 특성

UHF(Ultra High Frequency)는 무선 주파수 스펙트럼 중에서 초단파(VHF)보다 높은 주파수대의 명칭으로, 300~3000㎒ 대역으로 파장은 10~100㎝이며, UHF는 TV송수신을 비롯해 위성 통신, 지구 탐사, 전차 천문 등 우주업무에 사용되고 마이크로파의 경우 다중 통신 회선에도 널리 사용된다.

UHF는 주파수 특성상 전파음영지역이 상대적으로 적기 때문에 VHF 전파가 도달할 수 없는 곳을 위해 UHF 전파를 사용하며, 주로 전자 Horn 안테나와 파라볼라 안테나가 주로 사용된다.

① 전자 혼(Horn) 안테나 : 동판과 같은 양도체의 한 부분을 도파관에 장착한 안테나로서, 반파 다이폴 안테나가 작고 사용하기 곤란할 때 사용된다.
  ㉠ 3,000[MHz] 이상에서는 비교적 소형으로서 중간 정도의 지향성을 쉽게 얻을 수 있다.
  ㉡ 주 빔 외에 이차적인 빔은 없고, 2:1 정도의 광대역성을 가지며, 기계적인 구조가 간단하고 조정 조작이 용이하다.
  ㉢ 큰 이득이나 높은 지향성을 얻기 위한 것으로 혼 리플렉터 안테나가 있으며, 슬롯 안테나는 금속판에 가는 구멍을 뚫고 이를 여진시켜 전파가 방사되는 원리의 안테나이다.

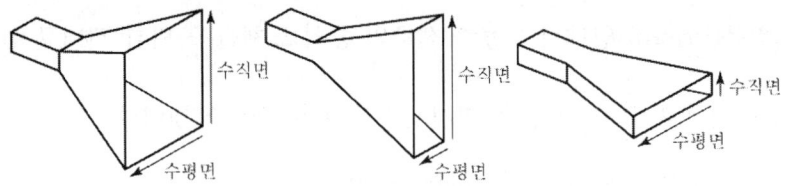

[각추형(Pyramidal Horn)]   [E면(E-plane Horn)]   [H면(H-plane Horn)]

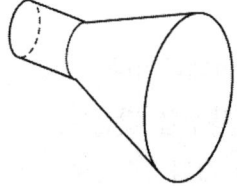 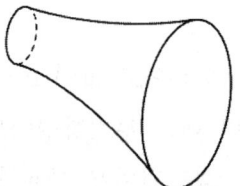

[원추형(Conical Horn)]   [(Exponential Horn)]

[전자 Horn 안테나(한국정보통신산업연구원: 표준공법 개발연구(안테나 설비), 2017)]

② 파라볼라(Parabolic) 안테나 : 반사판이 포물선형의 오목거울 형태로 되어 있는 속칭 접시형 안테나로 마이크로파 안테나로 가장 널리 사용된다.

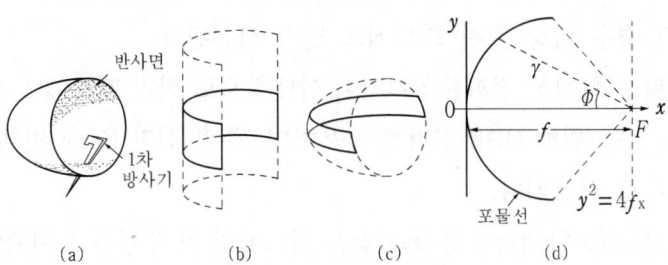

[파라볼라 안테나의 여러 모양]

㉠ 일반 안테나와는 달리 높이 가설할 필요는 없지만 풍압을 많이 받으며 눈이나 얼음이 붙는 현상 등의 단점이 있다.

㉡ 위성 안테나로 많이 쓰이며, 지향성이 가장 날카로운 특성을 가진 안테나로서 반사경의 곡면을 장소에 따라 변화시키는 등의 정밀한 기술을 사용하고 있다.

㉢ 파라볼라 안테나의 이득 : 이득(G)은 파장의 제곱에 반비례하고 개구면적 A에 비례한다.

$$G = K\left(\frac{\pi D}{\lambda}\right)^2$$

(K : 실제 개구 면적에 대한 실효 면적의 비로, 이득 계수 또는 개구 효율이라 한다.)

ㄹ 실제의 이득은 100~수만 배가 되는데 이득을 높이기 위해서는 포물경의 지름(D)이 크고 파장이 짧을수록 좋다.

ㅁ 파라볼라 안테나의 특징

ⓐ 구조가 간단하고 비교적 소형이다.

ⓑ 지향성이 예민하고 이득이 크다.

ⓒ 광대역 임피던스 정합이 어렵고, 대역폭이 비교적 좁다.

ⓓ Side lobe(안테나 등의 지향 특성에서 최대가 되는 주 로브 외의 다른 방향의 방사 로브)가 많아서 효율이 안 좋다.

ⓔ 1차 방사기를 약간 이동시켜 빔 방향을 약간(1~2도) 변경할 수 있다.

ㅂ 지향 특성

ⓐ 포물면경의 개구면이 클수록 지향성이 예민해지고 이득이 커진다.

ⓑ 개구면의 직경 D가 파장에 비하여 충분히 크다면 반치각은 아래와 같다.

$$\theta = 70 \times \left(\frac{\lambda}{D}\right)$$

③ 카세그레인 안테나(cassegrain antenna) : 광학의 카세그레인 망원경의 원리를 이용한 것으로, 1개의 1차 복사기와 2개의 반사기(주반사기, 부반사기)로 구성된 안테나이다. 1차 복사기는 주반사기 쪽에 설치하고 부반사기는 초점보다 조금 앞쪽에 볼록 또는 오목 쌍곡면으로 설치한다. 부반사기로 볼록 쌍곡면을 사용한 것이 카세그레인 안테나이다.

㉠ 1차 복사기와 주·부반사기로 구성되며, 1차 복사기는 주반사기(포물면 반사기) 쪽에 설치하고 부반사기는 초점보다 조금 앞쪽에 볼록 쌍곡면에 설치하며, 포물면 주반사기의 직경이 20[m] 이상으로 크다.

㉡ 지상에서의 잡음 영향이 적고 높은 이득을 얻을 수 있으므로 위성통신 및 우주통신에 널리 이용된다.

ⓐ 두 개의 반사경을 사용하는 안테나이며 주로 업링크 지구국이나 케이블 TV 헤드엔드와 같이 대형 안테나를 필요로 하는 곳에 주로 사용된다.

ⓑ 부반사경이 위성 신호를 가로막고 있기 때문에 부반사경은 주반사경에 비해 가능한 한 작게 만들어야 한다. 그러나 부반사경은 신호파장의 최소 5배 이상은 되어야 역할을 한다. 이러한 제약 때문에 카세그레인 타입은 직경 5[m] 이하의 C밴드 안테나에는 사용되지 않는다.

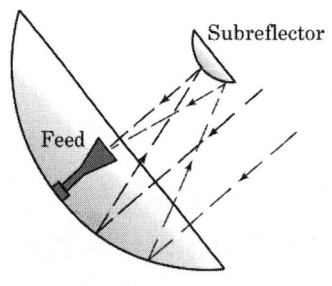
[카세그레인 안테나의 원리]

ⓒ 카세그린 안테나의 특징
　ⓐ 투사기와 송·수신기가 직결되므로 전송손실이 작다.
　ⓑ 초점거리가 짧아 반사기에서 높은 이득이 얻어진다.
　ⓒ 부엽(Side lobe)이 작다.
　ⓓ 제작이 용이하며, 위성통신용 안테나로 활용한다.

④ 오프셋 급전 안테나(Offset-Feed Antenna) : 대부분의 디지털 위상방송 수신에 사용된다.

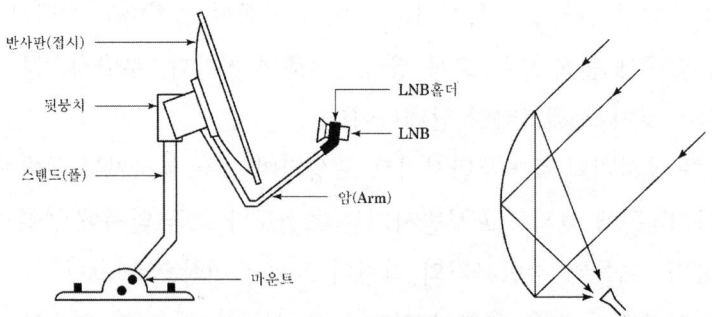
[오프셋 급전 안테나의 구조와 전파 도래 형태]

⑤ 그레고리안 안테나(Gregorian Antenna) : 주 반사경과 부 반사경, 1차 복사기로 구성되며, 주 반사경은 파라볼라 곡면이고, 그레고리안의 경우 부 반사경이

타원면으로 되어 있다.

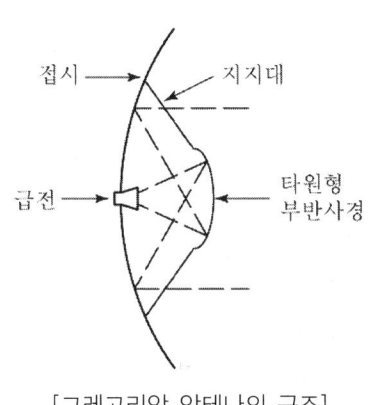

[그레고리안 안테나의 구조]

⑥ 프라임 포커스 안테나(Prime Focus Antenna)

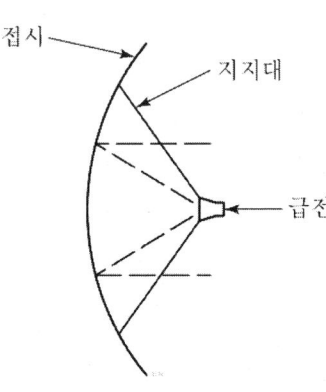
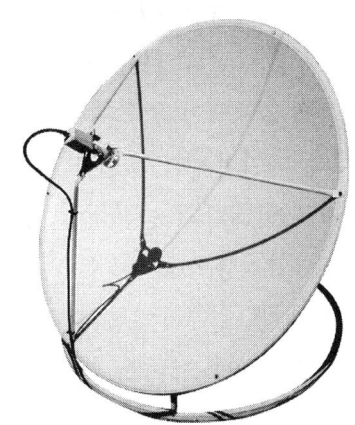

[프라임 포커스 안테나의 구조]

[5] 육상의 이동통신용 안테나(한국정보통신산업연구원: 표준공법 개발연구(안테나 설비), 2017)

① 이동통신 중계기 안테나 : 기지국의 신호를 받는 방법에 따른 이동통신 중계기의 종류
  ㉠ 광 중계기 : 광섬유 통신 시스템에서 수신 신호의 파형을 받아 증폭하거나 타이밍을 조정하여 재송신하는 광전자 장치를 말한다.
  ㉡ 마이크로웨이브 중계기 : RF 신호를 마이크로웨이브 주파수로 대역 변환하고 주파수 변환 등의 과정을 거쳐 중계 역할과 음영지역을 커버하는 용도로

사용한다.

ⓒ RF 중계기 : 이동통신 커버리지 확장 및 건물 지하 등의 음영지역 해소를 위해 활용한다.

② 이동통신 기지국 안테나(BTS, Basestation Transceiver System) : 이동통신 기지국에 주로 사용하는 안테나는 섹터 안테나로 셀의 구성과 기지국 주변 환경에 따라 여러 안테나를 적용한다.

이동통신 기지국 안테나는 단말기로부터 신호가 들어오면 안테나에서 신호를 수신하여 기지국에서 서비스하고 있는 주파수 대역을 수신할 수 있도록 주파수를 필터링한 후에 수신된 낮은 전력을 증폭하고 수신된 높은 주파수를 낮은 주파수로 변환하는 트랜시버 기능을 거쳐 원래의 신호를 수신하고, 신호는 반대의 과정을 거쳐 단말기로 전송된다.

섹터 안테나는 각 기지국 내 인접 섹터 간의 간격을 최소화하고 기지국 용량 증대 등을 위해 주로 사용되며, 특정 방향 각도로부터 오는 신호에 대해서 안테나 이득을 크게 주고 다른 방향에서 오는 간섭 신호에 대해서는 매우 작은 이득을 주도록 설계되어 있으며, 기지국 각 섹터 안테나에서는 송신을 위한 1개의 안테나와 다이버시티 수신을 위한 2개의 섹터 안테나를 사용한다.

㉠ 기지국 안테나의 종류

ⓐ OMNI : 통화량이 적은 지역(시골, 고속도로 등), 평탄지역 혹은 Coverage가 넓은 경우, 인접 기지국과 간섭영향이 적은 지역에 사용한다.

ⓑ 2 Sector : 서비스 커버리지가 일직선상으로 이루어질 때, 고속도로 등에 사용한다.

ⓒ 3 Sector : 통화량이 많은 도심지역, 외곽지역에서도 읍 중심지역, 과밀지역 및 In-Building 지역에 사용한다.

ⓓ Micro - BTS : 트래픽이 적은 도심지역, 치국 및 시설이 용이하지 않은 경우 활용, 지하철 혹은 외곽 커버리지에 사용한다.

ⓔ Pico - BTS : 통화량이 적고 커버리지 혹은 Hand-off용일 경우(1FA 소요지역)에 사용한다.

ⓕ Femto - BTS : 가정 등 초소형 셀에서 인터넷 망을 이용하여 교환기에 접속하는 기지국으로 유·무선을 통합하는 경우에 사용한다.

　　　　ⓖ 이동 기지국 : 갑자기 트래픽이 증가하는 지역에서 일시 설치, 추석, 피서철, 월드컵 등에 사용한다.
③ 위성통신용 안테나(한국정보통신산업연구원: 표준공법 개발연구(안테나 설비), 2017)

위성통신은 송·수신 지구국과 정지궤도에 위치한 위성(우주국)을 중계로 하여 원거리 전송이 가능한 통신방식으로 지구국에 설치되는 안테나의 특성이 매우 중요하며, 고이득, 저잡음 특성이 요구된다.

　㉠ 위성 통신용 안테나의 종류
　　　ⓐ 카세그레인 안테나 : 많이 사용되는 안테나이다.
　　　ⓑ 그레고리안 안테나
　　　ⓒ 혼 리플렉터 안테나 : 사용량이 적다.

Chapter 04 안테나계 설비 설계

1 급전선 설계하기

1 급전선의 개요

급전선은 무선 전파 에너지를 안테나에 전달하기 위한 전송선로

[1] 급전선의 종류 및 특성

(1) 급전선의 조건
  ① 전력의 전송 능력이 클 것
  ② 불필요한 전파 복사가 다른 곳에 방해를 주거나 불필요한 전파가 유도되지 않을 것
  ③ 급전선의 파동 임피던스가 적정할 것

(2) 급전 방식
  ① 동조 급전 방식 : 급전선상에 정재파가 실리게 하는 방식
    ㉠ 정합장치가 필요 없다.
    ㉡ 거리가 가깝고 비교적 소전력 전송에 사용된다.
  ② 비동조 급전 방식 : 안테나의 입력 임피던스와 급전선의 특성 임피던스를 정합시켜 급전선상에는 정재파를 없애고 진행파만 존재하도록 하는 방식
    ㉠ 거리가 멀고 비교적 대전력 전송에 사용된다.

(3) 평행 2선식 급전선
  ① 크기가 같은 2개의 도선을 평행으로 가설해서 사용하는 것으로 특성 임피던스

가 높고, 내압도 높아 대전력용에 사용할 수 있다.
② 외부로부터의 유도 방해를 받기 쉽고 초단파에서는 전송 손실이 크다.
③ 특성 임피던스는 TV 수신용의 경우 일반적으로 200~300[Ω]이 많다.

$$Z_o = 276\log_{10}\frac{D}{d}[\Omega] \quad (단, \varepsilon_s = 1일 때)$$

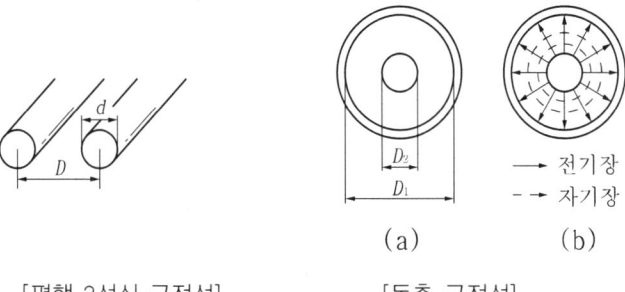

[평행 2선식 급전선]　　　[동축 급전선]

(4) 동축 급전선(Coaxial Feeder)
① 동심원 모양으로 내부 도체를 접지하고 내부 도체에 왕복하는 전류를 흘려서 급전한다.
② 외부와 차단되므로 외부에 스퓨리어스 복사를 방사하지 않고, 외부의 유도 방해도 받지 않는 특징이 있다.
③ 최적비 : 외부 도체의 안지름과 내부 도체의 바깥지름의 비가 3.6일 때, 즉 감쇠가 가장 작아 전송 효율이 가장 좋은 때를 말한다.
④ 일반적으로 75[Ω]의 특성 임피던스가 많이 사용된다.

$$Z_o = \frac{138}{\sqrt{\varepsilon_s}}\log_{10}\frac{D}{d}[\Omega]$$

(5) 도파관(Wave guide)
UHF 이상에서는 평행 2선식이나 동축 케이블은 부적당하여 일반적으로 파(波)를 도체에 의해 가두어 유도시켜 전파하는 임의의 구조체로 전자파가 진행하도록 만든 속이 비어 있는(hollow) 금속관을 지칭한다.
① 도파관의 종류
　㉠ 구형 도파관(rectangular wave guide)

ⓛ 원형 도파관(cylindrical wave guide)

ⓒ 타원형 도파관(elliptical wave guide)

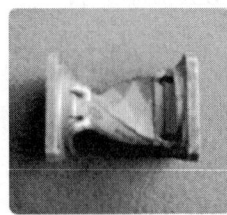   

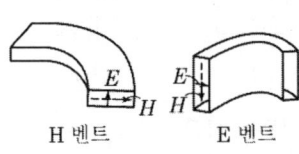

H 벤트   E 벤트

돌출부

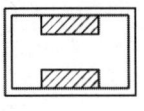

[리지 도파관]

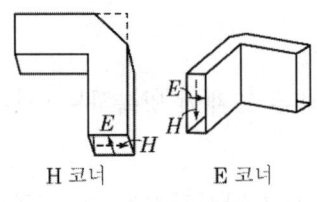

H 코너   E 코너

[휨 도파관]

[방형 도파관]

[가요 도파관]

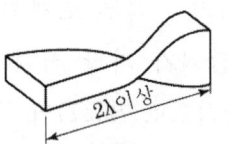

[트위스트 도파관]

② 마이크로파의 전송 선로로서 도파관의 장점
   ㉠ 도체에 의한 저항 손실이 적다.
   ㉡ 전파 중의 전파에너지의 손실이 적다.
   ㉢ 유전체 손실이 적다.
   ㉣ 방사 손실이 없다.
   ㉤ 외부 전자계와 완전히 격리시킬 수 있다.

ⓑ 취급할 수 있는 전력이 크다.
③ 도파관 내의 전계와 자계의 분포
  ㉠ 자유 공간을 전파하는 전자파는 전계와 자계에 직각되는 방향으로 진행하는 전송 모드를 나타내는데 이러한 것을 횡전자계 모드(TEM mode : Transverse Electromagnetic Mode)라고 한다.
  ㉡ 그러나 도파관 내를 전파하는 전자파는 도파관 내의 벽에서 반사를 반복하면서 진행하므로 이들의 전자파가 합해져 TE 모드 또는 TM 모드 중의 하나로 된다.
④ 도파관 전파
  ㉠ TE 모드(Transverse Electric Field/Wave, 횡방향 전계) : 도파관에서 파가 유도되는 방향으로 자계성분은 있으나 전계성분이 없다. 즉, 전계만이 유도되는 방향에 수직
  ㉡ TM 모드(Transverse Magnetic Field/Wave, 횡방향 자계) : 도파관에서 파가 유도되는 방향으로 전계성분은 있으나 자계성분이 없다. 즉, 자계만이 유도되는 방향에 수직
  ㉢ 모드에 따라 차단주파수가 있어 차단주파수 이하의 파는 전파하지 못한다.
⑤ 비(非)도파관 전파
  ㉠ TEM 모드(Transverse Electromagnetic Field/Wave, 횡방향 전자계) : 진행방향으로는 성분이 없고 전기장과 자기장 모두 진행방향에 수직인 성분만을 갖고 있어 자유공간 속을 전파하는 평면파와 매우 유사하다.
  ㉡ TEM파가 유도될 수 있는 전송선로는 평판형 전송선로, 2선식 전송선로, 동축선로 등이며, TEM파는 보통 최소 2 이상의 도체를 갖고 그 사이에 유전체가 존재하는 전송선로에서 전달된다.
  ㉢ DC부터 거의 모든 주파수가 가능하다.

[2] 안테나와의 임피던스 정합

입력전원의 에너지(전력)가 출력단에 전달될 때 최대의 전력이 되도록 하는 기술로 최대 전력이 전달되어야 정확하고, 원거리 전송이 가능하다.

(1) 안테나 임피던스

① 안테나 입력 단자에서의 임피던스 또는 전압, 전류의 비

② 안테나 방사점에서의 전계, 자계의 비

③ 공간 방사에 대한 안테나 효율을 결정할 수 있는 파라미터로 만일 무손실 안테나이면 안테나 임피던스의 실수부, 즉 안테나 저항(R_{ant})이 순수 방사저항 (R_{rad})이다.

(2) 안테나 임피던스, 저항, 효율 간의 관계

① 안테나 입력 임피던스

㉠ $Z_{ant} = R_{ant} + jX_{ant}$

(X_{ant} : 리액턴스(안테나 근거리장 영역에서 축적되는 전력))

㉡ 또는, $Z_{ant} = Z_o(1+\Gamma)/(1-\Gamma)$

(Z_o : 전송선로 특성 임피던스, Γ : 반사계수)

㉢ 급전용 전송선로 특성 임피던스와 안테나 임피던스가 반드시 정합되어야 좋다. 즉, 반사계수=0 → $Z_{ant} = Z_o$

② 안테나 저항

㉠ $R_{ant} = R_{rad} + R_{loss}$

R_{ant} : 안테나의 저항

R_{rad} : 안테나의 방사저항(공간에 방사되는 전력과 관계된 주요 항)
안테나 복사전력을 안테나 전류의 실효치 제곱으로 나눈 값

$$R_{rad} = \frac{P_{rad}}{I_{rms}^2}$$

R_{loss} : 안테나 손실저항(반사, 전도, 유전체 손실 등)

반사 손실은 전송선로와 안테나 간의 임피던스 부정합에 의함
전도, 유전체 손실은 주로 소모성 열손실

③ 안테나 방사효율

$e = R_{rad}/(R_{loss} + R_{rad})$

(3) 부정합 시의 문제점

① 공중선에 전달(공급)되는 전력이 감소된다.

② 급전선의 손실이 증가한다.
③ 전압파의 파복 부근이 고전압이 되므로 급전선의 절연 파괴가 일어난다.
④ 전선에 방사가 생긴다.
⑤ 송신기의 동작이 불안정해진다.
⑥ TV 방송의 경우 고스트 현상이 생기고, FM 방송의 경우 왜율이 나빠진다.

(4) 임피던스 정합 조건
① 최대 전력 전달 조건 = 임피던스 정합조건
② 전원저항과 부하저항이 동일하고 리액턴스는 공액이 되는 조건

(5) 임피던스 정합 방법(도파관의 경우)
① 1/4 파장 길이 도파관 삽입
② stub 삽입법
③ 도파관창 삽입법
④ 봉 삽입법
⑤ $\lambda/4$ 임피던스 변환기 사용

(6) 임피던스 정합 판별 파라미터
① 정재파비 ② 반사계수 ③ 반사손실

Chapter 05 무선통신 설비 설계

1 고정 무선설비 설계 적용하기

1 고정 무선설비 기술 개요

[1] 고정 무선설비 기술 개요

무선통신은 전파를 이용하여 모든 종류의 기호·신호·문언·영상·음향 등의 정보를 보내거나 받는 것을 말하며 무선통신 기술은 물리매체로 전파를 사용하는 기술로서 무선국에서 무선설비를 이용, 송·수신 상호 간 링크(Link)가 형성되는 통신망을 무선통신망이라 한다.

무선통신망은 도서 및 산간 지역 등 통신망 구축이 용이하지 않거나 불가한 환경에 적용하여 통신서비스(유선전화, 이동통신, 인터넷 등)를 제공하므로 유선통신망 대비 간단하고, 단시간 내에 구성이 가능한 장점이 있다.

무선통신망을 적용하여 전반적인 통신망 구성하며, 무선통신망의 구축을 위한 "무선설비"란 전파를 보내거나 받는 전기적 시설을 말한다.

(1) 무선통신망 설비의 정의

① 무선통신(Wireless Communication) 기술이란 물리적인 매체를 유선(케이블 또는 광케이블)이 아닌 전파(Radio Wave)를 사용한 기술을 의미한다.

② 무선통신망(Wireless Communication Network)이란 정보의 송·수신에 있어 무선설비와 전파를 이용한 통신망을 말하며 무선통신 설비 상호 간 전파라는 물리매체를 통해 링크가 형성되는 통신망을 말한다.

③ 무선통신망은 송신단에서 수신단 간 온전히 무선망으로 구성되는 경우와 유선

망을 경유하는 경우, 통신망을 거치지 않고 자율적으로 구성되는 임시적인 무선통신망 등이 있다.

(2) 무선통신 설비의 구성

무선통신망 설비는 무선통신망을 구성하기 위한 각각의 시스템으로 일반적인 무선통신망의 설비의 구성은 공중선(안테나 및 전송선) 부분, 송·수신 부분, 그 외 전원 및 부대설비 등으로 분류한다.

① 공중선부 : 철탑, 안테나, 급전선으로 구성되며 공중선부에서 전파를 이용하여 무선통신을 수행하며 송·수신부와 연결된다.

② 송·수신부 : 공중선부를 통해 무선통신을 수행할 수 있도록 신호의 변환, 처리·증폭 등의 역할을 수행하며 부대설비와 함께 국사 내에 설치된다.

③ 부대시설 : 송·수신부가 정상적으로 운영될 수 있도록 전원, 조명, 온도 제어 등의 역할 수행을 위한 각종 부대시설을 말한다.

공중선부	송·수신부	부대설비
• 안테나 • 철탑 • 급전선	• 랙(reak) • 전송장치	• 상용전원 • 발전 설비 • 공기주입기 • 항온항습설비 등

[무선통신 설비의 구성]

(3) 무선통신 설비의 분류

① 무선통신 설비가 설치되는 장소에 따라 도서 간, 도서와 육지 간 등으로 분류

② 무선통신 설비를 통해 송·수신하고자 하는 정보(음성 또는 데이터)에 따라 전송 용량 및 설비의 구성을 분류

③ 무선통신 설비의 구성 시 거리 및 용도에 따라 사용되는 주파수에 의한 분류

(4) 무선통신망의 구성

무선통신망 설비의 분류는 장소, 송·수신 정보, 주파수에 따라 분류할 수 있으며, 구성 형태에 따라 점대점(Point to Point), 중계(Repeater), 점대다점(Point to Multi-point)으로 분류할 수 있다.

① 점대점(Point to Point) 구성 방식

㉠ 물리적으로 중계장치를 경유하지 않고 송신 지점에서 수신 지점으로 직접

통신하는 방식
ⓒ 송신과 수신의 두 장비 간의 직접 통신으로 2대의 무선통신 설비로 구성
ⓒ 무선통신망에 사용하고자 하는 주파수, 안테나 특성에 맞는 환경 내에서 각 통신설비를 구성
ⓒ 네트워크 구축 시 노드와 노드 사이를 홉(hop)이라 하며, 송신 지점과 수신 지점 사이를 하나의 홉(hop)이라 한다.

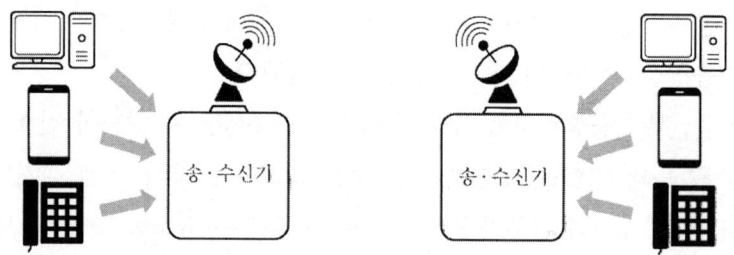

[점대점(Point to Point) 구성 방식]

② 중계 구성(Repeater) 방식
㉠ 점대점 구성의 하나의 홉을 넘어 장거리 또는 장애물을 회피하기 위한 중계 전송장치를 추가 구성하는 방식
㉡ 중계 구성 시 중계전송장치에서 수신 주파수와 송신(중계) 주파수의 상호 발진과 간섭을 제거하기 위해 채널 간격(channel separation)을 고려
㉢ 지향성 안테나의 사용, 편파(수직/수평 등) 및 주파수 분리 등을 고려하여 시스템 구성

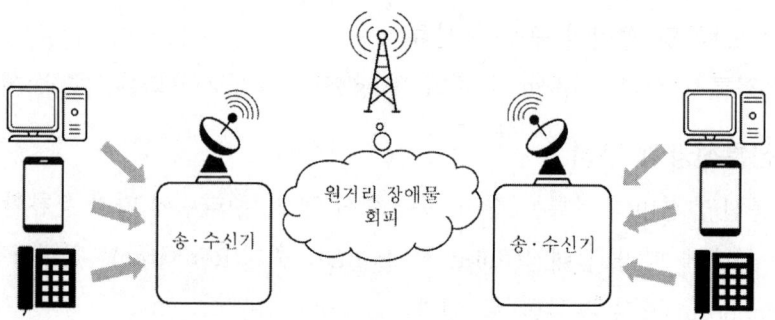

[중계 구성(Repeater) 방식]

③ 점대다점(Point to Multi-point) 구성 방식
　㉠ 하나의 송신소 또는 수신소에서 다수의 수신 지점을 연결하는 방식
　㉡ 복수의 안테나를 사용하게 되며 수신 지점에 대한 주파수 간섭이 발생되지 않도록 설계 시 고려

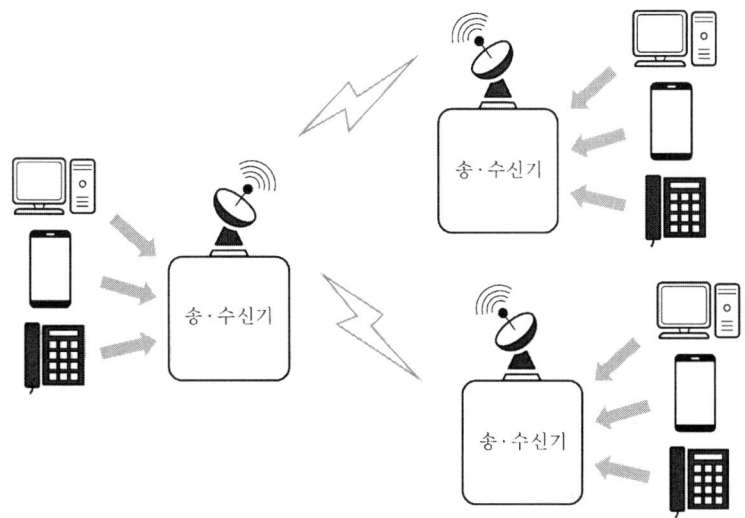

[점대다점(Point to Multi-point) 구성 방식]

2 위성통신의 기본 원리 및 구성

위성통신(Satellite Communication)은 지표 상공에 떠 있는 위성(우주국)을 이용하여 지구국과 통신을 행하는 통신 방식으로 4~8[GHz]의 C band나 12.5~18[GHz]의 Ku band의 주파수를 이용하여 각종 통신 서비스 및 방송 서비스를 제공하는 데 사용된다.

[1] 우주국

(1) 위성

위성은 안테나와 트랜스폰더(transponder)로 구성되는 payload 시스템과 각종 제어장치 및 전원장치 등으로 구성되는 bus sub-system으로 구성되어 있으며, 여기서 위성은 payload 시스템을 의미하고 있고 일반적으로 위성을 트랜스폰더

(transponder)라 한다.

(2) 위성 제어장치

각종 제어장치 및 전원장치 등으로 구성되는 bus sub-system을 말한다.
① 안테나계
② 추미계
③ 저잡음 증폭기(LNA)계
④ 지상 인터페이스계
⑤ 통신관제 서브 시스템
⑥ 측정장치
⑦ 무정전 전원장치
⑧ 변복조계
⑨ 출력 증폭기(HPA)

[통신 위성체의 구성]

시스템	구성부		기능
통신기기	안테나계		신호의 송·수신
	중계기계 (Transponder)		신호를 수신한 후 주파수 변환하여 재송신함. 수신부, 주파수 변환부, 송신부로 구성
공통기기	전원계	전원발생부	태양전지 패널로 전원의 생성, 배터리 전원의 연결
		전원공급부	발전된 전력을 각 전자장치에 요구하는 전압으로 변환하여 공급
	텔레메트리 및 명령계		위성상태를 보고하는 텔레메트리 신호 송신, 위성관제소로부터 명령 신호의 수신
	자세제어계		위성의 궤도상 위치 및 자세 제어, 안테나는 지구국으로, 태양전지판은 태양으로 향함
	추진계		위성 발사 시 및 자세 변동 시 궤도 위치 유지, 자세 수정, 궤도 변경을 전개
	열제어계		위성 각 부품의 열적 안정을 위한 장치, 각 서브 시스템의 온도 범위를 적절히 유지
	구체계		각 기기들을 유지하는 기본 구조체, 발사 및 궤도상 환경에서의 위성 지지

[2] 인텔새트(INTELSAT) 위성 통신

① 인텔새트(international telecommunication satellite consortium, 국제 상업 통신 위성 기구)는 우주 상공에 배치되어 지구국에서 발사한 전파를 중계한다.

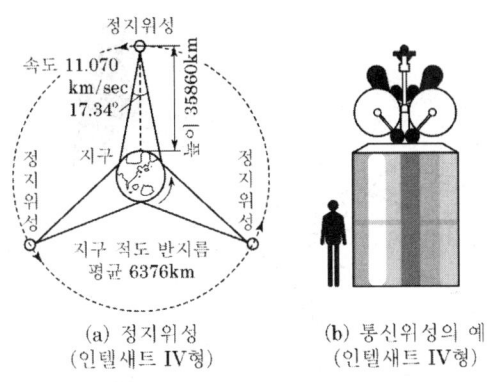

[인텔새트 위성 통신]

② 지구국의 송신 출력은 20~50[kW] 정도의 마이크로파이고, 중계 전파의 주파수를 달리하여 지상으로 보낸다.

③ 위성통신 지구국 : 안테나계, 송신계, 통신 관제계, 단국계, 전력계 등의 계통 부분으로 구성되어 있다.

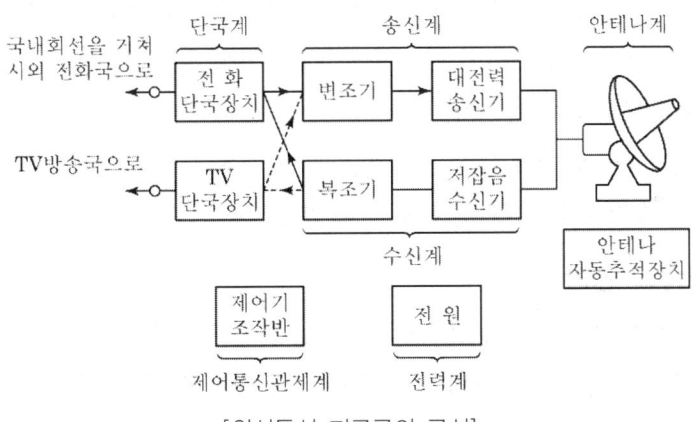

[위성통신 지구국의 구성]

[3] 위성방송(Satellite Broadcasting)

① 위성방송은 자기 나라가 소유한 통신 위성을 방송 중계용으로 사용하고, 위성으로부터 발사하는 중계 전파를 개인이 직접 수신할 수 있게 하는 것이다.

② 위성방송의 특징 : 지상의 방송에 비해 국내 어느 곳에서도 수신할 수 있고, 우주로부터 발사되는 전파는 높은 각도로 지상에 도래하기 때문에 지형이나 고층 건물의 영향이 적다.

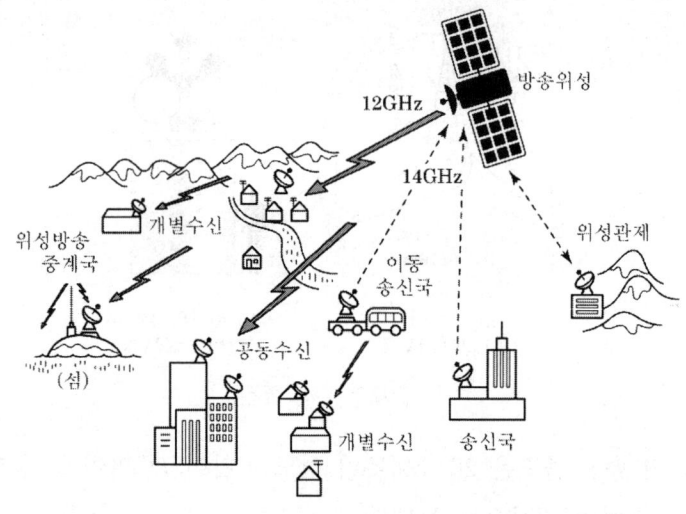

[위성방송의 구성]

(1) 위성방송의 개념

위성방송은 적도 상공 약 36,000[km]의 궤도에 쏘아올린 방송위성(BS : Broadcasting Satellite)을 이용해 텔레비전 방송이나 PCM(Pulse Code Modulation) 방송 등의 각종 방송을 하는 것을 말한다.

위성방송은 일반 공중에 의해 방송이 직접 수신되도록 하기 위한 것으로 인공위성에 탑재된 중계기에 의해 신호를 전송 또는 재송신하는 방송방식이다.

(2) 위성방송의 원리

방송위성(정지 위성 : 지상 36,000[km] 상공에 떠 있으며, 지구의 자전 속도와 같이 움직이므로 정지한 것처럼 보인다고 하여 정지 위성이라고도 함)을 이용한 TV나 라디오 방송을 위성방송이라 한다. 또, 각 가정에 방송한다는 뜻에서 직접 위성방송(DTH : Direct To Home 또는 DBS : Direct Broadcasting System)이라고도 한다.

[4] 위성통신기기의 특성

(1) 위성통신의 장점

① 광역성(wide area)과 동보성(broadcasting)을 갖는다.
② 기후의 영향을 받지 않아 재해에 안전하다.

③ 정지 위성의 경우 이론적으로 한 개로 지구의 1/3을 커버할 수 있다.
④ 이동성(mobility)이 용이하고 광대역 통신이 가능하다.
⑤ 안정한 대용량(large capacity)의 통신이 가능하다.
⑥ 통신망 구축이 용이하다.
⑦ 유연한 회선 설정이 가능하다.

(2) 위성통신의 단점

① 장거리 통신 방식이므로 송신측 지상국에서 수신측 지상국까지 약 240~320[ms] 정도의 전파지연이 발생한다.
② 위성에서 발사한 전파가 지구에 도착하면 신호가 약해지므로 안테나의 크기를 크게 해야 정보전달이 원활해지므로 지구국의 크기가 커진다.
③ 정보의 보안성이 없어 통신보안장치가 필요하다.
④ 수명이 짧고 고장 수리가 어렵다.
⑤ 태양 잡음 및 지구 일식의 영향을 받기 쉽다.

[5] 위성통신의 종류

① 정지궤도위성 방식(Stationary Satellite System) : 현재 주로 사용되고 있는 위성통신 방식으로, 지구 적도상의 상공 고도 약 36,000[km]에 지구의 회전에 동기되어 동쪽으로 회전하는 통신위성을 이용하는 방식
  ㉠ 연속 통신 가능
  ㉡ 회선의 에러율이 적다.
  ㉢ 국내 및 국제 통신용이다.
  ㉣ 전파지연이 생긴다.
  ㉤ point to point 방식만 가능

② 랜덤 위성 방식(Random Satellite System) : 초기의 위성통신 방식으로 지구 상공 수백~수천[km]의 궤도상을 수 시간의 주기로 선회하는 위성을 이용하는 방식
  ㉠ 많은 위성이 필요하다.
  ㉡ 고도가 낮아 전파지연시간이 작다.
  ㉢ 극지방 통신 가능

ㄹ 비용이 많이 든다.
③ 위상 위성 방식(Phased Satellite System) : 지구 상공에 등간격으로 여러 개의 통신 위성을 배치하고, 지구국은 안테나를 사용하여 차례로 위성을 추적하여 항상 통신망을 확보하는 방식
㉠ 기상 관측용
㉡ 고도가 낮아 전파지연시간이 작다.

[6] 위성 통신 사용 주파수
① C 대역 : 4~8[GHz]   ② Ku 대역 : 12.5~18[GHz]
③ K 대역 : 18~26.5[GHz]   ④ Ka 대역 : 26.5~40[GHz]

2 이동통신설비 설계 적용하기

1 이동통신망 시스템 개요

[1] 이동통신망 시스템 개요

(1) 이동통신의 정의
① 이동 전화 서비스 : 이동전화는 무선통신 방식에 의하여 이동체(사람, 자동차, 선박, 항공기 등)와 일반 가입자나 이동 가입자 상호 간의 통신을 의미한다.
② 셀룰러 방식의 이동전화 : 통화권을 소구역(2~20[km])으로 세분화한 셀(Cell)로 구성하고, 각 셀마다 저출력의 무선 기지국을 설치하여 인접 무선국 간의 상호 간섭을 방지하도록 하였다.

(2) 이동통신의 특징
① 소규모 단말기로 언제, 어디서나 서비스의 제공 : 커버리지
② 멀티미디어, 전자상거래, 엔터테인먼트, 영상회의 등의 다양한 서비스 제공
③ 유선망과 무선망의 원활한 접속 가능, 무선망의 QoS 향상 : 컨버전스
④ 표준화된 규격으로 세계 어디에서나 간편하게 서비스 이용 : 로밍

(3) 휴대통신의 발전 단계

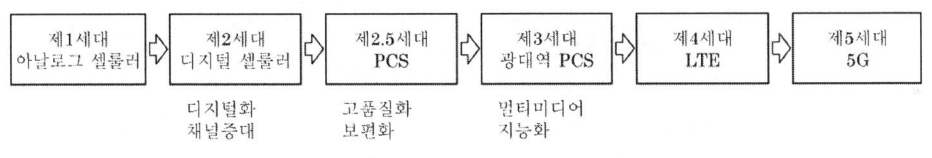

[휴대통신의 발전 단계]

[2] 이동통신의 세대별 분류와 특징

(1) 이동통신의 세대별 분류

① 1세대 : 아날로그 셀룰러

② 2세대 : 디지털 셀룰러

③ 2.5세대 : PCS

④ 3세대~3.5세대 : IMT-2000

⑤ 4세대~4.5세대 : MBS(Mobile Broadband System), LTE(Long Term Evolution)

⑥ 5세대 : 5G(5G Wireless)

(2) 이동통신의 세대별 특징

구분	1세대	2세대	2.5세대	3세대	차세대 이동 통신	
					3.5세대	4세대
서비스 방식	아날로그	디지털	PCS	IMT-2000	IMT-2000	MBS
서비스 효율	1배	3~8배	5~10배	10배 이상	-	-
속도		14.4K	144K	384K~2M	2M 이상	2M 이상
서비스 지역	국내	제한적 국내외 로밍	제한적 국내외 로밍	세계적 로밍	세계적 로밍	세계적 로밍
종류	AMPS	CDMA GSM (TDMA)	PCS-1800	CDMA-2000(한) WCDMA(유)	CDMA-2000 1x EV-DO WCDMA HSDPA	IMT-Advanced
연도	1990년	1994년	1997년	2002년	2006년	2006년 이후

(3) 차세대 이동통신의 특징 비교(전송 속도는 2006년 기준)

구분	Wibro(와이브로)	WCDMA(HSDPA)
기반 기술	고속 데이터 전송에 가장 효율적인 IP 기반 데이터 전송 표준기술	음성서비스가 주인 이동전화에서 데이터 서비스를 부가적으로 제공기술
시스템 효율성	WCDMA 대비 전송효율 6배 원가는 1/10 수준	가격 경쟁력 낮음 기존 이동전화와 유사한 수준
전송 속도	18M/5M(하향/상향)	10M/2M(하향/상향)
품질 및 서비스	제한적 QoS 지원 고속 대용량 커뮤니케이션 서비스	High Level QoS 기반 음성, 화상전화 고품질 데이터 서비스
단말기	휴대폰, 스마트폰, PDA, 노트북 등	주로 휴대폰

(4) 이동통신의 분류

① 통신의 목적 및 용도에 의한 분류
- ㉠ 자동차와 휴대전화
- ㉡ 무선 호출기
- ㉢ 코드 없는 전화
- ㉣ 버스 및 열차 이동 전화
- ㉤ 주파수 공용 통신 방식
- ㉥ 개인 휴대 통신 방식(PCS)
- ㉦ 항만 및 공항 이동통신
- ㉧ 해상 및 항공 이동통신

② 서비스 영역에 의한 분류 : 육상 이동통신, 해상 이동통신, 항공 이동통신
③ 정보 매체 및 통신방법에 의한 분류

[3] 이동전화의 구성

① 제어국 : 여러 기지국의 연결을 통제하며, 제어국과 고정 통신망의 접속을 담당한다.

② 기지국 : 이동체와 무선으로 접속할 수 있으며, 무선 채널을 감시하는 기능을 수행한다.

③ 이동체 : 이동전화 단말기를 이용하여 상대방을 호출할 때마다 특정 채널을 선택하여 통신이 가능하게 한다.

2 이동통신의 기본 구성

① 아날로그 시스템으로는 AMPS, TACS, NMT 등이 있고 디지털 시스템으로는 GSM, CDMA, TDMA, PDC, DAMPS 등이 있다.
② 디지털 시스템은 음성이 모두 코드화되므로 보안성이 높고, 에러 정정이 용이하며(음성 품질이 높음), 간섭에 강하고 아날로그에 비해 용량이 크다는 장점이 있다. 디지털 방식에서 사용되는 다중 접속 방법으로는 CDMA와 TDMA가 있으며 각 채널의 용량은 주파수 대역폭과 할당된 시간에 의해 제한된다.
③ 디지털 방식의 셀룰러 이동통신에도 Multipath와 Fading, 주파수 재사용에 의한 문제가 발생할 수 있다.
④ CDMA는 주파수 재사용의 제약을 받지 않지만, TDMA의 경우 주파수를 재사용하기 위해서는 동일한 주파수를 사용하는 셀 간의 거리가 간섭의 영향을 받지 않을 만큼 충분히 멀어야 한다.

[1] GSM

GSM은 1928년부터 개발되기 시작했으며, 최초의 GSM(Group Special Mobile)은 CEPT(Conference of European Posts and Telegraph)가 구성한 개발 그룹의 명칭으로 유럽에서 사용 가능한 900[MHz] 대역에서 운용되는 셀룰러 시스템이다.

① GSM의 특징
  ㉠ 높은 음성 품질
  ㉡ 저렴한 서비스 비용
  ㉢ International Roaming 지원
  ㉣ 주파수 대역 사용 효율 향상
  ㉤ ISDN 호환

[2] PCS(Personal Communications Services)

휴대단말기를 이용하여 언제, 어디서나, 누구와도 통신할 수 있는 고도의 개인 휴대통신 서비스로 기존 이동전화 서비스보다 한 단계 진화된 휴대통신 서비스이다.

① PCS의 특징
  ㉠ 고품질의 통화서비스 : 100% CDMA 방식으로 기존 이동전화보다 2배 높은 1.8[GHz] 대역의 주파수를 사용하며 13K 보코더라는 첨단 음성신호 변환처

리 방식을 이용, 소리가 더욱 또렷하고 세밀하여 원음에 가깝다.

ⓒ 고속 주행 시에도 완벽한 통화 품질 : 고급 하이티어 기술을 이용해 완벽한 핸드 오프 기능으로 시속 100[km] 이상 고속주행 시에도 끊김 없는 통화품질을 제공한다.

ⓒ 경제적인 서비스 요금 : PCS 시스템에 이르러서 새로운 기술혁신으로 성능의 장비를 저가에 생산하게 되어 고품질의 서비스를 보다 경제적인 요금에 제공한다.

ⓔ 작고 가벼운 PCS폰 : PCS폰은 첨단 부품을 사용해 작고 가벼워 휴대가 간편하고 또한 고성능 리튬이온 전지를 사용해 사용 시간이 길어지고 고집적 반도체 장착으로 다양한 부가 기능도 갖는다.

ⓜ 다양하고 편리한 부가서비스 : 1초당 14.4[Kbps]의 고속 데이터 전송능력으로 문자 서비스, 음성사서함, 상대번호 표시, 회의통화, PC통신 등 다양하고 편리한 부가서비스를 제공한다.

ⓗ 뛰어난 보안성 : CDMA 자체의 보안성은 물론 PCS만의 암호화 기법을 추가해 매우 뛰어난 통신보안성을 갖는다.

ⓐ 멀티미디어 서비스 : 기존의 유선망(전화망, 공중 패킷망, 인터넷망)과 PCS 시스템을 상호 결합해 무선 데이터 통신 서비스뿐만 아니라 향후 멀티미디어의 무선통신 서비스가 가능하다.

ⓞ PCS 개념도(망구성도)

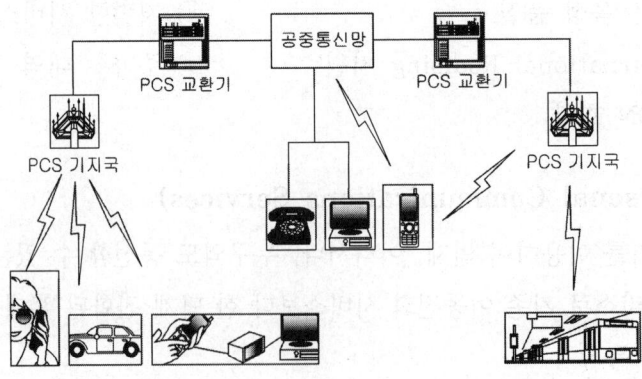

[PCS 개념도]

[3] CDMA(Code Division Multiple Access : 코드[부호] 분할 다중 접속)

CDMA는 간섭에 강하고 도청이 불가능하다는 특성으로 인하여 원래 군용 통신에서 사용되었다. CDMA에서 각 가입자는 주파수나 시간에 의해 구분되지 않고 고유한 Code에 의해 구분되며 모든 가입자는 동일한 주파수 대역을 공유한다. CDMA에서 코드는 단말기와 기지국이 서로 알고 있는 것이며 Pseudo Random Code Sequence라 한다.

① CDMA의 장점
  ㉠ AMPS에 비해 8~10배, GSM에 비해 4~5배의 용량을 가진다.
  ㉡ 음성 품질이 높다.
  ㉢ 모든 셀이 동일한 주파수를 사용하므로 주파수 계획이 용이하다.
  ㉣ 보안성이 높다.
  ㉤ 주파수 대역 이용 효율이 높다.

② CDMA 시스템 구성도 : CDMA 시스템은 이동국, 기지국, 제어국, 교환국 그리고 HLR(홈 위치 등록기)로 이루어지며, 이동국은 가입자가 이동통신망을 이용하여 통신할 수 있도록 하는 단말장치이고, 기지국은 이동국과 무선 구간으로 연결되어 이동국을 제어하고 통화 채널을 연결시켜 주는 시스템이다.
교환국은 무선 링크 및 유선 링크를 제어하고 타 통신망과 접속을 수행한다. 이동통신 시스템의 전체적인 구조는 모든 셀룰러 방식이 비슷하지만 CDMA와 AMPS를 구분하는 것은 이동국과 기지국을 연결시켜주는 인터페이스 CAI(Common Air Interface) 부분으로 AMPS는 주파수를 분할하여 채널을 구분하고 CDMA는 IS-95에 따라 부호를 분할하여 통화 채널을 구분해 준다.

  ㉠ MS(Mobile Station) - 이동국
  ㉡ AC(Authentication Center) - 인증센터
  ㉢ VLR(Visitor Location Register) - 방문자 위치 등록기
  ㉣ BST(Base Station Transceiver Subsystem) - 기지국
  ㉤ HLR(Home Location Register) - 홈 위치 등록기
  ㉥ BSC(Base Station Controller) - 기지국 제어장치
  ㉦ MSC(Mobile Switching Center) - 교환기

◎ BSM(Base Station Manager) - 기지국 관리장치

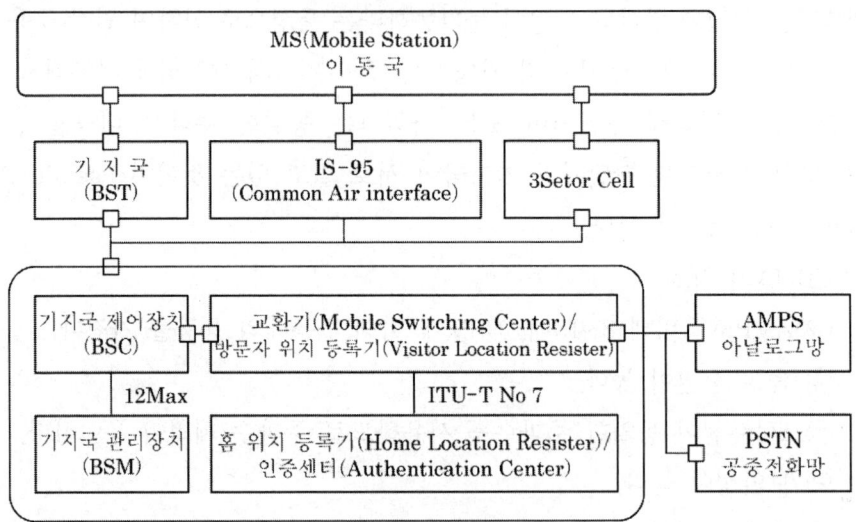

[CDMA 시스템 구성도]

[4] IMT-2000(International Mobile Telecommunication 2000)

초고속 정보통신망을 기반으로 유선망·무선망·위성망이 결합된 시스템을 통해, 인터넷, 영상전송 등 멀티미디어 통신서비스를 제공하는 차세대 종합통신 서비스로서 전세계 동일 표준에 의한 하나의 단말기로 전세계 어디서나 사용이 가능한 Global Roaming을 구현하고 IP를 기반으로 하는 차세대 멀티미디어 이동 통신 서비스이다.

① IMT-2000 서비스 특징
  ㉠ 개인 이동성, 단말 이동성, 서비스 이동성의 구현 : 하나의 단말기를 이용, 언제 어디서나 원하는 서비스를 받을 수 있는 기능
  ㉡ 멀티미디어 서비스의 광역화 : 기존의 음성 및 저속 데이터 통신 외에 최대 2[Mbps] 속도의 인터넷 접속, 영상회의 등의 멀티미디어 서비스 제공
  ㉢ 유선망, 무선망, 위성망의 통합 : 기존의 망을 모두 통합, 수용하는 개념으로 고품질의 서비스 제공

[5] 기타 디지털 이동 통신

① CT2(Cordless Telephone 2nd Generation): 가정용 무선 전화용으로 개발되

었으며, 기지국에서 반경 300[m] 정도까지 통화가 가능하고 핸드오프 기능은 지원하지 않는다. 즉 셀룰러 이동 통신과는 달리 기지국 가까이에 있어야만 통화가 되며 최초에 통화를 설정한 기지국의 반경을 벗어나면 통화는 절단되는 것이다. CT2는 옥외형 이동통신용이라기보다는 빌딩 내 사무실용으로 적합하며, 1[GHz] 대역의 주파수를 사용하고 디지털 음성 코딩을 사용하므로 보안성이 높고 음성 품질이 매우 우수하다.

② DECT(Digital European Cordless Telecommunications) : CT2보다 서비스에 유연성이 많다. CT2가 40개의 반송파에 반송파당 1개의 음성 채널로 총 40개의 음성 채널을 갖는 데 비해 DECT는 10개의 반송파에 반송파당 12개의 채널을 가지므로 총 120개의 음성 채널을 가진다.

③ PHS(Personal Handyphone System) : 일본에서 개발되어 동남아 지역으로 보급된 시스템이다.

[6] 호출 과정(Call Flow)

① 이동통신에서 호 발신 과정
  ㉠ Scan Control Channel : 단말기는 인접 기지국에서 발송되는 가장 강한 신호를 찾는다.
  ㉡ Choose Strongest Signal : 가장 강한 신호를 찾아 접속을 결정한다.
  ㉢ Send Origination Message : 가입자는 번호를 다이얼링하는데 이때 MIN(Mobile Identification Number)와 ESN(Electronic Serial Number)이 함께 전송된다.
  ㉣ Get Channel Assignment : 교환기가 가입자의 인증 과정을 거친 후 기지국은 단말기로 채널 할당 메시지를 전송한다.
  ㉤ Begin Conversation : 단말기는 할당된 채널을 사용하여 통화를 시작한다.

② 이동통신에서 호 수신 과정
  ㉠ 이동통신 가입자나 PSTN 가입자가 이동 가입자에게 전화를 하면 MSC는 그 번호가 어느 가입자의 번호인지를 판단한다.
  ㉡ MSC는 가입자의 위치를 파악하기 위해 기지국으로 하여금 Paging 신호를 발신하게 한다.

ⓒ 단말기는 계속 기지국의 호출을 Scanning하고 있으므로 자신의 번호가 호출되면 가장 가까운 기지국으로 ESN과 MIN을 보낸다.
ⓓ 기지국은 이 ESN과 MIN을 MSC로 보내어 인증 과정을 거치고 MSC는 기지국으로 하여금 채널을 할당하도록 지시한다.
ⓔ 채널이 할당되었음을 통보받은 단말기는 Ring Signal을 발생시킨다.
ⓕ 통화가 개시된다.

3 이동통신기기의 특성

[1] 이동통신기기의 조건

① 우수한 통화품질
② 다양한 부가서비스 제공 : 문자서비스, 전자우편착신통보, 단문메시지 전송, 인증, 무선데이터 서비스 등
③ 탁월한 통화보안성과 원음 재생력
④ 단말기(PCS)의 소형, 경량화

[2] 이동통신기기의 종류와 특성

구 분	PCS	셀룰러	CT-2
서비스 대상	차량(고속)/보행자		
신호 방식	디지털 CDMA	아날로그(AMPS)/디지털(CDMA)	디지털
통화 품질	매우 우수	우수(디지털)	보통
통화 보안성	우수	보통(디지털 우수)	보통
핸드 오프 기능	가능	가능	불능
착발신 기능	착발신	착발신	발신 전용
서비스 지역	광역	광역	소구역
주파수 대역	1.7~1.8[GHz]	800[MHz]	900[MHz]
기지국 반경	1[km] 내외	1[km] 내외	100~200[m]
주파수 효율	우수	우수(디지털)	나쁨

[3] 이동통신기기의 세대별 특성

① 2세대 : 디지털 방식의 통신망을 사용하여 문자 메시지 서비스 및 저속 데이터 통신(2.5세대)의 지원

- ㉠ GSM(Global System for Mobile communication, 2세대)
    - ⓐ 유럽에서 개발된 비동기식 시분할다중접속(Asynchronous TDMA) 기반 음성통신 기술 표준
    - ⓑ 전세계 이동통신 시장에서 많이 사용
    - ⓒ SIM(Subscriber Identity Module) 카드로 가입자를 식별
- ㉡ cdmaOne/CDMA IS-95(2세대)
    - ⓐ 최초로 비동기식 코드분할다중접속(Asynchronous CDMA) 방식에 기반해 퀄컴의 주도로 만들어진 미국식 이동통신 기술
    - ⓑ 기기의 일련번호와 통신사에서 관리하는 ESN으로 가입자를 식별
    - ⓒ 패킷 데이터 통신을 기준으로 IS-95A는 이론상 최대 14.1[kbps], IS-95B는 114[kbps]의 대역폭을 지원
- ㉢ GPRS(General Packet Radio Service, 2.5세대)
    - ⓐ 패킷 기반 데이터 통신 기술로서 GSM과 하향 호환성
    - ⓑ 1997년도에 릴리즈된 GSM 표준에 통합
    - ⓒ 이론적으로 최대 115.2[kbps]의 데이터 통신 대역폭을 지원

[4] CDMA 1 times Radio Transmission Technology, CDMA 2000 1x RTT/CDMA IS-2000(2.5세대)

① CDMA IS-95를 발전시켜 용량을 확대한 기술
② 이론적으로 최대 144[Kbps]의 데이터 통신 대역폭을 지원

[5] 3세대

광역 음성통신, 화상통화, 고속 데이터 통신 지원

① EDGE(Enhanced Data rates for GSM Evolution, 3세대)
- ㉠ GSM 네트워크와 GPRS 데이터 통신을 발전시킨 기술
- ㉡ 이론적으로 최대 236.8[Kbps]의 데이터 통신 대역폭을 지원

② CDMA2000 Evolution Data Only, CDMA2000 Ev-DO(3세대)
  ㉠ CDMA2000에서 데이터 통신 속도만을 발전시킨 기술
  ㉡ 이론적으로 Ev-DO rev.0는 최대 2.4[Mbps], rev.A는 최대 3.1[Mbps], rev.B는 최대 14.7[Mbps]의 다운링크 대역폭을 지원
③ Wideband Code Division Multiple Access, W-CDMA(3세대)
  ㉠ 비동기식 코드분할다중접속(Asynchronous CDMA) 방식의 3세대 이동통신 기술인 UMTS(Universal Mobile Telecommunications System) 중 하나로 GSM의 표준을 계승하면서 많은 가입자를 지원하는 데 유리한 코드분할 다중접속(CDMA) 방식의 장점을 결합
④ HSPA(High Speed Packet Access, 3.5세대)
  ㉠ W-CDMA의 데이터 속도 향상을 위한 이동통신 프로토콜의 집합
  ㉡ 이론적으로 다운링크 대역폭이 더 높은(14.1[Mbps]) HSDPA와 업링크 대역폭이 더 높은(11.5[Mbps]) HSUPA로 분류

[6] 4세대
① 전 세계 어느 지점에서든 최소 100[Mbps]의 대역폭
② 서로 다른 통신망 사이의 유연한 핸드오버
③ 여러 종류의 네트워크 간 국제 로밍
④ 멀티미디어 메시지 서비스(MMS), HDTV 콘텐츠 제공, 모바일 방송, 화상통신 등의 서비스 제공
⑤ 기존 통신망과의 하향 호환성
  ㉠ LTE(Long Term Evolution)
    ⓐ 3GPP에서 현재 표준화 작업 중인 이동통신 기술
    ⓑ 높은 데이터 대역폭과 비트당 비용 절감, 기존 통신망과의 유연한 호환, 낮은 지연율 등
    ⓒ 이론적으로 최대 326.4[Mbps]의 다운링크 대역폭과 86.4[Mbps]의 업링크 대역폭이 목표
⑥ WiMAX

㉠ 고정적 환경에서의 광범위한 고속 데이터 통신
㉡ IEEE 802.16d 기준으로 이론상 기지국 한 개당 약 50[km]의 Coverage와 최대 70[Mbps]의 대역폭을 지원
㉢ 실질적으로 기지국 한 개당 약 10[km]의 Coverage와 10[Mbps]의 속도를 갖는다.
⑦ Wireless Broadband WiBro/Mobile WiMAX
㉠ 한국전자통신연구원이 개발한 대한민국 독자 개발 이동통신기술로 추후 IEEE로부터 802.16e 표준을 승인
㉡ 120[km/h]의 빠른 이동속도에도 사용 가능할 정도로 높은 이동성이 지원되기 때문에 Mobile WiMAX라고도 함
㉢ WiMAX와 달리 MIMO가 지원 안 됨
㉣ 이론적으로 기지국 한 개당 약 900[m]의 Coverage와 50[Mbps](다운 링크와 업 링크)의 통신 대역폭을 지원

[7] 5세대(5 Generation)

5세대 이동 통신(5G, fifth generation technology standard)은 2018년부터 채용되는 무선 네트워크 기술로서 5G는 최대 20[Gbps]의 데이터 전송속도로 4G보다 20배 더 빠르고, 레이턴시는 120배가 더 적어서, 사물 인터넷 네트워킹의 발전과 새로운 고대역폭 응용 분야를 지원하게 된다.

(1) 주파수 대역에 따른 5G의 분류
① FR1 : 저속 광역망에 쓰이는 6[GHz] 이하 주파수 대역
② FR2 : 초고속 근거리망에 쓰이는 24[GHz] 이상
㉠ 주로 28[GHz] 주파수 대역에서 서비스하여 28[GHz]로 지칭되기도 한다.
㉡ 24.25[GHz]부터 52.6[GHz]까지 사용하도록 계획되어 있다.
㉢ 2020년 10월 기준, FR2 서비스는 아직 이루어지지 않고 있다.

(2) 5G의 기술
① 밀리파 : 주파수(20[GHz]~100[GHz])가 매우 높은 파장으로, 놀라운 속도로 신호를 전송할 수 있으나 장거리, 모퉁이 우회 또는 장애물 통과가 필요한 전송

에는 취약하다.
② 빔포밍(Beamforming) : 무선통신 타워는 모든 방향으로 신호를 브로드캐스트 하므로 간섭이 많이 발생할 수 있다.
③ 네트워크 슬라이싱 : 네트워크 슬라이싱을 통해 공급업체가 네트워크의 가상 영역을 특정 용도로 사용할 수 있다.

(3) 5G 서비스의 장·단점
① 5G 서비스의 장점
㉠ 고속 : 소비자의 경우 다운로드 속도 증가, 미디어를 스트리밍하고 그래픽이 많은 게임을 플레이할 때 버퍼링 지연 감소, 가상 현실 및 증강 현실 경험 향상 등이 이루어진다.
㉡ 대기 시간 감소(저 지연) : 디지털 세계와 실제 세계, 그리고 클라우드 서비스 간에 거의 원활한 연결을 구성하고 방대한 양의 데이터를 즉시 전송할 수 있게 된다.
㉢ 대용량 특성 : 인공지능(AI), 사물 인터넷(IoT), 자율 주행 자동차 등 많은 분야에서 광범위하게 사용될 것이다.
㉣ 원격 지원 서비스 범위 확대
② 5G 서비스의 단점
㉠ 취약한 보안 : New Radio 망은 LTE의 폐쇄적 구조와 달리 분산 구조형의 개방형으로 설계되어 구조적으로 보안에 취약하다. 주파수 대역을 쪼개 여러 분야에 분산 적용할 수 있는 '네트워크 슬라이싱' 기능이 구현되므로 기지국 단위에서도 데이터를 처리하기 때문에 기존보다 개인 정보가 해킹될 위험성이 더 높다.
㉡ 대역폭 혼 간섭 : 3.5[GHz] 대역폭의 혼 간섭 문제도 있다.
㉢ 기기 발열 : 5G가 지원되는 스마트폰의 경우 5G를 사용할 경우 5G를 담당하는 전용 칩이 심한 발열을 유발한다.
㉣ 비싼 요금제 : 요금제가 비싸 품질이나 보안과는 별개의 문제로 소비자의 부담이 크다.

Chapter 06. TV 방송 송신 기술

무/선/설/비/기/능/사

1 송신장비 운용 관리하기

1 방송통신 시스템 개요

[1] 방송통신의 정의

(1) 방송통신의 정의

"방송통신"이란 유선·무선·광선(光線) 또는 그 밖의 전자적 방식에 의하여 방송통신콘텐츠를 송신(공중에게 송신하는 것을 포함한다)하거나 수신하는 것과 이에 수반하는 일련의 활동 등을 말하며, 다음 각 목의 것을 포함한다.

가. 「방송법」 제2조에 따른 방송
나. 「인터넷 멀티미디어 방송사업법」 제2조에 따른 인터넷 멀티미디어 방송
다. 「전기통신기본법」 제2조에 따른 전기통신

(2) 방송통신시스템의 구성 요소

송신기, 수신기, 전송매체(채널)로 구성된다.
① 송신기 : 전송신호를 전송매체에 적합한 형태로 변환(변조)
② 수신기 : 전송매체를 통해서 전송된 신호를 수신자가 이해할 수 있는 형태로 변환(복조)
③ 전송매체(채널) : 송신기와 수신기를 연결하는 유·무선 매체

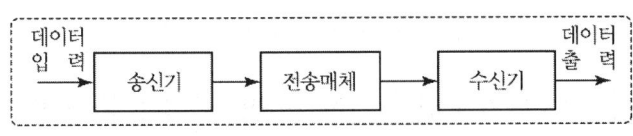

[통신시스템의 구성]

[2] 라디오 방송

라디오(Radio)는 전파의 변조를 통해서 신호를 전달하는 기술을 일컫는 말로서, 변조 방식에 따라 AM, FM으로 나뉘며, 중파, 단파, 초단파 등을 사용한다. 라디오 방송의 기본적인 작동 원리는 음성을 마이크로폰을 통하여 전류로 바꾼 후 이를 전파나 통신 케이블을 통해 송신한 후 수신기에서 받아들여 본래의 음성으로 바뀌어 들을 수 있게 한다.

(1) 수신기의 종류

① 전파형식에 따른 분류 : AM 수신기, FM 수신기, PM 수신기 등
② 수신 주파수에 따른 분류 : 중파 수신기, 단파 수신기, VHF 수신기 등
③ 사용 목적에 따른 분류 : 방송 청취용 수신기, 업무용 수신기 등
④ 검파 방식에 따른 분류 : 스트레이트(straight) 수신기, 슈퍼헤테로다인(super-heterodyne) 수신기

(2) AM 수신기의 구성

① 스트레이트 수신기 : 수신된 동조 주파수를 직접 검파하는 방식의 수신기

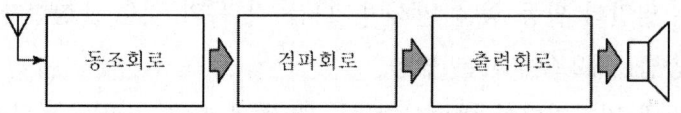

[스트레이트 수신기의 구성]

② 슈퍼헤테로다인 수신기 : 수신 전파의 주파수(f_s)를 이와 다른 주파수(f_i, 중간 주파수)로 변환시키고, 이를 증폭하여 검파하는 방식의 수신기

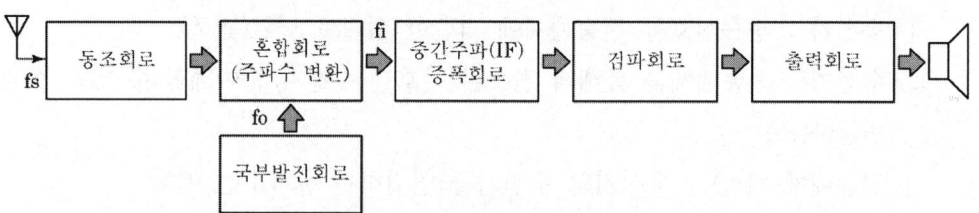

[슈퍼헤테로다인 수신기의 구성]

③ 이중 슈퍼헤테로다인 수신기 : 주파수 변환을 2단 실시하여 제2중간 주파수를 증폭하여 복조시키는 방식의 수신기

④ 슈퍼헤테로다인 수신기의 장단점
　㉠ 장점
　　ⓐ 중간 주파수로 변환 증폭하므로 감도와 선택도가 좋다.
　　ⓑ 광대역에 걸쳐 선택도가 떨어지지 않고 충실도가 좋다.
　㉡ 단점
　　ⓐ 국부 발진주파수의 고조파와 수신 전파 사이의 비트(beat) 방해를 받기 쉽다.
　　ⓑ 영상 혼신을 받기 쉬우며, 회로가 복잡하고 조정이 어렵다.

(3) 수신기의 특성 개선
① 고주파 증폭부 부가 시의 이점
　㉠ 감도와 선택도가 좋아진다.
　㉡ SN비가 크게 개선된다.
　㉢ 영상 신호 방해가 경감된다.
　㉣ 국부발진 세력의 방사를 줄일 수 있다.
② 수신기의 감도 향상을 위한 방법
　㉠ 고주파 증폭부를 부가하여 이득을 크게 한다.
　㉡ 주파수 변환 소자(진공관, 트랜지스터)는 잡음이 적고 변환 컨덕턴스가 클 것
　㉢ 중간주파 증폭부를 증가시킨다.
③ 선택도 좋게 하는 방법
　㉠ 동조회로의 선택도 Q를 높게 한다.
　㉡ 고주파 증폭부를 부가한다.
　㉢ 중간 주파수를 낮게 한다.
　㉣ 중간 주파 변성기(IFT)는 1, 2차 동조형으로 한다.

(4) 슈퍼헤테로다인 수신기의 영상 주파수 방해
① 영상 혼신(image frequency interference) : 수신하려는 주파수(f_s)에 대하여 $f_s + 2IF = f_2$인 주파수도 동시에 들어와 수신 방해가 되는 주파수 f_2를 영상 주파수라 하며, 이것에 의한 혼신을 영상 혼신이라 한다.
② 영상 주파수 f_2 = 수신 주파수 + 2 × 중간 주파수 = $f_s + 2f_i$

③ 영상 혼신을 경감시키는 방법
  ㉠ 고주파 증폭부를 부가하여 선택도를 높인다.
  ㉡ 동조회로의 Q를 높인다.
  ㉢ 중간 주파수를 높게 선정한다.
  ㉣ 안테나 회로에 웨이브 트랩(wave trap)을 설치한다.
  ㉤ 중간주파 증폭회로에 수정 여파기(X-tal filler)를 쓴다.
  ㉥ 이중 슈퍼헤테로다인 방식으로 한다.

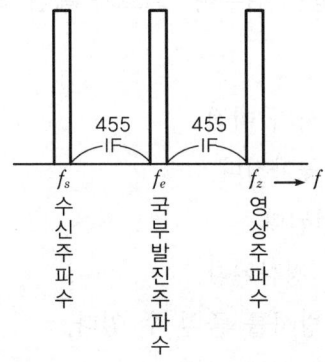

(5) FM 수신기의 구성

① FM 통신 방식의 특징
  ㉠ SN비가 좋다.
  ㉡ 송신기의 효율을 높일 수 있고 일그러짐이 적다.
  ㉢ 수신기의 출력 준위의 변동이 적다.
  ㉣ 혼신 방해를 적게 할 수 있다.
  ㉤ 주파수 대역을 넓게 잡을 필요가 있다.

② FM 방송용 수신기의 구성

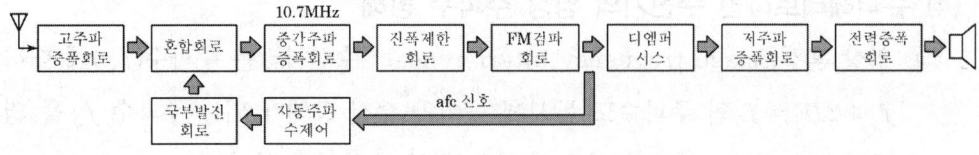

[FM 방송용 수신기의 구성]

③ FM 통신용 수신기의 구성

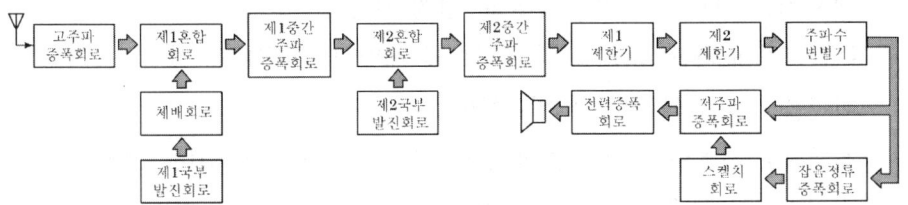

[FM 통신용 수신기의 구성]

(6) FM 수신기의 특수회로

① 진폭 제한기(limiter) : FM파(방송파)가 진폭 변화를 받아 약간의 진폭 변조된 AM파 성분(잡음 성분)을 제거하여 진폭을 일정하게 하는 회로
② 주파수 판별기(FM 검파 회로) : 주파수 변조된 FM파를 진폭의 변화로 바꾸는 회로
③ 스켈치(squelch)회로 : 입력 신호가 없을 때의 잡음을 제거하기 위하여 저주파 증폭부의 동작을 자동으로 정지시키는 회로
④ 디엠퍼시스(de-emphasis)회로 : 송신 측에서 SN비 개선을 위해 고역 이득을 보강한 특성(프리엠퍼시스)을 수신 측에서 다시 보정하여 전체적으로 평탄한 특성으로 하기 위한 회로-FM방송에서는 50[μsec]로 규정하고 있다.
⑤ 자동 주파수제어(automatic frequeney control, AFC)회로 : 주파수 변환을 위한 국부 발진기의 주파수 변동을 제거하기 위하여 주파수를 자동으로 검출하고 제어하는 회로

(7) FM 스테레오 수신기

① FM 스테레오 방송기의 구성

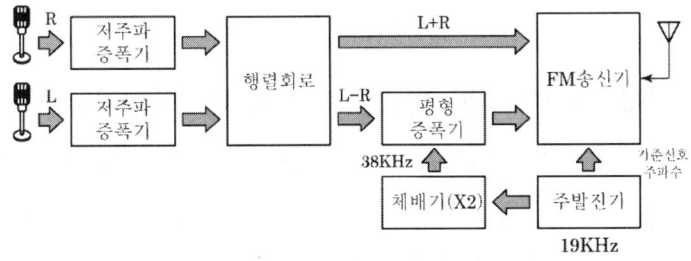

[FM 스테레오 방송기의 구성]

① 왼쪽(L)과 오른쪽(R)의 음성 입력은 각각 증폭되어 행렬회로(matrix circuit)에서 (L+R)과 (L-R)의 신호로 합성된다.

② 주발진기에 의한 19[kHz]의 주파수를 체배기로 38[kHz]의 부반송파를 만들고 이것을 (L-R)의 신호로 변조한다.

③ 스테레오 신호의 피변조 주파수 분포는, 그림과 같이 되며, 19[kHz]의 성분은 수신기에서 복조(검파)시킬 때에 기준 신호(pilot signal)가 된다.

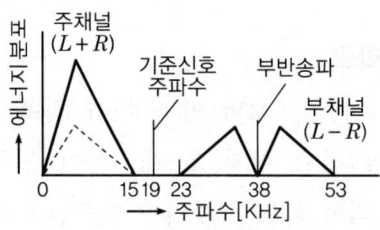

[스테레오 신호의 주파수 분포]

② 스테레오 방송 청취용 수신기의 구성
① MPX 어댑터 : FM 스테레오 방송을 수신하여 좌우(L, R)의 스테레오 신호를 얻기 위한 회로
② 스테레오 수신 전파를 단일 음향(monosound) 수신기로 수신하였을 때에는 복조된 신호 가운데(L+R) 신호만이 스피커에서 재생된다.

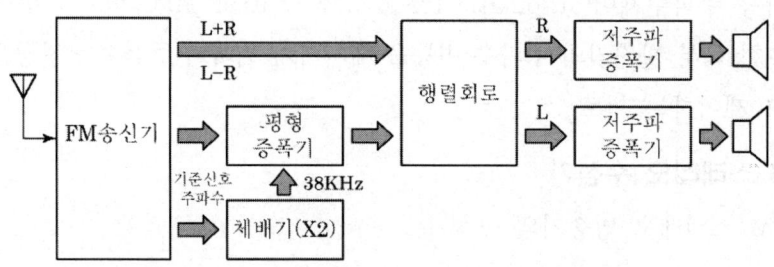

[FM 스테레오 수신기의 구성]

[3] DMB(디지털 멀티미디어 방송, Digital Multimedia Broadcasting)

디지털 멀티미디어 방송(DMB)은 디지털 영상과 오디오 방송의 전송기술로서 휴대전화, MP3, PMP 등의 휴대용 기기에서 텔레비전, 라디오, 데이터방송을 수신할 수 있는 이동용 멀티미디어 방송이 목적으로 대한민국 방송법에서는 "이동 멀

티미디어 방송"이라는 용어를 사용하며, "이동 중 수신을 주목적으로 다채널을 이용하여 텔레비전 방송·라디오 방송 및 데이터방송을 복합적으로 송신하는 방송"으로 정의한다.

지상파 아날로그 라디오 방송을 대체할 목적으로 DAB(디지털 오디오 방송)를 토대로 개발되었으나 한정된 전파에 더 많은 데이터를 담을 수 있는 기술의 발전에 따라 음성 데이터뿐만 아니라 DVD급 수준의 동영상 데이터까지 전송할 수 있게 되었다.

(1) DMB 방식의 분류

DMB는 전파 송수신 방식에 따라 지상파 DMB와 위성 DMB 방식으로 구분한다.

① 지상파 DMB(T-DMB, Terrestrial DMB)
  ㉠ 공중파의 VHF 채널 7~13번의 주파수 대역(174[MHz]~216[MHz])을 이용한다.
  ㉡ MPEG-4 파트 10(H.264)의 비디오 방식과 MPEG-4 파트 3(BSAC) 또는 H2-AAC V2의 오디오 방식을 사용한다.
  ㉢ 2005년 12월 1일, 지상파 DMB는 대한민국에서 세계 최초로 본방송을 시작했다.
  ㉣ 2007년 12월 14일, DVB-H, OneSeg, MediaFLO와 같은 다른 표준들과 함께 ITU가 공식적으로 국제 표준으로 승인되었다.
  ㉤ 장점 : 지상파 DMB는 위성 DMB에 비해 고속 차량 이동 중에도 방송을 시청할 수 있다.
  ㉥ 단점
    ⓐ 일부 난시청 지역에서는 원활한 시청이 곤란하다.
    ⓑ 화질이 낮다.
    ⓒ 수도권 외 다른 지역의 채널 수가 많지 않다.

② 위성 DMB(S-DMB, Satellite DMB)
  위성 DMB는 방송국에서 인공위성으로 전파를 보내고 인공위성에서 단말기로 전파를 보내는 방식으로 현재의 DMB의 원천 기술은 대한민국에 있으나 위성 DMB(S-DMB) 방송은 일본에서 처음 개시되었다.

대형 화면의 고정 수신인 TV의 경우 한번 시청할 때의 이용 시간은 약 2시간 정도인데 반면에 7인치 이하의 화면에 이동 수신이 주목적인 위성 DMB의 경우는 더욱 짧은 시간을 이용하는 경향과 최근 스마트폰의 보급으로 인해 위성 DMB가 탑재되는 기기와 위성 DMB 가입자가 모두 줄어 2012년 8월 31일을 끝으로 폐지되었다.

(2) 지상파 DMB와 위성 DMB의 기술 비교

구분	지상파 DMB	위성 DMB
방송망 형태	지상파망	위성망+보조지상망(Gap filler)
사용 주파수	VHF(CH7~CH13), 174~216[MHz] 전국 5~6개 권역별 할당, 지역별 서비스 수도권 가용 채널 CH8, CH12	S band(2~4GHz) 2.630~2.655MHz(25MHz) 전국 동일 주파수대역
주파수 대역	블럭당 1.536[MHz]	단일 사업자 25MHz
기술 규격	Eureka-147(유럽)	System-E(일본)
비디오 압축	MPEG-4 Part 10(H.264)	MPEG-4 Part 10(H.264)
오디오 압축	MPEG-4 BSAC(Bit Sliced Arithmatic Coding) → MPEG-4 Part 3	MPEG-2 AAC+SBR(Spectral Band Replication) → MPEG-2 Part 7
오디오 전용 서비스	MPEG-1 Audio Layer Ⅱ(Musicam)	MPEG-2 AAC+SBR
데이터	MPEG-4 BIFS(Binary Format for Scenery) (프로그램과 데이터의 연동 기술 규격, 다양한 형태의 부가서비스 가능)	
비디오/오디오 다중화	MPEG-4	
전송 방식	COFDM	CDM
채널 부호화	Reed-Solomon + Convolutional Coding	
변조 방식	pi/4DQPSK	QPSK
서비스 범위	권역별 서비스	전국 단일 서비스
운용 가능 매체	Video(1), 오디오(3), 데이터(3)	비디오(11), 오디오(25), 데이터(3)

[4] HDTV(고선명 텔레비전, High Definition Television)

디지털(Digital) TV는 제작 · 편집 · 전송 · 수신 등 방송의 모든 단계를 0과

1의 디지털 신호로 처리하는 TV 방송시스템이라 정의할 수 있으며, 이는 정보의 종류(영상, 음성, 문자 등)에 따라 서로 다른 신호로 처리하는 아날로그(analog) TV와 대비되는 개념이다.

(1) HDTV의 개요

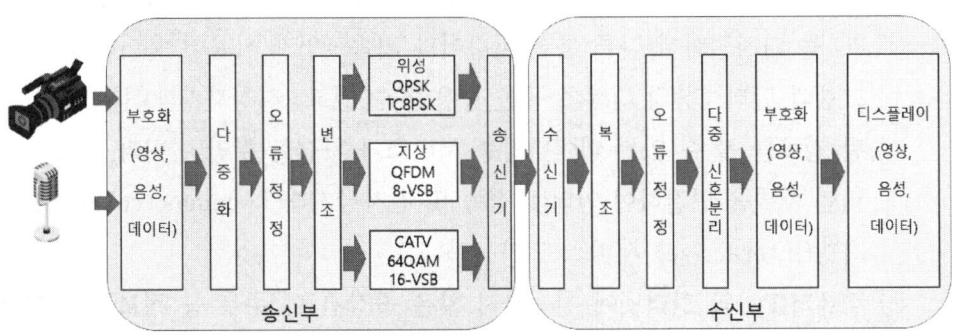

[디지털 TV 방식의 송·수신 개략도]

① 영상, 음성, 데이터는 MPEG-2 등의 부호화를 거쳐 패킷으로 다중화되고, 리드-솔로몬 등의 오류정정과 변조 과정을 통하여 송신하게 된다.
② 변조 방식에 있어 위성 TV에서는 위성의 전력 제한과 증폭기(TWT : 진행파관)의 비선형성 때문에 QPSK/TC8PSK 방식, 지상파 TV에서는 고스트(Ghost)가 적고 이동 수신 시 패스(Path)에 강한 OFDM(유럽방식)/8-VSB(미국방식)이, 케이블 TV서는 회선 품질의 우수성에서 다중치 QAM(64QAM)/16-VSB 방식이 제안되어 각각의 특성에 맞게 변조하여 송출하게 된다.
③ 수신측에서는 송신측과 반대의 프로세서가 이루어져 영상, 음성, 데이터의 복원되어 수신이 이루어진다.

(2) 디지털(Digital) TV의 특징

① 아날로그 TV에 비해 잡음과 화면 겹침(Ghost)을 줄일 수 있고, 전송 과정에서 발생한 신호 오류를 자동으로 교정할 수 있어 화질과 음질을 획기적으로 향상시켜 방송서비스의 고품질화와 고화질 방송(HDTV)을 제공한다.
② 정보의 손실 없이 신호를 압축하여 보다 많은 정보량을 전송할 수 있다. 기존 TV 1채널(6[MHz])로 HDTV 1채널(영화 수준의 고화질 및 CD 수준의 음질) 또

는 SDTV 3~5채널의 서비스가 가능하여 음성·영상 외에 증권·교통·뉴스 등의 데이터도 제공한다.

③ 영상·음성·데이터 신호를 동시에 0 또는 1로 변환·처리하여 TV 프로그램을 자유자재로 편집·저장·가공·재사용할 수 있고, 필요에 따라서 영상·음성·데이터 정보량을 유연하게 조정할 수 있다.

④ PC 등 디지털화된 다른 통신 미디어와 접속·연계 사용이 용이하다. TV 프로그램과 인터넷상의 컨텐츠 등을 공유할 수 있고, 시청자가 TV를 통해 각종 생활 정보를 볼 수 있는 데이터방송 서비스가 가능할 뿐만 아니라, 아울러 TV에 리턴 채널을 연결하여 인터넷 접속 및 전자상거래(T-commerce) 등 다양한 대화형(Interactive) 서비스도 가능하다.

⑤ 컴퓨터(PC)와 인터넷에 친숙하지 않은 중장년층, 주부 등 정보화 취약계층이 TV 리모컨을 통해 쉽게 정보에 접근할 수 있는 역할을 한다.

(3) 기술적인 세부 사항

① 디지털 HDTV 방송에서는 일반적으로 MPEG-2 압축 코덱을 사용한다.
  ㉠ MPEG-2에서는 최대 4 : 2 : 2 YUV 샘플링(chroma subsampling)과 10비트 양자화를 지원하지만, 일반적으로 HDTV 방송에서는 대역폭을 줄이기 위해 4 : 2 : 0 방식과 8비트 양자화를 사용한다.
  ㉡ 대한민국의 DMB, 위성방송이나 독일의 방송사에서는 MPEG-4를 사용하기도 한다.
  ㉢ 최근에는 대역폭의 제한 내에서 보다 많은 양의 데이터를 송신하기 위해 MPEG-4와 DVB-S2 기술이 사용되는 추세이다.

② HDTV는 5.1 서라운드 사운드를 지원하는 MPEG2 오디오(DVB), 돌비 디지털(AC-3) (ATSC), 고급 오디오 부호화(AAC)(ISDB) 형식의 사운드를 사용하므로 극장 수준의 오디오를 감상할 수 있다.

③ 순수 HD 신호의 픽셀 가로대 세로비(aspect ratio)는 1.0(픽셀 가로 크기=세로 크기)으로 새로운 HD 압축/녹화 방식에서는 더 효율적인 압축을 위해 직사각형의 픽셀을 사용한다.

④ TV 방송사나 지역 내의 분배를 담당하고 업체나 프로덕션 업체에서는 압축되

지 않은 HDTV 신호를 전송하기 위해 SMPTE 292M 전송 표준(보통 1.5[Gb/s], 75[Ω]의 시리얼 디지털 인터페이스)을 사용한다.

㉠ 압축되지 않은 HDTV 신호는 공중파나 케이블로 전송하기에는 너무도 많은 대역폭을 차지하므로 압축된 신호를 전송하고 TV 수신기에서 이를 다시 원래 신호로 복원한다.

㉡ 일반적인 TV 수신기에서는 가격 문제나 영상의 저작권 문제 등으로 인해 압축되지 않은 SMPTE 292M 신호를 직접 수신할 수 없도록 하고 있다.

[아날로그 TV와 디지털 TV의 비교]

구분	아날로그 TV (NTSC)	디지털 TV(ATSC)	
		SDTV	HDTV
채널(6[MHz])	1채널	3~4채널	1채널
음성다중	2채널(스트레오)	5.1채널	
부가서비스	• 일방적 서비스 • 문자다중 방송	• 양방향 정보서비스 • 홈쇼핑, 홈뱅킹, 인터넷 검색, 전자투표 등 양방향 방송 가능	
화면비	4 : 3	4 : 3 또는 16 : 9	16 : 9
주사선 수	525(저화질)	480×704, 480×640(중화질)	1080×1920, 720×1280(고화질)
양방향성	단방향	양방향	
수상기 가격	낮음	중간	높음
변조방식	VSB	8-VSB	
외부잡음	약함	강함	
송신전력	높음	낮음	

(4) ATSC(Advanced Television Systems Committee) 방송 표준

미국의 디지털 텔레비전 방송 표준을 개발하는 위원회, 혹은 그 표준을 말한다. 디지털 방송의 표준에는 ATSC 외에 유럽에서 개발된 DVB, 일본의 ISDB 등이 있다.

① AC-3 돌비 디지털 오디오를 지원한다.

② ATSC의 경우 A/52로 공식 표준화되었지만 돌비 디지털 AC-3이 오디오 코덱으로 쓰인다. 최대 다섯 개의 소리 채널에, 저주파 효과(5.1 구성)의 경우 6채널이 쓰인다.

③ 아날로그 NTSC의 한 채널을 담는 6[MHz]의 대역폭에 최대한 4개까지의 채널을 전송할 수 있다.

④ 현재 미국, 캐나다, 멕시코, 대한민국의 국가 표준으로 결정되어 있다.

(5) ATSC 방송 표준의 장·단점

① 전파 변조 구조가 DVB에 비해 단순하다.

② HDTV 구성이 비교적 쉽다.

③ 멀티 패스나 잡음에 상대적으로 취약하다.

④ SFN 구성이 불가능하여 각 중계소마다 다른 주파수를 사용해야 한다.

[5] UHDTV(초고선명 텔레비전, Ultra High Definition Television)

UHDTV는 일본 NHK 방송 기술 연구소가 개발하고 ITU-R에서 2012년 8월 UHDTV에 관한 표준 권고안인 Recommendation ITU-R BT.2020의 발표에 의해 정의되어 승인된 기술로서 HD급 대비 4배에서 16배 해상도의 비디오와 10채널 이상의 다채널 오디오로 극사실적인 초고품질 방송서비스를 통하여 소비자의 품질 요구를 만족시킬 수 있는 차세대 방송시스템 및 서비스이다.

4K UHD 방식의 경우 3840×2160 화소의 디스플레이 해상도이며, 8K UHD 방식의 경우 7680×4320 화소의 디스플레이 해상도를 말하며, 화소는 약 3300만 화소이다.

(1) UHDTV의 특징

① 화소수는 HDTV의 4배에서 16배 선명(4K : 3,840×2,160~8K : 7,680~4,320)

② 컬러 깊이(Color depth), 즉 화소당 비트수는 10비트~12비트

③ 시야각은 55도에서 100도로 임장감(현장에서 듣는 듯한 느낌)을 높임

④ 오디오는 최소 10채널 이상의 오디오, NHK는 22.2채널 사용, 상위 레벨 9개, 중간 레벨 10개, 하위 레벨 5개를 사용하고 2개의 서브우퍼 이용

⑤ 60″ 이상의 대형 디스플레이 장치에서 인간 시각의 분해능 특성으로 인한 화질 저하 인식으로 HD 이상의 고해상도인 UHD 필요

⑥ 시청 거리가 2.5[m]에서 63인치~132인치 이상의 디스플레이인 경우, 4K (3,840×2,160)급 해상도가 필요하며, 그 이상의 경우는 8K(7,680×4,320)

급의 해상도가 필요

⑦ UHD에서는 현장감 및 실재감이 높아지고, 입체감도 느끼는 것으로 파악

[UHDTV와 HDTV의 주요 특징 비교]

구분	UHDTV		HDTV	비교
	4K	8K		
화면 당 화소수 (pixels/frame)	3,840×2,160	7,680×4,320	1,920×1,080	4K : 4배, 8K : 16배
화면 주사율 (frames/sec)	60[Hz]		30[Hz]	2배
화소당 비트수 (bits/pixel)	24~36[bits]		24[bits]	1~1.5배
컬러 샘플링 형식 (chroma format)	4:4:4, 4:4:2, 4:2:0		4:2:0	1~2배
오디오 채널수 (audio channels)	10.1~22.2		5.1	1~2배

(2) UHDTV 방송의 분류

① 지상파 UHDTV : 지상파 방송국에서 제작된 UHD 콘텐츠가 주변 산지 정상 등에 설치된 TV 송신소로부터 무선으로 전송되고 실내 또는 실외 안테나 또는 공시청 설비를 통해 TV에 직접 수신되는 형태이다. 따라서 TV 송신소의 환경 (송출 안테나 높이, 송출 전력 등), TV 송신기로부터 수신기까지의 거리, 수신 안테나 환경(수신 안테나 위치, 성능) 등 채널 특성이 열악한 무선 전송을 고려한 기술들이 채용된다.

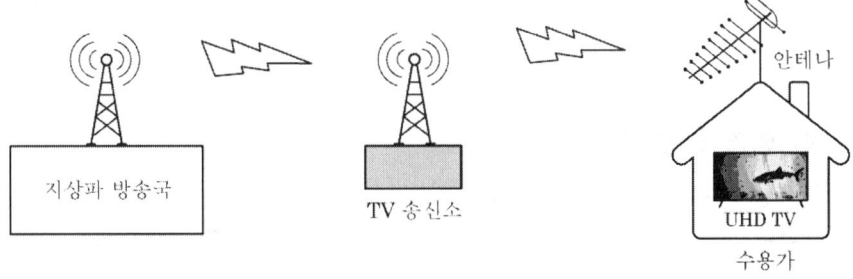

[지상파 UHDTV의 구성도]

② 케이블 UHDTV : 지역 케이블 방송사로부터 유선(광케이블 또는 동축 케이블)

으로 디지털 케이블 셋톱박스를 통해 TV에 수신되는 형태이기 때문에 케이블 특성 등 비교적 채널 특성이 양호한 유선 전송을 고려한 기술들이 채용된다.

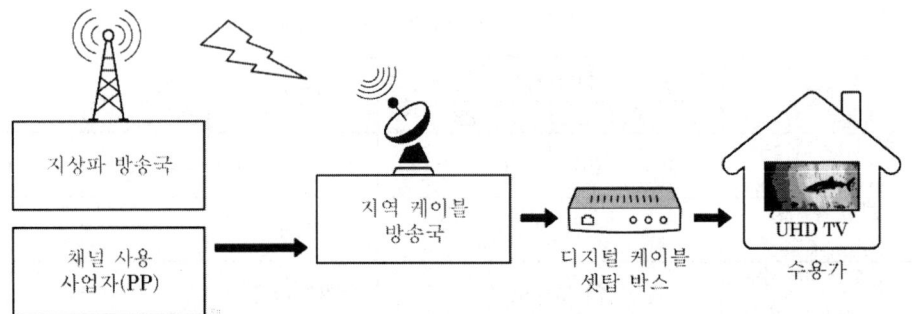

[케이블 UHDTV의 구성도]

③ 위성 UHDTV : 인공위성을 이용해 무선 송출하는 방법으로 위성 UHDTV는 지상파 UHDTV 방송의 경우와 기술적으로 크게 달라져야 할 이유는 없으나, 위성은 RF 신호가 대기권을 통과해야 하므로 사용할 주파수 대역과 주파수 대역에 따른 신호 특성을 고려하여야 한다.

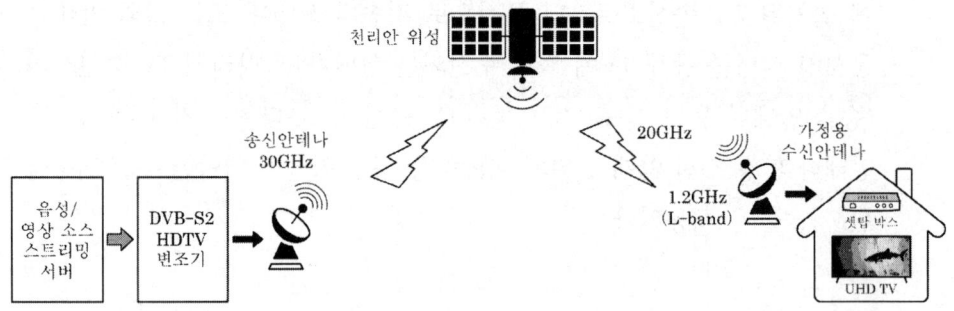

[위성 UHDTV의 구성도]

(3) UHD 방송 응용 분야
① 디지털 시네마 : 실제감을 강조한 고선명 영화 콘텐츠 개발 및 상영에 활용
② 디지털 사이니지 : 실감성과 광고 효과 극대화를 위해 고선명의 실감성 높은 콘텐츠로 수요 증가
③ 공공장소 시청 : 운동장, 종합스포츠 중계관 등 공공장소 시청에 적용
④ 스마트 워크 : 고선명 화상회의 시스템

⑤ 교육 : 고선명 화면을 통한 실감형 교육 및 강의
⑥ 의료 : 고선명 화질을 통한 원격진료 등

2 방송통신시스템 기본 구성

[1] 아날로그 TV 방송

아날로그 방송은 음성과 동영상을 전송하는 것이 기본이며 문자의 경우는 영상에 삽입하여 영상 정보로 전송

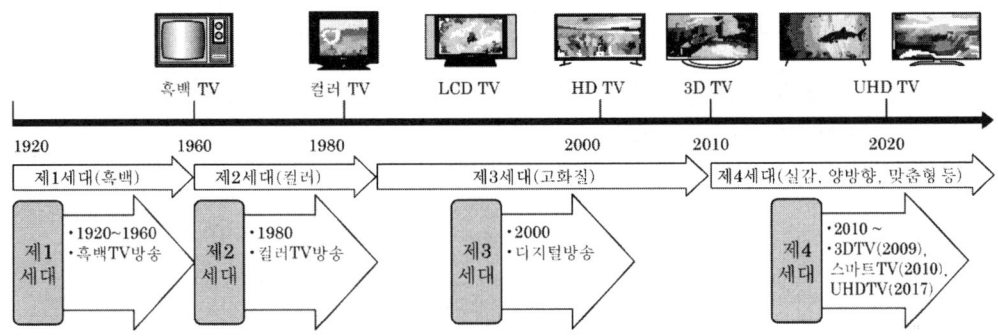

[세대별 방송 발전 과정]

(1) 아날로그 TV 방송 신호의 전송 방식 분류
① 미국과 한국 중심의 NTSC(National Television System Committee) 방식
② 독일과 서유럽을 위주로 하는 PAL(Phase Alternation by Line) 방식
③ 프랑스와 동유럽을 위주로 하는 SECAM(Sequential Color with Memory) 방식

(2) 아날로그 TV 전송 방식의 개요

[아날로그 TV 전송 방식의 특성 비교]

특성	NTSC	PAL	SECAM
주사선 수	525	625	625
수평 주파수(kHz)	15.743	15.625	15.625
수직 주파수(kHz)	59.94	50	50

[아날로그 TV 전송 방식의 특성 비교]

특성	NTSC	PAL	SECAM
영상변조방식	AM	AM	AM
음성변조방식	FM	FM	AM
영상대역폭(MHz)	4.2	5	6
음성대역(MHz)	1.8	2	2

① 각 방식의 주된 특징은 초당 전송되는 화면(frame)의 수와 하나의 화면을 만들기 위한 주사선의 수, 수직, 수평 주파수, 영상 신호의 대역폭, 그리고 음성신호의 변조 방식과 반송파의 주파수 등이다.

② 초당 전송되는 화면의 수는 연속되는 동영상으로 보이기 위해 1초당 이어지는 정지영상의 수를 말하며, 주사선의 수는 아래 그림과 같이 하나의 화면을 만들기 위한 라인의 수이다.

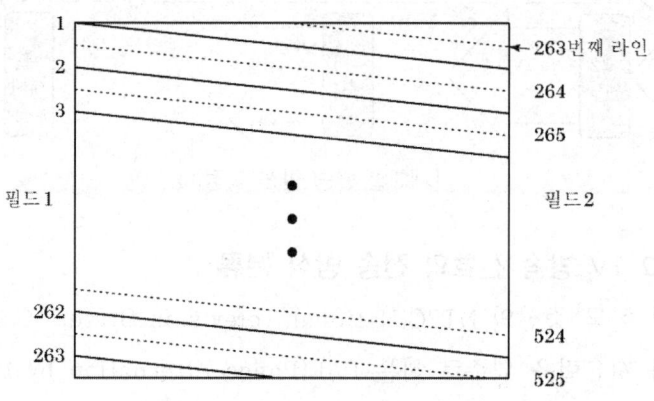

[NTSC 방식에서 한 화면을 구성하는 주사선의 수]

③ NTSC 방식은 초당 30프레임에, 화면당 525개의 주사선을 전송하려면 1개의 주사선을 전송하는 주기는 $1/(30 \times 525)$초가 되고 이의 역수가 수직 동기 주파수(15.743kHz)가 된다.

④ 영상 신호의 전송 시 신호를 손실 없이 전송하기 위한 주파수의 영상대역폭과 별도의 음성신호 대역폭이 필요하다.

⑤ NTSC 방식보다 PAL이 사용하는 주사선의 수가 많으므로 더 많은 영상대역폭

을 사용하며 음성신호의 전송에도 약간의 다른 대역폭을 사용한다.

⑥ 영상 신호는 디지털 영상 센서(CCD 또는 CMOS형)를 갖는 카메라를 이용하여 생성한다. 상이 영상 센서에 맺히면 밝기와 색상에 따라 센서의 화소값이 결정되고 카메라의 출력은 전송 방식의 특성에 따라 수평과 수직 동기신호의 주파수를 조정하여 결정한다.

⑦ 아날로그 TV 전송 방식은 주사선을 생성할 때 홀수 열 영상과 짝수 열 영상 2개를 결합하는 2 : 1의 비월 주사(interlacing) 방법을 사용한다.

⑧ 하나의 영상을 처음에는 홀수 열만 선택하고 다음에는 짝수 열만 선택하여 반쪽짜리 영상 두 개를 만든 후 이들을 결합하면 한 개의 화면을 구성하는 525개의 주사선을 한꺼번에 전송하면 신호량이 많아서 주파수 대역을 많이 차지하게 되므로 반씩 나누어 두 번에 보내면 주파수 폭을 줄일 수 있기 때문이다.

⑨ 영상 센서에서 읽어낸 화소값은 줄과 화면의 시작을 알리기 위해 그림과 같이 주사선 사이 사이에 수평 동기신호를 삽입하고 화면과 화면 사이에 수직 동기신호를 삽입하여 전송한다.

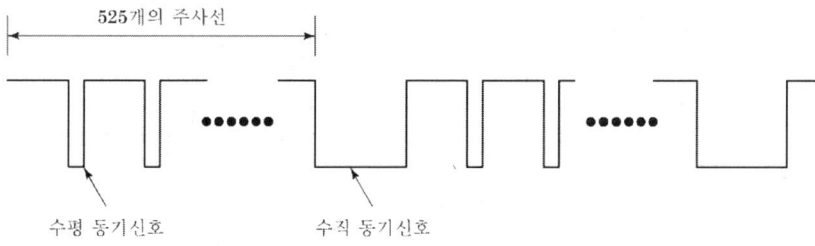

[수평 동기신호와 수직 동기신호]

⑩ 영상의 화질은 수평 동기신호 사이의 신호, 즉 한 줄의 영상을 만들기 위해 얼마나 많은 화소를 갖는 영상 센서를 사용하는가가 중요한 기준이 된다.

⑪ 컬러영상의 경우 영상 센서가 적색(Red), 녹색(Green), 파란색(Blue)의 RGB 3색에 각각 반응하는 3종류의 센서로 구성하고 이들 색상의 전송이 쉽게 밝기(luminance)와 색차(chrominance)로 변환하여 사용한다.

표준화 방식	색상 신호 표현 방법	전송에 필요한 대역폭
NTSC : YIQ	휘도 : EY=0.2988ER+0.5868EG+0.1144EB	4.2[MHz]
	I신호 : EI=0.736(ER-EY)-0.268(EB-EY)	1.5[MHz]
	Q신호 : EQ=0.478(ER-EY)+0.413(EB-EY)	0.5[MHz]

[2] 디지털 TV 방송

공중파를 이용한 멀티미디어 방송을 디지털 TV 방송이라 한다.

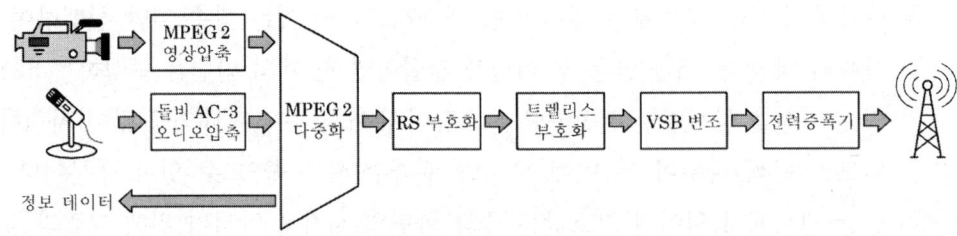

[디지털 방송의 송신 개략도]

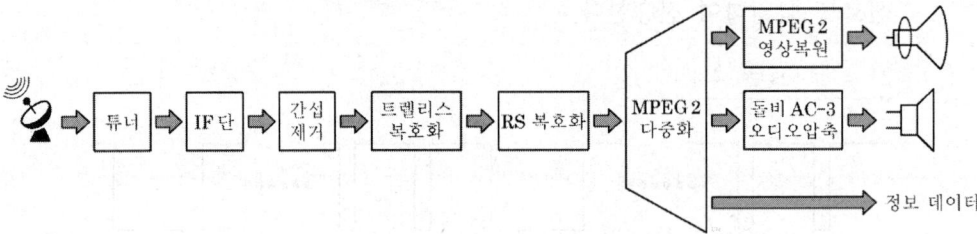

[디지털 방송의 수신 개략도]

(1) 디지털 방송의 장점

① 다채널화 : 아날로그 방송에서는 대역폭 6[MHz]의 방송채널로 한 개의 프로그램밖에 보낼 수 없었으나 디지털 방송에서는 변조방식을 손질함으로써 10~30[Mbps]의 영상, 음성, 데이터 등의 디지털 정보를 보낼 수 있다. 디지털에서는 6[Mbps]로 한 개의 프로그램을 보낼 수 있으므로, 이는 한 방송채널로 2개에서 5개의 프로그램 방송이 가능하다는 것을 의미한다.

② 고품질화 : HDTV도 고능률 부호화 기술로 20~30[Mbps]의 전송이 가능해지므로 지상파 방송에서도 HDTV와 디지털 사운드가 구현됨으로써 가정을 하나의 훌륭한 극장으로 변형시킬 수 있다. 현재 NTSC TV의 최대

해상도는 720×525(378,000픽셀) 주사선이며, 미국 디지털 방송규격인 ATSC의 HDTV의 경우 최대 1920×1080(2,073,600픽셀) 주사선에 디지털 오디오와 데이터까지 실어 6[MHz]의 대역에서 전송이 가능하다.

③ 디지털 변조는 변조 신호가 디지털(0과 1의 데이터)이기 때문에, 아날로그 변조에 비해 잡음에 강하고 화면의 고스트도 없으며, 복조 시에도 에러 정정 등을 통해 잡음을 배제할 수 있어 신뢰성을 갖는다.

④ 특정 시청자만 수신할 수 있도록 하는 방식으로 한정 수신(CAS : Conditional Access System)과 스크램블(데이터 배열을 바꾸든가 수학적 처리를 하는 것) 기능을 갖는다.

⑤ 양방향성을 줌으로써 대화형 TV와 멀티미디어 방송도 가능하다.

(2) 디지털 TV 방송의 단점

① 불법으로 프로그램을 복사와 저작권 침해로 인한 분쟁이 발생하게 된다.
② 방송국의 초기 설비투자 비용과 시간이 소요된다.
③ 디지털 방송용 주파수 배분의 어려움이 따른다.
④ 고가의 수신기 구비를 위한 비용이 상승한다.

(3) 디지털 TV 방송의 특징

① 방송의 내용이 모두 디지털 신호로 표현되기 때문에 압축 가능하며 영상과 음성, 문자 신호뿐 아니라 데이터방송이 가능하다는 것이다.
② TV 수상기의 셋톱박스를 통해 인터넷 접속이 가능하며 인터넷이나 전용선을 이용하여 방송국에 데이터방송을 요청할 수 있다.
③ 디지털 신호의 가장 큰 장점인 잡음에 강하고 압축의 용이성을 활용하여 아날로그 방송보다 화질이 4배 정도 우수하며, 압축기술을 이용하면 아날로그 방송에서 1개 채널이 차지하는 대역폭에 4개에서 10개까지의 채널을 만들 수 있다.

(4) 디지털 TV의 전송 방식

아날로그 TV의 전송 방식처럼 지역과 국가에 따라 표준화된 방식은 3가지로 구분하며 그 특성은 다음과 같다.

[디지털 TV 전송 방식의 특성 비교]

구분	ATSC (Advance TV System Committee)	DVB-T (Digital Video Territorial Broadcast)	ISDB-T (Integrated Service Digital Broadcasting)
방송 형태	HDTV/SDTV	SDTV	HDTV/SDTV
반송 주파수	단일	복수	복수
변조방식	8-VSB	COFDM	BST-OFDM
영상 압축방식	MPEG-2	MPEG-2	MPEG-2
음성 압축방식	Dolby AC-3	MPEG-2	MPEG-2
이동 수신	불가능	가능	가능
고스트 현상	있음	미미함	미미함
구조	간편	복잡	복잡
사용 국가	미국, 한국, 캐나다	EU(유럽연합)	일본

(5) 디지털 TV의 방송방식

화면을 구성하는 방법에 따라 HDTV와 SDTV 방식으로 구분한다.

① HDTV의 화면은 1920×1080과 1280×720의 두 가지로 구분하고, SDTV는 704×480과 640×480의 두 가지로 구분한다.

② HDTV는 1920×1080의 경우 초당 30프레임을 전송하고, 1280×720의 경우는 60프레임을 전송하여 두 방식 모두 초당 1.485[Gbit]의 데이터를 전송한다.

(6) 디지털 TV의 화면 비율

① 일반적으로 16 : 9를 기준으로 한다.

② SDTV의 640×480의 경우는 아날로그 TV 화면 비율과 같은 4 : 3으로 기존의 아날로그 TV 수상기를 고려하여 제작한다.

(7) 디지털 TV의 변조 방식

표준화 방식에 따라 다르지만 주어진 대역폭에 얼마나 많은 정보를 보내느냐, 즉 전송속도를 높일 수 있느냐에 관심을 두고 결정한다.

① ATSC의 8-VSB(Vestigial-Side Band) 변조방식

㉠ 장점 : 송수신기의 구조를 간단하게 하면서 저주파 신호대역의 특성이 개선된다.

ⓛ 단점 : 화면이 겹치는 고스트(ghost, 잔상) 현상이 발생한다.
② DVB-T와 ISDB-T 방식의 기본인 OFDM(Othogonal Frequency Division Multiply) 변조 방식
   ㉠ 장점 : 반송 주파수를 한 개가 아니라 서로 직교하는(간섭이 없는) 복수 개를 사용하여 고스트 현상을 최소화할 수 있고 전송 도중 발생할 수 있는 데이터의 오류를 쉽게 정정한다.
   ⓛ 단점 : 송수신 시스템이 복잡하다.

Chapter 07 IoT 네트워크 기획

1 IoT 네트워크 구성 분석하기

1 IoT(Internet of Things) 서비스 개요

인간과 사물, 서비스 세 가지 분산된 환경 요소에 대해 인간의 명시적 개입없이 상호 협력적으로 센싱, 네트워킹, 정보처리 등 지능적 관계를 형성하는 사물 공간 연결망이다.

[1] 사물 인터넷(IoT)의 개요

(1) 사물 인터넷(IoT)의 개요
① 1999년 MIT Auto-Id 센터장이었던 캐빈 애시톤(Kevin Ashton)이 최초로 제안하였다.
② M2M, 유비쿼터스(Ubiquitous), NFC 등의 기존 기술 개념들과는 거리가 있다.
③ 사물 통신은 기본 전제에 지능(intelligence)을 더하고 각각의 사물망을 인터넷과 같은 거대한 망에 연결하여 하나의 틀로 묶어 제공하는 서비스에 대한 기술을 통칭한다.
④ 적용 분야에 따라 웨어러블, 스마트홈, 스마트시티, 스마트팩토리 등으로 나눈다.
⑤ 환경, 도시, 물류, 농업, 공장, 자동차, 빌딩 등 앞으로 다양한 산업 영역에서 사물 인터넷 기술이 활용된다.

(2) 사물 인터넷(IoT)의 특성
① 이종성 : IoT는 다양한 종류의 장치(센서, 액추에이터 등)들이 서로 다른 사물

의 데이터는 서로 다른 형태를 가진다.

② 정보보안과 대용량 : IoT 기술의 발달로 CCTV 영상, 사용자 건강 정보 등 다양한 영역에서 민감 정보가 생성되고 있으며, 데이터의 양도 비약적으로 증가한다.

③ 자원 제약성 : CPU, 배터리, 메모리 등 자원 제약성을 가진 IoT 장치들은 최소 자원으로 필요성을 만족해야 하므로 경량화가 필수적이다.

④ 이동성 : IoT는 높은 이동성(Mobility)으로 네트워크 토폴리지(Topology)가 동적이지만, IoT 기기의 대역폭의 영향으로 연결성은 그리 좋지 않다.

⑤ 시공간 : 일반적으로 생성된 위치 및 시간 정보를 포함한다.

⑥ 연속성 : 각 사물이 지속적인 데이터를 생성한다.

(3) 사물 인터넷과 사물 통신(M2M)의 차이점

① IoT 구성 요소의 연결고리에는 일반적으로 '사람, 사물, 서비스'의 3가지 종류가 존재하며 수평적으로 연결된다.

② IoT에서 '사람'은 인터넷과 연결된 기기를 사용하는 모든 사람을 대상으로 한다.

③ M2M에서 '사람'은 특정 권한이 있는 사람(공장의 시스템 관리자, 쇼핑몰에 설치된 키오스크를 사용하는 사람)을 지칭한다.

④ M2M에서 관리자는 사물보다 높은 위치에 존재하여 사물들이 생성한 정보를 이용하거나 사물들을 제어하기 위한 명령을 지시한다.

⑤ IoT에서는 사람, 사물, 서비스 등 모든 구성 요소가 수평적으로 데이터를 생성과 이용하는 주체가 되기도 한다는 점이 M2M과의 차이점이다.

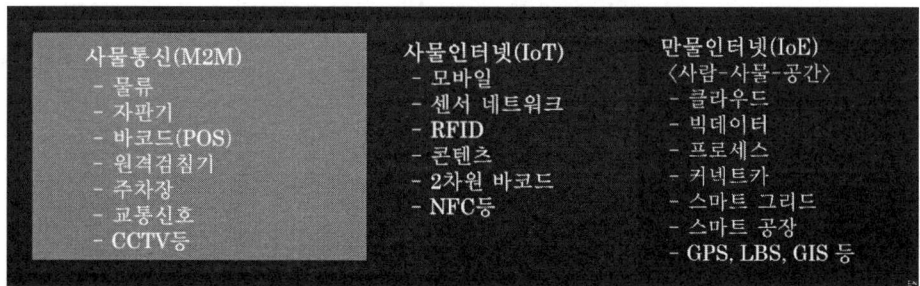

[IoT 포괄개념 비교]

(4) IoT의 기술 요소

IoT의 주요 기술로는 센싱 기술, 유무선 통신/네트워킹 인프라 기술, IoT 서비스 인터페이스 기술이 있다.

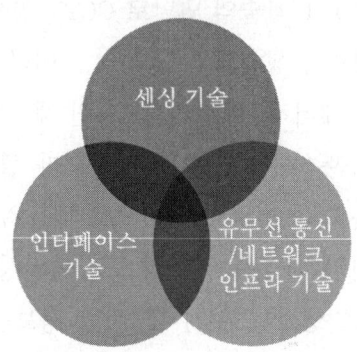

[IoT의 기술 요소]

① 센싱 기술 : 온도/습도/열/가스/조도/초음파 센서 등에서부터 원격감지, SAR, 레이더, 위치, 모션, 영상 센서 등 유형 사물과 주위 환경으로부터 정보를 얻을 수 있는 물리적 센서를 포함
② 유무선 통신 및 네트워크 인프라 기술 : 기존의 WPAN, WiFi, 3G/4G/LTE, Bluetooth, Ethernet, BcN, 위성통신, 시리얼 통신, Microware, PLC 등 인간과 사물, 서비스를 연결시킬 수 있는 모든 유·무선 네트워크
③ IoT 서비스 인터페이스 기술 : IoT의 주요 3대 구성 요소(인간·사물·서비스)를 특정 기능을 수행하는 응용 서비스와 연동하는 역할을 한다.
온톨로지 기술을 통해 다양한 서비스를 제공할 수 있는 인터페이스 역할을 수행할 수 있어야 한다.
※ Ontology : 인간이 보고 듣고 느끼고 생각하는 것에 대해 컴퓨터에서 처리할 수 있는 형태로 표현한 모델

2 단/근거리 통신기술

[1] 단거리 통신기술

무선 단거리 통신기술(Short Range Wireless)은 실내, 사무실 등 제한된 장소에서 기기 간 무선 연결 및 통신서비스가 가능한 기술로 크게 무선 근거리 통신

(WLAN)과 무선 개인화 네트워크(WPAN)로 나뉠 수 있다.

(1) 단거리 무선통신기술(Short Range Wireless : SRW)의 개요
① 무선 단거리 통신기술은 실내, 사무실, 그리고 폐쇄된 공공장소 등의 환경에서 매우 짧은 거리의 통신서비스를 제공하는 네트워크 기술이다.

② SRW는 최대 100[m]까지의 거리 내에서 10~100[Mbps]의 속도와 저가 및 저전력으로 가까이 위치하는 사용자들 간의 통신을 제공한다.

③ SRW는 크게 저가, 저전력 소모에 초점을 맞추어 주로 10[m] 이하의 단거리의 무선 연결(connectivity)을 제공하는 것을 목표로 하는 무선 개인화 네트워크(Wireless Personal Area Networks : WPANs)와 보다 높은 전송 속도와 보다 넓은 서비스 영역을 제공하는 것을 목표로 하는 무선 근거리 네트워크(Wireless Local Area Networks : WLANs)로 나뉠 수 있다.

④ SRW는 사람들이 몸에 지니거나 휴대하고 있는 휴대폰, 헤드셋(headset), PDA, 랩탑 PC, 디지털 카메라, 비디오 모니터, 헬스 관리 장치 등을 무선으로 연결하여 통신을 지원하게 된다.

⑤ SRW는 사용자들에게 건물 내에서 제공되는 근거리통신망(Local Area Network : LAN) 인터넷 그리고 기존의 음성 및 데이터 통신망과의 연결도 가능하다.

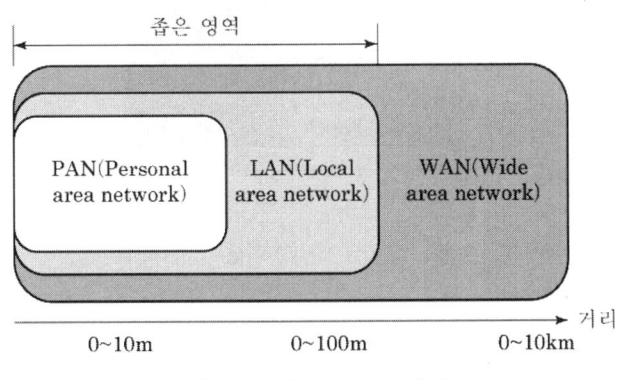

[단거리 무선통신기술 개념]

(2) 전송속도에 따른 SRW 기술의 분류
① 50~100[Mbps]의 전송속도를 제공하는 대용량 전송기술

㉠ 홈 환경에서의 비디오 데이터 분배 등에 이용
㉡ IEEE802.11a 및 HIPERLAN/2 등
㉢ 초광대역 무선전송(Ultra wideband : UWB), 밀리미터파 또는 IR-LAN 등을 사용하면 100[Mbps] 이상의 전송도 가능

② 1~11[Mbps]의 전송속도를 제공하는 중간 용량 전송기술
㉠ PC 간의 네트워킹이나 WPAN 등에 이용
㉡ IEEE802.11b, 홈 RF 및 블루투스 등

③ 저비용 및 저전력으로 수십 [Kbps]까지의 전송속도를 지원하는 기술
㉠ 최소한의 부가 비용으로 무선통신 기능을 지원
㉡ 장난감, 백색 가전기기(white goods), 산업용 제어기기, 헬스케어 등에 사용 가능
㉢ IEEE802.15.4와 Zigbee 등

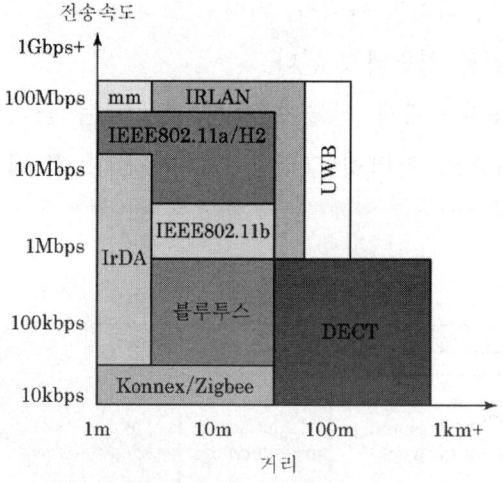

[전송속도에 따른 SRW 기술 및 시스템]

(3) 무선 개인화 네트워크(WPAN)

① 무선 WPAN는 10[m] 이내의 짧은 거리에 존재하는 컴퓨터와 주변기기, 휴대폰, 가전제품 등을 무선으로 연결(컴퓨터에서의 직렬 케이블이나 USB 등을 대체)하여 이들 기기 간의 통신을 지원함으로써 다양한 응용 서비스를 창출할 수 있도록 한다.

② WPAN은 랩탑 PC, PDA 등 개인 휴대형 디지털 전자기기의 발전으로 인해 이들 기기 간의 네트워크화 요구에 의해 등장하여 1998년에는 기존의 WLAN과는 다르게 저전력 소비와 단순한 구조를 가지면서 개인 영역(Personal Operating Space : POS)에서 무선 접속을 제공할 수 있는 표준을 제정하기 위해 WPAN SG(Study Group)가 결성되었으며, 1999년에는 IEEE802.15 WG이 만들어졌다.

③ WPAN의 특징
    ㉠ 짧은 도달거리
    ㉡ 작은 크기
    ㉢ 저전력
    ㉣ 사용 편의성(사용자 기기가 WPAN 영역에 접근하면 자동적으로 동기화 됨)
    ㉤ 통화 간섭이 적다.

[2] 근거리 통신기술

근거리 무선통신이란 전파를 정보의 전송매체로 이용해서 가까운 거리에 있는 각종 정보 기기들 간의 정보를 교환하는 통신으로 이동성, 설치·확장의 용이성 등 무선의 장점으로 인해, 오늘날 원거리에 이어서 근거리마저도 무선통신이 유선 통신 영역에 대체되고 있다.

근거리 무선통신에 사용되는 기술로는 무선 LAN, Bluetooth, IrDA, HomeRF 등이 있다.

(1) 블루투스(Bluetooth)

① 블루투스의 개요 : 블루투스는 작고, 저렴한 가격, 적은 전력소모(100[mW])로 휴대폰, 노트북, PDA 등과 같은 휴대용 장치, 가정용 전자제품, PC 주변장치들을 근거리(10~100[m])에서 무선으로 연결하기 위한 하나의 무선 인터페이스 규격 사양이다.

2.400~2.480[GHz] 대역의 ISM(Industrial Scientific Medical) 대역을 사용하는 블루투스는 1[MHz] 간격으로 79채널을 사용한다. 전송방식으로는 다른 기기와의 간섭을 없애기 위해서 Spread Spectrum 방식의 일종인 주파수 도약(frequency hopping) 방식을 사용하는데 1슬롯이 625 마이크로초이므로, 1초에 1,600회의 주파수 도약을 한다.

② 블루투스의 장점
　㉠ 휴대기기에 장착으로 개당 5달러 정도의 비용으로 대량 출하가 가능하다.
　㉡ 하나의 제품이 아닌 'Key product' 혹은 'Best selling product'에 장착된다.
　㉢ 국제적으로 통일된 실질적 표준이며, 기술에 대한 강력하고도 다양한 지원 그룹이 있다.

③ 블루투스의 국제적 표준 버전(version)에 따른 구분

	블루투스 1	블루투스 2	블루투스 3
주파수	2.4[GHz]		
속도	1[Mbps]	10[Mbps]	20[Mbps]
특징	1 또는 2개의 칩	블루투스 1의 호환성 결과를 성능 향상에 반영	• 22[Mbps] 기본 • 33, 44, 55[Mbps]를 선택적으로 지원
국제표준	IEEE 802.15.1	IEEE 802.15.2	IEEE 802.15.3

④ 블루투스의 응용 분야
　① 휴대폰 단말기, USB 단자 부착 PC, 스마트폰, 노트북, PDA, 헤드셋
　② 저가의 모바일 제품, 무선전화, 자동차, 가정용 네트워킹 기기
　③ 모든 휴대기기에 장착
　④ 이동용 객체에 장착

(2) 무선 LAN(Local Area Network)

① 무선 LAN의 개요 : LAN의 기반(backbone) 망과 단말기 사이를 전파(radio frequency)를 이용하여 전송하는 시스템이다.

유선 LAN이 설치되기 어려운 장소에 도입되기 시작한 무선 LAN은 처음에는 많은 초기 투자 비용과 느린 속도로 인해 널리 이용되지 못하였으나 폭발적으로 성장하고 있다.

② 무선 LAN의 구분
　㉠ 전송 방식에 의한 구분

	직접 확산(DSSS)	주파수 도약(FHSS)	주파수 직교(OFDM)
전송 속도	11[Mbps]	3[Mbps]	5[Mbps]
대역폭	22[MHz]	2[MHz]	25[MHz]
특징	고속, 저가	전파간섭 특성 우수	다중경로 간섭 우수, 초고속, 저가
국제표준	IEEE 801.11b	IEEE 801.11	IEEE 801.11a

ⓛ 국제표준에 따라 구분

	802.11	802.11b	802.11g	802.11a	HiperLAN2
스펙트럼	2.4[GHz]			5[GHz]	
최대 전송 속도	2[Mbps]	12[Mbps]	22 또는 54[Mbps]	54[Mbps]	
전송 범위	100[m]			150[m]	
상용화 시기	현재		2002년	2003년	

③ 무선 LAN의 장점

　㉠ 효율성

　　ⓐ 기존 유선 기반 망에 연결 사용

　　ⓑ 다양한 형태의 공간에서 활용 가능(사무실, 유통점, 공장, 병원, 학교, 은행, 가정 등)

　　ⓒ 레이아웃 변경에 따른 네트워크 재구성 불필요

　㉡ 확장성 : 추가 허브나 케이블링 불필요

　㉢ 이동성 : 로밍(roaming) 기능 부여로 이동 시에도 작업 가능

　㉣ 비용의 절감

　　ⓐ 유선 대비 설치 비용 및 시간 절약

　　ⓑ 원거리 네트워크 구축 시 유선 설치의 비용 절감

　　ⓒ 레이아웃 변경 등으로 인한 클라이언트 이동 시 케이블링 비용 절감

④ 무선 LAN의 단점

　㉠ 2.4[GHz] 대역(ISM band) 사용으로 인한 블루투스 등과의 간섭(interference) 문제

　㉡ 보안(security) 및 인증(identification) 문제

(3) HomeRF(Home Radio Frequency, 가정용 무선 주파수)

① HomeRF의 개요 : 실내(home)에서의 음성과 데이터 통신을 위한 통합된 무선 기기의 개발, 프린터, PC, 무선전화기, 무선 헤드셋 등 실내에서 사용할 수 있는 통신기기 및 정보기기의 통합을 목표로 하고 있는 근거리 무선통신기술이다. HomeRF 표준으로는 SWAP(Share Wireless Access Protocol)가 사용되

고 있다.

[SWAP의 주요 특성]

주요 특성	내용
Hopping rate	50[hop/s]
사용 주파수 대역	2.4[GHz]
최대 전송 출력	10[mW]
최대 전송 속도	1[Mbps](2-FSK) and 2[Mbps](4-FSK)
전송 범위	50[m]

② HomeRF의 응용분야

㉠ PC, 주변기기, 무선전화, 디스플레이 패드 등 정보 및 전자기기 간의 음성 및 데이터 통신을 위한 무선 홈 네트워크 구축

㉡ 휴대용 디스플레이 장비에 의한 집안 또는 집 근처에서 인터넷 접속

㉢ 음성 명령에 의한 집안 내 전자장비 제어

(4) IrDA(Infrared Data Association, 적외선 무선통신 기술)

① IrDA의 개요 : IrDA는 전자기기 간에 적외선을 이용해 데이터를 주고받을 수 있는 통신표준을 선도하기 위해 1993년에 설립된 비영리 단체이다. 케이블없이 적외선으로 데이터를 전송하는 기술을 통칭한다.

② IrDA의 장점

㉠ 경쟁 관계에 있는 블루투스나 HomeRF에 비해 초저가이며, 기술과 인프라가 성숙하여 다양한 기기에서 사용되고 있다.

㉡ 블루투스와 IrDA는 데이터 전송 프로토콜이 OBEX(Object EXchange protocol)로 동일하여 다른 표준들과 어플리케이션 호환성이 있다.

㉢ 상호 간섭이나 다른 기기를 오작동 우려가 거의 없다.

③ IrDA의 단점

㉠ 'Line of Sight' 거리에서 1[m] 정도의 거리밖에 지원하지 못한다.

㉡ 30도 이내의 좁은 각도에서만 연결 가능하다.

④ IrDA의 응용 분야

㉠ 단거리에서 적은 규격의 데이터를 전송하는 각종 전자기기에 주로 이용

    ⓛ 적외선 통신기술이 가장 먼저 적용된 분야는 TV 리모컨이다.
    ⓒ 휴대폰과 PC 간의 데이터 전송
    ② 노트북 PC와 데스크탑, 그리고 프린터 등 주변기기와의 통신에 사용

(5) 기타 근거리 무선통신기술 : UWB(Ultra Wide Band)

① Xtreme Spectrum Inc.가 주창한 기술로 낮은 출력으로 넓은 주파수대역(650[MHz]~5[GHz])을 사용하여 최대 100[Mbps]의 초고속 데이터 전송이 가능한 기술이다.
② 넓은 주파수대역의 사용으로 인해 다른 무선통신기술의 RF와 간섭 문제가 발생할 우려가 있다.
③ Xtreme Inc.측에서는 UWB에서 사용되는 전파는 다른 기술에 비해 더욱 대역확산(spread spectrum) 기술을 사용하기 때문에 간섭에 문제가 없다고 주장하고 있으나 생명과 직결될 수 있는 항공산업에서 쓰는 RF도 사용하고 있어, 미연방통신위원회(FCC)에서 기술에 대한 승인을 받지 못해 개발이 침체되어 있다.

Chapter 08 무선통신시스템 시험

1 단위 시험하기

1 송신기에 관한 측정시험

[1] 송신에 관한 측정시험
(1) 송신기 측정의 개요
무선 송신기는 발진부, 완충 증폭부, 주파수 체배부, 변조부, 증폭부 및 전원부로 구성되며, 부분별 동작을 전체적으로 파악하기 위해서는 각 부분의 동작 특성을 정확히 측정할 수 있어야 한다.

① 통신을 하기 위해서는 반송파에 음성 신호나 부호를 실어서 보내야 하기 때문에 발사되는 주파수는 할당 주파수를 중심으로 하여 일정한 주파수 폭을 점유하게 된다.

② 무선국에는 발사되고 있는 전파의 중심 주파수가 대역 내에 있는지의 여부를 수시로 점검하여야 한다.

③ 무선국에서 발사되는 전파는 근접한 무선국에 혼신을 줄 수 있으므로 송신 출력을 제한받게 되며, 제한된 출력 이상의 전파가 발사되는지도 수시로 측정 및 점검이 필요하다.

④ 송신기에서는 할당 주파수에 해당하는 주파수의 반송파만을 발사하여야 하지만, 주파수가 반송파 주파수의 정수배에 해당하는 고조파나 반송파 주파수의 상수분의 1에 해당하는 저조파가 나가기 쉽다.

⑤ 송신기의 발진회로 이외의 부분에서 발생하는 전기 진동으로 인하여 반송파 주파수와는 아무런 관계가 없는 전파가 발사되는 경우가 있는데, 이것을 기생 방

사라 한다.

ⓒ 2대 이상의 송신기가 한 안테나를 공용할 경우, 각 송신기의 반송파 주파수의 상호 작용으로 인하여 전혀 다른 주파수의 전파가 방사되는 것을 상호 변조 방사라 한다.

(2) 스퓨리어스(spurious) 복사의 측정

무선송신기에서 목적하는 발사전파 이외의 불필요한 고조파·저조파를 비롯한 정해진 대역(帶域) 밖에 나오는 신호 성분을 수반하여 발사되는 현상

① 스퓨리어스 복사의 원인 : 고주파 증폭 및 출력회로의 여파 불량이나 회로의 불평형 및 조정의 불완전에 의한 증폭기의 비직선성에 의하여 발생하는 찌그러짐이 주원인

② 스퓨리어스 복사의 방지법
  ㉠ 전력증폭단과 공중선회로의 결합에 파이(π)형 결합회로를 사용(고조파의 불요전파를 제거)
  ㉡ 전력증폭단을 푸시풀로 접속한다.
  ㉢ 전력증폭단의 바이어스전압을 얕게 하고 또한 여진전압을 가급적 적게 한다.

③ 스퓨리어스 방사의 측정
  ㉠ 전력 측정에 의한 법은 스퓨리어스 전력 측정기를 사용하여 기본파 전력과 스퓨리어스 전력을 측정하여 그 비를 구한다.
  ㉡ 전기장 강도의 측정에 의한 법은 전기장 강도 측정기를 사용하여 송신 안테나로부터 일정한 거리만큼 떨어진 지점에서 기본파 및 스퓨리어스파의 전기장 강도를 측정하여 그 비를 구한다.
  ㉢ 브라운관에 의한 법은 송신 전파의 파형을 브라운관상에 나타나도록 하여 기생 방사의 유무를 파형 관측에 의하여 식별한다.

(3) 송신기의 출력 측정

① 안테나의 실효 저항을 이용한 측정

$$P = I_a^2 R_a \ [\text{W}]$$

(R_a : 안테나의 실효 저항, I_a : 전류계의 지시값)

② 의사 안테나(dummy antenna)에 의한 측정 : 안테나의 등가회로와 전기적 특

성이 같은 R, L, C의 직렬회로를 송신기의 부하로 하여 전력을 측정하는 방법

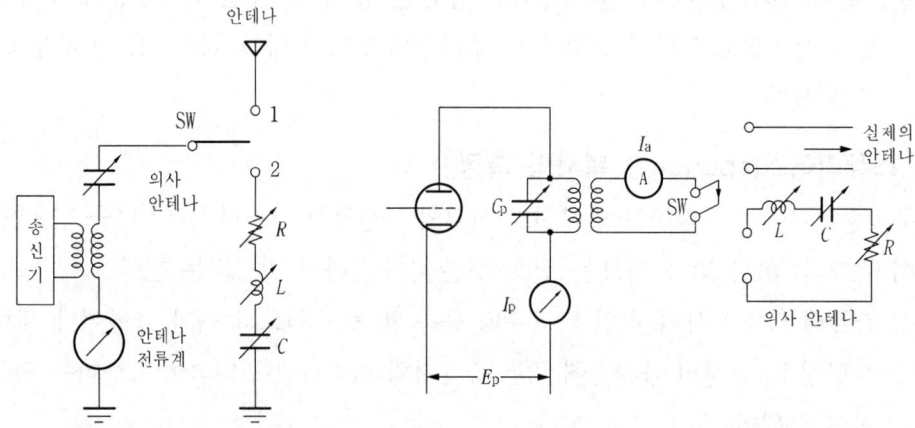

[접지 의사 안테나에 의한 송신기의 출력 측정]　　[비접지 안테나에 의한 송신기의 출력 측정]

　㉠ 의사 안테나 회로는 송신 주파수에 동조시켜야 하며 의사 안테나의 저항 R을 안테나의 저항 R_A에 일치시켜야 한다.
　㉡ 비접지 의사 안테나는 다이폴 안테나와 같은 비접지 안테나의 등가회로로 사용되므로 이 측정법은 단파 대역 주파수에 사용된다.
　㉢ 송신기 출력

$$P_A = I^2 R_A [\text{W}]$$

③ 전구 부하에 의한 출력 측정 : 안테나의 임피던스와 같은 전구 부하(백열전구)를 의사 안테나에 접속하고 송신기는 안테나를 부하로 했을 때와 같은 상태로 조정하여 측정한다.
　㉠ 출력이 클 때는 특성이 같은 전구를 여러 개 직렬로 접속한다.
　㉡ 송신기의 출력

$$P = nEI [\text{W}]$$

　　　(n : 직렬로 접속된 전구의 수)

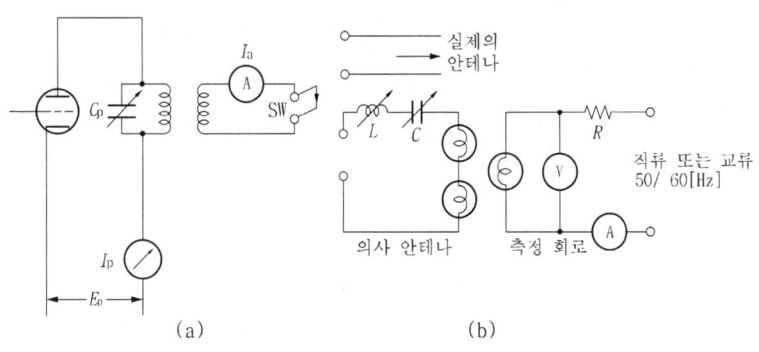

[백열전구 부하에 의한 송신기의 출력 측정회로]

④ 냉각수 온도차에 의한 측정(calorimeter법) : 냉각수 유량을 일정하게 유지한 상태에서 입구와 출구의 온도를 측정하고 그 온도 차에 의해 출력을 구하는 법

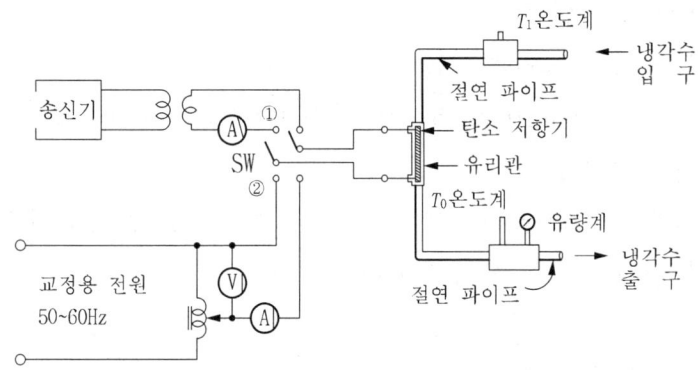

[냉각수의 온도차에 의한 출력 측정]

$$P = 4.18 \cdot Q \cdot (T_o - T_i)[\text{W}]$$

(T_i : 냉각수 입구의 온도, T_o : 출구의 온도, Q : 유량[cc/sec])

⑤ CM형 전력계에 의한 출력 측정

㉠ CM형 전력계는 방향성 결합기의 일종으로 초단파용 전력 측정기로서 동축 급전선과 같은 불평형 급전선에서 나오는 전력 측정에 사용된다.

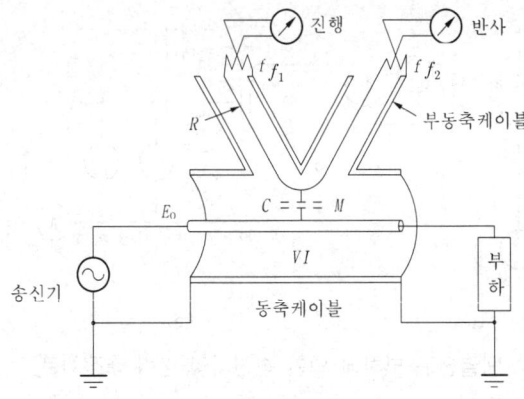

[CM형 전력계의 구조]

ⓒ 전력은 진행파 전력(P_f)에서 반사 전력(P_r)을 뺀 값이다.

$$P = P_f - P_r \text{[W]}$$

⑥ 볼로미터(bolometer)에 의한 측정

㉠ 서미스터(thermistor) 전력계 : 10[mW] 이하의 마이크로파 소전력 측정에 많이 사용된다.

ⓒ 배러터(barretter) 전력계 : 서미스터 소자 대신 정 온도 계수 소자인 배러터를 사용한 것으로 측정 원리는 같다.

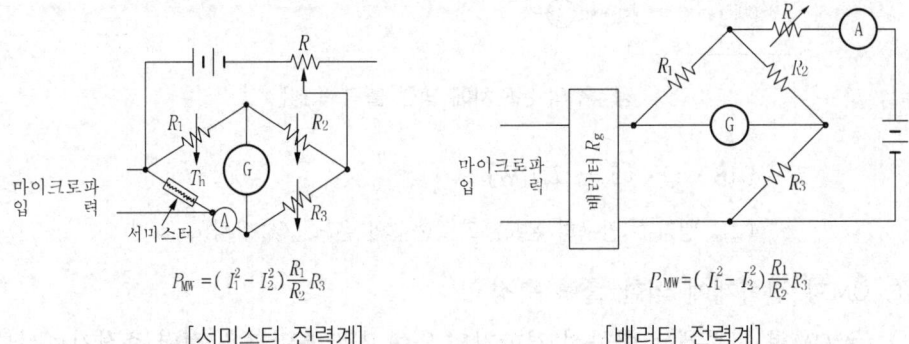

[서미스터 전력계]   [배러터 전력계]

(4) 변조특성의 측정

① 변조 포락선에 의한 방법 : 변조된 전파를 오실로스코프 브라운관의 수직 편향판에 가하고 수평 편향판에 톱날파를 가하면 변조도는 다음과 같이 구해진다.

$$\text{변조도 } m = \frac{C}{A-C} = \frac{C}{B+C} = \frac{2C}{A+B} = \frac{A-B}{A+B}$$

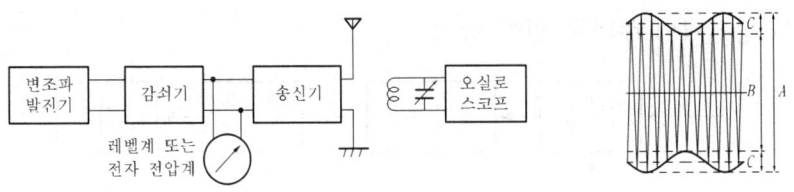

[오실로스코프에 의한 피진폭 변조 파형의 관측 회로]

② 대형(사다리형) 도형에 의한 변조도의 측정 : 수평 편향판에 톱날파 대신 변조파 전압을 가한다.

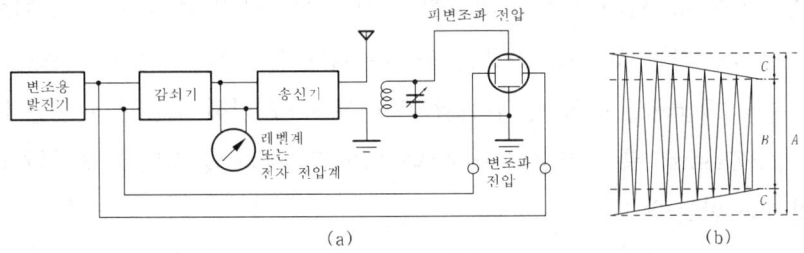

[오실로스코프에 의한 피변조 파형의 관측 회로]

③ AM 송신기의 변조 직선성 측정

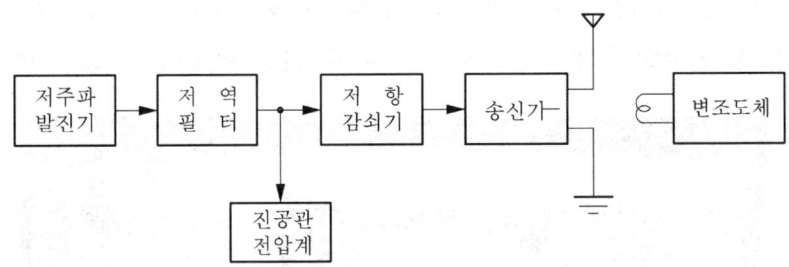

④ FM 송신기의 변조 지수 측정

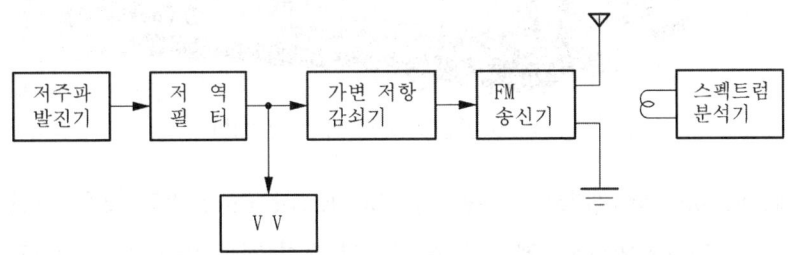

⑤ FM 송신기의 주파수 편이 측정

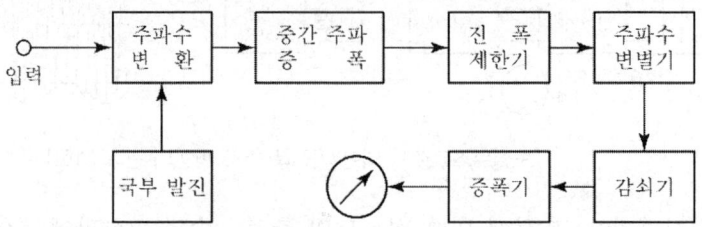

(5) Bit Error Ratio(비트 오류율) 측정

디지털 전송 시스템의 품질을 파악하는 가장 중요한 방법 중 하나는 비트 오류율(BER)을 측정하는 것으로, BER는 송신된 비트 시퀀스와 수신된 비트를 비교하고 오류 수를 계산해서 구하며, 수신된 총 비트 수에 대해 오류로 수신된 비트 수의 비율이 BER로서, 측정 비율은 신호 대 노이즈, 왜곡 및 지터를 포함한 많은 요소의 영향을 받는다.

① Bit Error(비트 오류)는 하나의 비트 오류에서 송신 정보와 수신 정보 사이에 단일 비트가 일치하지 않는 것을 말한다.

② BER(비트 오류율)은 디지털 통신에서 나타나는 잡음, 왜곡 등 아날로그 특성 변화에 따른 디지털 신호의 영향을 종합적으로 평가할 수 있는 값으로, 일반적으로 전송된 총 비트 수에 대한 오류 비트 수의 비율(=bit errors/bits sent)을 말한다.

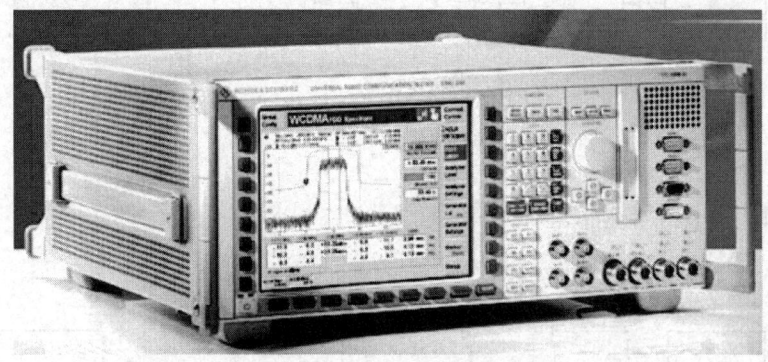

[ROHDE & SCHWARZ의 CMU 200]

③ Bit Error Ratio(비트 오류율) 및 Bit Error Rate(비트 오류 시간율)의 의미
　㉠ Bit Error Ratio : 전송된 총 비트당 오류 비트 비율(0.0 < BERatio < 1.0)

$$BER(비트 오류율) = \frac{수신된\ 비트\ 중\ 오류비트\ 수}{송신한\ 총\ 비트\ 수} = \frac{N_{Err}}{N_{bits}}$$

ⓛ Bit Error Rate : 초당 발생하는 오류 비트 수

$$BERate(오류\ 비트\ 발생율)$$
$$= \frac{오류\ 비트\ 수}{측정\ 시간}$$
$$= BERatio[biterrors/bits] \times 데이터율[bits/sec]$$

④ 일반적으로 Bit Error Ratio(비트 오류율) 및 Bit Error Rate(비트 오류 시간율)은 거의 혼용하여 사용하고 있다.

⑤ BERatio(비트 오류율)과는 달리, BERate(비트 오류 시간율, 오류 비트 발생 비율)은 비트 오류의 시간적 변동량을 평가하고 다양한 서비스 품질을 규정할 수 있어 자주 사용된다.

⑥ BERate(비트 오류 시간율)은 어느 일정 레벨의 비트 오류를 초과하는 비트 오류 발생 시간이 전체 관측 시간에서 어느 정도 차지하는가로 측정, 평가된다.

(6) 비트 오류의 발생 원인 및 영향

① 발생 원인은 송수신 간에 거쳐야 하는 링크의 수와 통화량으로 보통 링크의 수가 많을수록, 통화량이 많을수록 BER은 커진다.

② 디지털 통신에서 비트 오류는 품질 저하의 주된 원인으로 음성 서비스의 경우 음성 왜곡(약 10^{-3} 정도 이상)을 가져올 수 있고, 데이터 서비스의 경우 부정확함으로 손실된 정보전송(약 $10^{-6} \sim 10^{-10}$)을 야기한다.

(7) 송신기에 관한 기타 측정시험

① 송신기의 일그러짐률 측정

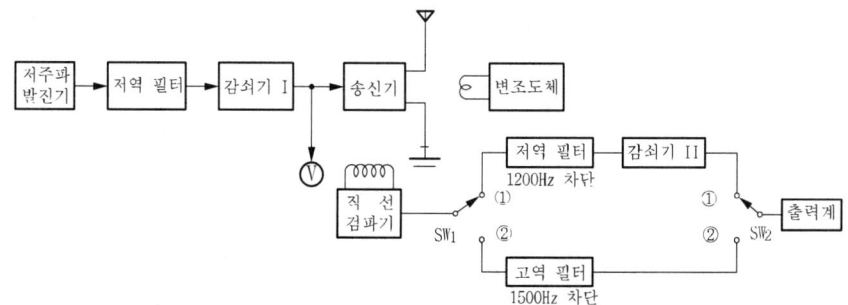

㉠ 일그러짐률(distortion factor, 왜율)

$$D = \frac{고조파\ 전압}{기본파\ 전압} \times 100\%$$

$$D = \frac{\sqrt{E_2^2 + E_3^2 + \cdots + E_n^2}}{E_1} \times 100\%$$

㉡ 일그러짐률 측정에는 필터법, 공진 브리지법, 왜율계법 등이 있으며 대부분 왜율계를 많이 사용한다.

② 송신기의 신호 대 잡음비 측정

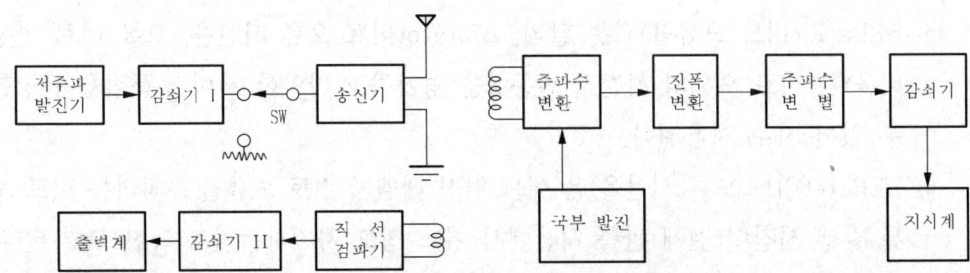

[AM 송신기의 S/N의 측정]   [FM 송신기의 S/N비 측정]

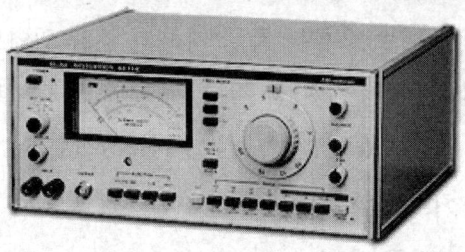

[왜율계 DM-0402]

2 수신기에 관한 측정시험

[1] 수신기 측정의 개요

(1) 데시벨(Decibel : [dB])

어떤 수치 값 x에 대해 $10 \times \log x$한 값을 [dB]라고 칭한다. 즉 측정값(전압, 전력)을 log 스케일로 본 값으로 통신공학 등에서 전력비나 전기기기의 이득을 표시하거나 음향학에서 소리의 강도를 표준음과 비교하여 표시하는 데 쓰는 수치이다.

전력이득 계산 시	전압이득 계산 시
$10 \times \log 100 = 20\text{dB}$	$20 \times \log 100 = 40\text{dB}$
$10 \times \log 1000 = 30\text{dB}$	$20 \times \log 1000 = 60\text{dB}$
$10 \times \log 10000 = 40\text{dB}$	$20 \times \log 10000 = 80\text{dB}$

(2) 디비엠(dBm)

정의 : 전력값을 1mW를 기준으로 dB화한 값	
$1[\text{mW}] = 0[\text{dBm}] = 10 \times \log(1[\text{mW}])$ $10[\text{mW}] = 10[\text{dBm}]$ $1[\text{W}] = 30[\text{dBm}]$	$1[\text{mW}] = 0[\text{dBm}]$ $100[\text{mW}] = 20[\text{dBm}]$

(3) dBV(디비 볼트)

정의 : 전압의 단위 V를 20*log를 취한 값	정의 : 전력의 단위 W를 10*log를 취한 값
$1[\text{V}] = 0[\text{dBV}]$ $10[\text{V}] = 20[\text{dBV}]$ $100[\text{V}] = 40[\text{dBV}]$ $1000[\text{V}] = 1[\text{kV}] = 60[\text{dBV}]$ 18. [dBW](디비 와트)	$1[\text{W}] = 0[\text{dBW}]$ $10[\text{W}] = 10[\text{dBW}]$ $100[\text{W}] = 20[\text{dBW}]$ $1000[\text{W}] = 1[\text{kW}] = 30[\text{dBW}]$

[2] 수신기의 종합 특성 측정

(1) 감도(sensitivity)

어느 정도의 미약한 전파까지 수신할 수 있는지의 능력을 나타내는 것

① 단파 무선 : S/N이 20[dB]일 때 정격 출력의 1/2의 출력을 얻기 위해 요하는 수신기 입력 전압
② 무선 전화 : S/N을 6[dB]로 하기 위해 필요한 수신기 입력 전압
③ FM 무선 전화 : 잡음 억압을 20[dB]로 하기 위해 필요한 수신기의 입력 전압
④ 감도의 향상
  ㉠ 고주파 증폭단을 부가하여 이득을 크게 한다.
  ㉡ 주파수 변환 소자(진공관, 트랜지스터)는 잡음이 적고 변환 컨덕턴스가 클 것
  ㉢ 중간 주파 증폭단을 증가시킨다.
  ㉣ 공중선 결합회로 및 각 증폭단의 이득을 충분히 취할 것

(2) 선택도(selectivity)

수신하려고 하는 희망 전파를 다른 주파수의 전파로부터 어느 정도까지 분리할 수 있는지의 능력을 나타내는 것이다.

① 근접 주파수 선택도 : 희망 전파의 주파수에 가까운 주파수의 전파를 억압하는 비율의 정도
② 영상 주파수 선택도 : 영상 주파수에 의한 영상 방해의 정도에 대한 선택도
③ 선택도의 향상
  ㉠ 동조회로의 Q를 높게 한다.
  ㉡ 고주파 증폭단을 부가한다.
  ㉢ 중간 주파수를 낮게 한다.
  ㉣ 중간 주파 변성기(IFT)는 1, 2차 동조형으로 한다.
  ㉤ 공중선 회로를 소결합한다.

(3) 충실도(fidelity)

송신 측의 변조 신호를 어느 정도까지 충실하게 재현할 수 있는지의 정도를 나타낸다.

(4) 안정도(stability)

① 주파수와 진폭이 일정한 신호 전파를 수신하면서 장시간에 걸쳐 조정하지 않는 상태로 일정한 출력을 낼 수 있는 능력을 나타낸다.
② 국부 발진주파수의 안정도, 증폭기의 안정도, 부품의 변화 등에 의해 결정된다.

(5) 잡음(noise)

통신계에서 정보를 전하는 신호 이외에 혼입된 모든 성분을 말하며, 신호와 잡음의 비율을 SN비[dB]로 나타낸다.

[3] 수신 전계 강도(Electric Field Strength) 측정

전계 강도(field strength)는 어느 지점에서의 전자계 세기이고, 전자파는 원래 전계와 자계가 함께 전해지는 것인데, 보통은 수신 지점의 전계의 세기만으로 그 지점에서의 전자파의 세기를 나타내고 있다. 전계 강도는 실효 길이(실효 높이)가 1[m]인 도체에 유기되는 기전력의 크기로 나타내고, 단위는 [V/m] 또는 [μV/m]인데, 1[μV/m]를 기준(0데시벨)으로 하여 데시벨(기호 [dB])로 나타내는 경우가 많다.

(1) 전계(전기장) 세기의 정의

전계 강도 E는 전계가 있는 곳에서 매우 작은 정지되어 있는 단위 시험전하가 받는 힘

$$E = \lim F/q \, [\text{N/m}] \quad q = 0$$

(2) 전계 세기 단위

① [V/m] 또는 [N/C]
② 전계강도는 실효길이(실효높이)가 1[m]인 도체에 유기되는 기전력의 크기로 나타내고, 단위는 [V/m]인데, 1[V/m]을 기준으로 하여 dB(데시벨)로 나타내는 경우가 많다.

(3) 전계 세기 측정

① 통상적으로 측정이 이루어지는 주파수대역 구분
  ㉠ 약 30[MHz] 이하
  ㉡ 약 30~1[GHz] 사이
  ㉢ 약 1~30[GHz] 사이
② 표시 단위 구분
  ㉠ 장파(LF)에서 초단파(VHF)까지는 전계의 세기가 [μV/m]나 [V/m]로 표시된다.
  ㉡ 극초단파(UHF)에서는 단위 면적당 에너지로 표시될 때가 많다.
③ 사용 측정기 : 전계 강도 측정기(field strength meter)를 통하여 수신 지점의 전계 강도를 측정하는 장치로, 루프 안테나, 비교 발진기, 수신기 등으로 구성

되어 있다.

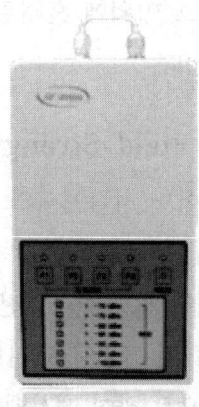

[전계 강도 측정기]

[4] 잡음의 측정

① 수신기의 입력에서 본 신호대 잡음비를 S_i/N_i라 하고, 출력에서의 신호대 잡음비를 S_o/N_o라 하면, 잡음 지수 F는 다음과 같이 나타낸다.

$$\text{잡음 지수 } F = \frac{\dfrac{S_i}{N_i}}{\dfrac{S_o}{N_o}} = \frac{S_i}{N_i} \cdot \frac{N_o}{S_o}$$

$$F = \frac{eIB}{2KT}$$

② 잡음 지수가 1이면 수신기는 내부 잡음이 없는 이상적인 것이다.
③ 잡음 발생기를 사용한 잡음 지수 측정회로

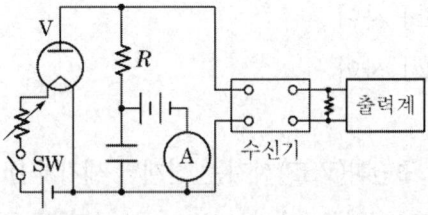

④ 표준 신호 발생기를 사용한 잡음 지수의 측정회로

$$F = \frac{E^2}{4KTBR}$$

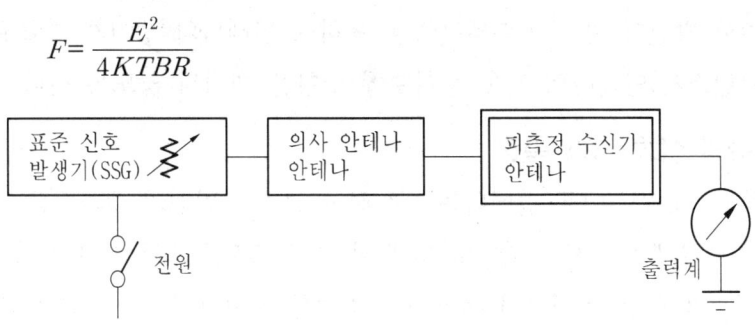

3 안테나 및 급전선에 관한 측정시험

[1] 안테나에 관한 측정

(1) 안테나의 고유 주파수 측정

① 안테나의 실효 인덕턴스를 L_e, 실효 용량을 C_e라 하면, 공진 주파수 f_o는 다음과 같다.

$$f_o = \frac{1}{2\pi \sqrt{L_e\, C_e}} \,[\text{Hz}]$$

f_o을 안테나의 고유 주파수라 하며, $\lambda_o = \dfrac{c}{f_o}$ (c : 빛의 속도)를 고유 파장이라 한다.

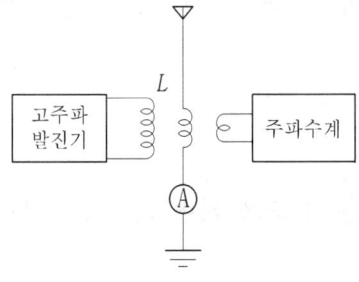

[안테나의 고유 주파수 측정]

② 고주파 발진기의 주파수를 서서히 변화하여 전류계 A의 지시가 최대로 되는 주파수 f_o을 찾으면 f_o은 안테나의 고유 주파수로 된다.

③ 고주파 발진기는 주파수 f를 변화시킬 수 있는 가변 주파수 발진기이다.

④ 고주파 발진기 및 주파수계는 L을 통하여 안테나와 성기게 결합된다.
⑤ 인덕턴스가 안테나의 고유 주파수에 영향을 끼치지 않도록 한다.

(2) 안테나의 실효 저항 측정

① 치환법 : SW를 모두 안테나측으로 하고 고주파 발진기 주파수를 변화시켜 고주파 전류계의 지시가 최대로 되게 한 다음, SW를 모두 의사 안테나측으로 하여 L_s 및 C_s를 조절하여 전류계가 최대를 지시하게 하면 안테나의 저항값과 R_s의 값이 같게 된다.

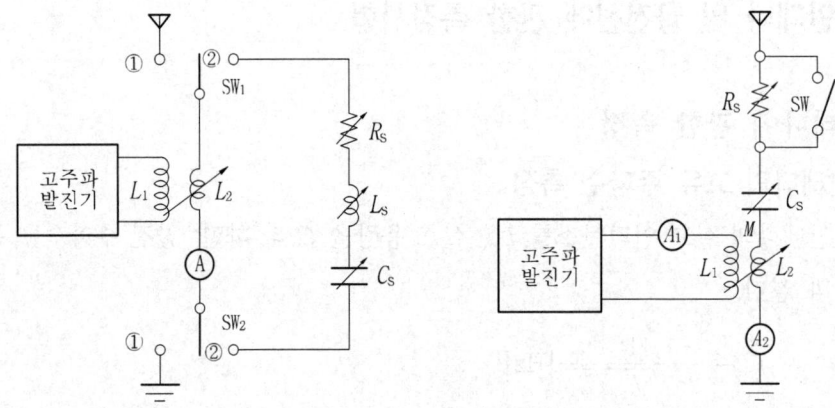

[치환법에 의한 실효 저항 측정]   [저항 변화법에 의한 실효 저항 측정]

② 저항 변화법 : SW를 넣고 C를 가변시켜 전류계 A_2의 지시가 최대가 되었을 때 A_1의 지시값을 I_1, A_2의 지시값을 I_2라 하면 다음 식으로 구해진다.

$$R_e = \frac{R_s}{\frac{I_1}{I_2} - 1} [\Omega]$$

③ R_s를 조정하여 $I_2 = \frac{I_1}{2}$이 되게 하면 $R_e = R_s$가 된다.

(3) 안테나의 실효 인덕턴스 및 실효 용량의 측정

① 실효 인덕턴스의 측정
  ㉠ 발진 주파수를 f_1에 고정시키고 L_s를 변화시켜 공진되었을 때 L_s의 값을 L_{s1}라고 한다.

ⓒ 발진 주파수를 f_2에 고정시키고 L_s를 변화시켜 공진되었을 때 L_s의 값을 L_{s2}라 하면 다음과 같이 구해진다.

$$L_e = \frac{f_2^2 L_{s\,2} - f_1^2 L_{s\,1}}{f_1^2 - f_2^2}[\text{H}]$$

② 실효 용량의 측정

$$C_e = \frac{1}{L_{s1} - L_{s2}}\left(\frac{1}{\omega_1^2} - \frac{1}{\omega_2^2}\right) = \frac{1}{4\pi^2 (L_{s1} - L_{s2})}\left(\frac{1}{f_1^2} - \frac{1}{f_2^2}\right)[\text{F}]$$

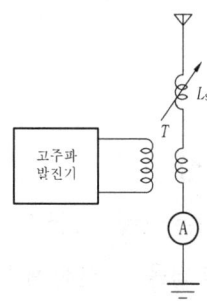

[실효 인덕턴스 및 실효 용량 측정]

(4) 전기장 강도 측정

① 전기장 강도는 수신 안테나에 유기된 기전력을 그 실효 높이로 나눈 값이며 단위로는 [μV/m] 또는 [dBμ]이 사용되고 1[μV/m]를 기준 레벨, 즉 0[dBμ]로 한 것이다.

② 전기장 강도의 측정 : 안테나에 유기된 기전력을 표준 신호 발생기의 전압과 비교하는 방법으로, 단파대에서는 루프 안테나, 초단파대에서는 다이폴 안테나를 이용한다.

③ 전기장 강도 측정기의 구성

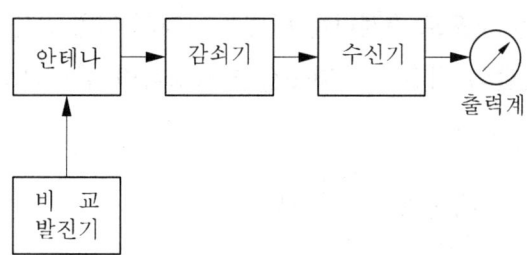

④ 루프 안테나에 의한 전기장 강도 측정

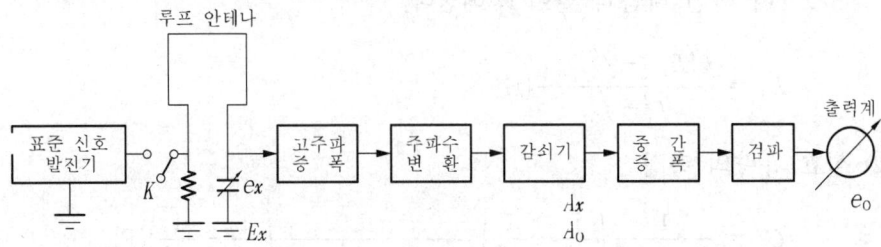

4 급전선에 관한 측정

[1] 급전선의 특성 임피던스 측정

① 기지의 가변 저항기를 삽입하는 방법 : 급전선의 끝에 기지의 가변 저항기를 연결하고 고주파 발진기의 출력을 급전선에 가한다.

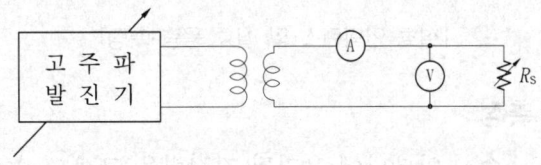

② 급전선의 수전단을 개방 또는 단락하여 측정하는 방법 : 급전선의 끝에 있는 R_s 대신 이 부분을 개방하고 전압계와 전류계의 지시를 V_o, I_o이라 하고, 반대로 단락했을 때의 전압계와 전류계의 지시를 각각 V_s, I_s라 하면 특성 임피던스 Z_o은 다음 식으로 구해진다.

$$Z_o = \sqrt{\frac{V_s \cdot V_o}{I_o \cdot I_s}} \ [\Omega]$$

③ 급전선의 전압 분포로 측정하는 방법 : 기지의 저항 R을 접속하여 급전선상에서 정재파 전압의 최댓값과 최솟값을 측정하여 임피던스를 측정한다.

$R > Z_o$이면

$$Z_o = R \cdot \frac{V_{\min}}{V_{\max}} [\Omega]$$

$R < Z_o$ 이면

$$Z_o = R \cdot \frac{V_{\max}}{V_{\min}} [\Omega]$$

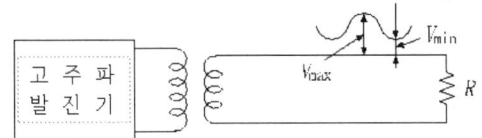 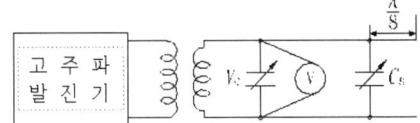

④ 표준 가변 콘덴서를 삽입하는 방법

파동 임피던스 $Z_o = \dfrac{1}{\omega C_o} [\Omega]$

[2] 정재파비(SWR)의 측정

① 전류 분포의 측정 : 급전선을 따라 전류계를 이동시켜 전류의 최댓값 $I_{\max}$와 최솟값 $I_{\min}$을 측정하면 정재파비는 다음과 같다.

$$\text{SWR} = \frac{I_{\max}}{I_{\min}}$$

② SWR이 1이면 가장 이상적인 값으로 급전선상의 전류 분포가 일정함을 뜻한다.

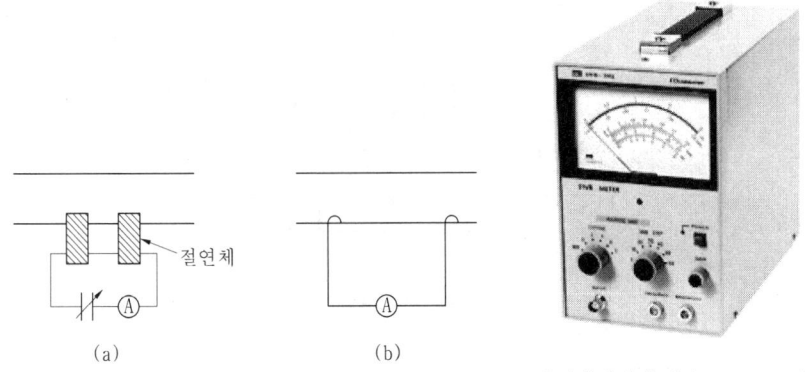

[정재파비 측정기 SWR-3002]

③ 전압 분포의 측정 : 전압 검출 회로를 급전선상에서 이동시켜 전압의 크기의 변화를 측정하여 전압의 최댓값을 $V_{\max}$, 최솟값을 $V_{\min}$이라 하면 정재파비는

다음과 같다.

$$\text{SWR} = \frac{V_{\max}}{V_{\min}}$$

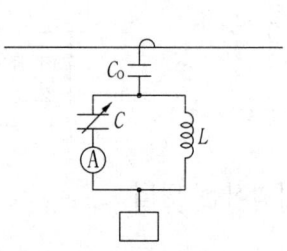

5 전원공급장치에 관한 측정시험

[1] 정류 전원회로에 관한 측정

(1) 리플 함유율(맥동률)의 측정

① 정류회로에 정격 전원 전압을 가하고 부하 저항 R을 조정하여 A의 지시가 정격 출력 전류가 되도록 했을 때 V_1과 V_2의 눈금을 각각 E_D 및 e_A라 하면 리플 함유율은 다음과 같다.

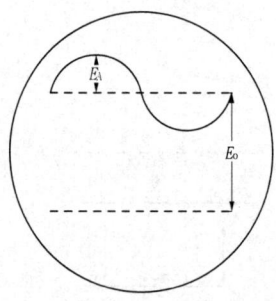

$$\delta = \frac{\sqrt{2e_A}}{E_D} \times 100 [\%]$$

(A : 직류 전류계, V_1 : 직류 전압계, V_2 : 교류 전압계)

② 오실로스코프에 의한 리플 함유율의 측정

㉠ 수직 입력 단자 전압이 0[V]일 때를 기준으로 하여 직류 성분 E_D를 측정하고 교류분의 최댓값 E_A를 구하면 리플 함유율은 다음과 같다.

$$\delta = \frac{E_A}{E_D} \times 100\%$$

(2) 전압 변동률의 측정

① 무부하 단자 전압을 E_o이라 하고 정격 부하 전류가 흐를 때의 출력 전압을 E_l이라 하면 전압 변동률은 다음과 같다.

$$\varepsilon = \frac{E_o - E_l}{E_l} \times 100\,[\%]$$

[2] 축전지 측정

(1) 용량 시험

축전지를 규정대로 충전하고 약 1시간 정도 방치해 둔 다음 일정 전류(10시간 방전률이 되는 전류)로 방전을 개시하여 그때의 방전 전류와 방전 시간과의 곱으로 암페어시 용량[Ah]를 구한다.

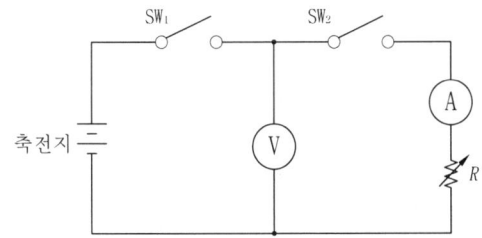

(2) 내부 저항 측정

무부하 시 전압을 E_o, 측정 시의 정격 전류를 I라 하면 축전지의 내부 저항은 다음과 같다(단, 계기의 내부 저항은 무시한다).

$$r = \frac{E_o - IR}{I}\,[\Omega]$$

[3] 전원설비에 관한 측정

(1) 전지의 내부 저항 측정

① 전압계법 : SW를 열었을 때의 전압계의 지시를 V_1이라 하고, SW를 닫았을 때의 전압계의 지시를 V_2라 하면 전지의 내부 저항 r은 다음과 같이 구해진다.

$$r = \frac{V_1 - V_2}{V_2} \cdot V [\Omega]$$

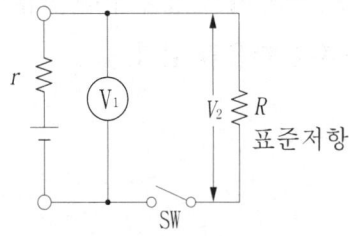

② 콜라우시 브리지(Kohlrausch bridge)법

$$r_e = \frac{l_1 R}{2l_2} [\Omega]$$

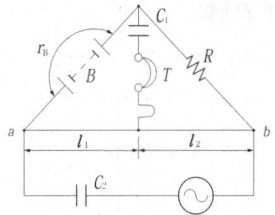

㉠ 평형 상태의 확인 : 검출기로 사용한 수화기 T의 진동 소리가 최소로 되어 들리지 않을 때이다.

㉡ 콜라우시 브리지는 교류전원을 사용한 접동선 브리지로서 전해액의 저항이나 접지판의 접지 저항 등의 측정에도 사용한다.

04 무선설비기준

- 무선설비규칙(2022년 01월 04일 시행)
- 항공업무용 무선설비기준 시행(2023년 04월 19일 시행)
- 해상업무용 무선설비기준 시행(2021년 11월 17일 시행)
- 전기통신사업용 무선설비기준 시행(2023년 12월 08일 시행)
- 전파응용설비의 기술기준 시행(2022년 12월 30일 시행)

위 법의 시행에 의해 기존 출제되었던 법규관련 문제에 변화가 있을 수 있습니다. 본 수험서에 있는 2022년 이전에 출제된 무선설비기준에 있는 문제는 수험생들의 설비기준에 대한 경향파악에 도움을 드리기 위해 남겨놓기는 했지만 4장 부분을 검토하여 정답을 체크하시길 부탁드립니다 수험생들의 많은 양해를 바랍니다

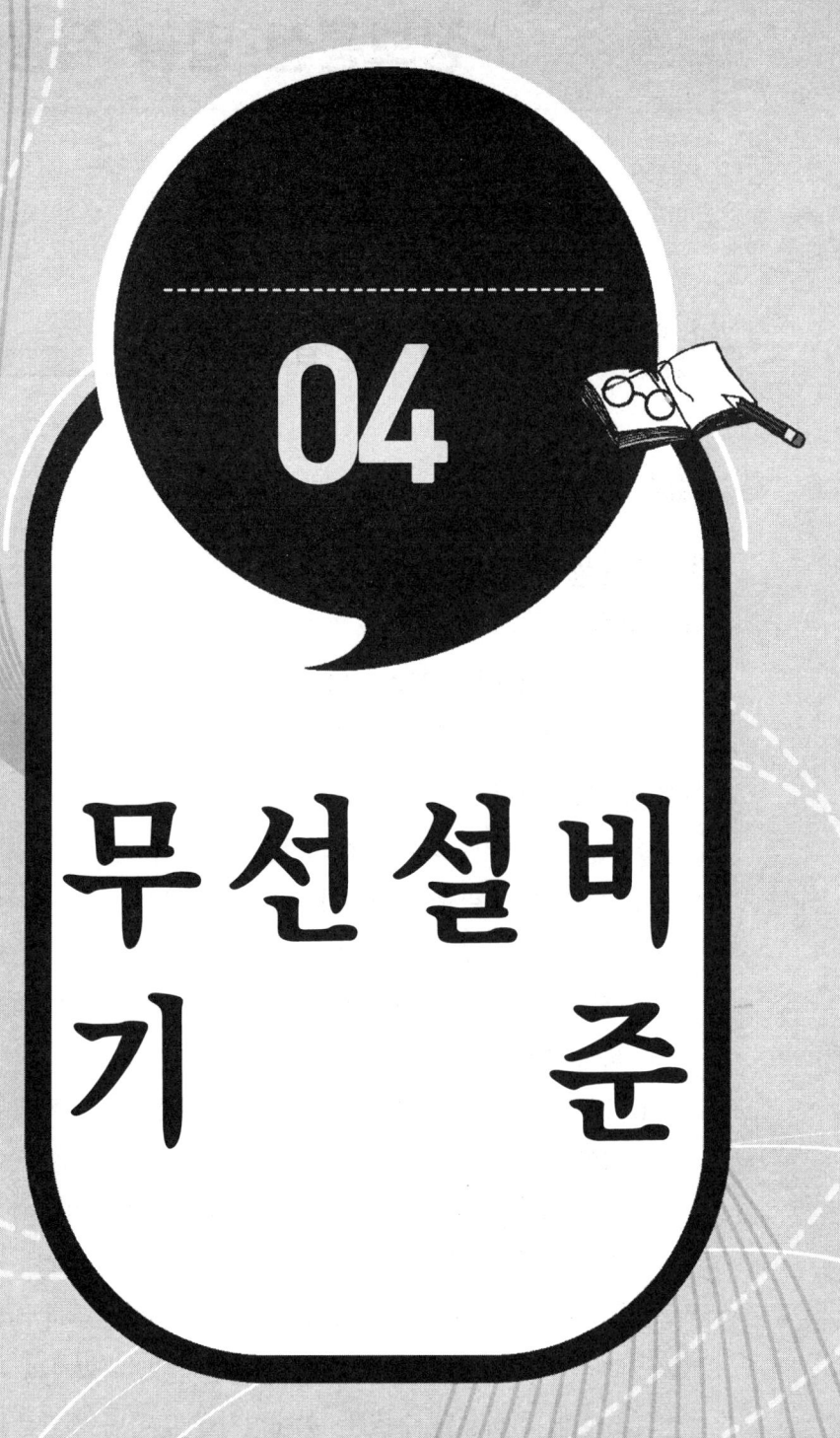

Chapter 01 정보통신 법규 적용

1 무선통신 관련 법규 습득하기

1 무선설비 규칙

[1] 무선설비의 기술 기준

(1) 목적

이 고시는 전파법 제37조, 제45조 및 제47조에 따라 방송표준방식, 무선설비의 기술기준, 무선설비의 안전시설기준 등 무선설비의 기술기준을 규정함을 목적으로 한다.

(2) 용어의 정의

1. 이 규칙에서 사용하는 용어의 뜻은 다음과 같다.
   ① "발사"(發射)란 송신설비가 전파를 공간으로 송신하는 것을 말한다.
   ② "지정주파수"란 무선국에서 사용하는 주파수마다의 중심주파수를 말한다.
   ③ "특성주파수"란 송신설비에서 발사된 전파에서 용이하게 식별되고 측정되는 주파를 말한다.
   ④ "기준주파수"란 지정주파수에 대하여 특정한 위치에 고정되어 있는 주파수를 말한다. 이 경우 기준주파수가 지정주파수에 대하여 가지는 변위는 특성주파수가 발사에 의하여 점유하는 주파수대의 중심주파수에 대하여 가지는 변위와 동일한 절대치와 동일한 부호를 가지는 것으로 한다.
   ⑤ "주파수 허용편차"란 발사에 의하여 점유하는 주파수대의 중심주파수와 지정주파수 사이에 허용될 수 있는 최대편차 또는 발사의 특성주파수와 기준주파수 사이에서 허용될 수 있는 최대편차를 말하며 백만분율 또는 헤르츠(이하 "Hz"

로 한다)로 표시한다.
⑥ "점유주파수대역폭"이란 변조의 결과로 생기는 주파수대역폭의 하한주파수 미만의 부분과 상한주파수를 초과하는 부분에서 각각 발사되는 평균전력이 각각 0.5%와 같은 주파수대역폭을 말한다. 이 경우 과학기술정보통신부장관은 하한주파수 미만의 부분과 상한주파수를 초과하는 부분에서 각각 발사되는 평균전력의 비율을 달리 정하여 고시할 수 있다.
⑦ "필요주파수대역폭"이란 주어진 발사종별의 전파에 대하여 특정한 조건하에서 사용되는 통신방식에 필요한 전송속도와 품질로 정보를 전송하는데 충분한 주파수대역폭을 말한다.
⑧ "대역외발사"(帶域外發射)란 변조과정에서 발생하는 필요주파수대역폭의 바로 바깥쪽에 위치한 하나 이상의 주파수에서 발생하는 발사(스퓨리어스 발사는 제외한다)를 말한다.
⑨ "스퓨리어스 발사"(Spurious 發射)란 필요주파수대역폭 바깥쪽에 위치한 하나 이상의 주파수에서 발생하는 발사(대역외발사는 제외한다)로서 정보전송에 영향을 미치지 아니하고 그 강도를 저감시킬 수 있는 것으로 고조파발사, 기생발사, 상호변조 및 주파수 변환 등에 의한 발사를 포함한 발사를 말한다.
⑩ "불요발사(不撓發射)"란 대역외발사 및 스퓨리어스 발사를 말한다.
⑪ "대역외영역"이란 필요주파수대역폭 바로 바깥쪽의 주파수 범위로서 대역외발사가 우세한 영역을 말한다.
⑫ "스퓨리어스 영역"이란 대역외영역 바깥의 주파수 범위로서 스퓨리어스 발사가 우세한 영역을 말한다.
⑬ "규격전력"이란 송신장치의 종단증폭기의 정격출력을 말한다.
⑭ "라디오 부표"란 부표 등에 탑재되어 위치 또는 기상 관련 자료 등의 데이터를 자동으로 송신하는 무선설비를 말한다.
⑮ "급전선"(給電線)이란 전파에너지를 전송하기 위하여 송신장치 또는 수신장치와 안테나 사이를 연결하는 선을 말한다. 이 경우 "수신장치"란 전파를 받는 장치와 이에 부가하는 장치로서 수신안테나와 급전선을 제외한 장치를 말한다.
⑯ "첨두포락선전력"이란 정상동작 상태에서 송신장치로부터 송신안테나계의 급전

선에 공급되는 전력으로서 변조포락선의 첨두에서 무선주파수 1주기 동안의 평균값을 말하며 PX로 표시한다.

⑰ "평균전력"이란 정상동작 상태에서 송신장치로부터 송신안테나계의 급전선에 공급되는 전력으로 변조에 사용되는 최저주파수의 1주기와 비교하여 충분히 긴 시간 동안의 평균값을 말하며 PY로 표시한다.

⑱ "반송파전력"이란 무변조 상태에서 송신장치로부터 송신안테나계의 급전선에 공급되는 전력으로 무선주파수의 1주기 동안의 평균값을 말하며 PZ로 표시한다.

⑲ "안테나이득"이란 주어진 방향의 동일한 거리에서 동일한 전계 또는 전력밀도를 발생시키기 위하여 주어진 안테나와 손실이 없는 기준안테나의 입력단에서 각각 필요로 하는 전력의 비를 말한다. 이 경우 따로 규정한 것이 없는 때에는 최대복사방향에서의 이득을 통상 데시벨로 표시한다.

⑳ "등가등방복사전력"이란 안테나에 공급되는 전력과 등방성(等方性) 안테나에 대한 임의의 방향에서의 안테나이득(절대이득 또는 등방이득)의 곱을 말한다.

㉑ "반송파"란 신호파를 무선으로 운반시키기 위한 지속적인 주파수를 말한다.

㉒ "정격전압"이란 무선설비가 안정적으로 동작하는 데 필요한 표준 상태의 전압을 말한다.

2. 제1항에서 정하는 것 외에 이 규칙에서 사용하는 용어는 국제전기통신연합에서 정하는 바에 따른다.

[2] 전파응용설비의 기술기준

(1) 정의

이 고시에서 사용하는 용어의 정의는 다음과 같다.

① "무선전력전송"이란 무선으로 전기에너지를 송신기에서 수신기로 전송하는 기술을 말한다.

② "무선전력전송기기"란 무선전력전송을 행하는 전파응용설비를 말한다.

(2) 전계강도의 허용치

① 영 제74조에 따른 통신설비외의 전파응용설비에서 발사되는 기본파 및 불요발사에 의한 전계강도의 최대허용치는 다음과 같다.

구분		전계강도 허용치	비고
산업용 전파응용설비		100m 거리 100μV/m 이하일 것	해당 설비가 설치되어 있는 주위의 구역이 시설자의 소유로서 구역의 경계와 설비와의 거리가 측정 기준거리를 초과할 때에는 그 구역의 경계선에서 측정한다.
의료용 전파응용설비		30m 거리 100μV/m 이하일 것	
기타 전파 응용 설비	고주파출력 500W 이하	30m 거리 100μV/m 이하일 것	
	고주파출력 500W 초과	100m 거리에서 100μV/m 이하이고, 30m 거리에서 $100 \times \sqrt{P}/500$(P는 고주파출력을 와트(W)로 표시한 수로 한다) μV/m 이하일 것	

② 제1항의 규정에도 불구하고 무선전력전송기기에서 발사되는 기본파 및 불요발사에 의한 전계강도의 최대 허용치는 다음 각 호와 같다.

1. 19~21kHz, 59~61kHz 대역을 이용하는 무선전력전송기기의 기본파 및 불요발사에 의한 전계강도는 제1항의 산업용 전파응용설비 기준에 적합할 것

2. 100~205kHz 대역을 이용하는 무선전력전송기기의 기본파는 3m 거리에서 측정한 전계강도가 500μV/m 이하(측정값에 $6\pi/\lambda$를 곱하여 적용한다. 이 경우 λ는 측정주파수의 파장임)이고 불요발사는 기본파의 전계강도 보다 낮을 것

3. 6765~6795kHz 대역을 이용하는 무선전력전송기기의 기본파 및 불요발사에 의한 전계강도는 다음의 기준 값 이하일 것

구분	기준값	비고
9kHz~10MHz	78.5-10log(f/9)dBμV/m	※ 10m 거리를 기준으로 하며, f는 kHz를 단위로 한 주파수로 한다. ※ 분해대역폭은 주파수 9~150kHz에서 200Hz, 150kHz~30MHz에서 9kHz, 30~1000MHz에서 120kHz를 적용하고, 검출 모드는 준 첨두치 모드를 이용한다.
10~30MHz	48dBμV/m	
30~230MHz	30dBμV/m	
230~1000MHz	37dBμV/m	

4. 79~90kHz 대역을 이용하는 무선전력전송기기의 기본파 및 불요발사에 의한 전계 또는 자계강도는 다음의 기준 값 이하일 것

구분	기준값	비고
9~150kHz	27~15dBμA/m (9kHz에서 27dBμA/m, 150kHz에서 15dBμA/m이며, 중간구간은 주파수의 대수적 증가에 따라 선형적으로 감소)	※ 피시험기기와 측정안테나 간 측정거리는 10m이며, 분해대역폭은 주파수 9~150kHz에서 200Hz, 150kHz~30MHz에서 9kHz, 30~1000MHz에서 120kHz를 적용하고, 검출 모드는 준 첨두치 모드를 이용한다.
0.15~4MHz	14.5~-7.7dBμA/m (0.15MHz에서 14.5dBμA/m, 4MHz에서 -7.7dBμA/m이며, 중간구간은 주파수의 대수적 증가에 따라 선형적으로 감소)	
4~11Hz	-7.7~-0.2dBμA/m (4MHz에서 -7.7dBμA/m, 11MHz에서 -0.2dBμA/m이며, 중간구간은 주파수의 대수적 증가에 따라 선형적으로 증가)	
11~30MHz	-0.2~-7dBμA/m (11MHz에서 -0.2dBμA/m, 30MHz에서 -7dBμA/m이며, 중간구간은 주파수의 대수적 증가에 따라 선형적으로 감소)	
30~80.872MHz	30dBμV/m	
80.872~81.848MHz	50dBμV/m	
81.848~134.786MHz	30dBμV/m	
134.786~136.414MHz	50dBμV/m	
136.414~230MHz	30dBμV/m	
230~1000MHz	37dBμV/m	

③ 제1항 및 제2항에도 불구하고 산업·과학·의료·가사 그 밖에 이와 유사한 목적으로 분배된 주파수를 이용하는 통신설비 외의 전파응용설비에서 발사되는 기본파의 전계강도 허용치는 두지 아니한다.

(3) 주파수허용편차

영 제75조제1항제1호에 따른 전력선 통신설비 및 영 제75조제1항제2호에 따른 유도식 통신설비에서 발사되는 주파수허용편차는 0.1%로 한다.

(4) 누설전계강도의 허용치

① 전력선 통신설비의 전력선에 통하는 고주파전류의 기본파에 의한 누설전계강도는 그 송신장치로부터 1km 이상 떨어지고, 전력선으로부터의 거리가 기본주파수의 파장을 2π로 나눈 지점에서 500μV/m 이하이어야 한다.

② 유도식 통신설비의 선로에 통하는 고주파전류의 기본파에 의한 누설전계강도는 그 송신장치로부터 1km 이상 떨어지고, 선로로부터의 거리가 기본주파수의

파장을 2π로 나눈 지점에서 $200\mu V/m$ 이하이어야 한다. 다만, 탄광의 갱내 등 지형사정으로 인하여 측정이 불가능한 경우에는 그러하지 아니한다.

③ 전력선 통신설비 및 유도식 통신설비에서 발사되는 고조파·저조파 또는 기생 발사강도는 기본파에 대하여 30dB 이하이어야 한다.

(5) 혼신방지

① 전력선의 전송은 전력선에 통하는 고주파전류에 따라 다른 통신설비에 혼신을 주지 아니하도록 다음 각 호의 조건에 적합하여야 한다.

   1. 고주파전류를 통하는 전력선의 분기점에는 전송특성의 필요에 따라 쵸크 코일을 넣을 것
   2. 고주파전류를 통하는 전력선의 경로는 그 부근에 다른 각종 선로와 무선설비가 적은 곳을 택할 것

② 고주파전류를 통하는 유도식 통신설비의 선로는 다른 통신설비에 주는 혼신을 방지하기 위하여 가능한 한 다른 전선로와 결합되지 아니하여야 한다.

(6) 안전시설

① 영 제74조제1호에 따른 산업용 전파응용설비는 그 설비의 운용에 따라 인체에 위해를 주거나 물건에 손상을 주지 아니하도록 다음 각 호의 조건에 적합하여야 한다.

   1. 고압전기에 의하여 충전되는 기구와 전선은 외부에서 용이하게 닿지 아니하도록 절연차폐체 또는 접지된 금속차폐체 내에 수용할 것. 다만, 고주파용접장치·진공관전극·가열용 장치 등과 같이 전극을 직접 노출하지 아니하면 사용 목적을 달성할 수 없는 것을 제외한다.
   2. 설비의 조작에 의하여 설비에 접근하는 인체와 전기적 양도체에 고주파전력을 유발할 우려가 있을 경우에는 그 위험을 방지하기 위하여 필요한 설비를 할 것
   3. 인체의 안전을 위하여 접지장치를 설치할 것

② 영 제74조제2호에 따른 의료용 전파응용설비는 그 설비의 운용에 따라 인체에 위해를 주거나 손상을 주지 아니하도록 다음 각 호의 조건에 적합하여야 한다.

   1. 고압전기에 의하여 충전되는 기구와 전선은 외부에서 용이하게 닿지 아니하

도록 절연차폐체 또는 접지된 금속차폐체 내에 수용할 것
2. 의료전극 및 그 도선과 발진기·출력회로·전력선 등 사이에서의 절연저항은 500V용 절연저항시험기에 따라 측정하여 50MΩ 이상일 것
3. 의료전극과 그 도선은 직접 인체에 닿지 아니하도록 양호한 절연체로 덮을 것. 다만, 전기수술장치 등으로써 전극을 직접 노출하여 인체에 닿게 하여 사용하는 부분은 예외로 한다.
4. 인체의 안전을 위하여 접지장치를 설치할 것

③ 기타 전파응용설비의 안전시설기준에 관하여는 제1항의 규정에 따른다.
④ 통신설비인 전파응용설비의 안전시설기준에 관하여는 무선설비규칙 제17조의 규정에 따른다.

[3] 무선설비 기술 기준

(1) 주파수 허용편차
① 송신설비에서 발사되는 전파의 주파수 허용편차는 별표 1과 같다. 다만, 과학기술정보통신부장관은 무선설비의 용도에 따라 주파수 허용편차를 별도로 정하여 고시할 수 있다.
② 제1항을 적용하기 어려운 경우에는 국제전기통신연합에서 정하는 주파수 허용편차를 적용한다.

(2) 점유주파수대폭의 허용치
① 송신설비에서 발사되는 전파의 점유주파수대역폭의 허용치는 별표 2와 같다. 다만, 과학기술정보통신부장관은 무선설비의 용도에 따라 주파수 허용편차를 별도로 정하여 고시할 수 있다.
② 제1항을 적용하기 어려운 경우에는 국제전기통신연합에서 정하는 필요주파수대역폭을 적용한다.

(3) 협대역·광대역 시스템의 스퓨리어스 영역 경계기준
무선설비의 협대역·광대역 시스템에 대한 스퓨리어스 영역 경계기준은 별표 3과 같다.
(※ 별표 1, 별표 2, 별표 3은 다음 페이지부터 차례로 첨부되어 있습니다.)

[별표 1. 주파수 허용편차]

주파수대	무선국 및 무선설비	허용편차(Hz를 붙인 것을 제외하고는 백만분율)
9kHz 초과 535kHz 이하	1. 고정국 　㉠ 9kHz 초과 50kHz 이하의 무선설비 　㉡ 50kHz 초과 535kHz 이하의 무선설비 2. 해안국 3. 항공국 4. 선박국 5. 선박의 비상 송신설비 6. 구명부기국 7. 항공기국 8. 무선측위국 9. 표준주파수국 10. 방송국	 100 50 100 [1),2)] 100 200 [2),3)] 500 [4)] 500 100 100 0.005 10Hz
535kHz 초과 1606.5kHz 이하	방송국	10Hz
1606.5kHz 초과 4000kHz 이하	1. 고정국 및 육상국 　㉠ 200W 이하의 무선설비 　㉡ 200W 초과의 무선설비 2. 선박국 3. 육상이동국 4. 항공기국 5. 구명부기국 6. 무선측위국 　㉠ 200W 이하의 무선설비 　㉡ 200W 초과의 무선설비 7. 방송국 8. 표준주파수국 9. 아마추어국	 100 [1),2),5),6),7),8)] 50 [1),2),5),6),7),8)] 40Hz [2),3),9)] 50 [10)] 100 [8)] 100 20 [11)] 10 [11)] 10Hz [12)] 0.005 500
4MHz 초과 29.7MHz 이하	1. 고정국 　㉠ 단측파대 및 독립측파대 발사 　　1) 500W 이하의 무선설비 　　2) 500W 초과의 무선설비 　㉡ 전파형식 F1B의 발사 　㉢ 그 밖의 전파형식의 발사 　　1) 500W 이하의 무선설비 　　2) 500W 초과의 무선설비	 50Hz 20Hz 10Hz 20 10

표(계속)

주파수대	무선국 종별	허용편차 (Hz를 붙인 것을 제외하고는 백만분율)
4MHz 초과 29.7MHz 이하	2. 육상국 　㉠ 해안국 　㉡ 항공국 및 그 밖의 무선국 　　1) 500W 이하의 무선설비 　　2) 500W 초과의 무선설비 　㉢ 기지국 3. 이동국 　㉠ 구명부기국 　㉡ 선박국 　　1) 전파형식 A1A의 발사 　　2) 그 밖의 전파형식 발사 다. 항공기국 라. 그 밖의 무선국 4. 방송국 5. 표준주파수국 6. 아마추어국 7. 간이무선국 8. 라디오 부표국 9. 우주국 10. 지구국	 20Hz [1),2),13)] 100 [5),8)] 50 [5),8)] 20 [5)] 50 10 50Hz [2),3),14)] 100 [8)] 40 [15)] 10Hz [12)] 0.005 500 50 50 20 20
29.7MHz 초과 100MHz 이하	1. 고정국 　㉠ 50W 이하의 무선설비 　㉡ 50W 초과의 무선설비 2. 육상국 3. 이동국 4. 무선측위국 5. 방송국 　㉠ 지상파 디지털 텔레비전방송국 　㉡ 그 밖의 방송국 6. 표준주파수국 7. 아마추어국 8. 간이무선국 9. 우주국 10. 지구국	 30 20 20 20 [16)] 50 1 2,000Hz [17)] 0.005 500 50 20 20

표(계속)

주파수대	무선국 종별	허용편차 (Hz를 붙인 것을 제외하고는 백만분율)
100MHz 초과 470MHz 이하	1. 고정국 　㉠ 138MHz 초과 174MHz 이하의 무선설비 　　1) 2W 이하의 무선설비 　　2) 2W 초과의 무선설비 　㉡ 335.4MHz 초과 470MHz 이하의 무선설비 　　1) 2W 이하의 무선설비 　　2) 2W 초과의 무선설비 　㉢ 그 밖의 주파수의 무선설비 　　1) 50W 이하의 무선설비 　　2) 50W 초과의 무선설비 2. 해안국 3. 항공국 4. 기지국 　㉠ 100MHz 초과 138MHz 이하의 무선설비 　㉡ 138MHz 초과 174MHz 이하의 무선설비 　　1) 2W 이하의 무선설비 　　2) 2W 초과의 무선설비 　㉢ 174MHz 초과 235MHz 이하의 무선설비 　㉣ 235MHz 초과 335.4MHz 이하의 무선설비 　㉤ 335.4MHz 초과 470MHz 이하의 무선설비 　　1) 2W 이하의 무선설비 　　2) 2W 초과의 무선설비 5. 선박국 및 생존정의 송신설비 　㉠ 156MHz 초과 174MHz 이하의 무선설비 　㉡ 156MHz 이하 또는 174MHz 초과 무선설비 6. 항공기국 7. 육상이동국 　㉠ 100MHz 초과 138MHz 이하의 무선설비 　㉡ 138MHz 초과 174MHz 이하의 무선설비 　　1) 2W 이하의 무선설비 　　2) 2W 초과의 무선설비 　㉢ 174MHz 초과 235MHz 이하의 무선설비 　㉣ 235MHz 초과 335.4MHz 이하의 무선설비 　㉤ 335.4MHz 초과 470MHz 이하의 무선설비 　　1) 2W 이하의 무선설비 　　2) 2W 초과의 무선설비 8. 무선측위국 9. 방송국 　㉠ 지상파 디지털 텔레비전방송국 　㉡ 그 밖의 방송국	 8 6 4 [18),19)] 3 [18),19)] 20 [18)] 10 10 20 [20)] 15 [21)] 8 6 15 [21)] 7 [21)] 4 3 10 50 [22)] 30 [20)] 15 [21)] 8 6 15 [21)] 7 [21),23)] 4 3 500 [24)] 1 2,000Hz [17)]

표(계속)

주파수대	무선국 종별	허용편차 (Hz를 붙인 것을 제외하고는 백만분율)
100MHz 초과 470MHz 이하	10. 표준주파수국 11. 간이무선국 　㉠ 138MHz 초과 174MHz 이하의 무선설비 　　1) 2W 이하의 무선설비 　　2) 2W 초과의 무선설비 　㉡ 335.4MHz 초과 470MHz 이하의 무선설비 　　1) 2W 이하의 무선설비 　　2) 2W 초과의 무선설비 　㉢ 그 밖의 주파수의 무선설비 12. 아마추어국 　　1) 1W 이하의 무선설비 　　2) 1W 초과의 무선설비 13. 우주국 14. 지구국 15. 특정소출력무선국	0.005 8 6 4 3 20 1,000 500 20 20 7 [25]
470MHz 초과 2450MHz 이하	1. 고정국 　　1) 100W 이하의 것 　　2) 100W 초과의 것 2. 육상국 3. 이동국 4. 무선측위국 5. 아마추어국 6. 방송국 　㉠ 지상파 디지털 텔레비전방송국 　㉡ 그 밖의 방송국 7. 우주국 8. 지구국	 100 50 20 20 500 [24] 500 1 100 20 20
2450MHz 초과 10.5GHz 이하	1. 고정국 　㉠ 100W 이하의 것 　㉡ 100W 초과의 것 2. 육상국 3. 이동국 4. 무선측위국 5. 아마추어국 6. 우주국 7. 지구국	 200 50 100 100 1,250 [24] 500 50 50
10.5GHz 초과 40GHz 이하	1. 고정국 2. 무선측위국 3. 방송국 4. 우주국 5. 지구국	300 5,000 [24] 100 100 100

표(계속)

주파수대	무선국 종별	허용편차 (Hz를 붙인 것을 제외하고는 백만분율)

※ 비고
1. 표 중 Hz는 전파의 주파수 단위로 1초간의 사이클을, W 및 kW는 안테나공급전력의 크기와 단위를 말한다.
2. 표 중 안테나공급전력은 단측파대 송신설비의 경우에는 첨두포락선전력(PX)으로, 그 밖의 송신설비의 경우에는 평균전력(PY)으로 한다.
3. 동일한 송신장치 및 동일한 주파수를 둘 이상의 업무에 사용하는 경우에는 허용편차가 적은 것을 기준으로 한다.

(주)
1. 해안국의 인쇄전신 또는 데이터전송의 송신설비에 사용하는 전파의 주파수 허용편차는 이 표에 규정한 값에 불구하고 다음과 같이 한다.
   ㉠ 협대역 위상편이방식(PSK : Phase Shift Keying) 운용에 의한 송신설비 : 5Hz
   ※ "위상편이방식"이란 데이터 전송 시 전력의 크기를 동일하게 하고, 신호점 간의 위상차를 동일한 간격으로 전송하는 방식을 의미한다.
   ㉡ 주파수편이방식(FSK) 운용에 의한 송신설비(1992년 1월 1일 이전에 설치된 장치) : 15Hz
   ㉢ 주파수편이방식(FSK) 운용에 의한 송신설비(1992년 1월 2일 이후에 설치되었거나 설치되는 장치) : 10Hz
2. 선박국 또는 해안국의 디지털선택호출용 송신설비에 사용하는 전파의 주파수 허용편차는 이 표에 규정한 값에 불구하고 10Hz로 한다.
3. 선박국의 인쇄전신 또는 데이터전송의 송신설비에 사용하는 전파의 주파수 허용편차는 이 표에 규정한 값에 불구하고 다음과 같이 한다.
   ㉠ 협대역 위상편이방식(PSK) 운용에 의한 송신설비 : 5Hz
   ㉡ 주파수편이방식(FSK) 운용에 의한 송신설비(1992년 1월 1일 이전에 설치된 장치) : 40Hz
   ㉢ 주파수편이방식(FSK) 운용에 의한 송신설비(1992년 1월 2일 이후에 설치되었거나 설치되는 장치) : 10Hz
4. 선박의 비상송신설비가 주설비의 송신설비에 대한 예비 설비로 사용되는 경우에는 그 비상송신설비에 대하여 선박국의 주파수 허용편차를 적용한다.
5. 단측파대 무선전화 송신설비(해안국 및 항공국의 송신설비는 제외한다)에 사용하는 전파의 주파수 허용편차는 이 표에 규정한 값에도 불구하고 20Hz로 한다.
6. 주파수편이방식(FSK) 운용에 의한 무선전신 송신설비에 사용하는 전파의 주파수 허용편차는 이 표에 규정한 값에 불구하고 10Hz로 한다.
7. 해안국의 단측파대 무선전화 송신설비에 사용하는 전파의 주파수 허용편차는 이 표에 규정한 값에 불구하고 20Hz로 한다.
8. 1606.5kHz 초과 4000kHz 이하의 대역과 4MHz 초과 29.7MHz 이하의 대역을 사용하는 항공이동(R)업무용 단측파대 무선전화 송신설비에 사용하는 전파의 주파수 허용편차는 이 표에 규정한 값에 불구하고 다음과 같이 한다.
   ㉠ 항공국 : 10Hz
   ㉡ 국제업무를 하는 항공기국 : 20Hz
   ㉢ 국제업무를 하지 않는 항공기국 : 50Hz (가능하면 20Hz)
9. A1A의 발사에 대해서는 이 표에 규정한 값에 불구하고 $50(10^{-6})$으로 한다.
10. 단측파대무선전화의 송신설비 또는 주파수편이방식 운용에 의한 무선전신의 송신설비에서 사용하는 전파의 주파수 허용편차는 이 표에 규정한 값에 불구하고 40Hz로 한다.
11. 1606.5kHz 초과 1800kHz 이하의 주파수의 전파를 사용하는 무선표지용 송신설비에 사용하는 전파의 주파수 허용편차는 이 표에 규정한 값에 불구하고 $50(10^{-6})$으로 한다.

12. 반송파 전력이 10kW 이하이고 A3E의 전파를 사용하는 송신설비의 주파수 허용편차는 이 표에 규정한 값에 불구하고 다음과 같이 한다.
    ㉠ 1606.5kHz 초과 4000kHz 이하의 무선설비 : $20(10^{-6})$
    ㉡ 4MHz 초과 5.95MHz 이하의 무선설비 : $15(10^{-6})$
    ㉢ 5.95MHz 초과 29.7MHz 이하의 무선설비 : $10(10^{-6})$
13. A1A의 발사에 대하여는 이 표에 규정한 값에 불구하고 $10(10^{-6})$으로 한다.
14. 연안 또는 근해에서 운항하는 소형선박에 설치하는 선박국 송신설비로 반송파전력(PZ)이 5W 이하이고 26175kHz 초과 27500kHz 이하의 주파수대의 F3E와 G3E 전파를 사용하는 경우의 주파수 허용편차는 이 표에 규정한 값에도 불구하고 $40(10^{-6})$으로 한다.
15. 단측파대 무선전화 송신설비(26175kHz 초과 27500kHz 이하의 주파수대에서 운용하는 첨두포락선 전력(PX)이 15W 이하인 송신설비는 제외한다)에 사용하는 전파의 주파수 허용편차는 이 표에서 규정한 값에 불구하고 50Hz로 한다.
16. 이동체에 설치하지 아니한 휴대용 장치에 있어서 평균전력 5W 이하의 송신설비에 사용하는 전파의 주파수 허용편차는 이 표에 규정한 값에 불구하고 $40(10^{-6})$으로 한다.
17. 108MHz 이하의 주파수로 운용하는 평균전력(PY) 50와트 이하의 송신설비에 사용하는 전파의 주파수 허용편차는 이 표에 규정한 값에도 불구하고 3,000Hz로 한다.
18) 직접 주파수 변환을 사용하는 다단무선중계방식의 무선설비에 대한 주파수 허용편차는 이 표에 규정한 값에도 불구하고 $30(10^{-6})$으로 한다.
19) 방송중계를 하는 무선국의 무선설비에 사용하는 전파의 주파수 허용편차는 이 표에 규정한 값에도 불구하고 다음과 같이 한다.
    가) 50와트 이하의 무선설비 : $20(10^{-6})$
    나) 50와트 초과의 무선설비 : $10(10^{-6})$
20) 채널 간격이 50kHz인 경우의 주파수 허용편차는 이 표에 규정한 값에도 불구하고 $50(10^{-6})$으로 한다.
21) 채널 간격이 20kHz 이상인 경우에 적용한다.
22) 선상통신설비에 사용하는 전파의 주파수 허용편차는 이 표에 규정한 값에도 불구하고 $5(10^{-6})$으로 한다.
23) 이동체에 설치하지 않은 휴대용 장치로 평균전력(PY) 5와트 이하인 송신설비에 사용하는 전파의 주파수 허용편차는 이 표에 규정한 값에도 불구하고 $15(10^{-6})$으로 한다.
24) 특정한 주파수가 지정되지 않은 레이더시스템의 경우 해당 시스템이 발사하는 전파의 점유주파수대역폭은 해당 업무에 분배된 대역 내에서 유지되어야 한다. 이 경우 규정된 주파수 허용편차는 적용하지 않는다.
25) 430MHz대 특정소출력무선국의 주파수 허용편차는 이 표에 규정한 값에도 불구하고 $100(10^{-6})$으로 한다.

[별표 2. 점유주파수대역폭의 허용치]

전파형식	무선설비	점유주파수대역 폭의 허용치
A1A A1B	1. 100kHz 이하의 주파수의 전파로 사용하는 무선국의 무선설비	250Hz
	2. 그 밖의 무선국의 무선설비	500Hz
A2A A2B	1. 75MHz 주파수의 전파를 발사하는 무선표지국의 무선설비	6.5kHz
	2. 400.15MHz 이상 406MHz 이하 주파수의 전파를 사용하는 기상원조국의 무선설비	1MHz
	3. 1668.4MHz 이상 1700MHz 이하 주파수의 전파를 사용하는 기상원조국의 무선설비	6MHz
	4. 해상이동업무를 행하는 무선국의 무선설비로서 1000Hz를 초과하여 2200Hz 이하의 변조주파수를 사용하는 것	5kHz
	5. 그 밖의 무선국의 무선설비(생존정의 송신장치는 제외한다)	2.5kHz
H2A H2B	1. 해상이동업무를 행하는 무선국의 무선설비로서 1000Hz를 초과하여 2200Hz 이하의 변조주파수로 사용하는 것	3kHz
	2. 그 밖의 무선국의 무선설비	1.5kHz
A3E	1. 방송프로그램 전송을 내용으로 하는 국제공중통신무선국의 무선설비	8kHz
	2. 방송국과 방송중계(일반 대중에게 직접 수신시키는 것을 목적으로 하지 않는 방송프로그램 중계를 말한다. 이하 같다)를 하는 무선설비	10kHz
	3. 스테레오포닉 방송을 하는 방송국과 방송중계를 하는 무선설비	15kHz
	4. 그 밖의 무선국의 무선설비	6kHz
R3E, H3E, J3E	모든 무선국의 무선설비	3kHz
C3F, C9F, F3E, F8E, G3E, C2W, C7W, G7W	텔레비전 방송을 하는 방송국의 무선설비	6MHz
F1D, F1E, F7D, F7E	29.7MHz 이상 50MHz 이하, 72MHz 이상 76MHz 이하, 138MHz 이상 174MHz 이하, 216MHz 이상 223MHz 이하, 335.4MHz 이상 470MHz 이하의 주파수의 전파를 사용하는 무선국의 무선설비(방송중계를 하는 것, 아마추어국 및 해상이동업무를 하는 무선국은 제외한다)	4kHz
	138MHz 이상 174MHz 이하, 216MHz 이상 223MHz 이하, 335.4MHz 이상 470MHz 이하의 주파수의 전파를 사용하는 무선국의 무선설비(방송중계를 하는 것, 아마추어국 및 해상이동업무를 하는 무선국은 제외한다)	8.5kHz

[점유주파수대역폭의 허용치]

전파형식	무선설비	점유주파수대역폭의 허용치
F1A, F1B, F1D, G1A, G1B, G1D	1. 선박국 및 해안국의 무선설비로서 디지털선택호출·협대역직접인쇄전신·인쇄전신 또는 데이터전송에 사용하는 것	0.5kHz
	2. 1,644.3MHz 이상 1,646.5MHz 이하의 주파수의 전파를 사용하는 위성비상위치지시용 무선표지설비	0.6kHz
	3. 산란파에 따라 통신을 하는 무선국의 무선설비 외의 무선설비	2kHz
	4. 138MHz 이상 174MHz 이하, 216MHz 이상 223MHz 이하, 335.4MHz 이상 470MHz 이하, 457.5MHz 이상 467.6MHz 이하(선상통신국만 해당한다)의 주파수의 전파를 사용하는 무선국의 무선설비(방송중계를 하는 것, 아마추어국 및 해상이동업무를 하는 무선국은 제외한다)	8.5kHz
	5. 200MHz대의 주파수의 전파를 사용하는 특정소출력무선국의 무선설비	16kHz
	6. 406.0MHz 이상 406.1MHz 이하 주파수의 전파를 사용하는 위성비상위치지시용 무선표지설비	20kHz
	7. 그 밖의 무선국의 무선설비	3kHz
F2A, F2B, F2D, F9D, F9X, G2A, G2B, G2D, K2A, K2B	1. 138MHz 이상 174MHz 이하, 335.4MHz 이상 470MHz 이하, 457.5MHz 이상 467.6MHz 이하(선상통신국만 해당한다)의 주파수의 전파를 사용하는 무선국의 무선설비(방송중계를 하는 것, 아마추어국 및 해상이동업무를 하는 무선국을 제외한다)	8.5kHz
	2. 29MHz 이상 50MHz 이하, 72MHz 이상 76MHz 이하, 146MHz 이상 174MHz 이하, 335.4MHz 이상 470MHz 이하의 주파수의 전파를 사용하는 무선국(아마추어국은 제외한다)의 무선설비	16kHz
	3. 200MHz대의 주파수의 전파를 사용하는 특정소출력무선국의 무선설비	
	4. 940MHz에서 960MHz까지의 전파를 사용하는 무선국의 무선설비	400kHz
	5. 400.15MHz 이상 406MHz 이하의 주파수의 전파를 사용하는 기상원조국의 무선설비	1MHz
	6. 1668.4MHz 이상 1,700MHz 이하의 주파수의 전파를 사용하는 기상원조국의 무선설비	6MHz
	7. 그 밖의 무선국의 무선설비	3kHz
F3E, G3E	1. 29.7MHz 이상 50MHz 이하, 138MHz 이상 174 MHz 이하, 216MHz 이상 223MHz 이하, 335.4MHz 이상 470MHz 이하, 457.5MHz 이상 467.6MHz 이하(선상통신국만 해당한다)의 주파수의 전파를 사용하는 무선국의 무선설비(방송중계를 하는 것, 아마추어국 및 해상이동업무를 하는 무선국은 제외한다)	8.5kHz

전파형식	무선설비	점유주파수대역 폭의 허용치
F3E, G3E	2. 25.11MHz 이상 27.5MHz 이하, 29.7MHz 이상 50MHz 이하, 72MHz 이상 76MHz 이하, 146MHz 이상 174MHz 이하(아마추어국, 해상이동업무를 하는 무선국만 해당한다), 450MHz 이상 467.58MHz 이하(선상통신국만 해당하며 방송중계를 하는 것은 제외한다)의 주파수의 전파를 사용하는 무선국의 무선설비	16kHz
	3. 200MHz 이하의 주파수의 전파를 사용하는 무선국으로서 제1호 또는 제2호의 무선설비에 해당하지 않는 무선국의 무선설비	40kHz
	4. 초단파 방송국의 무선설비	180kHz
	5. 174MHz에서 585MHz까지의 주파수의 전파를 사용하며 방송중계를 하는 이동업무 무선국의 무선설비	100kHz
	6. 1) 방송국 2) 72MHz에서 585MHz까지의 주파수의 전파를 사용하여 방송중계를 하는 고정국의 무선설비	200kHz
	7. 942MHz에서 960MHz까지의 주파수의 전파를 사용하는 무선국의 무선설비	400kHz
F8E, F9W, F9E	초단파 방송국의 무선설비	260kHz
F7W, G7W	800MHz대의 주파수의 전파를 사용하는 이동가입무선전화통신을 하는 무선국의 무선설비와 1,800MHz대의 주파수의 전파를 사용하는 개인휴대전화용 무선설비	1.32MHz
P0N, K2A	1670MHz 이상 1690MHz 이하의 주파수의 전파를 사용하는 기상원조국의 무선설비	6MHz

(주)
"스테레오포닉 방송"이란 청취자에게 음성이나 음향의 입체감을 주기 위하여 1개의 방송국에서 좌측신호 및 우측신호를 1개의 주파수의 전파로 동시에 전송하는 방송을 말한다. 이 경우 "좌측(우측) 신호"란 청취자의 좌측(우측)에 주세력을 갖는 음성신호를 전송하도록 배치한 단일 또는 조합 마이크로폰의 전기적 출력을 말한다.

[별표 3. 협대역·광대역 시스템에 대한 스퓨리어스 영역 경계기준]

1. 경계 기준

주파수 범위	협대역		광대역	
	기준치	경계기준	기준치	경계기준
가. 9kHz < fc ≦ 150kHz	250Hz	625Hz	10kHz	$1.5B_N$ +10kHz
나. 150kHz < fc ≦ 30MHz	4kHz	10kHz	100kHz	$1.5B_N$ +100kHz
다. 30MHz < fc ≦ 1GHz	25kHz	62.5kHz	10MHz	$1.5B_N$ +10kHz
라. 1GHz < fc ≦ 3GHz	100kHz	250kHz	50MHz	$1.5B_N$ +50kHz
마. 3GHz < fc ≦ 10GHz	100kHz	250kHz	100MHz	$1.5B_N$ +100kHz
바. 10GHz < fc ≦ 15GHz	300kHz	750kHz	250MHz	$1.5B_N$ +250kHz
사. 15GHz < fc ≦ 26GHz	500kHz	1.25MHz	500MHz	$1.5B_N$ +500kHz
아. 26GHz < fc	1MHz	2.5MHz	500MHz	$1.5B_N$ +500kHz

2. 특정업무에 대한 협대역 경계 기준

업무명	주파수 범위		협대역	
			기준치	경계기준
고정업무	14kHz 초과 1.5MHz 이하		20kHz	50kHz
	1.5MHz 초과 30MHz 이하	P_T ≦ 50와트	30kHz	75kHz
		P_T > 50와트	80kHz	200kHz

3. 특정 업무에 대한 광대역 경계 기준

업무명	주파수 범위	광대역	
		기준치	경계기준
가. 고정업무	14kHz 초과 150kHz 이하	20kHz	$1.5B_N$ +20kHz
나. 고정위성업무	3.4GHz 초과 4.2GHz 이하	250MHz	$1.5B_N$ +250MHz
다. 고정위성업무	5.725GHz 초과 6.725GHz 이하	500MHz	$1.5B_N$ +500MHz
라. 고정위성업무	7.25GHz 초과 7.75GHz 이하 7.9GHz 초과 8.4GHz 이하	250MHz	$1.5B_N$ +250MHz
마. 고정위성업무	10.7GHz 초과 12.75GHz 이하	500MHz	$1.5B_N$ +500MHz
바. 위성방송업무	11.7GHz 초과 12.75GHz 이하	500MHz	$1.5B_N$ +500MHz
사. 고정위성업무	12.75GHz 초과 13.25GHz 이하	500MHz	$1.5B_N$ +500MHz
아. 고정위성업무	13.75GHz 초과 14.8GHz 이하	500MHz	$1.5B_N$ +500MHz

비고.
1. "협대역 시스템"이란 위 표에 따른 협대역 기준치보다 작은 필요주파수대역폭을 사용하는 무선설비를 말한다.
2. "광대역 시스템"이란 위 표에 따른 광대역 기준치보다 큰 필요주파수대역폭을 사용하는 무선설비를 말한다.
3. f_c는 발사의 중심주파수, B_N은 필요주파수대역폭, P_T는 안테나 공급전력을 말한다.
4. 시스템의 지정주파수 대역이 두 개의 주파수 범위에 걸쳐 있는 경우 높은 주파수 범위에 해당하는 경계기준을 적용한다.
5. 다중반송파 위성시스템 및 1차 레이더에 대한 대역외영역과 스퓨리어스 영역의 경계기준은 국제전기통신연합 권고 SM.1541의 최신 버전에 따른다.

(4) 스퓨리어스 영역 불요발사의 허용치

① 송신설비에서 발사되는 스퓨리어스 영역 불요발사의 허용치는 별표 4와 같다. 다만, 과학기술정보통신부장관은 무선설비의 용도에 따라 스퓨리어스 영역 불요발사의 허용치를 별도로 정하여 고시할 수 있다.

② 제1항을 적용하기 어려운 경우에는 국제전기통신연합에서 정한 스퓨리어스 영역 불요발사의 허용치를 적용한다.

[별표 4. 스퓨리어스 영역 불요발사의 허용치]

구분	업무 또는 무선설비	안테나공급전력에 대한 감쇠값(데시벨)
1	우주업무	43+10log(PY) 또는 60dBc 중 덜 엄격한 값
2	무선측위업무	43+10log(PX) 또는 60dB 중 덜 엄격한 값
3	텔레비전방송업무	46+10log(PY) 또는 60dBc 중 덜 엄격한 값이고, VHF 무선국은 평균전력(PY) 1mW를 UHF 무선국은 평균전력(PY) 12mW를 각각 초과하지 아니할 것
4	초단파방송업무	46+10log(PY) 또는 70dBc 중 덜 엄격한 값이고, 평균전력(PY) 1mW를 초과하지 않을 것
5	중파(MF)/단파(HF) 방송업무	50dBc이고, 평균전력(PY) 50mW를 초과하지 않을 것
6	단측파대 이동국	첨두포락선전력(PX)보다 43dB 낮을 것
7	30MHz 대역 미만의 아마추어 업무 (단측파대 통신방식을 포함한다)	43+10log(PX) 또는 50dB 중 덜 엄격한 값
8	30MHz 대역 미만의 업무 (우주업무, 무선측위업무, 방송업무, 단측파대 이동국, 아마추어 업무는 제외한다)	43+10log(X) 또는 60dBc 중 덜 엄격한 값. 이 경우 단측파대 변조방식을 사용하는 경우에는 X를 PX로, 그 외의 변조방식을 사용하는 경우에는 X를 PY로 한다.
9	특정소출력용 무선기기	56+10log(PY) 또는 40dBc 중 덜 엄격한 값
10	비상 송신설비	제한 없음
11	그 밖의 업무 및 무선설비	43+10log(PY) 또는 70dB 중 덜 엄격한 값

(주)
1) 스퓨리어스 영역 불요발사 허용치 측정방법은 국제전기통신연합권고 SM.329의 최신 버전에 따른다. 다만, 레이더의 경우에는 국제전기통신연합 권고 M.1177의 최신 버전에 따른다.
2) 스퓨리어스 영역 불요발사 측정기준대역폭은 주파수 9kHz~150kHz에서 1kHz로, 150kHz~30MHz에서 10kHz로, 30MHz~1GHz에서 100kHz로, 1GHz 이상에서 1MHz로 한다. 다만, 우주업무는 주파수와 상관없이 4kHz로 한다.
3) 기호 dBc는 무변조 반송파 전력을 기준으로 한 dB를 말한다. 다만, 반송파가 없거나 측정할 수 없는 경우에는 평균전력(PY)을 기준으로 한 dB를 말한다.
4) 평균전력(PY) 및 첨두포락선전력(PX)의 단위는 W로 한다.
5) 아마추어업무에 사용되는 지구국은 30MHz 대역 미만의 아마추어 업무의 기준을 적용하고, 지구로부터 2×10^6km 이상 떨어진 곳에서 우주업무를 하는 우주국은 스퓨리어스 영역 불요발사 제한을 적용하지 않는다.
6) 혼신방지 등을 위하여 필요하다고 인정될 때에는 이 표에 규정된 스퓨리어스 영역 불요발사의 허용치보다 엄격한 기준을 적용할 수 있다.
7) "특정소출력용 무선기기"란 「전파법 시행령」 제25조제4호에 따른 무선기기를 말한다.
8) "비상송신설비"란 비상위치지시용 무선표지설비, 비상위치지시용 송신기, 개인위치지시용 표지설비, 수색구조용 트랜스폰더(질의응답장치), 생존정의 송신설비, 비상 시 사용하는 육상, 항공, 해상 업무용 송신설비를 말한다.
9) 대역외영역과 스퓨리어스 영역의 경계기준은 필요주파수대역폭의 중심주파수로부터 필요주파수대역폭의 250퍼센트만큼 이격된 주파수로 한다. 다만, 협대역 · 광대역 시스템에 대한 경계기준은 별표 3에 따른다.

(5) 안테나 공급전력 등

1. 전파형식별 안테나공급전력의 표시와 환산비는 별표 5와 같고, 송신설비의 안테나공급전력 허용편차는 별표 6과 같다. 다만, 과학기술정보통신부장관은 무선설비의 용도에 따라 송신설비의 안테나공급전력 허용편차를 별도로 정하여 고시할 수 있다.
2. 송신설비의 전력은 안테나공급전력으로 표시한다. 다만, 다음 각 호의 어느 하나에 해당하는 송신설비의 전력은 규격전력으로 표시한다.
   ① 500MHz 이하의 주파수의 전파를 사용하는 송신설비로서 정격출력 1W 이하의 전력을 사용하는 것
   ② 생존정(生存艇)에 사용되는 비상용 무선설비와 비상위치지시용 무선표지설비(라디오 부표의 송신설비 및 항공이동업무 또는 항공무선항행업무용 무선설비의 송신설비는 제외한다)
   ③ 아마추어국 및 실험국의 송신설비(방송을 하는 실험국의 송신설비를 제외한다)
   ④ 그 밖에 과학기술정보통신부장관이 첨두포락선전력, 평균전력 또는 반송파전력을 측정하기 어렵거나 측정할 필요가 없다고 인정하는 송신설비
3. 과학기술정보통신부장관은 송신설비의 전력에 대하여 전파이용질서의 유지 및

보호를 위하여 필요하다고 인정하는 경우에는 제2항에 따른 전력 외에 등가등방복사전력 또는 실효복사전력을 함께 표시할 수 있다.

[별표 5. 전파형식별 안테나공급전력의 표시]

구분	전파형식	전력의 표시
가	A1A A1B A1D A2A A3C(전반송파를 단속하는 것만 해당한다) A8W(전반송파를 단속하는 것만 해당한다) A9W(전반송파를 단속하는 것만 해당한다) B7W B8C B8E B9B B9W C3F(방송국 설비만 해당한다) C9F J2A J2B J3C J3E J8E K1A K2A K3E L1D L2A L3E M2A M3D M3E M7E P0N Q0N R3C R3E R7B V3E	첨두포락선전력(PX)
나	A3E(방송국 설비만 해당한다)	반송파전력(PZ)
다	그 밖의 전파형식	평균전력(PY)(과학기술정보통신부 장관이 별도로 정하여 고시하는 경우는 예외로 한다)

[전파형식별 안테나공급전력의 환산비]

전파 형식	변 조 특 성	환산비			비 고
		반송파전력 (PZ)	평균전력 (PY)	첨두포락선 전력(PX)	
A1A A1B			0.5	1	
A2A A2B	㉠ 변조용 가청주파수의 전건운용 ㉡ 변조파의 전건운용	1 1	1.25 0.75	4 4	
A3E		1	1	4	
R3E			0.14	1	2)
B8E			0.075	1	3)
J3E			0.16	1	2)
A3C	㉠ 주반송파의 단속 ㉡ 기타	1	0.5 1	1 4	
R3C			0.14	1	
J3C			0.16	1	
C3F C9F			1	1.68	방송국만 해당한다4)

[전파형식별 안테나공급전력의 환산비]

전파형식	변조특성	환산비			비고
		반송파전력 (PZ)	평균전력 (PY)	첨두포락선 전력(PX)	
C2W C7W			1	4	방송국만 해당한다
R7B			0.14	1	
R7A			0.075	1	
P0N			1	1/d	5)
K1A			0.5	1/d	
K2A K2B	㉠ 변조용 가청주파수의 전건운용 ㉡ 변조파의 전건운용		1.25 0.75	4/d 4/d	
L2A L2B	㉠ 변조용 가청주파수의 전건운용 ㉡ 변조파의 전건운용		1 0.5	1/da 1/da	4)
M2A M2B	㉠ 변조용 가청주파수의 전건운용 ㉡ 변조파의 전건운용		1 0.6	1/da 1/da	
K3E			1	4/da	
L3E			1	1/da	
M3E			1	1/da	

(주)
1) "전반송파"란 양측파대(兩側波帶) 수신기에 의하여 수신이 가능하도록 반송파를 일정한 레벨로 송출하는 전파를 말한다.
2) 저감반송파 또는 억압반송파를 이용하는 단일통신로 송신장치의 첨두포락선전력(PX)은 하나의 변조주파수에 따라 송신전력의 포화레벨로 변조한 경우의 평균전력(PY)으로 한다. 이 경우 "저감반송파"란 수신측에서 국부주파수의 제어 등에 이용할 수 있는 일정 레벨까지 반송파를 저감하여 송출하는 전파를 말하고, "억압반송파"란 수신측에서 복조(復調)에 사용하지 아니하는 반송파를 억압하여 송출하는 전파를 말한다.
3) 저감반송파를 이용하는 송신장치 또는 다중 통신로 송신장치의 첨두포락선전력(PX)은 임의의 변조주파수에 따라 변조한 평균전력(PY)의 4배로 한다. 이 경우 동일 통신로에 위의 변조주파수와 같은 강도로서 주파수가 다른 임의의 변조주파수를 가하였을 때에는 송신장치의 고조파 출력에서 제3차 혼변조 신호가 단일변조주파수만을 가하였을 때보다 25dB 내려간 것으로 한다.
4) 방송용 송신장치에서 페데스탈(시험용 영상신호)에 해당하는 영상을 보냈을 때의 평균전력(PY)을 1로 한다.
5) 표 중 d는 충격계수(펄스폭과 펄스주기와 비를 말한다)를, da는 평균 충격계수를 표시한다.

[별표 6. 안테나공급전력 허용편차]

송신설비	허용편차	
	상한퍼센트	하한퍼센트
1. 방송국(초단파방송 또는 텔레비전방송을 하는 방송국 및 위성방송보조국은 제외한다)의 송신설비	5	10
2. 초단파방송을 하는 방송국의 송신설비	10	20
3. 지상파 디지털 텔레비전방송국의 송신설비	5	5
4. 해안국, 항공국 또는 선박을 위한 무선표지국의 송신설비로서 25.11MHz 이하의 주파수의 전파를 사용하는 것	10	20

5. 선박국의 송신설비로서 다음 각 목에 해당하는 것
  ㉠ 의무선박국의 무선설비로서 405kHz부터 535kHz 이하의 주파수의 전파를 사용하는 것
  ㉡ 의무선박국의 무선설비로서 1605kHz부터 3900kHz 이하의 주파수의 전파를 사용하는 것
	10	20

6. 다음 각 목의 송신설비
  ㉠ 비상위치지시용 무선표지설비
  ㉡ 생존정의 송신설비
  ㉢ 항공기용 구명무선설비
  ㉣ 초단파대 양방향 무선전화
	50	20

7. 다음 각 목의 송신설비
  ㉠ 아마추어국의 송신설비
  ㉡ 전기통신역무를 제공하는 무선국의 송신설비
  ㉢ 위성방송보조국의 송신설비
  ㉣ 신고하지 않고 개설할 수 있는 무선국의 송신설비
  ㉤ 주파수공용통신(TRS) 무선국의 송신설비
	20	-

8. 그 밖의 송신설비	20	50

(6) 변조특성 등

1. 변조신호에 따라 송신장치가 반송파를 진폭변조할 때에는 변조도가 100%를 초과하지 아니하여야 하고, 반송파를 주파수변조할 때에는 최대주파수편이의 범위를 초과하지 아니하여야 한다.
2. 무선설비는 최고 통신속도 또는 최고 변조주파수에서 안정적으로 작동하여야 한다.

(7) 안테나계

안테나계는 다음 각 호의 요건을 모두 갖추어야 한다.
1. 안테나는 무선설비를 작동할 수 있는 최소 안테나이득을 가질 것
2. 정합(整合)은 신호의 반사손실이 최소화되도록 할 것
3. 지향성은 복사전력이 목표하는 방향을 벗어나지 아니하도록 안정적일 것

(8) 수신설비

1. 수신설비로부터 부차적으로 발사되는 전파의 세기는 수신안테나와 전기적 상수(常數)가 같은 시험용 안테나회로를 사용하여 측정한 경우에 −54데시벨밀리와트(dBmW) 이하이어야 한다. 다만, 과학기술정보통신부장관은 무선설비의 용도에 따라 전파의 세기를 별도로 정하여 고시할 수 있다.
2. 수신설비는 다음 각 호의 요건을 모두 갖추어야 한다.
   ① 수신주파수는 운용범위 이내일 것
   ② 선택도가 클 것
   ③ 내부잡음이 적을 것
   ④ 감도는 낮은 신호입력에서도 양호할 것

(9) 보호장치 및 특수장치

1. 안테나공급전력이 10와트(W)를 초과하는 무선설비에 사용하는 전원회로는 퓨즈 또는 자동차단기를 갖추어야 한다.
2. 과학기술정보통신부장관이 원활한 통신을 위하여 필요하다고 인정하는 무선국은 선택호출장치 또는 식별장치 등의 특수장치를 갖추어야 한다.

(10) 전원

1. 무선설비의 운용을 위한 전원은 전압변동률이 정격전압을 기준으로 상하 오차범위 10퍼센트 이내에서 유지할 수 있어야 한다.
2. 선박안전법, 어선법 또는 수상레저안전법에 따라 선박에 의무적으로 개설하여야 하는 무선국(이하 "의무선박국"이라 한다)이나 항공법에 따라 항공기 또는 경량항공기에 의무적으로 개설하여야 하는 무선국(이하 "의무항공기국"이라 한다)의 전원은 다음 각 호의 요건을 모두 갖추어야 한다.

① 항행 중 해당 무선국의 무선설비를 작동시킬 것
② 예비전원용 축전지를 충전할 수 있을 것
3. 비상국의 전원은 다음 각 호의 요건을 모두 갖추어야 한다.
① 수동 발전기, 원동 발전기, 무정전 전원설비 또는 축전지로서 24시간 이상 상시 운용할 수 있을 것
② 즉각 최대성능으로 사용할 수 있을 것

(11) 무선설비의 작동 기준

1. 무선설비는 전원이 정격전압을 기준으로 상하 오차범위 10퍼센트 이내의 범위에서 변동된 경우에도 안정적으로 작동할 수 있어야 한다. 다만, 축전지를 사용하는 무선설비 중에서 저전압에 따라 자동으로 전원이 차단되는 기능을 가진 무선설비는 저전압에 따라 무선설비의 전원이 자동으로 차단되는 전압과 해당 무선설비에 사용되는 축전지의 최고 전압의 범위에서 안정적으로 작동할 수 있어야 한다.
2. 무선설비는 사용 상태에서 통상 접하는 온도 및 습도의 변화, 진동 또는 충격 등의 경우에도 안정적으로 작동할 수 있어야 한다.
3. 무선설비는 외부의 기계적 잡음 등에 방해를 받지 아니하는 안전한 장소에 설치하여야 한다.

(12) 예비전원 및 예비품 등

1. 의무선박국과 의무항공기국은 주 전원설비의 고장 시 대체할 수 있는 예비전원시설을 갖추어야 한다.
2. 의무선박국은 송신장치의 모든 전력으로 시험할 수 있는 시험용 안테나를 갖추어야 한다.
3. 의무선박국은 해당 무선설비와 무선설비를 제어하는 장치를 충분히 밝게 비출 수 있는 비상등을 설치하여야 한다. 이 경우 비상등의 전원은 해당 무선설비를 통상 밝게 비추는 데 사용되는 전원으로부터 독립되어 있어야 한다.
4. 의무항공기국의 예비전원은 해당 항공기의 항행안전을 위하여 필요한 무선설비를 30분 이상 작동할 수 있는 성능을 갖추어야 한다.

[4] 무선설비의 안전시설 기준

(1) 무선설비의 안전시설

1. 무선설비에 전원의 공급을 위하여 고압전기(600볼트를 초과하는 고주파 및 교류전압과 750볼트를 초과하는 직류전압을 말한다. 이하 같다)를 발생시키는 발전기나 고압전기가 인입되는 변압기, 정류기 등을 이용할 경우에는 해당 기기들은 외부에서 쉽게 닿지 아니하도록 절연차폐체 또는 접지된 금속차폐체 안에 있어야 한다. 다만, 취급자 외의 자가 출입하지 못하도록 된 장소에 설치되는 경우는 예외로 한다.
2. 송신설비의 단위장치 상호간을 연결하는 전선으로서 고압전기를 통하는 것은 견고한 절연차폐체 또는 접지된 금속차폐체 안에 있어야 한다. 다만, 취급자 외의 자가 출입하지 못하도록 된 장소에 설치하는 경우는 예외로 한다.
3. 송신설비의 조정판 또는 케이스로부터 노출된 전선이 고압전기를 통하는 경우에는 그 전선이 절연되어 있을 때에도 전기사업법 제67조에 따른 전기설비의 안전관리를 위하여 필요한 기술기준에 따라 보호하여야 한다.
4. 송신설비의 안테나·급전선 등 고압전기가 통과하는 장치는 사람이 보행하거나 생활하는 평면으로부터 2.5미터 이상의 높이에 설치하여야 한다. 다만, 다음 각 호의 어느 하나에 해당하는 경우는 예외로 한다.
    ① 2.5m 미만의 높이의 부분이 인체에 쉽게 닿지 아니하는 위치에 있는 경우
    ② 이동국으로서 해당 이동체의 구조상 안테나·급전선 등 고압전기가 통과하는 장치를 평면으로부터 2.5미터 이상의 높이에 설치하기 어렵고 무선종사자 외의 자가 출입하지 아니하는 장소에 있는 경우

(2) 안테나 등의 안전시설

1. 무선설비의 안테나계는 낙뢰로부터 무선설비를 보호할 수 있도록 하는 낙뢰보호 장치(피뢰침은 제외한다) 및 접지시설을 하여야 한다. 다만, 휴대용 무선설비, 육상이동국, 간이무선국의 안테나계 및 실내에 설치되는 안테나계의 경우는 예외로 한다.
2. 무선설비의 안테나는 안테나설치대의 움직임에 따라 절단되지 아니하도록 보호되어 있어야 한다.

3. 제1항의 접지시설과 관련한 사항은 산업표준화법 제12조제1항에 따른 한국산업표준 및 방송통신발전기본법 제34조에 따른 한국정보통신기술협회의 정보통신단체표준을 참조한다.

(3) 보칙

1. 제2장, 제3장 및 제4장에서 규정한 방송표준방식, 무선설비 기술기준 및 안전시설기준의 세부기준 등에 관하여 필요한 사항은 과학기술정보통신부장관 또는 국립전파연구원장이 정하여 고시한다.
2. 제1항의 규정에 의한 세부기준 등의 고시는 다음 각 호의 구분에 따른다.
   ① 방송표준방식 및 방송업무용 무선설비
   ② 신고하지 아니하고 개설할 수 있는 무선국용 무선설비
   ③ 해상업무용 무선설비
   ④ 항공업무용 무선설비
   ⑤ 전기통신사업용 무선설비
   ⑥ 간이무선국·우주국·지구국의 무선설비 및 전파탐지용 무선설비 등 그 밖의 업무용 무선설비
   ⑦ 무선설비의 안전시설기준
3. 표준시험방법의 권장
   과학기술정보통신부장관은 이 규칙에서 정한 기준을 효율적으로 시행하기 위하여 무선설비의 기술기준에 관한 표준시험방법을 정하여 권장할 수 있다.

2 해상업무용 무선설비의 기술 기준

[1] 목적

이 고시는 전파법(이하 "법"이라 한다)」 제45조 및 전파법시행령(이하 "영"이라 한다) 제123조제1항제1의6호에 따라 해상업무용(위성업무용도 포함한다) 무선설비의 기술기준을 규정함을 목적으로 한다.

[2] 적용범위

이 고시에서 정하는 기술기준은 선박안전법 제29조·제30조 및 어선법 제5조·제5조의2에 따라 선박 및 어선에 설치하여야 하는 무선설비, 그 통신상대 무선국의 무선설비 및 기타 해상업무용 무선설비에 대하여 이를 적용한다.

[3] 용어의 정의

① "디지털선택호출장치"란 중파대·단파대·중단파대 또는 초단파대의 무선전화설비 등에 부가하여 선박국과 해안국 또는 선박국 상호간 일반호출·조난호출·그룹호출·개별호출 등 각종 호출을 자동으로 수행하는 기능을 가진 장치를 말한다.

② "협대역직접인쇄전신장치"란 선박국과 해안국 또는 선박국 상호간에 있어서 중단파 또는 단파대의 주파수를 이용하여 조난통신·안전통신 또는 일반텔렉스통신을 목적으로 한 송수신 장치를 말한다.

③ "초단파대양방향무선전화장치"란 초단파대에서 선박의 조난시 조난선박, 생존정(구명정·구명뗏목 등 생존에 필요한 구명장비를 말한다. 이하 같다), 구조선박 상호간에 통신하기 위한 장치를 말한다.

④ "수색구조용위치정보송신장치"란 수색구조에 필요한 장치로 수색구조용 레이더 트랜스폰더와 선박자동식별기능을 이용하는 수색구조용 송신기를 말한다.

⑤ "네비텍스(NAVTEX)수신기"라 함은 항해하는 선박에 기상 및 항행경보 등 선박의 안전항해와 관련된 해사안전정보를 제공하는 설비로 제공되는 서비스는 자동수신된다.

⑥ "라디오부이(radio buoy)"란 부표 등에 탑재되어 위치 또는 기상관련 자료 등을 자동으로 송신하는 무선설비를 말한다.

⑦ "지정주파수대역폭"이란 주파수 허용편차를 고려한 점유주파수대역폭을 말한다.

⑧ "선박장거리위치추적장치(LRIT)"란 국제항해용 선박에 탑재되는 장비로 선박의 선박식별번호, 위치 및 위치측정시간의 정보를 자국의 정보센터에 자동으로 송신하는 장치를 말한다.

⑨ "자율해상무선기기(AMRD)"란 해상에서 익수자, 어망위치, 이동형 항로표지장

치 등의 정보를 송신하는 장치를 말한다.

⑩ 이 고시에서 사용하는 용어의 뜻은 위 항에서 정하는 것을 제외하고는 무선설비규칙 및 선박안전법, 어선법, 영 등 관련 법령에서 정하는 바를 따른다.

[4] 안테나 공급전류 및 전력비율

다음 표의 좌측란에 명시한 각 주파수대에 있어서 단일 안테나를 사용하여 둘 이상의 전파를 발사하는 선박국 송신장치의 각 주파수의 안테나공급전류 또는 안테나공급전력은 각 전파형식마다 그 대표주파수의 안테나공급전류 또는 안테나공급전력에 대하여 다음 표의 우측란에 명시한 각각의 비율이어야 한다.

[안테나 공급전류 및 전력비율]

주파수대	대표주파수	대표주파수에 대한 공중선전류(전력)의 비율	비 고
405kHz~535kHz	500kHz	85% 이상(전류)	해당하는 주파수가 없을 때에는 최저주파수를 대표주파수로 한다.
1605kHz~2850kHz	2091kHz 또는 2182kHz*	85% 이상(전류)	
3155kHz~3900kHz	최저주파수	75% 이상(전력)	
4000kHz~23000kHz	최저주파수	50% 이상(전력)	

[5] 선박국용 레이더

1. 2.92GHz 이상 3.1GHz 이하 또는 9.32GHz 이상 9.5GHz 이하 주파수의 전파를 사용하는 선박국용 레이더의 기술기준은 다음 각 호와 같다.

    ① 중심주파수 및 지정주파수대역폭은 다음과 같을 것

주파수 대역	중심주파수	지정주파수대역폭
2.92GHz~3.1GHz	3.050GHz	100MHz 이내
9.32GHz~9.5GHz	9.375GHz, 9.410GHz, 9.415GHz, 9.445GHz	110MHz 이내

    ② 선박의 무선설비·나침의 기타 중요한 설비의 기능에 장해를 주거나 다른 설비에 따라 그 운용이 방해될 우려가 없는 장소에 설치할 것

    ③ 선박의 안전항해를 도모하기 위해 필요한 음성, 기타 음향의 청취에 방해가 되지 않을 정도로 기계적 잡음이 적을 것

    ④ 표시기의 화면에 근접한 위치에서 전원의 개폐, 기타의 조작을 할 수 있고 해당

지시기의 조작을 하기 위한 손잡이 종류는 쉽게 식별되고 사용하기 쉬울 것
⑤ 전원 전압이 정격 전압의 ±10% 이내에서 변동했을 경우에도 안정하게 동작할 것
⑥ 일반적으로 발생할 수 있는 온도나 습도의 변화 또는 진동에 대하여 영향을 받지 않고 동작할 것
⑦ 전원 인가 후 4분 이내에 정상 동작할 수 있을 것
⑧ 표시기는 다음 조건에 적합할 것
　㉠ 눈, 비 또는 해면에 따라 화면에 나타나는 불필요한 표시를 감소시키는 장치를 가질 것
　㉡ 표시면에 선수방향을 전기적으로 나타내는 휘선(이하 "선수선"이라 한다)이 표시될 것
　　ⓐ 선수선은 선수방향에 대하여 그 오차가 1도 이내, 그 폭은 0.5도 이내일 것
　　ⓑ 선수선을 표시하지 않는 상태가 가능하며, 그 상태에서 자동적으로 선수선이 표시되는 상태로 전환할 수 있을 것
　㉢ 거리범위의 조합은 최소한 0.25, 0.5, 0.75, 1.5, 3, 6, 12, 24NM의 각 거리범위를 가질 것. 다만, 다른 거리범위도 추가할 수 있다.
　㉣ 각 거리범위에 있어서 2개 이상의 거리환(표시면에 있어서 해당 선박의 위치를 중심으로 하여 전기적으로 나타내는 원의 휘선에 따라 일정한 거리를 가리키는 원을 말한다. 이하 같다)이 표시면의 가장자리까지 같은 간격으로 표시될 것
　　ⓐ 사용하고 있는 거리범위의 거리 및 거리환 간격의 거리는 각각 보기 쉬운 곳에 명시할 것
　　ⓑ 가변거리 마커(marker)에 따라 측정할 수 있는 것은 그 측정한 거리의 값이 표시될 것
　㉤ 안테나의 높이가 해면으로부터 15m인 경우에는 다음의 목표를 명확히 표시할 수 있을 것
　　ⓐ 7NM의 거리에 있는 총톤수 5000톤의 선박
　　ⓑ 2NM의 거리에 있는 유효반사면적 $10m^2$의 부표
　　ⓒ 92m의 거리에 있는 유효반사면적 $10m^2$의 부표

ⓑ 다음과 같은 방위분해능을 가질 것

　ⓐ 방위각 3도 이내의 동 거리에 있는 2개의 목표를 구별하여 표시할 수 있을 것

　ⓑ 동일 방위에 있고 서로 68m 떨어진 2개의 목표를 구별하여 표시할 수 있을 것

⑨ 다음과 같은 정밀도를 가질 것

　㉠ 0.75NM의 거리에 있는 목표의 방위를 2도 이내의 오차로 측정할 수 있을 것

　㉡ 해당 선박과 목표 간의 거리를 6%(거리범위가 0.75NM 미만의 거리에 있어서는 82m) 이내의 오차로 측정할 수 있을 것

⑩ 해당 선박이 옆으로 10도 경사진 경우에도 ⑧호 ⓜ목에 의한 목표가 표시될 것

⑪ 나침의에 연동되어 목표의 방위를 진북 기준으로 안정하게 지시할 수 있을 것

　㉠ 해당 나침의를 1분간에 2회의 비율로 수평으로 회전시킬 경우 그 회전에 연동되어 지시하는 방위는 해당 나침의가 지시하는 방위의 0.5도 이내의 오차일 것

　㉡ 나침의와의 연동장치가 동작하지 않는 경우에도 선수방향과 목표의 방위각을 측정할 수 있을 것

⑫ 선박이 이동하고 있는 상태에서 정지하고 있는 목표 또는 육지를 지시기의 표시면에 고정하여 표시할 수 있는 장치는 해당 선박의 이동표시를 표시면의 중심으로부터 그 유효반경의 75%의 범위 내에 한정하는 것일 것

2. 국제항해에 종사하는 선박에 설치하는 레이더는 제1항 각호(⑧호 ㉡목, ⓜ목 및 ⓑ목을 제외한다)에 의한 조건 외에 다음 각 호의 조건에 적합하여야 한다.

① 전원 인가 후 4분 이내에 정상 동작할 수 있어야 하며, 또한 정상 동작이 가능하도록 준비된 상태에서 5초 이내에 정상 동작할 수 있을 것

② 표시기는 다음의 조건에 적합할 것

　㉠ 레이더를 올바르게 동작시키기 위해서 필요한 신호 이외의 신호를 수신했을 경우에는 해당 신호를 억제할 수 있는 기능을 가질 것

　㉡ 수동 및 자동으로 반사파에 의한 불필요한 표시를 감소시키는 기능을 가질 것

　㉢ 허상은 될 수 있는 한 표시되지 않을 것

② 선박 크기별로 다음과 같은 기능을 가질 것

구분 \ 총톤수	500톤 미만	500톤 이상 10000톤 미만	10000톤 이상
최소 지름	180mm	250mm	320mm
최소 면적	195×195mm	270×270mm	340×340mm
목표 자동수집	선택	선택	필수
레이더 최소 목표 포착수	20	30	40
동작 AIS 최소 목표 포착수	20	30	40
휴지 AIS 최소 목표 포착수	100	150	200
시험 기능	선택	선택	필수

③ 안테나는 방위각 360도에 걸쳐 연속하여 자동적으로 매분 20회 이상 회전하고 또한 상대풍속이 51.4m/s의 상태에서도 지장 없이 동작할 것

④ 탐지 성능은 다음의 조건에 적합할 것

㉠ 10회의 주사로 적어도 8회의 주사가 물표(지시기의 화면상에 표시되는 해상의 물체를 말한다. 이하 동일)를 표시할 수 있어야 하며 물표의 탐지 오류율은 1만 분의 일 이하로 안테나가 해면으로부터 15m 높이인 경우에 다음의 목표를 명확히 표시할 수 있을 것

ⓐ 20NM의 거리에 있는 해면으로부터의 높이가 60m인 암벽
ⓑ 8NM의 거리에 있는 해면으로부터의 높이가 6m인 암벽
ⓒ 6NM의 거리에 있는 해면으로부터의 높이가 3m인 암벽
ⓓ 11NM의 거리에 있는 해면으로부터의 높이가 10m인 총 톤수 5000톤 이상인 선박
ⓔ 8NM의 거리에 있는 해면으로부터의 높이가 5m인 총톤수 500톤 이상인 선박

㉡ 3GHz대의 주파수를 사용하는 레이더는 ㉠목의 ⓐ에서 ⓔ까지 이외에 다음의 목표물을 명확하게 표시할 수 있을 것

ⓐ 3.7NM의 거리에 있는 해면으로부터의 높이가 4m인 레이더 반사기를 설치한 선박
ⓑ 3.6NM의 거리에 있는 해면으로부터의 높이가 3.5m인 레이더 반사기를 설치한 항로용 부이

ⓒ 3NM의 거리에 있는 해면으로부터의 높이가 3.5m인 항로용 부이

ⓓ 3NM의 거리에 있는 해면으로부터의 높이가 2m인 레이더 반사기를 설치하지 않은 길이 10m의 선박

ⓒ 9GHz대의 주파수를 사용하는 레이더는 다음의 조건에 적합할 것

□ ㉠목의 ⓐ에서 ⓔ까지 이외에 다음의 목표물을 명확하게 표시할 수 있을 것

ⓐ 5NM의 거리에 있는 해면으로부터의 높이가 4m인 레이더 반사기를 설치한 선박

ⓑ 4.9NM의 거리에 있는 해면으로부터의 높이가 3.5m인 레이더 반사기를 설치한 항로용 부이

ⓒ 4.6NM의 거리에 있는 해면으로부터의 높이가 3.5m인 항로용 부이

ⓓ 3.4NM의 거리에 있는 해면으로부터의 높이가 2m인 레이더 반사기를 설치하지 않은 길이 10m의 선박

□ 9GHz대의 주파수를 사용하는 레이더 항공표지와 수색 구조용 레이더 트랜스폰더로부터의 신호를 탐지할 수 있을 것

⑤ 분해능은 다음의 조건에 적합할 것

㉠ 1.5NM의 거리범위에서 방위각 2.5도 이내에 있고 또한 그 거리범위 거리의 2분의 1 이상의 같은 거리에 있는 두 개의 목표를 구별하여 표시할 수 있을 것

㉡ 1.5NM 이하의 거리범위에서 동일방위에 있고 또한 그 거리범위 거리의 2분의 1 이상의 거리에 있는 상호 40m 떨어진 두개의 목표를 구별하여 표시할 수 있을 것

⑥ 전파가 발사되지 않는 범위를 임의로 설정할 수 있는 기능을 가질 것

⑦ 선박의 측정 기준점을 설정할 수 있는 기능을 가질 것

⑧ 레이더 성능의 저하를 확인할 수 있는 기능을 가질 것

⑨ 목표인 물표가 존재하지 않는 경우에도 동작을 확인할 수 있는 기능을 가질 것

⑩ 목표인 물표를 수동 또는 자동(총톤수 10000톤 이상의 선박인 경우에는 수동 및 자동)으로 탐지할 수 있어야 하며 탐지한 물표를 자동적으로 추적할 수 있는 기능을 가질 것

⑪ 다음에 명시한 장치와 연동해서 방위, 위치, 선박 식별 등의 정보를 얻을 수 있

을 것
- ㉠ 자이로컴퍼스(진방위를 기준으로 한 선수, 방위를 표시하는 기기) 또는 선수방위전달장치(위성항행시스템으로부터 얻을 수 있는 선수의 방위를 검출하는 장치)
- ㉡ 선속거리계(배의 속력 또는 거리를 측정하는 장치)
- ㉢ 위성항행시스템
- ㉣ 선박자동식별장치

⑫ 총톤수 10000톤 이상의 선박에 설치하는 레이더는 선박의 항행을 예측하기 위한 기능을 가질 것

⑬ 총톤수 3000톤 이상의 선박에 설치하는 2대의 레이더는 독립 또는 동시에 사용할 수 있을 것

3. 제1항 또는 제2항을 적용할 수 없는 레이더의 경우에는 다음 각 호의 조건을 적용한다.

① 안테나공급전력은 10kW(첨두전력) 이하일 것

② 제1항제1호에서 제7호까지의 조건에 적합할 것

③ 표시기는 화면에 나타나는 불필요한 표시로서 눈 또는 비에 의한 것과 해면에 의한 것을 감소시키는 장치를 가질 것

④ 표시기는 선수방향을 표시할 수 있을 것(극좌표에 의한 표시방식인 경우에 한한다)

⑤ 다음과 같은 방위분해능을 가질 것
- ㉠ 방위각 5도 이내의 같은 거리에 있는 두개의 목표를 구별하여 표시할 수 있을 것
- ㉡ 동일방위에 있고 서로 150m 떨어진 두 개의 목표를 구별하여 표시할 수 있을 것

⑥ 다음과 같은 정밀도를 가질 것
- ㉠ 표시기 화면 가장자리에 표시되는 목표의 방위를 5도 이내의 오차로 측정할 수 있을 것
- ㉡ 고정하여 표시된 거리환상의 목표를 표시하고 해당 선박과 그 목표와의 사이

의 거리를 측정하는 경우에 있어서, 그 거리를 현재 사용하고 있는 거리범위 수치의 10% 또는 150m 중 어느 것이든 큰 수치 이내의 오차로 측정할 수 있을 것

⑦ 해당 선박이 옆으로 10도 경사되고, 안테나가 해면에서 5m의 높이에 있을 경우에도 1NM의 거리에서 유효반사면적 $10m^2$의 부표를 표시할 수 있을 것

[6] 준용 규정

해상업무용 무선설비로서 이 고시에 특히 규정하지 아니한 것에 대하여는 국제해사기구(IMO)의 협약 및 국제전기통신연합(ITU)과 국제전기기술위원회(IEC)의 관련 표준을 준용한다.

3 항공업무용 무선설비의 기술 기준

[1] 목적

이 고시는 전파법 제45조 같은 법 시행령(이하 '영'이라 한다) 제123조제1항제1의 7호에 따라 항공업무용 무선설비의 기술기준을 규정함을 목적으로 한다.

[2] 적용범위

이 고시에서 정하는 기술기준은 항공안전법 제51조에 따라 항공기에 설치하여야 하는 무선설비, 그 통신상대 무선국의 무선설비 및 기타 항공업무용 무선설비에 대하여 이를 적용한다.

[3] 용어의 정의

① "로컬라이저"라 함은 항공기가 활주로에 착륙 시 활주로에 중심선 정보를 항공기에 제공하는 무선설비를 말한다.
② "글라이드패스"라 함은 항공기가 활주로에 착륙 시 활주로 진입각도 정보를 항공기에 제공하는 무선설비를 말한다.
③ "마아커비콘"이라 함은 항공기가 활주로에 착륙을 하고자 할 때 활주로로부터

떨어진 거리정보를 항공기에 제공하는 무선설비를 말한다.
④ "고정동조주파수전환방식"이라 함은 미리 소요주파수에 동조되어 있고 사용하고자 하는 주파수를 간단한 전환조작으로 선택할 수 있는 방식을 말한다.
⑤ "계기착륙시설(ILS)"이라 함은 항공기에 대하여 그 착륙강하 직전 또는 착륙강하 중에 수평과 수직의 유도를 주고, 정점에서 착륙 기준점까지의 거리를 표시하는 무선항행방식을 말한다.
⑥ "전방향표지시설(VOR)"이라 함은 108MHz 내지 118MHz 주파수의 전파를 전방향에 발사하는 회전식 무선표지업무를 행하는 설비를 말한다.
⑦ "Z마아카"라 함은 항공기의 위치에 대한 정보를 주기 위하여 역원추형의 지향성 전파를 수직으로 상공에 발사하는 무선표지업무를 행하는 설비를 말한다.
⑧ "전파고도계"라 함은 지상으로부터의 항공기의 고도를 결정하기 위하여 지상에서 전파의 반사를 이용하는 항공기상의 무선항행장치를 말한다.
⑨ "모드(Mode) 2"라 함은 D8PSK 변조 및 반송파 감지 다중 접근 제어방식을 이용하는 데이터 전용 초단파대데이터링크(이하 "VDL"이라 한다) 모드를 말한다.
⑩ "모드(Mode) 3"이라 함은 D8PSK 변조 및 시분할다중접속 미디어 접근 제어방식을 이용하는 음성 및 데이터 VDL 모드를 말한다.
⑪ "모드(Mode) 4"라 함은 GFSK 변조 및 자체편성시분할다중접속(STDMA) 방식을 이용하는 데이터 전용 VDL 모드를 말한다.
⑫ "위성항행시스템(이하 "GNSS"라 한다)"이라 함은 항행에 필요한 성능을 지원하기 위하여 보정된 하나 이상의 위성배치·항공기용 수신기·시스템 무결성 감시기능을 포함하는 전 세계적 위치 및 시간 결정 시스템을 말한다.
⑬ "GPS"라 함은 미국이 운영하는 위성항행시스템을 말한다.
⑭ "표준위치결정서비스(이하 "SPS"라 한다)"라 함은 GPS 사용자가 지속적이고 전 세계적으로 이용 가능하도록 위치·속도·시간의 정확도에 관해 규정된 레벨을 제공하는 서비스를 말한다.
⑮ "GLONASS"라 함은 러시아가 운영하는 위성항행시스템을 말한다.
⑯ "표준정확도채널(이하 "CSA"라 한다)"이라 함은 GLONASS 사용자가 지속적이고 전 세계적으로 이용 가능하도록 위치·속도·시간의 정확도에 관해 규정된 레벨을 제공하는 채널을 말한다.

⑰ "항공기기반보정시스템(이하 "ABAS"라 한다)"이라 함은 항공기로부터 확보되는 정보와 GNSS로부터 얻어지는 정보를 통합하고 보정하는 보정시스템을 말한다.

⑱ "위성기반보정시스템(이하 "SBAS"라 한다)"이라 함은 이용자가 위성에 설치된 송신기로부터 보정 정보를 수신하는 넓은 범위의 보정 시스템을 말한다.

⑲ "지상기반보정시스템(이하 "GBAS"라 한다)"이라 함은 이용자가 지상에 설치된 송신기로부터 직접 보정 정보를 수신하는 보정시스템을 말한다.

⑳ "무결성(Integrity)"이라 함은 전체 시스템이 제공되는 정보의 정확성에 해당하는 신뢰성의 정도를 말한다. 무결성은 사용자에게 적시에 명확한 경고를 제공하기 위한 시스템의 능력을 포함한다.

㉑ "의사거리"라 함은 위성이 발사하는 시간과 GNSS 수신기가 수신한 시간차이를 진공상태에서의 광속도를 곱하여 GNSS 수신기와 위성의 기준시간차이로 발생되는 시간 편이를 포함한 것을 말한다.

㉒ "위성항행시스템위치오차"라 함은 실제의 위치와 GNSS 수신기에 의해 결정되는 위치의 차이를 말한다.

㉓ "경보시간(Time-to-alert)"이라 함은 장비가 경보를 발생할 때까지 허용되는 최대 경과시간을 말한다.

㉔ "공항정보자동제공시설(이하 "ATIS"라 한다)"이라 함은 도착 또는 출발하는 항공기에 대하여 일상적인 공항정보를 24시간 또는 정해진 시간단위로 자동으로 제공하는 설비를 말한다.

㉕ "자동종속감시용방송시설(이하 "ADS-B"라 한다)"이라 함은 항공기, 차량 및 기타 물체에 대한 식별정보, 위치정보 및 감시정보 등을 데이터링크를 이용하여 자동으로 송수신하는 설비를 말한다.

㉖ "무인항공기"라 함은 사람이 탑승하지 않고 원격, 자동으로 비행할 수 있는 항공기를 말한다.

㉗ "시분할복신방식"이라 함은 TDD(Time Division Duplex) 방식으로 송신과 수신을 동일한 주파수에서 시간 분할 방식으로 구분하여 송신 및 수신하는 방식을 말한다.

㉘ 이 고시에서 사용하는 용어의 뜻은 위 항에서 정하는 것을 제외하고는 무선설

비규칙 및 항공법, 영 등 관련 법령에서 정하는 바에 따른다.

[4] 항공기국 무선설비의 일반 조건

항공기국의 무선설비는 다음 각 호의 조건에 적합한 것이어야 한다.
① 작고 가벼우며, 취급이 용이할 것
② 항공기의 통상적인 운항상태에서 온도, 고도 등의 환경변화에 의해 기능이 저하되지 않고 정상적으로 동작할 것
③ 수신설비는 항공기의 전기적 잡음에 의한 방해가 발생하여도 정상 동작할 것
④ 안테나계는 풍압과 빙결에 견딜 것
⑤ 화재 발생 위험이 적을 것
⑥ 전원설비는 항행안전을 위해 필요한 무선설비를 30분 이상 연속 동작시킬 수 있는 성능을 가진 축전지를 비치해야 하고 축전지는 항행 중 충전이 가능할 것
⑦ 전원개폐기, 주파수전환기, 음향조정기 등의 제어기는 착석하여 조작할 수 있도록 명칭 또는 기능을 표시해야 하고 식별을 위한 조명장치를 갖출 것

[5] 전환장치 등

① 항공교통관제에 관한 통신을 하는 항공국과 항공기국용 무선설비의 주파수 전환은 22MHz 이하 주파수대에서는 30초 이내에, 117.975MHz부터 137MHz까지의 주파수대에서는 8초 이내에 이루어져야 한다.
② 항공교통관제 이외의 통신을 하는 항공국과 항공기국용 무선설비의 주파수 전환은 가능한 한 제1항에 적합하여야 한다.

[6] 단파대 무선전화 및 데이터링크 장치

① J3E 전파 2850kHz부터 22MHz까지의 주파수를 사용하는 항공기국 및 항공국 무선설비의 기술기준은 다음 각 호와 같다.
　㉠ 송신장치의 조건

구 분		조 건			
주파수 허용편차	항공기국	±20Hz 이내			
	항공국	±10Hz 이내			
측파대		상측파대일 것			
안테나공급전력 (첨두포락선전력)	항공기국	400W 이하 (전파규칙 부록 27/62 제외)			
	항공국	6kW 이하			
반송파 전력	항공기국	첨두포락선전력보다 26dB 이상 낮은 값일 것			
	항공국	첨두포락선전력보다 40dB 이상 낮은 값일 것			
불요발사 (첨두포락선전력)	지정주파수와의 간격	감쇠량			
	1.5kHz 이상 4.5kHz 미만	30dB 이상			
	4.5kHz 이상 7.5kHz 미만	38dB 이상			
	7.5kHz 이상	항공기국	43dB 이상		
		항공국	50W 이하	[43+10log(첨두포락선전력(W))]dB 이상	
			50W 초과	60dB 이상	

ⓒ 3023kHz, 5680kHz를 사용하는 경우 A3E 및 H3E 전파를 사용할 것

ⓒ 선택호출장치(SELCAL)를 설치하는 경우 H2B 전파를 사용할 것

② J2D 전파 2850kHz부터 22MHz까지의 주파수를 사용하는 항공기국 및 항공국 무선설비의 기술기준으로 송신장치의 조건은 다음 표와 같다.

구 분		조 건			
주파수 허용편차	항공기국	±20Hz 이내			
	항공국	±10Hz 이내			
점유주파수대역폭		2.8kHz 이하			
안테나공급전력 (첨두포락선전력)	항공기국	400W 이하 (전파규칙 부록 27/62 제외)			
	항공국	6kW 이하			
불요발사 (첨두포락선전력)	지정주파수와의 간격	감쇠량			
	1.5kHz 이상 4.5kHz 미만	30dB 이상			
	4.5kHz 이상 7.5kHz 미만	38dB 이상			
	7.5kHz 이상	항공기국	43dB 이상		
		항공국	50W 이하	[43+10log(첨두포락선전력(W))]dB 이상	
			50W 초과	60dB 이상	

[7] 초단파대 무선전화 및 데이터링크 장치

① A3E 전파 117.975MHz부터 137MHz까지의 주파수를 사용하는 항공기국 및 항공국 무선설비의 기술기준으로 송신장치의 조건은 다음 표와 같다.

구 분		조 건	
주파수 허용편차	항공기국	채널 간격 25kHz	±(지정주파수×30×10^{-6}) 이내
		채널 간격 8.33kHz	±(지정주파수×5×10^{-6}) 이내
	항공국	채널 간격 25kHz	±(지정주파수×20×10^{-6}) 이내
		채널 간격 8.33kHz	±(지정주파수×1×10^{-6}) 이내
실효복사전력 (ERP)	무선국 운용 범위 내 자유공간 손실모델을 기준으로 적절한 전계강도를 제공할 것	항공기국	20μV/m(−120dBW/m^2) 이상
		항공국	75μV/m(−109dBW/m^2) 이상
변조도	85% 이상		
인접채널 누설전력 (항공기국)	채널 간격 8.33kHz의 경우 첫 번째 인접채널의 중심에서 7kHz 대역폭으로 측정 시 −45dB 이하일 것(항공국 제외)		

② G1D 전파 117.975MHz부터 137MHz까지의 주파수를 사용하는 항공기국 및 항공국 무선설비의 기술기준으로 송신장치의 조건은 다음 표와 같다.

구 분		조 건
주파수 허용편차	항공기국	±(지정주파수×5×10^{-6}) 이내
	항공국	±(지정주파수×2×10^{-6}) 이내
실효복사전력 (ERP)	무선국 운용 범위 내 자유공간 손실모델을 기준으로 적절한 전계강도를 제공할 것	
	항공기국	20μV/m(−120dBW/m^2) 이상
	항공국	75μV/m(−109dBW/m^2) 이상
인접채널 누설전력 (항공기국)	항공기국	첫 번째 인접채널의 중심에서 25kHz 대역폭으로 측정 시 2dBm 이하일 것
	항공국	두 번째 인접채널의 중심에서 25kHz 대역폭으로 측정 시 −28dBm 이하일 것

[8] 항공기용 전파고도계

항공기용 전파고도계 중 저고도용 전파고도계의 기술기준은 다음 각 호와 같다.

① 저고도용 전파고도계는 그 항공기의 항행 중 통상의 상태에서 다음 기술기준에

적합할 것
㉠ 표시고도의 오차는 다음 표와 같을 것

구 분	오 차
항공기의 비행고도	표시고도
150m 이하	비행고도의 5% 이내
150m 초과 750m 이하	비행고도의 7% 이하

㉡ 지시기는 다음 조건에 적합할 것
ⓐ 항공기의 주차륜의 저면에서 지표까지의 높이(Foot를 단위로 한다)를 신속하게 측정할 수 있을 것
ⓑ 장치가 고장에 의해 표시되지 않는 경우 또는 고도표시가 유효하지 않는 경우는 그 내용을 표시할 수 있을 것
ⓒ 진입한계 고도표시장치가 있는 경우 표시고도가 진입한계 고도 이하로 되었을 때 그 내용을 표시할 수 있을 것
② 동작시험장치가 있는 경우 해당 동작시험장치는 가능한 한 150m 이하의 고도에 상당하는 신호를 송출할 수 있을 것

[9] 공항정보자동제공시설

항공기의 안전한 운항을 위하여 공항, 기상 정보 등을 자동으로 제공하는 공항정보자동제공시설(ATIS)의 기술기준은 다음 각 호와 같다.
① 일반조건
㉠ 공항자동정보제공시설은 데이터를 입력하면 주장치에서 음성합성처리되어 VHF 무선송신기를 통하여 방송이 되어야 한다.
㉡ 장치는 주·예비 장치로 구성하여야 하며, 장애 발생 시(전원장치 포함) 예비장비로 절체할 수 있어야 하고 장애사항을 청각 또는 시각으로 표시하여야 한다.
㉢ 낙뢰로부터 장비를 보호할 수 있도록 각종 통신회선의 양쪽에는 낙뢰 보호 장치를 설치하여야 한다.
② ATIS의 VHF 무선 송수신 장치는 [7] 초단파대 무선전화 및 데이터링크 장치

의 기술기준을 준용한다.

[10] 준용 규정

항공업무용 무선설비로서 이 고시에 특히 규정하지 아니한 것에 대하여는 국제민간항공기구(ICAO)의 협약 부속서 10 및 국제전기통신연합(ITU)의 관련 및 권고서를 준용한다.

4 전기통신사업용 무선설비의 기술 기준

[1] 목적

이 고시는 전파법 제45조, 같은 법 시행령(이하 "영"이라 한다) 제123조제1항제1의7호에 따라 전기통신사업용 무선설비의 기술기준을 규정함을 목적으로 한다.

[2] 적용범위

이 고시에서 정하는 기술기준은 전파법 제19조제2항의 규정에 의한 전기통신역무를 제공받기 위한 무선국의 무선설비, 해당 역무를 제공하기 위한 무선국의 무선설비 및 해당 업무를 보조하는 무선설비에 대하여 이를 적용한다.

[3] 이동통신용 무선설비

(1) 코드분할 다중접속방식을 사용하는 이동통신용 무선설비의 기술기준은 다음 각 호와 같다.
　1. 공통조건
　　　① 통신방식은 코드분할 다중접속방식을 사용하는 복신방식일 것(다만, 이동통신 핸드오프를 위해 기지국에 부가적으로 설치하는 장치는 단향통신방식을 사용할 수 있다.)
　　　② 전파형식은 G7W, G7D, D7W, D7D 중 하나 이상을 사용할 것
　　　③ 주파수대역은 824MHz~849MHz(사업자 방향), 869MHz~894MHz(가입자 방향) 대역을 사용할 것
　　　④ 점유주파수대역폭의 허용치는 1.32MHz 이내일 것

2. 기지국 송신장치(이동통신 핸드오프를 위해 기지국에 부가적으로 설치하는 장치를 포함한다)의 조건
   ① 주파수 허용편차는 ±(지정주파수×5×10^{-8}) 이내일 것
   ② 불요발사는 다음 조건을 만족할 것

지정주파수로부터 이격 주파수	기본주파수 평균전력	불요발사 평균전력	분해대역폭
±(750kHz~1.98MHz)	-	45dB 이상(주)	30kHz
±(1.98~3.125)MHz	33dBm 이상	60dB 이상(주)	30kHz
	28dBm 이상 ~33dBm 미만	-27dBm 이하	
	28dBm 미만	55dB 이상(주)	
±(3.125MHz~)	-	-13dBm 이하	100kHz

* 주 : 기본 주파수의 평균전력 대비 감쇠값

   ③ 896MHz 이상 900MHz 이하의 주파수 범위에서 발사되는 불요발사가 제2호 나목의 조건에도 불구하고 송신급전단에서 100kHz 분해대역폭으로 측정한 평균전력이 -32dBm 이하일 것
   ④ 전기통신회선설비와 접속할 수 있는 것

(2) 코드분할 다중접속방식을 사용하는 개인휴대전화용 무선설비의 기술기준은 다음 각 호와 같다.
 1. 공통조건
   ① 통신방식은 코드분할 다중접속방식을 사용하는 복신방식일 것(다만, 이동통신 핸드오프를 위해 기지국에 부가적으로 설치하는 장치는 단향통신방식을 사용할 수 있다)
   ② 전파형식은 G7W, G7D, D7W, D7D 중 하나 이상을 사용할 것
   ③ 주파수대역은 1750MHz~1780MHz(사업자 방향), 1840MHz~1870MHz(가입자 방향) 대역을 사용할 것
   ④ 점유주파수대역폭의 허용치는 1.32MHz 이내일 것
 2. 기지국 송신장치(이동통신 핸드오프를 위해 기지국에 부가적으로 설치하는 장치를 포함한다)의 조건
   ① 주파수 허용편차는 ±(지정주파수×5×10^{-8}) 이내일 것

② 불요발사는 다음 조건을 만족할 것

지정주파수로부터 이격 주파수	기본주파수 평균전력	불요발사 평균전력	분해대역폭
±(885kHz~1.98MHz)	–	45dB 이상(주)	30kHz
±(1.98~2.25)MHz	33dBm 이상	55dB 이상(주)	30kHz
	28dBm 이상 ~33dBm 미만	–22dBm 이하	
	28dBm 미만	50dB 이상(주)	
±(2.25MHz~)	–	–13dBm 이하	1MHz

* 주 : 기본 주파수의 평균전력 대비 감쇠값

주파수대역	송신주파수대역 끝으로부터 이격 주파수	불요발사 평균전력	분해대역폭
2항4호가목의 송신주파수대역	1MHz 범위 내	–13dBm 이하	12.5kHz
	1MHz 범위 초과	–13dBm 이하(주) (1MHz 대역폭)	12.5kHz

* 주 : 사업자와 협의에 따라 지하공간에 설치·운용하는 송신장치는 분해대역폭 12.5kHz에서 –10dBm 이하

(3) 직접확산방식이며 주파수분할 복신방식을 사용하는 이동통신용 무선설비의 기술기준은 다음 각 호와 같다.

1. 공통조건

   ① 통신방식은 직접확산방식이며 주파수분할 복신방식일 것(다만, 이동통신 핸드오프를 위해 기지국에 부가적으로 설치하는 장치는 단향통신방식을 사용할 수 있다)
   ② 전파형식은 G7W, G7D, D7W, D7D 중 하나 이상을 사용할 것
   ③ 주파수대역은 다음 조건을 만족할 것
      ㉠ 819MHz~849MHz(사업자 방향), 864MHz~894MHz(가입자 방향) 주파수대역을 사용할 것
      ㉡ 904.3MHz~915MHz(사업자 방향), 949.3MHz~960MHz(가입자 방향) 주파수대역을 사용할 것
      ㉢ 1920MHz~1980MHz(사업자 방향), 2110MHz~2170MHz(가입자 방향) 주파수대역을 사용할 것
   ④ 점유주파수대역폭의 허용치는 5MHz 이내일 것

2. 기지국 송신장치(이동통신 핸드오프를 위해 기지국에 부가적으로 설치하는 장치를 포함한다)의 조건
   ① 주파수 허용편차는 ±(지정주파수×$5×10^{-8}$) 이내일 것
   ② 안테나공급전력은 지정주파수마다 40W 이하일 것
   ③ 인접채널 누설전력은 가장 낮은 지정주파수와 가장 높은 지정주파수로부터 각각 바깥쪽으로 5MHz 떨어진 주파수에서 필요주파수대역폭(3.84MHz) 내에 누설되는 전력이 기본주파수의 평균전력보다 44.2dB 이상 낮은 값이고, 10MHz 떨어진 주파수에서 필요주파수대역폭(3.84MHz) 내에 누설되는 전력이 기본주파수의 평균전력보다 49.2dB 이상 낮은 값일 것
   ④ 대역외발사는 다음 조건을 만족할 것
      ㉠ 기본주파수의 평균전력이 43dBm 이상인 경우

지정주파수로부터 이격 주파수	불요발사 평균전력	분해대역폭
±(2.5~2.7)MHz	-12.5dBm 이하	30kHz
±(2.7~3.5)MHz	$-[12.5+15×(\Delta f-2.7)]$dBm 이하	30kHz
±(3.5~7.5)MHz	-11.5dBm 이하	1MHz
±(7.5~12.5)MHz(주)	-11.5dBm 이하	1MHz

* 주 : 지정주파수와 전체 송신주파수대역 끝 주파수 간 이격이 12.5MHz 이상인 경우에는 전체 송신주파수대역의 끝까지 적용

   ㉡ 기본주파수의 평균전력이 39dBm 이상 43dBm 미만인 경우 다음 조건을 만족할 것

지정주파수로부터 이격 주파수	불요발사 평균전력	분해대역폭
±(2.5~2.7)MHz	-12.5dBm 이하	30kHz
±(2.7~3.5)MHz	$-[12.5+15×(\Delta f-2.7)]$dBm 이하	30kHz
±(3.5~7.5)MHz	-11.5dBm 이하	1MHz
±(7.5~12.5)MHz(주)	[기본주파수의 평균전력 -54.5]dBm 이하	1MHz

* 주 : 지정주파수와 전체 송신주파수대역 끝 주파수 간 이격이 12.5MHz 이상인 경우에는 전체 송신주파수대역의 끝까지 적용

ⓒ 기본주파수의 평균전력이 31dBm 이상 39dBm 미만인 경우 다음 조건을 만족할 것

지정주파수로부터 이격 주파수	불요발사 평균전력	분해대역폭
±(2.5~2.7)MHz	[기본주파수의 평균전력 - 51.5]dBm 이하	30kHz
±(2.7~3.5)MHz	[기본주파수의 평균전력 -[51.5+15×(Δf-2.7)]] dBm 이하	30kHz
±(3.5~7.5)MHz	[기본주파수의 평균전력 -50.5]dBm 이하	1MHz
±(7.5~12.5)MHz(주)	[기본주파수의 평균전력 -54.5]dBm 이하	1MHz

* 주 : 지정주파수와 전체 송신주파수대역 끝 주파수 간 이격이 12.5MHz 이상인 경우에는 전체 송신주파수대역의 끝까지 적용

ⓔ 기본주파수의 평균전력이 31dBm 미만인 경우 다음 조건을 만족할 것

지정주파수로부터 이격 주파수	불요발사 평균전력	분해대역폭
±(2.5~2.7)MHz	-20.5dBm 이하	30kHz
±(2.7~3.5)MHz	-[20.5+15×(Δf-2.7)]dBm 이하	30kHz
±(3.5~7.5)MHz	-19.5dBm 이하	1MHz
±(7.5~12.5)MHz(주)	-23.5dBm 이하	1MHz

* 주 : 지정주파수와 전체 송신주파수대역 끝 주파수 간 이격이 12.5MHz 이상인 경우에는 전체 송신주파수대역의 끝까지 적용

ⓜ 스퓨어리스발사는 다음 조건을 만족할 것

주파수대역	불요발사 평균전력	분해대역폭
9kHz~150kHz	-13dBm 이하	1kHz
150kHz~30MHz	-13dBm 이하	10kHz
30MHz~1GHz	-13dBm 이하	100MHz
1GHz~12.75GHz	-13dBm 이하	1MHz

ⓗ 제2호 ⓔ목 및 ⓜ목의 조건에도 불구하고 다음의 추가적인 불요발사 조

건을 만족할 것

구분	주파수대역	불요발사 평균전력	분해대역폭
1호 다목 1) 및 2)의 경우	819~849MHz 904.3~915MHz	-76dBm 이하	100kHz
	898~900MHz	-32dBm 이하	100kHz

3. 기지국 수신장치의 부차적 전파발사 조건

구분	주파수대역	부차적 전파발사 평균전력	분해대역폭
1호 다목 1) 및 2)의 경우	819~849MHz 904.3~915MHz	-78dBm 이하	3.84MHz
1호 다목 3)의 경우	1920~1980MHz		
1호 다목의 경우	30MHz~1GHz	-57dBm 이하	100kHz
	1GHz~12.75GHz	-47dBm 이하	1MHz

4. 이동국 송신장치의 조건

① 주파수 허용편차는 ±(지정주파수×0.1×10^{-6}) 이내일 것

② 안테나공급전력은 2W 이하일 것

③ 인접채널 누설전력은 가장 낮은 지정주파수와 가장 높은 지정주파수로부터 각각 바깥쪽으로 5MHz 떨어진 주파수에서 필요주파수대역폭(3.84MHz) 내에 누설되는 전력이 기본주파수의 평균전력보다 32.2dB 이상 낮은 값이고, 10MHz 떨어진 주파수에서 필요주파수대역폭(3.84MHz) 내에 누설되는 전력이 기본주파수의 평균전력보다 42.2dB 이상 낮은 값일 것

④ 대역외발사는 다음 조건 중 하나를 만족할 것

지정주파수로부터 이격 주파수	불요발사 평균전력(주)	분해대역폭
±(2.5~12.5)MHz	-50dBm 이하	3.84MHz
±(2.5~3.5)MHz	-[33.5+15×(Δf-2.5)]dB 이상	30kHz
±(3.5~7.5)MHz	-[33.5+1×(Δf-3.5)]dB 이상	1MHz
±(7.5~8.5)MHz	-[37.5+10×(Δf-7.5)]dB 이상	1MHz
±(8.5~12.5)MHz(주)	-47.5dB 이상	1MHz

* 주 : 기본주파수의 평균전력 대비 감쇠값

⑤ 스퓨어리스발사는 다음 조건을 만족할 것

주파수대역	불요발사 평균전력	분해대역폭
9kHz~150kHz	-36dBm 이하	1kHz
150kHz~30MHz	-36dBm 이하	10kHz
30MHz~1GHz	-36dBm 이하	100kHz
1GHz~12.75GHz	-30dBm 이하	1MHz

⑥ 제4호 ㉣목 및 ㉤목의 조건에도 불구하고 다음의 추가적인 불요발사 조건을 만족할 것

구분	주파수대역	불요발사 평균전력	분해대역폭
1호 다목 1) 및 2)의 경우	864~869MHz	-27dBm 이하	1MHz
	869~894MHz 943.3~960MHz	-30dBm 이하	1MHz

⑦ 각 이동국을 식별할 수 있는 전자적 고유번호를 탑재할 것
⑧ 어떤 전기통신사업자의 가입자식별모듈(SIM)을 탑재하여도 음성통화서비스, 영상통화서비스, 발신자번호표시서비스, 단문메시지서비스, 멀티미디어메시지서비스 및 데이터서비스(다만, WAP 서비스는 제외)를 지원할 것
⑨ 제1호다목3)의 주파수를 사용하는 경우 제1항1호다목 및 제2항1호다목의 주파수를 사용하는 이동통신망과의 공동사용(로밍)을 위해 가목부터 아목 외에 제4조제1항제1호 및 제3호 또는 제4조제2항제1호 및 제3호의 조건을 만족할 것

(4) 주파수분할 복신방식을 사용하는 이동통신용 무선설비의 기술기준은 다음 각 호와 같다.

1. 공통조건
   ① 통신방식은 가입자 방향의 경우 직교주파수분할 다중접속방식이고 사업자 방향의 경우 단일반송파 주파수분할 다중접속방식일 것

② 전파형식은 G7D, D7D, D7W, G7W 또는 W7W 중 하나 이상을 사용할 것
③ 주파수대역은 다음 조건을 만족할 것
　㉠ 819MHz~849MHz(사업자 방향), 864MHz~894MHz(가입자 방향) 주파수대역을 사용하는 이동통신용 무선설비는 점유주파수대역폭 5MHz 또는 10MHz를 사용할 것
　㉡ 904.3MHz~915MHz(사업자 방향), 949.3MHz~960MHz(가입자 방향) 주파수대역을 사용하는 이동통신용 무선설비는 점유주파수대역폭 5MHz 또는 10MHz를 사용할 것
　㉢ 1715MHz~1785MHz(사업자 방향), 1810MHz~1880MHz(가입자 방향) 주파수대역을 사용하는 이동통신용 무선설비는 점유주파수대역폭 5MHz, 10MHz, 15MHz 또는 20MHz를 사용할 것
　㉣ 1920MHz~1980MHz(사업자 방향), 2110MHz~2170MHz(가입자 방향) 주파수대역을 사용하는 이동통신용 무선설비는 점유주파수대역폭 5MHz, 10MHz, 15MHz 또는 20MHz를 사용할 것
　㉤ 2500MHz~2550MHz(사업자 방향), 2620MHz~2670MHz(가입자 방향) 주파수대역을 사용하는 이동통신용 무선설비는 점유주파수대역폭 5MHz, 10MHz, 15MHz 또는 20MHz를 사용할 것
　㉥ 728MHz~748MHz(사업자 방향), 783MHz~803MHz(가입자 방향) 주파수대역을 사용하는 이동통신용 무선설비는 점유주파수대역폭 5MHz, 10MHz, 15MHz 또는 20MHz를 사용할 것

2. 기지국 송신장치의 조건
① 주파수 허용편차는 다음 조건을 만족할 것
　㉠ 기본주파수의 평균전력이 24dBm 초과인 경우 ±(지정주파수×$5×10^{-8}$+12Hz) 이내일 것
　㉡ 기본주파수의 평균전력이 20dBm 초과 24dBm 이하인 경우 ±(지정주파수×$1×10^{-7}$+12Hz) 이내일 것
　㉢ 기본주파수의 평균전력이 20dBm 이하인 경우 ±(지정주파수×$2.5×10^{-7}$+12Hz) 이내일 것

② 안테나공급전력은 지정주파수마다 (점유주파수대역폭×8/MHz)W 이하일 것
③ 인접채널 누설전력은 가장 낮은 지정주파수와 가장 높은 지정주파수로부터 각각 바깥쪽으로 점유주파수대역폭만큼 떨어진 주파수에서 필요주파수대역폭(점유주파수대역폭의 90%) 내에 누설되는 전력이 기본 주파수의 평균전력보다 44.2dB 이상 낮은 값일 것

(5) 시분할 복신방식을 사용하는 이동통신용 무선설비의 기술기준은 다음 각 호와 같다.

1. 공통조건
   ① 통신방식은 가입자 방향의 경우 직교주파수분할 다중접속방식이고, 사업자 방향의 경우 단일반송파 주파수분할 다중접속방식일 것
   ② 전파형식은 G7D, D7D, D7W, G7W 또는 W7W 중 하나 이상을 사용할 것
   ③ 2575MHz~2615MHz 주파수대역을 사용하는 이동통신용 무선설비는 점유주파수대역폭 5MHz, 10MHz, 15MHz 또는 20MHz를 사용할 것

2. 기지국 송신장치의 조건
   ① 주파수 허용편차는 다음 조건을 만족할 것
      ㉠ 기본주파수의 평균전력이 24dBm 초과인 경우 ±(지정주파수×$5×10^{-8}$ +12Hz) 이내일 것
      ㉡ 기본주파수의 평균전력이 20dBm 초과 24dBm 이하인 경우 ±(지정주파수×$1×10^{-7}$+12Hz) 이내일 것
      ㉢ 기본주파수의 평균전력이 20dBm 이하인 경우 ±(지정주파수×$2.5×10^{-7}$ +12Hz) 이내일 것
   ② 안테나공급전력은 지정주파수마다 (점유주파수대역폭×8/MHz)W 이하일 것
   ③ 인접채널 누설전력은 가장 낮은 지정주파수와 가장 높은 지정주파수로부터 바깥쪽 대역 바깥쪽으로 각각 바깥쪽으로 점유주파수대역폭만큼 떨어진 주파수에서 필요주파수대역폭(점유주파수대역폭의 90%) 내에 누설되는 전력이 기본 주파수의 평균전력보다 44.2dB 이상 낮은 값일 것

[4] 긴급무선전화용 무선설비

긴급무선전화용 무선설비의 기술기준은 다음 각 호와 같다.

① 824MHz~849MHz 및 869MHz~894MHz 주파수의 전파를 사용하는 긴급무선전화용 무선설비는 제4조제1항제1호 및 제3호의 조건을 만족할 것

② 1750~1780MHz 및 1840~1870MHz 주파수의 전파를 사용하는 긴급전화용 무선설비는 제4조제2항제1호 및 제3호의 조건을 만족할 것

[5] 무선호출용 무선설비

무선호출용 무선설비의 기술기준은 다음 각 호와 같다.

1. 공통조건

    ① 무선호출을 위한 신호방식은 전송속도는 200bps 이상의 디지털코드방식이어야 하며, 통신방식은 단향통신방식 또는 복신방식일 것일 것

    ② 전파형식은 F(G)1D, F(G)2D, F(G)1E, F(G)2E, F(G)7W 중 하나 이상을 사용할 것

    ③ 주파수대역은 26.1MHz~50MHz, 72MHz~76MHz, 138MHz~143.6MHz, 146MHz~174MHz, 273MHz~328.6MHz, 335.4MHz~470MHz, 923.55MHz~924.45625MHz 대역을 사용할 것

    ④ 무선호출로서 음성통신을 행하고자 할 경우에는 해당 기기의 무선호출신호를 송출한 후에 음성신호를 전송할 것

2. 기지국 송신장치(이동통신 핸드오프를 위해 기지국에 부가적으로 설치하는 장치를 포함한다)의 조건

    ① 안테나공급전력은 150W 이하일 것

    ② 주파수 허용편차는 ±(지정주파수×$1×10^{-6}$) 이내일 것

    ③ 점유주파수대역폭의 허용치는 16kHz 이하일 것

    ④ 주파수편이는 ±5kHz 이내일 것

    ⑤ 스퓨리어스 발사의 허용치는 다음과 같을 것

    ㉠ 안테나공급전력이 25W를 초과하는 경우 : 1mW 이하이고 기본주파수의 평균전력보다 70dB 낮은 값

ⓛ 안테나공급전력이 25W 이하일 경우 : 2.5µW 이하

⑥ 인접채널 누설전력은 변조신호와 동일한 송신속도의 표준부호화 시험신호로 변조하였을 때 지정주파수로부터 25kHz 떨어진 주파수에서 필요주파수대역폭 (±8kHz) 대역 내에 누설되는 전력이 기본주파수의 평균전력보다 70dB 이상 낮은 값 또는 2.5µW 이하 중 덜 엄격한 값일 것

3. 이동국 송신장치(900MHz대)의 조건

① 안테나공급전력은 5W 이하일 것

② 주파수 허용편차는 ±(지정주파수×2.5×10^{-6}) 이내일 것

③ 점유주파수대역폭의 허용치는 10kHz 이하 또는 200kHz 이하일 것

④ 주파수편이는 ±3.2kHz 이하일 것

⑤ 송신장치에서 방사되는 전력은 무변조 기본주파수의 평균전력보다 다음 값 이상 감쇠될 것(F_d는 지정주파수로부터 측정주파수 간의 간격만큼 떨어진 변위 주파수로 단위는 kHz이고, P는 기본주파수의 평균전력으로 단위는 W임)

지정주파수로부터 이격 주파수	불요발사 평균전력	분해대역폭
2.5~6.25kHz	$53\log_{10}(Fd/2.5)$dB	300Hz
6.25~9.5kHz	$103\log_{10}(Fd/3.9)$dB	300Hz
9.5~50kHz	$157\log_{10}(Fd/5.3)$dB, $50+10\log_{10}(P)$dB 또는 70dB 중 작은 값	300Hz
50kHz~1GHz	$43+10\log_{10}(P)$dB	100kHz
1GHz 이상	$43+10\log_{10}(P)$dB	1MHz

[6] 위성휴대통신용 무선설비

위성휴대통신용 무선국의 무선설비는 다음 각 호와 같다.

1. 148MHz~150.05MHz 주파수대역을 사용하는 송신장치의 조건

① 통신방식은 주파수분할 다중접속방식을 사용하는 단신방식일 것

② 전파형식은 G1D일 것

③ 주파수 허용편차는 ±(지정주파수×20×10^{-6}) 이내일 것

④ 점유주파수대역폭의 허용치는 5kHz 이내일 것

⑤ 스퓨리어스발사의 허용치는 다음의 등가등방 복사전력값을 초과하지 않을 것

㉠ 148MHz 초과 150.05MHz 미만의 주파수 범위 외

주파수 범위(MHz)	등가등방 복사전력(dBW)	측정대역폭
0.1~148	-66	100kHz
148~150.05	적용하지 않음	적용하지 않음
150.05~1,000	-66	100kHz
1,000~1,559	-60	1MHz
1,559~1,626.5	-70	1MHz
1,626.5~12,750	-60	1MHz

㉡ 148MHz 초과 150.05MHz 미만의 주파수 범위 내

이격주파수(kHz)(주1)	등가등방 복사전력(dBW)	측정대역폭(kHz)
25~50	-50	4
50~125	-55	4
125 이상	-55	4

* 주1 : 이격주파수는 지정주파수로부터 적용함

⑥ 반송파를 송신하고 있지 않을 때의 누설전력은 다음의 등가등방 복사전력값을 초과하지 않을 것

주파수 범위(MHz)	등가등방 복사전력(dBW)	측정대역폭(kHz)
0.1~30	-87	100
30~1,000	-87	100
1,000~12,750	-87	100

⑦ 이동지구국이 사용하는 주파수는 우주국의 제어신호에 의해 자동적으로 선택되는 것일 것
⑧ 이동지구국은 우주국의 제어신호를 수신한 경우에 한하여 송신을 개시하는 것일 것
⑨ 고장을 검출하는 기능을 갖추고, 고장을 검출한 경우에는 1초 이내에 송신을 정지하는 기능을 갖출 것
⑩ 송신에 사용되는 전파의 편파는 직선 또는 우선원편파일 것

2. 1610MHz~1618.25MHz 주파수의 전파를 사용하는 송신장치의 조건
   ① 통신방식은 코드분할 다중접속방식을 사용하는 복신 또는 단신방식일 것
   ② 전파형식은 G7W일 것
   ③ 주파수 허용편차는 ±(지정주파수×10×10⁻⁶) 이내일 것
   ④ 점유주파수대역폭의 허용치는 복신방식일 경우 1.32MHz 이내, 단신방식일 경우 2.5MHz 이내일 것
   ⑤ 스퓨리어스발사의 허용치는 다음의 등가등방 복사전력값을 초과하지 않을 것
      ㉠ 1610MHz 초과 1628.5MHz 미만의 주파수 범위 외

주파수 범위(MHz)	등가등방 복사전력(dBW)	측정대역폭
0.1~30	-66	10kHz
30~1000	-66	100kHz
1000~1559	-60	1MHz
1559~1573.42	-70	1MHz
1573.42~1580.42	-70	1MHz
1580.42~1590	-70	1MHz
1590~1605	-70	1MHz
1605~1610	(주2)	1MHz
1610~1626.5	적용하지 않음	적용하지 않음
1626.5~1628.5	적용하지 않음	적용하지 않음
1628.5~1631.5	-60	30kHz
1631.5~1636.5	-60	100kHz
1636.5~1646.5	-60	300kHz
1646.5~1666.5	-60	1MHz
1666.5~2200	-60	3MHz
2200~12750	-60	3MHz

* 주2 : 1605MHz -70dBW/MHz에서 1,610MHz -10dBW/MHz까지 선형적으로 이어짐

㉡ 1610MHz 초과 1628.5MHz 미만의 주파수 범위 내

이격주파수(kHz)(주3)	등가등방 복사전력(dBW)	측정대역폭(kHz)
0~160	-32	30
160~2,300	-32 ~ -56(주4)	30
2,300~16,500	-56	30

* 주3 : 이격주파수는 다음과 같이 적용한다.
   1) 복신방식 : 지정주파수에서 ±1.225MHz 떨어진 주파수로부터 이격 주파수를 적용함. 단, 지정주파수가

1610.730MHz일 경우에는 +1.225MHz 및 -0.73MHz, 1620.570MHz일 경우에는 +0.78MHz 및 -1.225MHz의 이격주파수를 적용함
    2) 단신방식 : 지정주파수에서 ±2.5MHz 떨어진 주파수로부터 이격 주파수를 적용함. 단, 지정주파수가 1611.25MHz일 경우에는 +2.5MHz 및 -1.25MHz, 1616.25MHz일 경우에는 +2.0MHz 및 -2.5MHz의 이격주파수를 적용함
* 주4 : 선형적으로 이어짐

⑥ 반송파를 송신하고 있지 않을 때의 누설전력은 다음의 등가등방 복사전력값을 초과하지 않을 것

주파수 범위(MHz)	등가등방 복사전력(dBW)	측정대역폭(kHz)
0.1~30	-87	10
30~1,000	-87	100
1,000~12,750	-77	100

⑦ 제1호자목의 조건을 만족할 것

⑧ 송신에 사용되는 전파의 편파는 좌선원편파일 것

3. 1655.7MHz~1658.9MHz 주파수대역을 사용하는 송신장치의 조건

① 통신방식은 시분할 다중접속방식을 사용하는 복신방식일 것

② 전파형식은 G7W일 것

③ 주파수 허용편차는 ±(지정주파수×10×10^{-6}) 이내일 것

④ 점유주파수대역폭의 허용치는 31.25kHz 이내일 것

⑤ 불요발사의 허용치는 다음 값을 초과하지 않을 것

　㉠ 30MHz 초과 1000MHz 미만의 주파수 대역

주파수대(MHz)	전계강도(dB(μV/m))	측정대역폭
30~230	30(주5)	120kHz
230~1000	37(주5)	120kHz

* 주5 : 송신설비로부터 10m 떨어진 지점에서 측정한 준첨두값임

　㉡ 1000MHz 이상의 주파수 대역(1626.5MHz 초과 1662.5MHz 미만의 주파수 대역 제외)

주파수대역(MHz)	반송파를 송신하는 경우		측정대역폭(kHz)	
	등가등방 복사전력(dBW)(주6)	측정대역폭 (kHz)	등가등방 복사전력(dBW)(주7)	측정대역폭 (kHz)
1000~1525	-61	1000	-77	100
1525~1559	-61	1000	-97(주6)	100
1559~1600	-70	1000(주8)	-77	100
1600~1605	-70	1000	-77	100
1605~1612.5	-70~-58.5(주9)	1000	-77	100
1612.5~1616.5	-55~-50(주9)	1000	-77	100
1616.5~1621.5	-50~-46(주9)	1000	-77	100
1621.5~1624.5	-60	30	-77	100
1624.5~1625	-60~-57.5(주9)	30	-77	100
1625~1625.125	-57.5~-57.2(주9)	30	-77	100
1625.125~1625.8	-57.2~-50(주9)	30	-77	100
1625.8~1626	-50~-47(주9)	30	-77	100
1626~1626.2	-47~-40(주9)	30	-77	100
1626.2~1626.5	-40	30	-77	100
1662.5~1665.5	-60	30	-77	100
1665.5~1670.5	-60	100	-77	100
1670.5~1680.5	-60	300	-77	100
1680.5~1690.5	-60	1000	-77	100
1690.5~2250	-60	3000	-77	100
2250~12750	-60(주 10, 11, 12)	3000	-77	100

* 주6 : 평균값 측정기법을 사용함
* 주7 : 1000MHz~1525MHz, 1559MHz~1626.5MHz 및 1662.5MHz~12750MHz 주파수에서는 첨두값 측정기법을 사용함
* 주8 : 1573.42MHz~1580.42MHz 주파수에서 평균 측정시간은 20ms임
* 주9 : 주파수에 대해 선형적(dBW)으로 이어짐
* 주10 : 3263MHz~3321MHz 주파수에서 단 한 주파수에서는 측정대역폭 300kHz에서의 등가등방 복사전력값이 위 표의 값을 초과할 수 있으나, -38dBW를 초과하지 않을 것
* 주11 : 4894.5MHz~4981.5MHz, 6526MHz~6642MHz 및 8175.5MHz~8302.5MHz 각 주파수에서 단 한 주파수에서는 측정대역폭 300kHz에서의 등가등방 복사전력값이 위 표의 값을 초과할 수 있으나, -48dBW를 초과하지 않을 것
* 주12 : 9789MHz~9963MHz 주파수에서 단 한 주파수에서는 측정대역폭 300kHz에서의 등가등방 복사전력값이 위 표의 값을 초과할 수 있으나, -59dBW를 초과하지 않을 것

ⓒ 1626.5MHz 이상 1662.5MHz 미만의 주파수 대역

　ⓐ 반송파를 송신하는 경우

이격주파수(kHz)(주13)	등가등방 복사전력(dBW)(주6)	측정대역폭(kHz)
0~25	0~-15(주9)	3
25~125	-15~-50(주9)	3
125~425	-50	3
425~1500	-50~-65(주9)	3
1500~36000	-65	3

* 주13 : 점유주파수대역폭의 양쪽 끝에서 이격된 주파수

　ⓑ 반송파를 송신하지 않는 경우에는 측정대역폭 100kHz에서의 등가등방 복사전력 첨두값이 -77dBW를 초과하지 않을 것

⑤ 제1호자목의 조건을 만족할 것

⑥ 송신에 사용되는 전파의 편파는 좌선원편파일 것

4. 1626.5MHz~1660.5MHz 주파수대역을 사용하는 송신장치의 조건

① 통신방식은 시분할 다중접속방식을 사용하여 통신하는 복신방식일 것

② 전파형식은 G7W 또는 G1D일 것

③ 주파수 허용편차는 ±(지정주파수$\times 10 \times 10^{-6}$) 이내일 것

④ 점유주파수대역폭의 허용치는 200kHz 이내일 것

⑤ 최대 등가등방 복사전력이 15dBW 이하인 송신설비의 불요발사의 허용치는 제3호 마목의 조건을 만족할 것

⑥ 최대 등가등방 복사전력이 15dBW를 초과하는 송신설비의 불요발사의 허용치는 다음 값을 초과하지 않을 것

ⓐ 30MHz 초과 1000MHz 미만의 주파수 대역

주파수대(MHz)	전계강도(dB(μV/m))	측정대역폭(kHz)
30~230	30(주14)	120
230~1000	37(주14)	120

* 주14 : 송신설비로부터 10m 떨어진 지점에서 측정한 준첨두값임

ⓑ 1000MHz 이상의 주파수 대역(1626.5MHz 초과 1662.5MHz 미만의 주파수 대역 제외)

주파수대역(MHz)	반송파를 송신하는 경우		측정대역폭(kHz)	
	등가등방 복사전력(dBW)(주15)	측정대역폭 (kHz)	등가등방 복사전력(dBW)(주16)	측정대역폭 (kHz)
1000~1525	-61	1000	-72	100
1525~1559	-61	1000	-103	3
1559~1600	-70	1000	-77	100
1600~1605	-70	1000	-77	100
1605~1610	(주17)	1000	(주18)	1000
1610~1621.5	-46(주17)	1000	-72	100
1621.5~1624.5	-46~-40(주19)	1000	-72	100
1624.5~1625	-60~-57.5 (주19, 20, 21)	30	-72	100
1625~1625.125	-57.5~-57.2 (주19, 20, 21)	30	-72	100
1625.125~1625.8	-57.2~-50 (주19, 20, 21)	30	-72	100
1625.8~1626	-50~-47 (주19, 20, 21)	30	-72	100
1626~1626.2	-47~-40 (주19, 20, 21)	30	-72	100
1626.2~1626.5	-40(주20, 21)	30	-72	100
1626.5~1660.5	(주22)	(주22)	(주22)	(주22)
1660.5~1662.5	(주22)	(주22)	(주22)	(주22)
1662.5~1690	-36	1000	-72	100
1690~3400	-61(주23)	1000	-72	100
3400~10700	-55(주24, 25)	1000	-72	100
10700~12750	-49	1000	-76	100

* 주15 : 평균값 측정기법을 사용함
* 주16 : 1000MHz~1525MHz, 1559MHz~1624.5MHz 및 1662.5MHz~12750MHz 주파수에서는 첨두값 측정기법을 사용함
* 주17 : 1605MHz에서 -70dB(W/MHz)부터 1610MHz에서 -46dB(W/MHz)는 선형적으로 이어짐
* 주18 : 1605MHz에서 -70dB(W/MHz)부터 1610MHz에서 -62dB(W/MHz)는 선형적으로 이어짐
* 주19 : 주파수에 대해 선형적(dBW)으로 이어짐
* 주20 : 1624.5MHz~1626MHz 주파수에서 최대 4개로 분리된 30kHz 측정대역폭에서의 등가등방복사전력 최대값이 위 표의 값을 초과할 수 있으나, 어느 한 곳의 30kHz 측정대역폭에서 위 표의 값을 5dB 초과할 수 없다. 전체 4개의 30kHz 측정대역폭에서의 총 전력값은 8dB을 초과할 수 없다. 위 표의 전력허용치를 초과하는 어느 2개의 30kHz 측정대역폭은 위 표의 전력허용치를 만족하는 적어도 1개의 30kHz 측정대역폭으로 분리되어야 한다.
* 주21 : 1624.5MHz~1626.5MHz 주파수 대역에서 규정된 전력허용치는 제3호의 마항의 최소 레벨로 설정한다.
* 주22 : 불요발사값은 1626.5MHz 이상 1662.5MHz 미만의 주파수 대역에서 규정한다.
* 주23 : 3263MHz~3321MHz 주파수에서 단 한 주파수에서는 측정대역폭 300kHz에서의 등가등방복사전력값이 위 표의 값을 초과할 수 있으나, -38dBW를 초과하지 않을 것

* 주24 : 4894.5MHz~4981.5MHz, 6526MHz~6642MHz 및 8175.5MHz~8302.5MHz 각 주파수에서 단 한 주파수에서는 측정대역폭 300kHz에서의 등가등방복사전력값이 위 표의 값을 초과할 수 있으나, -48dBW를 초과하지 않을 것
* 주25 : 9789MHz~9963MHz 주파수에서 단 한 주파수에서는 측정대역폭 300kHz에서의 등가등방복사전력값이 위 표의 값을 초과할 수 있으나, -59dBW를 초과하지 않을 것

ⓒ 1626.5MHz 이상 1662.5MHz 미만의 주파수 대역

ⓐ 반송파를 송신하는 경우

이격주파수(kHz)(주26)	등가등방복사전력(dBW)(주27)	측정대역폭(kHz)
0~25	-5~-15	3
25~125	-15~(-50+E)	3
125~425	-50+E	3
425~1500	-50+E~-60	3
1500~36000	-60	3

* 주26 : 점유주파수대역폭의 양쪽 끝에서 이격된 주파수
* 주27 : 안테나 지향성이 15dBi보다 큰 경우 E는 최대 +15dB로 제한된다. 그 이외에는 모두 E값이 최대 +10dB로 제한됨

ⓑ 반송파를 송신하지 않는 경우에는 측정대역폭 3kHz에서의 등가등방복사전력 첨두값이 -63dBW를 초과하지 않을 것

⑦ 제1호 자목의 조건을 만족할 것

⑧ 송신에 사용되는 전파의 편파는 우선원편파(RHCP)일 것

5. 1618.25MHz~1626.5MHz 주파수대역을 사용하는 송신장치의 조건

① 통신방식은 시분할 다중접속방식 또는 주파수분할 다중접속방식을 사용하는 단신 또는 복신방식일 것

② 전파형식은 Q7W 또는 Q7D일 것

③ 주파수 허용편차는 ±(지정주파수×10×10^{-6}) 이내일 것

④ 점유주파수대역폭의 허용치는 41.7kHz, 83kHz, 333kHz 또는 666kHz 이내일 것(단, 허용치의 적용은 점유주파수대역폭 측정값과 가장 근접한 허용치를 적용할 것)

⑤ 스퓨리어스발사의 허용치는 다음의 등가등방복사전력값을 초과하지 않을 것

㉠ 1610MHz 초과 1628.5MHz 미만의 주파수 범위 외

주파수 범위(MHz)	등가등방 복사전력(dBW) (주28, 29)	측정대역폭
0.1~30	-66	10kHz
30~1000	-66	100kHz
1000~1559	-60	1MHz
1559~1573.42	-70	1MHz
1573.42~1580.42	-70	1MHz
1580.42~1605	-70	1MHz
1605~1610	-70~-10(주30)	1MHz
1610~1626.5	적용하지 않음	적용하지 않음
1626.5~1628.5	적용하지 않음	적용하지 않음
1628.5~1631.5	-60	30kHz
1631.5~1636.5	-60	100kHz
1636.5~1646.5	-60	300kHz
1646.5~1666.5	-60	1MHz
1666.5~2200	-60	3MHz
2200~12750	-60	3MHz

* 주28 : 전도시험 기준의 평균값 측정기법을 사용함
* 주29 : 0.1~30MHz, 30~1000MHz, 2200~12750의 주파수는 첨두값 측정기법을 사용함
* 주30 : 1605MHz -70dBW/MHz에서 1610MHz -10dBW/MHz까지 선형적으로 이어짐

Ⓛ 1610MHz 초과 1628.5MHz 미만의 주파수 범위 내

이격주파수(kHz)(주31)	등가등방 복사전력(dBW) (주28, 32)	측정대역폭(kHz) (주33)
0~160	-35	30
160~225	-35 ~ -38.5	30
225~650	-38.5 ~ -45	30
650~1365	-45	30
1365~1800	-53 ~ -56	30
1800~16500	-56	30

* 주31 : 이격주파수는 라목에 따라 적용한 허용치의 양쪽 끝에서 ±41.7kHz, ±83kHz, ±333kHz 또는 ±666kHz 이격된 주파수를 적용할 것
* 주32 : dBW값과 이격주파수는 선형적으로 보간함
* 주33 : 불요등가등방복사전력의 측정 대역폭을 3kHz로 낮추어 측정한 후 30kHz 대역폭의 값으로 합산할 수 있음

⑥ 반송파를 송신하고 있지 않을 때의 누설전력은 다음의 등가등방복사전력값을 초과하지 않을 것

주파수대(MHz)	등가등방 복사전력(dBW) (주34)	측정대역폭
0.1~30	-87	10kHz
30~1000	-87	100kHz
1000~12750	-77	1MHz

* 주34 : 첨두값 측정기법을 사용함

⑦ 제1호 자목의 조건을 만족할 것

[7] 무선데이터통신용 무선설비

무선데이터통신용 무선설비는 다음 각 호와 같다.

1. 공통조건

   ① 통신방식은 단신 또는 복신방식일 것

   ② 전파형식은 F(G)1C, F(G)1D, F(G)2C, F(G)2D, F(G)7W 중 하나 이상을 사용할 것

   ③ 주파수대역은 898MHz~900MHz 및 938MHz~940MHz 대역을 사용할 것

2. 기지국 송신장치의 조건

   ① 안테나공급전력은 12W 이하일 것

   ② 주파수 허용편차는 ±(지정주파수×$1×10^{-6}$) 이내일 것

   ③ 점유주파수대역폭의 허용치는 10kHz 이하일 것

   ④ 송신장치에서 방사되는 전력은 무변조 기본주파수의 평균전력보다 다음 값 이상 감쇠될 것(F_d는 지정주파수로부터 측정주파수 간의 간격만큼 떨어진 변위주파수로 단위는 kHz이고, P는 기본주파수의 평균전력으로 단위는 W임)

지정주파수로부터 이격 주파수	불요발사	분해대역폭
2.5~6.25kHz	$53\log_{10}(F_d/2.5)$dB	300Hz
6.25~9.5kHz	$103\log_{10}(F_d/3.9)$dB	300Hz
9.5~50kHz	$157\log_{10}(F_d/5.3)$dB, $50+10\log_{10}(P)$dB 또는 70dB 중 작은 값	300Hz
50kHz~1GHz	$43+10\log_{10}(P)$dB	100kHz
1GHz 이상	$43+10\log_{10}(P)$dB	1MHz

[8] 주파수공용통신용 무선설비

주파수공용통신용 무선설비의 기술기준은 다음 각 호와 같다.

1. 아날로그 통신방식의 주파수공용통신용 무선설비
   ① 공통조건
      ㉠ 통신방식은 단신, 반복신 또는 복신방식일 것
      ㉡ 전파형식은 F1D, G1D, F2D, G2D, F3E, G3E, F9W, G9W 중 하나 이상을 사용할 것
      ㉢ 주파수대역은 811MHz~817MHz 및 856MHz~862MHz 대역을 사용할 것
   ② 기지국 및 이동국의 송신장치의 조건
      ㉠ 주파수변조방식일 것
      ㉡ 변조주파수는 3,000Hz 이내일 것
      ㉢ 주파수편이는 무변조시의 반송주파수의 ±5kHz 이내일 것
      ㉣ 주파수편이가 ㉢에 의한 값을 초과하는 것을 방지하는 자동제어장치를 구비할 것. 다만, 송신출력이 2W 이하이거나 음성신호를 송신하지 아니하는 송신장치의 경우는 예외로 한다.
      ㉤ 변조기의 앞쪽에 3kHz부터 15kHz의 각 주파수(F : 단위 kHz)에 대한 감쇠량이 1kHz에 의한 감쇠량보다 $60Log_{10}(F/3)$dB 이상인 저역여파기를 구비할 것. 다만, 음성신호를 송신하지 아니하는 송신장치의 경우는 예외로 한다.
      ㉥ 스퓨리어스발사의 허용치는 무선설비규칙 제5조에 따를 것
      ㉦ 점유주파수대역폭의 허용치는 16kHz 이내일 것
      ㉧ 인접채널 누설전력은 지정주파수로부터 ±25kHz 떨어진 주파수에서 필요주파수대역폭(±8kHz) 내에 복사되는 전력이 기본주파수의 평균전력보다 60dB 이상 낮은 값일 것
      ㉨ 이동국은 4분의 1 파장의 무지향성 공중선 1개를 사용할 것
      ㉩ 발진방식은 주파수 신서사이저(Synthesizer) 방식일 것
      ㉪ 송신하는 전파의 주파수는 수신하는 전파의 주파수보다 45MHz 낮은 것을 자동적으로 선택할 것
      ㉫ 주파수 허용편차는 기지국의 경우에는 ±(지정주파수×$1.5×10^{-6}$) 이내이고,

이동국의 경우에는 ±(지정주파수×2.5×10^{-6}) 이내일 것
2. 디지털 통신방식의 주파수공용통신용 무선설비
    ① 공통조건
        ㉠ 통신방식은 단신, 반복신 또는 복신방식일 것
        ㉡ 전파형식은 D1(C,D,E), D2(C,D,E), F1(C,D,E), F2(C,D,E), G1(C,D,E), G2(C,D,E), D7W, F7W, G7W, W7W 중 하나 이상을 사용하는 것일 것
        ㉢ 주파수대역은 811MHz~817MHz 및 856MHz~862MHz 대역을 사용할 것
    ② 송신장치의 조건
        ㉠ 주파수 허용편차는 다음과 같을 것
            ⓐ 채널 간격이 25kHz인 설비
                - 이동중계국 : ±(지정주파수×1.5×10^{-6}) 이내
                - 기지국·이동국 : ±(지정주파수×2.5×10^{-6}) 이내
            ⓑ 채널 간격이 12.5kHz인 설비
                - 이동중계국 : 지정주파수±1×10^{-6} 이내
                - 기지국·이동국 : 지정주파수±1.5×10^{-6} 이내
        ㉡ 점유주파수대역폭의 허용치는 다음과 같을 것
            ⓐ 채널 간격이 25kHz인 것 : 23kHz 이내
            ⓑ 채널 간격이 12.5kHz인 주파수분할 다중접속방식 및 시분할 다중접속방식 : 11.25kHz 이내

[9] 가입자회선용 무선설비

2300MHz대 또는 26GHz대의 주파수의 전파를 사용하는 가입자회선(WLL)용 무선설비는 다음 각 호와 같다.

1. 2300MHz~2330MHz 및 2370MHz~2400MHz 주파수의 전파를 사용하는 가입자회선(WLL)용 무선설비
    ① 공통조건
        ㉠ 통신방식은 코드분할 다중접속방식을 사용하는 복신방식일 것
        ㉡ 전파형식은 G7W일 것
        ㉢ 점유주파수대역폭은 5MHz 채널 간격을 사용하는 경우에는 4.5MHz 이하이

고, 10MHz 채널 간격을 사용하는 경우에는 9MHz 이하일 것
② 사업자용 고정국 송신장치의 조건
㉠ 주파수 허용편차는 ±(지정주파수×1×10^{-7}) 이내일 것
㉡ 안테나공급전력은 20W 이하일 것
2. 24.25GHz~24.75GHz 및 25.5GHz~26.7GHz 주파수의 전파를 사용하는 가입자회선(B-WLL)용 무선국의 무선설비
① 공통조건
㉠ 송신장치 및 수신장치는 다음의 대역별 구분에 따라 하나의 대역폭이 40MHz 이내일 것

대역구분	가입자 송신/사업자 수신	사업자 송신/가입자 수신
1	24.27GHz~24.42GHz(150MHz폭)	25.5GHz~25.86GHz(360MHz폭)
2	24.435GHz~24.585GHz(150MHz폭)	25.9GHz~26.26GHz(1360MHz폭)
3	24.6GHz~24.75GHz(150MHz폭)	26.3GHz~26.66GHz(360MHz폭)

㉡ 통신방식은 시분할 또는 주파수분할 다중접속방식을 사용하는 복신방식일 것
㉢ 전파형식은 D7W 또는 G7W일 것(단, 제어채널을 사용하는 경우에는 F3X 형식도 가능함)
㉣ 점유주파수대역폭은 40MHz 이하일 것
② 사업자용 고정국 송신설비의 조건
㉠ 주파수 허용편차는 ±(지정주파수×10×10^{-6}) 이내일 것
㉡ 안테나공급전력은 지정주파수마다 2W 이하일 것
㉢ 안테나이득은 25dBi 이하일 것
③ 가입자용 고정국의 송신설비의 조건
㉠ 주파수 허용편차는 ±(지정주파수×20×10^{-6}) 이내일 것
㉡ 안테나공급전력은 1W 이하일 것
㉢ 안테나는 지향성을 가진 것으로 이득은 35dBi 이하일 것

[10] 해상이동전화용 무선설비
연근해 및 도서지역의 전기통신역무를 제공하기 위한 해상이동전화용 무선설비는

다음 각 호와 같다.
1. 공통조건
    ① 통신방식은 복신방식일 것
    ② 전파형식은 F9X 전파(음성, 감시가청음 및 신호음) 및 F1D 전파(광대역데이터)를 사용하는 것일 것
    ③ 하나의 육상국 통화채널에서 다른 육상국의 통화채널로 자동 전환될 수 있을 것
    ④ 주파수대역은 262.035MHz~264.015MHz 및 271.035MHz~273.015MHz 대역을 사용할 것
2. 송신장치의 조건
    ① 변조에 사용되는 주파수편이는 무변조시 반송주파수보다 다음의 편이값을 갖을 것
        ㉠ 음성 : ±12kHz 이내
        ㉡ 감시가청음 : ±2kHz(±10%) 이내
        ㉢ 신호음 및 광대역데이터 : ±8kHz(±10%) 이내
    ② 주파수편이가 ①목에 의한 값을 초과하는 것을 방지하는 자동제어장치를 갖출 것
    ③ 주파수 허용편차는 다음과 같을 것
        ㉠ 육상국 : ±(지정주파수×1.5×10^{-6}) 이내
        ㉡ 이동국 : ±(지정주파수×2.5×10^{-6}) 이내
    ④ 스퓨리어스발사의 허용치는 30kHz의 분해대역폭으로 측정한 경우 기본주파수의 평균전력보다 $43+10\log_{10}(PY)dB$ 이하일 것
    ⑤ 이동국으로부터 발사된 육상국 송신주파수 범위에 있는 전파의 평균전력은 30kHz의 분해대역폭으로 측정한 경우 -80dBm을 초과하지 아니할 것

[11] 휴대인터넷용 무선설비

시분할 복신방식을 사용하는 휴대인터넷용 무선설비의 기술기준은 다음 각 호와 같다.
1. 공통조건
    ① 통신방식은 직교주파수분할 다중접속방식(OFDMA)을 사용하는 시분할복신방식일 것

② 전파형식은 G7D, D7D, D7W, G7W 또는 W7W 중 하나 이상을 사용할 것
2. 기지국 송신장치의 조건
　① 주파수 허용편차는 다음 조건을 만족할 것
　　㉠ 기본주파수의 평균전력이 40dBm 이상인 경우 ±(지정주파수×$2×10^{-8}$) 이내일 것
　　㉡ 기본주파수의 평균전력이 40dBm 미만인 경우 ±(지정주파수×$5×10^{-8}$) 이내일 것
　② 안테나공급전력은 지정주파수마다 평균전력 40W 이하로 하며 안테나공급전력과 안테나이득의 합이 안테나 당 63dBm 이하일 것
3. 이동국 송신장치의 조건
　① 주파수 허용편차는 동기된 기지국주파수 기준으로 ±200Hz 이내일 것
　② 안테나공급전력은 2W 이하일 것

[12] 위치기반서비스용 무선설비

322~328.6MHz, 377~380MHz 주파수의 전파를 사용하는 위치기반서비스용 무선설비의 기술기준은 다음 각 호와 같다.

1. 공통조건
　① 통신방식은 단향, 단신 또는 복신방식일 것
　② 전파형식은 F1D, G1D, F2D, G2D, F7W, G7W 중 1 이상을 사용하는 것일 것
2. 기지국 송신장치의 조건
　① 주파수 대역은 322~328.6MHz 대역일 것
　② 안테나공급전력은 100W 이하일 것
　③ 주파수 허용편차는 ±(지정주파수×$1×10^{-6}$) 이내일 것
　④ 점유주파수대역폭의 허용치는 16kHz 이하일 것
　⑤ 불요발사 허용치는 다음과 같을 것
　　㉠ 안테나공급전력이 25W를 초과하는 경우 : 1mW 이하이고 기본주파수의 평균전력보다 70dB 낮은 값
　　㉡ 안테나공급전력이 25W 이하일 경우 : 2.5μW 이하
　⑥ 인접채널 누설전력은 반송주파수로부터 25kHz 떨어진 주파수의 ±8kHz 대역

내에서 복사되는 전력이 반송파전력보다 70dB 이상 낮은 값 또는 $2.5\mu W$ 이하 중 덜 엄격한 값일 것

3. 이동국 송신장치의 조건

① 주파수 대역은 377~380MHz 대역일 것

② 안테나공급전력은 2W 이하일 것

③ 점유주파수대역폭의 허용치는 2.6MHz 이하일 것

④ 주파수 허용편차는 ±(지정주파수×$2.5×10^{-6}$) 이내일 것, 데이터의 경우 100 kHz 이하일 것

⑤ 불요발사는 지정주파수로부터 ±1.5MHz 이상 떨어진 주파수에서 100kHz 분해대역폭으로 측정한 경우 기본주파수의 평균전력보다 $43+10\log_{10}(Py)$ 이상 낮을 것

4. 기지국과 이동국 간 통신을 중계하는 송신장치의 조건

① 주파수 대역은 다음과 같을 것

㉠ 322~328.6MHz(이동국 방향)

㉡ 377~380MHz(기지국 방향)

② 이동국 방향 송신장치는 제2호의 조건을 만족할 것

③ 기지국 방향 송신장치는 제3호의 조건을 만족할 것

5 방송통신기자재 등의 적합성 평가

[1] 방송통신기자재 등의 적합성 평가에 관한 고시 목적

이 고시는 전파법(이하 "법"이라 한다) 제58조의2, 제58조의3, 제58조의4, 제58조의11, 제71조의2 및 전파법 시행령(이하 "영"이라 한다) 제77조의2부터 제77조의8, 제117조의2에서 정하는 바에 따라 방송통신기자재 등(이하 "기자재"라 한다)의 적합성평가 대상기자재 및 적합성평가 세부절차 등에 관하여 필요한 사항을 규정함을 목적으로 한다.

[2] 용어의 정의

1. 이 고시에서 사용하는 용어의 뜻은 다음 각 호와 같다.
   ① "제조자"라 함은 기자재를 설계하여 직접 제작하거나 상표부착방식에 따라 기자재를 공급받는 자로서 해당 기자재의 설계·제작에 대한 책임을 지는 자를 말한다.
   ①의2 "제조국가"라 함은 기자재가 최종적으로 만들어지는 국가를 말한다.
   ② "사후관리"라 함은 적합성평가를 받은 기자재가 적합성평가 기준대로 제조·수입 또는 판매되고 있는지 전파법에 따라 조사 또는 시험하는 것을 말한다.
   ③ "기본모델"이란 전기적인 회로·구조·성능이 동일하고 기능이 유사한 제품군 중 표본이 되는 기자재를 말한다.
   ④ "파생모델"이란 기본모델과 전기적인 회로·구조·기능이 유사한 제품군으로 기본모델과 동일한 적합성평가번호를 사용하는 기자재를 말한다.
   ⑤ "무선 송·수신용 부품"이란 차폐된 함체 또는 칩에 내장된 무선주파수의 발진, 변조 또는 복조, 증폭부 등과 안테나(안테나 단자 포함)로 구성된 것으로 시스템에 하나의 부품으로 내장되거나 장착될 수 있고 소비자가 최종으로 사용할 수 없는 물품을 말한다.
   ⑥ "동일기자재"라 함은 기자재명칭·모델명·제조자·제조국가·전기적 회로·부품·구조·성능·외관 등이 법 제58조의2에 따라 적합인증 또는 적합등록을 받은 기자재와 동일한 것을 말한다.
   ⑦ "기자재의 고유번호"라 함은 적합인증(등록) 신청시 부여되는 기자재의 인증(등록)번호와 자기적합확인시 자기적합확인을 한 자가 부여하는 기자재의 관리번호 등 적합성평가 번호를 말한다.

[3] 적합인증

(1) 적합인증의 신청 등

1. 제3조제1항에 따른 대상기자재에 대하여 적합인증을 신청하고자 하는 자는 다음 각 호의 신청서와 첨부서류(전자문서를 포함한다)를 작성하여 원장에게 제출하여야 한다.

① 별지 제1호 서식의 적합인증신청서
② 사용자설명서(한글본) : 제품개요, 사양, 구성 및 조작방법 등이 포함되어야 한다.
③ 다음 각 목 중 어느 하나의 시험성적서
  ㉠ 지정시험기관의 장이 발행하는 시험성적서
  ㉡ 원장이 발행하는 시험성적서
  ㉢ 국가 간 상호 인정협정을 체결한 국가의 시험기관 중 원장이 인정한 시험기관의 장이 발행한 시험성적서
④ 외관도 : 제품의 전면·후면 및 타 기기와의 연결부분과 적합성평가표시 사항의 식별이 가능한 사진을 제출하여야 한다.
⑤ 부품 배치도 또는 사진 : 부품의 번호, 사양 등의 식별이 가능하여야 한다.
⑥ 회로도
  ㉠ 적합성평가를 받은 "무선 송·수신용 부품"을 기자재의 구성품으로 사용하는 경우에는 해당 부분을 생략할 수 있다.
  ㉡ 적합성평가기준 적용분야가 유선분야에 해당하는 기자재인 경우에는 전원 및 기간통신망과 직접 접속되는 부분의 회로도를 제출한다.
⑦ 대리인 지정서 : 대리인의 지정에 따른 제4호 서식의 대리인 지정(위임)서

2. 1항에 따라 다수의 공급업체로부터 명칭·형식기호·기능(성능) 등 기구적·전기적 특성이 동일한 부품을 선택적으로 사용하고자 하는 기자재인 경우에는 부품의 목록과 다음 각 호에 따른 전기적 특성의 동일성을 증명할 수 있는 관련 자료를 제출하여야 한다.
  ① 저항 등 회로소자인 경우 기존 회로소자와의 전기적 특성 비교표
  ② 부품이 시스템의 구성품인 경우 시험성적서

3. 1항에 따른 적합인증 신청과 동시에 파생모델을 추가하는 경우에는 파생모델에 대한 그 목록과 전기적인 회로·구조 및 부가적인 기능에 관한 자료를 제출하여야 한다.

4. 최초로 적합인증을 신청하는 경우에는 별지 제2호 서식의 "적합성평가 식별부호 신청서"를 작성하여야 하며, 전자정부법 제36조제1항에 따른 행정정보의 공동이용을 통하여 담당 공무원이 확인하는 것에 동의하는 경우에는 구비서류의 제출을

생략할 수 있다.(최초의 적합등록 및 잠정인증 신청자의 경우에도 이 규정을 준용한다)

5. 적합인증을 신청하는 자가 회로도를 제출하지 않는 경우 준수하여야 할 사항은 다음 각 호와 같다. 다만, 적합인증을 받은 후에 해당 제품에 대한 회로도를 제출한 경우에는 그러지 아니한다.

① 적합성평가를 받은 날을 기준으로 매 2년이 경과한 날로부터 30일 이내에 지정 시험기관으로부터 해당제품이 다음 각 목에서 규정한 적합성평가기준에 적합한지 여부를 시험 또는 확인한 성적서를 제출하여야 한다.
㉠ 주파수 허용편차
㉡ 안테나전력 또는 전계강도
㉢ 스퓨리어스발사 강도
㉣ 점유주파수대역폭
㉤ 전자파장해방지(EMI) 시험
㉥ 부품 또는 구성품의 변경 여부 확인내역

(2) 적합인증의 심사 등

1. 원장은 제5조의 적합인증 신청을 받은 때에는 다음 각 호의 사항을 심사하여야 한다.
① 적합인증의 신청서 제1항 각 호 서류의 적정성
② 적합성평가기준 적용의 적절성
③ 시험성적서의 유효성

2. 시험성적서의 유효성에 대한 추가 확인이 필요한 경우에는 신청자에게 해당 기자재의 제출을 요구하거나 시험기관을 방문하여 적합성평가기준의 적합성 여부 등 시험성적서의 유효성에 관한 사항을 확인할 수 있다.

(3) 적합인증서의 교부

원장은 적합인증의 심사에 따른 심사결과가 적합한 경우에는 별지 제3호 서식의 적합인증서를 신청인에게 교부(전자적 방식을 포함)하고, 다음 각 호의 사항을 관보에 공고하여야 한다.
① 인증받은 자의 상호 또는 성명   ② 기자재의 명칭·모델명

③ 인증번호　　　　　　　④ 제조자 및 제조국가
⑤ 인증연월일

[4] 적합등록

(1) 적합등록의 신청 등

1. 전파법의 전자파적합성 기준에 따른 대상기자재에 대하여 적합등록을 신청하고자 하는 자는 다음 각 호의 신청서와 첨부서류(전자문서를 포함)를 작성하여 원장에게 제출하여야 한다.
   ① 별지 제5호 서식의 적합등록신청서
   ② 별지 제6호 서식의 적합성평가기준에 부합함을 증명하는 확인서
   ③ 대리인 지정서 : 대리인의 지정에 따른 제4호 서식의 대리인 지정(위임)서

2. 파생모델이 있는 경우에는 제1항에 따른 적합등록 신청과 동시에 파생모델의 등록을 신청할 수 있다.

3. 제1항에도 불구하고 적합인증 대상기자재와 적합등록 대상기자재가 조합된 복합기자재인 경우에는 제5조 제1항의 절차를 따른다. 다만, 적합인증을 받은 무선 송·수신용 부품을 내장 또는 장착한 적합등록 대상기자재는 적합등록 신청절차를 따른 수 있다.

4. 제1항에도 불구하고 적합등록 대상기자재 중 공통기준만을 적용하여 적합등록을 받은 컴퓨터 내장구성품 또는 별표 1 제11호 카목 2)와 3)에 해당하는 기자재로서 적합성평가 대상기자재인 구성품은 지정시험기관의 장으로부터 별지 제15호 서식에 따라 적합등록을 받은 기자재의 구성품임을 확인받아 신청할 수 있다. 다만, 현장시험으로 적합성평가 받은 기자재의 구성품은 제외한다.

5. 제1항제1호에 따른 별지 제5호 서식의 기기부호는 별표 1과 같고 형식기호 표시 방법은 별표 7과 같다.

(2) 적합등록필증의 교부 등

원장은 적합등록 신청이 있는 때에는 적합등록필증(전자적 방식을 포함)을 신청인에게 교부하고, 다음 각 호의 사항을 관보에 공고하여야 한다.
① 등록받은 자의 상호 또는 성명　　② 기자재의 명칭·모델명

③ 등록번호 ④ 제조자 및 제조국가
⑤ 등록연월일

(3) 적합등록을 한 자가 보관하여야 할 서류 등

1. 적합등록필증의 교부에 따라 적합등록을 한 자는 다음 각 호의 서류를 작성(전자적 방식을 포함)하여 보관하여야 한다.

   ① 방송통신기자재 등의 적합등록 신청서 및 적합성평가기준에 부합함을 증명하는 확인서의 서류

   ② 사용자설명서 : 제품개요, 사양, 구성 및 조작방법 등이 포함되어야 하며, 다음 각 목에 해당하는 기자재는 별표 4의 사용자 안내문을 포함하여야 한다.
   - ㉠ 제3조제2호 및 제3호에 따른 별표1 제11호 가목, 자목에 해당하는 기자재 : 별표 4 제1호
   - ㉡ 제3조제2호 및 제3호에 따른 별표1 제11호 비고 제9호를 적용한 기자재 : 별표 4 제2호

   ③ 다음 각 목 중 어느 하나의 시험성적서
   - ㉠ 지정시험기관의 장이 발행하는 시험성적서
   - ㉡ 원장이 발행하는 시험성적서
   - ㉢ 국가 간 상호 인정협정을 체결한 국가의 시험기관 중 원장이 인정한 시험기관의 장이 발행한 시험성적서
   - ㉣ 별지 제15호서식에 따른 적합등록기자재의 구성품 확인서
   - ㉤ 국제전기기기인증기구(IECEE) CB Scheme에 따른 CB인증서(다만, 제3조제2호에 따른 별표 1의 제11호 가목 2) ①, 나목, 다목 1), 바목 2)부터 6)까지, 사목 1)의 ①, ②, ④, 사목 5) 중 전기충전기, 아목 2)에 해당하는 기자재로서 지정시험기관의 장이 국내 적합성평가기준에 적합함을 확인하고 발행한 시험성적서가 있는 경우에 한함)

   ④ 외관도 : 제품의 전면·후면 및 타 기기와의 연결부분과 적합성평가표시 사항의 식별이 가능한 사진을 제출하여야 한다.

   ⑤ 부품 배치도 또는 사진 : 부품의 번호, 사양 등의 식별이 가능하여야 한다.

   ⑥ 회로도 : 다만, 제3조제2호 및 제3호에 따른 적합등록 대상기자재 중 제4조제1

항제1호의 공통기준만을 적용한 기자재의 경우에는 회로도 전체를 생략할 수 있다. 또한 적합성평가를 받은 "무선 송·수신용 부품"과 "슬롯형 착탈식 유선 팩스 전용모듈"을 기자재의 구성품으로 사용하는 경우에는 해당 부분의 회로도를 생략할 수 있다.(단, 별표 1의 제7호, 제8호, 제10호에 해당하는 적합등록 대상기자재는 제5조제1항제6호 나목에 따른 회로도를 보관한다)

⑦ 파생모델을 등록한 경우 그 목록과 전기적인 회로·구조·성능 및 부가적인 기능에 관한 서류

⑧ 적합성평가 사항의 변경사실을 증명하는 서류

2. 원장은 사후관리 수행을 위하여 필요한 경우 제1항 각 호의 관련 서류의 제출을 요구할 수 있다. 이 경우 서류제출을 요구받은 적합등록자는 15일 이내에 해당 서류를 원장에게 제출하여야 한다.

3. 제1항에 따른 적합등록자가 보관하여야 할 서류 중 회로도를 보관하지 못하는 경우에는 제5조제6항 및 제7항의 규정을 준용한다.

[5] 잠정인증

(1) 잠정인증의 신청

1. 잠정인증을 신청하고자 하는 자는 다음 각 호에 따른 신청서와 첨부서류(전자문서를 포함)를 작성하여 원장에게 제출하여야 한다.

    ① 별지 제8호 서식의 잠정인증신청서

    ② 기술설명서(한글본)

    ㉠ 해당 분야 국제 및 국내표준 또는 규격

    ㉡ 국제 및 국내표준 또는 규격이 없는 경우 기술개요 및 기술적 방식 등 기술사양서

    ㉢ 법 제58조의2제7항 각 호의 어느 하나에 해당함을 입증하는 서류

    ㉣ 선행 기술조사 내용(해당하는 경우에 한함)

    ③ 자체 시험결과 설명서 : 스스로 수행한 시험방법 및 절차와 그 결과에 대한 설명(시험 결과는 원장 또는 지정시험기관의 장이 확인한 것이어야 함)

    ④ 사용자설명서(한글본) : 제품개요, 사양, 구성 및 조작방법 등이 포함되어야 한다.

    ⑤ 외관도 : 제품의 전면·후면 및 타 기기와의 연결부분과 적합성평가표시 사항

의 식별이 가능한 사진을 제출하여야 한다.

⑥ 회로도 : 신청 기자재 전체의 회로도를 제출하여야 한다.

⑦ 부품 배치도 또는 사진 : 부품의 번호, 사양 등의 식별이 가능하여야 한다.

⑧ 대리인 지정서 : 제30조에 따른 별지 제4호 서식의 대리인 지정(위임)서

2. 제1항제1호에 따른 별지 제8호서식의 기기부호는 별표1과 같고 형식기호 표시방법은 별표 7과 같다.

(2) 잠정인증의 심사 등

1. 원장은 잠정인증 신청을 받은 때에는 서류심사와 제품심사를 하여야 한다. 이 경우 잠정인증심사위원회를 구성하여 심사하여야 한다. 다만, 잠정인증을 받은 기자재와 동일한 기자재에 대해서는 잠정인증심사위원회 구성 및 심사를 생략할 수 있다.

2. 서류심사는 다음 각 호의 사항을 심사하여야 한다.

① 잠정인증의 신청에 따라 제출된 서류의 적정성

② 해당 기자재가 방송통신기자재 등의 적합성평가에 해당되는지의 여부

③ 법 제9조에 따른 주파수분배의 적합성 여부

④ 사용지역과 신청자의 신청 유효기간의 적정성 여부

3. 제품심사는 다음 각 호의 기준 중에서 적합성평가기준을 정하여 심사할 수 있다.

① 국제표준기구(ITU, ISO/IEC 등)의 표준

② 한국방송통신표준 및 한국산업표준

③ 방송통신 관련 표준

④ 기타 해당 제품에 대하여 국제적으로 통용되는 규격

⑤ 국제적으로 신기술인 경우 신청자가 제안하는 기준

(3) 잠정인증서의 교부 등

원장은 잠정인증의 심사에 따른 심사결과 잠정인증을 허용한 때에는 별지 제9호 서식의 잠정인증서를 신청인에게 교부(전자적 방식을 포함)하고, 다음 각 호의 사항을 관보에 공고하여야 한다.

① 인증받은 자의 상호 또는 성명   ② 기기의 명칭·모델명

③ 인증번호   ④ 제조자 및 제조국가

⑤ 유효기간　　　　　　　⑥ 기타 허용 조건

(4) 잠정인증심사위원회의 구성 등

1. 잠정인증심사위원회(이하 "위원회"라 한다)는 위원장 1인과 간사 1인을 포함하여 15인 이내로 하며, 위원장은 해당분야의 전문가 중 원장이 위촉한 자로 한다. 간사는 국립전파연구소 소속 공무원으로 한다.
2. 제1항에 따른 위원회 위원은 다음 각 호의 자 중에서 위원장의 추천을 받아 원장이 위촉한다.
    ① 4년제 대학에서 5년 이상 연구경력이 있는 전임강사 이상인 자
    ② 국·공립 또는 관련분야 연구소에서 5년 이상의 경력이 있는 자
    ③ 제조업체에서 10년 이상 해당 기술분야에 근무한 자와 관련단체 전문가
    ④ 특허업무 및 품질보증시스템 평가 전문가
    ⑤ 관련 공무원
    ⑥ 기타 위와 동등 이상의 자격이 있다고 인정되는 자
3. 위원회는 다음 각 호의 사항을 심의한다.
    ① 전파법의 방송통신기자재 등의 적합성평가 각 호에 관한 사항
    ② 잠정인증의 심사에 따라 제품심사에 적용할 적합성평가기준에 관한 사항
    ③ 지역 및 유효기간 등 잠정인증에 대한 조건에 관한 사항
    ④ 신청기기에 대한 잠정인증 허용여부
4. 위원장 및 위원이 회의에 출석한 때에는 예산의 범위 안에서 수당과 여비를 지급할 수 있다. 다만, 공무원인 위원이 그 소관 업무와 관련하여 회의에 출석하는 경우에는 그러하지 아니하다.
5. 위원장 및 위원은 잠정인증 신청에 대한 심사와 관련하여 알게 된 모든 정보에 대하여 외부에 공표하거나 누설하여서는 아니 된다.
6. 제1항부터 제5항까지에 따른 세부절차 및 운영에 관한 사항은 원장이 정하는 바에 따른다.

[6] 적합성평가의 면제 등

(1) 적합성평가 면제의 세부범위 등

전파환경 및 방송통신환경에 미치는 영향 등을 고려하여 적합성평가의 전부가 면

제되는 기자재의 범위와 수량은 다음 각 호와 같다.
① 외국에 납품할 목적으로 주문제작하는 선박에 설치하기 위해 수입되는 기자재와 외국으로부터 도입, 임대, 용선 계약한 선박 또는 항공기에 설치된 기자재 등과 또는 이를 대치하기 위한 동일기종의 기자재 : 과학기술정보통신부장관이 인정하는 수량
② 판매를 목적으로 하지 아니하고 본인 자신이 사용하기 위하여 제작 또는 조립하거나 반입하는 아마추어무선국용 무선설비 : 과학기술정보통신부장관이 인정하는 수량
③ 적합성평가를 받은 컴퓨터 내장구성품으로 조립한 컴퓨터(다만, 별표 6의 소비자 안내문을 표시한 것에 한한다) : 수량제한 없음
④ 기자재 중 USB 또는 건전지(충전지 포함) 전원으로 동작하는 것으로서, 별표6의 소비자 안내문을 표시하고 과학실습용(코딩교육 목적 등)으로 사용되는 조립용품 세트(다만, 무선 송·수신용 부품이 포함된 경우에는 해당 부품이 적합성평가를 받은 경우에 한한다) : 수량제한 없음
⑤ 산업용 기자재(접근 통제가 이루어지는 제한된 공간에서 사용될 목적으로 제조되거나 수입되며, 유통기록 관리가 가능한 전파법 제58조의2에 따른 적합등록 기자재 및 자기적합확인 기자재 또는 적합등록 절차를 따를 수 있는 무선 기자재에 한한다) : 과학기술정보통신부장관이 인정하는 수량
　㉠ 접근 통제가 이루어지는 제한된 공간은 입출입 기록관리가 가능하며, 허락된 인원만 입장이 가능하도록 제한한 공간일 것
　㉡ 유통기록 관리는 면제받은 기자재의 면제승인번호, 제품명, 모델명, 제조번호, 제조·수입현황, 판매·납품 현황 등의 기록과 증빙자료가 면제받은 이후에도 추적 가능할 것
(2) 적합성평가의 면제절차
① 적합성평가를 면제받고자 하는 자는 다음 각 호의 서류를 작성하여 원장에게 제출하여야 한다.
　㉠ 적합성평가 면제 확인(신청)서(전자문서를 포함)
　㉡ 면제사실을 증명하는 서류 : 시험연구계획서, 사유서, 수출계약서, 납품계약서 등 면제사유를 증명하는 서류

ⓒ 수입물품의 품명 및 수량의 확인이 가능한 서류 : 수입계약서, 물품매도확약서, 화물송장(인보이스) 등
② 원장은 제1항에 따른 적합성평가 면제신청이 있는 경우 다음 각 호의 사항을 확인하여야 한다.
ⓐ 영 제77조의7제1항 및 제20조에 따른 면제범위에 해당하는지 여부
ⓑ 제1항제2호 서류가 면제신청 내용과 부합하는지 여부
ⓒ 제1항제3호 서류가 면제신청 기자재 내역과 일치하는지 여부
③ 원장은 제2항에 따라 적합성평가 면제대상에 해당된다고 인정되는 경우에는 별지 제12호서식의 적합성평가 면제 확인(신청)서를 발급하여야 한다.
④ 제1항의 규정에도 불구하고 다음 각 호에 해당하는 기자재는 제1항 내지 제3항의 적합성평가 면제절차를 생략할 수 있다.
ⓐ 판매를 목적으로 하지 않고 개인이 사용하기 위하여 반입하는 기자재
ⓑ 국내에서 제조하여 외국에 전량 수출할 목적의 기자재
ⓒ 영 제77조의7제1항 별표 6의2 제4호에 해당하는 기자재
ⓓ 제20조제3호 및 제4호에 해당하는 기자재
ⓔ 면제 대상 기자재 중 관세법 제97조제1항에 따라 재수출을 조건으로 재수출 면세를 승인받은 기자재
⑤ 제1항의 규정에도 불구하고 적합성평가를 받은 기자재의 유지·보수를 위해 제조 또는 수입되는 동일한 구성품 또는 부품은 최초에 예상 수입물량을 기재하여 적합성평가 면제를 신청할 수 있다.
⑥ 원장은 제3항에 따라 적합성평가 면제확인을 받은 기자재에 대하여 면제요건에 부합하게 사용되고 있는지를 사후관리 할 수 있다.

[7] 적합성 평가의 표시 등
① 영 제77조의5제2항에 따른 적합성평가의 표시기준 및 방법은 다음의 표와 같다.
② 국내에서 제조하는 제품의 적합성평가 표시는 출고 전에 하고, 수입제품의 적합성평가 표시는 통관 전에 하여야 한다.

방송통신기자재 등의 적합성 평가 표시기준 및 방법(별표 5)

1. 적합성평가 표시기준

가. 적합인증 또는 적합등록을 받은 자는 영 제77조의5제1항에 따른 다음 사항을 기자재 또는 포장에 표시하여야 한다.

① 국가통합인증마크의 기본도안 모형

② 기자재의 모델명
③ 기자재의 인증번호 또는 등록번호

R	-	X	S	-	A	B	C	D	-	X X	~	X X
①		②	③		④					⑤		
방송통신 기기식별		기본인증 정보식별			신 청 자 정보식별					제품식별		

①란은 전파법에 따른 방송통신기자재 등의 적합성평가(Radio)를 의미
②란은 기본 인증정보로서 'C', 적합등록은 'R', 점정인증은 'I'로 표기
③란은 동일기자재에 대한 적합인증 또는 적합등록의 경우에만 'S'를 표기
④란은 제5조제4항에 따라 원장이 부여한 '신청자 식별부호'(3자리 또는 4자리)
⑤란은 신청자의 '기자재 식별부호(영문, 숫자, 하이픈(-), 언더바(_) 혼용 가능)'로, 14자리 이내에서 신청자가 정할 수 있음

4) 적합성평가를 받은 자의 상호 또는 성명
5) 기자재 명칭(또는 제품명칭)
6) 기자재의 제조시기(예 : 제조 연월, 제조 연월 조합으로 이루어진 로트번호, 제조 연월 조합이 포함되어 제조업자가 제조 연월을 입증할 수 있는 표시 등)

※ 소비자가 본문 중 제조시기를 알 수 있는 정보를 보고 제조 연월을 알 수 없다면 제조 연월을 별도로 표시하거나 제조 연월을 입증할 수 있는 정보를 사용자설명서, 포장, 인터넷 홈페이지 등을 통해 제공하여야 한다.

7) 기자재의 제조자 및 제조국가

※ 다수의 제조국가로 적합성평가를 받은 경우에는 해당 기자재가 최종적으로 만들어지는 국가만 표기한다.

나) 자기적합확인을 한 자는 영 제77조의5제1항에 따라 다음의 1)부터 3)까지의 사항을 기자재 또는 포장에 표시하여야 하며, 영 제77조의5제2항에 따른 다음의 4) 및 5)의 사항은 사용자설명서 또는 자기적합확인 선언서(별지 제21호서식) 제공 등의 방법으로 표시하여야 한다.

1) 제1호가목 1)의 국가통합인증마크
2) 기자재의 모델명
3) 기자재의 관리번호

A B C D	-	X X ~ X X
①		②
신 청 자 정보식별		제품식별

①란은 제5조제4항에 따라 원장이 부여한 '신청자 식별부호'(3자리 또는 4자리)
②란은 신청자의 '기자재 식별부호(영문, 숫자, 하이픈(-), 언더바(_) 혼용 가능)'로, 14자리 이내에서 신청자가 정할 수 있음

4) 제1호가목 4)부터 7)까지의 표시사항
5) 국립전파연구원의 인터넷 홈페이지 주소(http://www.rra.go.kr/selform/관리번호)

다) 다음의 경우에는 기자재 또는 포장에 일부만 표시하거나 표시 전부를 생략하고 나머지 적합성평가 표시사항을 사용자설명서(전자적 방식을 포함)로 제공할 수 있다.

1) 기자재의 표면에 표시할 수 있는 최대 단면적이 $400mm^2$ 이하인 소형 기자재는 국가통합인증마크 또는 기자재의 고유번호만 기자재 또는 포장에 표시할 수 있다.
2) 적합성평가 신청 시 기재한 모델명과 제품의 판매·홍보 시에 사용하는 모델명이 동일한 경우에는 국가통합인증마크와 모델명만 기자재 또는 포장에 표시할 수 있다.
3) 체내 이식형 심장박동기 등과 같이 기자재의 표면 또는 포장에 표시하기가 곤란한 경우에는 기자재 또는 포장에 표시하지 아니할 수 있다.

2. 표시방법

가) 제1호가목 및 나목에 따른 적합성평가 표시는 해당 기자재의 표면 또는 포장에 알아보기 쉽도록 인쇄하거나 각인하는 등의 방법으로 매 기기마다 견고하게 부착하여 표시하여야 한다.

나) 판매・대여를 목적으로 인터넷에 게시하는 경우에 적합성평가 표시는 해당 기자재가 게시된 페이지의 상단 또는 기자재 가격이 표시된 아래 부분에 표시하여야 하며, 기자재의 고유번호는 문자(TEXT) 형태로 표시하여야 하고, 기자재의 고유번호의 진위여부를 확인하기 위해 다음의 URL(http://www.rra.go.kr/conform/인증(등록)번호 또는 http://www.rra.go.kr/selform/관리번호)를 링크할 수 있다.

다) 수입자의 경우에는 구매자가 직접 기자재의 표면에 적합성평가 표시를 부착할 수 있도록 스티커 등을 제공하는 경우 기자재 또는 포장에는 적합성평가 표시를 생략할 수 있다.

라) 적합성평가 표시를 받은 무선 송・수신용 부품, 슬롯형 착탈식 유선팩스 전용모듈, 완구용 모터를 완제품의 구성품으로 사용할 경우에는 기자재의 고유번호와 함께 구성품의 적합성평가 고유번호도 표시하여야 한다.

마) 기자재의 고유번호가 하나 이상일 경우에는 기본도안 하나에 각각의 고유번호만 나열하여 표시할 수 있다.

3. 전자적 표시(e-labelling) 방법 및 절차

가) 적용범위
1) 적합성평가 표시(자기적합확인 표시)를 기자재의 표면 또는 포장에 물리적인 방법으로 표시하는 대신 펌웨어, 소프트웨어, QR 코드 등을 이용한 전자적 표시(e-labelling) 방법을 선택적으로 사용할 수 있도록 허용하기 위함이다.
2) 전자적 표시(e-labelling)는 다음 두 가지 방법을 적용할 수 있다.
   ㉠ 디스플레이 방식 : 디스플레이가 내장된 제품(프로젝터 등과 같이 자체 디스플레이 제품 포함)에 한해 디스플레이를 통해 적합성평가 표시(자기적합확인 표시)를 할 수 있는 방법으로 사용자가 디스플레이를 임의로 제거할 수 없는 경우에 한하여 적용할 수 있다.
   ㉡ QR 코드 방식 : 기자재의 표면 또는 포장에 표시된 QR 코드를 통해 적합성평가 표시(자기적합확인 표시)를 확인할 수 있는 방법으로 QR 코드 내에 직접 적합성평가 정보를 수록하는 정보수록 방식과 적합성평가를 받은 자의 홈페이지 URL 링크를 통해 적합성평가 정보를 표시하는 링크방식을 선택적으로 적용할 수 있다.
3) 전자적 표시(e-labelling) 정보는 식별이 가능하도록 표기하여야 한다.

나) 전자적 표시(e-labelling)에 표기하여야 할 정보
1) 영 제77조의5제1항에 따른 적합성평가 표시 및 제2항에 따른 자기적합확인 표시
2) 인증받은 무선 송・수신용 부품의 인증(등록)번호[표시방법의 예 : 인증받은 무선모듈(또는 RF MODULE) : 인증(등록)번호]
3) 제2호 나목의 ˝기자재의 고유번호 진위여부 확인 URL˝(링크 방식의 QR 코드에 한함)

4) 추가적으로 표시할 수 있는 사항 : 제2호 나목의 ˝기자재의 고유번호 진위여부 확인 URL˝(정보 수록 방식의 QR 코드에 한함), [별표4]의 사용자 안내문, 전파법 제47조의2에 따른 전자파흡수율 등급, 사용자 설명서 등

다) 전자적 표시(e-labelling)에 사용하는 제품의 요구조건
  1) 공통 요구조건
    ㉠ 사용자가 특별한 접근암호나 인가절차 없이 제3호나목의 정보에 접근할 수 있어야 하며, 어떠한 경우에도 장치의 메뉴에서 3단계 이하의 단계를 거쳐 접근할 수 있어야 한다.
    ㉡ 전자적 표시(e-labelling) 정보는 제3자(일반사용자)에게 부여된 권한(예 : 어플리케이션 설치, 메뉴접근 등)의 통상적 활동과정에서 변경 또는 제거될 수 없는 방식으로 보호되어야 하며 적합성평가를 받은 자는 이를 보증하여야 한다.
  2) 디스플레이 방식의 요구조건
    ㉠ 사용자에게 전자적 표시(e-labelling)를 사용한 제품임을 포장재 또는 사용자설명서에 명시하여야 한다.
    ㉡ 사용자가 별도의 장치 또는 부대용품(예 : 가입자식별모듈(SIM) 등)을 사용하지 않고 전자적으로 저장된 제3호 나목의 정보에 접근할 수 있어야 한다.
    ㉢ 사용자가 정보에 접근할 수 있는 방법에 관한 특정한 안내문을 반드시 제공하여야 한다. 이러한 안내문은 사용자설명서(전자적 방식 포함), 작동설명서, 포장재 삽입물 또는 기타 이와 유사한 방식으로 제공할 수 있다.
  3) QR코드 방식의 요구조건
    ㉠ 링크 방식을 통해 적합성평가 표시(자기적합확인 표시)를 하는 경우 적합성평가를 받은 자의 홈페이지는 적합성평가를 받은 자의 책임하에 운영 및 관리되어야 하며, 적합성평가 표시 정보의 지속적인 서비스제공이 보장되어야 한다.
    ㉡ QR 코드 표시방법은 다음과 같다.
      ⓐ 국가통합마크 및 기자재의 고유번호를 QR 코드의 내부 또는 QR 코드 테두리의 밖에 인접하여 상하좌우 중 적절한 위치에 눈에 잘 보이도록 표시하여야 한다.
      ⓑ QR 코드를 신속하게 인식하는데 지장이 없는 범위 내에서 제품의 디자인에 따라 기본도안의 크기와 색깔을 적절히 변경하여 사용할 수 있다.

2. 국내에서 제조하는 제품의 적합성평가 표시는 출고 전에 하고, 수입제품의 적합성평가 표시는 통관 전에 하여야 한다.

[8] 적합성평가의 해지

1. 적합성평가를 받은 자가 기자재의 제조·판매 또는 수입 중단 등으로 적합성평가를 해지하고자 하는 경우에는 다음 각 호의 신청서와 첨부서류(전자문서를 포함)를 작성하여 원장에게 제출하여야 한다.
   ① 별지 제17호서식의 적합성평가 해지 신청서
   ② 적합인증서 또는 적합등록필증
2. 원장은 적합성평가의 해지 신청을 받은 때에는 그 사실을 관보에 공고하여야 한다.
3. 자기적합확인을 한 자가 자기적합확인한 사실을 해지하고자 하는 경우에는 국립전파연구원의 인터넷 홈페이지에 공개한 사실을 철회하여 해지할 수 있다.

[9] 인증서의 재발급

원장은 제7조 및 제9조 또는 제13조에 따라 적합인증서(또는 적합등록필증 및 잠정인증서)를 교부받은 자가 인증서를 분실하거나 손상되어 별지 제18호서식을 작성하여 재발급을 신청한 경우에는 인증서를 재발급할 수 있다.

[10] 처리기간

1. 원장은 적합성평가를 신청받은 때에는 다음 각 호에서 정한 기일 이내에 이를 처리하여야 한다.
   ① 즉시 처리
      ㉠ 제5조에 따른 적합성평가 식별부호 신청
      ㉡ 제8조에 따른 적합등록의 신청
      ㉢ 제16조제1항에 따른 적합등록 변경신고
      ㉣ 제24조에 따른 적합성평가의 해지
      ㉤ 제25조에 따른 인증서의 재발급
      ㉥ 제28조에 따른 수입 기자재의 통관 확인
   ② 1일 이내 처리 : 제21조에 따른 적합성평가의 면제 확인
   ③ 5일 이내 처리
      ㉠ 제5조에 따른 적합인증 신청
      ㉡ 제18조제1항에 따른 적합인증 변경신고

ⓒ 제18조제1항에 따른 적합등록 변경신고

　　　ⓔ 제22조제3항에 따른 동일기자재의 적합인증 또는 적합등록 신청

　④ 30일 이내 처리 : 제13조에 따른 잠정인증 신청

2. 제1항제3호 가목의 처리기간을 적용함에 있어 제6조제2항에 따른 시험성적서의 유효성 확인을 위하여 소요되는 기간은 처리기간에 산입하지 아니하며, 제1항제4호의 처리기간을 적용함에 있어 전문적인 기술검토 등 특별한 추가절차를 거치기 위하여 1회에 한하여 15일의 기한을 연장할 수 있다. 이 경우 원장은 신청인에게 그 사유 및 예상소요기간 등을 서면으로 사전 통보하여야 한다.

[10] 국내대리인의 지정 등

① 법 제58조의13제1항에 따른 국내대리인은 별지 제4호 서식에 따라 서면으로 지정하여 제출하고, 다음 각 호의 사항을 대리하여야 한다.

　　ⓐ 제5조, 제8조, 제13조, 제22조제3항에 따른 적합성평가의 신청

　　ⓑ 제11조 및 제18조제4항·제5항에 다른 자기적합확인의 공개

　　ⓒ 제18조에 따른 변경사항의 신고

　　ⓔ 제27조에 따른 적합성평가의 해지

　　ⓜ 제28조에 따른 인증서의 재발급

　　ⓗ 법 제71조의2제2항에 따른 관련자료의 제출 또는 해당 기자재의 제출

② 제1항에 따라 지정한 국내대리인을 변경하고자 하는 경우에는 제18조제1항에 따른 변경신고 절차를 준용하여 별지 제4호서식의 대리인 지정(위임)서를 원장에게 제출하여야 한다. 다만, 제11조에 따라 자기적합확인을 한 자는 국립전파연구원의 인터넷 홈페이지에 별지 제4호서식의 대리인 지정(위임)서를 제출하여야 한다.

③ 법 제58조의13제1항에도 불구하고 제1항제1호부터 제5호까지의 사항을 대리하는 자에 대하여도 별지 제4호서식에 따라 국내대리인을 지정할 수 있다. 이 경우 별지 제4호서식의 대리인 지정(위임)서를 제출하여야 한다.

[11] 수입 기자재의 통관확인 등

① 관세법 제226조제2항에 따라 통관 시 세관장이 확인하여야 할 기자재를 수입

하려는 자는 통관을 위하여 필요한 경우 별지 제13호서식에 따라 기자재의 적합성평가 확인 또는 사전통관(적합성평가를 받기 위한 시험신청을 한 경우에 한함) 신청서(전자문서를 포함)를 원장에게 제출하여야 한다.

② 원장은 제1항에 의한 기자재의 적합성평가 확인 또는 사전통관 신청이 있는 경우에는 이를 확인하여 별지 제13호서식에 따른 확인서를 교부하여야 한다.

③ 제1항에 따라 사전통관을 신청한 기자재는 확인서를 교부받은 날로부터 60일 이내에 적합성평가를 받아야 한다.

Chapter 02 무선통신 설비 설계

1 무선중계설비 설계 적용하기

1 통신보안의 개요

[1] 통신보안의 정의 및 목적
(1) 통신보안의 정의

우리가 사용하는 통신수단(유선전화, 이동전화, 전신, 텔렉스, 팩시밀리, PC통신 등)에 의한 통화내용이 알아서는 안 될 사람에게 직접 또는 간접으로 누설되는 것을 사전에 방지하거나 지연시키기 위하여 관리적·물리적 또는 기술적 수단을 강구하는 모든 행위를 말한다.

(2) 통신보안의 목적

① 비밀 누설 가능성의 사전 제거 : 통신 수단에 의하여 소통되는 비밀 사항에 대한 누설 가능성을 사전에 제거한다.

② 정보량의 제한 : 통신망을 통하여 우리의 비밀을 탐지하고자 하는 집단이나 사람이 획득하려는 정보의 양을 최대한으로 제한한다.

③ 정보 탐지의 지연 : 통신으로부터 우리의 비밀을 탐지하려는 집단이나 사람이 획득하려는 정보를 될 수 있는 대로 지연시킨다.

(3) 통신보안의 필요성

① 전기통신방법이 고도화되어감에 따라 그 이용도가 날로 증가되고 있다.

② 사회 각 분야의 활동사항이 대부분 전기통신을 이용하여 전달되고 있으므로 풍부한 정보의 원천이 되고 있다.

③ 통신정보 수집을 위한 도청 능력이 날로 향상되어 가고 있다.
④ 통신정보 수집방법이 다른 정보의 수집방법에 비하여 안전하며, 비용도 절약된다.

(4) 통신정보

① 통신정보의 의의 : 통신정보란 전기적 통신수단에 의하여 전달되고 있는 통신 내용을 무선 또는 유선 회로를 통하여 도청, 분석한 자료에 의해서 얻어지는 정보를 말한다.

② 통신보안과 통신정보의 비교

구분	통신보안	통신정보
기능	보호 기능	수집 기능
공통점	국가 보안에 기여	국가 보안에 기여
다른 점	1. 방어 수단 2. 양성적 3. 방대한 인력과 예산 4. 효과 측정이 곤란	1. 공격 수단 2. 음성적 3. 극소의 인력과 예산 4. 효과 측정이 용이

[2] 통신보안 수단

(1) 무선통신의 원칙

① 무선통신의 내용은 필요 최소한의 사항으로 이루어져야 한다.
② 무선통신에 사용하는 용어는 가능한 한 간명하여야 한다.
③ 무선통신을 하는 때에는 자국의 호출부호·호출명칭 및 표지부호를 붙여서 그 출처를 명확하게 하여야 한다.
④ 무선통신을 하는 때에는 정확하게 송신을 하여야 하며, 오류를 인지한 때에는 즉시 정정하여야 한다.

(2) 용어의 정의

① 암호 : 평문의 문자나 숫자 등에 암호 기술상의 처리를 가하여 그 내용 전체를 체계적으로 변경시켜 비밀을 탐지하려는 사람이 전혀 이해할 수 없게 하려는 것이다.

> **참고**
> 통신 내용의 은폐 방법 중 가장 고도화된 통신보안의 방법으로서 주로 유선, 무선 전신에 사용된다.

② 음어 : 평문의 단어나 구절 또는 숫자를 다른 어휘 또는 숫자, 문자 등으로 변경시키는 각종 방식으로서, 암호 기술상의 처리를 가하지 않으며 조립 해독이 암호에 비하여 신속한다.

> **참고**
> 주로 유선, 무선 전화 통신에 사용된다.

③ 약호 : 비밀이 아닌 평문 내용의 긴 문장이나 단어 및 어휘를 전혀 뜻이 다른 간략한 문자 또는 숫자 등으로 대치하여, 교신 상호간에 신속히 식별할 수 있도록 한 것으로 통신보안의 목적으로도 사용할 수 있다.

> **참고**
> 신속과 보안을 동시에 충족시킬 수 있으며 유·무선 전신, 전화에 공용할 수 있고 비밀 취급 여부에 관계없이 통신 이용자가 사용할 수 있다.

④ 약어 : 평문의 긴 문장이나 단어 또는 어휘 중에서 주가 되는 문자만을 추려서 간략하게 결합한 것으로 통신 소통의 신속성과 간편성을 도모하기 위해 사용된다.

> **참고**
> 통신보안용으로 사용할 수 없다.

⑤ 통신 제원 : 무선통신 운용에서 가장 기본적인 요소가 되는 호출 부호, 주파수, 교신 시간을 통신 제원이라 한다.
⑥ 감청 : 통신 운용상의 제반 규정 절차의 이행 및 운용 상태를 감독할 뿐 아니라 통신보안상의 위반 여부를 분석, 파악하기 위하여 권한이 있는 기관에서 공개적으로 엿듣는 것
⑦ 도청 : 통신의 내용을 탐지하기 위하여 몰래 엿듣는 것
⑧ 암호 해독 : 암호의 전문 내용을 입수된 상대방의 암호표에 의하여 그 내용을

알아내는 것

⑨ 암호 분석 : 감청 또는 도청을 하여 입수한 통신문 중에 암호 전문을 암호표 없이 연구, 분석하여 그 내용을 알아내는 것

⑩ 난수 : 암호 작성에 사용되는 무의미한 숫자의 집합

[3] 통신의 수단

(1) 전령 통신

사람이나 훈련된 동물에 의해서 직접 서신이나 정보 자료를 휴대하게 하여 전달하는 방법으로 다음과 같은 취약점이 있다.

① 정보 탐지자에 의해 피습 우려가 있다.
② 통신의 신속성이 결여되어 있다.
③ 경제성이 없다.
④ 계절, 기후의 영향을 받는다.
⑤ 때, 장소에 영향을 받는다.

(2) 우편 통신

체신관서의 일반 우송 수단을 이용한 통신방법으로, 통상 우편과 등기 우편으로 구분되며 다음과 같은 취약점이 있다.

① 정보 탐지자에 의해 피습당할 우려가 있다.
② 신속성이 결여된다.
③ 통상 우편은 분실에 대한 책임 보장이 없다.
④ 수취인에 대한 정확한 전달이 곤란하다.
⑤ 배달자의 확인이 곤란하다.

(3) 시호 통신

시각을 통하여 상호 의사를 소통하는 통신방법으로서 봉화, 전등, 수기 및 신호탄 등에 의한 것이 있는데 다음과 같은 취약점이 있다.

① 기상 조건의 영향으로 시계의 제한을 받는다
② 다른 사람의 방해를 받을 우려가 있다.
③ 원거리 통신이 불가능하다.

④ 신호의 누설에 의한 기만 및 역이용을 당할 우려가 있다.
⑤ 시계 내에서는 누구든지 신호를 탐지할 수 있다.

(4) 음향 통신

청각 기능을 통하여 서로의 의사를 소통하는 통신방법으로서 호각, 나팔, 사이렌, 북, 피리, 총기 등이 이용되고 있으며 시호 통신과 같은 취약점이 있다.

(5) 전기 통신

전기 통신은 여러 가지 통신 수단 중에서 가장 이용도가 높으나 보안성이 가장 희박하다. 크게 유선과 무선으로 나눌 수 있다.

(6) 통신 수단 및 방식별 보안도 순위

① 통신수단별 보안도 순위
  ㉠ 전령 통신(인편인 경우)   ㉡ 우편 통신
  ㉢ 시호 통신   ㉣ 음향 통신
  ㉤ 전기 통신

② 통신방식별 보안도 순위
  ㉠ 전령 통신(인편인 경우)   ㉡ 등기 우편
  ㉢ 인가된 유선 통신   ㉣ 일반 통상 우편
  ㉤ 일반 유선 통신   ㉥ 시호 통신
  ㉦ 음향 통신   ㉧ 무선 중계 유선 통신
  ㉨ 무선 통신

[4] 통신 내용의 탐지 수단

(1) 교신 분석

상대방의 교신 사항을 분석하여 통신망의 파악과 그 기관의 규모 및 행동 상황의 추정과 통신량 및 통신 제원 등을 분석하는 것을 말한다.

(2) 암호 분석

비밀 내용을 은닉하기 위하여 암호로 타전한 상대방의 통신문을 해독용 암호표 없이 추리, 분석, 해독하여 비밀 내용을 탐지하는 것을 말한다.

(3) 방향 탐지

상대방의 통신소에서 발사하고 있는 송신 전파의 전파 경로를 측정하여 그 통신소의 위치를 탐지하거나 이동 통신소인 경우 이동 경로를 탐지하는 것을 말한다.

(4) 기만 통신

적이 우리의 통신소로 가장, 기만하여 주요한 비밀 내용을 발설케 해서 내용을 탐지하거나 허위 정보를 제공하여 군사상 및 주요 업무 수행에 혼란을 일으키는 것을 말한다.

(5) 방해 통신

상대방의 통신 회선을 교란시킴으로써 상대방의 통신 능력을 약화시키든지, 통신을 두절시키는 등 중요하고 긴급한 통신 내용의 소통을 불가능하게 하는 것을 말한다.

(6) 통신소 침투에 의한 자료 수집

① 비밀 자료의 입수 : 비밀 보안 자재와 기타 통신 운용에 필요한 통신 제원, 통신망 구성 등 비밀 자료를 관찰, 복사 또는 촬영하여 입수함으로써 도청 행위를 돕는다.

② 비밀 자료의 파손 : 통신소에 침투하여 비밀 자료(암호, 음어, 약호 등)를 손상, 파손함으로써 통신 운용을 혼란케 하거나 통신 능력을 약화시킨다.

2 통신보안의 준수

[1] 통신보안 준수사항

(1) 통신보안 준수사항

① 시설자는 무선국을 운용함에 있어 아래 사항을 준수하여 통신보안사고가 발생하지 아니하도록 하여야 한다. 다만, 전기통신역무를 제공받기 위하여 개설한 무선국의 시설자는 제외한다.
   ㉠ 자체 통신보안업무계획의 수립 및 시행
   ㉡ 무선국 허가사항 준수

    ⓒ 비밀 및 대외비 내용의 통신 시 보안자재 사용
    ⓔ 필요 이상의 무선통신 사용억제
    ⓜ 비인가 보안자재 사용금지
    ⓗ 통신장비 설치장소의 보호구역 설정 및 출입통제
    ⓢ 통신보안 책임자 지정
    ⓞ 무선종사자에 대한 통신보안 교육 이수
② 시설자 등은 무선통신을 행할 때에는 아래의 통신보안 위반사항이 발생하지 아니 하도록 하여야 한다.

조	내용	항	세부내용
1	불온통신에 관한 사항	가 나 다 라	북한통신소와의 교신 행위 국내 침투 간첩과의 교신 행위 반국가적 행위의 수행을 목적으로 하는 내용 범죄행위를 목적으로 하거나 범죄행위를 교사하는 내용
2	군사비밀(경찰포함) 누설에 관한 사항	가 나 다 라	전략·작전계획 및 진행사항 병력(군·경·예비군)의 현황 및 동원사항 군사시설의 현황, 성능, 생산, 공급에 관한 사항 기타 국가방위에 영향을 초래하는 사항
3	국가외교 비밀에 관한 사항	가 나 다	재외공관에 발하는 훈령의 내용 외교에 관한 방침·계획 및 집행에 관한 사항 기타 국가외교에 영향을 초래하는 사항
4	국가행정 비밀에 관한 사항	가 나 다	대공관계자 신원조사 및 통신보안 회합에 관한 사항 대공관련 보고·신고 및 검문·검색계획에 관한 사항 기타 국가 시책에 영향을 초래하는 사항
5	정보·첩보에 관한 사항	가 나 다	국가원수의 비공개 행사계획 및 진행사항 간첩 및 용의자의 출현 및 수사활동 사항 기타 국가안보 및 공안유지에 중대한 영향을 초래하는 정보·첩보에 관한 사항
6	보안자재 및 비밀 통신제원에 관한 사항	가 나 다 라	암호의 누설 행위 비인가된 암호의 사용 행위 암호와 평문의 혼합사용 및 암호문의 평문 이중송신 행위 기타 통신자재보안 및 통신운용에 유해로운 사항
7	국가 산업정보에 관한 사항	가 나	적 또는 경쟁국의 유리한 과학기술 사항 기타 산업에 관한 정보

③ 시설자 및 보안책임자는 나항에 따른 "통신보안 위반사항"이 발생되었다고 인

정된 때에는 즉시 필요한 대책을 강구하여야 한다.
④ 보안책임자의 지정
㉠ 시설자는 1개의 통신망에 대하여 지휘·감독할 수 있는 부서의 관리직에 있는 자로 1인의 보안책임자를 지정하여 관리하여야 한다. 다만, 전기통신역무를 제공받기 위하여 개설한 무선국의 시설자는 제외한다.
㉡ 시설자는 ㉠항에 따른 무선국이 1일 8시간 이상 운용되는 경우에는 통신보안 부책임자를 따로 지정할 수 있다.
⑤ 보안책임자는 다음 각 호의 사항을 수행하여야 한다.
㉠ 무선국 운용에 따른 통신보안업무 활동계획 수립·시행
㉡ 무선통신을 이용하여 발신하고자 하는 통신문에 대한 보안성 검토
㉢ 통신보안 위반사항이 발생하고 있다고 인정될 때에는 즉시 그 통신을 중단시키는 등 필요한 조치
㉣ 불필요한 내용의 무선통신 사용 억제
㉤ 통신보안에 관한 관계규정 숙지 및 이행

[2] 통신보안용 약호

(1) 통신보안용 약호 등

① 무선국의 시설자는 통신상 보안을 요하는 사항에 대하여는 통신보안용 약호를 정한 후 중앙전파관리소장의 승인을 얻은 후 이를 사용하여야 한다. 다만, 군사기밀보호법시행령에 해당하는 내용은 약호 또는 평문으로 통신할 수 없으며, 인가된 통신보안자재를 사용하여야 한다.
② 무선국의 시설자는 통신보안을 위하여 호출명칭을 변경하여 사용할 필요가 있는 경우에는 통신보안용 호출명칭을 정하여 중앙전파관리소장의 승인을 얻은 후 이를 사용하여야 한다.
③ ①의 규정에 의한 통신보안용 약호 및 ②의 규정에 의한 통신보안용 호출명칭 변경에 관한 승인절차는 중앙전파관리소장이 정하여 고시한다.

(2) 모스 부호 및 약호 등의 사용

① 무선전신의 의한 통신에는 모스 부호를 사용하여야 한다.

② 무선 전신통신에서는 무선통신용 약어 또는 부호를 사용하여야 하며 이들 약부호와 같은 뜻을 가진 다른 어귀를 사용할 수 없게 되어 있다.

③ 통신보안을 요하는 사항에 대하여는 통신보안용 약호를 제정한 후 체신부장관에게 승인을 얻어 이를 사용하여야 한다.

④ 무선 전화에 의한 통신에는 무선 전화용 용어를 사용하여 통신하고 이 용어와 같은 의미를 가진 다른 어귀를 사용하여서는 안 된다.

(3) 무선통신에 사용하는 모스 부호 · 약어 및 통화표(제4조 관련)

① 무선전신용 모스 부호표

㉠ 국문

ⓐ 자음

ㄱ. ‧ - ‧ ‧   ㄴ. ‧ ‧ - ‧   ㄷ. - ‧ ‧ ‧   ㄹ. ‧ ‧ ‧ -   ㅁ. - -   ㅂ. ‧ - - -

ㅅ. - - ‧   ㅇ. - ‧ -   ㅈ. ‧ - - ‧   ㅊ. - ‧ - ‧   ㅋ. - ‧ ‧ -   ㅌ. - - ‧ -

ㅍ. - - -   ㅎ. ‧ - - -

ⓑ 모음

ㅏ. ‧   ㅑ. ‧ ‧   ㅓ. -   ㅕ. ‧ ‧ ‧   ㅗ. ‧ -   ㅛ. ‧ ‧ -

ㅜ. ‧ ‧ ‧ ‧   ㅠ. ‧ - ‧   ㅡ. - ‧ ‧   ㅣ. ‧ ‧ -   ㅐ. - ‧ - -   ㅔ. - ‧ - -

㉡ 구문

ⓐ 문자

A. ‧ -   B. - ‧ ‧ ‧   C. - ‧ - ‧   D. - ‧ ‧   E. ‧   F. ‧ ‧ - ‧

G. - - ‧   H. ‧ ‧ ‧ ‧   I. ‧ ‧   J. ‧ - - -   K. - ‧ -   L. ‧ - ‧ ‧

M. - -   N. - ‧   O. - - -   P. ‧ - - ‧   Q. - - ‧ -   R. ‧ - ‧

S. ‧ ‧ ‧   T. -   U. ‧ ‧ -   V. ‧ ‧ ‧ -   W. ‧ - -   X. - ‧ ‧ -

Y. - ‧ - -   Z. - - ‧ ‧

ⓑ 숫자

1. ‧ - - - -   2. ‧ ‧ - - -   3. ‧ ‧ ‧ - -   4. ‧ ‧ ‧ ‧ -   5. ‧ ‧ ‧ ‧ ‧   6. - ‧ ‧ ‧ ‧

7. - - ‧ ‧ ‧   8. - - - ‧ ‧   9. - - - - ‧   0. - - - - -

ⓒ 기호

기호	부호	모스
마침표(종지부)	(.)	· — · — · —
쉼표(휴지부)	(,)	— — · · — —
쌍점(중지부) 또는 제산기호	(:)	— — — · · ·
물음표 또는 이해되지 아니한 전송의 반복의 청구	(?)	· · — — · ·
작은 따옴표(내인용부)	(')	· — — — — ·
연속선, 횡선 또는 감신기호	(-)	— · · · · —
사선 또는 제산기호	(/)	— · · — ·
좌괄호	(( )	— · — — ·
우괄호	( ))	— · — — · —
따옴표(인용부)	(" ")	· — · · — ·
이중선	(=)	— · · · —
정정부호(국문전보)		· · · · · · · ·
십자부 또는 가산기호		· — · — ·
통신개시의 신호(모든 전송에 앞선다)		— · — · —
승산기호		— · · —

ⓔ 숫자 약부호

1. · —   2. · · —   3. · · · —   4. · · · · —   5. · · · · ·   6. — · · · ·
7. — · · ·   8. — · ·   9. — ·   0. —

(4) 통신보안용 약호자재 및 호출명칭 변경에 관한 승인절차

① 소장은 자재의 제작 및 관리에 관한 업무를 조정·감독하고 자재 제작기관의 장은 자재 제작 및 관리에 대한 책임을 진다.

② 자재사용 지정기준

㉠ 시설자는 다음 각 호의 무선통신망을 이용하여 통신을 할 경우 통신보안을 요하는 사항은 통신보안용 약호를 사용하여야 한다.

ⓐ 국가 안전보장상 주요통신망
ⓑ 국가 기간통신망 및 방위산업통신망
ⓒ 기타 무선국 허가관서의 장이 필요하다고 인정하는 무선국
ⓛ 무선국 허가관서의 장은 무선국을 허가 또는 재허가 시 자재를 사용하도록 할 경우에는 소장과 협의하여야 한다.
③ 자재의 사용승인 신청
㉠ 시설자가 무선통신망에서 사용할 통신보안용 자재를 제작하고자 할 경우에는 다음 아래의 서류를 첨부하여 소장의 승인을 얻어야 한다.
ⓐ 별지 제1호 서식에 의한 약호자재 사용승인신청서
ⓑ 별지 제2호 서식에 의한 약호자재 취급자 등록서
ⓒ 약호자재(안)
㉡ 소장은 가항의 규정에 따른 자재 사용승인 심사에 필요한 경우 신청인에게 추가자료를 요구하거나 의견을 들을 수 있다.
㉢ 소장은 나항에 따른 심사결과 자재 사용을 승인할 경우자재의 사용기간·등록부수 및 제작기관번호를 지정한다.
④ 자재의 구성
㉠ 약호는 숫자·문자·기호 등 뜻이 전혀 다른 글자로 구성하여야 한다.
㉡ 원어는 소통되는 통신문에서 긴급·비밀성 등을 감안하여 조합하며 한글의 자모음·기호·숫자·영문 등을 포함한다. 다만, 이동체 무선국에서 사용되는 자재는 한글의 자모음·기호 등은 생략할 수 있다.
㉢ ㉡항에 따른 원어의 배열은 가, 나, 다 순으로 작성하고 약호는 통상 3숫자로 부여한다.
⑤ 자재의 규격
㉠ 자재는 백상지 A4 용지에 작성한다. 다만, 이동체무선국에 배부하는 경우에는 휴대하기 간편하고 사용하기 편리하도록 축소 제작 사용할 수 있다.
㉡ 자재 제작기관의 장은 자재를 축소 제작하여 사용하고자 할 경우 사용범위와 제작방법 등에 관하여 소장과 협의하여야 한다.
⑥ 자재의 제작
㉠ 자재의 표지 및 내용문 상단 중앙에는 "대외비" 표시를 하고 표지에는 제작

기관명 대신에 소장이 지정한 제작기관번호와 등록번호(사본번호) 및 경고문 등을 표시하여야 한다.
ⓒ 자재는 실수요 부수 외 예비용은 3부를 초과하여 제작할 수 없으며 어떠한 경우에도 복제 및 복사할 수 없다.
ⓒ 자재를 제작하고자 할 때에는 별지 제3호 서식 "약호자재 발간승인서"에 보안담당관(보안담당관이 없는 자재 제작기관은 통신보안책임자, 이하 같다)의 승인을 받아야 한다.
ⓔ 자재의 제작은 자체 제작시설을 이용함을 원칙으로 한다. 다만, 자체 제작시설이 없는 경우에는 정부기관으로부터 비밀발간 인가를 받은 업체에 의뢰하여야 한다.
ⓜ 보안담당관은 자재를 제작할 때에는 입회자를 지정하여 제작과정의 조판·인쇄·제본 등을 감독하여야 하며 발행수량을 확인한 후 모든 작업지 및 폐지와 잉여분을 소각하고 조판부분을 알 수 없도록 분해하여야 한다.
ⓑ 제작된 자재는 별지 제4호 서식 "약호자재관리기록부"에 기록 관리하여야 하며 자재의 원본은 제작이 완료된 후 자재기록부에 등재 후 파기한다.
ⓢ 퍼스널 컴퓨터를 이용하여 자재를 제작할 때의 디스켓은 디스켓 관리표를 부착, 대외비관리기록부에 등재 관리하여야 하며 자재 제작 후에는 소거하여야 한다.
ⓞ 디스켓 약호자재(자동변화 프로그램)를 제작 사용할 때의 제작 절차 등은 ⓖ항에서 ⓢ항을 준용한다.

⑦ 인감등록
ⓖ 자재 제작기관의 장은 자재관리 임무를 수행할 수 있는 직위에 있는 자를 정·부 책임자로 지정하고 자재 수발에 필요한 인감을 별지 제2호 서식에 따라 등록 비치하여야 한다.
ⓒ ⓖ항의 지정에 따른 자재관리 정·부 책임자를 임명하거나 변경한 때에는 별지 제2호 서식에 따라 소장에게 등록하여야 한다.

⑧ 자재의 등록
ⓖ 자재 제작기관의 장은 자재를 신규 또는 변경 제작한 경우 소장이 지정한 부수와 자재 배부내역서를 소장에게 제출하여야 한다.

ⓒ ㉠항의 규정에 따른 등록된 자재는 사용완료(이하 "반납용"이라 한다)·현재용·미래용으로 구분하며, 차기 미래용 자재는 미래용 자재 사용개시일 30일 전까지 등록하여야 한다.
⑨ 자재의 배부 및 반납
　　㉠ 자재를 배부 또는 반납할 때에는 별지 제4호 서식에 의한 약호자재 관리기록부에 기록하고 별지 제5호 서식의 "보안시스템증명서" 2부를 작성하여 인감이 등록된 자가 직접 주고받아야 하며 부득이 직접 수령할 수 없는 경우에는 정책임자의 위임장을 제출하고 수령할 수 있다. 다만, 해외용 자재는 외교행낭을 이용하여 배부 및 반납하여야 한다.
　　ⓒ ㉠항에 따른 자재의 배부 및 반납은 전시·비상사태 또는 천재지변 등 부득이한 경우에 한하여 내부봉투에 대외비를 표시한 불투명 이중 봉투를 사용하여 등기우편에 의하여 주고받을 수 있다.
　　ⓒ 자재 제작기관의 장은 소속기관에서 사용할 자재를 운용자에게 배부하여야 하며 자재의 원활한 운용을 위하여 미래용 자재 사용개시 7일 전까지 차기 미래용 자재를 배부하여야 한다.
　　㉣ 자재를 수령한 보관책임자는 약호자재 관리기록부에 기록 관리하여야 하며 수령한 자재를 소속기관에 재배부할 때에는 별도의 배부기관용 약호자재 관리기록부에 기록하고 배부하여야 한다.
　　㉤ 자재 제작기관의 장은 반납용 자재를 회수하여 파기하고 보안시스템증명서에 회수 및 파기 사항을 기록 유지하여야 한다. 다만, 소장에게 등록된 자재는 소장이 관리 및 파기한다.
　　㉥ 해외에 배부된 자재 중 반납용 자재는 외교통상부 해외공관 보안담당의 입회하에 현장에서 파기할 수 있다.
⑩ 자재 제작기관의 장은 자재 전송 시 전송책임자를 지정하여 다음 각 항의 사항에 유의하여 전송하도록 한다.
　　㉠ 전송 시기는 가급적 비공개로 수행하여야 한다.
　　ⓒ 자재운반은 잠금장치가 되어 있는 견고한 가방 등을 이용하여 전송하여야 하며 간단한 봉투 등을 이용하여 전송하는 것은 금한다.
　　ⓒ 자재를 전송하는 자는 전송 도중 자재의 보호는 물론 비인가자의 접근을 방

지하여야 하며 자재를 휴대하고 사적인 용무를 보는 것을 금한다.
⑪ 자재의 보관 및 점검
  ㉠ 자재는 현재용을 제외하고는 이를 포장하여 봉인한 후 이동이나 운반이 곤란한 금고 또는 이중 캐비넷에 보관하여야 하며 자재 보관함에 문서 등 다른 물품을 혼합 보관하여서는 아니 된다.
  ㉡ 자재를 보유하고 있는 기관의 장은 자재보관 정·부 책임자를 지정하고 별지 제6호 서식 "약호자재 점검기록부"를 비치하여야 한다.
  ㉢ 자재보관 책임자는 수시로 자재를 점검하고 월 1회 이상 기록 유지하여야 하며 보안담당관은 점검여부를 확인하여야 한다.
⑫ 자재의 사용 등
  ㉠ 유·무선으로 다음 각 호의 사항을 발신할 경우에는 자재를 사용하여야 한다. 다만, 인가된 암호기 또는 비화기를 설치할 때에는 승인된 범위 내에서 평문으로 수발할 수 있다.
    ⓐ 대외비
    ⓑ 비밀 또는 대외비로 분류되지 아니한 내용이라도 누설될 경우 국가안전보장, 공안유지 및 경제안정 등 국가이익을 해칠 우려가 있는 내용
  ㉡ 동일 내용의 전문을 약호문과 평문으로 이중 송신하거나 평문으로 문의하여서는 아니 된다.
  ㉢ 자재보관책임자는 별지 제7호 서식 "약호자재 사용기록부"를 비치한 후 자재를 사용할 때마다 기록 관리하여야 한다.
⑬ 약호문의 관리
  ㉠ 유·무선에 의하여 접수된 약호문을 평문화한 통신문은 당해 비밀등급에 따라 기록 관리하여야 하며 통신문의 여백에 자재 사용시간·자재명·조립 및 해독자를 기재하고 날인하여야 한다.
  ㉡ 약호문 및 조립해독에 사용한 작업용지는 보안담당관 또는 보관책임자 입회하에 소각 또는 파쇄한다.
⑭ 자재의 사용교육
  ㉠ 자재보관 책임자는 관계 취급요원에 대하여 자재사용요령 교육을 연 2회 이상 실시하여야 한다.

ⓒ 자재 사용교육은 연습용 또는 반납용 자재로 실시하고 현재용 및 미래용 자재는 교육 목적으로 사용하여서는 아니 된다.
⑮ 자재 제작기관의 장은 자재를 소각·분실 또는 누설되었다고 인정한 때에는 즉시 배부기관에 자재사용 중지지시 및 미래용으로 대체 사용하도록 긴급조치하고 가장 신속한 방법으로 소장에게 통보한 후 다음 각 호의 사항을 서면으로 통보하여야 한다.
　　㉠ 사고일시 및 장소
　　㉡ 자재명칭·수량 및 등록번호
　　㉢ 사고경위
　　㉣ 사고자 및 관계자의 인적사항
　　㉤ 자재 사고에 관한 자재 사용일자 변경 및 사고자와 관계자에 대한 조치결과 등
　　㉥ 보안시스템증명서 상단 구분란에 사고원인을 기입한 후 서명·날인
⑯ 자재의 긴급파기
　　㉠ 자재를 직접 관리하는 자 또는 전송업무를 담당하는 자는 긴급사태의 발생으로 자재를 안전하게 보호할 수 없다고 인정할 때에는 이를 파기할 수 있다.
　　㉡ 자재의 긴급파기계획은 평상시에 수립되어 있어야 하며 다음순서에 따라 파기한다.
　　　　ⓐ 긴급사태가 발생하였다고 인정한 때에는 반납용부터 파기하며 상황이 더욱 악화되었을 때에는 미래용을 파기
　　　　ⓑ 현재용 자재를 계속 보유할 수 없다고 인정될 때에는 배부처가 많은 것부터 차례로 파기
　　㉢ 자재를 긴급파기하였을 때에는 다음 사항을 신속히 제작기관의 장을 거쳐 소장에게 통보하여야 하며 제작기관의 장은 소속기관에 그 사실을 통보하여야 한다.
　　　　ⓐ 파기일시 및 장소
　　　　ⓑ 자재명칭·수량 및 등록번호
　　　　ⓒ 파기이유 및 방법
　　　　ⓓ 현 보유자재 명칭
　　　　ⓔ 파기자 및 참여자의 직급·성명

   ⓕ 파기 후 조치사항 등
⑰ 자재관리 정·부 책임자가 변경된 때에는 "약호자재기록부"에 자재보유량을 기재하고 신·구 책임자가 서명 날인한 후 보안담당관 또는 보유기관장의 확인을 받아야 한다.
⑱ 자재의 폐지 절차
  ㉠ 자재 제작기관의 장은 자재를 폐지하고자 할 때에는 소장에게 신고하고 승인을 받아야 한다.
  ㉡ 자재 제작기관의 장은 소장으로부터 자재폐지 승인 통보를 받을 경우 지체 없이 기 제작 배부된 자재를 전량 회수하여 보안담당관 입회하에 파기한 후 자재명·파기량·일자 및 장소 등을 소장에게 10일 이내에 통보하여야 한다.
⑲ 자재의 제작·관리 및 운용에 사용하는 각종 관리부의 보존기간은 다음 각 호와 같다.
  ㉠ 약호자재기록부·보안시스템증명서 및 약호취급자 인감등록서 : 5년
  ㉡ 약호자재 점검기록부·사용기록부·발간승인서 및 관계문서 : 3년
⑳ 소장은 보안용 호출명칭의 제작 및 관리에 관한 업무를 조정·감독하고, 보안용 호출명칭 제작기관의 장은 보안용 호출명칭 제작 및 관리에 대한 책임을 진다.
㉑ 보안용 호출명칭의 사용 지정기준
  ㉠ 시설자는 다음 각 호를 이용하여 통신할 경우 보안용 호출명칭을 사용하여야 한다.
   ⓐ 국가 안전보장상 주요통신망
   ⓑ 국가 기간통신망 및 방위산업통신망
   ⓒ 기타 무선국 허가관서의 장이 필요하다고 인정하는 무선국
  ㉡ 무선국 허가관서의 장은 허가 또는 재허가 시 보안용 호출명칭 사용지정을 하는 때에는 소장과 협의하여야 한다.
  ㉢ 보안용 호출명칭 제작기관의 장은 소속기관의 무선통신망을 구성하는 이동용 무선국에 대하여 보안용 호출명칭을 배포하여야 한다.
㉒ 보안용 호출명칭의 사용승인 신청
  ㉠ 시설자가 무선통신망에서 보안용 호출명칭을 사용하고자 할 경우에는 다음

각 호의 서류를 첨부하여 소장의 승인을 얻어야 한다.
  ⓐ 보안용 호출명칭 사용승인 신청서
  ⓑ 보안용 호출명칭(안)
 ⓒ 소장은 가항에 따른 보안용 호출명칭 사용승인 심사에 필요한 경우 신청인에게 자료의 제출을 요구하거나 의견을 들을 수 있다.
㉓ 보안용 호출명칭의 제작, 관리 등
 ㉠ 보안용 호출명칭은 인식하기 쉬운 한글과 숫자로 5자 이내의 대명사로 구성하여야 하며 기호·영문 등을 포함할 수 없다
 ㉡ 보안용 호출명칭은 백상지 A4 용지에 작성한다. 다만, 이동용 무선국에 배부하는 경우에는 휴대하기에 간편하고 사용하기에 편리하도록 축소하여 제작할 수 있다.
 ㉢ 보안용 호출명칭 제작 및 관리는 「보안업무규정시행규칙」의 대외비 기준에 의한다.
 ㉣ 보안용 호출명칭 제작기관의 장은 보안용 호출명칭을 축소하여 제작 사용할 경우 사용범위와 제작방법 등을 소장과 협의하여야 한다.
 ㉤ 보안용 호출명칭의 제작·관리 및 운용에 사용하는 각종 관리부의 보존기간은 3년으로 한다.
㉔ 호출명칭 제작기관의 장은 보안용 호출명칭을 신규 또는 변경 제작할 때마다 소장이 지정한 부수를 사용개시일 30일 전까지 소장에게 제출하여야 한다.
㉕ 보안용 호출명칭의 폐지 절차
 ㉠ 호출명칭 사용기관의 장은 보안용 호출명칭을 폐지하고자 할 때에는 폐지사유를 첨부하여 소장에게 신고하고 승인을 받아야 한다.
 ㉡ ㉠항에 따른 호출명칭 폐지승인 통보를 받을 경우 즉시 기제작 배부된 보안용 호출명칭을 전량 파기하고 그 결과를 소장에게 10일 이내에 통보하여야 한다.

[3] 통신의 3대 요소

신속, 정확, 안전을 통신의 3대 요소라 하며 상호 균형을 유지하도록 해야 한다.
① 신속

⊙ 취급 전문 내용의 비밀이나 중요 내용의 유·무를 사전에 검토하여 불필요한 보안 조치를 하지 않는다.
　　　ⓒ 취급 전문 내용 중 비밀 사항이나 중요 내용만을 보안 조치한다.
　　　ⓒ 흔히 쓰는 술어는 약어를 제정하여 사용한다.
　　　ⓔ 비밀이나 중요 내용일지라도 긴박성과 영향력을 분석, 판단하여 평문으로 취급한다.
　　　ⓜ 시간을 소요하지 않는 자동 보안 장치를 사용한다.
　② 정확
　　　⊙ 상대방을 확인할 수 있도록 확인 부호 사용
　　　ⓒ 전신에서 모스 부호 사용
　　　ⓒ 한글 발성 부호 사용
　　　ⓔ 상대방의 수신증(QSL)을 받는다
　　　ⓜ 통신 속도를 상대방 능력에 맞게 조절
　③ 안전
　　　⊙ 통신 내용에 암호 사용
　　　ⓒ 중요 내용에 음어나 약호 사용
　　　ⓒ 기계적인 자동 보안장치 사용
　　　ⓔ 목적지까지만 통달 가능한 통신방식 사용
　　　ⓜ 통신 제원을 불규칙적으로 변경 사용

[4] 비밀 누설의 주요 요인

① 취약성 있는 통신망 이용
② 비밀 내용의 평문 송신
③ 과다한 통신 소통
④ 보고 체제의 다원화
⑤ 무선 침묵 위반

3 통신보안 수단

[1] 자재 보안

각종 통신보안 자재(암호, 음어, 약호 등)와 통신 장비 및 이와 관련된 시설과 문서 등을 비인가자로부터 절취, 열람, 탐지 및 사진 촬영과 그 밖의 다른 방법을 통한 누설로부터 보호하는 각종 방책을 말한다.

① 탈취, 탐지, 촬영, 관찰 및 복사의 방지
  ㉠ 통신소 출입문에 보호 구역 표시
  ㉡ 허술한 창문에는 철창 가설
  ㉢ 통신소 내부 투시 방지
  ㉣ 중요성에 따라 경비원 배치

② 현용 자재의 정확한 취급과 관리 유지
  ㉠ 보유하고 있는 보안 자료 현황 파악
  ㉡ 관리 기록부 비치
  ㉢ 일일 점검 실시
  ㉣ 교육 계획 수립 및 실시
  ㉤ 취급자를 최소한으로 제한

③ 비밀 자재 보관 용기의 비치
  ㉠ 보관 용기의 자물쇠는 3단계 이상의 번호식을 이용
  ㉡ 휴대하기 불편하도록 충분한 크기와 무게를 가진 금고나 보관함 사용
  ㉢ 자물쇠의 번호를 수시 변경

④ 무용 자재의 완전 파기
  ㉠ 상급 기관에 반납
  ㉡ 파기 시에는 흔적 없이 완전 파기
  ㉢ 긴급 파기 순서 : 과거, 미래, 현재 순으로 파기

⑤ 비밀 자재의 훼손 및 손실 방지
  ㉠ 불필요 시에는 취급을 제한
  ㉡ 무리한 사용을 엄금

ⓒ 사용 시 청결 유지
　⑥ 자재 전송 시 안전한 보호 관리
　　　㉠ 가능한 한 인편으로 송달
　　　㉡ 개봉할 수 없도록 이중 포장
　　　㉢ 수송 중 안전 보호가 어려울 때는 경찰기관에 보호 의뢰

[2] 송신 보안

적의 도청, 방향 탐지, 기만 통신 및 교신 분석으로부터 우리측 송신을 보호하기 위하여 규정된 모든 방책을 말하며 지휘 책임에 속한다.

① 도청에 대한 방어
　　㉠ 비밀이나 중요 통신 내용은 암호 또는 음어(약호)화한다.
　　㉡ 통신 운용 절차 및 규정을 엄수한다.
　　㉢ 불필요한 전파 발사를 억제한다.
　　㉣ 무선 침묵을 유지한다.
　　㉤ 통신 소통 중 보안상 유해로운 내용이 발견될 때에는 상호 통신을 중단한다.
　　㉥ 필요시는 자동 또는 기계적인 통신보안 장치를 설치한다.
　　㉦ 통신 제원을 수시 변경한다.
　　㉧ 통신사의 특성 노출을 방지한다.

② 방향 탐지에 대한 방어
　　㉠ 불필요한 통신 또는 전파 발사를 제한한다.
　　㉡ 동일 위치에서 계속적인 전파 발사를 억제한다.
　　㉢ 통신 제원을 수시 변경한다.
　　㉣ 과도한 송신 출력을 제한한다.
　　㉤ 무선 침묵을 유지한다.

③ 기만 통신에 대한 방어
　　㉠ 상호 약정된 확인법을 사용한다.
　　　ⓐ 확인법 사용 시기
　　　　• 처음 통신을 시작할 때
　　　　• 주파수를 변경했을 때

　　　　• 상대 통신소가 의심스러울 때
　　ⓛ 평문 사용을 엄금한다.
　　ⓒ 상대방 통신의 특성을 세밀히 파악한다.
　　ⓔ 예비 주파수를 사용한다.
　　ⓜ 의심되는 전파의 방향 탐지 활동을 한다.
④ 교신 분석에 대한 방어
　　㉠ 통신 제원 및 통신 운용 관계 사항을 은폐한다.
　　ⓛ 통신소의 고유 명칭 및 발·수신 등을 은폐한다.
　　ⓒ 통신 시간 및 통신량을 조절, 통제한다.
　　ⓔ 변경 주파수 및 변경 시기를 은폐한다.
　　ⓜ 통신 절차 및 규율을 엄수한다.
　　ⓗ 불필요한 전파 발사를 금지한다.
　　ⓢ 평문 송신을 금지한다.
⑤ 방해 통신에 대한 방어
　　㉠ 통신 기기를 세밀히 조정한다.
　　ⓛ 예비용 주파수로 전환한다.
　　ⓒ 통신 제원의 보안을 유지한다.
　　ⓔ 다른 통신 방도로 전환한다.
　　ⓜ 고출력으로 전파를 발사한다.
　　ⓗ 전파 감시 기관에 신고한다.
　　ⓢ 통신술이 보다 우수한 통신사로 바꾸어 교신한다.
⑥ 통신 규칙의 준수 및 통신사의 교육
　　㉠ 정확한 통신 제원에 의한 통신을 이행한다.
　　ⓛ 통신 운용 절차를 엄수한다.
　　ⓒ 통신보안 관념을 습성화한다.

[3] 암호 보안

통신 수단에 의하여 전달되는 비밀 내용을 은폐할 목적으로 사용되는 암호 자재에 대한 보호 방책을 말한다.

① 암호 보안 방법
　㉠ 사용법 준수
　㉡ 평문 및 암호의 이중 송신 금지
　㉢ 적시적인 변경 사용
　㉣ 평문 및 암호의 혼합 사용 금지
　㉤ 암호문에 대한 질의 응답은 암호로써 이행

[4] 전화통신 보안

① 전화통신의 보안 대책
　㉠ 전화기 또는 회선에 자동 보안 장치를 설치
　㉡ 통화자 간에 미리 약정한 음어 또는 약호 등을 사용, 비밀 내용 은폐
　㉢ 비밀이나 중요 내용의 통화 억제
　㉣ 통신보안 교육 실시

4 통신보안의 책임 및 시설자의 준수 사항

[1] 1차적 책임

① 통신 이용자　　② 전문 기안자
③ 전문 분류권자　④ 전문 통제권자

[2] 2차적 책임

① 기관장　　② 송신을 위한 자료 작성자
③ 송신에 관여하고 있는 모든 인원

[3] 무선국 시설자의 준수 사항

① 통신보안 책임자의 지정 : 무선국의 시설자는 통신망별로 1인의 통신보안 책임자를 지정하여 정보 통신부에 등록해야 한다.
② 통신 방수장치의 구비 : 무선국의 시설자는 통신망별로 통신보안 책임자가 통신 내용을 감청할 수 있는 장치를 구비하고 있어야 한다.

③ 무선국 이용자의 제한 : 시설자는 무선국의 이용자를 최소한으로 제한해야 한다.

④ 무선 통신 회선의 유선 연장 제한 : 시설자는 무선국 허가 신청서에 기재된 것 이외에는 무선 통신의 회선을 유선으로 연장해서는 안 된다.

5 전화통신 보안

[1] 전화통신 보안상 취약성

(1) 유선 전화

① 실선으로 연결되어 실선 어느 곳에나 수화기를 접속시켜 도청이 가능하다.
② 원거리 통신이나 구내 교환 전화는 교환수의 고의적인 도청이 가능하다.
③ 실선으로 연결되어 도청당할 염려가 없는 것으로 오인, 중요 내용에 대해 통화한다.
④ 즉흥적인 문답식 통화이므로 보안 자재의 사용이 불편하여 사용을 도외시한다.
⑤ 유도 송신 장치를 연결하여 근처에서 도청이 가능하다.

(2) 무선 전화

① 송신 전파와 같은 수신 장치만 있으면 안전한 장소에서 도청이 가능하다.
② 비교적 원거리 통신이 가능하다.
③ 공간 전파를 수신 도청하므로 통화자는 느끼지 못한다.
④ 보안 자재를 사용하게 되어 있어도 즉흥적인 대화이므로 망각하기 쉽다.
⑤ 여러 무선국이 공동 회선을 이용할 때는 통화 내용의 불필요한 방수를 당한다.

[2] 통신보안 교육

(1) 통신보안교육 관련법규

1. 전파법 제30조(통신보안의 준수) : 시설자, 무선통신 업무에 종사하는 자 및 무선설비를 이용하는 자는 통신보안 책임자의 지정, 통신보안 교육의 이수 등 과학기술정보통신부장관이 정하여 고시하는 통신보안에 관한 사항을 지켜야 한다. 제1항에 따른 통신보안의 교육 등에 필요한 사항은 과학기술정보통신부장관이 정하

여 고시한다.
2. 무선국의 운용 등에 관한 규칙 제6조(통신보안교육) : 법 제30조제2항에 따라 무선통신업무에 종사하는 사람은 5년마다 1회의 통신보안교육을 받아야 한다. 다만, 국가 또는 지방자치단체가 개설한 무선국에 종사하는 자는 그러하지 아니하다. 제1항에 따른 통신보안교육에 관하여 기타 필요한 사항은 별표 4와 같다.

(2) 통신보안교육 등(제7조제2항 관련)

1. 통신보안교육 등
   ① 교육대상은 무선통신업무 종사자에 한하며 교육은 전파관리소 및 한국방송통신전파진흥원(이하 "진흥원"이라 한다)에서 시행한다.
   ② ①항에 따른 전파관리소 및 진흥원(이하 "교육기관"이라 한다)은 다음 각 호의 사항을 수행하여야 한다.
      ㉠ 교육계획의 수립 및 시행
      ㉡ 교육대상자 및 이수자 관리
      ㉢ 교육교재의 제작 및 교부
      ㉣ 기타 교육에 필요한 부대사항
   ③ 소장은 교육기관의 교육이 원활히 수행될 수 있도록 교육기관을 지도하여야 한다.
2. 교육계획의 수립·시행
   ① 교육기관은 매년 자체 실정에 맞는 다음 각 호의 사항이 포함된 교육계획을 수립하여 시행하여야 한다.
      ㉠ 교육시행 기본방침
      ㉡ 교육시행에 필요한 세부추진계획(교육방법·시기·교재제작·배포·교육대상자 및 이수자 관리 등)
      ㉢ 교육장소 및 일정
      ㉣ 온라인 교육에 관한 사항
   ② 종사자에 대한 교육은 진흥원장이 온라인 교육을 실시하거나, 무선국 검사관이 검사 시 교육용 교재를 배부하고 현장에서 실시하며 종사자의 국가기술자격수첩에 교육이수 확인 인을 날인하여야 한다.
   ③ 진흥원장은 나항에 따른 온라인 교육이나 현장교육을 이수하지 못한 종사자가

교육을 위하여 진흥원으로 내방할 경우 수시교육을 실시하여야 한다.

④ 영 제45조2에 따라 준공검사가 생략되는 무선국을 허가 신청하는 경우에는 전파관리소에서 교육을 실시할 수 있다.

⑤ 교육기관은 교육시행 결과를 매분기 익월 5일까지 소장에게 통보하여야 한다.

3. 교육용 교재

① 교육용 교재는 진흥원장이 제작하여 소장의 승인을 받은 후 전파관리소장에 배부하고 5년마다 개정하는 것을 원칙으로 한다.

② 시설자는 교육기관이 교부한 교육용 교재를 무선국에 비치하여 종사자 등이 수시로 열람할 수 있도록 조치하여야 한다.

memo

05 부록 (과년도출제문제)

- 무선설비규칙(2022년 01월 04일 시행)
- 항공업무용 무선설비기준 시행(2023년 04월 19일 시행)
- 해상업무용 무선설비기준 시행(2021년 11월 17일 시행)
- 전기통신사업용 무선설비기준 시행(2023년 12월 08일 시행)
- 전파응용설비의 기술기준 시행(2022년 12월 30일 시행)

위 법의 시행에 의해 기존 출제되었던 법규관련 문제에 변화가 있을 수 있습니다. 본 수험서에 있는 2022년 이전에 출제된 무선설비기준에 대한 문제는 수험생들의 설비기준에 대한 경향파악에 도움을 드리기 위해 남겨놓기는 했지만 4장 부분을 검토하여 정답을 체크하시길 부탁드립니다. 수험생들의 많은 양해를 바랍니다.

과년도출제문제

2014. 4회

무선설비기능사(이론)

01 전압과 내부저항이 동일한 3개의 건전지를 직렬로 연결하였을 경우 합성 내부저항은 어떻게 변화하는가?
① 1.5배 증가한다.
② 2배 증가한다.
③ 3배 증가한다.
④ 아무 변화가 없다.

해설 저항은 직렬 접속하면 합성저항은 $nR[\Omega]$이 되며, 내부저항 $r[\Omega]$과 부하저항 $R[\Omega]$의 값이 같을 때 부하에 최대 전력을 공급할 수 있다. 부하저항에 최대전력을 공급하기 위해서는 전지의 전체 내부저항과 부하저항이 같아야 한다.

02 한 지점에서 20초 동안 20[A]의 전류가 흐를 경우 지점을 통과한 전하량은 얼마인가?
① 20[C]
② 100[C]
③ 200[C]
④ 400[C]

해설 $Q = I \cdot t = 20 \cdot 20 = 400[C]$

03 상용주파수 60[Hz]인 정현파의 각주파수(ω)는 얼마인가?
① 3.77[rad/s]
② 37.7[rad/s]
③ 377[rad/s]
④ 3,770[rad/s]

해설 $\omega = 2\pi f$ [rad/sec]에서

$f = \dfrac{\omega}{2\pi} = \dfrac{377}{2\pi} = 60[\text{Hz}]$

04 RL직렬회로에서 임피던스를 바르게 표현한 것은?
① $Z=R+j\omega L$
② $Z=R-j\omega L$
③ $Z=R-2j\omega L$
④ $Z=R+2j\omega L$

해설 $Z = R + j\omega L$
$= \sqrt{R^2 + X_L^2}$
$= \sqrt{R^2 + (\omega L)^2}\ [\Omega]$

05 코일 주위에 자속이 변할 때 코일에 유도기전력의 크기를 결정하는 법칙은?
① 패러데이 법칙
② 렌츠의 법칙
③ 앙페르의 오른나사의 법칙
④ 플레밍의 왼손법칙

해설
- 렌츠의 법칙은 원형코일에 자석을 가까이 하거나 멀리할 때 코일에 흐르는 유도전류의 방향은 그 자석의 운동을 방해하는 방향으로 코일에 유도자기장을 만든다.
- 패러데이의 법칙은 코일 주위에 자속이 변할 때 코일에 유도 기전력의 크기를 결정하는 법칙이다.
- 비오-사바르의 법칙은 주어진 전류회로에서 발생하는 자기장을 구하는 기본관계를 나타내는 것이다.

Answer 1. ③ 2. ④ 3. ③ 4. ① 5. ①

- 앙페르의 오른나사법칙은 전선에 전류가 흐르면 주위에 자기장이 발생하는데 전류의 방향을 나사의 진행방향으로 하면 나사의 회전 방향이 자기장의 방향이 된다.

06 다음 중 자석의 성질에 대한 설명으로 맞지 않는 것은?

① 자석의 자력은 양끝이 가장 강하다.
② 북쪽을 가리키는 쪽을 N극, 남쪽을 가리키는 쪽을 S극이라 한다.
③ 자석은 N, S 어느 극이나 단독으로 존재할 수 있다.
④ 서로 다른 극 사이에서 흡인력이 작용하고, 같은 극 사이에서 반발력이 작용한다.

해설 자석의 성질
- 자석의 자력(자기작용)은 그 양끝(자극)이 가장 강하다.
- 북쪽을 가리키는 쪽을 N극 또는 +극, 남쪽을 가리키는 쪽을 S극 또는 −극이라 한다.
- 자석은 N, S 어느 극이나 단독으로는 존재할 수 없다.
- 서로 다른 극 사이에는 흡인력, 같은 극 사이에는 반발력이 작용한다.

07 다음 중 집적회로(IC)에 적합한 회로가 아닌 것은?

① L 및 C가 필요하고 R의 값이 큰 회로
② 전력 출력이 작아도 되는 회로
③ 신뢰성이 특히 중요시되는 회로
④ 소형, 경량을 요구하는 회로

해설 ① 집적회로(IC)를 만들기 위한 조건
 ㉠ L 및 C가 거의 필요 없고, 저항값이 작은 회로

 ㉡ 전력 출력이 작아도 되는 회로
 ㉢ 신뢰성이 중요시되어 소형 경량을 필요로 하는 회로
② 집적회로(IC)의 장점
 ㉠ 대량생산이 가능하여, 저렴하다.
 ㉡ 크기가 작다.
 ㉢ 신뢰도가 높다.
 ㉣ 향상된 성능을 가질 수 있다.
 ㉤ 접합된 장치를 만들 수 있다.

08 다음 중 제너 다이오드(Zener Diode)의 용도로 맞는 것은?

① 고속 스위칭 소자
② 저항 온도 변화의 보상
③ 정전압 회로
④ 고압 송전 피뢰기

해설 제너 다이오드(zener diode)
전압을 일정하게 유지하기 위한 전압 제어 소자로 정전압 다이오드로도 불리며, 정전압회로에 사용된다.

(a) 제너 다이오드의 기호

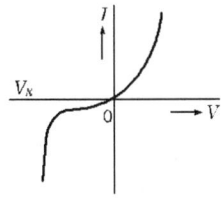
(b) 제너 다이오드의 특성

09 다음 중 부궤환 회로의 장점에 대한 설명으로 옳지 않은 것은?

① 비선형 일그러짐 감소
② 대역폭의 감소
③ 잡음 감소

Answer 6. ③ 7. ① 8. ③ 9. ②

④ 안정도 향상

> **해설** 부궤환 증폭회로의 특성
> - 증폭기의 이득이 감소한다.
> - 비선형 일그러짐이 감소한다. 특히 출력단의 잡음이 감소한다.
> - 주파수 특성이 개선된다.
> - 입력의 임피던스가 증가하고, 출력 임피던스는 감소한다.
> - 부하의 변동이나 전원전압의 변동에도 증폭도가 안정된다.

10 다음 중 연산 증폭회로를 응용한 회로로 적합하지 않은 것은?

① 부호 변환기
② 전류-전압 변환기
③ DC 전압 폴로워
④ 디지털 변조

> **해설** 연산 증폭기(operational amplifier)
> 부궤환의 방법에 따라서 덧셈이나 적분 등의 연산기능을 갖게 할 수 있는 고이득의 직류 증폭기로 부호 변환기, 배수기, 가산기, 적분기, 미분기, DC 전압 폴로워 등에 응용한다.

11 발진회로를 설계하고자 할 때 능동소자의 증폭이득이 $A_V=50$이면 궤환회로의 감쇠율을 얼마로 하여야 하는가?

① 1/25
② 1/50
③ 1/75
④ 1/100

> **해설** 발진을 위해서는 정궤환(동위상)되어야 하며, 궤환회로에서 발진을 하기 위한 바크하우젠의 조건으로 $A\beta=1$이 되어야 한다. $A\beta=1$이 되기 위해서는 $A\beta=50\times\frac{1}{50}=1$이 된다.

12 회로에 정현파 신호를 인가할 경우 출력에 나타나는 파형은?

① 정현파
② 삼각파
③ 구형파
④ 직류

> **해설** 슈미트 트리거 회로는 정현파 입력을 받아 구형파(방형파) 출력 파형을 만드는 회로이다.

13 연속적인 아날로그 신호를 가지고 주기적으로 펄스의 진폭, 주기, 위치 등을 변화시키는 방식은?

① 진폭변조
② 주기변조
③ 펄스변조
④ 위상변조

> **해설**
> - 진폭 변조(Amplitude Modulation, AM) : 반송파(정현파)의 진폭을 신호파에 따라서 변화시키는 변조 방법
> - 주파수 변조(Frequency Modulation, FM) : 신호파에 따라서 반송파의 진폭을 일정한 상태에서 주파수만을 변조시키는 방법
> - 위상 변조(Phase Modulation) : 반송파의 각속도를 신호파에 따라서 변화시키는 변조방법
> - 펄스 변조 : 펄스파가 신호파에 의해 변화되는 변조방법

14 4[kHz]까지의 음성신호를 완전히 재생시키기 위한 표본화의 주기는?

① 100[μs]
② 125[μs]
③ 200[μs]
④ 250[μs]

> **해설** 표본화 정리
> 원 신호의 상한 주파수가 f_0일 때 표본화 주파수를 $2f_0$ 이상으로 하면 완전한 재생이 이루어진다. 그러므로 표본화 주파수의 최저값은 $2f_0=2\times4[kHz]=8[kHz]$이다.

Answer 10. ④ 11. ② 12. ③ 13. ③ 14. ②

$$T = \frac{1}{f} = \frac{1}{80000} = 125[\mu s]$$

15 다음 그림의 회로는 출력 주파수가 25[kHz]를 얻도록 설계되었다. 입력신호의 주파수로 알맞은 것은?

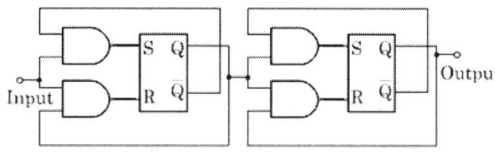

① 50[kHz] ② 100[kHz]
③ 200[kHz] ④ 400[kHz]

해설 T 플립플롭에 의한 1/2 분주회로가 2개 직렬 연결된 회로이므로 전체적으로는 1/4 분주회로이다. 그러므로 출력주파수의 4배가 입력에 공급되어야 하므로, 입력신호는 100[kHz]이다.

16 다음 중 송신기의 양호한 성능을 유지하기 위한 조건이 아닌 것은?

① 신호파에 대한 변조도의 주파수 특성이 좋아야 한다.
② 수신주파수의 선택도가 높아야 한다.
③ 변조 특성은 변조 직선성이 좋아야 한다.
④ 발사되는 주파수의 변동이 없어야 한다.

해설 ① 무선 송신기의 조건
  ㉠ 주파수의 안정도가 높을 것
  ㉡ 점유주파수 대역폭은 가능한 한 좁을 것
  ㉢ 내부 잡음이 적을 것
  ㉣ 스퓨리어스 발사의 강도는 가능한 한 적은 것이어야 한다.
② 송신기의 필요 성능 조건
  ㉠ 발사되는 주파수의 변동이 없어야 한다.
  ㉡ 안테나 전력은 일정한 허용차 이내이어야 한다.
  ㉢ 변조 특성은 변조 직선성이 좋아야 한다.
  ㉣ 신호파에 대한 변조도의 주파수 특성이 좋아야 한다.

17 다음 중 무선 수신기의 선택도(Selectivity)를 높이는 방법으로 틀린 것은?

① 고주파 증폭회로를 부가한다.
② 중간 주파수를 높게 한다.
③ 동조 회로의 Q를 높게 한다.
④ 공중선 회로를 소결합한다.

해설 선택도의 향상
① 동조 회로의 Q를 높게 한다.
② 고주파 증폭단을 부가한다.
③ 중간 주파수를 낮게 한다.
④ 중간 주파 변성기(IFT)는 1, 2차 동조형으로 한다.
⑤ 공중선 회로를 소결합한다.

18 다음 중 마이크로파 수신기의 구성에 필요하지 않은 것은?

① 복조기
② 국부발진기
③ 주파수 변환기
④ 마이크로파 증폭기

해설 마이크로파 수신기는 국부발진기, 주파수변환기, 복조기 등으로 구성된다.

19 다음 중 양측파대(DSB) 통신방식에 비해 단측파대(SSB) 통신방식이 갖는 장점으로 옳은 것은?

① 수신기의 회로구성이 간단하다.
② 점유주파수대폭이 크다.

Answer 15. ② 16. ② 17. ② 18. ④ 19. ④

③ 높은 주파수 안정도를 필요로 한다.
④ 혼신이 적다.

해설) DSB통신 방식과 SSB통신 방식의 차이점

항목	SSB	DSB
점유 주파수 대폭	단측파대이기 때문에 DSB의 1/2로 DSB 방식보다 2배의 통화로를 가질 수 있다.	양측파대 및 반송파를 복사하므로 SSB의 2배의 대역폭이 소요된다.
S/N비	동일 전력인 경우 9~12[dB] 정도 개선된다.	점유주파수 대폭이 넓어서 SSB에 비하여 S/N비가 나쁘다.
송신기의 전력소비	변조 입력이 있을 때만 복사되며 전력의 대부분을 차지하는 반송파를 억압하고 단측파대만 복사하기 때문에 소비전력은 DSB의 약 30[%] 정도이다.	변조 입력이 없을 때에도 항상 큰 전력의 반송파가 복사되므로 SSB보다 전력소비가 크다.
수신 일그러짐	단측파대이기 때문에 선택성 페이딩의 영향이 감소하여 수신 일그러짐이 적다.	선택성 페이딩의 영향에 의하여 SSB보다 수신 일그러짐이 많다.
송신 설비	송신측에서 평형 변조기 및 단측파대 분리용 BPF 등이 필요하여 복잡하다.	SSB장치와 같은 복잡한 장치가 불필요하다.
수신 설비	수신측에서 반송파와 같은 국부 반송파를 얻기 위하여 동기 조정장치가 필요하다.	SSB에 비하여 간단하다.
비화성	보통의 DSB수신기로서는 SSB파를 복조할 수 없으므로 비화성을 유지할 수 있다.	비화성을 유지하기가 곤란하다.

[SSB 통신 방식의 특징(DSB 통신과의 비교)]
① 장점
  ㉠ 점유 주파수 대폭이 1/2로 축소된다.
  ㉡ 적은 송신전력으로 양질의 통신이 가능하다.
  ㉢ 송신기 소비전력이 적다.(DSB의 약 30[%])
  ㉣ 선택성 Fading의 영향이 적다.(3[dB] 개선)
  ㉤ S/N비가 개선(평균전력이 같다고 했을 때 10.8[dB] 개선, 피크전력이 같다고 했을 때 12[dB] 개선)
  ㉥ 비화성을 유지할 수 있다.
② 단점
  ㉠ 송·수신기 회로 구성이 복잡하며 가격이 비싸다.
  ㉡ 높은 주파수 안정도를 필요로 한다.
  ㉢ 수신부에 국부 발진기가 필요하며 동기장치가 있어야 한다.
  ㉣ 반송파가 없어 AGC 회로 부가가 어렵다.

20 진폭은 항상 일정하게 두고 반송파로 사용되는 정현파의 주파수에 정보를 싣는 변조 방식은?

① 진폭편이 변조 방식
② 주파수편이 변조 방식
③ 위상편이 변조 방식
④ 진폭위상편이 변조 방식

해설) 무선설비규칙의 제2조(정의) ① 이 고시에서 사용하는 용어의 뜻은 다음과 같다.
80. "디지털변조(Digital modulation)"란 2진 부호로 표현되는 데이터를 반송파의 진폭, 주파수, 위상 또는 이들의 조합으로 변조하는 것을 말한다.
1. 진폭 편이 변조(ASK : Amplitude Shift Keying) : 디지털 신호가 1이면 출력을 송신, 0이면 off
2. 주파수 편이 변조(FSK : Frequency Shift Keying) : 디지털 신호가 1이면 f_1 주파수로, 0이면 f_2 주파수로 주파수를 바꿈
3. 위상 편이 변조(Phase Shift Keying) : 디지털 신호의 0, 1에 따라 2종류의 위상을 갖는 변조 방식이다.

21 다음 중 전파의 성질에 대한 설명으로 옳지 않은 것은?

Answer 20. ② 21. ②

① 물질의 경계면에서 반사하고 굴절하는 성질이 있다.
② 동일한 매질을 전파하는 경우 회절한다.
③ 전파는 빛과 같은 성질이 있다.
④ 전파의 굴절은 빛에 대한 스넬의 법칙을 적용한다.

해설 전파의 성질
㉠ 전파는 기본적으로 빛과 같다.
㉡ 전파는 광속으로 날아간다.
㉢ 파장이 변하면 주파수도 변한다.
㉣ 전파는 직진, 반사, 굴절한다.
㉤ 전파는 간섭한다.
㉥ 전파는 회절한다.

22 다음 중 장·중파용 안테나에 대한 설명으로 옳지 않은 것은?

① 전파의 전파 특성상 수직 편파를 이용한다.
② 대전력 송신기가 일반적으로 사용된다.
③ 공진을 이용한 안테나를 주로 사용한다.
④ 실효고를 높이는 안테나를 주로 사용한다.

해설 안테나 종류
[사용 주파수에 따른 분류]
① 장파, 중파용 : 접지 안테나, 루프 안테나 등
② 단파용 : 반파장 다이폴 안테나, 롬빅 등
③ 초단파용 : 헬리컬 안테나, 야기 안테나 등
④ 극초단파용 : 혼 안테나, 단일 슬롯 안테나, 파라볼라 안테나, 반사판 안테나, 카세그레인 안테나, 렌즈 안테나, 혼 리플렉터 안테나 등

23 다음 중 원형편파를 복사하는 안테나에 해당하는 것은?

① 롬빅(Rhombic) 안테나
② 루프(Loop) 안테나
③ 애드콕(Adcock) 안테나
④ 헬리컬(Helical) 안테나

해설 원형편파(圓形偏波, circular polarization)
㉠ 전기장 벡터의 끝이 원인 파동을 말한다. 고주파(高周波, high-frequency wave) 신호가 이온층을 지나면 불규칙하게 변화하여(예 : 수평편파가 수직편파로) 수신 안테나에서 신호를 받지 못하는 경우도 발생한다. 따라서 VHF(very high frequency), UHF(Ultra High Frequency), 마이크로파(microwave) 등과 같이 고주파수 대역에서는 원형편파를 사용한다.
㉡ 헬리컬 안테나는 안테나 소자(antenna element)가 나선형으로 된 것을 말한다.

24 다음 중 마이크로파 송신용 급전선으로 가장 적합한 것은?

① 도파관   ② 동축케이블
③ 평행 2선식   ④ 평행 4선식

해설 ① 도파관(Wave guide) : UHF 이상에서는 평행 2선식이나 동축 케이블은 부적당하여 일반적으로 파(波)를 도체에 의해 가두어 유도시켜 전파하는 임의의 구조체로 전자파가 진행하도록 만든 속이 비어 있는(hollow) 금속관을 지칭한다.
② 동축 급전선(Coaxial Feeder) : 동심원 모양으로 내부 도체를 접지하고 내부 도체에 왕복하는 전류를 흘려서 급전한다.
③ 평행 2선식 급전선 : 크기가 같은 2개의 도선을 평행으로 가설해서 사용하는 것으로 특성 임피던스가 높고, 내압도 높아 대전력용에 사용할 수 있다.

Answer 22. ③ 23. ④ 24. ①

25 1.5~20[MHz] 정도의 단파 통신에 있어서 주간에 갑자기 수십분 동안 수신감도가 급격히 저하되거나 수신불능이 되는 것을 무엇이라 하는가?

① 페이딩(Fading)
② 델린저 현상(Dellinger Phenomena)
③ 공전(Atmospherics)
④ 자기람(Magnetic Storm)

해설 ㉠ 델린저(Dellinger) 현상 : 주로 주간에만 일어나며, 수신 전기장이 갑자기 저하하였다가 10분 내지 수십분 후에 회복되는 단파 통신의 장애 현상으로 그 원인은 태양면의 폭발에 의하여 생긴 자외선이 전리층(電離層) 중 E층의 하부를 세게 이온화시켜 거기에 전파가 흡수되기 때문이다.
㉡ 페이딩(fading) : 다른 전파로(지표파와 전리층파 또는 공간파)를 지난 전파가 서로 간섭하여 전파 수신음이 커졌다 작아졌다 하는 현상으로 야간에 많이 나타나며, 단파대 통신에 커다란 장애를 초래한다.
㉢ 자기람 : 지구 표면의 자기 마당이 지구 전체에 걸쳐 거의 같은 시간에 크게 바뀌는 현상. 지구 자기의 세 요소인 편각, 수평 자기력, 복각 따위의 어느 것이 갑자기 또는 주기적으로 변동하는 현상으로 통신에 장애를 주는데 태양의 흑점이나 오로라의 출현 따위가 주요 원인이다. 늑 자기폭풍
㉣ 공전(대기잡음) : 공전은 일반적으로 뇌방전에 따른 잡음이다. 넓은 의미의 공전에는 강우, 강설, 풍진 등에 따른 방전현상에 의한 잡음도 포함된다. 공전잡음의 주파수 범위는 넓으며 장파대에서 단파대에 걸쳐 나타나지만 주로 장파에서 심하고 단파대로 갈수록 감쇠하며 초단파대에서는 거의 영향이 없다. 국내의 산악지대에 발생하는 천둥에 의한 대기잡음은 근거리 공전이라고 하며 전계강도는 현저하게 크지만 단시간에 끝난다.

26 다음 중 위성통신 지구국 안테나의 구비조건으로 옳지 않은 것은?

① 고이득이어야 한다.
② 저잡음이어야 한다.
③ 회전이 가능해야 한다.
④ 협대역성이어야 한다.

해설 극초단파에 사용되는 저잡음 안테나로서 송·수신기와 1차 복사기가 직접 연결되어 있으므로 급전계 전송 손실이 적어 위성통신용 지구국 안테나로 많이 사용되는 것이 카세그레인 안테나이다.

27 다음 전송 방식 중 한쪽이 송신하는 경우 다른 한쪽은 수신하는 방식은?

① Simplex   ② Multiplex
③ Half-duplex ④ Full-duplex

해설 전송방식의 종류
㉠ 단방향(Simplex) 통신 방식은 접속한 두 장치 사이에서 데이터를 한 방향으로 전송하는 방식이다.
㉡ 반이중(Half Duplex) 통신 방식은 양방향에서의 전송이 가능하나 동시에 양방향 통신은 불가능한 방식이다.
㉢ 전이중(Full duplex) 통신 방식은 양방향에서 동시에 정보의 송·수신이 가능한 방식이다.

28 셀룰러 이동통신 시스템에서 이동전화 단말기가 연결된 기지국과 점점 멀어져 신호 강도가 떨어질 경우 가장 우선적으로 처리하는 방법은?

① 기지국 안테나의 이득을 감소시킨다.
② 기지국 안테나의 지향성을 변화시킨다.
③ 통화채널 연결을 기지국에서 종료시킨다.

Answer 25. ② 26. ④ 27. ③ 28. ④

④ 인접한 기지국으로 통화채널전환(Hand Off)을 한다.

> [해설] 셀룰러 이동통신 시스템에서 핸드오프(Hand Off)는 이동통신 가입자가 특정 무선통신 구역에서 다른 무선통신 구역으로 이동할 때, 통화 채널을 자동으로 전환시켜 통화를 끊어지지 않게 해주는 기능이다.

29 다음 중 위성을 용도에 따라 구분한 것으로 해당되지 않는 것은?

① 과학위성 ② 통신위성
③ 군사위성 ④ 이동위성

> [해설] 인공위성의 용도
> ① 통신위성 : 통신이나 방송 목적
> ② 과학위성 : 기상정보 수집 및 관측 목적
> ③ 군사위성 : 군사정보 수집 및 관측 목적

30 전파가 큰 건물이나 산 등에 막혀 있어도 어느 정도 통신이 가능한 이유는 전파의 어떤 현상 때문인가?

① 감쇠 현상 ② 페이딩 현상
③ 회절 현상 ④ 간섭 현상

> [해설]
> ① 페이딩(fading) : 다른 전파로(지표파와 전리층파 또는 공간파)를 지난 전파가 서로 간섭하여 전파 수신음이 커졌다 작아졌다 하는 현상으로 야간에 많이 나타나며, 단파대 통신에 커다란 장애를 초래한다.
> ② 간섭 : 두 개 이상의 음파 사이의 중첩에 의해 새로운 합성파를 만드는 현상
> ③ 굴절 : 음파가 매질이 다른 곳을 통과할 때 전파속도가 달라져서 그 진행 방향이 변화되는 현상
>   ㉠ 굴절은 매질에서 전파속도가 변하기 때문이다.
>   ㉡ 굴절할 때 진동수는 변하지 않는다.
>   ㉢ 기온 차에 의해 소리도 굴절된다.

31 전압변동률 15[%]의 정류회로에서 무부하 시 전압이 6[V]일 때 부하 시 전압은 얼마가 되는가?

① 5.2[V] ② 6.2[V]
③ 6[V]   ④ 15[V]

> [해설] 전압변동률(ε)
> $$\varepsilon = \frac{V - V_o}{V_o} \times 100$$
> V : 무부하 시 직류전압
> V_o : 부하 시 직류전압
> $$15 = \frac{6 - V_o}{V_o} \times 100, \quad V_o = 5.2[V]$$

32 다음 중 위성통신의 장점이 아닌 것은?

① 전송지연이 거의 발생하지 않는다.
② 지형의 영향을 거의 받지 않는다.
③ 광대역 통신이 가능하다.
④ 통신망 구축이 용이하다.

> [해설] ① 위성통신의 장점
>   ㉠ 기후의 영향을 받지 않는다.
>   ㉡ 광대역 통신이 가능하다.
>   ㉢ 광역성과 동보성을 갖는다.
>   ㉣ 통신망 구축이 용이하다.
>   ㉤ 넓은 범위의 지역에서 통신이 가능하다.
>   ㉥ 통신용량이 크다.
>   ㉦ 전송오류율이 작다.
> ② 위성통신의 단점
>   ㉠ 전송지연이 발생한다.
>   ㉡ 전송손실이 발생한다.
>   ㉢ 대형 지구국 안테나가 필요하다.
>   ㉣ 위성체의 수명이 짧으며 고장수리가 어렵다.

33 다음 중 수신기의 종합특성 측정에 속하지 않는 것은?

Answer 29. ④ 30. ③ 31. ① 32. ① 33. ①

① 전력 측정 ② 선택도 측정
③ 감도 측정 ④ 충실도 측정

해설 ① 안정도(Stability)란 주파수와 진폭이 일정한 전파를 수신하면서 장시간에 걸쳐 조정하지 않은 상태로 왜곡 없는 일정한 출력을 얻을 수 있느냐 하는 능력을 나타내는 척도이다.
② 선택도(selectivity)는 희망하는 주파수를 불필요한 다른 전파들로부터 어느 정도 분리시켜 선택할 수 있는가 하는 능력을 말한다.
③ 감도(senstivity)는 어느 정도 미약한 전파까지 수신할 수 있는가를 나타내는 것으로 일정한 출력을 얻는 데 필요한 수신기의 안테나 입력전압으로 나타낸다.
④ 충실도(fidelity) : 송신측에서 변조된 신호를 어느 정도까지 충실히 재현할 수 있는지의 청도(원음에 가까운)를 나타낸다.

34 급전선에 부하저항 50[Ω]을 연결했을 때 측정된 반사계수(m)가 0.3일 경우 급전선의 특성 임피던스(Z_o)는 얼마인가?

① 17[Ω] ② 27[Ω]
③ 37[Ω] ④ 47[Ω]

해설 반사계수(Γ)
$\Gamma = \dfrac{Z_L - Z_o}{Z_L + Z_o}$ 의 식에 의해서

$Z_o = \dfrac{1-\Gamma}{1+\Gamma} \times Z_L = \dfrac{1-0.3}{1+0.3} \times 50 = 26.9[\Omega]$

이므로 약 27[Ω]이다.

35 정류기의 부하 양단 평균전압이 500[V]이고 맥동률이 2[%]일 때 교류분은 몇 [V]가 포함되어 있는가?

① 1[V] ② 10[V]
③ 15[V] ④ 25[V]

해설 맥동률
정류된 직류(전압) 전류 속에 포함되는 교류성분의 정도

$\gamma = \dfrac{\text{출력 파형에 포함된 교류분의 실효값}}{\text{출력 파형의 평균값(직류성분)}}$

$\therefore \gamma = \dfrac{\Delta V}{V_d} \times 100 [\%]$

$\Delta V = \dfrac{\gamma V_d}{100} = \dfrac{1000}{100} = 10[V]$

36 산업용 전파응용설비의 안전시설로 접지장치를 설치하는 이유로 가장 타당한 것은?

① 고압전기의 발생을 방지하기 위하여
② 인체의 안전을 위하여
③ 산업용 전파응용설비의 사용수명을 연장하기 위하여
④ 전파방송설비의 전파의 질을 향상시키기 위하여

해설 전파응용설비의 기술기준 제8조(안전시설)
① 영 제74조제1호에 따른 산업용 전파응용설비는 그 설비의 운용에 따라 인체에 위해를 주거나 물건에 손상을 주지 아니하도록 다음 각 호의 조건에 적합하여야 한다.
1. 고압전기에 의하여 충전되는 기구와 전선은 외부에서 용이하게 닿지 아니하도록 절연차폐체 또는 접지된 금속차폐체 내에 수용할 것. 다만, 고주파용접장치·진공관전극·가열용장치 등과 같이 전극을 직접 노출하지 아니하면 사용목적을 달성할 수 없는 것을 제외한다.
2. 설비의 조작에 의하여 설비에 접근하는 인체와 전기적 양도체에 고주파전력을 유발할 우려가 있을 경우에는 그 위험을 방지하기 위하여 필요한 설비를 할 것
3. 인체의 안전을 위하여 접지장치를 설치할 것

Answer 34. ② 35. ② 36. ②

② 영 제74조제2호에 따른 의료용 전파응용설비는 그 설비의 운용에 따라 인체에 위해를 주거나 손상을 주지 아니하도록 다음 각 호의 조건에 적합하여야 한다.
  1. 고압전기에 의하여 충전되는 기구와 전선은 외부에서 용이하게 닿지 아니하도록 절연차폐체 또는 접지된 금속차폐체 내에 수용할 것
  2. 의료전극 및 그 도선과 발진기·출력회로·전력선 등 사이에서의 절연저항은 500[V]용 절연저항시험기에 따라 측정하여 50[MΩ] 이상일 것
  3. 의료전극과 그 도선은 직접 인체에 닿지 아니하도록 양호한 절연체로 덮을 것. 다만, 라디오메스 등으로서 전극을 직접 노출하여 인체에 닿게 하여 사용하는 부분은 예외로 한다.
  4. 인체의 안전을 위하여 접지장치를 설치할 것
③ 영 제74조제3호에 따른 기타 전파응용설비의 안전시설기준에 관하여는 제1항의 규정에 따른다.

37 전파형식 R3E, H3E, J3E의 주파수를 사용하는 모든 무선국의 무선설비에 대한 점유주파수대폭의 허용치로 알맞은 것은?

① 2[kHz]   ② 3[kHz]
③ 6[kHz]   ④ 8[kHz]

해설 점유주파수대폭의 허용치

전파형식	점유주파수대역폭의 허용치	비고
R3E, H3E, J3E	3[kHz]	진폭변조 단측파대
F3E, G3E	30[kHz]	800[MHz] 이동가입 무선전화
F9X, G9X	40[kHz]	
F8E, F9W, F9E	260[kHz]	초단파 방송국

38 다음 중 아마추어국 및 실험국 송신설비의 공중선전력 표시방법으로 알맞은 것은?

① 첨두포락선전력
② 등가등방성복사전력
③ 실효복사전력
④ 규격전력

해설 무선설비규칙 제6조(전력)
① 송신설비의 전력은 공중선전력으로 표시한다. 다만, 다음 각 호의 어느 하나에 해당하는 송신설비의 전력은 규격전력으로 표시한다.
  1. 500[MHz] 이하의 주파수의 전파를 사용하는 송신설비로서 정격출력 1[W] 이하의 진공관을 사용하는 것
  2. 생존정에 사용되는 비상용의 무선설비와 비상위치지시용 무선표지설비(라디오부이의 송신설비 및 항공이동업무 또는 항공무선항행업무용 무선설비의 송신설비를 제외한다)
  3. 아마추어국 및 실험국의 송신설비(방송을 행하는 실험국의 송신설비를 제외한다)
  4. 제1호부터 제3호까지 외의 송신설비로서 첨두포락선전력, 평균전력 또는 반송파전력을 측정하기가 곤란하거나 측정할 필요가 없는 송신설비
② 송신설비의 전력에 대하여 전파이용질서의 유지 및 보호를 위하여 필요한 경우에는 제1항에 따른 전력 외에 등가등방복사전력 또는 실효복사전력을 함께 표시할 수 있다.

39 다음 중 수신설비의 조건으로 옳지 않은 것은?

① 선택도가 작을 것
② 내부잡음이 적을 것
③ 수신주파수는 운용범위 이내일 것

37. ② 38. ④ 39. ①

무선설비기능사 이론

④ 감도는 낮은 신호입력에서도 양호할 것

해설 무선설비규칙 제9조(수신설비)
① 이 고시의 다른 장에서 따로 정한 경우를 제외하고 수신설비로부터 부차적으로 발사되는 전파의 세기는 수신공중선과 전기적 상수가 같은 의사공중선회로를 사용하여 측정한 경우에 -54[dBmW] 이하이어야 한다.
② 수신설비는 다음 각 호의 조건을 충족하여야 한다.
  1. 수신주파수는 운용범위 이내일 것
  2. 선택도가 클 것
  3. 내부잡음이 적을 것
  4. 감도는 낮은 신호입력에서도 양호할 것

40 다음 중 무선설비규칙에서 규정하는 대상 (범위)이 아닌 것은?

① 방송표준방식
② 기술기준
③ 전파자원의 확보
④ 산업·과학·의료용 전파응용설비

해설 무선설비규칙 제1조(목적)
이 고시는 「전파법」(이하 "법"이라 한다) 제37조(방송표준방식), 제45조(기술기준), 제47조(안전시설의 설치), 제58조(산업·과학·의료용 전파응용설비 등)에 따라 무선설비의 기술기준을 규정함을 목적으로 한다.

41 "무선설비가 안정적으로 동작하는 데 필요한 표준상태의 전압"으로 정의되는 용어는?

① 기준전압   ② 표준전압
③ 정격전압   ④ 사용전압

해설 무선설비규칙 제2조(정의)
14. "정격전압"이라 함은 무선설비가 안정적으로 동작하는 데 필요한 표준상태의 전압을 말한다.

42 다음 중 주 전원설비가 고장날 경우 대체할 수 있는 예비 전원설비를 갖추어야 하는 무선국은 어느 것인가?

① 의무선박국   ② 아마추어국
③ 실험국   ④ 육상 이동국

해설 무선설비규칙의 제11조(전원)
① 무선설비의 운용을 위한 전원은 전압 변동률이 정격전압의 ±10퍼센트 이내로 유지할 수 있어야 한다.
② 의무선박국 및 의무항공기국의 전원은 다음 각 호의 조건을 충족하는 데 필요한 충분한 전력을 공급할 수 있어야 한다.
  1. 항행 중 당해 무선국의 무선설비를 동작시킬 것
  2. 예비전원용 축전지를 충전할 수 있을 것
③ 비상국의 전원은 다음 각 호의 조건에 적합하여야 한다.
  1. 수동발전기, 원동발전기, 무정전 전원설비 또는 축전지로서 24시간 이상 상시 운용할 수 있을 것
  2. 즉각 최대성능으로 사용할 수 있을 것

43 전력선통신설비에서 발사되는 고조파의 발사강도는 기본파에 대하여 몇 [dB] 이하이어야 하는가?

① 10[dB]   ② 20[dB]
③ 30[dB]   ④ 40[dB]

해설 전파응용설비의 기술기준(국립전파연구원) 제5조(누설전계강도의 허용치)
① 전력선통신설비의 전력선에 통하는 고주파전류의 기본파에 의한 누설전계강도는 그 송신장치로부터 1[km] 이상 떨어지고, 전력선으로부터의 거리가 기본주파수의 파장을 2π로 나눈 지점에서 500 [$\mu V/m$] 이하이어야 한다.
② 유도식 통신설비의 선로에 통하는 고주파전류의 기본파에 의한 누설전계강도는 그 송신장치로부터 1[km] 이상 떨어지

Answer 40. ③ 41. ③ 42. ① 43. ③

고, 선로로부터의 거리가 기본주파수의 파장을 2π로 나눈 지점에서 $200[\mu V/m]$ 이하이어야 한다. 다만, 탄광의 갱내 등 지형사정으로 인하여 측정이 불가능한 경우에는 그러하지 아니하다.
③ 전력선통신설비 및 유도식 통신설비에서 발사되는 고조파 · 저조파 또는 기생발사 강도는 기본파에 대하여 30[dB] 이하이어야 한다.

44 적합성 평가를 받은 기자재가 적합성 평가 기준대로 제조 · 수입 또는 판매되고 있는지 조사 또는 시험하는 것을 무엇이라고 하는가?

① 사후관리
② 사전관리
③ 적합성 평가 관리
④ 적합인증 관리

해설 **사후관리**
적합성 평가를 받은 기자재가 적합성 평가 기준대로 제조 · 수입 또는 판매되고 있는지 조사 또는 시험하는 것

45 다음 중 적합성 평가의 전부가 면제되는 기자재가 아닌 것은?

① 시험연구를 위하여 수입하는 방송통신기자재
② 전시회, 경기대회에서 판매를 목적으로 하는 방송통신기자재
③ 국내에서 판매하지 아니하고 수출전용으로 제조하는 방송통신기자재
④ 외국으로부터 도입하는 선박 또는 항공기에 설치된 방송통신기자재

해설 방송통신기자재 등의 적합성 평가에 관한 고시(국립전파연구원) 제8조 적합성 평가 면제의 세부범위 등 ① 영 제77조의6 제1항제1호에 따라 적합성 평가의 전부가 면제되는 기자재의 범위와 수량은 다음 각 호와 같다.
1. 시험 · 연구, 기술개발, 전시 등을 위하여 제조하거나 수입하는 경우로 다음 각 목의 어느 하나에 해당하는 기자재
   가. 제품 및 방송통신서비스의 시험 · 연구 또는 기술개발을 위한 목적의 기자재 : 100대 이하(다만, 원장이 인정하는 경우에는 예외로 한다)
   나. 판매를 목적으로 하지 않고 전시회, 국제경기대회 진행 등 행사에 사용하기 위한 기자재 : 면제확인 수량
   다. 외국의 기술자가 국내산업체 등의 필요에 따라 일정기간 내에 반출하는 조건으로 반입하는 기자재 : 면제확인 수량
   라. 적합성 평가를 받은 기자재의 유지 · 보수를 위하여 제조 또는 수입되는 동일한 구성품 또는 부품 : 면제확인 수량
   마. 군용으로 사용할 목적으로 제조하거나 수입하는 기자재 : 면제확인 수량
   바. 국내에서 사용하지 아니하고 국외에서 사용할 목적으로 제조하거나 수입하는 기자재 : 면제확인 수량
   사. 외국에 납품할 목적으로 주문제작하는 선박에 설치하기 위해 수입되는 기자재와 외국으로부터 도입, 임대, 용선 계약한 선박 또는 항공기에 설치된 기자재 등과 또는 이를 대치하기 위한 동일기종의 기자재 : 면제확인 수량
   아. 판매를 목적으로 하지 아니하고 개인이 사용하기 위하여 반입하는 기자재(무선기능을 탑재한 기자재는 제외한다. 다만, 무선기능을 탑재한 기자재 중 국내에서 적합성 평가를 받은 모델과 동일한 모델의 기자재인 경우와 적합성 평가를 받지 아니한 기자재로서 별지 제14호 서식의 방송통신기자

Answer   44. ①   45. ②

재 반입신고서를 제출하는 경우에는 적합성 평가를 받은 것으로 본다) : 1대

자. 국가 간 상호 인정협정 또는 이에 준하는 협정에 따라 적합성 평가를 받은 기자재 : 면제확인 수량

차. 판매를 목적으로 하지 아니하고 본인 자신이 사용하기 위하여 제작 또는 조립하거나 반입하는 아마추어무선국용 무선설비 : 면제확인 수량

카. 기간통신사업자・별정통신사업자 또는 전송망사업자가 해당 역무에 사용하는 기자재(구내통신선로설비와 별정통신사업자가 해당 역무에 사용하는 「방송통신설비의 기술기준에 관한 규정」제3조제13호에 따른 단말장치를 제외한다)

타. 기간통신사업자・별정통신사업자 또는 전송망사업자가 해당 역무 이용자에게 제공하는 기자재(이용자가 사업자 외의 자로부터 구매하여 사용할 수 있는 기자재를 제외한다) : 면제확인 수량

파. 판매를 목적으로 하지 아니하고 국내 시장조사를 목적으로 수입하는 견본품용 기자재 : 3대 이하

2. 국내에서 판매하지 아니하고 수출 전용으로 제조하는 경우로 다음 각 목의 어느 하나에 해당하는 기자재

가. 국내에서 제조하여 외국에 전량 수출할 목적의 기자재

나. 외국에 재수출할 목적으로 국내 반입하는 기자재 : 면제확인 수량

다. 외국에 수출한 제품으로서 수리 또는 보수를 위하여 반출을 조건으로 국내에 반입되는 기자재 : 면제확인 수량

46 전파환경 및 방송통신망 등에 위해를 줄 우려가 있는 기자재를 제조 또는 판매하거나 수입하려는 경우 받아야 하는 것은?

① 적합인증   ② 잠정인증
③ 적합등록   ④ 잠정등록

해설 ① 적합인증 : 전파환경 및 방송통신망 등에 위해를 줄 우려가 있는 방송통신기자재, 중대한 전자파장해를 주거나 전자파로부터 정상적인 동작을 방해받을 정도의 영향을 받는 방송통신기자재, 그 밖에 사람의 생명과 안전 등에 중대한 위해를 줄 우려가 있는 방송통신기자재 등이 해당된다.

② 적합등록 : 적합등록에는 지정시험기관 적합등록과 자기시험 적합등록이 있으며, 적합인증 대상 외의 방송통신기자재로서 전파환경・방송통신망 등에 영향이 적은 기자재가 해당된다.

③ 잠정인증 : 적합성 평가기준이 마련되어 있지 아니하거나 그 밖의 사유로 적합성 평가가 곤란한 방송통신기자재 등이 해당되며 이 경우 국내외 표준, 규격 및 기술기준 등에 따라 사용지역, 유효기간 등의 조건을 정하여 잠정적으로 인증하는 인증을 말한다.

47 다음 중 방송통신기자재 등의 적합인증 대상기자재는?

① 코드없는 전화기
② 가정용 고주파용기기류
③ 음성방송 수신기기류
④ 자동차기기류

해설 적합인증 대상기자재

전파환경 및 방송통신망 등에 위해를 줄 우려가 있는 기자재와 중대한 전자파장해를 주거나 전자파로부터 정상적인 동작을 방해받을 정도의 영향을 받는 기자재를 제조 또는 판매하거나 수입하려는 자는 국립전파연구원의 적합인증을 받아야 한다.

• 무선전화경보자동수신기
• 무선방위측정기
• 의무항공기국에 시설하는 무선설비의 기기

Answer 46. ① 47. ①

- 경보자동전화장치
- 단측파대 전파를 사용하는 무선국용 무선전화의 송신장치 및 수신장치의 기기
- 선박국용 레이더 기기
- F3E 및 G3E전파를 사용하는 선박국용 양방향무선전화장치
- 디지털선택호출장치의 기기
- 협대역직접인쇄전신장치의 기기
- 해상이동업무용 디지털선택호출장치의 기기
- 디지털선택호출전용 수신기
- 내비텍스수신기
- 수색구조용 위치정보송신장치의 기기
- 위성비상위치지시용 무선표지설비의 기기
- 자동식별장치용 무선설비의 기기
- 간이무선국용 무선설비의 기기
- 기상원조용 라디오존데 및 라디오 로봇의 기기
- 라디오부이의 기기
- 무선설비 규칙 제107조에 따른 무선설비의 기기
- 고주파전류를 이용하는 의료용 설비의 기기
- 무선호출용 무선설비의 기기
- 이동가입무선전화장치의 기기
- 개인휴대통신용 무선설비의 기기
- 이동통신용 무선설비의 기기
- 900[MHz]대의 무선데이터 통신용 무선설비의 기기
- 주파수공용무선전화장치
- 생활무선국용 무선설비의 기기
- 해상이동전화용 무선설비의 기기
- 위성휴대통신무선국용 무선설비의 기기
- 아마추어무선국용 무선설비의 기기
- 가입자회선용 무선설비의 기기
- 긴급무선전화용 무선설비의 기기
- 무선CATV용 무선설비의 기기
- 방송제작 및 공연지원용 무선설비의 기기
- 자계유도식 무선기기
- 휴대인터넷용 무선설비의 기기
- 위치기반서비스용 무선설비의 기기
- 특정소출력무선기기
- RFID/USN용 무선기기
- 체내이식 무선의료기기
- 물체감지센서용 무선기기
- 코드없는 전화기
- UWB 및 용도 미지정 기기
- 단말기기류
- 시스템류
- 회선종단장치류
- 전송망기자재류

48. 다음 통신방식 중 보안도의 순위가 가장 높은 것은?

① 전령통신(인편)   ② 우편통신
③ 시호통신   ④ 음향통신

해설 전령통신은 사람 또는 훈련된 동물로 하여금 전달할 통신정보자료를 직접 휴대하게 하여 전달하는 방법을 말한다. 보안도가 가장 높아 중요 내용이나 비밀내용의 전달은 주로 이 통신방법을 이용하고 있다.
① 취약점
  ㉠ 정보를 탐지하려는 사람으로부터 피습을 당할 우려가 있다.
  ㉡ 통신의 신속성이 결여된다.
  ㉢ 계절 또는 기후의 영향을 받는다.
  ㉣ 때와 장소에 따라 영향을 받는다.
  ㉤ 비경제성이다.
② 통신수단별 보안순위는 전령통신 > 등기우편 > 인가된 우편 > 통상우편 > 유선통신 > 시호통신 > 음향통신 > 무선중계 유선통신 > 무선통신의 순으로 보안성이 결정된다. 즉 전령통신의 보안성이 가장 높고, 무선통신의 보안성이 가장 취약하다.

49. 다음 중 통신보안상 준수해야 할 통신 규율사항이 아닌 것은?

① 정확한 통신 제원에 의한 통신
② 통신운용 절차 및 규정 준수

Answer 48. ① 49. ④

③ 통신보안의 생활화
④ 고출력으로 전파 발사

> **해설** 비밀누설에 대한 각종 방지법
> ㉠ 통신규율 및 통신사 교육훈련 : 통신제원에 의한 절차준수, 감독강화, 통신보안 생활화
> ㉡ 도청에 대한 방어 : 통신제원의 수시 변경, 무선침묵 유지, 보안 유해 시 통신 중단, 보안장비(비화기)
> ㉢ 방향탐지에 대한 방어 : 불필요한 전파의 발사, 같은 장소의 계속전파발사, 과도한 송신출력 억제
> ㉣ 교신분석에 대한 방어 : 필요할 때만 교신하고 규율을 중시, 평문송신금지
> ㉤ 기만통신에 대한 방어 : 상호 약정된 확인법의 사용(처음 통신 시작, 의심스러울 때, 주파수 변경 시), 비밀내용의 평문사용 엄금
> ㉥ 의심스러울 때 : 예비 주파수 전환, 즉시 보고, 방향탐지로 확인, 상대방(우리편) 통신사의 특성 등 파악

50 통신수단에 의하여 비밀이 직접 또는 간접으로 누설되는 것을 미리 방지하거나 지연시키기 위한 방책을 말하는 용어는?

① 인터넷 보안　② 통신보안
③ 암호　　　　　④ 비화

> **해설** 통신보안이라 함은 우리가 사용하는 통신수단(유선전화, 차량전화, 휴대전화, 전신, 텔렉스, 팩시밀리, PC통신 등)에 의한 통화내용이 알아서는 안 될 사람에게 직접 또는 간접으로 누설될 가능성을 사전에 방지하거나 지연시키기 위한 방책을 말한다.

51 다음 중 CPU 기능에 대한 설명으로 옳지 않은 것은?

① 프로그램의 명령어들을 수행하기 위한 제어 신호 처리와 수행 동작을 결정하는 기능이 제어기능이다.
② 전달기능은 연산장치와 레지스터 사이의 신호 회선을 통해 자료를 전달하는 기능이다.
③ 연산기능은 데이터의 산술 연산, 논리 연산, 자리 이동 및 크기의 비교 등을 수행한다.
④ 기억기능을 실행하는 요소를 레지스터라고 하며 주기억 장치에서 읽어들인 값이나 사용할 값 그리고 계산된 결과를 영구적으로 저장하는 역할을 한다.

> **해설** 중앙처리장치(CPU)는 주기억장치, 제어장치, 연산장치로 구성되며, 정보의 연산 및 기억, 처리기능의 제어 역할을 수행한다.

52 기억용량의 단위가 작은 것부터 큰 순서로 나열한 것은?

① PB → MB → TB → GB
② MB → PB → TB → GB
③ MB → GB → PB → TB
④ MB → GB → TB → PB

> **해설** 미터법 표기에서 일반적으로 사용되는 접두기호
>
> | 명칭 | 기호 | 크기 |
> |---|---|---|
> | 테라(tera) | T | 10^{12} |
> | 기가(giga) | G | 10^{9} |
> | 메가(mega) | M | 10^{6} |
> | 킬로(kilo) | k | 10^{3} |
> | 밀리(milli) | m | 10^{-3} |
> | 마이크로(micro) | μ | 10^{-6} |
> | 나노(nano) | n | 10^{-9} |
> | 피코(pico) | p | 10^{-12} |

Answer 50. ② 51. ④ 52. ④

53. CPU가 수행할 입출력 조작을 대행하여 입출력 명령을 해독하고, 각 입출력 장치에게 명령의 실행을 지시하며, 지시된 명령의 실행 상황을 제어함으로써 데이터 처리 속도와 능력을 향상시키는 장치는?

① 데이터 레지스터(Data Register)
② 엑소커널(Exokernel)
③ 입·출력 채널(I/O Channel)
④ 디코더(Decoder)

> **해설** 데이터 처리의 고속성을 위해 주기억 장치와 입·출력 장치 사이에 설치한 데이터 입·출력의 전용처리장치를 입·출력 채널(I/O Channel)이라 한다.

54. 2진수 $(10101)_2$에 대한 2의 보수(2's Complement) 값으로 맞는 것은?

① 01011
② 01010
③ 11011
④ 11010

> **해설** 1의 보수(one's complement)는 0을 1로, 1을 0으로 변환시키는 것이므로, 2진수 10101의 1의 보수는 01010이 된다. 2의 보수(two's complement) : 1의 보수에 1을 더한 값(2의 보수=1의 보수+1)이 되므로 01010+1=01011이 된다.

55. 다음 중 플립플롭(Flip-Flop) 회로에 대한 설명으로 옳지 않은 것은?

① RS 플립플롭, JK 플립플롭은 클록 펄스 입력 외에 2개의 입력과 2개의 출력으로 구성된다.
② D 플립플롭, T 플립플롭은 1개의 입력과 1개의 출력으로 구성된다.
③ 모든 플립플롭은 클록 펄스(CP : Clock Pulse) 입력을 가지고 있어 클록 펄스에 의하여 순차적으로 처리된다.(단, RS 플립플롭은 제외)
④ 2진 정보는 다양한 방법으로 플립플롭에 입력될 수 있으며, 이에 따라 서로 다른 형태의 플립플롭을 가지게 된다.

> **해설**
> - 플립플롭은 두 가지 상태 사이를 번갈아 하는 전자회로를 말한다. 플립플롭에 전류가 부가되면, 현재의 반대 상태로 변하며(0에서 1로, 또는 1에서 0으로), 그 상태를 계속 유지하므로 한 비트의 정보를 저장할 수 있는 능력을 가지고 있다.
> - 여러 개의 트랜지스터로 만들어지며 SRAM이나 하드웨어 레지스터 등을 구성하는 데 사용된다.
> - 플립플롭에는 RS 플립플롭, D 플립플롭, JK 플립플롭, T 플립플롭 등 여러 가지 종류가 있다.
> ① RS 플립플롭은 S(set)와 R(reset) 2개의 입력과 Q, $\overline{Q}$ 2개의 출력을 가지고 있으며, R, S 입력의 조합으로 출력의 상태를 변화시킬 수 있으나 S=R=1의 경우는 불확정(부정) 상태가 되는 플립플롭이다.
> ② D(Dealy) 플립플롭은 RS-FF에서 2개의 입력 R, S가 동시에 1인 경우에도 불확정 출력상태가 되지 않도록 하기 위하여 인버터(inverter : NOT 게이트) 하나를 입력 양단에 부가한 것으로 정보를 일시 유지하는 래치(latch) 회로나 시프트 레지스터(shift register) 등에 쓰인다.
> ③ T 플립플롭(F/F) : JK F/F의 입력 J와 K를 서로 묶어서 하나의 입력으로 하여 클록신호가 1일 때 출력이 반전상태(토글)가 되도록 한 것이다.
> ④ JK 플립플롭 : RS 플립플롭에서 R = S = 1의 상태에서는 동작이 불확실한 상태가 되므로, RS 플립플롭에서 Q를 R로, $\overline{Q}$를 S로 되먹임하여 불확실한 상태가 나타나지 않도록 한 회로이다.

Answer 53. ③ 54. ① 55. ②

56 $x+x'y=x(y+y')+x'y$를 간소화한 것으로 맞는 것은?

① xy
② xy+x+y
③ x+y
④ x'+y

해설
$x+x'y = x(y+y')+x'y$
$= xy+xy'+x'y$
$= xy+x'y+xy+xy'$
$= x(y+y')+y(x'+x)$
$= x+y$

57 어떤 문제를 해결하기 위해 처리 방법과 순서를 표준화된 기호를 통해 그린 그림을 무엇이라 하는가?

① 사용도
② 순서도
③ 설계서
④ 알고리즘

해설 순서도(flow chart)는 알고리즘 또는 문제 해결의 절차를 그림으로 알기 쉽게 나타낸 것으로 설계한 알고리즘을 객관적이며 쉽게 표현, 이해하기 위하여 기호를 사용한다.
순서도의 종류
① 시스템 순서도 : 일의 처리과정을 전체적으로 상세하게 표현한 순서도이다.
② 프로그램 순서도 : 컴퓨터로 처리가 가능한 부분을 단계적으로 표현한 순서도이다.

58 소프트웨어 개발 순서가 올바르게 나열된 것은?

① 설계→분석→구현→테스트
② 분석→설계→구현→테스트
③ 분석→테스트→설계→구현
④ 테스트→설계→분석→구현

해설 프로그램 작성 절차
① 문제 분석 → ② 시스템 설계(입·출력 설계) → ③ 순서도 작성 → ④ 프로그램 코딩 및 입력 → ⑤ 디버깅 → ⑥ 실행 → ⑦ 문서화

59 다음 중 운영체제의 기능이 아닌 것은?

① 메모리 관리
② 주변장치 관리
③ 프로세스 관리
④ 데이터 관리

해설 운영체제(OS : Operating System)
사용자 인터페이스 제공, PC 작동의 표준 방식 제공, PC의 안정적 동작 보증, 실행 프로그램의 보호, PC 성능의 극대화와 사용의 편리함 제공, 소프트웨어 개발 도구, 네트워크 접속 도구 제공 등 운영체제가 없으면 PC는 작동하지 않는다. 주로 하드디스크에 저장된다.

60 다음 중 매크로에 대한 설명으로 옳지 않은 것은?

① 매크로 기록 중에 상대 참조를 선택할 수 있다.
② 매크로 저장위치를 공유 매크로 통합 문서로 지정할 수 있다.
③ 바로 가기 키를 이용하여 매크로를 실행할 수 있다.
④ 매크로 편집을 실행하여 주석을 삽입할 수 있다.

해설 여러 개의 명령을 묶어 하나의 명령으로 만든 명령어를 매크로라 한다.

Answer 56. ③ 57. ② 58. ② 59. ④ 60. ③

Chapter

과년도출제문제 2015. 1회

무선설비기능사(이론)

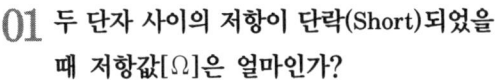

01 두 단자 사이의 저항이 단락(Short)되었을 때 저항값[Ω]은 얼마인가?
① 0[Ω] ② 5[Ω]
③ -5[Ω] ④ 무한대(∞)

해설 단락(Short)이란, 전기회로에서 둘 또는 그 이상의 곳을 전기저항이 아주 작은 도선(導線)으로 이어지는 것과 같은 상태, 또는 고장 또는 과실에 의해 선 사이의 전기저항이 작아진 상태(또는 전혀 없는 상태)를 말하며, 단선(Open)과 반대로 단락이 되면 저항값이 0에 가까운 상태이기 때문에 매우 높은 전류가 흘러 문제가 생길 수 있다.

02 다음 중 옴의 법칙에 대한 설명으로 알맞은 것은?
① 인가된 전압이 증가하면 전류가 증가한다.
② 인가된 전압이 증가하면 전류가 감소한다.
③ 인가된 전압이 감소하면 전류가 증가한다.
④ 인가된 전압과 전류는 상관관계가 없다.

해설 옴의 법칙
회로의 저항 R에 흐르는 전류는 저항의 양 끝에 가해진 전압 E에 비례하고 저항 R에 반비례한다는 법칙이다. 전압의 크기를 V, 전류의 세기를 I, 전기저항을 R이라 할 때, V=IR의 관계가 성립한다.

03 신호의 파형 주기가 1초일 경우 주파수는 몇 [Hz]인가?
① 4[Hz] ② 3[Hz]
③ 2[Hz] ④ 1[Hz]

해설 $f = \dfrac{1}{T} = \dfrac{1}{1} = 1[Hz]$

04 R=25[Ω], L=1[mH], C=66.3[μF]인 병렬회로가 있다. 회로에 100[V], 60[Hz]의 정현파 전압을 인가할 때, 유도성 리액턴스 X_L로 알맞은 것은?
① 0.377[Ω] ② 3.77[Ω]
③ 37.7[Ω] ④ 377[Ω]

해설 $X_L = \omega L = 2\pi f L$에서
$X_L = 2\pi f L$
$= 2 \times 3.14 \times 60 \times 1 \times 10^{-3}$
$= 0.377[\Omega]$

05 전류에 의해서 생기는 자계의 방향을 알 수 있는 법칙은 무엇인가?
① 쿨롱의 법칙
② 키르히호프 법칙
③ 줄의 법칙
④ 앙페르의 오른나사 법칙

해설 • 렌츠의 법칙은 원형 코일에 자석을 가까

Answer 1. ① 2. ① 3. ④ 4. ① 5. ④

이 하거나 멀리할 때 코일에 흐르는 유도 전류의 방향은 그 자석의 운동을 방해하는 방향으로 코일에 유도자기장을 만든다.
- 패러데이의 법칙은 코일 주위에 자속이 변할 때 코일에 유도 기전력의 크기를 결정하는 법칙이다.
- 비오-사바르의 법칙은 주어진 전류회로에서 발생하는 자기장을 구하는 기본관계를 나타내는 것이다.
- 앙페르의 오른나사 법칙은 전선에 전류가 흐르면 주위에 자기장이 발생하는데 전류의 방향을 나사의 진행방향으로 하면 나사의 회전 방향이 자기장의 방향이 된다.

06 다음 중 N형 반도체를 제조할 경우 Ge이나 Si에 첨가하기 적합한 물질은 무엇인가?

① 인듐(In) ② 갈륨(Ga)
③ 붕소(B) ④ 비소(As)

해설
- P형 반도체는 순수한 4가 원소에 3가 원소(최외각 전자가 3개, 붕소, 갈륨, 인듐 등)를 첨가해서 만든 반도체
- N형 반도체는 순수한 4가 원소에 5가 원소(최외각 전자가 5개, 안티몬, 비소, 인 등)를 첨가해서 만든 반도체
- P형 반도체를 만드는 불순물(억셉터, acceptor)로는 인듐(In), 갈륨(Ga), 붕소(B) 등이 있으며 N형 반도체를 만드는 불순물(도너, donor)에는 안티몬(Sb), 비소(As), 인(P) 등이 있다.

07 다음 중 FET(Field Effect Transistor)를 BJT(Bipolar Junction Transistor)와 비교한 설명으로 옳지 않은 것은?

① 입력 및 출력 임피던스가 높아서 전압 증폭 소자로 적합하다.
② 잡음이 적고 열적으로 안정하다.
③ 동작 속도가 빠르다.
④ 제작이 간편하여 집적화에 적합하다.

해설
- 단일접합 트랜지스터(UJT)는 N형의 실리콘 막대 양단에 단자 B_1, B_2를 만들고 중간 부분에 P층을 형성하여 이 부분을 E(이미터)로 하고 B_1, B_2를 베이스로 한 것으로 더블 베이스 다이오드라고도 하며, 부성저항 특성에 의한 발진 작용으로 사이리스터의 트리거 펄스 발생회로 등에 사용된다.
- 전장효과 트랜지스터(FET)는 다수 반송자에 의해 전류가 흐르고 5극 진공관과 비슷한 특성을 가지며 입력 임피던스가 매우 높은 특징이 있다.

08 이득이 각각 30[dB]와 50[dB]인 증폭기를 직렬로 연결하면 전체 증폭도는 얼마인가?

① 10 ② 100
③ 1,000 ④ 10,000

해설 종합 이득 $G = G_1 + G_2 + G_3 \cdots G_n$의 식에 의해 $G = 30 + 50 = 80$[dB]이므로 이득은 10,000배이다.
$G = 20 \log_{10} A_v$[dB]
여기서, A_v : 전압 증폭도
$G = 20 \log_{10} \dfrac{10}{1 \times 10^{-3}} = 80$[dB]

09 증폭기 자체 출력의 일부를 입력측으로 되돌려 보내고 외부신호와 합쳐서 증폭기의 입력에 가해주는 과정을 무엇이라 하는가?

① 감도계수(Sensitivity Coefficient)
② 루프이득(Loop Gain)
③ 궤환(Feedback)
④ 왜율(Distortion Factor)

해설 증폭기 자체 출력의 일부를 입력측으로 되돌려 보내고 외부 신호와 합쳐서 증폭기의

Answer 6. ④ 7. ③ 8. ④ 9. ③

입력에 가해주는 과정을 궤환(Feedback)이라 하며, 발진을 위해서는 정궤환(동위상)되어야 하고, 증폭기의 이득 안정을 위해서는 부궤환(역위상)을 사용한다.

10 발진회로를 구성할 때 관계가 없는 것은?

① 정궤환　　② 부궤환
③ 부저항성　　④ 재생회로

해설 발진을 위해서는 정궤환(동위상)되어야 하며, 궤환회로에서 발진을 하기 위한 바크하우젠의 조건으로 $A\beta = 1$이 되어야 한다.

11 주파수변조기에 프리엠퍼시스(Pre-emphasis) 회로를 사용하는 가장 큰 이유는?

① 감도를 명확하게 하기 위해
② 명료도를 낮추기 위해
③ 높은 주파수에 대한 신호대 잡음비의 저하를 방지하기 위해
④ 선택도를 적절하게 조절하기 위해

해설 프리엠퍼시스(pre-emphasis)는 FM의 송신측에서 S/N비 개선을 위해 고음역 부분의 이득을 단계적으로 증가시켜 송신하기 위한 회로이며, 디엠퍼시스(de-emphasis)는 수신기에서 강조된 고역이득을 낮추기 위한 회로이다.

12 다음 Wien-Bridge 발진회로에서 전압 진폭의 안정화를 위해 Block에 들어갈 소자로 적합한 것은?

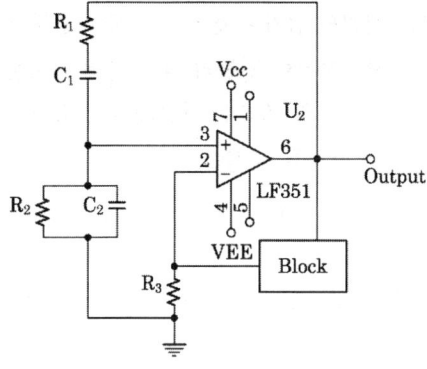

① 바리스터(Varistor)
② 코일(Coil)
③ 다이오드(Diode)
④ 서미스터(Thermistor)

해설 브리지형 발진회로에서 진폭의 안정화를 위해 온도보상을 위한 서미스터를 사용한다.

발진 주파수는 $f_o = \dfrac{1}{2\pi\sqrt{R_1 R_2 C_1 C_2}}$

이때, $R_1 = R_2 = R$, $C_1 = C_2 = C$이면

$f_o = \dfrac{1}{2\pi RC}$

13 각각 3.3[kHz]로 대역 제한된 25개의 신호가 PAM 시스템에서 8[kHz]로 표본화되어 전송되었을 때 각 채널의 최대 펄스폭은?

① 8[ms]　　② 5[ms]
③ 2[ms]　　④ 1[ms]

해설 표본화 주파수(f_s)

• 원 신호 파형을 포함하고 최고 주파수의 2배 이상의 빈도로 표본화하면 원 신호를 완전히 재생할 수 있다.
• 전화에서 음성 신호를 표본화하는 경우 최대 주파수 성분을 B=3.3[kHz]로 하고 표본 주파수를 f_s=8[kHz]로 하여 $8-2\times3.3$[kHz]=1.4[kHz]만큼의 보호 대역을 둔다.

Answer　10. ②　11. ③　12. ④　13. ②

14 입력의 급격한 변화로 인하여 출력 펄스의 상승부분에 진동적 과도 상태 정도를 말하며, 높은 주파수 성분에서 공진하기 때문에 생기는 현상을 무엇이라 하는가?

① Overshoot ② Undershoot
③ Ringing   ④ Sag

해설 펄스는 짧은 시간에 전압 또는 전류의 진폭이 사인파와는 다르게 급격히 변화하는 파형
- 상승시간(t_r, rise time) : 실제의 펄스가 이상적 펄스의 진폭(V)의 10[%]에서 90[%]까지 상승하는 데 걸리는 시간
- 지연시간(t_d, delay time) : 이상적 펄스의 상승시각으로부터 진폭의 10[%]까지 이르는 실제의 펄스시간
- 하강시간(t_f, fall time) : 실제의 펄스가 이상적 펄스의 진폭(V)의 90[%]에서 10[%]까지 내려가는 데 걸리는 시간
- 축적시간(t_s, storage time) : 이상적 펄스의 하강 시각에서 실제의 펄스가 진폭(V)의 90[%]가 되기까지의 시간
- 펄스폭(τ_W, pulse width) : 펄스 파형이 상승 및 하강의 진폭(V)의 50[%]가 되는 구간의 시간
- 오버슈트(overshoot) : 상승 파형에서 이상적 펄스파의 진폭(V)보다 높은 부분의 높이(a)
- 언더슈트(undershoot) : 하강 파형에서 이상적 펄스파의 기준 레벨보다 아랫부분의 높이(d)
- 턴 온 시간(t_{ON}, turn-on time) : 이상적 펄스의 상승 시각에서 진폭(V)의 90[%]까지에 상승하는 시간($t_{on} = t_d + t_f$)
- 턴 오프 시간(t_{OFF}, turn-off time) : 이상적 펄스의 하강 시각에서 진폭(V)의 10[%]까지 하강하는 시간($t_{OFF} = t_s + t_f$)
- 새그(s, sag) : 내려가는 부분의 정도를 말하며, $\left(\dfrac{C}{V}\right) \times 100[\%]$

- 링잉(b, ringing) : 펄스의 상승 부분에서 진동의 정도를 말하며, 높은 주파수 성분에 공진하기 때문에 생긴다.

15 다음 회로에서 입력 구형파 주파수 100[kHz]를 인가했을 때 출력 구형파 주파수는 얼마인가?

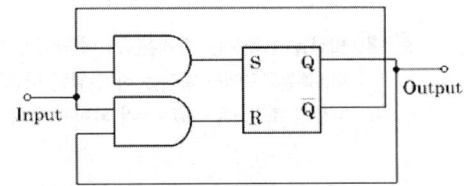

① 200[kHz]   ② 100[kHz]
③ 50[kHz]   ④ 25[kHz]

해설 T 플립플롭에 의한 1/2 분주회로이므로 입력에 구형파 주파수 100[kHz]를 인가하면 출력에는 1/2 분주된 50[kHz]가 출력된다.

16 다음 중 AM 송신기에서 고주파 전력을 증폭하기 위한 종단 전력 증폭기에 대한 설명으로 옳지 않은 것은?

① C급 증폭 방식을 주로 사용한다.
② 스퓨리어스(Spurious) 발사가 커야 한다.
③ 출력이 크고 파형이 일그러지지 않아야 한다.
④ 보통은 피변조기로 동작시킨다.

해설 C급 증폭기는 바이어스 전류가 없다는 점에서 B급 증폭기와 유사하다. 그러나 C급 증폭기는 특별한 대역에서 공급되는 전원보다 50[%]나 높은 출력을 할 수 있다. C급 증폭기를 동조 증폭기(tuned amplifier)라 부르며, 매우 좁은 대역에서 동작하므로 오디오용으로 사용하지 않는다. C급 증폭기는 20[kHz] 이상에서 사용하며 주로 신호를 동조하는 데

쓰인다.

17 다음 중 무선 수신기에서 외부 잡음이 발생하였을 경우 가장 먼저 점검해야 하는 부품이나 회로는?

① 고주파 증폭회로
② 부발진회로
③ 중간주파 증폭회로
④ 안테나

[해설] 무선수신기에서 외부 잡음이 발생하였다면 가장 먼저 안테나를 떼어볼 때 잡음이 없어지면 외부잡음이 발생한 것이고, 잡음이 없어지지 않으면 내부 잡음이 발생한 것이다.

18 2진 부호를 변조할 때 부호가 '1'이면 정현파 신호가 존재하고, '0'이면 정현파신호가 존재하지 않도록 하는 변조방식은 무엇인가?

① 주파수 변조(FM)
② 주파수 편이 변조(FSK)
③ 진폭 편이 변조(ASK)
④ 위상 편이 변조(PSK)

[해설] 디지털 변조방식
1. 진폭 편이 변조(ASK : Amplitude Shift Keying) : 디지털 신호가 1이면 출력을 송신, 0이면 off
2. 주파수 편이 변조(FSK : Frequency Shift Keying) : 디지털 신호가 1이면 f_1 주파수로, 0이면 f_2 주파수로 주파수를 바꿈
3. 위상 편이 변조(Phase Shift Keying) : 디지털 신호의 0, 1에 따라 2종류의 위상을 갖는 변조 방식이다.

19 주파수가 1.5[MHz]라면 전파의 파장은 얼마인가?

① 50[m]   ② 100[m]
③ 150[m] ④ 200[m]

[해설] 파장 : $\lambda = \dfrac{C}{f} = \dfrac{3 \times 10^8}{1.5 \times 10^6} = 200[m]$

20 2진 위상편이변조(BPSK)된 아래와 같은 파형이 수신되었다. 이를 복조하였을 때 "가", "나", "다" 순서에 맞는 2진 부호는?

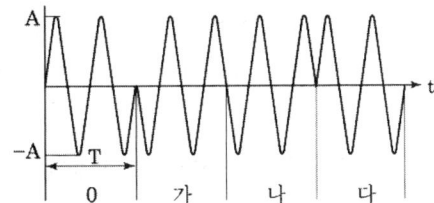

① 001   ② 010
③ 110   ④ 101

[해설] PSK(위상편이변조 : Phase shift keying)
진폭과 주파수가 모두 일정한 반송파를 이용하여 그 위상을 2진 전송 부호에 대응시켜 변화시키는 방식으로 "가"와 "나"는 0의 반대이므로 1이 되고, "다"는 0과 같으므로 110이 된다.

21 다음 중 축전지의 용량이 감퇴되는 원인으로 볼 수 없는 것은?

① 전해액면이 극판 위에 차 있게 한다.
② 충전을 불충분하게 한다.
③ 방전 전류를 과대하게 한다.
④ 자기 방전이나 국부 방전을 시킨다.

[해설] 축전지의 용량 감퇴 원인
• 방전 중 전압 낮음
• 방전 상태로 장기간 방치
• 충전 부족 상태로 장기간 사용
• 축전지의 현저한 온도상승 또는 소손
• 충전장치의 고장 및 과충전

Answer 17. ④ 18. ③ 19. ④ 20. ③ 21. ①

• 액면 저하로 인한 극판의 노출 등

22 다음 중 전리층에 대한 설명으로 틀린 것은?
① 전리층은 자외선이나 중성자 등의 미립자가 지구 상층부의 대기를 전리하여 이온화된 밀집 상태이다.
② 지상에서 발사된 전파가 전리층 내에서의 굴절에 의해 지상으로 되돌아온다.
③ 전리층에 수직으로 전파를 발사하면 어떤 주파수 이상에서는 전리층을 탈출하여 반사가 없어진다.
④ 전리층의 존재범위는 지상으로부터 5[km]~40[km]이며, D층, E층, F층으로 나누어진다.

해설 전리층은 전리권을 전자 밀도에 따라서 층상 구조로 분류한 것. 전리권은 생성되는 층의 구조에 따라 D층(50~90km), E층(90~100km), F층(100~수백 km)으로 분리된다. 전리층의 전자 밀도는 태양 활동도, 계절, 시각, 위도, 경도 등에 따라 변화한다. 지구 자계의 영향을 받아 극지방과 적도 지방에서는 차이가 많이 난다. 또한 고위도의 전리층은 강하는 입자에 따른 전리 작용이 더해져 더욱 복잡하게 변화한다. 여름에는 F층이 F_1층과 F_2층으로 나누어진다. 이 밖에 E층의 높이에서 전리도가 높고 출현이 불규칙한 스포래딕 E층이 발생하여 초단파의 이상 전파(異常傳播) 현상을 일으키기도 한다. 장·중파대의 전파 전파(傳播)는 주로 D층과 E층의 영향을 받으며, 단파대는 E층과 F층에 지배된다.

23 다음 중 200[MHz]대의 주파수를 사용하는 고정 통신에 가장 적합한 안테나는?
① 장중파 안테나   ② 단파 안테나
③ 초단파 안테나   ④ 극초단파 안테나

해설 주파수의 분류

약자	주파수의 분류	주파수의 범위 [kHz]	명칭
VLF	Very Low Frequency	3~30[kHz]	
LF	Low Frequency	30~300[kHz]	장파
MF	Medium Frequency	300~3,000[kHz]	중파
HF	High Frequency	3~30[MHz]	단파
VHF	Very High Frequency	30~300[MHz]	초단파
UHF	Ultra High Frequency	300~3,000[MHz]	극초단파
SHF	Super High Frequency	3~30[GHz]	
EHF	Extremely High Frequency	30~300[GHz]	

[사용 주파수에 따른 안테나 종류]
① 장파, 중파용 : 접지 안테나, 루프 안테나 등
② 단파용 : 반파장 다이폴 안테나, 롬빅 안테나 등
③ 초단파용 : 헬리컬 안테나, 야기 안테나 등
④ 극초단파용 : 혼 안테나, 단일 슬롯 안테나, 파라볼라 안테나, 반사판 안테나, 카세그레인 안테나, 렌즈 안테나, 혼 리플렉터 안테나 등

24 다음 중 급전선이 갖추어야 할 조건으로 적합하지 않은 것은?
① 전력의 전송능력이 클 것
② 불필요한 전파 복사가 다른 곳에 방해를 주지 않을 것
③ 불필요한 전파가 유도되지 않을 것
④ 급전선의 파동 임피던스가 커야 할 것

해설 급전선이란 전파에너지를 전송하기 위하여 송신기나 수신기와 공중선 사이를 연결하는 선을 말한다.
[급전선의 구비 조건]
• 전송효율이 좋을 것
• 절연내력이 클 것
• 불필요한 전파복사가 다른 곳에 방해를 주

거나 불필요한 전파가 유도되지 않을 것
• 임피던스 정합이 용이할 것

25 다음 중 안테나와 급전선의 결합부에 정합 장치를 사용하는 이유로 적합한 것은?

① 코로나 저항을 작게 하기 위해서이다.
② 급전선상의 정재파를 없애기 위해서이다.
③ 급전선상의 임피던스를 작게 하기 위해서이다.
④ 방사 저항을 작게 하기 위해서이다.

해설 급전선에서 부하로 최대 전송효율을 얻기 위해서는 급전선의 특성 임피던스와 부하 임피던스가 정합되어 있어야 한다. 정합이 안된 경우에는 반사에 의해 급전선상에 정재파가 실려 전력 손실이 커진다.

26 다음 중 무선통신시스템에서 변조를 행하는 이유로 적합하지 않은 것은?

① 장거리 통신을 수행하기 위해
② S/N비를 개선시키기 위해
③ 회로소자를 단순화하고 시스템을 소형화하기 위해
④ 시분할 다중통신을 수행하기 위해

해설 변조란 무선 송신기에서 반송파에 신호파를 싣는 일을 말하며, 반송파의 진폭을 신호파의 진폭에 따라 변화하게 하는 변조형태를 진폭변조(Amplitude modulation)라 한다.

27 다음 중 위성통신에 사용되는 지상 관제소의 기능으로 옳지 않은 것은?

① 궤도 조정 기능
② 자세 제어 기능
③ 기존의 통신망과 위성통신을 연결하는 기능
④ 위성감시 및 통신 품질 제어 기능

해설 위성통신에 사용되는 지상 관제소는 위성체의 각종 자료상태를 분석하여 위성체가 적절하게 임무를 수행하고 있는지를 감시하고 필요한 경우 위성체에 명령을 보내어 잘못된 부분을 교정하는 것이 주업무이다. 위성관계 장비는 기초적으로 상태의 감시(Telmetry), 추적(Tracking), 명령으로 구성되기 때문에 TT&C 부분과 위성체로부터 수신한 정보를 분석, 저장하여 필요한 경우 명령을 발생시켜 TT&C를 통하여 위성제어 부분 및 이용자들의 통신망을 감시하고 제어하는 통신망 제어부분으로 구성된다.

28 다음 중 이동통신 시스템의 기본 구성 요소 중에서 발·착신 신호의 송출기능을 담당하는 곳은?

① HLR, VLR
② 무선 기지국
③ 무선 교환국
④ 무선 제어국

해설 이동통신시스템은 무선교환국, 무선기지국 그리고 무선전화 단말장치로 구성된다.
① 무선 교환국: 일반 전화망과 이동통신망을 접속하며, 중앙통제 기능을 갖는다.
기능 : hand-off, 위치 검출 및 등록, 통화 상대번호와 과금정보를 기록한다.
② 기지국(base station) : 이동체와 무선교환국 간 접속하며, 무선 채널을 감시하는 기능을 수행한다.
기능 : 착·발신 신호 송출, 통화채널 지정 및 감시, 자기진단을 한다.
③ 무선전화 단말장치: 이동체 통신장비로 이동 전화 단말기를 이용하여 상대방을 호출할 때마다 특정 채널을 선택하여 통신이 가능하게 한다.

29 다음 중 셀룰라 이동통신시스템에서 무선

25. ② 26. ④ 27. ③ 28. ② 29. ④

전화 단말기를 구성하고 있는 장치가 아닌 것은?

① 무선 송수신기 ② 안테나
③ 제어장치 ④ 중계장치

해설 이동통신시스템은 무선교환국, 무선기지국 그리고 무선전화 단말장치로 구성된다.
① 무선 교환국 : 일반 전화망과 이동통신망을 접속하며, 중앙통제 기능을 갖는다.
   기능 : hand-off, 위치 검출 및 등록, 통화 상대번호와 과금정보를 기록한다.
② 기지국(base station) : 이동체와 무선교환국 간 접속하며, 무선 채널을 감시하는 기능을 수행한다.
   기능 : 착·발신 신호 송출, 통화채널 지정 및 감시, 자기진단을 한다.
③ 무선전화 단말장치 : 이동체 통신장비로 이동 전화 단말기를 이용하여 상대방을 호출할 때마다 특정 채널을 선택하여 통신이 가능하게 한다.

30 다음 단거리 무선통신 기술 중 초광대역 대용량 멀티미디어 서비스에 적합한 기술은 무엇인가?

① Zigbee ② UWB
③ Home-RF ④ Bluetooth

해설 ① 지그비(ZigBee) : 저속 전송속도를 갖는 홈오토메이션 및 데이터 네트워크를 위한 표준 기술
② UWB(ultra wideband) : 초광대역. 단거리 구간에서 저전력으로 넓은 스펙트럼 주파수를 통해 많은 양의 디지털 데이터를 전송하는 무선 기술
③ 블루투스(Bluetooth) : IEEE 802.15.1에서 표준화된 무선통신기기 간에 가까운 거리에서 낮은 전력으로 무선통신을 하기 위한 표준

31 AM송신기의 출력을 오실로스코프(Oscilloscope)로 측정한 결과 다음 그림과 같은 파형일 경우 변조도는 몇 [%]인가? (단, Volts/Div는 0.1[V]이다.)

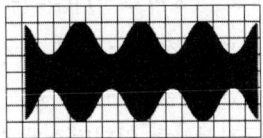

① 20[%] ② 30[%]
③ 50[%] ④ 80[%]

해설 $m = \dfrac{A-B}{A+B} \times 100$
$= \dfrac{0.6-0.2}{0.6+0.2} \times 100 = \dfrac{1}{2} \times 100 = 50[\%]$

32 다음 중 무선 수신기의 전기적 측정 시험이 아닌 것은?

① 안정도의 측정 ② 변조도의 측정
③ 충실도의 측정 ④ 감도의 측정

해설 ① 안정도(Stability)란 주파수와 진폭이 일정한 전파를 수신하면서 장시간에 걸쳐 조정하지 않은 상태로 왜곡 없는 일정한 출력을 얻을 수 있느냐 하는 능력을 나타내는 척도이다.
② 선택도(selectivity)는 희망하는 주파수를 불필요한 다른 전파들로부터 어느 정도 분리시켜 선택할 수 있는가 하는 능력을 말한다.
③ 감도(senstivity)는 어느 정도 미약한 전파까지 수신할 수 있는가를 나타내는 것으로 일정한 출력을 얻는 데 필요한 수신기의 안테나 입력전압으로 나타낸다.
④ 충실도(fidelity) : 송신측에서 변조된 신호를 어느 정도까지 충실히 재현할 수 있는지의 청도(원음에 가까운)를 나타낸다.

Answer 30. ② 31. ③ 32. ②

33 다음 중 수신기 시험에 의사 공중선을 사용하는 이유는?

① 공중선에 의한 입력 회로의 등가회로를 구성하기 위하여
② 수신기의 부차적 전파 발사를 억제하기 위하여
③ 수신기의 입력 레벨을 감쇠시키기 위하여
④ 표준 입력 신호를 공급하기 위하여

해설 수신기와 공중선에 의한 입력회로에 등가회로를 구성하여 불필요한 전파 발사의 방지를 위하여 의사공중선을 사용한다.

34 정재파비 측정에 있어서 최대 및 최소점의 고주파 전압계의 지시가 10[V]와 5[V]일 경우 정재파비는 얼마인가?

① 0.5 ② 1
③ 2   ④ 5

해설 반사계수(Γ)

$\Gamma = \dfrac{Z_L - Z_o}{Z_L + Z_o} = \dfrac{10-5}{10+5} = \dfrac{5}{15} = 0.33$,

$S = \dfrac{1+\rho}{1-\rho} = \dfrac{1+0.33}{1-0.33} = \dfrac{1.33}{0.67} ≒ 2$

35 다음 중 전원주파수 60[Hz]를 사용하는 정류기로 360[Hz]의 맥동주파수를 나타내는 정류방식으로 적합한 것은?

① 3상 전파정류   ② 3상 반파정류
③ 단상 전파정류 ④ 단상 반파정류

해설 정류 방식별 맥동 주파수(60[Hz])의 경우

정류방식	맥동 주파수
단상 반파 정류회로	$r_f = 60 \times 1 = 60[Hz]$
단상 전파 정류회로	$r_f = 60 \times 2 = 120[Hz]$
3상 반파 정류회로	$r_f = 3 \times 60 \times 1 = 180[Hz]$
3상 전파 정류회로	$r_f = 3 \times 60 \times 2 = 360[Hz]$

36 지정주파수에 대하여 특정한 위치에 고정되어 있는 주파수로 정의되는 주파수를 무엇이라 하는가?

① 기준주파수   ② 지정주파수
③ 핵심주파수   ④ 필요주파수

해설 ① "지정주파수"라 함은 무선국에서 사용하는 주파수마다의 중심주파수를 말한다.
② "기준주파수"라 함은 지정주파수에 대하여 특정한 위치에 고정되어 있는 주파수를 말한다. 이 경우 기준주파수가 지정주파수에 대하여 가지는 변위는 특성주파수가 발사에 의하여 점유하는 주파수대의 중심주파수에 대하여 가지는 변위와 동일한 절대치와 동일한 부호를 가지는 것으로 한다.
③ "특성주파수"라 함은 주어진 발사에서 용이하게 식별되고, 측정할 수 있는 주파수를 말한다.

37 다음 중 주파수 허용편차가 가장 작은 무선국은?

① 육상국
② 이동국
③ 아마추어국
④ 디지털텔레비전방송국

해설 본문 제4편 무선설비기준
p.366 별표 1. 주파수 허용편차 참고

Answer 33. ① 34. ③ 35. ① 36. ① 37. ④

38 전파형식이 16K0F3E로 표시될 때 필요주파수대폭으로서 옳은 것은?

① 3[MHz]　② 16[MHz]
③ 3[kHz]　④ 16[kHz]

> 해설 불평형 전파형식 220[MHz] 16K0F3E 통신방식
> 점유주파수대폭의 허용치(제4조제1항 관련)

39 전파형식이 C3F인 텔레비전방송을 하는 방송국 무선설비의 점유 주파수대폭의 허용치는?

① 1[MHz]　② 2[MHz]
③ 4[MHz]　④ 6[MHz]

> 해설 점유 주파수대폭의 허용치
>
> | C3F
F3E
G3E | 6[MHz] | 텔레비전 방송을 하는 방송국의 무선설비 |
> |---|---|---|

40 다음 중 일반적인 안테나가 충족하여야 하는 조건으로 적합하지 않은 것은?

① 이득이 높을 것
② 정합은 신호의 반사손실이 최소화되도록 할 것
③ 지향성은 복사되는 전력이 목표하는 방향을 벗어나지 아니하도록 안정적일 것
④ 사이드 로브(Side Lobe) 값이 클 것

> 해설 무선설비규칙 제8조(공중선계) 공중선계는 다음 각 호의 조건을 충족하여야 한다.
> 1. 공중선은 이득이 높고 능률이 좋을 것
> 2. 정합이 충분할 것
> 3. 만족스러운 지향성을 얻을 수 있을 것

41 다음 중 수신설비가 충족하여야 할 조건으로 적합하지 않은 것은?

① 선택도가 클 것
② 내부잡음이 클 것
③ 수신주파수는 운용범위 이내일 것
④ 감도는 낮은 신호입력에서도 양호할 것

> 해설 수신설비는 다음 각 호의 조건에 적합하여야 한다.
> 1. 수신주파수의 범위가 적정할 것
> 2. 선택도가 클 것
> 3. 내부잡음이 적을 것
> 4. 감도가 충분할 것
> 5. 명료도가 충분할 것

42 다음 중 전계강도의 단위로 적합한 것은?

① dBi　② dB/m
③ dBd　④ dBV/m

> 해설 전계강도(electric field strength)
> ② 전자파는 원래 전계와 자계가 짝이 되어 전파되는데 일반적으로 수신점 전계의 세기만으로 그 지점에서의 전자파 강도를 표시하고 있다. 전계 강도는 안테나 실효고가 1[m]인 도체에 유기된 기전력의 크기로 표시하며, 단위는 [V/m]이다. 1[μV/m]를 기준(0[dB])으로 데시벨(dB)로 표시하는 것이 일반적이다.

43 무선설비의 안전시설기준에서 규정한 "무선설비에 전원의 공급을 위하여 발생된 고압전기의 범위"로 맞는 것은?

① 500볼트를 초과하는 고주파 및 교류전압과 650볼트를 초과하는 직류전압을 말한다.
② 550볼트를 초과하는 저주파 및 직류전

Answer　38. ④　39. ④　40. ④　41. ②　42. ④　43. ③

압과 700볼트를 초과하는 교류전압을 말한다.

③ 600볼트를 초과하는 고주파 및 교류전압과 750볼트를 초과하는 직류전압을 말한다.

④ 650볼트를 초과하는 저주파 및 직류전압과 800볼트를 초과하는 교류전압을 말한다.

> **해설** 제19조(무선설비의 안전시설)
> ① 무선설비에 전원의 공급을 위하여 고압전기(600볼트를 초과하는 고주파 및 교류전압과 750볼트를 초과하는 직류전압을 말한다. 이하 같다)를 발생시키는 발전기나 고압전기가 인입되는 변압기, 정류기 등을 이용할 경우에는 당해 기기들은 외부에서 용이하게 닿지 아니하도록 절연차폐체 내 또는 접지된 금속차폐체 내에 수용되어 있어야 한다. 다만, 취급자 외의 자가 출입하지 못하도록 된 장소에 설치되는 경우에는 그러하지 아니하다.

44 다음 괄호 안에 들어갈 내용으로 가장 적합한 것은?

> 정보기기라 함은 데이터 및 방송통신메시지의 입력, 저장, 출력, 검색, 전송, 처리, 스위칭, 제어 중 어느 하나(또는 이들의 조합)의 기능을 가지거나, 정보전송을 위해 사용되는 하나 이상의 포트를 갖춘 기자재로서 공급전압이 (   )[V]를 초과하지 않는 정격전원 전압을 사용하는 기자재를 말한다.

① 50 　　　　② 300
③ 600 　　　 ④ 1,000

> **해설** 정보통신기기 인증 규칙의 제2조(정의)
> 9. "정보기기"라 함은 데이터 및 통신메시지의 입력·출력·저장·검색·전송 또는 제어 등의 주요기능과 정보전송용으로 작동되는 1개 이상의 터미널포트를 갖춘 기기로서 600볼트 이하의 공급전압을 가진 기기를 말한다.

45 방송통신기기 내부의 전기적인 회로·구조·성능이 동일하고 기능이 유사한 제품군 중 표본이 되는 기자재를 무엇이라고 하는가?

① 기본모델　　② 파생모델
③ 유사모델　　④ 정상모델

> **해설** 방송통신기기 형식검정·형식등록 및 전자파적합등록에 관한 고시
> 6. "기본모델"이라 함은 기기 내부의 전기적인 회로·구조·성능이 동일하고 기능이 유사한 제품군 중 표본적으로 인증을 받는 기기를 말한다.
> 7. "파생모델"이라 함은 기본모델과 전기적인 회로·구조·성능이 동일하고 그 부가적인 기능만을 변경한 기기를 말한다.

46 다음 중 지정시험기관 적합등록 대상 기자재로 알맞지 않은 것은?

① 과학용 고주파 이용기기류
② 자동차 장착용 디지털 기기류
③ 텔레비전수상기
④ 산업용 컴퓨터

> **해설** 방송통신기자재 등의 적합성 평가에 관한 고시(국립전파연구원) [별표 2] 지정시험기관 적합등록 대상기자재(제3조제2항 관련)

47 다음 중 방송통신기자재의 잠정인증신청서에 첨부하여야 할 서류가 아닌 것은?

Answer　44. ③　45. ①　46. ④　47. ④

① 기술설명서(한글본)
② 외관도
③ 부품의 배치도 또는 사진
④ 기본모델의 제작공정도

> **해설** 적합성 평가에 관한 고시
> 제11조(잠정인증의 신청) ① 잠정인증을 신청하고자 하는 자는 다음 각 호에 따른 신청서와 첨부서류(전자문서를 포함한다)를 작성하여 소장에게 제출하여야 한다.
> 1. 별지 제8호서식의 잠정인증신청서
> 2. 기술설명서(한글본)
> 3. 자체 시험결과 설명서 : 스스로 수행한 시험방법 및 절차와 그 결과에 대한 설명(시험결과는 소장 또는 지정시험기관의 장이 확인한 것이어야 함)
> 4. 사용자설명서(한글본) : 제품개요, 사양, 구성 및 조작방법 등이 포함되어야 한다.
> 5. 외관도 : 제품의 전면·후면 및 타 기기와의 연결부분과 적합성 평가표시 사항의 식별이 가능한 사진을 제출할 것
> 6. 회로도 : 신청 기자재 전체의 회로도를 제출할 것
> 7. 부품 배치도 또는 사진 : 부품의 번호, 사양 등 식별이 가능할 것
> 8. 대리인 지정서 : 제27조에 따른 별지 제4호서식의 대리인 지정(위임)서

48 다음 중 통신보안의 목적에 해당되지 않는 것은?

① 비밀누설 가능성의 제거
② 정보 누설량의 최소화
③ 획득하려는 정보의 은닉과 분석의 지연
④ 통신내용의 수집 및 장비의 보호

> **해설** 통신보안의 목적
> ① 비밀누설 가능성의 사전 제거

② 적국의 정보 획득량의 감소
③ 획득하려는 정보의 지연

49 무선통신에서 도청에 대한 방지대책으로 적절하지 않은 것은?

① 중요통신 내용의 암호화
② 불필요한 전파발사 억제
③ 비밀번호의 변경
④ 통신제원의 수시변경

> **해설** 비밀누설에 대한 각종 방지법
> ㉠ 통신규율 및 통신사 교육훈련 : 통신제원에 의한 절차준수, 감독강화, 통신보안 생활화
> ㉡ 도청에 대한 방어 : 통신제원의 수시 변경, 무선침묵 유지, 보안 유해 시 통신 중단, 보안장비(비화기)
> ㉢ 방향탐지에 대한 방어 : 불필요한 전파의 발사, 같은 장소의 계속전파발사, 과도한 송신출력 억제
> ㉣ 교신분석에 대한 방어 : 필요할 때만 교신하고 규율을 중시, 평문송신금지
> ㉤ 기만통신에 대한 방어 : 상호 약정된 확인법의 사용(처음 통신 시작, 의심스러울 때, 주파수 변경 시), 비밀내용의 평문사용 엄금
> ㉥ 의심스러울 때 : 예비 주파수 전환, 즉시 보고, 방향탐지로 확인, 상대방(우리편) 통신사의 특성 등 파악

50 다음 중 1급 비밀 및 암호자재의 수발 방법이 적합하지 않은 것은?

① 암호화 후 전신으로 수발
② 직접 접촉에 의한 수발
③ 기관의 문서수발계통에 의한 수발
④ 일반우편에 의한 수발

> **해설** 보안업무규정 시행규칙의 제24조(비밀의 수발)

Answer 48. ④ 49. ③ 50. ④

비밀의 수발은 다음 각 호에 정하는 절차에 의한다. 다만, 1급 비밀 및 암호자재는 제1호 및 제2호의 규정에 의하여서만 수발할 수 있다.
1. 암호화하여 전신으로 수발한다.
2. 취급자의 직접 접촉에 의하여 수발한다.
3. 각급 기관의 문서수발계통에 의하여 수발한다.
4. 등기우편에 의하여 수발한다.

51 다음 중 산술논리장치와 중앙처리장치(CPU)의 제어 기능을 하나의 칩 속에 집적하여 연산과 제어를 수행하게 하는 것은?

① 마이크로프로세서
② 컴파일러
③ 소프트웨어
④ 레지스터

해설 마이크로프로세서(microprocessor)
중앙처리장치의 기능을 한 개 또는 여러 개의 칩 속에 집적시켜 연산 및 제어를 실행할 수 있도록 한 소자이다.

52 레지스터에 새로운 데이터를 전송할 경우 이전 데이터 상태에 대하여 바르게 설명한 것은?

① 스택(Stack)에 저장된다.
② 이전에 있던 내용은 다른 곳으로 전송되고 새로운 내용만 기억된다.
③ 이전에 있던 내용은 지워지고 새로운 내용이 기억된다.
④ 기억된 내용에 아무런 변화가 없다.

해설 레지스터(register)
산술적/논리적 연산이나 정보 해석, 전송 등을 할 수 있는 일정 길이의 정보를 저장하는 중앙처리장치(CPU) 내의 기억 장치. 저장

용량은 제한되어 있으나 주기억 장치에 비해서 접근 시간이 빠르고, 체계적인 특징이 있다. 컴퓨터에는 산술 및 논리 연산의 결과를 임시로 기억하는 누산기, 기억 주소나 장치의 주소를 기억하는 주소 레지스터(address register)를 비롯하여 컴퓨터의 동작을 관리하는 각종 레지스터가 사용된다.

53 다음 중 컴퓨터의 전원이 끊어져도 입력된 내용이 지워지지 않는 저장소자는?

① S램
② D램
③ CMOS램
④ 플래시 메모리

해설 플래시 메모리(flash memory)
전기적으로 데이터를 지우고 다시 기록할 수 있는 비휘발성 컴퓨터 기억장치이다.

54 그레이 부호 (110101)$_{gray}$을 2진법 데이터로 변환한 것은?

① (101111)$_2$
② (011010)$_2$
③ (000101)$_2$
④ (100110)$_2$

해설 그레이 코드(Gray Code)는 1비트의 변화를 주어 아날로그 데이터를 디지털 데이터로 변환하는 데 사용하는 코드로, 연산에는 부적합한 코드로 A/D 변환기, 입·출력장치의 인터페이스 코드로 널리 사용된다.
• 그레이 코드 110101을 2진수로 변환하면

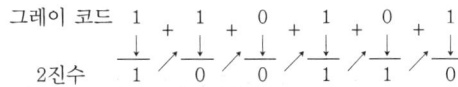

55 다음 중 일반적인 논리회로의 기호로 사용되지 않는 것은?

① · : AND
② + : OR
③ − : NOT
④ / : DIV

해설 일반적인 논리회로의 기호는 OR(+, 논리합),

AND(·, 논리곱), NOT(-, 논리부정 또는 인버터)로 구성된다.

56 다음 중 집적회로(IC)의 일반적인 특성으로 옳지 않은 것은?

① 동작속도가 빠르다.
② 소비 전력이 작다.
③ 회로를 초소형으로 만들 수 있다.
④ 팬 아웃(Fan-Out)이 적다.

> **해설** IC(집적회로)에 적합한 회로로서는, 코일과 콘덴서가 거의 필요 없고, 저항의 값이 비교적 작으며, 전력 출력이 작아도 되는 회로, 신뢰성이 특히 중요시되며, 소형 경량을 요하는 회로 등이다.

57 다음 중 순서도의 기호와 설명이 맞는 것은?

① ⌒ : 오프라인 기억
② ○ : 다른 페이지에서 순서도 흐름을 연결
③ ▱ : 네트워크에서 입력받음
④ ◇ : 데이터를 정렬할 때 사용

> **해설** ①은 저장 데이터, ②는 연결자, ③은 수동 입력, ④는 정렬/분류를 나타내는 기호이다.

58 다음 중 객체 지향 언어의 특징이 아닌 것은?

① 상속성   ② 은닉성
③ 다형성   ④ 주체성

> **해설** 객체 지향 언어의 특징
> • 추상화   • 캡슐화
> • 계층성   • 모듈성
> • 다형성(오버로딩)   • 은닉성
> • 상속성   • 재사용성

59 다음 중 인터럽트(Interrupt)가 발생하는 경우가 아닌 것은?

① 출력장치가 출력명령을 끝마칠 경우
② 입력장치에 입력데이터가 준비된 경우
③ 어떤 수를 0으로 나눌 경우
④ 기억장소에 접근할 경우

> **해설** 프로그램 처리 도중 긴급사태나 외부의 요구에 의하여 처리 중인 프로그램을 일시 중지하고, 발생된 내용을 처리한 후에 처리하던 원래의 프로그램을 재개하는 것을 인터럽트라 한다.

60 문서 작업 중 일부분을 가, 나, 다 순서로 재배열하고 싶을 때 사용하는 기능은?

① 겹쳐 쓰기(Overwrite)
② 소트(Sort)
③ 머지(Merge)
④ 검색(Search)

> **해설** ① 소트(Sort)는 자료를 특정한 조건에 따라 일정한 순서가 되도록 다시 배열하는 일
> ② 머지(Merge)는 자료를 합치는 작업이다.
> ③ 겹쳐 쓰기(Overwrite)는 내용을 입력하면 원래의 내용이 지워지면서 다른 내용이 입력되는 상태

Answer 56. ④ 57. ④ 58. ④ 59. ④ 60. ②

과년도출제문제

2015. 4회

무선설비기능사(이론)

01 5[C]의 전하량이 이동하는 데 필요한 일이 20[J]일 경우 전위차는 얼마인가?

① 2[V]   ② 4[V]
③ 5[V]   ④ 100[V]

해설 $W = VQ[J]$
$V = \dfrac{W}{Q} = \dfrac{20}{5} = 4[V]$

02 서로 다른 두 종류의 금속을 접합하여 접합점 P_1, P_2를 다른 온도로 유지하면 열기전력이 발생하는 현상을 무엇이라고 하는가?

① 펠티에 효과(Peltier Effect)
② 앙페르 법칙(Ampere's Law)
③ 패러데이 법칙(Faraday's Law)
④ 제벡 효과(Seebeck Effect)

해설 ① 제벡효과(Seebeck effect)란 2종의 금속 또는 반도체를 폐로가 되도록 접속하고 접속한 두 점 사이에 온도차를 주면 기전력이 발생되는 현상
② 펠티에 효과(Peltier effect)란 2개의 다른 물질의 접합부에 전류가 흐르면 열을 흡수하거나 발산하는 현상으로 이 효과는 금속과 금속을 접합했을 경우보다 반도체와 금속의 접합 또는 반도체의 PN접합을 이용했을 경우가 크며, 반도체인 BiTe계 합금의 PN접합이 전자 냉동으로 많이 이용되고 있다. 전자냉동은 성능이 고르고 수명이 길며 사용기간 중에 변화가 거의 없는 장점이 있고, 대용량에 효율을 문제로 하는 곳에서는 단점이 많으므로 열용량이 작은 국부적인 부분의 냉각 또는 항온조에 적합하다.

03 주파수가 60[Hz]인 정현파의 주기 T를 구하면 약 얼마인가?

① 1.67[ms]   ② 16.7[ms]
③ 167[ms]   ④ 1,670[ms]

해설 $T = \dfrac{1}{f} = \dfrac{1}{60} = 16.7[ms]$

04 반지름과 동일한 길이의 호에 대응되는 각도를 무엇이라고 하는가?

① 라디안   ② 위상차
③ 각속도   ④ 파형

해설 ① 라디안(radian) : 원둘레 위에서 반지름과 같은 길이를 갖는 호에 대응하는 중심각의 크기의 단위
② 위상각(θ) : $v = V_m \sin(\omega t + \theta)[V]$에서 θ를 위상 또는 위상각이라 한다.
③ 위상차(ϕ) : 앞선 위상(ϕ_1)에서 뒤진 위상(ϕ_2)의 상대적인 위치의 차이이다.
④ 각속도(ω) : 1초 동안에 회전한 각도로 $\omega = 2\pi f\,[rad/sec]$

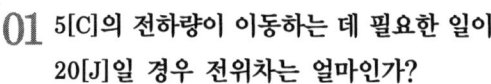

Answer   1. ② 2. ④ 3. ② 4. ①

05 자장 안에 놓인 도선에 전류가 흐를 때 도선이 받는 힘의 방향을 알 수 있는 법칙은 무엇인가?

① 쿨롱의 법칙
② 키르히호프 법칙
③ 플레밍의 왼손법칙
④ 앙페르의 오른나사법칙

> **해설**
> ㉠ 플레밍의 왼손법칙 : 자기장 속에서 전류가 받는 힘의 방향을 알아내는 법칙으로, 왼손의 엄지와 검지, 중지를 서로 수직되게 하고 검지 : 자기장, 중지 : 전류의 방향으로 했을 때 엄지가 향하는 쪽이 힘을 받는 방향으로 전동기의 회전 방향을 알 수 있다.
> ㉡ 플레밍의 오른손법칙은 자기장 속에서 움직이는 직선도선에 생기는 유도 전류의 방향을 알아보는 법칙으로, 오른손 엄지와 검지, 중지를 서로 수직되게 하고 엄지 : 힘을 받는 방향(움직이는 방향), 검지 : 자기장방향으로 했을 때 중지가 향하는 방향이 유도전류의 방향이다.
> ㉢ 앙페르법칙(오른나사)은 전류가 흐르는 도선 주위에 생기는 자기장의 방향을 알아보는 법칙으로, 엄지를 전류의 방향으로 향하게 해서 네 개의 손가락으로 감아줘었을 때 네 개의 손가락의 방향이 자기장의 방향이 된다. 그래서 네 개의 손가락의 모양과 같이 자기장은 원형을 그린다.
> ㉣ 렌츠의 법칙은 원형코일에 자석을 가까이 하거나 멀리할 때 코일에 흐르는 유도전류의 방향은 그 자석의 운동을 방해하는 방향으로 코일에 유도자기장을 만든다.
> ㉤ 패러데이의 법칙은 코일 주위에 자속이 변할 때 코일에 유도 기전력의 크기를 결정하는 법칙이다.

06 FET의 드레인 전류의 변화에 대한 게이트 전압의 변화의 비를 무엇이라 하는가?

① 드레인 저항
② 증폭 정수
③ 전달 컨덕턴스
④ 소스 저항

> **해설** 전계효과트랜지스터(FET)의 증폭정수 μ, 전달 컨덕턴스 g_m, 내부저항 r_d 사이에는 $\mu = g_m \cdot r_d$의 관계가 있다.
>
> 전달 컨덕턴스 : $g_m = \dfrac{\partial I_D}{\partial V_{GS}} \bigg| V_{DS}$ = 일정
>
> 드레인 저항 : $r_d = \dfrac{\partial V_{DS}}{\partial I_D} \bigg| V_{GS}$ = 일정
>
> 증폭 상수 : $\mu = \dfrac{\partial V_{DS}}{\partial V_{GS}} \bigg| I_D$ = 일정

07 전압 증폭도가 10배인 증폭기와 100배인 증폭기를 직렬로 접속했을 때 전체 증폭도는 몇 [dB]인가?

① 20[dB]   ② 40[dB]
③ 60[dB]   ④ 80[dB]

> **해설** $A = A_1 \times A_2 = 10 \times 100 = 1000$,
> $A_v = 20\log_{10} 1000 = 60[dB]$

08 다음 중 직렬형 전류 부궤환 증폭기의 특성에 대한 설명으로 틀린 것은?

① 입력 임피던스 증가
② 출력 임피던스 감소
③ 잡음 특성 증가
④ 대역폭 증가

> **해설** 부궤환 증폭회로의 특성
> • 증폭기의 이득이 감소한다.
> • 비선형 일그러짐이 감소한다. 특히 출력단의 잡음이 감소한다.
> • 주파수 특성이 개선된다.
> • 입력의 임피던스가 증가하고, 출력 임피

Answer 5. ③ 6. ③ 7. ③ 8. ③

던스는 감소한다.
• 부하의 변동이나 전원전압의 변동에도 증폭도가 안정된다.

09 어떤 전력 증폭기의 직류 공급 전력이 전압 40[V], 전류 100[mA]이고 효율이 90[%]일 경우 부하에서의 출력 전력은 얼마인가?

① 1.6[W] ② 2.2[W]
③ 2.8[W] ④ 3.6[W]

해설 효율(η) = $\frac{부하출력전력}{직류공급전력} \times 100$의 식에 의해

부하출력전력 = 효율 × 직류공급전력
= $0.9 \times 40 \times 100 \times 10^{-3}$
= 0.9×4
= $3.6[W]$

10 다음 중 발진이 계속 유지할 수 있도록 하는 조건에 해당되는 것은?

① 입력전압과 궤환전압의 위상차는 90도이어야 함
② 바크하우젠의 부궤환 방식일 것
③ 바크하우젠의 발진 조건하에서는 루프 이득은 1이어야 함
④ 궤환전류와 입력전류가 45도 - 90도이면 충분함

해설 발진을 위해서는 정궤환(동위상)되어야 하며, 궤환회로에서 발진을 하기 위한 바크하우젠의 조건으로 $A\beta = 1$이 되어야 한다.

11 다음 중 연속파 변조에 해당되지 않는 것은?

① 진폭변조
② 펄스 수 변조
③ 주파수변조
④ 위상변조

해설 ㉠ 연속파 아날로그 변조방식 : 반송파가 연속적인 함수이고 신호파가 아날로그인 변조방식임
• 진폭변조(AM) : 아날로그 신호파를 반송파의 진폭에 싣는 변조방식임
  − DSB-SC : 피변조파에 반송파가 포함되지 않는 방식임
  − DSB-LC : 피변조파에 반송파가 포함된 방식임
  − SSB : DSB-SC에 BPF를 사용하여 한쪽 측파대를 제거한 방식임. 설계가 복잡함
  − VSB : SSB와 달리 한쪽 측파대를 완전히 제거하지 않고 일부를 남겨 놓은 방식임
• 주파수변조(FM) : 아날로그 신호파를 반송파의 주파수에 싣는 변조방식임
  − 잡음과 혼신에 강함
  − AM에 비해 이득, 선택도, 감도가 우수함
  − 송수신기의 회로가 복잡함
  − 신호파의 주파수가 높을수록 잡음에 약함
• 위상변조(PM) : 반송파의 위상을 신호파의 진폭에 따라 변화시키는 방식임
  − 높은 주파수나 고속도 통신에 적합함
㉡ 연속파 디지털 변조방식 : 반송파가 연속적인 함수이고 신호파가 디지털인 변조방식임
• 진폭 편이 변조(ASK : Amplitude Shift Keying) : 디지털 형태의 신호파에 따라 반송파의 진폭을 변화시키는 변조방식임
• 주파수 편이 변조(FSK : Frequency Shift Keying) : 디지털 형태의 신호파에 따라 반송파의 주파수를 변화시키는 변조방식임
• 위상 편이 변조(PSK : Phase Shift Keying) : 디지털 형태의 신호파에 따

Answer 9. ④ 10. ③ 11. ②

라 반송파의 위상을 변화시키는 변조 방식임
• QAM(APK) : 디지털 형태의 신호파에 따라 반송파의 진폭과 위상을 변화시키는 변조방식임

12 트랜지스터의 스위칭 시간에서 Turn-Off 시간으로 맞는 것은?

① 지연시간
② 상승시간+지연시간
③ 축적시간+하강시간
④ 축적시간

해설 턴 오프 시간(t_{OFF}, turn-off time) 이상적 펄스의 하강 시각에서 진폭(V)의 10[%]까지 하강하는 시간 ($t_{OFF} = t_s + t_f$)

13 M/S 플립플롭은 어떠한 현상을 해결하기 위한 것인가?

① OSC   ② Race
③ Toggle   ④ Delay

해설 JK 플립플롭에서 클록 펄스가 1일 때 출력 상태가 변화되면 입력측에 변화를 일으켜 오동작이 발생되는 현상을 레이스(Race) 현상이라 한다.

14 89.1[MHz]의 반송파를 최대 주파수편이 75[kHz]로 하고 15[kHz]의 신호파로 주파수 변조했을 경우 변조지수와 대역폭은?

① 변조지수 : 5, 대역폭 : 180[kHz]
② 변조지수 : 5, 대역폭 : 30[kHz]
③ 변조지수 : 1.1, 대역폭 : 180[kHz]
④ 변조지수 : 1.1, 대역폭 : 30[kHz]

해설 $Mp = \dfrac{\Delta f_c}{f_s} = \dfrac{75}{15} = 5$,
$BW = 2f_s(M_f + 1)$
$= 2(\Delta f_c + f_s)$
$= 2(75 + 15) = 180[kHz]$

15 다음 그림에서 C2의 역할로 적합한 것은?

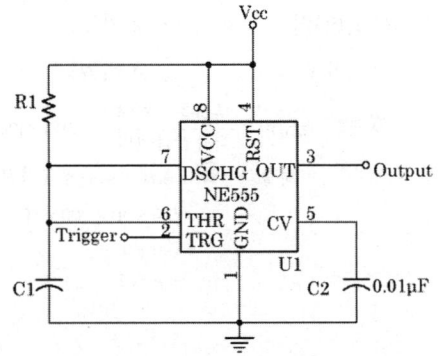

① 제어전압에 대한 잡음 필터
② 제어전압에 대한 주파수 체배
③ 제어전압에 대한 신호의 이득 조절
④ 제어전압에 대한 파형의 형태를 변환

해설 NE555의 5번 핀은 control voltage 단자로 콘덴서를 연결하여 잡음 필터 역할을 행한다.

16 다음 중 AM 송신기의 핵심 요소가 아닌 것은?

① 발진기   ② 변조기
③ 피변조파   ④ 복조기

해설 AM 송신기의 구성 요소 중 발진부에서 반송파를 만들어 신호파를 실어 변조파를 만든다. 복조기는 수신기의 구성 요소이다.

17 다음 중 간접 FM 방식을 이용하는 FM 송신기에 대한 설명으로 틀린 것은?

① 자동 주파수 제어(AFC) 회로가 필요하다.
② 위상 변조기에 의하여 FM파를 만든다.
③ 전치 보상 회로가 필요하다.
④ 프리엠퍼시스(Pre-Emphasis) 회로가 필요하다.

해설 FM 송신기는 직접 FM 방식과 간접 FM 방식으로 구분한다.
① 직접 FM 방식은 자려 발진기와 리액턴스 소자에 의한 회로의 결합으로 주파수 변조를 한다.
  ㉠ 회로의 구성이 간단하게 된다.
  ㉡ 자려 발진방식이므로 반송파(중심 주파수)의 안정도가 나쁘다.
  ㉢ 자동주파수 제어(AFC) 회로가 필요하다.
② 간접 FM 방식은 위상변조기에 의하여 간접적으로 FM파를 만든다.
  ㉠ 반송파를 수정발진기로 발생시키므로 주파수 안정도가 좋다.
  ㉡ 전치 보정회로가 필요하다.
  ㉢ AFC 회로는 필요 없다.
  ㉣ 스퓨리어스 복사에 주의가 필요하고 장치가 복잡하게 된다.

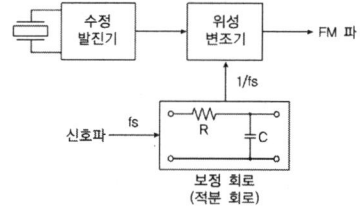

• 프리엠퍼시스(Pre-emphasis) 회로 : 신호 전송에서 신호의 어떤 주파수 성분을 다른 성분에 대해 상대적으로 강하게 하여 SN비를 향상시켜 일그러짐을 감소시키는 회로이다.
• 자동 주파수 제어(AFC) 회로 : 발진기의 주파수를 입력 신호와 일치되도록 하기 위해 비교 장치를 사용하고 그 출력에 의해 발진기의 주파수를 연속적으로 수정하는 회로이다.

• 순시 편이 제어(IDC) 회로 : 변조 주파수가 높아지면 그것에 비례하여 변조파의 주파수 편이가 커지므로 변조기로 들어가기 전에 리미터를 사용하여 주파수 편이를 규정값 이내로 유지하도록 하는 회로이다.

18 진폭은 항상 일정하게 두고 반송파로 사용되는 정현파의 주파수에 정보를 심는 변조 방식은?
① 진폭편이 변조 방식
② 주파수편이 변조 방식
③ 위상편이 변조 방식
④ 진폭위상편이 변조 방식

해설 무선설비규칙의 제2조(정의) ① 이 고시에서 사용하는 용어의 뜻은 다음과 같다.
80. "디지털변조(Digital modulation)"란 2진 부호로 표현되는 데이터를 반송파의 진폭, 주파수, 위상 또는 이들의 조합으로 변조하는 것을 말한다.
  1. 진폭 편이 변조(ASK : Amplitude Shift Keying) : 디지털 신호가 1이면 출력을 송신, 0이면 off
  2. 주파수 편이 변조(FSK : Frequency Shift Keying) : 디지털 신호가 1이면 f_1 주파수로, 0이면 f_2 주파수로 주파수를 바꿈
  3. 위상 편이 변조(Phase Shift Keying) : 디지털 신호의 0, 1에 따라 2종류의 위상을 갖는 변조 방식이다.

19 다음 중 FS 통신방식에 대한 설명으로 틀린 것은?
① FM의 이점을 전신에 이용한 것이다.
② 마크(Mark) 시에만 전파가 발사된다.
③ 잡음에 강하여 인쇄 전신 등에 적합하다.

Answer   18. ②   19. ②

④ 신호에 따라 주파수를 편이시켜 전송한다.

> **해설** FS 통신방식의 특징
> ① 신호대잡음비가 A1A에 비해 개선
> ② AGC 및 공간 다이버시티를 사용
> ③ 고속도 및 다중통신에 적합
> ④ 작은 전력으로도 양질의 통신이 가능
> ⑤ 오자율이 적다.

20 다음에서 설명하는 검파 방식은?

- 송신측의 반송파 주파수와 위상을 정확히 알고 있어야 한다.
- 진폭편이 변조뿐만 아니라 여러 변조 방법의 검파 방식이다.
- 수신 신호에 대한 정보를 갖고 있다.

① 비동기 검파 ② 동기 검파
③ 자승 검파 ④ 지연 검파

> **해설** ㉠ 동기 검파(synchronous detection) : 수신 신호에서 반송파 정보를 검출하여, 이 반송파의 위상 정보를 이용하는 방식
> ㉡ 비동기 검파(incoherent detection) : 수신 신호의 반송파 위상정보를 전혀 이용하지 않고 검파하는 방식
> • 비동기 검파의 주요 특징
>   - 반송파 동기 없이도 이루어질 수 있음
>   - 가격이 저렴한 통신에서 선호됨
>   - 시스템 구성이 간단하나, 에러확률이 높아짐. 따라서 비동기 방식은 고속의 시스템에서는 잘 사용되지 않음
>   - 이동무선채널처럼 위상이 시시각각 변하는, 위상 추적이 어려운 상황에서는 사용 가능

21 다음 중 공전의 경감 대책이 아닌 것은?

① 지향성이 예민한 공중선을 사용한다.
② S/N비를 크게 한다.
③ 수신 대역폭을 넓힌다.
④ 수신기에 억제 회로를 사용한다.

> **해설** 공전 방해의 경감법
> ㉠ 지향성 공중선을 사용함
> ㉡ 수신기의 수신 대역폭을 좁히고 선택도를 높임
> ㉢ 송신출력을 증대시켜 수신점의 S/N비를 크게 함
> ㉣ 수신기에 리미터 등의 잡음 억제 회로를 사용함
> ㉤ 공전이 적은 지역에 수신소를 건설
> ㉥ 짧은 파장을 사용함

22 안테나의 길이가 62.8[m]인 반파장 다이폴 안테나의 실효 길이는 약 얼마인가?

① 30[m] ② 40[m]
③ 50[m] ④ 60[m]

> **해설** $h_e = \dfrac{2l}{\pi} = \dfrac{62.8 \times 2}{3.14} = 40[m]$

23 다음 중 안테나가 광대역 특성을 갖도록 하는 방법으로 적합하지 않은 것은?

① 안테나의 Q를 높이는 방법
② 보상회로를 사용하는 방법
③ 진행파 여진형의 소자를 이용하는 방법
④ 상호 임피던스의 특성을 이용하는 방법

> **해설** 안테나가 광대역 특성을 지니도록 하기 위하여 보상회로의 사용과 진행파 여진형의 소자를 이용하거나 상호 임피던스의 특성을 이용한다.

24 다음 중 송신기로부터 안테나에 송신 신호 전력을 최대로 전송하기 위한 조건으로 적합하지 않은 것은?

Answer 20. ② 21. ③ 22. ② 23. ① 24. ④

① 송신기의 임피던스와 안테나의 임피던스가 같아야 한다.
② 1차적으로 송·수신기와 급전선 간에 임피던스가 같아야 한다.
③ 급전선과 안테나 간에 임피던스가 같아야 한다.
④ 두 회로의 임피던스가 다를 때에는 임피던스 변환 회로를 사용하지 않아도 된다.

해설 급전선에서 부하로 최대 전송효율을 얻기 위해서는 급전선의 특성 임피던스와 부하 임피던스가 정합되어 있어야 하고, 정합이 안 될 경우에는 반사에 의해 급전선상에 정재파가 실려 전력 손실이 커진다.
[안테나와의 임피던스 부정합 시 문제점]
① 공중선에 공급되는 전력이 감소 : 정합 시에는 부하에 최대 전력이 공급된다.
② 급전선의 손실이 증가 : 급전선상에 정재파가 발생한다.
③ 급전선의 절연이 파괴 : 전압파의 파복 부근이 고전압이 된다.
④ 급전선에서 방사가 발생함
⑤ 송신기의 동작이 불안정 : 송신기의 출력 회로의 조정이 곤란하게 된다.
⑥ 반사 전류가 급전선상을 여러 차례 왕복하기 때문에 TV 방송에서는 이 중상(ghost)이 여러 개 생기고 FM 방송일 때는 왜율이 나빠진다.

25 다음 안테나의 저항 중 클수록 좋은 것은?
① 접지 저항   ② 유전체 저항
③ 방사 저항   ④ 코로나 저항

해설 안테나의 실효저항에는 접지저항, 복사저항, 손실저항 등이 있다.
① 손실저항은 공중선에서 고주파 전력이 손실되는 저항으로 도체저항, 접지저항, 유전체 손실저항, 코로나 손실저항 등이 있다.
② 방사저항(복사저항) : 전파복사에 유효한 저항으로서, 공중선에서 전자파로 방사된 전력이 저항에 전류가 흘러 소비된 것으로 가정한 경우의 가상적 저항을 말한다.

26 다음 중 극궤도 위성의 특징에 대한 설명으로 틀린 것은?
① 한 지점의 연속 관찰이 가능하다.
② 하루에 전 세계 관측이 가능하다.
③ 원격탐사와 기상위성에 이용된다.
④ 극지방 관측이 용이하다.

해설 극궤도 위성은 저궤도 위성의 특별한 형태로 양극을 통과하는 궤도를 돌며, 위성은 북-남의 방향이고, 지구는 동서의 방향으로 자전하기 때문에 지구표면 전체를 관측할 수 있어, 주로 기상이나 원격탐사와 군사용 등으로 사용된다.

27 다음 중 위성통신에 사용되고 있는 마이크로파주파수 대역에 영향을 주는 요인으로 가장 미미한 것은?
① 지구 대기의 흡수 감쇠
② 대기 굴절률 변화에 의한 감쇠
③ 대기의 잡음
④ 대기의 밀도 변화

해설 주파수에 따른 전파의 특징
① 주파수가 높은 전파
  • 빛과 같이 직진성이 강해서 특정 방향으로 송신하는데 유리
  • 많은 정보를 실어서 보낼 수 있음
  • 비가 오거나 안개가 많이 낀 날은 공기 중에 물방울과 수증기 때문에 전파가 흡수되어 멀리 가지 못함
② 주파수가 낮은 전파
  • 직진성은 약하지만 장애물을 뛰어넘

Answer 25. ③ 26. ① 27. ④

는 특성이 좋음
• 넓은 지역을 커버하는 데 유리
• 실을 수 있는 정보량이 적음

정보 전송량이 아주 많고 직진성도 아주 강해서 특정 방향을 향해 전파를 발사하는 고정 지점 간(수km~수십km) 통신에 많이 사용됨. 전화국과 전화국을 연결하는 중계용으로 많이 사용하는데 전화국에 설치된 접시 모양의 움푹 패인 포물선 형태의 파라볼라 안테나가 마이크로파용 안테나임

28 위성통신에서 일반적으로 사용되는 주파수 대역의 밴드별 용도가 옳게 짝지어진 것은?

① L밴드-고정위성통신, 국내 서비스용
② S밴드-이동위성통신(국내, 지역)
③ Ku밴드-연구용
④ K밴드-주파수공용통신

해설 위성통신에서의 무선주파수 대역
Ka 밴드, Ku 밴드, C 밴드, L 밴드 등을 사용하며, 전통적으로 상업위성용으로 C 밴드를 많이 사용했으나, 지상 마이크로파 전송과의 간섭으로, 12/14[GHz] 대역도 사용
① C 대역 : 4~8[GHz]
② Ku 대역 : 12.5~18[GHz]
③ K 대역 : 18~26.5[GHz]
④ Ka 대역 : 26.5~40[GHz]

29 다음 중 이동통신 방식에서 대규모 셀 (Cell) 방식에 비해 소규모 셀 방식의 장점이 아닌 것은?

① 주파수 이용 효율이 높다.
② 이동국 송신기의 출력을 작게 할 수 있다.
③ 방식 구성이 간단하여 경제적이다.
④ 서비스 지역을 향상시킬 수 있다.

해설 셀룰러 통신은 서비스 지역을 여러 개의 작은 구역(셀)으로 나누어서 통신하는 방식으로 셀(cell)은 특정 이동전화기지국이 가장 양호하게 이동전화의 호(Call : 통화를 요구하는 것)를 처리할 수 있는 구역을 의미한다.
① Micro Cell(마이크로 셀) : 반경 0.5~1[km] 이내의 통화밀집지역에 사용하며, 이동국이 기지국 안테나를 볼 수 있는 가시거리가 전파의 주요 전송 경로이다.
② Macro Cell(매크로 셀) : 반경 35[km] 이내로 교외지역, 평야지역에서 사용하며, 회절, 산란 등을 통한 비가시거리의 전파특성이 주를 이루고 마이크로 셀과는 반대적인 성향이 있다.

30 다음 중 CDMA에 대한 설명으로 틀린 것은?

① 아날로그 방식에 비해 대역폭당 사용자 채널을 증가시킬 수 있다.
② 선택성 페이딩(Fading)에 강하다.
③ 비화성이 확보된다.
④ 주파수 이용 계획 수립이 복잡해진다.

해설 CDMA 방식의 특징
㉠ 대용량으로 가입자의 수용 용량이 크다.
㉡ 고품질의 서비스 제공이 가능하다.
㉢ 비화성이 우수하여 보안성이 탁월하다.
㉣ 고품질의 데이터 서비스를 제공한다.
㉤ 수신측에서 동기를 위한 하드웨어가 매우 복잡하다.

31 송신기 출력을 확인하기 위해 10[Ω]의 무유도 저항을 접속하고 고주파 전류를 측정한 값이 3[A]라면 이 송신기의 출력은?

① 60[W] ② 90[W]
③ 120[W] ④ 150[W]

해설 $P = I^2 R = 3^2 \times 10 = 90[W]$

Answer 28. ② 29. ③ 30. ④ 31. ②

32. 다음 중 오실로스코프의 브라운관에 나타난 리사쥬 도형 및 파형을 이용하여 측정할 수 없는 것은?

① 변조도
② 스퓨리어스
③ 두 신호의 위상차
④ 주파수

> **해설** 오실로스코프는 전기신호의 파형을 시각적으로 표현하는 기기로 입력된 전기신호를 내부나 외부의 동기신호에 따라 브라운관에 시간축으로 설정된 X축에 따라 신호의 크기가 Y축상에서 표시되며, 오실로스코프는 신호의 크기(전압), 파형, 위상, 주파수 등을 측정할 수 있다.
> [오실로스코프(Oscilloscope)를 이용한 측정]
> ㉠ 주파수 및 주기 측정
> ㉡ 전압(방사 전파의 강도) 측정
> ㉢ 변조특성 측정
> ㉣ 위상차 측정
> ㉤ 파형 관측 비교
> ㉥ 왜율 측정

33. 실효높이 15[m]인 안테나에 0.045[V]의 전압이 유기되면 이곳의 전계강도는 약 몇 [dB]인가? (단, 기준전계 강도는 1[μV/m])

① 약 60[dB]
② 약 70[dB]
③ 약 80[dB]
④ 약 90[dB]

> **해설** $E = \dfrac{E_o}{r} = \dfrac{0.045}{15} = 3[\text{mV/m}]$,
> $20\log_{10}\dfrac{3 \times 10^{-3}}{1 \times 10^{-6}} ≒ 70[\text{dB}]$

34. 급전선의 종단 개방 시 입력 임피던스를 Z_f, 종단 단락 시 입력 임피던스를 Z_s라고 하면, 이 급전선의 특성(파동) 임피던스를 계산하는 식으로 맞는 것은?

① $Z_o = \dfrac{Z_f - Z_s}{Z_f + Z_s}$
② $Z_o = \sqrt{Z_f^2 + Z_s^2}$
③ $Z_o = \sqrt{Z_f \cdot Z_s}$
④ $Z_o = \dfrac{Z_s - Z_f}{Z_f + Z_s}$

> **해설** Z_f : 개방 임피던스
> Z_s : 단락 임피던스
> Z_o : 파동 임피던스
> $Z = \sqrt{Z_f \cdot Z_s}$

35. 정류기의 부하단 평균전압은 200[V], 맥동률이 2[%]일 때 교류분의 전압은 얼마인가?

① 4[V]
② 6[V]
③ 8[V]
④ 10[V]

> **해설** 맥동률(γ)
> $= \dfrac{\text{출력파형에 포함된 교류분의 실효값} \Delta V}{\text{출력파형의 평균값(직류성분)} V_d} \times 100[\%]$
> $\Delta V = \dfrac{\gamma \cdot V_d}{100} = \dfrac{2 \times 200}{100} = 4[\text{V}]$

36. 무선국에서 사용하는 주파수마다의 중심 주파수로 정의되는 것은?

① 기준 주파수
② 지정 주파수
③ 특성 주파수
④ 필요 주파수

> **해설** 무선설비규칙 제2조(정의)
> ① 이 규칙에서 사용하는 용어의 정의는 다음과 같다.
> 9. "지정주파수"라 함은 무선국에서 사용하는 주파수마다의 중심주파수를 말한다.
> 10. "기준주파수"라 함은 지정주파수에 대하여 특정한 위치에 고정되어 있는 주파수를 말한다. 이 경우 기준주파수가 지정주파수에 대하여 가지는 변

Answer 32. ② 33. ② 34. ③ 35. ① 36. ②

위는 특성주파수가 발사에 의하여 점유하는 주파수대의 중심주파수에 대하여 가지는 변위와 동일한 절대값과 동일한 부호를 가지는 것으로 한다.

11. "특성주파수"라 함은 주어진 발사에서 용이하게 식별되고, 측정할 수 있는 주파수를 말한다.

37 다음 중 스퓨리어스 발사에 포함되지 않는 것은?

① 대역 외 발사   ② 고조파 발사
③ 기생발사   ④ 상호변조

해설 무선설비규칙의 제2조(정의) ① 이 고시에서 사용하는 용어의 뜻은 다음과 같다.
9. "스퓨리어스발사"란 필요주파수대폭 바깥쪽에 위치한 하나 이상의 주파수에서 발생하는 발사(대역 외 발사를 제외한다)로서 정보전송에 영향을 미치지 아니하고 그 강도를 저감시킬 수 있는 것으로 고조파발사, 기생발사, 상호변조 및 주파수 변환 등에 의한 발사를 포함한 발사를 말한다.

38 다음은 무선설비규칙에서 정한 송신설비의 전력표시방법을 나타낸 내용이다. 다음 괄호 안에 들어갈 내용으로 가장 적합한 것은?

"송신설비의 전력은 (   )으로 표시한다."

① 평균전력   ② 반송파전력
③ 공중선전력   ④ 첨두포락선전력

해설 무선설비규칙 제6조(전력) ① 송신설비의 전력은 공중선전력으로 표시한다. 다만, 다음 각 호의 어느 하나에 해당하는 송신설비의 전력은 규격전력으로 표시한다.
1. 500[MHz] 이하의 주파수의 전파를 사용하는 송신설비로서 정격출력 1[W] 이하의 진공관을 사용하는 것
2. 생존정에 사용되는 비상용의 무선설비와 비상위치지시용 무선표지설비(라디오부이의 송신설비 및 항공이동업무 또는 항공무선항행업무용 무선설비의 송신설비를 제외한다)
3. 아마추어국 및 실험국의 송신설비(방송을 행하는 실험국의 송신설비를 제외한다)
4. 제1호부터 제3호까지 외의 송신설비로서 첨두포락선전력, 평균전력 또는 반송파전력을 측정하기가 곤란하거나 측정할 필요가 없는 송신설비

39 방송통신기자재 등의 적합성 평가 대상기자재의 분류에서 적합인증 대상기자재가 아닌 것은?

① 무선전화 경보자동수신기
② 산업용 고주파이용기기
③ 무선방위측정기
④ 위성비상위치지시용 무선표지설비의 기기

해설 **적합인증 대상기자재**
전파환경 및 방송통신망 등에 위해를 줄 우려가 있는 기자재와 중대한 전자파장해를 주거나 전자파로부터 정상적인 동작을 방해받을 정도의 영향을 받는 기자재를 제조 또는 판매하거나 수입하려는 자는 국립전파연구원의 적합인증을 받아야 한다.
- 무선전화경보자동수신기
- 무선방위측정기
- 의무항공기국에 시설하는 무선설비의 기기
- 경보자동전화장치
- 단측파대 전파를 사용하는 무선국용 무선전화의 송신장치 및 수신장치의 기기
- 선박국용 레이더 기기
- F3E 및 G3E전파를 사용하는 선박국용 양방향무선전화장치
- 디지털선택호출장치의 기기

Answer   37. ① 38. ③ 39. ②

- 협대역직접인쇄전신장치의 기기
- 해상이동업무용 디지털선택호출장치의 기기
- 디지털선택호출전용수신기
- 내비텍스수신기
- 수색구조용 위치정보송신장치의 기기
- 위성비상위치지시용 무선표지설비의 기기
- 자동식별장치용 무선설비의 기기
- 간이무선국용 무선설비의 기기
- 기상원조용 라디오존데 및 라디오 로봇의 기기
- 라디오부이의 기기
- 무선설비 규칙 제107조에 따른 무선설비의 기기
- 고주파전류를 이용하는 의료용 설비의 기기
- 무선호출국용 무선설비의 기기
- 이동가입무선전화장치의 기기
- 개인휴대통신용 무선설비의 기기
- 이동통신용 무선설비의 기기
- 900[MHz]대의 무선데이터 통신용 무선설비의 기기
- 주파수공용무선전화장치
- 생활무선국용 무선설비의 기기
- 해상이동전화용 무선설비의 기기
- 위성휴대통신무선국용 무선설비의 기기
- 아마추어무선국용 무선설비의 기기
- 가입자회선용 무선설비의 기기
- 긴급무선전화용 무선설비의 기기
- 무선 CATV용 무선설비의 기기
- 방송제작 및 공연지원용 무선설비의 기기
- 자계유도식 무선기기
- 휴대인터넷용 무선설비의 기기
- 위치기반서비스용 무선설비의 기기
- 특정소출력무선기기
- RFID/USN용 무선기기
- 체내이식 무선의료기기
- 물체감지센서용 무선기기
- 코드없는 전화기
- UWB 및 용도 미지정 기기
- 단말기기류
- 시스템류

- 회선종단장치류
- 전송망기자재류

40 무선설비의 운용을 위한 전원은 전압변동률이 정격전압의 몇 퍼센트 이내로 유지할 수 있어야 하는가?

① ±1[%] ② ±5[%]
③ ±10[%] ④ ±20[%]

해설 무선설비규칙 제11조(전원) ① 무선설비의 운용을 위한 전원은 전압변동률이 정격전압의 ±10[%] 이내로 유지할 수 있어야 한다.
② 의무선박국 및 의무항공기국의 전원은 다음 각 호의 조건을 충족하는 데 필요한 충분한 전력을 공급할 수 있어야 한다.
 1. 항행 중 해당 무선국의 무선설비를 동작시킬 것
 2. 예비전원용 축전지를 충전할 수 있을 것
③ 비상국의 전원은 다음 각 호의 조건에 적합하여야 한다.
 1. 수동발전기, 원동발전기, 무정전전원설비 또는 축전지로서 24시간 이상 상시 운용할 수 있을 것
 2. 즉각 최대성능으로 사용할 수 있을 것

41 비상국의 전원은 수동발전기, 원동발전기, 무정전전원설비 또는 축전지로서 몇 시간 이상 상시 운용할 수 있어야 하는가?

① 12시간 ② 24시간
③ 36시간 ④ 48시간

해설 무선설비규칙의 제11조(전원) ① 무선설비의 운용을 위한 전원은 전압 변동률이 정격전압의 ±10퍼센트 이내로 유지할 수 있어야 한다.
② 의무선박국 및 의무항공기국의 전원은 다음 각 호의 조건을 충족하는 데 필요한 충분한 전력을 공급할 수 있어야 한다.
 1. 항행 중 당해 무선국의 무선설비를 동

Answer 40. ③ 41. ②

작시킬 것
2. 예비전원용 축전지를 충전할 수 있을 것
③ 비상국의 전원은 다음 각 호의 조건에 적합하여야 한다.
1. 수동발전기, 원동발전기, 무정전 전원설비 또는 축전지로서 24시간 이상 상시 운용할 수 있을 것
2. 즉각 최대성능으로 사용할 수 있을 것

42 전파응용설비 중 전력선통신설비에서 발사되는 주파수의 허용편차로 알맞은 것은?

① 0.1[%]　　② 0.5[%]
③ 1[%]　　　④ 5[%]

해설 전파응용설비 기술기준(국립전파연구원고시 제2012-29호, 2012.12.21.) 제5조(주파수허용편차) 영 제75조제1항제1호에 따른 전력선통신설비 및 영 제75조제1항제2호에 따른 유도식통신설비에서 발사되는 주파수허용편차는 0.1[%]로 한다.

43 송신설비의 공중선·급전선 등 고압전기를 통하는 장치는 사람이 보행하거나 기거하는 평면으로부터 얼마 이상의 높이에 설치되어야 하는가?

① 1.5[m]　　② 2.5[m]
③ 5[m]　　　④ 10[m]

해설 무선설비규칙의 제19조(무선설비의 안전시설)
① 무선설비에 전원의 공급을 위하여 고압전기(600볼트를 초과하는 고주파 및 교류전압과 750볼트를 초과하는 직류전압을 말한다. 이하 같다)를 발생시키는 발전기나 고압전기가 인입되는 변압기, 정류기 등을 이용할 경우에는 당해 기기들은 외부에서 용이하게 닿지 아니하도록 절연차폐채 내 또는 접지된 금속차폐채 내에 수용되어 있어야 한다. 다만, 취급자 외의 자가 출입하지 못하도록 된 장소에 설치되는 경우에는 그러하지 아니하다.
② 송신설비의 각 단위장치 상호간을 연결하는 전선으로서 고압전기를 통하는 것은 견고한 절연차폐체 또는 접지된 금속차폐체 내에 수용하여야 한다. 다만, 취급자 외의 자가 출입하지 못하도록 된 장소에 설치하는 경우에는 그러하지 아니하다.
③ 송신설비의 조정판 또는 케이스로부터 노출된 전선이 고압전기를 통하는 경우에는 그 전선이 절연되어 있을 때에도 전기사업법 제39조의 규정에 의한 전기설비의 안전관리를 위하여 필요한 기술기준에 의하여 보호하여야 한다.
④ 송신설비의 공중선·급전선 등 고압전기를 통하는 장치는 사람이 보행하거나 기거하는 평면으로부터 2.5미터 이상의 높이에 설치되어야 한다. 다만, 다음 각 호의 1에 해당하는 경우에는 그러하지 아니하다.
1. 2.5미터 미만의 높이의 부분이 인체에 용이하게 닿지 아니하는 위치에 있는 경우
2. 이동국으로서 그 이동체의 구조상 설치가 곤란하고 무선종사자 외의 자가 출입하지 아니하는 장소에 있는 경우

44 다음 중 적합인증을 받아야 하는 경우가 아닌 것은?

① 전파환경 및 방송통신망 등에 위해를 줄 우려가 있는 경우
② 중대한 전자파장해를 줄 우려가 있는 경우
③ 측정·검사용으로 사용되는 방송통신기자재를 이용하는 경우
④ 그 밖에 사람의 생명과 안전 등에 중대한 위해를 줄 우려가 있는 경우

Answer 42. ①　43. ②　44. ③

> **[해설]** 방송통신기자재 등의 적합인증
> 전파환경 및 방송통신망 등에 위해를 줄 우려가 있는 방송통신기자재 등, 중대한 전자파장해를 주거나 전자파로부터 정상적인 동작을 방해받을 정도의 영향을 받는 방송통신기자재 등 그 밖에 사람의 생명과 안전 등에 중대한 위해를 줄 우려가 있는 기자재 등에 대한 인증

45. "기본모델과 전기적인 회로·구조·기능이 유사한 제품군으로 기본모델과 동일한 적합성 평가번호를 사용하는 기자재"를 무엇이라고 하는가?

① 변형모델　　② 유사모델
③ 정상모델　　④ 파생모델

> **[해설]** 방송통신기기 형식검정·형식등록 및 전자파적합등록에 관한 고시
> 제2조(정의) ① 이 고시에서 사용하는 용어의 정의는 다음과 같다.
> 1. "인증"이라 함은 「전파법」 제46조에 따른 형식검정 또는 형식등록 및 「전파법」 제57조에 따른 전자파적합등록을 말한다.
> 2. "방송통신기기"라 함은 「방송법」 제2조에 따른 방송에 사용하는 기기, 「전파법」 제2조제1항5호에 따른 무선설비의 기기, 「전파법」 제57조에 따른 전자파장해기기 및 전자파로부터 영향을 받는 기기를 말한다.(이하 "기기"라 한다.)
> 3. "인증표시"라 함은 다음 각 목의 표시를 말한다.
>   ㉮ 「전파법」 제46조 제3항에 따른 형식검정 합격표시 또는 형식등록표시
>   ㉯ 「전파법」 제57조 제2항에 따른 전자파적합등록표시
> 4. "제조자"라 함은 「전파법」 제46조 및 제57조에 따른 제작자(상표부착방식에 따라 기기를 공급받는 자로서 해당 기기의 설계·제조 및 제작에 대한 책임을 진 자를 포함한다)를 말한다.
> 5. "사후관리"라 함은 「전파법」 제53조에 따라 기기의 인증에 관한 사항의 이행여부를 조사 또는 시험하는 것을 말한다.
> 6. "기본모델"이라 함은 기기 내부의 전기적인 회로·구조·성능이 동일하고 기능이 유사한 제품군 중 표본적으로 인증을 받는 기기를 말한다.
> 7. "파생모델"이라 함은 기본모델과 전기적인 회로·구조·성능이 동일하고 그 부가적인 기능만을 변경한 기기를 말한다.
> 8. "정보기기"라 함은 데이터 및 통신메시지의 입력·출력·저장·검색·전송 또는 제어 등의 주요기능과 정보전송용으로 작동되는 1개 이상의 터미널 포트를 갖춘 기기로서 600볼트 이하의 공급전압을 가진 기기를 말한다.
> ② 이 고시에서 사용하는 용어의 정의는 제1항에서 정하는 것을 제외하고는 전파관계 법령이 정하는 바에 의한다.

46. 다음 중 방송통신기자재 등에 대한 잠정인증 신청서류로 알맞지 않은 것은?

① 기술설명서(한글본)
② 자체 시험결과 설명서
③ 부품 배치도 또는 사진
④ 소장이 발생하는 시험성적서

> **[해설]** 적합성 평가에 관한 고시
> 제11조(잠정인증의 신청)
> ① 잠정인증을 신청하고자 하는 자는 다음 각 호에 따른 신청서와 첨부서류(전자문서를 포함한다)를 작성하여 소장에게 제출하여야 한다.
> 1. 별지 제8호서식의 잠정인증신청서
> 2. 기술설명서(한글본)
>   가. 해당 분야 국제 및 국내표준 또는

Answer 45. ④　46. ④

규격
나. 국제 및 국내표준 또는 규격이 없는 경우 기술개요 및 기술적 방식 등 기술사양서
다. 법 제58조의2제7항 각 호의 어느 하나에 해당함을 입증하는 서류
라. 선행 기술조사 내용(해당하는 경우에 한함)
3. 자체 시험결과 설명서 : 스스로 수행한 시험방법 및 절차와 그 결과에 대한 설명(시험결과는 소장 또는 지정시험기관의 장이 확인한 것이어야 함)
4. 사용자설명서(한글본) : 제품개요, 사양, 구성 및 조작방법 등이 포함되어야 한다.
5. 외관도 : 제품의 전면·후면 및 타 기기와의 연결부분과 적합성 평가표시 사항의 식별이 가능한 사진을 제출할 것
6. 회로도 : 신청 기자재 전체의 회로도를 제출할 것
7. 부품 배치도 또는 사진 : 부품의 번호, 사양 등 식별이 가능할 것
8. 대리인 지정서 : 제27조에 따른 별지 제4호서식의 대리인 지정(위임)서

47 국립전파연구원장은 적합인증 신청 또는 변경 신고가 있는 경우에는 신청 또는 접수일부터 최대 며칠 이내에 이를 처리하여야 하는가?

① 1일 이내   ② 3일 이내
③ 5일 이내   ④ 7일 이내

해설 방송통신기자재 등의 적합성 평가에 관한 고시(국립전파연구원) 제6조 처리기간
① 원장은 적합성 평가를 신청받은 때에는 다음 각 호에서 정한 기일 이내에 이를 처리하여야 한다.
1. 즉시처리
  가. 제5조에 따른 적합성 평가 식별부호 신청
  나. 제8조에 따른 적합등록의 신청
  다. 제16조제2항에 따른 적합등록 변경신고(제15조제1항 및 제15조제2항 제1호와 제2호에 해당하는 경우)
  라. 제24조에 따른 적합성 평가의 해지
  마. 제25조에 따른 인증서의 재발급
  바. 제28조에 따른 수입 기자재의 통관확인
2. 1일 이내 처리 : 제19조에 따른 적합성 평가의 면제확인
3. 5일 이내 처리
  가. 제5조에 따른 적합인증 신청
  나. 제16조제1항에 따른 변경신고
  다. 제16조제2항에 따른 적합등록 변경신고(제15조제2항제3호에 해당하는 경우)
4. 60일 이내 처리 : 제11조에 따른 잠정인증 신청

48 다음 중 통신보안 위규 사항이 아닌 것은?

① 불온통신
② 시험전파의 발사
③ 비인가 시설의 운용
④ 허위통신 발신

해설 통신보안이란 우리가 사용하는 통신수단(유선전화, 차량전화, 휴대전화, 전신, 텔렉스, 팩시밀리, PC통신 등)에 의한 통화내용이 알아서는 안 될 사람에게 직접 또는 간접으로 누설될 가능성을 사전에 방지하거나 지연시키기 위한 방책을 말한다. 그러므로 시험전파의 발사는 통신보완 위규 사항이 아니다.

49 다음 중 비밀내용의 수발방법으로서 틀린 것은?

① 긴급한 경우에도 전화에 의한 평문수발

Answer 47. ③ 48. ② 49. ④

은 안 된다.
② Ⅲ급 비밀은 등기우편에 의해서도 수발할 수 있다.
③ Ⅰ급 비밀은 반드시 암호화하여 전신이나 취급자 직접 접촉에 의하여 수발하여야 한다.
④ Ⅲ급 비밀을 우편송달할 때에는 2중 봉투를 사용하지 않아도 된다.

해설 보안업무규정 시행규칙의 제24조(비밀의 수발)
① 비밀의 수발은 다음 각 호에 정하는 절차에 의한다. 다만, 1급 비밀 및 암호자재는 제1호 및 제2호의 규정에 의하여서만 수발할 수 있다.
  1. 암호화하여 전신으로 수발한다.
  2. 취급자의 직접접촉에 의하여 수발한다.
  3. 각급 기관의 문서수발계통에 의하여 수발한다.
  4. 등기우편에 의하여 수발한다.
② 비밀을 수발할 때에는 별지 제7호서식에 의한 봉투로 포장하여야 한다. 다만, Ⅲ급비밀을 등기우편으로 발송할 때에는 Ⅰ급 및 Ⅱ급비밀에 준하여 2중봉투를 사용하여야 한다.
③ 문서 이외의 비밀 자재는 내용이 노출되지 아니하도록 이에 준하여 완전히 포장하여야 한다.
④ 동일기관 내에서의 비밀의 수발 또는 전파절차(傳播節次)는 그 기관의 장이 정한다. 다만, 비밀이 충분히 보호될 수 있어야 한다.
⑤ 다른 기관으로부터 접수한 비밀은 발행기관의 승인 없이 재차 다른 기관으로 발송할 수 없다. 다만, 비밀을 이첩 시달하는 경우는 예외로 한다.
⑥ 비밀수발계통에 종사하는 인원은 Ⅱ급 이상의 비밀취급인가를 받은 자라야 한다.

50 전기통신역무를 제공하기 위하여 개설한 무선국의 무선통신업무에 종사하는 자는 몇 년마다 통신보안교육을 받아야 하는가?

① 1년
② 3년
③ 5년
④ 10년

해설 무선국의 운용 등에 관한 규칙의 제6조(통신보안교육)
① 법 제30조제2항의 규정에 의하여 무선통신업무에 종사하는 자는 5년마다 1회의 통신보안교육을 받아야 한다. 다만, 국가 또는 지방자치단체가 개설한 무선국에 종사하는 자는 그러하지 아니하다.
② 제1항의 규정에 의한 통신보안교육에 관하여 기타 필요한 사항은 중앙전파관리소장이 정하여 고시한다.

51 다음 중 기억장치를 복수 모듈로 구성하고 모듈 간에 주소를 분배하여 번갈아 가면서 메모리에 접근하는 방식으로 알맞은 것은?

① 세그멘팅(Segmenting)
② 페이징(Paging)
③ 스테이징(Staging)
④ 인터리빙(Interleaving)

해설 ① 인터리빙(Interleaving) : CPU와 주기억장치 사이의 속도차이로 인해서 발생하는 문제를 해결하기 위해 주기억장치를 모듈별로 주소를 배정한 후 각 모듈을 번갈아 가면서 접근하는 방식
② 페이징(Paging) : 프로그램 실행에 필요한 데이터의 용량에 비해 램 용량이 부족하여, 부득이 CPU가 HDD에서 직접 데이터를 불러오는 경우에 발생한다.
③ 스테이징(Staging) : 대용량 기억 시스템에서 대용량 기억 볼륨의 데이터를 직접 접근할 수 있는 메모리로 옮겨 CPU로부터 접근할 수 있게 하는 것으로 낮은 우

선위 장치로부터 높은 우선순위 장치로 데이터를 옮기는 것을 말한다.

52 다음 인터럽트 중에서 우선순위가 가장 낮은 것은?

① 외부 인터럽트
② 입·출력 인터럽트
③ 기계 고장 인터럽트
④ 정전 인터럽트

해설 인터럽트란 컴퓨터가 어떤 프로그램을 실행 중에 긴급사태 등이 발생하면 진행 중인 프로그램을 일시 중단하여 긴급 사태에 대처하고, 긴급 처리가 끝나면 중단했던 프로그램을 재개하는 것을 말한다.
① 하드웨어적 인터럽트에는
 • 정전 : 최우선 순위를 가짐
 • 기계검사 인터럽트(Machine Check) : CPU 및 기타 장치에서 에러가 발생했을 경우나 입·출력 장치의 데이터 전송 요구, 데이터 전송이 끝났을 때 발생
 • 외부 인터럽트 : 타이머, 전원 등의 외부 신호 및 오퍼레이터의 조작에 의해서 발생
 • 입·출력 인터럽트 : 데이터 입·출력 종료나 에러가 발생했을 경우
② 인터럽트 우선순위
 • 하드웨어적 원인 > 소프트웨어적 원인
  정전 인터럽트 > 기계고장 인터럽트 > 외부 인터럽트 > I/O 인터럽트 > 프로그램 체크 인터럽트 > SVC 인터럽트
 • 인터럽트 발생 시 복귀 주소(return address)를 저장해 두었다가 ISR(Interrupt Service Routine) 마지막에 복귀명령에 이용한다.
 • 인터럽트가 발생하면, 현재 프로그램 상태를 PC에 저장(Program counter register)한다.
 • Interrupt vector(인터럽트에 해당하는 ISR 실행 정보를 담고 있는 벡터)를 탐색한다.
 • 인터럽트 처리 : 요청 장치를 식별, 실질적 인터럽트를 처리한다.
 • 상태를 복구하고, PC에 저장된 프로그램 상태를 통해 실행을 재개한다.

53 중앙처리장치와 주변장치의 속도 차이가 극심한 경우에 중앙처리장치와 입·출력 장치가 병행하여 동작함으로써 하드웨어의 운영을 효율적으로 하기 위하여 필요한 것은?

① 컴파일러(Compiler)
② 인터럽트(Interrupt)
③ 프로그램 라이브러리(Program Library)
④ PSW(Program State Word)

해설 인터럽트란 컴퓨터가 어떤 프로그램을 실행 중에 긴급사태 등이 발생하면 진행 중인 프로그램을 일시 중단하여 긴급 사태에 대처하고, 긴급 처리가 끝나면 중단했던 프로그램을 재개하는 것을 말한다.

54 2진법 데이터 1110+0111을 연산하여 10진법 데이터로 변환한 값은?

① 21
② 22
③ 23
④ 24

해설 1110+0111=10101이므로
$(10101)_2 = 1 \times 2^4 + 1 \times 2^2 + 1 \times 2^0$
$= 16 + 4 + 1 = 21$

55 반가산기(Half Adder)는 어떤 회로의 조합인가?

① NOR게이트와 AND게이트
② XNOR게이트와 OR게이트

Answer 52. ② 53. ② 54. ① 55. ④

③ OR게이트와 AND게이트

④ XOR게이트와 AND게이트

해설 반가산기는 한 자리수 A와 B를 더할 때 발생되는 결과는 A와 B의 합과 자리올림수(Carry)가 발생하며, 합(S)과 자리올림수(C)의 논리식은
$S = \overline{A}B + A\overline{B} = A \oplus B$, $C = A \cdot B$로 나타낸다.

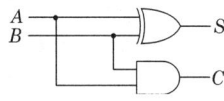

[반가산기의 회로도]

A	B	S(Sum)	C(Carry)
0	0	0	0
0	1	1	0
1	0	1	0
1	1	0	1

[반가산기의 진리표]

56 다음 중 RS-FF에서 2개의 입력 R, S가 동시에 1인 경우에도 불확정 출력 상태가 되지 않도록 하기 위해 인버터(NOT 게이트) 하나를 입력 양단에 부가하는 회로는?

① RS-FF ② T-FF

③ D-FF ④ JK-FF

해설 플립플롭은 두 가지 상태 사이를 번갈아 하는 전자회로를 말한다. 플립플롭에 전류가 부가되면, 현재의 반대 상태로 변하며(0에서 1로, 또는 1에서 0으로), 그 상태를 계속 유지하므로 한 비트의 정보를 저장할 수 있는 능력을 가지고 있다. 여러 개의 트랜지스터로 만들어지며 SRAM이나 하드웨어 레지스터 등을 구성하는 데 사용된다. 플립플롭에는 RS 플립플롭, D 플립플롭, JK 플립플롭, T 플립플롭 등 여러 가지 종류가 있다.

① RS 플립플롭은 S(set)와 R(reset) 2개의 입력과 Q, $\overline{Q}$ 2개의 출력을 가지고 있으며, R, S 입력의 조합으로 출력의 상태를 변화시킬 수 있으나 S=R=1의 경우는 불확정(부정) 상태가 되는 플립플롭이다.

② D(Delay) 플립플롭은 RS-FF에서 2개의 입력 R, S가 동시에 1인 경우에도 불확정 출력상태가 되지 않도록 하기 위하여 인버터(inverter : NOT 게이트) 하나를 입력 양단에 부가한 것으로 정보를 일시 유지하는 래치(latch) 회로나 시프트 레지스터(shift register) 등에 쓰인다.

③ T 플립플롭(F/F) : JK F/F의 입력 J와 K를 서로 묶어서 하나의 입력으로 하여 클록신호가 1일 때 출력이 반전상태(토글)가 되도록 한 것이다.

④ JK 플립플롭 : RS 플립플롭에서 R=S=1의 상태에서는 동작이 불확실한 상태가 되므로, RS 플립플롭에서 Q를 R로, $\overline{Q}$를 S로 되먹임하여 불확실한 상태가 나타나지 않도록 한 회로이다.

57 다음 중 인터프리터와 컴파일러의 차이점을 바르게 설명한 것은?

① 일반적으로 인터프리터방식 프로그램이 수행속도가 느리다.

② 일반적으로 컴파일러방식 프로그램이 개발 속도가 빠르다.

③ 모두 C언어에 쓰이는 기법이다.

④ 컴파일 후 실행코드는 실행 시 인터프리터가 꼭 필요하다.

해설 **번역기의 종류**

① 어셈블러(Assembler) : 어셈블리 언어로 작성된 원시 프로그램을 기계어로 번역하는 프로그램이다.

② 컴파일러(Compiler) : 전체 프로그램을 한 번에 처리하여 목적 프로그램을 생성하는 번역기로 기억 장소를 차지하지만 실행 속도가 빠르다. 한번 번역해두면 목

Answer 56. ③ 57. ①

적 프로그램이 생성되므로 재차 실행 시에 다시 번역할 필요가 없다. 컴파일러를 사용하는 언어에는 ALGOL, PASCAL, FORTRAN, COBOL, C 등이 있다.

③ 인터프리터(Interpreter) : 작성된 원시 프로그램을 한 줄씩 읽어 번역 및 실행하는 작업을 반복하는 프로그램이다. 목적 프로그램이 남지 않으며, 일괄처리가 아니므로 대화형이라 한다. 실행속도가 느리지만 기억 장소를 적게 차지한다. 인터프리터를 사용하는 언어에는 BASIC, LISP, 자바(JAVA), PL/1 등이 있다.

58 다음 중 멀티스레딩(Multi-Threading) 프로그래밍의 장점에 대한 설명으로 틀린 것은?

① 각 작업의 속도 향상을 가져올 수 있다.
② 한 번에 여러 작업을 할 수 있다.
③ 중앙처리장치의 시분할 시스템이 필요하다.
④ 가상 CPU를 사용하는 시스템이다.

해설 다중 스레딩(multi-threading)은 하나의 프로그램이 동시에 여러 가지 작업을 할 수 있도록 하는 것으로 각각의 작업은 스레드(thread)라고 불린다.
① 멀티스레딩(Multi-Threading) 프로그래밍의 장점
 • 스레드가 동적으로 스케줄된다.
 • 스레드 할당과 해제를 통해 메모리를 효율적으로 사용한다.
 • 병렬 수행의 정도가 스레드의 크기에 의해 정적으로 제어된다.
② 멀티스레딩 실행의 단점
 • 스레드를 생성하면서 병렬 수행이 조금 희생된다.
 • 스레드 관리 하드웨어가 필요하다.

59 다음 중 운영체제의 구성 요소가 아닌 것은?

① 커널
② 작업 관리
③ 컴파일러
④ 파일 전송(FTP)

해설 ① 커널(Kernel) : 운영체제의 내부 요소. 컴퓨터가 필요로 하는 가장 기본적인 기능들을 수행하는 소프트웨어 요소들을 포함한다.
② 컴파일러(compiler, 순화 용어 : 해석기, 번역기) : 특정 프로그래밍 언어로 쓰여 있는 문서를 다른 프로그래밍 언어로 옮기는 프로그램을 말한다.
③ FTP(File Transfer Protocol) : 인터넷에 연결된 시스템 사이에 파일을 전송하기 위해서는 ftp라는 프로그램을 주로 사용한다.

60 다음 중 스마트 업데이트(인터넷을 통한 실시간 업데이트)가 되지 않는 프로그램은?

① 백신 프로그램
② 윈도우용 인터넷 익스플로러
③ 인터넷 뱅킹 보안프로그램
④ 윈도우용 그림판

해설 스마트 업데이트(smart update)
(인터넷을 통한 실시간 업데이트)프로그램 백신 프로그램, 윈도우용 인터넷 익스플로러, 인터넷 뱅킹 보안프로그램

Answer 58. ① 59. ④ 60. ④

Chapter 과년도출제문제 2016. 1회

무선설비기능사(이론)

01 전압이 10[V], 전류가 1[A]일 때 저항값은 얼마인가?
① 9[Ω] ② 10[Ω]
③ 11[Ω] ④ 20[Ω]

해설 $R = \dfrac{V}{I} = \dfrac{10}{1} = 10[\Omega]$

02 충전하여 재사용할 수 있는 전지를 무엇이라고 하는가?
① 1차 전지 ② 2차 전지
③ 일회용 전지 ④ 무전지

해설
① 2차 전지(secondary cell), 축전지(storage battery)는 외부의 전기 에너지를 화학 에너지의 형태로 바꾸어 저장해 두었다가 필요할 때에 전기를 만들어 내는 장치를 말한다. 흔히 쓰이는 이차전지로는 납축전지, 니켈-카드뮴 전지(NiCd), 니켈 수소 축전지(NiMH), 리튬 이온 전지(Li-ion), 리튬 이온 폴리머 전지(Li-ion polymer)가 있다.
② 2차 전지는 한 번 쓰고 버리는 일차 전지에 비해 경제적인 이점과 환경적인 이점을 모두 제공한다.
③ 일차 전지(Primary cell)는 전지 내의 전기화학반응이 비가역적이기 때문에 한 번 쓰고 버려야 하는 일회용 전지를 일컫는다.

03 교류가 1초 동안에 변하는 전기각을 무엇이라고 하는가?
① 각위상 ② 각파형
③ 각속도 ④ 각시간

해설 각속도는 $\omega = 2\pi f$[rad/sec]로 교류가 1초 동안에 변하는 전기각이다.

04 정전용량 1[μF]의 도체에 1×10⁻⁶[C]의 전하를 주면 도체의 전위는?
① 0[V] ② 1[V]
③ 2[V] ④ 3[V]

해설 $V = \dfrac{C}{Q} = \dfrac{1\times 10^{-6}}{1\times 10^{-6}} = 1[V]$

05 FET에서 드레인 전류(I_D)가 흐르지 않을 때의 게이트 전압을 무엇이라고 하는가?
① 핀치 오프(Pinch Off) 전압
② 항복(Breakdown) 전압
③ 컷 오프(Cut Off) 전압
④ 서지(Surge) 전압

해설 Pinch-Off 전압이란 드레인 전류 I_d가 거의 흐르지 않는 상태 또는 게이트 폭이 막혔을 때의 역방향 전압을 말한다.

Answer 1.② 2.② 3.③ 4.② 5.①

06 다음 중 반도체 IC의 제조 공정 순위로 옳은 것은? (단, A : 분리확산, B : 알루미늄 증착, C : 에피택셜 성장, D : 베이스 및 이미터 확산)

① A-C-B-D ② B-C-A-D
③ C-A-D-B ④ D-C-A-B

해설 반도체 IC의 제조 공정

에피택셜 성장 → 분리 확산 → 베이스 및 이미터 확산 → 알루미늄 증착

① 에피택셜 성장 : Si 기판 위에 N형의 에피택셜층 형성 → SiO_2(산화물) 피막 형성
② 분리 확산 : 사진부식으로 SiO_2막을 부분적으로 제거한 후 P형 불순물을 선택 확산시켜 P^+형 확산층으로 각 영역을 분리한다.
③ 베이스 확산 : 베이스가 될 부분의 SiO_2층을 사진 부식으로 제거하고 P형 불순물을 확산시킨다.
④ 이미터 확산 : 이미터로 될 부분의 SiO_2층을 제거하고 N형 불순물을 확산시킨다.
⑤ 알루미늄 증착 : 전극이 될 부분의 SiO_2를 제거하고 웨이퍼의 전면에 알루미늄 막을 진공 증착시키고, 사진 부식의 방법으로 배선을 한다.

07 다음 중 일반 트랜지스터(Transistor)와 비교한 FET(Field Effect Transistor)에 대한 설명으로 맞지 않는 것은?

① 잡음이 적고 열적으로 안정하다.
② 입력임피던스가 높다.
③ 이득-대역폭이 작다.
④ 양극성 소자이다.

해설 ① 단일접합 트랜지스터(UJT : Uni-Junction Transistor)는 N형의 실리콘 막대 양단에 단자 B_1, B_2를 만들고 중간 부분에 P층을 형성하여 이 부분을 E(이미터)로 하고 B_1, B_2를 베이스로 한 것으로 더블 베이스 다이오드라고도 하며, 부성저항 특성에 의한 발진 작용으로 사이리스터의 트리거 펄스 발생회로 등에 사용된다.
② 전장효과 트랜지스터(FET : Field Effect Transistor)는 다수 반송자에 의해 전류가 흐르고 5극 진공관과 비슷한 특성을 가지며 입력 임피던스가 매우 높은 특징이 있다.

08 다음 중 B급 푸시풀(Push-Pull) 전력증폭기에서 출력 신호 파형의 찌그러짐이 작아지는 이유로 가장 타당한 것은?

① 기수 고조파 성분이 상쇄되고, 우수 고조파 성분만 출력되기 때문이다.
② 기본파 성분이 상쇄되고, 우수 고조파 성분만 출력되기 때문이다.
③ 우수 및 기수 고조파 성분이 상쇄되기 때문이다.
④ 우수 고조파 성분이 상쇄되고, 기수 고조파 성분만 출력되기 때문이다.

해설 푸시풀 전력증폭기는 B급에서 동작하므로 짝수(우수) 고조파가 상쇄되어 일그러짐이 적은 큰 출력을 얻을 수 있다.

09 증폭기의 직류 입력 전압이 20[V], 전류가 100[mA]이고, 부하에서의 출력 전력이 1.2[W]일 경우 이 증폭기의 효율은 얼마인가?

① 50[%] ② 60[%]
③ 65[%] ④ 80[%]

해설 효율이란 출력의 입력에 대한 비를 백분율로 나타낸 것으로서, 증폭기에서의 효율의 양부는 무신호 시 양극 전류의 크기로 알 수

Answer 06. ③ 07. ④ 08. ④ 09. ②

있다.

$$\eta = \frac{P_o}{P_{dc}} \times 100[\%]$$ 에서

$$\eta = \frac{1.2}{20 \times 100 \times 10^{-3}} \times 100$$

$$= \frac{1200}{2000} \times 100 = 60[\%]$$

10 발진을 시작하기 위한 정궤환 루프의 전압 이득은 출력이 요구되는 레벨을 유지하기 위해 어느 정도가 되어야 하는가?

① 1보다 커야 함
② 1과 같아야 함
③ 1보다 작아야 함
④ 0이어야 함

>해설 바크하우젠(Barkhausen)의 발진조건 $A\beta = 1$ 에서 $A\beta < 1$일 때의 경우는 감쇠진동, $A\beta > 1$일 경우는 성장 진동으로 발진이 지속된다.
여기서, A : 전압 증폭도, β : 되먹임 계수

11 슈미트 트리거(Schmitt Trigger) 회로에 정현파 신호를 인가할 경우 출력에 나타나는 파형은?

① 정현파   ② 삼각파
③ 구형파   ④ 직류

>해설 슈미트 트리거 회로는 정현파 입력을 받아 구형파(방형파) 출력 파형을 만드는 회로이다.

12 주파수변조에 사용되는 버랙터(Varactor) 다이오드(Diode)는 어떤 작용을 이용한 것인가?

① 저항(Rasistance) 변화
② 커패시터(Capacitor) 변화
③ 인덕턴스(Inductance) 변화
④ 컨덕턴스(Conductance) 변화

>해설 **가변 용량 다이오드에 의한 주파수 변조**
버랙터(Varactor) 다이오드(Diode)와 같이 역전압의 크기에 따라 다이오드의 등가용량이 변하는 것을 이용한다.

13 아래 구성도에서 출력단에 얻어지는 신호는 다음 중 어느 것인가?

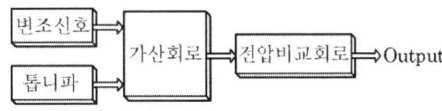

① PAM   ② PWM
③ PCM   ④ PPM

>해설 ㉠ 펄스 폭 변조(PWM, pulse-width modulation)는 펄스 변조 방식의 일종으로, 변조 신호의 크기에 따라서 펄스의 폭을 변화시켜 변조하는 방식이다.
㉡ 신호파의 진폭이 클 때는 펄스의 폭이 커지고, 진폭이 작을 때는 펄스의 폭이 작아지나 펄스의 위치나 진폭은 변하지 않는다.

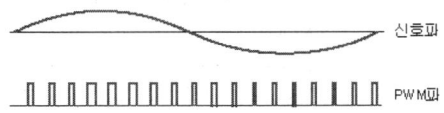

14 다음 중 새그(Sag)에 대한 설명으로 옳은 것은?

① 펄스의 상승부분에서의 진동의 정도를 말한다.
② 펄스의 상승부분에 비하여 하강 부분의 낮아진 크기를 말한다.
③ 회로의 상승부가 증폭되는 정도를 말한다.
④ 회로의 하강부가 증폭되는 정도를 말한다.

Answer   10. ①   11. ③   12. ②   13. ②   14. ②

해설 펄스는 짧은 시간에 전압 또는 전류의 진폭이 사인파와는 다르게 급격히 변화하는 파형

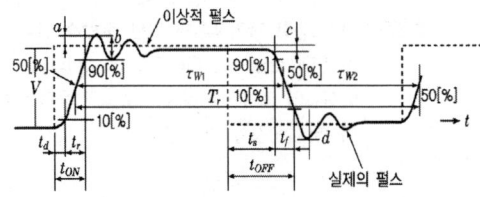

- 상승시간(t_r, rise time) : 실제의 펄스가 이상적 펄스의 진폭(V)의 10[%]에서 90[%]까지 상승하는 데 걸리는 시간
- 지연시간(t_d, delay time) : 이상적 펄스의 상승시각으로부터 진폭의 10[%]까지 이르는 실제의 펄스시간
- 하강시간(t_f, fall time) : 실제의 펄스가 이상적 펄스의 진폭(V)의 90[%]에서 10[%]까지 내려가는 데 걸리는 시간
- 축적시간(t_s, storage time) : 이상적 펄스의 하강 시각에서 실제의 펄스가 진폭(V)의 90[%]가 되기까지의 시간
- 펄스폭(τ_W, pulse width) : 펄스 파형이 상승 및 하강의 진폭(V)의 50[%]가 되는 구간의 시간
- 오버슈트(overshoot) : 상승 파형에서 이상적 펄스파의 진폭(V)보다 높은 부분의 높이(a)
- 언더슈트(undershoot) : 하강 파형에서 이상적 펄스파의 기준 레벨보다 아랫부분의 높이(d)
- 턴 온 시간(t_{ON}, turn-on time) : 이상적 펄스의 상승 시각에서 진폭(V)의 90[%]까지 상승하는 시간($t_{on} = t_d + t_f$)
- 턴 오프 시간(t_{OFF}, turn-off time) : 이상적 펄스의 하강 시각에서 진폭(V)의 10[%]까지 하강하는 시간($t_{OFF} = t_s + t_f$)
- 새그(s, sag) : 내려가는 부분의 정도를 말하며, $\left(\dfrac{C}{V}\right) \times 100[\%]$
- 링잉(b, ringing) : 펄스의 상승 부분에서 진동의 정도를 말하며, 높은 주파수 성분에 공진하기 때문에 생긴다.

15 다음 그림의 회로는 출력 주파수가 25[kHz]를 얻도록 설계되었다. 입력 신호의 주파수로 알맞은 것은?

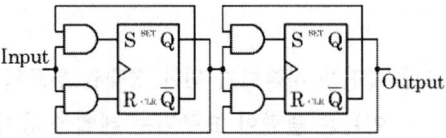

① 200[kHz]　　② 100[kHz]
③ 50[kHz]　　　④ 25[kHz]

해설 1/2 분주회로가 2개 직렬 연결된 회로이므로 전체적으로는 1/4분주회로이다. 그러므로 출력주파수의 4배가 입력에 공급되어야 하므로, 입력신호는 100[kHz]이다.

16 다음 중 송신기의 양호한 성능을 유지하기 위하여 필요한 조건이 아닌 것은?

① 신호파에 대한 변조도의 주파수 특성이 좋아야 한다.
② 안테나 전력은 일정한 허용차 이상이어야 한다.
③ 변조 특성은 변조 직선성이 좋아야 한다.
④ 발사되는 주파수의 변동이 없어야 한다.

해설 **송신기의 필요 성능 조건**
① 발사되는 주파수의 변동이 없어야 한다.
② 안테나 전력은 일정한 허용차 이내이어야 한다.
③ 변조 특성은 변조 직선성이 좋아야 한다.
④ 신호파에 대한 변조도의 주파수 특성이 좋아야 한다.
⑤ 소요전력이 안정하고 확실할 것
⑥ 동작이 확실할 것
⑦ 취급하기가 안전하고 용이할 것

Answer　15. ②　16. ②

17 무선 송신기에서 발생하는 잡음 중 내부 잡음의 원인이 아닌 것은?

① 부품 불량　② 기생 진동
③ 자기 진동　④ 공전

> **해설** 공전은 기상변화에 따른 전기변화 등에 의해서 발생하는 대기잡음으로 외부잡음이다.

18 다음 중 슈퍼헤테로다인(Superheterodyne) 수신기의 단점이 아닌 것은?

① 주파수를 변환시키므로 혼신이 적다.
② 회로가 복잡하고, 조정이 어렵다.
③ 영상 혼신을 받는다.
④ 주파수 변환회로의 잡음 발생이 많다.

> **해설** 슈퍼헤테로다인 수신기의 장점과 단점
> ① 장점
> ㉠ 중간 주파수로 변환 증폭하므로 감도와 선택도가 좋다.
> ㉡ 광대역에 걸쳐 선택도가 떨어지지 않고 충실도가 좋다.
> ② 단점
> ㉠ 국부 발진 주파수의 고조파와 수신 전파 사이의 비트(beat) 방해를 받기 쉽다.
> ㉡ 영상 혼신을 받기 쉽다.
> ㉢ 회로가 복잡하고 조정이 어렵다.

19 진폭과 주파수가 모두 일정한 반송파를 이용하여 그 위상을 2진 전송 부호에 대응시켜 변화시키는 방식은?

① 진폭편이 변조 방식
② 주파수편이 변조 방식
③ 위상편이 변조 방식
④ 진폭위상편이 변조 방식

> **해설** ㉠ ASK(Amplitude Shift Keying)는 디지털 신호(1, 0)의 정보 내용에 따라 반송파의 진폭을 변화시키는 방식
> ㉡ PSK(Phase Shift Keying)는 디지털 신호에 대응하여 반송파의 위상을 각각 다르게 하여 전송하는 변조방식
> ㉢ QAM(Quadrature Amplitude Modulation)은 디지털 신호를 일정량만큼 분류하여 반송파 신호와 위상을 변화시키면서 변조시키는 방법이다.
> ㉣ 2진 FSK(Binary Frequency Shift Keying)는 Binary Phase Shift Keying, PSK의 일종으로 디지털 신호의 0, 1에 따라 2종류의 위상을 갖는 변조방식으로, FSK는 ASK에 비해 더 넓은 대역을 필요로 하며 오류 확률은 비슷하다.

20 FM 수신기에서 수신 감도를 안정되게 유지하려면 S/N비의 값을 얼마로 유지하면 되는가?

① 10[dB]　② 20[dB]
③ 30[dB]　④ 40[dB]

> **해설** 감도 측정방법의 일반적인 경우
> ⓐ 수검기기의 출력임피던스와 동일한 감쇠기로 정합시키는 것이 바람직하다.
> ⓑ 수검기기의 스위치동작을 OFF시킨다.
> ⓒ SG를 희망주파수로 발진하고, 그 출력 레벨을 20[dB]로 한다.
> ⓓ 수검기기를 동조시킨다.
> ⓔ 의사공중선은 수검기기의 종류에 따라 적당한 것을 선택한다.

21 전파의 파장이 3[m]이면 주파수는 얼마인가?

① 10[MHz]　② 50[MHz]
③ 100[MHz]　④ 500[MHz]

> **해설** $f = \dfrac{c}{\lambda} = \dfrac{3 \times 10^8}{3} = 1 \times 10^8 = 100[MHz]$

Answer 17. ④　18. ①　19. ③　20. ②　21. ③

22 다음 중 전파(電波)의 전파(傳播) 시 나타나는 현상이 아닌 것은?

① 감쇠 ② 반사
③ 회절 ④ 전리

해설 전파의 성질
㉠ 전파는 기본적으로 빛과 같다.
㉡ 전파는 광속으로 날아간다.
㉢ 파장이 변하면 주파수도 변한다.
㉣ 전파는 직진, 반사, 굴절한다.
㉤ 전파는 간섭한다.
㉥ 전파는 회절한다.
전파 전파(電波傳播)는 전파가 대지, 대기, 이온층 등의 매질 속을 회절, 반사, 굴절, 산란, 흡수 등의 현상을 보이면서 퍼져 나가는 일

  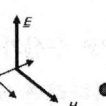

굴절(refraction) 반사(reflection) 회절(Diffraction) 편파(Polarization) 산란(scattering)

23 다음 중 수평면에 대한 지향성이 없는 안테나는?

① 롬빅(Rhombic) 안테나
② 수평 안테나
③ 파라볼라 안테나
④ 수직 안테나

해설 안테나 종류
㉠ 사용 주파수에 따른 분류
 - 장, 중파용 : 접지 안테나, 루프 안테나 등
 - 단파용 : 반파장 다이폴 안테나, 롬빅 안테나 등
 - 초단파용 : 헬리컬 안테나, 야기 안테나 등
 - 극초단파용 : 혼 안테나, 단일 슬롯안테나, 파라볼라 안테나, 반사판 안테나, 카세그레인 안테나, 렌즈 안테나, 혼 리플렉터 안테나 등
㉡ 대역폭에 따른 분류
 - 광대역 : 로그 안테나, 스파이럴 안테나, 나선 안테나
 - 협대역 : 패치 안테나, 슬롯 안테나
㉢ 동작 원리에 따른 분류
 - 정재파 안테나(공진형 안테나)
  • 안테나 도선에 정재파를 태우고 공진시키는 대부분의 안테나
 - 진행파 안테나
  • 안테나 도선상에 정재파만 존재하는 안테나
  • 롬빅 안테나, 피시본 안테나, 헬리컬 안테나 등

24 다음 중 애드콕(Adcock) 안테나의 특징과 거리가 먼 것은?

① 방향 탐지용이다.
② 주간 오차 방지용이다.
③ 수직 편파용이다.
④ 수평 편파 성분은 수신되지 않는다.

해설 애드콕 안테나(Adcock Antena)는 2개의 수직 안테나를 조합 배열한 안테나로서 방향 탐지 또는 무선 표지용으로 중장파에 대하여 사용된다. 이는 수평편파 성분에 대해 관계가 없으므로 전리층의 영향에 따르는 야간 효과의 영향을 받지 않는 특징이 있으며, 원리는 2쌍의 수직 안테나를 코일로 조합한 것으로서 지면에 수직이 되는 방향의 전파에서는 2쌍의 안테나의 유기 전압이 상쇄되므로 코일에는 전류가 흐르지 않게 되며, 방향과 다른 곳에서 전파가 올 때에는 2쌍의 안테나의 유기 전압에 위상차가 생기면서 전류가 흐르게 되어, 안테나 전체로서는 8자형의 지향성을 갖는다.

25 다음 중 수직편파 다이폴 안테나와 비교한 수평편파 다이폴 안테나에 대한 설명으로

Answer 22. ④ 23. ④ 24. ② 25. ③

틀린 것은?

① 도시 잡음 방해가 적다.
② 혼신 방해가 경감된다.
③ 안테나의 높이는 높게 해야 한다.
④ 정합 방법이 더 편리하다.

해설) 다이폴 안테나

길이가 같은 두 개의 도선을 일직선으로 배열하고 그 중앙부에 급전선을 접속하는 직선형 안테나로 더블릿 안테나라고도 한다.
① 가장 기본적인 안테나로 안테나 이득을 측정할 때 표준 안테나로 사용한다.
② 실제의 안테나의 길이는 반파장보다 5[%] 정도 짧게 한다.
③ 도선 중앙에서의 전류는 최대가 되고 전압은 최소가 되며 도선의 양 끝에서는 전류가 최소, 전압이 최대가 된다.
④ 실효 길이
$$h_e = \frac{2l}{\pi} = \frac{\lambda}{\pi}[m]$$
l : 안테나의 길이
⑤ 수평으로 놓으면 수평 편파를, 수직으로 놓으면 수직 편파를 만들 수 있다.
　㉠ 수평 다이폴 안테나 : 수평편파가 복사되고 수평면 내 지향성은 8자
　㉡ 수직 다이폴 안테나 : 수직편파가 복사되고 수평 지향성은 무지향성
　㉢ 단파대 이상의 송신안테나로 사용 (3[MHz]~2,500[MHz])
　㉣ 빈파장 다이폴 안테나는 접류급전 방식이고, 1파장의 경우는 전압급전방식

26 다음 중 디지털(Digital) 변조(Modulation)에 속하지 않는 것은?

① PAM(Pulse Amplitude Modulation)
② ASK(Amplitude Shift Keying)
③ FSK(Frequency Shift Keying)
④ PSK(Phase Shift Keying)

해설) 디지털 변조방식

1. 진폭 편이 변조(ASK ; Amplitude Shift Keying) : 디지털 신호가 1이면 출력을 송신, 0이면 off
2. 주파수 편이 변조(FSK ; Frequency Shift Keying) : 디지털 신호가 1이면 f_1 주파수로, 0이면 f_2 주파수로 주파수를 바꿈
3. 위상 편이 변조(Phase Shift Keying) : 디지털 신호의 0, 1에 따라 2종류의 위상을 갖는 변조 방식이다.

27 다음 전송 방식 중 양쪽 방향으로 전송이 가능하나 어느 한 순간에는 한쪽 방향으로만 통신이 가능한 방식은?

① Simplex   ② Multiplex
③ Half-duplex   ④ Full-duplex

해설) ① 전이중 통신(Full Duplex) : 두 대의 단말기가 데이터를 송수신하기 위해 동시에 각각 독립된 회선을 사용하는 통신 방식이다. 대표적으로 전화망, 고속 데이터 통신을 들 수 있다.
② 반이중 통신(Half Duplex) : 한쪽이 송신하는 동안 다른 쪽에서 수신하는 통신 방식으로, 전송 방향을 교체한다. 마스터 슬레이브 방식의 센서 네트워크가 대표적이다.
③ 단방향 통신(Simplex) : 한쪽 방향으로만 전송할 수 있는 것으로 방송, 감시 카메라를 들 수 있다.

28 다음 중 위성통신 지구국 안테나의 구비 조건에 해당하지 않는 것은?

① 고이득이어야 한다.
② 저잡음이어야 한다.
③ 회전이 가능해야 한다.
④ 협대역성이어야 한다.

해설 ④ 광대역이어야 한다.

29 다음 중 셀룰러 이동통신시스템에서 가입자가 증가하여 통화용량을 증가시키는 방법으로 적합하지 않은 것은?

① 기지국의 채널을 증설한다.
② 주파수 스펙트럼을 추가한다.
③ 동적 주파수 할당을 한다.
④ 대규모 셀(Cell)로 구성한다.

해설 ① '셀룰러'란 서비스 지역을 여러 개의 작은 구역, 즉 '셀'로 나누어서, 서로 충분히 멀리 떨어진 두 셀에서 동일한 주파수 대역을 사용하므로 공간적으로 주파수를 재사용할 수 있도록 하여 공간적으로 분포하는 채널수를 증가시켜 충분한 가입자 수용용량을 확보할 수 있도록 하는 이동통신 방식을 말한다.
② 셀룰러 이동통신시스템에서 가입자가 증가하여 통화용량을 증가시키기 위하여 기지국의 채널을 증설하거나, 주파수 스펙트럼을 추가하고 동적 주파수 할당을 한다.

30 다음 중 블루투스(Bluetooth)에서 사용되는 변조 방식은 무엇인가?

① PAM   ② QAM
③ QPSK   ④ GFSK

해설 ㉠ 블루투스(Bluetooth) 기술은 근거리 내에서 하나의 무선 연결을 통해서 장치 간에 필요한 여러 케이블 연결을 대신하게 해준다.
㉡ 블루투스 무선시스템은 사용허가가 필요치 않은 2.4[GHz]의 ISM(Industrial Scientific Medical) 주파수대에서 작동한다. 주파수 호핑 송수신기는 간섭과 페이딩에 저항하도록 고안되었다. 이진 FM 변조 방식은 송수신기의 복잡함을 최소화하도록 고안되었다. 최대 데이터 전송속도는 1[Mb/s]이고, 풀 듀플렉스 전송을 위해서는 시간분할다중방식(Time-Division Duplex scheme)이 사용된다.
• GFSK는 Gaussian Frequency Shift Keying이라고 한다.
• 구조 : 데이터 입력 → Gaussian Filter → FSK 변조 → 증폭 및 송신
• 적용 목적 : FSK(Frequency Shift Keying)는 주파수 편이 변조로 반송파 신호 주파수를 변조하여 digital data를 송신하는데 data인 pulse 신호에 Gaussion Filter로 slice해서 Carrier Signal에 변조시키면 전파법규 중 점유 주파수 대역폭을 만족시키는 데 원활하며, 신호 구현 시 효율적이고, RF Link의 품질과 신뢰성을 향상시켜 준다.

31 다음 중 AM 송신기의 점유주파수대폭의 측정방법이 아닌 것은?

① 필터에 의한 방법
② 의사 공중선에 의한 방법
③ 파노라마 수신기를 이용하는 방법
④ 에너지 측정에 의한 방법

해설 AM 송신기의 점유주파수대폭의 측정방법에는 필터에 의한 방법(밴드미터), 파노라마 수신기를 이용하는 방법, 에너지 측정에 의한 방법이 사용된다.

32 FM 수신기의 감도 측정에서 잡음 억압감도란 신호가 없을 때의 잡음을 몇 [dB] 저하시키기 위한 입력전압 레벨로 감도를 나타내야 하는가?

① 25[dB]   ② 20[dB]
③ 15[dB]   ④ 10[dB]

Answer 29. ④ 30. ④ 31. ② 32. ②

해설 「형식검정 및 형식등록 처리방법」

22. 감도 측정방법
22.1 시험목적 ㅇ 수신기의 수신감도가 최저허용치 이상을 만족하는지 측정함을 목적으로 한다.
22.2 시험구성도

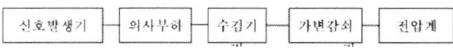

ㅇ 단측파대를 이용하는 기기의 경우

22.3 측정기의 조건
22.3.1 일반적인 경우
ⓐ 수검기기의 출력임피던스와 동일한 감쇠기로 정합시키는 것이 바람직하다.
ⓑ 수검기기의 스켈치동작을 OFF시킨다.
ⓒ SG를 희망주파수로 발진하고, 그 출력레벨을 20[dB]로 한다.
ⓓ 수검기기를 동조시킨다.
ⓔ 의사공중선은 수검기기의 종류에 따라 적당한 것을 선택한다.
22.3.2 단측파대를 이용하는 기기의 경우
ⓐ 표준신호발생기(이하 SG)는 수검기기의 복조출력주수를 1,000[Hz]로 유지하는 데 필요한 주파수 설정 정도와 안정도를 가질 것
22.4 시험절차
22.4.1 일반적인 경우
ⓐ SG를 무변조상태로 한다.
ⓑ SG를 OFF하면 수검기기의 잡음출력이 커지므로 적당한 잡음출력이 되도록 감쇠기로 감쇠시킨다. 이때의 출력을 기억한다.
ⓒ 감쇠기를 시험방법 ⓑ에서 조정한 것보다 20[dB] 작게 한다(잡음이 20[dB] 증가한다).
ⓓ SG를 무변조상태로 ON하고 그 출력을 낮은 상태에서 서서히 증대하면서 수신기 잡음출력이 점차 감소하고 시험방법 ⓑ에서 기억해 둔 잡음출력과 같게 될 때까지 증대한다.
ⓔ 이때의 SG의 출력레벨이 수검기기의 의사공중선 입력레벨이며, 감도(dB)를 나타낸다.
22.4.2 단측파대를 이용하는 기기의 경우
ⓐ SG의 주파수를 수검기기의 복조출력 주파수가 1,000[Hz] 되도록 설정한다.
ⓑ SG를 무변조상태로 하고 그 출력을 수검기기의 수신기 입력전압이 3[μV]로 되도록 설정한다.
ⓒ 이 상태로 수검기기의 각 단 조정기를 취급설명서에 기재한 방법에 의하여 조정(기재사항이 없을 경우에는 저주파단 이득조정기를 최저로 하고, 고주파단 이득조정기를 조정한다)하여 수검기기의 복조출력이 정격출력의 1/2이 되도록 한다.
ⓓ 이 상태에서 수검기기 복조출력신호의 SINAD(S+N+D/N+D)를 측정한다.

33 수신기의 종합특성 측정에 속하지 않는 것은?

① 전력 측정   ② 선택도 측정
③ 감도 측정   ④ 충실도 측정

해설 ㉠ 안정도(stability) : 주파수와 진폭이 일정한 전파를 수신하면서 장시간에 걸쳐 조정하지 않은 상태로 왜곡 없는 일정한 출력을 얻을 수 있느냐 하는 능력을 나타내는 척도이다.
㉡ 선택도(selectivity) : 희망하는 주파수를 불필요한 다른 전파들로부터 어느 정도 분리시켜 선택할 수 있는가 하는 능력을 말한다.
㉢ 감도(sensitivity) : 어느 정도 미약한 전파까지 수신할 수 있는가를 나타내는 것으로 일정한 출력을 얻는 데 필요한 수신기의 안테나 입력전압으로 나타낸다.
㉣ 충실도(fidelity) : 송신측에서 변조된 신호를 어느 정도까지 충실히 재현할 수 있는지의 청도(원음에 가까운)를 나타낸다.

33. ①

34 FM 수신기에 사용된 리미터는 무엇을 방지하는 것인가?
① 전원전압의 변동 방지
② 고조파에 의한 찌그러짐 방지
③ 충격성 잡음 방지
④ 기생진동 방지

> 해설 FM 수신기에서 리미터는 충격성 잡음 등에 의하여 진폭이 변화하는 것을 제거하는 역할을 한다.

35 다음 중 정류기의 평활회로는 어떤 필터특성과 유사한가?
① 저역필터 ② 고역필터
③ 대역통과필터 ④ 대역소거필터

> 해설 평활회로(smoothing circuit)는 정류기 출력 전압의 맥동(ripple)을 감쇠시키는 회로로서, 저역 여파기(low-passfilter)를 사용한다.

36 정상 신호파를 그 주파수대의 한 부분에 대하여 다른 부분보다 특히 강하게 하는 것을 무엇이라 하는가?
① 디엠퍼시스(De-emphasis)
② 스퓨리어스(Spurious)
③ 라디오 부이(Radio Buoy)
④ 프리엠퍼시스(Pre-emphasis)

> 해설 프리엠퍼시스(pre-emphasis)는 FM의 송신측에서 S/N비 개선을 위해 고음역 부분의 이득을 단계적으로 증가시켜 송신하기 위한 회로이며, 디엠퍼시스(de-emphasis)는 수신기에서 강조된 고역이득을 낮추기 위한 회로이다.

37 무선설비규칙에서 "주어진 발사에서 용이하게 식별되고, 측정할 수 있는 주파수"는 무엇이라 정의하였는가?
① 지정주파수 ② 기준주파수
③ 특성주파수 ④ 중심주파수

> 해설 9. "지정주파수"라 함은 무선국에서 사용하는 주파수마다의 중심주파수를 말한다.
> 10. "기준주파수"라 함은 지정주파수에 대하여 특정한 위치에 고정되어 있는 주파수를 말한다. 이 경우 기준주파수가 지정주파수에 대하여 가지는 변위는 특성주파수가 발사에 의하여 점유하는 주파수대의 중심주파수에 대하여 가지는 변위와 동일한 절대치와 동일한 부호를 가지는 것으로 한다.
> 11. "특성주파수"라 함은 주어진 발사에서 용이하게 식별되고, 측정할 수 있는 주파수를 말한다.

38 발사에 의하여 점유하는 주파수대의 중심주파수와 지정주파수 사이에 허용될 수 있는 최대편차로서 백만분율 또는 Hz로 표시하는 것은?
① 점유주파수대폭 ② 주파수허용편차
③ 기준주파수 ④ 필요주파수대폭

> 해설 본문 무선설비규칙(P.360) 참고 요망

39 다음 중 스퓨리어스 발사에 포함되지 않는 것은?
① 고조파발사
② 기생발사
③ 대역외발사
④ 상호변조에 의한 발사

> 해설 스퓨리어스 발사란 필요 주파수대의 범위

Answer 34. ③ 35. ① 36. ④ 37. ③ 38. ② 39. ③

밖에서의 1 이상의 주파수의 전파 발사를 말하며, 스퓨리어스 발사에는 저조파 발사, 고조파 발사, 기생발사, 상호변조 및 주파수 변환에 의한 발사가 있다.

40 텔레비전 방송을 하는 방송국 무선설비의 점유주파수대폭 허용치로 맞는 것은?

① 1[MHz] ② 3[MHz]
③ 6[MHz] ④ 8[MHz]

> **해설** 무선설비규칙의 점유주파수대폭의 허용치 (제4조제1항관련)
> C_3F, C_9F, F_3E, F_8E, G_3E, C_2W, C_7W, G_7W : 텔레비전방송을 하는 방송국의 무선설비는 6[MHz]

41 다음 중 수신설비의 조건으로 알맞지 않은 것은?

① 선택도가 적을 것
② 내부잡음이 적을 것
③ 수신주파수는 운용범위 이내일 것
④ 감도는 낮은 신호입력에서도 양호할 것

> **해설** 수신 설비는 다음 각 호의 조건에 적합하여야 한다.
> 1. 수신주파수의 범위가 적정할 것
> 2. 선택도가 클 것
> 3. 내부 잡음이 적을 것
> 4. 감도가 충분할 것
> 5. 명료도가 충분할 것

42 다음 중 무선설비의 안전시설기준에서 고압전기의 설명으로 알맞은 것은?

① 220볼트의 고주파 및 교류전압과 450볼트의 직류전압을 말한다.
② 450볼트의 고주파 및 교류전압과 600볼트의 직류전압을 말한다.
③ 500볼트의 고주파 및 교류전압과 700볼트의 직류전압을 말한다.
④ 600볼트를 초과하는 고주파 및 교류전압과 750볼트를 초과하는 직류전압을 말한다.

> **해설** 무선설비규칙의 제19조(무선설비의 안전시설)
> ① 무선설비에 전원의 공급을 위하여 고압전기(600볼트를 초과하는 고주파 및 교류전압과 750볼트를 초과하는 직류전압을 말한다. 이하 같다)를 발생시키는 발전기나 고압전기가 인입되는 변압기, 정류기 등을 이용할 경우에는 당해 기기들은 외부에서 용이하게 닿지 아니하도록 절연차폐체 내 또는 접지된 금속차폐체 내에 수용되어 있어야 한다. 다만, 취급자 외의 자가 출입하지 못하도록 된 장소에 설치되는 경우에는 그러하지 아니하다.
> ② 송신설비의 각 단위장치 상호간을 연결하는 전선으로서 고압전기를 통하는 것은 견고한 절연차폐체 또는 접지된 금속차폐체 내에 수용하여야 한다. 다만, 취급자 외의 자가 출입하지 못하도록 된 장소에 설치하는 경우에는 그러하지 아니하다.
> ③ 송신설비의 조정판 또는 케이스로부터 노출된 전선이 고압전기를 통하는 경우에는 그 전선이 절연되어 있을 때에도 전기사업법 제39조의 규정에 의한 전기설비의 안전관리를 위하여 필요한 기술기준에 의하여 보호하여야 한다.
> ④ 송신설비의 공중선·급전선 등 고압전기를 통하는 장치는 사람이 보행하거나 기거하는 평면으로부터 2.5미터 이상의 높이에 설치되어야 한다. 다만, 다음 각 호의 1에 해당하는 경우에는 그러하지 아니하다.
> 1. 2.5미터 미만의 높이의 부분이 인체에 용이하게 닿지 아니하는 위치에 있는 경우
> 2. 이동국으로서 그 이동체의 구조상 설

Answer 40. ③ 41. ① 42. ④

치가 곤란하고 무선종사자 외의 자가 출입하지 아니하는 장소에 있는 경우

43 다음 중 전파환경 및 방송통신망 등에 위해를 줄 우려가 있는 기자재를 제조 또는 판매하거나 수입하려는 경우 받아야 하는 것은?

① 적합인증   ② 잠정인증
③ 적합등록   ④ 잠정등록

<해설> ① 적합인증 : 전파환경 및 방송통신망 등에 위해를 줄 우려가 있는 방송통신기자재, 중대한 전자파장해를 주거나 전자파로부터 정상적인 동작을 방해받을 정도의 영향을 받는 방송통신기자재, 그 밖에 사람의 생명과 안전 등에 중대한 위해를 줄 우려가 있는 방송통신기자재 등이 해당된다.
② 적합등록 : 적합등록에는 지정시험기관 적합등록과 자기시험 적합등록이 있으며, 적합인증 대상 외의 방송통신기자재로서 전파환경·방송통신망 등에 영향이 적은 기자재가 해당된다.
③ 잠정인증 : 적합성평가기준이 마련되어 있지 아니하거나 그 밖의 사유로 적합성평가가 곤란한 방송통신기자재 등이 해당되며 이 경우 국내외 표준, 규격 및 기술기준 등에 따라 사용지역, 유효기간 등의 조건을 정하여 잠정적으로 인증하는 인증을 말한다.

44 '기자재를 설계하여 직접 제작하거나 상표부착방식에 따라 기자재를 공급받는 자로서 해당 기자재의 설계·제작에 대한 책임을 지는 자'를 무엇이라고 하는가?

① 시설자   ② 유통업자
③ 제조자   ④ 판매자

<해설> 방송통신기기 형식검정·형식등록 및 전자파적합등록에 관한 고시 제2조(정의)
① 이 고시에서 사용하는 용어의 정의는 다음과 같다.
1. "인증"이라 함은 「전파법」 제46조에 따른 형식검정 또는 형식등록 및 「전파법」 제57조에 따른 전자파적합등록을 말한다.
2. "방송통신기기"라 함은 「방송법」 제2조에 따른 방송에 사용하는 기기, 「전파법」 제2조제1항제5호에 따른 무선설비의 기기, 「전파법」 제57조에 따른 전자파장해기기 및 전자파로부터 영향을 받는 기기를 말한다.(이하 "기기"라 한다.)
3. "인증표시"라 함은 다음 각 목의 표시를 말한다.
  ㉮ 「전파법」 제46조 제3항에 따른 형식검정 합격표시 또는 형식등록표시
  ㉯ 「전파법」 제57조 제2항에 따른 전자파적합등록표시
4. "제조자"라 함은 「전파법」 제46조 및 제57조에 따른 제작자(상표부착방식에 따라 기기를 공급받는 자로서 해당 기기의 설계·제조 및 제작에 대한 책임을 진 자를 포함한다)를 말한다.
5. "사후관리"라 함은 「전파법」 제53조에 따라 기기의 인증에 관한 사항의 이행여부를 조사 또는 시험하는 것을 말한다.
6. "기본모델"이라 함은 기기 내부의 전기적인 회로·구조·성능이 동일하고 기능이 유사한 제품군 중 표본적으로 인증을 받는 기기를 말한다.
7. "파생모델"이라 함은 기본모델과 전기적인 회로·구조·성능이 동일하고 그 부가적인 기능만을 변경한 기기를 말한다.
8. "정보기기"라 함은 데이터 및 통신메시지의 입력·출력·저장·검색·전송 또는 제어 등의 주요기능과 정

Answer 43. ① 44. ③

보 전송용으로 작동되는 1개 이상의 터미널 포트를 갖춘 기기로서 600볼트 이하의 공급전압을 가진 기기를 말한다.

45 다음 중 방송통신기자재 적합인증 신청서에 첨부되는 서류가 아닌 것은?

① 사용자설명서
② 제조사 현황자료
③ 시험성적서
④ 부품의 배치도 또는 사진

> **해설** 방송통신기자재 등의 적합성평가에 관한 고시 제5조 적합인증의 신청 등
> ① 제3조제1호에 따른 대상기자재에 대하여 적합인증을 신청하고자 하는 자는 다음 각 호의 신청서와 첨부서류(전자문서를 포함한다)를 작성하여 원장에게 제출하여야 한다.
> 1. 별지 제1호서식의 적합인증신청서
> 2. 사용자설명서(한글본) : 제품개요, 사양, 구성 및 조작방법 등이 포함되어야 한다.
> 3. 다음 각 목 중 어느 하나의 시험성적서
>   가. 지정시험기관의 장이 발행하는 시험성적서
>   나. 원장이 발행하는 시험성적서
>   다. 국가 간 상호 인정협정을 체결한 국가의 시험기관 중 원장이 인정한 시험기관의 장이 발행한 시험성적서
> 4. 외관도 : 제품의 전면·후면 및 타 기기와의 연결부분과 적합성평가표시 사항의 식별이 가능한 사진을 제출하여야 한다.
> 5. 부품 배치도 또는 사진 : 부품의 번호, 사양 등의 식별이 가능하여야 한다.
> 6. 회로도

46 통신수단에 의하여 비밀이 직접 또는 간접으로 누설되는 것을 미리 방지하거나 지연시키기 위한 방책을 말하는 용어는?

① 인터넷 보안
② 통신보안
③ 암호
④ 비화

> **해설** 통신보안이라 함은 우리가 사용하는 통신수단(유선전화, 차량전화, 휴대전화, 전신, 텔렉스, 팩시밀리, PC 통신 등)에 의한 통화내용이 알아서는 안 될 사람에게 직접 또는 간접으로 누설될 가능성을 사전에 방지하거나 지연시키기 위한 방책으로 암호·음어·약호 등을 사용한다.

47 다음 중 보안성이 가장 높은 것은?

① 약어
② 음어
③ 약호
④ 암호

> **해설** 통신수단별 보안순위는 전령통신 > 등기우편 > 인가된 우편 > 통상우편 > 유선통신 > 시호통신 > 음향통신 > 무선중계 유선통신 > 무선통신의 순으로 보안성이 결정된다. 즉 전령통신의 보안성이 가장 높고, 무선통신의 보안성이 가장 취약하다.
> ㉠ 암호(暗號) : 제3자에게 비밀로 할 목적으로 평문(平文)에 암어기술(暗語技術)을 가하여 그 내용 전체를 체계적으로 변경시키는 각종 방식을 말한다.
> ㉡ 음어(陰語) : 제3자에게 비밀로 할 목적으로 통신문의 내용 중 비밀에 속하는 부분의 평문의 단어나 구절을 다른 어귀나 숫자와 문자 등으로 변경시키는 방식
> ㉢ 약호(略號) : 평문의 문장, 어귀 또는 단어를 다른 간략한 문자, 숫자 또는 어귀로 대치하여 교신 상호간에 식별하도록 한 방법
> ㉣ 약어(略語) : 평문의 긴 문장이나 단어 또는 어귀 중에서 중요 문자만을 발췌하여 간략하게 한 방식

Answer 45. ② 46. ② 47. ④

48 다음 중 비밀 누설 방지를 위한 조치로 적합하지 않은 것은?

① 취약한 통신망을 이용하지 않는다.
② 내용을 암호화한다.
③ 과다한 통신을 하지 않는다.
④ 보고 체계를 다원화하여 체계화한다.

해설 비밀누설에 대한 각종 방지법
㉠ 통신규율 및 통신사 교육훈련 : 통신제원에 의한 절차준수, 감독강화, 통신보안 생활화
㉡ 도청에 대한 방어 : 통신제원의 수시 변경, 무선침묵 유지, 보안유해 시 통신 중단, 보안장비(비화기)
㉢ 방향 탐지에 대한 방어 : 불필요한 전파의 발사, 같은 장소의 계속전파발사, 과도한 송신출력 억제
㉣ 교신분석에 대한 방어 : 필요할 때만 교신하고 규율을 중시, 평문송신금지
㉤ 기만통신에 대한 방어 : 상호 약정된 확인법의 사용(처음 통신 시작, 의심스러울 때, 주파수 변경 시), 비밀내용의 평문 사용 엄금
㉥ 의심스러울 때 : 예비 주파수 전환, 즉시 보고, 방향 탐지로 확인, 상대방(우리편) 통신사의 특성 등 파악

49 통신보안상 준수해야 할 통신 규율사항이 아닌 것은?

① 정확한 통신 제원에 의한 통신
② 통신운용 절차 및 규정 준수
③ 통신보안 관념 습성화
④ 고출력으로 전파 발사

해설 46번, 48번 해설 참고

50 다음 중 통신내용의 탐지수단이 아닌 것은?

① 교신분석   ② 방향탐지
③ 암호분석   ④ 약호분석

해설 통신내용의 탐지수단
① 교신 분석 : 상대방의 교신 사항을 분석하여 통신망의 파악과 그 기관의 규모 및 행동 상황의 추정과 통 신량 및 통신 제원 등을 분석하는 것을 말한다.
② 암호 분석 : 비밀 내용을 은닉하기 위하여 암호로 타전한 상대방의 통신문을 해독용 암호표 없이 추리, 분석, 해독하여 비밀 내용을 탐지하는 것을 말한다.
③ 방향 탐지 : 상대방의 통신소에서 발사하고 있는 송신 전파의 전파 경로를 측정하여 그 통신소의 위치를 탐지하거나 이동 통신소인 경우 이동 경로를 탐지하는 것을 말한다.
④ 기만 통신 : 적이 우리의 통신소로 가장, 기만하여 주요한 비밀 내용을 발설케 해서 내용을 탐지하거나 허위 정보를 제공하여 군사상 및 주요 업무 수행에 혼란을 일으키는 것을 말한다.
⑤ 방해 통신 : 상대방의 통신 회선을 교란시킴으로써 상대방의 통신 능력을 약화시키든지, 통신을 두절시키는 등 중요하고 긴급한 통신 내용의 소통을 불가능하게 하는 것을 말한다.
⑥ 통신소 침투에 의한 자료 수집
  ㉠ 비밀 자료의 입수 : 비밀 보안 자재와 기타 통신 운용에 필요한 통신 제원, 통신망 구성 등 비밀 자료를 관찰, 복사 또는 촬영하여 입수함으로써 도청 행위를 돕는다.
  ㉡ 비밀 자료의 파손 : 통신소에 침투하여 비밀 자료(암호, 음어, 약호 등)를 손상, 파손함으로써 통신 운용을 혼란케 하거나 통신 능력을 약화시킨다.

51 다음 중 운영체제의 제어 프로그램으로 적합하지 않은 것은?

Answer 48. ④ 49. ④ 50. ④ 51. ①

① 서비스 관리 프로그램
② 감시 프로그램
③ 작업 관리 프로그램
④ 데이터 관리 프로그램

해설 운영체제(OS : Operating System)
㉠ 사용자 인터페이스 제공, PC 작동의 표준 방식 제공, PC의 안정적 동작 보증, 실행 프로그램의 보호, PC 성능의 극대화와 사용의 편리함 제공, 소프트웨어 개발 도구, 네트워크 접속 도구 제공 등 운영체제가 없으면 PC는 작동하지 않는다. 주로 하드디스크에 저장된다.
㉡ 운영체제의 제어 프로그램은 감시 프로그램, 데이터 관리 프로그램, 작업관리 프로그램으로 구성되며 언어번역 프로그램은 처리 프로그램에 속한다.

52 A 레지스터 내용이 11110101이고, B 레지스터 내용이 10100110일 때 A와 B의 XOR(Exclusive OR) 연산 결과는?

① 10100100　② 00010110
③ 10000100　④ 01010011

해설 XOR(Exclusive OR) 논리회로는 두 입력이 같을 때 출력은 "0"이 되고, 두 입력이 서로 다를 때 "1"이 된다. 그러므로 11110101 ⊕ 10100110 = 01010011이 된다.

53 다음 중 DRAM(Dynamic RAM)의 특징으로 틀린 것은?

① 마이크로컴퓨터의 캐시 메모리용으로 많이 활용된다.
② 주기적인 메모리 재생(Refresh)이 성능 저하의 원인이다.
③ 구성이 간단하고 가격이 저렴하며 집적도가 높아 대용량화가 수월하다.
④ 정보를 읽고 쓰기가 자유롭다.

해설 ㉠ 스태틱(Static)형(SRAM) : 단위 기억 소자가 플립플롭으로 구성되어, 속도가 빠르다.
㉡ 다이내믹(Dynamic)형(DRAM) : 단위 기억 비트당 가격이 저렴하고 집적도가 높다.

54 다음 10진법 데이터 38을 3초과 코드(Excess-3 Code)로 변환했을 때 올바른 것은?

① 0110 1000　② 0011 1011
③ 0110 1011　④ 1001 0100

해설
```
    3       8
  0011    1000
  0011    0011
  ────    ────
  0110    1011
```

55 다음 불 함수 중 틀린 것은?

① $X + 0 = X$　② $X + X = 1$
③ $(\overline{\overline{X}}) = X$　④ $X(X + Y) = X$

해설 $X \cdot X = X$, $X + X = X$

56 n개의 입력선으로부터 코드화된 2진 정보를 최대 2^n개의 출력선으로 변환시켜 주는 회로는?

① 인코더　② 디코더
③ 멀티플렉서　④ 플립플롭

해설 ① 인코더(부호기)는 디코더의 반대의 동작으로 특정한 입력을 공급해 주면 몇 개의 코드화된 신호의 조합으로 바꾸는 장치를 말한다.
② 디코더(decoder, 해독기)는 n개의 입력단자에서 들어온 2진 정보를 받아 최대

2^n개의 출력 단자 중 그에 해당하는 것 하나에 신호를 보내주는 조합 논리회로이다.
③ 멀티플렉서(multiplexer)는 n개의 입력 데이터에서 1개의 입력씩만 선택하여 단일 통로로 송신하는 것

57 프로그램 코딩이나 입력 작업에 직접 활용될 수 있는 순서도는?

① 개략 순서도　② 상세 순서도
③ 직선형 순서도　④ 분기형 순서도

해설 순서도(flow chart)는 알고리즘 또는 문제 해결의 절차를 그림으로 알기 쉽게 나타낸 것으로 설계한 알고리즘을 객관적이며 쉽게 표현, 이해하기 위하여 기호를 사용한다.
순서도의 종류
① 시스템 순서도 : 일의 처리과정을 전체적으로 상세하게 표현한 순서도이다.
② 프로그램 순서도 : 컴퓨터로 처리가 가능한 부분을 단계적으로 표현한 순서도이다.

58 다음 중 1세대 컴퓨터 프로그램 언어는?

① 기계어　② 포트란(Fortran)
③ 자바(Java)　④ C언어

해설 프로그래밍 언어의 발전 과정
① 1세대 언어
　㉠ 저급 언어 : 기계어, 어셈블리어
　㉡ 수치 과학용 언어 : FORTRAN I, ALGOL 58
　㉢ 자료 처리용 언어 : FLOWMATIC
　㉣ 리스트 처리용 언어 : IPL 5
② 2세대 언어 : FORTRAN II, ALGOL 60, COBOL, LISP 등
③ 3세대 언어 : PL/1, ALGOL 80, SNOBOL 4, APL, BASIC, PASCAL, C 등
④ 4세대 언어 : MULTIPLAN, Super Calc, Lotus 123, dBASE, SAS, ADF 등

⑤ 5세대 언어
　㉠ 인공지능 분야에 기반을 둔 언어로 자연어(Natural Language)
　㉡ 전문가 시스템(Expert System), 지식기반 시스템(Knowledge-based System), 추론 엔진(Inference Engines), 자연어의 처리(Processing of Human Language) 등

59 다음 중 컴퓨터 운영체제가 아닌 것은?

① PS/2　② Windows NT
③ UNIX　④ OS/2

해설 운영체제(OS : Operating System)
사용자 인터페이스 제공, PC 작동의 표준 방식 제공, PC의 안정적 동작 보증, 실행 프로그램의 보호, PC 성능의 극대화와 사용의 편리함 제공, 소프트웨어 개발 도구, 네트워크 접속 도구 제공 등 운영체제가 없으면 PC는 작동하지 않는다. 주로 하드디스크에 저장된다. 운영체제의 종류에는 윈도우, 유닉스, 리눅스, 맥OS 등이 있다.

60 다음 중 워드 프로세서 작업이 완료된 후, 문서 내용에 변화를 가져오지 않는 경우는?

① 치환(Replace)　② 영역 삭제
③ 한자 변환　④ 검색(Search)

해설 검색(Search)
자료를 찾을 때 검색 키(Search Key)를 이용하여 찾는데, 검색 키란 저장된 자료 중에서 다른 자료들과 구별시켜 주는 것을 말한다.

Answer 57. ②　58. ①　59. ①　60. ④

Chapter

과년도출제문제 — 2016. 4회

무선설비기능사(이론)

01 건전지 3개를 직렬로 연결할 경우의 기전력은 건전지 1개에 비해 몇 배로 증가하는가?
① 1배   ② 2배
③ 3배   ④ 아무 변화가 없다.

해설 기전력(electromotive force, EMF)은 두 물체 사이에 전위차를 발생시키는 작용 또는 전기회로를 연결할 때 전류를 흐르게 하는 원동력을 말한다. 그러므로 건전지 3개를 직렬로 연결하면 1개의 기전력의 3배가 된다.

02 저항 양단에 20[V]의 전압을 인가했을 때 40[A]의 전류가 흐른다면 저항값은 얼마인가?
① 1.0[Ω]   ② 0.5[Ω]
③ 0.2[Ω]   ④ 0.2[Ω]

해설 $R = \dfrac{V}{I} = \dfrac{20}{40} = 0.5[\Omega]$

03 RL 직렬회로에서 임피던스는 무엇인가?
① Z=R+jωL   ② Z=R−jωL
③ Z=R−2jωL ④ Z=R+2jωL

해설 $Z = R + j\omega L$
$\quad = \sqrt{R^2 + X_L^2} = \sqrt{R^2 + (\omega L)^2}\,[\Omega]$

04 순간순간 변화하는 전압의 값은 무엇인가?
① 사인값   ② 순시값
③ 최댓값   ④ 피크값

해설 ① 순시값 : 순간순간 변하는 교류의 임의의 시간에 있어서 값
② 최댓값 : 순시값 중에서 가장 큰 값
③ 실효값 : 교류의 크기를 교류와 동일한 일을 하는 직류의 크기로 바꿔 나타낸 값
④ 평균값 : 교류 순시값의 1주기 동안의 평균을 취하여 교류의 크기를 나타낸 값

05 다음 중 쿨롱의 법칙에 대한 설명으로 옳은 것은?
① 두 자극 사이에 작용하는 힘 F[N]가 두 자극의 세기 m_1, m_2[Wb]의 곱에 비례하고, 두 자극 사이에 거리 r[m]의 제곱에 반비례하는 법칙
② 자기장 속에서 전류가 받는 힘의 방향을 알아내는 법칙
③ 자기장 속에서 움직이는 직선도선에 생기는 유도 전류의 방향을 알아보는 법칙
④ 코일 주위에 자속이 변할 때 코일에 유도 기전력의 크기를 결정하는 법칙

해설 **쿨롱의 법칙**
두 자극 간에 작용하는 힘 F는 두 자극 간의 거리 r의 제곱에 반비례하고 두 자극의 세기 m_1, m_2의 곱에 비례한다.

Answer 1. ③ 2. ② 3. ① 4. ② 5. ①

06 반도체의 에너지대 구조에서 대역의 일부가 전자로 채워져 있는 허용대는?

① 충만대(Filled Band)
② 금지대(Forbidden Band)
③ 공대(Empty Band)
④ 전도대(Conduction Band)

> **해설** 에너지대 구조
> ① 허용대(allowed band) : 고체 중에서 전자가 존재할 수 있는 에너지 준위
> ② 금지대(forbidden band) : 허용대와 허용대 사이의 전자가 존재할 수 없는 범위
> ③ 충만대(filled band) : 전자가 가득찬 허용대(가전자대라고도 한다)
> ④ 공대(empty band) : 전자가 1개도 들어있지 않은 허용대
> ⑤ 전도대(conduction band) : 대역의 일부가 전자로 채워져 있는 허용대

07 다음 중 차동증폭기의 동위상 신호 제거비(CMRR)를 나타내는 식으로 옳은 것은?

① CMRR＝차동 이득/동위상 이득
② CMRR＝동위상 이득/차동 이득
③ CMRR＝차동 이득－동위상 이득
④ CMRR＝차동 이득＋동위상 이득

> **해설** 동위상 신호 제거비(CMRR, common mode rejection ratio)
> 동상신호를 제거하는 척도를 말하며 연산증폭기 성능척도의 중요한 요소로 이상적인 연산증폭기의 CMRR은 무한대(∞)값을 갖는다.
> $$CMRR = \frac{차동\ 이득}{동위상\ 이득}$$

08 다음 중 전계 효과 트랜지스터(FET)에서 핀치오프(Pinch-Off) 전압에 대한 설명으로 옳은 것은?

① FET의 게이트와 드레인 사이의 최대 전압
② 채널의 폭이 최대로 되는 게이트의 역 바이어스 전압
③ 채널의 폭이 좁아져서 채널이 완전히 막히게 되는 때의 게이트 역바이어스 전압
④ 채널의 폭이 최대가 되도록 하기 위한 게이트 정바이어스 전압

> **해설** 핀치오프 전압(pinch-off voltage)이란 접합형 전계효과 트랜지스터(FET)에서 채널층을 공핍화하는 데 필요한 게이트-소스 간의 전압(차단 전압[cut off voltage]) 즉 드레인 전류가 0일 때의 게이트-소스 간의 전압을 말한다.

09 다음 중 연산증폭기에 대한 설명으로 틀린 것은?

① 직류로부터 특정한 주파수까지의 범위에서 되먹임 증폭기로 구성하여 일정한 연산을 할 수 있도록 한 증폭기이다.
② 정확도를 높이기 위해 큰 증폭도와 높은 안정도가 필요하다.
③ 직결합 차동증폭기를 사용하여 구성한다.
④ 되먹임(Feedback)에 대한 증폭도를 높이기 위하여 특정 주파수 범위에서 주파수 보상회로를 사용한다.

> **해설** 연산증폭기(Operational Amplifier : OP AMP)
> 두 개의 입력단자와 한 개의 출력단자를 갖는 연산증폭기는 두 입력단자 전압 간의 차이를 증폭하는 증폭기이므로 입력단은 차동증폭기로 되어 있다. 연산증폭기를 사용하

Answer 6. ④ 7. ① 8. ③ 9. ④

여 사칙연산이 가능한 회로 구성을 할 수 있으므로, 연산자의 의미에서 연산증폭기라고 부른다. 연산증폭기를 사용하여 미분기 및 적분기를 구현할 수 있다. 연산증폭기가 필요로 하는 전원은 기본적으로는 두 개의 전원인 +Vcc 및 -Vcc이다. 물론 단일 전원만을 요구하는 연산증폭기 역시 상용화되어 있다.

10 다음 Wien-Bridge 발진회로에서 전압 진폭의 안정화를 위해 Block에 들어갈 소자로 적합한 것은?

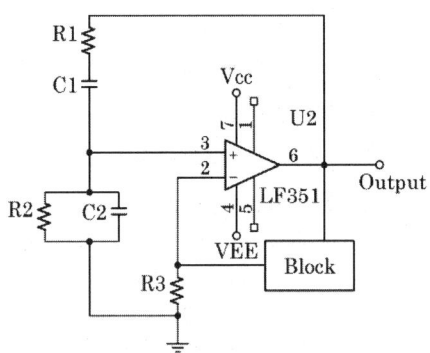

① 바리스터(Varistor)
② 코일(Coil)
③ 다이오드(Diode)
④ 서미스터(Thermistor)

해설 브리지형 발진회로에서 진폭의 안정화를 위해 온도보상을 위한 서미스터를 사용한다.

발진 주파수는 $f_o = \dfrac{1}{2\pi\sqrt{R_1 R_2 C_1 C_2}}$

이때, $R_1 = R_2 = R$, $C_1 = C_2 = C$이면

$f_o = \dfrac{1}{2\pi RC}$

11 어떤 발진회로를 설계하고자 할 때 능동소자의 증폭이득이 $A_v = 50$이면 궤환회로의 감쇠율을 얼마로 하여야 하는가?

① 1/25
② 1/50
③ 1/75
④ 1/100

해설 궤환(Feedback)회로에서 β가 양수이면 정궤환(+), 음수이면 부궤환(-)이 된다.

$A_{vf} = \dfrac{V_o}{V_i} = \dfrac{A}{1 - A \cdot \beta}$의 식에 의해

발진을 하기 위해서는 정궤환(동위상)되어야 하기에 $A\beta = 1$이 되어야 하므로 궤환회로의 감쇠율은 1/50이 되어야 한다.

12 펄스의 주기, 폭 등은 일정하고 펄스의 진폭을 입력 신호에 따라 변화시키는 변조방식은 무엇인가?

① 펄스폭변조(PWM)
② 펄스진폭변조(PAM)
③ 펄스위치변조(PPM)
④ 펄스시간변조(PTM)

해설 ① 펄스 진폭 변조(PAM : Pulse Amplitude Modulation) : 신호 레벨(높낮이)에 따라 펄스의 진폭을 변화시킨다.
② 펄스 폭 변조(PWM : Pulse Width Modulation) : 신호 레벨(높낮이)에 따라 펄스의 폭을 변화시킨다.
③ 펄스 위상 변조(PPM : Pulse Phase Modulation) : 신호 레벨(높낮이)에 따라 펄스의 위상을 변화시키는 방법으로, 신호 레벨이 크면 펄스의 주기가 짧아지고 주파수가 높아진다.

13 FM 수신기에 유입되는 피변조파의 일정 진폭 이상을 제거하기 위한 회로를 무엇이라 하는가?

① 리미터(Limiter)
② 증폭기(Amplifier)
③ 스켈치(Squelch)

Answer 10. ④ 11. ② 12. ② 13. ①

④ 자동주파수조절기(AFC)

해설 ㉠ FM 수신기에서 진폭제한기(리미터)의 사용 목적은 방송파 중의 페이딩이나 잡음에 의해 진폭 변조된 신호를 제거하는 것이다.
㉡ 스켈치(squelch) 회로는 이 잡음을 방지하기 위하여 수신 입력 전압이 어느 정도 이하일 때 저주파 증폭기가 동작하지 않도록 하는 회로이다.

14 RC 직렬 회로망에서 시정수를 가장 작게 할 수 있는 것은?

① R은 작게 C는 크게 한다.
② R은 크게 C는 작게 한다.
③ R과 C를 작게 한다.
④ R과 C를 크게 한다.

해설 RC 직렬 회로망에서 시정수는 $\tau = RC$[sec]이므로 시정수를 가장 작게 하려면 R과 C를 작게 해야 한다.

15 다음 회로에서 입력 구형파 주파수 100[kHz]를 인가했을 때 출력 구형파 주파수는 얼마인가?

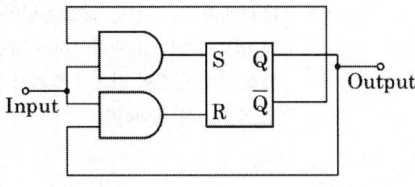

① 200[kHz]   ② 100[kHz]
③ 50[kHz]   ④ 25[kHz]

해설 1/2 분주회로이므로 출력주파수는 입력신호가 100[kHz]이므로 1/2인 50[kHz]가 출력에 나타난다.

16 슈퍼헤테로다인 수신기의 중간 주파수가 400[kHz]이고, 수신 주파수가 2,000[kHz]일 경우 국부발진 주파수 값은 얼마인가?

① 1,400[kHz]   ② 1,800[kHz]
③ 2,400[kHz]   ④ 2,800[kHz]

해설 국부발진주파수=수신주파수+중간주파수이므로
$f_o = f_s + f_i = 2,000 + 400 = 2,400$[kHz]

17 다음 중 디지털 변조 방식인 것은?

① 진폭 변조(AM)
② 주파수 변조(FM)
③ 위상 변조(PM)
④ 진폭 편이 변조(ASK)

해설 디지털 변조방식
㉠ 진폭 편이 변조(ASK ; Amplitude Shift Keying) : 디지털 신호가 1이면 출력을 송신, 0이면 off
㉡ 주파수 편이 변조(FSK ; Frequency Shift Keying) : 디지털 신호가 1이면 f_1 주파수로, 0이면 f_2 주파수로 주파수를 바꿈
㉢ 위상 편이 변조(Phase Shift Keying) : 디지털 신호의 0, 1에 따라 2종류의 위상을 갖는 변조 방식이다.

18 다음 중 축전지의 용량이 감퇴되는 원인으로 볼 수 없는 것은?

① 전해액이 극판 위에 차 있게 한다.
② 충전을 불충분하게 한다.
③ 방전 전류를 과대하게 한다.
④ 자기 방전이나 국부 방전을 시킨다.

해설 축전지의 용량이 감퇴되는 원인

Answer   14. ③ 15. ③ 16. ③ 17. ④ 18. ①

① 전 셀의 전압 불균일이 크고 비중이 낮다.
② 전 셀의 비중이 높다
③ 어떤 셀만의 전압, 비중이 극히 낮다.
④ 충전 중 비중이 낮고 전압은 높다.
⑤ 방전 중 전압은 낮고 용량이 감퇴한다.
⑥ 방전 상태로 장시간 방치하였거나 충전 부족 상태로 장시간 사용하였을 때 등

FM 방식과 AM 방식의 비교

	주파수 변조 방식(FM)	진폭 변조 방식(AM)
신호대 잡음비(S/N)	좋아진다.	나쁘다.
음질	좋아진다.	나쁘다.
사용주파수대	높은 쪽을 이용	고저 어느 것이든 좋다.
주파수대폭	넓어진다.	좁다.
장치	복잡	간단
변조기	소형	대형

19 수신기의 성능 중 수신하려고 하는 희망 전파를 다른 주파수의 전파로부터 어느 정도까지 분리할 수 있는지의 능력을 나타내는 것은?

① 감도
② 선택도
③ 안정도
④ 잡음

[해설] ㉠ 선택도는 희망하는 주파수를 불필요한 다른 전파들로부터 어느 정도 분리시켜 선택할 수 있는가 하는 능력을 말한다.
㉡ 충실도는 증폭기의 주파수 특성, 일그러짐, 잡음 등에 의해 결정된다.

20 다음 중 FM 통신방식의 특징이 아닌 것은?

① AM 통신방식에 비해 S/N비가 좋다.
② 송신기의 효율을 높일 수 있다.
③ 주파수 대역폭이 좁다.
④ 혼신 방해를 적게 할 수 있다.

[해설] FM 통신방식의 특징(AM에 비해)
① 신호대 잡음비(S/N)가 개선된다.
② 점유주파수대역폭이 넓다.
③ 약전계 통신에 적합하지 않다.
④ 레벨 변동의 영향이 없다.
⑤ 고충실도가 얻어진다.
⑥ 기기의 구성이 복잡하다.

21 자유 공간에서 전자파의 주파수가 3[MHz]인 전파의 파장은 얼마인가? (단, 광속도 (C)=3×10^8[m/s])

① 50[m]
② 100[m]
③ 200[m]
④ 300[m]

[해설] $\lambda = \dfrac{c}{f} = \dfrac{3\times10^8}{3\times10^6} = 100$[m]

22 다음 중 급전선이 갖추어야 할 조건으로 적합하지 않은 것은?

① 전력의 전송능력이 클 것
② 불필요한 전파 복사가 다른 곳에 방해를 주지 않을 것
③ 불필요한 전파가 유도되지 않을 것
④ 급전선의 파동 임피던스가 무한대이어야 할 것

[해설] 급전선이란 전파에너지를 전송하기 위하여 송신기나 수신기와 공중선 사이를 연결하는 선을 말한다.
[급전선의 구비 조건]
① 전송효율이 좋을 것
② 절연내력이 클 것
③ 불필요한 전파복사가 다른 곳에 방해를 주거나 불필요한 전파가 유도되지 않을 것

Answer 19. ② 20. ③ 21. ② 22. ④

④ 임피던스 정합이 용이할 것

23 다음 중 원형 편파를 복사하는 안테나에 해당하는 것은?

① 롬빅(Rhombic) 안테나
② 루프(Loop) 안테나
③ 애드콕(Adcock) 안테나
④ 헬리컬(Helical) 안테나

해설) VHF(very high frequency), UHF(Ultra High Frequency), 마이크로파(microwave) 등과 같이 고주파수 대역에서는 원형 편파를 사용하며, 헬리컬 안테나(Helical Antenna)는 안테나 소자(antenna element)가 나선형으로 되어 원형 편파를 사용한다.

24 다음 중 200[MHz]대의 주파수를 사용하는 고정 통신에 가장 적합한 안테나는?

① 장중파 안테나
② 단파 안테나
③ 초단파 안테나
④ 극초단파 안테나

해설) 안테나 종류
[사용 주파수에 따른 분류]
① 장파, 중파용 : 접지 안테나, 루프 안테나 등
② 단파용 : 반파장 다이폴 안테나, 롬빅 안테나 등
③ 초단파용 : 헬리컬 안테나, 야기 안테나 등
④ 극초단파용 : 혼 안테나, 단일 슬롯 안테나, 파라볼라 안테나, 반사판 안테나, 카세그레인 안테나, 렌즈 안테나, 혼 리플렉터 안테나 등

25 등방성안테나의 이득을 0[dB]라고 할 때 다이폴 안테나의 이득은?

① 2.05[dB]   ② 2.15[dB]
③ 2.25[dB]   ④ 2.35[dB]

해설) Dipole 안테나의 이득은 2.15[dBi]이며, dBd와 dBi는 아래와 같은 관계를 가진다.

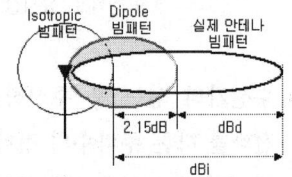

0[dBd]=2.15[dBi], dBi=dBd+2.15

26 다음 단거리 무선통신 기술 중 초광대역 대용량 멀티미디어 서비스에 적합한 기술은 무엇인가?

① Zigbee   ② UWB
③ Home-RF   ④ Bluetooth

해설) UWB(ultra wideband)는 초광대역, 단거리 구간에서 저전력으로 넓은 스펙트럼 주파수를 통해 많은 양의 디지털 데이터를 전송하는 무선 기술로, 무선 디지털 펄스라고도 알려져 있다. 초광대역 무선장치는 0.5[mW] 정도의 저전력으로 70미터의 거리까지 대용량의 데이터를 전송할 수 있다.

27 무선통신시스템에서 시스템이 고장난 후 다음 고장까지의 평균시간을 의미하는 용어는 무엇인가?

① MTTC   ② MTBF
③ MTTR   ④ MFC

해설)
• MTBF(Mean Time Between Failure) : 평균 고장 시간 간격
• MTTR(Mean Time To Repair) : 평균 수리 시간
• MTTF(Mean Time to Failure) : 평균 고

Answer 23. ④ 24. ③ 25. ② 26. ② 27. ②

장시간
- MTBF(meantime between failure) : 디지털 장비를 처음 사용할 때부터 그 수명이 다해 사용할 수 없게 될 때까지 걸리는 평균시간의 통계적인 값
- MTTR(mean time to repair) : 신뢰도 척도의 하나. 기기 또는 시스템의 장해가 발생한 시점부터 장해가 발생한 곳의 수리가 끝나 가동이 가능하게 된 시점까지의 평균 시간

28 다음 중 이동통신 시스템의 기본 구성 요소 중에서 발·착신 신호의 송출기능을 담당하는 곳은?

① HLR ② 무선 기지국
③ 무선 교환국 ④ VLR

해설) 기지국 장치(BTS : Base Transceiver System)는 기저대역 신호처리, 유무선 변환 및 무선 신호의 송, 수신 등을 수행하여 가입자 단말기와 직접적으로 연결되는 망 종단 장치이다.

29 셀룰러 이동통신시스템에서 이동전화 단말기가 연결된 기지국과 점점 멀어져서 신호강도가 떨어지면 처리하는 방법으로 가장 적합한 것은?

① 기지국 안테나의 이득을 증가시킨다.
② 기지국 안테나의 지향성을 변화시킨다.
③ 통화채널 연결을 기지국에서 종료시킨다.
④ 인접한 기지국으로 통화채널전환을 한다.

해설) ① '셀룰러'란 서비스 지역을 여러 개의 작은 구역, 즉 '셀'로 나누어서, 서로 충분히 멀리 떨어진 두 셀에서 동일한 주파수 대역을 사용하므로 공간적으로 주파수를 재사용할 수 있도록 하여 공간적으로 분포하는 채널수를 증가시켜 충분한 가입자 수용용량을 확보할 수 있도록 하는 이동통신 방식을 말한다.
② 셀룰러 이동통신시스템에서 가입자가 증가하여 통화용량을 증가시키기 위하여 기지국의 채널을 증설하거나, 주파수 스펙트럼을 추가하고 동적 주파수 할당을 한다.

30 다음 중 주파수 공용 통신(TRS)의 특징으로 틀린 것은?

① 통화시간 내에는 채널을 전용하므로 혼신이 없다.
② 데이터 전송이나 팩시밀리 전송도 가능하다.
③ 사용 통화시간은 제한 없이 자유롭다.
④ 통화가 폭주할 경우에는 예약 등록이 가능하다.

해설) 주파수 공용 통신 시스템(trunked radio system, TRS)은 다수의 이용자가 복수의 무선 채널을 일정한 제어하에 공동 이용하는 이동통신시스템으로 본래 음성용이지만 데이터 전송이나 팩스 통신도 가능하다.
[주파수 공용 통신 시스템의 특징]
① 셀룰러 방식 등 다른 이동 통신에 비해 시설 투자비가 아주 적다.
② 가입자의 시설 유지비가 거의 들지 않는다.
③ 요금이 저렴하다.
④ 가입자의 소속 직원만 사용하므로 통화 누설이 없어 비밀 유지에 적합하다.

31 축전지에서 AH(암페어시)가 나타내는 것은?

① 축전지의 용량
② 축전지의 충전전압
③ 축전지의 충전전류
④ 축전지의 방전전류

Answer 28. ② 29. ④ 30. ③ 31. ①

무선설비기능사 이론

해설) 축전지의 효율은 충·방전할 때의 암페어시(Ah) 또는 와트시(Wh)의 비로 전기량으로 표시한 축전지의 능력으로서, 보통용량이라고 말한다. 즉, 축전지의 용량이 AH(암페어시)이다.

32 급전점의 임피던스가 75[Ω]인 안테나에 특성 임피던스 50[Ω]인 급전선을 연결했을 때 반사계수는?

① 0.01   ② 0.1
③ 0.2   ④ 0.02

해설) $\dfrac{Z_1 - Z_2}{Z_1 + Z_2} = \dfrac{75-50}{75+50} = \dfrac{25}{125} = 0.2$

33 다음 중 AM 송신기의 점유주파수대폭 측정방법으로 적합하지 않은 것은?

① 브라운관의 리사쥬 도형에 의한 측정
② 필터에 의한 측정
③ 스펙트럼 분석에 의한 측정
④ Band Meter에 의한 측정

해설) AM 송신기의 점유주파수대폭의 측정방법에는 필터에 의한 방법(밴드미터), 파노라마 수신기를 이용하는 방법, 에너지 측정에 의한 방법이 사용된다.

34 단일 주파수로서 50[%] AM 변조를 하였을 때 반송파전력, 상측파대전력 및 하측파대 전력비는?

① 1 : 1/4 : 1/4
② 1 : 1/2 : 1/2
③ 1 : 1/8 : 1/8
④ 1 : 1/16 : 1/16

해설) 피변조파 전력=반송파 전력(P_C)+상측파대 전력(P_U)+하측파대 전력(P_L)

$P_m = P_C + \dfrac{m^2}{4} + \dfrac{m^2}{4}$ [W]의 식에 의해

$\dfrac{m^2}{4} = \dfrac{0.5^2}{4} = \dfrac{0.25}{4} = \dfrac{1}{16}$

그러므로 반송파전력, 상측파대전력 및 하측파대 전력비는 1 : 1/16 : 1/16이 된다.

35 전원 정류기의 부하에 대한 전압 변동률을 측정하였더니 무부하 시 출력전압은 v_o이었고 부하 시 출력전력은 v_L이었다. 전압 변동률의 값으로 맞는 것은?

① $\dfrac{v_o - v_L}{v_o} \times 100$ [%]

② $\dfrac{v_L - v_o}{v_L} \times 100$ [%]

③ $\dfrac{v_o - v_L}{v_L} \times 100$ [%]

④ $\dfrac{v_L - v_o}{v_o} \times 100$ [%]

해설) 전압 변동률
V_o : 무부하 시 직류 전압,
V_L : 전부하 시 직류 전압
$\varepsilon = \dfrac{V_o - V_L}{V_L} \times 100$

36 무선설비의 안전시설기준에서 고압전기의 범위는?

① 220볼트를 초과하는 교류전압과 350볼트를 초과하는 직류전압을 말한다.
② 300볼트를 초과하는 고주파 및 교류전압과 500볼트를 초과하는 직류전압을 말한다.

Answer 32. ③ 33. ① 34. ④ 35. ③ 36. ④

③ 500볼트를 초과하는 교류전압과 600볼트를 초과하는 직류전압을 말한다.
④ 600볼트를 초과하는 고주파 및 교류전압과 750볼트를 초과하는 직류전압을 말한다.

해설) 무선설비규칙 제19조(무선설비의 안전시설)
① 무선설비에 전원의 공급을 위하여 고압전기(600볼트를 초과하는 고주파 및 교류전압과 750볼트를 초과하는 직류전압을 말한다. 이하 같다)를 발생시키는 발전기나 고압전기가 인입되는 변압기, 정류기 등을 이용할 경우에는 당해 기기들은 외부에서 용이하게 닿지 아니하도록 절연차폐체 내 또는 접지된 금속차폐체 내에 수용되어 있어야 한다. 다만, 취급자 외의 자가 출입하지 못하도록 된 장소에 설치되는 경우에는 그러하지 아니하다.

37 무선설비는 전원이 정격전압의 몇 [%] 이내에서 변동되어도 안정적으로 동작할 수 있어야 하는가?

① ±5[%] ② ±10[%]
③ ±15[%] ④ ±20[%]

해설) 무선설비규칙 제12조(무선설비 동작안정을 위한 조건)
① 무선설비는 전원이 정격전압의 ±10[%] 이내의 범위에서 변동된 경우에도 안정적으로 동작할 수 있어야 한다. 다만, 축전지를 사용하는 무선설비 중에서 저전압에 따라 자동으로 전원이 차단되는 기능을 가진 무선설비는 저전압에 따라 무선설비의 전원이 자동으로 차단되는 전압과 해당 무선설비에 사용되는 축전지의 최고 전압의 범위 안에서 안정적으로 동작할 수 있어야 한다.

38 전력선 반송에 의한 혼신방지를 위하여 고주파전류가 통하는 전력선의 분기점에 설치하는 것은?

① 변압기
② 태양전지
③ 초크 코일
④ 유도식 통신설비

해설) 고주파전류를 통하는 전력선의 분기점에는 전송특성의 필요에 따라 다른 통신설비에 혼신방지를 위해 초크 코일을 넣는다.

39 송신설비에서 발사된 전파에서 용이하게 식별되고 측정되는 주파수는?

① 신호주파수 ② 지정주파수
③ 기준주파수 ④ 특성주파수

해설) 무선설비규칙 용어의 정의
1. "지정주파수"라 함은 무선국에서 사용하는 주파수마다의 중심주파수를 말한다.
2. "기준주파수"라 함은 지정주파수에 대하여 특정한 위치에 고정되어 있는 주파수를 말한다. 이 경우 기준주파수가 지정주파수에 대하여 가지는 변위는 특성주파수가 발사에 의하여 점유하는 주파수대의 중심주파수에 대하여 가지는 변위와 동일한 절대치와 동일한 부호를 가지는 것으로 한다.
3. "특성주파수"라 함은 주어진 발사에서 용이하게 식별되고, 측정할 수 있는 주파수를 말한다.

40 다음 중 「선박안전법」 또는 「항공법」에 따라 의무적으로 개설하여야 하는 무선국 전원의 구비요건으로 틀린 것은?

① 항행 중 해당 무선국의 무선설비를 작동시킬 것

Answer 37. ② 38. ③ 39. ④ 40. ④

② 예비전원용 축전지를 충전할 수 있을 것
③ 비상국은 설비 또는 축전지로서 24시간 이상 상시 운용할 수 있을 것
④ 비상국은 30분 이내에 최대성능으로 사용할 수 있을 것

해설 무선설비규칙 제14조 (전원)
① 무선설비의 운용을 위한 전원은 전압변동률이 정격전압을 기준으로 상하 오차범위 10퍼센트 이내에서 유지할 수 있어야 한다.
② 선박안전법, 어선법 또는 수상레저안전법에 따라 선박에 의무적으로 개설하여야 하는 무선국(이하 "의무선박국"이라 한다)이나 항공법에 따라 항공기 또는 경량항공기에 의무적으로 개설하여야 하는 무선국(이하 "의무항공기국"이라 한다)의 전원은 다음 각 호의 요건을 모두 갖추어야 한다.
 1. 항행 중 해당 무선국의 무선설비를 작동시킬 것
 2. 예비전원용 축전지를 충전할 수 있을 것
③ 비상국의 전원은 다음 각 호의 요건을 모두 갖추어야 한다.
 1. 수동 발전기, 원동 발전기, 무정전 전원설비 또는 축전지로서 24시간 이상 상시 운용할 수 있을 것
 2. 즉각 최대성능으로 사용할 수 있을 것

41 "무선설비가 안정적으로 동작하는 데 필요한 표준 상태의 전압"으로 정의되는 것은?

① 정격전압   ② 표준전압
③ 기준전압   ④ 안정전압

해설 "정격전압"이라 함은 무선설비가 안정적으로 동작하는 데 필요한 표준 상태의 전압을 말한다.

42 산업용 전파응용설비로부터 100[m] 거리 (해당 설비가 설치되어 있는 주위의 구역이 시설자의 소유인 경우에는 그 구역의 경계선)에서 해당 설비로부터 발사되는 기본파 또는 불요발사에 의한 전계강도의 최대허용치는?

① 100[μV/m]   ② 200[μV/m]
③ 300[μV/m]   ④ 400[μV/m]

해설 제14조(전계강도의 허용치) 전파법시행령(이하 "영"이라 한다) 제45조의 규정에 의한 통신설비 외의 전파응용설비에서 발사되는 기본파 또는 스퓨리어스발사에 의한 전계강도의 최대허용치는 다음 각 호와 같다.
① 산업용 전파응용설비 : 100미터 거리(당해 설비가 설치되어 있는 주위의 구역이 시설자의 소유인 경우에는 그 구역의 경계선)에서 1미터마다 100마이크로볼트(μV/m) 이하일 것
② 의료용 전파응용설비 : 30미터 거리(당해 설비가 설치되어 있는 주위의 구역이 시설자의 소유인 경우에는 그 구역의 경계선)에서 100[μV/m] 이하일 것
③ 기타 전파응용설비
 ㉠ 고주파출력이 500W 이하인 것 : 30미터 거리(당해 설비가 설치되어 있는 주위의 구역이 시설자의 소유인 경우에는 그 구역의 경계선)에서 100[μV/m] 이하일 것
 ㉡ 고주파출력 500W를 초과하는 것 : 100m 거리(당해 설비가 설치되어 있는 주위의 구역이 시설자의 소유인 경우에는 그 구역의 경계선)에서 100[μV/m] 이하이고, 30m 거리(당해 설비가 설치되어 있는 주위의 구역이 시설자의 소유인 경우에는 그 구역의 경계선)에서 $100 \times \sqrt{P/500}$ (P는 고주파출력을 W로 표시한 수로 한다)[μV/m] 이하일 것

Answer 41. ① 42. ①

43. 다음 중 지정시험기관 적합등록 대상 기자재인 것은?

① 자동차 기기류
② 오실로스코프
③ 산업용 컴퓨터
④ 스펙트럼분석기

해설 방송통신기자재 등의 적합성평가에 관한 고시(국립전파연구원) [별표 2] 지정시험기관 적합등록 대상기자재(제3조제2항 관련)

44. 적합성평가 표시방법 중 신청자의 제품 식별 부호는 최대 몇 자리 이내인가?

① 10자리 ② 12자리
③ 14자리 ④ 16자리

해설 방송통신기자재등의 적합성평가에 관한 고시
카. 식별부호 표시방법

M S I P	-	C R M	-	A B C	-	X X X X X X X X X X X X X X
①		②	③	④	⑤	⑥
방송통신기기 식별		기본인증 정보식별		신 청 자 정보식별		제품식별

45. 다음 중 방송통신기자재 등에 대한 적합인증의 심사 사항이 아닌 것은?

① 서류의 적정성
② 적합성평가기준 적용의 적절성
③ 시험성적서의 유효성
④ 주파수분배의 적합성

해설 방송통신기자재 등의 적합성평가에 관한 고시 제6조(적합인증의 심사 등)
① 원장은 제5조의 적합인증 신청을 받은 때에는 다음 각 호의 사항을 심사하여야 한다.
1. 제5조제1항 각 호 서류의 적정성
2. 제4조에 따른 적합성평가기준 적용의 적절성
3. 시험성적서의 유효성
② 제1항제3호에 따른 시험성적서의 유효성에 대한 추가 확인이 필요한 경우에는 신청자에게 해당 기자재의 제출을 요구하거나 시험기관을 방문하여 적합성평가기준의 적합성 여부 등 시험성적서의 유효성에 관한 사항을 확인할 수 있다.

46. 암호자재는 누구의 승인을 얻은 후 사용하여야 하는가?

① 국무총리
② 국가정보원장
③ 중앙전파관리소장
④ 금융감독위원장

해설 무선국의 운용 등에 관한 규정, 중앙전파관리소 제6조(통신보안용 약호 등)
① 무선국의 시설자는 통신상 보안을 요하는 사항에 대하여는 통신보안용 약호를 정한 후 소장의 승인을 얻은 후 이를 사용하여야 한다. 다만, 군사기밀보호법시행령 별표 1에 해당하는 내용은 약호 또는 평문으로 통신할 수 없으며, 인가된 통신보안자재를 사용하여야 한다.
② 무선국의 시설자는 통신보안을 위하여 호출명칭을 변경하여 사용할 필요가 있는 경우에는 통신보안용 호출명칭을 정하여 소장의 승인을 얻은 후 이를 사용하여야 한다.

47. 다음 중 보안자재의 취급에 대한 규정으로 옳은 것은?

① 암호자재는 암호화하여 전신으로 수발할 수 있다.
② Ⅲ급 비밀은 등기우편으로 발송할 수 없다.

Answer 43. ① 44. ③ 45. ④ 46. ③ 47. ①

③ 비밀수발 계통에 종사하는 인원은 Ⅲ급 이상의 비밀 취급 인가를 받은 자라야 한다.
④ 비밀보관 용기 외부에는 비밀등급을 표시하여야 한다.

해설 보안업무규정 시행규칙 제24조(비밀의 수발)
① 비밀의 수발은 다음 각 호에 정하는 절차에 의한다. 다만, Ⅰ급 비밀 및 암호자재는 제1호 및 제2호의 규정에 의하여서만 수발할 수 있다.
  1. 암호화하여 전신으로 수발한다.
  2. 취급자의 직접접촉에 의하여 수발한다.
  3. 각급 기관의 문서수발계통에 의하여 수발한다.
  4. 등기우편에 의하여 수발한다.
② 비밀을 수발할 때에는 별지 제7호 서식에 의한 봉투로 포장하여야 한다. 다만, Ⅲ급 비밀을 등기우편으로 발송할 때에는 Ⅰ급 및 Ⅱ급 비밀에 준하여 2중봉투를 사용하여야 한다.
③ 문서 이외의 비밀 자재는 내용이 노출되지 아니하도록 이에 준하여 완전히 포장하여야 한다.
④ 동일기관 내에서의 비밀의 수발 또는 전파절차는 그 기관의 장이 정한다. 다만, 비밀이 충분히 보호될 수 있어야 한다.
⑤ 다른 기관으로부터 접수한 비밀은 발행기관의 승인 없이 재차 다른 기관으로 발송할 수 없다. 다만, 비밀을 이첩 시달하는 경우는 예외로 한다.
⑥ 비밀수발계통에 종사하는 인원은 Ⅱ급 이상의 비밀취급인가를 받은 자라야 한다.

48 다음 중 통신보안의 목적에 해당되지 않는 것은?
① 비밀누설 가능성의 제거
② 정보 누설량의 최소화
③ 획득하려는 정보의 은닉과 분석의 지연
④ 통신내용의 수집 및 장비의 보호

해설 통신보안의 목적은 정보원의 사전 제거, 정보량의 감소, 정보의 지연에 있다.

49 통신수단에 의하여 소통되는 정보 누설을 미연에 방지하거나 지연시키려는 방법과 수단을 무엇이라 하는가?
① 방해통신
② 통신보안
③ 기만통신
④ 비밀통신

해설 통신보안이라 함은 우리가 사용하는 통신수단(유선전화, 차량전화, 휴대전화, 전신, 텔렉스, 팩시밀리, PC통신 등)에 의한 통화내용이 알아서는 안 될 사람에게 직접 또는 간접으로 누설될 가능성을 사전에 방지하거나 지연시키기 위한 방책을 말한다.

50 다음 중 통신보안에 대한 직접적인 목적이 아닌 것은?
① 사생활의 보호
② 비밀누설 사전방지
③ 상대에게 획득당한 정보 분석 지연
④ 정보 누설의 최소화

해설 통신보안의 목적은 정보원의 사전 제거, 정보량의 감소, 정보의 지연에 있다.

51 다음 중 CPU의 기능에 대한 설명으로 틀린 것은?
① 프로그램의 명령어들을 수행하기 위한 제어 신호 처리와 수행 동작의 결정하는 기능이 제어기능이다.
② 연산장치와 레지스터 사이의 신호 회선을 통해 자료가 전달되는 기능이 전달기능이다.

Answer 48. ④ 49. ② 50. ① 51. ④

③ 연산기능은 데이터의 산술 연산, 논리 연산, 자리 이동 및 크기의 비교 등을 수행한다.

④ 기억기능을 실행하는 요소를 레지스터라고 하며 주기억 장치에서 읽어들인 값이나 사용할 값, 그리고 계산된 결과를 영구적으로 저장하는 역할을 한다.

> **해설** 중앙처리장치(CPU, Central Processing Unit)
> 처리장치와 제어장치로 구분된다. 처리장치는 산술논리장치(ALU)와 자료처리 연산 등을 실행한다. 제어장치는 각 장치 사이의 흐름을 감독한다.
> [중앙처리장치의 기능]
> ① 중앙처리장치는 제어장치, 산술연산장치, 주기억장치로 이루어진다.
> ② 기억장치는 레지스터인 플립플롭이나 래치(latch)로 구성된다.
> ③ 연산 기능을 하는 장치(ALU)는 산술 연산과 논리 연산을 실행한다.
> ④ 전달 기능의 장치는 버스(bus)를 이용하여 연산기로 입·출력되며 내부 버스와 외부 버스로 이루어진다.
> ⑤ 제어기능은 각 명령들이 정확하게 실행되고 있는지, 각 장치들이 제 기능을 수행하는지를 제어한다.

52 다음 중 컴퓨터의 전원이 끊어져도 입력된 내용이 지워지지 않는 저장소자는?

① S램 ② D램
③ CMOS램 ④ 플래시 메모리

> **해설** 플래시 메모리(Flash memory)
> 전기적으로 데이터를 지우고 다시 기록할 수 있는 비휘발성 컴퓨터 기억장치로서 메모리 카드나 USB 메모리 형태로 이용된다.
> ① 소비 전력이 작고, 전원이 꺼져도 저장된 정보가 사라지지 않고 유지된다.
> ② 자기 저장장치에 비해 작게 만들 수 있고 외부 충격이나 온도 변화에 강하다.

53 CPU가 수행할 입출력 조작을 대행하여, 입출력 명령을 해독하고, 각 입출력장치에게 명령의 실행을 지시하며, 지시된 명령의 실행 상황을 제어함으로써 데이터 처리 속도와 능력을 향상시키는 장치는?

① 데이터 레지스터(Data Register)
② 엑소커널(Exokernel)
③ 입·출력 채널(I/O Channel)
④ 디코더(Decoder)

> **해설** 채널(Channel)
> ① 채널은 자료의 빠른 처리를 위해 주기억장치와 입출력장치 사이에 설치하는 장치로 처리 속도가 빠른 CPU와 속도가 느린 입출력장치 사이의 속도 차이로 인한 작업의 낭비를 줄여 준다.
> ② 전용 채널 : 특정한 입출력 제어장치에 채널의 기능을 삽입시킨 것으로 확장성과 유연성이 낮다.
> ③ 고정 채널 : 입출력장치마다 채널을 독립시킨 것으로, 확장성과 유연성이 높다.
> ④ 셀렉터 채널 : 입출력 동작이 개시되어 종료까지 하나의 입출력장치를 사용하는 채널로서, 디스크와 같은 고속장치에서 사용한다.
> ⑤ 멀티플렉서 채널 : 다수의 입출력장치를 접속해서 동시에 입출력 동작을 할 수 있는 채널로서, 키보드와 같은 속도가 느린 장치에서 사용한다.
> ⑥ 블록 멀티플렉서 채널 : 멀티플렉서 채널과 셀렉터 채널의 양면을 복합한 것으로, 다수의 고속도 장치를 연결할 수 있다.

54 8진법 데이터 (67.52)를 16진법(Hexadecimal) 데이터로 변환한 값으로 맞는 것은?

Answer 52. ④ 53. ③ 54. ③

① 52.A8　　② 37.F8
③ 37.A8　　④ 52.F8

해설

6	7	5	2
110	111	101	010

4비트씩 나누면 16진법이 된다.

11	0111	1010	1000
3	7	A(10)	8

그러므로 $(67.52)_8 = (37.A8)_{16}$이 된다.

55 $xy + \bar{x}z + xyz + \bar{x}yz$를 간소화한 것으로 맞는 것은?

① xy　　② $xy + xz$
③ $xy + \bar{x}z$　　④ $xy + \bar{y}z$

해설 $xy + \bar{x}z + xyz + \bar{x}yz$
$= xy(1+z) + \bar{x}z(1+y) = xy + \bar{x}z$

56 다음 중 일반적인 논리회로의 기호로 사용되지 않는 것은?

① · : AND　　② + : OR
③ − : NOT　　④ / : DIV

해설 일반적인 논리회로의 기호는 AND(·), OR(+), NOT(부정[bar]-)를 사용한다.

57 순서도에서 콘솔(Console) 입력을 표현하기 위한 기호는?

① ◇　　② ▱
③ ▱　　④ ▱

해설 순서도는 처리하고자 하는 문제를 분석하고 입·출력 설계를 한 후에, 그 처리순서의 방법에 따라 기호를 사용하여 나타낸 그림으로 프로그램 코딩의 자료가 되고, 인수인계가 용이하며 오류 발생 시 원인을 찾아 수정이 쉽다.

①은 분류, ②는 온라인(On-line) 기억, ④는 터미널 기호이다.

58 다음 중 순서도의 역할이 아닌 것은?

① 프로그램 코딩의 기초가 된다.
② 논리상의 오류를 쉽게 발견할 수 있다.
③ 타인에게 프로그램의 체계와 논리를 전달하기 편리하다.
④ 프로그램에 대한 흐름을 파악하기 어렵다.

해설 순서도는 처리하고자 하는 문제를 분석하고 입·출력 설계를 한 후에, 그 처리순서의 방법에 따라 기호를 사용하여 나타낸 그림으로 프로그램 코딩의 자료가 되고, 인수인계가 용이하며 오류 발생 시 원인을 찾아 수정이 쉽다.

59 다음 중 프리젠테이션(파워포인트)으로 만드는 문서로 가장 적합하지 않은 것은?

① 기업 연구 발표 자료
② 회사 재무제표
③ 사업 소개서
④ 제품 소개서

해설 ① 파워포인트는 회사의 목표와 실적을 설명하거나 아이디어를 더 호소력 있게 발표할 수 있도록 하는 프로그램으로 표 그리기 도구와 차트 및 동영상 파일, 음악 클립들을 사용하여 보다 효과적이고 전문적인 프리젠테이션을 만들 수 있다.
② 엑셀(excel)은 단순한 표 계산부터 회계, 재무관리를 위한 프로그램이다.

60 다음 중 운영체제의 종류에 대한 설명으로 틀린 것은?

① 일괄처리 – 작업 요청을 일정량 모아 한 꺼번에 처리하는 방법
② 시분할 – 한 시스템에서 여러 작업을 수행할 때 컴퓨터 저장 능력을 시간별로 분할해서 사용하는 방법
③ 실시간 – 어떠한 작업이 정해진 시간 안에 종료되어야 하는 시스템
④ 분산 운영체제 – 여러 개의 컴퓨터를 사용자에게 하나의 컴퓨터로 보이게 하는 시스템

해설 데이터 처리
① 배치 처리(Batch Processing) : 데이터를 일정기간, 일정량을 저장하였다가 한 꺼번에 처리하는 방식
② 시분할 처리 : 시간을 분할하여 여러 이용자의 자료를 병행 처리하는 방식
③ 실시간 처리 : 데이터 발생 즉시 처리하는 방식
④ 온라인 실시간 처리 : 데이터 발생 즉시 처리하여 결과까지 완료하는 시스템
⑤ 오프라인 시스템 : 전송된 데이터를 일단 카드, 자기테이프에 기록한 다음 일괄 처리하는 방식
⑥ 지연시간처리 : 어느 정도 시간을 지연시킨 후 처리하는 방식
⑦ 멀티플렉싱
  ㉠ 다중 프로그램 : 하나의 컴퓨터에서 2개 이상의 프로그램을 실행하는 방식
  ㉡ 멀티스태킹 : 하나 이상의 프로그램을 동시에 처리할 수 있는 체계
  ㉢ 다중처리 : 여러 개의 CPU에 의해서 동시에 여러 개 프로그램을 실행하는 방식

Chapter 과년도출제문제 2017. 1회

무선설비기능사(이론) ✽

01 길이(l)가 3.14[m]이고 반지름(r)이 1[mm]인 구리 도선의 저항 값으로 알맞은 것은? (단, 구리의 저항률=1.72×10^{-8}[Ωm]이다.)

① 1.72×10^{-1}[Ω] ② 1.72×10^{-2}[Ω]
③ 1.72×10^{-3}[Ω] ④ 1.72×10^{-4}[Ω]

해설 $R = \rho \dfrac{l}{A}[\Omega] = \rho \dfrac{l}{\pi r^2}[\Omega]$

$= 1.72 \times 10^{-8} \dfrac{3.14}{3.14 \times 0.001^2}$

$= 1.72 \times 10^{-2}[\Omega]$

02 다음 중 2차 전지에 대한 설명으로 틀린 것은?

① 방전 후 재사용할 수 있다.
② 납축전지 충전 방전 화학 반응식은
$PbO_2 + 2H_2SO_4 + P_b \Leftrightarrow PbSO_4 + 2H_2O + PbSO_4$이다.
③ (+)극에 납(P_b), (-)극에 이산화납(PbO_2)을 넣는다.
④ 전해액으로 묽은 황산(H_2SO_4)을 이용한다.

해설 ① 2차 전지(secondary cell), 축전지(storage battery)는 외부의 전기 에너지를 화학 에너지의 형태로 바꾸어 저장해 두었다가 필요할 때에 전기를 만들어 내는 장치를 말한다. 흔히 쓰이는 이차전지로는 납축전지, 니켈-카드뮴 전지(NiCd), 니켈수소 축전지(NiMH), 리튬 이온 전지(Li-ion), 리튬 이온 폴리머 전지(Li-ion polymer)가 있다.
② 2차 전지는 한 번 쓰고 버리는 일차 전지에 비해 경제적인 이점과 환경적인 이점을 모두 제공한다.
③ 일차 전지(Primary cell)는 전지 내의 전기화학반응이 비가역적이기 때문에 한 번 쓰고 버려야 하는 일회용 전지를 일컫는다.
- 2차 전지의 (+)극에 이산화납(PbO_2), (-)극에 납(P_b)을 넣는다.

03 주기적인 파형에서 1초 동안에 반복되는 사이클의 수를 무엇이라 하는가?

① 주파수 ② 위상
③ 주기   ④ 파형

해설 ㉠ 주파수(frequency) : 1초 동안 발생하는 진동의 수(사이클)를 뜻하며, 단위로는 헤르츠[Hz]를 사용한다.

$f = \dfrac{1}{T}$[Hz] T : 주기[sec]

㉡ 주기(period) : 1[Hz] 진동하는 동안 걸리는 시간을 주기라 한다.

$T = \dfrac{1}{f}$[sec]

㉢ 위상각(θ) : $v = V_m \sin(\omega t + \theta)$[V]에서 θ를 위상 또는 위상각이라 한다.
㉣ 위상차(ϕ) : 앞선 위상(ϕ_1)에서 뒤진 위상(ϕ_2)의 상대적인 위치의 차이다.

Answer 1. ② 2. ③ 3. ①

ⓒ 각속도(ω) : 1초 동안에 회전한 각도로 $\omega = 2\pi f$ [rad/sec]

04 반지름과 동일한 길이의 호에 대응되는 각도를 무엇이라고 하는가?

① 라디안 ② 위상차
③ 각속도 ④ 파형

해설 ① 라디안(radian) : 원둘레 위에서 반지름과 같은 길이를 갖는 호에 대응하는 중심각의 크기의 단위
② 위상각(θ) : $v = V_m \sin(\omega t + \theta)$[V]에서 θ를 위상 또는 위상각이라 한다.
③ 위상차(ϕ) : 앞선 위상(ϕ_1)에서 뒤진 위상(ϕ_2)의 상대적인 위치의 차이이다.
④ 각속도(ω) : 1초 동안에 회전한 각도로 $\omega = 2\pi f$ [rad/sec]

05 다음 중 자기유도 물질의 분류에서 강자성체가 아닌 것은?

① 철   ② 니켈
③ 코발트 ④ 알루미늄

해설 자성체가 갖는 성질은 전자의 궤도 운동에 수반되는 궤도 자기모멘트와 전자의 스핀에 수반되는 스핀 자기모멘트에 의해서 결정된다.
① 강자성체 : 원자의 자기모멘트는 한 방향으로 배열 ; 니켈, 철, 코발트
② 페리자성체 : 크기와 방향이 다른 자기모멘트와 그것의 차이고 같은 자성이 발생 ; 페라이트
③ 상자성체 : 자기모멘트 간의 상호작용이 없고 방향이 무질서, 평균 자기모멘트가 0 ; 공기

06 다음 중 SCR(Silicon Controlled Rectifier)의 설명으로 틀린 것은?

① PNPN 접합의 단방향성 소자이다.
② 애노드(+)와 캐소드(-)에 전압을 인가한 상태에서 게이트에 (+) 전압을 가하면 도통된다.
③ 단락 상태에서 애노드 전압을 0 또는 (+)로 하면 차단 상태로 된다.
④ 대전력 제어, 모터 속도 제어 등에 사용된다.

해설 실리콘 제어 정류기(SCR : Silicon controlled rectifier)는 역저지 3극 사이리스터의 단방향 전력제어 소자로서, 다이오드와 같이 역바이어스 때는 차단상태가 되며, 순방향 바이어스가 애노드(A)와 캐소드(K) 양단에 걸렸을 때 게이트에 전류가 흘러야만 도통된다. 게이트에 전류를 흐르게 해서 ON 상태가 되면 게이트 전류를 0으로 하여도 도통상태가 유지되며, 차단상태로 변환하려면 애노드(A) 전압을 유지전압 이하 또는 역방향으로 전압을 가해야 한다. SCR은 전류제어 능력을 갖는 소자로, 모터의 속도제어, 전력 제어 등에 사용된다.

07 다음 중 이미터 폴로워(Emitter Follower) 회로에 대한 특징으로 틀린 것은?

① 전압이득이 1 이상이다.
② 입력 임피던스가 매우 높다.
③ 100[%] 부궤환 증폭회로이다.
④ 컬렉터 접지방식 중의 하나이다.

해설 이미터 폴로워 증폭기는 입력과 출력전압의 위상이 동위상이고, 입력 임피던스가 크고, 출력 임피던스가 낮아서 내부저항이 큰 전원과 낮은 값의 부하와의 정합에 적합하여 완충 증폭기로 많이 사용된다.

Answer 4. ① 5. ④ 6. ③ 7. ①

08 다음 중 부궤환 증폭기에 대한 설명으로 틀린 것은?

① 비선형 일그러짐 감소
② 대역폭의 감소
③ 잡음 감소
④ 안정도 향상

🔍 **해설** **부궤환 증폭회로의 특성**
- 증폭기의 이득이 감소한다.
- 비선형 일그러짐이 감소한다. 특히 출력단의 잡음이 감소한다.
- 주파수 특성이 개선된다.
- 입력 임피던스가 증가하고, 출력 임피던스는 감소한다.
- 부하의 변동이나 전원전압의 변동에도 증폭도가 안정된다.

09 다음 중 FET의 증폭 정수를 나타낸 식은?

① $\dfrac{\Delta I_D}{\Delta V_{GS}}$ ② $\dfrac{\Delta V_{DS}}{\Delta V_{GS}}$

③ $\dfrac{\Delta V_{GS}}{\Delta I_D}$ ④ $\Delta V_{DS} \cdot \Delta I_D$

🔍 **해설** 전계효과트랜지스터(FET)의 증폭정수 μ, 전달 컨덕턴스 g_m, 내부저항 r_d 사이에는 $\mu = g_m \cdot r_d$의 관계가 있다.

전달 컨덕턴스 : $g_m = \dfrac{\partial I_D}{\partial V_{GS}}\bigg|V_{DS}$ = 일정

드레인 저항 : $r_d = \dfrac{\partial V_{DS}}{\partial I_D}\bigg|V_{GS}$ = 일정

증폭 상수 : $\mu = \dfrac{\partial V_{DS}}{\partial V_{GS}}\bigg|I_D$ = 일정

10 바크하우젠(Barkhausen) 발진 조건에 맞는 발진회로를 구성하려고 한다. 다음 중 옳은 것은? (단, A는 궤환이 없는 증폭도이고, β는 궤환율이다.)

① $A\beta=0$ ② $A\beta=1$
③ $A\beta=10$ ④ $A\beta=100$

🔍 **해설** 발진을 위해서는 정궤환(동위상)되어야 하며, 궤환회로에서 발진을 하기 위한 바크하우젠의 조건으로 $A\beta=1$이 되어야 한다.

11 스텝 주파수가 10[kHz]이고, 혼합기 출력이 1.24~1.68[MHz]일 경우 프로그래머블 카운터의 분주비는 얼마인가?

① 12.4~16.8
② 124~168
③ 1,240~1,680
④ 12,400~16,800

🔍 **해설** 분주비=혼합기의 출력/스텝 주파수

1.24[MHz]의 경우 $\dfrac{1.24\times 10^6}{10\times 10^3}=124$

1.68[MHz]의 경우 $\dfrac{1.68\times 10^6}{10\times 10^3}=168$이다.

12 다음 중 아래와 같은 직선 검파 회로에서 Diagonal Clipping 현상이 발생하는 이유로 적합한 것은?

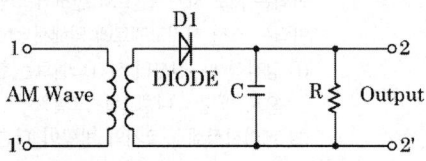

① 입력전압이 클 때
② 입력전압이 작을 때
③ 시정수 RC가 매우 클 때
④ 시정수 RC가 매우 작을 때

🔍 **해설** 직선 검파기의 Diagonal clipping 현상은 RC가 너무 커서 입력 전압의 피크가 감소하는 시기에 출력 전압이 포락선을 따르지 못하여 생기는 일그러짐이다.

Answer 8. ② 9. ② 10. ② 11. ② 12. ③

13 다음 중 PCM 수신부에 해당되지 않는 것은?

① 압축 ② 파형 재생
③ 복호 ④ 저역필터

해설 PCM 수신부는 복호, 파형재생, 저역필터회로 등으로 구성되며, 압축은 송신부에 해당한다.

14 RL 직렬회로의 시정수는?

① $\dfrac{\omega L}{R}$ ② $\dfrac{R}{L}$
③ $\dfrac{L}{R}$ ④ $\dfrac{R}{\omega L}$

해설 시정수 t(타워)는 RC회로에서는 t=RC이고, RL회로에서는 t=L/R이다.

15 다음 그림의 회로는 출력 주파수가 25[kHz]를 얻도록 설계되었다. 입력 신호의 주파수로 적합한 것은?

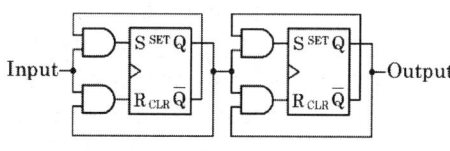

① 200[kHz] ② 100[kHz]
③ 50[kHz]   ④ 25[kHz]

해설 T 플립플롭에 의한 1/2 분주회로가 2개 직렬 연결된 회로이므로 전체적으로는 1/4 분주회로이다. 그러므로 출력주파수의 4배가 입력에 공급되어야 하므로, 입력신호는 100[kHz]이다.

16 다음 중 AM 송신기에서 고주파 전력을 증폭하기 위한 종단 전력증폭기에 대한 설명으로 틀린 것은?

① C급 증폭 방식을 주로 사용한다.
② 스퓨리어스(Spurious) 발사가 커야 한다.
③ 출력이 크고 파형이 일그러지지 않아야 한다.
④ 보통은 피변조기로 동작시킨다.

해설 C급 증폭기의 특징
- 대전력증폭기용으로 주로 사용한다.
- A급, B급 증폭방식보다 컬렉터 효율(전력효율)이 크다.
- A급, B급 증폭방식보다 파형의 일그러짐이 크다.
- 컬렉터 전류가 흐르는 시간이 입력 신호의 반주기보다 작게 되도록 BIAS된 동작방식이다.
- 증폭과정에서 고조파가 발생되므로 주파수 체배기로 사용된다.

17 다음 중 무선 수신기에서 외부 잡음이 발생하였을 경우 가장 먼저 점검해야 하는 부품이나 회로는?

① 고주파 증폭회로
② 부발진회로
③ 중간주파 증폭회로
④ 안테나

해설 무선수신기에서 외부 잡음이 발생하였다면 가장 먼저 안테나를 떼어볼 때 잡음이 없어지면 외부잡음이 발생한 것이고, 잡음이 없어지지 않으면 내부 잡음이 발생한 것이다.

18 다음 디지털변조방식 중 2진 부호 '0 1 1 0'에 따라 변조한 파형이 아래와 같다면 어떤 변조 방식에 해당하는가?

Answer 13. ① 14. ③ 15. ② 16. ② 17. ④ 18. ①

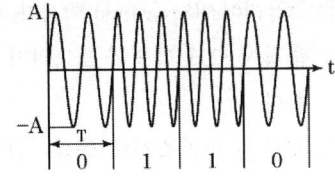

① 주파수 편이 변조(FSK)
② 진폭 편이 변조(ASK)
③ 위상 편이 변조(PSK)
④ 펄스 부호 변조(PCM)

> **해설** 디지털 변조방식
> 1. 진폭 편이 변조(ASK : Amplitude Shift Keying) : 디지털 신호가 1이면 출력을 송신, 0이면 off
> 2. 주파수 편이 변조(FSK : Frequency Shift Keying) : 디지털 신호가 1이면 f_1 주파수로, 0이면 f_2 주파수로 주파수를 바꿈
> 3. 위상 편이 변조(Phase Shift Keying) : 디지털 신호의 0, 1에 따라 2종류의 위상을 갖는 변조 방식이다.

19 아래 그림은 디지털 수신기의 구성도를 나타낸 것이다. (가)-(나)-(다)의 순서로 올바른 것은?

잡음이 포함된 입력신호 → (가) → (나) → (다) → 출력

① 검파기 - 대역필터 - 표본화와 판정 회로
② 대역필터 - 검파기 - 표본화와 판정 회로
③ 표본화와 판정 회로 - 대역필터 - 검파기
④ 대역필터 - 표본화와 판정 회로 - 검파기

> **해설** 디지털 방송을 수신하기 위한 수신기는 수신하고자 하는 채널이 선택되면 디지털 주파수를 비트열로 변화하는 복조부, 필요한 프로그램 신호를 선택하여 추출하는 다중 분리부, 추출된 디지털 신호에서 영상/음성 등 아날로그 신호를 얻는 복호부로 구성되어 있

다. 즉, 대역필터 - 검파기 - 표본화와 판정 회로로 이루어진다.

20 다음에서 설명하는 검파 방식은?

- 송신측의 반송파 주파수와 위상을 정확히 알고 있어야 한다.
- 진폭편이 변조뿐만 아니라 여러 변조 방법의 검파 방식이다.
- 수신 신호에 대한 정보를 갖고 있다.

① 비동기 검파   ② 동기 검파
③ 자승 검파   ④ 지연 검파

> **해설** ㉠ 동기 검파(synchronous detection) : 수신 신호에서 반송파 정보를 검출하여, 이 반송파의 위상 정보를 이용하는 방식
> ㉡ 비동기 검파(incoherent detection) : 수신 신호의 반송파 위상정보를 전혀 이용하지 않고 검파하는 방식
> ㉢ 비동기 검파의 주요 특징
> • 반송파 동기 없이도 이루어질 수 있음
> • 가격이 저렴한 통신에서 선호됨
> • 시스템 구성이 간단하나, 에러확률이 높아짐. 따라서 비동기 방식은 고속의 시스템에서는 잘 사용되지 않음
> • 이동무선채널처럼 위상이 시시각각 변하는, 위상 추적이 어려운 상황에서는 사용 가능

21 주파수가 1.5[MHz]라면 전파의 파장은 얼마인가?

① 50[m]   ② 100[m]
③ 150[m]   ④ 200[m]

> **해설** 파장 : $\lambda = \dfrac{C}{f} = \dfrac{3 \times 10^8}{1.5 \times 10^6} = 200[m]$

Answer 19. ② 20. ② 21. ④

22 안테나의 길이가 62.8[m]인 반파장 다이폴 안테나의 실효 길이는 약 얼마인가?

① 30[m] ② 40[m]
③ 50[m] ④ 60[m]

해설 $h_e = \dfrac{2l}{\pi} = \dfrac{62.8 \times 2}{3.14} = 40[m]$

23 다음 중 초단파 안테나를 주로 사용하는 용도로 맞지 않는 것은?

① TV 방송용
② FM 방송용
③ 항공기 통신용
④ 잠수함 통신용

해설 단파라고 하는 HF(High Frequency)는 3[M]~30[MHz] 대역을 말하며, 초단파인 VHF(Very High Frequency)는 30[M]~ 300[MHz] 대역, 극초단파인 UHF(Ultra High Frequency)는 300[M]~3[GHz] 대역을 말한다. 일반적으로 주파수가 낮으면 회절, 굴절이 잘 되고 멀리까지 전파를 보낼 수 있으며, 주파수가 높으면 직진성이 강하고 주변 노이즈 영향을 적게 받게 되어 깨끗하고 많은 데이터를 실어 보낼 수 있는 반면에 거리에 대한 제약이 따르는 단점이 있다.
- 주파수 낮은 단파(HF)는 멀리까지 전파를 보낼 수 있는 단파방송에 사용된다.
- VHF는 아날로그 TV 방송이나 FM 방송에 주로 이용된다.
- UHF는 디지털 TV 방송이나 이동통신 용도로 많이 사용된다.

24 다음 중 마이크로파 송신용으로 가장 적합한 급전선은?

① 도파관 ② 동축 케이블
③ 평행 2선식 ④ 평행 4선식

해설 ① 도파관(Wave guide) : UHF 이상에서는 평행 2선식이나 동축 케이블은 부적당하여 일반적으로 파(波)를 도체에 의해 가두어 유도시켜 전파하는 임의의 구조체로 전자파가 진행하도록 만든 속이 비어 있는(hollow) 금속관을 지칭한다.
② 동축 급전선(Coaxial Feeder) : 동심원 모양으로 내부 도체를 접지하고 내부 도체에 왕복하는 전류를 흘려서 급전한다.
③ 평행 2선식 급전선 : 크기가 같은 2개의 도선을 평행으로 가설해서 사용하는 것으로 특성 임피던스가 높고, 내압도 높아 대전력용에 사용할 수 있다.

25 다음 중 안테나와 급전선의 결합부에 정합장치를 사용하는 이유로 적합한 것은?

① 코로나 저항을 작게 하기 위해서이다.
② 급전선상의 정재파를 없애기 위해서이다.
③ 급전선상의 임피던스를 작게 하기 위해서이다.
④ 방사 저항을 작게 하기 위해서이다.

해설 급전선에서 부하로 최대 전송효율을 얻기 위해서는 급전선의 특성 임피던스와 부하 임피던스가 정합되어 있어야 한다. 정합이 안 된 경우에는 반사에 의해 급전선상에 정재파가 실려 전력 손실이 커진다.

26 공중이 직접 수신할 수 있도록 할 목적으로 디지털 오디오, 비디오 및 데이터를 지상의 송신설비를 이용하여 초단파 대역에서 방송하는 것은?

① DMB ② DAB
③ FM ④ DTV

해설 DMB(Digital Multimedia Broadcasting, 디지털멀티미디어방송)는 음성·영상 등 다

양한 멀티미디어 신호를 디지털 방식으로 변조, 고정 또는 휴대용·차량용 수신기에 제공하는 방송서비스

파수를 발진하는 회로이다.
⑤ IF 증폭회로 : Gain(이득)이 부족할 경우, IF대의 신호를 증폭시켜 높은 이득을 얻는 회로이다.

27. 11.7[GHz]~12.2[GHz] 대역의 위성 방송 신호에 10.75[GHz]로 국부발진회로를 가진 LNB(Low Noise Block Down Converter)를 사용할 경우 출력되는 주파수는?

① 150[MHz]~450[MHz]
② 450[MHz]~950[MHz]
③ 950[MHz]~1.450[GHz]
④ 1.450[GHz]~1.850[GHz]

해설 LNB(Low Noise Block down converter)
저잡음 증폭 변환기는 수신 안테나로부터 수신한 SHF 대역(3.5[GHz]~12[GHz])대의 신호를 1[GHz]대의 중간 주파수(IF신호)로 변환, 증폭하는 장비이다. LNB는 위성용 수신기에서 위성주파수를 셋톱박스 주파수로 낮추어주는 주파수(950~2000[MHz]) 변환 장치를 의미한다.
[LNB 구조]
① 입력필터 : 컨버터 외부로부터의 이미지 주파수에 상당하는 불필요한 전파의 억제와 컨버터 내부로부터의 국부 발진의 복사를 억압하고 도파관의 저역특성을 이용한 원형 도파관을 형성한다.
② RF 증폭회로 : LNA(Low Noise Amplifier)라고하며, 2~3단의 GAAS FET(갈륨비소계 효과 트랜지스터) 증폭회로로 구성하고 MIC(Microwave Intergrated Circuit) 회로를 채용하여 SHF 단의 증폭과 저잡음을 만든다.
③ 혼합회로 : SHF대의 신호와 국부발진 주파수를 혼합하여 IF(중간 주파수 : 950~2000[MHz])의 주파수를 만드는 회로로 Mixer 회로라고 한다.
④ 국부발진회로 : 어떤 신호가 입력되었을 때, 그 주파수를 검출할 수 있는 기준 주

28. 다음 중 무선 근거리 통신망의 ISM 대역에 대한 설명으로 틀린 것은?

① ISM 대역은 ITU에서 국제적으로 지정하였다.
② 산업, 과학, 의료 대역이라 불리는 주파수 대역이다.
③ ISM 대역을 사용하기 위해서는 별도의 무선국 허가 절차가 필요하다.
④ 우리나라가 해당하는 제3지역에서는 2.4~2.5[GHz] 등의 대역이 지정되어 있다.

해설 ㉠ 블루투스(Bluetooth) 기술은 근거리 내에서 하나의 무선 연결을 통해서 장치 간에 필요한 여러 케이블 연결을 대신하게 해준다.
㉡ 블루투스 무선시스템은 사용허가가 필요치 않은 2.4[GHz]의 ISM(Industrial Scientific Medical) 주파수대에서 작동한다. 주파수 호핑 송수신기는 간섭과 페이딩에 저항하도록 고안되었다. 이진 FM 변조 방식은 송수신기의 복잡함을 최소화하도록 고안되었다. 최대 데이터 전송속도는 1[Mb/s]이고, 풀 듀플렉스 전송을 위해서는 시간분할 다중 방식(Time-Division Duplex scheme)이 사용된다.

29. 다음 중 블루투스에서 사용하는 확산 스펙트럼 방식은?

① DS(Direct Sequence)
② FH(Frequency Hopping)
③ TH(Time Hopping)

Answer 27. ③ 28. ③ 29. ②

④ HS(Hybrid Sequency)

해설 블루투스는 2.4[GHz]를 사용하기에 가정용 무선전화기 등의 다른 2.4[GHz]를 사용하는 기기와 충돌할 수 있는 것을 극복하기 위해 FHSS(주파수 도약 확산 스펙트럼)이라는 79개의 서로 다른 채널 사이를 호핑하며 1,600번 채널을 변경하는 기술을 사용해 블루투스만이 알고 있는 패턴으로 신호를 전송하는 방식을 사용한다.

30 모든 사물에 컴퓨팅 및 통신기능을 부여하여 언제 어디서나 모든 사물과 통신이 가능한 환경을 구현할 수 있는 네트워크를 무엇이라 하는가?

① BcN ② USN
③ NNI ④ UNI

해설 유비쿼터스 센서 네트워크(USN, Ubiquitous Sensor Network, u-sensor network) 각종 센서에서 감지한 정보를 무선으로 수집할 수 있도록 구성한 네트워크. WPAN(wireless personal area network), ad-hoc network 등의 기술이 발전함에 따라 u센서 네트워크 기술이 매우 활성화되고 있다. 센서의 종류로는 온도, 가속도, 위치 정보, 압력, 지문, 가스 등 다양하게 존재한다. 최근에는 물류의 흐름을 파악하기 위하여 RFID(radio frequency identification) 기술을 이용하여 사물에 태그(tag)를 부착하여 각종 물류 정보의 흐름을 파악하는 기술도 등장하고 있다.

31 마이크로파 송신기의 전력 측정에 사용되는 방향성 결합기를 이용하여 측정할 수 없는 것은?

① 위상차 ② 결합도
③ 반사계수 ④ 정재파비

해설 마이크로파 송신기의 전력측정에는 방향성 결합기를 이용하여 결합도, 반사계수, 정재파비를 측정할 수 있다.

32 다음 중 위성통신의 장점이 아닌 것은?

① 전송 지연이 거의 발생하지 않는다.
② 지형의 영향을 거의 받지 않는다.
③ 광대역 통신이 가능하다.
④ 통신망 구축이 용이하다.

해설 ① 위성통신의 장점
- 광역성(wide area)과 동보(broadcasting)을 갖는다.
- 기후의 영향을 받지 않아 재해에 안전하다.
- 정지위성의 경우 이론적으로 한 개로 지구의 1/3을 커버할 수 있다.
- 이동성(mobility)이 용이하고 광대역 통신이 가능하다.
- 안정한 대용량의 통신이 가능하다.
- 통신망 구축이 용이하다.
- 유연한 회선 설정이 가능하다.

② 위성통신의 단점
- 장거리 통신 방식이므로 송신측 지상국에서 수신측 지상국까지 약 240~320[ms] 정도의 전파지연이 발생한다.
- 위성에서 발사한 전파가 지구에 도착하면 신호가 약해지므로 안테나의 크기를 크게 해야 정보 전달이 원활해지므로 지구국의 크기가 커진다.
- 정보의 보안성이 없어 통신 보안 장치가 필요하다.
- 수명이 짧고 고장 수리가 어렵다.
- 태양 잡음 및 지구 일식의 영향을 받기 쉽다.

33 실효높이 20[m]인 안테나에 0.1[V]의 전압이 유기되면 이곳의 전계강도는 얼마인가?

Answer 30. ② 31. ① 32. ① 33. ③

① 0.1[V/m] ② 2[mV/m]
③ 5[mV/m] ④ 10[mV/m]

해설 $E = \dfrac{E_o}{r} = \dfrac{0.1}{20} = 5[\text{mV/m}]$

34 다음 중 공전의 방해를 가장 많이 받는 전파는?

① 단파 ② 장파
③ 극초단파 ④ 초단파

해설 공전(대기잡음)은 일반적으로 뇌방전에 따른 잡음이다. 넓은 의미의 공전이란 강우, 강설, 풍진 등에 따른 방전현상에 의한 잡음도 포함된다. 공전잡음의 주파수 범위는 넓으며 장파대에서 단파대에 걸쳐 나타나지만 주로 장파에서 심하고 단파대로 갈수록 감쇠하며 초단파대에서는 거의 영향이 없다. 국내의 산악지대에 발생하는 천둥에 의한 대기잡음은 근거리 공전이라고 하며 전계강도는 현저하게 크지만 단시간에 끝난다.

35 축전지를 방전할 경우 단자 전압 및 전해액의 비중은 어떠한 상태인가?

① 전압과 비중이 모두 저하
② 전압과 비중이 모두 상승
③ 비중은 저하하나 전압은 상승
④ 전압은 저하하나 비중은 상승

해설 축전지를 방전할 경우 단자 전압과 전해액의 비중은 모두 저하한다.

36 안테나공급전력을 첨두포락선전력(PX)으로 표시하지 않는 것은?

① J3E ② A3E
③ R3E ④ A1A

해설 제4편 무선설비기준 p.378 별표 5 참고

37 다음 중 수신설비가 충족해야 하는 조건으로 틀린 것은?

① 선택도가 클 것
② 내부 잡음이 적을 것
③ 변조도가 충분할 것
④ 수신주파수는 운용범위 이내일 것

해설 무선설비규칙 제9조(수신설비)
② 수신설비는 다음 각 호의 조건을 충족하여야 한다.
1. 수신주파수는 운용범위 이내일 것
2. 선택도가 클 것
3. 내부잡음이 적을 것
4. 감도는 낮은 신호입력에서도 양호할 것

38 축전지를 사용하며 저전압에 따라 자동으로 전원이 차단되는 무선설비가 안정적으로 동작할 최저 전압은 얼마인가?

① 최고 전압의 80[%] 전압
② 그 무선설비의 최저 동작 전압
③ 축전지의 최저 축전전압
④ 전원이 자동으로 차단되는 전압

해설 무선설비규칙 제12조(무선설비 동작안정을 위한 조건)
① 무선설비는 전원이 정격전압의 ±10[%] 이내의 범위에서 변동된 경우에도 안정적으로 동작할 수 있어야 한다. 다만, 축전지를 사용하는 무선설비 중에서 저전압에 따라 자동으로 전원이 차단되는 기능을 가진 무선설비는 저전압에 따라 무선설비의 전원이 자동으로 차단되는 전압과 해당 무선설비에 사용되는 축전지의 최고 전압의 범위 안에서 안정적으로 동작할 수 있어야 한다.
② 무선설비는 사용 상태에서 통상 접하는 온도 및 습도의 변화, 진동 또는 충격 등의 경우에도 지장 없이 동작할 수 있어야

Answer 34. ② 35. ① 36. ② 37. ③ 38. ④

한다.
③ 무선설비는 외부의 기계적 잡음 등의 방해를 받지 아니하는 안전한 장소에 설치하여야 한다.

39 다음 중 전계강도의 단위로 적합한 것은?

① dBi ② dB/m
③ dBd ④ dBV/m

해설 전계강도(electric field strength)
전파가 전파(傳播)될 때 전파의 세기를 단위면적당의 에너지로 표시한 것. 즉 포인팅 벡터이다. 전자파는 원래 전계와 자계가 짝이 되어 전파되는데 일반적으로 수신점 전계의 세기만으로 그 지점에서의 전자파 강도를 표시하고 있다. 전계 강도는 안테나 실효고가 1[m]인 도체에 유기된 기전력의 크기로 표시하며, 단위는 [V/m]이다. 1[μV/m]를 기준(0[dB])으로 데시벨(dB)로 표시하는 것이 일반적이다.

40 무선송신설비의 안테나·급전선 등 고압전기를 통하는 장치는 사람이 보행하거나 기거하는 평면으로부터 얼마 이상의 높이에 설치되어야 하는가?

① 1.0[m] ② 1.5[m]
③ 2.5[m] ④ 4.5[m]

해설 무선설비규칙 제19조(무선설비의 안전시설)
④ 송신설비의 공중선·급전선 등 고압전기를 통하는 장치는 사람이 보행하거나 기거하는 평면으로부터 2.5미터 이상의 높이에 설치되어야 한다. 다만, 다음 각 호의 1에 해당하는 경우에는 그러하지 아니하다.
1. 2.5미터 미만의 높이의 부분이 인체에 용이하게 닿지 아니하는 위치에 있는 경우
2. 이동국으로서 그 이동체의 구조상 설치가 곤란하고 무선종사자 외의 자가 출입하지 아니하는 장소에 있는 경우

41 다음 괄호 안에 들어갈 내용으로 적합한 것은?

> 전력선통신설비 및 유도식 통신설비에서 발사되는 고조파·저조파 또는 기생발사강도는 기본파에 대하여 (   ) 이하이어야 한다.

① 10데시벨 ② 20데시벨
③ 30데시벨 ④ 40데시벨

해설 전파응용설비의 기술기준(국립전파연구원) 제5조(누설전계강도의 허용치)
③ 전력선통신설비 및 유도식 통신설비에서 발사되는 고조파·저조파 또는 기생발사강도는 기본파에 대하여 30[dB] 이하이어야 한다.

42 의료용 전파응용설비의 전계강도의 허용치는 30미터 거리에서 몇 [μV/m] 이하인가?

① 10[μV/m] ② 30[μV/m]
③ 50[μV/m] ④ 100[μV/m]

해설 정보통신부령 제108호 제14조(전계강도의 허용치)
1. 산업용 전파응용설비 : 100미터 거리(당해 설비가 설치되어 있는 주위의 구역이 시설자의 소유인 경우에는 그 구역의 경계선)에서 100마이크로볼트(μV/m) 이하일 것
2. 의료용 전파응용설비 : 30미터 거리(당해 설비가 설치되어 있는 주위의 구역이 시설자의 소유인 경우에는 그 구역의 경계선)에서 100[μV/m] 이하일 것
3. 기타 전파응용설비

Answer 39. ④ 40. ③ 41. ③ 42. ④

가. 고주파출력이 500와트 이하인 것 : 30
미터 거리(당해 설비가 설치되어 있는
주위의 구역이 시설자의 소유인 경우
에는 그 구역의 경계선)에서 100
[$\mu V/m$] 이하일 것

나. 고주파출력 500와트를 초과하는 것 :
100미터 거리에서 100[$\mu V/m$] 이하이
고, 30미터 거리(당해 설비가 설치되어
있는 주위의 구역이 시설자의 소유인
경우에는 그 구역의 경계선)에서 100×
$\sqrt{P}$ /500(P는 고주파출력을 와트로
표시한 수로 한다)[$\mu V/m$] 이하일 것

43. "적합성평가를 받은 기자재가 적합성평가 기준대로 제조·수입 또는 판매되고 있는지 조사 또는 시험하는 것"을 무엇이라고 하는가?

① 사후관리
② 사전관리
③ 적합성평가 관리
④ 적합인증 관리

> **해설** 방송통신기기 형식검정·형식등록 및 전자파적합등록에 관한 고시 제2조(정의)
> 5. "사후관리"라 함은 적합성평가를 받은 기자재가 적합성평가 기준대로 제조·수입 또는 판매되고 있는지 전파법에 따라 조사 또는 시험하는 것을 말한다.

44. 다음 중 방송통신기자재 등의 적합인증 신청 시 제출할 서류의 목록으로 적합하지 않은 것은?

① 적합인증신청서
② 사용자설명서
③ 회로도
④ 자체 시험결과 설명서

> **해설** 방송통신기자재 등의 적합성 평가에 관한 고시(국립전파연구원) 제5조(적합인증의 신청 등)
> 1. 별지 제1호서식의 적합인증신청서
> 2. 사용자설명서(한글본) : 기본모델의 제품 개요, 사양, 구성 및 조작방법 등이 포함되어야 한다.
> 3. 다음 각 목 중 어느 하나의 시험성적서
>   가. 지정시험기관의 장이 발행하는 시험성적서
>   나. 원장이 발행하는 시험성적서
>   다. 국가 간 상호 인정협정을 체결한 국가의 시험기관 중 원장이 인정한 시험기관의 장이 발행한 시험성적서
> 4. 외관도 : 제품의 전면·후면 및 타 기기와의 연결부분과 적합성평가 표시 사항의 식별이 가능한 사진을 제출할 것
> 5. 부품 배치도 또는 사진 : 부품의 번호, 사양 등의 식별이 가능하여야 한다.
> 6. 회로도
>   가. 적합성평가를 받은 "무선 송·수신용 부품"을 기자재의 구성품으로 사용하는 경우에는 해당 부분을 생략할 수 있다.
>   나. 적합성평가기준 적용분야가 유선분야에 해당하는 기자재인 경우에는 전원 및 기간통신망과 직접 접속되는 부분의 회로도를 제출한다.
> 7. 대리인 지정서 : 대리인 지정(위임)서

45. 다음 중 지정시험기관 적합등록 대상 기자재에 해당하지 않는 것은?

① 산업·과학 또는 의료용 등으로 사용되는 고주파이용 기기류
② 고전압설비 및 그 부속기기류
③ 가정용 전기기기 및 전동기기류
④ 개인휴대통신용 무선설비의 기기류

> **해설** 방송통신기자재 등의 적합성평가에 관한 고

Answer 43. ① 44. ④ 45. ④

시(국립전파연구원) [별표 2] 지정시험기관 적합등록 대상기자재(제3조제2항 관련)

46 통신보안에서 사용하는 용어로 통신제원이 아닌 것은?

① 호출부호　　② 주파수
③ 교신시간　　④ 안테나공급전력

해설 무선통신운용에 있어 가장 기본적인 요소가 되는 '호출부호, 주파수, 교신시간'의 3가지를 총칭한다.

47 통신수단에 의하여 비밀이 직접 또는 간접으로 누설되는 것을 미리 방지하거나 지연시키기 위한 방책을 말하는 용어는?

① 인터넷 보안　　② 통신보안
③ 암호　　　　　④ 비화

해설 통신보안이라 함은 우리가 사용하는 통신수단(유선전화, 차량전화, 휴대전화, 전신, 텔렉스, 팩시밀리, PC통신 등)에 의한 통화내용이 알아서는 안 될 사람에게 직접 또는 간접으로 누설될 가능성을 사전에 방지하거나 지연시키기 위한 방책을 말한다.

48 다음 중 보안성이 가장 우수한 것은?

① 우편통신　　② 음향통신
③ 전령통신　　④ 무선통신

해설 전령통신은 사람 또는 훈련된 동물로 하여금 전달할 통신정보자료를 직접 휴대하게 하여 전달하는 방법을 말한다. 보안도가 가장 높아 중요 내용이나 비밀내용의 전달은 주로 이 통신방법을 이용하고 있다.
통신수단별 보안순위는 전령통신 > 등기우편 > 인가된 우편 > 통상우편 > 유선통신 > 시호통신 > 음향통신 > 무선중계 유선통신 > 무선통신의 순으로 보안성이 결정된다. 즉 전령통신의 보안성이 가장 높고, 무선통신의 보안성이 가장 취약하다.

49 통신보안상 비밀이 누설되는 경우 국가 안보에 막대한 지장을 초래하여 국가 간의 전쟁이 발발할 수 있는 것은?

① 1급 비밀　　② 2급 비밀
③ 3급 비밀　　④ 대외비

해설 **비밀의 구분**

비밀은 그 중요성과 가치의 정도에 따라 다음 각 호에 의하여 이를 1급 비밀, 2급 비밀 및 3급 비밀로 구분한다.
① 누설되는 경우 외교관계가 단절되고 전쟁을 유발하며 국가의 방위계획, 정보활동 및 국가방위상 필요불가결한 과학과 기술의 개발을 위태롭게 하는 등의 우려가 있는 비밀은 이를 1급 비밀로 한다.
② 누설되는 경우 국가안전보장에 막대한 지장을 초래할 우려가 있는 비밀은 이를 2급 비밀로 한다.
③ 누설되는 경우 국가안전보장에 손해를 끼칠 우려가 있는 비밀은 이를 3급 비밀로 한다.

50 무선통신에서 도청에 대한 방지대책으로 적합하지 않은 것은?

① 중요통신 내용의 암호화
② 불필요한 전파발사 억제
③ 비밀번호의 변경
④ 통신제원의 수시변경

해설 **비밀누설에 대한 각종 방지법**

㉠ 통신규율 및 통신사 교육훈련 : 통신제원에 의한 절차준수, 감독강화, 통신보안 생활화
㉡ 도청에 대한 방어 : 통신제원의 수시 변경, 무선침묵 유지, 보안 유해 시 통신 중

Answer 46. ④ 47. ② 48. ③ 49. ① 50. ③

단, 보안장비(비화기)
ⓒ 방향탐지에 대한 방어 : 불필요한 전파의 발사, 같은 장소의 계속전파발사, 과도한 송신출력 억제
ⓔ 교신분석에 대한 방어 : 필요할 때만 교신하고 규율을 중시, 평문송신금지
ⓜ 기만통신에 대한 방어 : 상호 약정된 확인법의 사용(처음 통신 시작, 의심스러울 때, 주파수 변경 시), 비밀내용의 평문사용 엄금
ⓥ 의심스러울 때 : 예비 주파수 전환, 즉시 보고, 방향탐지로 확인, 상대방(우리편) 통신사의 특성 등 파악

51 세대별 컴퓨터의 특징 중 잘못된 것은?
① 제1세대 : 진공관 및 릴레이를 사용하며 기억용량이 적고 처리 속도가 느리다.
② 제2세대 : 트랜지스터 및 다이오드를 사용하며 제1세대 진공관에 비하여 비용이 비싸고 전력소비가 많다.
③ 제3세대 : 집적회로(IC)를 사용하며 OS의 충실화 및 시분할 처리(Time Sharing)가 실현되었다.
④ 제4세대 : LSI 및 VLSI를 사용하여 기억용량이 대형화되었다.

해설 컴퓨터의 주 구성 요소의 분류에 따른 발달 순서
① 제1세대 : 진공관
② 제2세대 : 트랜지스터(1세대에 비하여 비용이 저렴하고 전력소비가 작다.)
③ 제3세대 : 집적회로
④ 제4세대 : LSI 또는 VLSI

52 주기억장치에서 기억장치의 지정은 무엇에 따라 행하여지는가?
① 어드레스(Address)
② 레코드(Record)
③ 블록(Block)
④ 필드(Field)

해설 주기억장치에서 기억장치의 지정은 어드레스(Address)에 따라 행해진다.

53 다음 중 여러 개의 고속 입출력장치를 블록 단위로 제어하지만 특정 시점 한 장치의 자료 전송만 수행하는 채널로 알맞은 것은?
① 셀렉터 채널
② 출력 채널
③ 입력 채널
④ 멀티플렉서 채널

해설 채널(Channel)
① 채널은 자료의 빠른 처리를 위해 주기억장치와 입출력장치 사이에 설치하는 장치로 처리 속도가 빠른 CPU와 속도가 느린 입출력장치 사이의 속도 차이로 인한 작업의 낭비를 줄여 준다.
② 전용 채널 : 특정한 입출력 제어장치에 채널의 기능을 삽입시킨 것으로 확장성과 유연성이 낮다.
③ 고정 채널 : 입출력장치마다 채널을 독립시킨 것으로, 확장성과 유연성이 높다.
④ 셀렉터 채널 : 입출력 동작이 개시되어 종료까지 하나의 입출력장치를 사용하는 채널로서, 디스크와 같은 고속장치에서 사용한다.
⑤ 멀티플렉서 채널 : 다수의 입출력장치를 접속해서 동시에 입출력 동작을 할 수 있는 채널로서, 키보드와 같은 속도가 느린 장치에서 사용한다.
⑥ 블록 멀티플렉서 채널 : 멀티플렉서 채널과 셀렉터 채널의 양면을 복합한 것으로, 다수의 고속도 장치를 연결할 수 있다.

54 2진수 0110의 2의 보수는?
① 0101
② 0110

Answer 51. ② 52. ① 53. ① 54. ③

③ 1010   ④ 1001

해설 1의 보수 : 0을 1로, 1을 0으로 변환시키는 것이므로, 2진수 0110의 1의 보수는 1001이 된다.
2의 보수 : 1의 보수에 1을 더한 값(2의 보수＝1의 보수＋1)이 되므로 1001＋1＝1010이 된다.

55 $X + \overline{X}Y$를 간소화한 것으로 맞는 것은?

① X Y
② X Y ＋ X ＋ Y
③ X ＋ Y
④ $\overline{X}$ ＋ Y

해설 $x+\overline{x}y = x(y+\overline{y})+\overline{x}y = xy+x\overline{y}+\overline{x}y$
$= xy+\overline{x}y+xy+x\overline{y}$
$= x(y+\overline{y})+y(\overline{x}+x) = x+y$

56 다음 중 RS-FF에서 2개의 입력 R, S가 동시에 1인 경우에도 불확정 출력 상태가 되지 않도록 하기 위해 인버터(NOT 게이트) 하나를 입력 양단에 부가하는 회로는?

① RS-FF
② T-FF
③ D-FF
④ JK-FF

해설 D(Dealy) 플립플롭
RS-FF에서 2개의 입력 R, S가 동시에 1인 경우에도 불확정 출력상태가 되지 않도록 하기 위하여 인버터(inverter : NOT 게이트) 하나를 입력 양단에 부가한 것으로 정보를 일시 유지하는 래치(latch) 회로나 시프트 레지스터 등에 쓰인다.

57 다음 중 1세대 컴퓨터 프로그램 언어는?

① 기계어
② 포트란(Fortran)
③ 자바(Java)
④ C

해설 1세대 언어는 저급언어(기계어, 어셈블리어)이며, 기계어는 컴퓨터가 직접 이해할 수 있는 2진 코드(0과 1)로 기종마다 다르고, 프로그램의 작성 및 수정, 해독이 매우 어려워 거의 사용되지 않으나, 컴퓨터에서의 수행 속도는 가장 빠른 장점을 지닌다.

58 다음 중 운영체제의 구성 요소가 아닌 것은?

① 커널
② 작업 관리
③ 컴파일러
④ 파일 전송(FTP)

해설 운영체제의 구성
① 커널(Kernel) : 운영체제의 내부 요소. 컴퓨터가 필요로 하는 가장 기본적인 기능들을 수행하는 소프트웨어 요소들을 포함한다.
② 컴파일러(compiler) : 특정 프로그래밍 언어로 쓰여 있는 문서를 다른 프로그래밍 언어로 옮기는 프로그램을 말한다.
③ FTP(File Transfer Protocol) : 인터넷에 연결된 시스템 사이에 파일을 전송하기 위해서는 FTP라는 프로그램을 주로 사용한다.

59 문서 작업 중 일부분을 가, 나, 다 순서로 재배열하고 싶을 때 사용하는 기능은?

① 겹쳐 쓰기(Overwrite)
② 소트(Sort)
③ 머지(Merge)
④ 검색(Search)

해설 ① 소트(Sort)는 자료를 특정한 조건에 따라 일정한 순서가 되도록 다시 배열하는 일
② 머지(Merge)는 자료를 합치는 작업이다.
③ 겹쳐 쓰기(Overwrite)는 내용을 입력하면 원래의 내용이 지워지면서 다른 내용이 입력되는 상태

Answer   55. ③   56. ③   57. ①   58. ④   59. ②

60 다음 중 스마트 업데이트(인터넷을 통한 실시간 업데이트)가 되지 않는 프로그램은?

① 백신 프로그램
② 윈도우용 인터넷 익스플로러
③ 인터넷 뱅킹 보안프로그램
④ 윈도우용 그림판

해설 백신 프로그램, 윈도우용 인터넷 익스플로러, 인터넷 뱅킹 보안프로그램 등이 인터넷을 통한 실시간 업데이트되는 프로그램이고, 윈도우용 그림판은 실시간 업데이트되지 않는다.

Answer 60. ④

Chapter 과년도출제문제 2017. 4회

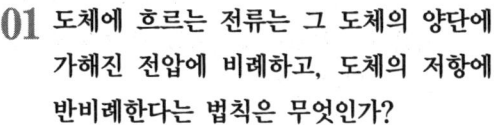

무선설비기능사(이론)

01 도체에 흐르는 전류는 그 도체의 양단에 가해진 전압에 비례하고, 도체의 저항에 반비례한다는 법칙은 무엇인가?

① 옴의 법칙 ② 키르히호프 법칙
③ 전류의 법칙 ④ 전압의 법칙

해설 옴의 법칙(Ohm's law)은 도체의 두 지점 사이에 나타나는 전위차에 의해 흐르는 전류가 일정한 법칙에 따르는 것을 말한다. 전기 흐름을 방해하는 작용이 전기 저항으로, 저항이 클수록 전류는 적게 흐르고, 전류는 회로에 걸린 전압에 직접 비례하고 회로의 저항에 반비례한다.

02 어떤 저항에서 1[kWh]의 전력량을 소비시켰을 때 발생하는 열량은?

① 468[kcal] ② 486[kcal]
③ 648[kcal] ④ 864[kcal]

해설 $H = 0.24Pt = 0.24 \times 1 \times 3600 = 864[\text{kcal}]$

03 파형의 정(+)의 최댓값과 음(-)의 최댓값 사이의 값은?

① 피크-피크값 ② 순시값
③ 실효값 ④ 평균값

해설 ① 순시값 : 순간순간 변하는 교류의 임의의 시간에 있어서 값

② 최댓값 : 순시값 중에서 가장 큰 값
③ 실효값 : 교류의 크기를 교류와 동일한 일을 하는 직류의 크기로 바꿔 나타낸 값
④ 평균값 : 교류 순시값의 1주기 동안의 평균을 취하여 교류의 크기를 나타낸 값

04 신호의 파형 주기가 1초일 경우 주파수는 몇 [Hz]인가?

① 4[Hz] ② 3[Hz]
③ 2[Hz] ④ 1[Hz]

해설 주파수(frequency)
1초 동안 발생하는 진동의 수(사이클)를 뜻하며, 단위로는 헤르츠[Hz]를 사용한다.
$f = \dfrac{1}{T}[\text{Hz}]$ T : 주기[sec]
$f = \dfrac{1}{T} = \dfrac{1}{1} = 1[\text{Hz}]$

05 전류(I)가 4[A], 반지름(r)이 3[m]이고 3회 감은 원형 코일 중심의 자기장의 세기로 알맞은 것은?

① 0[AT/m] ② 1[AT/m]
③ 2[AT/m] ④ 3[AT/m]

해설 $H = \dfrac{NI}{2r} = \dfrac{3 \times 4}{2 \times 3} = \dfrac{12}{6} = 2[\text{AT/m}]$

Answer 1. ① 2. ④ 3. ① 4. ④ 5. ③

06 데이터 기억소자로 사용되며, 플립플롭(Flip-Flop)이라 불리는 회로는?

① 클램퍼 회로
② 비안정 멀티바이브레이터
③ 단안정 멀티바이브레이터
④ 쌍안정 멀티바이브레이터

해설 멀티바이브레이터의 종류
㉠ 비안정 멀티바이브레이터(Astable Multivibrator) : 회로에 전원이 공급되면 구형파의 발진이 이루어지는 회로이다.
㉡ 단안정 멀티바이브레이터(Monostable Multivibrator) : 자체 발진의 능력은 없으나 외부의 트리거 펄스 입력이 공급될 때마다 하나의 구형파를 출력하는 회로이다.
㉢ 쌍안정 멀티바이브레이터(Bistable Multivibrator) : 안정 상태를 유지하며 외부의 트리거 펄스 입력이 두 개 공급될 때마다 하나의 구형파를 출력하는 회로로 일반적으로 플립플롭(Flip Flop) 회로라 한다.

07 다음 중 증폭회로에서 잡음 지수(F)의 수식으로 맞는 것은?

① F=입력 SN비-출력 SN비
② F=입력 SN비+출력 SN비
③ F=입력 SN비/출력 SN비
④ F=출력 SN비/입력 SN비

해설 잡음 지수(F)
$$F = \frac{\text{입력에서의 신호전압}(S_i)\text{과 잡음전압}(N_i)\text{의 비}}{\text{출력에서의 신호전압}(S_o)\text{과 잡음전압}(N_o)\text{의 비}}$$
$$= \frac{S_i/N_i}{S_o/N_o}$$

08 다음 중 트랜지스터 증폭기의 바이어스 안정도가 가장 좋은 것은?

① 3
② 5.6
③ 8
④ 10.5

해설 안정 계수(S)
바이어스 회로의 안정화 정도로 S가 작을수록 안정도가 좋다.

09 전압 증폭도가 10배인 증폭기와 100배인 증폭기를 직렬로 접속했을 때 전체 증폭도는 몇 [dB]인가?

① 20[dB]
② 40[dB]
③ 60[dB]
④ 80[dB]

해설 $A = A_1 \times A_2 = 10 \times 100 = 1000$,
$A_v = 20\log_{10}1000 = 60[dB]$

10 슈미트 트리거(Schmitt Trigger) 회로에 정현파 신호를 인가할 경우 출력에 나타나는 파형은?

① 정현파
② 삼각파
③ 구형파
④ 직류

해설 슈미트 트리거 회로는 정현파 입력을 받아 구형파(방형파) 출력 파형을 만드는 회로이다.

11 다음 중 발진현상에 대한 설명으로 틀린 것은?

① 능동회로에서 입력신호가 없음에도 출력신호가 검출되는 경우
② 직류에 의해 교류신호로 변환되는 경우
③ 주어진 입력 신호레벨이 크게 증폭되어 나타나는 경우
④ 원하지 않는 주파수 대역에서 정체불명의 공진 신호가 발생하는 경우

Answer 6. ④ 7. ③ 8. ① 9. ③ 10. ③ 11. ③

해설 발진을 위해서는 정궤환(동위상)되어야 하며, 궤환회로에서 발진을 하기 위한 바크하우젠의 조건으로 $A\beta = 1$이 되어야 한다.

12 음성신호를 일정한 시간 간격으로 나누어 펄스열을 만드는 과정은?

① 표본화   ② 양자화
③ 부호화   ④ 압축화

해설 PCM의 구성 단계를 살펴보면 음성정보와 같은 아날로그 신호가 디지털 신호로 변환되기 위해서는 크게 표본화, 압축, 양자화, 부호화 등의 4단계로 나누어진 PCM(Pulse Code Modulation) 과정을 거쳐야 한다.
  ㉠ 표본화 : 샘플링 이론을 바탕으로 아날로그 신호를 디지털 신호로 변환할 때 그 신호를 일정시간마다 추출하는 과정
  ㉡ 압축 : 표본화된 신호를 양자화되기 직전 압축하는 과정
  ㉢ 양자화 : 표본화 과정을 거쳐 채집된 진폭의 크기를 몇 개의 이산적인 구간으로 나누어 이산적인 수로 표현하는 과정
  ㉣ 부호화 : 양자화 과정을 거친 펄스를 디지털 신호로 표현하는 방법으로 Unipolar(단극형), Polar(극형), Bipolar(양극형) 등을 사용해 표현하는 과정

13 아래 구성도에서 출력단에 얻어지는 신호는?

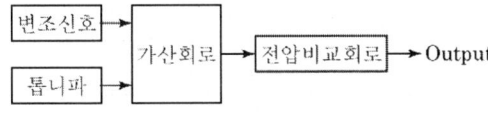

① PAM(Pulse Amplitude Modulation)
② PWM(Pulse Width Modulation)
③ PCM(Pulse Code Modulation)
④ PPM(Pulse Phase Modulation)

해설 펄스 폭 변조(PWM, pulse-width modulation)는 펄스 변조 방식의 일종으로, 변조 신호의 크기에 따라서 펄스의 폭을 변화시켜 변조하는 방식이다. 신호파의 진폭이 클 때는 펄스의 폭이 커지고, 진폭이 작을 때는 펄스의 폭이 작아지나 펄스의 위치나 진폭은 변하지 않는다.

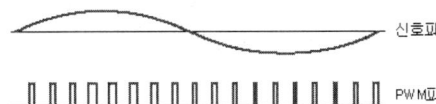

14 다음 중 플립플롭(Flip-Flop) 회로를 이용하여 일반적으로 활용하지 않는 것은?

① Latch 회로   ② Shift Register
③ Counter 회로 ④ Oscillator

해설 플립플롭은 두 가지 상태 사이를 번갈아 하는 전자회로를 말한다. 플립플롭에 전류가 부가되면, 현재의 반대 상태로 변하며(0에서 1로, 또는 1에서 0으로), 그 상태를 계속 유지하므로 한 비트의 정보를 저장할 수 있는 능력을 가지고 있다. 여러 개의 트랜지스터로 만들어지며 SRAM이나 하드웨어 레지스터 등을 구성하는 데 사용된다. 플립플롭에는 RS 플립플롭, D 플립플롭, JK 플립플롭, T 플립플롭 등 여러 가지 종류가 있다.

15 입력의 급격한 변화로 인하여 출력 펄스의 상승부분에 진동적 과도상태 정도를 말하며, 높은 주파수 성분에서 공진하기 때문에 생기는 현상을 무엇이라 하는가?

① Overshoot   ② Undershoot
③ Ringing   ④ Sag

해설 ㉠ 상승시간(t_r, rise time) : 실제의 펄스가 이상적 펄스의 진폭(V)의 10[%]에서 90[%]까지 상승하는 데 걸리는 시간
  ㉡ 지연시간(t_d, delay time) : 이상적 펄스

Answer 12. ① 13. ② 14. ④ 15. ③

의 상승시각으로부터 진폭의 10[%]까지 이르는 실제의 펄스시간
ⓒ 하강시간(t_f, fall time) : 실제의 펄스가 이상적 펄스의 진폭(V)의 90[%]에서 10[%]까지 내려가는 데 걸리는 시간
ⓔ 축적시간(t_s, storage time) : 이상적 펄스의 하강시각에서 실제의 펄스가 진폭 (V)의 90[%]가 되기까지의 시간
ⓐ 펄스폭(τ_W, pulse width) : 펄스 파형이 상승 및 하강의 진폭(V)의 50[%]가 되는 구간의 시간
ⓗ 오버슈트(overshoot) : 상승 파형에서 이상적 펄스파의 진폭(V)보다 높은 부분의 높이(a)를 말한다.
ⓖ 언더슈트(undershoot) : 하강 파형에서 이상적 펄스파의 기준 레벨보다 아랫부분의 높이(d)
ⓞ 턴 온 시간(t_{ON}, turn-on time) : 이상적 펄스의 상승시각에서 진폭(V)의 90[%]까지에 상승하는 시간($t_{ON} = t_d + t_r$)
ⓧ 턴 오프 시간(t_{OFF}, turn-off time) : 이상적 펄스의 하강시각에서 진폭(V)의 10[%]까지 하강하는 시간($t_{OFF} = t_s + t_f$)
ⓩ 새그(s, sag) : 내려가는 부분의 정도를 말하며, $\left(\dfrac{C}{V}\right) \times 100$ [%]로 나타낸다.
ⓣ 링잉(b, ringing) : 펄스의 상승 부분에서 진동의 정도를 말하며, 높은 주파수 성분에 공진하기 때문에 생긴다.

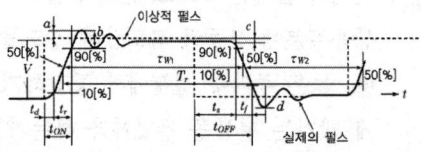

16 다음 중 양측파대(DSB) 통신방식에 비해 단측파대(SSB) 통신방식의 장점으로 옳은 것은?

① 수신기의 회로 구성이 간단하다.

② 점유주파수대역폭이 크다.
③ 높은 주파수 안정도를 필요로 한다.
④ 혼신이 적다.

해설 DSB 통신 방식과 SSB 통신 방식의 차이점

항목	SSB	DSB
점유 주파수 대폭	단측파대이기 때문에 DSB의 1/2로 DSB 방식보다 2배의 통화로를 가질 수 있다.	양측파대 및 반송파를 복사하므로 SSB의 2배의 대역폭이 소요된다.
S/N비	동일 전력인 경우 9~12[dB] 정도 개선된다.	점유주파수 대폭이 넓어서 SSB에 비하여 S/N비가 나쁘다.
송신기의 전력소비	변조 입력이 있을 때만 복사되며 전력의 대부분을 차지하는 반송파를 억압하고 단측파대만을 복사하기 때문에 소비전력은 DSB의 약 30[%] 정도이다.	변조 입력이 없을 때에도 항상 큰 전력의 반송파가 복사되므로 SSB보다 전력소비가 크다.
수신 일그러짐	단측파대이기 때문에 선택성 페이딩의 영향이 감소하여 수신 일그러짐이 적다.	선택성 페이딩의 영향에 의하여 SSB보다 수신 일그러짐이 많다.
송신 설비	송신측에서 평형 변조기 및 단측파대 분리용 BPF 등이 필요하여 복잡하다.	SSB장치와 같은 복잡한 장치가 불필요하다.
수신 설비	수신측에서 반송파와 같은 국부 반송파를 얻기 위하여 동기 조정장치가 필요하다.	SSB에 비하여 간단하다.
비화성	보통의 DSB수신기로서는 SSB파를 복조할 수 없으므로 비화성을 유지할 수 있다.	비화성을 유지하기가 곤란하다.

17 2진 부호를 변조할 때 부호가 '1'이면 정현파 신호가 존재하고, '0'이면 정현파신호가 존재하지 않도록 하는 변조방식은 무엇인가?

① 주파수 변조(FM)

Answer 16. ④ 17. ③

② 주파수 편이 변조(FSK)
③ 진폭 편이 변조(ASK)
④ 위상 편이 변조(PSK)

해설 ㉠ ASK(Amplitude Shift Keying)는 디지털 신호(1, 0)의 정보 내용에 따라 반송파의 진폭을 변화시키는 방식
㉡ PSK(Phase Shift Keying)는 디지털 신호에 대응하여 반송파의 위상을 각각 다르게 하여 전송하는 변조방식
㉢ QAM(Quadrature Amplitude Modulation)은 디지털 신호를 일정량만큼 분류하여 반송파 신호와 위상을 변화시키면서 변조시키는 방법이다.
㉣ 2진 FSK(Binary Frequency Shift Keying)는 Binary Phase Shift Keying, PSK의 일종으로 디지털 신호의 0, 1에 따라 2종류의 위상을 갖는 변조방식으로, FSK는 ASK에 비해 더 넓은 대역을 필요로 하며 오류 확률은 비슷하다.

18 다음 중 AM 통신 방식에 비해 FM 통신 방식의 특징으로 틀린 것은?

① 신호 대 잡음비가 개선된다.
② 점유주파수대폭이 좁다.
③ 약전계 통신에 적합하지 않다.
④ 레벨 변동의 영향이 없다.

해설 FM 통신방식의 특징(AM에 비해)
① 신호대 잡음비(S/N)가 개선된다.
② 점유주파수대역폭이 넓다.
③ 약전계 통신에 적합하지 않다.
④ 레벨 변동의 영향이 없다.
⑤ 고충실도가 얻어진다.
⑥ 기기의 구성이 복잡하다.

[FM 방식과 AM 방식의 비교]

	주파수 변조 방식(FM)	진폭 변조 방식(AM)
신호대 잡음비(S/N)	좋아진다.	나쁘다.
음질	좋아진다.	나쁘다.
사용주파수대	높은 쪽을 이용	고저 어느 것이든 좋다.
주파수대폭	넓어진다.	좁다.
장치	복잡	간단
변조기	소형	대형

19 다음 중 AM 수신기의 선택도를 좋게 하는 방법이 아닌 것은?

① 중간 주파 증폭단을 증가시킨다.
② 동조회로의 선택도 Q를 높게 한다.
③ 중간 주파수를 낮게 한다.
④ 고주파 증폭단을 부가한다.

해설 선택도의 향상
① 동조 회로의 Q를 높게 한다.
② 고주파 증폭단을 부가한다.
③ 중간 주파수를 낮게 한다.
④ 중간 주파 변성기(IFT)는 1, 2차 동조형으로 한다.
⑤ 공중선 회로를 소결합한다.

20 잡음의 전력(P_n)이 100[W]이고 신호의 전력(P_s)이 1,000[W]일 때 신호 대 잡음비(S/N)의 값은?

① 10[dB] ② 20[dB]
③ 30[dB] ④ 40[dB]

해설 수신기의 입력에서 본 신호대 잡음비를 S_i/N_i라 하고, 출력에서의 신호대 잡음비를 S_o/N_o라 하면 잡음지수(F)는

Answer 18. ② 19. ① 20. ①

$$F = \frac{\frac{S_i}{N_i}}{\frac{S_o}{N_o}} = \frac{S_i}{N_i} \cdot \frac{N_o}{S_o}$$ 로 나타내며, $F=1$일 경우가 내부잡음이 없는 경우이다.

$$A_v = 10\log_{10}\frac{V_o}{V_i} = 10\log_{10}\frac{1\times10^3}{1\times10^2}$$
$$= 10\log_{10}10$$
$$= 10[\text{dB}]$$

21 다음 중 공전의 경감 대책이 아닌 것은?

① 지향성이 예민한 안테나를 사용한다.
② S/N비를 크게 한다.
③ 수신 대역폭을 넓힌다.
④ 수신기에 억제 회로를 사용한다.

해설 공전(대기잡음)은 일반적으로 뇌방전에 따른 잡음이다. 넓은 의미의 공전이란 강우, 강설, 풍진 등에 따른 방전현상에 의한 잡음도 포함된다. 공전잡음의 주파수 범위는 넓으며 장파대에서 단파대에 걸쳐 나타나지만 주로 장파에서 심하고 단파대로 갈수록 감쇠하며 초단파에서는 거의 영향이 없다. 국내의 산악지대에 발생하는 천둥에 의한 대기잡음은 근거리 공전이라고 하며 전계강도는 현저하게 크지만 단시간에 끝난다.

[공전 방해의 경감법]
㉠ 지향성 공중선을 사용함
㉡ 수신기의 수신 대역폭을 좁히고 선택도를 높임
㉢ 송신출력을 증대시켜 수신점의 S/N비를 크게 함
㉣ 수신기에 리미터 등의 잡음 억제 회로를 사용함
㉤ 공전이 적은 지역에 수신소를 건설
㉥ 짧은 파장을 사용함

22 자유 공간에서 전자파의 주파수가 3[MHz]인 전파의 파장은 얼마인가? (단, 광속도 (C)=3×10^8[m/s])

① 50[m]　② 100[m]
③ 200[m]　④ 300[m]

해설 파장 $\lambda = \frac{C}{f} = \frac{3\times10^8}{3\times10^6} = 100[\text{m}]$

23 다음 중 야기(Yagi) 안테나의 특성으로 틀린 것은?

① 구조는 간단하나 이득이 크다.
② 무지향성을 지닌다.
③ 협대역 특성을 갖는다.
④ 각 소자의 간격은 $\lambda/4$ 정도로 한다.

해설 야기-우다(Yagi-Uda) 안테나는 반파 다이폴 또는 폴디드 다이폴의 방사기 앞뒤에 무급전 소자를 배치(도파기, 투사기, 복사기로 구성)하여 단방향성을 갖게 한 안테나이다.
① 방사기의 후방 $\lambda/4$의 위치에 복사기의 길이 $\lambda/2$보다 길게 하여 유도 성분을 갖게 한 도체를 반사기(Reflector)라 한다.
② $\lambda/2$보다 짧게 하여 복사기 전방 $\lambda/4$의 위치에 두는 도체를 도파기(director)라 하고 용량 성분을 갖는다.
③ 지향성은 방사기에서 도파기로 향해 단일 방향 특성을 갖는다.
④ TV 수신용, 초단파 송신, 수신 등의 지향성 안테나로 쓰인다.

24 다음 중 단파에서 사용하는 안테나가 아닌 것은?

① 혼(Horn) 안테나
② 루프(Loop) 안테나
③ 다이폴(Dipole) 안테나
④ 롬빅(Rhombic) 안테나

해설 안테나 종류
① 사용 주파수에 따른 분류

Answer　21. ③　22. ②　23. ②　24. ①

㉠ 장파, 중파용 : 접지 안테나, 루프 안테나 등
㉡ 단파용 : 반파장 다이폴 안테나, 롬빅 안테나 등
㉢ 초단파용 : 헬리컬 안테나, 야기 안테나 등
㉣ 극초단파용 : 혼 안테나, 단일 슬롯 안테나, 파라볼라 안테나, 반사판 안테나, 카세그레인 안테나, 렌즈 안테나, 혼 리플렉터 안테나 등
② 대역폭에 따른 분류
㉠ 광대역 : 로그 안테나, 스파이럴 안테나, 나선 안테나
㉡ 협대역 : 패치 안테나, 슬롯 안테나
③ 동작 원리에 따른 분류
㉠ 정재파 안테나(공진형 안테나) : 안테나 도선에 정재파를 태우고 공진시키는 대부분의 안테나
㉡ 진행파 안테나
• 안테나 도선상에 정재파만 존재하는 안테나
• 롬빅 안테나, 피시본 안테나, 헬리컬 안테나 등

25. 다음 중 마이크로파 대역을 주로 사용하는 통신방식은?

① 위성 통신
② AM 라디오 방송
③ 아마추어 무선
④ 선박통신

해설 위성통신은 마이크로파를 사용하기 때문에 고속 대용량 통신이 가능하고 넓은 지역(특정국가 전역)을 통신권역으로 할 수 있다.

26. 다음 중 주파수 변조방식의 특징에 해당되지 않는 것은?

① AM방식에 비해 잡음이나 혼신에 강하다.
② S/N비가 개선된다.
③ 넓은 주파수 대역이 필요하다.
④ 전송로의 주파수 변동에 강하다.

해설 주파수 변조(Frequency Modulation, FM)
신호파에 따라서 반송파의 진폭을 일정한 상태에서 주파수만을 변조시키는 방법
[FM 통신 방식의 특징]
㉠ S/N비가 좋다.
㉡ 송신기의 효율을 높일 수 있고 일그러짐이 적다.
㉢ 수신기의 출력 준위의 변동이 적다.
㉣ 혼신 방해를 적게 할 수 있다.
㉤ 주파수 대역을 넓게 잡을 필요가 있다.

27. 정지 위성은 적도 상공으로부터 약 어느 정도 높이에 있는가?

① 약 15,000[km]
② 약 27,000[km]
③ 약 36,000[km]
④ 약 42,000[km]

해설 방송위성(정지위성 : 지상 36,000[km] 상공에 떠 있으며, 지구의 자전속도와 동일하게 움직이므로 정지한 것처럼 보인다고 하여 정지위성이라고도 함)을 이용한 TV나 라디오 방송을 위성방송이라 한다.

28. 셀룰러 이동통신 시스템에서 무선전화 단말기의 통신방식은?

① 단방향 통신(Simplex)
② 반이중 통신(Half-Duplex)
③ 전이중 통신(Full-Duplex)
④ 병렬전송(Parallel Communication)

해설 셀룰러 이동통신시스템에서 무선전화 단말기는 전이중 통신(Full-Duplex)방식을 사용한다.

㉠ 단방향(Simplex)통신방식은 접속한 두 장치 사이에서 데이터를 한 방향으로 전송하는 방식이다.
㉡ 반이중(Half Duplex)방식은 양방향에서의 전송이 가능하나 동시에 양방향 통신은 불가능한 방식이다.
㉢ 전이중(Full duplex) 통신 방식은 양방향에서 동시에 정보의 송·수신이 가능한 방식이다.

29 전파의 특성상 큰 건물에 막혀 있어도 어느 정도는 통신이 가능한 이유는?

① 감쇠 현상　② 페이딩 현상
③ 회절 현상　④ 간섭 현상

해설) 전파 전파(電波傳播)는 전파가 대지, 대기, 이온층 등의 매질 속을 회절, 반사, 굴절, 산란, 흡수 등의 현상을 보이면서 퍼져 나가는 일

  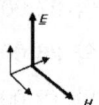
굴절(refraction)　반사(reflection)　회절(Diffraction)　편파(Polarization)　산란(scattering)

30 다음 중 이동통신서비스의 통신방식과 관계없는 것은?

① PSTN(Public Switched Telephone Network)
② TRS(Trunked Radio System)
③ AMPS(Advanced Mobile Phone System)
④ WCDMA(Wideband Code Division Multiple Access)

31 정류기의 부하 양단 평균전압이 500[V]이고 맥동률이 2[%]일 때 교류분 몇 [V]가 포함되어 있는가?

① 1[V]　② 10[V]
③ 15[V]　④ 25[V]

해설) 맥동률(γ)

$$= \frac{\text{출력파형에 포함된 교류분의 실효값}\Delta V}{\text{출력파형의 평균값(직류성분)}V_d}\times 100[\%]$$

$$\Delta V = \frac{\gamma \cdot V_d}{100} = \frac{2\times 500}{100} = 10[V]$$

32 다음 중 오실로스코프에 나타난 리사쥬 도형 및 파형을 이용하여 측정할 수 없는 것은?

① 변조도
② 스퓨리어스
③ 두 신호의 위상차
④ 주파수

해설) 오실로스코프는 전기신호의 파형을 시각적으로 표현하는 기기로 입력된 전기신호를 내부나 외부의 동기신호에 따라 브라운관에 시간 축으로 설정된 X축에 따라 신호의 크기가 Y축상에서 표시되며, 오실로스코프는 신호의 크기(전압), 파형, 위상, 주파수 등을 측정할 수 있다.
[오실로스코프(Oscilloscope)를 이용한 측정]
㉠ 주파수 및 주기 측정
㉡ 전압(방사 전파의 강도) 측정
㉢ 변조특성 측정
㉣ 위상차 측정
㉤ 파형 관측 비교
㉥ 왜율 측정

33 다음 중 실효 선택도(2신호 선택도)에 해당되지 않는 것은?

① 혼변조
② 상호변조
③ 영상주파억압 효과
④ 감도억압 효과

해설 선택도(selectivity)는 희망하는 주파수를 불필요한 다른 전파들로부터 어느 정도 분리시켜 선택할 수 있는가 하는 능력을 말하며, 실효 선택도에는 혼변조, 상호변조, 감도억압변조가 해당된다.

34 수신기의 특성 측정 또는 조정에 있어서 필요치 않은 장비는?

① 싱크로스코프(Synchroscope)
② 표준신호 발생기(Standard Single Generator)
③ 볼로메터(Bolometer)
④ 의사안테나(Dummy Antenna)

해설 수신기에서 중간주파 증폭부의 주파수 특성, 주파수 변별기의 주파수 특성, 광대역 증폭기의 주파수 특성 등 고주파 회로의 대역 특성을 측정하기 위해서는 신호원의 소인발진기와 특성의 측정을 위한 오실로스코프가 필요하다. 오실로스코프는 전기신호의 파형을 시각적으로 표현하는 기기로 입력된 전기신호를 내부나 외부의 동기신호에 따라 브라운관에 시간 축으로 설정된 X축에 따라 신호의 크기가 Y축 상에서 표시되며, 오실로스코프는 신호의 크기(전압), 파형, 위상, 주파수 등을 측정할 수 있다.

35 정재파비 측정에 있어서 최대 및 최소점의 고주파 전압계의 지시가 10[V]와 5[V]일 경우 정재파비는 얼마인가?

① 0.5 ② 1
③ 2   ④ 5

해설 전압 정재파비(VSWR)는 부하 쪽으로 진행하는 에너지파와 부하 쪽에서 반사되어 나오는 에너지파에 의해 발생되는 정재파(Standing Wave)의 최댓값과 최솟값의 비로서, 통상 안테나와 급전선 부위의 정합성 정도를 나타내는 데 사용된다.
반사계수(Γ)

$$\Gamma = \frac{Z_L - Z_o}{Z_L + Z_o} = \frac{10-5}{10+5} = \frac{5}{15} = 0.33$$

$$S = \frac{1+\rho}{1-\rho} = \frac{1+0.33}{1-0.33} = \frac{1.33}{0.67} \fallingdotseq 2$$

36 4[MHz] 초과 29.7[MHz] 이하 대역을 사용하는 항공이동 업무용 단측파대 무선전화 송신설비에 사용하는 전파의 주파수허용편차로 알맞지 않은 것은?

① 항공국 10[Hz]
② 항공이동위성국 200[Hz]
③ 국제업무를 행하는 항공기국 20[Hz]
④ 국제업무를 행하지 아니하는 항공기국 50[Hz]

해설 8) 1,606.5kHz 초과 4,000kHz 이하의 대역과 4MHz 초과 29.7MHz 이하의 대역을 사용하는 항공이동(R)업무용 단측파대 무선전화 송신설비에 사용하는 전파의 주파수 허용편차는 이 표에 규정한 값에 불구하고 다음과 같이 한다.
㉠ 항공국 : 10Hz
㉡ 국제업무를 행하는 항공기국 : 20Hz
㉢ 국제업무를 행하지 아니하는 항공기국 : 50Hz(가능하면 20Hz)

37 다음 중 산업용 전파응용설비의 안전시설 설치기준을 준용하여 적용하는 설비로 알맞은 것은?

① 기타 전파응용설비
② 전력선 통신설비
③ 유도식 통신설비
④ 의료용 전파응용설비

해설 제45조(통신설비 외의 전파응용설비) 법 제58조제1항제1호의 규정에 의한 설비는 다음 각 호의 1과 같다.

Answer 34. ③ 35. ③ 36. ② 37. ①

1. 산업용 전파응용설비(고주파의 에너지를 발생시켜 그 에너지를 목재와 합판의 건조, 금속의 용융 또는 가열, 진공관의 배기 등 산업생산을 위하여 이용하는 것으로서 50와트를 초과하는 고주파 출력을 사용하는 것을 말한다. 이하 같다)
2. 의료용 전파응용설비(고주파의 에너지를 발생시켜 그 에너지를 의료용으로 이용하는 것으로서 50와트를 초과하는 고주파 출력을 사용하는 것을 말한다. 이하 같다)
3. 기타 전파응용설비(제1호 및 제2호 외의 설비로서 고주파의 에너지를 직접 부하(負荷)에 주거나 가열 또는 전리 등의 목적에 이용하는 것으로서 50와트를 초과하는 고주파 출력을 사용하는 것. 다만, 가사용 전자제품으로서 정보통신부장관이 정하여 고시하는 것을 제외한다. 이하 같다)

38 무선설비가 안정적으로 동작하는 데 필요한 표준상태의 전압으로 정의되는 것은?

① 기준전압　② 표준전압
③ 정격전압　④ 사용전압

해설 27. "정격전압"이라 함은 무선설비가 안정적으로 동작하는 데 필요한 표준 상태의 전압을 말한다.
② 이 규칙에서 사용하는 용어의 정의는 제1항에서 정하는 것을 제외하고는 전파법령이 정하는 바에 의한다.

39 무선설비의 운용을 위한 전원의 전압변동률은 정격전압의 몇 [%] 이내인가?

① ±5[%]　② ±10[%]
③ ±15[%]　④ ±20[%]

해설 무선설비는 전원이 정격전압의 ±10퍼센트 이내의 범위에서 변동된 경우에도 안정적으로 동작할 수 있어야 한다. <무선설비규칙, 정보통신부령 제108호>

40 다음 중 무선설비에 전원 공급을 위한 고압전기에 해당되는 것은?

① 500[V] 교류전압
② 550[V] 고주파전압
③ 700[V] 직류전압
④ 800[V] 직류전압

해설 무선설비에 전원의 공급을 위한 고압전기는 600볼트를 초과하는 고주파 및 교류전압과 750볼트를 초과하는 직류전압을 말한다.

41 발사에 의하여 점유하는 주파수대의 중심주파수와 지정주파수 사이에 허용될 수 있는 최대편차로서 백만분율 또는 Hz로 표시하는 것은?

① 점유주파수대폭
② 주파수허용편차
③ 기준주파수
④ 필요주파수대폭

해설 무선설비규칙 제2조(정의)
38번 해설 참고하세요.

42 송신설비의 안테나·급전선 등 고압전기를 통하는 장치는 통상적으로 사람이 보행하거나 기거하는 평면으로부터 얼마의 높이에 설치되어야 하는가?

① 1.5미터 이상　② 2.5미터 이상
③ 3.5미터 이상　④ 4.5미터 이상

해설 무선설비규칙의 제19조(무선설비의 안전시설)

Answer　38. ③　39. ②　40. ④　41. ②　42. ②

④ 송신설비의 공중선・급전선 등 고압전기를 통하는 장치는 사람이 보행하거나 기거하는 평면으로부터 2.5미터 이상의 높이에 설치되어야 한다. 다만, 다음 각 호의 1에 해당하는 경우에는 그러하지 아니하다.
  1. 2.5미터 미만의 높이의 부분이 인체에 용이하게 닿지 아니하는 위치에 있는 경우
  2. 이동국으로서 그 이동체의 구조상 설치가 곤란하고 무선종사자 외의 자가 출입하지 아니하는 장소에 있는 경우

43 "기본모델과 전기적인 회로・구조・기능이 유사한 제품군으로 기본모델과 동일한 적합성평가번호를 사용하는 기자재"를 무엇이라고 하는가?

① 변형모델   ② 유사모델
③ 정상모델   ④ 파생모델

해설 방송통신기기 형식검정・형식등록 및 전자파적합등록에 관한 고시 제2조(정의)
  6. "기본모델"이라 함은 기기 내부의 전기적인 회로・구조・성능이 동일하고 기능이 유사한 제품군 중 표본적으로 인증을 받는 기기를 말한다.
  7. "파생모델"이라 함은 기본모델과 전기적인 회로・구조・성능이 동일하고 그 부가적인 기능만을 변경한 기기를 말한다.

44 다음 중 방송통신기자재 등의 적합인증 신청 시 제출하여야 하는 사용자설명서에 포함되지 않아도 되는 것은?

① 제품개요
② 사양
③ 구성 및 조작방법
④ 작동원리

해설 방송통신기자재 등의 적합성평가에 관한 고시 제5조(적합인증의 신청 등)
  1. 별지 제1호서식의 적합인증신청서
  2. 사용자설명서(한글본) : 기본모델의 제품개요, 사양, 구성 및 조작방법 등이 포함되어야 한다.

45 다음 중 적합인증에 대한 설명으로 옳은 것은?

① 중대한 전자파장해를 주거나 전자파로부터 정상적인 동작을 방해받을 정도의 영향을 받는 기자재를 제조 또는 판매하거나 수입하려는 경우의 적합성평가
② 방송통신기자재 등에 대한 적합성평가 기준이 마련되어 있지 않은 경우의 적합성 평가
③ 측정・검사용으로 사용되는 방송통신기자재 등에 대한 적합성평가
④ 산업・과학용으로 사용되는 방송통신기자재 등에 대한 적합성평가

해설 적합인증
  전파환경 및 방송통신망 등에 위해를 줄 우려가 있는 방송통신기자재, 중대한 전자파장해를 주거나 전자파로부터 정상적인 동작을 방해받을 정도의 영향을 받는 방송통신기자재, 그 밖에 사람의 생명과 안전 등에 중대한 위해를 줄 우려가 있는 방송통신기자재 등이 해당된다.

46 평문의 문장이나 단어 또는 어귀 중 주가 되는 문자를 발췌하고 조립하여 전문의 단축을 도모하는 것을 무엇이라 하는가?

① 부호   ② 약어
③ 음어   ④ 암호

Answer 43. ④ 44. ④ 45. ① 46. ②

해설 ① 암호(暗號) : 제3자에게 비밀로 할 목적으로 평문(平文)에 암어기술(暗語技術)을 가하여 그 내용 전체를 체계적으로 변경시키는 각종 방식을 말한다.
② 음어(陰語) : 제3자에게 비밀로 할 목적으로 통신문의 내용 중 비밀에 속하는 부분의 평문의 단어나 구절을 다른 어귀나 숫자와 문자 등으로 변경시키는 방식
③ 약호(略號) : 평문의 문장. 어귀 또는 단어를 다른 간략한 문자. 숫자 또는 어귀로 대치하여 교신 상호간에 식별하도록 한 방법

47 전기통신역무를 제공하기 위하여 개설한 무선국의 무선통신업무에 종사하는 자는 몇 년마다 통신보안교육을 받아야 하는가?

① 1년   ② 3년
③ 5년   ④ 10년

해설 무선국의 운용 등에 관한 규칙의 제6조(통신보안교육)
① 법 제30조제2항의 규정에 의하여 무선통신업무에 종사하는 자는 5년마다 1회의 통신보안교육을 받아야 한다. 다만, 국가 또는 지방자치단체가 개설한 무선국에 종사하는 자는 그러하지 아니하다.

48 다음 중 보안도의 순위가 가장 높은 것은?

① 전령통신   ② 우편통신
③ 시호통신   ④ 유선통신

해설 통신수단별 보안순위
전령통신 > 등기우편 > 인가된 우편 > 통상우편 > 유선통신 > 시호통신 > 음향통신 > 무선중계 유선통신 > 무선통신의 순으로 보안성이 결정된다. 즉 전령통신의 보안성이 가장 높고, 무선통신의 보안성이 가장 취약하다.

49 다음 중 보안성이 가장 높은 것은?

① 약어
② 음어
③ 모스(Morse) 부호
④ 암호

해설 ① 암호 : 평문의 문자나 숫자 등에 암호 기술상의 처리를 가하여 그 내용 전체를 체계적으로 변경시켜 비밀을 탐지하려는 사람이 전혀 이해할 수 없게 하려는 것이다.
② 음어 : 평문의 단어나 구절 또는 숫자를 다른 어휘 또는 숫자, 문자 등으로 변경시키는 각종 방식으로서, 암호 기술상의 처리를 가하지 않으며 조립 해독이 암호에 비하여 신속한다.
③ 약호 : 비밀이 아닌 평문 내용의 긴 문장이나 단어 및 어휘를 전혀 뜻이 다른 간략한 문자 또는 숫자 등으로 대치하여, 교신 상호간에 신속히 식별할 수 있도록 한 것으로 통신보안의 목적으로도 사용할 수 있다.
④ 약어 : 평문의 긴 문장이나 단어 또는 어휘 중에서 주가 되는 문자만을 추려서 간략하게 결합한 것으로 통신 소통의 신속성과 간편성을 도모하기 위해 사용된다.

50 다음 중 통신보안의 1차적 책임은?

① 기관장   ② 통신이용자
③ 전문기안자   ④ 전문통제권자

해설 ① 통신보안의 1차적 책임은 통신이용자이며 그 다음으로는 통신문기안자와 비밀분류 및 통신통제권자이다.

51 다음 중 산술 논리 장치와 중앙 처리 장치(CPU)의 제어 기능을 하나의 칩 속에 집적하여 연산과 제어를 수행하게 하는 것은?

① 마이크로프로세서

Answer 47. ③ 48. ① 49. ④ 50. ② 51. ①

② 컴파일러
③ 소프트웨어
④ 레지스터

> **해설** 마이크로프로세서(microprocessor)는 중앙처리장치의 기능을 한 개 또는 여러 개의 칩 속에 집적시켜 연산 및 제어를 실행할 수 있도록 한 소자이다.

52 다음 중 레지스터에 새로운 데이터를 전송할 경우 이전 데이터 상태에 대한 설명으로 옳은 것은?

① 스택(Stack)에 저장된다.
② 이전에 있던 내용은 다른 곳으로 전송되고 새로운 내용만 기억된다.
③ 이전에 있던 내용은 지워지고 새로운 내용이 기억된다.
④ 기억된 내용에 아무런 변화가 없다.

> **해설** 레지스터(register)
> 산술적/논리적 연산이나 정보 해석, 전송 등을 할 수 있는 일정 길이의 정보를 저장하는 중앙처리장치(CPU) 내의 기억장치. 저장 용량은 제한되어 있으나 주기억 장치에 비해서 접근 시간이 빠르고, 체계적인 특징이 있다. 컴퓨터에는 산술 및 논리 연산의 결과를 임시로 기억하는 누산기, 기억 주소나 장치의 주소를 기억하는 주소 레지스터를 비롯하여 컴퓨터의 동작을 관리하는 각종 레지스터가 사용된다.

53 중앙처리장치와 주변장치의 속도 차이가 극심한 경우에 중앙처리장치와 입출력장치가 병행하여 동작함으로써 하드웨어의 운영을 효율적으로 하기 위하여 필요한 것은?

① 컴파일러(Compiler)

② 인터럽트(Interrupt)
③ 프로그램 라이브러리(Program Library)
④ PSW(Program State Word)

> **해설** 프로그램 처리 도중 긴급사태나 외부의 요구에 의하여 처리 중인 프로그램을 일시 중지하고, 발생된 내용을 처리한 후에 처리하던 원래의 프로그램을 재개하는 것을 인터럽트라 한다. 상태를 복구하고, PC에 저장된 프로그램 상태를 통해 실행을 재개한다.

54 다음 중 그레이 코드(Gray Code)에 대한 설명으로 틀린 것은?

① A/D변환기, 입출력 장치, 기타 주변장치용의 코드로 이용된다.
② 각 자리에 일정한 값을 부여하는 자리값이 없는 코드이다.
③ $(1101)_2$를 그레이코드로 변환하면 $(1111)_{gray}$가 된다.
④ 한 비트의 변환만으로 다음 값을 만들 수 있기 때문에 변화가 적다.

> **해설** 그레이 코드(Gray Code)는 1비트의 변화를 주어 아날로그 데이터를 디지털 데이터로 변환하는 데 사용하는 코드로, 연산에는 부적합한 코드로 A/D 변환기, 입출력장치의 인터페이스 코드로 널리 사용된다.
> - 그레이 코드 1101을 2진수로 변환하면
>
> 그레이코드 1 + 1 + 0 + 1
> 2진수   1   0   0   1

55 $xy + \overline{x}z + xyz + \overline{x}yz$를 간소화한 것으로 맞는 것은?

① xy
② $xy + xz$
③ $xy + \overline{x}z$
④ $xy + \overline{y}z$

Answer 52. ③ 53. ② 54. ③ 55. ③

> **해설** $xy + \bar{x}z + xyz + \bar{x}yz$
> $= xy(1+z) + \bar{x}z(1+y)$
> $= xy + \bar{x}z$

56 다음 중 직접회로(IC)의 일반적인 특성으로 틀린 것은?

① 동작속도가 빠르다.
② 소비 전력이 작다.
③ 회로를 초소형으로 만들 수 있다.
④ 팬 아웃(Fan-Out)이 적다.

> **해설** IC(집적회로)의 적합한 회로로서는, 코일과 콘덴서가 거의 필요 없고, 저항의 값이 비교적 작으며, 전력 출력이 작아도 되는 회로, 신뢰성이 특히 중요시되며, 소형 경량을 요하는 회로 등이다.

57 다음 중 프로그램 설계 방법으로 틀린 것은?

① 입·출력 설계
② 알고리즘 설계
③ 전체 설계
④ 상세 설계

> **해설** 프로그램 설계 방법으로는 입·출력 설계, 알고리즘 설계, 상세 설계방법을 사용한다.

58 다음 중 소프트웨어 개발 순서로 옳은 것은?

① 설계 - 분석 - 구현 - 테스트
② 분석 - 설계 - 구현 - 테스트
③ 분석 - 테스트 - 설계 - 구현
④ 테스트 - 설계 - 분석 - 구현

> **해설** 프로그램 작성 절차
> ① 문제분석 → ② 시스템설계(입·출력 설계) → ③ 순서도 작성 → ④ 프로그램 코딩 및 입력 → ⑤ 디버깅 → ⑥ 실행 → ⑦ 문서화

59 다음 중 운영체제의 역할이 아닌 것은?

① 하드웨어들을 서로 논리적으로 연결하고 제어하는 것
② 응용프로그램과 하드웨어를 연결하는 것
③ 응용프로그램이 필요로 하는 서비스를 제공하는 것
④ 사용자가 원하는 정보를 제공하는 것

> **해설** 운영체제(OS : Operating System)란 하드웨어와 소프트웨어, 하드웨어와 사용자 간의 인터페이스 역할을 수행하고, 컴퓨터의 각종 자원을 운영, 관리하여 주며 사용자에게 최대한의 편의를 제공하는 소프트웨어 시스템이다.

60 다음 소프트웨어 중 사용관점에서 그 성격이 다른 것은?

① 한글 워드프로세서
② MS 워드
③ 훈민정음
④ V3

> **해설** 한글 워드프로세서, 훈민정음, MS 워드는 워드프로세서 프로그램의 종류이고, V3는 백신 프로그램이다.

Answer 56. ④ 57. ③ 58. ② 59. ④ 60. ④

과년도출제문제

2018. 1회

무선설비기능사(이론)

01 10[Ω]의 저항에 10[A]의 전류가 2분 동안 흐른 경우 발생한 열량은 몇 [J]인가?
① 1.2×10^2[J] ② 1.2×10^3[J]
③ 1.2×10^4[J] ④ 1.2×10^5[J]

해설 $P = I^2 \times R = 100 \times 10 = 1000$[W]
$W = Pt = 1000 \times 2 \times 60$
$= 120000$[J] $= 1.2 \times 10^5$[J]

02 두 단자 사이의 저항이 개방(Open)되었을 때 저항값은 얼마인가?
① 0[Ω] ② 1[Ω]
③ 100[Ω] ④ 무한대

해설 두 단자 사이의 저항이 개방(Open)되면 무한대(∞)의 저항값을 갖는다.

03 인덕터만의 교류회로에서 전압은 전류보다 위상이 얼마만큼 앞서는가?
① π/2[rad] ② π/4[rad]
③ π/8[rad] ④ π/16[rad]

해설 인덕터 L만의 회로에서 전압(V)은 전류(I)보다 $\frac{\pi}{2}$[rad]만큼 위상이 앞선다.

04 교류가 1초 동안에 변하는 전기각을 무엇이라고 하는가?

① 각위상 ② 각파형
③ 각속도 ④ 각시간

해설 각속도는 $\omega = 2\pi f$[rad/sec]로 교류가 1초 동안에 변하는 전기각이다.

05 전류에 의해서 생기는 자계의 방향을 알수 있는 법칙은 무엇인가?
① 쿨롱의 법칙
② 키르히호프 법칙
③ 줄의 법칙
④ 앙페르의 오른나사 법칙

해설 ① 쿨롱의 법칙은 두 자극 간에 작용하는 힘 F는 두 자극 간의 거리 r의 제곱에 반비례하고 두 자극의 세기 m_1, m_2의 곱에 비례한다.
② 키르히호프의 제1법칙(전류법칙) : 회로의 한 접속점에서 접속점에 흘러들어 오는 유입전류(I_i)의 합과 흘러나가는 유출전류(I_o)의 합은 같다. 즉 유입전류와 유출전류의 합은 0이다.
$\Sigma I_i = \Sigma I_o$ (I_i : 유입전류, I_o 유출전류)
③ 키르히호프의 제2법칙(전압법칙) : 회로망 중의 임의의 폐회로 내에서의 전압강하의 합은 그 회로의 기전력의 합과 같다.
$\Sigma E = \Sigma IR$
④ 줄의 법칙(Joule's law)은 도체에 일정기간 동안 전류를 흘리면 도체에는 열이

Answer 1. ④ 2. ④ 3. ① 4. ③ 5. ④

발생되는데, 이때 발생하는 열량은 도선의 저항과 전류의 제곱 및 흐른 시간에 비례한다.
⑤ 앙페르의 오른나사법칙은 전선에 전류가 흐르면 주위에 자기장이 발생하는데 전류의 방향을 나사의 진행방향으로 하면 나사의 회전 방향이 자기장의 방향이 된다.

동상신호를 제거하는 척도를 말하며 연산증폭기 성능 척도의 중요한 요소로 이상적인 연산증폭기의 CMRR은 무한대(∞)값을 갖는다.

$$CMRR = \frac{차동\ 이득}{동위상\ 이득}$$
$$= \frac{100000}{0.25} = 400,000$$

06 다음 중 집적회로(Integrated Circuit)의 단점이 아닌 것은?

① 용량이 큰 커패시터만 구현이 가능하다.
② 서지(Surge) 전압에 약하다.
③ 발진이나 잡음이 발생하기 쉽다.
④ 마찰에 의한 정전기의 영향을 고려해야 한다.

해설 ① 집적회로(IC)를 만들기 위한 조건
　㉠ L 및 C가 거의 필요 없고, 저항값이 작은 회로
　㉡ 전력 출력이 작아도 되는 회로
　㉢ 신뢰성이 중요시되어 소형 경량을 필요로 하는 회로
② 집적회로(IC)의 장점
　㉠ 대량생산이 가능하여, 저렴하다.
　㉡ 크기가 작다.
　㉢ 신뢰도가 높다.
　㉣ 향상된 성능을 가질 수 있다.
　㉤ 접합된 장치를 만들 수 있다.

07 연산증폭기의 개방회로(Open circuit) 이득이 100,000이고, 동상이득이 0.25라면 동상제거비(CMRR)는 얼마인가?

① 200,000　　② 400,000
③ 600,000　　④ 800,000

해설 동위상 신호 제거비(CMRR, common mode rejection ratio)

08 다음 중 출력 전류를 (-)의 궤환전류 I_f를 만들어 입력측과 병렬로 접속시켜 증폭기 전체 입력을 감소시키는 부궤환 방식은?

① 직렬전압 궤환회로
② 직렬전류 궤환회로
③ 병렬전류 궤환회로
④ 병렬전압 궤환회로

해설 ① 직렬 전류 궤환회로 : 직렬, 직렬 → 입력 임피던스 증가, 출력 임피던스 증가
② 직렬 전압 궤환회로 : 직렬, 병렬 → 입력 임피던스 증가, 출력 임피던스 감소
③ 병렬 전류 궤환회로 : 병렬, 직렬 → 입력 임피던스 감소, 출력 임피던스 증가
④ 병렬 전압 궤환회로 : 병렬, 병렬 → 입력 임피던스 감소, 출력 임피던스 감소
직렬 병렬의 구분은 쌍접합 트랜지스터(BJT)의 경우 베이스 쪽에 출력 쪽에서 궤환(연결된 선)이 없다면 직렬이고, 병렬은 베이스 쪽에 출력으로부터 궤환(연결된 선)이 있는 경우이고, 전류 전압구분은 입력이 베이스에 있을 때 컬렉터에서 출력이 이루어지면 전류궤환, 입력이 베이스에 있을 때 이미터에서 출력이 이루어지면 전압궤환이다. 단, 쌍접합 트랜지스터(BJT)의 전압궤환바이어스의 경우 출력이 컬렉터에서 이루어지지만 궤환이 입력인 베이스에 직접 연결되어 전압궤환이 되어 "병렬 전압"이라 하며, 입력 임피던스와 출력 임피던스가 감소된다.

Answer 6. ① 7. ② 8. ③

09 그림은 무선기기의 전력측정 구성도이다. 스펙트럼분석기가 지시하는 값이 10[mW]라면 무선기기의 출력전력은 얼마인가? (단, 케이블의 감쇠는 무시한다.)

```
[무선기기] ―케이블1― [30dB 감쇠기] ―케이블2― [스펙트럼 분석기]
```

① 10[mW] ② 300[mW]
③ 3[W]   ④ 10[W]

해설 $G = 10\log_{10} A_p$ [dB] (A_p : 전력증폭도)
dB $= 10\log x$, $30 = 10\log x$, $\log x = 3$
$\log 3 = 10^3$이므로
$10 \times 10^{-3} \times 1000 = 10$[W]

10 다음 중 발진회로의 전기적 특성에 해당되지 않는 것은?

① 발진주파수 안정도
② 주파수 가변 범위
③ 발진 출력 레벨 안정도
④ 발진 출력의 부궤환 레벨

해설 발진회로의 전기적 특성은 발진주파수의 안정도, 주파수의 가변 범위, 발진출력 레벨 안정도 등이며, 부궤환은 증폭회로의 특성에 속한다.

11 스텝 주파수가 10[kHz]이고, 혼합기 출력이 1.24~1.68[MHz]일 경우 프로그래머블 카운터의 분주비는 얼마인가?

① 12.4~16.8   ② 124~168
③ 1,240~1,680   ④ 12,400~16,800

해설 $\dfrac{1.24 \times 10^6}{10 \times 10^3} = 124$, $\dfrac{1.68 \times 10^6}{10 \times 10^3} = 168$이므로 124~168의 분주비를 갖는다.

12 연속적인 아날로그 신호를 가지고 주기적으로 펄스의 진폭, 주기, 위치 등을 변화시키는 방식은?

① 진폭변조   ② 주기변조
③ 펄스변조   ④ 위상변조

해설 ① 진폭 변조(Amplitude Modulation, AM) : 반송파(정현파)의 진폭을 신호파에 따라서 변화시키는 변조 방법
② 주파수 변조(Frequency Modulation, FM) : 신호파에 따라서 반송파의 진폭이 일정한 상태에서 주파수만을 변조시키는 방법
③ 위상 변조(Phase Modulation) : 반송파의 각속도를 신호파에 따라서 변화시키는 변조방법
④ 펄스 변조 : 펄스파가 신호파에 의해 변화되는 변조방법

13 다음 중 진폭변조에 관한 사항으로 틀린 것은?

① 반송파 전력 $P_c = \dfrac{I_{cm}^2 R}{2}$

② 상측파 소비전력 $P_u = \dfrac{m^2 I_{cm}^2 R}{8}$

③ 피변조파 전력 $P_m = P_c \left(1 + \dfrac{m^2}{2}\right)$

④ 반송파와 상·하측파대와의 전력비
   $1 : \dfrac{m^2}{2} : \dfrac{m^2}{2}$

해설 진폭 변조(Amplitude Modulation, AM) : 반송파(정현파)의 진폭을 신호파에 따라서 변화시키는 변조 방법. $m=1$(100[%] 변조)일 때 반송파의 점유 전력은 전 전력의 $\dfrac{2}{3}$이며, 나머지 $\dfrac{1}{3}$의 전력이 상·하 양측파가 점

Answer   9. ④   10. ④   11. ②   12. ③   13. ④

유하는 전력이 된다.

14 다음 그림의 회로는 출력 주파수가 25[kHz]를 얻도록 설계되었다. 입력 신호의 주파수로 적합한 것은?

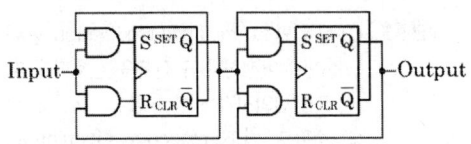

① 200[kHz] ② 100[kHz]
③ 50[kHz]   ④ 25[kHz]

> **해설** T 플립플롭에 의한 1/2 분주회로가 2개 직렬 연결된 회로이므로 전체적으로는 1/4 분주회로이다. 그러므로 출력주파수의 4배가 입력에 공급되어야 하므로, 입력신호는 100[kHz]이다.

15 트랜지스터의 스위칭 시간에서 Turn-Off 시간으로 맞는 것은?

① 지연시간
② 상승시간+지연시간
③ 축적시간+하강시간
④ 축적시간

> **해설** 스위칭 동작을 행하는 트랜지스터가 오프 상태에서 온 상태로 이동하는 동작(턴온), 또는 그 역의 동작(턴오프)을 행하는 데 필요한 시간. 일반적으로 턴온 시간과 턴오프 시간은 다르다(펄스 참고). 특히 양극성 트랜지스터의 포화영역을 이용하는 경우에는 베이스 영역에 주입·축적시킨 과잉소수 반송파의 방전에 요하는 축적시간(storage time)이 턴오프 시간에 가해진다.
> - 축적 시간(storage time)은 스위칭용 트랜지스터의 스위칭 속도를 나타내는 것으로서 켜짐(on) 상태에서 갑자기 꺼짐(off) 상태로 되었을 때의 시간의 지연. 보통 ts의 기호로 나타낸다.
> - 턴오프 시간(turn-off time)은 온과 오프의 2가지 상태를 가진 스위칭 회로에서 온 상태로부터 오프 상태로 변화시키는 입력을 준 다음부터 상태가 오프로 될 때까지의 시간

16 수신기의 성능 중 수신하려고 하는 희망 전파를 다른 주파수의 전파로부터 어느 정도까지 분리할 수 있는가를 나타내는 것은?

① 감도   ② 선택도
③ 안정도   ④ 잡음

> **해설** ㉠ 안정도(Stability)란 주파수와 진폭이 일정한 전파를 수신하면서 장시간에 걸쳐 조정하지 않은 상태로 왜곡 없는 일정한 출력을 얻을 수 있느냐 하는 능력을 나타내는 척도이다.
> ㉡ 선택도(selectivity)는 희망하는 주파수를 불필요한 다른 전파들로부터 어느 정도 분리시켜 선택할 수 있는가 하는 능력을 말한다.
> ㉢ 감도(sensitivity)는 어느 정도 미약한 전파까지 수신할 수 있는가를 나타내는 것으로 일정한 출력을 얻는 데 필요한 수신기의 안테나 입력전압으로 나타낸다.
> ㉣ 충실도(fidelity) : 송신측에서 변조된 신호를 어느 정도까지 충실히 재현할 수 있는지의 청도(원음에 가까운)를 나타낸다.

17 다음 중 디지털 수신기의 변조 방식으로 옳지 않은 것은?

① 진폭 편이 변조(ASK)
② 주파수 편이 변조(FSK)
③ 위상 편이 변조(PSK)
④ 펄 스위치 변조(PPM)

> **해설** 디지털 변조방식

Answer 14. ② 15. ③ 16. ② 17. ④

① 진폭 편이 변조(ASK : Amplitude Shift Keying) : 디지털 신호가 1이면 출력을 송신, 0이면 off
② 주파수 편이 변조(FSK : Frequency Shift Keying) : 디지털 신호가 1이면 f_1 주파수로, 0이면 f_2 주파수로 주파수를 바꿈
③ 위상 편이 변조(PSK : Phase Shift Keying) : 디지털 신호의 0, 1에 따라 2종류의 위상을 갖는 변조 방식이다.

18 다음 중 FS(Frequency Shift) 통신방식에 대한 설명으로 틀린 것은?

① FM(Frequency Modulation)의 이점을 전신에 이용한 것이다.
② 마크(Mark) 시에만 전파가 발사된다.
③ 잡음에 강하여 인쇄 전신 등에 적합하다.
④ 신호에 따라 주파수를 편이시켜 전송한다.

해설 FS 통신방식의 특징
① 신호 대 잡음비가 A1A에 비해 개선
② AGC 및 공간 다이버시티를 사용
③ 고속도 및 다중통신에 적합
④ 작은 전력으로도 양질의 통신이 가능
⑤ 오자율이 적다.

19 다음 중 주파수 편이 변조 방식의 특징에 대한 설명으로 틀린 것은?

① 일정한 진폭 특성을 갖기 때문에 비선형에 유리하다.
② 비동기 검파를 이용하는 경우 간단한 주파수 편이 변조 방식의 모뎀 구현이 쉽다.
③ 동기검파와 비동기검파에 사용 가능하다.

④ 잡음에 강하므로 고속 전송에 적합하다.

해설 주파수 편이 변조 방식은 디지털 신호의 0과 1의 값에 따라 반송파의 주파수를 달리하는 방식

20 무선 송신기에서 발생하는 잡음 중 내부 잡음의 원인이 아닌 것은?

① 부품 불량   ② 기생 진동
③ 자기 진동   ④ 공전

해설 공전은 기상변화에 따른 전기변화 등에 의해서 발생하는 대기잡음으로 외부 잡음이다.

21 실효길이(실효고)가 20[m]인 λ/4 수직 접지 안테나의 높이는 약 얼마인가?

① 약 15[m]   ② 약 31[m]
③ 약 45[m]   ④ 약 61[m]

해설 실효고(h_e)는 $h_e = \dfrac{\lambda}{2\pi}$,
$\lambda = 2\pi \times h_e = 3.14 \times 2 \times 20 = 125.6$
안테나 $\dfrac{\lambda}{4} = \dfrac{125.6}{4} = 31.5 ≒ 31[m]$

22 다음 중 안테나와 급전선의 결합부에 임피던스 정합을 하는 이유는?

① 코로나 저항을 작게 하기 위해서이다.
② 급전선상의 정재파를 없애기 위해서이다.
③ 급전선상의 임피던스를 작게 하기 위해서이다.
④ 방사 저항을 작게 하기 위해서이다.

해설 급전선에서 부하로 최대 전송효율을 얻기 위해서는 급전선의 특성 임피던스와 부하 임

Answer 18. ② 19. ④ 20. ④ 21. ② 22. ②

피던스가 정합되어 있어야 한다. 정합이 안된 경우에는 반사에 의해 급전선상에 정재파가 실려 전력 손실이 커진다.

23 다음 중 수직편파 다이폴 안테나와 비교한 수평편파 다이폴 안테나에 대한 설명으로 틀린 것은?

① 도시 잡음 방해가 적다.
② 혼신 방해가 경감된다.
③ 안테나의 높이는 높게 해야 한다.
④ 정합 방법이 더 편리하다.

> **해설** 수평편파와 수직편파의 차이점
> 수평편파로 운용할 경우 대지면과 불연속면 사이를 원활한 바운딩으로 멀리까지 송·수신이 된다.

24 빔(Beam) 안테나의 소자배열 간격은 급전의 편의상 규칙적으로 배치하는데 일반적인 배열 간격은 얼마인가?

① λ ② $\lambda/2$
③ $\lambda/4$ ④ $\lambda/8$

> **해설** 배열 안테나(array antenna)는 2 이상의 안테나 소자들을 동시에 사용하여 원하는 지향성(방사 패턴)을 얻으며, 통상적으로, $\lambda/2$ 소자를 여러 개 배열하여 사용한다.

25 주파수가 1.5[MHz]라면 전파의 파장은 얼마인가?

① 50[m]   ② 100[m]
③ 150[m]   ④ 200[m]

> **해설** 파장 : $\lambda = \dfrac{C}{f} = \dfrac{3 \times 10^8}{1.5 \times 10^6} = 200[m]$

26 다음 중 통신 위성체 구성 장치의 텔레메트리(Telemetry) 기능으로 알맞지 않은 것은?

① 태양전지 충전
② 위성의 자세측정
③ 위성의 위치측정
④ 지상관제소에 상태정보 전송

> **해설** 텔레메트리(Telemetry)
> 먼 거리나 접근할 수 없는 지점에서 일어나는 것의 감시, 표시 또는 기록을 위해서 측정하고 자료를 모아 수신장치에 전송하는, 고도로 자동화된 통신 방법이다.

27 11.7[GHz]~12.2[GHz] 대역의 위성 방송신호에 10.75[GHz]로 국부발진회로를 가진 LNB(Low Noise Block Down Converter)를 사용할 경우 출력되는 주파수는?

① 150[MHz]~450[MHz]
② 450[MHz]~950[MHz]
③ 950[MHz]~1.450[GHz]
④ 1.450[GHz]~1.850[GHz]

> **해설** LNB(Low Noise Block down converter)
> 저잡음 증폭 변환기는 수신 안테나로부터 수신한 SHF 대역(3.5[GHz]~12[GHz])대의 신호를 1[GHz]대의 중간 주파수(IF신호)로 변환, 증폭하는 장비이다. LNB는 위성용 수신기에서 위성주파수를 셋톱박스 주파수로 낮추어주는 주파수(950~2000[MHz]) 변환장치를 의미한다.

28 셀룰러 이동통신시스템에서 착·발신되는 신호를 처리하고 공중 전화망과도 연결할 수 있으며, 중앙통제 기능을 갖는 것은?

① 무선전화 단말기

② 무선 기지국
③ 무선 교환국
④ 무선 제어국

해설 이동통신시스템은 무선교환국, 무선기지국 그리고 무선전화 단말장치로 구성된다.
① 무선 교환국 : 일반 전화망과 이동통신 망을 접속하며, 중앙통제 기능을 갖는다.
② 기지국(base station) : 이동체와 무선 교환국 간 접속하며, 무선 채널을 감시하는 기능을 수행한다.
③ 무선전화 단말장치 : 이동체 통신장비로 이동 전화 단말기를 이용하여 상대방을 호출할 때마다 특정 채널을 선택하여 통신이 가능하게 한다.

29 프로그램 제작 및 제작된 프로그램을 송신소로 송출하는 역할을 하는 곳은?

① 연주소
② 송신소
③ 중계소
④ 지역송신소

해설 ① 연주소(방송국) : 프로그램을 제작하여 송신소, 계열사 지역국, 위성국 따위로 송출하는 곳
② 송신소(Transmitter station) : 방송국이나 무선국 등에서 전파 신호를 전달받아 특정 혹은 불특정 다수의 수신장치가 있는 범위 내의 공간으로 송출하는 시설

30 다음 중 위성통신의 장점으로 틀린 것은?

① 광대역 특성
② 이동의 용이성
③ 고신뢰성
④ 수리의 용이성

해설 **위성방송(Satellite Broadcasting)**
위성방송은 일반 공중에 의해 방송이 직접 수신되도록 하기 위한 것으로 인공위성에 탑재된 중계기에 의해 신호를 전송 또는 재송신하는 방송방식이다.
① 위성통신의 장점

• 광역성(wide area)과 동보(broadcasting)를 갖는다.
• 기후의 영향을 받지 않아 재해에 안전하다.
• 정지위성의 경우 이론적으로 한 개로 지구의 1/3을 커버할 수 있다.
• 이동성(mobility)이 용이하고 광대역 통신이 가능하다.
• 안정한 대용량의 통신이 가능하다.
• 통신망 구축이 용이하다.
• 유연한 회선 설정이 가능하다.
② 위성통신의 단점
• 장거리 통신 방식이므로 송신측 지상국에서 수신측 지상국까지 약 240~320[ms] 정도의 전파지연이 발생한다.
• 위성에서 발사한 전파가 지구에 도착하면 신호가 약해지므로 안테나의 크기를 크게 해야 정보 전달이 원활해지므로 지구국의 크기가 커진다.
• 정보의 보안성이 없어 통신 보안장치가 필요하다.
• 수명이 짧고 고장 수리가 어렵다.
• 태양 잡음 및 지구 일식의 영향을 받기 쉽다.

31 다음 중 FM(Frequency Modulation) 송신기의 주파수 특성 측정에 사용되지 않는 것은?

① 가변저항 감쇠기
② 저역 여파기(LPF)
③ 볼로미터(Bolometer)
④ 저주파 신호발생기

해설 수신기에서 중간 주파 증폭부의 주파수 특성, 주파수 변별기의 주파수 특성, 광대역 증폭기의 주파수 특성 등 고주파 회로의 대역 특성을 측정하기 위해서는 신호원의 소인발진기와 특성의 측정을 위한 오실로스코프가 필요하다. 오실로스코프는 전기신호의 파형을 시각적으로 표현하는 기기로 입력된 전기

Answer 29. ① 30. ④ 31. ③

신호를 내부나 외부의 동기신호에 따라 브라운관에 시간 축으로 설정된 X축에 따라 신호의 크기가 Y축상에서 표시되며, 오실로스코프는 신호의 크기(전압), 파형, 위상, 주파수 등을 측정할 수 있다.

32 다음 중 기생진동의 방지대책이 아닌 것은?

① 기생진동 방지회로를 사용한다.
② Damping 저항 등을 넣어 중화를 실시한다.
③ 증폭단의 접지 및 차폐를 완전히 한다.
④ 회로 및 장치의 배선은 되도록 길게 한다.

해설 ① 기생진동은 다른 통신에 방해를 주거나, 회로에 비정상적인 전압이 발생해서 과열되거나, 회로부품이 파손되는 등의 일이 생긴다. 기생진동은 회로 부분의 배치가 적절하지 않은 경우에 발생하는 경우가 많으며, 단파 이상의 초고주파수에서 흔히 일어난다.
② 방지법으로는 증폭기나 발진기의 주진동회로(인덕턴스와 콘덴서와의 병렬 공진회로) 외에 발진하는 회로가 형성되지 않도록 주의해야 하며, 회로 부품의 크기 선정, 배선의 표유정전기용량 및 잔류 인덕턴스를 제거하도록 해야 한다. 또 중화법을 응용해도 되고, 기생진동이 발생할 것 같은 회로 내의 적당한 곳에 알맞은 저항을 삽입하여 감쇠시키는 방법 등도 있다.

33 다음 중 수신기의 종합특성 측정에 속하지 않는 것은?

① 전력 측정   ② 선택도 측정
③ 감도 측정   ④ 충실도 측정

해설 16번 해설 참고

34 다음 중 FM(Frequency Modulation) 수신기에 사용되는 것이 아닌 것은?

① 스켈치회로(Squelch Circuit)
② 주파수판별기(Frequency Discriminator)
③ 디-엠퍼시스회로(De-Emphasis Circuit)
④ 순시편이제어(Instantaneous Deviation Control)

해설 순시편이제어(Instantaneous Deviation Control)
FM 송신기에서 최대 주파수 편이가 규정치를 초과하지 않도록 음성 신호 등의 진폭을 일정 레벨로 제어하는 회로이다.

35 다음 중 마이크로파 송신기의 전력 측정에 사용되는 방향성 결합기를 이용하여 측정할 수 없는 것은?

① 위상차   ② 결합도
③ 반사계수   ④ 정재파비

해설 마이크로파 송신기의 전력측정에는 방향성 결합기를 이용하여 결합도, 반사계수, 정재파비를 측정할 수 있다.

36 다음 중 주전원 설비의 고장 시 대체할 수 있는 예비전원시설을 갖추어야 하는 무선국은?

① 의무선박국   ② 아마추어국
③ 실험국   ④ 방송국

해설 무선설비규칙의 제11조(전원)
① 무선설비의 운용을 위한 전원은 전압 변동률이 정격전압의 ±10퍼센트 이내로 유지할 수 있어야 한다.
② 의무선박국 및 의무항공기국의 전원은 다음 각 호의 조건을 충족하는 데 필요한

Answer 32. ④ 33. ① 34. ④ 35. ① 36. ①

충분한 전력을 공급할 수 있어야 한다.
1. 항행 중 당해 무선국의 무선설비를 동작시킬 것
2. 예비전원용 축전지를 충전할 수 있을 것
③ 비상국의 전원은 다음 각 호의 조건에 적합하여야 한다.
1. 수동발전기, 원동발전기, 무정전 전원설비 또는 축전지로서 24시간 이상 상시 운용할 수 있을 것
2. 즉각 최대성능으로 사용할 수 있을 것

37 다음 중 주파수 허용편차가 가장 작은 무선국은?

① 육상국
② 이동국
③ 아마추어국
④ 지상파 디지털 텔레비전 방송국

해설 무선설비규칙의 제3조(주파수허용편차)
제4편 무선설비기준 p.366 별표 1 참고

38 의무항공기국의 예비전원은 항공기의 항행 안전을 위하여 필요한 무선설비를 얼마 이상 동작시킬 수 있어야 하는가?

① 30분   ② 1시간
③ 1시간 30분   ④ 2시간

해설 무선설비규칙 제13조 예비전원 및 예비품 등
① 의무선박국과 의무항공기국은 주 전원설비의 고장 시 대체할 수 있는 예비전원시설을 갖추어야 한다.
② 의무항공기국의 예비전원은 항공기의 항행안전을 위하여 필요한 무선설비를 30분 이상 동작시킬 수 있는 성능을 가져야 한다.
③ 의무선박국은 송신장치의 모든 전력으로 시험할 수 있는 의사공중선을 비치하여야 한다.
④ 의무선박국은 해당 무선설비와 해당 무선설비를 제어하는 장치를 충분히 조명할 수 있는 비상등을 설치하여야 한다. 이 경우 비상등의 전원은 해당 무선설비를 통상 조명하는데 사용되는 전원으로부터 독립되어 있어야 한다.

39 안테나가 충족하여야 할 조건으로 틀린 것은?

① 안테나는 무선설비를 작동할 수 있는 최소 안테나 이득을 가질 것
② 정합은 신호의 반사 손실이 최소화되도록 할 것
③ 스퓨리어스 복사가 많을 것
④ 지향성은 복사전력이 목표하는 방향을 벗어나지 아니하도록 안정적일 것

해설 무선설비규칙 제8조(공중선계)
공중선계는 다음 각 호의 조건을 충족하여야 한다.
1. 공중선은 이득이 높고 능률이 좋을 것
2. 정합이 충분할 것
3. 만족스러운 지향성을 얻을 수 있을 것

40 다음 중 생존정에 사용되는 비상용의 무선설비와 비상위치지시용 무선표지설비의 안테나전력 표시방법으로 알맞은 것은?

① 평균전력   ② 표준전력
③ 규격전력   ④ 첨두포락선전력

해설 무선설비규칙 제6조(전력)
① 송신설비의 전력은 공중선전력으로 표시한다. 다만, 다음 각 호의 어느 하나에 해당하는 송신설비의 전력은 규격전력으로 표시한다.
1. 500[MHz] 이하의 주파수의 전파를 사용하는 송신설비로서 정격출력 1[W]

Answer 37. ④ 38. ① 39. ③ 40. ③

이하의 진공관을 사용하는 것
2. 생존정에 사용되는 비상용의 무선설비와 비상위치지시용 무선표지설비(라디오부이의 송신설비 및 항공이동업무 또는 항공무선항행업무용 무선설비의 송신설비를 제외한다)
3. 아마추어국 및 실험국의 송신설비(방송을 행하는 실험국의 송신설비를 제외한다)
4. 제1호부터 제3호까지 외의 송신설비로서 첨두포락선전력, 평균전력 또는 반송파전력을 측정하기가 곤란하거나 측정할 필요가 없는 송신설비
② 송신설비의 전력에 대하여 전파이용질서의 유지 및 보호를 위하여 필요한 경우에는 제1항에 따른 전력 외에 등가등방복사전력 또는 실효복사전력을 함께 표시할 수 있다.

41 무선국에서 사용하는 주파수마다의 중심주파수로 정의되는 것은?

① 기준 주파수   ② 지정 주파수
③ 특성 주파수   ④ 필요 주파수

해설 무선설비규칙 제2조(정의)
9. "지정주파수"라 함은 무선국에서 사용하는 주파수마다의 중심주파수를 말한다.
10. "기준주파수"라 함은 지정주파수에 대하여 특정한 위치에 고정되어 있는 주파수를 말한다. 이 경우 기준주파수가 지정주파수에 대하여 가지는 변위는 특성주파수가 발사에 의하여 점유하는 주파수대의 중심주파수에 대하여 가지는 변위와 동일한 절대치와 동일한 부호를 가지는 것으로 한다.
11. "특성주파수"라 함은 주어진 발사에서 용이하게 식별되고, 측정할 수 있는 주파수를 말한다.

42 다음 중 스퓨리어스발사에 포함되지 않는 것은?

① 대역 외 발사
② 고조파 발사
③ 기생 발사
④ 상호변조에 의한 발사

해설 무선설비규칙의 제2조(정의)
9. "스퓨리어스발사"란 필요주파수대폭 바깥쪽에 위치한 하나 이상의 주파수에서 발생하는 발사(대역 외 발사를 제외한다)로서 정보전송에 영향을 미치지 아니하고 그 강도를 저감시킬 수 있는 것으로 고조파발사, 기생발사, 상호변조 및 주파수 변환 등에 의한 발사를 포함한 발사를 말한다.

43 "적합성평가를 받은 기자재가 적합성평가기준대로 제조·수입 또는 판매되고 있는지 조사 또는 시험하는 것"을 무엇이라고 하는가?

① 사후관리
② 사전관리
③ 적합성 평가 관리
④ 적합인증 관리

해설 5. "사후관리"라 함은 적합성평가를 받은 기자재가 적합성평가 기준대로 제조·수입 또는 판매되고 있는지 전파법에 따라 조사 또는 시험하는 것을 말한다.

44 국립전파연구원장은 적합인증 신청 또는 변경 신고가 있는 경우에는 신청 또는 접수일로부터 최대 며칠 이내에 이를 처리하여야 하는가?

Answer 41. ② 42. ① 43. ① 44. ③

① 1일 이내   ② 3일 이내
③ 5일 이내   ④ 7일 이내

해설 방송통신기자재 등의 적합성 평가에 관한 고시(국립전파연구원) 제6조 처리기간
1. 즉시처리
   가. 제5조에 따른 적합성 평가 식별부호 신청
   나. 제8조에 따른 적합등록의 신청
   다. 제16조제2항에 따른 적합등록 변경 신고(제15조제1항 및 제15조제2항 제1호와 제2호에 해당하는 경우)
   라. 제24조에 따른 적합성 평가의 해지
   마. 제25조에 따른 인증서의 재발급
   바. 제28조에 따른 수입 기자재의 통관 확인
2. 1일 이내 처리 : 제19조에 따른 적합성 평가의 면제 확인
3. 5일 이내 처리
   가. 제5조에 따른 적합인증 신청
   나. 제16조제1항에 따른 변경신고
   다. 제16조제2항에 따른 적합등록 변경 신고
4. 60일 이내 처리 : 제11조에 따른 잠정인증 신청

45 다음 중 전파환경 및 방송통신망 등에 위해를 줄 우려가 있는 기자재를 제조 또는 판매하거나 수입하려는 경우 받아야 하는 것은?

① 적합인증   ② 잠정인증
③ 적합등록   ④ 잠정등록

해설 ① 적합인증 : 전파환경 및 방송통신망 등에 위해를 줄 우려가 있는 방송통신기자재, 중대한 전자파장해를 주거나 전자파로부터 정상적인 동작을 방해받을 정도의 영향을 받는 방송통신기자재, 그 밖에 사람의 생명과 안전 등에 중대한 위해를 줄 우려가 있는 방송통신기자재 등이 해당된다.

② 적합등록 : 적합등록에는 지정시험기관 적합등록과 자기시험 적합등록이 있으며, 적합인증 대상 외의 방송통신기자재로서 전파환경·방송통신망 등에 영향이 적은 기자재가 해당된다.
③ 잠정인증 : 적합성평가기준이 마련되어 있지 아니하거나 그 밖의 사유로 적합성 평가가 곤란한 방송통신기자재 등이 해당되며 이 경우 국내외 표준, 규격 및 기술기준 등에 따라 사용지역, 유효기간 등의 조건을 정하여 잠정적으로 인증하는 인증을 말한다.

46 통신수단에 의하여 소통되는 정보 누설을 미연에 방지하거나 지연시키려는 방법과 수단을 무엇이라 하는가?

① 방해통신   ② 통신보안
③ 기만통신   ④ 비밀통신

해설 통신보안이라 함은 우리가 사용하는 통신수단(유선전화, 차량전화, 휴대전화, 전신, 텔렉스, 팩시밀리, PC통신 등)에 의한 통화내용이 알아서는 안 될 사람에게 직접 또는 간접으로 누설될 가능성을 사전에 방지하거나 지연시키기 위한 방책을 말한다.

47 다음 중 통신보안 위규 사항이 아닌 것은?

① 불온통신
② 시험전파의 발사
③ 비인가 시설의 운용
④ 허위통신 발신

해설 46번 해설 참고

48 통신수단에 의하여 비밀이 직접 또는 간접으로 누설되는 것을 미리 방지하거나 지연시키기 위한 방책을 말하는 용어는?

Answer 45. ① 46. ② 47. ② 48. ②

121

① 인터넷 보안   ② 통신보안
③ 암호   ④ 비화

해설 46번 해설 참고

49 통신보안의 3대 수단이 아닌 것은?
① 자재보안   ② 송신보안
③ 음어보안   ④ 암호보안

해설 통신보안의 3대 수단
자재보안, 송신보안, 암호보안이 속한다.

50 무선통신업무에 종사하는 사람은 몇 년마다 1회의 통신보안교육을 받아야 하는가?
① 1년   ② 3년
③ 5년   ④ 7년

해설 무선국의 운용 등에 관한 규칙의 제6조(통신보안교육)
법 제30조제2항의 규정에 의하여 무선통신업무에 종사하는 자는 5년마다 1회의 통신보안교육을 받아야 한다. 다만, 국가 또는 지방자치단체가 개설한 무선국에 종사하는 자는 그러하지 아니하다.

51 다음 중 중앙처리장치(CPU) 구성에 대한 설명으로 틀린 것은?
① 제어장치와 연산장치로 구성되어 있다.
② 연산장치는 산술/논리연산을 실행하는 전자회로로 구성되어 있다.
③ 연산에 사용될 데이터를 영구 저장하는 저장 레지스터(Storage Register)가 있다.
④ 주기억장치로부터 연산할 데이터를 제공받아 연산한 결과를 다시 보관하는 누산기(Accumulator)가 있다.

해설 중앙처리장치는 비교, 판단, 연산을 담당하는 논리연산장치(Arithmetic Logic Unit)와 명령어의 해석과 실행을 담당하는 제어장치(control unit)로 구성된다.
㉠ 논리연산장치(ALU)는 각종 덧셈을 수행하고 결과를 수행하는 가산기(adder)와 산술과 논리연산의 결과를 일시적으로 기억하는 레지스터인 누산기, 중앙처리장치에 있는 일종의 임시 기억장치인 레지스터 등으로 구성된다.
㉡ 제어장치는 프로그램의 수행 순서를 제어하는 프로그램 계수기, 현재 수행 중인 명령어의 내용을 임시 기억하는 명령 레지스터, 명령 레지스터에 수록된 명령을 해독하여 수행될 장치에 제어신호를 보내는 명령해독기로 구성된다.

52 사용자가 한 번만 내용을 기입할 수 있으나, 지울 수 없는 것은?
① EPROM   ② EEPROM
③ PROM   ④ Flash Memory

해설 ㉠ Mask ROM : 제조과정에서 이미 내용을 미리 기억시켜 놓은 메모리로 사용자가 그 내용을 변경할 수 없는 롬이다.
㉡ PROM(Programmable ROM) : 아무 내용이 들어 있지 않은 빈 상태로 제조하여 공급되고 사용자가 PROM 라이터를 이용하여 내용을 써 넣을 수 있다. 즉 PROM은 사용자에 의해 한 번 수정될 수 있는 롬을 말한다. 그러나 한 번 들어간 내용은 변경하거나 삭제할 수 없다.
㉢ EPROM(Erasable PROM) : 필요할 때마다 기억된 내용을 지우고 다른 내용을 기록할 수 있는 롬으로 원래 비어 있는 상태로 제조되어 공급되며 롬 위에는 동그란 유리창이 있다. 데이터를 집어넣는 것은 PROM과 같으나, 자외선을 창에 쏘이면 내용이 지워지고 다시 써 넣을 수 있다는 것이 다르다.

Answer 49. ③ 50. ③ 51. ③ 52. ③

㉣ EEPROM(Electrically Erasable PROM, Flash ROM) : 프로그래밍이 가능하며 읽을 수만 있는 메모리. EEPROM은 하나의 장비를 사용해서 쓰고 지우기가 가능하며 내용을 지움에 있어서도 OW를 지원해서 속도가 빠르나 EEPROM은 전기를 노출시킴으로써 한 번에 1바이트만 지울 수 있기 때문에 플래시 메모리와 비교하면 매우 비효율적이다.

53 다음 중 DRAM(Dynamic RAM)의 특징으로 틀린 것은?

① 마이크로컴퓨터의 캐시 메모리용으로 많이 활용된다.
② 주기적인 메모리 재생(Refresh)이 성능 저하의 원인이다.
③ 구성이 간단하고 가격이 저렴하며 집적도가 높아 대용량화가 수월하다.
④ 정보를 읽고 쓰기가 자유롭다.

〈해설〉 ㉠ 스태틱(Static)형(SRAM) : 단위 기억 소자가 플립플롭으로 구성되어, 속도가 빠르다.
㉡ 다이내믹(Dynamic)형(DRAM) : 단위 기억 비트당 가격이 저렴하고 집적도가 높다.

54 보수를 이용하여 뺄셈을 할 경우에 논리처리를 쉽게 할 수 있으며 덧셈회로만으로 뺄셈을 할 수 있으므로 회로 구성이 간단하다. 다음 보기의 연산방법으로 알맞은 것은?

> 1. 작은 수에 1의 보수를 취한다.
> 2. 큰 수에 1의 보수를 합한다.
> 3. 이때 발생하는 최종 자리 올림을 결과의 최하위 비트에 더해 준다.

① 1의 보수를 이용하여 큰 수에서 작은 수를 빼는 경우
② 1의 보수를 이용하여 작은 수에서 큰 수를 빼는 경우
③ 2의 보수를 이용하여 큰 수에서 작은 수를 빼는 경우
④ 2의 보수를 이용하여 작은 수에서 큰 수를 빼는 경우

〈해설〉 보수는 음수를 표현하기 위한 방법으로 기준이 되는 수에서 주어진 수의 값을 뺀 나머지 값

55 다음 중 불 함수에 적용되는 법칙과 이에 대한 수식 설명으로 틀린 것은?

① 교환법칙 : $x+y=y+x$, $x*y=y*x$
② 분배법칙 : $x+y*z=(x+y)*(x+z)$, $x*(y+z)=x*y+x*z$
③ 동일법칙 : $x+x=x$, $x*x=x$
④ 혼합법칙 : $(x*y)+x=y$, $(x+y)*x=y$

〈해설〉 불 대수의 흡수법칙
$(x*y)+x=x$, $(x+y)*x=x$

56 다음 중 RS-FF에서 2개의 입력 R, S가 동시에 1인 경우에도 불확정 출력 상태가 되지 않도록 하기 위해 인버터(NOT 게이트) 하나를 입력 양단에 부가하는 회로는?

① RS-FF   ② T-FF

Answer 53. ① 54. ① 55. ④ 56. ③

③ D-FF   ④ JK-FF

해설 ① RS 플립플롭은 S(set)와 R(reset) 2개의 입력과 Q, $\overline{Q}$ 2개의 출력을 가지고 있으며, R, S 입력의 조합으로 출력의 상태를 변화시킬 수 있으나 S = R = 1의 경우는 불확정(부정) 상태가 되는 플립플롭이다.
② D(Dealy) 플립플롭은 RS-FF에서 2개의 입력 R, S가 동시에 1인 경우에도 불확정 출력상태가 되지 않도록 하기 위하여 인버터(inverter : NOT 게이트) 하나를 입력 양단에 부가한 것으로 정보를 일시 유지하는 래치(latch) 회로나 시프트 레지스터(shift register) 등에 쓰인다.
③ T 플립플롭(F/F) : JK F/F의 입력 J와 K를 서로 묶어서 하나의 입력으로 하여 클록신호가 1일 때 출력이 반전상태(토글)가 되도록 한 것이다.
④ JK 플립플롭 : RS 플립플롭에서 R = S = 1의 상태에서는 동작이 불확실한 상태가 되므로, RS 플립플롭에서 Q를 R로, $\overline{Q}$를 S로 되먹임하여 불확실한 상태가 나타나지 않도록 한 회로이다.

57 다음 중 인터프리터와 컴파일러의 차이점을 바르게 설명한 것은?

① 일반적으로 인터프리터방식 프로그램이 수행 속도가 느리다.
② 일반적으로 컴파일러방식 프로그램이 개발 속도가 빠르다.
③ 모두 C언어에 쓰이는 기법이다.
④ 컴파일 후 실행 코드는 실행 시 인터프리터가 꼭 필요하다.

해설 번역기의 종류
① 어셈블러(Assembler) : 어셈블리 언어로 작성된 원시 프로그램을 기계어로 번역하는 프로그램이다.
② 컴파일러(Compiler) : 전체 프로그램을 한 번에 처리하여 목적 프로그램을 생성하는 번역기로 기억 장소를 차지하지만 실행 속도가 빠르다. 한번 번역해두면 목적 프로그램이 생성되므로 재차 실행 시에 다시 번역할 필요가 없다. 컴파일러를 사용하는 언어에는 ALGOL, PASCAL, FORTRAN, COBOL, C 등이 있다.
③ 인터프리터(Interpreter) : 작성된 원시 프로그램을 한 줄씩 읽어 번역 및 실행하는 작업을 반복하는 프로그램이다. 목적 프로그램이 남지 않으며, 일괄처리가 아니므로 대화형이라 한다. 실행속도가 느리지만 기억 장소를 적게 차지한다. 인터프리터를 사용하는 언어에는 BASIC, LISP, 자바(JAVA), PL/1 등이 있다.

58 다음 중 순서도의 역할이 아닌 것은?

① 프로그램 코딩의 기초가 된다.
② 논리상의 오류를 쉽게 발견할 수 있다.
③ 타인에게 프로그램의 체계와 논리를 전달하기 편리하다.
④ 프로그램에 대한 흐름을 파악하기 어렵다.

해설 순서도는 처리하고자 하는 문제를 분석하고 입·출력 설계를 한 후에, 그 처리순서의 방법에 따라 기호를 사용하여 나타낸 그림으로 프로그램 코딩의 자료가 되고, 인수인계가 용이하며 오류 발생 시 원인을 찾아 수정이 쉽다.

59 다음 중 운영체제의 구성 요소가 아닌 것은?

① 커널
② 작업 관리
③ 컴파일러
④ 파일 전송 프로토콜(FTP)

해설 ① 커널(Kernel) : 운영체제의 내부 요소. 컴

Answer   57. ①   58. ④   59. ④

퓨터가 필요로 하는 가장 기본적인 기능들을 수행하는 소프트웨어 요소들을 포함한다.
② 컴파일러(compiler, 순화 용어 : 해석기, 번역기) : 특정 프로그래밍 언어로 쓰여 있는 문서를 다른 프로그래밍 언어로 옮기는 프로그램을 말한다.
③ FTP(File Transfer Protocol) : 인터넷에 연결된 시스템 사이에 파일을 전송하기 위해서는 FTP라는 프로그램을 주로 사용한다.

60 다음 중 CPU 스케줄링(Scheduling)의 구조형태가 다른 것은?

① FIFO(First-In First Out)
② Round Robin
③ Priority Scheduling
④ LIFO(Last-In First-Out)

해설 스케줄링 기법(Scheduling)은 처리되어야 할 여러 큐(Queue) 형태로 대기하는 일련의 작업들 중 우선적으로 어느 작업이 처리되어야 하는가를 결정하는 큐 처리 기법
- 스케줄링 구조형태
  ① FIFO(선입선출처리) : 선입선출에 의한 서비스(처리)
  ② 라운드 로빈 방식((Round-robin Scheduling) : 모든 순서가 차례로 계속되고 후에 다시 첫번 째 것이 기회를 갖게 됨
  ③ Priority Scheduling(우선순위 스케줄링) : 우선순위를 정하여 서비스

Answer 60. ④

Chapter 과년도출제문제 2018. 4회

무선설비기능사(이론)

01 단위시간(1초) 동안 전기가 한 일의 양을 의미하는 용어는?
① 전압   ② 전류
③ 저항   ④ 전력

해설 ① 전압 : 회로 내에 전류가 흐르기 위해서 필요한 전기적인 압력
② 전류 : 전자의 이동(흐름). 기호는 I, 단위는 [A]
③ 저항 : 전기회로에 전류가 흐를 때 전류의 흐름을 방해하는 작용을 말한다.
④ 전력 : 단위 시간(1초) 동안에 전기가 하는 일의 양. 기호는 P, 단위는 [W]를 사용한다.

02 서로 다른 두 종류의 금속을 접합하여 접합점 P_1, P_2를 다른 온도로 유지하면 열기전력이 발생하는 현상을 무엇이라고 하는가?
① 펠티에 효과(Peltier Effect)
② 앙페르 법칙(Ampere's Law)
③ 패러데이 법칙(Faraday's Law)
④ 제벡 효과(Seeback Effect)

해설 ① 제벡효과(Seebeck effect)란 2종의 금속 또는 반도체를 폐로가 되도록 접속하고 접속한 두 점 사이에 온도차를 주면 기전력이 발생되는 현상
② 펠티에 효과(Peltier effect)란 2개의 다른 물질의 접합부에 전류가 흐르면 열을 흡수하거나 발산하는 현상으로 이 효과는 금속과 금속을 접합했을 경우보다 반도체와 금속의 접합 또는 반도체의 PN접합을 이용했을 경우가 크며, 반도체인 BiTe계 합금의 PN접합이 전자 냉동으로 많이 이용되고 있다. 전자냉동은 성능이 고르고 수명이 길며 사용기간 중에 변화가 거의 없는 장점이 있고, 대용량에 효율을 문제로 하는 곳에서는 단점이 많으므로 열용량이 작은 국부적인 부분의 냉각 또는 항온조에 적합하다.

03 RL 직렬회로에서 R=1[Ω], X_L^2=3일 때, 회로의 임피던스 크기는 얼마인가?
① 0[Ω]   ② 1[Ω]
③ 2[Ω]   ④ 3[Ω]

해설 $Z = \sqrt{R^2 + X_L^2}$, $Z = \sqrt{1^2 + 3} = \sqrt{4} = 2$

04 R=25[Ω], L=53[mH], C=1[μF]인 병렬회로가 있다. 이 회로에 100[V], 60[Hz]의 정현파 전압을 인가할 때, 용량성 리액턴스 X_c의 값은?
① 26.53[Ω]   ② 265.3[Ω]
③ 2,653[Ω]   ④ 26,530[Ω]

해설 $X_c = \dfrac{1}{\omega C} = \dfrac{1}{2\pi f C}[\Omega]$

Answer 1. ④ 2. ④ 3. ③ 4. ③

$$X_c = \frac{1}{2\pi f C} = \frac{1}{2 \times 3.14 \times 60 \times 1 \times 10^{-6}}$$
$$\fallingdotseq 2,653[\Omega]$$

05 자속을 만드는 원동력이 되는 권선수(N)가 10이고, 전류(I)가 4[A]일 때, 기자력 [F]은 얼마인가?

① 2.5[AT]　　② 6[AT]
③ 14[AT]　　④ 40[AT]

해설 $F = NI = 10 \times 4 = 40[AT]$

06 다음 중 휘발성 메모리가 아닌 것은?

① ROM　　② DRAM
③ SRAM　　④ RAM

해설 ① ROM(Read Only Memory) : 비소멸성의 기억 소자로 이미 저장되어 있는 내용을 인출할 수는 있으나, 새로운 데이터를 저장할 수 없는 반도체 기억 소자
　㉠ 마스크 ROM(Mask ROM) : 제조 과정에서 내용을 미리 기억시킨 것으로 사용자는 어떤 경우에도 그 내용을 바꿀 수 없다.
　㉡ PROM(Programmable ROM) : 제조 후 사용자가 비교적 간단한 방법으로 ROM의 내용을 써 넣을 수 있도록 고안된 것
　㉢ EPROM(Erasable PROM) : PROM을 개량한 소자로서, 자외선이나 높은 전압으로 그 내용을 지워서 다시 사용할 수 있다.
② RAM(Random Access Memory) : 저장한 번지의 내용을 인출하거나 새로운 데이터를 저장할 수 있으나, 전원이 꺼지면 내용이 소멸된다.
　㉠ 스태틱(Static)형(SRAM) : 단위 기억 소자가 플립플롭으로 구성되어, 속도가 빠르다.

　㉡ 다이내믹(Dynamic)형(DRAM) : 단위 기억 비트당 가격이 저렴하고 집적도가 높다.

07 베이스 접지회로에 대한 설명 중 틀린 것은?

① 전류 이득이 1보다 크다.
② 전압 이득이 1보다 크다.
③ 입력 임피던스가 낮다.
④ 출력 임피던스가 높다.

해설 베이스 접지방식의 특징
　㉠ 고주파 특성이 양호하나 증폭도가 낮아, 저주파 회로에서는 사용이 곤란하다.
　㉡ 입력 임피던스가 수십[Ω]이고, 출력 임피던스가 수백[kΩ]이 되어 입력 임피던스가 큰 회로와 정합이 용이하다.
　㉢ 전류 증폭도는 1 미만이지만 전압 이득이 커서 전력 이득이 크다.

08 이득이 각각 30[dB]와 50[dB]인 증폭기를 직렬로 연결하면 전체 증폭도는 얼마인가?

① 10　　② 100
③ 1,000　　④ 10,000

해설 종합이득 $G = G_1 + G_2 = 30 + 50 = 80[dB]$
$80 = 20\log_{10}A$ 에서
$\log_{10}A = 4$
$\therefore A = 10^4 = 10,000$배

09 비반전 연산증폭기는 다음 중 어느 회로에 자주 사용되는가?

① 미분회로　　② 적분회로
③ 버퍼회로　　④ 가산기회로

해설 비반전 연산증폭기를 이용한 전압 폴로어(Voltage Follower)의 특징은 높은 입력 임

Answer 5. ④ 6. ① 7. ① 8. ④ 9. ③

피던스와 낮은 출력 임피던스를 가지므로, 완충 증폭기(Buffer Amp.)에 응용된다.
$V_i = V_o$, 전압 이득은 $A_V = \dfrac{V_o}{V_i} = 1$

$R_n < 0,\ |R_n| > R_p$: 진동진폭의 감소
$R_n < 0,\ |R_n| = R_p$: 정상적인 진동
$R_n < 0,\ |R_n| < R_p$: 진동진폭의 증가

10 다음 병렬 C형 이상형 발진회로에서 TP2에 나타나는 주파수는 약 얼마인가?

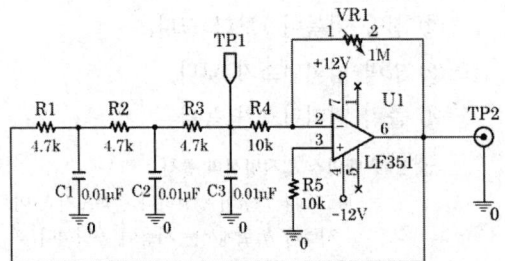

① 0.7[kHz] ② 1.4[kHz]
③ 3.9[kHz] ④ 8.3[kHz]

해설 $f = \dfrac{\sqrt{6}}{2\pi RC}[\text{Hz}]$
$= \dfrac{\sqrt{6}}{6.28 \times 4.7 \times 10^3 \times 0.01 \times 10^{-6}}$
$= \dfrac{2.449}{0.295 \times 10^{-3}} = \dfrac{2449}{0.295} ≒ 8.3[\text{kHz}]$

11 다음과 같은 터널 다이오드 발진기에서 안정적인 발진이 일어날 수 있는 조건은 어느 것인가? (단, 다이오드의 부성저항을 R_n, 코일 저항은 R_p라 한다.)

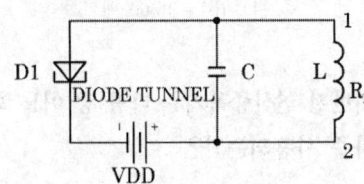

① $|R_n| > R_p$ ② $|R_n| < R_p$
③ $|R_n| = R_p$ ④ $|R_n| \times R_p = n$

해설 부성저항 R_n과 코일 R_p의 관계

12 Nyquist 비가 만족되지 않아 Aliasing이 발생했을 때, 이 현상을 줄일 수 있는 방법 중 하나는?

① 필터화된 신호를 Nyquist 속도보다 매우 낮은 속도로 표본화시킨다.
② 필터화된 신호의 스펙트럼을 중첩시킨다.
③ 표본화하기 전에 고역필터를 사용하여 신호의 저주파성분을 감소시킨다.
④ 표본화하기 전에 저역필터를 사용하여 신호의 고주파성분을 감소시킨다.

해설 에일리어싱(Aliasing)은 아날로그 신호의 표본화 시 표본화 주파수가 신호의 최대 주파수의 2배보다 작거나 필터링이 부적절하여 인접한 스펙트럼들이 서로 겹쳐 생기는 신호 왜곡 현상으로 표본화 주파수를 신호의 최대 주파수의 2배 이상으로 높이고, 또한 샘플링 하기 전에 저주파 통과 여파기를 사용하여 최대 주파수 이상의 신호들을 제거해야 한다.

13 다음 중 PAM 변-복조 회로에 대한 설명으로 틀린 것은?

① 펄스폭과 간격이 일정한 펄스를 신호파에 따라 표본화를 통해 얻어 전송하는 방식이다.
② 펄스 진폭이 표본화 순간의 정보이며, 펄스 기간 동안에는 일정하다.
③ 정보신호를 표본화 펄스로 단속하는 게이트 회로에 입력하면 출력은 펄스 진

Answer 10. ④ 11. ③ 12. ④ 13. ④

폭 신호가 된다.

④ 펄스가 있으면 커패시터는 방전되고, 펄스가 없으면 충전된다.

해설 펄스 진폭 변조(PAM : Pulse Amplitude Modulation)는 신호 레벨(높낮이)에 따라 펄스의 진폭을 변화시키는 방식으로 진폭 변조된 신호를 복조회로인 저역통과 필터회로(LPF)를 통과하여 신호를 얻는다.

14 다음 그림의 회로에서 커패시터의 초기전압을 0[V]로 할 때, 회로에 흐르는 전류 i(t)로 알맞은 것은?

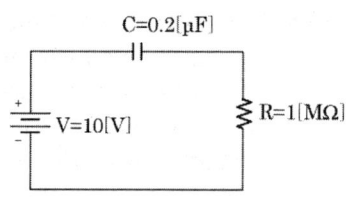

① $5(1-e^{-t})$[mA]
② $1-e^{-t}$[mA]
③ $10e^{-5t}$[μA]
④ $1-e^{-t}$[μA]

해설 $q(t) = CE(1-e^{-\frac{1}{RC}t})$

$\therefore i(t) = \frac{dq(t)}{dt}$

$= \frac{d}{dt}CE(1-e^{-\frac{1}{RC}t})$

$= \frac{E}{R}e^{-\frac{1}{RC}t}$

$= \frac{10}{1\times 10^6}e^{-\frac{1}{1\times 10^6 \times 0.2 \times 10^{-6}}t}$

$= 10e^{-5t}$[μA]

15 다음 그림 중 미분회로로 알맞은 것은? (단, $\frac{1}{\omega C} \gg R$인 경우를 조건으로 한다.)

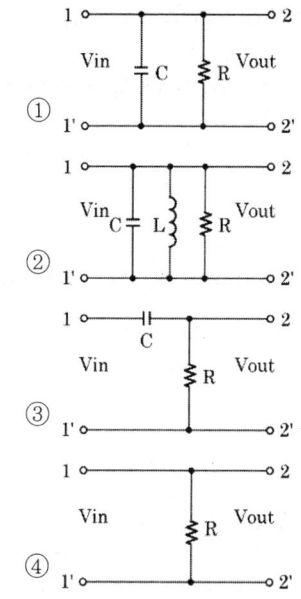

해설 CR형의 미분회로는 구형파(직사각형파)로부터 폭이 좁은 트리거(trigger) 펄스를 얻는데 자주 사용된다.

16 다음 중 송신기의 양호한 성능을 유지하기 위하여 필요한 조건이 아닌 것은?

① 신호파에 대한 변조도의 주파수 특성이 좋아야 한다.
② 안테나 전력은 일정한 허용차 이상이어야 한다.
③ 변조 특성은 변조 직선성이 좋아야 한다.
④ 발사되는 주파수의 변동이 없어야 한다.

해설 ① 무선 송신기의 조건
　㉠ 주파수의 안정도가 높을 것
　㉡ 점유주파수 대역폭은 가능한 한 좁을 것
　㉢ 내부 잡음이 적을 것
　㉣ 스퓨리어스 발사의 강도는 가능한 한 작은 것이어야 한다.
② 송신기의 필요 성능 조건
　㉠ 발사되는 주파수의 변동이 없어야 한다.

Answer 14. ③ 15. ③ 16. ②

ⓒ 안테나 전력은 일정한 허용차 이내이어야 한다.
ⓒ 변조 특성은 변조 직선성이 좋아야 한다.
ⓔ 신호파에 대한 변조도의 주파수 특성이 좋아야 한다.

17 다음 중 아날로그 변조 방식이 아닌 것은?

① 진폭변조 방식(AM)
② 주파수변조 방식(FM)
③ 위상변조 방식(PM)
④ 진폭편이변조 방식(ASK)

해설 디지털 변조방식
1. 진폭 편이 변조(ASK : Amplitude Shift Keying) : 디지털 신호가 1이면 출력을 송신, 0이면 off
2. 주파수 편이 변조(FSK : Frequency Shift Keying) : 디지털 신호가 1이면 f_1 주파수로, 0이면 f_2 주파수로 주파수를 바꿈
3. 위상 편이 변조(Phase Shift Keying) : 디지털 신호의 0, 1에 따라 2종류의 위상을 갖는 변조 방식이다.

18 2진 위상편이변조(BPSK)된 아래와 같은 파형이 수신되었다. 이를 복조하였을 때 "가", "나", "다" 순서에 맞는 2진 부호는?

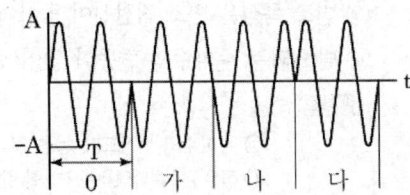

① 001
② 010
③ 110
④ 101

해설 2진 위상편이변조(BPSK)의 파형에서 "가"와 "나"는 0의 반전 상태이므로 "1"이 되고 "다"

는 "0"과 같으므로 110이 된다.

19 보기에서 설명하는 수신기로 알맞은 것은?

- 동기 검파만 사용
- PRK(Phase Reverse Keying)라고도 함
- 전송로 등 레벨 변동에 영향을 덜 받으며 심벌 에러도 우수함

① ASK 수신기
② FSK 수신기
③ BPSK 수신기
④ QAM 수신기

해설 ⓐ Binary Phase Shift Keying, PSK의 일종으로 디지털 신호의 0, 1에 따라 2종류의 위상을 갖는 변조 방식이다.
ⓑ BPSK의 일반식은 디지털 신호가 1일 때 $S(t)=A\cos\omega t$ 라고 하면, 신호가 0일 때 $S(t)=A\cos(\omega t+\pi)$이다. 즉, 서로 다른 신호 간 위상이 180도 차이가 나는 것이다.
ⓒ BPSK 복조는 동기식 검파 방식을 사용할 필요가 있으며, 수신기에서 정확히 반송파를 재생할 필요가 있다.
ⓓ BPSK 변조 방식은 위상에 정보신호가 포함되어 있으므로, 비동기식 검파로는 검파가 불가능

20 다음 중 SSB(Single Side Band) 통신 방식의 특징으로 틀린 것은?

① S/N비가 향상되어 선택성 페이딩에 의한 영향이 경감된다.
② 비화성이 있다.
③ 수신부에 국부발진기 및 동기장치가 필요없다.
④ 송신기의 회로가 복잡하다.

해설 SSB 통신 방식의 특징(DSB 통신과의 비교)
① 장점
  ㉠ 점유 주파수 대폭이 1/2로 축소된다.
  ㉡ 적은 송신전력으로 양질의 통신이 가능하다.
  ㉢ 송신기 소비전력이 적다.(DSB의 약 30[%])
  ㉣ 선택성 Fading의 영향이 적다.(3[dB] 개선)
  ㉤ S/N비가 개선(평균전력이 같다고 했을 때 10.8[dB] 개선, 피크전력이 같다고 했을 때 12[dB] 개선)
  ㉥ 비화성을 유지할 수 있다.
② 단점
  ㉠ 송·수신기 회로 구성이 복잡하며 가격이 비싸다.
  ㉡ 높은 주파수 안정도를 필요로 한다.
  ㉢ 수신부에 국부 발진기가 필요하며 동기장치가 있어야 한다.
  ㉣ 반송파가 없어 AGC 회로 부가가 어렵다.

21 다음 중 원형 편파를 복사하는 안테나에 해당하는 것은?

① 롬빅(Rhombic) 안테나
② 루프(Loop) 안테나
③ 애드콕(Adcock) 안테나
④ 헬리컬(Helical) 안테나

해설 원형 편파(圓形偏波, circular polarization) 안테나
  ㉠ 전기장 벡터의 끝이 원인 파동을 말한다. 고주파(高周波, high-frequency wave) 신호가 이온층을 지나면 불규칙하게 변화하여(예: 수평편파가 수직편파로) 수신 안테나에서 신호를 받지 못하는 경우도 발생한다. 따라서 VHF(very high frequency), UHF(Ultra High Frequency), 마이크로파(microwave) 등과 같이 고주파수 대역에서는 원형 편파를 사용한다.
  ㉡ 헬리컬 안테나는 안테나 소자(antenna element)가 나선형으로 된 것을 말한다.

22 다음 중 FM 통신방식이나 TV 방송 등 주파수 대역이 넓은 통신에 사용되는 광대역 임피던스 안테나는?

① 장·중파용 안테나
② 단파용 안테나
③ 초단파용 안테나
④ 극초단파 안테나

해설 사용 무선주파수 대역에 따른 안테나 분류
① 장파, 중파용: 수직 접지 안테나, 루프 안테나 등
② 단파용: 반파장 다이폴 안테나, 롬빅 안테나 등
③ 초단파용: 헬리컬 안테나, 야기 안테나 등
④ 극초단파용: 혼 안테나, 단일 슬롯 안테나, 파라볼라 안테나, 반사판 안테나, 카세그레인 안테나, 렌즈 안테나, 혼 리플렉터 안테나 등

23 다음 중 광대역 TV 수신용 안테나로 적합하지 않은 것은?

① 코니컬(conical)형 안테나
② 애드콕(Adcock) 안테나
③ 인라인(In-Line) 안테나
④ 유라인(U-Line) 안테나

해설 광대역 TV 수신용 안테나는 텔레비전 수신용으로 사용되는 안테나로서 인라인(In-Line), 코니컬(conical)형, U 라인(U-Line) 안테나가 사용된다.

24 다음 보기에서 설명하는 안테나의 종류는?

> 파장이 매우 짧고 성질이 빛과 매우 유사하여 광학의 원리와 메가폰이 음파를 일정한 방향으로 집중시키는 작용을 이용하여 지향성을 예리하게 한 안테나가 제작되어 사용되고 있다.

① 장·중파용 안테나
② 단파용 안테나
③ 초단파용 안테나
④ 극초단파용 안테나

해설 극초단파용 안테나는 극초단파 대역에서 쓰는 안테나로 극초단파대 이상의 파는 파장이 매우 짧고 그 성질이 빛과 매우 비슷하므로 광학의 원리와 메가폰이 음파를 일정한 방향으로 집중시키는 작용을 이용하여 지향성을 예리하게 한 안테나가 사용되고 있다. 즉 전자혼, 포물면경, 전파렌즈 및 도파관에 직접 구멍을 뚫은 슬롯 안테나를 사용한다.
파라볼라 안테나(접시형 안테나)는 포물면 반사기와 그 초점에 1차 복사기의 구조를 설치한 안테나로서 극초단파대 이상의 마이크로파대의 안테나 중에서 가장 많이 사용되는 안테나이다. 극초단파(마이크로파) 고정 통신용, 선박용 레이더(RADAR) 송신기용, 위성통신용으로 사용된다.

25 다음 안테나의 저항 중 클수록 좋은 것은?

① 접지 저항   ② 유전체 저항
③ 방사 저항   ④ 코로나 저항

해설 안테나의 실효 저항에는 접지 저항, 복사 저항, 손실 저항 등이 있다.
① 손실 저항은 공중선에서 고주파 전력이 손실되는 저항으로 도체 저항, 접지 저항, 유전체 손실 저항, 코로나 손실 저항 등이 있다.
② 방사 저항(복사 저항) : 전파복사에 유효한 저항으로서, 공중선에서 전자파로 방사된 전력이 저항에 전류가 흘러 소비된 것으로 가정한 경우의 가상적 저항을 말한다.

26 위성 통신에서 위성 중계기의 기본 구성이 아닌 것은?

① 신호 증폭부   ② 주파수 변환부
③ 전력 변환부   ④ 수신부

해설 ① 위성통신은 지상에 설치된 지구국에서 위성으로 전파를 발사하고, 위성에서는 이를 수신하여 다른 지구국으로 재송신하거나 반사하여 지구국 상호간에 정보를 전달하는 통신방식으로, 위성통신 시스템은 크게 송수신 지구국과 위성탑재체, 그리고 위성관제국으로 구성된다. 관제국은 위성 탑재체의 움직임 등을 추적하여 자세 제어 등을 주로 수행하며, 위성 탑재체는 크게 위성체 버스와 통신중계기로 구성된다.
② 지상에 있는 송신국이 데이터를 위성에 송신하면, 안테나를 탑재하고 있는 위성의 중계기(트랜스폰더)에서 이러한 전파를 수신하여 주파수 변환과 전력증폭을 행한 후 원거리에 있는 수신국으로 재송출하게 된다.
③ 탑재체는 중계기 부시스템과 위성 안테나로 구성된다. 중계기 부시스템은 위성 안테나에서 수신한 약한 신호를 증폭하고 주파수 변환한 후 위성 안테나를 통해 지구국으로 재송출하는 기능을 수행한다. 이러한 기능을 수행하기 위해서 중계기 부시스템은 약한 신호를 1차 증폭하는 저잡음 증폭기(Low Noise Amplifier)로 수신된 신호 주파수를 송신할 신호 주파수로 변환하여 증폭하는 고출력 증폭기로 구성된다.

Answer 24. ④ 25. ③ 26. ③

27 다음 중 위성 중계기의 구비 조건에 해당하지 않는 것은?

① 고효율성
② 고신뢰성
③ 소형 경량화
④ 좁은 주파수 대역

해설 위성 중계기의 구비 조건
㉠ 고신뢰성
㉡ 고효율성
㉢ 소형 경량화
㉣ 넓은 주파수 대역

28 주파수를 나누어서 각 사용자가 나누어진 주파수 대역 중 하나를 이용하여 통화하는 방식은?

① CDMA
② TDMA
③ WCDMA
④ FDMA

해설 주파수 분할 다중접속(FDMA)은 주파수를 나누어서 각 사용자가 나누어진 주파수 대역 중 하나를 이용하여 통화하는 방식이다.
① FDMA의 장점
㉠ 구현이 비교적 간단한 아날로그 방식이다.
㉡ 심벌 간 간섭(ISI)에 대한 영향을 적게 받으므로 등화기가 필요 없다.
㉢ 망동기방식 구현이 필요 없다.
㉣ 음성 부호화가 불필요하다.
㉤ 비트 동기나 프레임 동기 등이 쉽다.
② FDMA의 단점
㉠ 인접 채널 간 간섭이 생길 수 있으므로 보호대역이 필요하다.
㉡ 통화의 비밀유지에 어려움이 따른다.
㉢ 주파수 이용효율에 한계가 있어 사용자 수가 제한된다.
㉣ 비음성 전송의 경우 효율이 좋지 않다.

29 다음 중 EVRC에 대한 설명으로 틀린 것은?

① IS-127에 규정된 13[kbps] 보코더 규격을 사용한다.
② 음성의 정보량에 따라 가변적으로 음성 정보를 부호화하는 방식이다.
③ 정보량이 많은 경우에는 높은 속도로 부호화한다.
④ 소프트웨어적인 방식을 이용한다.

해설 EVRC(Enhanced Variable Rate Codec)
발신자의 음성이 디지털로 전환될 때 필요 없는 잡음을 제거하여 원하는 소리만 전달하는 통화품질의 최적화 기술로 IS-127에 규정된 8[Kbps] 보코더 규격으로 주변의 잡음을 줄이고 통화자의 음성을 더 깨끗하게 전달하기 위한 방식으로 음성의 정보량에 따라 가변적으로 음성 정보를 부호화하는 방식이다.
통화자가 말을 하지 않는 무음 구간에는 정보량이 낮은 비율로 음성 부호화를 하고, 정보량이 많은 경우에는 높은 속도로 부호화하므로 항상 일정한 속도로 부호화를 하는 이전 방식에 비하여 효율적이며, 부호 분할 다중 접속(CDMA) 이동통신시스템의 시스템 용량을 증가시키는 동시에 소비전력도 절약할 수 있다.
- EVRC의 장점
① 기존의 셀룰러 망을 그대로 사용하면서 통화 음질을 PCS 수준으로 높일 수 있다.
② 단말기의 배터리 소모량을 줄일 수 있다.
③ 잡음이 심한 지역 내에서 통화하는 경우 사람의 음성을 제외한 잡음을 최소화함으로써 음질을 크게 개선할 수 있다.
- 보코더(Vocoder)
디지털 이동통신시스템에서는 아날로그 음성신호를 디지털로 바꾸기 위해 PCM과 보코더를 사용하고 있는데, PCM은 일

Answer 27. ④ 28. ④ 29. ①

반 유선전화에서 주로 사용되는 것으로 사람의 음성신호를 64[Kbps]의 데이터 전송률로 바꾸어 주는데, 음성신호를 디지털로 바꿀 때 가능하면 낮은 데이터 전송률로 변환하여야 주파수 사용 효율을 높일 수 있다. 이를 위해 보코더에서는 PCM에서 만들어진 64[Kbps]의 데이터에서 목소리의 특징만을 뽑아내어 8.6[Kbps], 4.0[Kbps], 2.0[Kbps], 0.8[Kbps]의 4가지 데이터 전송률 중 선택적으로 변환한다.

음성신호가 빠를 때는 8.6[Kbps]의 데이터 전송률로 변환시키고, 음성신호가 느릴 때는 4.0[Kbps]의 데이터 전송률로 변환시키고, 음성신호가 거의 없는 경우는 2.0[Kbps]나 0.8[Kbps] 중의 하나로 변환한다.

보코더는 이렇게 사람이 말을 느리게 하는 경우 데이터를 낮은 전송률로 가변적으로 변환하여 주파수를 효율적으로 사용할 수 있도록 한다.

30 다음 중 Zigbee에서 저전력을 사용해 대규모 센서 네트워크를 구성할 시 주소에 할당하는 비트 수는?

① 8[bit] ② 16[bit]
③ 32[bit] ④ 64[bit]

해설 지그비(Zigbee)는 저전력 무선통신기술로, 지그재그로 춤을 추며 정보를 제공하는 꿀벌(Bee)의 정보전달 체계처럼 정확하고 경제적인 기술이라는 데서 그 이름이 유래되었다. 통신 거리가 10~100[m]이고 전송속도는 최대 0.25[Mbps]이며 국제 표준으로 정착하였다.

지그비는 RFID(무선인식기술)을 이용한 근거리 무선 통신규격 중 하나로, Wi-Fi에 비해 단순하며 저렴하지만 파워가 떨어진다. 반면 블루투스보다는 전력 소모가 덜하다.
※ ZigBee Physical 표준규격인 IEEE 802.15.4의 주요 내용
- 전송속도 : 250[kbps], 40[kbps], 20[kbps]
- 네트워크 토폴로지 : Star & Mesh topology, peer to peer
- 네트워크 노드 : 최대 255/단일 네트워크, ID 부여 체계에 64비트를 할당함으로써 최대 64,000개 정도의 네트워크 노드를 지원
- 주파수 및 채널 배정 : 868MHz(BPSK/1채널/유럽), 902~928MHz(BPSK/10채널/미국), 2.4GHz(OQPSK/16채널/전세계) 등 3개의 주파수 대역
- 변복조 방식 : DSSS 변조 방식
- 전송속도 : 최대 250[kbps]의 데이터 전송속도를 지원
- 네트워크 액세스 : 네트워크 액세스 방법으로 충돌 회피를 지원하는 CSMA-CA를 사용
- Duty cycle : <0.1%
- QoS 보장 : 무선 네트워크에서 문제점으로 거론되고 있는 QoS를 보장하기 위해 GTS(Guaranteed Time Slot) 데이터 전송 매커니즘 지원
- 위치 정보 : 선택적으로 지원 가능

31 송신기 출력을 확인하기 위해 10[Ω]의 무유도 저항을 접속하고 고주파 전류를 측정한 값이 3[A]라면 이 송신기의 출력은?

① 60[W] ② 90[W]
③ 120[W] ④ 150[W]

해설 $P = I^2R = 3^2 \times 10 = 90[W]$

32 어느 수신기의 입력에 20[μV]의 전압을 가했더니 출력 전압이 20[V]이었다. 이때 이 수신기의 감도는 몇 [dB]인가?

① 180[dB] ② 120[dB]

Answer 30. ④ 31. ② 32. ②

③ 100[dB]　　④ 80[dB]

[해설] $A_v = 20\log_{10}\dfrac{V_o}{V_i} = 20\log_{10}\dfrac{20}{20\times 10^{-6}}$
$= 20\log_{10}10^6 = 120[dB]$

33 전계강도 측정기로 강한 전계강도를 측정할 때 오차가 생긴 이유로 가장 큰 원인은?

① 수신기의 직선성이 불량할 때
② 수신기의 주파수 특성이 불량할 때
③ 수신기의 이득이 작을 때
④ 수신기의 이득이 클 때

[해설] 전계 강도(field strength)는 어느 지점에서의 전자계 세기이고, 전자파는 원래 전계와 자계가 함께 전해지는 것인데, 보통은 수신 지점의 전계의 세기만으로 그 지점에서의 전자파의 세기를 나타내고 있다. 전계 강도는 실효 길이(실효 높이)가 1[m]인 도체에 유기되는 기전력의 크기로 나타내고, 단위는 [V/m] 또는 [μV/m]인데, 1[μV/m]를 기준(0데시벨)으로 하여 데시벨(기호 dB)로 나타내는 경우가 많다.

34 다음 중 수신기 시험에 의사안테나를 사용하는 이유는?

① 안테나에 의한 입력 회로의 등가회로를 구성하기 위하여
② 수신기의 부차적 전파 발사를 억제하기 위하여
③ 수신기의 입력 레벨을 감쇠시키기 위하여
④ 표준 입력 신호를 공급하기 위하여

[해설] 수신기와 공중선에 의한 입력회로에 등가회로를 구성하여 불필요한 전파 발사의 방지를 위하여 의사공중선을 사용한다.

35 급전선에 부하저항 50[Ω]을 연결했을 때 측정된 반사계수가 0.3일 경우, 급전선의 특성 임피던스(Z_o)값은 약 얼마인가?

① 17[Ω]　　② 27[Ω]
③ 35[Ω]　　④ 37[Ω]

[해설] 반사계수(Γ)
$\Gamma = \dfrac{Z_L - Z_o}{Z_L + Z_o}$ 의 식에 의해서
$Z_o = \dfrac{1-\Gamma}{1+\Gamma}\times Z_L = \dfrac{1-0.3}{1+0.3}\times 50 = 26.9[\Omega]$
이므로 약 27[Ω]이다.

36 무변조 상태에서 송신장치로부터 송신안테나계의 급전선에 공급되는 전력으로서 무선주파수의 1주기 동안의 평균값을 의미하는 것을 무엇이라고 하는가?

① 첨두포락선전력(PX)
② 규격전력(PR)
③ 평균전력(PY)
④ 반송파전력(PZ)

[해설] 무선설비규칙 제2조(정의)
① 이 규칙에서 사용하는 용어의 정의는 다음과 같다.
2. "평균전력(PY)"이라 함은 정상동작상태에서 송신장치로부터 송신공중선계의 급전선에 공급되는 전력으로서 변조에 사용되는 최저주파수의 1주기와 비교하여 충분히 긴 시간 동안에 걸쳐 평균한 것을 말한다.
3. "첨두포락선전력(PX)"이라 함은 정상동작 상태에서 송신장치로부터 송신공중선계의 급전선에 공급되는 전력으로서 변조포락선의 첨두에서 무선주파수 1주기 동안에 걸쳐 평균한 것을 말한다.
4. "반송파전력(PZ)"이라 함은 무변조 상태에서 송신장치로부터 송신공중선계의 급

33. ①　34. ①　35. ②　36. ④

전선에 공급되는 전력으로서 무선주파수의 1주기 동안에 걸쳐 평균한 것을 말한다.
5. "규격전력"이라 함은 송신장치의 종단증폭기의 정격출력을 말한다.
6. "등가등방복사전력(EIRP)"이라 함은 공중선에 공급되는 전력과 등방성 공중선에 대한 임의의 방향에 있어서의 공중선이득(절대이득 또는 등방이득)의 곱을 말한다.

37 다음 중 스퓨리어스 발사에 포함되지 않는 것은?

① 고조파 발사
② 기생 발사
③ 대역 외 발사
④ 상호변조에 의한 발사

해설 "스퓨리어스 발사"라 함은 필요 주파수대폭 바깥쪽의 주파수에서 발생하는 발사(정보의 전송에 영향을 미치지 아니하고 그 레벨을 저감시킬 수 있는 것으로 고조파 발사, 기생 발사와 상호변조 및 주파수 변환 등에 의한 발사를 포함하고, 대역 외 발사는 포함하지 아니한다. 이하 같다)를 말한다.

38 안테나공급전력을 첨두포락선 전력(PX)으로 표시하지 않는 것은?

① J3E   ② A3E
③ R3E   ④ A1A

해설 제4편 무선설비기준 p.378 별표 5 참고

39 의료용 전파응용설비의 전계강도 허용치는 30[m] 거리에서 몇 [μV/m] 이하인가?

① 10[μV/m]   ② 50[μV/m]
③ 100[μV/m] ④ 200[μV/m]

해설 정보통신부령 제108호 제14조(전계강도의 허용치)
1. 산업용 전파응용설비 : 100미터 거리(당해 설비가 설치되어 있는 주위의 구역이 시설자의 소유인 경우에는 그 구역의 경계선)에서 100마이크로볼트(μV/m) 이하일 것
2. 의료용 전파응용설비 : 30미터 거리(당해 설비가 설치되어 있는 주위의 구역이 시설자의 소유인 경우에는 그 구역의 경계선)에서 100[μV/m] 이하일 것
3. 기타 전파응용설비
   가. 고주파출력이 500와트 이하인 것 : 30미터 거리(당해 설비가 설치되어 있는 주위의 구역이 시설자의 소유인 경우에는 그 구역의 경계선)에서 100[μV/m] 이하일 것
   나. 고주파출력 500와트를 초과하는 것 : 100미터 거리에서 100[μV/m] 이하이고, 30미터 거리(당해 설비가 설치되어 있는 주위의 구역이 시설자의 소유인 경우에는 그 구역의 경계선)에서 $100 \times \sqrt{P}/500$(P는 고주파출력을 와트로 표시한 수로 한다)[μV/m] 이하일 것

40 전파응용설비 중 전력선통신설비에서 발사되는 주파수의 허용편차로 알맞은 것은?

① 0.1[%]   ② 0.5[%]
③ 1[%]   ④ 5[%]

해설 전파응용설비 기술기준 제5조(주파수허용편차) 영 제75조제1항제1호에 따른 전력선통신설비 및 영 제75조제1항제2호에 따른 유도식 통신설비에서 발사되는 주파수 허용편차는 0.1[%]로 한다.

41 다음 중 무선설비의 안전시설기준에서 고압전기의 설명으로 옳은 것은?

Answer 37. ③ 38. ② 39. ③ 40. ① 41. ④

① 220볼트의 고주파 및 교류전압과 450볼트의 직류전압을 말한다.
② 450볼트의 고주파 및 교류전압과 600볼트의 직류전압을 말한다.
③ 500볼트의 고주파 및 교류전압과 700볼트의 직류전압을 말한다.
④ 600볼트를 초과하는 고주파 및 교류전압과 750볼트를 초과하는 직류전압을 말한다.

해설 무선설비규칙의 제19조(무선설비의 안전시설)

① 무선설비에 전원의 공급을 위하여 고압전기(600볼트를 초과하는 고주파 및 교류전압과 750볼트를 초과하는 직류전압을 말한다. 이하 같다)를 발생시키는 발전기나 고압전기가 인입되는 변압기, 정류기 등을 이용할 경우에는 당해 기기들은 외부에서 용이하게 닿지 아니하도록 절연차폐체 내 또는 접지된 금속차폐체 내에 수용되어 있어야 한다. 다만, 취급자 외의 자가 출입하지 못하도록 된 장소에 설치되는 경우에는 그러하지 아니하다.

42 의료용 전파응용설비의 절연저항의 안전기준을 측정하기 위한 시험기로 알맞은 것은?

① 200[V]용 절연저항시험기
② 300[V]용 절연저항시험기
③ 400[V]용 절연저항시험기
④ 500[V]용 절연저항시험기

해설 전파응용설비의 기술기준 제8조(안전시설)

② 영 제74조제2호에 따른 의료용 전파응용설비는 그 설비의 운용에 따라 인체에 위해를 주거나 손상을 주지 아니하도록 다음 각 호의 조건에 적합하여야 한다.

1. 고압전기에 의하여 충전되는 기구와 전선은 외부에서 용이하게 닿지 아니하도록 절연차폐체 또는 접지된 금속차폐체 내에 수용할 것
2. 의료전극 및 그 도선과 발진기·출력회로·전력선 등 사이에서의 절연저항은 500[V]용 절연저항시험기에 따라 측정하여 50[MΩ] 이상일 것
3. 의료전극과 그 도선은 직접 인체에 닿지 아니하도록 양호한 절연체로 덮을 것. 다만, 라디오메스 등으로서 전극을 직접 노출하여 인체에 닿게 하여 사용하는 부분은 예외로 한다.
4. 인체의 안전을 위하여 접지장치를 설치할 것

43 전기적인 회로, 구조 및 성능이 동일하고 기능이 유사한 제품군 중 표본이 되는 기자재를 무엇이라 하는가?

① 기본모델
② 파생모델
③ 유사모델
④ 정상모델

해설 방송통신기기 형식검정·형식등록 및 전자파적합등록에 관한 고시

6. "기본모델"이라 함은 기기 내부의 전기적인 회로·구조·성능이 동일하고 기능이 유사한 제품군 중 표본적으로 인증을 받는 기기를 말한다.
7. "파생모델"이라 함은 기본모델과 전기적인 회로·구조·성능이 동일하고 그 부가적인 기능만을 변경한 기기를 말한다.

44 다음 중 방송통신기자재 등에 대한 적합등록필증을 관보에 공고하는 경우, 기재 사항이 아닌 것은?

① 등록받은 자의 상호 또는 성명

Answer 42. ④ 43. ① 44. ④

137

② 기자재의 명칭·모델명
③ 제조자 및 제조국가
④ 유효기간

해설 정보통신기기 인증 규칙의 제7조(인증서의 발급 등)
① 소장은 제6조의 규정에 의한 심사결과 적합하다고 인정되는 때에는 별지 제2호서식의 정보통신기기인증서(전자문서로 된 인증서를 포함하며, 이하 "인증서"라 한다)를 신청인에게 교부하고, 다음 각 호의 사항을 관보에 고시하여야 한다.
  1. 인증의 종류
  2. 인증받은 자의 상호 또는 성명
  3. 정보통신기기의 명칭·모델명
  4. 인증번호
  5. 형식기호(형식검정 및 형식등록 대상기기에 한하며, 형식기호의 표시는 소장이 정하는 바에 의한다)
  6. 제조자 및 제조국가
  7. 인증연월일

45 다음 중 방송통신기자재 등의 지정시험기관 적합등록 대상기자재가 아닌 것은?

① 가정용 전기기기 및 전동기류
② 자동차 및 불꽃점화 엔진구동 기기류
③ 방송수신기기 및 오디오·비디오 관련 기기류
④ 고전압설비 및 그 부속 기기류

해설 방송통신기자재 등의 적합성평가에 관한 고시(국립전파연구원) [별표 2] 지정시험기관 적합등록 대상기자재(제3조제2항 관련)

46 통신보안에서 사용하는 용어로 통신제원이 아닌 것은?

① 호출부호   ② 주파수
③ 교신시간   ④ 안테나공급전력

해설 무선통신운용에 있어 가장 기본적인 요소가 되는 것은 '호출부호, 주파수, 교신시간'의 3가지를 총칭한다.

47 비밀이 누설될 경우 국가안보에 막대한 지장을 초래할 우려가 있는 비밀은?

① I급 비밀   ② II급 비밀
③ III급 비밀   ④ 대외비

해설 비밀의 구분
비밀은 그 중요성과 가치의 정도에 따라 다음 각 호에 의하여 이를 1급 비밀, 2급 비밀 및 3급 비밀로 구분한다.
① 누설되는 경우 외교관계가 단절되고 전쟁을 유발하며 국가의 방위계획, 정보활동 및 국가방위상 필요불가결한 과학과 기술의 개발을 위태롭게 하는 등의 우려가 있는 비밀은 이를 1급 비밀로 한다.
② 누설되는 경우 국가안전보장에 막대한 지장을 초래할 우려가 있는 비밀은 이를 2급 비밀로 한다.
③ 누설되는 경우 국가안전보장에 손해를 끼칠 우려가 있는 비밀은 이를 3급 비밀로 한다.

48 다음 중 보안도의 순위가 가장 높은 것은?

① 전령통신   ② 우편통신
③ 시호통신   ④ 유선통신

해설 통신수단별 보안순위
전령통신 > 등기우편 > 인가된 우편 > 통상우편 > 유선통신 > 시호통신 > 음향통신 > 무선중계 유선통신 > 무선통신의 순으로 보안성이 결정된다. 즉 전령통신의 보안성이 가장 높고, 무선통신의 보안성이 가장 취약하다.

Answer   45. ① 46. ④ 47. ② 48. ①

49 암호자재는 누구의 승인을 얻은 후 사용하여야 하는가?

① 국무총리
② 국가정보원장
③ 중앙전파관리소장
④ 금융감독위원장

> **해설** 무선국의 운용 등에 관한 규정, 중앙전파관리소 제6조(통신보안용 약호 등)
> ① 무선국의 시설자는 통신상 보안을 요하는 사항에 대하여는 통신보안용 약호를 정한 후 소장의 승인을 얻은 후 이를 사용하여야 한다. 다만, 군사기밀보호법시행령 별표 1에 해당하는 내용은 약호 또는 평문으로 통신할 수 없으며, 인가된 통신보안자재를 사용하여야 한다.
> ② 무선국의 시설자는 통신보안을 위하여 호출명칭을 변경하여 사용할 필요가 있는 경우에는 통신보안용 호출명칭을 정하여 소장의 승인을 얻은 후 이를 사용하여야 한다.

50 다음 중 통신보안의 목적에 관한 설명으로 옳은 것은?

① 정보통신 사회의 필수 사항이기 때문
② 관련 법령에 규정되어 있기 때문
③ 통신보안의 제고 및 통신보안의 생활화를 위해
④ 원활한 통신 생활을 영위하기 위해

> **해설** 통신보안의 목적은 정보원의 사전 제거, 정보량의 감소, 정보의 지연에 있다.

51 다음 중 기억장치를 복수 모듈로 구성하고 모듈 간에 주소를 분배하여 번갈아 가면서 메모리에 접근하는 방식으로 알맞은 것은?

① 세그멘팅(Segmenting)
② 페이징(Paging)
③ 스테이징(Staging)
④ 인터리빙(Interleaving)

> **해설** ① 인터리빙(Interleaving) : CPU와 주기억장치 사이의 속도차이로 인해서 발생하는 문제를 해결하기 위해 주기억장치를 모듈별로 주소를 배정한 후 각 모듈을 번갈아 가면서 접근하는 방식
> ② 페이징(Paging) : 프로그램 실행에 필요한 데이터의 용량에 비해 램 용량이 부족하여, 부득이 CPU가 HDD에서 직접 데이터를 불러오는 경우에 발생한다.
> ③ 스테이징(Staging) : 대용량 기억 시스템에서 대용량 기억 볼륨의 데이터를 직접 접근할 수 있는 메모리로 옮겨 CPU로부터 접근할 수 있게 하는 것으로 낮은 우선순위 장치로부터 높은 우선순위 장치로 데이터를 옮기는 것을 말한다.

52 제어논리장치(CLU)와 산술논리연산장치(ALU)의 내부 상태 또는 연산 결과 및 시스템 제어를 위한 정보가 각 비트마다 배정되어 실행 순서를 제어하기 위해 사용되는 레지스터로 알맞은 것은?

① 플래그 레지스터(Flag Register)
② 주소 레지스터(Memory Address Register)
③ 기억 레지스터(Memory Buffer Register)
④ 명령 레지스터(Instruction Register)

> **해설** ㉠ 상태 레지스터(status register)는 ALU에서 산술 연산 또는 논리 연산의 결과로 발생된 특정한 상태를 표시해 주는 레지스터로서, 플래그 레지스터 또는 상태 코드 레지스터라고도 부른다.
> ㉡ 명령 레지스터(instruction register : IR)는 메모리에서 인출된 내용 중 명령어

를 해석하기 위해 명령어만 보관하는 레지스터이다.

ⓒ 누산기(accumulator : ACC)는 ALU에서 처리한 결과를 저장하며, 또한 처리하고자 하는 데이터를 일시적으로 기억하는 레지스터이다.

53 기억용량의 단위가 작은 것부터 큰 순서로 나열한 것은?

① PB → MB → TB → GB
② MB → PB → TB → GB
③ MB → GB → PB → TB
④ MB → GB → TB → PB

해설 미터법 표기에서 일반적으로 사용되는 접두기호

명칭	기호	크기
테라(tera)	T	10^{12}
기가(giga)	G	10^{9}
메가(mega)	M	10^{6}
킬로(kilo)	k	10^{3}
밀리(milli)	m	10^{-3}
마이크로(micro)	μ	10^{-6}
나노(nano)	n	10^{-9}
피코(pico)	p	10^{-12}

54 2진법 데이터 01110+00111을 연산하여 10진법 데이터로 변환한 값은?

① 21   ② 22
③ 23   ④ 24

해설 1110+0111=10101이므로
$(10101)_2 = 1 \times 2^4 + 1 \times 2^2 + 1 \times 2^0$
$= 16 + 4 + 1 = 21$

55 그림을 보고 불 함수를 표현한 것 중 올바른 것은?

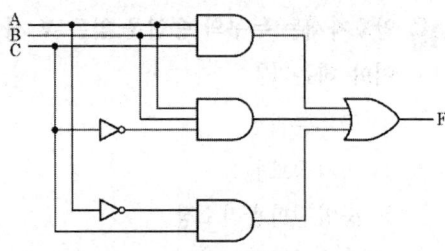

① $F = ABC + AB\overline{C} + \overline{A}C$
② $F = (A+B+C)(A+B+\overline{C})(\overline{A}C)$
③ $F = (ABCAB\overline{C}\overline{A}C)$
④ $F = (ABCAB\overline{C}AC)$

해설 NOT 게이트는 부정으로 표현되고, AND(논리곱) 게이트는 입력 변수의 곱으로 표현되고 OR(논리합) 게이트는 입력 변수의 합의 형태로 표현되므로 $F = ABC + AB\overline{C} + \overline{A}C$의 식으로 나타낸다.

56 다음 그림은 어떤 회로인가?

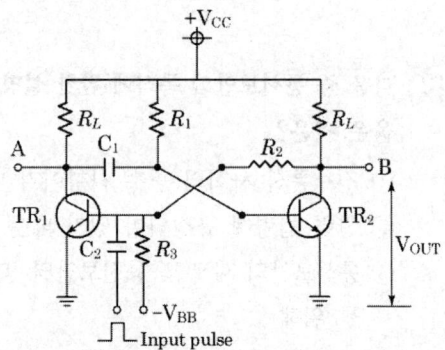

① 비안정 멀티바이브레이터(Astable Multi-vibrator)
② 단안정 멀티바이브레이터(Monostable or Single shot Multivibrator)
③ 쌍안정 멀티바이브레이터(Bistable Multi-vibrator)
④ JK 플립플롭

Answer   53. ④   54. ①   55. ①   56. ②

해설 멀티바이브레이터의 종류
㉠ 비안정 멀티바이브레이터(Astable Multivibrator) : 회로에 전원이 공급되면 구형파의 발진이 이루어지는 회로이다.
㉡ 단안정 멀티바이브레이터(Monostable Multivibrator) : 자체 발진의 능력은 없으나 외부의 트리거 펄스 입력이 공급될 때마다 하나의 구형파를 출력하는 회로이다.
㉢ 쌍안정 멀티바이브레이터(Bistable Multivibrator) : 안정 상태를 유지하며 외부의 트리거 펄스 입력이 두 개 공급될 때마다 하나의 구형파를 출력하는 회로로 일반적으로 플립플롭(Flip Flop) 회로라 한다.

57 다음 중 소프트웨어의 분류로 맞지 않는 것은?

① 상용 소프트웨어
② 프리웨어
③ 애드웨어
④ 하드웨어

해설 소프트웨어의 종류와 특징
㉠ 상용 소프트웨어는 상업적 목적으로, 판매를 목적으로 생산되는 컴퓨터 소프트웨어이다.
㉡ 프리웨어(Freeware) 소프트웨어는 무상으로 자유롭게 사용할 수 있도록 배포하는 소프트웨어를 말한다. 프리웨어는 이용기간이나 기능의 제약은 없지만 이용 목적이나 사용자를 구분짓는 경우가 종종 있기 때문에 구체적인 이용허락의 범위를 확인하여야 한다.
㉢ 애드웨어(adware)는 특정 소프트웨어를 실행할 때 또는 설치 후 자동적으로 광고가 표시되는 프로그램을 말한다.
㉣ 하드웨어(hardware)는 기술의 물리적 유물을 일컫는 것이 일반적이며, 컴퓨터 하드웨어의 경우 컴퓨터 시스템의 물리적 부품을 뜻하기도 한다.

58 다음 중 'A가 10 미만이면 인쇄하라'에 대한 순서도로 맞는 것은?

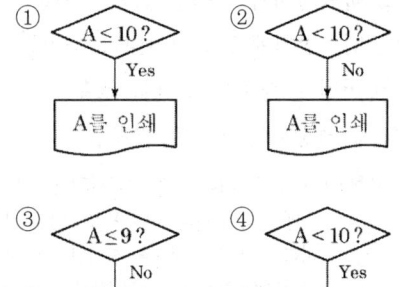

해설 ① : A가 10과 같거나 미만이면 인쇄하라.
② : A가 10 미만이 아니면 인쇄하라.
③ : A가 9와 같거나 미만이 아니면 인쇄하라.

59 다음 중 컴퓨터 응용프로그램 수행에 필요한 커널에 대한 설명으로 틀린 것은?

① 컴퓨터 하드웨어와 프로세스의 보안을 책임진다.
② 한정된 시스템 자원을 효율적으로 관리하여 프로그램의 실행을 원활하게 한다.
③ 운영 체제의 복잡한 내부를 감추고 깔끔하고 일관성 있는 인터페이스를 하드웨어에 제공한다.
④ 프로세스에 처리기를 할당하는 것을 프로세싱이라 한다.

해설 커널(Kernel)
운영체제의 내부 요소. 컴퓨터가 필요로 하는 가장 기본적인 기능들을 수행하는 소프

Answer 57. ④ 58. ④ 59. ④

트웨어 요소들을 포함한다.

60 다음 중 인터럽트(Interrupt)가 발생하는 경우가 아닌 것은?

① 출력장치가 출력명령을 끝마칠 경우
② 입력장치에 입력데이터가 준비된 경우
③ 어떤 수를 0으로 나눌 경우
④ 기억장소에 접근할 경우

해설 프로그램 처리 도중 긴급사태나 외부의 요구에 의하여 처리 중인 프로그램을 일시 중지하고, 발생된 내용을 처리한 후에 처리하던 원래의 프로그램을 재개하는 것을 인터럽트라 한다.
① 하드웨어적 인터럽트에는
  - 정전 : 최우선 순위를 가짐
  - 기계검사 인터럽트(Machine Check) : CPU 및 기타 장치에서 에러가 발생했을 경우나 입출력장치의 데이터 전송 요구, 데이터 전송이 끝났을 때 발생
  - 외부 인터럽트 : 타이머, 전원 등의 외부 신호 및 오퍼레이터의 조작에 의해서 발생
  - 입출력 인터럽트 : 데이터 입출력 종료나 에러가 발생했을 경우
② 인터럽트 우선순위
  - 하드웨어적 원인 > 소프트웨어적 원인 정전 인터럽트 > 기계고장 인터럽트 > 외부 인터럽트 > I/O 인터럽트 > 프로그램 체크 인터럽트 > SVC 인터럽트
  - 인터럽트 발생 시 복귀 주소(return address)를 저장해 두었다가 ISR (Interrupt Service Routine) 마지막에 복귀명령에 이용한다.
  - 인터럽트가 발생하면, 현재 프로그램 상태를 PC에 저장(Program counter register)한다.
  - Interrupt vector(인터럽트에 해당하는 ISR 실행 정보를 담고 있는 벡터)를 탐색한다.
  - 인터럽트 처리 : 요청 장치를 식별, 실질적 인터럽트를 처리한다.
  - 상태를 복구하고, PC에 저장된 프로그램 상태를 통해 실행을 재개한다.

Answer 60. ④

Chapter 과년도출제문제 2019. 1회

무선설비기능사(이론)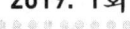

01 다음 기호 표시는 어떤 것인가?

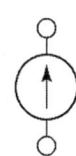

① 직류 전압원 ② 직류 전류원
③ 교류 전압원 ④ 직·교류 전원

해설
- 직류 전압원 • 교류 전압원

- 직류 전류원

02 어떤 도선에 10[C]의 전하가 2초 동안 흐른다면 그 도선에 흐르는 전류는 얼마인가?

① 20[A] ② 12[A]
③ 5[A]   ④ 3[A]

해설 $Q = It[C]$, $I = \dfrac{Q}{t}[A]$

∴ $I = \dfrac{10}{2} = 5[A]$

03 주파수가 60[Hz]인 정현파의 주기 T를 구하면 약 얼마인가?

① 1.67[ms] ② 16.7[ms]
③ 167[ms]   ④ 1,670[ms]

해설 $T = \dfrac{1}{f} = \dfrac{1}{60} = 16.7[ms]$

04 인덕터만의 교류회로에서 전압과 전류의 비로 알맞은 것은?

① ωL ② $2\omega L$
③ $3\omega L$ ④ $4\omega L$

해설 인덕터만의 교류회로이므로 $\omega L = 2\pi L$

05 코일 주위에 자속이 변할 때 코일에 유도 기전력의 크기를 결정하는 법칙은?

① 패러데이 법칙
② 렌츠의 법칙
③ 앙페르의 오른나사법칙
④ 플레밍의 왼손법칙

해설
- 렌츠의 법칙은 원형 코일에 자석을 가까이 하거나 멀리 할 때 코일에 흐르는 유도전류의 방향은 그 자석의 운동을 방해하는 방향으로 코일에 유도자기장을 만든다.
- 패러데이의 법칙은 코일 주위에 자속이 변할 때 코일에 유도 기전력의 크기를 결정하는 법칙이다.
- 비오-사바르의 법칙은 주어진 전류회로

Answer 01. ② 02. ③ 03. ② 04. ① 05. ①

무선설비기능사 이론

에서 발생하는 자기장을 구하는 기본 관계를 나타내는 것이다.
- 앙페르의 오른나사법칙은 전선에 전류가 흐르면 주위에 자기장이 발생하는데 전류의 방향을 나사의 진행방향으로 하면 나사의 회전 방향이 자기장의 방향이 된다.

06 다음 중 반도체 IC의 제조 공정 순위로 옳은 것은? (단, A : 분리 확산, B : 알루미늄 증착, C : 에피택셜 성장, D : 베이스 및 이미터 확산)

① A-C-B-D ② B-C-A-D
③ C-A-D-B ④ D-C-A-B

해설 반도체 IC의 제조 공정

에피택셜 성장 → 분리 확산 → 베이스 및 이미터 확산 → 알루미늄 증착

① 에피택셜 성장 : Si 기판 위에 N형의 에피택셜층 형성 → SiO_2(산화물) 피막 형성
② 분리 확산 : 사진 부식으로 SiO_2막을 부분적으로 제거한 후 P형 불순물을 선택 확산시켜 P^+형 확산층으로 각 영역을 분리함
③ 베이스 확산 : 베이스가 될 부분의 SiO_2층을 사진 부식으로 제거하고 P형 불순물을 확산시킴
④ 이미터 확산 : 이미터로 될 부분의 SiO_2층을 제거하고 N형 불순물을 확산시킴
⑤ 알루미늄 증착 : 전극이 될 부분의 SiO_2를 제거하고 웨이퍼의 전면에 알루미늄 막을 진공 증착시키고, 사진 부식의 방법으로 배선을 한다.

07 다음 중 트랜지스터 증폭기의 바이어스 안정도가 가장 좋은 것은?

① 3 ② 5.6
③ 8 ④ 10.5

해설 안정 계수(S)
바이어스 회로의 안정화 정도로 S가 작을수록 안정도가 좋다.

08 다음 전력증폭기 중 가장 효율이 좋은 것은?

① A급 ② B급
③ AB급 ④ C급

해설 효율이란 출력의 입력에 대한 비를 백분율로 나타낸 것으로서, 증폭기에서의 효율의 양부는 무신호 시 양극 전류의 크기로 알 수 있다. 즉, C급은 무신호 시 양극 전류가 없어 에너지 소비가 적으므로 효율이 가장 좋다고 하겠으며, A급은 무신호 시 소비 전류가 많아 효율이 나쁘다.
[증폭기의 동작 상태에 의한 분류]
㉠ A급 증폭기 : 바이어스 동작특성에 직선부 중앙에 동작점 → 입력의 전주기에 나타난다.
㉡ B급 증폭기 : 차단상태에 동작점
㉢ AB급 증폭기 : A급 증폭기와 B급 증폭기 사이에 동작점
㉣ C급 증폭기 : 직류부하 끝점에 동작점

09 다음 중 FET의 증폭 정수를 나타낸 식은?

① $\dfrac{\Delta I_D}{\Delta V_{GS}}$ ② $\dfrac{\Delta V_{DS}}{\Delta V_{GS}}$
③ $\dfrac{\Delta V_{GS}}{\Delta I_D}$ ④ $\Delta V_{DS} \cdot \Delta I_D$

해설 전계효과 트랜지스터(FET)의 증폭정수 μ, 전달 컨덕턴스 g_m, 내부저항 r_d 사이에는 $\mu = g_m \cdot r_d$의 관계가 있다.

전달 컨덕턴스 : $g_m = \dfrac{\partial I_D}{\partial V_{GS}}\bigg|_{V_{DS}=일정}$

드레인 저항 : $r_d = \dfrac{\partial V_{DS}}{\partial I_D}\bigg|_{V_{GS}=일정}$

증폭 상수 : $\mu = \dfrac{\partial V_{DS}}{\partial V_{GS}}\bigg|_{I_D=일정}$

Answer 06. ③ 07. ① 08. ④ 09. ②

10 다음 중 발진현상에 대한 설명으로 틀린 것은?

① 능동회로에서 입력신호가 없음에도 출력신호가 검출되는 경우
② 직류에 의해 교류신호로 변환되는 경우
③ 주어진 입력 신호레벨이 크게 증폭되어 나타나는 경우
④ 원하지 않는 주파수 대역에서 정체불명의 공진 신호가 발생하는 경우

해설 발진(oscillation)
전기적 진동이 일어나는 것으로 어떤 양의 크기가 시간에 따라 어떤 기준값보다 크게 되거나 작게 되는 변동 현상이다.

11 다음 중 위상고정루프(PLL)의 응용에 쓰이지 않는 것은?

① AM 복조   ② FM 복조
③ FSK 복조 ④ PCM 복조

해설 위상고정회로(PLL, Phase Locked Loop)
진폭이 아닌 위상 변동을 줄여가며, 평균적으로 입력 주파수 및 위상에 동기화시키는 회로

12 음성과 같은 저주파 신호를 100[kHz] 이상의 고주파 신호에 실어서 전송하는 방식을 무엇이라 하는가?

① 증폭   ② 발진
③ 변조   ④ 검출

해설 무선 송신 시스템에서 변조를 하는 이유
- 주파수 할당과 다중분할을 하기 위하여
- 안테나를 작게 만들어 복사를 용이하게 하기 위해
- 원거리 전송을 하기 위하여
- 신호 대 잡음비를 향상시키기 위하여
- 잡음과 간섭을 줄이기 위하여

13 음성신호를 일정한 시간 간격으로 나누어 펄스열을 만드는 과정은?

① 표본화   ② 양자화
③ 부호화   ④ 압축화

해설 PCM의 구성 단계를 살펴보면 음성정보와 같은 아날로그 신호가 디지털 신호로 변환되기 위해서는 크게 표본화(sampling), 압축(compress), 양자화(quantizing), 부호화(encoding) 등의 4단계로 나누어진 PCM(Pulse Code Modulation) 과정을 거쳐야 한다.
㉠ 표본화 : 샘플링 이론을 바탕으로 아날로그 신호를 디지털 신호로 변환할 때 그 신호를 일정시간마다 추출하는 과정
㉡ 압축 : 표본화된 신호를 양자화되기 직전 압축하는 과정
㉢ 양자화 : 표본화 과정을 거쳐 채집된 진폭의 크기를 몇 개의 이산적인 구간으로 나누어 이산적인 수로 표현하는 과정
㉣ 부호화 : 양자화 과정을 거친 펄스를 디지털 신호로 표현하는 방법으로 Unipolar(단극형), Polar(극형), Bipolar(양극형) 등을 사용해 표현하는 과정

14 아래와 같은 회로에서 스위치 S_1을 닫는 순간 전류가 I[A]라 할 때, 스위치를 닫는 순간부터 전류가 0.6321[A]가 될 때까지의 시간은? (단, 코일에는 에너지가 축적되어 있지 않다고 가정한다.)

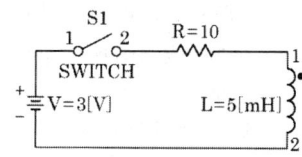

① 0.5[ms]   ② 0.6[ms]
③ 0.7[ms]   ④ 1[ms]

Answer 10. ③ 11. ④ 12. ③ 13. ① 14. ①

해설 $t = \frac{L}{R}[\text{sec}]$

$t = \frac{5 \times 10^{-3}}{10} = 0.5[\text{ms}]$

15 지연시간 5[ns]의 플립플롭을 사용한 5단의 리플 카운터의 동작 최고 주파수는?

① 10[MHz] ② 20[MHz]
③ 30[MHz] ④ 40[MHz]

해설 최고 동작 주파수(F)

$F = \frac{1}{T} = \frac{1}{5 \times 5 \times 10^{-9}} = 40[\text{MHz}]$

16 진폭은 항상 일정하게 두고 반송파로 사용되는 정현파의 주파수에 정보를 싣는 변조 방식은?

① 진폭 편이 변조 방식
② 주파수 편이 변조 방식
③ 위상 편이 변조 방식
④ 진폭 위상 편이 변조 방식

해설 무선설비규칙의 제2조(정의)

"디지털 변조(Digital modulation)"란 2진 부호로 표현되는 데이터를 반송파의 진폭, 주파수, 위상 또는 이들의 조합으로 변조하는 것을 말한다.
1. 진폭 편이 변조(ASK ; Amplitude Shift Keying) : 디지털 신호가 1이면 출력을 송신, 0이면 off
2. 주파수 편이 변조(FSK ; Frequency Shift Keying) : 디지털 신호가 1이면 f_1 주파수로, 0이면 f_2 주파수로 주파수를 바꿈
3. 위상 편이 변조(PSK ; Phase Shift Keying) : 디지털 신호의 0, 1에 따라 2종류의 위상을 갖는 변조 방식이다.

17 다음 중 2진 부호를 변조한 파형의 주파수 변화가 없는 변조 방식은?

① 주파수 편이 변조(FSK)
② 위상 편이 변조(PSK)
③ 주파수 변조(FM)
④ 2진 변조(BM)

해설 16번 해설 참조

18 다음 중 송신 시에는 변조를, 수신 시에는 복조를 수행하는 것은?

① 모뎀(MODEM)
② 검파기
③ A/D, D/A 변환기
④ 주파수 변별기

해설 모뎀(MODEM, MOdulator/DEModulator (변조기/복조기)의 약자로 변조기 및 복조기가 한 장치에 같이 있어 양방향(전이중) 통신 가능하고 반송파 주파수에 신호를 태워주어(변조) 멀리까지 신호 전송하는데 모뎀의 반송파 주파수는 주로 음성주파수대역을 사용한다.

19 다음 중 양측파대(DSB) 통신방식에 비해 단측파대(SSB) 통신방식의 장점으로 옳은 것은?

① 수신기의 회로 구성이 간단하다.
② 점유주파수대역폭이 크다.
③ 높은 주파수 안정도를 필요로 한다.
④ 혼신이 적다.

해설 DSB 통신 방식과 SSB 통신 방식의 차이점

Answer 15. ④ 16. ② 17. ② 18. ① 19. ④

항목	SSB	DSB
점유주파 수대폭	단측파대이기 때문에 DSB의 1/2로 DSB 방식보다 2배의 통화로를 가질 수 있다.	양측파대 및 반송파를 복사하므로 SSB의 2배의 대역폭이 소요된다.
S/N비	동일 전력인 경우 9~12[dB] 정도 개선된다.	점유 주파수 대폭이 넓어서 SSB에 비하여 S/N비가 나쁘다.
송신기의 전력소비	변조 입력이 있을 때만 복사되며 전력의 대부분을 차지하는 반송파를 억압하고 단측파대만을 복사하기 때문에 소비 전력은 DSB의 약 30[%] 정도이다.	변조 입력이 없을 때에도 항상 큰 전력의 반송파가 복사되므로 SSB보다 전력소비가 크다.
수신 일그러짐	단측파대이기 때문에 선택성 페이딩의 영향이 감소하여 수신 일그러짐이 적다.	선택성 페이딩의 영향에 의하여 SSB보다 수신 일그러짐이 많다.
송신 설비	송신측에서 평형 변조기 및 단측파대 분리용 BPF 등이 필요하여 복잡하다.	SSB 장치와 같은 복잡한 장치가 불필요하다.
수신 설비	수신측에서 반송파와 같은 국부 반송파를 얻기 위하여 동기조정장치가 필요하다.	SSB에 비하여 간단하다.
비화성	보통의 DSB 수신기로서는 SSB파를 복조할 수 없으므로 비화성을 유지할 수 있다.	비화성을 유지하기가 곤란하다.

해설 AM 통신방식과 FM 통신방식의 비교

구분	장점	단점
AM	• 송·수신회로가 간단하다. • 점유주파수 대역폭이 좁다. • 약한 전계에서도 수신이 가능하다.	• 잡음이나 간섭에 취약하다. • 과변조 시 왜곡이 발생한다. • 레벨변동에 약하다.
FM	• 신호대잡음비가 우수하다. • 잡음이나 간섭에 강하다. • 레벨변동에 강하다.	• 점유주파수 대역폭이 넓다. • 송·수신기의 구성이 복잡하다.

20 다음 중 AM 통신 방식에 비해 FM 통신 방식의 특징으로 틀린 것은?

① 신호대잡음비가 개선된다.
② 점유주파수대역폭이 좁다.
③ 약전계 통신에 적합하지 않다.
④ 레벨 변동의 영향이 없다.

21 FM 수신기에서 수신 감도를 안정되게 유지하려면 S/N비의 값을 얼마로 유지하면 되는가?

① 10[dB] ② 20[dB]
③ 30[dB] ④ 40[dB]

해설 감도 측정방법의 일반적인 경우
ⓐ 수검기기의 출력 임피던스와 동일한 감쇠기로 정합시키는 것이 바람직하다.
ⓑ 수검기기의 스위치동작을 OFF시킨다.
ⓒ SG를 희망주파수로 발진하고, 그 출력 레벨을 20[dB]로 한다.
ⓓ 수검기기를 동조시킨다.
ⓔ 의사공중선은 수검기기의 종류에 따라 적당한 것을 선택한다.

22 주파수가 1.5[MHz]라면 전파의 파장은 얼마인가?

① 50[m] ② 100[m]
③ 150[m] ④ 200[m]

해설 파장
$$\lambda = \frac{C}{f} = \frac{3 \times 10^8}{1.5 \times 10^6} = 200[m]$$

Answer 20. ② 21. ② 22. ④

23 다음 중 수평면에 대한 지향성이 없는 안테나는?

① 롬빅(Rhombic) 안테나
② 수평 안테나
③ 파라볼라 안테나
④ 수직 안테나

해설 수직 안테나(vertical antenna)는 안테나 소자를 대지에 대하여 수직으로 세워 수직 편파로 방사하거나 수신하는 안테나의 총칭으로 단파 이하의 전파인 경우에는 보통 4분의 1 파장 안테나 소자의 기저부를 접지시킨 것을 말하나, 초단파 이상의 전파인 경우에는 4분의 1 파장 이상의 것도 있다.

24 빔(Beam) 안테나의 소자배열 간격은 급전의 편의상 규칙적으로 배치하는데 일반적인 배열 간격은 얼마인가?

① λ
② $\lambda/2$
③ $\lambda/4$
④ $\lambda/8$

해설 빔(Beam) 안테나
다수의 반파장 다이폴을 동일 평면 내에 규칙적으로 배열하고 각각에 급전 전력을 각 안테나 소자에 분할하여 동일하게 급전하려는 안테나로 목적하는 방향으로 지향성이 예민하고 이득도 크다. 통상적으로, $\lambda/2$ 소자를 여러 개 배열하여 사용하는데 시스템의 복잡도를 고려하여 보통 4~12개 정도를 사용한다.

25 다음 중 초단파 안테나를 주로 사용하는 용도로 맞지 않는 것은?

① TV 방송용
② FM 방송용
③ 항공기 통신용
④ 잠수함 통신용

해설 단파라고 하는 HF(High Frequency)는 3[M]~0[MHz] 대역을 말하며, 초단파인 VHF(Very High Frequency)는 30[M]~300[MHz] 대역, 극초단파인 UHF(Ultra High Frequency)는 300[M]~3[GHz] 대역을 말한다. 일반적으로 주파수가 낮으면 회절, 굴절이 잘 되고 멀리까지 전파를 보낼 수 있으며, 주파수가 높으면 직진성이 강하고 주변 노이즈 영향을 적게 받게 되어 깨끗하고 많은 데이터를 실어 보낼 수 있는 반면에 거리에 대한 제약이 따르는 단점이 있다.
- 주파수 낮은 단파(HF)는 멀리까지 전파를 보낼 수 있는 단파방송에 사용된다.
- VHF는 아날로그 TV 방송이나 FM 방송에 주로 이용된다.
- UHF는 디지털 TV 방송이나 이동통신 용도로 많이 사용된다.

26 다음 중 마이크로파 대역을 주로 사용하는 통신방식은?

① 위성통신
② AM 라디오 방송
③ 아마추어 무선
④ 선박통신

해설 위성통신은 마이크로파를 사용하기 때문에 고속 대용량 통신이 가능하고 넓은 지역(특정국가 전역)을 통신권역으로 할 수 있다.

27 다음 중 급전선이 갖추어야 할 특성이 아닌 것은?

① 임피던스 값이 균일해야 한다.
② 유도 방해를 주거나 받지 않아야 한다.
③ 송신용일 경우 절연 내력이 작아야 한다.
④ 전송 선로의 저항 손실, 방사 손실이 적

어야 한다.

> 해설) 급전선이란 전파에너지를 전송하기 위하여 송신기나 수신기와 공중선 사이를 연결하는 선을 말한다.
> [급전선의 구비 조건]
> ① 전송효율이 좋을 것
> ② 절연내력이 클 것
> ③ 불필요한 전파복사가 다른 곳에 방해를 주거나 불필요한 전파가 유도되지 않을 것
> ④ 임피던스 정합이 용이할 것

28 다음 전송 방식 중 양쪽 방향으로 전송이 가능하나 어느 한 순간에는 한쪽 방향으로만 통신이 가능한 방식은?

① Simplex
② Multiplex
③ Half-duplex
④ Full-duplex

> 해설) ① 전이중 통신(Full Duplex) : 두 대의 단말기가 데이터를 송수신하기 위해 동시에 각각 독립된 회선을 사용하는 통신 방식이다. 대표적으로 전화망, 고속 데이터 통신을 들 수 있다.
> ② 반이중 통신(Half Duplex) : 한쪽이 송신하는 동안 다른 쪽에서 수신하는 통신 방식으로, 전송 방향을 교체한다. 마스터 슬레이브 방식의 센서 네트워크가 대표적이다.
> ③ 단방향 통신(Simplex) : 한쪽 방향으로만 전송할 수 있는 것으로 방송, 감시 카메라를 들 수 있다.

29 다음 중 주파수 재사용 계수(K)가 커짐에 따라 발생할 수 있는 현상에 대한 설명으로 틀린 것은?

① 시스템 용량이 줄어든다.
② 주파수 재사용 거리가 늘어난다.
③ 주파수 간에 발생하는 간섭이 줄어든다.
④ 통신 품질이 저하된다.

> 해설) 셀룰러 시스템에서 단위 면적당 채널수를 증가시키는 방법으로 셀 반경을 줄이는 것 외에 '주파수 재사용 계수'를 조절하는 방법이 있다. '주파수 재사용 계수'란 셀룰러 시스템에서 주파수 효율이 얼마인지는 나타내는 데 사용하는 파라미터로, 전체 주파수 대역을 몇 개의 셀에 나누어 주는가를 나타내는 것으로 셀 수를 말한다.
> 주파수 재사용 계수가 커지면 시스템 용량이 줄어들어 주파수 재사용 거리가 늘어나며 주파수 간에 발생하는 간섭이 줄어든다.

30 다음 중 셀룰러(Cellular) 이동통신시스템에서 가입자가 증가하여 통화용량을 증가시키는 방법으로 틀린 것은?

① 기지국의 채널을 증설한다.
② 주파수 스펙트럼을 추가한다.
③ 동적 주파수 할당을 한다.
④ 대규모 셀(Cell)로 구성한다.

> 해설) ① '셀룰러'란 서비스 지역을 여러 개의 작은 구역, 즉 '셀'로 나누어서, 서로 충분히 멀리 떨어진 두 셀에서 동일한 주파수 대역을 사용하므로 공간적으로 주파수를 재사용할 수 있도록 하여 공간적으로 분포하는 채널수를 증가시켜 충분한 가입자 수용용량을 확보할 수 있도록 하는 이동통신 방식을 말한다.
> ② 셀룰러 이동통신시스템에서 가입자가 증가하여 통화용량을 증가시키기 위하여 기지국의 채널을 증설하거나, 주파수 스펙트럼을 추가하고 동적 주파수 할당을 한다.

31 다음 중 이동통신시스템의 기본 구성 요소 중에서 발·착신 신호의 송출기능을 담당하는 곳은?

① HLR   ② 무선 기지국
③ 무선 교환국   ④ VLR

해설 기지국장치(BTS : Base Transceiver System)는 기저대역 신호처리, 유무선 변환 및 무선 신호의 송, 수신 등을 수행하여 가입자 단말기와 직접적으로 연결되는 망종단장치이다.

32 오실로스코프(Oscilloscope)에 다음 그림과 같은 파형이 출력되었다면 이것은 무엇을 측정한 파형인가?

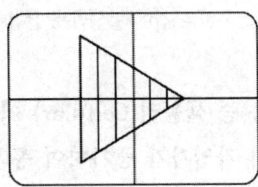

① 진폭 변조파로서 과변조파
② 두 개의 주파수에 대한 고조파 전압의 합성파
③ 100[%] 위상 변조파
④ 100[%] 진폭 변조파

해설 $m = \frac{a-b}{a+b} \times 100[\%] = \frac{a}{a} \times 100 = 100[\%]$
가 되므로 오실로스코프(Oscilloscope)를 통한 100[%]의 진폭변조파의 파형이다.

33 레헤르(Lecher)선의 공진을 이용하여 측정할 수 있는 것이 아닌 것은?

① 진동수   ② 주파수
③ 파장   ④ 저항

해설 단파장 발진기의 출력회로로서, 평행하게 배치한 2개의 직선 도체를 연결한 다음, 그것에 정재파를 만들어 그 전압 또는 전류의 파장을 측정하면 발진주파수를 구할 수 있는데, 이때 이용되는 직선 도체를 가리키는 말. 레헤르선은 그 길이로 정해지는 고유 파장이 있으므로 공진회로로 사용할 수 있으며, 극초단파(UHF)의 발진기에 이용된다.

34 실효높이가 10[m]인 안테나에 0.01[V]의 전압이 유기되면 이 곳의 전계강도는 얼마인가?

① 0.1[mV/m]   ② 1[mV/m]
③ 10[mV/m]   ④ 100[mV/m]

해설 $E = \frac{E_o}{r} = \frac{0.01}{10} = 1[mV/m]$

35 직류 출력전압이 무부하 시 220[V]이고 부하 시 200[V]라면 전압 변동률은 얼마인가?

① 10[%]   ② 10.5[%]
③ 11[%]   ④ 11.5[%]

해설 전압변동률(ε)
$\varepsilon = \frac{V - V_o}{V_o} \times 100$
V : 무부하 시 직류전압
V_o : 부하 시 직류전압
$\therefore V_o = \frac{220 - 200}{200} \times 100, \varepsilon = 10[\%]$

36 "방송수신만을 목적으로 하는 것을 제외하고 무선설비와 무선설비를 조작하는 자의 총체"로 정의되는 것은 무엇인가?

① 무선국   ② 무선종사자
③ 무선취급자   ④ 무선사업자

해설 전파법 제2조(정의)

Answer 31. ② 32. ④ 33. ④ 34. ② 35. ① 36. ①

① 이 법에서 사용하는 용어의 뜻은 다음과 같다.
1. "전파"란 인공적인 유도(誘導) 없이 공간에 퍼져 나가는 전자파로서 국제전기통신연합이 정한 범위의 주파수를 가진 것을 말한다.
2. "주파수분배"란 특정한 주파수의 용도를 정하는 것을 말한다.
3. "주파수할당"이란 특정한 주파수를 이용할 수 있는 권리를 특정인에게 주는 것을 말한다.
4. "주파수지정"이란 허가나 신고로 개설하는 무선국에서 이용할 특정한 주파수를 지정하는 것을 말한다.
4의2. "주파수회수"란 주파수할당, 주파수지정 또는 주파수 사용승인의 전부나 일부를 철회하는 것을 말한다.
4의3. "주파수재배치"란 주파수회수를 하고 이를 대체하여 주파수할당, 주파수지정 또는 주파수 사용승인을 하는 것을 말한다.
5. "무선설비"란 전파를 보내거나 받는 전기적 시설을 말한다.
5의2. "무선통신"이란 전파를 이용하여 모든 종류의 기호·신호·문언·영상·음향 등의 정보를 보내거나 받는 것을 말한다.
6. "무선국(無線局)"이란 무선설비와 무선설비를 조작하는 자의 총체를 말한다. 다만, 방송수신만을 목적으로 하는 것은 제외한다.

에서 [4] 안테나 공급전력 등의 표 참고
1) "전반송파"란 양측파대(兩側波帶) 수신기에 의하여 수신이 가능하도록 반송파를 일정한 레벨로 송출하는 전파를 말한다.
2) 저감반송파 또는 억압반송파를 이용하는 단일통신로 송신장치의 첨두포락선전력(PX)은 하나의 변조주파수에 따라 송신전력의 포화레벨로 변조한 경우의 평균전력(PY)으로 한다. 이 경우 "저감반송파"란 수신측에서 국부주파수의 제어 등에 이용할 수 있는 일정 레벨까지 반송파를 저감하여 송출하는 전파를 말하고, "억압반송파"란 수신측에서 복조(復調)에 사용하지 아니하는 반송파를 억압하여 송출하는 전파를 말한다.
3) 저감반송파를 이용하는 송신장치 또는 다중 통신로 송신장치의 첨두포락선전력(PX)은 임의의 변조주파수에 따라 변조한 평균전력(PY)의 4배로 한다. 이 경우 동일 통신로에 위의 변조주파수와 같은 강도로서 주파수가 다른 임의의 변조주파수를 가하였을 때에는 송신장치의 고조파 출력에서 제3차 혼변조 신호가 단일변조주파수만을 가하였을 때보다 25[dB] 내려간 것으로 한다.
4) 방송용 송신장치에서 페데스탈(시험용 영상신호)에 해당하는 영상을 보냈을 때의 평균전력(PY)을 1로 한다.
5) 표 중 d는 충격계수(펄스폭과 펄스주기와 비를 말한다)를, da는 평균 충격계수를 표시한다.

37 전파형식별 안테나공급전력의 표시와 환산비에서 'd'와 'da'로 알맞은 것은?

① d : 충격계수,   da : 평균 충격계수
② d : 평균 충격계수, da : 충격계수
③ d : 펄스폭,   da : 펄스주기
④ d : 펄스주기,   da : 펄스폭

해설 본문 무선설비기준 중 무선설비의 기술기준

38 다음 중 지상파 디지털 텔레비전 방송국 송신설비의 안테나공급전력 허용편차로 알맞은 것은?

① 상한 : 10[%], 하한 : [5%]
② 상한 : 5[%], 하한 : 5[%]
③ 상한 : 10[%], 하한 : 20[%]
④ 상한 : 20[%], 하한 : 10[%]

Answer 37. ① 38. ②

> **해설** 본문 무선설비기준 중 무선설비의 기술기준에서 [4] 안테나 공급전력 등의 표 중 안테나 공급전력 허용편차 참고

39 방송표준방식, 무선설비의 기술기준, 무선설비의 안전시설기준 등 무선설비의 기술기준을 규정할 목적으로 한 규칙은?

① 무선설비규칙
② 방송통신설비의 기술기준에 관한 규정
③ 전기통신사업용 무선설비의 기술기준
④ 전자파 적합성 기준

> **해설** 무선설비규칙
> 제1조(목적) 이 고시는 「전파법」(이하 "법"이라 한다) 제37조(방송표준방식), 제45조(기술기준), 제47조(안전시설의 설치), 제58조(산업·과학·의료용 전파응용설비 등)에 따라 무선설비의 기술기준을 규정함을 목적으로 한다.

40 전력선 반송에 의한 혼신방지를 위하여 고주파전류가 통하는 전력선의 분기점에 설치하는 것은?

① 변압기
② 태양전지
③ 초크 코일
④ 유도식 통신설비

> **해설** 고주파전류를 통하는 전력선의 분기점에는 전송특성의 필요에 따라 다른 통신설비에 혼신방지를 위해 초크 코일을 넣는다.

41 전원회로에 퓨즈 또는 자동차단기를 갖추어야 하는 무선설비는 안테나 공급전력이 몇 [W] 초과할 때인가?

① 3[W]
② 5[W]
③ 10[W]
④ 30[W]

> **해설** 무선설비규칙 제13조(보호장치 및 특수장치)
> ① 안테나공급전력이 10와트(W)를 초과하는 무선설비에 사용하는 전원회로는 퓨즈 또는 자동차단기를 갖추어야 한다.
> ② 과학기술정보통신부장관이 원활한 통신을 위하여 필요하다고 인정하는 무선국은 선택호출장치 또는 식별장치 등의 특수장치를 갖추어야 한다.

42 일반적인 무선설비의 안테나계는 낙뢰보호장치 및 접지장치를 설치하여야 한다. 이에 해당하지 않는 무선국은?

① 선박국
② 기지국
③ 일반지구국
④ 육상이동국

> **해설** 무선설비규칙 제18조(안테나 등의 안전시설)
> ① 무선설비의 안테나계는 낙뢰로부터 무선설비를 보호할 수 있도록 하는 낙뢰보호장치(피뢰침은 제외한다) 및 접지시설을 하여야 한다. 다만, 휴대용 무선설비, 육상이동국, 간이무선국의 안테나계 및 실내에 설치되는 안테나계의 경우는 예외로 한다.
> ② 무선설비의 안테나는 안테나설치대의 움직임에 따라 절단되지 아니하도록 보호되어 있어야 한다.
> ③ 제1항의 접지시설과 관련한 사항은 「산업표준화법」 제12조제1항에 따른 한국산업표준 및 「방송통신발전기본법」 제34조에 따른 한국정보통신기술협회의 정보통신단체표준을 참조한다.

43 다음 중 적합인증을 받아야 하는 경우가 아닌 것은?

① 전파환경 및 방송통신망 등에 위해를

Answer 39. ① 40. ③ 41. ③ 42. ④ 43. ③

줄 우려가 있는 경우
② 중대한 전자파장해를 줄 우려가 있는 경우
③ 측정·검사용으로 사용되는 방송통신기자재를 이용하는 경우
④ 그 밖에 사람의 생명과 안전 등에 중대한 위해를 줄 우려가 있는 경우

해설 방송통신기자재 등의 적합인증
전파환경 및 방송통신망 등에 위해를 줄 우려가 있는 방송통신기자재 등, 중대한 전자파장해를 주거나 전자파로부터 정상적인 동작을 방해받을 정도의 영향을 받는 방송통신기자재 등 그 밖에 사람의 생명과 안전 등에 중대한 위해를 줄 우려가 있는 기자재 등에 대한 인증

44 무선설비기기에 대한 적합인증을 받고자 할 때 신청하는 곳은?

① 전기전자검사원
② 국립전파연구원
③ 중앙전파관리소
④ 한국방송통신전파진흥원

해설 방송통신기자재 등의 적합성 평가에 관한 고시 (국립전파연구원)
제5조.(적합인증의 신청 등)
① 제3조제1항에 따른 대상기자재에 대하여 적합인증을 신청하고자 하는 자는 다음 각 호의 신청서와 첨부서류(전자문서를 포함한다)를 작성하여 원장에게 제출하여야 한다.
1. 별지 제1호서식의 적합인증신청서
2. 사용자설명서(한글본) : 기본모델의 제품개요, 사양, 구성 및 조작방법 등이 포함되어야 한다.
3. 다음 각 목 중 어느 하나의 시험성적서
   가. 지정시험기관의 장이 발행하는 시험성적서
   나. 원장이 발행하는 시험성적서
   다. 국가 간 상호 인정협정을 체결한 국가의 시험기관 중 원장이 인정한 시험기관의 장이 발행한 시험성적서
4. 외관도 : 제품의 전면·후면 및 타 기기와의 연결부분과 적합성평가 표시사항의 식별이 가능한 사진을 제출할 것
5. 부품 배치도 또는 사진 : 부품의 번호, 사양 등의 식별이 가능하여야 한다.
6. 회로도
   가. 적합성평가를 받은 "무선 송·수신용 부품"을 기자재의 구성품으로 사용하는 경우에는 해당 부분을 생략할 수 있다.
   나. 적합성평가기준 적용분야가 유선분야에 해당하는 기자재인 경우에는 전원 및 기간통신망과 직접 접속되는 부분의 회로도를 제출한다.
7. 대리인 지정서 : 제27조에 따른 별지 제4호서식의 대리인 지정(위임)서

45 국립전파연구원장은 잠정인증의 신청이 있는 경우에는 최대 며칠 이내에 이를 처리하여야 하는가?

① 10일 ② 30일
③ 60일 ④ 70일

해설 방송통신기자재 등의 적합성 평가에 관한 고시(국립전파연구원)
제6조 처리기간
① 원장은 적합성평가를 신청받은 때에는 다음 각 호에서 정한 기일 이내에 이를 처리하여야 한다.
1. 즉시처리
   가. 제5조에 따른 적합성평가 식별부호 신청
   나. 제8조에 따른 적합등록의 신청

Answer 44. ② 45. ③

다. 제16조제2항에 따른 적합등록 변
   경신고(제15조제1항 및 제15조제
   2항 제1호와 제2호에 해당하는 경
   우)
라. 제24조에 따른 적합성평가의 해지
마. 제25조에 따른 인증서의 재발급
바. 제28조에 따른 수입 기자재의 통
   관확인
2. 1일 이내 처리 : 제19조에 따른 적합성
   평가의 면제확인
3. 5일 이내 처리
   가. 제5조에 따른 적합인증 신청
   나. 제16조제1항에 따른 변경신고
   다. 제16조제2항에 따른 적합등록 변
      경신고(제15조제2항제3호에 해당
      하는 경우)
4. 60일 이내 처리 : 제11조에 따른 잠정
   인증 신청
② 제1항제3호가목의 처리기간을 적용함에
  있어 제6조제2항에 따른 시험성적서의
  유효성 확인을 위하여 소요되는 기간은
  처리기간에 산입하지 아니하며, 제1항제
  4호의 처리기간을 적용함에 있어 전문적
  인 기술검토 등 특별한 추가절차를 거치
  기 위하여 1회에 한하여 30일의 기한을
  연장할 수 있다. 이 경우 원장은 신청인
  에게 그 사유 및 예상소요기간 등을 서면
  으로 사전 통보하여야 한다.

46 다음 중 통신보안의 목적에 해당되지 않는 것은?

① 비밀누설 가능성의 제거
② 정보 누설량의 최소화
③ 획득하려는 정보의 은닉과 분석의 지연
④ 통신내용의 수집 및 장비의 보호

> **해설** 통신보안이라 함은 우리가 사용하는 통신수
> 단(유선전화, 차량전화, 휴대전화, 전신, 텔
> 렉스, 팩시밀리, PC 통신 등)에 의한 통화내
> 용이 알아서는 안 될 사람에게 직접 또는 간

접으로 누설될 가능성을 사전에 방지하거나
지연시키기 위한 방책을 말한다.
[통신보안의 목적]
  ① 비밀누설 가능성의 사전제거
  ② 적국의 정보 획득량의 감소
  ③ 획득하려는 정보의 지연

47 다음 중 보안자재의 취급에 대한 규정으로 옳은 것은?

① 암호자재는 암호화하여 전신으로 수발할 수 있다.
② Ⅲ급 비밀은 등기우편으로 발송할 수 없다.
③ 비밀수발 계통에 종사하는 인원은 Ⅲ급 이상의 비밀 취급 인가를 받은 자라야 한다.
④ 비밀보관 용기 외부에는 비밀등급을 표시하여야 한다.

> **해설** 보안업무규정 시행규칙 제24조(비밀의 수발)
> ① 비밀의 수발은 다음 각 호에 정하는 절차
>   에 의한다. 다만, I급 비밀 및 암호자재는
>   제1호 및 제2호의 규정에 의하여서만 수
>   발할 수 있다.
>   1. 암호화하여 전신으로 수발한다.
>   2. 취급자의 직접접촉에 의하여 수발한다.
>   3. 각급 기관의 문서수발계통에 의하여
>   수발한다.
>   4. 등기우편에 의하여 수발한다.
> ② 비밀을 수발할 때에는 별지 제7호 서식에
>   의한 봉투로 포장하여야 한다. 다만, Ⅲ
>   급 비밀을 등기우편으로 발송할 때에는
>   I급 및 Ⅱ급 비밀에 준하여 2중봉투를
>   사용하여야 한다.
> ③ 문서 이외의 비밀 자재는 내용이 노출되
>   지 아니하도록 이에 준하여 완전히 포장
>   하여야 한다.
> ④ 동일기관 내에서의 비밀의 수발 또는 전

Answer 46. ④ 47. ①

파절차(傳播節次)는 그 기관의 장이 정한다. 다만, 비밀이 충분히 보호될 수 있어야 한다.
⑤ 다른 기관으로부터 접수한 비밀은 발행기관의 승인 없이 재차 다른 기관으로 발송할 수 없다. 다만, 비밀을 이첩 시달하는 경우는 예외로 한다.
⑥ 비밀수발계통에 종사하는 인원은 Ⅱ급 이상의 비밀취급인가를 받은 자라야 한다.

48 다음 중 통신내용의 탐지수단이 아닌 것은?
① 교신분석 ② 방향탐지
③ 암호분석 ④ 약호분석

해설 통신내용의 탐지수단
① 교신 분석 : 상대방의 교신 사항을 분석하여 통신망의 파악과 그 기관의 규모 및 행동 상황의 추정과 통신량 및 통신제원 등을 분석하는 것을 말한다.
② 암호 분석 : 비밀 내용을 은닉하기 위하여 암호로 타전한 상대방의 통신문을 해독용 암호표 없이 추리, 분석, 해독하여 비밀 내용을 탐지하는 것을 말한다.
③ 방향 탐지 : 상대방의 통신소에서 발사하고 있는 송신 전파의 전파 경로를 측정하여 그 통신소의 위치를 탐지하거나 이동통신소인 경우 이동 경로를 탐지하는 것을 말한다.
④ 기만 통신 : 적이 우리의 통신소로 가장, 기만하여 주요한 비밀 내용을 발설케 해서 내용을 탐지하거나 허위 정보를 제공하여 군사상 및 주요 업무 수행에 혼란을 일으키는 것을 말한다.
⑤ 방해 통신 : 상대방의 통신 회선을 교란시킴으로써 상대방의 통신 능력을 약화시키든지, 통신을 두절시키는 등 중요하고 긴급한 통신 내용의 소통을 불가능하게 하는 것을 말한다.
⑥ 통신소 침투에 의한 자료 수집
㉠ 비밀 자료의 입수 : 비밀 보안 자재와 기타 통신 운용에 필요한 통신 제원,

통신망 구성 등 비밀 자료를 관찰, 복사 또는 촬영하여 입수함으로써 도청행위를 돕는다.
㉡ 비밀 자료의 파손 : 통신소에 침투하여 비밀 자료(암호, 음어, 약호 등)를 손상, 파손함으로써 통신 운용을 혼란케 하거나 통신 능력을 약화시킨다.

49 통신보안상 준수해야 할 통신 규율사항이 아닌 것은?
① 정확한 통신 제원에 의한 통신
② 통신운용 절차 및 규정 준수
③ 통신보안 관념 습성화
④ 고출력으로 전파 발사

해설 비밀누설에 대한 각종 방지법
㉠ 통신규율 및 통신사 교육훈련 : 통신제원에 의한 절차준수, 감독강화, 통신보안 생활화
㉡ 도청에 대한 방어 : 통신제원의 수시 변경, 무선침묵 유지, 보안 유해 시 통신 중단, 보안장비(비화기)
㉢ 방향탐지에 대한 방어 : 불필요한 전파의 발사, 같은 장소의 계속전파발사, 과도한 송신출력 억제
㉣ 교신분석에 대한 방어 : 필요할 때만 교신하고 규율을 중시, 평문송신금지
㉤ 기만통신에 대한 방어 : 상호 약정된 확인법의 사용(처음 통신 시작, 의심스러울 때, 주파수 변경 시), 비밀내용의 평문사용 엄금
㉥ 의심스러울 때 : 예비 주파수 전환, 즉시 보고, 방향탐지로 확인, 상대방(우리편) 통신사의 특성 등 파악

50 다음 중 1급 비밀 및 암호자재의 수발 방법으로 틀린 것은?
① 암호화 후 전신으로 수발

Answer 48. ④ 49. ④ 50. ④

155

② 직접 접촉에 의한 수발
③ 기관의 문서수발계통에 의한 수발
④ 일반우편에 의한 수발

해설 보안업무규정상의 관계조항
① 전화에 의한 수발 금지 : 비밀은 전신, 전화 등의 통신수단에 의하여 평문으로 수발하여서는 안 된다.
② 여행 중의 비밀보관 : 비밀을 휴대하고 출장 또는 여행하는 자는 비밀의 안전을 보호하기 위하여 국내경찰기관 또는 국외주재공관에 위탁 보관할 수 있다.
③ 보관책임자 : 각급 기관의 장은 비밀의 보관을 위하여 필요한 인원을 보관책임자로 임명하여야 한다. 보관책임자는 보관부서단위로 정책임자 1인을 두고, 보관 용기의 수 또는 보관 장소에 따라 수인의 부책임자를 둘 수 있다.
④ 비밀의 복제·복사의 제한 : 암호 및 음어자재는 어떠한 경우를 막론하고 복제·복사하지 못한다.
⑤ 비밀의 파기 : 비밀의 파기는 소각, 용해 또는 기타 방법으로 원형을 완전히 소멸시켜야 한다.
⑥ 비밀의 수발 : I급 비밀 및 암호자재는 제①항 및 제②항의 규정에 의해서 수발할 수 있다.
  ㉠ 암호화하여 전신으로 수발한다.
  ㉡ 취급자의 직접 접촉에 의하여 수발한다.
  ㉢ 각급 기관의 문서수발계통에 의하여 수발한다.
  ㉣ 등기우편에 의하여 수발한다.
⑦ 비밀의 보관용기 : 외부에는 비밀의 보관에 대한 어떠한 표시도 하여서는 안 된다.

51 운영 체제와 응용 프로그램들이 롬(플래시)에 이미지 형태로 저장되어 있다가 시동과 동시에 램 디스크(RAM Disk)를 만든 다음, 램 디스크 위에 운영 체제와 응용 프로그램들이 구성되고 구동되는 시스템을 무엇이라 하는가?
① 임베디드 시스템
② 분산처리 시스템
③ 병렬처리 시스템
④ 시분할처리 시스템

해설 ① 임베디드 시스템(embedded system, 내장형 시스템)은 기계나 기타 제어가 필요한 시스템에 대해, 제어를 위한 특정 기능을 수행하는 컴퓨터 시스템으로 장치 내에 존재하는 전자 시스템
② 분산 처리 시스템(Distributed Processing System) : 독립적인 처리 능력을 가진 컴퓨터 시스템을 통신망으로 연결한 시스템으로 서로 다른 장소에 위치한 컴퓨터 시스템에 기능과 자원을 분산시켜 상호 협력할 수 있는 시스템
③ 병렬처리 시스템(Parallel Computing System) : 하나의 운영체제 또는 하나 이상의 독립된 운영체제가 여러 개의 프로세서를 관리하는 개념으로 컴퓨터 시스템의 계산 속도를 향상시키기 위해서 동시에 데이터를 처리할 수 있는 기능을 제공하는 시스템
④ 시분할 시스템(Time-Sharing System) : 다중 프로그래밍의 논리적 확장으로 변형된 형태로서, 각 사용자들에게 CPU에 대한 일정 시간(time slice)을 할당하여 주어진 시간 동안 직접 컴퓨터와 대화 형식으로 프로그램을 수행할 수 있도록 개발된 시스템

52 A 레지스터 내용이 11110101이고, B 레지스터 내용이 10100110일 때 A와 B의 XOR(Exclusive OR) 연산 결과는?
① 10100100
② 00010110
③ 10000100
④ 01010011

Answer 51. ① 52. ④

해설 XOR(Exclusive OR) 논리회로는 두 입력이 같을 때 출력은 "0"이 되고, 두 입력이 서로 다를 때 "1"이 된다. 그러므로 11110101⊕10100110=01010011이 된다.

53 다음의 컴퓨터 기억장치 중 속도가 가장 빠른 것은 무엇인가?

① 레지스터(Register)
② 하드 디스크(HDD)
③ 플래시 메모리(Flash Memory)
④ 광학디스크(ODD)

해설 ① 주기억장치(Main Memory Unit) : 수행되고 있는 프로그램과 이의 수행에 필요한 데이터를 기억하는 장치로, 데이터를 저장하고 인출하는 데 드는 시간이 빨라야 하며, 보조기억장치보다 기억용량 대비 비용이 비싸다.
② 레지스터(register)는 마이크로프로세서의 일부분으로서 플립플롭 여러 개를 일렬로 배열하여 적당히 연결함으로써 여러 비트로 구성된 2진수의 아주 적은 데이터를 임시로 저장할 수 있게 한 것으로 주기억 장치이므로 처리 속도가 빠르다.

54 2진수 $(00110)_2$을 1의 보수(1's Complement) 방식으로 나타낸 것은?

① $(10110)_2$
② $(01001)_2$
③ $(11000)_2$
④ $(11001)_2$

해설 1의 보수는 부정(NOT : 반전)을 취하면 되므로 00110의 1의 보수는 11001이 된다.

55 다음 중 일반적인 논리회로의 기호로 사용되지 않는 것은?

① · : AND
② + : OR
③ − : NOT
④ / : DIV

해설 일반적인 논리회로의 기호는 AND(·), OR(+), NOT(부정[bar]-)를 사용한다.

56 전가산기(Full Adder)는 어떤 회로의 조합인가?

① 반가산기 1개와 OR 게이트
② 반가산기 1개와 AND 게이트
③ 반가산기 2개와 OR 게이트
④ 반가산기 2개와 AND 게이트

해설 **전가산기(FA : Full Adder)**
두 개의 2진수와 전단으로부터의 자리올림수 C(Carry)를 더하여 합계 S(Sum)와 자리올림수 C(Carry)를 구하는 논리회로
$C_o = \overline{A}BC_i + A\overline{B}C_i + AB\overline{C_i} + ABC_i$
$\quad = \overline{A}BC_i + A\overline{B}C_i + AB$
$S = \overline{A}\,\overline{B}C_i + \overline{A}B\overline{C_i} + A\overline{B}\,\overline{C_i} + ABC$
$\quad = C \oplus (A \oplus B)$

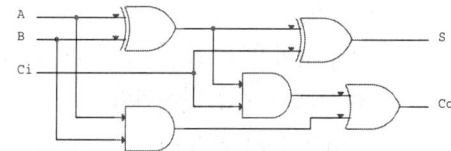

전가산기의 회로

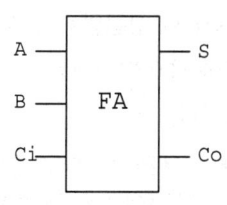

전가산기의 블록도

Answer 53. ① 54. ④ 55. ④ 56. ③

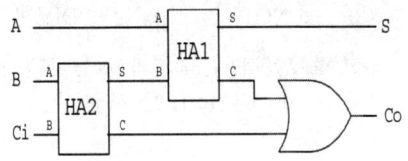

반가산기를 이용한 전가산기의 블록도

57 다음 순서도 설명 중 맞는 것은? (단, mod(A, B)는 A를 B로 나눈 나머지를 말한다)

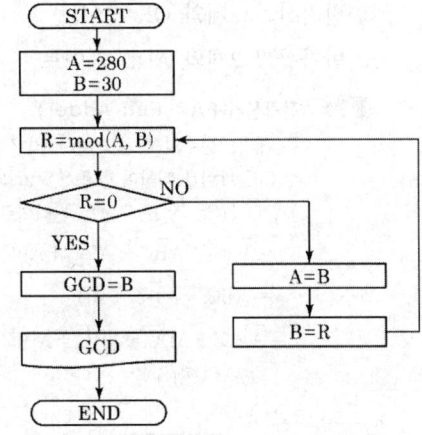

① R의 값이 0이 되는 경우가 없으므로 이 순서도는 무한 반복된다.
② 280과 30의 최소공배수를 구하는 순서도이다.
③ 입력값에 상관없이 루프의 횟수가 같다.
④ 280과 30의 최대공약수를 구하는 순서도이다.

> **해설** 최대공약수(最大公約數)란, 0이 아닌 두 정수나 다항식의 공통되는 약수 중에서 가장 큰 수를 말하며, 두 정수 a와 b의 최대공약수를 기호로 gcd(a, b)로 표기하거나, 더 간단히 (a, b)로도 표기한다.
> 그림은 280과 30의 최대공약수를 구하는 순서도이다.

58 다음 중 Multi-Threading 프로그래밍의 장점에 대한 설명으로 틀린 것은?

① 각 작업의 속도 향상을 가져올 수 있다.
② 한 번에 여러 작업을 할 수 있다.
③ 중앙처리장치의 시분할시스템이 필요하다.
④ 가상 CPU를 사용하는 시스템이다.

> **해설** 다중 스레딩(multi-threading)은 하나의 프로그램이 동시에 여러 가지 작업을 할 수 있도록 하는 것으로 각각의 작업은 스레드(thread)라고 불린다.
> ① 멀티스레딩(Multi-Threading) 프로그래밍의 장점
>   • 스레드가 동적으로 스케줄된다.
>   • 스레드 할당과 해제를 통해 메모리를 효율적으로 사용한다.
>   • 병렬 수행의 정도가 스레드의 크기에 의해 정적으로 제어된다.
> ② 멀티스레딩 실행의 단점
>   • 스레드를 생성하면서 병렬 수행이 조금 희생된다.
>   • 스레드 관리 하드웨어가 필요하다.

59 다음 중 가상 기억장치에 대한 설명으로 틀린 것은?

① 주기억장치의 일부를 보조기억장치로 사용하는 기법이다.
② 실제 메모리보다 훨씬 더 큰 논리 메모리를 갖도록 하는 기법이다.
③ 컴퓨터 기억용량을 확장하기 위한 방법이다.
④ 수행 프로그램의 수가 늘어나면 성능이 저하된다.

> **해설** ㉠ 캐시 메모리(Cache Memory) : 주기억장치(RAM)와 중앙처리장치(CPU) 사이에

Answer 57. ④ 58. ① 59. ①

위치하여 데이터를 임시로 저장해두는 장소 → 상대적으로 느린 주기억장치의 접근시간과 빠른 CPU와의 속도 차를 줄이기 위하여 주기억장치의 정보를 일시적으로 저장

ⓒ 가상 메모리(Virtual Memory) : 보조기억장치(하드디스크)를 마치 주기억장치인 것처럼 사용하여 실제 주기억장치의 적은 용량을 확대하여 사용하는 방법

ⓒ 연관기억장치(Associative Memory) : 기억장치에서 자료를 찾을 때 주소에 의해 접근하지 않고, 기억된 내용의 일부를 이용하여 Access할 수 있는 기억장치

60 다음 중 매크로에 대한 설명으로 틀린 것은?

① 매크로 기록 중에 상대 참조를 선택할 수 있다.
② 매크로 저장위치를 공유 매크로 통합 문서로 지정할 수 있다.
③ 바로가기 키를 이용하여 매크로를 실행할 수 있다.
④ 매크로 편집을 실행하여 주석을 삽입할 수 있다.

해설 복잡하거나 반복되는 작업을 단순화하거나 자동화하기 위한 목적으로 여러 개의 명령을 묶어 하나의 키 입력 동작명령으로 만든 명령어를 매크로라 한다.
반복 작업을 간단하게 수행하기 위한 목적뿐만 아니라 문서 안의 같은 문자열을 한꺼번에 변경할 때도 사용된다.

Answer 60. ③

Chapter 과년도출제문제

2019. 4회

무선설비기능사(이론)

01 길이(l)가 3.14[m]이고 반지름(r)이 1[mm]인 구리 도선의 저항값으로 알맞은 것은? (단, 구리의 저항률=$1.72 \times 10^{-8}[\Omega m]$이다.)

① $1.72 \times 10^{-1}[\Omega]$ ② $1.72 \times 10^{-2}[\Omega]$
③ $1.72 \times 10^{-3}[\Omega]$ ④ $1.72 \times 10^{-4}[\Omega]$

해설 $R = \rho \dfrac{l}{A}[\Omega] = \rho \dfrac{l}{\pi r^2}[\Omega]$

$= 1.72 \times 10^{-8} \dfrac{3.14}{3.14 \times 0.001^2}$

$= 1.72 \times 10^{-2}[\Omega]$

02 다음 중 옴의 법칙에 대한 설명으로 옳은 것은?

① 인가된 전압이 증가하면 전류가 증가한다.
② 인가된 전압이 증가하면 전류가 감소한다.
③ 인가된 전압이 감소하면 전류가 증가한다.
④ 인가된 전압과 전류는 상관관계가 없다.

해설 **옴의 법칙**
회로의 저항 R에 흐르는 전류는 저항의 양 끝에 가해진 전압 E에 비례하고 저항 R에 반비례한다는 법칙이다. 전압의 크기를 V, 전류의 세기를 I, 전기저항을 R이라 할 때, V=IR의 관계가 성립한다.

03 저항 R에 직류를 가했을 때와 교류를 가했을 때 발생하는 열량이 같을 때의 교류값의 크기는 주로 어떤 것을 사용하는가?

① 순시값   ② 최댓값
③ 평균값   ④ 실효값

해설 ① 순시값 : 순간순간 변하는 교류의 임의의 시간에 있어서 값
② 최댓값 : 순시값 중에서 가장 큰 값
③ 실효값 : 교류의 크기를 교류와 동일한 일을 하는 직류의 크기로 바꿔 나타낸 값. 직류전류의 값으로 교류전류의 값을 나타낸 값. 교류의 전류나 전압은 그 세기가 일정하지 않고 시간에 따라 주기적으로 변화한다. 따라서 동일한 저항으로 교류전류 및 직류전류를 따로 흐르게 하여 저항 속에서 소비되는 전력이 같을 때의 직류전류의 세기로 교류전류의 세기를 나타낸다. 교류전압에 대해서도 이와 같이 실효값을 정의하고 있다. 실효값은 주기적으로 변동하는 전압 또는 전류의 순시값의 제곱을 1주기로 한 평균값의 제곱근과 같다. 사인파교류의 전압과 전류의 실효값은 최댓값의 $\dfrac{1}{\sqrt{2}}$과 같다. 또한 사인파 교류의 전압과 전류는 실효값으로 나타내는 것이 보통이다. 예를 들면 가정에서 사용하는 교류 220[V] 전압의 실효값은 220[V]이며 최댓값은 약

Answer 01.② 02.① 03.④

140[V]이다.

④ 평균값 : 교류 순시값의 1주기 동안의 평균을 취하여 교류의 크기를 나타낸 값

$$평균값 = 최댓값 \times \frac{2}{\pi} = 0.637 V_m$$

$$실효값 = 최댓값 \times \frac{1}{\sqrt{2}} = 0.707 V_m$$

$$최댓값 = 실효값 \times \sqrt{2}$$

04 순시값 중에서 가장 큰 값을 무엇이라고 하는가?

① 최솟값 ② 최댓값
③ 중간값 ④ 실효값

해설 03번 해설 참고 요망

05 다음 중 자석에 의한 자기 현상에 대한 설명으로 틀린 것은?

① 같은 자석끼리는 서로 밀고, 다른 자석끼리는 서로 끌어당기는 성질이다.
② 자기장은 자기력이 미치는 공간이다.
③ 자기력 세기는 그 자석이 가지는 자기량의 대소에 따라 결정되며 단위는 [Wb]이다.
④ 코일을 지나는 자속이 시간에 따라 변화하면 코일에 기전력이 유도되는 현상이다.

해설 1. 자석의 성질
 ㉠ 자석의 자력(자기작용)은 그 양끝(자극)이 가장 강하다.
 ㉡ 북쪽을 가리키는 쪽을 N극 또는 +극, 남쪽을 가리키는 쪽을 S극 또는 -극이라 한다.
 ㉢ 자석은 N, S 어느 극이나 단독으로는 존재할 수 없다.
 ㉣ 서로 다른 극 사이에는 흡인력, 같은

극 사이에는 반발력이 작용한다.
2. 자속의 성질
 ㉠ N, S의 자극이 있는 경우 그에 의해서 자속이 생긴다.
 ㉡ 자속이 나오는 부분은 N극이고 들어가는 부분은 S극이다.
 ㉢ 철심이 있으면 자속이 생기기 쉽다.

06 진성 반도체를 설명한 것으로 옳은 것은?

① B를 함유한 제 Ⅳ족의 반도체
② P를 함유한 제 Ⅳ족의 반도체
③ 불순물이 첨가되지 않은 제 Ⅳ족의 반도체
④ 불순물이 첨가된 제 Ⅳ족의 반도체

해설 진성 반도체
불순물이 첨가되지 않은 순수한 제 Ⅳ족의 반도체로 실리콘(Si), 게르마늄(Ge)이 이에 속한다.

07 증폭기의 직류 입력전압이 20[V], 전류가 100[mA]이고, 부하에서의 출력 전력이 1.2[W]일 경우 이 증폭기의 효율은 얼마인가?

① 50[%] ② 60[%]
③ 65[%] ④ 80[%]

해설 효율이란 출력의 입력에 대한 비를 백분율로 나타낸 것으로서, 증폭기에서의 효율의 양부는 무신호 시 양극 전류의 크기로 알 수 있다.

$$\eta = \frac{P_o}{P_{dc}} \times 100[\%] 에서$$

$$\eta = \frac{1.2}{20 \times 100 \times 10^{-3}} \times 100$$

$$= \frac{1200}{2000} \times 100 = 60[\%]$$

Answer 04. ② 05. ④ 06. ③ 07. ②

08 다음 중 궤환증폭기의 종류에 해당되지 않는 것은?

① 전압 직렬 궤환회로
② 전류 직렬 궤환회로
③ 전압 병렬 궤환회로
④ 전압전류 직병렬 궤환회로

해설 궤환증폭기의 종류에는 전압 병렬(voltage shunt), 전류 병렬(curren shunt), 전압 직렬(voltage series), 전류 직렬 궤환회로로 구분한다.

09 다음 중 전력증폭기에서 컬렉터 전류가 360° 교류 한 주기 동안 흐르는 증폭회로는?

① A급   ② B급
③ C급   ④ D급

해설 증폭기의 동작 상태에 의한 분류
㉠ A급 증폭기 : 바이어스 동작 특성에 직선부 중앙에 동작점 → 입력의 전주기에 나타난다.
㉡ B급 증폭기 : 차단상태에 동작점
㉢ AB급 증폭기 : A급 증폭기와 B급 증폭기 사이에 동작점
㉣ C급 증폭기 : 직류부하 끝점에 동작점

10 다음 그림에서 TP_2에 나타난 출력주파수로 알맞은 것은?

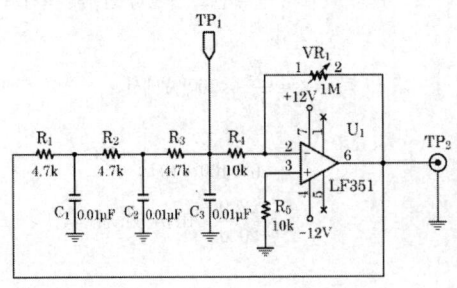

① 약 6.30[kHz]   ② 약 7.30[kHz]
③ 약 8.30[kHz]   ④ 약 9.30[kHz]

해설 이상추이형 발진회로 발진주파수(f)는
$$f = \frac{\sqrt{6}}{2\pi RC}$$
$$= \frac{\sqrt{6}}{2 \times 3.14 \times 4.7 \times 10^3 \times 0.01 \times 10^{-6}}$$
$$\fallingdotseq 8.3[kHz]$$

11 $L_0=3.3[H]$, $C_0=0.042[pF]$, $R_0=390[\Omega]$의 상수를 가지는 수정 진동자의 직렬 공진주파수는 약 얼마인가?

① 427.5[kHz]   ② 327.5[kHz]
③ 229.0[kHz]   ④ 127.0[kHz]

해설 $f_s = \frac{1}{2\pi\sqrt{L_0 C_0}}$
$$= \frac{1}{6.28\sqrt{3.3 \times 0.042 \times 10^{-12}}}$$
$$= \frac{1}{6.28\sqrt{0.26376 \times 10^{-12}}}$$
$$= 427.5[kHz]$$

12 다음 중 변조의 필요성에 해당되지 않는 것은?

① 시스템 구성 대형화
② 잡음과 간섭의 억제
③ 장거리 전송
④ 다중화 통신

해설 무선 송신 시스템에서 변조를 하는 이유
- 주파수 할당과 다중분할을 하기 위하여
- 안테나를 작게 만들어 복사를 용이하게 하기 위해
- 원거리 전송을 하기 위하여
- 신호 대 잡음비를 향상시키기 위하여
- 잡음과 간섭을 줄이기 위하여

Answer 08. ④ 09. ① 10. ③ 11. ① 12. ①

13 89.1[MHz]의 반송파를 최대 주파수편이 75[kHz]로 하고 15[kHz]의 신호파로 주파수 변조했을 경우 변조지수와 대역폭은?

① 변조지수 : 5, 대역폭 : 180[kHz]
② 변조지수 : 5, 대역폭 : 30[kHz]
③ 변조지수 : 1.1, 대역폭 : 180[kHz]
④ 변조지수 : 1.1, 대역폭 : 30[kHz]

해설 $Mp = \dfrac{\Delta f_c}{f_s} = \dfrac{75}{15} = 5$,
$BW = 2f_s(M_f + 1) = 2(\Delta f_c + f_s)$
$= 2(75 + 15) = 180[kHz]$

14 RC 직렬회로의 과도응답(Transient Response)에 대한 설명으로 옳은 것은?

① RC값이 클수록 회로전류의 과도값도 빨리 사라진다.
② RC값이 클수록 과도 전류값은 천천히 사라진다.
③ 과도 전류값은 RC값에 상관없다.
④ 1/RC의 값이 클수록 과도 전류값은 서서히 사라진다.

해설 시간에 따른 불안정한 물체의 초기 응답을 특별히 과도응답이라 하며, RC값이 클수록 과도 전류값은 천천히 사라진다.

15 트랜지스터의 스위칭 시간에서 Turn-Off 시간으로 맞는 것은?

① 지연시간
② 상승시간+지연시간
③ 축적시간+하강시간
④ 축적시간

해설 턴 오프 시간(t_{OFF}, turn-off time)
이상적 펄스의 하강 시각에서 진폭(V)의 10[%]까지 하강하는 시간($t_{OFF} = t_s + t_f$)

16 다음 중 디지털 변조 방식인 것은?

① 진폭 변조(AM)
② 주파수 변조(FM)
③ 위상 변조(PM)
④ 진폭 편이 변조(ASK)

해설 디지털 변조방식
① 진폭 편이 변조(ASK : Amplitude Shift Keying) : 디지털 신호가 1이면 출력을 송신, 0이면 off
② 주파수 편이 변조(FSK : Frequency Shift Keying) : 디지털 신호가 1이면 f_1 주파수로, 0이면 f_2 주파수로 주파수를 바꿈
③ 위상 편이 변조(PSK : Phase Shift Keying) : 디지털 신호의 0, 1에 따라 2종류의 위상을 갖는 변조 방식이다.

17 다음 중 축전지의 용량이 감퇴되는 원인으로 볼 수 없는 것은?

① 전해액이 극판 위에 차 있게 한다.
② 충전을 불충분하게 한다.
③ 방전 전류를 과대하게 한다.
④ 자기 방전이나 국부 방전을 시킨다.

해설 축전지의 용량 감퇴 원인
• 방전 중 전압 낮음
• 방전 상태로 장기간 방치
• 충전 부족 상태로 장기간 사용
• 축전지의 현저한 온도상승 또는 소손
• 충전장치의 고장 및 과충전
• 액면 저하로 인한 극판의 노출 등

18 다음 중 간접 FM(Frequency Modulation) 방식을 이용하는 FM 송신기에 대한 설명으로 틀린 것은?

① 자동 주파수 제어(AFC) 회로가 필요하다.
② 위상 변조기에 의하여 FM파를 만든다.
③ 주파수 체배기가 필요하다.
④ 수정발진기를 사용한다.

해설 ① FM 신호의 발생 방법에는 직접 FM 방식과 간접 FM 방식이 있다. 직접 FM 방식은 안정도에서 문제가 되었으나 최근 PLL을 이용하여 높은 안정도의 원하는 주파수 편이를 얻을 수 있으므로 간접 FM보다 널리 사용되고 있다. FM을 이용한 통신 방식은 FM 방송, TV의 음성 신호, 마이크로웨이브 다중 통신, FM 무선 전화 등의 많은 분야에서 사용되며 비교적 근거리 통신으로서 전계 강도의 변화가 큰 이동 무선 통신 서비스에 적합하다.
② 직접 FM과 간접 FM의 비교

직접 FM	간접 FM
• 발진 반송파의 안정도가 나쁘면 AFC 회로가 필요(PPL의 등장으로 해결됨) • 발진 주파수가 높고 큰 주파수 편이를 얻을 수 있어서 체배 단수가 적어도 가능 • FM 변조가 간단	• 수정을 사용하므로 안정도가 좋으며 AFC 회로가 불필요 • 큰 주파수 편이를 얻지 못하므로 많은 주파수 체배가 필요 • 장치가 복잡하며 스퓨리어스 방사 위험 • PM에서 FM을 얻는 방법으로 전치 보상기가 필요

19 무선 수신기에서 주파수와 진폭이 일정한 신호전파를 수신하면서 장시간에 걸쳐 조정하지 않는 상태로 일정한 출력을 낼 수 있는 능력을 나타내는 척도는?

① 감도(Sensitivity)
② 선택도(Selectivity)
③ 충실도(Fidelity)
④ 안정도(Stability)

해설 ㉠ 안정도 : 주파수와 진폭이 일정한 전파를 수신하면서 장시간에 걸쳐 조정하지 않은 상태로 왜곡 없는 일정한 출력을 얻을 수 있느냐 하는 능력을 나타내는 척도이다.
㉡ 선택도 : 희망하는 주파수를 불필요한 다른 전파들로부터 어느 정도 분리시켜 선택할 수 있는가 하는 능력을 말한다.
㉢ 감도 : 어느 정도 미약한 전파까지 수신할 수 있는가를 나타내는 것으로 일정한 출력을 얻는 데 필요한 수신기의 안테나 입력전압으로 나타낸다.
㉣ 충실도 : 송신측에서 변조된 신호를 어느 정도까지 충실히 재현할 수 있는지의 청도(원음에 가까운)를 나타낸다.

20 다음 중 슈퍼헤테로다인(Superheterodyne) 수신기의 단점이 아닌 것은?

① 주파수를 변환시키므로 혼신이 적다.
② 회로가 복잡하고, 조정이 어렵다.
③ 영상 혼신을 받는다.
④ 주파수 변환회로의 잡음 발생이 많다.

해설 슈퍼헤테로다인 수신기의 장점과 단점
① 장점
㉠ 중간 주파수로 변환 증폭하므로 감도와 선택도가 좋다.
㉡ 광대역에 걸쳐 선택도가 떨어지지 않고 충실도가 좋다.
② 단점
㉠ 국부 발진 주파수의 고조파와 수신 전파 사이의 비트(beat) 방해를 받기 쉽다.
㉡ 영상 혼신을 받기 쉽다.
㉢ 회로가 복잡하고 조정이 어렵다.

21. 무선 송신기에서 발생하는 잡음 중 내부 잡음의 원인이 아닌 것은?

① 부품 불량 ② 기생 진동
③ 자기 진동 ④ 공전

> **해설** 공전은 기상변화에 따른 전기변화 등에 의해서 발생하는 대기 잡음으로 외부 잡음이다.

22. 다음 안테나 저항 중 손실저항이 아닌 것은?

① 방사 저항 ② 도체 저항
③ 접지 저항 ④ 유전체 저항

> **해설** 안테나의 실효 저항에는 접지 저항, 복사 저항, 손실 저항 등이 있다.
> ① 손실 저항은 공중선에서 고주파 전력이 손실되는 저항으로 도체 저항, 접지 저항, 유전체 손실 저항, 코로나 손실 저항 등이 있다.
> ② 방사 저항(복사 저항) : 전파복사에 유효한 저항으로서, 공중선에서 전자파로 방사된 전력이 저항에 전류가 흘러 소비된 것으로 가정한 경우의 가상적 저항을 말한다.

23. 실효길이(실효고)가 20[m]인 λ/4 수직 접지 안테나의 높이는 약 얼마인가?

① 15[m] ② 31[m]
③ 45[m] ④ 61[m]

> **해설** 실효고(h_e)는 $h_e = \dfrac{\lambda}{2\pi}$,
> $\lambda = 2\pi \times h_e = 3.14 \times 2 \times 20 = 125.6$
> 안테나 $\dfrac{\lambda}{4} = \dfrac{125.6}{4} = 31.5 \fallingdotseq 31[m]$

24. 다음 중 전파(電波)의 전파(傳播) 시 나타나는 현상이 아닌 것은?

① 감쇠 ② 반사
③ 회절 ④ 전리

> **해설** 전파의 전파는 전파가 대지, 대기, 이온층 등의 매질 속을 회절, 반사, 굴절, 산란, 흡수 등의 현상을 보이면서 퍼져 나가는 일

굴절(refraction) 반사(reflection) 회절(Diffraction) 편파(Polarization) 산란(scattering)

25. 전파법에서 규정하는 전파는 얼마 이하의 주파수를 말하는가?

① 3,000[GHz] ② 3,000[kHz]
③ 300[GHz]   ④ 300[kHz]

> **해설** 전파법 제2조(정의)
> ① 이 법에서 사용하는 용어의 뜻은 다음과 같다. <개정 2017. 7. 26.>
> 1. "전파"란 인공적인 유도(誘導) 없이 공간에 퍼져 나가는 전자파로서 국제전기통신연합이 정한 범위의 주파수를 가진 것을 말한다.
> 전파(電派)는 전자파의 일종으로서 그 주파수가 3,000[GHz](1초에 3조번 진동) 이하의 것을 말한다.

26. 다음 중 마이크로파 송신용으로 가장 적합한 급전선은?

① 도파관   ② 동축 케이블
③ 평행 2선식 ④ 평행 4선식

> **해설** ① 도파관(Wave guide) : UHF 이상에서는 평행 2선식이나 동축 케이블은 부적당하여 일반적으로 파(波)를 도체에 의해 가두어 유도시켜 전파하는 임의의 구조체로 전자파가 진행하도록 만든 속이 비어 있는(hollow) 금속관을 지칭한다.
> ② 동축 급전선(Coaxial Feeder) : 동심원

Answer 21. ④ 22. ① 23. ② 24. ④ 25. ① 26. ①

모양으로 내부 도체를 접지하고 내부 도체에 왕복하는 전류를 흘려서 급전한다.
③ 평행 2선식 급전선 : 크기가 같은 2개의 도선을 평행으로 가설해서 사용하는 것으로 특성 임피던스가 높고, 내압도 높아 대전력용에 사용할 수 있다.

27 초단파(VHF : Very High Frequency)의 주파수 범위는?

① 300[kHz]~3[MHz]
② 3[MHz]~30[MHz]
③ 30[MHz]~300[MHz]
④ 300[MHz]~3[GHz]

해설 주파수의 분류

약자	주파수의 분류	주파수의 범위 [kHz]	명칭
VLF	Very Low Frequency	3~30[kHz]	
LF	Low Frequency	30~300[kHz]	장파
MF	Medium Frequency	300~3,000[kHz]	중파
HF	High Frequency	3~30[MHz]	단파
VHF	Very High Frequency	30~300[MHz]	초단파
UHF	Ultra High Frequency	300~3,000[MHz]	극초단파
SHF	Super High Frequency	3~30[GHz]	
EHF	Extremely High Frequency	30~300[GHz]	

28 무선통신망에서 S/N비가 몇 [dB]일 때 무잡음 상태라고 할 수 있는가?

① 30[dB]
② 40[dB]
③ 50[dB]
④ 60[dB]

해설 S/N비 영향의 정도는 dB로 나타내며, 0 잡음이 심해 통화 불가능, 10 잡음은 크나 통화 가능, 20 통화는 가능하나 잡음이 심히 거슬림, 30 통화도 가능하고 잡음도 거슬리지 않은 상태, 40 잡음이 약간 거슬림, 50 잡음이 거의 없는 상태, 60 무잡음 상태이다.

29 다음 중 무선 LAN 규격 중 가장 속도가 빠른 것은?

① IEEE 802.11b
② IEEE 802.11g
③ IEEE 802.11a
④ IEEE 802.11n

해설 무선 LAN의 종류

국제표준위원회(IEEE)의 무선 LAN/MAN 표준위원회(802)의 11번째 워킹 그룹에서 지정하는 규격으로 이름에 IEEE 802.11로 시작하는 것이 일반적이며, 버전에 따라 a, b, g, n 등 알파벳이 붙는다.

모든 무선 LAN 표준의 이름은 802.11으로 시작한다.

① IEEE 802.11 : IEEE 802에서 최초로 지정한 무선 LAN 규격이다. 2[Mbps]의 속도를 가지며, 2.4[GHz] 주파수를 사용하고, 여러 기기가 동시에 참여할 수 있도록 CSMA/CA 기술을 사용한다.

② IEEE 802.11.b : 알파벳 순서와는 다르게 두번째로 지정된 규격이다. 초기 버전의 낮은 속도를 보완해서 최대 11[Mbps]의 속도를 내도록 지정되었지만 CSMA/CA 기술을 구현하는 과정에서 실제로는 5~7[Mbps]의 속도를 내는 것으로 밝혀졌다. 주파수는 동일하게 2.4[GHz]를 사용한다. 초기 버전에 비해 다소 현실적인 속도로 인해 현재 와이파이라는 이름으로 가장 널리 사용되는 무선 LAN이 되었다.

③ IEEE 802.11.a : 시간이 흐름에 따라 IEEE 802.11.b의 속도도 느리다고 느끼게 되었다. 이론상 11[Mbps]이지만 실제로는 5~7M[bps]의 속도였으며, 전송하고자 하는 컨텐츠의 용량은 더욱 커져만 갔기 때문에 더 빠른 속도의 무선 LAN 기술이 필요했다. 그렇게 등장한 IEEE 802.11.a는 OFDM 기술을 사용해 최고 54[Mbps]의 속도를 지원하도록 개발됐다. 이전 규격과는 달리 5[GHz] 주파수를 사용하기 때문에 다른 기기들과의 간섭은 줄어들었지만 주변환경의 간섭을

쉽게 받는다는 단점이 있어서 특정 상황에만 주로 사용되었다.
④ IEEE 802.11.g : IEEE 802.11.a와 같은 54[Mbps]의 속도를 지원하지만 2.4[GHz] 주파수를 사용하는 규격이다. 속도도 빠르며, 저주파수를 사용하기 때문에 주변 지형지물의 간섭을 적게 받는다. 속도는 20[Mbps]로 떨어지지만 같은 주파수를 사용하는 IEEE 802.11.b와 호환해서 사용할 수 있다는 장점이 있어서 IEEE 802.11.b를 대체해서 많이 사용되었다.
⑤ IEEE 802.11.n(Wi-Fi 4) : 2.4[GHz]와 5[GHz] 주파수를 모두 사용하며 속도도 600[Mbps]까지 지원하는 등 당시 100[Mbps]를 지원하던 유선 LAN의 속도를 따라잡기 위해 개발된 표준이다.
⑥ IEEE 802.11.ac(Wi-Fi 5) : 5[GHz] 주파수만 사용하여 433[Mbps]~3.7[Gbps]라는 빠른 속도를 지원한다.
⑦ EEE 802.11.ax(Wi-Fi 6) : IEEE.802.11.ac의 단점인 무선망 출력을 개선하고 넓은 범위에서 많은 기기가 통신할 수 있도록 최상의 QoS를 제공하기 위해 개발됐다.

30 다음 단거리 무선통신 기술 중 초광대역 대용량 멀티미디어 서비스에 적합한 기술은 무엇인가?

① Zigbee ② UWB
③ Home-RF ④ Bluetooth

> **해설**
> ① 지그비(ZigBee) : 저속 전송속도를 갖는 홈오토메이션 및 데이터 네트워크를 위한 표준 기술
> ② UWB(ultra wideband) : 초광대역. 단거리 구간에서 저전력으로 넓은 스펙트럼 주파수를 통해 많은 양의 디지털 데이터를 전송하는 무선 기술
> ③ 블루투스(Bluetooth) : IEEE 802.15.1에서 표준화된 무선통신기기 간에 가까운 거리에서 낮은 전력으로 무선통신을 하기 위한 표준

31 무선통신시스템에서 시스템이 고장 난 후 다음 고장까지의 평균시간을 의미하는 용어는 무엇인가?

① MTTC ② MTBF
③ MTTR ④ MFC

> **해설**
> • MTBF(Mean Time Between Failure) : 평균 고장 시간 간격
> • MTTR(Mean Time To Repair) : 평균 수리 시간
> • MTTF(Mean Time to Failure) : 평균 고장시간
> • MTBF(meantime between failure) : 디지털 장비를 처음 사용할 때부터 그 수명이 다해 사용할 수 없게 될 때까지 걸리는 평균시간의 통계적인 값
> • MTTR(mean time to repair) : 신뢰도 척도의 하나. 기기 또는 시스템의 장해가 발생한 시점부터 장해가 발생한 곳의 수리가 끝나 가동이 가능하게 된 시점까지의 평균시간

32 다음 중 오실로스코프에 나타난 리사쥬 도형 및 파형을 이용하여 측정할 수 없는 것은?

① 변조도
② 스퓨리어스
③ 두 신호의 위상차
④ 주파수

> **해설** 오실로스코프(Oscilloscope)를 이용한 측정
> ㉠ 주파수 및 주기 측정
> ㉡ 전압(방사 전파의 강도) 측정
> ㉢ 변조특성 측정
> ㉣ 위상차 측정
> ㉤ 파형 관측 비교

Answer 30. ② 31. ② 32. ②

㉴ 왜율 측정

33 50[AH]의 용량을 갖는 축전지를 5시간 사용할 경우 전류는 최대 몇 암페어로 사용할 수 있는가?

① 10[A] ② 15[A]
③ 20[A] ④ 25[A]

해설 전력량 W는 $W=Pt=VIt$[Wh]의 식에 의해 $P=\dfrac{W}{t}=\dfrac{50}{5}=10$[A]

34 급전선의 종단 개방 시 입력 임피던스를 Z_f, 종단 단락 시 입력 임피던스를 Z_s라고 하면, 이 급전선의 특성(파동) 임피던스를 계산하는 식으로 맞는 것은?

① $Z_o = \dfrac{Z_f - Z_s}{Z_f - Z_s}$ ② $Z_o = \sqrt{Z_f^2 + Z_s^2}$

③ $Z_o = \sqrt{Z_f \cdot Z_s}$ ④ $Z_o = \dfrac{Z_s - Z_f}{Z_f + Z_s}$

해설 Z_o : 개방 임피던스, Z_c : 단락 임피던스
$Z=\sqrt{Z_f \cdot Z_s}$ [Ω]

35 정재파비 측정에 있어서 최대 및 최소점의 고주파 전압계의 지시가 10[V]와 5[V]일 경우 정재파비는 얼마인가?

① 0.5 ② 1
③ 2   ④ 5

해설 반사계수(Γ)
$\Gamma = \dfrac{Z_L - Z_o}{Z_L + Z_o} = \dfrac{10-5}{10+5} = \dfrac{5}{15} = 0.33$
$S = \dfrac{1+\rho}{1-\rho} = \dfrac{1+0.33}{1-0.33} = \dfrac{1.33}{0.67} ≒ 2$

36 다음 중 스퓨리어스 발사에 포함되지 않는 것은?

① 대역외발사
② 고조파발사
③ 기생발사
④ 상호변조에 의한 발사

해설 스퓨리어스 발사는 필요 주파수대 바깥쪽의 주파수에서 발사(정보의 전송에 영향을 미치지 아니하고, 그 레벨을 저감시킬 수 있는 것으로 고조파 발사, 기생 발사와 상호변조 및 주파수 변환 등에 의한 발사를 포함하고, 대역외 발사는 포함하지 아니한다)를 말한다.

37 무선설비규칙에서 "송신설비에서 발사된 전파에서 용이하게 식별되고 측정되는 주파수"를 무엇이라 정의하였는가?

① 지정주파수 ② 기준주파수
③ 특성주파수 ④ 중심주파수

해설 본문 무선설비기준 중 무선설비규칙에서 제1절 목적 및 용어의 정의에서 용어의 정의 참고 요망
11. "특성주파수"란 송신설비에서 발사된 전파에서 용이하게 식별되고 측정되는 주파를 말한다.

38 송신장치의 종단증폭기의 정격출력을 무엇이라 하는가?

① 평균전력   ② 첨두포락선전력
③ 반송파전력 ④ 규격전력

해설 본문 무선설비기준 중 무선설비규칙에서 제1절 목적 및 용어의 정의에서 용어의 정의 참고 요망
13. "규격전력(PR)"이란 송신장치의 종단증폭기의 정격출력을 말한다.

Answer 33. ① 34. ③ 35. ③ 36. ① 37. ③ 38. ④

39 다음 중 무선측위업무의 스퓨리어스영역 불요발사의 허용치로 옳은 것은?

① 첨두포락선전력(PX)보다 43[dB] 낮을 것
② 43+10log(PY) 또는 50[dBc] 중 덜 엄격한 값
③ 56+10log(PY) 또는 40[dBc] 중 덜 엄격한 값
④ 43+10log(PX) 또는 60[dB] 중 덜 엄격한 값

해설 본문 무선설비기준 중 무선설비규칙에서 제2절 무선설비의 기술기준에서 [3] 점유주파수대역폭의 허용치 참고 요망

업무 또는 무선설비	공중선전력에 대한 감쇠값(데시벨)
무선측위업무	43+10log(PX) 또는 60[dB] 중 덜 엄격한 값

40 주파수 156[MHz]를 사용하는 해안국의 주파수 허용편차로 알맞은 것은?

① ±1,000[Hz] ② ±1,560[Hz]
③ ±2,000[Hz] ④ ±3,120[Hz]

해설 본문 무선설비기준 중 무선설비규칙에서 제2절 무선설비의 기술기준에서 [1] 주파수 허용편차 참고 요망

주파수대	무선국 종별	허용편차(Hz를 붙인 것을 제외하고는 백만분율)
100MHz 초과 470MHz 이하	2. 해안국	10
	3. 항공국	20

41 송신설비의 안테나·급전선 등 고압전기를 통하는 장치는 사람이 보행하거나 생활하는 평면으로부터 최소 몇 미터 이상의 높이에 설치되어야 하는가?

① 1.5[m] ② 2[m]
③ 2.5[m] ④ 5[m]

해설 본문 무선설비기준 중 무선설비규칙에서 제2절 무선설비의 기술기준에서 [11] 무선설비의 안전시설기준 참고 요망
④ 송신설비의 공중선·급전선 등 고압전기를 통하는 장치는 사람이 보행하거나 기거하는 평면으로부터 2.5미터 이상의 높이에 설치되어야 한다. 다만, 다음 각 호의 1에 해당하는 경우에는 그러하지 아니하다.
1. 2.5미터 미만의 높이의 부분이 인체에 용이하게 닿지 아니하는 위치에 있는 경우
2. 이동국으로서 그 이동체의 구조상 설치가 곤란하고 무선종사자 외의 자가 출입하지 아니하는 장소에 있는 경우

42 비상국의 전원은 수동발전기, 원동발전기, 무정전전원설비 또는 축전지로서 몇 시간 이상 상시 운용할 수 있어야 하는가?

① 12시간 ② 24시간
③ 36시간 ④ 48시간

해설 비상국의 전원은 다음 각 호의 조건에 적합하여야 한다.
1. 수동발전기, 원동발전기, 무정전전원설비 또는 축전기로서 24시간 이상 상시 운용할 수 있을 것
2. 즉각 최대성능으로 사용할 수 있을 것

43 다음 중 방송통신기자재의 적합인증신청서에 첨부하여야 할 서류가 아닌 것은?

① 제품개요·사양·구성·조작방법 등이 포함된 설명서
② 외관도
③ 부품의 배치도 또는 사진

Answer 39. ④ 40. ② 41. ③ 42. ② 43. ④

④ 기기의 제작공정

해설 방송통신기자재 등의 적합성 평가에 관한 고시 (국립전파연구원)
제5조 (적합인증의 신청 등)
① 제3조제1항에 따른 대상기자재에 대하여 적합인증을 신청하고자 하는 자는 다음 각 호의 신청서와 첨부서류(전자문서를 포함한다)를 작성하여 원장에게 제출하여야 한다.
1. 별지 제1호서식의 적합인증신청서
2. 사용자설명서(한글본) : 기본모델의 제품개요, 사양, 구성 및 조작방법 등이 포함되어야 한다.
3. 다음 각 목 중 어느 하나의 시험성적서
  가. 지정시험기관의 장이 발행하는 시험성적서
  나. 원장이 발행하는 시험성적서
  다. 국가 간 상호 인정협정을 체결한 국가의 시험기관 중 원장이 인정한 시험기관의 장이 발행한 시험성적서
4. 외관도 : 제품의 전면·후면 및 타 기기와의 연결부분과 적합성평가 표시 사항의 식별이 가능한 사진을 제출할 것
5. 부품 배치도 또는 사진 : 부품의 번호, 사양 등의 식별이 가능하여야 한다.
6. 회로도
  가. 적합성평가를 받은 "무선 송·수신용 부품"을 기자재의 구성품으로 사용하는 경우에는 해당 부분을 생략할 수 있다.
  나. 적합성평가기준 적용분야가 유선 분야에 해당하는 기자재인 경우에는 전원 및 기간통신망과 직접 접속되는 부분의 회로도를 제출한다.
7. 대리인 지정서 : 제27조에 따른 별지 제4호서식의 대리인 지정(위임)서

44 다음 중 방송통신기자재 등에 대한 적합성 평가의 종류가 아닌 것은?
① 전자파인증
② 적합인증
③ 적합등록
④ 잠정인증

해설 ㉠ 적합인증 : 전파환경 및 방송통신망 등에 위해를 줄 우려가 있는 방송통신기자재, 중대한 전자파장해를 주거나 전자파로부터 정상적인 동작을 방해받을 정도의 영향을 받는 방송통신기자재, 그 밖에 사람의 생명과 안전 등에 중대한 위해를 줄 우려가 있는 방송통신기자재 등이 해당된다.
㉡ 적합등록 : 적합등록에는 지정시험기관 적합등록과 자기시험 적합등록이 있으며, 적합인증 대상 외의 방송통신기자재로서 전파환경·방송통신망 등에 영향이 적은 기자재가 해당된다.
㉢ 잠정인증 : 적합성 평가기준이 마련되어 있지 아니하거나 그 밖의 사유로 적합성 평가가 곤란한 방송통신기자재 등이 해당되며 이 경우 국내외 표준, 규격 및 기술기준 등에 따라 사용지역, 유효기간 등의 조건을 정하여 잠정적으로 인증하는 인증을 말한다.

45 "데이터 및 방송통신메시지의 입력, 저장, 출력, 검색, 전송, 처리, 스위칭, 제어 중 어느 하나(또는 이들의 조합)의 기능을 가지거나, 정보전송을 위해 사용되는 하나 이상의 포트를 갖춘 기기로서 600볼트를 초과하지 않는 정격전원전압을 사용하는 기기"를 나타내는 용어는?
① 전기통신기자재
② 전자파적합기기
③ 정보통신기기
④ 정보기기

해설 정보통신기기 인증 규칙의 제2조(정의)

Answer 44. ① 45. ④

2. "정보통신기기"라 함은 「전기통신기본법」 제2조제6호의 규정에 의한 전기통신기자재, 「전파법」 제2조제5호의 규정에 의한 무선설비의 기기와 「전파법」 제57조의 규정에 의한 전자파장해기기 및 전자파로부터 영향을 받는 기기를 말한다.

9. "정보기기"라 함은 데이터 및 통신 메시지의 입력·출력·저장·검색·전송 또는 제어 등의 주요기능과 정보전송용으로 작동되는 1개 이상의 터미널 포트를 갖춘 기기로서 600볼트 이하의 공급전압을 가진 기기를 말한다.

46 다음 중 암호자재에 대한 설명으로 틀린 것은?

① 암호문자는 숫자, 문자, 기호 등 전혀 뜻이 다른 글자로 구성한다.
② 암호자재는 대외비로 취급한다.
③ 암호자재는 어떠한 경우에도 복제 및 복사할 수 없다.
④ 암호자재는 국가정보원장의 승인을 얻어야 한다.

해설
① 암호 : 평문의 문자나 숫자 등에 암호 기술상의 처리를 가하여 그 내용 전체를 체계적으로 변경시켜 비밀을 탐지하려는 사람이 전혀 이해할 수 없게 하려는 것이다.
② 음어 : 평문의 단어나 구절 또는 숫자를 다른 어휘 또는 숫자, 문자 등으로 변경시키는 각종 방식으로서, 암호 기술상의 처리를 가하지 않으며 조립 해독이 암호에 비하여 신속하다.
③ 약호 : 비밀이 아닌 평문 내용의 긴 문장이나 단어 및 어휘를 전혀 뜻이 다른 간략한 문자 또는 숫자 등으로 대치하여, 교신 상호간에 신속히 식별할 수 있도록 한 것으로 통신보안의 목적으로도 사용할 수 있다.
④ 약어 : 평문의 긴 문장이나 단어 또는 어휘 중에서 주가 되는 문자만을 추려서 간략하게 결합한 것으로 통신 소통의 신속성과 간편성을 도모하기 위해 사용된다.

47 다음 무선통신 방식 중 보안성이 가장 우수한 방식은?

① 위상변조방식(PM)
② 코드분할 다중접속방식(CDMA)
③ 주파수변조방식(FM)
④ 진폭변조방식(AM)

해설 CDMA 방식의 특징
㉠ 대용량으로 가입자의 수용 용량이 크다.
㉡ 고품질의 서비스 제공이 가능하다.
㉢ 비화성이 우수하여 보안성이 탁월하다.
㉣ 고품질의 데이터 서비스를 제공한다.
㉤ 수신측에서 동기를 위한 하드웨어가 매우 복잡하다.

48 다음 중 비밀 누설 방지를 위한 조치로 틀린 것은?

① 취약한 통신망을 이용하지 않는다.
② 내용을 암호화한다.
③ 과다한 통신을 하지 않는다.
④ 보고 체계를 다원화하여 체계화한다.

해설 비밀누설에 대한 각종 방지법
㉠ 통신규율 및 통신사 교육훈련 : 통신제원에 의한 절차준수, 감독강화, 통신보안 생활화
㉡ 도청에 대한 방어 : 통신제원의 수시 변경, 무선침묵 유지, 보안유해 시 통신 중단, 보안장비(비화기)
㉢ 방향 탐지에 대한 방어 : 불필요한 전파의 발사, 같은 장소의 계속전파발사, 과도한 송신출력 억제
㉣ 교신분석에 대한 방어 : 필요할 때만 교신하고 규율을 중시, 평문송신금지

Answer 46. ④ 47. ② 48. ④

ⓑ 기만통신에 대한 방어 : 상호 약정된 확인법의 사용(처음 통신 시작, 의심스러울 때, 주파수 변경 시), 비밀내용의 평문 사용 엄금
ⓒ 의심스러울 때 : 예비 주파수 전환, 즉시 보고, 방향 탐지로 확인, 상대방(우리편) 통신사의 특성 등 파악

단(유선전화, 차량전화, 휴대전화, 전신, 텔렉스, 팩시밀리, PC통신 등)에 의한 통화내용이 알아서는 안 될 사람에게 직접 또는 간접으로 누설될 가능성을 사전에 방지하거나 지연시키기 위한 방책을 말한다. 그러므로 시험전파의 발사는 통신보완 위규 사항이 아니다.

49 다음 중 보안성이 가장 우수한 것은?
① 우편통신 ② 음향통신
③ 전령통신 ④ 무선통신

해설 전령통신은 사람 또는 훈련된 동물로 하여금 전달할 통신정보자료를 직접 휴대하게 하여 전달하는 방법을 말한다. 보안도가 가장 높아 중요 내용이나 비밀내용의 전달은 주로 이 통신방법을 이용하고 있다.
① 취약점
　ⓐ 정보를 탐지하려는 사람으로부터 피습을 당할 우려가 있다.
　ⓑ 통신의 신속성이 결여된다.
　ⓒ 계절 또는 기후의 영향을 받는다.
　ⓓ 때와 장소에 따라 영향을 받는다.
　ⓔ 비경제적이다.
② 통신수단별 보안순위는 전령통신 > 등기우편 > 인가된 우편 > 통상우편 > 유선통신 > 시호통신 > 음향통신 > 무선중계 유선통신 > 무선통신의 순으로 보안성이 결정된다. 즉 전령통신의 보안성이 가장 높고, 무선통신의 보안성이 가장 취약하다.

50 통신수단에 의하여 소통되는 정보 누설을 미연에 방지하거나 지연시키려는 방법과 수단을 무엇이라 하는가?
① 방해통신 ② 통신보안
③ 기만통신 ④ 비밀통신

해설 통신보안이라 함은 우리가 사용하는 통신수

51 마이크로컴퓨터 및 IBM 대형 컴퓨터에서 많이 사용되고 있는 코드가 순서대로 맞는 것은?
① ASCII 코드 - 8421 코드
② Hamming 코드 - Parity 코드
③ ASCII 코드 - EBCDIC 코드
④ Gray 코드 - Biquinary 코드

해설 ① ASCII(American Standard Code for Information Interchange) 코드
　미국 국립 표준 연구소(ANSI)가 제정한 정보 교환용 미국 표준 코드로 128가지의 문자 표현 가능
② EBCDIC(Extended Binary Coded Decimal Interchange Code) 코드
　대형 컴퓨터와 IBM 계열 컴퓨터에서 많이 사용되고 있는 8비트 코드(IBM에서 개발)로 256종류의 문자 코드를 표현할 수 있는 영숫자 코드

52 다음 중 출력장치와 관계없는 단위는?
① CPS(Character Per Second)
② LPM(Line Per Minute)
③ CPI(Character Per Inch)
④ BPI(Byte Per Inch)

해설 ① CPS(Character Per Second) : 초당 전송되는 Character(문자)의 수
② LPM(Line Per Minute) : 분당 출력되는 행(라인) 수로 인쇄 속도 단위

Answer 49. ③ 50. ② 51. ③ 52. ④

③ CPI(Character Per Inch) : 인쇄 시에 1인치의 폭에 몇 개의 글자가 들어가는지를 나타내는 단위
④ BPI(Byte Per Inch) : 1인치에 기록할 수 있는 바이트의 수

53 다음 중 컴퓨터의 입력 또는 출력장치와 거리가 먼 것은?

① 모뎀
② XY 플로터
③ 광학문자판독장치(OCR)
④ 자기잉크문자판독장치(MICR)

> **해설** 모뎀(MODEM)은 변·복조기로서 컴퓨터와 전화선로를 이용하여 데이터의 전송을 위한 장치이다.

54 다음 중 데이터 크기를 작은 것부터 큰 순서로 올바르게 나열한 것은?

① Bit - Byte - Nibble - Word
② Bit - Nibble - Byte - Word
③ Bit - Byte - Word - Nibble
④ Bit - Nibble - Word - Byte

> **해설**
> ① 비트(Bit) : 정보의 최소 단위
> ② 니블(nibble) : 1바이트의 절반, 즉 4비트를 하나의 단위로 한 것
> ③ 바이트(Byte) : 8개의 비트가 모여 1바이트가 되며, 문자 표현의 최소 단위
> ④ 워드(Word) : 바이트의 모임으로 크게 반워드, 전워드, 더블워드로 구성
> ⑤ 필드(Field) : 자료 처리의 최소 단위
> ⑥ 레코드(Record) : 하나 이상의 필드들이 모여 구성
> ⑦ 파일(File) : 레코드의 모임
> ⑧ 데이터베이스(DataBase) : 파일들의 집합을 의미하는 것으로, 가장 큰 집단임

55 다음 그림은 어떤 바이어스 회로인가?

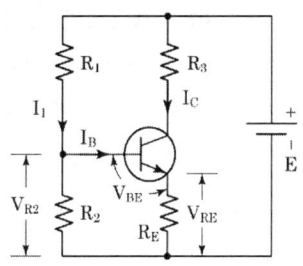

① 고정 바이어스 회로
② 전류궤환 바이어스 회로
③ 전압궤환 바이어스 회로
④ 혼합 바이어스 회로

> **해설** 가장 일반적으로 쓰이는 바이어스회로로 온도변화에 따른 안정을 기하기 위하여 전류궤환(되먹임)이 되도록 한 전류궤환 바이어스 회로이다.
> 직렬 전류 궤환 증폭회로는 출력 전압 V_o는 궤환 전압에 의해 출력 전류가 비례하여 전류 부궤환이며 궤환회로와 출력 부하회로가 직렬이므로 직렬 전류 궤환회로로 되어 입력 임피던스와 출력 임피던스가 모두 커진다.

56 다음 중 불 함수에 적용되는 법칙과 이에 대한 수식 설명으로 틀린 것은?

① 교환법칙 : x+y=y+x, x×y=y×x
② 분배법칙 : x+y×z=(x+y)×(x+z), x×(y+z)=x×y+x×z
③ 동일법칙 : x+x=x, x×x=x
④ 혼합법칙 : (x×y)+x=y, (x+y)×x=y

> **해설** 불 대수의 흡수법칙
> (x*y)+x=x, (x+y)*x=x

57 다음 중 인터프리터와 컴파일러의 차이점을 바르게 설명한 것은?

Answer 53. ① 54. ② 55. ② 56. ④ 57. ①

무선설비기능사 이론

① 일반적으로 인터프리터방식 프로그램이 수행속도가 느리다.
② 일반적으로 컴파일러방식 프로그램이 개발 속도가 빠르다.
③ 모두 C언어에 쓰이는 기법이다.
④ 컴파일 후 실행코드는 실행 시 인터프리터가 꼭 필요하다.

해설 번역기의 종류
① 어셈블러(Assembler) : 어셈블리 언어로 작성된 원시 프로그램을 기계어로 번역하는 프로그램이다.
② 컴파일러(Compiler) : 전체 프로그램을 한 번에 처리하여 목적 프로그램을 생성하는 번역기로 기억 장소를 차지하지만 실행 속도가 빠르다. 한번 번역해두면 목적 프로그램이 생성되므로 재차 실행 시에 다시 번역할 필요가 없다. 컴파일러를 사용하는 언어에는 ALGOL, PASCAL, FORTRAN, COBOL, C 등이 있다.
③ 인터프리터(Interpreter) : 작성된 원시 프로그램을 한 줄씩 읽어 번역 및 실행하는 작업을 반복하는 프로그램이다. 목적 프로그램이 남지 않으며, 일괄처리가 아니므로 대화형이라 한다. 실행속도가 느리지만 기억 장소를 적게 차지한다. 인터프리터를 사용하는 언어에는 BASIC, LISP, 자바(JAVA), PL/1 등이 있다.

58 다음 중 순서도의 역할이 아닌 것은?
① 프로그램 코딩의 기초가 된다.
② 논리상의 오류를 쉽게 발견할 수 있다.
③ 타인에게 프로그램의 체계와 논리를 전달하기 편리하다.
④ 프로그램에 대한 흐름을 파악하기 어렵다.

해설 순서도는 처리하고자 하는 문제를 분석하고 입·출력 설계를 한 후에, 그 처리순서의 방법에 따라 기호를 사용하여 나타낸 그림으로 프로그램 코딩의 자료가 되고, 인수인계가 용이하며 오류 발생 시 원인을 찾아 수정이 쉽다.

59 다음 중 운영체제 데이터 프로그램의 종류가 아닌 것은?
① 감시 프로그램
② 데이터관리 프로그램
③ 작업관리 프로그램
④ 서비스 프로그램

해설 운영체제의 데이터 관리(data management) 프로그램
데이터 전송과 수정, 삭제, 저장 및 파일 관리처리 프로그램은 언어 번역 프로그램, 서비스 프로그램으로 구성되어 있다.

60 다음 중 가상 기억장치에 대한 설명으로 틀린 것은?
① 주기억장치의 일부를 보조기억장치로 사용하는 기법이다.
② 실제 메모리보다 훨씬 더 큰 논리메모리를 갖도록 하는 기법이다.
③ 컴퓨터 기억용량을 확장하기 위한 방법이다.
④ 수행 프로그램의 수가 늘어나면 성능이 저하된다.

해설 가상 메모리(Virtual Memory)
보조기억장치(하드디스크)를 마치 주기억장치인 것처럼 사용하여 실제 주기억장치의 적은 용량을 확대하여 사용하는 방법

Answer 58. ④ 59. ④ 60. ①

Chapter 과년도출제문제

2020. 1회

무선설비기능사(이론)

01 전압과 내부저항이 동일한 3개의 전지를 직렬로 접속할 때, 합성 내부저항의 변화로 알맞은 것은?

① 1.5배 증가
② 2배 증가
③ 3배 증가
④ 아무 변화가 없다.

해설 저항은 직렬 접속하면 합성저항은 $nR[\Omega]$이 되며, 내부저항 $r[\Omega]$과 부하저항 $R[\Omega]$의 값이 같을 때 부하에 최대 전력을 공급할 수 있다. 부하저항에 최대전력을 공급하기 위해서는 전지의 전체 내부저항과 부하저항이 같아야 한다.

02 저항이 10[Ω]일 때 컨덕턴스 값으로 알맞은 것은?

① 0.1[S]   ② 0.2[S]
③ 0.3[S]   ④ 0.4[S]

해설 컨덕턴스는 도체에 흐르는 전류의 크기를 나타내는 상수로 단위는 지멘스(siemens)이고, 과거에는 모(mho)가 쓰였다. 직류에서는 저항의 역수이므로 1/10=0.1[S]가 된다.

03 임의의 교류파형이 완전히 변화하여 처음 상태로 되는 데 걸리는 시간을 무엇이라고 하는가?

① 주파수   ② 위상
③ 주기   ④ 파형

해설 ㉠ 주파수(frequency) : 1초 동안 발생하는 진동의 수(사이클)를 뜻하며, 단위로는 헤르츠[Hz]를 사용한다.

$f = \dfrac{1}{T}[\text{Hz}]$ T : 주기[sec]

㉡ 주기(period) : 1[Hz] 진동하는 동안 걸리는 시간을 주기라 한다.

$T = \dfrac{1}{f}[\text{sec}]$

㉢ 위상각(θ) : $v = V_m \sin(\omega t + \theta)[V]$에서 θ를 위상 또는 위상각이라 한다.
㉣ 위상차(ϕ) : 앞선 위상(ϕ_1)에서 뒤진 위상(ϕ_2)의 상대적인 위치의 차이이다.
㉤ 각속도(ω) : 1초 동안에 회전한 각도로 $\omega = 2\pi f [\text{rad/sec}]$

04 임피던스의 역수로서 교류회로에서 전류가 얼마나 잘 흐르는가를 나타내는 수치로 정의되는 것을 무엇이라 하는가?

① 어드미턴스   ② 전압
③ 전류   ④ 전력

해설 어드미턴스(admittance)란 교류회로에 있어서 전류가 얼마나 잘 흐르나를 나타내는 수치로서 임피던스의 역수이다. 국제단위계에서 단위는 지멘스다.

Answer 01. ③ 02. ① 03. ③ 04. ①

05 가우스 정리에 따르면 전하량은 전기력선의 총수와 어떤 관계를 가지고 있는가?

① 비례한다.
② 반비례한다.
③ 아무 관계가 없다.
④ 지수함수적으로 증가한다.

　해설　가우스 법칙(Gauss's law)은 폐곡면을 통과하는 전기선속이 폐곡면 속의 알짜 전하량에 비례한다는 법칙이다.

06 트랜지스터에서 V_{CB}를 일정하게 유지했을 경우 I_E와 I_C의 관계를 그래프로 나타낸 것은?

① 전압 특성도　② 출력 특성도
③ 입력 특성도　④ 전류 특성도

　해설　전류 증폭도는 증폭기에서의 입력 전류(I_E)와 출력 전류(I_C)의 비로 나타낸다.

07 전압이득이 각각 30[dB]와 50[dB]인 증폭기를 직렬로 연결하면 전체 전압증폭도는 얼마인가?

① 10　　　　② 100
③ 1,000　　④ 10,000

　해설　$A_v = 30 + 50 = 80[dB]$
$80[dB] = 20[dB] \times 4 = 10^4 = 10,000$

08 다음 중 FET와 BJT의 특성에 대한 설명으로 틀린 것은?

① FET는 이득대역폭적이 작다.
② FET는 전류제어방식이다.
③ FET는 집적도가 아주 높다.
④ FET는 단극성 소자이다.

　해설
- 단일접합 트랜지스터(UJT)는 N형의 실리콘 막대 양단에 단자 B_1, B_2를 만들고 중간 부분에 P층을 형성하여 이 부분을 E(이미터)로 하고 B_1, B_2를 베이스로 한 것으로 더블 베이스 다이오드라고도 하며, 부성저항 특성에 의한 발진 작용으로 사이리스터의 트리거 펄스 발생회로 등에 사용된다.
- 전장효과 트랜지스터(FET)는 다수 반송자에 의해 전류가 흐르고 5극 진공관과 비슷한 특성을 가지며 입력 임피던스가 매우 높은 특징이 있다.

09 차동증폭기의 차동이득이 2,000[dB], 동위상이득이 0.2[dB]일 때 동위상 신호제거비를 데시벨로 표시하면 얼마인가?

① 20[dB]　　② 40[dB]
③ 60[dB]　　④ 80[dB]

　해설　CMRR(common mode rejection ratio, 동위상 신호제거비)
=(차동이득)/(동위상이득)=Ad/Ac
$CMRR = 20\log_{10}(Ad/Ac)[dB]$의 식에 의해
$CMRR = 20\log_{10}\dfrac{2000}{0.2} = 80[dB]$

10 다음 회로에서 TP2에 나타난 출력주파수는 약 얼마인가?

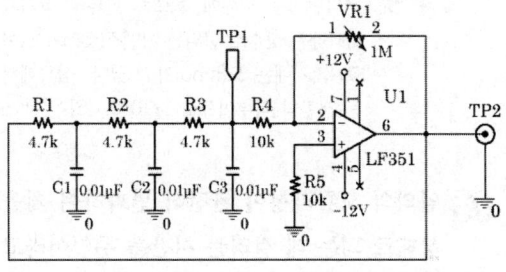

① 9.30[kHz]　　② 8.30[kHz]

③ 7.30[kHz]   ④ 6.30[kHz]

해설 이상추이형 발진회로로 발진주파수(f)는

$$f = \frac{\sqrt{6}}{2\pi RC}$$

$$= \frac{\sqrt{6}}{2 \times 3.14 \times 4.7 \times 10^3 \times 0.01 \times 10^{-6}}$$

$$\fallingdotseq 8.3[kHz]$$

11 다음 그림에서 C2의 역할로 적합한 것은?

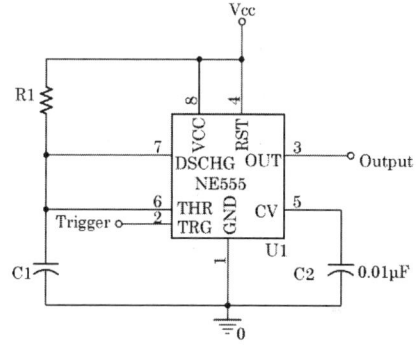

① 제어전압에 대한 잡음 필터
② 제어전압에 대한 주파수 체배
③ 제어전압에 대한 신호의 이득 조절
④ 제어전압에 대한 파형의 형태를 변환

해설 NE555를 이용한 회로에서 5번 핀(Control Voltage)은 전압 제어에 대한 잡음 필터를 위해 커패시터(C2)를 결선한 것이다.

12 다음 중 디지털변조 방식이 아닌 것은?

① ASK   ② FSK
③ AM   ④ PSK

해설 **무선설비규칙의 제2조(정의)**
① 이 고시에서 사용하는 용어의 뜻은 다음과 같다.
80. "디지털변조(Digital modulation)"란 2진 부호로 표현되는 데이터를 반송파의 진폭, 주파수, 위상 또는 이들의 조합으로 변조하는 것을 말한다.
[참고]
1. 진폭 편이 변조(ASK : Amplitude Shift Keying) : 디지털 신호가 1이면 출력을 송신, 0이면 off
2. 주파수 편이 변조(FSK : Frequency Shift Keying) : 디지털 신호가 1이면 f_1 주파수로, 0이면 f_2 주파수로 주파수를 바꿈
3. 위상 편이 변조(Phase Shift Keying) : 디지털 신호의 0, 1에 따라 2종류의 위상을 갖는 변조 방식이다.

13 2진 PSK의 복조에 동기식 검파기를 사용한다. 이 검파기의 구성 요소에 속하지 않는 것은?

① 위상천이기(Phase Shifter)
② 적분기(Integrator)
③ 곱셈변조기(Product Modulator)
④ 판정회로(Decision Device)

해설 2진 PSK는 $\cos(2\pi f_1 t)$와 $\cos(2\pi f_2 t)$의 국부 발진기를 이용하여 동기 검파를 하면 전송되어 온 부호 비트 1과 0에 대응된 펄스 파형이 얻어지고, 두 상관기의 출력은 서로 역위상이 되므로 비교기에서 부호를 정확히 결정할 수 있다.

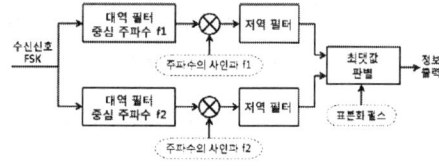

[BFSK 신호의 동기 검파과정]

14 다음 중 새그(Sag)에 대한 설명으로 옳은 것은?

① 펄스 상승부분에서 진동의 정도를 말한다.

Answer 11. ① 12. ③ 13. ① 14. ②

② 펄스 상승부분에 비하여 하강 부분의 낮아진 크기를 말한다.
③ 회로 상승부가 증폭되는 정도를 말한다.
④ 회로 하강부가 증폭되는 정도를 말한다.

해설

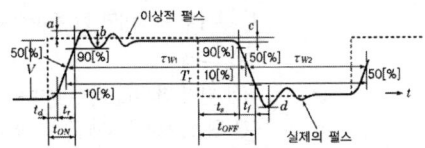

㉠ 상승시간(t_r, rise time) : 실제의 펄스가 이상적 펄스의 진폭(V)의 10%에서 90%까지 상승하는 데 걸리는 시간
㉡ 지연시간(t_d, delay time) : 이상적 펄스의 상승시각으로부터 진폭의 10%까지 이르는 실제의 펄스시간
㉢ 하강시간(t_f, fall time) : 실제의 펄스가 이상적 펄스의 진폭(V)의 90%에서 10%까지 내려가는 데 걸리는 시간
㉣ 축적시간(t_s, storage time) : 이상적 펄스의 하강시각에서 실제의 펄스가 진폭(V)의 90%가 되기까지의 시간
㉤ 펄스폭(τ_W, pulse width) : 펄스 파형이 상승 및 하강의 진폭(V)의 50%가 되는 구간의 시간
㉥ 오버슈트(overshoot) : 상승 파형에서 이상적 펄스파의 진폭(V)보다 높은 부분의 높이(a)를 말한다.
㉦ 언더슈트(undershoot) : 하강 파형에서 이상적 펄스파의 기준 레벨보다 아랫부분의 높이(d)
㉧ 턴 온 시간(t_{ON}, turn-on time) : 이상적 펄스의 상승시각에서 진폭(V)의 90%까지 상승하는 시간
($t_{ON} = t_d + t_f$)
㉨ 턴 오프 시간(t_{OFF}, turn-off time) : 이상적 펄스의 하강시각에서 진폭(V)의 10%까지 하강하는 시간
($t_{OFF} = t_s + t_f$)

㉩ 새그(s, sag) : 내려가는 부분의 정도를 말하며, $\left(\dfrac{C}{V}\right) \times 100\%$로 나타낸다.
㉪ 링잉(b, ringing) : 펄스의 상승 부분에서 진동의 정도를 말하며, 높은 주파수 성분에 공진하기 때문에 생긴다.

15 다음 그림 중 미분회로로 알맞은 것은? (단, $\dfrac{1}{\omega C} \gg R$인 경우를 조건으로 한다.)

①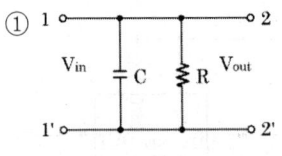

②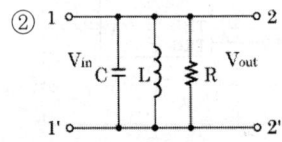

③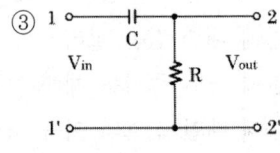

④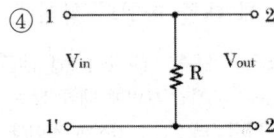

해설 입력 신호의 미분값을 출력으로 하는 회로로 가장 일반적인 미분회로는 보기 ③에 보이는 CR 미분회로이다.

16 2진 부호를 변조할 때 부호가 '1'이면 정현파 신호가 존재하고, '0'이면 정현파 신호가 존재하지 않도록 하는 변조방식은 무엇인가?

① 주파수 변조(FM)

② 주파수 편이 변조(FSK)
③ 진폭 편이 변조(ASK)
④ 위상 편이 변조(PSK)

> **해설** 1. 진폭 편이 변조(ASK : Amplitude Shift Keying) : 디지털 신호가 1이면 출력을 송신, 0이면 off
> 2. 주파수 편이 변조(FSK : Frequency Shift Keying) : 디지털 신호가 1이면 f_1 주파수로, 0이면 f_2 주파수로 주파수를 바꿈
> 3. 위상 편이 변조(Phase Shift Keying) : 디지털 신호의 0, 1에 따라 2종류의 위상을 갖는 변조 방식이다.

17 다음 SSB 수신기의 구성도에 적합한 각각의 명칭은?

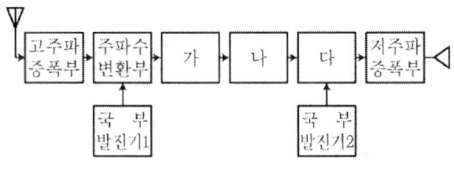

① 중간주파 증폭기, SSB 여파기, 복조기
② 복조기, 중간주파 증폭기, SSB 여파기
③ SSB 여파기, 복조기, 중간주파 증폭기
④ SSB 여파기, 중간주파 증폭기, 복조기

> **해설** 단측파대(SSB) 수신기의 구성도에서 '가'에는 중간주파(IF) 증폭기, '나'에는 SSB 여파기, '다'에는 복조기로 구성된다.

18 다음에서 설명하는 송신기의 변조방식으로 알맞은 것은?

- 디지털 신호 전송에 사용하는 변조 방식
- 반송파의 진폭을 변화시키기 위한 송신 데이터를 보내는 방식
- 소음의 방해와 페이딩의 영향을 받기 쉽다.

① 진폭 편이 방식(ASK)
② 주파수 편이 방식(FSK)
③ 위상 편이 방식(PSK)
④ 직교 진폭 변조(QAM)

> **해설** 진폭 편이 방식(Amplitude Shift Keying : ASK)
> ㉠ 디지털 신호 전송에 사용하는 변조 방식이다.
> ㉡ 전송 데이터의 스트림에 대응하고 반송파의 진폭을 변화시키기 위한 송신 데이터를 보내는 방식이다.
> ㉢ 아날로그 변조 방식인 진폭 변조(AM)와 마찬가지로 이 방식은 다른 변조 방식에 비해 소음의 방해와 페이딩의 영향을 받기 쉽다.

19 수신기의 성능 중 수신하려고 하는 희망 전파를 다른 주파수의 전파로부터 어느 정도까지 분리할 수 있는지의 능력을 나타내는 것은?

① 감도
② 선택도
③ 안정도
④ 잡음

> **해설** ㉠ 안정도(Stability) : 주파수와 진폭이 일정한 전파를 수신하면서 장시간에 걸쳐 조정하지 않은 상태로 왜곡 없는 일정한 출력을 얻을 수 있느냐 하는 능력을 나타내는 척도이다.
> ㉡ 감도(sensitivity) : 어느 정도 미약한 전파까지 수신할 수 있는가를 나타내는 것으로 일정한 출력을 얻는 데 필요한 수신기의 안테나 입력전압으로 나타낸다.

20 다음 중 주파수 편이 변조 방식의 특징에 대한 설명으로 틀린 것은?

① 일정한 진폭 특성을 갖기 때문에 비선

형에 유리하다.
② 비동기 검파를 이용하는 경우 간단한 주파수편이 변조 방식의 모뎀 구현이 쉽다.
③ 동기검파와 비동기검파에 사용 가능하다.
④ 잡음에 강하므로 고속전송에 적합하다.

> **해설** 주파수 편이 변조 방식(FSK)
> ㉠ 반송파로 사용되는 정현파의 주파수에 정보를 실어 보내는 변조 방식
> ㉡ 주로 디지털 신호를 아날로그 전송로에서 통신하는 때에 사용하며 넓은 의미로 주파수 변조(FM)이다.
> ㉢ 디지털 신호가 1이면 f_1 주파수로, 0이면 f_2 주파수로 주파수를 바꾼다.
> ㉣ 고·저 주파수 두 가지를 사용하기 때문에 잡음에 강한 반면, 고속 전송에는 적합하지 않다.

21 다음 중 AM 송신기에서 고주파 전력을 증폭하기 위한 종단 전력증폭기에 대한 설명으로 틀린 것은?

① C급 증폭 방식을 주로 사용한다.
② 스퓨리어스(Spurious) 발사가 커야 한다.
③ 출력이 크고 파형이 일그러지지 않아야 한다.
④ 보통은 피변조기로 동작시킨다.

> **해설** AM 송신기의 종단 전력증폭기의 특징
> 필요한 고주파 전력을 공중선에 공급하기 위한 고주파 전력을 증폭한다.
> ① 효율이 좋아야 하므로 C급 증폭 방식을 주로 사용한다.
> ② 스퓨리어스 발사가 작아야 하며 기생 진동이 일어나지 않아야 한다.
> ③ 출력이 크고 파형이 일그러지지 않아야

한다.
④ 보통은 피변조기로 동작시킨다.

22 안테나의 길이가 62.8[m]인 반파장 다이폴 안테나의 실효 길이는 약 얼마인가?

① 30[m]   ② 40[m]
③ 50[m]   ④ 60[m]

> **해설** $h_e = \dfrac{2l}{\pi} = \dfrac{62.8 \times 2}{3.14} = 40[m]$

23 다음 중 안테나와 급전선의 결합부에 임피던스 정합을 하는 이유는?

① 코로나 저항을 작게 하기 위해서이다.
② 급전선상의 정재파를 없애기 위해서이다.
③ 급전선상의 임피던스를 작게 하기 위해서이다.
④ 방사 저항을 작게 하기 위해서이다.

> **해설** 급전선에서 부하로 최대 전송효율을 얻기 위해서는 급전선의 특성 임피던스와 부하 임피던스가 정합되어 있어야 한다. 정합이 안 된 경우에는 반사에 의해 급전선상에 정재파가 실려 전력 손실이 커진다.

24 자유 공간에서 전자파의 주파수가 3[MHz]인 전파의 파장은 얼마인가? (단, 광속도 (C)=3×10^8[m/s])

① 50[m]   ② 100[m]
③ 200[m]   ④ 300[m]

> **해설** 파장 $\lambda = \dfrac{C}{f} = \dfrac{3 \times 10^8}{3 \times 10^6} = 100[m]$

Answer 21. ② 22. ② 23. ② 24. ②

25 송신할 정보형태 중 전파형식의 기호 표시가 틀린 것은?

① A : 가청수신용 전신
② N : 디지털 전송
③ E : 전화(음성방송을 포함)
④ F : 텔레비전(영상)

해설 전파형식의 표시(제28조 관련)
셋째 기호 : 송신할 정보(표준주파수 발사·지속파 및 펄스 데이터 등과 같은 일정한 불변 특성의 정보를 제외한다) 형태
(1) 정보송출이 없는 것 : N
(2) 전신 : 가청수신용 : A
(3) 전신 : 자동수신용 : B
(4) 팩시밀리 : C
(5) 데이터전송·텔레메트리·텔레코멘트 : D
(6) 전화(음성방송을 포함한다) : E
(7) 텔레비전(영상) : F
(8) (1)부터 (7)까지의 조합 : W
(9) (1)부터 (8)까지 규정된 것 외의 정보형태 : X

26 다음 중 전파의 성질에 대한 설명으로 틀린 것은?

① 물질의 경계면에서 반사하고 굴절하는 성질이 있다.
② 동일 매질을 전파하는 경우 회절한다.
③ 전파는 빛과 같은 성질이 있다.
④ 전파의 굴절은 빛에 대한 스넬의 법칙을 적용한다.

해설 전파의 성질
㉠ 전파는 기본적으로 빛과 같다.
㉡ 전파는 광속으로 날아간다.
㉢ 파장이 변하면 주파수도 변한다.
㉣ 전파는 직진, 반사, 굴절한다.
㉤ 전파는 간섭한다.
㉥ 전파는 회절한다.

27 다음 중 장·중파용 안테나에 대한 설명으로 틀린 것은?

① 전파의 전파 특성상 수직 편파를 이용한다.
② 대전력 송신기가 일반적으로 사용된다.
③ 공진을 이용한 안테나를 주로 사용한다.
④ 실효고를 높이는 안테나를 주로 사용한다.

해설 장파, 중파용의 접지 안테나, 루프 안테나 등으로 주요 편파는 수직편파를 이용하여 실효고를 높이는 안테나로 대전력 송신기에 일반적으로 사용된다.

28 1,000[bps]의 전송속도를 갖는 디지털 신호의 비트 구간 값은?

① 0.1[sec]   ② 0.01[sec]
③ 0.001[sec] ④ 0.0001[sec]

해설 BPS(bit per second)는 1초 동안에 몇 개의 비트를 전송할 수 있는가를 나타내는 단위로서 1초간에 1비트를 전송하면 1[bps]로 표시한다. 그러므로 1000[bps]는 1초에 1000비트를 전송하는 것이므로 1비트는 0.001[sec]의 시간에 해당한다.

29 11.7[GHz]~12.2[GHz] 대역의 위성 방송 신호에 10.75[GHz]로 국부발진회로를 가진 LNB(Low Noise Block Down Converter)를 사용할 경우 출력되는 주파수는?

① 150[MHz]~450[MHz]
② 450[MHz]~950[MHz]
③ 950[MHz]~1,450[MHz]
④ 1,450[MHz]~1,850[MHz]

Answer 25. ② 26. ② 27. ③ 28. ③ 29. ③

해설 LNB(Low Noise Block down converter) 저잡음 증폭 변환기는 수신 안테나로부터 수신한 SHF 대역(3.5[GHz]~12[GHz])대의 신호를 1[GHz]대의 중간 주파수(IF신호)로 변환, 증폭하는 장비이다. LNB는 위성용 수신기에서 위성주파수를 셋톱박스 주파수로 낮추어주는 주파수(950~2150[MHz]) 변환장치를 의미한다. LNB의 위성주파수에서 국부 발진주파수를 빼는 식으로 계산해 주어야 한다.

30 다음 중 위성의 용도에 해당되지 않는 것은?
① 과학위성 ② 통신위성
③ 군사위성 ④ 이동위성

해설 인공위성의 용도
① 통신위성 : 통신이나 방송 목적
② 과학위성 : 기상정보 수집 및 관측 목적
③ 군사위성 : 군사정보 수집 및 관측 목적

31 다음 중 블루투스(Bluetooth)에서 사용되는 변조 방식은 무엇인가?
① PAM ② QAM
③ QPSK ④ GFSK

해설 ㉠ 블루투스(Bluetooth) 기술은 근거리 내에서 하나의 무선 연결을 통해서 장치 간에 필요한 여러 케이블 연결을 대신하게 해준다.
㉡ 블루투스 무선시스템은 사용허가가 필요치 않은 2.4[GHz]의 ISM(Industrial Scientific Medical) 주파수대에서 작동한다. 주파수 호핑 송수신기는 간섭과 페이딩에 저항하도록 고안되었다. 이진 FM 변조 방식은 송수신기의 복잡함을 최소화하도록 고안되었다. 최대 데이터 전송속도는 1[Mb/s]이고, 풀 듀플렉스 전송을 위해서는 시간 분할다중방식(Time-Division Duplex scheme)이 사용된다.

㉢ 블루투스의 변종 방식은 GFSK(가우시안 주파수 편이 변조, Gaussian Frequency Shift Keying), π/4-차동 직교 위상 편이 변조(π/4-DQPSK), 8진 차동 위상 편이 변조(8DPSK)를 사용한다.
[참고]
• 구조 : 데이터 입력 → Gaussian Filter → FSK 변조 → 증폭 및 송신
• 적용 목적 : FSK는 주파수 편이 변조로 반송파 신호 주파수를 변조하여 digital data를 송신하는데 data인 pulse 신호에 Gaussion Filter로 slice해서 Carrier Signal에 변조시키면 전파법규 중 점유 주파수 대역폭을 만족시키는 데 원활하며, 신호 구현 시 효율적이고, RF Link의 품질과 신뢰성을 향상시켜 준다.

32 AM 송신기의 출력을 오실로스코프(Oscilloscope)로 측정한 결과 다음 그림과 같은 파형일 경우 변조도는 몇 [%]인가? (단, Volts/Div는 0.1[V]이다.)

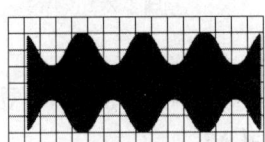

① 20[%] ② 30[%]
③ 50[%] ④ 80[%]

해설 $m = \dfrac{A-B}{A+B} \times 100 = \dfrac{0.6-0.2}{0.6+0.2} \times 100$
$= \dfrac{1}{2} \times 100 = 50[\%]$

33 수신기의 특성 측정 또는 조정에 있어서 필요치 않은 장비는?
① 싱크로스코프(Synchroscope)
② 표준 신호 발생기(Standard Signal Generator)

Answer 30. ④ 31. ④ 32. ③ 33. ③

③ 볼로미터(Bolometer)
④ 의사안테나(Dummy Antenna)

해설 볼로미터
열효과형 광 검출기의 일종으로 빛의 흡수로 인한 온도의 상승으로 센서의 전기저항이 변화하는 것을 이용하여 빛을 검지하는 것이다. 볼로미터는 방사선의 센서로서 사용되는 경우가 많고, 물체의 온도를 측정하는 것도 가능하다.

34 다음 중 수신설비의 의사안테나 회로에 대한 설명으로 틀린 것은?

① 수신설비의 부차적 발사 전파 시험에 필요하다.
② 수신안테나와 전기적 상수가 같아야 한다.
③ 라디오 수신기 등에도 필요하다.
④ 필요없는 전파의 발사를 억제하기도 한다.

해설 수신기와 공중선에 의한 입력회로에 등가회로를 구성하여 불필요한 전파 발사의 방지를 위하여 의사공중선을 사용한다.

35 실효높이 20[m]인 안테나에 0.1[V]의 전압이 유기되면 이곳의 전계강도는 얼마인가?

① 0.1[V/m] ② 2[mV/m]
③ 5[mV/m] ④ 10[mV/m]

해설 $E = \dfrac{E_o}{r} = \dfrac{0.1}{20} = 5[mV/m]$

36 발사에 의하여 점유하는 주파수대의 중심 주파수와 지정주파수 사이에 허용될 수 있는 최대 편차로서 백만율 또는 [Hz]로 표시하는 것은?

① 점유주파수대폭 ② 주파수허용편차
③ 기준주파수   ④ 필요주파수대폭

해설 ① 점유주파수대폭 : 정보를 전송하는 전파에 포함되어 있는 주파수의 폭
② 주파수허용편차 : 송신 전파가 발사할 때에 할당된 주파수에 대하여 허용되는 편차값
③ 기준주파수 : 임의의 전원 주파수와 비교하기 위하여 설정한 주파수
④ 필요주파수대폭 : 신호전류의 주파수대폭 또는 대역폭을 말한다.

37 9[kHz] 초과 535[kHz] 이하의 주파수를 사용하는 방송국의 주파수 허용편차는?

① 10[Hz] ② 20[Hz]
③ 30[Hz] ④ 40[Hz]

해설 주파수 허용편차(제3조제1항 관련)

주파수대	무선국 종별	허용편차 (Hz를 붙인 것을 제외하고는 백만분율)
9[kHz] 초과 535[kHz] 이하	1. 고정국	
	가. 9[kHz] 초과 50[kHz] 이하의 무선설비	100
	나. 50[kHz] 초과 535[kHz] 이하의 무선설비	50
	2. 육상국	
	가. 해안국	100 [1),2)]
	나. 항공국	100
	3. 이동국	
	가. 선박국	200 [2),3)]
	나. 선박의 비상 송신설비	500 [4)]
	다. 구명이동국	500
	라. 항공기국	100
	4. 무선측위국	100
	5. 표준주파수국	0.005
	6. 방송국	10[Hz]

Answer 34. ③ 35. ③ 36. ② 37. ①

38 변조신호에 의하여 반송파가 진폭 변조되는 송신장치는 변조도가 몇 [%]를 초과하지 아니하여야 하는가?

① 100[%]　　② 90[%]
③ 70[%]　　④ 30[%]

> **해설** 무선설비규칙 제7조(변조특성 등)
> ① 변조신호에 의하여 반송파가 진폭변조되는 송신장치는 변조도가 100%를 초과하지 아니하여야 하고, 반송파가 주파수변조되는 송신장치는 최대주파수편이의 범위를 초과하지 아니하여야 한다.
> ② 무선설비는 최고통신속도 또는 최고변조주파수에서 안정적으로 동작하여야 한다.

39 법령에서 정의한 "변조과정에서 발생하는 필요주파수대폭의 바로 바깥쪽에 위치한 하나 이상의 주파수에서 발생하는 발사(스퓨리어스 발사는 제외한다.)"를 무엇이라 하는가?

① 고조파발사　　② 기생발사
③ 대역외발사　　④ 상호변조

> **해설** 무선설비규칙의 제2조(정의)
> ① 이 고시에서 사용하는 용어의 뜻은 다음과 같다.
> 7. "불요발사(不要發射)"란 대역외(帶域外)발사 및 스퓨리어스(Spurious) 발사를 말한다.
> 8. "대역외발사"란 변조과정에서 발생하는 필요주파수대폭의 바로 바깥쪽에 위치한 하나 이상의 주파수에서 발생하는 발사(스퓨리어스발사를 제외한다)를 말한다.
> 9. "스퓨리어스발사"란 필요주파수대폭 바깥쪽에 위치한 하나 이상의 주파수에서 발생하는 발사(대역외발사를 제외한다)로서 정보전송에 영향을 미치지 아니하고 그 강도를 저감시킬 수 있는 것으로 고조파발사, 기생발사, 상호변조 및 주파수 변환 등에 의한 발사를 포함한 발사를 말한다.

40 의료용 전파응용설비의 의료전극 및 그 도선과 발진기·출력회로·전력선 등 사이에서의 절연저항은 500[V]용 절연저항시험기로 측정하여 몇 [MΩ] 이상이어야 하는가?

① 10[MΩ]　　② 50[MΩ]
③ 100[MΩ]　　④ 500[MΩ]

> **해설** 전파응용설비의 기술기준 제8조(안전시설)
> ② 영 제74조제2호에 따른 의료용 전파응용설비는 그 설비의 운용에 따라 인체에 위해를 주거나 손상을 주지 아니하도록 다음 각 호의 조건에 적합하여야 한다.
> 1. 고압전기에 의하여 충전되는 기구와 전선은 외부에서 용이하게 닿지 아니하도록 절연차폐체 또는 접지된 금속차폐체 내에 수용할 것
> 2. 의료전극 및 그 도선과 발진기·출력회로·전력선 등 사이에서의 절연저항은 500[V]용 절연저항시험기에 따라 측정하여 50[MΩ] 이상일 것
> 3. 의료전극과 그 도선은 직접 인체에 닿지 아니하도록 양호한 절연체로 덮을 것. 다만, 라디오메스 등으로써 전극을 직접 노출하여 인체에 닿게 하여 사용하는 부분은 예외로 한다.
> 4. 인체의 안전을 위하여 접지장치를 설치할 것

41 다음 중 무선설비규칙에서 규정한 수신설비가 갖추어야 할 충족 조건이 아닌 것은?

① 수신주파수는 운용범위 이내일 것
② 감도는 낮은 신호입력에서도 양호할 것

Answer　38. ①　39. ③　40. ②　41. ④

③ 내부잡음이 작을 것
④ 선택도가 작을 것

> **해설** 수신 설비는 다음 각 호의 조건에 적합하여야 한다.
> 1. 수신주파수의 범위가 적정할 것
> 2. 선택도가 클 것
> 3. 내부 잡음이 작을 것
> 4. 감도가 충분할 것
> 5. 명료도가 충분할 것

42 다음 괄호 안에 알맞은 것은?

> 안테나공급전력이 (　)를 초과하는 무선설비에 사용하는 전원회로에는 퓨즈 또는 자동차단기를 갖추어야 한다.

① 3[W]　　② 6[W]
③ 8[W]　　④ 10[W]

> **해설** 무선설비규칙 제13조(보호장치 및 특수장치)
> ① 안테나공급전력이 10와트(W)를 초과하는 무선설비에 사용하는 전원회로는 퓨즈 또는 자동차단기를 갖추어야 한다.
> ② 과학기술정보통신부장관이 원활한 통신을 위하여 필요하다고 인정하는 무선국은 선택호출장치 또는 식별장치 등의 특수장치를 갖추어야 한다.

43 국립전파연구원장은 적합인증 신청 또는 변경 신고가 있는 경우에 신청 또는 접수일부터 최대 며칠 이내에 이를 처리하여야 하는가?

① 1일 이내　　② 3일 이내
③ 5일 이내　　④ 7일 이내

> **해설** 방송통신기자재 등의 적합성 평가에 관한 고시(국립전파연구원) 제6조 처리기간
> ① 원장은 적합성 평가를 신청받은 때에는 다음 각 호에서 정한 기일 이내에 이를 처리하여야 한다.
> 1. 즉시처리
>   가. 제5조에 따른 적합성 평가 식별부호 신청
>   나. 제8조에 따른 적합등록의 신청
>   다. 제16조제2항에 따른 적합등록 변경신고(제15조제1항 및 제15조제2항 제1호와 제2호에 해당하는 경우)
>   라. 제24조에 따른 적합성 평가의 해지
>   마. 제25조에 따른 인증서의 재발급
>   바. 제28조에 따른 수입 기자재의 통관확인
> 2. 1일 이내 처리 : 제19조에 따른 적합성 평가의 면제확인
> 3. 5일 이내 처리
>   가. 제5조에 따른 적합인증 신청
>   나. 제16조제1항에 따른 변경신고
>   다. 제16조제2항에 따른 적합등록 변경신고(제15조제2항제3호에 해당하는 경우)
> 4. 60일 이내 처리 : 제11조에 따른 잠정인증 신청
> ② 제1항제3호가목의 처리기간을 적용함에 있어 제6조제2항에 따른 시험성적서의 유효성 확인을 위하여 소요되는 기간은 처리기간에 산입하지 아니하며, 제1항제4호의 처리기간을 적용함에 있어 전문적인 기술검토 등 특별한 추가절차를 거치기 위하여 1회에 한하여 30일의 기한을 연장할 수 있다. 이 경우 원장은 신청인에게 그 사유 및 예상소요기간 등을 서면으로 사전 통보하여야 한다.

44 전기적인 회로, 구조 및 성능이 동일하고 기능이 유사한 제품군 중 표본이 되는 기자재를 무엇이라 하는가?

① 기본모델　　② 파생모델
③ 유사모델　　④ 정상모델

> **해설** 방송통신기기 형식검정·형식등록 및 전자파적합등록에 관한 고시
>
> 제2조(정의) ① 이 고시에서 사용하는 용어의 정의는 다음과 같다.
> 5. "사후관리"라 함은 「전파법」 제53조에 따라 기기의 인증에 관한 사항의 이행여부를 조사 또는 시험하는 것을 말한다.
> 6. "기본모델"이라 함은 기기 내부의 전기적인 회로·구조·성능이 동일하고 기능이 유사한 제품군 중 표본적으로 인증을 받는 기기를 말한다.
> 7. "파생모델"이라 함은 기본모델과 전기적인 회로·구조·성능이 동일하고 그 부가적인 기능만을 변경한 기기를 말한다.
> 8. "정보기기"라 함은 데이터 및 통신메시지의 입력·출력·저장·검색·전송 또는 제어 등의 주요기능과 정보 전송용으로 작동되는 1개 이상의 터미널 포트를 갖춘 기기로서 600볼트 이하의 공급전압을 가진 기기를 말한다.

45 다음 중 방송통신기자재 적합인증 신청서에 첨부되는 서류가 아닌 것은?

① 사용자설명서
② 제조사 현황자료
③ 외관도
④ 부품의 배치도 또는 사진

> **해설** 방송통신기자재 등의 적합성 평가에 관한 고시(국립전파연구원) 제5조 (적합인증의 신청 등)
>
> ① 제3조제1항에 따른 대상기자재에 대하여 적합인증을 신청하고자 하는 자는 다음 각 호의 신청서와 첨부서류(전자문서를 포함한다)를 작성하여 원장에게 제출하여야 한다.
> 1. 별지 제1호서식의 적합인증신청서
> 2. 사용자설명서(한글본) : 기본모델의 제품개요, 사양, 구성 및 조작방법 등이 포함되어야 한다.
> 3. 다음 각 목 중 어느 하나의 시험성적서
>   가. 지정시험기관의 장이 발행하는 시험성적서
>   나. 원장이 발행하는 시험성적서
>   다. 국가 간 상호 인정협정을 체결한 국가의 시험기관 중 원장이 인정한 시험기관의 장이 발행한 시험성적서
> 4. 외관도 : 제품의 전면·후면 및 타 기기와의 연결부분과 적합성평가 표시 사항의 식별이 가능한 사진을 제출할 것
> 5. 부품 배치도 또는 사진 : 부품의 번호, 사양 등의 식별이 가능하여야 한다.
> 6. 회로도
>   가. 적합성평가를 받은 "무선 송·수신용 부품"을 기자재의 구성품으로 사용하는 경우에는 해당 부분을 생략할 수 있다.
>   나. 적합성평가기준 적용분야가 유선분야에 해당하는 기자재인 경우에는 전원 및 기간통신망과 직접 접속되는 부분의 회로도를 제출한다.
> 7. 대리인 지정서 : 제27조에 따른 별지 제4호서식의 대리인 지정(위임)서

46 다음 중 적합인증을 받아야 하는 경우가 아닌 것은?

① 전파환경 및 방송통신망 등에 위해를 줄 우려가 있는 방송통신기자재 등
② 전자파로부터 정상적인 동작을 방해받을 정도의 영향을 받는 방송통신기자재 등
③ 측정·검사용으로 사용되는 방송통신기자재 등
④ 그 밖에 사람의 생명과 안전 등에 중대한 위해를 줄 우려가 있는 방송통신기자재 등

Answer 45. ② 46. ③

해설 방송통신기자재 등의 적합인증
㉠ 전파환경 및 방송통신망 등에 위해를 줄 우려가 있는 방송통신기자재 등
㉡ 중대한 전자파장해를 주거나 전자파로부터 정상적인 동작을 방해받을 정도의 영향을 받는 방송통신기자재 등
㉢ 그 밖에 사람의 생명과 안전 등에 중대한 위해를 줄 우려가 있는 기자재 등에 대한 인증

47 통신수단에 의하여 비밀이 직접 또는 간접으로 누설되는 것을 미리 방지하거나 지연시키기 위한 방책을 말하는 용어는?
① 인터넷 보안   ② 통신보안
③ 암호   ④ 비화

해설 통신보안
우리가 사용하는 통신수단(유선전화, 차량전화, 휴대전화, 전신, 텔렉스, 팩시밀리, PC통신 등)에 의한 통화내용이 알아서는 안 될 사람에게 직접 또는 간접으로 누설될 가능성을 사전에 방지하거나 지연시키기 위한 방책을 말한다.

48 통신의 3대 요소 중 안전성을 위한 보안대책이 아닌 것은?
① 중요내용에 음어, 약호를 사용한다.
② 기계적인 자동보안장치를 사용한다.
③ 한글 및 영문 발성부호를 사용한다.
④ 통신제원을 불규칙하게 변경 사용한다.

해설 ① 비밀 누설의 주요 요인
㉠ 취약성 있는 통신망 이용
㉡ 비밀 내용의 평문 송신
㉢ 과다한 통신 소통
㉣ 보고 체제의 다원화
㉤ 무선 침묵 위반

② 비밀누설에 대한 각종 방지법
㉠ 통신규율 및 통신사 교육훈련 : 통신제원에 의한 절차준수, 감독강화, 통신보안 생활화
㉡ 도청에 대한 방어 : 통신제원의 수시변경, 무선침묵 유지, 보안 유해 시 통신 중단, 보안장비(비화기)
㉢ 방향탐지에 대한 방어 : 불필요한 전파의 발사, 같은 장소의 계속전파발사, 과도한 송신출력 억제
㉣ 교신분석에 대한 방어 : 필요할 때만 교신하고 규율을 중시, 평문송신금지
㉤ 기만통신에 대한 방어 : 상호 약정된 확인법의 사용(처음 통신 시작, 의심스러울 때, 주파수 변경 시), 비밀내용의 평문사용 엄금
㉥ 의심스러울 때 : 예비 주파수 전환, 즉시 보고, 방향탐지로 확인, 상대방(우리편) 통신사의 특성 등 파악

49 무선통신에서 도청에 대한 방지대책으로 적합하지 않은 것은?
① 중요통신 내용의 암호화
② 불필요한 전파발사 억제
③ 비밀번호의 변경
④ 통신제원의 수시변경

해설 비밀누설에 대한 각종 방지법
㉠ 통신규율 및 통신사 교육훈련 : 통신제원에 의한 절차준수, 감독강화, 통신보안 생활화
㉡ 도청에 대한 방어 : 통신제원의 수시 변경, 무선침묵 유지, 보안 유해 시 통신 중단, 보안장비(비화기)
㉢ 방향탐지에 대한 방어 : 불필요한 전파의 발사, 같은 장소의 계속전파발사, 과도한 송신출력 억제
㉣ 교신분석에 대한 방어 : 필요할 때만 교신하고 규율을 중시, 평문송신금지
㉤ 기만통신에 대한 방어 : 상호 약정된 확

Answer   47. ②   48. ③   49. ③

인법의 사용(처음 통신 시작, 의심스러울 때, 주파수 변경 시), 비밀내용의 평문사용 엄금
ⓑ 의심스러울 때 : 예비 주파수 전환, 즉시 보고, 방향탐지로 확인, 상대방(우리편) 통신사의 특성 등 파악

⑤ 통신문을 암호화할 때에는 암호화되지 아니한 문장과 혼합하여 사용하여서는 아니 된다.

50 다음 중 암호자재의 운용에 관한 내용으로 틀린 것은?

① 암호자재를 사용하여 암호화한 통신문은 그 여백에 암호자재의 사용근거를 표시해야 한다.
② 비밀이 아니라도 누설될 경우 국가이익을 해할 우려가 있는 내용은 암호자재를 사용하여 접수·발송해야 한다.
③ 암호자재는 암호자재를 배부하는 기관이 지정한 용도 외의 목적으로 사용해서는 아니 된다.
④ 통신문을 암호화할 때에는 암호화되지 아니한 문장과 혼합하여 사용할 수 있다.

해설 보안업무규정 시행규칙[시행 2020. 3. 17.]
제6조(암호자재의 운용)
① 비밀은 해당 등급의 비밀 소통용 암호자재를 사용하여 접수·발송해야 하며, 비밀이 아니라도 누설될 경우 국가이익을 해할 우려가 있는 내용은 암호자재를 사용하여 접수·발송해야 한다.
<개정 2020. 3. 17.>
② 암호자재는 암호자재를 배부하는 기관이 지정한 용도 외의 목적으로 사용해서는 안 된다.<개정 2020. 3. 17.>
③ 암호문을 작성 또는 해독하기 위하여 사용한 작업용지는 그 유효성이 종료된 때에 파기하여야 한다.
④ 암호자재를 사용하여 암호화한 통신문은 그 여백에 암호자재의 사용근거를 표시하여야 한다.

51 다음 중 중앙처리장치(CPU) 구성에 대한 설명으로 틀린 것은?

① 제어장치와 연산장치로 구성되어 있다.
② 연산장치는 산술/논리연산을 실행하는 전자회로로 구성되어 있다.
③ 연산에 사용될 데이터를 영구 저장하는 저장 레지스터(Storage Register)가 있다.
④ 주기억장치로부터 연산할 데이터를 제공받아 연산한 결과를 다시 보관하는 누산기(Accumulator)가 있다.

해설 중앙처리장치는 비교, 판단, 연산을 담당하는 논리연산장치(Arithmetic Logic Unit)와 명령어의 해석과 실행을 담당하는 제어장치(control unit)로 구성된다.
㉠ 논리연산장치(ALU)는 각종 덧셈을 수행하고 결과를 수행하는 가산기(adder)와 산술과 논리연산의 결과를 일시적으로 기억하는 레지스터인 누산기(accumulator), 중앙처리장치에 있는 일종의 임시 기억장치인 레지스터(register) 등으로 구성된다.
㉡ 제어장치는 프로그램의 수행 순서를 제어하는 프로그램 계수기(program counter), 현재 수행 중인 명령어의 내용을 임시 기억하는 명령 레지스터(instruction register), 명령 레지스터에 수록된 명령을 해독하여 수행될 장치에 제어신호를 보내는 명령해독기(instruction decoder)로 구성된다.

Answer 50. ④ 51. ③

52 다음 중 컴퓨터의 입력장치만으로 구성된 것은?

① Cathode ray tube, OMR, Flat panel display
② Console Keyboard, Card Reader, Liquid crystal display
③ MICR, OCR, Light pen
④ Bar code reader, Line Printer, OMR

해설 입력장치(Input Unit)
프로그램이나 데이터를 외부장치로부터 전자계산기(컴퓨터)로 읽어들여 주기억장치에 기억시키는 장치이다. 키보드, 마우스, 스캐너, 카드 리더, OCR, OMR, MICR, 천공카드, 종이테이프, 자기테이프, 자기디스크, 광학문자 판독기, 라이트 펜 등이 해당된다.

53 주기억장치에서 기억장치의 지정은 무엇에 따라 행하여지는가?

① 어드레스(Address)
② 레코드(Record)
③ 블록(Block)
④ 필드(Field)

해설 주기억장치에서 기억장치의 지정은 어드레스(Address)에 따라 행해진다.

54 다음 중 데이터 표현 방식에서 소수점을 갖고 있는 수치 표현에 적당하고 정밀도가 가장 높은 표시법으로 알맞은 것은?

① 보수(Complement) 표시법
② 고정 소수점(Fixed point) 표시법
③ 부동 소수점(Floating point) 표시법
④ 언팩 십진(Unpacked decimal) 표시법

해설 부동 소수점(Floating point) 방식은 소수점과 지수 부분을 가진 실수를 사용하는, 컴퓨터의 내부 연산 방식으로 정밀도가 높다.

55 XNOR 게이트의 두 입력이 TRUE와 FALSE일 경우 결과는?

① TRUE
② FALSE
③ 경우에 따라 다름
④ 결과 없음

해설 XNOR 게이트는 논리 게이트(logic gate)의 일종이다. XOR(배타적 논리회로) 게이트 뒤에 NOT 게이트를 붙여 출력값이 정반대이다. 즉, 입력값이 동일하면 1을 출력하고, 다르면 0을 출력하므로 비교 게이트나 일치 회로라고도 불린다. 문제에서 입력이 TRUE와 FALSE일 경우이므로 출력은 FALSE가 된다.

56 다음 중 플립플롭(Flip-Flop) 회로에 대한 설명으로 틀린 것은?

① RS 플립플롭, JK 플립플롭은 클록 펄스 입력 외에 2개의 입력과 2개의 출력으로 구성
② D 플립플롭, T 플립플롭은 1개의 입력과 1개의 출력으로 구성
③ 모든 플립플롭은 클록 펄스(CP : Clock Pulse) 입력을 가지고 있어 클록 펄스에 의하여 순차적으로 처리됨
④ 2진 정보는 다양한 방법으로 플립플롭에 입력될 수 있으며, 이에 따라 서로 다른 형태의 플립플롭을 가지게 됨

해설 • 플립플롭은 두 가지 상태 사이를 번갈아 하는 전자회로를 말한다. 플립플롭에 전

Answer 52. ③ 53. ① 54. ③ 55. ② 56. ②

류가 부가되면, 현재의 반대 상태로 변하며(0에서 1로, 또는 1에서 0으로), 그 상태를 계속 유지하므로 한 비트의 정보를 저장할 수 있는 능력을 가지고 있다.
- 여러 개의 트랜지스터로 만들어지며 SRAM이나 하드웨어 레지스터 등을 구성하는 데 사용된다.
- 플립플롭에는 RS 플립플롭, D 플립플롭, JK 플립플롭, T 플립플롭 등 여러 가지 종류가 있다.
  ① RS 플립플롭은 S(set)와 R(reset) 2개의 입력과 Q, $\overline{Q}$ 2개의 출력을 가지고 있으며, R, S 입력의 조합으로 출력의 상태를 변화시킬 수 있으나 S=R=1의 경우는 불확정(부정) 상태가 되는 플립플롭이다.
  ② D(Dealy) 플립플롭은 RS-FF에서 2개의 입력 R, S가 동시에 1인 경우에도 불확정 출력상태가 되지 않도록 하기 위하여 인버터(inverter : NOT 게이트) 하나를 입력 양단에 부가한 것으로 정보를 일시 유지하는 래치(latch) 회로나 시프트 레지스터(shift register) 등에 쓰인다.
  ③ T 플립플롭(F/F) : JK F/F의 입력 J와 K를 서로 묶어서 하나의 입력으로 하여 클록신호가 1일 때 출력이 반전상태(토글)가 되도록 한 것이다.
  ④ JK 플립플롭 : RS 플립플롭에서 R=S=1의 상태에서는 동작이 불확실한 상태가 되므로, RS 플립플롭에서 Q를 R로, $\overline{Q}$를 S로 되먹임하여 불확실한 상태가 나타나지 않도록 한 회로이다.

57 다음 중 프로그램 설계 방법으로 틀린 것은?
① 입·출력 설계 ② 알고리즘 설계
③ 전체 설계   ④ 상세 설계

해설 프로그램 설계 방법으로는 입·출력 설계, 알고리즘 설계, 상세 설계 방법을 사용한다.

58 어떤 문제를 해결하기 위해 처리 방법과 순서를 표준화된 기호를 통해 그린 그림을 무엇이라 하는가?
① 사용도   ② 순서도
③ 설계서   ④ 알고리즘

해설 순서도(flow chart)
알고리즘 또는 문제해결의 절차를 그림으로 알기 쉽게 나타낸 것으로 설계한 알고리즘을 객관적이며 쉽게 표현, 이해하기 위하여 기호를 사용한다.
[참고] 순서도의 종류
  ① 시스템 순서도 : 일의 처리과정을 전체적으로 상세하게 표현한 순서도이다.
  ② 프로그램 순서도 : 컴퓨터로 처리가 가능한 부분을 단계적으로 표현한 순서도이다.

59 다음 중 운영체제의 종류에 대한 설명으로 틀린 것은?
① 일괄처리 - 작업 요청을 일정량 모아 한 꺼번에 처리하는 방법
② 시분할 - 한 시스템에서 여러 작업을 수행할 때 컴퓨터 저장능력을 시간별로 분할해서 사용하는 방법
③ 실시간 - 어떠한 작업이 정해진 시간 안에 종료되어야 하는 시스템
④ 분산 운영체제 - 여러 개의 컴퓨터를 사용자에게 하나의 컴퓨터로 보이게 하는 시스템

해설 데이터 처리
① 배치 처리(Batch Processing) : 데이터를 일정기간, 일정량을 저장하였다가 한꺼번에 처리하는 방식
② 시분할 처리 : 시간을 분할하여 여러 이용자의 자료를 병행 처리하는 방식

Answer 57. ③ 58. ② 59. ②

③ 실시간 처리 : 데이터 발생 즉시 처리하는 방식
④ 온라인 실시간 처리 : 데이터 발생 즉시 처리하여 결과까지 완료하는 시스템
⑤ 오프라인 시스템 : 전송된 데이터를 일단 카드, 자기테이프에 기록한 다음 일괄 처리하는 방식
⑥ 지연시간처리 : 어느 정도 시간을 지연시킨 후 처리하는 방식
⑦ 멀티플렉싱
  ㉠ 다중 프로그램 : 하나의 컴퓨터에서 2개 이상의 프로그램을 실행하는 방식
  ㉡ 멀티스태킹 : 하나 이상의 프로그램을 동시에 처리할 수 있는 체계
  ㉢ 다중처리 : 여러 개의 CPU에 의해서 동시에 여러 개 프로그램을 실행하는 방식

60 다음 소프트웨어 중 사용관점에서 그 성격이 다른 것은?

① 한글 워드프로세서
② MS워드
③ 훈민정음
④ V3

해설 한글 워드프로세서, 훈민정음, MS워드는 워드프로세서 프로그램의 종류이고, V3는 백신 프로그램이다.

60. ④

Chapter 과년도출제문제 2020. 4회

무선설비기능사(이론)

01 2초 동안 60[J]의 에너지를 사용하였다면 전력은 얼마인가?
① 0[W]   ② 30[W]
③ 58[W]   ④ 120[W]

해설 $W = \dfrac{Q}{t} = \dfrac{60}{2} = 30[W]$

02 다음 중 저항 R[Ω]인 도체에 I[A]의 전류가 t[sec] 동안 흐르면 저항에서 열이 발생하는데 이런 현상을 일컫는 말로 알맞은 것은?
① 옴의 법칙
② 키르히호프 법칙
③ 줄의 법칙
④ 패러데이 법칙

해설
① 옴의 법칙은 회로의 저항 R에 흐르는 전류는 저항의 양끝에 가해진 전압 E에 비례하고 저항 R에 반비례한다는 법칙이다. 전압의 크기를 V, 전류의 세기를 I, 전기저항을 R이라 할 때, V=IR의 관계가 성립한다.
② 키르히호프의 제1법칙(전류법칙) : 회로의 한 접속점에서 접속점에 흘러들어 오는 유입전류(I_i)의 합과 흘러나가는 유출전류(I_o)의 합은 같다. 즉, 유입전류와 유출전류의 합은 0이다.

$\Sigma I_i = \Sigma I_o$
(I_i : 유입전류, I_o : 유출전류)

③ 키르히호프의 제2법칙(전압법칙) : 회로망 중의 임의의 폐회로 내에서의 전압강하의 합은 그 회로의 기전력의 합과 같다.
$\Sigma E = \Sigma IR$

④ 줄의 법칙(Joule's law) : 도체에 일정 기간 동안 전류를 흘리면 도체에는 열이 발생되는데, 이때 발생하는 열량은 도선의 저항과 전류의 제곱 및 흐른 시간에 비례한다.

⑤ 패러데이의 법칙 : 코일 주위에 자속이 변할 때 코일에 유도 기전력의 크기를 결정하는 법칙이다.

03 주기적인 파형에서 1초 동안에 반복되는 사이클의 수를 무엇이라 하는가?
① 주파수   ② 위상
③ 주기   ④ 파형

해설
㉠ 주파수(frequency) : 1초 동안 발생하는 진동의 수(사이클)를 뜻하며, 단위로는 헤르츠[Hz]를 사용한다.
$f = \dfrac{1}{T}[Hz]$ (T : 주기[sec])

㉡ 주기(period) : 1[Hz] 진동하는 동안 걸리는 시간을 주기라 한다.
$T = \dfrac{1}{f}[sec]$

㉢ 위상각(θ) : $v = V_m \sin(\omega t + \theta)[V]$에서 θ를 위상 또는 위상각이라 한다.

Answer 01 ② 02 ③ 03 ①

ⓔ 위상차(ϕ) : 앞선 위상(ϕ_1)에서 뒤진 위상(ϕ_2)의 상대적인 위치의 차이이다.
ⓕ 각속도(ω) : 1초 동안에 회전한 각도로 $\omega = 2\pi f$ [rad/sec]

04 순간순간 변화하는 전압의 값은 무엇인가?

① 사인값   ② 순시값
③ 최댓값   ④ 피크값

해설 ① 순시값 : 순간 순간 변하는 교류의 임의의 시간에 있어서 값
② 최댓값 : 순시값 중에서 가장 큰 값
③ 실효값 : 교류의 크기를 교류와 동일한 일을 하는 직류의 크기로 바꿔 나타낸 값
④ 평균값 : 교류 순시값의 1주기 동안의 평균을 취하여 교류의 크기를 나타낸 값

05 정전용량 1[μF]의 도체에 1×10^{-6}[C]의 전하를 주면 도체의 전위는?

① 0[V]   ② 1[V]
③ 2[V]   ④ 3[V]

해설 $V = \dfrac{C}{Q} = \dfrac{1 \times 10^{-6}}{1 \times 10^{-6}} = 1[\text{V}]$

06 다음 중 P형 반도체를 만드는 불순물이 아닌 것은?

① Ga   ② Sb
③ Al   ④ In

해설 ① 진성 반도체 : 불순물이 첨가되지 않은 순수한 반도체로 실리콘(Si), 게르마늄(Ge)이 이에 속한다.
② 불순물 반도체 : 진성 반도체의 전기 전도성을 향상시키기 위하여 불순물을 첨가한 반도체로 N형과 P형의 반도체가 있다.
㉠ N형 반도체 : 4개의 전자를 갖는 진성 반도체에 원자가 5가인 불순물 원자(비소[As], 인[P], 안티몬[Sb])를 혼입하면 공유 결합을 이루고 1개의 전자가 남는다. 이를 과잉전자 또는 도너(donor)라 한다.
㉡ P형 반도체 : 4개의 전자를 갖는 진성 반도체에 원자가 3가인 불순물 원자(인듐[In], 붕소[B], 알루미늄[Al], 갈륨[Ga])의 억셉터(Acceptor)를 혼입하면 1개의 전자가 부족하게 되며, 이는 1개의 정공이 남는 상태이다.

07 다음 중 FET의 증폭 정수를 나타낸 식은?

① $\dfrac{\Delta I_D}{\Delta V_{GS}}$ ② $\dfrac{\Delta V_{DS}}{\Delta V_{GS}}$

③ $\dfrac{\Delta V_{GS}}{\Delta I_D}$ ④ $\Delta V_{DS} \cdot \Delta I_D$

해설 전계효과트랜지스터(FET)의 증폭정수 μ, 전달 컨덕턴스 g_m, 내부저항 r_d 사이에는 $\mu = g_m \cdot r_d$의 관계가 있다.

전달 컨덕턴스 : $g_m = \dfrac{\partial I_D}{\partial V_{GS}}\bigg|_{V_{DS} = 일정}$

드레인 저항 : $r_d = \dfrac{\partial V_{DS}}{\partial I_D}\bigg|_{V_{GS} = 일정}$

증폭 상수 : $\mu = \dfrac{\partial V_{DS}}{\partial V_{GS}}\bigg|_{I_D = 일정}$

08 다음 중 연산증폭기에 대한 설명으로 틀린 것은?

① 직류로부터 특정한 주파수까지의 범위에서 되먹임 증폭기로 구성하여 일정한 연산을 할 수 있도록 한 증폭기이다.
② 정확도를 높이기 위해 큰 증폭도와 높은 안정도가 필요하다.
③ 직결합 차동 증폭기를 사용하여 구성

한다.

④ 되먹임(Feedback)에 대한 증폭도를 높이기 위하여 특정 주파수 범위에서 주파수 보상회로를 사용한다.

> **해설** 연산증폭기(Operational Amplifier : OP AMP)
> 두 개의 입력단자와 한 개의 출력단자를 갖는 연산증폭기는 두 입력단자 전압 간의 차이를 증폭하는 증폭기이므로 입력단은 차동증폭기로 되어 있다. 연산증폭기를 사용하여 사칙연산이 가능한 회로 구성을 할 수 있으므로, 연산자의 의미에서 연산증폭기라고 부른다. 연산증폭기를 사용하여서 미분기 및 적분기를 구현할 수 있다. 연산증폭기가 필요로 하는 전원은 기본적으로는 두 개의 전원인 +Vcc 및 -Vcc이다. 물론 단일 전원만을 요구하는 연산증폭기 역시 상용화되어 있다.

09 다음 고정 바이어스에 대한 설명 중 틀린 것은?

① 회로구성이 간단하다.
② 동작점이 온도 변화에 따라 변동된다.
③ 베이스 전류 바이어스라고도 한다.
④ 안정성이 좋다.

> **해설** 고정 바이어스는 베이스 전류 바이어스라고도 하며, 회로의 구성이 비교적 간단하고 부하선상의 동작점 위치를 정확히 예측하기 어렵고 동작점이 온도 변화에 따라 변동되므로 안정성이 나쁘다.

10 다음 중 커패시터(C)와 코일(L)로 구성된 발진회로가 아닌 것은?

① Wien Bridge형
② Emitter 동조형
③ Colpitts형
④ Base 동조형

> **해설** 발진회로는 되먹임 증폭회로에서 양되먹임이 되면 외부의 입력 없이 증폭작용이 계속되는데 이와 같은 증폭 작용을 이용하여 전기 진동을 발생하는 회로로서 외부의 입력 없이 회로 자체에서 교류 파형(주파수)을 얻는 회로이다.
> • LC 발진회로 : 동조형 발진기, 하틀리 발진기, 콜피츠 발진기
> • RC 발진회로 : Wien Bridge형, 이상형 발진기

11 수정진동자의 병렬공진 주파수에서의 리액턴스는?

① 무한대(∞)
② 영(0)
③ 순용량성 리액턴스(X_C)
④ 순저항성 리액턴스(X_R)

> **해설** 수정진동자의 전기적 등가회로는 그림과 같이 R, L, C 직렬 공진회로와 C의 병렬공진 회로로 구성된다.

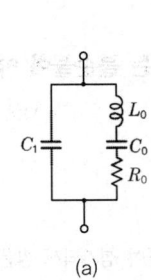
(a)

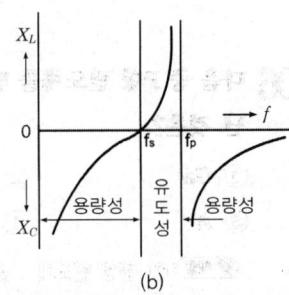
(b)

수정 진동자의 등가회로는 그림 (a)와 같으며 리액턴스의 주파수에 따른 특성은 그림 (b)와 같이 되는데, 여기서 f_s는 진동자의 직렬공진 주파수로 이들 사이의 간격은 매우 좁다. 안정된 발진을 위해서는 진동자를 유도성으로 동작시켜야 하는데, 유도성의

Answer 09 ④ 10 ① 11 ①

범위는 f_s와 f_p 사이의 주파수 범위이며 $f_s < f < f_p$로 된다.

12 다음 변조 방식 중 디지털 펄스 변조(불연속 레벨 변조)에 해당되는 것은?

① PPM　　　② PWM
③ PAM　　　④ PNM

해설 펄스 변조(pulse modulation)는 주기적인 펄스를 음성 신호나 기타 신호파에 의해서 변조하는 것으로 펄스의 진폭(amplitude), 폭(width), 위치(position) 등이 연속적으로 변화하는 연속 레벨 변조(아날로그 펄스 변조)에는 펄스 폭 변조(PWM), 펄스 진폭 변조(PAM), 펄스 위상 변조(PPM), 펄스 주파수 변조(PFM) 등이 있고 신호파의 진폭에 따라서 단위 펄스의 수나 위치가 변화하는 불연속 레벨 변조(디지털 펄스 변조)에는 펄스 밀도 변조(PNM), 펄스 부호 변조(PCM) 등이 있다.

13 다음 중 주파수 편이 변조(FSK)에 대한 설명으로 틀린 것은?

① 신호파형의 값에 따라 반송파의 주파수를 편이시켜서 전송한다.
② 신호파형의 값이 '0'일 때는 낮은 주파수, '1'일 때는 높은 주파수를 전송한다.
③ 고주파수와 저주파수 2개를 사용한다.
④ 잡음에 강하고 고속전송에 적합하다.

해설 주파수 편이 변조(FSK : Frequency Shift Keying)
① 디지털 신호가 1이면 f_1 주파수로, 0이면 f_2 주파수로 주파수를 바꾼다.
② 기지대 신호의 정보를 담고 있는 반송파를 전송한다.
③ 디지털 변조신호를 사용한다.
④ FSK는 디지털 변조 신호에 따라 낮은 레벨의 디지털 신호와 높은 레벨의 디지털 신호를 오간다.
⑤ 잡음에 강하고, 연속진폭의 특성을 가지므로 레벨 변동에 강하다.
⑥ 구성이 용이하고 비교적 원거리 전송에 강하다.
⑦ 저속 비동기식으로 200~1200[bps] 정도의 데이터 전송에 많이 사용한다.

14 다음 회로에서 입력 구형파 주파수 100[kHz]를 인가했을 때 출력 구형파 주파수는 얼마인가?

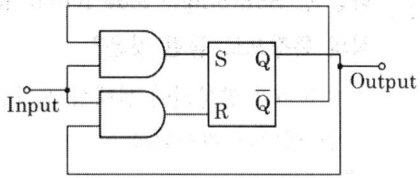

① 200[kHz]　　　② 100[kHz]
③ 50[kHz]　　　④ 25[kHz]

해설 T 플립플롭에 의한 1/2 분주회로이므로 입력에 구형파 주파수 100[kHz]를 인가하면 출력에는 1/2 분주된 50[kHz]가 출력된다.

15 지연시간 5[ns]의 플립플롭을 사용한 5단의 리플 카운터의 동작 최고 주파수는?

① 10[MHz]　　　② 20[MHz]
③ 30[MHz]　　　④ 40[MHz]

해설 최고 동작 주파수(F)
$$F = \frac{1}{T} = \frac{1}{5 \times 5 \times 10^{-9}} = 40[\text{MHz}]$$

16 다음 중 무선 수신기에서 선택도(Selectivity)를 높이는 방법으로 틀린 것은?

① 고주파 증폭회로를 부가한다.

Answer　12 ④　13 ④　14 ③　15 ④　16 ②

② 중간 주파수를 높게 한다.
③ 동조 회로의 Q를 높게 한다.
④ 중간 주파 변성기(IFT)는 1, 2차 동조형으로 한다.

해설 선택도의 향상
① 동조 회로의 Q를 높게 한다.
② 고주파 증폭단을 부가한다.
③ 중간 주파수를 낮게 한다.
④ 중간 주파 변성기(IFT)는 1, 2차 동조형으로 한다.
⑤ 공중선 회로를 소결합한다.

17 다음 중 SSB(Single Side Band) 통신 방식의 특징으로 틀린 것은?

① S/N비가 향상되어 선택성 페이딩에 의한 영향이 경감된다.
② 비화성이 있다.
③ 수신부에 국부발진기 및 동기장치가 필요 없다.
④ 송신기의 회로가 복잡하다.

해설 SSB 통신 방식의 특징(DSB 통신과의 비교)
① 장점
  ㉠ 점유 주파수 대폭이 1/2로 축소된다.
  ㉡ 적은 송신전력으로 양질의 통신이 가능하다.
  ㉢ 송신기 소비전력이 적다.(DSB의 약 30[%])
  ㉣ 선택성 Fading의 영향이 적다.(3[dB] 개선)
  ㉤ S/N비가 개선(평균전력이 같다고 했을 때 10.8[dB] 개선, 피크전력이 같다고 했을 때 12[dB] 개선)
  ㉥ 비화성을 유지할 수 있다.
② 단점
  ㉠ 송·수신기 회로 구성이 복잡하며 가격이 비싸다.
  ㉡ 높은 주파수 안정도를 필요로 한다.

㉢ 수신부에 국부 발진기가 필요하며 동기장치가 있어야 한다.
㉣ 반송파가 없어 AGC 회로 부가가 어렵다.

18 다음 디지털 변조방식 중 2진 부호 '0 1 1 0'에 따라 변조한 파형이 아래와 같다면 어떤 변조 방식에 해당하는가?

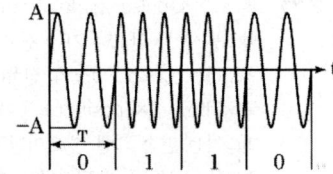

① 주파수 편이 변조(FSK)
② 진폭 편이 변조(ASK)
③ 위상 편이 변조(PSK)
④ 펄스 부호 변조(PCM)

해설 디지털 변조방식
1. 진폭 편이 변조(ASK : Amplitude Shift Keying) : 디지털 신호가 1이면 출력을 송신, 0이면 off
2. 주파수 편이 변조(FSK : Frequency Shift Keying) : 디지털 신호가 1이면 f_1 주파수로, 0이면 f_2 주파수로 주파수를 바꿈
3. 위상 편이 변조(Phase Shift Keying) : 디지털 신호의 0, 1에 따라 2종류의 위상을 갖는 변조 방식이다.

19 다음 중 송신 시에는 변조를 수신 시에는 복조를 수행하는 것은?

① 모뎀(MODEM)
② 검파기
③ A/D, D/A 변환기
④ 주파수 변별기

Answer 17 ③ 18 ① 19 ①

해설) 모뎀(MODEM)
MOdulator/DEModulator(변조기/복조기)의 약자로 변조기 및 복조기가 한 장치에 같이 있어 양방향(전이중) 통신이 가능하고 반송파 주파수에 신호를 태워주어(변조) 멀리까지 신호 전송하는데 모뎀의 반송파 주파수는 주로 음성주파수대역을 사용한다.

20 다음 중 아날로그 변조 방식이 아닌 것은?

① 진폭변조 방식(AM)
② 주파수변조 방식(FM)
③ 위상변조 방식(PM)
④ 진폭편이변조 방식(ASK)

해설) 아날로그 변조 방식의 종류
㉠ 펄스 진폭(PAM : Pulse Amplitude Modulation)
㉡ 펄스폭 변조(PWM : Pulse Width Modulation)
㉢ 펄스 위상 변조(PPM : Pulse Position Modulation)
㉣ 펄스 주파수 변조(PFM : Pulse Frequency Modulation)

21 진폭과 주파수가 모두 일정한 반송파를 이용하여 그 위상을 2진 전송 부호에 대응시켜 변화시키는 방식은?

① 진폭 편이 변조 방식
② 주파수 편이 변조 방식
③ 위상 편이 변조 방식
④ 진폭 위상 편이 변조 방식

해설) 위상 편이 변조(Phase Shift Keying)
디지털 신호의 0, 1에 따라 진폭과 주파수가 모두 일정한 반송파를 이용하여 그 위상을 2진 전송 부호에 대응시켜 변화시키는 방식이다.

22 다음 보기에서 설명하는 안테나의 종류는?

파장이 매우 짧고 성질이 빛과 매우 유사하여 광학의 원리와 메가폰이 음파를 일정한 방향으로 집중시키는 작용을 이용하여 지향성을 예리하게 한 안테나가 제작되어 사용되고 있다.

① 장·중파용 안테나
② 단파용 안테나
③ 초단파용 안테나
④ 극초단파용 안테나

해설) 극초단파용 안테나
- 극초단파 대역에서 쓰는 안테나로 극초단파대 이상의 파는 파장이 매우 짧고 그 성질이 빛과 매우 비슷하므로 광학의 원리와 메가폰이 음파를 일정한 방향으로 집중시키는 작용을 이용하여 지향성을 예리하게 한 안테나가 사용되고 있다. 즉, 전자혼, 포물면경, 전파렌즈 및 도파관에 직접 구멍을 뚫은 슬롯 안테나를 사용한다.
- 파라볼라 안테나(접시형 안테나)는 포물면 반사기와 그 초점에 1차 복사기의 구조를 설치한 안테나로서 극초단파대 이상의 마이크로파대의 안테나 중에서 가장 많이 사용되는 안테나이다. 극초단파(마이크로파) 고정 통신용, 선박용 레이더(RADAR) 송신기용, 위성통신용으로 사용된다.

23 다음 중 안테나가 광대역 특성을 갖도록 하는 방법으로 적합하지 않은 것은?

① 안테나의 Q를 높이는 방법
② 보상회로를 사용하는 방법
③ 진행파 여진형의 소자를 이용하는 방법
④ 상호 임피던스의 특성을 이용하는 방법

해설) 안테나가 광대역 특성을 지니도록 하기 위

Answer 20 ④ 21 ③ 22 ④ 23 ①

197

하여 보상회로의 사용과, 진행파 여진형의 소자를 이용하거나, 상호 임피던스의 특성을 이용한다.

㉥ 짧은 파장을 사용한다.

24 다음 중 급전선이 갖추어야 할 특성이 아닌 것은?

① 임피던스값이 균일해야 한다.
② 유도 방해를 주거나 받지 않아야 한다.
③ 송신용일 경우 절연 내력이 작아야 한다.
④ 전송 선로의 저항손실, 방사손실이 적어야 한다.

> **해설** 급전선이란 전파에너지를 전송하기 위하여 송신기나 수신기와 공중선 사이를 연결하는 선을 말한다.
> [급전선의 구비 조건]
> ① 전송효율이 좋을 것
> ② 절연내력이 클 것
> ③ 불필요한 전파복사가 다른 곳에 방해를 주거나 불필요한 전파가 유도되지 않을 것
> ④ 임피던스 정합이 용이할 것

25 다음 중 공전의 경감 대책이 아닌 것은?

① 지향성이 예민한 안테나를 사용한다.
② S/N비를 크게 한다.
③ 수신 대역폭을 넓힌다.
④ 수신기에 억제 회로를 사용한다.

> **해설** 공전 방해의 경감법
> ㉠ 지향성 공중선을 사용한다.
> ㉡ 수신기의 수신 대역폭을 좁히고 선택도를 높인다.
> ㉢ 송신출력을 증대시켜 수신점의 S/N비를 크게 한다.
> ㉣ 수신기에 리미터 등의 잡음 억제 회로를 사용한다.
> ㉤ 공전이 적은 지역에 수신소를 건설한다.

26 다음 중 급전선이 갖추어야 할 조건으로 적합하지 않은 것은?

① 전력의 전송능력이 클 것
② 불필요한 전파 복사가 다른 곳에 방해를 주지 않을 것
③ 불필요한 전파가 유도되지 않을 것
④ 급전선의 파동 임피던스가 무한대이어야 할 것

> **해설** 급전선의 구비 조건
> ① 전송효율이 좋을 것
> ② 절연내력이 클 것
> ③ 불필요한 전파복사가 다른 곳에 방해를 주거나 불필요한 전파가 유도되지 않을 것
> ④ 임피던스 정합이 용이할 것

27 전파형식의 표시에서 주반송파를 변조시키는 신호의 특성 중 무변조신호를 나타내는 기호는?

① 0 ② 1
③ 2 ④ 3

> **해설** 전파형식의 표시(제28조 관련)
> 둘째 기호 : 주반송파를 변조시키는 신호의 특성
> ① 무변조신호 : 0
> ② 변조용 부반송파(시분할다중방식을 제외한다. 이하 같다)를 사용하지 아니하고 퀀타이즈 또는 디지털정보를 포함하는 단일 채널 : 1
> ③ 변조용 부반송파를 사용한 퀀타이즈 또는 디지털정보를 포함하는 단일 채널 : 2
> ④ 아날로그정보를 포함하는 단일 채널 : 3
> ⑤ 퀀타이즈 또는 디지털정보를 포함하는

둘 이상의 채널 : 7
⑥ 아날로그정보를 포함하는 둘 이상의 채널 : 8
⑦ 퀀타이즈 또는 디지털정보를 포함하는 하나 이상의 채널에 아날로그정보를 포함하는 하나 이상의 채널과의 조합방식 : 9

28 다음 중 이동통신 시스템의 기본 구성 요소 중에서 발·착신 신호의 송출기능을 담당하는 곳은?

① HLR
② 무선 기지국
③ 무선 교환국
④ VLR

해설 이동통신시스템은 무선교환국, 무선기지국 그리고 무선전화 단말장치로 구성된다.
① 무선 교환국 : 일반 전화망과 이동통신망을 접속하며, 중앙통제 기능을 갖는다.
기능 : hand-off, 위치 검출 및 등록, 통화 상대번호와 과금정보를 기록한다.
② 무선 기지국(base station) : 이동체와 무선 교환국 간 접속하며, 무선 채널을 감시하는 기능을 수행한다.
기능 : 착·발신 신호 송출, 통화채널 지정 및 감시, 자기진단을 한다.
③ 무선전화 단말장치 : 이동체 통신장비로 이동 전화 단말기를 이용하여 상대방을 호출할 때마다 특정 채널을 선택하여 통신이 가능하게 한다.

29 위성의 고도에 따른 분류로 저궤도 위성의 특징이 아닌 것은?

① 기상 위성 및 군사 위성에 사용한다.
② 위성의 고도가 약 300[km]~1,500[km] 사이에 위치한다.
③ 지상과 위성 간의 전송거리가 짧다.
④ 위성의 궤도 주기가 길다.

해설 저궤도 위성(Low Earth Orbit)
지구궤도 약 500[km]에서 1500[km] 고도의 비교적 가까운 상공에서 순회하며 주로 측위, 이동통신, 원격탐사에 이용되는 위성으로 1~2시간에 한 번씩 지구의 주위를 돌기 때문에 적어도 수십기의 위성을 쏘아올려 항상 어느 곳에서도 볼 수 있어야 한다.

30 다음 중 무선 LAN에서 사용하고 있는 MAC 방식은?

① CSMA/CD
② CSMA/CA
③ Token Ring
④ Token Bus

해설 무선 LAN의 종류
국제표준위원회(IEEE)의 무선 LAN/MAN 표준위원회(802)의 11번째 워킹 그룹에서 지정하는 규격으로 이름에 IEEE 802.11로 시작하는 것이 일반적이며, 버전에 따라 a, b, g, n 등 알파벳이 붙는다.
① IEEE 802.11 : IEEE 802에서 최초로 지정한 무선 LAN 규격이다. 2[Mbps]의 속도를 가지며, 2.4[GHz] 주파수를 사용하고, 여러 기기가 동시에 참여할 수 있도록 CSMA/CA 기술을 사용한다.
② IEEE 802.11.b : 알파벳 순서와는 다르게 두번째로 지정된 규격이다. 초기 버전의 낮은 속도를 보완해서 최대 11[Mbps]의 속도를 내도록 지정되었지만 CSMA/CA 기술을 구현하는 과정에서 실제로는 5~7[Mbps]의 속도를 내는 것으로 밝혀졌다. 주파수는 동일하게 2.4[GHz]를 사용한다. 초기 버전에 비해 다소 현실적인 속도로 인해 현재 와이파이라는 이름으로 가장 널리 사용되는 무선 LAN이 되었다.
③ IEEE 802.11.a : 시간이 흐름에 따라 IEEE 802.11.b의 속도도 느리다고 느끼게 되었다. 이론상 11[Mbps]이지만 실제로는 5~7M[bps]의 속도였으며, 전송하고자 하는 컨텐츠의 용량은 더욱 커져만 갔기 때문에 더 빠른 속도의 무선 LAN

기술이 필요했다. 그렇게 등장한 IEEE 802.11.a는 OFDM 기술을 사용해 최고 54[Mbps]의 속도를 지원하도록 개발됐다. 이전 규격과는 달리 5[GHz] 주파수를 사용하기 때문에 다른 기기들과의 간섭은 줄어들었지만 주변환경의 간섭을 쉽게 받는다는 단점이 있어서 특정 상황에만 주로 사용되었다.

④ IEEE 802.11.g : IEEE 802.11.a와 같은 54[Mbps]의 속도를 지원하지만 2.4[GHz] 주파수를 사용하는 규격이다. 속도도 빠르며, 저주파수를 사용하기 때문에 주변 지형지물의 간섭을 적게 받는다. 속도는 20[Mbps]로 떨어지지만 같은 주파수를 사용하는 IEEE 802.11.b와 호환해서 사용할 수 있다는 장점이 있어서 IEEE 802.11.b를 대체해서 많이 사용되었다.

⑤ IEEE 802.11.n(Wi-Fi 4) : 2.4[GHz]와 5[GHz] 주파수를 모두 사용하며 속도도 600[Mbps]까지 지원하는 등 당시 100[Mbps]를 지원하던 유선 LAN의 속도를 따라잡기 위해 개발된 표준이다.

⑥ IEEE 802.11.ac(Wi-Fi 5) : 5[GHz] 주파수만 사용하여 433[Mbps]~3.7[Gbps]라는 빠른 속도를 지원한다.

⑦ EEE 802.11.ax(Wi-Fi 6) : IEEE.802.11.ac의 단점인 무선망 출력을 개선하고 넓은 범위에서 많은 기기가 통신할 수 있도록 최상의 QoS를 제공하기 위해 개발됐다.

31 위성통신에서 일반적으로 사용되는 주파수 대역의 밴드별 용도가 옳게 짝지어진 것은?

① L밴드-고정위성통신, 국내 서비스용
② S밴드-이동위성통신(국내, 지역)
③ Ku밴드-연구용
④ K밴드-주파수공용통신

해설 위성통신에서의 무선주파수 대역
Ka 밴드, Ku 밴드, C 밴드, L 밴드 등을 사용하며, 전통적으로 상업위성용으로 C 밴드를 많이 사용했으나, 지상 마이크로파 전송과의 간섭으로, 12/14[GHz] 대역도 사용
① L 밴드 : 1~2[GHz], 소형 단말 이용 가능, 이동위성 적합
② S 밴드 : 2~4[GHz], 소형 단말 이용 가능, 이동위성 적합
③ Ku 밴드 : 12.5~18[GHz], 소형 지구국 안테나
④ K 밴드 : 18~26.5[GHz], 초소형 지구국 안테나
⑤ Ka 대역 : 26.5~40[GHz], 초소형 지구국 안테나

32 다음 중 스퓨리어스 발사에 포함되지 않는 것은?

① 고조파 발사   ② 기생 발사
③ 상호변조   ④ 저주파 발사

해설 무선설비규칙의 제2조(정의)
9. "스퓨리어스발사"란 필요주파수대폭 바깥쪽에 위치한 하나 이상의 주파수에서 발생하는 발사(대역 외 발사를 제외한다)로서 정보전송에 영향을 미치지 아니하고 그 강도를 저감시킬 수 있는 것으로 고조파 발사, 기생 발사, 상호변조 및 주파수 변환 등에 의한 발사를 포함한 발사를 말한다.

33 급전점의 부하임피던스가 75[Ω]인 안테나를 특성임피던스가 50[Ω]인 급전선에 연결했을 때 반사계수는?

① 0.01   ② 0.1
③ 0.02   ④ 0.2

해설 $\dfrac{Z_1 - Z_2}{Z_1 + Z_2} = \dfrac{75 - 50}{75 + 50} = \dfrac{25}{125} = 0.2$

Answer 31 ② 32 ④ 33 ④

34 다음 중 고조파의 방지 방법이 아닌 것은?

① Push-Pull 증폭기를 사용한다.
② 동조회로의 Q를 높게 한다.
③ 출력 급전선에 트랩회로를 사용한다.
④ C급 증폭기를 사용한다.

해설 ① 고조파는 기본파에 대한 그의 정수배의 주파수를 말하며, 주기적 복합파의 각 성분 중 기본파 이외의 것으로 n배의 주파수로 정의할 수 있다.
② 고조파에 대한 대책 : 고조파의 발생원에서 고조파 발생을 억제한다.
 ㉠ push-pull 증폭기를 사용한다.
 ㉡ 동조회로의 Q를 높게 한다.
 ㉢ 출력 급전선에 트랩회로를 사용한다.
 ㉣ 고조파 필터를 사용하여 제거한다.

35 직류 출력전압이 무부하 시 220[V]이고, 부하 시 200[V]라면 전압 변동률은 얼마인가?

① 10[%]   ② 10.5[%]
③ 11[%]   ④ 11.5[%]

해설 전압변동률(ε)

$$\varepsilon = \frac{V - V_o}{V_o} \times 100$$

V : 무부하 시 직류전압
V_o : 부하 시 직류전압

$$\therefore V_o = \frac{220 - 200}{200} \times 100, \ \varepsilon = 10[\%]$$

36 산업용 전파응용설비의 안전시설로 접지장치를 설치하는 이유로 가장 타당한 것은?

① 고압전기의 발생을 방지하기 위하여
② 인체의 안전을 위하여
③ 산업용 전파응용설비의 사용수명을 연장하기 위하여
④ 전파방송설비의 전파의 질을 향상시키기 위하여

해설 전파응용설비의 기술기준 제8조(안전시설)
① 영 제74조제1호에 따른 산업용 전파응용설비는 그 설비의 운용에 따라 인체에 위해를 주거나 물건에 손상을 주지 아니하도록 다음 각 호의 조건에 적합하여야 한다.
 1. 고압전기에 의하여 충전되는 기구와 전선은 외부에서 용이하게 닿지 아니하도록 절연차폐체 또는 접지된 금속차폐체 내에 수용할 것. 다만, 고주파용접장치ㆍ진공관전극ㆍ가열용장치 등과 같이 전극을 직접 노출하지 아니하면 사용목적을 달성할 수 없는 것을 제외한다.
 2. 설비의 조작에 의하여 설비에 접근하는 인체와 전기적 양도체에 고주파전력을 유발할 우려가 있을 경우에는 그 위험을 방지하기 위하여 필요한 설비를 할 것
 3. 인체의 안전을 위하여 접지장치를 설치할 것
② 영 제74조제2호에 따른 의료용 전파응용설비는 그 설비의 운용에 따라 인체에 위해를 주거나 손상을 주지 아니하도록 다음 각 호의 조건에 적합하여야 한다.
 1. 고압전기에 의하여 충전되는 기구와 전선은 외부에서 용이하게 닿지 아니하도록 절연차폐체 또는 접지된 금속차폐체 내에 수용할 것
 2. 의료전극 및 그 도선과 발진기ㆍ출력회로ㆍ전력선 등 사이에서의 절연저항은 500[V]용 절연저항시험기에 따라 측정하여 50[MΩ] 이상일 것
 3. 의료전극과 그 도선은 직접 인체에 닿지 아니하도록 양호한 절연체로 덮을 것. 다만, 라디오메스 등으로서 전극을 직접 노출하여 인체에 닿게 하여 사용하는 부분은 예외로 한다.
 4. 인체의 안전을 위하여 접지장치를 설

Answer 34 ④ 35 ① 36 ②

치할 것
③ 영 제74조제3호에 따른 기타 전파응용설비의 안전시설기준에 관하여는 제1항의 규정에 따른다.

37 전파형식이 C3F인 텔레비전방송을 하는 방송국 무선설비의 점유주파수대폭의 허용치는?

① 1[MHz]   ② 2[MHz]
③ 4[MHz]   ④ 6[MHz]

> **해설** 점유 주파수대폭의 허용치

C3F F3E G3E	6[MHz]	텔레비전 방송을 하는 방송국의 무선설비

38 다음 괄호 안에 들어갈 내용으로 알맞은 것은?

무선설비의 운용을 위한 전원은 전압변동률이 정격전압의 (　)[%] 이내로 유지할 수 있어야 한다.

① ±25   ② ±15
③ ±10   ④ ±5

> **해설** 무선설비규칙 제11조(전원)
> ① 무선설비의 운용을 위한 전원은 전압변동률이 정격전압의 ±10[%] 이내로 유지할 수 있어야 한다.
> ② 의무선박국 및 의무항공기국의 전원은 다음 각 호의 조건을 충족하는 데 필요한 충분한 전력을 공급할 수 있어야 한다.
>   1. 항행 중 해당 무선국의 무선설비를 동작시킬 것
>   2. 예비전원용 축전지를 충전할 수 있을 것
> ③ 비상국의 전원은 다음 각 호의 조건에 적합하여야 한다.
>   1. 수동발전기, 원동발전기, 무정전전원설비 또는 축전지로서 24시간 이상 상시 운용할 수 있을 것
>   2. 즉각 최대성능으로 사용할 수 있을 것

39 다음 중 수신설비가 충족하여야 할 조건으로 적합하지 않은 것은?

① 선택도가 클 것
② 내부잡음이 클 것
③ 수신주파수는 운용범위 이내일 것
④ 감도는 낮은 신호입력에서도 양호할 것

> **해설** 수신 설비는 다음 각 호의 조건에 적합하여야 한다.
>   1. 수신주파수의 범위가 적정할 것
>   2. 선택도가 클 것
>   3. 내부 잡음이 작을 것
>   4. 감도가 충분할 것
>   5. 명료도가 충분할 것

40 의료용 전파응용설비의 전계강도 허용치는 30[m] 거리에서 몇 [μV/m] 이하인가?

① 10[μ V/m]   ② 50[μ V/m]
③ 100[μ V/m]   ④ 200[μ V/m]

> **해설** 정보통신부령 제108호 제14조(전계강도의 허용치)
> ① 「전파법 시행령」(이하 "영"이라 한다) 제45조에 따른 통신설비외의 전파응용설비에서 발사되는 기본파 또는 불요발사에 의한 전계강도의 최대허용치는 다음 각 호와 같다.
>   1. 산업용 전파응용설비 : 100미터 거리(당해 설비가 설치되어 있는 주위의 구역이 시설자의 소유인 경우에는 그 구역의 경계선)에서 100마이크로볼트(μV/m) 이하일 것
>   2. 의료용 전파응용설비 : 30미터 거리(당해 설비가 설치되어 있는 주위의 구역이 시설자의 소유인 경우에는 그 구역의 경계선)에서 100[μV/m] 이하일 것

Answer　37 ④　38 ③　39 ②　40 ③

3. 기타 전파응용설비
  가. 고주파출력이 500와트 이하인 것 : 30미터 거리(당해 설비가 설치되어 있는 주위의 구역이 시설자의 소유인 경우에는 그 구역의 경계선)에서 $100[\mu V/m]$ 이하일 것
  나. 고주파출력 500와트를 초과하는 것 : 100미터 거리에서 $100[\mu V/m]$ 이하이고, 30미터 거리(당해 설비가 설치되어 있는 주위의 구역이 시설자의 소유인 경우에는 그 구역의 경계선)에서 $100 \times \sqrt{P}/500$(P는 고주파출력을 와트로 표시한 수로 한다)$[\mu V/m]$ 이하일 것

41 다음 괄호 안에 들어갈 내용으로 알맞은 것은?

> 안테나공급전력이 ( )를 초과하는 무선설비에 사용하는 전원회로는 퓨즈 또는 자동차단기를 갖추어야 한다.

① 10[W] ② 8[W]
③ 5[W] ④ 3[W]

해설 무선설비규칙 제13조(보호장치 및 특수장치)
① 안테나공급전력이 10와트(W)를 초과하는 무선설비에 사용하는 전원회로는 퓨즈 또는 자동차단기를 갖추어야 한다.
② 과학기술정보통신부장관이 원활한 통신을 위하여 필요하다고 인정하는 무선국은 선택호출장치 또는 식별장치 등의 특수장치를 갖추어야 한다.

42 무변조 상태에서 송신장치로부터 송신안테나계의 급전선에 공급되는 전력으로서 무선주파수의 1주기 동안의 평균값을 의미하는 것을 무엇이라고 하는가?

① 첨두포락선전력(PX)
② 규격전력(PR)
③ 평균전력(PY)
④ 반송파전력(PZ)

해설 무선설비규칙 제2조(용어의 정의)
2. "평균전력(PY)"이라 함은 정상동작상태에서 송신장치로부터 송신공중선계의 급전선에 공급되는 전력으로서 변조에 사용되는 최저주파수의 1주기와 비교하여 충분히 긴 시간 동안에 걸쳐 평균한 것을 말한다.
3. "첨두포락선전력(PX)"이라 함은 정상동작 상태에서 송신장치로부터 송신공중선계의 급전선에 공급되는 전력으로서 변조포락선의 첨두에서 무선주파수 1주기 동안에 걸쳐 평균한 것을 말한다.
4. "반송파전력(PZ)"이라 함은 무변조 상태에서 송신장치로부터 송신공중선계의 급전선에 공급되는 전력으로서 무선주파수의 1주기 동안에 걸쳐 평균한 것을 말한다.
5. "규격전력"이라 함은 송신장치의 종단증폭기의 정격출력을 말한다.
6. "등가등방복사전력(EIRP)"이라 함은 공중선에 공급되는 전력과 등방성 공중선에 대한 임의의 방향에 있어서의 공중선이득(절대이득 또는 등방이득)의 곱을 말한다.

43 "방송통신기자재와 전자파 장해를 주거나 전자파로부터 영향을 받는 기자재"를 무엇이라고 하는가?

① 적합인증 대상기자재
② 지정시험기관 적합등록 대상기자재
③ 자기시험 적합등록 대상기자재
④ 방송통신기자재 등

해설 전파법 제58조의2(방송통신기자재 등의 적합성평가)

① 방송통신기자재와 전자파 장해를 주거나 전자파로부터 영향을 받는 기자재(이하 "방송통신기자재 등"이라 한다)를 제조 또는 판매하거나 수입하려는 자는 해당 기자재에 대하여 다음 각 호의 기준(이하 "적합성평가기준"이라 한다)에 따라 제2항에 따른 적합인증, 제3항 및 제4항에 따른 적합등록 또는 제7항에 따른 잠정인증(이하 "적합성평가"라 한다)을 받아야 한다.

㉠ 적합인증 : C(Certification)
㉡ 적합등록 : R(Registration)
㉢ 잠정인증 : I(Interim)

44 다음 중 방송통신기자재 등에 대한 적합등록필증을 관보에 공고하는 경우 기재 사항이 아닌 것은?

① 등록받은 자의 상호 또는 명칭
② 기자재의 명칭 및 모델명
③ 제조자 및 제조국가
④ 유효기간

해설 원장은 적합등록 신청이 있는 때에는 별지 제7호 서식의 적합등록필증(전자적 방식을 포함한다)을 신청인에게 교부하고, 다음 각 호의 사항을 관보에 공고하여야 한다.
① 등록받은 자의 상호 또는 성명
② 기자재의 명칭·모델명
③ 등록번호
④ 제조자 및 제조국가
⑤ 등록연월일

45 방송통신기자재 등의 적합성 평가 표시 중에서 잠정인증 분야의 식별부호는?

① C(Certification)
② R(Registration)
③ I(Interim)
④ R(Radio)

해설 방송통신기자재 등의 적합성 평가 표시 중에서 잠정인증 분야의 식별부호

46 다음 중 자기시험 적합등록 대상 기자재가 아닌 것은?

① 통신설비 유지 보수형 시험기기
② 전기용품 보호용 부속기기
③ 특정용도로 한정된 공간에서 사용되는 기자재류
④ 고전압설비 및 그 부속 기기류

해설 적합등록 대상 기자재(자기시험 후 적합등록하는 기자재)
- 측정·검사를 목적으로 사용되는 기자재류(시험·측정용 계측설비)
- 산업·과학용으로 사용되는 기자재류(산업용 컴퓨터 및 플랜트 설비 등)
- 특정용도로 한정된 공간에서 사용되는 기자재류(전자식 운항기록계, 주차 차단 제어장치)
- 망 위해 영향이 적은 기자재류(커넥터, 분배기, 분기기, 동축케이블, 보호기, 직렬단자 등)
- 전기철도기기류
- 기타 소장이 인정하는 기자재

47 평문의 문장이나 단어 또는 어귀 중 주가 되는 문자를 발췌하고 조립하여 전문의 단축을 도모하는 것을 무엇이라 하는가?

① 부호　　　　② 약어
③ 음어　　　　④ 암호

해설 ① 암호(暗號) : 제3자에게 비밀로 할 목적으로 평문(平文)에 암어기술(暗語技術)을 가하여 그 내용 전체를 체계적으로 변경시키는 각종 방식을 말한다.
② 음어(陰語) : 제3자에게 비밀로 할 목적

Answer　44 ④　45 ③　46 ①　47 ②

으로 통신문의 내용 중 비밀에 속하는 부분의 평문의 단어나 구절을 다른 어귀나 숫자와 문자 등으로 변경시키는 방식
③ 약호(略號) : 평문의 문장, 어귀 또는 단어를 다른 간략한 문자, 숫자 또는 어귀로 대치하여 교신 상호간에 식별하도록 한 방법
④ 약어(略語) : 평문의 긴 문장이나 단어 또는 어귀 중에서 중요 문자만을 발췌하여 간략하게 한 방식

48 다음 중 통신보안의 목적에 관한 설명으로 옳은 것은?

① 정보통신 사회의 필수 사항이기 때문
② 관련 법령에 규정되어 있기 때문
③ 통신보안의 제고 및 통신보안의 생활화를 위해
④ 원활한 통신 생활을 영위하기 위해

해설 통신보안의 목적은 정보원의 사전 제거, 정보량의 감소, 정보의 지연에 있다.

49 다음 중 I급 비밀 및 암호자재의 수발 방법으로 틀린 것은?

① 암호화 후 전신으로 수발
② 직접 접촉에 의한 수발
③ 기관의 문서수발계통에 의한 수발
④ 일반우편에 의한 수발

해설 보안업무규정 시행규칙 제24조(비밀의 수발)
① 비밀의 수발은 다음 각 호에 정하는 절차에 의한다. 다만, I급 비밀 및 암호자재는 제1호 및 제2호의 규정에 의하여서만 수발할 수 있다.
1. 암호화하여 전신으로 수발한다.
2. 취급자의 직접 접촉에 의하여 수발한다.
3. 각급 기관의 문서수발계통에 의하여 수발한다.
4. 등기우편에 의하여 수발한다.
② 비밀을 수발할 때에는 별지 제7호 서식에 의한 봉투로 포장하여야 한다. 다만, Ⅲ급 비밀을 등기우편으로 발송할 때에는 I급 및 Ⅱ급 비밀에 준하여 2중봉투를 사용하여야 한다.
③ 문서 이외의 비밀 자재는 내용이 노출되지 아니하도록 이에 준하여 완전히 포장하여야 한다.
④ 동일기관 내에서의 비밀의 수발 또는 전파절차(傳播節次)는 그 기관의 장이 정한다. 다만, 비밀이 충분히 보호될 수 있어야 한다.
⑤ 다른 기관으로부터 접수한 비밀은 발행기관의 승인 없이 재차 다른 기관으로 발송할 수 없다. 다만, 비밀을 이첩 시달하는 경우는 예외로 한다.
⑥ 비밀수발계통에 종사하는 인원은 Ⅱ급 이상의 비밀취급인가를 받은 자라야 한다.

50 통신보안상 비밀이 누설되는 경우 외교관계가 단절되고 국가 간의 전쟁이 발발할 수 있는 것은 분류상 어떤 종류에 해당되는가?

① I급 비밀 ② Ⅱ급 비밀
③ Ⅲ급 비밀 ④ 대외비

해설 비밀의 구분
비밀은 그 중요성과 가치의 정도에 따라 다음 각 호에 의하여 이를 1급 비밀, 2급 비밀 및 3급 비밀로 구분한다.
① 누설되는 경우 외교관계가 단절되고 전쟁을 유발하며 국가의 방위계획, 정보활동 및 국가방위상 필요불가결한 과학과 기술의 개발을 위태롭게 하는 등의 우려가 있는 비밀은 이를 1급 비밀로 한다.
② 누설되는 경우 국가안전보장에 막대한 지장을 초래할 우려가 있는 비밀은 이를 2급 비밀로 한다.
③ 누설는 경우 국가안전보장에 손해를 끼칠 우려가 있는 비밀은 이를 3급 비밀

48 ③ 49 ④ 50 ①

로 한다.

51 다음 중 기억장치를 복수 모듈로 구성하고 모듈 간에 주소를 분배하여 번갈아 가면서 메모리에 접근하는 방식으로 알맞은 것은?

① 세그멘팅(Segmenting)
② 페이징(Paging)
③ 스테이징(Staging)
④ 인터리빙(Interleaving)

> 해설 ① 인터리빙(Interleaving) : CPU와 주기억장치 사이의 속도 차이로 인해서 발생하는 문제를 해결하기 위해 주기억장치를 모듈별로 주소를 배정한 후 각 모듈을 번갈아 가면서 접근하는 방식
> ② 페이징(Paging) : 프로그램 실행에 필요한 데이터의 용량에 비해 램 용량이 부족하여, 부득이 CPU가 HDD에서 직접 데이터를 불러오는 경우에 발생한다.
> ③ 스테이징(Staging) : 대용량 기억 시스템에서 대용량 기억 볼륨의 데이터를 직접 접근할 수 있는 메모리로 옮겨 CPU로부터 접근할 수 있게 하는 것으로 낮은 우선순위 장치로부터 높은 우선순위 장치로 데이터를 옮기는 것을 말한다.

52 이항(Binary) 연산자에 해당하는 것으로만 나열된 것은?

① AND, OR
② MOVE, OR
③ ROTATE, AND
④ SHIFT, AND

> 해설 연산의 종류에 따라 산술, 논리, 비교 등 기능별로 또는 피연산자의 개수에 따라 분류하며, 피연산자를 하나만 취하면 단항(Unary) 연산자라 하고 두 개의 피연산자가 있으면 이항(Binary) 연산자라 한다.

㉠ 단항(Unary) 연산자 : MOVE, ROTATE, SHIFT
㉡ 이항(Binary) 연산자 : AND, OR

53 A 레지스터 내용이 11110101이고, B 레지스터 내용이 10100110일 때 A와 B의 XOR (Exclusive OR) 연산 결과는?

① 10100100
② 00010110
③ 10000100
④ 01010011

> 해설 XOR(Exclusive OR) 논리회로는 두 입력이 같을 때 출력은 0이 되고, 두 입력이 서로 다를 때 1이 된다. 그러므로 11110101⊕10100110=01010011이 된다.

54 다음 중 그레이 코드(Gray Code)에 대한 설명으로 틀린 것은?

① A/D변환기, 입출력 장치, 기타 주변장치용의 코드로 이용된다.
② 각 자리에 일정한 값을 부여하는 자리값이 없는 코드이다.
③ $(1101)_2$를 그레이코드로 변환하면 $(1111)_{gray}$가 된다.
④ 한 비트의 변환만으로 다음 값을 만들 수 있기 때문에 변화가 적다.

> 해설 그레이 코드(Gray Code)는 1비트의 변화를 주어 아날로그 데이터를 디지털 데이터로 변환하는 데 사용하는 코드로, 연산에는 부적합한 코드로 A/D 변환기, 입·출력장치의 인터페이스 코드로 널리 사용된다.

55 n개의 입력선으로부터 코드화된 2진 정보를 최대 2^n개의 출력선으로 변환시켜 주는 회로는?

Answer 51 ④ 52 ① 53 ④ 54 ③ 55 ②

① 인코더 ② 디코더
③ 멀티플렉서 ④ 플립플롭

해설 ① 인코더(부호기)는 디코더의 반대의 동작으로 특정한 입력을 공급해 주면 몇 개의 코드화된 신호의 조합으로 바꾸는 장치를 말한다.
② 디코더(decoder, 해독기)는 n개의 입력 단자에서 들어온 2진 정보를 받아 최대 2^n개의 출력 단자 중 그에 해당하는 것 하나에 신호를 보내주는 조합 논리회로이다.
③ 멀티플렉서(multiplexer)는 n개의 입력 데이터에서 1개의 입력씩만 선택하여 단일 통로로 송신하는 것

56 다음 중 조합 논리회로가 아닌 것은?

① 배타적 논리합(XOR)
② 디코더
③ 계수기(Counter)
④ 전가산기

해설 조합 논리회로는 입력과 출력 사이가 논리 게이트로 구성되며, 입력된 정보에 대하여 2진수의 출력 정보를 제공하는 기능을 가지고 있으며, 가산기, 감산기, 곱셈기, 병렬 가산기, 비교기, 코드 변환기, 인코더, 디코더, 멀티플렉서, 디멀티플렉서 등이 있다.

57 다음 순서도 설명 중 맞는 것은? (단, mod (A, B)는 A를 B로 나눈 나머지를 말한다.)

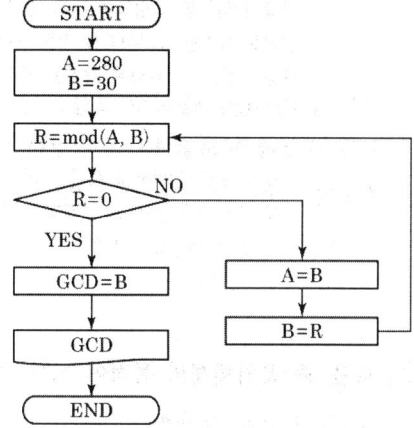

① R의 값이 0이 되는 경우가 없으므로 이 순서도는 무한 반복된다.
② 280과 30의 최소공배수를 구하는 순서도이다.
③ 입력값에 상관없이 루프의 횟수가 같다.
④ 280과 30의 최대공약수를 구하는 순서도이다.

해설 **최대공약수(最大公約數)**
0이 아닌 두 정수나 다항식의 공통되는 약수 중에서 가장 큰 수를 말하며, 두 정수 a와 b의 최대공약수를 기호로 gcd(a, b)로 표기하거나, 더 간단히 (a, b)로도 표기한다.
그림은 280과 30의 최대공약수를 구하는 순서도이다.

58 프로그램 코딩이나 입력 작업에 직접 활용될 수 있는 순서도는?

① 개략 순서도
② 상세 순서도
③ 직선형 순서도
④ 분기형 순서도

해설 순서도(flow chart)는 알고리즘 또는 문제

Answer 56 ③ 57 ④ 58 ②

207

해결의 절차를 그림으로 알기 쉽게 나타낸 것으로 설계한 알고리즘을 객관적이며 쉽게 표현, 이해하기 위하여 기호를 사용한다.
[순서도의 종류]
① 시스템 순서도 : 일의 처리과정을 전체적으로 상세하게 표현한 순서도이다.
② 프로그램 순서도 : 컴퓨터로 처리가 가능한 부분을 단계적으로 표현한 순서도이다.

59 다음 중 운영체제의 목적이 아닌 것은?

① 처리 능력 향상
② 응답 시간 단축
③ 하드웨어의 효율적 관리
④ 원격 접속 관리

해설 운영체제의 목적
① 처리 능력(through-put)의 향상 : 일정 시간 내에 시스템이 처리한 일의 양으로 시스템의 각 자원을 최대한 활용하는 것을 의미한다.
② 변환 시간(turn-around time)의 최소화 : 변환 시간의 단축으로 이 시간은 일의 처리를 컴퓨터에 명령하고 나서 결과가 나올 때까지의 시간이다.
③ 사용 가능도(availability) : 컴퓨터 시스템을 사용하고자 할 때 어느 정도 빨리 이용할 수 있느냐 하는 것을 뜻한다. 또 시스템 자체에 이상이 발생했을 경우 그 즉시 회복하여 사용할 수 있어야 한다.
④ 신뢰도(reliability) 향상 : 신뢰성의 향상으로 컴퓨터 시스템 자체가 착오를 일으키지 않아야 한다.

60 파워포인트 발표 시 다음 슬라이드가 오른쪽에서 왼쪽 방향으로 이동하면서 화면을 전환하기 위해 사용되는 기능과 관계없는 것은? (단, 파워포인트 2007)

① [애니메이션 효과]-[왼쪽으로 당기기]
② [애니메이션 효과]-[왼쪽으로 밀어내기]
③ [애니메이션 효과]-[왼쪽으로 덮기]
④ [애니메이션 효과]-[세로 블라인드]

해설 파워포인트 2007에서 [애니메이션 효과]-[세로 블라인드] 명령은 세로 방향의 블라인드 형태로 화면을 전환하기 위해 사용되는 기능이다.

과년도출제문제

2021. 4회

무선설비기능사(이론)

01 저항 양단에 90[V]의 전압을 인가했을 때 30[A] 전류가 흐른다. 이때 저항값은 얼마인가?
① 1[Ω]   ② 3[Ω]
③ 30[Ω]   ④ 60[Ω]

해설 $R = \dfrac{V}{I} = \dfrac{90}{30} = 3[\Omega]$

02 저항이 10[Ω]일 때 컨덕턴스 값으로 알맞은 것은?
① 0.1[S]   ② 0.2[S]
③ 0.3[S]   ④ 0.4[S]

해설 컨덕턴스는 도체에 흐르는 전류의 크기를 나타내는 상수로 전기 저항률의 역수이며 그 값은 온도가 상승하면 금속에서는 감소하고 반도체에서는 증가한다.
$G = \dfrac{1}{R} = \dfrac{1}{10} = 0.1[S]$

03 RLC 병렬회로에서 $\omega C > \dfrac{1}{\omega L}$인 경우 전압이 전류보다 위상이 어떻게 되는가?
① 뒤진다.   ② 앞선다.
③ 동상이다.   ④ 90도 앞선다.

해설 $X_L < X_C$인 경우 용량성 회로로 전압보다 전류가 θ[rad]만큼 뒤지고, $X_L < X_C$인 경우 유도성 회로로 전압보다 전류가 θ[rad]만큼 앞선다.

04 컨버터(Converter)의 기능으로 옳은 것은?
① DC 전력을 증폭
② DC 전력을 AC 전력으로 변환
③ AC 전력을 DC 전력으로 변환
④ AC 전력을 증폭

해설 컨버터(Converter)
신호 또는 에너지의 형태를 바꾸는 장치를 통칭하나 전력분야에서는 교류와 직류 간의 변환, 교류의 주파수 상호변환, 상수(相數)의 변환 등을 하는 장치를 말하며, 좁은 뜻으로는 교류를 직류로 변환하는 장치를 말한다.

05 태양광 발전 시스템에 풍력 발전, 열병합 발전, 디젤 발전 등의 타에너지원의 발전 시스템과 결합하여 축전지, 부하 혹은 상용계통에 전력을 공급하는 시스템은?
① AC 독립형 시스템
② DC 독립형 시스템
③ 계통 연계형 시스템
④ 하이브리드 시스템

해설 태양광 발전 시스템의 분류
① 계통 연계 시스템(Grid-Connected System)

Answer 01. ② 02. ① 03. ① 04. ③ 05. ④

: 태양광 발전으로 얻은 전기와 전력회사에서 제공하는 전기에너지와 연계하는 지역 공동주택, 상가 빌딩 등 큰 규모의 발전 시스템에 주로 사용하며, 심야나 악천후처럼 태양광 발전으로 전기를 공급받을 수 없을 때에는 기존의 전력 시스템으로부터 전기를 공급받고 태양광 발전으로 얻은 전기가 남을 경우에는 거꾸로 전력 시스템으로 보내줄 수도 있으므로 축전지(Battery)가 필요하지 않다.

② 독립형 시스템(Stand Alone System) : 산간 외지 또는 외딴 섬, 인공위성, 중계소, 등대 등과 같이 전기가 들어오지 않는 지역에서 태양광 발전으로만 전기를 공급하는 시스템으로 전기를 발전하는 태양광 모듈, 심야나 악천 후에도 전기를 쓰기 위해서 발전된 전기를 저장해 두는 축전지로 발전된 직류를 교류로 변환해 주는 인버터(Inverter)로 구성된다.

③ 하이브리드 시스템(Hybrid System) : 계통 연계형과 독립형의 혼합 형태의 태양광 발전 시스템으로 바람을 이용한 풍력발전이나 화력발전 등과 결합하여 태양광 발전 시설을 구성하고 발전된 전력을 주간에 사용하고 잉여전력을 축전하여 야간에 사용하며, 악천후 때 부족한 전력을 디젤 발전기, 풍력 발전기의 보조 전원을 사용하는 시스템이다.

06 Ge 다이오드의 순방향 전압강하는 대략 얼마 정도인가?

① 0.2~0.3[V]　② 0.4~0.5[V]
③ 0.6~0.7[V]　④ 0.8~0.9[V]

해설 Ge 다이오드의 순방향 전압강하는 0.2~0.3[V]이고, Si 다이오드의 순방향 전압강하는 0.6~0.7[V]이다.

07 다음 증폭방식 중 송신기의 전력증폭기와 주파수 체배 증폭기에 주로 사용되는 것은?

① A급　② B급
③ AB급　④ C급

해설 ㉠ A급 증폭기는 바이어스 전류를 최대 출력보다 크게 걸어야 한다. 이는 신호의 출력이 없어도 트랜지스터는 항상 전류가 통하는 상태로 있어야 한다. A급 증폭기의 가장 큰 장점은 선형성이 가장 뛰어나다. 이는 소리의 왜곡이 거의 없다는 의미이다. A급 증폭기의 가장 큰 결점은 효율이 가장 낮다는데 있다. 50[W] A급 증폭기라면 엄청나게 큰 증폭기이며, 이는 전기를 많이 쓰고 앰프 자체의 열이 많이 발생한다. hi-end 오디오용으로 A급 증폭기는 약 10% 정도를 차지한다. 중저가형 오디오 시장에서는 A급 증폭기를 찾기 힘들다.

㉡ B급 증폭기는 바이어스 전류가 없다. 따라서 신호가 출력되지 않을 때 전력소모는 0이다. A급 증폭기가 효율성에 큰 문제를 가지고 있는데 비해 B급 증폭기는 효율이 매우 좋다. 그러나 B급 증폭기는 심각한 결점이 있다. 작은 신호에서 왜곡이 크게 일어난다. 이 왜곡은 큰 신호일 경우라도 무시할 수 없다. 이 왜곡을 cross-over 왜곡이라 한다. 따라서 순수 B급 증폭기는 현재 오디오용으로 나오지 않는다.

㉢ C급 증폭기는 바이어스 전류가 없다는 점에서 B급 증폭기와 유사하다. 그러나 C급 증폭기는 특별한 대역에서 공급되는 전원보다 50%나 높은 출력을 할 수 있다. C급 증폭기를 동조 증폭기(tuned amplifier)라 부르며, 매우 좁은 대역에서 동작하므로 오디오용으로 사용하지 않는다. C급 증폭기는 20[kHz] 이상에서 사용하며 주로 신호를 동조하는데 쓰인다.

㉣ AB급 증폭기는 두 개의 트랜지스터로 동작하는 점이 B급 증폭기와 거의 같지만 입력이 없을 때에도 미소한 바이어스 전류가 흐르는 점이 B급과 다르다. 무입력 바이어스 전류가 증폭기의 효율을 약간

Answer 06. ① 07. ④

떨어뜨리지만 크로스오버 왜곡을 거의 완전히 보정해 준다. 이런 증폭기를 A급이나 B급으로 부르지 않고 AB급이라 부르는 것은 작은 출력에서는 (무신호 바이어스 전류와 같은 출력) A급 증폭기처럼 동작하고 큰 출력에서는 B급 증폭기처럼 동작하기 때문이다. 이런 이유로 상업용 앰프는 대부분 AB급이다.

08 다음 중 전력 손실이 거의 없는 전력 증폭 회로는?

① A급 ② B급
③ C급 ④ D급

해설 D급 증폭기(Class D Amplifier)
일반 선형 증폭기와는 달리, 선형 증폭 동작용 바이어스를 하는 대신에, 주로 스위치로 동작시킨다. 큰 전력 구동을 위해, 원래의 정현파적 신호를 펄스진폭변조(PWM) 파형으로 변환하고, 상보형 스위칭 증폭기로 크게 증폭시킨 후에 원하는 모양의 정현파로 복원시키는 방식으로 타 전력 증폭기에 비해 전력 소모가 극히 적어 전력 효율이 90% 이상이다.

09 다음 중 FET에 관한 설명으로 옳은 것은?

① 자유전자나 정공 중 소수 반송자에 의해 전류가 흐른다.
② BJT에 비해서 입력 및 출력 임피던스가 높아서 전압 증폭 소자로 적합하다.
③ V_{GS}가 일정할 때 V_{DS}가 핀치 오프 전압에 이르면 드레인과 소스 사이에는 전류가 흐르지 않는다.
④ 전류는 항상 소스에서 드레인으로 흐른다.

해설 전계효과 트랜지스터(Field Effect Transistor, FET)의 특징
① 전자나 정공 중 하나의 반송자에 의해서만 동작하는 단극성 소자이다.
② 전압제어소자로 다수 캐리어에 의해 동작하며, 게이트의 역전압에 의해 드레인 전류가 제어된다.
③ 트랜지스터(BJT)에 비하여 입력 임피던스가 높아 전압 증폭기로 사용한다.
④ 전력소비가 적고, 소형화에 유리하여 대규모 IC에 적합하다.

10 어떤 발진회로를 설계하고자 할 때 능동소자의 증폭 이득이 $A_v=50$이면 궤환회로의 감쇠율을 얼마로 하여야 하는가?

① 1/25 ② 1/50
③ 1/75 ④ 1/100

해설 발진을 위해서는 정궤환(동위상)되어야 하며, 궤환회로에서 발진을 하기 위한 바크하우젠의 조건으로 $A\beta=1$이 되어야 한다. $A\beta=1$이 되기 위해서는
$A\beta=50\times\dfrac{1}{50}=1$이 된다.

11 아래의 발진회로에서 TP_1에 나타나는 출력주파수는 약 얼마인가?

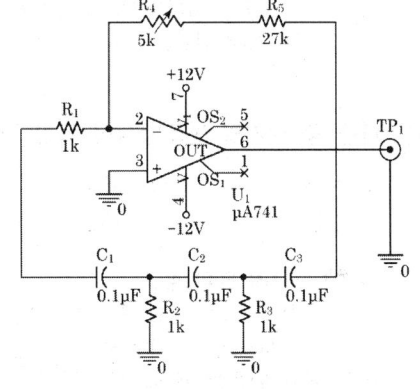

① 130[Hz] ② 650[Hz]

08. ④ 09. ② 10. ② 11. ②

③ 780[Hz] ④ 3.9[kHz]

해설 이상추이형 발진회로 발진주파수(f)는
$f = \dfrac{1}{2\pi RC\sqrt{6}}$ 이므로

$$f = \dfrac{1}{2\pi RC\sqrt{6}}$$
$$= \dfrac{1}{2 \times 3.14 \times 1 \times 10^3 \times 0.1 \times 10^{-6} \times \sqrt{6}}$$
$$= \dfrac{1}{6.28 \times 1 \times 10^{-4} \times \sqrt{6}}$$
$$\fallingdotseq \dfrac{1}{1.538 \times 10^{-3}} \fallingdotseq 650[\text{Hz}]$$

12 다음 중 변조의 필요성에 해당되지 않는 것은?

① 시스템 구성 대형화
② 잡음과 간섭의 억제
③ 장거리 전송
④ 다중화 통신

해설 변조란 무선 송신기에서 반송파에 신호파를 싣는 일을 말하며, 무선송신 시스템에서 변조를 하는 이유는
㉠ 주파수 할당과 다중분할을 하기 위하여
㉡ 안테나를 작게 만들어 복사를 용이하게 하기 위해
㉢ 원거리 전송을 하기 위하여
㉣ 신호대잡음비를 향상시키기 위하여
㉤ 잡음과 간섭을 줄이기 위하여

13 다음 중 디지털 변조방식이 아닌 것은?

① ASK ② FSK
③ AM   ④ PSK

해설 디지털 변조방식
㉠ 진폭 편이 변조(ASK : Amplitude Shift Keying) : 디지털 신호가 1이면 출력을 송신, 0이면 off
㉡ 주파수 편이 변조(FSK : Frequency Shift Keying) : 디지털 신호가 1이면 f_1 주파수로, 0이면 f_2 주파수로 주파수를 바꿈
㉢ 위상 편이 변조(PSK : Phase Shift Keying) : 디지털 신호의 0, 1에 따라 2종류의 위상을 갖는 변조방식이다.

[참고] 진폭 변조(AM : Amplitude Modulation) : 반송파(정현파)의 진폭을 신호파에 따라서 변화시키는 변조 방법

14 어떤 회로의 응답이 $v_0(t) = V(1-e^{-0.1t})$ [V]일 때 시정수로 알맞은 것은?

① 0.1[sec] ② 0.5[sec]
③ 5[sec]   ④ 10[sec]

해설 $\tau = \dfrac{1}{t} = \dfrac{1}{0.1} = 10[\text{sec}]$

15 그림과 같은 회로를 사용하여 입력 파형을 미분할 때에는 입력 파형의 주기 T와 회로의 시정수 RC 사이에 어떤 조건이 만족되어야 하는가?

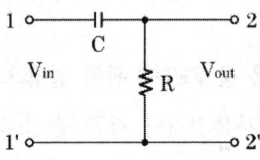

① T>>RC   ② T<<RC
③ T=RC   ④ T≤RC

해설 RC 직렬 회로망에서 시정수는 $\tau = RC$[sec]이므로 시정수를 가장 작게 하려면 R과 C를 작게 해야 한다.

16 다음에서 설명하는 송신기의 변조방식으로 알맞은 것은?

- 디지털 신호 전송에 사용하는 변조 방식
- 반송파의 진폭을 변화시키기 위한 송신 데이터를 보내는 방식
- 소음의 방해와 페이딩의 영향을 받기 쉽다.

① 진폭편이방식(ASK)
② 주파수편이방식(FSK)
③ 위상편이방식(PSK)
④ 직교진폭변조(QAM)

해설 ㉠ ASK(Amplitude Shift Keying) : 디지털 신호(1, 0)의 정보 내용에 따라 반송파의 진폭을 변화시키는 방식
㉡ PSK(Phase Shift Keying) : 디지털 신호에 대응하여 반송파의 위상을 각각 다르게 하여 전송하는 변조방식
㉢ QAM(Quadrature Amplitude Modulation) : 디지털 신호를 일정량만큼 분류하여 반송파 신호와 위상을 변화시키면서 변조시키는 방법이다.
㉣ 2진 FSK(Binary Frequency Shift Keying) : Binary Phase Shift Keying(PSK)의 일종으로 디지털 신호의 0, 1에 따라 2종류의 위상을 갖는 변조방식으로, FSK는 ASK에 비해 더 넓은 대역을 필요로 하며 오류 확률은 비슷하다.

17 다음 중 AM 송신기의 핵심 요소가 아닌 것은?

① 발진기   ② 변조기
③ 피변조파 ④ 복조기

해설 AM 송신기의 구성 요소 중 발진부에서 반송파를 만들어 신호파를 실어 변조파를 만든다. 복조기는 수신기의 구성 요소이다.

18 다음 중 AM 통신 방식에 비해 FM 통신 방식의 특징으로 틀린 것은?

① 신호대잡음비가 개선된다.

② 점유주파수대폭이 좁다.
③ 소비전력이 적다.
④ 레벨 변동의 영향이 없다.

해설 FM 통신 방식의 특징
① SN비가 좋다.
② 송신기의 효율을 높일 수 있고, 일그러짐이 적다.
③ 수신기의 출력 준위의 변동이 적다.
④ 혼신 방해를 적게 할 수 있다.
⑤ 주파수 대역을 넓게 잡을 필요가 있다.

19 진폭과 주파수가 모두 일정한 반송파를 이용하여 그 위상을 2진 전송 부호에 대응시켜 변화시키는 방식은?

① 진폭편이 변조방식
② 주파수편이 변조방식
③ 위상편이 변조방식
④ 진폭위상편이 변조방식

해설 위상편이 변조방식(PSK, Phase Shift Keying)
디지털 신호에 대응하여 반송파의 위상을 각각 다르게 하여 전송하는 변조방식

20 다음 중 AM 송신기에서 고주파 전력을 증폭하기 위한 종단 전력증폭기에 대한 설명으로 틀린 것은?

① C급 증폭 방식을 주로 사용한다.
② 스퓨리어스(Spurious) 발사가 커야 한다.
③ 출력이 크고 파형이 일그러지지 않아야 한다.
④ 보통은 피변조기로 동작시킨다.

해설 종단 전력증폭기
통신 신호를 전송할 때 단말기나 안테나의 전기신호를 증폭시켜 주는 부품이다. 송신

17. ④ 18. ② 19. ③ 20. ②

기에서는 안테나계에 전력을 공급하는 고주파(주파수가 높은 파동이나 전자기파로, 대체로 3[MHz]에서 30[MHz] 전파의 주파수대) 증폭기를 특히 종단 전력증폭기라 한다. 전력증폭기(power amplifier)는 일그러짐이 적고 높은 효율로 전력을 부하에 공급하는 것이 중요하다.

[참고] 고조파(harmonic frequency) : 스퓨리어스 발사의 일종으로 고조파에서 발사되는 것으로 필요 대역폭 100[kHz]의 정수배인 고조파에서 발사되는 스퓨리어스 발사가 고조파 발사이다. 고조파 발사 에너지가 강하게 되면 다른 무선국에 혼신을 주고 무선 통신 질서 유지와 주파수 관리에 혼란을 야기하므로, 국제전기통신협약 및 각국의 전파법에 따라 고조파 강도의 허용치를 정하여 규제하고 있다.

21. 무선 수신기에서 주파수와 진폭이 일정한 신호전파를 수신하면서 장시간에 걸쳐 조정하지 않는 상태로 일정한 출력을 낼 수 있는 능력을 나타내는 척도는?

① 감도(Sensitivity)
② 선택도(Selectivity)
③ 충실도(Fidelity)
④ 안정도(Stability)

해설 ① 감도 : 어느 정도 미약한 전파까지 수신할 수 있는가를 나타내는 것으로 일정한 출력을 얻는데 필요한 수신기의 안테나 입력전압으로 나타낸다.
② 선택도 : 희망하는 주파수를 불필요한 다른 전파들로부터 어느 정도 분리시켜 선택할 수 있는가 하는 능력을 말한다.
③ 충실도 : 송신측에서 변조된 신호를 어느 정도까지 충실히 재현할 수 있는지의 청도(원음에 가까운)를 나타낸다.

④ 안정도 : 주파수와 진폭이 일정한 전파를 수신하면서 장시간에 걸쳐 조정하지 않은 상태로 왜곡 없는 일정한 출력을 얻을 수 있느냐 하는 능력을 나타내는 척도이다.

22. 초단파(VHF : Very High Frequency)의 주파수 범위는?

① 300[kHz]~3[MHz]
② 3[MHz]~30[MHz]
③ 30[MHz]~300[MHz]
④ 300[MHz]~3[GHz]

해설 주파수의 분류

약자	주파수의 분류	주파수의 범위	명칭
VLF	Very Low Frequency	3~30[kHz]	
LF	Low Frequency	30~300[kHz]	장파
MF	Medium Frequency	300~3,000[kHz]	중파
HF	High Frequency	3~30[MHz]	단파
VHF	Very High Frequency	30~300[MHz]	초단파
UHF	Ultra High Frequency	300~3,000[MHz]	극초단파
SHF	Super High Frequency	3~30[GHz]	
EHF	Extremely High Frequency	30~300[GHz]	

23. 자유 공간에서 전자파의 주파수가 3[MHz]인 전파의 파장은 얼마인가? (단, 광속도 (C)=3×10^8[m/s])

① 50[m]   ② 100[m]
③ 200[m]   ④ 300[m]

해설 $\lambda = \dfrac{C}{f} = \dfrac{3 \times 10^8}{3 \times 10^6} = 100[m]$

24. 다음 중 장·중파용 안테나에 대한 설명으로 틀린 것은?

① 전파의 전파 특성상 수직 편파를 이용

Answer 21. ④ 22. ③ 23. ② 24. ③

한다.
② 대전력 송신기가 일반적으로 사용된다.
③ 공진을 이용한 안테나를 주로 사용한다.
④ 실효고를 높이는 안테나를 주로 사용한다.

> **해설** 장·중파용 안테나는 주파수가 낮고 이에 해당하는 파장은 수백~수천미터에 달한다. 또한 대전력 송신기가 일반적으로 사용되며, 전파 특성상 수직 편파를 이용하기 때문에 수직접지 안테나가 사용된다. 파장에 비해 짧은 안테나를 사용하며 실효고를 높이는 구조의 안테나가 많이 사용된다.

25 다음 중 애드콕(Adcock) 안테나의 특징과 거리가 먼 것은?

① 방향 탐지용이다.
② 주간 오차 방지용이다.
③ 수직 편파용이다.
④ 수평 편파 성분은 수신되지 않는다.

> **해설** 애드콕 안테나(Adcock Antena)
> 2개의 수직안테나를 조합 배열한 안테나로서 방향 탐지 또는 무선 표지용으로 중장파에 대하여 사용된다. 이는 수평 편파 성분에 대해 관계가 없으므로 전리층의 영향에 따르는 야간 효과의 영향을 받지 않는 특징이 있으며, 원리는 2쌍의 수직 안테나를 코일로 조합한 것으로서 지면에 수직이 되는 방향의 전파에서는 2쌍의 안테나의 유기 전압이 상쇄되므로 코일에는 전류가 흐르지 않게 되며, 방향과 다른 곳에서 전파가 올 때에는 2쌍의 안테나의 유기 전압에 위상차가 생기면서 전류가 흐르게 되어, 안테나 전체로서는 8자형의 지향성을 갖는다.

26 다음 중 급전선이 갖추어야 할 조건으로 적합하지 않은 것은?

① 전력의 전송능력이 클 것
② 불필요한 전파 복사가 다른 곳에 방해를 주지 않을 것
③ 불필요한 전파가 유도되지 않을 것
④ 급전선의 파동 임피던스가 무한대이어야 할 것

> **해설** 급전선의 구비 조건
> ㉠ 전송효율이 좋을 것
> ㉡ 절연내력이 클 것
> ㉢ 불필요한 전파 복사가 다른 곳에 방해를 주지 않을 것
> ㉣ 불필요한 전파가 유도되지 않을 것
> ㉤ 임피던스 정합이 용이할 것

27 다음 중 송·수신 시스템과 안테나와의 임피던스 부정합 시 발생되는 문제점으로 틀린 것은?

① 안테나에 전달되는 전력이 감소된다.
② 급전선의 손실이 감소된다.
③ 급전선에 방사가 생긴다.
④ 송신기의 동작이 불안정해진다.

> **해설** 급전선에서 부하로 최대 전송효율을 얻기 위해서는 급전선의 특성 임피던스와 부하 임피던스가 정합되어 있어야 하고, 정합이 안 될 경우에는 반사에 의해 급전선상에 정재파가 실려 전력 손실이 커진다.
> [안테나와의 임피던스 부정합 시 문제점]
> ① 공중선에 공급되는 전력이 감소 : 정합 시에는 부하에 최대 전력이 공급된다.
> ② 급전선의 손실이 증가 : 급전선상에 정재파가 발생한다.
> ③ 급전선의 절연이 파괴 : 전압파의 파복 부근이 고전압이 된다.
> ④ 급전선에서 방사가 발생함
> ⑤ 송신기의 동작이 불안정 : 송신기의 출력 회로의 조정이 곤란하게 된다.

Answer 25. ② 26. ④ 27. ②

⑥ 반사 전류가 급전선상을 여러 차례 왕복하기 때문에 TV 방송에서는 이 중상(ghost)이 여러 개가 생기고 FM 방송일 때는 왜율이 나빠진다.

28 다음 중 이동통신 서비스의 통신방식과 관계없는 것은?

① PSTN(Public Switched Telephone Network)
② TRS(Trunked Radio System)
③ LTE(Long Term Evolution)
④ WCDMA(Wideband Code Division Multiple Access)

해설 ① PSTN(공중 전화 교환망) : 과거로부터 사용되던 일반 공중용 아날로그 전화망을 지칭한다.
② TRS(주파수 공용통신) : 이동통신과 무전기를 결합한 통신시스템으로 하나의 주파수를 여러 명의 이용자가 공동으로 사용할 수 있는 무선 데이터 통신 시스템이다.
③ LTE : 4세대 이동통신 방식 가운데 하나로 LTE는 데이터 전송효율 향상, 효율적인 주파수 자원 이용, 이동성 제공, 낮은 지연, 패킷 데이터 전송에 최적화되고, 서비스 품질 보장 등을 제공하는 차세대 이동통신 기술을 의미한다.
④ W-CDMA : 비동기식 코드분할 다중접속(Asynchronous CDMA) 방식의 3세대 이동통신 기술인 UMTS(Universal Mobile Telecommunications System) 중 하나로 GSM의 표준을 계승하면서 많은 가입자를 지원하는 데 유리한 코드분할 다중접속 방식의 장점을 결합한 통신 시스템이다.

29 다음 중 셀룰러 이동통신 시스템에서 가입자가 증가하여 통화용량을 증가시키는 방법으로 틀린 것은?

① 기지국의 채널을 증설한다.
② 주파수 스펙트럼을 추가한다.
③ 동적 주파수 할당을 한다.
④ 대규모 셀(Cell)로 구성한다.

해설 ① '셀룰러'란 서비스 지역을 여러 개의 작은 구역, 즉 '셀'로 나누어서, 서로 충분히 멀리 떨어진 두 셀에서 동일한 주파수 대역을 사용하므로 공간적으로 주파수를 재사용할 수 있도록 하여 공간적으로 분포하는 채널수를 증가시켜 충분한 가입자 수용 용량을 확보할 수 있도록 하는 이동통신 방식을 말한다.
② 셀룰러 이동통신시스템에서 가입자가 증가하여 통화용량을 증가시키기 위하여 기지국의 채널을 증설하거나, 주파수 스펙트럼을 추가하고, 동적 주파수 할당을 한다.

30 공중이 직접 수신할 수 있도록 할 목적으로 디지털 오디오, 비디오 및 데이터를 지상의 송신설비를 이용하여 초단파 대역에서 방송하는 것은?

① DMB
② DAB
③ FM
④ DTV

해설 DMB(디지털 멀티미디어 방송, Digital Multimedia Broadcasting)
디지털 영상과 오디오 방송의 전송기술로서 휴대전화, MP3, PMP 등의 휴대용 기기에서 텔레비전, 라디오, 데이터 방송을 수신할 수 있는 이동용 멀티미디어 방송이 목적으로 대한민국 방송법에서는 "이동 멀티미디어 방송"이라는 용어를 사용하며, "이동 중 수신을 주목적으로 다채널을 이용하여 텔레비전 방송·라디오 방송 및 데이터 방송을 복합적으로 송신하는 방송"으로 정의한다.

Answer 28. ① 29. ④ 30. ①

31 4K(3840×2160) 또는 8K(7680×4320) 해상도, 초당 60 또는 120프레임의 고프레임률(HFR : High Frame Rate), 고휘도와 고명암비를 위한 HDR(High Dynamic Range), 고선명(HD)보다 색 영역이 넓은 고색 재현(WCG : Wide Color Gamut)을 주요 특성으로 하는 방송은?

① PAL ② NTSC
③ UHDTV ④ DMB

해설 **UHDTV(초고선명 텔레비전, Ultra High Definition Television)**
- 일본 NHK 방송 기술 연구소가 개발하고 ITU-R에서 2012년 8월 UHDTV에 관한 표준 권고안인 Recommendation ITU-R BT.2020의 발표에 의해 정의되어 승인된 기술로서 HD급 대비 4배에서 16배 해상도의 비디오와 10채널 이상의 다채널 오디오로 극사실적인 초고품질 방송서비스를 통하여 소비자의 품질 요구를 만족시킬 수 있는 차세대 방송시스템 및 서비스이다.
- 4K UHD 방식의 경우 3840×2160 화소의 디스플레이 해상도이며, 8K UHD 방식의 경우 7680×4320 화소의 디스플레이 해상도를 말하며, 화소는 약 3300만 화소이다.
[참고] UHDTV의 특징
① 화소수는 HDTV의 4배에서 16배 선명
② 컬러 깊이(Color depth), 즉 화소당 비트수는 10~12bit
③ 시야각은 55도에서 100도로 임장감(현장에서 듣는 듯한 느낌)을 높임
④ 오디오는 최소 10채널 이상의 오디오, NHK는 22.2채널 사용, 상위 레벨 9개, 중간 레벨 10개, 하위 레벨 5개를 사용하고 2개의 서브우퍼 이용
⑤ 60" 이상의 대형 디스플레이 장치에서 인간 시각의 분해능 특성으로 인한 화질 저하 인식으로 HD 이상의 고해상도인 UHD 필요
⑥ 시청 거리가 2.5[m]에서 63~132인치 이상의 디스플레이인 경우, 4K급 해상도가 필요하며, 그 이상의 경우는 8K급의 해상도가 필요
⑦ UHD에서는 현장감 및 실재감이 높아지고, 입체감도 느끼는 것으로 파악

32 다음 중 무선 LAN 규격 중 가장 속도가 빠른 것은?

① IEEE 802.11b
② IEEE 802.11g
③ IEEE 802.11a
④ IEEE 802.11n

해설 ① IEEE 802.11b : 12[Mbps]
② IEEE 802.11g : 22 또는 54[Mbps]
③ IEEE 802.11a : 54[Mbps]
④ IEEE 802.11n : 40[MHz]의 채널 대역을 사용함으로써 최대 데이터 전송률을 54[Mbps]에서 600[Mbps]로 상당히 향상되었다.

33 AM 수신기의 충실도와 관계가 없는 것은?

① 주파수 개선도 ② 위상왜곡
③ 맥동률 ④ 검파왜곡

해설 **충실도(fidelity)**
송신측의 변조신호를 어느 정도까지 충실하게 재현할 수 있는지의 정도를 나타낸다.
[참고] 맥동률은 직류 전압의 맥동의 비율을 나타내는 것으로, 리플 전압과 직류 평균 전압과의 비를 백분율로 나타낸 것을 말한다.

34 다음 중 스퓨리어스 발사에 포함되지 않는 것은?

① 고조파 발사 ② 기생발사

Answer 31. ③ 32. ④ 33. ③ 34. ④

③ 상호변조 ④ 저주파 발사

해설 무선설비규칙의 제2조(정의)
9. "스퓨리어스 발사"란 필요주파수대폭 바깥쪽에 위치한 하나 이상의 주파수에서 발생하는 발사(대역 외 발사를 제외한다)로서 정보전송에 영향을 미치지 아니하고 그 강도를 저감시킬 수 있는 것으로 고조파 발사, 기생발사, 상호변조 및 주파수 변환 등에 의한 발사를 포함한 발사를 말한다.

35 FM 수신기에 사용된 리미터는 무엇을 방지하는 것인가?

① 전원전압의 변동 방지
② 고조파에 의한 찌그러짐 방지
③ 충격성 잡음 방지
④ 기생진동 방지

해설 FM 수신기의 순시 편이 제어(IDC) 회로
변조 주파수가 높아지면 그것에 비례하여 변조파의 주파수 편이가 커지므로 변조기로 들어가기 전에 리미터(잡음 억제)를 사용하여 주파수 편이를 규정값 이내로 유지하도록 하는 회로이다.

36 다음 중 무선설비규칙의 기술기준 내용으로 적합하지 않은 것은?

① 주파수 허용편차
② 방송수신만을 목적으로 하는 설비의 송신전력 편차
③ 주파수대폭의 허용치
④ 스퓨리어스 영역 불요발사의 허용치

해설 무선설비규칙 제3장 무선설비 기술기준
제5조(주파수 허용편차), 제6조(점유주파수대역폭의 허용치), 제7조(협대역·광대역 시스템의 스퓨리어스 영역 경계기준), 제8조(스퓨리어스 영역 불요발사의 허용치), 제9조(안테나 공급전력 등), 제10조(변조특성 등), 제11조(안테나계), 제12조(수신설비), 제13조(보호장치 및 특수장치), 제14조(전원), 제15조(무선설비의 작동 기준), 제16조(예비전원 및 예비품 등)

37 주파수 허용편차의 표시방법으로 가장 적합한 것은?

① 퍼센트[%]로 표시한다.
② 헤르츠[Hz]로 표시한다.
③ 백만분율 또는 헤르츠[Hz]로 표시한다.
④ 백만분율 또는 퍼센트[%]로 표시한다.

해설 무선설비규칙 별표1 주파수 허용편차(제5조 제1항 본문 관련)
허용편차([Hz]를 붙인 것을 제외하고는 백만분율)

38 전력선 통신설비와 유도식 통신설비에서 발사되는 주파수 허용편차로 알맞은 것은?

① 0.1% ② 0.2%
③ 0.3% ④ 0.5%

해설 전파응용설비 기술기준(국립전파연구원고시 제5조(주파수허용편차)
영 제75조제1항제1호에 따른 전력선 통신설비 및 영 제75조제1항제2호에 따른 유도식 통신설비에서 발사되는 주파수 허용편차는 0.1%로 한다.

39 무선국에서 사용하는 주파수마다의 중심 주파수를 말하는 것은?

① 지정주파수 ② 기준주파수
③ 특성주파수 ④ 중간주파수

해설 무선설비규칙 제2조(정의)

Answer 35. ③ 36. ② 37. ③ 38. ① 39. ①

① 이 고시에서 사용하는 용어의 뜻은 다음과 같다.
1. "지정주파수"란 무선국에서 사용하는 주파수마다의 중심주파수를 말한다.
2. "특성주파수"란 주어진 발사에서 용이하게 식별되고, 측정할 수 있는 주파수를 말한다.
3. "기준주파수"란 지정주파수에 대하여 특정한 위치에 고정되어 있는 주파수를 말한다. 이 경우 기준주파수가 지정주파수에 대하여 가지는 변위는 특성주파수가 발사에 의하여 점유하는 주파수대의 중심주파수에 대하여 가지는 변위와 동일한 절대치와 동일한 부호를 가지는 것으로 한다.

40 초단파방송을 행하는 방송국 송신설비의 안테나공급전력의 허용편차로 알맞은 것은?

① 상한 5%, 하한 5%
② 상한 10%, 하한 20%
③ 상한 10%, 하한 15%
④ 상한 5%, 하한 10%

> 해설 **무선설비규칙 제9조(안테나공급전력 등)**
> ① 전파형식별 안테나공급전력의 표시와 환산비는 별표 5(무선설비기준 p.378 참고)와 같고, 송신설비의 안테나공급전력 허용편차는 별표 6(무선설비기준 p.380 참고)과 같다. 다만, 과학기술정보통신부장관은 무선설비의 용도에 따라 송신설비의 안테나공급전력 허용편차를 별도로 정하여 고시할 수 있다.

41 다음 괄호 안에 알맞은 것은?

안테나공급전력 ( )를 초과하는 무선설비에 사용하는 전원회로에는 퓨즈 또는 자동차단기를 갖추어야 한다.

① 3[W]
② 6[W]
③ 8[W]
④ 10[W]

> 해설 **무선설비규칙 제13조(보호장치 및 특수장치)**
> ① 안테나공급전력이 10와트(W)를 초과하는 무선설비에 사용하는 전원회로는 퓨즈 또는 자동차단기를 갖추어야 한다.

42 전파응용설비에서 발사되는 기본파 또는 스퓨리어스 발사에 의한 것으로 100[m]의 거리에서 산업용 전파응용설비의 전계강도의 허용치는?

① $10[\mu V/m]$ 이하
② $50[\mu V/m]$ 이하
③ $100[\mu V/m]$ 이하
④ $200[\mu V/m]$ 이하

> 해설 **전파응용설비의 기술기준(국립전파연구원) 제4조(전계강도의 허용치)**
> ① 전파법 시행령(이하 "영"이라 한다) 제74조에 따른 통신설비외의 전파응용설비에서 발사되는 기본파 및 불요발사에 의한 전계강도의 최대허용치는 다음 각 호와 같다.
> 1. 산업용 전파응용설비 : 100m 거리 $100[\mu V/m]$ 이하일 것
> 2. 의료용 전파응용설비 : 30m 거리 $100[\mu V/m]$ 이하일 것
> 3. 기타 전파응용설비
>   가. 고주파출력 500W 이하 : 30m 거리 $100[\mu V/m]$ 이하일 것
>   나. 고주파출력 500W 초과 : 100m 거리 $100[\mu V/m]$ 이하이고, 30m 거리에서 $100 \times \sqrt{P}/500$(P는 고주파출력을 와트(W)로 표시한 수로 한다)$[\mu V/m]$ 이하일 것

43 다음 중 적합인증을 받아야 하는 경우가 아닌 것은?

Answer 40. ② 41. ④ 42. ③ 43. ③

① 전파환경 및 방송통신망 등에 위해를 줄 우려가 있는 방송통신기자재 등
② 전자파로부터 정상적인 동작을 방해받을 정도의 영향을 받는 방송통신기자재 등
③ 측정·검사용으로 사용되는 방송통신기자재 등
④ 사람의 생명과 안전 등에 중대한 위해를 줄 우려가 있는 방송통신기자재 등

> **해설** 전파법 시행령 제77조의2(적합인증)
> ① 법 제58조의2제2항에 따른 적합인증(이하 "적합인증"이라 한다)을 받아야 하는 방송통신기자재와 전자파 장해를 주거나 전자파로부터 영향을 받는 기자재(이하 "방송통신기자재 등"이라 한다)는 다음 각 호와 같다.
> 1. 전파환경 및 방송통신망 등에 위해를 줄 우려가 있는 방송통신기자재 등
> 2. 중대한 전자파 장해를 주거나 전자파로부터 정상적인 동작을 방해받을 정도의 영향을 받는 방송통신기자재 등
> 3. 그밖에 사람의 생명과 안전 등에 중대한 위해를 줄 우려가 있는 방송통신기자재 등

44 무선설비기기에 대한 적합인증을 받고자 할 때 신청하는 곳은?

① 전기전자검사원
② 국립전파연구원
③ 중앙전파관리소
④ 한국방송통신전파진흥원

> **해설** 방송통신기자재 등의 적합성 평가에 관한 고시(국립전파연구원) 제5조(적합인증의 신청 등)
> ① 제3조제1항에 따른 대상기자재에 대하여 적합인증을 신청하고자 하는 자는 다음 각 호의 신청서 및 첨부서류(전자문서를 포함한다)를 작성하여 원장에게 제출하여야 한다.

45 "적합성평가를 받은 기자재가 적합성평가 기준대로 제조·수입 또는 판매되고 있는지 조사 또는 시험하는 것"을 무엇이라고 하는가?

① 사후관리
② 사전관리
③ 적합성평가 관리
④ 적합인증 관리

> **해설** 2. "사후관리"라 함은 적합성평가를 받은 기자재가 적합성평가 기준대로 제조·수입 또는 판매되고 있는지 법 제71조의2에 따라 조사 또는 시험하는 것을 말한다.

46 다음 보기가 설명하는 부품으로 알맞은 것은?

> 차폐된 함체 또는 칩에 내장된 무선주파수의 발진, 변조 또는 복조, 증폭부 등과 안테나(안테나 단자 포함)로 구성된 것으로 시스템에 하나의 부품으로 내장되거나 장착될 수 있는 것

① 유선 부품
② 무선 송·수신용 부품
③ 송신용 부품
④ 수신용 부품

> **해설** 5. "무선 송·수신용 부품"이란 차폐된 함체 또는 칩에 내장된 무선주파수의 발진, 변조 또는 복조, 증폭부 등과 안테나(안테나 단자 포함)로 구성된 것으로 시스템에 하나의 부품으로 내장되거나 장착될 수 있고 소비자가 최종으로 사용할 수 없는 물품을 말한다.

Answer 44. ② 45. ① 46. ②

47 다음 무선통신 방식 중 보안성이 가장 우수한 방식은?

① 위상변조방식(PM)
② 코드 분할 다중접속방식(CDMA)
③ 주파수변조방식(FM)
④ 진폭변조방식(AM)

> **해설** CDMA(Code Division Multiple Access : 코드[부호] 분할 다중접속)
> 간섭에 강하고 도청이 불가능하다는 특성으로 인하여 원래 군용 통신에서 사용되었다. CDMA에서 각 가입자는 주파수나 시간에 의해 구분되지 않고 고유한 Code에 의해 구분되며 모든 가입자는 동일한 주파수 대역을 공유한다. CDMA에서 코드는 단말기와 기지국이 서로 알고 있는 것이며 Pseudo Random Code Sequence라 한다.
> [참고] CDMA의 장점
> ㉠ AMPS에 비해 8~10배, GSM에 비해 4~5배의 용량을 가진다.
> ㉡ 음성 품질이 높다.
> ㉢ 모든 셀이 동일한 주파수를 사용하므로 주파수 계획이 용이하다.
> ㉣ 보안성이 높다.
> ㉤ 주파수 대역 이용 효율이 높다.

48 무선종사자에 대해 통신보안 교육을 받도록 규정한 법률은?

① 전파법
② 전기통신기본법
③ 국가보안법
④ 전기통신사업법

> **해설** 전파법 제30조(통신보안의 준수)
> ① 시설자, 무선통신 업무에 종사하는 자 및 무선설비를 이용하는 자는 통신보안 책임자의 지정, 통신보안 교육의 이수 등 과학기술정보통신부장관이 정하여 고시하는 통신보안에 관한 사항을 지켜야 한다.
> ② 제1항에 따른 통신보안의 교육 등에 필요한 사항은 과학기술정보통신부장관이 정하여 고시한다.

49 다음 중 통신보안의 1차적 책임은?

① 기관장
② 통신이용자
③ 전문기안자
④ 전문통제권자

> **해설** 통신보안의 1차적 책임은 통신이용자이며, 그 다음으로는 통신문기안자와 비밀분류 및 통신통제권자이다.

50 전기통신역무를 제공하기 위하여 개설한 무선국의 무선통신업무에 종사하는 자는 몇 년마다 통신보안교육을 받아야 하는가?

① 1년
② 3년
③ 5년
④ 10년

> **해설** 무선통신업무에 종사하는 자는 5년마다 1회의 통신보안교육을 받아야 한다. 다만, 국가 또는 지방자치단체가 개설한 무선국에 종사하는 자는 그러하지 아니하다.

51 명령어 수행을 위해 CPU가 상태변환을 하도록 하는 동작을 무엇이라 하는가?

① fetch
② micro operation
③ count operation
④ program operation

> **해설** Micro Operation은 Instruction을 수행하기 위해 CPU 내의 레지스터와 플래그가 의미 있는 상태변환을 하도록 하는 동작을 말한다.

Answer 47. ② 48. ① 49. ② 50. ③ 51. ②

52 제어논리장치(CLU)와 산술논리연산장치(ALU)의 내부 상태 또는 연산 결과 및 시스템 제어를 위한 정보가 각 비트마다 배정되어 실행 순서를 제어하기 위해 사용되는 레지스터는?

① 플래그 레지스터(Flag Register)
② 주소 레지스터(Memory Address Register)
③ 기억 레지스터(Memory Buffer Register)
④ 명령 레지스터(Instruction Register)

해설 ① 플래그 레지스터 : 제어장치와 연산장치의 실행순서를 제어하기 위해 사용되는 레지스터
② 주소 레지스터 : 기억장치의 입출력 데이터가 임시로 기억하는 레지스터
③ 기억 레지스터 : 기억장치의 입출력 데이터의 번지를 기억하는 레지스터
④ 명령 레지스터 : 현재 실행 중인 명령의 내용을 기억하는 레지스터

53 사용자가 한번만 내용을 기입할 수 있으나, 지울 수 없는 것은?

① EPROM   ② EEPROM
③ PROM   ④ Flash Memory

해설 ㉠ Mask ROM : 제조과정에서 이미 내용을 미리 기억시켜 놓은 메모리로 사용자가 그 내용을 변경할 수 없는 롬이다.
㉡ PROM(Programmable ROM) : 아무 내용이 들어 있지 않은 빈 상태로 제조하여 공급되고 사용자가 PROM 라이터를 이용하여 내용을 써 넣을 수 있다. 즉 PROM은 사용자에 의해 한 번 수정될 수 있는 롬을 말한다. PROM은 PROM 프로그래머라고 불리는 특별한 장치를 이용하여 사용자가 마이크로 코드 프로그램을 맞추어 만들 수 있게 허용하는 방법이다. 그러나 한 번 들어간 내용은 변경하거나 삭제할 수 없다.
㉢ EPROM(Erasable PROM) : 필요할 때마다 기억된 내용을 지우고 다른 내용을 기록할 수 있는 롬으로 원래 비어 있는 상태로 제조되어 공급되며 롬 위에는 동그란 유리창이 있다. 데이터를 집어넣는 것은 PROM과 같으나, 자외선을 창에 쏘이면 내용이 지워지고 다시 써 넣을 수 있다는 것이 다르다. 자외선을 쬐어서 지우며, 하드웨어에 적절하게 쉽게 재프로그래밍이 가능하므로 롬에서 마지막 버그를 수정하는 데 특별히 유용하다. PROM 라이터가 없으면 롬의 데이터를 바꿀 수 없다. 따라서 EPROM은 컴퓨터 관련 제품을 개발하는 개발회사나 바이오스와 같이 나중에 변경이 필요할지 모르는 곳에 사용하는 것이 보통이다. EPROM은 그 내부에 기록되어 있는 내용을 어떻게 지우는지에 따라서 UVEPROM(Ultra Violate Erasable PROM)과 EEPROM으로 구분한다.
㉣ EEPROM(Electrically Erasable PROM, Flash ROM)은 프로그래밍이 가능하며 읽을 수만 있는 메모리로 최근 각광받기 시작하는 롬이다. EEPROM은 하나의 장비를 사용해서 쓰고 지우기가 가능하며 내용을 지움에 있어서도 OW를 지원해서 속도가 빠르나 EEPROM은 전기를 노출시킴으로써 한 번에 1바이트만 지울 수 있기 때문에 플래시 메모리와 비교하면 매우 비효율적이다.

54 다음 중 데이터 표현 방식에서 부동 소수점 형식에 대한 설명으로 알맞지 않은 것은?

① 부호 비트와 지수부, 가수부로 구성된다.
② 실수 데이터를 연산에 사용하며, 양수와 음수를 모두 표현할 수 있다.
③ 고정 소수점 형식보다 연산속도가 매우 빠르다.

Answer 52. ① 53. ③ 54. ③

④ 소수점 이하의 정밀한 계산이 가능하기 때문에 복잡한 수치 계산에 주로 사용된다.

> **해설** 부동 소수점(floating point) 표현 방식
> ① 한 개의 부호 비트, 지수부(exponent part), 가수부(mantissa part)로 구성된다.
> ② 소수점을 포함한 실수도 표현 가능하다.
> ③ 소수점의 위치를 정해진 위치로 이동하는 과정을 정규화(normalization)라 한다.
> ④ 수의 표현 시 고정 소수점 방식보다 정밀도를 높일 수 있으므로 과학, 공학, 수학적인 응용면에서 주로 사용한다.

55 다음 중 순서도의 기호와 설명이 맞는 것은?

① ⬜ : 오프라인 기억

② ○ : 다른 페이지에서 순서도 흐름을 연결

③ ⬜ : 네트워크에서 입력받음

④ ◇ : 데이터를 정렬할 때 사용

> **해설** ① 온라인 기억 : 온라인 보조기억장치
> ② 결합: 같은 페이지에 순서도 흐름을 연결
> ③ 수작업 입력 : 콘솔에 의한 입력
> ④ 정렬/분류 : 데이터를 정렬할 때 사용

56 다음 중 시스템 순서도에 대한 설명으로 옳은 것은?

① 프로그램을 작성하기 전에 처리과정에 중점을 두고 작성하는 순서도

② 시스템 전반에 걸친 내용을 자료의 흐름과 입출력에 중점을 두고 총괄적으로 나타낸 것

③ 프로그램 전체의 흐름이 한눈에 파악될 수 있도록 개략적으로 표현한 것

④ 코딩하기 직전에 작성되는 것으로, 개략 순서도의 세부사항까지 나타낸 순서도

> **해설** 순서도는 처리하고자 하는 문제를 분석하고 입·출력 설계를 한 후에, 그 처리 순서의 방법에 따라 기호를 사용하여 나타낸 그림으로 프로그램 코딩의 자료가 되고, 인수인계가 용이하고 오류 발생 시 원인을 찾아 수정이 쉽다.
> [순서도 작성 시 고려사항]
> ① 처리되는 과정은 모두 표현한다.
> ② 간단하고 명료하게 표현한다.
> ③ 전체의 흐름을 명확히 알 수 있도록 작성한다.
> ④ 과정이 길거나 복잡하면 나누어 작성하고, 연결자로 연결한다.
> ⑤ 통일된 기호를 사용한다.

57 다음 중 1세대 컴퓨터 프로그램 언어는?

① 기계어
② 포트란(Fortran)
③ 자바(Java)
④ C

> **해설** 1세대 언어는 저급 언어(기계어, 어셈블리어)이며, 기계어(Machine Language)는 컴퓨터가 직접 이해할 수 있는 2진 코드(0과 1)로 기종마다 다르고, 프로그램의 작성 및 수정, 해독이 매우 어려워 거의 사용되지 않으나, 컴퓨터에서의 수행 속도는 가장 빠른 장점을 지닌다.

58 다음 중 운영체제에 관한 설명으로 옳지 않은 것은?

① 제어 프로그램에는 작업 관리 프로그램, 데이터 관리 프로그램, 감시 프로그램 등이 있다.

Answer 55. ④ 56. ① 57. ① 58. ②

② 운영체제는 컴퓨터가 동작하는 동안 하드 디스크에 위치하며 프로세스, 기억 장치, 파일, 입출력장치 등의 자원을 관리한다.
③ 운영체제의 운영 방식에는 일괄처리, 실시간 처리, 분산 처리 등이 있다.
④ 운영체제는 하드웨어와 응용 프로그램 사이의 인터페이스 역할을 한다.

> **해설** 운영체제(OS : Operating System)
> 하드웨어와 소프트웨어, 하드웨어와 사용자 간의 인터페이스 역할을 수행하고, 컴퓨터의 각종 자원을 운영, 관리하여 주며 사용자에게 최대한의 편의를 제공하는 소프트웨어 시스템이다.

59 TCP/IP 프로토콜 계층구조에서 TCP와 UDP 2개의 프로토콜을 이용하여 호스트들 간에 통신을 제공하는 것은?

① 응용 계층
② 전송 계층
③ 네트워크 계층
④ 데이터링크 계층

> **해설** TCP/IP는 응용계층, 트랜스포트(전송) 계층, 인터넷 계층, 네트워크 인터페이스 계층(4개의 계층)으로 구성된다.
> ㉠ 응용 계층은 사용자 응용 프로그램으로부터 요청을 받아서 이를 적절한 메시지로 변환하고 하위계층으로 전달하는 기능을 담당한다.
> ㉡ 트랜스포트 계층(전송 계층)은 IP에 의해 전달되는 패킷의 오류를 검사하고 재전송을 요구하는 등의 제어를 담당하는 계층으로 TCP, UDP 두 종류의 프로토콜이 사용된다.
> ㉢ 인터넷 계층은 전송 계층에서 받은 패킷을 목적지까지 효율적으로 전달하는 것

만 고려한다. 즉, 데이터그램이 가지고 있는 주소를 판독하고 네트워크에서 주소에 맞는 네트워크를 탐색, 해당 호스트가 받을 수 있도록 데이터그램에 전송한다.
㉣ 네트워크 인터페이스 계층은 특정 프로토콜을 규정하지 않고, 모든 표준과 기술적인 프로토콜을 지원하는 계층으로서 프레임을 물리적인 회선에 올리거나 내려받는 역할을 담당한다.

60 다음의 IPv6의 긴 주소를 주소 생략법으로 알맞게 변환한 것은?

DCBA:2009:0341:0000:0000:0001:FFFF:2006

① DCBA:2009:341::1:FFFF:2006
② DCBA:29:341::1:FFFF:2006
③ DCBA:2009:341:0:0:1:FFFF:2006
④ DCBA:29:341::1:FFFF:26

> **해설** IPv6의 주소 표현
> ① IPv6의 128비트 주소공간은 16비트(2옥텟)를 16진수로 표현하여 8자리로 나타내나 대부분의 자리가 0의 숫자를 갖게 되므로, 0000을 하나의 0으로 축약하거나, 또는 연속되는 0의 그룹을 없애고 ':'만을 남길 수 있다.
> ② 최상위 자리의 0도 축약할 수 있어 2001:0DB8:02de::0e13는 2001:DB8:2de::e13로 축약할 수 있으나 0을 축약하고 ':'로 없애는 규칙은 두 번이나 그 이상으로 적용할 수 없다.
> ③ 그러므로 DCBA:2009:0341:0000:0000:0001:FFFF:2006은 DCBA:2009:341::1:FFFF:2006와 같이 효율적으로 생략(축약)할 수 있다.

Answer 59. ② 60. ①

무선설비기능사 필기

1판	1쇄 발행	2012. 6. 5		6판	1쇄 발행	2020. 1. 5
2판	1쇄 발행	2013. 9. 5		7판	1쇄 발행	2021. 3. 30
2판	2쇄 발행	2015. 1. 5		8판	1쇄 발행	2023. 1. 5
3판	1쇄 발행	2016. 2. 20		9판	1쇄 발행	2025. 4. 25
4판	1쇄 발행	2018. 1. 5				
5판	1쇄 발행	2019. 1. 5				

지은이 무선설비문제연구회
펴낸이 김 주 성
펴낸곳 도서출판 엔플북스
주 소 경기도 남양주시 오남읍 진건오남로 797번길 31. 101동 203호(오남읍, 현대아파트)
전 화 (031)554-9334
F A X (031)554-9335

등 록 2009. 6. 16 제398-2009-000006호

정가 **30,000원**
ISBN 978 - 89 - 6813 - 422 - 7   13560

※ 파손된 책은 교환하여 드립니다.
본 도서의 내용 문의 및 궁금한 점은 저희 카페에 오셔서 글을 남겨주시면 성의껏 답변해 드리겠습니다.
http : // cafe.daum.net/enplebooks